Fundamentos de Fisiologia Vegetal

Tradução

Armando Molina Divan Junior (Capítulos 2, 3, 4, 6, 11, 14)
Biólogo. Pesquisador do Centro de Ecologia do Instituto de Biociências da Universidade Federal do Rio Grande do Sul (UFRGS). Doutor em Fisiologia Vegetal pela Universidade Federal de Viçosa (UFV).

Eliane Romanato Santarém (Capítulos 1, 10, 18)
Bióloga. Professora adjunta da Escola de Ciências da Saúde e da Vida da Pontifícia Universidade Católica do Rio Grande do Sul (PUCRS). Doutora em Botânica pela UFRGS.

Júlio César de Lima (Capítulos 15)
Biólogo. Professor de MBA em negócios. MBA em Gestão Empresarial pela La Salle Business School. Doutor em Genética e Biologia Molecular pela UFRGS. CEO da Origem People and Tech.

Leandro Vieira Astarita (Capítulo 5)
Biólogo. Professor adjunto da Escola de Ciências da Saúde e da Vida da PUCRS. Doutor em Ciências (Botânica) pela USP.

Luís Mauro Gonçalves Rosa (Capítulos 7, 8 e 13)
Professor associado do Departamento de Plantas Forrageiras e Agrometeorologia da Faculdade de Agronomia da UFRGS. Ph.D. em Botânica pela Universidade de Maryland, College Park, EUA.

Paulo Luiz de Oliveira (Capítulos 9, 12, 16, 17, 19, Glossário e Índice)
Biólogo. Professor titular aposentado do Departamento de Ecologia do Instituto de Biociências da UFRGS. Mestre em Botânica pela UFRGS. Doutor em Ciências Agrárias pela Universität Hohenheim, Stuttgart, República Federal da Alemanha.

F981   Fundamentos de fisiologia vegetal / Lincoln Taiz ... [et al.] ; [tradução: Armando Molina Divan Junior... et al.] ; revisão técnica: Paulo Luiz de Oliveira. – Porto Alegre : Artmed, 2021.
xxvi, 558 p. : il. color. ; 28 cm.

ISBN 978-65-81335-10-6

1. Fisiologia vegetal. 2. Botânica. I. Taiz, Lincoln.

CDU 581.76

Catalogação na publicação: Karin Lorien Menoncin – CRB 10/2147

Lincoln **TAIZ**
Professor Emeritus, University of California, Santa Cruz

Eduardo **ZEIGER**
Professor Emeritus, University of California, Los Angeles

Ian Max **MØLLER**
Professor Emeritus, Aarhus University, Denmark

Angus **MURPHY**
Professor, University of Maryland

Fundamentos de Fisiologia Vegetal

Revisão técnica:

Paulo Luiz de Oliveira

Biólogo. Professor titular aposentado do Departamento de Ecologia do Instituto de Biociências da UFRGS. Mestre em Botânica pela UFRGS.
Doutor em Ciências Agrárias pela Universität Hohenheim, Stuttgart, República Federal da Alemanha.

Porto Alegre
2021

Obra originalmente publicada sob o título
Fundamentals of plant physiology, First Edition
ISBN 9781605357904

Copyright © 2018. This translation is published by arrangement with Oxford University Press. Artmed, a Grupo A Educação S.A. company, is solely responsible for this translation from the original work and Oxford University Press shall have no liability for any errors, omissions or inaccuracies or ambiguities in such translation or for any losses caused by reliance thereon.

Gerente editorial: *Letícia Bispo de Lima*

Colaboraram nesta edição:

Coordenadora editorial: *Cláudia Bittencourt*

Capa: *Paola Manica | Brand&Book*

Fotografia da capa: *Castilleja miniata cresce nas encostas do Waterton Lakes National Park, Alberta, Canadá. © All Canada Photos/Corbis.*

Leitura final: *Ana Laura Tisott Vedana*

Projeto gráfico e editoração: *Clic Editoração Eletrônica Ltda.*

As ciências biológicas estão em constante evolução. À medida que novas pesquisas e a própria experiência ampliam o nosso conhecimento, novas descobertas são realizadas. Os autores desta obra consultaram as fontes consideradas confiáveis, num esforço para oferecer informações completas e, geralmente, de acordo com os padrões aceitos à época da sua publicação.

Reservados todos os direitos de publicação, em língua portuguesa, ao
GRUPO A EDUCAÇÃO S.A.
(Artmed é um selo editorial do GRUPO A EDUCAÇÃO S.A.)
Av. Jerônimo de Ornelas, 670 – Santana
90040-340 – Porto Alegre – RS
Fone: (51) 3027-7000 Fax: (51) 3027-7070

SÃO PAULO
Rua Doutor Cesário Mota Jr., 63 – Vila Buarque
01221-020 – São Paulo – SP
Fone: (11) 3221-9033

SAC 0800 703 3444 – www.grupoa.com.br

É proibida a duplicação ou reprodução deste volume, no todo ou em parte, sob quaisquer formas ou por quaisquer meios (eletrônico, mecânico, gravação, fotocópia, distribuição na Web e outros), sem permissão expressa da Editora.

IMPRESSO NO BRASIL
PRINTED IN BRAZIL

Organizadores

 **Lincoln Taiz** é professor emérito de Biologia Molecular, Celular e do Desenvolvimento na Universidade da Califórnia, Santa Cruz. Obteve o título de Doutor em Botânica pela Universidade da Califórnia, Berkeley. Na sua linha de pesquisa são enfatizadas a estrutura, a função e a evolução das H^+-ATPases vacuolares. Dr. Taiz tem pesquisado também sobre giberelinas, propriedades mecânicas de paredes celulares, transporte de metais, transporte de auxinas e abertura estomática.

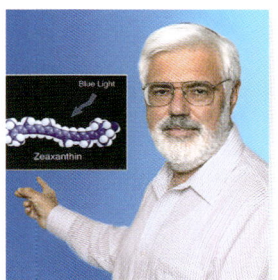 **Eduardo Zeiger** é professor emérito de Biologia na Universidade da Califórnia, em Los Angeles. Obteve o título de Doutor em Genética Vegetal na Universidade da Califórnia, Davis. Seu interesse em pesquisa inclui a função estomática, a transdução sensorial das respostas à luz azul e o estudo da aclimatação estomática associada ao aumento da produtividade de culturas vegetais.

 **Ian Max Møller** é professor associado do Departamento de Biologia Molecular e Genética na Universidade Aarhus, Dinamarca. Obteve o título de Doutor em Bioquímica Vegetal no Imperial College, Londres, Reino Unido. Trabalhou na Universidade de Lund, Suécia, e recentemente no Laboratório Nacional de Risø e na Universidade Real de Veterinária e Agricultura em Copenhagen, Dinamarca. Ao longo de sua carreira, professor Møller tem investigado a respiração vegetal. Seus interesses atuais abrangem a renovação de espécies reativas de oxigênio e o papel da oxidação proteica nas células vegetais.

 **Angus Murphy** é professor e chefe do Departamento de Ciências Vegetais e Arquitetura da Paisagem da Universidade de Maryland. Obteve o título de Doutor em Biologia na Universidade da Califórnia, Santa Cruz. Dr. Murphy estuda transportadores de cassetes de ligação ao ATP, proteínas de transporte de auxinas e o papel do transporte de auxinas no crescimento vegetal programado e plástico.

Autores

- Allan G. Rasmusson
- Andreas Madlung
- Arnold J. Bloom
- Bob B. Buchanan
- Bruce Veit
- Christine Beveridge
- Daniel J. Cosgrove
- Darren R. Sandquist
- Eduardo Blumwald
- Gabriele B. Monshausen
- Graham B. Seymour
- Heven Sze
- James Ehleringer
- Joe H. Sullivan
- John Browse
- John Christie
- Jürgen Engelberth
- Lawrence Griffing
- N. Michele Holbrook
- Philip A. Wigge
- Ricardo A. Wolosiuk
- Robert E. Blankenship
- Ron Mittler
- Sally Smith
- Sarah M. Assmann
- Susan Dunford
- Victor Busov
- Wendy Peer

Prefácio

Após publicar seis edições de *Fisiologia vegetal* (agora intitulado *Fisiologia e desenvolvimento vegetal*), ficou muito claro para nós que, em consequência dos avanços espetaculares na genética do desenvolvimento vegetal, a área de fisiologia vegetal aprofundou e ampliou seu escopo a ponto de não ser mais possível que um único livro satisfaça as necessidades de todas as disciplinas sobre ela.

Com base em inúmeros comentários de professores vinculados a diversas universidades e faculdades, elaboramos este livro – *Fundamentos de fisiologia vegetal* para professores que buscam um livro menor e com ênfase em conceitos, em vez de uma cobertura detalhada e abrangente. Para atender professores que desejam direcionar suas aulas para tópicos canônicos da fisiologia vegetal, o conteúdo de desenvolvimento vegetal, incluindo sinalização hormonal e fotorreceptores, foi significativamente condensado e reorganizado. A adoção de uma abordagem conceitual levou à simplificação das vias genéticas, priorizando mecanismos funcionais e substituindo, sempre que possível, termos descritivos por nomes de três letras para os genes.

Ao longo do texto, as explicações foram revisadas para facilitar a compreensão, e as figuras foram simplificadas e comentadas para aumentar a clareza. Ao trabalhar neste *Fundamentos de fisiologia vegetal*, nosso objetivo principal foi o de fornecer um tratamento mais conciso, acessível e focado da área de fisiologia vegetal e, ao mesmo tempo, manter o alto padrão de rigor científico e riqueza pedagógica pelos quais *Fisiologia e desenvolvimento vegetal* é conhecido.

Gostaríamos de agradecer a Massimo Maffei por suas sugestões de revisões aos capítulos de fisiologia. Este livro não poderia ter sido produzido sem a grande ajuda e o apoio da excepcional equipe de profissionais da Sinauer Associates, agora um selo editorial da Oxford University Press. Somos especialmente gratos à nossa editora, Laura Green, cuja *expertise* considerável em fisiologia vegetal e bioquímica e cuja revisão minuciosa de cada capítulo, que às vezes acarretaram profunda reorganização, nos ajudaram a otimizar o fluxo lógico dos tópicos e a evitar tantos erros quanto fosse humanamente possível. Nossa segunda linha de defesa contra erros e problemas estilísticos foi nossa incansável revisora de textos, Liz Pierson, que fez maravilhas para encaixar os capítulos recém-projetados em um todo coerente, integrado e uniforme. Como sempre, a talentosa ilustradora Elizabeth Morales implementou todas as mudanças solicitadas às figuras existentes e criou várias figuras novas e atrativas.

Devemos o novo formato do livro aos talentos criativos de Chris Small e sua equipe de produção. Ann Chiara criou o projeto gráfico e trabalhou na editoração das páginas da edição. Outro novo recurso de *design* foi o uso de fotos nas aberturas de capítulos exibindo plantas relevantes ao conteúdo abordado. Mark Siddall, nosso editor de fotografia, é o responsável por encontrar fotos apropriadas e agradáveis para uso nas aberturas dos capítulos, e Beth Roberge Friedrichs merece crédito por criar a capa da edição em inglês de *Fundamentos de fisiologia vegetal*. Também somos gratos a Johanna Walkowicz por lançar as bases para a concepção do livro, idealizando e compilando resultados de pesquisas com uma seleção variada de professores. Graças à sua análise detalhada dos dados, pudemos identificar quais tópicos de fisiologia vegetal eram abordados com maior frequência nas disciplinas.

Por fim, estendemos nossa mais profunda gratidão ao nosso editor, Andy Sinauer, cujas contribuições inovadoras e criativas a este livro, assim como às edições anteriores de *Fisiologia e desenvolvimento vegetal*, são numerosas demais para serem listadas. Andy está se aposentando, e estamos profundamente tristes com seu afastamento. Ele deixa um legado magnífico, a Sinauer Associates, que é inigualável entre as editoras de livros científicos. Sentiremos falta da sabedoria e dos *insights* inestimáveis de Andy, mas esperamos que a relação com nossa nova editora, Oxford Univerity Press, seja produtiva e duradoura.

Lincoln Taiz
Eduardo Zeiger
Ian Max Møller
Angus Murphy

Material complementar para professores

 Professores podem fazer *download* do material complementar exclusivo (em português). Acesse nosso *site*, loja.grupoa.com.br, cadastre-se, encontre a página do livro por meio do campo de busca e clique no *link* Material Complementar para ter acesso a arquivos com as figuras e tabelas dos capítulos.

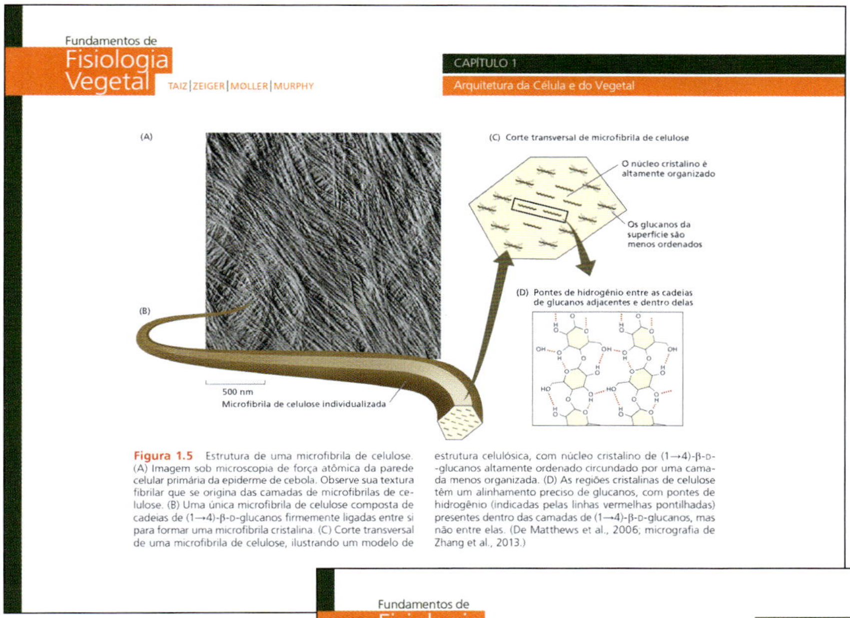

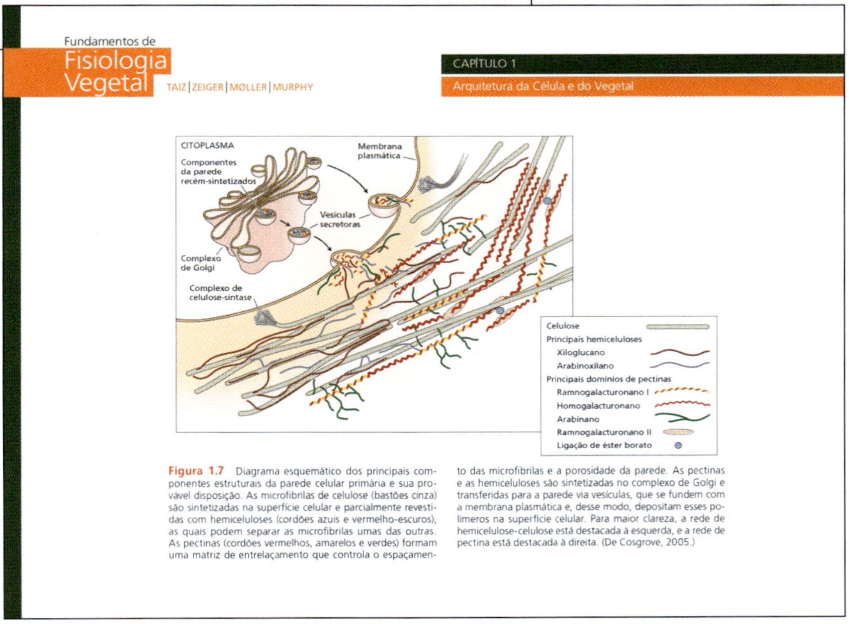

Sumário

CAPÍTULO 1	Arquitetura da Célula e do Vegetal	1
CAPÍTULO 2	Água e Células Vegetais	41
CAPÍTULO 3	Balanço Hídrico das Plantas	59
CAPÍTULO 4	Nutrição Mineral	83
CAPÍTULO 5	Assimilação de Nutrientes Inorgânicos	109
CAPÍTULO 6	Transporte de Solutos	131
CAPÍTULO 7	Fotossíntese: Reações Luminosas	163
CAPÍTULO 8	Fotossíntese: Reações de Carboxilação	191
CAPÍTULO 9	Fotossíntese: Considerações Fisiológicas e Ecológicas	215
CAPÍTULO 10	Translocação no Floema	239
CAPÍTULO 11	Respiração e Metabolismo de Lipídeos	269
CAPÍTULO 12	Sinais e Transdução de Sinal	303
CAPÍTULO 13	Sinais da Luz Solar	329
CAPÍTULO 14	Embriogênese	349
CAPÍTULO 15	Dormência e Germinação da Semente e Estabelecimento da Plântula	367
CAPÍTULO 16	Crescimento Vegetativo e Senescência	397
CAPÍTULO 17	Florescimento e Desenvolvimento de Frutos	423
CAPÍTULO 18	Interações Bióticas	453
CAPÍTULO 19	Estresse Abiótico	481

Sumário detalhado

CAPÍTULO 1
Arquitetura da Célula e do Vegetal   1

Processos vitais das plantas: princípios unificadores   2

Classificação e ciclos de vida das plantas   2

Os ciclos de vida da planta alternam-se entre gerações diploides e haploides   2

Quadro 1.1   Relações evolutivas entre plantas   3

Visão geral da estrutura vegetal   5

As células vegetais são delimitadas por paredes rígidas   6

As paredes celulares primárias e secundárias diferem em seus componentes   6

As microfibrilas de celulose e os polímeros da matriz são sintetizados por mecanismos diferentes   8

Os plasmodesmos permitem o movimento livre de moléculas entre as células   10

As novas células são produzidas por tecidos em divisão denominados meristemas   10

Tipos de células vegetais   10

O sistema dérmico recobre as superfícies das plantas   10

Quadro 1.2   O corpo secundário da planta   13

O tecido fundamental forma os corpos dos vegetais   14

O sistema vascular forma redes de transporte entre diferentes partes da planta   14

Organelas da célula vegetal   16

As membranas biológicas são bicamadas que contêm proteínas   17

O núcleo   18

A expressão gênica envolve a transcrição e a tradução   20

A regulação pós-traducional determina o tempo de vida das proteínas   22

O sistema de endomembranas   22

O retículo endoplasmático é uma rede de endomembranas   22

Os vacúolos apresentam diversas funções nas células vegetais   23

Os oleossomos são organelas que armazenam lipídeos   24

Os microcorpos exercem papéis metabólicos especializados em folhas e sementes   24

Organelas semiautônomas de divisão independente   24

Pró-plastídios transformam-se em plastídios especializados em diferentes tecidos vegetais   27

A divisão de cloroplastos e mitocôndrias é independente da divisão nuclear   27

O citoesqueleto vegetal   28

O citoesqueleto vegetal é formado por microtúbulos e microfilamentos   28

Actina, tubulina e seus polímeros estão em constante movimento na célula   29

Os protofilamentos de microtúbulos montam-se primeiramente em lâminas planas antes de assumir a forma cilíndrica   30

Proteínas motoras do citoesqueleto medeiam a corrente citoplasmática e o movimento dirigido de organelas   30

A regulação do ciclo celular   33

Cada fase do ciclo celular apresenta um conjunto específico de atividades bioquímicas e celulares   34

O ciclo celular é regulado por ciclinas e por quinases dependentes de ciclina   34

Os microtúbulos e o sistema de endomembranas atuam na mitose e na citocinese   35

CAPÍTULO 2
Água e Células Vegetais   41

A água na vida das plantas   42

A estrutura e as propriedades da água 42

A água é uma molécula polar que forma pontes de hidrogênio 42

A água é um excelente solvente 43

A água tem propriedades térmicas características em relação a seu tamanho 43

As moléculas de água são altamente coesivas 44

A água tem uma grande resistência à tensão 44

Difusão e osmose 46

Difusão é o movimento líquido de moléculas por agitação térmica aleatória 46

A difusão é mais eficaz para curtas distâncias 47

A osmose descreve o movimento líquido da água através de uma barreira seletivamente permeável 48

Potencial hídrico 48

O potencial químico da água representa o *status* de sua energia livre 48

Três fatores principais contribuem para o potencial hídrico celular 48

Potenciais hídricos podem ser medidos 49

Potencial hídrico das células vegetais 50

A água entra na célula ao longo de um gradiente de potencial hídrico 50

A água também pode sair da célula em resposta a um gradiente de potencial hídrico 51

O potencial hídrico e seus componentes variam com as condições de crescimento e sua localização dentro da planta 52

Propriedades da parede celular e da membrana plasmática 52

Pequenas mudanças no volume da célula vegetal causam grandes mudanças na pressão de turgor 53

A taxa na qual as células ganham ou perdem água é influenciada pela condutividade hidráulica da membrana celular 54

Aquaporinas facilitam o movimento de água através das membranas plasmáticas 54

O estado hídrico da planta 55

Os processos fisiológicos são afetados pelo estado hídrico da planta 55

A acumulação de solutos ajuda a manter a pressão de turgor e o volume das células 55

CAPÍTULO 3
Balanço Hídrico das Plantas 59

A água no solo 60

Uma pressão hidrostática negativa na água do solo diminui seu potencial hídrico 60

A água move-se pelo solo por fluxo de massa 61

Absorção de água pelas raízes 62

A água move-se na raiz pelas rotas apoplástica, simplástica e transmembrana 62

A acumulação de solutos no xilema pode gerar "pressão de raiz" 64

Transporte de água pelo xilema 65

O xilema consiste em dois tipos de células de transporte 65

A água move-se através do xilema por fluxo de massa acionado por pressão 65

O movimento de água através do xilema requer um gradiente de pressão menor que o do movimento através de células vivas 67

Que diferença de pressão é necessária para elevar a água 100 m até o topo de uma árvore? 67

A teoria da coesão-tensão explica o transporte de água no xilema 68

O transporte de água no xilema em árvores enfrenta desafios físicos 69

As plantas minimizam as consequências da cavitação do xilema 71

Movimento da água da folha para a atmosfera 71

As folhas têm uma grande resistência hidráulica 72

A força propulsora da transpiração é a diferença na concentração de vapor de água 73

A perda de água também é regulada por resistências na rota 73

A camada limítrofe contribui para a resistência à difusão 73

A resistência estomática é um outro importante componente da resistência à difusão 74

As paredes celulares das células-guarda têm características especializadas 74

Um aumento na pressão de turgor das células-guarda abre o estômato 77

Conectando transpiração foliar e fotossíntese: abertura estomática dependente da luz 77

A abertura estomática é regulada pela luz 77

A abertura estomática é especificamente regulada pela luz azul 78

Eficiência no uso da água 78

Visão geral: o *continuum* solo-planta-atmosfera 79

CAPÍTULO 4
Nutrição Mineral 83

Nutrientes essenciais, deficiências e distúrbios vegetais 84

Técnicas especiais são utilizadas em estudos nutricionais 86

Soluções nutritivas podem sustentar rápido crescimento vegetal 87

Deficiências minerais perturbam o metabolismo e o funcionamento vegetal 89

A análise de tecidos vegetais revela deficiências minerais 94

Tratando deficiências nutricionais 95

A produtividade das culturas pode ser melhorada pela adição de fertilizantes 95

Alguns nutrientes minerais podem ser absorvidos pelas folhas 96

Solo, raízes e microrganismos 97

Partículas de solo carregadas negativamente afetam a adsorção dos nutrientes minerais 97

O pH do solo afeta a disponibilidade de nutrientes, os microrganismos do solo e o crescimento das raízes 98

O excesso de íons minerais no solo limita o crescimento vegetal 99

Algumas plantas desenvolvem sistemas de raízes extensos 99

Os sistemas de raízes diferem na forma, mas se baseiam em estruturas comuns 100

Áreas diferentes da raiz absorvem íons minerais distintos 102

A disponibilidade de nutrientes influencia o crescimento da raiz 103

As simbioses micorrízicas facilitam a absorção de nutrientes pelas raízes 104

Os nutrientes movem-se entre os fungos micorrízicos e as células das raízes 107

CAPÍTULO 5
Assimilação de Nutrientes Inorgânicos 109

Nitrogênio no meio ambiente 110

O nitrogênio passa por diferentes formas no ciclo biogeoquímico 110

Amônio ou nitrato não assimilados podem ser perigosos 111

Assimilação do nitrato 112

Muitos fatores regulam a nitrato redutase 112

A nitrito redutase converte o nitrito em amônio 113

Raízes e partes aéreas assimilam nitrato 113

Assimilação do amônio 114

A conversão do amônio em aminoácidos requer duas enzimas 114

O amônio pode ser assimilado por uma rota alternativa 116

As reações de transaminação transferem o nitrogênio 116

A asparagina e a glutamina unem o metabolismo do carbono e do nitrogênio 116

Biossíntese de aminoácidos 116

Fixação biológica do nitrogênio 117

Bactérias fixadoras de nitrogênio de vida livre e simbióticas 117

A fixação do nitrogênio necessita de condições microanaeróbias e anaeróbias 118

A fixação simbiótica do nitrogênio ocorre em estruturas especializadas 119

O estabelecimento da simbiose requer uma troca de sinais 120

Os fatores Nod produzidos por bactérias atuam como sinalizadores para a simbiose 120

A formação do nódulo envolve fitormônios 122

O complexo da enzima nitrogenase fixa o N_2 122

Amidas e ureídas são formas de transporte do nitrogênio 124

Assimilação do enxofre 124

O sulfato é a forma do enxofre transportado nos vegetais 125

A assimilação do sulfato ocorre principalmente nas folhas 125

A metionina é sintetizada a partir da cisteína 125

Assimilação do fosfato 125

Assimilação de ferro 126

As raízes modificam a rizosfera para absorver o ferro 126

Cátions de ferro formam complexos com carbono e fosfato 127

Balanço energético da assimilação de nutrientes 127

CAPÍTULO 6
Transporte de Solutos 131

Transporte passivo e ativo 132

Transporte de íons através de barreiras de membrana 134

Taxas de difusão diferentes para cátions e ânions produzem potenciais de difusão 134

Como o potencial de membrana se relaciona à distribuição de um íon? 135

A equação de Nernst distingue transporte ativo de transporte passivo 136

O transporte de prótons é um importante determinante do potencial de membrana 137

Processos de transporte em membranas 138

Os canais aumentam a difusão através das membranas 139

Os carregadores ligam e transportam substâncias específicas 140

O transporte ativo primário requer energia 142

O transporte ativo secundário utiliza energia armazenada 142

Análises cinéticas podem elucidar mecanismos de transporte 144

Proteínas de transporte em membranas 145

Os genes para muitos transportadores têm sido identificados 145

Existem transportadores para diversos compostos nitrogenados 147

Os transportadores de cátions são diversos 147

Transportadores de ânions foram identificados 150

Transportadores de íons metálicos e metaloides transportam micronutrientes essenciais 150

As aquaporinas têm funções diversas 151

As H^+-ATPases de membrana plasmática são ATPases do tipo P altamente reguladas 151

A H^+-ATPase do tonoplasto aciona a acumulação de solutos nos vacúolos 153

As H^+-pirofosfatases também bombeiam prótons no tonoplasto 154

Transporte iônico na abertura estomática 154

A luz estimula a atividade da ATPase e cria um gradiente eletroquímico mais forte através da membrana plasmática da célula-guarda 154

A hiperpolarização da membrana plasmática da célula-guarda leva à absorção de íons e água 155

Transporte de íons nas raízes 155

Os solutos movem-se tanto através do apoplasto quanto do simplasto 156

Os íons cruzam o simplasto e o apoplasto 157

As células parenquimáticas do xilema participam de seu carregamento 159

CAPÍTULO 7
Fotossíntese: Reações Luminosas 163

Fotossíntese nas plantas superiores 164

Conceitos gerais 164

A luz possui características tanto de partícula quanto de onda 164

As moléculas alteram seu estado eletrônico quando absorvem ou emitem luz 165

Os pigmentos fotossintetizantes absorvem a luz que impulsiona a fotossíntese 167

Experimentos-chave para a compreensão da fotossíntese 168

Os espectros de ação relacionam a absorção de luz à atividade fotossintética 168

A fotossíntese ocorre em complexos contendo antenas de captação de luz e centros fotoquímicos de reação   169

A reação química da fotossíntese é impulsionada pela luz   170

A luz impulsiona a redução do $NADP^+$ e a formação do ATP   171

Os organismos produtores de oxigênio possuem dois fotossistemas que operam em série   171

Organização do aparelho fotossintético   173

O cloroplasto é o local da fotossíntese   173

Os tilacoides contêm proteínas integrais de membrana   174

Os fotossistemas I e II estão separados espacialmente na membrana do tilacoide   174

Organização dos sistemas antena de absorção de luz   174

O sistema antena contém clorofila e está associado à membrana   175

A antena canaliza energia para o centro de reação   176

Muitos complexos pigmento-proteicos antena possuem um motivo estrutural comum   177

Mecanismos de transporte de elétrons   177

Elétrons oriundos da clorofila viajam através de carregadores organizados no esquema Z   178

A energia é capturada quando uma clorofila excitada reduz uma molécula aceptora de elétrons   179

As clorofilas dos centros de reação dos dois fotossistemas absorvem em comprimentos de onda diferentes   180

O centro de reação do fotossistema II é um complexo pigmento-proteico com múltiplas subunidades   180

A água é oxidada a oxigênio pelo fotossistema II   181

Feofitina e duas quinonas recebem elétrons do fotossistema II   182

O fluxo de elétrons através do complexo citocromo b_6f também transporta prótons   182

A plastoquinona e a plastocianina transportam elétrons entre os fotossistemas II e I   184

O centro de reação do fotossistema I reduz o $NADP^+$ 184

O fluxo cíclico de elétrons gera ATP, mas não NADPH   185

Alguns herbicidas bloqueiam o fluxo fotossintético de elétrons   185

O transporte de prótons e a síntese de ATP no cloroplasto   186

CAPÍTULO 8
Fotossíntese: Reações de Carboxilação   191

O ciclo de Calvin-Benson   192

O ciclo de Calvin-Benson tem três fases: carboxilação, redução e regeneração   192

A fixação do CO_2 via carboxilação da ribulose-1,5-bifosfato e redução do produto 3-fosfoglicerato gera trioses fosfato   193

A regeneração da ribulose-1,5-bifosfato assegura a assimilação contínua do CO_2 193

Um período de indução antecede o estado de equilíbrio da assimilação fotossintética do CO_2 196

Muitos mecanismos regulam o ciclo de Calvin-Benson   196

A Rubisco ativase regula a atividade catalítica da Rubisco   197

A luz regula o ciclo de Calvin-Benson via sistema ferredoxina-tiorredoxina   197

Movimentos iônicos dependentes da luz modulam as enzimas do ciclo de Calvin-Benson   197

Fotorrespiração: o ciclo fotossintético oxidativo C_2 do carbono   198

A oxigenação da ribulose-1,5-bifosfato coloca em marcha o ciclo fotossintético oxidativo C_2 do carbono   198

A fotorrespiração está ligada à cadeia de transporte de elétrons da fotossíntese   203

Mecanismos de concentração de carbono inorgânico   203

Mecanismos de concentração de carbono inorgânico: o ciclo C_4 do carbono   204

Malato e aspartato são os produtos primários da carboxilação no ciclo C_4 204

O ciclo C_4 assimila CO_2 por uma ação combinada de dois tipos diferentes de células   205

As células da bainha vascular e as células do mesofilo apresentam diferenças anatômicas e bioquímicas   206

O ciclo C_4 também concentra CO_2 em células individuais   206

A luz regula a atividade de enzimas-chave das C₄ 208

A assimilação fotossintética de CO_2 nas plantas C_4 demanda mais processos de transporte do que as plantas C_3 208

Em climas quentes e secos, o ciclo C_4 reduz a fotorrespiração 208

Mecanismos de concentração de carbono inorgânico: metabolismo ácido das crassuláceas (CAM) 209

Mecanismos diferentes regulam a PEPCase C_4 e a PEPCase CAM 210

O metabolismo ácido das crassuláceas é um mecanismo versátil sensível a estímulos ambientais 211

Acumulação e partição de fotossintatos – amido e sacarose 211

CAPÍTULO 9
Fotossíntese: Considerações Fisiológicas e Ecológicas 215

O efeito das propriedades foliares na fotossíntese 216

A anatomia foliar e a estrutura do dossel maximizam a absorção da luz 217

O ângulo e o movimento da folha podem controlar a absorção da luz 219

As folhas aclimatam-se a ambientes ensolarados e sombrios 220

Efeitos da luz na fotossíntese na folha intacta 221

As curvas de resposta à luz revelam propriedades fotossintéticas 221

As folhas precisam dissipar o excesso de energia luminosa 223

A absorção de luz em demasia pode levar à fotoinibição 226

Efeitos da temperatura na fotossíntese na folha intacta 226

As folhas precisam dissipar grandes quantidades de calor 226

Existe uma temperatura ideal para a fotossíntese 227

A fotossíntese é sensível às temperaturas altas e baixas 228

A eficiência fotossintética é sensível à temperatura 229

Efeitos do dióxido de carbono na fotossíntese na folha intacta 229

A concentração de CO_2 atmosférico continua subindo 230

A difusão de CO_2 até o cloroplasto é essencial para a fotossíntese 230

O CO_2 impõe limitações à fotossíntese 232

Como a fotossíntese e a respiração mudarão no futuro sob condições de aumento de CO_2? 234

CAPÍTULO 10
Translocação no Floema 239

Padrões de translocação: fonte-dreno 240

Rotas de translocação 241

O açúcar é translocado nos elementos crivados 241

Os elementos crivados maduros são células vivas especializadas para translocação 242

Grandes poros nas paredes celulares caracterizam os elementos crivados 242

Elementos de tubo crivado danificados são vedados 243

As células companheiras dão suporte aos elementos crivados altamente especializados 245

Materiais translocados no floema 245

A seiva do floema pode ser coletada e analisada 246

Os açúcares são translocados na forma não redutora 246

Outros solutos são translocados no floema 248

Taxa de movimento 248

Modelo de fluxo de pressão: um mecanismo passivo para a translocação no floema 248

Um gradiente de pressão gerado osmoticamente aciona a translocação no modelo de fluxo de pressão 249

Algumas predições do modelo de fluxo de pressão têm sido confirmadas, enquanto outras necessitam de experimentos adicionais 250

Não há transporte bidirecional em um único elemento crivado, e solutos e água movem-se na mesma velocidade 251

A necessidade de energia para o transporte no floema é pequena em plantas herbáceas 251

Os poros da placa crivada parecem ser canais abertos 251

Os gradientes de pressão nos elementos crivados podem ser modestos; as pressões em plantas herbáceas e árvores parecem ser semelhantes 252

Carregamento do floema 252

O carregamento do floema pode ocorrer via apoplasto ou simplasto 253

Dados abundantes dão suporte à ocorrência do carregamento apoplástico em algumas espécies 254

A absorção de sacarose na rota apoplástica requer energia metabólica 254

Na rota apoplástica, o carregamento dos elementos crivados envolve um transportador de sacarose-H^+ do tipo simporte 255

O carregamento do floema é simplástico em algumas espécies 255

O modelo de aprisionamento de polímeros explica o carregamento simplástico em plantas com células companheiras do tipo intermediário 255

O carregamento do floema é passivo em diversas espécies arbóreas 256

Descarregamento do floema e transição dreno-fonte 257

O descarregamento do floema e o transporte de curta distância podem ocorrer via rotas simplástica ou apoplástica 257

O transporte para os tecidos-dreno necessita de energia metabólica 258

Em uma folha, a transição de dreno para fonte é gradual 258

Distribuição dos fotossintatos: alocação e partição 260

A alocação inclui armazenagem, utilização e transporte 260

Partição dos açúcares de transporte entre vários drenos 261

As folhas-fonte regulam a alocação 262

Os tecidos-dreno competem pelos fotossintatos translocados disponíveis 262

A intensidade do dreno depende de seu tamanho e atividade 263

A fonte ajusta-se às alterações de longo prazo na razão fonte-dreno 263

Transporte de moléculas sinalizadoras 264

A pressão de turgor e os sinais químicos coordenam as atividades das fontes e dos drenos 264

Proteínas e RNAs atuam como moléculas sinalizadoras no floema para regular o crescimento e o desenvolvimento 264

Plasmodesmos atuam na sinalização do floema 265

CAPÍTULO 11
Respiração e Metabolismo de Lipídeos 269

Visão geral da respiração vegetal 269

Glicólise 271

A glicólise metaboliza carboidratos de várias fontes 271

A fase de conservação de energia da glicólise extrai energia utilizável 273

As plantas têm reações glicolíticas alternativas 273

Na ausência de oxigênio, a fermentação regenera o NAD^+ necessário para a produção glicolítica de ATP 275

Rota oxidativa das pentoses fosfato 276

A rota oxidativa das pentoses fosfato produz NADPH e intermediários biossintéticos 278

A rota oxidativa das pentoses fosfato é regulada por reações redox 278

Ciclo do ácido tricarboxílico 278

As mitocôndrias são organelas semiautônomas 278

O piruvato entra na mitocôndria e é oxidado pelo ciclo do TCA 280

O ciclo do TCA em plantas tem características exclusivas 281

Transporte de elétrons e síntese de ATP na mitocôndria 281

A cadeia de transporte de elétrons catalisa o fluxo de elétrons do NADH ao O_2 282

A cadeia de transporte de elétrons tem ramificações suplementares 284

A síntese de trifosfato de adenosina na mitocôndria está acoplada ao transporte de elétrons 284

Os transportadores trocam substratos e produtos 286

A respiração aeróbica produz cerca de 60 moléculas de trifosfato de adenosina por molécula de sacarose 286

As plantas têm diversos mecanismos que reduzem a produção de ATP 288

O controle da respiração mitocondrial em curto prazo ocorre em diferentes níveis 289

A respiração é fortemente acoplada a outras rotas 290

Respiração em plantas e em tecidos intactos 291

As plantas respiram aproximadamente metade da produção fotossintética diária 291

Processos respiratórios operam durante a fotossíntese 292

Tecidos e órgãos diferentes respiram com taxas diferentes 292

Os fatores ambientais alteram as taxas respiratórias 293

Metabolismo de lipídeos 294

Gorduras e óleos armazenam grandes quantidades de energia 294

Os triacilgliceróis são armazenados em corpos lipídicos 295

Os glicerolipídeos polares são os principais lipídeos estruturais nas membranas 295

Os lipídeos de membranas são precursores importantes de compostos sinalizadores 296

Os lipídeos de reserva são convertidos em carboidratos em sementes em germinação, liberando energia armazenada 296

CAPÍTULO 12
Sinais e Transdução de Sinal 303

Aspectos temporais e espaciais da sinalização 304

Percepção e amplificação de sinais 304

Os sinais devem ser amplificados intracelularmente para regular suas moléculas-alvo 305

Ca^{2+} é o mensageiro secundário mais ubíquo em plantas e em outros eucariotos 307

As mudanças no pH citosólico ou no pH da parede celular podem servir como mensageiros secundários para respostas hormonais e a estresses 308

Espécies reativas de oxigênio atuam como mensageiros secundários, mediando sinais ambientais e de desenvolvimento 308

Hormônios e desenvolvimento vegetal 309

A auxina foi descoberta em estudos iniciais da curvatura do coleóptilo durante o fototropismo 310

As giberelinas promovem o crescimento do caule e foram descobertas em relação à "doença da planta boba" do arroz 311

As citocininas foram descobertas como fatores promotores da divisão celular em experimentos de cultura de tecidos 311

O etileno é um hormônio gasoso que promove o amadurecimento do fruto e outros processos do desenvolvimento 312

O ácido abscísico regula a maturação da semente e o fechamento estomático em resposta ao estresse hídrico 313

Os brassinosteroides regulam a determinação sexual floral, a fotomorfogênese e a germinação 314

Ácido salicílico e jasmonatos atuam em respostas defensivas 314

As estrigolactonas reprimem a ramificação e promovem interações na rizosfera 315

Metabolismo e homeostase dos fitormônios 315

O indol-3-piruvato é o intermediário principal na biossíntese da auxina 315

As giberelinas são sintetizadas pela oxidação do diterpeno *ent*-caureno 316

As citocininas são derivadas da adenina com cadeias laterais de isopreno 316

O etileno é sintetizado da metionina via ácido 1-aminociclopropano-1-carboxílico intermediário 316

O ácido abscísico é sintetizado de um carotenoide intermediário 316

Os brassinosteroides são derivados do esterol campesterol 317

As estrigolactonas são sintetizadas a partir do β-caroteno 317

Transmissão de sinal e comunicação célula a célula 317

Rotas de sinalização hormonal 318

As rotas de transdução de sinal de etileno e de citocinina são derivadas dos sistemas reguladores bacterianos de dois componentes 320

Os receptores do tipo quinase medeiam a sinalização de brassinosteroides 320

Sumário detalhado xxi

Os componentes centrais da sinalização do ácido abscísico incluem fosfatases e quinases 321

As rotas de sinalização dos hormônios vegetais geralmente empregam regulação negativa 321

A degradação de proteínas via ubiquitinação exerce um papel relevante na sinalização hormonal 323

As plantas possuem mecanismos para desativar ou atenuar as respostas de sinalização 323

A saída (*output*) da resposta celular a um sinal frequentemente é específica do tecido 323

A regulação cruzada permite a integração das rotas de transdução de sinal 324

CAPÍTULO 13
Sinais da Luz Solar 329

Fotorreceptores vegetais 330

As fotorrespostas são acionadas pela qualidade da luz ou pelas propriedades espectrais da energia absorvida 332

As respostas vegetais à luz podem ser distinguidas pela quantidade de luz requerida 333

Fitocromos 333

O fitocromo é o fotorreceptor primário para as luzes vermelha e vermelho-distante 334

O fitocromo pode se interconverter entre as formas Pr e Pfr 335

Respostas do fitocromo 335

As respostas do fitocromo variam em período de atraso (*lag time*) e tempo de escape 336

As respostas do fitocromo são classificadas em três categorias principais com base na quantidade de luz requerida 337

O fitocromo A medeia respostas à luz vermelho-distante contínua 338

O fitocromo regula a expressão gênica 338

Respostas à luz azul e fotorreceptores 339

As respostas à luz azul possuem cinética e períodos de atraso característicos 339

Criptocromos 340

A irradiação de luz azul do cromóforo FAD do criptocromo causa uma mudança conformacional 340

O núcleo é o sítio primário de ação dos criptocromos 340

O criptocromo interage com o fitocromo 341

Fototropinas 341

O fototropismo requer alterações na mobilização das auxinas 342

As fototropinas regulam os movimentos de cloroplastos 342

A abertura estomática é regulada pela luz azul, que ativa a H^+-ATPase da membrana plasmática 343

A ação conjunta do fitocromo, do criptocromo e das fototropinas 344

Respostas à radiação ultravioleta 346

CAPÍTULO 14
Embriogênese 349

Visão geral da embriogênese 351

Embriologia comparativa de eudicotiledôneas e monocotiledôneas 351

Semelhanças e diferenças morfológicas entre embriões de eudicotiledôneas e monocotiledôneas determinam seus respectivos padrões de desenvolvimento 351

A polaridade apical-basal é mantida no embrião durante a organogênese 354

O desenvolvimento embrionário requer comunicação regulada entre células 355

A sinalização de auxina é essencial para o desenvolvimento do embrião 357

O transporte polar de auxina é mediado por carreadores de efluxo de auxina localizados 358

A síntese de auxina e o transporte polar regulam o desenvolvimento embrionário 361

A padronização radial guia a formação de camadas de tecidos 361

A protoderme diferencia-se em epiderme 362

O cilindro central vascular é elaborado por divisões celulares progressivas reguladas por citocinina 362

Formação e manutenção dos meristemas apicais 362

Auxina e citocinina contribuem para a formação e a manutenção do MAR 363

A formação do MAC é também influenciada por fatores envolvidos no movimento de auxina e nas respostas a esse hormônio 363

A proliferação de células no MAC é regulada por citocinina e giberelinas 365

CAPÍTULO 15
Dormência e Germinação da Semente e Estabelecimento da Plântula 367

Estrutura da semente 368

A anatomia da semente varia amplamente entre diferentes grupos de plantas 368

Dormência da semente 370

Existem dois tipos básicos de mecanismos de dormência da semente: exógeno e endógeno 371

Sementes não dormentes podem exibir viviparidade e germinação precoce 372

A razão ABA:GA é o primeiro determinante da dormência da semente 372

Liberação da dormência 374

A luz é um sinal importante que quebra a dormência nas sementes pequenas 374

Algumas sementes requerem ou resfriamento ou pós-maturação para quebrar a dormência 374

A dormência da semente pode ser quebrada por vários compostos químicos 375

Germinação da semente 375

A germinação e a pós-germinação podem ser divididas em três fases correspondentes às fases de absorção da água 376

Mobilização das reservas armazenadas 377

A camada de aleurona dos cereais é um tecido digestivo especializado circundando o endosperma amiláceo 378

Estabelecimento da plântula 379

O desenvolvimento de plântulas emergentes é fortemente influenciado pela luz 379

Giberelinas e brassinosteroides suprimem a fotomorfogênese no escuro 380

A abertura do gancho é regulada por fitocromo, auxina e etileno 380

A diferenciação vascular começa durante a emergência da plântula 381

Raízes em crescimento possuem zonas distintas 381

O etileno e outros hormônios regulam o desenvolvimento dos pelos da raiz 382

As raízes laterais surgem internamente a partir do periciclo 383

Expansão celular: mecanismos e controles hormonais 383

A parede celular primária rígida deve ser afrouxada para que ocorra a expansão celular 384

A orientação das microfibrilas influencia a direção de células com crescimento difuso 384

O crescimento e o amolecimento da parede celular induzidos por ácidos são mediados por expansinas 385

A auxina promove o crescimento nos caules e coleóptilos, enquanto inibe o crescimento nas raízes 386

Os tecidos externos dos caules das eudicotiledôneas são os alvos da ação das auxinas 387

O período de atraso mínimo para o alongamento induzido por auxina é de 10 minutos 387

A extrusão de prótons induzida por auxina afrouxa a parede celular 388

O etileno afeta a orientação de microtúbulos e induz a expansão lateral da célula 388

Tropismos: crescimento em resposta a estímulos direcionais 388

O transporte de auxina é polar e independente da gravidade 389

A hipótese de Cholodny-Went é apoiada pelos movimentos e pelas respostas da auxina durante o crescimento gravitrópico 390

A percepção da gravidade é desencadeada pela sedimentação de amiloplastos 391

A percepção da gravidade pode envolver o pH e os íons cálcio (Ca^{2+}) como mensageiros secundários 392

Fototropinas são os receptores de luz envolvidos no fototropismo 393

O fototropismo é mediado pela redistribuição lateral de auxina 393

O fototropismo do caule ocorre em uma série de etapas 394

CAPÍTULO 16
Crescimento Vegetativo e Senescência 397

Meristema apical do caule 397
O meristema apical do caule tem zonas e camadas distintas 398

Estrutura foliar e filotaxia 399
A padronização do ápice do caule dependente de auxina começa durante a embriogênese 399

Diferenciação de tipos celulares epidérmicos 401
Uma linhagem epidérmica especializada produz células-guarda 401

Padrões de venação nas folhas 402
A nervura foliar primária é iniciada no primórdio foliar 403

A canalização da auxina inicia o desenvolvimento do traço foliar 404

Ramificação e arquitetura da parte aérea 405
Auxina, citocininas e estrigolactonas regulam a emergência das gemas axilares 406

O sinal inicial para o crescimento das gemas axilares pode ser um aumento na disponibilidade de sacarose para a gema 406

Evitação da sombra 408
A redução das respostas de evitação da sombra pode melhorar a produtividade das culturas 409

Arquitetura do sistema de raízes 409
As plantas podem modificar a arquitetura de seus sistemas de raízes para otimizar a absorção de água e nutrientes 409

As monocotiledôneas e as eudicotiledôneas diferem na arquitetura de seus sistemas de raízes 410

A arquitetura do sistema de raízes muda em resposta às deficiências de fósforo 411

Senescência vegetal 411
Durante a senescência foliar, nutrientes são remobilizados da folha-fonte para os drenos vegetativos ou reprodutivos 412

A idade de desenvolvimento de uma folha pode diferir de sua idade cronológica 413

A senescência foliar pode ser sequencial, sazonal ou induzida por estresse 413

As primeiras alterações celulares durante a senescência foliar ocorrem no cloroplasto 414

Espécies reativas de oxigênio servem como agentes de sinalização interna na senescência foliar 415

Os hormônios vegetais interagem na regulação da senescência foliar 416

Abscisão foliar 417
O ritmo da abscisão foliar é regulado pela interação de etileno e auxina 417

Senescência da planta inteira 419
Os ciclos de vida de angiospermas podem ser anuais, bianuais ou perenes 419

A redistribuição de nutrientes ou hormônios pode desencadear a senescência em plantas monocárpicas 420

CAPÍTULO 17
Florescimento e Desenvolvimento de Frutos 423

Evocação floral: integração de estímulos ambientais 424

O ápice caulinar e as mudanças de fase 424
O desenvolvimento vegetal possui três fases 424

Os tecidos juvenis são produzidos primeiro e estão localizados na base do caule 425

As mudanças de fase podem ser influenciadas por nutrientes, giberelinas e regulação epigenética 426

Fotoperiodismo: monitoramento do comprimento do dia 426
As plantas podem ser classificadas por suas respostas fotoperiódicas 426

O fotoperiodismo é um dos muitos processos vegetais controlados por um ritmo circadiano 428

Os ritmos circadianos exibem características marcantes 429

Ritmos circadianos ajustam-se a diferentes ciclos de dia e noite 431

A folha é o sítio de percepção do sinal fotoperiódico 431

As plantas monitoram o comprimento do dia pela medição do comprimento da noite 431

Quebras da noite podem cancelar o efeito do período de escuro 432

A cronometragem fotoperiódica durante a noite depende do relógio circadiano 433

O modelo de coincidência vincula sensibilidade oscilante à luz e fotoperiodismo 434

O fitocromo é o fotorreceptor primário no fotoperiodismo 434

Vernalização: promoção do florescimento com o frio 436

Sinalização de longa distância envolvida no florescimento 437

Giberelinas e etileno podem induzir o florescimento 438

Meristemas florais e desenvolvimento de órgãos florais 438

Em *Arabidopsis*, o MAC muda com o desenvolvimento 438

Os quatro tipos diferentes de órgãos florais são iniciados como verticilos separados 439

Duas categorias principais de genes regulam o desenvolvimento floral 440

O modelo ABC explica parcialmente a determinação da identidade do órgão floral 441

Desenvolvimento do pólen 442

Desenvolvimento do gametófito feminino no rudimento seminal 442

Megásporos funcionais sofrem uma série de divisões mitóticas nucleares livres seguidas por celularização 442

Polinização e fecundação dupla nas angiospermas 444

Duas células espermáticas são transportadas ao gametófito feminino pelo tubo polínico 444

A polinização começa com a adesão e hidratação de um grão de pólen sobre uma flor compatível 444

Os tubos polínicos crescem por crescimento apical 444

A fecundação dupla resulta na formação do zigoto e da célula do endosperma primário 445

Desenvolvimento e amadurecimento do fruto 446

Arabidopsis e tomateiro são sistemas-modelo para o estudo do desenvolvimento do fruto 446

Os frutos carnosos passam por amadurecimento 447

O amadurecimento envolve mudanças na cor do fruto 448

O amolecimento do fruto envolve a ação coordenada de muitas enzimas de degradação da parede celular 448

Paladar e sabor refletem mudanças nos ácidos, açúcares e compostos do aroma 449

O vínculo causal entre etileno e amadurecimento foi demonstrado em tomates transgênicos e mutantes 449

Os frutos climatéricos e não climatéricos diferem em suas respostas ao etileno 450

CAPÍTULO 18
Interações Bióticas 453

Interações benéficas entre plantas e microrganismos 455

Outros tipos de rizobactérias podem aumentar a disponibilidade de nutrientes, estimular a ramificação da raiz e proteger contra patógenos 455

Interações nocivas de patógenos e herbívoros com plantas 456

Barreiras mecânicas fornecem uma primeira linha de defesa contra insetos-praga e patógenos 456

Metabólitos vegetais especializados podem inibir insetos herbívoros e infecção por patógenos 459

As plantas armazenam compostos tóxicos constitutivos em estruturas especializadas 459

Frequentemente, as plantas armazenam em vacúolos especializados moléculas de defesa, como conjugados de açúcar, hidrossolúveis e não tóxicos 462

Respostas de defesa induzidas contra insetos herbívoros 464

As plantas podem reconhecer componentes específicos na saliva dos insetos 464

Os sugadores de floema ativam rotas de sinalização de defesa semelhantes àquelas ativadas por infecções por patógenos   465

O ácido jasmônico ativa respostas de defesa contra insetos herbívoros   465

Interações hormonais contribuem para as interações entre plantas e insetos herbívoros   465

O ácido jasmônico inicia a produção de proteínas de defesa que inibem a digestão de herbívoros   465

Os danos causados por herbívoros induzem defesas sistêmicas   466

A sinalização elétrica de longas distâncias ocorre em resposta à herbivoria por insetos   466

Os voláteis induzidos por herbívoros podem repelir herbívoros e atrair inimigos naturais   468

Os voláteis induzidos por herbívoros podem servir como sinais de longa distância nas plantas e entre elas   469

Os insetos desenvolveram mecanismos para anular as defesas vegetais   470

Defesas vegetais contra patógenos   470

Os agentes patogênicos microbianos desenvolveram várias estratégias para invadir as plantas hospedeiras   470

Patógenos produzem moléculas efetoras que auxiliam na colonização de suas células hospedeiras vegetais   471

A infecção por patógeno pode originar "sinais de perigo" moleculares que são percebidos por receptores de reconhecimento de padrões (PRRs) de superfície celular   472

Proteínas R proporcionam resistência a patógenos individuais pelo reconhecimento de efetores linhagem-específicos   472

A resposta de hipersensibilidade é uma defesa comum contra patógenos   472

Um único contato com o patógeno pode aumentar a resistência aos ataques futuros   474

Defesas vegetais contra outros organismos   475

Alguns nematódeos parasitas de plantas formam associações específicas através da formação de estruturas de forrageio distintas   475

Plantas competem com outras plantas secretando metabólitos secundários alelopáticos no solo   475

Algumas plantas são patógenos biotróficos de outras plantas   477

CAPÍTULO 19
Estresse Abiótico   481

Definição de estresse vegetal   482

O ajuste fisiológico ao estresse abiótico envolve compensações (*trade-offs*) entre os desenvolvimentos vegetativo e reprodutivo   483

Aclimatação *versus* adaptação   483

Estressores ambientais   484

O déficit hídrico diminui a pressão de turgor, aumenta a toxicidade iônica e inibe a fotossíntese   485

O estresse salino tem efeitos osmóticos e citotóxicos   486

O estresse térmico afeta um amplo espectro de processos fisiológicos   486

A inundação resulta em estresse anaeróbico à raiz   487

O estresse luminoso pode ocorrer quando plantas adaptadas ou aclimatadas à sombra são submetidas à luz solar plena   487

Os íons de metais pesados podem imitar nutrientes minerais essenciais e gerar espécies reativas de oxigênio   488

Combinações de estresses abióticos podem induzir rotas de sinalização e metabólicas exclusivas   488

A exposição sequencial a estresses abióticos diferentes às vezes confere proteção cruzada   489

As plantas usam diversos mecanismos sensores de estresse abiótico   489

Mecanismos fisiológicos que protegem as plantas contra o estresse abiótico   490

As plantas podem alterar sua morfologia em resposta ao estresse abiótico   490

Alterações metabólicas capacitam as plantas para enfrentar diversos estresses abióticos   491

As proteínas de choque térmico mantêm a integridade proteica sob condições de estresse   491

A composição dos lipídeos de membrana pode ajustar-se às mudanças na temperatura e outros estresses abióticos   492

Os genes dos cloroplastos respondem à intensidade luminosa alta emitindo sinais de estresse ao núcleo   492

A onda de autopropagação de EROs medeia a aclimatação sistêmica adquirida   493

Ácido abscísico e citocininas são hormônios de resposta ao estresse que regulam respostas à seca   493

Por acumulação de solutos, as plantas ajustam-se osmoticamente a solos secos   494

Mecanismos epigenéticos e pequenos RNAs fornecem proteção adicional contra o estresse   496

Os órgãos submersos desenvolvem um aerênquima em resposta à hipoxia   497

Antioxidantes e rotas de inativação de espécies reativas de oxigênio protegem as células do estresse oxidativo   499

Mecanismos de exclusão e de tolerância interna permitem que as plantas lidem com íons metálicos e metaloides tóxicos   499

As plantas usam moléculas crioprotetoras e proteínas anticongelamento para impedir a formação de cristais de gelo   501

Glossário   503

Crédito das Ilustrações   521

Índice   527

1 Arquitetura da Célula e do Vegetal

Fisiologia vegetal é o estudo dos *processos* vegetais – como as plantas crescem, desenvolvem-se e funcionam à medida que interagem com os ambientes físico (abiótico) e vivo (biótico). Embora este livro enfatize as funções fisiológicas e bioquímicas das plantas, é importante reconhecer que, ao falar sobre a troca gasosa na folha, a condução de água no xilema, a fotossíntese no cloroplasto, o transporte de íons através das membranas, as rotas de transdução de sinal envolvendo luz e hormônios, ou a expressão gênica durante o desenvolvimento, todas essas funções fisiológicas e bioquímicas dependem inteiramente das estruturas. A função deriva de estruturas que interagem em cada nível de complexidade, de moléculas a organismos.

A célula é a unidade organizacional fundamental das plantas e de todos os outros organismos vivos. O termo *célula* deriva do latim *cella*, cujo significado é "despensa" ou "câmara". Ele foi empregado pela primeira vez na biologia em 1665, pelo cientista inglês Robert Hooke, para descrever as unidades de uma estrutura semelhante a favos de mel, observada em uma cortiça, sob um microscópio óptico composto. As "células" que Hooke observou eram, na verdade, lumes vazios de células mortas, delimitados por paredes celulares; porém o termo é apropriado, pois as células são os constituintes estruturais básicos que definem a estrutura vegetal.

Grupos de células especializadas formam tecidos específicos e estes, dispostos em padrões determinados, são a base dos órgão tridimensionais. A anatomia vegetal é o estudo dos arranjos macroscópicos de células e tecidos dentro dos órgãos; a biologia celular vegetal é o estudo das organelas e outros componentes pequenos que compõem cada célula. Os avanços nas microscopias óptica e eletrônica continuam a revelar a surpreendente diversidade e dinâmica dos processos celulares e suas contribuições às funções fisiológicas.

Este capítulo fornece uma visão geral da anatomia básica e da biologia celular das plantas, desde a estrutura macroscópica de órgãos e tecidos até a ultraestrutura microscópica de organelas celulares. Os capítulos seguintes irão discorrer sobre essas estruturas mais detalhadamente da perspectiva de suas funções fisiológicas e de desenvolvimento em diferentes estágios do ciclo de vida da planta.

Processos vitais das plantas: princípios unificadores

A grande diversidade de tamanhos e de formas vegetais é familiar a todos. As plantas variam, em sua altura, de menos de 1 cm a mais de 100 m. A morfologia, ou forma, da planta também é surpreendentemente diversa. À primeira vista, a diminuta planta lentilha-d'água (Lemna) parece ter muito pouco em comum com um cacto gigante ou uma sequoia. Nenhum indivíduo exibe o espectro completo de adaptações ambientais que permitem às plantas ocupar quase todos os nichos na Terra. Assim, os fisiologistas vegetais com frequência estudam organismos-modelo que são representativos das principais funções vegetais e facilmente manipuláveis em trabalhos de pesquisa. Esses sistemas-modelo são úteis pois todos os vegetais, independentemente de suas adaptações específicas, executam processos similares e estão baseados no mesmo plano arquitetural.

Os principais princípios unificadores de plantas podem ser resumidos da seguinte maneira:

- Como produtores primários da Terra, plantas e algas são os principais coletores solares. Elas captam a energia da luz solar e convertem a energia luminosa em energia química, a qual é armazenada nas ligações formadas durante a síntese de carboidratos a partir de dióxido de carbono e água.
- Com exceção de certas células reprodutivas, as plantas não se deslocam de um lugar para outro; elas são sésseis. Em substituição à mobilidade, elas desenvolveram a capacidade de crescer em busca dos recursos essenciais, como luz, água e nutrientes minerais, durante todo o seu ciclo de vida.
- As plantas terrestres são estruturalmente reforçadas para dar suporte à sua massa, à medida que elas crescem em direção à luz e contra a força da gravidade.
- As plantas terrestres apresentam mecanismos para transportar água e sais minerais do solo para os locais de fotossíntese e de crescimento, bem como para transportar os produtos da fotossíntese até os tecidos e órgãos não fotossintetizantes.
- As plantas perdem água continuamente por evaporação e, evolutivamente, desenvolveram mecanismos para evitar a dessecação.
- As plantas desenvolvem-se a partir de embriões que extraem nutrientes da planta-mãe, e essas reservas nutritivas adicionais facilitam a produção de grandes estruturas autossustentáveis no ambiente terrestre.

Classificação e ciclos de vida das plantas

Com base nos princípios listados anteriormente, em geral as plantas podem ser definidas como organismos sésseis, multicelulares, derivados de embriões, adaptados ao ambiente terrestre e capazes de converter dióxido de carbono em compostos orgânicos complexos pela fotossíntese. Esta definição abrangente inclui um espectro amplo de organismos, desde musgos até angiospermas (**Quadro 1.1**).

Com exceção das grandes florestas de coníferas do Canadá, do Alasca e do norte da Eurásia, as angiospermas hoje dominam a paisagem. Mais de 250.000 espécies são conhecidas, com dezenas de milhares de outras, ainda não descritas, previstas por modelos computacionais. Muitas das espécies preditas estão ameaçadas, pois elas ocorrem principalmente em regiões de rica biodiversidade, onde a destruição de hábitats é comum. A principal inovação morfológica das angiospermas é a flor; por isso, elas são referidas como plantas com flor, distinguindo-se das gimnospermas pela presença de um carpelo que envolve as sementes.

Os ciclos de vida da planta alternam-se entre gerações diploides e haploides

Para completar seu ciclo de vida, as plantas, diferentemente dos animais, alternam entre duas gerações multicelulares distintas, uma característica exclusiva denominada **alternância de gerações**. Uma geração tem células diploides, células com duas cópias de cada cromossomo, abreviado como 2n, e a outra geração tem células haploides, células com apenas uma cópia de cada cromossomo, abreviado como 1n. Cada uma dessas gerações multicelulares pode ser mais ou menos dependente fisicamente da outra, conforme seu grupo evolutivo.

Quando animais diploides (2n) como os seres humanos produzem **gametas** haploides, óvulo (1n) e espermatozoide (1n), eles fazem isso diretamente pelo processo de **meiose**, a divisão celular que resulta em uma redução do número de cromossomos de 2n para 1n. Esse ciclo é exibido na parte interna da **Figura 1.1**. Por sua vez, os produtos da meiose em plantas diploides são **esporos**, e formas vegetais diploides são, por

QUADRO 1.1 Relações evolutivas entre plantas

As plantas compartilham com algas verdes (na maior parte, aquáticas) a característica primitiva tão importante para a fotossíntese nos dois clados: seus cloroplastos contêm os pigmentos clorofila *a* e *b*, assim como β-caroteno. **Plantas**, ou **embriófitas**, compartilham as características evolutivamente derivadas para sobreviver em ambiente terrestre e que inexistem nas algas (ver figura). Os vegetais incluem **plantas avasculares**, referidas como **briófitas** (musgos, antóceros e hepáticas), e **plantas vasculares**, ou **traqueófitas**. As plantas vasculares, por sua vez, consistem em **plantas sem sementes** (pteridófitas e grupos afins) e **plantas com sementes** (gimnospermas e angiospermas).

Devido aos variados usos das plantas – agrícola, industrial, de madeira e medicinal –, bem como o domínio esmagador delas nos ecossistemas terrestres, a maioria das pesquisas em biologia vegetal tem enfocado as que evoluíram nos últimos 300 milhões de anos, as plantas com sementes (espermatófitas) (ver figura). As **gimnospermas** (do grego, "semente nua") compreendem coníferas, cicas, ginkgo e gnetófitas (que inclui *Ephedra*, uma planta medicinal popular). Cerca de 800 espécies de gimnospermas são conhecidas. O maior grupo das gimnospermas é representado pelas **coníferas** ("portadoras de cones"), que incluem árvores de importância comercial, como o pinheiro, o abeto, o espruce e a sequoia-vermelha. A evolução das **angiospermas** (do grego "semente em urna") permanece, nas palavras de Darwin, um "mistério abominável." O primeiro fóssil de angiosperma conhecido é do início do Cretáceo, há cerca de 125 milhões de anos. Contudo, com base na análise das sequências de DNA de angiospermas existentes, as angiospermas basais (i.e., primitivas) (*Amborellales*, *Nymphaeales* e *Austrobaileyales*) podem ter surgido muito antes, entre o meio e o final do período Triássico, há mais ou menos 224-240 milhões de anos. O mesmo estudo sugere que a diversificação das angiospermas em monocotiledôneas, magnolídeas e eudicotiledôneas provavelmente ocorreu durante o período Jurássico, há cerca de 154-191 milhões de anos, no mesmo período em que insetos polinizadores importantes, como as abelhas e as borboletas, também estavam evoluindo. Se essas estimativas estiverem corretas, fósseis correspondentes a esses períodos anteriores podem aparecer no futuro.

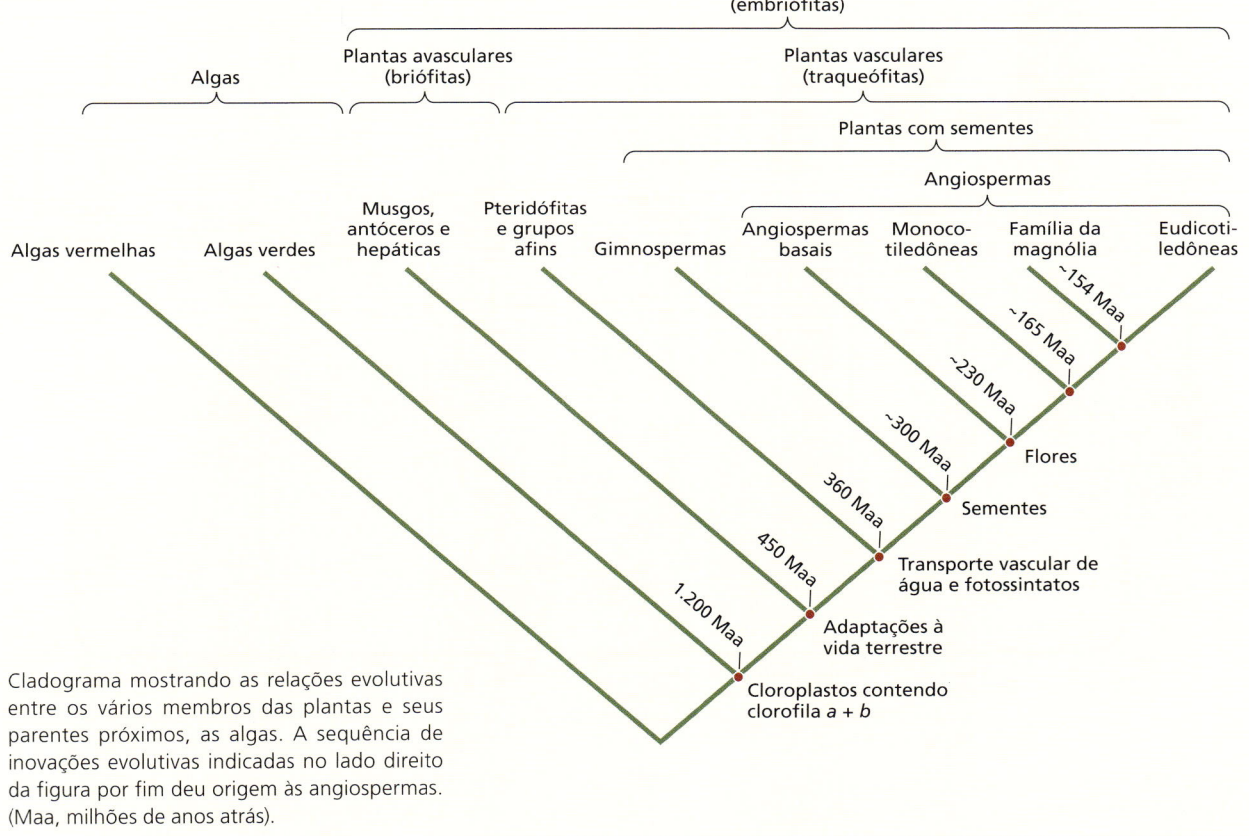

Cladograma mostrando as relações evolutivas entre os vários membros das plantas e seus parentes próximos, as algas. A sequência de inovações evolutivas indicadas no lado direito da figura por fim deu origem às angiospermas. (Maa, milhões de anos atrás).

conseguinte, chamadas de **esporófitos**. Cada esporo é capaz de sofrer **mitose**, a divisão celular que não altera o número de cromossomos nas células-filhas, para formar um novo indivíduo multicelular haploide, o **gametófito**. Esses ciclos são representados na parte externa da Figura 1.1. Os gametófitos produzem gametas, a oosfera e as células (núcleos) espermáticas por simples mitose, enquanto gametas em animais são produzidos

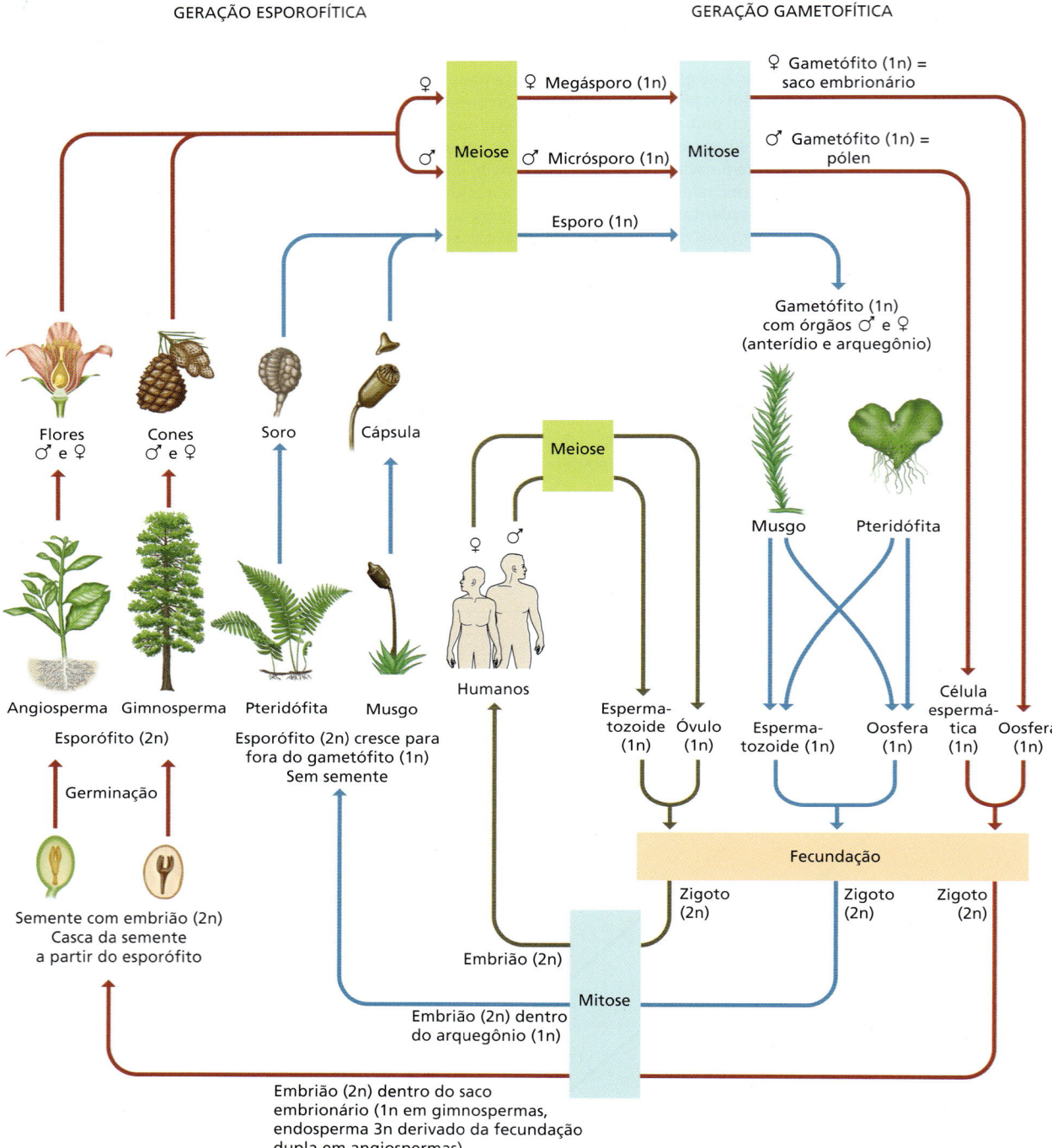

Figura 1.1 Diagrama dos ciclos de vida gerais de plantas e animais. Diferentemente dos animais, as plantas exibem alternância de gerações. Em vez de produzir gametas diretamente por meiose, como os animais, as plantas formam esporos vegetativos por meiose. Esses esporos 1*n* (haploides) dividem-se para produzir um segundo indivíduo multicelular chamado gametófito. O gametófito, então, produz gametas (célula espermática e oosfera) por mitose. Após a fecundação, o zigoto 2*n* (diploide) resultante desenvolve-se em uma geração esporofítica madura, e o ciclo começa novamente. Em angiospermas, o processo de fecundação dupla produz um tecido nutritivo 3*n* (triploide) ou nível de ploidia superior (ver Capítulo 17) chamado endosperma.

por meiose. Essa é uma diferença fundamental entre plantas e animais e desmente algumas histórias sobre "os pássaros e as abelhas" – as abelhas não carregam células espermáticas para fecundar flores femininas; elas carregam o gametófito masculino, o **pólen**, uma estrutura multicelular que produz células espermáticas. Quando colocado sobre o tecido esporofítico receptivo, o grão de pólen germina para formar um tubo polínico que deve crescer através do tecido esporofítico até atingir o gametófito feminino. O gametófito masculino penetra no gametófito feminino e libera a célula espermática para fecundar a oosfera.

Logo que os gametas haploides se fundem e a **fecundação** ocorre para criar o zigoto 2n, os ciclos de vida de animais e plantas tornam-se semelhantes (ver Figura 1.1). O zigoto passa por uma série de divisões mitóticas para produzir o embrião, o qual, por fim, transforma-se no adulto maduro diploide.

Assim, todos os ciclos de vida de plantas abrangem duas gerações distintas: a geração esporofítica, diploide, produtora de esporos, e a geração gametofítica, haploide, produtora de gametas. Uma linha traçada entre a fecundação e a meiose divide esses dois estágios separados do ciclo de vida geral das plantas, mostrado na Figura 1.1. O aumento do número de mitoses entre a fecundação e a meiose aumenta o tamanho da geração esporofítica e o número de esporos que podem ser produzidos. Ter mais esporos por evento de fecundação poderia compensar a fertilidade baixa quando a água se torna escassa na terra. Isso poderia explicar a forte tendência ao aumento do tamanho da geração esporofítica, em relação à geração gametofítica, durante a evolução das plantas.

A geração esporofítica é dominante nas plantas com sementes (gimnospermas e angiospermas) e dá origem aos **megásporos**, que se desenvolvem até virar gametófito feminino, e os **micrósporos**, que se desenvolvem até virar gametófito masculino (ver Figura 1.1). Megásporos e micrósporos produzem gametófitos com relativamente poucas células em comparação com o esporófito. Na imensa maioria das angiospermas, os gametófitos masculinos e femininos ocorrem em uma única flor bissexual ("perfeita"), como nas tulipas. Em algumas angiospermas, os gametófitos masculinos e femininos ocorrem em flores diferentes da mesma planta, como nas flores masculinas (estaminadas) e femininas (pistiladas) do milho (*Zea mays*). Tais espécies são referidas como **monoicas** (do grego, "uma casa"). Por outro lado, se as flores masculinas e femininas ocorrem em indivíduos separados, como no espinafre ou no salgueiro, a espécie é chamada de **dioica** (do grego, "duas casas"). Nas gimnospermas, gingkos e cicas são dioicas, enquanto as coníferas são monoicas. As coníferas produzem cones femininos, denominados megastróbilos, geralmente localizados nas partes mais altas da árvore, e os cones masculinos, chamados de microstróbilos, encontrados nos seus ramos inferiores. Essa disposição dos cones masculinos e femininos aumenta as chances de polinização cruzada com outras árvores.

A produção de células espermáticas e oosfera, bem como a dinâmica da fecundação, difere entre os gametófitos de espermatófitas. As angiospermas realizam o processo peculiar de **fecundação dupla**, em que uma das duas células espermáticas produzidas fecunda a oosfera. A outra funde-se com dois núcleos no gametófito feminino para produzir o endosperma $3n$ (três conjuntos de cromossomos), o tecido de armazenamento das sementes das angiospermas. (Algumas angiospermas produzem endosperma de níveis de ploidia superiores; ver Capítulo 17.) O tecido de reserva da semente em gimnospermas é gametofítico $1n$, porque não há fecundação dupla (ver Figura 1.1). Assim, a semente de espermatófitas não é de forma alguma um esporo (definido como uma célula que produz a geração gametofítica), mas contém tecido gametofítico ($1n$) de reserva em gimnospermas e tecido de reserva $3n$ derivado do gametófito em angiospermas.

Nos grupos mais basais das plantas terrestres, como as pteridófitas e os musgos, a geração esporofítica dá origem a esporos que se tornam os gametófitos adultos. Os gametófitos têm regiões que se diferenciam em estruturas masculinas e femininas, o anterídio (masculino) e o arquegônio (feminino). Em pteridófitas, o gametófito é um prótalo pequeno monoico, que tem anterídios e arquegônios, que se dividem por mitose para produzir espermatozoides (móveis) e oosfera, respectivamente. A geração gametofítica "folhosa" é dominante em musgos e contém anterídios e arquegônios no mesmo indivíduo (monoica) ou em diferentes indivíduos (dioica). O espermatozoide, em seguida, entra no arquegônio e fecunda a oosfera, para formar o zigoto 2n, que se desenvolve em um embrião incluso no tecido gametofítico, mas não se forma semente. O embrião torna-se diretamente o esporófito adulto 2n.

Visão geral da estrutura vegetal

Apesar de sua aparente diversidade, o corpo de todas as plantas com sementes apresenta o mesmo plano básico (**Figura 1.2**). O corpo vegetativo é composto de três órgãos – o caule, a raiz e as folhas –, cada um com uma direção, ou polaridade, diferente de crescimento. O **caule** cresce para cima e apoia a parte da planta acima do solo. A **raiz**, que ancora a planta e absorve água e nutrientes, cresce em profundidade no solo. As **folhas**, cuja função principal é a fotossíntese, crescem lateralmente a partir dos **nós** caulinares. As variações na disposição das fo-

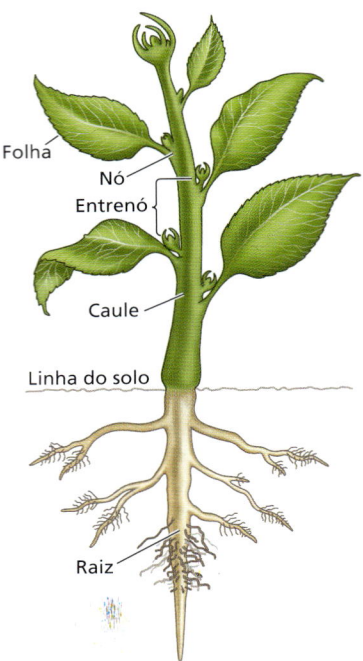

Figura 1.2 Representação esquemática do corpo de uma eudicotiledônea típica.

lhas podem dar origem a muitas formas diferentes de **partes aéreas** (*Shouts*), o termo usado para folhas e caule juntos. Por exemplo, os nós das folhas podem estar dispostos em espiral em torno do caule, em rotação por um ângulo fixo entre cada **entrenó** (a região entre dois nós). Alternativamente, as folhas podem surgir opostas ou alternadas em ambos os lados do caule.

A forma do órgão é definida por padrões direcionais de crescimento. A polaridade do crescimento do **eixo primário da planta** (o caule principal e a raiz) é vertical, enquanto a folha típica cresce lateralmente nas margens, produzindo a sua **lâmina** achatada. As polaridades de crescimento desses órgãos estão adaptadas à sua função: folhas atuam na absorção da luz, caules alongam para erguer as folhas em direção à luz solar, e raízes alongam em busca de água e de nutrientes do solo. A parede é o componente da célula que determina diretamente a polaridade do crescimento nas plantas.

As células vegetais são delimitadas por paredes rígidas

O limite externo do citoplasma vivo de células vegetais é a **membrana plasmática** (também chamada de **plasmalema**), similar à que ocorre em animais, fungos e bactérias. A membrana plasmática envolve o **citoplasma**, o qual consiste de organelas e elementos de suporte suspensos em um **citosol** aquoso. (O núcleo, que é circundado por uma membrana dupla e contém os cromossomos, é considerado separado do citoplas-

ma.) Externamente à membrana plasmática de células vegetais situa-se uma **parede celular rígida**, composta de celulose e outros polímeros que acrescentam rigidez e resistência (**Figura 1.3**). Durante o desenvolvimento animal, as células são capazes de migrar de um local para outro, e, desse modo, os tecidos podem conter células originadas em partes diferentes do organismo. Em vegetais, no entanto, as paredes celulares limitam a migração celular e o desenvolvimento depende unicamente de padrões de divisão e expansão celulares.

As células vegetais apresentam dois tipos de parede: primária e secundária (ver Figura 1.3). As **paredes celulares primárias** costumam ser finas (menos de 1 µm), caracterizando células jovens e em crescimento. As **paredes celulares secundárias**, mais espessas e resistentes que as primárias, são depositadas na superfície interna da parede primária, quando a maior parte da expansão celular está concluída. As paredes de células adjacentes são unidas firmemente por uma **lamela média** composta do polímero pectina, um carboidrato. Como às vezes fica difícil distinguir a lamela média da parede primária, especialmente quando a parede secundária está presente, as duas paredes primárias adjacente e a lamela média constituem a chamada lamela média composta.

As paredes celulares primárias e secundárias diferem em seus componentes

As paredes celulares contêm vários tipos de polissacarídeos, denominados de acordo com os principais açúcares que os constituem. Um **glucano**, por exemplo, é um polímero de unidades de glicose ligadas extre-

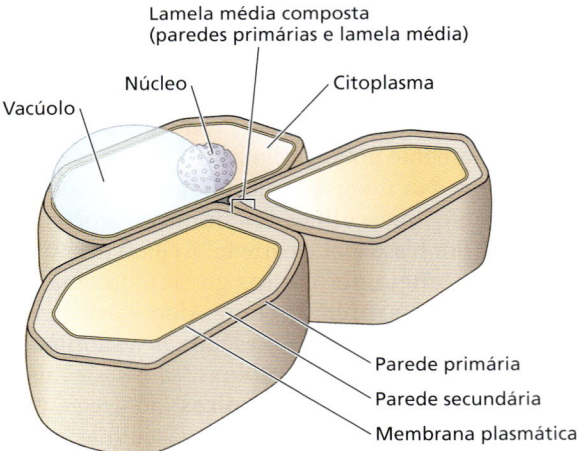

Figura 1.3 Paredes celulares primárias e secundárias e sua relação com o restante da célula. As duas paredes celulares primárias adjacentes, junto com a lamela média, formam uma estrutura complexa, denominada lamela média composta.

midade com extremidade. Polissacarídeos podem ser cadeias não ramificadas lineares de resíduos de açúcar ou podem conter cadeias laterais ligadas à cadeia principal (*backbone*). Para polissacarídeos ramificados, a cadeia principal em geral é indicada pela última parte do nome. O xiloglucano, por exemplo, possui uma cadeia principal de glucano (uma cadeia linear de resíduos de glicose) com xilose ligada a ele como cadeias laterais.

As ligações específicas entre anéis de açúcar, incluindo os carbonos específicos que são ligados juntos e a configuração da ligação, são importantes para as propriedades dos polissacarídeos. Por exemplo, a amilose (um componente de amido no plastídio) é um α(1→4) glucano (carbonos C-1 e C-4 de anéis de glicose adjacentes são ligados por uma ligação O-glicosídica em uma configuração α), enquanto a celulose é um glucano formado de ligações β(1→4) (**Figura 1.4**). Essas diferenças nas ligações fazem enorme contraste nas propriedades físicas, na digestibilidade enzimática e nos papéis funcionais desses dois polímeros de glicose.

Os polissacarídeos da parede celular são classificados em três grupos: celulose, hemiceluloses e pectina. A **celulose**, principal componente fibrilar da parede celular, é composta de uma série de glucanos com ligações β(1→4), agregados para formar uma **microfibrila** com regiões bem ordenadas e menos ordenadas. As microfibrilas de celulose mais simples são estruturas estreitas, com aproximadamente 3 nm de largura (1 nm = 10^{-9} m), que fortalecem a parede celular como as barras de aço no concreto armado. Cada microfibrila é constituída de cerca de 18 cadeias paralelas de (1→4)-β-D-glicose fortemente ligadas entre si, formando um centro (*core*) cristalino com extensivas pontes de hidrogênio dentro das cadeias de glucanos e entre elas (**Figura 1.5**). As microfibrilas são insolúveis na água e apresentam uma elevada resistência à tração, aproximadamente a metade de resistência à tração do aço.

As **hemiceluloses** constituem um grupo heterogêneo de polissacarídeos com cadeias principais de ligações β(1→4). Para serem extraídas da parede ce-

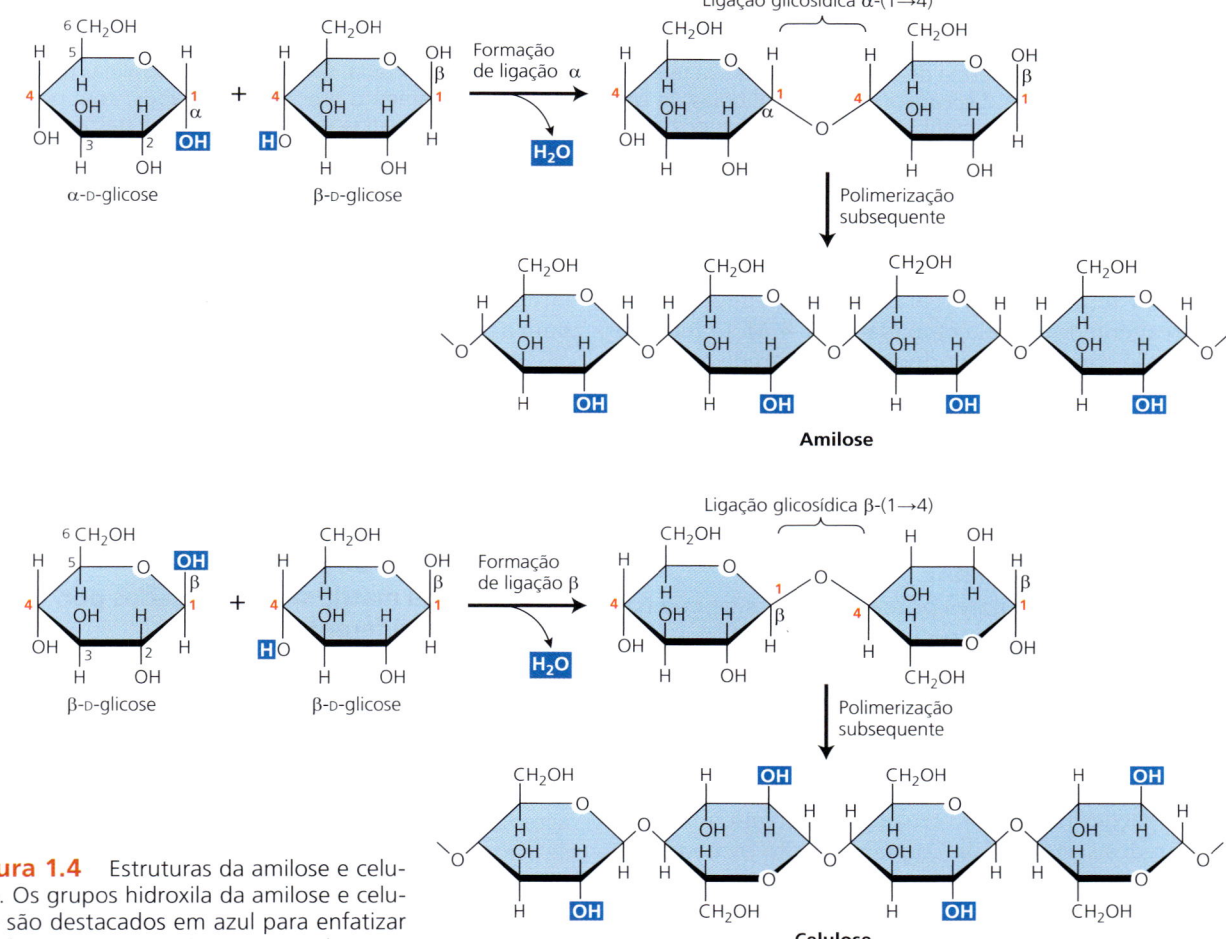

Figura 1.4 Estruturas da amilose e celulose. Os grupos hidroxila da amilose e celulose são destacados em azul para enfatizar as diferenças estruturais entre os polímeros.

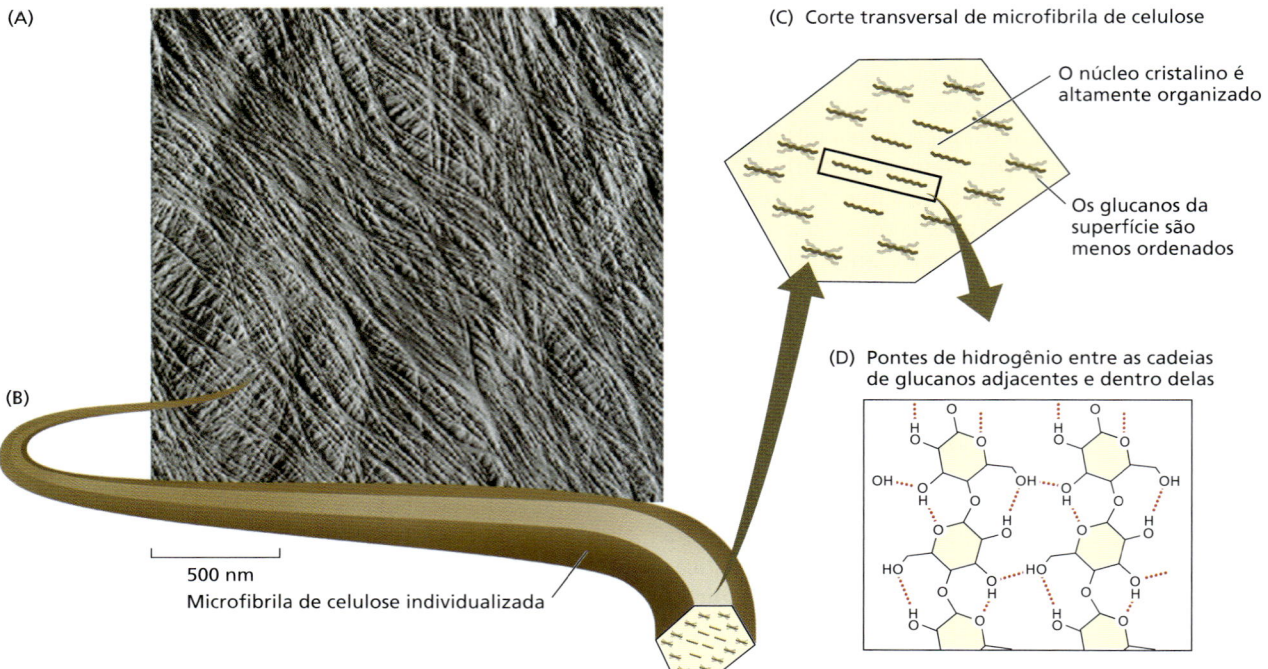

Figura 1.5 Estrutura de uma microfibrila de celulose. (A) Imagem sob microscopia de força atômica da parede celular primária da epiderme de cebola. Observe sua textura fibrilar que se origina das camadas de microfibrilas de celulose. (B) Uma única microfibrila de celulose composta de cadeias de (1→4)-β-D-glucanos firmemente ligadas entre si para formar uma microfibrila cristalina. (C) Corte transversal de uma microfibrila de celulose, ilustrando um modelo de estrutura celulósica, com núcleo cristalino de (1→4)-β-D-glucanos altamente ordenado circundado por uma camada menos organizada. (D) As regiões cristalinas de celulose têm um alinhamento preciso de glucanos, com pontes de hidrogênio (indicadas pelas linhas vermelhas pontilhadas) presentes dentro das camadas de (1→4)-β-D-glucanos, mas não entre elas. (De Matthews et al., 2006; micrografia de Zhang et al., 2013.)

lular, as hemiceluloses caracteristicamente exigem um reagente forte, tal como NaOH 1-4 M. O terceiro grupo de componentes principais da parede celular é a **pectina**, um grupo diversificado de polissacarídeos hidrofílicos e formadores de gel, ricos em resíduos de açúcares ácidos, como o ácido galacturônico. Muitas pectinas são rapidamente solubilizadas na parede celular com água quente ou com quelantes de Ca^{2+}. Juntas, as hemiceluloses e as pectinas constituem os **polissacarídeos da matriz**.

As paredes celulares primárias típicas de eudicotiledôneas são ricas em pectinas com menores quantidades de celulose e hemiceluloses, enquanto as paredes celulares secundárias são ricas em celulose e uma forma diferente de hemicelulose. Em vez de pectina, as paredes secundárias possuem quantidades variáveis de **lignina**, um polímero de alcoóis aromáticos com ligações fortemente cruzadas que confere rigidez às paredes secundárias. Enquanto o alto conteúdo de pectina nas paredes celulares primárias permite que elas se expandam durante a expansão celular, o complexo celulose-hemicelulose-lignina das paredes celulares secundárias forma uma matriz rígida, adequada para a força e resistência à compressão.

A evolução das paredes celulares lignificadas proporcionou aos vegetais o reforço estrutural necessário para crescerem verticalmente acima do solo e conquistarem o ambiente terrestre. As briófitas, que carecem de paredes celulares lignificadas, são incapazes de crescer mais do que poucos centímetros acima do solo.

As microfibrilas de celulose e os polímeros da matriz são sintetizados por mecanismos diferentes

As microfibrilas de celulose são sintetizadas por complexos protéicos grandes e ordenados, chamados de complexos celulose-sintase (CESA), embebidos na membrana plasmática (**Figura 1.6**). Essas estruturas tipo rosetas são compostas por seis subunidades, as quais se acredita que contenham de 3 a 6 unidades de celulose-sintase, a enzima que sintetiza individualmente os glucanos que compõem a microfibrila. O domínio catalítico da celulose-sintase, que é localizado no lado citoplasmático da membrana plasmática, transfere um

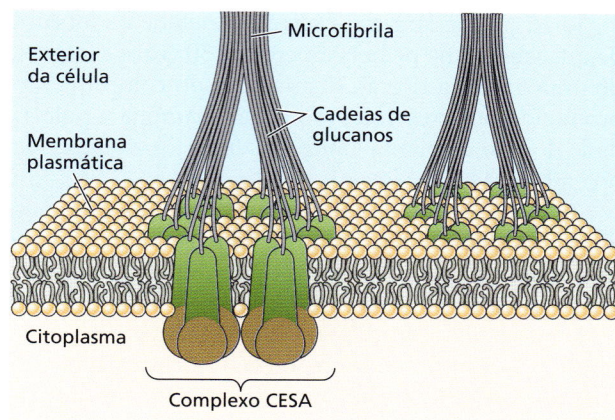

Figura 1.6 As microfibrilas de celulose são sintetizadas na superfície celular por complexos ligados à membrana plasmática contendo proteínas celulose-sintase (CESA). Modelo computacional de um complexo CESA com extrusão de cadeias de glucanos que coalescem para formar uma microfibrila.

resíduo de glicose de um doador de nucleotídeos de açúcar, difosfato de uridina-glicose (UDP-glicose), para o crescimento da cadeia de glucanos.

Em comparação com as microfibrilas de celulose, os polissacarídeos da matriz são sintetizados por enzimas ligadas à membrana, que polimerizam moléculas de açúcar dentro do complexo de Golgi e são fornecidas à parede celular por exocitose de vesículas minúsculas (**Figura 1.7**). Resíduos adicionais de açúcares podem ser acrescentados por outros conjuntos de enzimas como ramificações à cadeia principal de polissacarídeos. Diferentemente da celulose, que forma microfibrilas cristalinas, os polissacarídeos da matriz são muito menos organizados e, com frequência, são descritos como amorfos. Esse caráter amorfo é uma consequência da estrutura desses polissacarídeos – sua conformação ramificada e não linear. A hemicelulose predominante nas paredes celulares primárias da maioria das plantas terrestres é o xiloglucano, ao passo que a principal hemicelulose nas paredes celulares primárias de gramíneas (Poaceae) é o arabinoxilano.

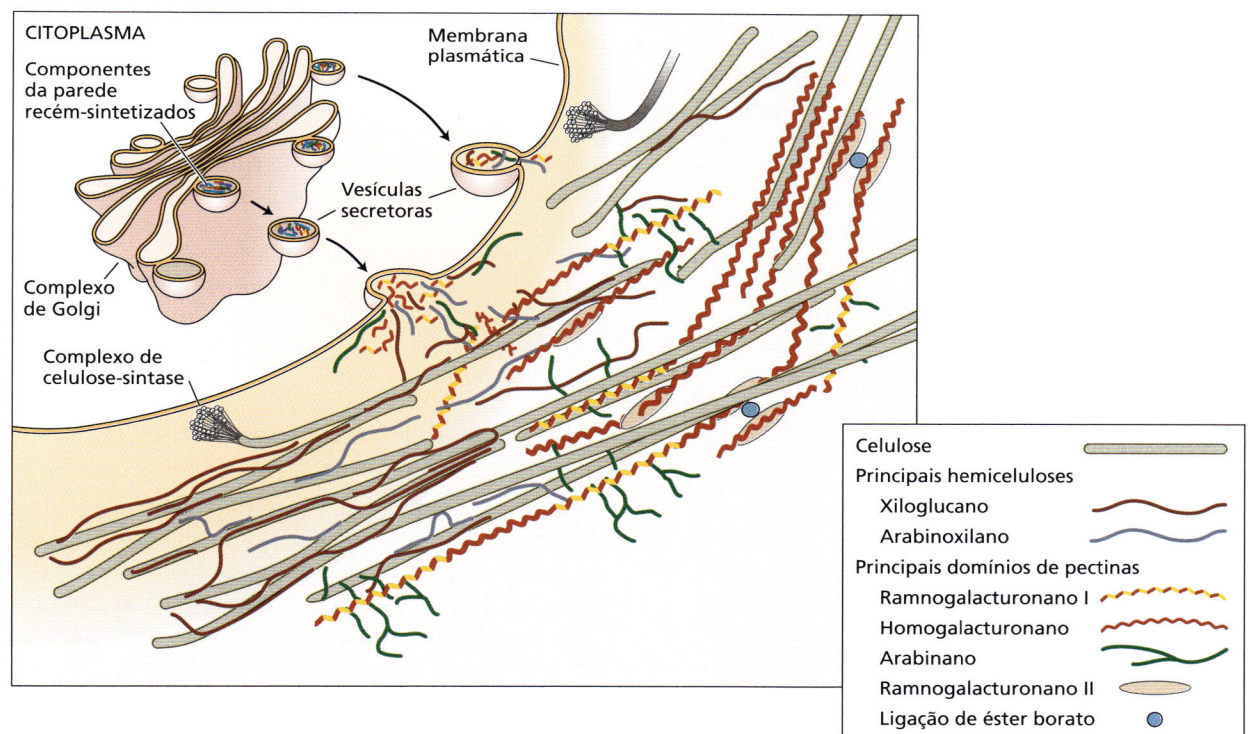

Figura 1.7 Diagrama esquemático dos principais componentes estruturais da parede celular primária e sua provável disposição. As microfibrilas de celulose (bastões cinza) são sintetizadas na superfície celular e parcialmente revestidas com hemiceluloses (cordões azuis e vermelho-escuros), as quais podem separar as microfibrilas umas das outras. As pectinas (cordões vermelhos, amarelos e verdes) formam uma matriz de entrelaçamento que controla o espaçamento das microfibrilas e a porosidade da parede. As pectinas e as hemiceluloses são sintetizadas no complexo de Golgi e transferidas para a parede via vesículas, que se fundem com a membrana plasmática e, desse modo, depositam esses polímeros na superfície celular. Para maior clareza, a rede de hemicelulose-celulose está destacada à esquerda, e a rede de pectina está destacada à direita. (De Cosgrove, 2005.)

Os plasmodesmos permitem o movimento livre de moléculas entre as células

O citoplasma das células adjacentes em geral está conectado por **plasmodesmos**, estruturas tubulares de 40 a 50 nm de diâmetro formados pelas membranas conectadas de células adjacentes (**Figura 1.8**). Os plasmodesmos facilitam o movimento intercelular de proteínas, ácidos nucleicos e outros sinais macromoleculares que coordenam processos de desenvolvimento entre células vegetais. As células vegetais interconectadas dessa maneira formam um contínuo citoplasmático referido como **simplasto**; o transporte de moléculas pequenas através dos plasmodesmos é chamado de **transporte simplástico** (ver Capítulos 3 e 6). O transporte no espaço permeável da parede celular, externo às células, é denominado **transporte apoplástico**. Ambas as formas de transporte são importantes no sistema vascular das plantas (ver Capítulo 6).

O simplasto pode transportar água, solutos e macromoléculas entre as células, sem atravessar a membrana plasmática. No entanto, existe uma restrição em relação ao tamanho das moléculas que podem ser transportadas através do simplasto; essa restrição é chamada de **limite de exclusão por tamanho**, e ela varia de acordo com o tipo de célula, o ambiente e o estágio de desenvolvimento. O transporte pode ser rastreado pelo estudo do movimento de proteínas marcadas por fluorescência ou de corantes entre as células. O movimento através dos plasmodesmos pode ser regulado, ou bloqueado, mediante alteração das dimensões das estruturas circundantes e do lume dentro de estruturas internas (ver Figura 1.8).

As novas células são produzidas por tecidos em divisão denominados meristemas

O crescimento vegetal está concentrado em regiões específicas de divisão celular chamadas de **meristemas**. Quase todas as divisões nucleares (mitose) e as divisões celulares (citocinese) ocorrem nessas regiões meristemáticas. Na planta jovem, os meristemas mais ativos são conhecidos como **meristemas apicais**, localizados nos ápices do caule e da raiz (**Figura 1.9**). A fase do desenvolvimento vegetal que dá origem aos novos órgãos e à forma básica da planta é denominada **crescimento primário**, que dá origem ao **corpo primário da planta**. O crescimento primário resulta da atividade dos meristemas apicais. A divisão celular no meristema produz células cuboides de cerca de 10 μm. A divisão é seguida por expansão celular progressiva, e as células em geral crescem até se tornarem muito mais longas do que largas (30-100 μm de comprimento, 10-25 μm de largura – cerca de metade da largura de um cabelo fino de bebê e cerca de 50 vezes a largura de uma bactéria típica). O aumento do comprimento produzido por crescimento primário amplia a polaridade do eixo da planta (ápice-base), que é estabelecida no embrião.

O tecido meristemático é também encontrado ao longo do comprimento da raiz e da parte aérea. As **gemas axilares** são meristemas que se desenvolvem no nó na axila foliar – a região entre a folha e o caule. As gemas axilares tornam-se os meristemas apicais de ramos. As ramificações das raízes, as **raízes laterais**, surgem a partir de células meristemáticas no **periciclo** ou meristema das ramificações da raiz (ver Figura 1.9D). Esse tecido meristemático, em seguida, torna-se o meristema apical da raiz lateral.

Posteriormente, o corpo primário da planta pode ser expandido mediante crescimento secundário (**Quadro 1.2**).

Tipos de células vegetais

Três sistemas de tecidos principais estão presentes em todos os órgãos vegetais: sistema dérmico, sistema fundamental e sistema vascular (ver Figura 1.9B-D). O **sistema dérmico** forma a camada de proteção externa da planta e é chamado de **epiderme** no corpo primário da planta; o **sistema fundamental** preenche o volume tridimensional da planta e inclui a **medula** e o **córtex** de caules primários, o parênquima cortical e a endoderme de raízes primárias, e o **mesofilo** nas folhas. O **sistema vascular** consiste de xilema e floema, cada um dos quais consistindo em células condutoras, células do parênquima e fibras de paredes espessas.

O sistema dérmico recobre as superfícies das plantas

A epiderme compreende vários tipos celulares, incluindo as células fundamentais (*pavement cells*), em forma de peças de quebra-cabeças ou de ladrilhos arredondados utilizados na pavimentação decorativa; as células-guarda (dos estômatos), que regulam as trocas gasosas na folha; e os tricomas, estruturas similares a pelos, presentes em folhas, caules e raízes. As células fundamentais da epiderme foliar da cebola são mostradas na **Figura 1.10A**. Em raízes, os pelos diferenciam-se a partir da epiderme. Muitas plantas têm relativamente poucos cloroplastos no tecido epidérmico foliar, talvez porque a divisão do cloroplasto seja interrompida. As células-guarda são caracteristicamente as únicas células epidérmicas com cloroplastos.

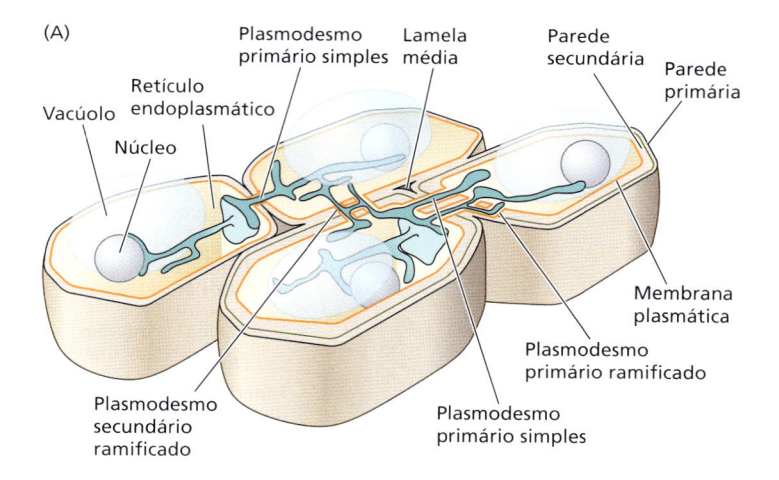

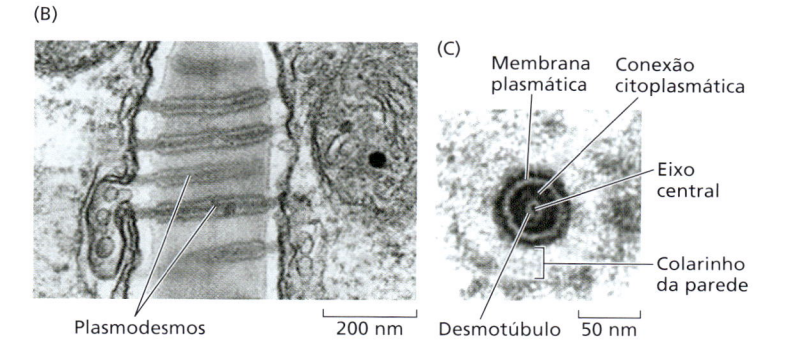

Figura 1.8 Plasmodesmos. (A) Representação diagramática das paredes celulares de quatro células vegetais adjacentes. Células apenas com paredes primárias e com ambas as paredes – primária e secundária – estão ilustradas. As paredes secundárias formam-se por dentro das paredes primárias. As células estão conectadas por plasmodesmos, que se formam durante a divisão celular. (B) Micrografia eletrônica de uma parede que separa duas células adjacentes, mostrando plasmodesmos simples em vista longitudinal. (C) Corte tangencial da parede celular mostrando um plasmodesmo. (D) Diagrama esquemático de um plasmodesmo em vista de superfície e em corte transversal. O poro consiste de uma cavidade central pela qual passa um cordão de retículo endoplasmático denominado desmotúbulo, conectando o retículo endoplasmático das células contíguas. A membrana plasmática está ligada ao desmotúbulo via proteínas radiais. Um colarinho da parede, ou esfíncter, envolve a constrição de cada plasmodesmo. (B de Robinson-Beers e Evert, 1991, cortesia de R. Evert; C de Bell e Oparka, 2011.)

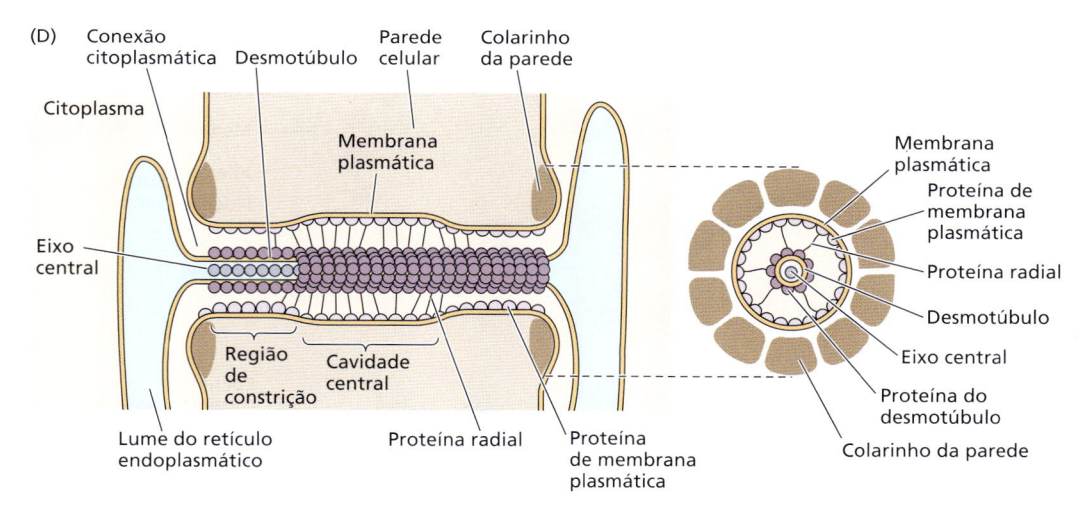

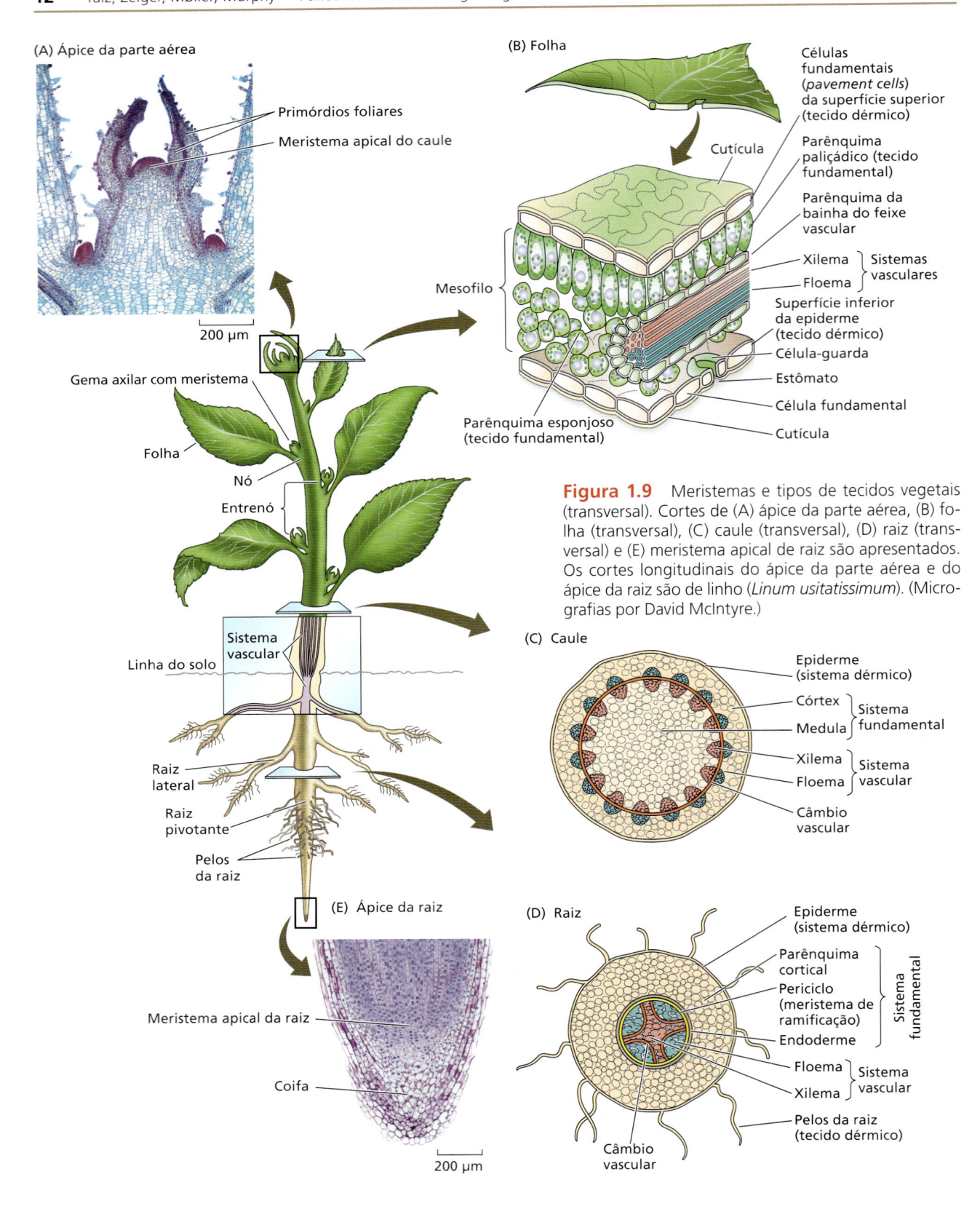

Figura 1.9 Meristemas e tipos de tecidos vegetais (transversal). Cortes de (A) ápice da parte aérea, (B) folha (transversal), (C) caule (transversal), (D) raiz (transversal) e (E) meristema apical de raiz são apresentados. Os cortes longitudinais do ápice da parte aérea e do ápice da raiz são de linho (*Linum usitatissimum*). (Micrografias por David McIntyre.)

QUADRO 1.2 O corpo secundário da planta

Os meristemas apicais de uma planta contribuem primariamente ao comprimento dos seus órgãos. Outro tipo de tecido meristemático, o **câmbio**, dá origem ao **crescimento secundário**, que produz um aumento na largura ou no diâmetro dos caules e das raízes (ver figura). A camada do câmbio que produz lenho é chamada de **câmbio vascular**. Esse meristema surge no sistema vascular, entre o xilema e o floema do corpo primário da planta. As células do câmbio vascular dividem-se longitudinalmente para produzir derivadas para o interior e o exterior do câmbio vascular tanto no caule quanto na raiz. As células no interior do câmbio vascular diferenciam-se em **xilema secundário**, que conduz água e nutrientes do solo para os outros órgãos vegetais, e é caracterizado por paredes secundárias espessas. Em climas temperados, o lenho estival (verão) é mais escuro e mais denso do que o lenho primaveril; camadas alternadas de lenhos estival e primaveril formam **anéis anuais**. As derivadas do câmbio vascular deslocadas na direção externa do caule ou da raiz secundários dão origem ao **floema secundário**, que, como o floema primário, conduz os produtos da fotossíntese – em direção descendente, a partir das folhas para outras partes da planta, ou em direção ascendente, a partir das folhas para as estruturas reprodutivas. As células do câmbio vascular podem também dividir-se transversalmente, produzindo as células radiais que formam os **raios**. A função dos raios é transportar água, minerais e material orgânico radialmente do xilema para os tecidos externos do caule.

O **câmbio suberoso**, ou **felogênio**, é a camada que produz a **periderme**, um tecido de proteção (ver figura) na parte externa de plantas lenhosas. O felogênio normalmente surge a cada ano no floema secundário. A produção de camadas de células suberosas resistentes à água isola os tecidos externos do floema do caule ou raiz do seu suprimento de água, o xilema, provocando seu encolhimento e morte. A **casca** de uma planta lenhosa é o termo coletivo para vários tecidos – floema secundário, córtex (em caules), periciclo (em raízes) e periderme – e pode ser desprendida como uma unidade na camada macia de câmbio vascular.

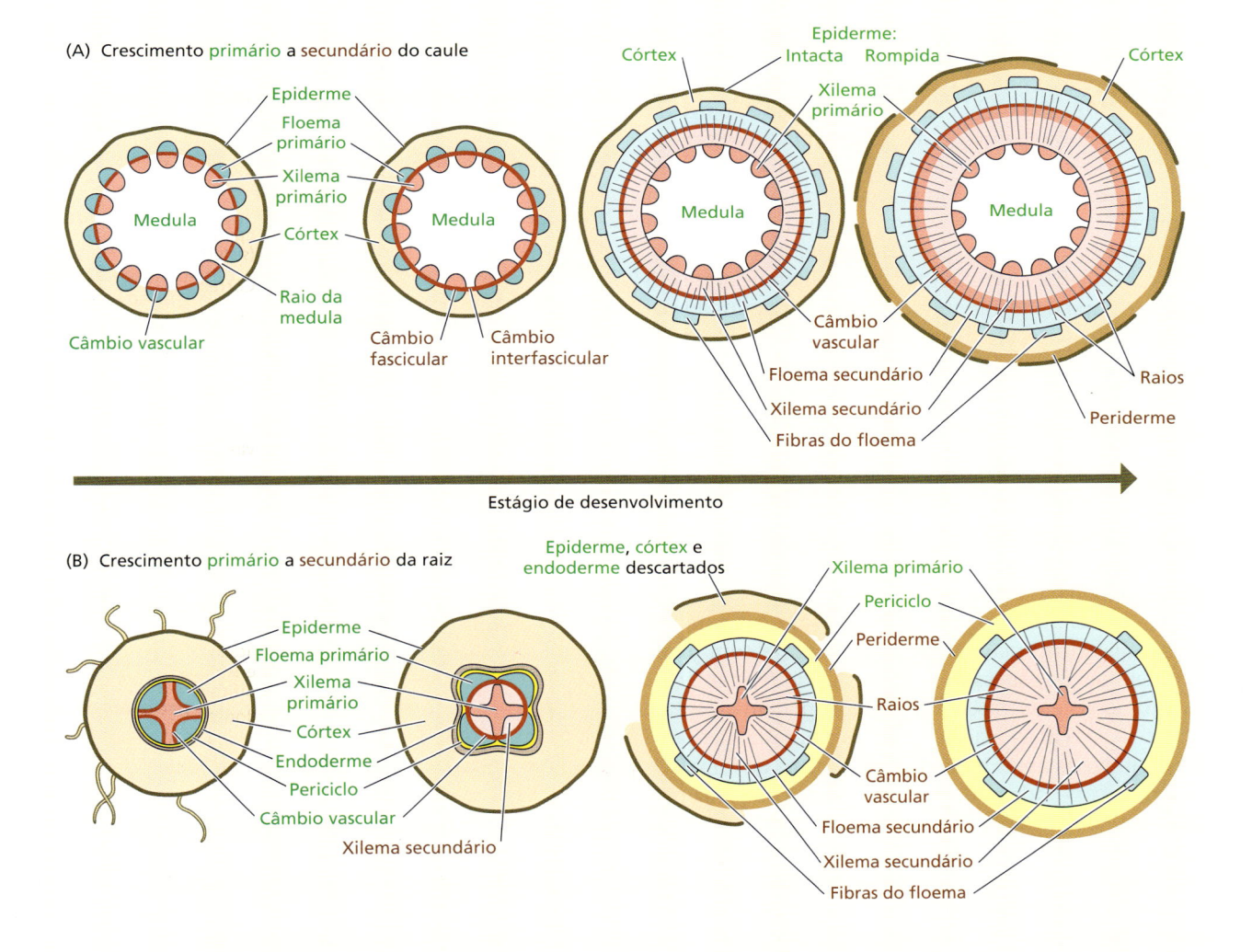

(A) Crescimento primário a secundário do caule

(B) Crescimento primário a secundário da raiz

Estágio de desenvolvimento

QUADRO 1.2 O corpo secundário da planta *(Continuação)*

Legenda da figura Crescimento secundário em caules e raízes. (A) Crescimento primário a secundário do caule. O crescimento primário está identificado com letras verdes, enquanto o crescimento secundário está identificado com letras marrons. O câmbio vascular inicia como regiões de crescimento separadas nos feixes vasculares (ou câmbio fascicular) de xilema e floema primários. À medida que a planta cresce, os feixes vasculares corectam-se pela união do câmbio fascicular com o câmbio interfascicular (entre os feixes). Logo que o câmbio vascular forma um anel contínuo, divide-se para dentro, gerando o xilema secundário, e para fora, gerando o floema secundário. As regiões do córtex desenvolvem-se em fibras de floema e na periderme, que contém o felogênio, ou câmbio suberoso, e a feloderme (externa). Com o crescimento, a epiderme rompe-se, e raios conectam as partes interna e externa do sistema vascular. (B) Crescimento primário a secundário da raiz. O cilindro vascular central contém floema e xilema primários. Como no caule, o câmbio vascular torna-se conectado e cresce para fora, gerando floema secundário e raios. À medida que as raízes aumentam em circunferência, o periciclo gera a periderme da raiz, enquanto a epiderme, o parênquima cortical e a endoderme são desprendidos. O periciclo produz as fibras do floema e os raios, bem como as raízes laterais (não mostradas). O câmbio vascular produz floema secundário e anéis de xilema secundário.

O tecido fundamental forma os corpos dos vegetais

O sistema fundamental constitui a maior parte do corpo primário da planta. O sistema fundamental consiste principalmente de três tipos de tecidos: parênquima, colênquima e esclerênquima. O **parênquima** é formado de células vivas com paredes primárias finas (**Figura 1.10B**). Essas células compõem grande parte do volume do corpo primário da planta, incluindo caules, folhas e raízes. As células do parênquima também possuem a capacidade de continuar se dividindo e podem se diferenciar em vários outros tecidos fundamentais e vasculares, após serem produzidas por meristemas.

As células de parênquima podem diferenciar-se em um outro tipo de tecido fundamental, denominado **colênquima**; esse tecido possui paredes primárias espessadas, mas, apesar disso, pode continuar a se alongar (**Figura 1.10C**). Um exemplo familiar é o das nervuras de caules do aipo, que possuem paredes celulares espessas ricas em pectina. As células de parênquima podem se diferenciar também em **esclerênquima**, cujas células (esclereídes e fibras) têm paredes secundárias espessas (**Figura 1.10D**). As esclereídes derivam de células parenquimáticas em folhas (p. ex., nenúfar), flores (p. ex., camélia) e frutos (p. ex., pera).

As **fibras** desenvolvem-se a partir do parênquima e formam estruturas alongadas de suporte com paredes secundárias espessas, tanto no tecido fundamental quanto no sistema vascular. As fibras podem crescer e tornar-se as células mais longas das plantas superiores. Por exemplo, as fibras individuais do floema do rami (*Bochmeria nivea*) podem alcançar 25 cm de comprimento! Uma vez que suas paredes são enrijecidas com lignina após o alongamento, essas células apresentam resistência à tração muito alta; não é de admirar, portanto, que tais fibras, chamadas fibras liberianas (fibras do floema), sejam empregadas para produzir tecidos, papel e outros materiais. Cavidades (ou canais) especializadas na parede secundária, chamadas de **pontoações**, comunicam as fibras vivas entre si. As pontoações de fibras contíguas ajustam-se entre si, formando **pares de pontoações**. Os pares de pontoações em células vivas muitas vezes são agrupados, formando campos de plasmodesmos.

O sistema vascular forma redes de transporte entre diferentes partes da planta

As células do xilema que conduzem água e sais minerais a partir da raiz, os **elementos traqueais**, não permanecem vivas na maturidade e consistem em **traqueídes** (em todas as plantas vasculares) e **elementos de vaso**, mais curtos (principalmente em angiospermas) (**Figura 1.10E**). Os elementos de vaso enfileiram-se extremidade com extremidade, formando colunas chamadas de **vasos**. As células do protoxilema com paredes primárias começam a se diferenciar em elementos traqueais maduros mediante depósito de paredes celulares secundárias com espessamento espiral de celulose e reforçadas com lignina. Uma vez cessado o alongamento celular, grandes placas de perfuração surgem nas paredes das suas extremidades superior e inferior. As paredes secundárias laterais continuam a espessar, exceto nos pontos que contêm as pontoações, as quais iniciam como campos de plasmodesmos e, por fim, tornam-se canais nas paredes partilhadas entre células adjacentes. As células das traqueídes e dos vasos passam por um processo chamado de **morte celular programada** e morrem, deixando um feixe de tubos formados pelas paredes secundárias e conectados lateralmente por pontoações. Essas pontoações são importantes porque o fluxo através desses tubos estreitos depende da existência de uma corrente líquida contínua (ver Capítulos 3 e 6).

As células do floema, que conduzem os produtos da fotossíntese desde as folhas até as raízes, bem como para as flores e sementes (ver Capítulo 10), permane-

(A) Sistema dérmico: células epidérmicas (B) Sistema fundamental: células de parênquima

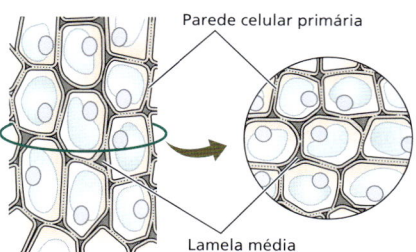

Figura 1.10 Ilustrações de tipos celulares vegetais básicos. (A) A epiderme de uma folha. Os tipos celulares do sistema fundamental abrangem (B) parênquima, (C) colênquima e (D) esclerênquima. O sistema vascular possui células condutoras do (E) xilema e (F) floema. (A © Heiti Paves/Alamy Stock Photo; B-F de Esau, 1977.)

(C) Sistema fundamental: células de colênquima   (D) Sistema fundamental: células de esclerênquima

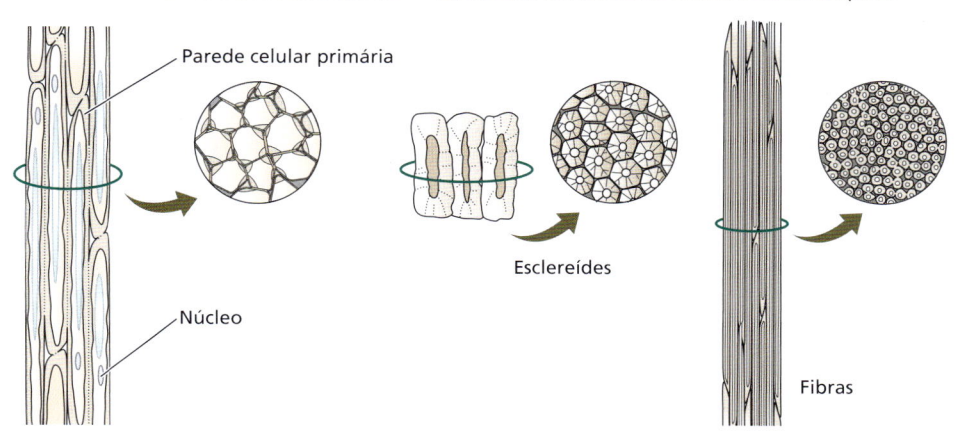

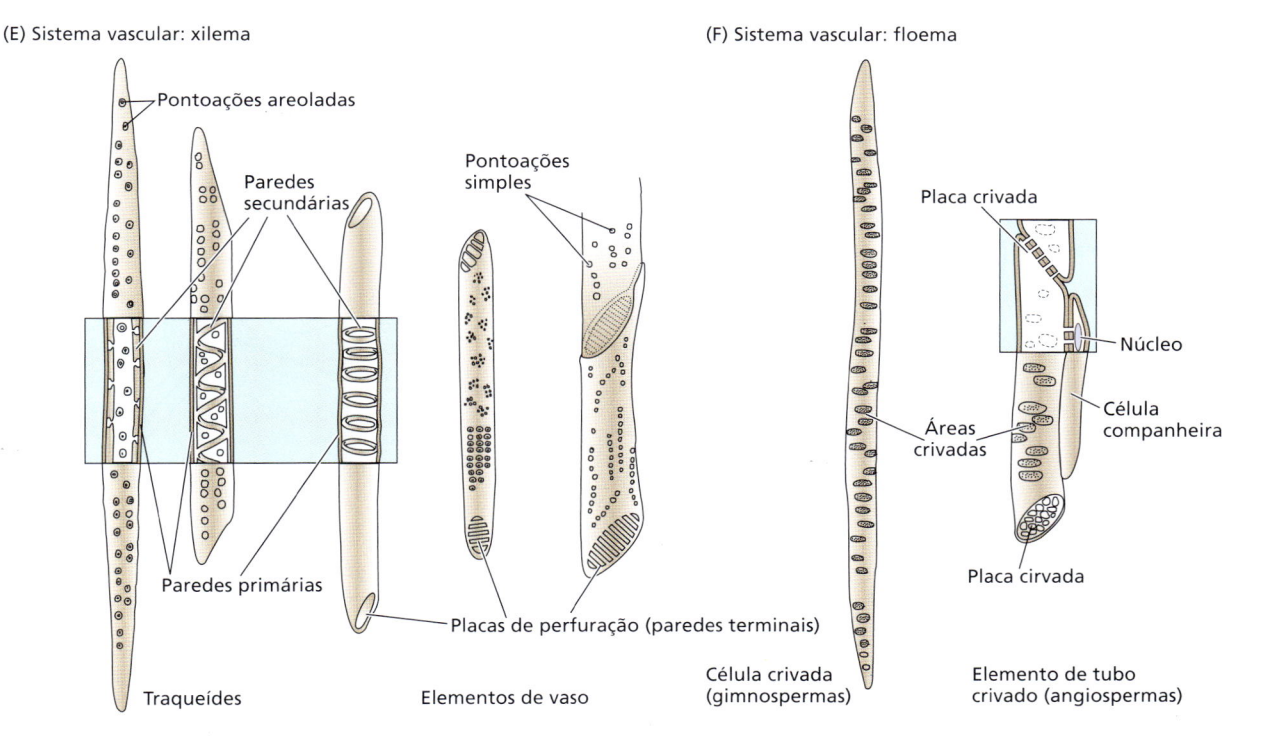

Esclereídes

Fibras

(E) Sistema vascular: xilema   (F) Sistema vascular: floema

Pontoações areoladas
Paredes secundárias
Pontoações simples
Placa crivada
Núcleo
Célula companheira
Áreas crivadas
Paredes primárias
Placas de perfuração (paredes terminais)
Placa cirvada

Traqueídes   Elementos de vaso   Célula crivada (gimnospermas)   Elemento de tubo crivado (angiospermas)

cem vivas na maturidade e não possuem paredes lignificadas. Elas abrangem os **elementos de tubo crivado** – que se enfileiram, formando os **tubos crivados** – nas angiospermas e as **células crivadas** – que se sobrepõem – nas gimnospermas (**Figura 1.10F**). Os elementos de tubo crivados são conectados às **células companheiras** especializadas via campos de plasmodesmos denominados **áreas crivadas**. Os elementos de tubo crivado são dependentes metabolicamente das suas células companheiras; qualquer dano à célula companheira resulta na morte do elemento de tubo crivado.

Organelas da célula vegetal

Todas as células de plantas têm a mesma organização básica: elas contêm citosol, um núcleo e outras organelas subcelulares; os constituintes celulares internos são envolvidos pela membrana plasmática e paredes celular (**Figura 1.11**). Todas as células vegetais *começam* com um conjunto semelhante de organelas. Com base em sua origem e na possibilidade de dividir-se independentemente, essas organelas se enquadram em duas categorias principais:

1. *Sistema de endomembranas:* retículo endoplasmático, envoltório nuclear, complexo de Golgi, vacúolo, endossomos e membrana plasmática. Outras organelas derivadas do sistema de endomembranas incluem os corpos lipídicos, os peroxissomos e os glioxissomos, que atuam na reserva de lipídeos e no metabolismo do carbono nas sementes e nas folhas. O sistema de endomembranas exerce um papel central nos processos de secreção, na reciclagem de membranas e no ciclo celular. A membrana plasmática regula o transporte para dentro e para fora da célula. Os endossomos originam-se de vesículas derivadas da membrana plasmática e atuam no processamento ou na reciclagem dos conteúdos vesiculares.

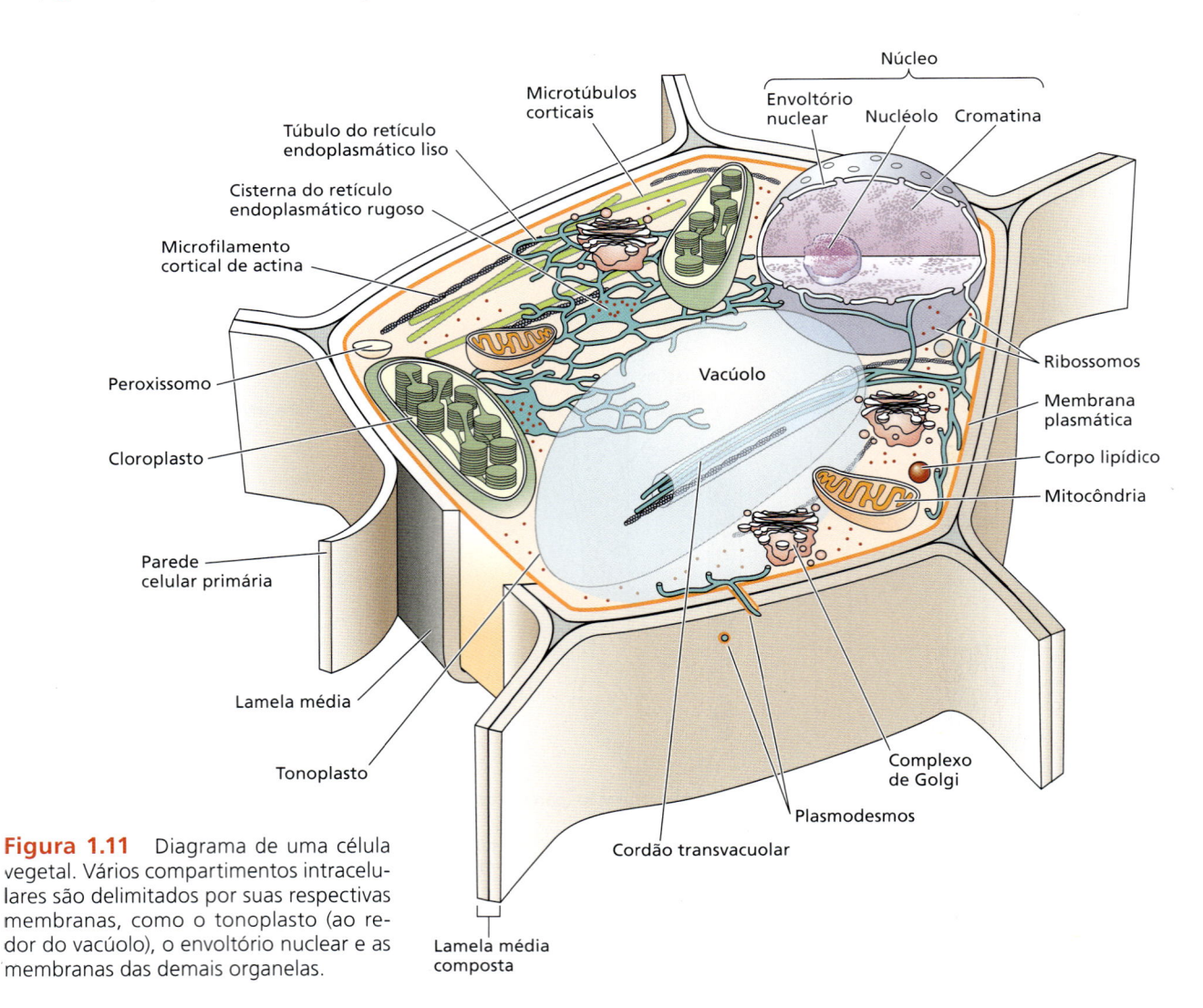

Figura 1.11 Diagrama de uma célula vegetal. Vários compartimentos intracelulares são delimitados por suas respectivas membranas, como o tonoplasto (ao redor do vacúolo), o envoltório nuclear e as membranas das demais organelas.

2. *Organelas semiautônomas (de divisão independente):* plastídios e mitocôndrias, que atuam no metabolismo energético e de reserva, além de sintetizarem uma ampla gama de metabólitos e moléculas estruturais.

Como todas essas organelas são compartimentos membranosos, inicialmente são descritas a estrutura e a função das membranas.

As membranas biológicas são bicamadas que contêm proteínas

Todas as células são envolvidas por uma membrana que representa seu limite, separando o citoplasma do ambiente externo. Essa membrana plasmática permite que a célula absorva e retenha certas substâncias enquanto exclui outras. Várias proteínas de transporte, incorporadas à membrana plasmática, são responsáveis por esse tráfego seletivo de solutos – íons hidrossolúveis e moléculas pequenas não carregadas – através da membrana. A acumulação de íons ou moléculas no citosol, pela ação das proteínas de transporte, consome energia metabólica. Em células eucarióticas, as membranas compartimentalizam o material genético, estabelecem os limites de outras organelas especializadas da célula e regulam os fluxos de íons e metabólitos para dentro e para fora desses compartimentos.

De acordo com o **modelo do mosaico fluido**, todas as membranas biológicas apresentam a mesma organização molecular básica. Elas consistem em uma dupla camada (*bicamada*) de lipídeos na qual as proteínas estão embebidas (**Figura 1.12**). Cada camada é chamada de *face* da bicamada. As proteínas são responsáveis por quase metade da massa da maioria das membranas. No entanto, a constituição dos componentes lipídicos e as propriedades das proteínas variam de membrana para membrana, conferindo características funcionais específicas a cada uma.

LIPÍDEOS Os lipídeos mais relevantes encontrados na membrana de plantas são os fosfolipídeos, uma classe de lipídeos em que dois ácidos graxos estão covalentemente ligados ao glicerol, que, por sua vez, está ligado covalentemente a um grupo fosfato. Ainda, ligado ao grupo fosfato no fosfolipídeo, há um componente variável, chamado de *grupo da cabeça*, tal como colina,

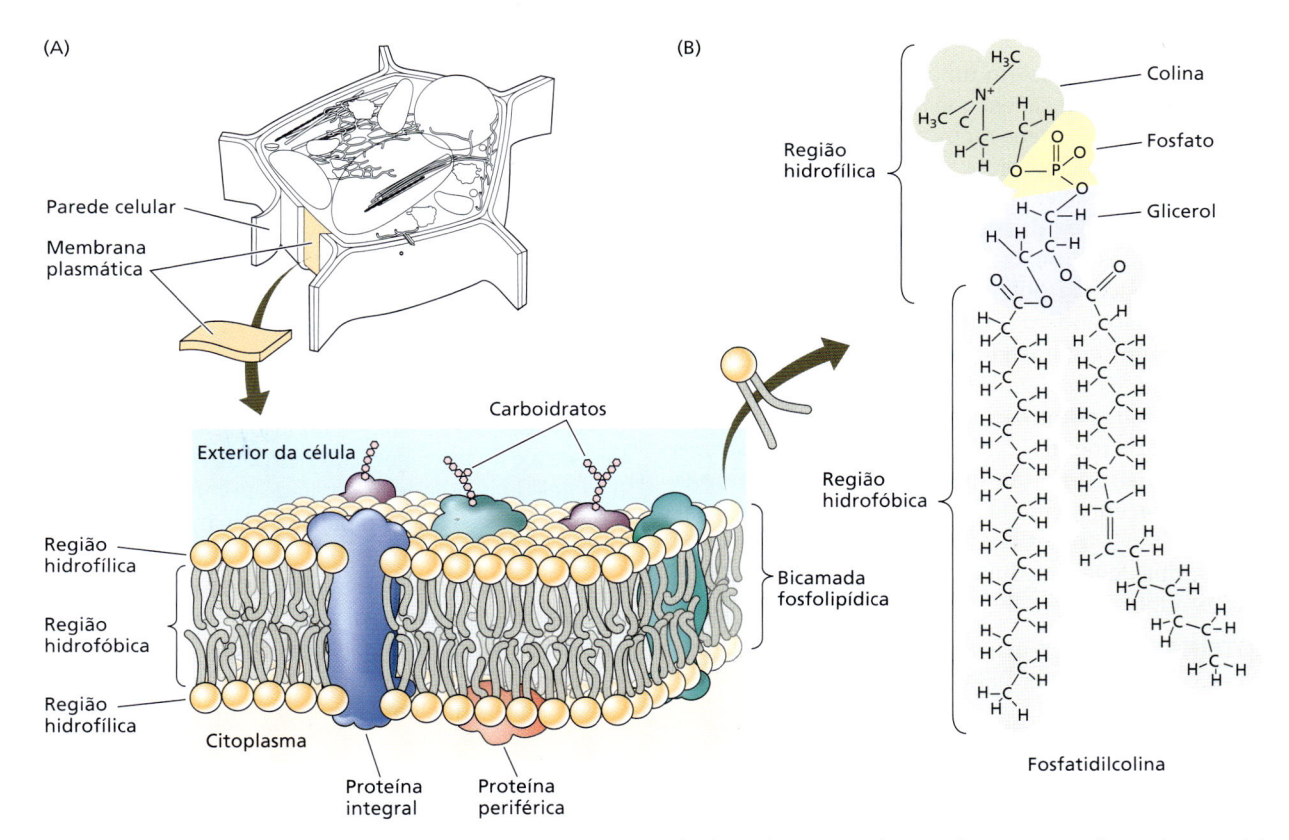

Figura 1.12 (A) A membrana plasmática, o retículo endoplasmático e outras endomembranas das células vegetais consistem em proteínas embebidas em uma bicamada fosfolipídica. (B) Estrutura química da fosfatidilcolina, um fosfolipídeo típico de membrana vegetal. As duas cadeias de ácidos graxos diferem no número de ligações duplas (ver Capítulo 11). (B de Buchanan et al., 2000.)

glicerol ou inositol (ver Figura 1.12B). As cadeias de hidrocarbonetos não polares dos ácidos graxos formam uma região hidrofóbica, ou seja, que exclui a água. Ao contrário dos ácidos graxos, os grupos da cabeça são altamente polares; por conseguinte, as moléculas fosfolipídicas apresentam tanto propriedades hidrofílicas quanto hidrofóbicas (ou seja, são *anfipáticas*). Vários fosfolipídeos encontram-se distribuídos assimetricamente na membrana plasmática, conferindo assimetria à membrana; em termos da composição dos fosfolipídeos, a face externa da membrana plasmática voltada para o exterior da célula é diferente da face interna, voltada para o citosol. As membranas internas dos **plastídios** – grupo de organelas ligadas à membrana ao qual os cloroplastos pertencem – são únicas, na medida em que sua composição lipídica consiste quase inteiramente em glicosilglicerídeos, com grupos da cabeça polar de glicosil derivados de galactose.

As cadeias de ácidos graxos dos fosfolipídeos e glicosilglicerídeos variam em comprimento, mas em geral possuem de 16 a 24 carbonos. Se os carbonos estão conectados por ligações simples, a cadeia de ácido graxo é dita *saturada* (com átomos de hidrogênio), mas, se a cadeia inclui uma ou mais ligações duplas, o ácido graxo é *insaturado*.

As ligações duplas em uma cadeia de ácido graxo criam uma dobra na cadeia que impede o arranjo compactado dos fosfolipídeos na bicamada (i.e., as ligações adquirem uma configuração *cis* dobrada, ao contrário de uma configuração *trans* não dobrada). As dobras promovem a fluidez da membrana, que é crítica para muitas das suas funções. A fluidez é também fortemente influenciada pela temperatura. Uma vez que os vegetais não podem regular a temperatura de seus corpos, eles enfrentam, com frequência, o problema de manter a fluidez da membrana sob baixas temperaturas, que tendem a diminuir a fluidez. Assim, para manter a fluidez da membrana em temperaturas baixas, os vegetais podem produzir fosfolipídeos de membrana com uma porcentagem mais alta de ácidos graxos insaturados, como o *ácido oleico* (uma ligação dupla), o *ácido linoleico* (duas ligações duplas) e o *ácido linolênico* (três ligações duplas).

PROTEÍNAS As proteínas associadas à bicamada lipídica são de três tipos principais: integrais, periféricas e ancoradas.

As **proteínas integrais de membrana** estão embebidas na bicamada lipídica (ver Figura 1.12A). A maioria das proteínas integrais atravessa completamente a bicamada lipídica. Desse modo, uma parte da proteína interage com o exterior da célula, outra com o centro hidrofóbico e uma terceira parte interage com o interior da célula, o citosol. Aquelas que atuam como canais iônicos (ver Capítulo 6) são sempre proteínas integrais de membrana, como são certos receptores que participam nas rotas de transdução de sinal (ver Capítulo 12). Algumas proteínas integrais de membrana, na superfície externa da membrana plasmática, reconhecem e ligam-se firmemente aos constituintes da parede celular, estabelecendo uma ligação cruzada entre a membrana e a parede.

As **proteínas periféricas de membrana** estão ligadas à superfície da membrana (ver Figura 1.12A) por ligações não covalentes, como ligações iônicas ou ligações de hidrogênio. Essas proteínas podem ser dissociadas da membrana com soluções de alta salinidade ou agentes caotrópicos, que rompem ligações iônicas e de hidrogênio, respectivamente. As proteínas periféricas exercem várias funções na célula. Por exemplo, algumas estão envolvidas nas interações entre as membranas e os principais elementos do citoesqueleto, os microtúbulos e os microfilamentos de actina.

As **proteínas ancoradas** estão ligadas covalentemente à superfície da membrana via moléculas de lipídeos. Por estarem distribuídos assimetricamente em lados diferentes da membrana plasmática, os lipídeos específicos tornam os dois lados da membrana ainda mais distintos.

O núcleo

O **núcleo** é a organela ligada à membrana que contém a informação genética responsável pela regulação do metabolismo, do crescimento e da diferenciação da célula. Coletivamente, os genes e suas sequências interpostas são referidos como **genoma nuclear**. O tamanho do genoma nuclear nos vegetais é altamente variável, podendo ser de aproximadamente $1,2 \times 10^8$ pares de bases em *Arabidopsis thaliana*, espécie parente da mostarda, até 1×10^{11} pares de bases no lírio (*Fritillaria assyriaca*). O restante da informação genética das células está contido nas duas organelas semiautônomas – o plastídio e a mitocôndria – que serão discutidas mais adiante neste capítulo.

O núcleo consiste de uma matriz complexa, o **nucleoplasma**, limitado por uma membrana dupla denominada **envoltório nuclear** (**Figura 1.13A**), que é um subdomínio do retículo endoplasmático (RE; ver abaixo). Os **poros nucleares** formam canais seletivos entre as duas membranas, conectando o nucleoplasma com o citoplasma (**Figura 1.13B**). Pode haver de pouquíssimos a muitos milhares de poros nucleares em cada envoltório nuclear.

O "poro" nuclear é, na verdade, uma estrutura elaborada composta de mais de 100 nucleoporinas diferentes em arranjo octogonal, formando o complexo

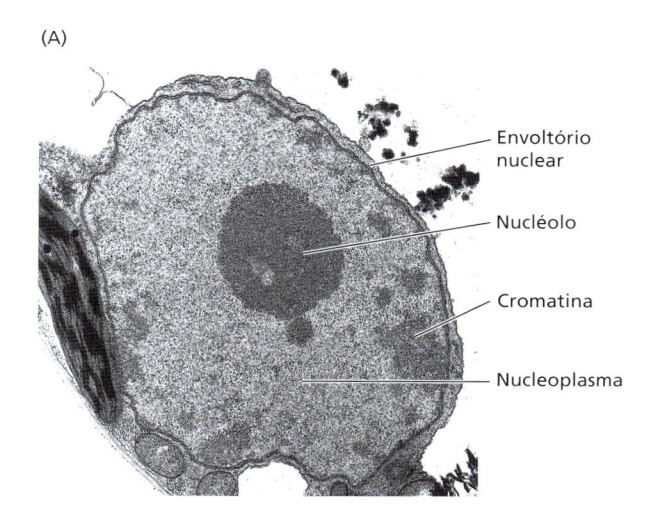

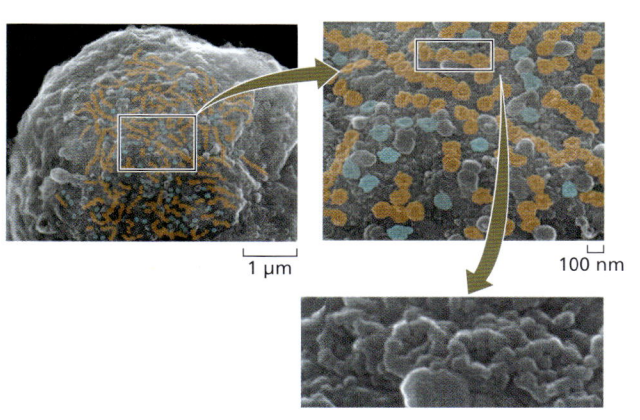

Figura 1.13 (A) Micrografia ao microscópio eletrônico de transmissão de um núcleo vegetal, mostrando o nucléolo e o envoltório nuclear. (B) Organização de complexos do poro nuclear (CPNs) na superfície do núcleo de células de tabaco cultivadas. Os CPNs em contato entre si estão corados de marrom; os demais estão corados de azul. O primeiro destaque (superior à direita) ilustra que a maioria dos CPNs está intimamente associada, formando fileiras de 5 a 30 complexos. O segundo destaque (inferior à direita) mostra a íntima associação dos CPNs. (A cortesia de R. Evert; B de Fiserova et al., 2009.)

do poro nuclear (CPN) de 105 nm. As nucleoporinas revestem o canal de 40 nm do CPN, formando uma malha que atua como filtro supramolecular. Várias proteínas necessárias para a importação e a exportação nuclear foram identificadas. Uma sequência específica de aminoácidos chamada de sinal de localização nuclear é necessária para que uma proteína entre no núcleo.

O núcleo é o local de armazenagem e replicação dos **cromossomos**, estruturas constituídas de DNA e suas proteínas associadas (**Figura 1.14**). Coletivamente, esse complexo DNA-proteínas é conhecido como **cromatina**. Em geral, o comprimento linear da totalidade do DNA em qualquer genoma da planta é milhões de vezes maior do que o diâmetro do núcleo em que se encontra. Para solucionar o problema de compactação do DNA cromossômico no núcleo, segmentos da dupla-hélice de DNA enrolam-se duas vezes em torno de um cilindro sólido de oito moléculas de proteínas **histonas**, formando um **nucleossomo**. A montagem de nucleossomos é também auxiliada por complexos proteicos grandes denominados condensinas. Os nucleossomos são organizados como contas de um colar ao longo de cada cromossomo. Quando o núcleo não está em divisão, os cromossomos mantêm sua independência espacial; eles não "se entrelaçam," e, em vez disso, permanecem completamente individualizados.

Durante a mitose, a cromatina condensa-se, inicialmente por um forte espiralamento em uma fibra de cromatina de 30 nm, com seis nucleossomos por volta. A seguir, ocorrem processos adicionais de dobramento e compactação, que dependem de interações entre as proteínas e os ácidos nucleicos (ver Figura 1.14). Na interfase (discutida mais adiante), dois tipos de cromatina podem ser distinguidos, com base no grau de condensação: a heterocromatina e a eucromatina. A **heterocromatina** é uma forma de cromatina altamente compactada e transcricionalmente inativa, representando quase 10% do DNA. A maior parte da heterocromatina está concentrada ao longo da periferia da membrana nuclear e associada a regiões dos cromossomos que contêm poucos genes, como os telômeros e os centrômeros. O restante do DNA consiste em **eucromatina**, uma forma descondensada e transcricionalmente ativa. Somente cerca de 10% da eucromatina é transcricionalmente ativa em determinado momento. O restante permanece em um estado intermediário de condensação, entre a eucromatina transcricionalmente ativa e a heterocromatina. Os cromossomos localizam-se em regiões específicas do nucleoplasma, cada um em seu espaço, indicando possibilidade de regulação separada de cada cromossomo.

Durante o ciclo celular, a cromatina passa por mudanças estruturais dinâmicas. Além das mudanças locais transitórias que são necessárias para a transcrição, as regiões heterocromáticas podem ser convertidas em regiões eucromáticas, e vice-versa, pela metilação de citosina ou pela adição ou remoção de grupos funcionais nas proteínas histonas. Essas mudanças globais no genoma podem dar origem a mudanças estáveis na expressão gênica. Em geral, essas mudanças que ocorrem sem alteração na sequência do DNA são denominadas *regulação epigenética*.

Figura 1.14 Compactação do DNA em um cromossomo metafásico. O DNA é inicialmente agregado em nucleossomos e, após, enrola-se helicoidalmente para formar a fibra de cromatina de 30 nm. Torções adicionais levam ao cromossomo metafásico condensado. (De Alberts et al., 2007.)

nominada **região organizadora de nucléolo** (**RON**). Embora os cromossomos permaneçam amplamente separados dentro do núcleo, porções de vários podem reunir-se nas suas partes medianas, ajudando a formar o nucléolo. O nucléolo executa a montagem das proteínas e do RNA do ribossomo em uma subunidade grande e uma pequena, sendo que cada uma sai do núcleo separadamente, pelos poros nucleares. As duas subunidades unem-se no citoplasma para formar o ribossomo completo (ver Figura 1.15A, número 1). Os ribossomos montados são nanomáquinas de síntese de proteínas. Aqueles produzidos pelo núcleo para a síntese de proteínas citoplasmáticas "eucarióticas", os ribossomos 80S, são maiores do que os ribossomos 70S. Estes são montados e mantidos no interior das mitocôndrias e dos plastídios para seus programas "procarióticos" de síntese proteica.

A expressão gênica envolve a transcrição e a tradução

O núcleo é o local de leitura, ou **transcrição**, do DNA da célula (**Figura 1.15A**). Parte do DNA é transcrita como RNA mensageiro (mRNA), que codifica proteínas. Os ribossomos leem o mRNA em uma direção, a partir da extremidade 5′ para a 3′ (**Figura 1.15B**). Outras regiões do DNA são transcritas em RNA de transferência (tRNA) e rRNA para serem utilizadas na **tradução** (ver Figura 1.15A, números 1-3). O RNA move-se através dos poros nucleares para o citoplasma, onde os polirribossomos (grupos de ribossomos que traduzem uma única fita de RNA) "livres" no citosol (não estão ligados a membranas) traduzem o RNA em proteínas destinadas ao citoplasma e às organelas que recebem proteínas independentemente da rota de endomembranas. Proteínas secretadas e de endomembrana entram no sistema de endomembranas durante o processo de tradução (por cotradução) nos polirribossomos ligados ao RE. O mecanismo de inserção co-traducional de proteínas no RE é complexo, envolvendo os ribossomos, o mRNA que codifica a proteína de secreção e um poro proteico especial para translocação, o **translocon**, na membrana do RE (ver Figura 1.15A, números 4-7).

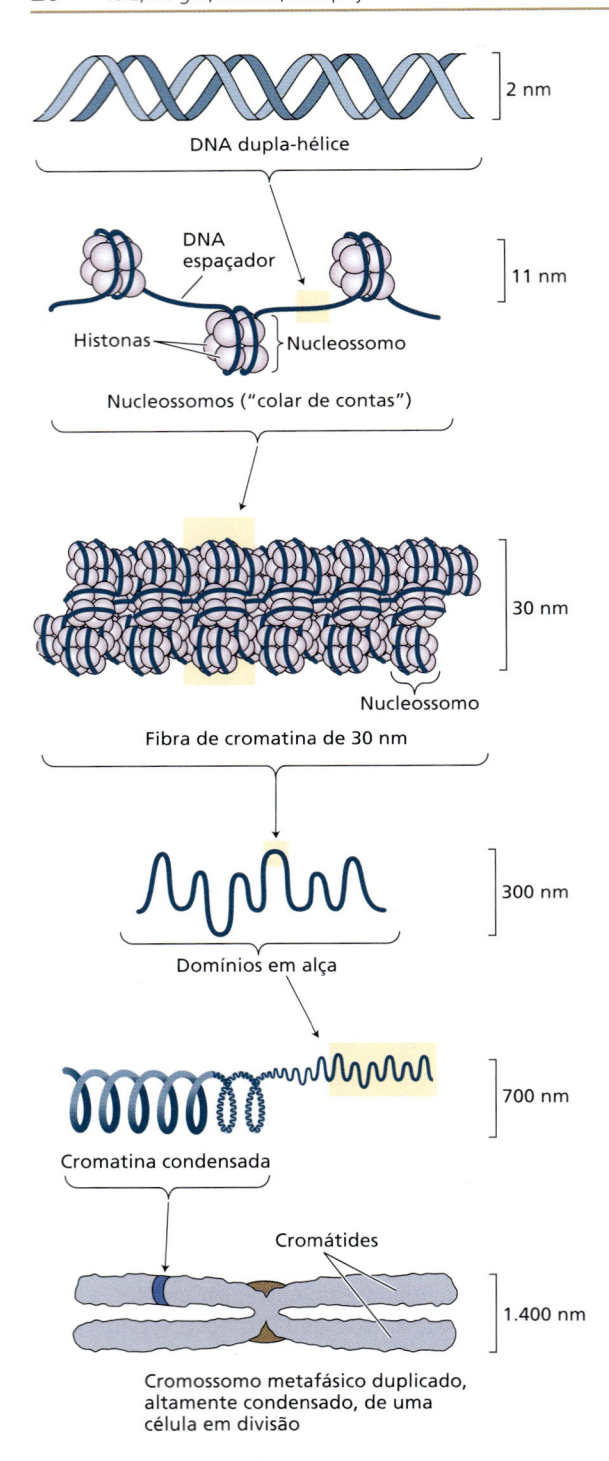

O núcleo contém uma região densamente granular denominada **nucléolo**, que é o local da síntese de **ribossomos** (ver Figura 1.13A). As células típicas apresentam um nucléolo por núcleo; algumas células apresentam mais. O nucléolo inclui porções de um ou mais cromossomos onde os genes do RNA ribossômico (rRNA) estão agrupados, formando uma região de-

As proteínas sintetizadas nos ribossomos citosólicos, que são destinadas às organelas com membrana após a tradução, empregam inserção pós-traducional para atravessar a membrana da organela. O processo de tradução nos polirribossomos citosólicos ou

Figura 1.15 (A) Etapas básicas da expressão gênica, incluindo a transcrição, o processamento, a exportação para o citoplasma e a tradução. (Números 1-2) As proteínas podem ser sintetizadas nos ribossomos livres ou nos ribossomos ligados. (Número 3) As proteínas destinadas à secreção são sintetizadas no retículo endoplasmático rugoso e contêm uma sequência-sinal hidrofóbica. Uma partícula de reconhecimento de sinal (PRS) liga o peptídeo sinal ao ribossomo, interrompendo a tradução. (Número 4) Receptores de PRS associam-se a canais proteicos chamados de translocons. O complexo ribossomo-PRS liga-se ao receptor de PRS na membrana do RE e ancora-se no translocon. (Número 5) O poro do translocon abre, a partícula de PRS é liberada e o polipeptídeo nascente entra no lume do RE. (Número 6-7) A tradução reinicia. Entrando no lume, a sequência-sinal é clivada por uma peptidase-sinal na membrana. (Números 8-9) Depois que a tradução estiver completa e após a adição de carboidrato e o dobramento da cadeia, o polipeptídeo recém-sintetizado é transportado ao complexo de Golgi através de vesículas. (B) Os aminoácidos são polimerizados no ribossomo, com o auxílio do tRNA, para formar a cadeia polipeptídica nascente.

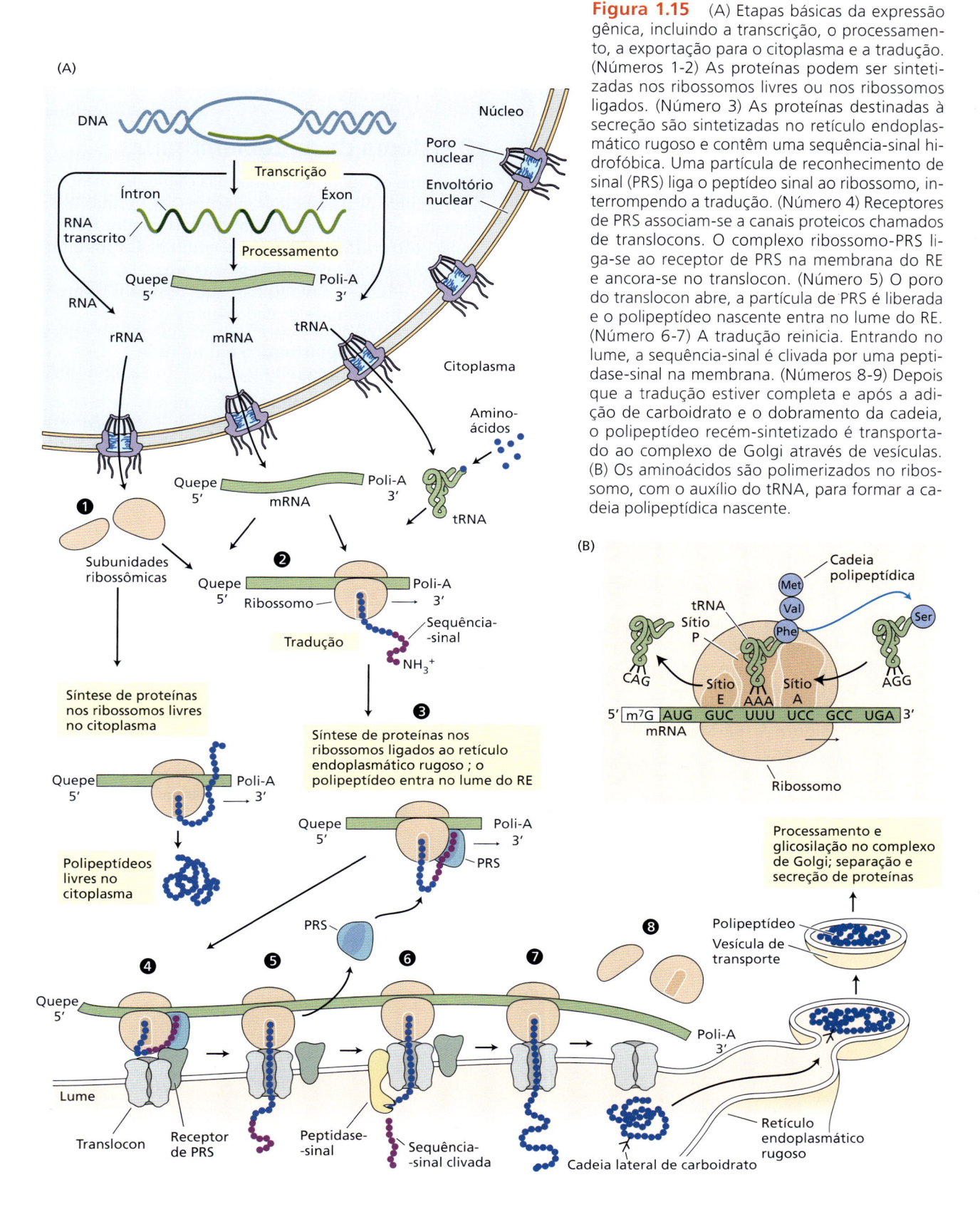

ligados à membrana do RE produz a sequência primária da proteína, que inclui, além da sequência envolvida na função proteica, a informação requerida para "enviar" (marcar) a proteína para destinos diferentes na célula.

A regulação pós-traducional determina o tempo de vida das proteínas

A estabilidade proteica exerce um papel importante na regulação da longevidade de uma proteína e, portanto, na expressão gênica. Uma vez sintetizada, uma proteína tem um tempo de vida finito na célula, que vai desde alguns minutos a várias horas, ou mesmo dias. Assim, níveis estáveis de proteínas celulares refletem um equilíbrio entre a síntese e a degradação das proteínas, denominado **renovação** (*turnover*). Nas células vegetais e animais, existem duas rotas distintas de renovação de proteínas: uma em vacúolos líticos especializados (chamados de lisossomos em células animais; ver próxima seção) e outra no citosol e no núcleo.

A rota de renovação de proteínas que ocorre no citosol e no nucleoplasma envolve a formação de uma ligação covalente ATP-dependente entre a proteína que será degradada e um polipeptídeo pequeno de 76 aminoácidos chamado **ubiquitina**. A adição de uma ou mais moléculas de ubiquitina a uma proteína é chamada de *ubiquitinação*. A ubiquitinação marca uma proteína para sua destruição por um grande complexo proteolítico ATP-dependente, chamado de **proteassomo 26S**, que reconhece especificamente essas moléculas "marcadas" (**Figura 1.16**). Mais de 90% das proteínas de vida curta nas células eucarióticas são degradadas pela rota da ubiquitina.

A ubiquitinação é iniciada quando a enzima ativadora de ubiquitina (E1) catalisa a adenilação ATP-dependente da porção C-terminal da ubiquitina. A ubiquitina adenilada é, então, transferida para um resíduo de cisteína em uma segunda enzima, a enzima conjugadora de ubiquitina (E2). As proteínas destinadas à degradação são ligadas por um terceiro tipo de proteína, a ubiquitina-ligase (E3). O complexo E2-ubiquitina, em seguida, transfere sua ubiquitina a um resíduo de lisina da proteína ligada à E3. Esse processo pode ocorrer várias vezes, formando um polímero de ubiquitina. A proteína ubiquitinada é, então, destinada a um proteassomo para degradação.

Há uma infinidade de ubiquitina-ligases proteína-específicas que regulam a renovação de proteínas-alvo específicas. No Capítulo 15, discutiremos mais detalhadamente exemplos dessa rota, em relação à atividade de hormônios vegetais.

O sistema de endomembranas

O sistema de endomembranas das células eucarióticas é o conjunto de membranas internas relacionadas. Esse sistema subdivide a célula em compartimentos funcionais e estruturais e distribui membranas e proteínas através do tráfego vesicular entre as organelas. Tendo já descrito o núcleo, descrevemos aqui os outros compartimentos importantes de endomembranas.

O retículo endoplasmático é uma rede de endomembranas

O **retículo endoplasmátio** (**RE**), composto de uma extensa rede de túbulos, é contínuo com o envoltório nuclear. Os túbulos se juntam, formando uma rede de sáculos achatados denominados **cisternas** (**Figura 1.17**).

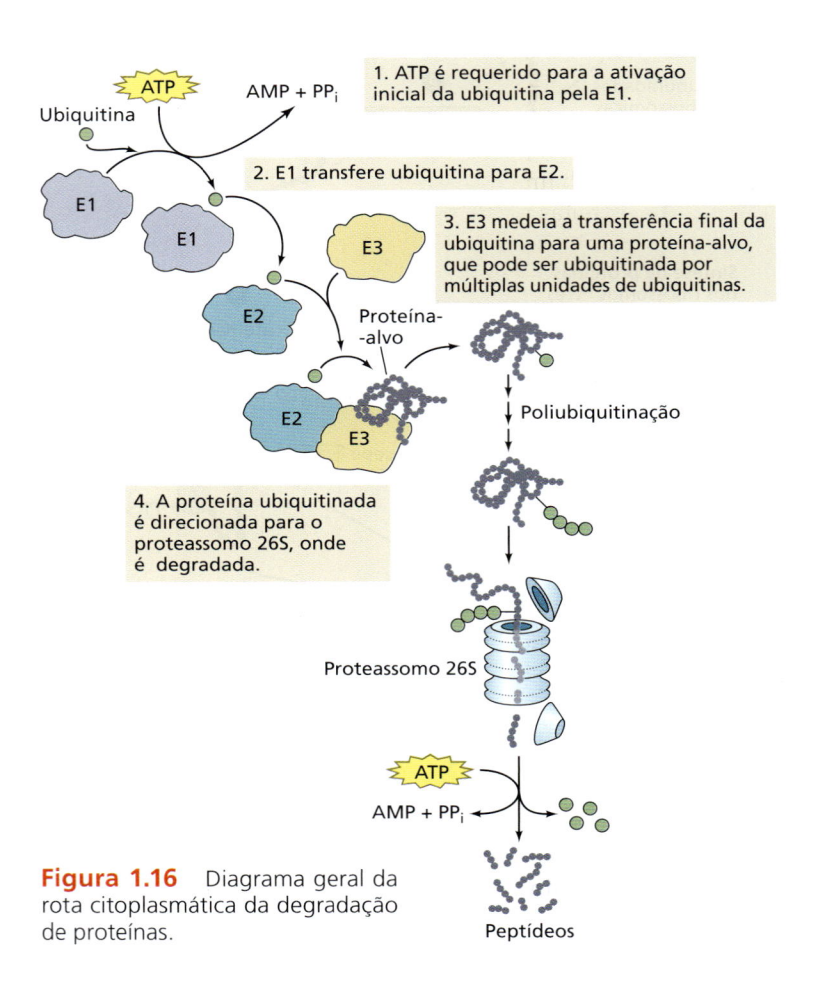

Figura 1.16 Diagrama geral da rota citoplasmática da degradação de proteínas.

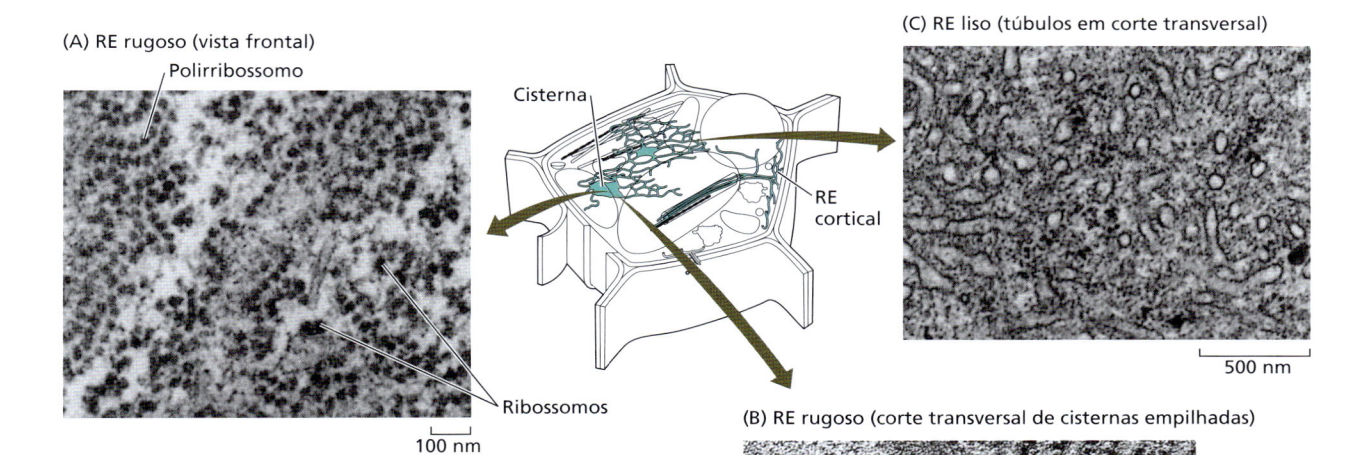

Figura 1.17 Retículo endoplasmático. (A) O RE rugoso da alga *Bulbochaete* pode ser observado em vista frontal nesta micrografia. Os polirribossomos (séries de ribossomos ligados ao mesmo RNA mensageiro) do RE estão bem visíveis. (B) Cortes transversais de pilhas do RE rugoso dispostas regularmente em cisternas (seta branca), encontradas em tricomas glandulares de *Coleus blumei*. A membrana plasmática está indicada por uma seta preta, e o material externo à membrana plasmática é a parede celular. (C) O RE liso frequentemente forma uma rede tubular, conforme ilustrado nesta micrografia ao microscópio eletrônico de transmissão de uma pétala jovem de *Primula kewensis*. (Micrografias de Gunning e Steer, 1996.)

Os túbulos espalham-se por toda a célula, formando associações estreitas com outras organelas. A rede do RE pode, portanto, ser uma rede de comunicação entre organelas de uma célula, ao mesmo tempo em que serve como um sistema de síntese e de distribuição de proteínas e de lipídeos. O RE que se encontra logo abaixo da membrana plasmática, e provavelmente está ligado a ela, permanece na camada mais externa do citoplasma, chamada de córtex celular. Por isso, essa porção do RE é chamada de **RE cortical**.

A região do RE que apresenta muitos ribossomos ligados à sua membrana é denominada **RE rugoso** (**RER**), pois os ribossomos conferem um aspecto granuloso ao RE quando visto em micrografias eletrônicas (ver Figura 1.17A e B). Já a porção do retículo endoplasmático sem ribossomos ligados à sua membrana é denominada **RE liso**, o sítio da biossíntese de lipídeos (ver Figura 1.17C).

O RE é a principal fonte de fosfolipídeos de membrana e fornece proteínas de membrana e cargas proteicas para os outros compartimentos na rota de endomembranas: envoltório nuclear, complexo de Golgi (ver Figura 1.11), vacúolos, membrana plasmática e sistema endossômico. Ele ainda transporta algumas proteínas para o cloroplasto. A maior parte desse transporte ocorre por vesículas especializadas que se movem entre as organelas de endomembranas.

Os vacúolos apresentam diversas funções nas células vegetais

O vacúolo vegetal foi originalmente definido por sua aparência ao microscópio – um compartimento envolvido por membrana, sem citoplasma. Em vez de citosol, o vacúolo contém a **seiva vacuolar**, composta de água e solutos. O aumento de volume de células vegetais durante o crescimento ocorre principalmente pelo aumento do volume de seiva vacuolar. Em muitas células vegetais adultas, um vacúolo central grande ocupa até 95% do volume celular total. A possível variação no tamanho, na aparência e nos conteúdos dos vacúolos sugere a diversidade de forma e função do compartimento vacuolar vegetal. As células meristemáticas não possuem um vacúolo central grande, mas sim muitos vacúolos pequenos. Provavelmente, à medida que a célula se torna madura, alguns desses pequenos vacúolos fusionam-se para formar vacúolos maiores.

A membrana do vacúolo, ou **tonoplasto**, contém proteínas e lipídeos que são sintetizados inicialmente no RE. Além de sua função na expansão celular, o vacúolo também tem participação como compartimento de reserva de metabólitos secundários envolvidos na defesa vegetal contra herbívoros (ver Capítulo 22). Íons inorgânicos, açúcares, ácidos orgânicos e pigmentos são apenas alguns dos solutos que podem ser acumulados nos vacúolos, devido à presença de diversos transportadores de membrana específicos (ver Capítulo 6). Os vacúolos que armazenam proteínas, os chamados **corpos proteicos**, são abundantes em sementes. Corpos proteicos e outros compartimentos vacuolares que também podem atuar como sítios de proteólise são chamados de **vacúolos líticos**.

Os oleossomos são organelas que armazenam lipídeos

Muitos vegetais sintetizam e armazenam quantidades grandes de óleo durante o desenvolvimento de sementes. Esses óleos acumulam-se em organelas denominadas **corpos lipídicos** (também conhecidos como **oleossomos**). Os oleossomos são únicos entre as organelas, pois são delimitados por "meia unidade de membrana", isto é, uma monocamada de fosfolipídeos derivada do RE. Os fosfolipídeos na meia unidade de membrana são orientados com os grupos da cabeça polar em direção à fase aquosa do citosol e suas caudas hidrofóbicas de ácidos graxos voltadas para o lume, dissolvidas nos lipídeos armazenados. Os oleossomos são inicialmente formados como regiões de diferenciação no RE. A natureza do produto armazenado, os **triglicerídeos** (três ácidos graxos covalentemente ligados a um glicerol), indica que essa organela de reserva possui um lume hidrofóbico. Como consequência, à medida que é armazenado, o triglicerídeo aparenta ser inicialmente depositado na região hidrofóbica entre as faces externa e interna da membrana do RE.

Os microcorpos exercem papéis metabólicos especializados em folhas e sementes

Os **microcorpos** são uma classe de organelas esféricas envoltas por uma única membrana e especializadas em uma de várias funções metabólicas. Os **peroxissomos** e os **glioxissomos** são microcorpos especializados na β-oxidação de ácidos graxos e no metabolismo do glioxilato, um aldeído ácido de dois carbonos (ver Capítulo 11). O glioxissomo está associado a mitocôndrias e oleossomos, enquanto o peroxissomo está associado a mitocôndrias e cloroplastos (**Figura 1.18**).

Organelas semiautônomas de divisão independente

Uma célula vegetal típica apresenta dois tipos de organelas produtoras de energia: as mitocôndrias e os cloroplastos. Ambos os tipos são separados do citosol por uma membrana dupla (uma membrana interna e outra externa) e contêm seu próprio DNA e ribossomos.

As **mitocôndrias** são os sítios da respiração celular, processo no qual a energia liberada pelo metabolismo do açúcar é usada para a síntese de trifosfato de adenosina (ATP, de *adenosine triphosphate*) a partir do

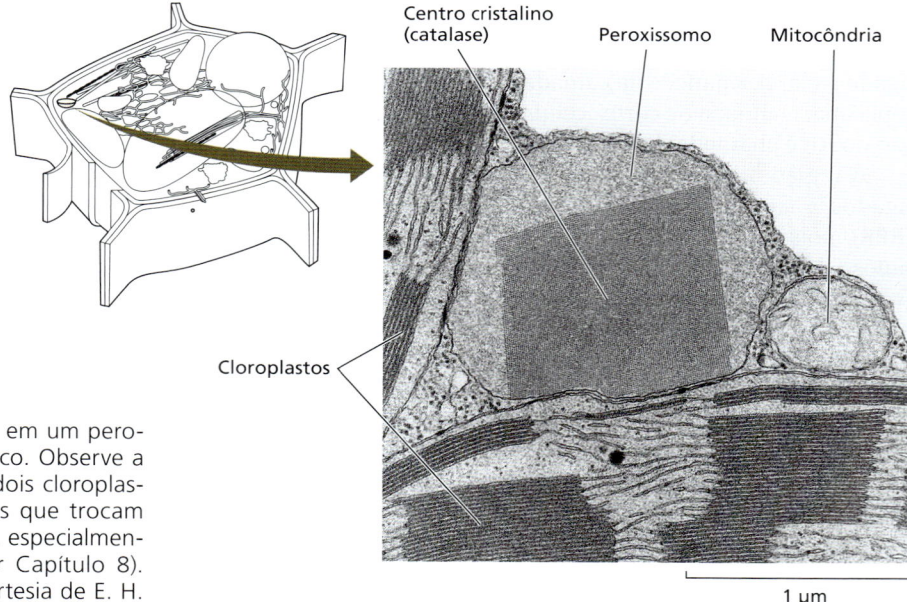

Figura 1.18 Cristal de catalase em um peroxissomo de folha madura de tabaco. Observe a associação do peroxissomo com dois cloroplastos e uma mitocôndria, organelas que trocam metabólitos com os peroxissomos, especialmente durante a fotorrespiração (ver Capítulo 8). (Micrografia de S. E. Frederick, cortesia de E. H. Newcomb.)

difosfato de adenosina (ADP, de *adenosine diphosphate*) e do fosfato inorgânico (Pi, de *inorganic phosphate*) (ver Capítulo 11).

As mitocôndrias são estruturas altamente dinâmicas, que podem sofrer tanto fissão quanto fusão. A fusão de mitocôndrias pode resultar em estruturas tubulares longas passíveis de ramificação para formar redes mitocondriais. Independentemente da forma, todas as mitocôndrias apresentam uma membrana externa lisa e uma membrana interna altamente dobrada (**Figura 1.19**). A membrana interna contém ATP sintases, que utilizam um gradiente de prótons para sintetizar ATP para a célula. O gradiente de prótons é gerado pela cooperação de transportadores de elétrons, chamada cadeia transportadora de elétrons, que está embebida na membrana interna e é periférica a ela (ver Capítulo 11). As dobras da membrana interna são identificadas como **cristas**. O compartimento envolvido pela membrana interna, a **matriz** mitocondrial, contém as enzimas da rota do metabolismo intermediário denominado ciclo dos ácidos tricarboxílicos.

Os **cloroplastos** (**Figura 1.20A**) pertencem a outro grupo de organelas envolvidas por membrana dupla, denominadas plastídios, os quais são os locais da fotossíntese. Além das membranas interna e externa, os cloroplastos têm um terceiro sistema de membranas, os **tilacoides**. Uma pilha de tilacoides forma um *granum* (plural, *grana*) (**Figura 1.20B**). As proteínas e os pigmentos (clorofilas e carotenoides) que atuam nos eventos fotoquímicos da fotossíntese estão embebidos na membrana do tilacoide. Os *grana* adjacentes estão conectados por membranas não empilhadas, as **lamelas do estroma**. O compartimento fluido ao redor dos tilacoides, denominado **estroma**, é análogo à matriz da mitocôndria e contém a proteína que é a mais abundante do planeta, a Rubisco, envolvida na conversão do carbono do dióxido de carbono em ácidos orgânicos durante a fotossíntese (ver Capítulo 8). A subunidade maior da Rubisco é codificada pelo genoma do cloroplasto, enquanto a subunidade menor é codificada pelo genoma nuclear. A expressão coordenada de cada subunidade (e outras proteínas) por cada genoma é necessária enquanto o cloroplasto cresce e se divide.

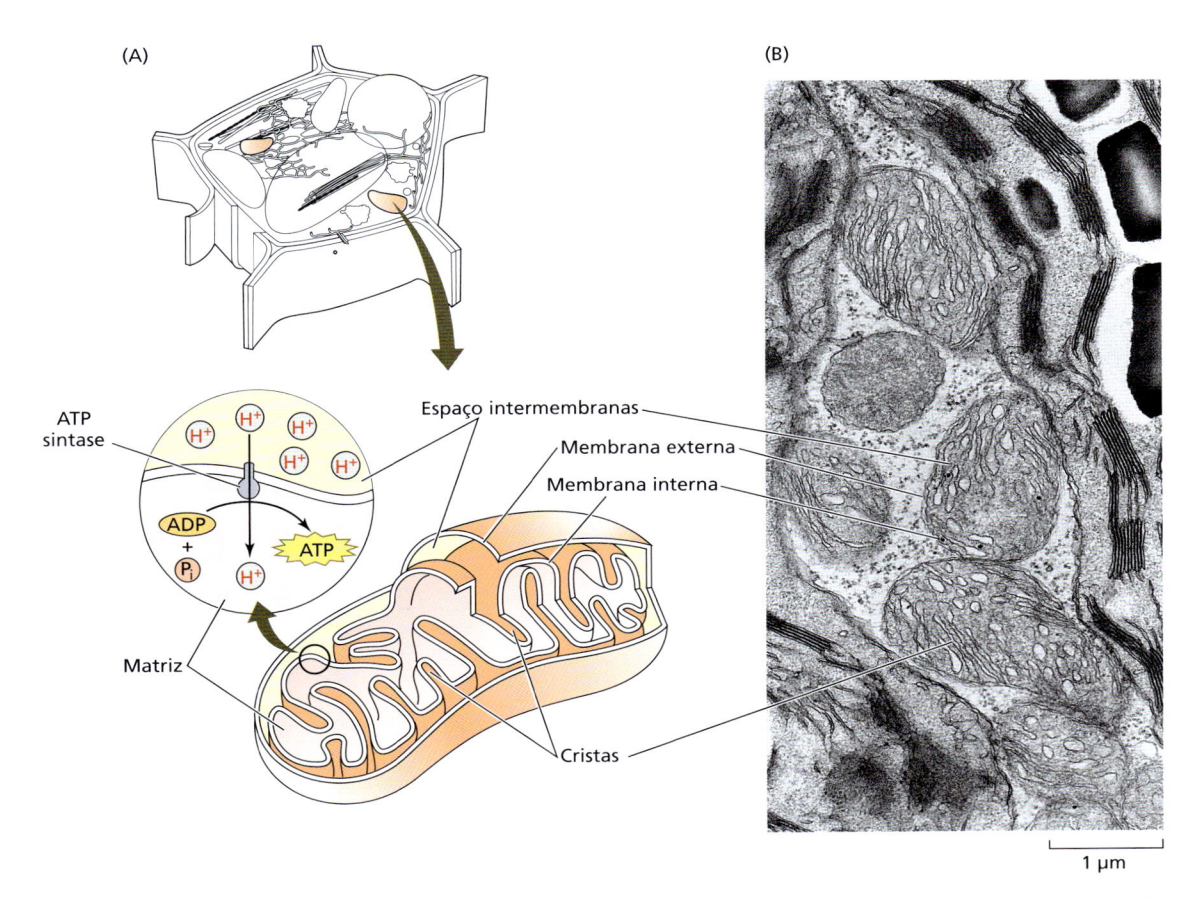

Figura 1.19 (A) Diagrama de uma mitocôndria, incluindo a localização das ATP sintases relacionadas à síntese de ATP na membrana interna. (B) Micrografia ao microscópio eletrônico da mitocôndria de uma célula foliar da grama-bermuda (*Cynodon dactylon*). (Micrografia de S. E. Frederick, cortesia de E. H. Newcomb.)

Os vários componentes do aparelho fotossintético estão localizados em áreas diferentes dos *grana* e das lamelas do estroma. As ATP sintases do cloroplasto localizam-se na membranas do tilacoide (**Figura 1.20C**). Durante a fotossíntese, as reações de transferência de elétrons acionadas pela luz resultam em um gradiente de prótons através da membrana do tilacoide (**Figura 1.20D**) (ver Capítulo 7). Assim como na mitocôndria, o ATP é sintetizado quando o gradiente de prótons é dissipado pela ATP sintase. Entretanto, no cloroplasto, o ATP não é exportado para o citosol, mas é usado em muitas reações no estroma, incluindo a fixação do carbono a partir do dióxido de carbono atmosférico, como descrito no Capítulo 8.

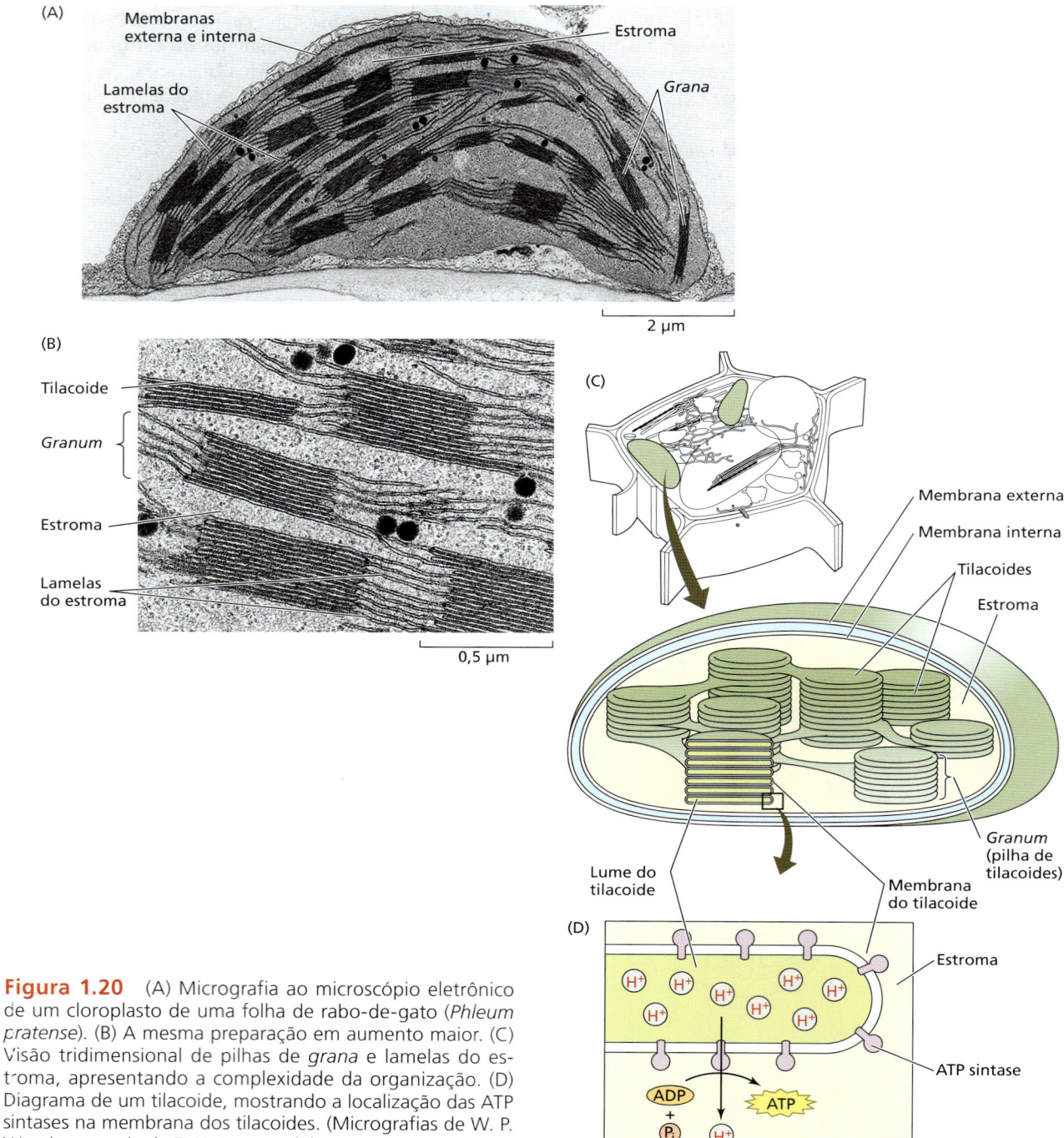

Figura 1.20 (A) Micrografia ao microscópio eletrônico de um cloroplasto de uma folha de rabo-de-gato (*Phleum pratense*). (B) A mesma preparação em aumento maior. (C) Visão tridimensional de pilhas de *grana* e lamelas do estroma, apresentando a complexidade da organização. (D) Diagrama de um tilacoide, mostrando a localização das ATP sintases na membrana dos tilacoides. (Micrografias de W. P. Wergin, cortesia de E. H. Newcomb.)

Os plastídios que contêm concentrações altas de pigmentos carotenoides, em vez de clorofila, são denominados **cromoplastos**. Eles são responsáveis pelas cores amarela, laranja e vermelha de muitos frutos e flores, assim como das folhas no outono (**Figura 1.21**).

Os plastídios sem pigmentos são os **leucoplastos**. Em tecidos secretores especializados, como os nectários, os leucoplastos produzem monoterpenos, moléculas voláteis (em óleos essenciais) que, com frequência, apresentam odor forte. O tipo mais importante de leucoplasto é o **amiloplasto**, um plastídio de reserva de amido. Os amiloplastos são abundantes nos tecidos de partes aéreas, de raízes e em sementes. Os amiloplastos especializados da coifa atuam como sensores de gravidade, que orientam o crescimento da raiz em direção ao solo (ver Capítulo 15).

Pró-plastídios transformam-se em plastídios especializados em diferentes tecidos vegetais

As células meristemáticas contêm **pró-plastídios**, que não possuem clorofila, apresentam pouca ou nenhuma membrana interna e um conjunto incompleto de enzimas necessárias para realizar a fotossíntese (**Figura 1.22A**). Nas angiospermas e em algumas gimnospermas, o desenvolvimento do cloroplasto a partir do pró-plastídio é desencadeado pela luz. Na presença de luz, as enzimas são formadas no pró-plastídio ou importadas do citosol; os pigmentos para a absorção da luz são produzidos, e as membranas proliferam rapidamente, originando as lamelas do estroma e as pilhas de *grana* (**Figura 1.22B**).

As sementes normalmente germinam no solo em ausência de luz, e seus pró-plastídios tornam-se cloroplastos somente quando a parte aérea jovem é exposta à luminosidade. Por outro lado, se as plântulas são mantidas no escuro, os pró-plastídios diferenciam-se em **etioplastos**, os quais contêm arranjos semicristalinos tubulares de membranas, conhecidos como **corpos pró-lamelares** (**Figura 1.22C**). Em vez de clorofila, os etioplastos contêm um pigmento precursor, de cor verde-amarelada, a protoclorofilida. Minutos após a exposição à luz, um etioplasto diferencia-se, convertendo o corpo pró-lamelar em tilacoides e membranas lamelares e a protoclorofilida em clorofila. A manutenção da estrutura do cloroplasto depende da presença de luz; os cloroplastos maduros podem ser revertidos a etioplastos se mantidos no escuro por longos períodos. Da mesma forma, sob condições ambientais diferentes, os cloroplastos podem ser convertidos em cromoplastos (ver Figura 1.21), como no caso das folhas no outono e do amadurecimento dos frutos.

A divisão de cloroplastos e mitocôndrias é independente da divisão nuclear

Assim como as mitocôndrias, os plastídios dividem-se por fissão, coerente com suas origens procarióticas. A fissão e a replicação do DNA de organelas são eventos regulados independentemente da divisão nuclear. Por exemplo, o número de cloroplastos por volume

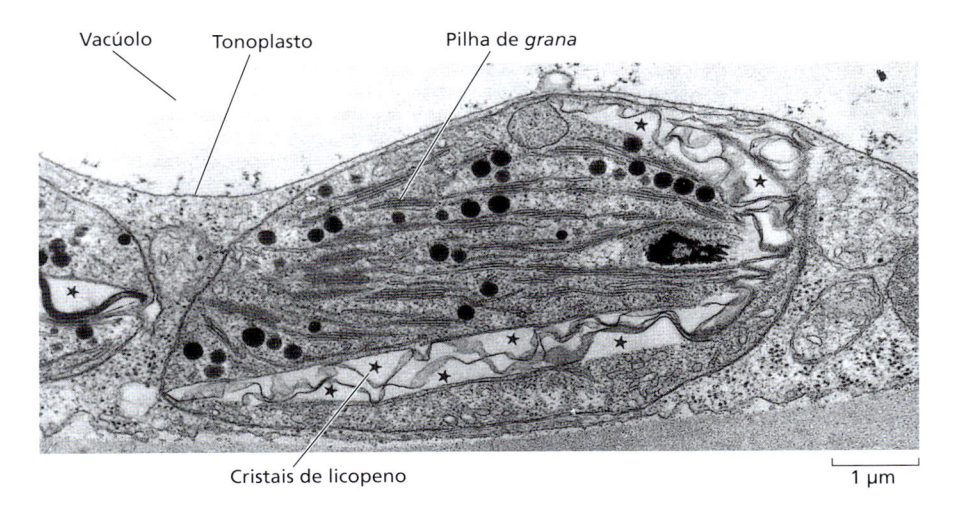

Figura 1.21 Micrografia ao microscópio eletrônico de um cromoplasto do fruto de um tomateiro (*Solanum esculentum*), no estágio inicial de transição entre um cloroplasto e um cromoplasto. Pilhas pequenas de *grana* ainda podem ser observadas. As estrelas indicam cristais de licopeno, um tipo de pigmento carotenoide. (De Gunning e Steer, 1996.)

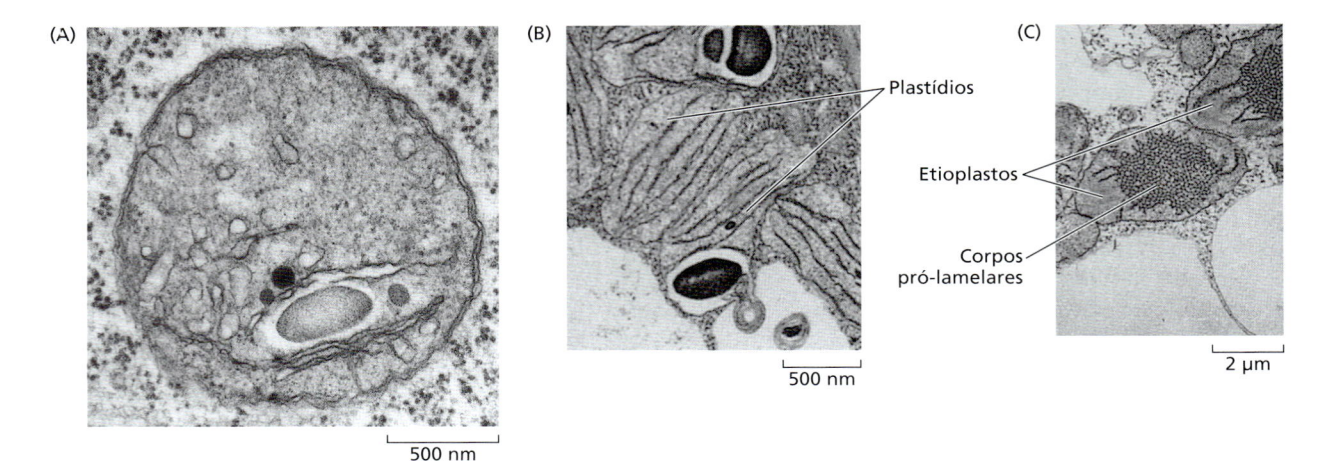

Figura 1.22 Micrografias ao microscópio eletrônico ilustrando vários estágios do desenvolvimento de plastídios. (A) Pró-plastídios de meristema apical de raiz de fava (*Vicia faba*). O sistema de membranas interno é rudimentar e os *grana* não estão presentes. (B) Uma célula de mesofilo de uma folha jovem de aveia (*Avena sativa*) em estágio inicial de diferenciação, em presença de luz. Os plastídios estão se transformando em pilhas de *grana*. (C) Célula de uma folha jovem de uma plântula de aveia cultivada no escuro. Os plastídios desenvolveram-se como etioplastos, com sofisticadas redes semicristalinas de túbulos de membranas, denominados corpos pró-lamelares. Quando expostos à luz, os etioplastos podem se converter em cloroplastos pela desorganização dos corpos pró-lamelares e formação de pilhas de *grana*. (De Gunning e Steer, 1996.)

celular depende da história do desenvolvimento da célula e de seu ambiente. Assim, há mais cloroplastos nas células do mesofilo de uma folha do que nas células da sua epiderme.

Embora o momento de fissão dos cloroplastos e das mitocôndrias seja independente do momento da divisão celular, essas organelas necessitam de proteínas codificadas pelo núcleo para que ocorra sua divisão. Em bactérias e organelas semiautônomas, a fissão é facilitada por proteínas que formam anéis no envoltório interno, no local do futuro plano de divisão. Em células vegetais, os genes que codificam essas proteínas se encontram no núcleo. As proteínas podem ser enviadas ao sítio associado ao RE, o qual forma um anel em torno da organela em divisão. As mitocôndrias e os cloroplastos podem também aumentar em tamanho sem divisão, para suprir a demanda de energia ou fotossintética. Se, por exemplo, as proteínas envolvidas na divisão da mitocôndria são inativadas experimentalmente, as poucas mitocôndrias presentes tornam-se maiores, permitindo à célula suprir suas necessidades energéticas.

Tanto os plastídios quanto as mitocôndrias podem se mover pelas células. Em algumas células vegetais, os cloroplastos estão ancorados no citoplasma cortical, mais externo, da célula, mas, em outras, eles são móveis. Plastídios e mitocôndrias são motorizados por miosinas vegetais que se movimentam ao longo de microfilamentos de actina. As redes de microfilamentos de actina estão entre os principais componentes do citoesqueleto vegetal, descrito a seguir.

O citoesqueleto vegetal

O citoplasma é organizado em uma rede tridimensional de filamentos proteicos, denominada **citoesqueleto**. Essa rede proporciona uma organização espacial para as organelas e serve como arcabouço para os movimentos das organelas e de outros componentes do citoesqueleto. Ela também exerce papéis fundamentais na mitose, meiose, citocinese, depósito da parede, manutenção da forma celular e diferenciação celular.

O citoesqueleto vegetal é formado por microtúbulos e microfilamentos

Dois tipos principais de elementos do citoesqueleto foram identificados nas células vegetais: microtúbulos e microfilamentos. Cada tipo é filamentoso, apresentando diâmetro fixo e comprimento variável, podendo atingir muitos micrômetros.

Os **microtúbulos** são cilindros ocos com diâmetro externo de 25 nm; são compostos de polímeros da proteína **tubulina**. O monômero de tubulina é um heterodímero composto de duas cadeias polipeptídicas similares (α- e β-tubulina) (**Figura 1.23A**). Um único microtúbulo é formado por centenas de milhares de monômeros de tubulina organizados em colunas, os **protofilamentos**.

Os **microfilamentos** são sólidos, com diâmetro de 7 nm, compostos por uma forma monomérica da proteína **actina**, denominada actina globular, ou actina G. Os monômeros de actina G polimerizam para formar uma cadeia de subunidades de actina, também denominada protofilamento. A actina no filamento polimerizado é referida como actina filamentosa, ou actina F. Um microfilamento tem forma de hélice, resultante da polaridade da associação de monômeros de actina G (**Figura 1.23B**).

Actina, tubulina e seus polímeros estão em constante movimento na célula

Na célula, as subunidades de actina e tubulina ocorrem como *pools* de proteínas livres em equilíbrio dinâmico com as formas polimerizadas. O ciclo de polimerização-despolimerização é essencial para a vida da célula; drogas que paralisam esse ciclo, por fim, matam a célula. Cada um dos monômeros contém um nucleotídeo ligado: ATP ou ADP no caso da actina, GTP ou GDP (tri- ou difosfato de guanosina) no caso da tubulina. Os microtúbulos e os microfilamentos são polarizados, ou seja, as duas extremidades são diferentes. A polaridade manifesta-se pelas velocidades de crescimento diferentes das duas extremidades, sendo a mais ativa a extremidade mais, e a menos ativa, a extremidade menos.

Nos microfilamentos, a polaridade surge da polaridade do próprio monômero de actina; a fenda de ligação ao nucleotídeo ATP/ADP do monômero está orientada na direção da extremidade negativa do microfilamento, de crescimento lento, enquanto o lado oposto da fenda de ligação ao nucleotídeo ATP/ADP está orientada na direção da extremidade positiva, de crescimento rápido (**Figura 1.24A**). Nos microtúbulos, a polaridade surge da polaridade do heterodímero de α-tubulina e β-tubulina (ver Figura 1.23). O monômero de α-tubulina existe apenas na forma de GTP e é exposto na extremidade menos; a β-tubulina pode ligar-se ao GTP ou GDP e é exposta na extremidade mais (ver Figura 1.25A). Os microfilamentos e os microtúbulos têm suas meias-vidas normalmente contadas em minutos e determinadas por proteínas acessórias que regulam a dinâmica dos microfilamentos e microtúbulos.

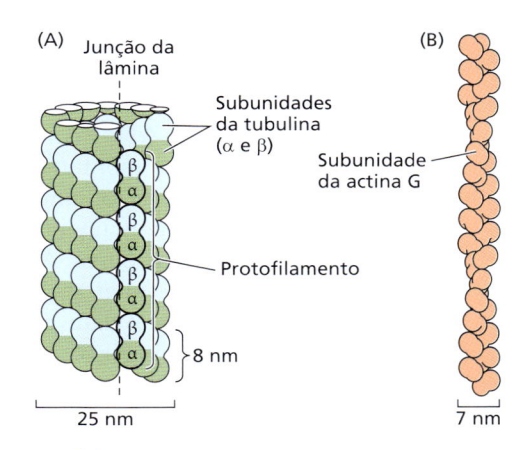

Figura 1.23 (A) Desenho de um microtúbulo em vista longitudinal. Cada microtúbulo é geralmente composto de 13 protofilamentos (mas varia com a espécie e com o tipo celular). A organização das subunidades α e β é ilustrada. (B) Diagrama de um microfilamento, mostrando um feixe de actina F (protofilamento) com uma organização helicoidal com base na assimetria dos monômeros, as subunidades de actina G.

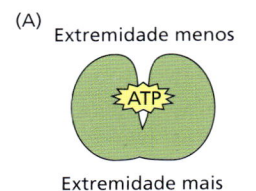

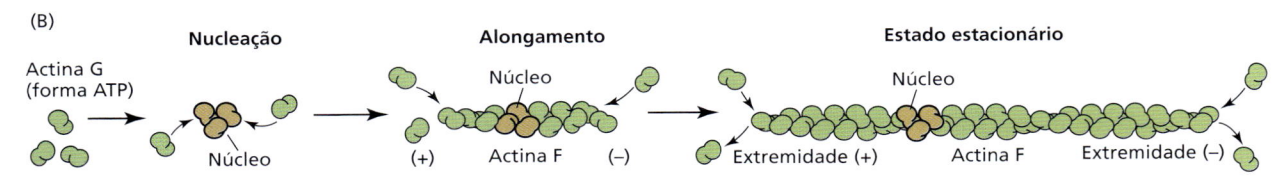

Figura 1.24 Modelos para a montagem de microfilamentos de actina. (A) Estrutura da actina G. Cada molécula de actina G tem uma fenda de ligação ao nucleotídeo ATP/ADP na extremidade menos do monômero. O lado oposto da fenda de ligação ao nucleotídeo é denominado extremidade mais. (B) Montagem da actina F. Os monômeros individuais de actina G ligam o ATP e agregam-se para formar um trímero, que serve de núcleo para formação de um novo filamento. Após, actina G adicional polimeriza nas extremidades mais e menos do filamento de actina F em crescimento. A hidrólise de ATP a ADP ocorre após as unidades carregadas de ATP serem polimerizadas, e a actina G que resulta contém ADP. (De Lodish et al., 2007.)

Na presença de ATP, Mg^{2+} e K^+, e sem proteínas acessórias, a actina G polimeriza de uma maneira dependente da concentração (**Figura 1.24B**). Durante a nucleação, a actina livre liga-se ao ATP e associa-se formando trímeros. Os monômeros montam-se nas extremidades positiva e negativa do microfilamento de actina F em crescimento, embora o crescimento líquido seja mais rápido na extremidade positiva. A hidrólise de ATP não é exigida para a polimerização, mas sim para a despolimerização na extremidade negativa do microfilamento. No estado estacionário, a taxa de montagem do microfilamento na extremidade positiva está em equilíbrio dinâmico com a taxa de despolimerização na extremidade negativa, uma condição referida como **esteira rolante**. A esteira rolante permite que os microfilamentos aparentem migrar ao redor do córtex celular, na direção do polo positivo. Contudo, o que aparenta ser uma mobilidade de microfilamentos é na realidade causada pelo crescimento diferencial nas extremidades positiva e negativa.

Os protofilamentos de microtúbulos montam-se primeiramente em lâminas planas antes de assumir a forma cilíndrica

A nucleação de microtúbulos e o início do crescimento ocorrem em *centros de organização de microtúbulos* (MTOCs, de *microtubule organizing centers*), também chamados de *complexos de iniciação*, mas a natureza precisa do complexo de iniciação ainda não está esclarecida. Um tipo de complexo de iniciação contém um tipo muito menos abundante de tubulina denominado *γ-tubulina*, que forma complexos de anel no citoplasma cortical, a partir do qual os microtúbulos podem crescer (**Figura 1.25A-C**).

Cada heterodímero de tubulina contém duas moléculas de GTP, uma no monômero de α-tubulina e outra no de β-tubulina. Na α-tubulina, o GTP está fortemente ligado e é não hidrolisável, enquanto o GTP ligado à β-tubulina é hidrolisado a GDP, após a ligação da subunidade na extremidade mais de um microtúbulo. Se a taxa de hidrólise de GTP "alcançar" a taxa de adição de novos heterodímeros, a capa de tubulina carregada com GTP se desfaz e os protofilamentos separam-se, iniciando uma despolimerização catastrófica (ver Figura 1.25C). Tal despolimerização pode ser revertida (parada da despolimerização e retomada da polimerização) se o aumento da concentração local de tubulina livre (com GTP) causado pela catástrofe mais uma vez favorecer a polimerização. A extremidade menos, de crescimento lento, não despolimeriza se for coberta por γ-tubulina. No entanto, os microtúbulos de plantas podem ser liberados dos complexos de anel de γ-tubulina por uma ATPase, a katanina (da palavra japonesa *katana*, "espada samurai"), que corta o microtúbulo no ponto onde o crescimento ramifica para formar outro microtúbulo (**Figura 1.25D**). Logo que os microtúbulos são liberados pela katanina, eles se deslocam em movimentos ondulatórios pelo córtex celular por esteira rolante.

Durante o deslocamento, os heterodímeros de tubulina são adicionados à extremidade mais, em crescimento, na mesma taxa que são removidos da extremidade menos, em encurtamento (ver Figura 1.25D). Como será discutido na seção "A regulação do ciclo celular" a seguir, a orientação transversal dos microtúbulos corticais determina a orientação das novas microfibrilas de celulose sintetizadas na parede celular. A presença de fibrilas transversais de celulose na parede celular reforça a parede na direção transversal, promovendo crescimento no eixo longitudinal. Dessa forma, os microtúbulos desempenham um papel importante na polaridade do crescimento vegetal.

Proteínas motoras do citoesqueleto medeiam a corrente citoplasmática e o movimento dirigido de organelas

Mitocôndrias, peroxissomos e corpos de Golgi são extremamente dinâmicos nas células vegetais. Essas partículas de cerca de 1 μm movem-se em velocidades de cerca de 1 a 10 μm s^{-1} em espermatófitas. Esse movimento é bastante rápido; é equivalente a um objeto de 1 m movendo-se a 10 m s^{-1}, aproximadamente a alcançada pelo homem mais rápido do mundo. A actina e sua proteína motora, a miosina, atuam juntas no endoplasma vegetal (a camada mais interna e fluida do citoplasma), gerando esse movimento e sendo, por isso, muitas vezes referidas como citoesqueleto de actomiosina.

A **corrente citoplasmática** refere-se ao fluxo de massa coordenado do citosol e organelas citoplasmáticas no interior da célula. O movimento de organelas individuais pode ser parte da corrente citoplasmática, mas talvez seja mais apropriadamente denominado **movimento dirigido de organelas**, pois elas com frequência passam umas pelas outras em direções opostas. Se o movimento dirigido de organelas exercer arraste suficiente sobre o citosol e as organelas, em seguida ele irá desencadear a corrente citoplasmática. À medida que as células se expandem, as taxas de movimento tendem a aumentar. Nas células gigantes das algas verdes *Chara* e *Nitella*, a corrente ocorre de modo helicoidal, para baixo em um lado da célula e para cima no outro lado, na velocidade de até 75 μm s^{-1}. O movimento dirigido de organelas ou a sua estabilização (aprisionamento) envolve interações via sítios de fixação a outras organelas, endomembranas, citoesqueleto ou membrana plasmática. Em particular, o RE interage com a membrana plasmática e outras organelas por meio de sítios de fixação.

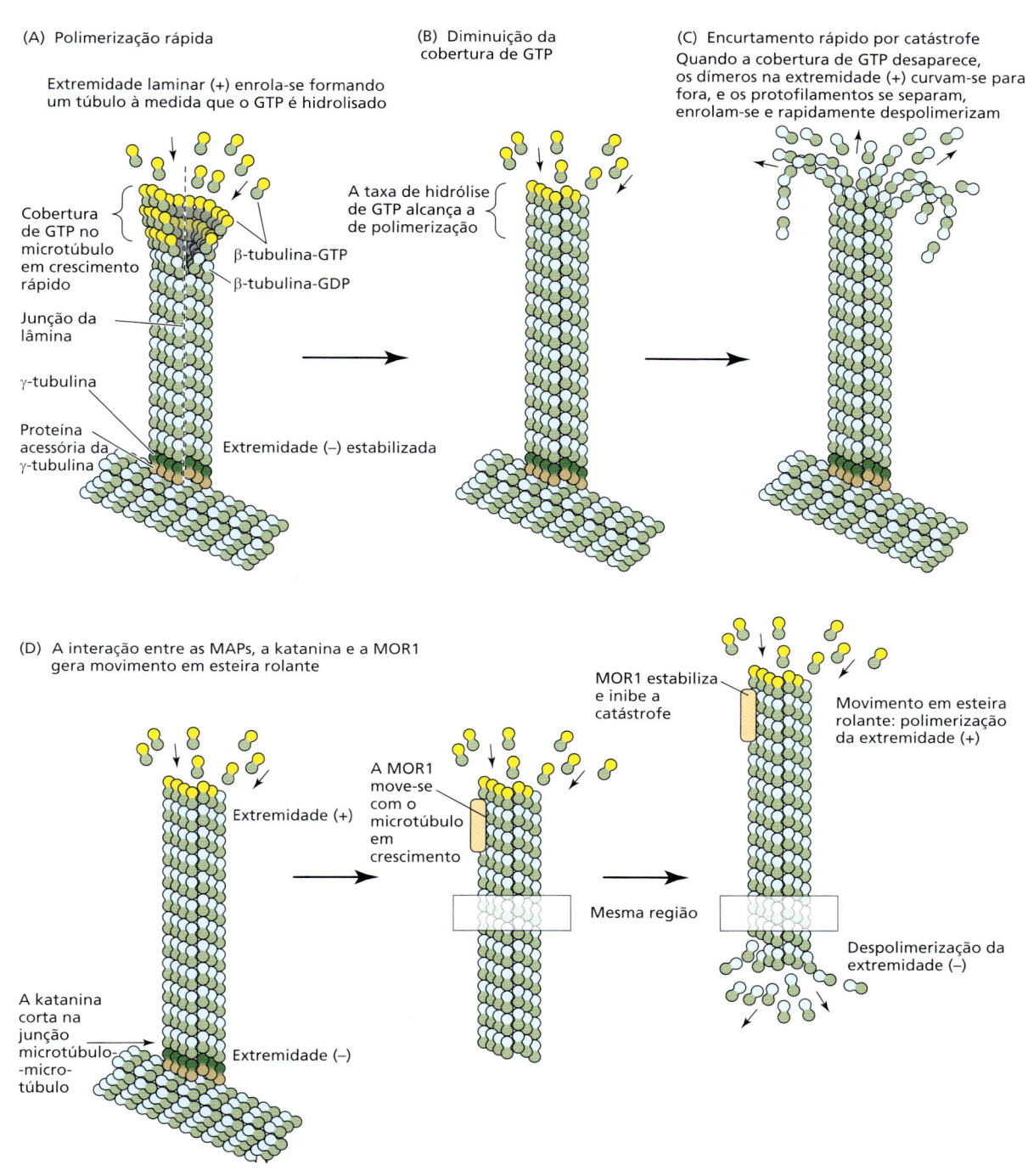

Figura 1.25 Modelos para a instabilidade dinâmica e esteira rolante dos microtúbulos. (A) A extremidade menos dos microtúbulos nos sítios de iniciação pode ser estabilizada por complexos de anel de γ-tubulina, alguns dos quais são encontrados ao lado de microtúbulos preexistentes. As extremidades mais dos microtúbulos crescem rapidamente, produzindo uma "cobertura" de tubulina, que apresenta GTP ligado à subunidade de β. A extremidade recém-adicionada tem uma estrutura em lâmina que se enrola na forma de um túbulo enquanto o GTP é hidrolisado. (B) Com a diminuição da taxa de crescimento ou o aumento da hidrólise de GTP, a cobertura de GTP é diminuída. (C) Quando a cobertura de GTP desaparece, os protofilamentos dos microtúbulos separam-se, pois o heterodímero com o GDP ligado à subunidade de β-tubulina está levemente curvado. Os protofilamentos são instáveis, resultando na despolimerização rápida e catastrófica. (D) Se o microtúbulo é cortado em um ponto de ramificação pela katanina ATPase, a extremidade menos torna-se instável e pode despolimerizar. Se o microtúbulo é estabilizado na extremidade mais pela MOR1, uma proteína associada a microtúbulo, a velocidade de adição na extremidade mais pode corresponder à despolimerização na extremidade menos, e o movimento em esteira rolante continua.

Motores moleculares participam tanto no movimento dirigido quanto no aprisionamento de organelas. Os vegetais possuem dois tipos de motores: as miosinas e as cinesinas. As miosinas são proteínas de ligação à actina. As cinesinas são proteínas associadas aos microtúbulos. Quando as miosinas e as cinesinas se movem ao longo do citoesqueleto, elas se deslocam em uma direção particular ao longo dos polímeros do citoesqueleto. As miosinas geralmente movem-se em direção à extremidade mais dos filamentos de actina. Embora os membros da família das cinesinas interajam com algumas membranas de organelas, eles tendem a aprisionar as organelas, em vez de mediar seu movimento ao longo dos microtúbulos. As cinesinas podem também se ligar à cromatina ou a outros microtúbulos, e ajudar a organizar o aparelho do fuso durante a mitose (ver a seguir).

Como as proteínas motoras podem participar tanto do movimento quanto do aprisionamento das organelas? Todas essas proteínas apresentam domínios de cabeça, pescoço e cauda, como a miosina XI (**Figura 1.26**). O domínio da cabeça globular liga-se reversivelmente ao citoesqueleto, dependendo do estado de fosforilação do nucleotídeo no sítio ativo da ATPase do domínio. A região do pescoço muda o ângulo após hidrólise de ATP, flexionando a cabeça em relação à cauda. O domínio da cauda em geral contém regiões para a dimerização, e o final do domínio globular da cauda liga-se a organelas específicas ou "carga" e é chamado de *domínio de carga* (ver Figura 1.26B). Para uma proteína motora prender uma organela à membrana plasmática através do citoesqueleto, a cabeça motora liga-se ao citoesqueleto, que está ligado à organela, enquanto o domínio de carga se liga a uma proteína na membrana plasmática. Com frequência, as proteínas motoras de aprisionamento são monoméricas, de modo que, quando ocorre a hidrólise do ATP ligado à miosina, o domínio da cabeça desliga-se do citoesqueleto e a organela ligada ao citoesqueleto é liberada. Para que a proteína mova uma organela, a parte motora dimeriza; as duas moléculas interagem e ligam-se à organela no domínio de carga. As duas cabeças do dímero alternadamente ligam-se ao citoesqueleto e "caminham" para frente, enquanto o pescoço flexiona à medida que o ATP é hidrolisado (ver Figura 1.26C). Dessa forma, a organela é movida ao longo do citoesqueleto.

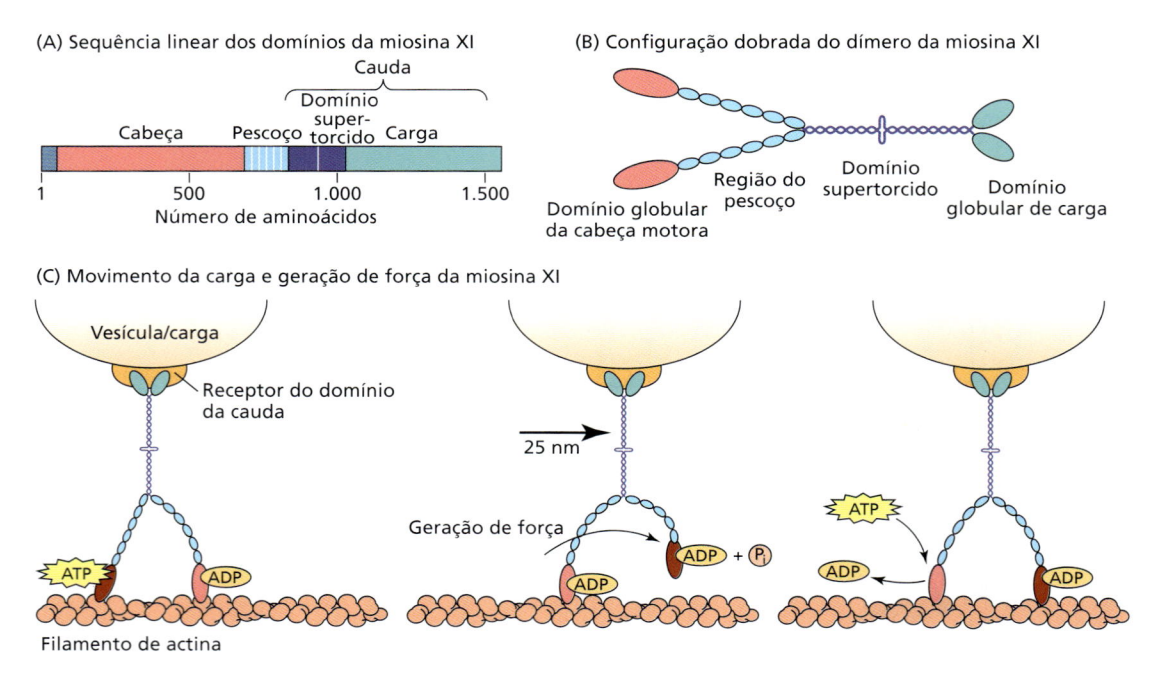

Figura 1.26 Movimento de organelas dirigido por miosina. (A) Domínios estendidos de aminoácidos de um motor de miosina da classe XI. O domínio da cauda inclui uma região supertorcida por dimerização e um domínio de carga, para interagir com as membranas. (B) O domínio da cabeça dobra-se para se tornar globular. Próximo ao domínio do pescoço estendido, ATP/ADP ligam-se ao domínio da cabeça. O pescoço consiste em regiões com composição específica de aminoácidos, as quais podem interagir com as proteínas de modulação. (C) Movimento e geração de força da miosina XI. A cauda liga-se à organela pelo domínio de carga e por um complexo receptor na membrana. As duas cabeças, mostradas em vermelho e rosa, possuem ATPase e atividade motora, de tal forma que uma mudança na conformação da região do pescoço, adjacente à cabeça, produz uma "caminhada", um movimento ao longo do filamento de actina durante a geração de força do motor, quando o ATP é hidrolisado a ADP e fosfato inorgânico (P_i). A carga move-se cerca de 25 nm a cada "passo". O domínio reverso em rosa libera seu ADP e liga-se ao ATP, permitindo, assim, a repetição do processo.

A regulação do ciclo celular

O ciclo da divisão celular, ou ciclo celular, é o processo pelo qual ocorre a reprodução da célula e de seu material genético, o DNA nuclear (**Figura 1.27**). O ciclo celular consiste em quatro fases: **G_1** (de *gap 1*; *gap* = intervalo), **S** ou **fase S** (de *DNA synthesis phase*), **G_2** (de *gap 2*) e **M** ou **fase M** (de *mitotic phase*). G_1 é a fase em que a célula-filha, recém-formada, ainda não replicou seu DNA. O DNA é replicado durante a fase S. G_2 é a fase em que a célula, com seu DNA replicado, ainda não iniciou a mitose, o que ocorre na fase M. Coletivamente, as fases G_1, S e G_2 são referidas como **interfase**. A fase M inclui todos os estágios da mitose, da metáfase à telófase (discutidos adiante). Em células vacuoladas, o vacúolo aumenta durante a interfase e o plano da divisão celular divide o vacúolo pela metade durante a mitose (ver Figura 1.27).

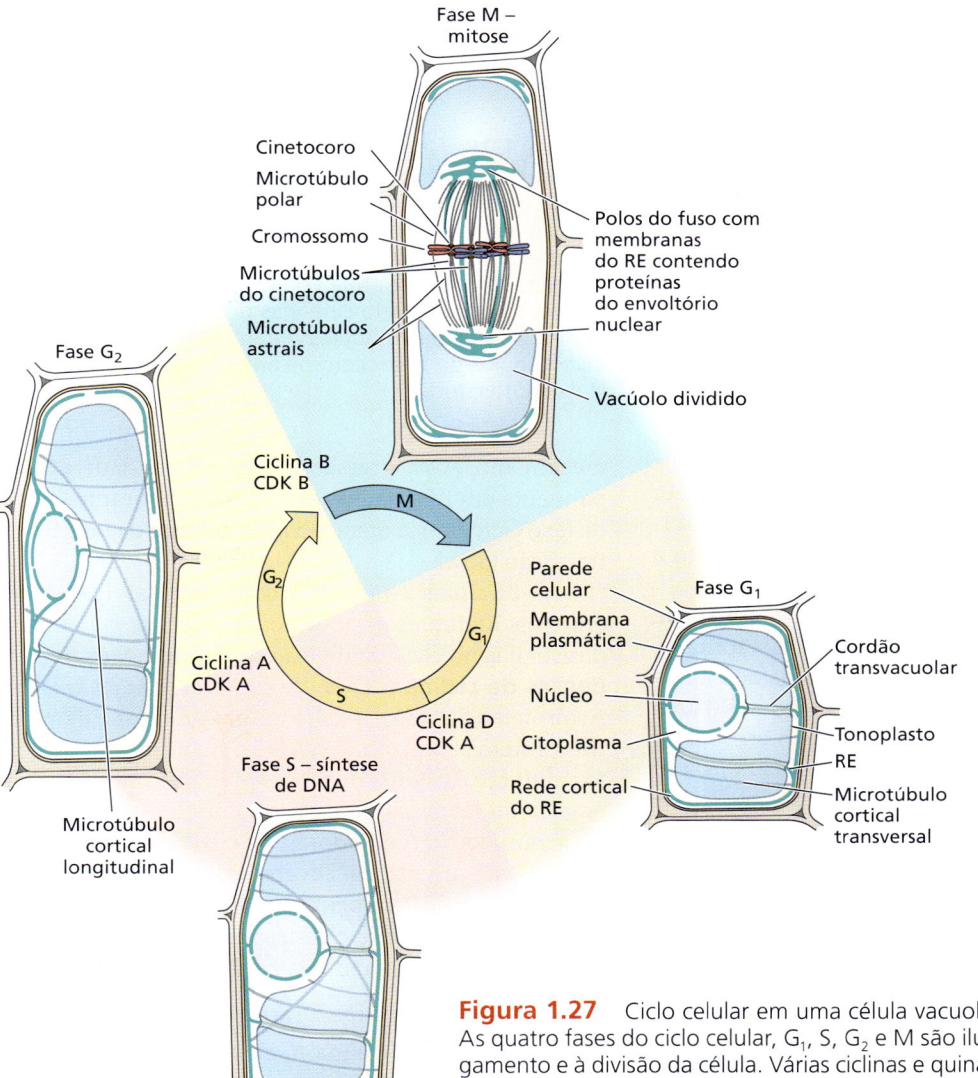

Figura 1.27 Ciclo celular em uma célula vacuolada (uma célula de tabaco). As quatro fases do ciclo celular, G_1, S, G_2 e M são ilustradas em relação ao alongamento e à divisão da célula. Várias ciclinas e quinases dependentes de ciclinas (CDKs) regulam a transição de uma fase para a outra. A ciclina D e a CDK A estão envolvidas na transição de G_1 para S. A ciclina A e a CDK A estão envolvidas na transição de S para G_2. A ciclina B e a CDK B regulam a transição de G_2 para M. As quinases fosforilam outras proteínas na célula, causando reorganização fundamental do citoesqueleto e dos sistemas de membranas. Os complexos ciclinas-CDK têm tempo de vida limitado, geralmente regulado por seu próprio estado de fosforilação; o decréscimo de sua quantidade em direção ao final de cada fase permite a progressão para o próximo estágio do ciclo celular.

Cada fase do ciclo celular apresenta um conjunto específico de atividades bioquímicas e celulares

O DNA nuclear é preparado para a replicação na fase G_1 mediante a montagem de um complexo de pré-replicação nas origens de replicação ao longo da cromatina. O DNA é replicado durante a fase S, e as células em G_2 preparam-se para a mitose.

Toda arquitetura da célula é alterada à medida que ela entra em mitose. Se a célula possui um grande vacúolo central, esse vacúolo deve primeiro ser dividido em duas partes por uma coalescência dos cordões transvacuolares citoplasmáticos que contêm o núcleo; esta se torna a região onde ocorrerá a divisão nuclear. (Comparar a Figura 1.27, divisão de uma célula vacuolada, com a Figura 1.29, divisão de uma célula não vacuolada.) Corpos de Golgi e outras organelas dividem-se e repartem-se igualmente entre as duas metades da célula. Como descrito a seguir, o sistema de endomembranas e o citoesqueleto são amplamente rearranjados.

À medida que uma célula entra em mitose, os cromossomos alteram seu estado de organização da interfase no núcleo e começam a se condensar para formar os cromossomos metafásicos (**Figura 1.28**; ver também Figura 1.14). Estes são mantidos unidos por proteínas denominadas *coesinas*, que se localizam na região centromérica de cada par de cromossomos. Para que os cromossomos se separem, essas proteínas devem ser clivadas pela enzima *separase*. Isso ocorre quando o cinetocoro se liga aos microtúbulos do fuso (descrito a seguir).

Em um ponto-chave de regulação, ou **ponto de checagem**, no final da fase G_1 do ciclo, a célula torna-se encarregada da síntese do DNA. Em células de mamíferos, a replicação do DNA e a mitose são ligadas – uma vez iniciado o ciclo de divisão, ele não é interrompido até que as fases da mitose tenham sido concluídas. Por outro lado, as células vegetais podem parar o ciclo de divisão antes ou depois de replicarem seu DNA (ou seja, durante G_1 ou G_2). Como consequência, enquanto a maioria das células animais é diploide (apresentam dois conjuntos de cromossomos), as células vegetais com frequência são tetraploides (quatro conjuntos de cromossomos) ou mesmo poliploides (muitos conjuntos de cromossomos), caso passarem por ciclos adicionais de replicação do DNA nuclear sem que ocorra a mitose, um processo denominado **endorreduplicação**.

O ciclo celular é regulado por ciclinas e por quinases dependentes de ciclina

As reações bioquímicas que governam o ciclo celular são altamente conservadas na evolução dos eucariotos, e as plantas preservaram os componentes básicos desse

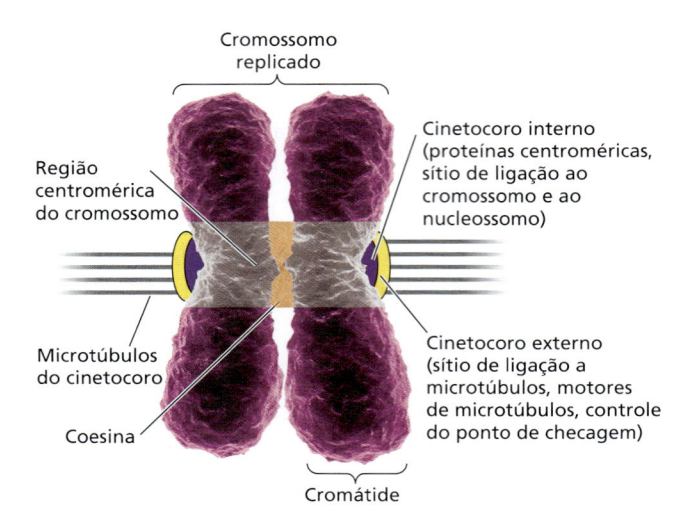

Figura 1.28 Estrutura de um cromossomo metafásico. O DNA centromérico está destacado, e a região onde moléculas de coesão unem os dois cromossomos está ilustrada em cor laranja. O cinetocoro é uma estrutura em camadas (a camada mais interna é representada em roxo, e a mais externa, em amarelo) que contém proteínas de ligação a microtúbulos, incluindo cinesinas que auxiliam na despolimerização dos microtúbulos durante o encurtamento dos microtúbulos do cinetocoro na anáfase. (© Sebastian Kaulitzki/Shutterstock.)

mecanismo. A progressão do ciclo é regulada principalmente em três pontos de checagem: durante o final da fase G_1 (como já mencionado), no final da fase S e na transição G_2/M.

As enzimas-chave que controlam as transições entre os diferentes estados do ciclo celular e a entrada das células no ciclo de divisão são as **quinases dependentes de ciclina** (**CDKs**, de *cyclin-dependent kinases*). As proteínas quinases são enzimas que fosforilam outras proteínas utilizando o ATP. A maioria dos eucariotos multicelulares utiliza várias quinases que são ativas em diferentes fases do ciclo celular. Todas dependem de subunidades reguladoras, as **ciclinas**, para desempenhar suas atividades. Diversas classes de ciclinas foram identificadas em plantas, animais e leveduras. Foi demonstrado que três ciclinas regulam o ciclo celular do tabaco, como ilustrado na Figura 1.27:

1. Ciclinas G_1/S, ciclina D, ativa no final da fase G_1
2. Ciclinas tipo S, ciclina A, ativa no final da fase S
3. Ciclinas tipo M, ciclina B, ativa um pouco antes da fase mitótica

O ponto crítico de restrição no final da fase G_1, o qual determina que o DNA passe por um novo ciclo de replicação, é regulado principalmente pelas ciclinas do tipo D e pelas CDKs.

Os microtúbulos e o sistema de endomembranas atuam na mitose e na citocinese

A mitose é o processo pelo qual os cromossomos previamente replicados são alinhados, separados e distribuídos de uma maneira ordenada para as células-filhas (**Figura 1.29**). Os microtúbulos são parte integrante da mitose. O período imediatamente anterior à prófase é denominado **pré-prófase**. Durante a pré-prófase, os microtúbulos da fase G_2 são completamente reorganizados formando a **banda pré-prófase** (BPP), constituída de microtúbulos e microfilamentos ao redor do núcleo, na região da futura placa celular – precursora da parede transversal (ver Figura 1.29). A posição da BPP, o *local de divisão cortical* subjacente, e a partição do citoplasma que divide os vacúolos centrais determinam o plano de divisão celular em plantas e, assim, desempenham um papel crucial no desenvolvimento (ver Capítulos 14-17).

No início da **prófase**, os microtúbulos que polimerizam na superfície do envoltório nuclear começam a se agregar em duas regiões nos lados opostos do núcleo, iniciando a formação do fuso (ver Figura 1.29B). Apesar de não estarem associadas aos centrossomos (ausentes nas plantas, ao contrário das células animais), essas regiões desempenham a mesma função na organização de microtúbulos. Durante a prófase, o envoltório nuclear permanece intacto, mas é fragmentado no início da **metáfase**, em um processo que envolve a reorganização e a reassimilação do envoltório nuclear no RE (ver Figura 1.29C). Durante todo o ciclo, as quinases da divisão celular interagem com os microtúbulos, por meio da fosforilação de proteínas associadas a microtúbulos e cinesinas, para auxiliar na reorganização do fuso. O nucléolo desaparece completamente durante a

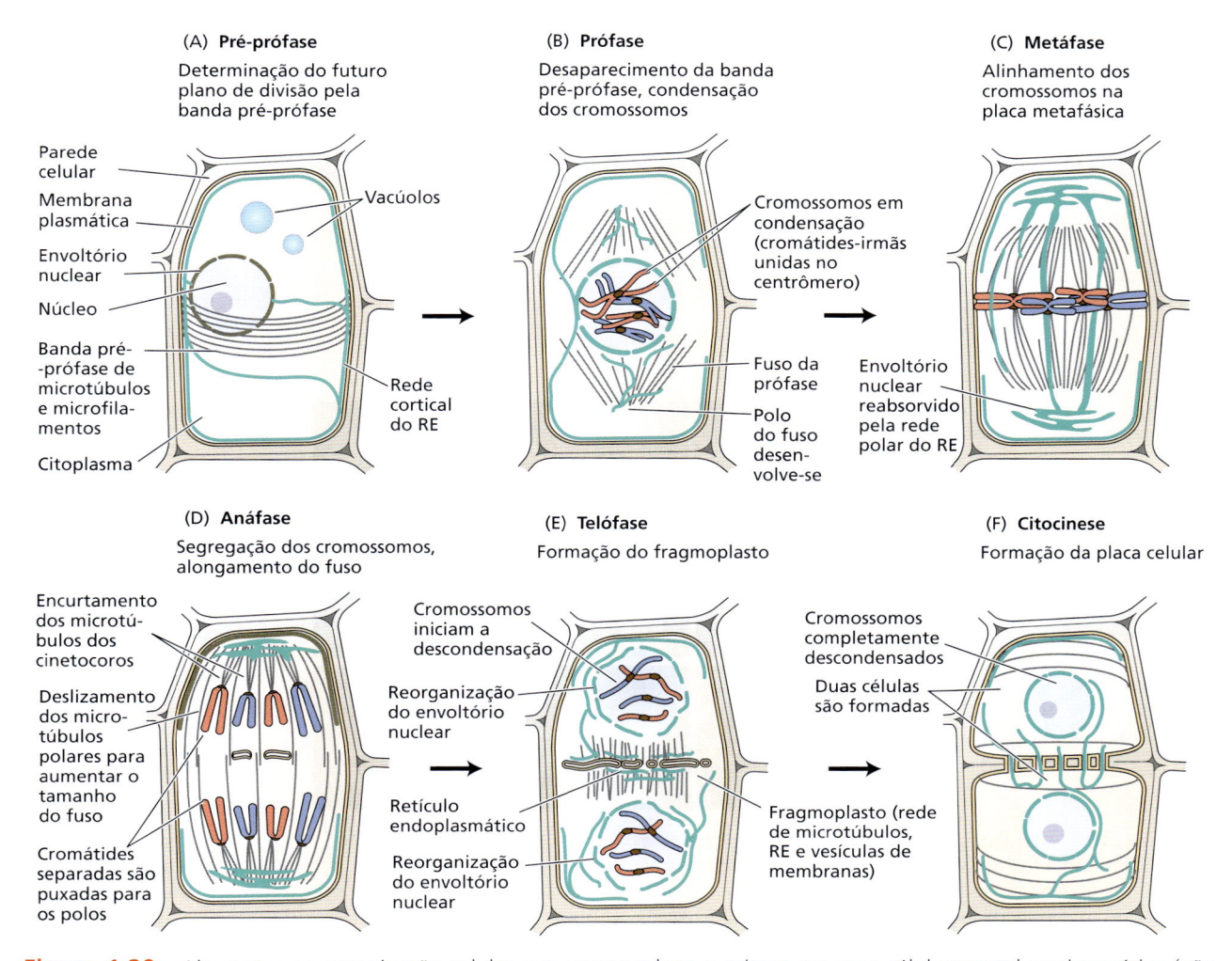

Figura 1.29 Alterações na organização celular que acompanham a mitose em uma célula vegetal meristemática (não vacuolada).

mitose e, ao final do ciclo, é gradualmente remontado, à medida que os cromossomos se descondensam e restabelecem suas posições nos núcleos-filhos.

No início da metáfase, a BPP desaparece e novos microtúbulos são polimerizados para completar o **fuso mitótico**. O fusos mitóticos de células vegetais não se apresentam de forma elíptica como nas células animais. Os microtúbulos do fuso na célula vegetal surgem de uma zona difusa, que consiste em múltiplos focos em extremidades opostas da célula e se estendem para a região central em arranjos paralelos.

Os cromossomos metafásicos são completamente condensados por um empacotamento de histonas em nucleossomos que formam, os quais posteriormente se enrolam helicoidalmente para formar fibras condensadas (ver Figuras 1.14 e 1.28). O **centrômero**, região onde duas cromátides são unidas próximo ao centro do cromossomo, contém DNA repetitivo, assim como o **telômero**, que forma as extremidades do cromossomo que o protegem contra a degradação. Alguns microtúbulos do fuso se ligam em uma região especial do centrômero, o **cinetocoro**, e os cromossomos alinham-se na placa metafásica (ver Figuras 1.27 e 1.29). Alguns dos microtúbulos livres se sobrepõem aos microtúbulos da região polar oposta na zona intermediária do fuso.

O mecanismo da separação de cromossomos durante a **anáfase** apresenta dois componentes (ver Figura 1.29D). Na anáfase inicial, as cromátides-irmãs se separam e começam a se deslocar para os seus polos. Durante a anáfase tardia, os microtúbulos polares deslizam um em relação ao outro e alongam-se para afastar os polos do fuso. Ao mesmo tempo, os cromossomos-irmãos são empurrados para seus respectivos polos. Nos vegetais, os microtúbulos do fuso aparentemente não estão ancorados ao córtex da célula nos polos, e, assim, os cromossomos não podem ser separados. Em vez disso, eles provavelmente são empurrados por cinesinas na sobreposição dos microtúbulos do fuso.

Na **telófase**, surge uma nova rede de microtúbulos e actinas F chamada de **fragmoplasto** (ver Figura 1.29E). O fragmoplasto organiza a região do citoplasma onde ocorre a citocinese. Os microtúbulos perderam sua forma de fuso, mas retêm a polaridade; com suas extremidades menos ainda apontadas em direção aos cromossomos separados e em descondensação, onde o envoltório nuclear está em processo de reorganização. As extremidades mais dos microtúbulos apontam para a zona média do fragmoplasto, onde pequenas vesículas se acumulam, derivadas parcialmente de vesículas endocíticas da membrana plasmática da célula parental. Essas vesículas apresentam longas projeções que podem auxiliar na formação da nova placa celular no próximo estágio do ciclo celular: a citocinese.

A **citocinese** é o processo que estabelece a **placa celular**, precursora da nova parede transversal que irá separar as células-filhas (ver Figura 1.29F). Essa placa celular, com sua membrana plasmática incluída, forma uma ilha no centro da célula, que cresce em direção à parede celular parental pela fusão de vesículas. O local no qual a placa celular se une à membrana plasmática parental é determinado pela localização da BPP

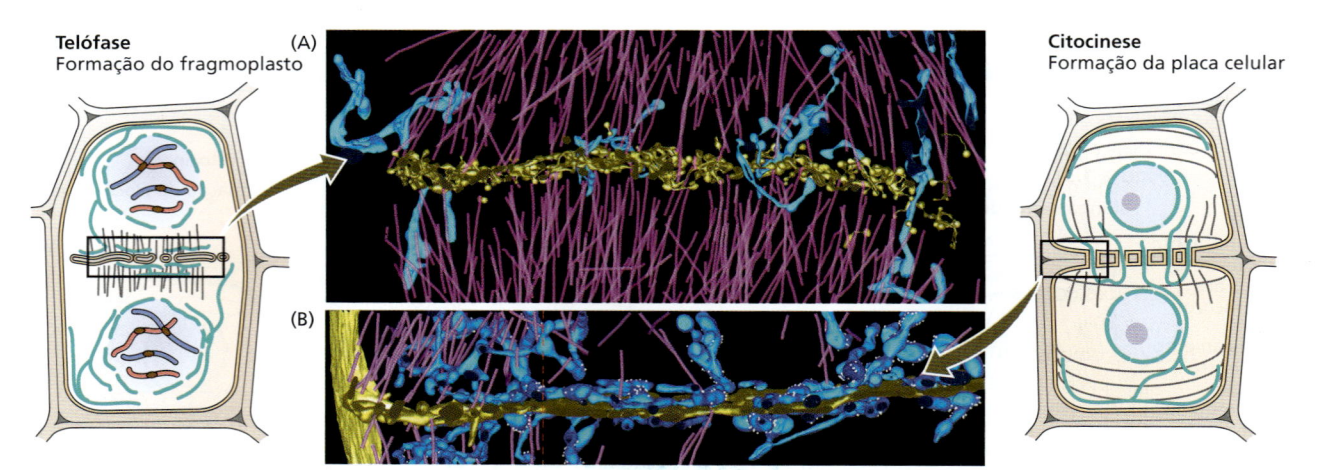

Figura 1.30 Alterações na organização do fragmoplasto e do RE durante a formação da placa celular. (A) A placa celular em formação (amarelo, em vista lateral) no início da telófase apresenta poucos locais de interação com o RE (azul). Os blocos de microtúbulos do fragmoplasto (rosa) também apresentam poucas cisternas do RE entre eles. (B) Visão lateral da placa celular periférica em formação (amarelo) mostrando que, embora muitos túbulos citoplasmáticos do RE (azul) se entrelacem com microtúbulos (rosa) na região de crescimento periférico, há pouco contato direto entre os túbulos do RE e as membranas da placa celular. Os pontos brancos pequenos são ribossomos ligados ao RE. (Reconstrução tomográfica tridimensional de microscopia eletrônica do fragmoplasto de Seguí-Simarro et al., 2004.)

(que desapareceu no início da mitose) e por proteínas específicas associadas aos microtúbulos. À medida que a placa celular se forma, ocorre a agregação de túbulos do RE em canais revestidos de plasmalema que atravessam a placa, conectando, assim, as duas células-filhas (**Figura 1.30**). Os túbulos do RE que atravessam a placa celular demarcam os sítios dos plasmodesmos primários (ver Figura 1.8). Após a citocinese, os microtúbulos reorganizam-se no córtex celular. Os novos microtúbulos corticais apresentam uma orientação transversal em relação ao eixo celular, e essa orientação determina a polaridade da futura extensão celular.

Resumo

Apesar da grande diversidade em forma e tamanho, todos os vegetais realizam funções fisiológicas e bioquímicas semelhantes. Essas funções dependem totalmente de estruturas, desde o nível molecular até ao morfológico.

Processos vitais das plantas: princípios unificadores

- Todas as plantas convertem energia solar em energia química. Elas usam o crescimento em vez da motilidade para obter recursos e têm sistemas vasculares, estruturas rígidas e mecanismos para evitar a dessecação em ambientes terrestres. As plantas desenvolvem-se a partir de embriões sustentados e protegidos pelos tecidos da planta-mãe.

Classificação e ciclos de vida das plantas

- A classificação dos vegetais tem como base as relações evolutivas (**Quadro 1.1**).
- Os ciclos de vida das plantas alternam-se entre gerações diploides e haploides (**Figura 1.1**).

Visão geral da estrutura vegetal

- Todas as plantas possuem o mesmo plano corporal básico, consistindo de caule, raiz e folhas (**Figura 1.2**).
- As células vegetais são delimitadas por paredes rígidas (**Figura 1.3**).
- As paredes celulares primárias são sintetizadas nas células em crescimento ativo, enquanto as paredes celulares secundárias são depositadas sobre a superfície interna das paredes primárias, após o término da maior parte da expansão celular (**Figura 1.3**).
- As paredes celulares contêm vários tipos de polissacarídeos, denominados de acordo com os principais açúcares que os constituem (**Figura 1.4**). Esses polissacarídeos de parede celular são classificados em três grupos: celulose, hemiceluloses e pectina.
- A celulose é composta de cadeias de glucanos altamente ordenadas, denominadas microfibrilas, que são sintetizadas na superfície da célula por complexos de proteína denominados complexos de celulose-sintase (CESA). Essas estruturas tipo rosetas contêm de três a seis unidades de celulose-sintase, a enzima que sintetiza os glucanos individuais que compõem a microfibrila (**Figuras 1.5, 1.6**).
- Os polissacarídeos da matriz são sintetizados no complexo de Golgi e disponibilizados à parede celular via exocitose de vesículas (**Figura 1.7**).

- Devido à presença de paredes celulares rígidas, o desenvolvimento vegetal depende exclusivamente de padrões de divisão celular e do aumento do volume da célula (**Figuras 1.3, 1.8**).
- O citoplasma de células vizinhas está conectado por plasmodesmos, formando o simplasto, que permite o movimento de água e pequenas moléculas entre as células sem necessidade de atravessar a membrana plasmática (**Figura 1.8**).
- Novas células são produzidas nos meristemas (**Figura 1.9**)
- O crescimento secundário resulta no aumento do perímetro de raízes e caules pela ação de meristemas especializados, o câmbio vascular e o câmbio suberoso (**Quadro 1.2**).

Tipos de células vegetais

- Os três principais sistemas de tecidos presentes em todos os órgãos vegetais são: dérmico, fundamental e vascular (**Figura 1.9**).
- O sistema dérmico abrange a epiderme, que possui vários tipos de células, incluindo células fundamentais (*pavement cells*), células-guarda estomáticas e tricomas (**Figura 1.10**).
- O sistema fundamental consiste de três tipos celulares principais: parênquima, colênquima e esclerênquima. As células do parênquima também possuem a capacidade de continuar se dividindo e podem se diferenciar em vários outros tecidos fundamentais e vasculares (**Figura 1.10**).
- As células condutoras do sistema vascular apresentam paredes secundárias espessadas, paredes transversais perfuradas e pontoações que se tornam canais nas paredes compartilhadas entre células adjacentes (**Figura 1.10**).

Organelas da célula vegetal

- Todas as células vegetais contêm citosol, um núcleo e outras organelas subcelulares limitados pela membrana plasmática e pela parede celular (**Figura 1.11**).
- Todas as plantas começam com um complemento similar de organelas, classificadas em duas categorias principais tendo por base a sua origem: do sistema de endomembranas ou de maneira semiautônoma.
- O sistema de endomembranas exerce um papel central nos processos de secreção, de reciclagem de membranas e no ciclo celular (**Figura 1.11**).
- Os plastídios e as mitocôndrias são organelas semiautônomas de divisão independente, que não são derivadas do sistema de endomembranas.

- As membranas biológicas são compostas de lipídeos e três tipos de proteínas principais: proteínas periféricas, proteínas integrais e proteínas ancoradas (**Figura 1.12**).
- A composição e a estrutura em mosaico fluido de todas as membranas plasmáticas permitem a regulação do transporte para dentro e para fora da célula e entre os compartimentos subcelulares (**Figura 1.12**).

O núcleo

- O núcleo é o sítio de armazenagem, replicação e transcrição do DNA na cromatina, assim como o sítio da síntese de ribossomos e de mRNA (**Figuras 1.13-1.15**).
- As membranas especializadas do envoltório nuclear são derivadas do retículo endoplasmático (RE), um componente do sistema de endomembranas (**Figura 1.13**).
- A tradução de mRNA em proteínas ocorre no citoplasma (**Figura 1.15**).
- A regulação pós-tradução da expressão gênica envolve renovação de proteínas (**Figura 1.16**).

O sistema de endomembranas

- O RE é um sistema de túbulos ligados à membrana que formam uma estrutura complexa e dinâmica (**Figura 1.17**).
- O RE rugoso está envolvido na síntese de proteínas que entram no lume do RE. O RE liso é o sítio de biossíntese de lipídeos (**Figura 1.17**).
- A secreção de proteínas pelas células inicia com o RE rugoso (**Figura 1.15**).
- As glicoproteínas e os polissacarídeos destinados à secreção são processados no complexo de Golgi (**Figuras 1.7 e 1.15**).
- Os vacúolos cumprem múltiplas funções nas células vegetais; além de estarem envolvidos na absorção de água e solutos, eles desempenham um papel na expansão celular e na armazenagem de metabólitos secundários que protegem as plantas contra herbívoros (**Figura 1.11**).
- Corpos lipídicos, peroxissomos e glioxissomos exercem funções metabólicas especializadas na célula (**Figura 1.18**).

Organelas semiautônomas de divisão independente

- As mitocôndrias e os cloroplastos apresentam uma membrana interna e uma externa (**Figuras 1.19, 1.20**).
- Os cloroplastos têm um sistema adicional de membranas internas, os tilacoides, que contêm clorofilas e carotenoides (**Figura 1.20**).
- Os plastídios podem conter concentrações altas de pigmentos ou de amido (**Figura 1.21**).
- Os pró-plastídios passam por diferentes estágios de desenvolvimento até que se tornem plastídios especializados (**Figura 1.22**).
- Em plastídios e mitocôndrias, a fissão e a replicação do DNA são reguladas independentemente da divisão nuclear.

O citoesqueleto vegetal

- Uma rede tridimensional de proteínas filamentosas que polimerizam e despolimerizam – tubulina nos microtúbulos e actina nos microfilamentos – organiza o citosol e é necessária para a vida (**Figura 1.23, 1.24**).
- Microtúbulos possuem instabilidade dinâmica, mas podem se estabilizar ou se deslocar por movimento de esteira rolante na célula com o auxílio de proteínas acessórias (**Figura 1.25**).
- Motores moleculares ligam-se reversivelmente ao citoesqueleto e podem aprisionar ou direcionar o movimento de organelas (**Figura 1.26**).
- Durante a corrente citoplasmática, o fluxo de massa do citosol é acionado pelo arraste viscoso no caminho das organelas acionadas por motores moleculares.

A regulação do ciclo celular

- O ciclo celular, durante o qual a célula replica seu DNA e se reproduz, consiste em quatro fases (**Figura 1.27**).
- Ciclinas e quinases dependentes de ciclina (CDKs) regulam o ciclo celular, incluindo a separação de cromossomos metafásicos pareados (**Figuras 1.27, 1.28**).
- O sucesso na mitose (**Figura 1.29**) e na citocinese (**Figura 1.30**) requer a participação de microtúbulos e do sistema de endomembranas.

Leituras sugeridas

Albersheim, P., Darvill, A., Roberts, K., Sederoff, R., and Staehelin, A. (2011) *Plant Cell Walls: From Chemistry to Biology*. Garland Science, Taylor and Francis Group, New York.

Bell, K., and Oparka, K. (2011) Imaging plasmodesmata. *Protoplasma* 248: 9–25.

Burch-Smith, T. M., Stonebloom, S., Xu, M., and Zambryski, P. C. (2011) Plasmodesmata during development: Re-examination of the importance of primary, secondary, and branched plasmodesmata structure versus function. *Protoplasma* 248: 61–74.

Burgess, J. (1985) *An Introduction to Plant Cell Development*. Cambridge University Press, Cambridge.

Carrie, C., Murcha, M. W., Giraud, E., Ng, S., Zhang, M. F., Narsai, R., and Whelan, J. (2013) How do plants make mitochondria? *Planta* 237: 429–439.

Chapman, K. D., Dyer, J. M., and Mullen, R. T. (2012) Biogenesis and functions of lipid droplets in plants: Thematic Review Series: Lipid droplet synthesis and metabolism: from yeast to man. *J. Lipid Res.* 53: 215–226.

Griffing, L. R. (2010) Networking in the endoplasmic reticulum. *Biochem. Soc. Trans.* 38: 747–753.

Gunning, B. E. S. (2009) *Plant Cell Biology on DVD*. Springer, New York, Heidelberg.

Henty-Ridilla, J. L., Li, J., Blanchoin, L., and Staiger, C. J. (2013) Actin dynamics in the cortical array of plant cells. *Curr. Opinion Plant Biol.* 16: 678–687.

Hu, J., Baker, A., Bartel, B., Linka, N., Mullen, R. T., Reumann, S., and Zolman, B. K. (2012) Plant peroxisomes: biogenesis and function. *Plant Cell* 24: 2279–2303.

Jones, R., Ougham, H., Thomas, H., and Waaland, S. (2013) *The Molecular Life of Plants*. Wiley-Blackwell, Oxford.

Joppa, L. N., Roberts, D. L., and Pimm, S. L. (2011) How many species of flowering plants are there? *Proc. R. Soc. B* 278: 554–559.

Leroux, O. (2012) Collenchyma: a versatile mechanical tissue with dynamic cell walls. *Ann. Bot.* 110: 1083–1098.

McMichael, C. M., and Bednarek, S. Y. (2013) Cytoskeletal and membrane dynamics during higher plant cytokinesis. *New Phytol.* 197: 1039–1057.

Müller, S., Wright, A. J., and Smith, L. G. (2009) Division plane control in plants: new players in the band. *Trends Cell Biol.* 19: 180–188.

Wasteneys, G. O., and Ambrose, J. C. (2009) Spatial organization of plant cortical microtubules: Close encounters of the 2D kind. *Trends Cell Biol.* 19: 62–71.

Williams, M. E. (July 16, 2013). How to be a plant. Teaching tools in plant biology: Lecture notes. *Plant Cell* 25(7): DOI 10.1105/tpc.113.tt0713.

2 Água e Células Vegetais

A água desempenha um papel fundamental na vida da planta. A fotossíntese exige que as plantas retirem dióxido de carbono da atmosfera e, ao mesmo tempo, as expõe à perda de água e à ameaça de desidratação. Para impedir a dessecação das folhas, a água deve ser absorvida pelas raízes e transportada ao longo do corpo da planta. Mesmo pequenos desequilíbrios entre a absorção e o transporte de água e a perda desta para a atmosfera podem causar déficits hídricos e o funcionamento ineficiente de inúmeros processos celulares. Portanto, equilibrar a absorção, o transporte e a perda de água representa um importante desafio para as plantas terrestres.

Uma grande diferença entre células animais e vegetais, e que tem um impacto imenso sobre suas respectivas relações hídricas, é que as células vegetais têm paredes celulares. As paredes celulares permitem às células vegetais desenvolverem enormes pressões hidrostáticas internas, denominadas **pressão de turgor**. A pressão de turgor é essencial para muitos processos fisiológicos, incluindo expansão celular, abertura estomática, transporte no floema e vários processos de transporte através de membranas. A pressão de turgor também contribui para a rigidez e a estabilidade mecânica de tecidos vegetais não lignificados. Neste capítulo, será considerado de que forma a água se movimenta para dentro e para fora das células vegetais, enfatizando as suas propriedades moleculares e as forças físicas que influenciam seu movimento em nível celular.

A água na vida das plantas

De todos os recursos de que as plantas necessitam para crescer e funcionar, a água é o mais abundante e, mesmo assim, frequentemente, o mais limitante. A prática da irrigação de culturas reflete o fato de que a água é um recurso-chave que limita a produtividade agrícola (**Figura 2.1**). A disponibilidade de água, da mesma forma, limita a produtividade de ecossistemas naturais (**Figura 2.2**), levando a diferenças marcantes na vegetação ao longo de gradientes de precipitação.

O motivo de a água com frequência ser um recurso limitante para as plantas, mas ser menos limitante para os animais, é que as plantas a utilizam em enormes quantidades. A maior parte (cerca de 97%) da água absorvida pelas raízes é transportada pela planta e evaporada pelas superfícies foliares. Essa perda de água denomina-se **transpiração**. Por outro lado, apenas uma pequena quantidade da água absorvida pelas raízes realmente permanece na planta para suprir o crescimento (cerca de 2%) ou para ser consumida nas reações bioquímicas da fotossíntese e em outros processos metabólicos (cerca de 1%).

A perda de água para a atmosfera parece ser uma consequência inevitável da realização da fotossíntese em ambiente terrestre. A absorção de CO_2 é acoplada à perda de água por meio de uma rota difusional em comum: à medida que o CO_2 se difunde para dentro das folhas, o vapor de água difunde-se para fora. Uma vez que o gradiente motor da perda de água pelas folhas é muito maior que o da absorção de CO_2, cerca de 400 moléculas de água são perdidas para cada molécula de CO_2 obtida. Esse intercâmbio desfavorável teve grande influência na evolução da forma e da função das plantas e explica por que a água desempenha um papel-chave na fisiologia vegetal.

Inicialmente, será considerado como a estrutura da água origina algumas de suas propriedades físicas exclusivas. Após, são examinadas as bases físicas do movimento da água, o conceito de potencial hídrico e a aplicação desse conceito às relações hídricas celulares.

A estrutura e as propriedades da água

A água tem propriedades especiais que lhe permitem atuar como um solvente de amplo espectro e ser prontamente transportada ao longo do corpo da planta. Essas propriedades derivam principalmente da capacidade de formar pontes de hidrogênio e da estrutura polar da molécula de água. Nesta seção, será examinado como a formação de pontes de hidrogênio contribui para o alto calor específico, a tensão superficial e a resistência à tensão da água.

A água é uma molécula polar que forma pontes de hidrogênio

A molécula de água consiste em um átomo de oxigênio covalentemente ligado a dois átomos de hidrogênio (**Figura 2.3A**). Por ser mais **eletronegativo** do que o hidrogênio, o oxigênio tende a atrair os elétrons da ligação covalente. Essa atração resulta em uma carga parcial negativa na extremidade da molécula formada pelo oxigênio e em uma carga parcial positiva em cada hidrogênio, tornando a água uma molécula **polar**. Essas cargas parciais são iguais, de modo que a molécula de água não possui carga *líquida*.

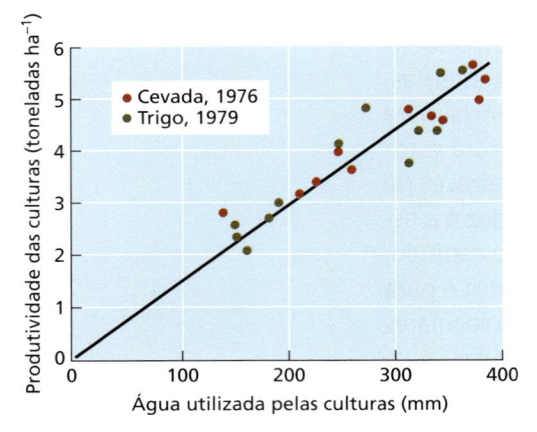

Figura 2.1 Produtividade de grãos em função da água utilizada em uma gama de tratamentos de irrigação para cevada em 1976 e trigo em 1979 no sudeste da Inglaterra. (De Jones, 1992; dados de Day et al., 1978, e Innes & Blackwell, 1981.)

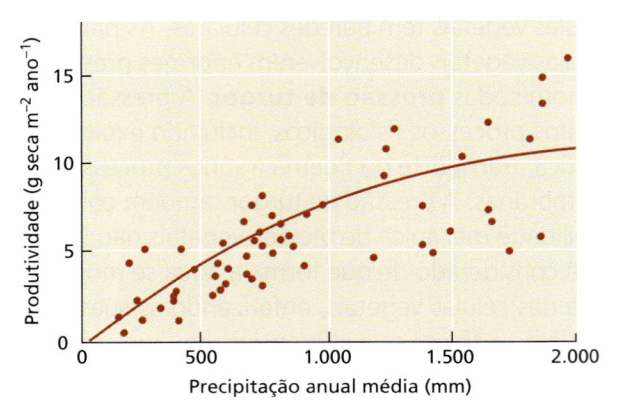

Figura 2.2 Produtividade de vários ecossistemas ao redor do mundo em função da precipitação anual. Na realidade, a produtividade começa a decrescer entre 2.000 a 3.000 mm de precipitação anual. (Mg = 10^6 g) (De Schuur, 2003.)

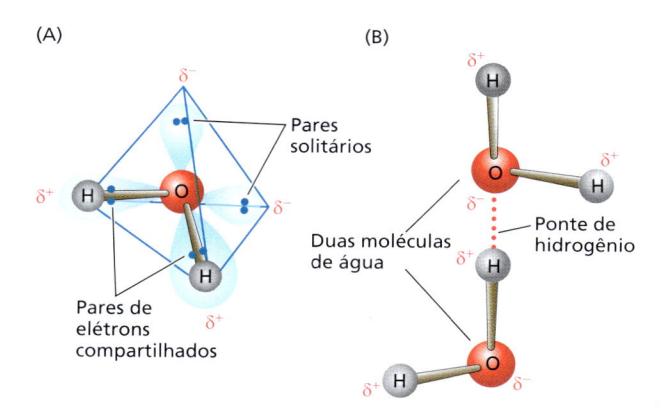

Figura 2.3 Estrutura da molécula de água. (A) A forte eletronegatividade do átomo de oxigênio significa que os dois elétrons que formam a ligação covalente com o hidrogênio são compartilhados desigualmente, de modo que cada átomo de hidrogênio tem uma carga parcial positiva. Cada um dos dois pares solitários de elétrons do átomo de oxigênio produz uma carga parcial negativa. (B) As cargas parciais opostas (δ^- e δ^+) na molécula de água levam à formação de pontes de hidrogênio intermoleculares com outras moléculas de água. O oxigênio tem seis elétrons nos orbitais externos; cada hidrogênio tem um.

As moléculas de água apresentam forma tetraédrica. Em dois pontos do tetraedro estão os átomos de hidrogênio, cada um com uma carga parcial positiva. Os outros dois pontos do tetraedro contêm pares solitários de elétrons, cada um com uma carga parcial negativa. Portanto, cada molécula de água tem dois polos positivos e dois polos negativos. Essas cargas parciais opostas criam atrações eletrostáticas entre as moléculas de água, conhecidas como **pontes de hidrogênio** (**Figura 2.3B**).

As pontes de hidrogênio recebem esse nome pelo fato de que pontes eletrostáticas efetivas são formadas unicamente quando átomos altamente eletronegativos, como o oxigênio, são ligados covalentemente ao hidrogênio. A razão para isso é que o pequeno tamanho do átomo de hidrogênio permite que as cargas parciais positivas sejam mais concentradas e, portanto, mais eficazes na atração eletrostática.

As pontes de hidrogênio são responsáveis por muitas das propriedades físicas incomuns da água. A água pode formar até quatro pontes de hidrogênio com as moléculas de água adjacentes, resultando em interações intermoleculares muito fortes. As pontes de hidrogênio também podem se formar entre a água e outras moléculas que contenham átomos eletronegativos (O ou N), em especial quando estes são ligados covalentemente ao H.

A água é um excelente solvente

A água dissolve quantidades maiores de uma diversidade mais ampla de substâncias que outros solventes correlatos. Sua versatilidade como solvente se deve, em parte, ao pequeno tamanho da sua molécula. Entretanto, é sua capacidade de formar pontes de hidrogênio e sua estrutura polar que a tornam um solvente particularmente bom para substâncias iônicas e para moléculas como açúcares e proteínas, que contêm grupos polares –OH ou grupos –NH_2.

As pontes de hidrogênio entre moléculas de água e íons e entre água e solutos polares reduzem efetivamente a interação eletrostática entre substâncias carregadas e, desse modo, aumentam sua solubilidade. De modo similar, as pontes de hidrogênio entre macromoléculas, como proteínas e ácidos nucleicos, reduzem as interações entre elas, auxiliando, portanto, a mantê-las em solução.

A água tem propriedades térmicas características em relação a seu tamanho

As numerosas pontes de hidrogênio entre as moléculas de água fazem com que ela tenha um alto calor específico e um alto calor latente de vaporização.

Calor específico é a energia calorífica exigida para aumentar a temperatura de uma substância em uma quantidade definida. Temperatura é uma medida da energia cinética molecular (energia de movimento). Quando a temperatura da água é aumentada, as moléculas vibram mais rapidamente e com maior amplitude. As pontes de hidrogênio agem como tiras de borracha que absorvem uma parte da energia do calor aplicado, deixando menos energia disponível para aumentar o movimento. Assim, comparada com outros líquidos, a água requer uma adição de calor relativamente grande para aumentar sua temperatura. Isso é importante para as plantas, porque ajuda a estabilizar as flutuações de temperatura.

O **calor latente de vaporização** é a energia necessária para separar as moléculas da fase líquida e movê-las para a fase gasosa, um processo que ocorre durante a transpiração. O calor latente de vaporização diminui à medida que a temperatura aumenta, atingindo seu mínimo no ponto de ebulição (100°C). Para água a 25°C, o calor de vaporização é de 44 kJ mol^{-1} – o valor mais alto conhecido para líquidos. A maior parte dessa energia é utilizada para clivar as pontes de hidrogênio entre as moléculas de água.

O calor latente não altera a temperatura das moléculas de água que evaporaram, mas ele resfria a superfície da qual a água evaporou. Assim, o alto calor latente de vaporização da água serve para moderar a temperatura das folhas transpirantes, a qual, de outra maneira, aumentaria devido ao aporte de energia radiante proveniente do sol.

As moléculas de água são altamente coesivas

As moléculas de água na interface ar-água são atraídas por pontes de hidrogênio pelas moléculas de água vizinhas, e essa interação é muito mais forte do que qualquer interação com a fase gasosa adjacente. Como consequência, a configuração de menor energia (i.e., a mais estável) é aquela que minimiza a área de superfície da interface ar-água. Para aumentar a área de superfície dessa interface, pontes de hidrogênio precisam ser rompidas, o que requer um acréscimo de energia. A energia necessária para aumentar a área de superfície de uma interface gás-líquido é conhecida como **tensão superficial**.

A tensão superficial pode ser expressa em unidades de energia por área ($J\ m^{-2}$), mas geralmente é expressa nas unidades equivalentes, porém menos intuitivas, de força por comprimento ($J\ m^{-2} = N\ m^{-1}$). Um joule (J) é a unidade de energia do SI, com unidades de força x distância (N m); um newton (N) é a unidade de força do SI, com unidades de massa x aceleração ($kg\ m\ s^{-2}$). Se a interface ar-água é curvada, a tensão superficial produz uma força líquida perpendicular à superfície (**Figura 2.4**). Conforme será visto mais adiante, a tensão superficial e a adesão (definida a seguir) nas superfícies de evaporação nas folhas geram as forças físicas que puxam a água ao longo do sistema vascular das plantas.

A grande formação de pontes de hidrogênio na água também dá origem à propriedade conhecida como **coesão**, a atração mútua entre moléculas. Uma propriedade relacionada, denominada **adesão**, é a atração da água a uma fase sólida, como uma parede celular ou a superfície de um vidro – mais uma vez, devido fundamentalmente à formação de pontes de hidrogênio. O grau de atração da água à fase sólida em comparação com o grau de atração a si mesma pode ser quantificado pela medição do **ângulo de contato** (**Figura 2.5A**). O ângulo de contato descreve a forma da interface ar-água e, portanto, o efeito que a tensão superficial tem sobre a pressão no líquido.

Coesão, adesão e tensão superficial originam um fenômeno conhecido como **capilaridade** (**Figura 2.5B**). Considere um tubo capilar de vidro com paredes molháveis, orientado verticalmente (ângulo de contato < 90°). Em equilíbrio, o nível da água no capilar será maior do que aquele do suprimento de água em sua base. A água é puxada para dentro do capilar devido (1) à atração da água para a superfície polar do tubo de vidro (adesão) e (2) à tensão superficial da água. Juntas, adesão e tensão superficial puxam as moléculas de água, fazendo-as subirem pelo tubo até que a força de ascensão seja equilibrada pelo peso da coluna de água. Quanto mais estreito o tubo, mais alto o nível da água em equilíbrio.

A água tem uma grande resistência à tensão

As pontes de hidrogênio proporcionam à água uma grande **resistência à tensão**, definida como a força máxima por unidade de área que uma coluna de água pode suportar antes de se romper. Geralmente, não se pensa em líquidos como tendo resistência à tensão; entretanto, tal propriedade é evidente na elevação de uma coluna de água em um tubo capilar.

Pode-se demonstrar a resistência à tensão da água colocando-a em uma seringa de vidro limpa (**Figura 2.6**). Quando o êmbolo é *empurrado*, a água é comprimida, e desenvolve-se uma **pressão hidrostática** positiva. A pressão é medida em unidades denominadas *pascais* (Pa) ou, mais convenientemente, *megapascais* (MPa). Um MPa equivale a cerca de 9,9 atmosferas. A pressão equivale à força por unidade de área ($1\ Pa = 1\ N\ m^{-2}$) e à energia por unidade de volume ($1\ Pa = 1\ J\ m^{-3}$). A **Tabela 2.1** compara unidades de pressão.

Se, em vez de empurrado, o êmbolo for *puxado*, desenvolve-se uma tensão, ou *pressão hidrostática negativa*, à medida que as moléculas de água resistem à separação entre si. Pressões negativas desenvolvem-se apenas quando as moléculas são capazes de tracionar umas às outras. As fortes pontes de hidrogênio entre as moléculas de água permitem que as tensões sejam transmitidas através da água, mesmo ela sendo um líquido. Por outro lado, os gases não podem desenvolver pressões negativas porque as interações entre suas moléculas estão limitadas às colisões elásticas.

Tensão superficial de diversos líquidos a 20 °C (N/m)	
Gelatina 1%	0,0083
Etanol	0,0228
Fenol	0,0409
Água	0,0728

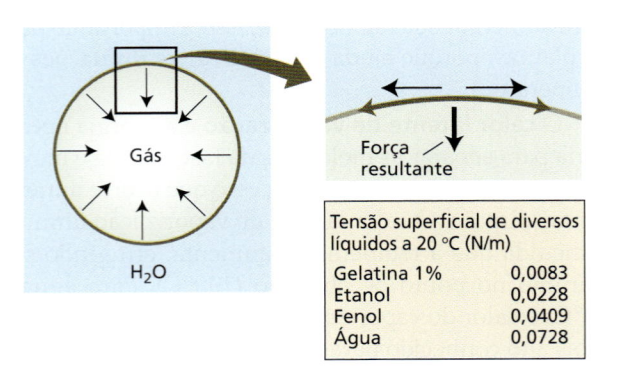

Figura 2.4 Uma bolha de gás suspensa dentro de um líquido assume a forma esférica, de modo que sua área de superfície é minimizada. Devido ao fato de a tensão superficial atuar tangencialmente em relação à interface gás-líquido, a força (líquida) resultante será direcionada para o centro, levando à compressão da bolha. A magnitude da pressão (força/área) exercida pela interface é igual a $2T/r$, em que T é a tensão superficial do líquido (N/m) e r é o raio da bolha (m). A água tem uma tensão superficial extremamente alta comparada a outros líquidos à mesma temperatura.

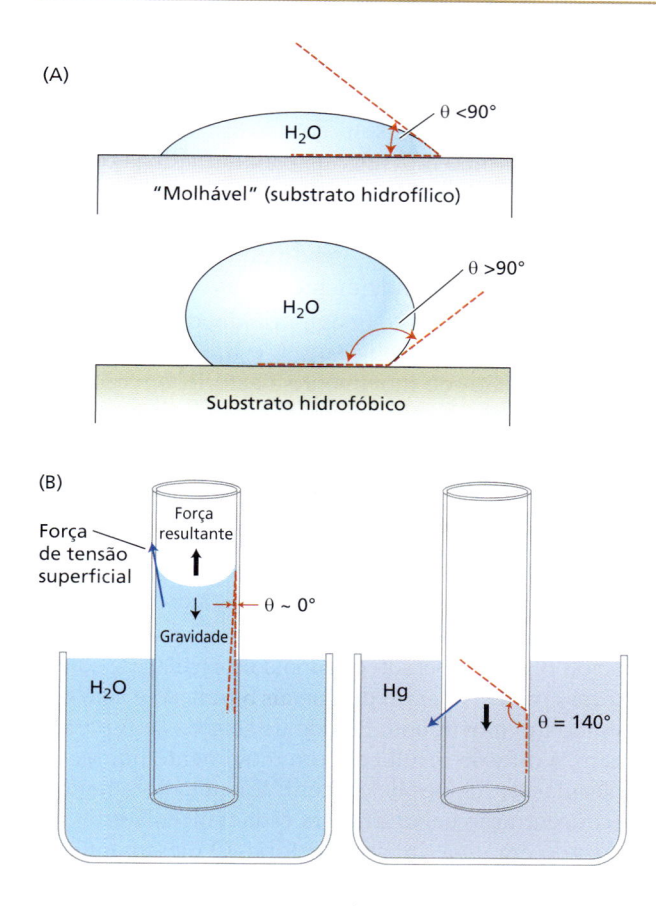

Figura 2.5 (A) A forma de uma gotícula colocada sobre uma superfície sólida reflete a atração relativa do líquido em relação ao sólido e em relação a si mesmo. O ângulo de contato (θ), definido como o ângulo entre a superfície sólida passando pelo líquido e a interface gás-líquido, é usado para descrever essa interação. Superfícies "molháveis" têm ângulos de contato menores que 90°; uma superfície (como água em vidro limpo ou em paredes celulares primárias) altamente molhável (i.e., hidrofílica) tem um ângulo de contato próximo a 0°. A água expande-se, formando uma fina película em superfícies altamente molháveis. Em contraste, superfícies não molháveis (i.e., hidrofóbicas) têm ângulos de contato maiores que 90°. A água forma gotas nessas superfícies. (B) A capilaridade pode ser observada quando um líquido é fornecido à base de tubos capilares orientados verticalmente. Se as paredes são altamente molháveis (p. ex., água sobre um vidro limpo), a força resultante será para cima. A coluna de água subirá até que a força ascendente seja equilibrada pelo peso da coluna de água. Por outro lado, se o líquido não "molhar" as paredes (p. ex., Hg em vidro limpo tem um ângulo de contato de cerca de 140°), o menisco se curvará para baixo, e a força resultante da tensão superficial abaixa o nível do líquido no tubo.

Figura 2.6 Uma seringa lacrada pode ser usada para criar pressões positivas e negativas em fluidos como a água. Empurrar o êmbolo ocasiona no fluido o desenvolvimento de uma pressão hidrostática positiva (setas brancas) que age na mesma direção que a força para dentro, resultante da tensão superficial da interface gás-líquido (setas pretas). Assim, uma pequena bolha de ar aprisionada dentro da seringa irá encolher à medida que a pressão aumenta. Puxar o êmbolo causa no fluido o desenvolvimento de uma tensão, ou pressão negativa. Bolhas de ar na seringa irão se expandir se a força direcionada para fora exercida pelo fluido sobre a bolha (setas brancas) exceder a força para dentro, resultante da tensão superficial da interface gás-líquido (setas pretas).

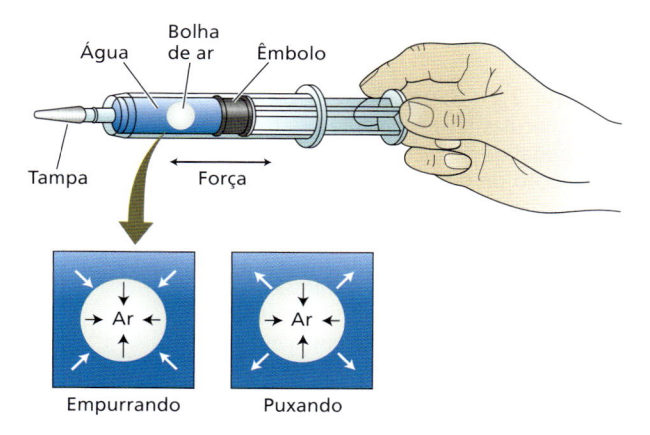

TABELA 2.1 Comparação de unidades de pressão

1 atmosfera = 14,7 libras por polegada quadrada
= 760 mmHg (ao nível do mar, 45° latitude)
= 1,013 bar
= 0,1013 Mpa
= $1,013 \times 10^5$ Pa

Um pneu de carro geralmente é inflado a cerca de 0,2 MPa.

A pressão da água em encanamentos domésticos em geral é de 0,2-0,3 MPa.

A pressão da água a 10 m (30 pés) de profundidade é de aproximadamente 0,1 MPa.

Quão forte se deve puxar o êmbolo antes que as moléculas de água se separem umas das outras e a coluna de água se rompa? Estudos meticulosos demonstraram que a água pode resistir a tensões maiores do que 20 MPa. A coluna de água na seringa (ver Figura 2.6), entretanto, não pode suportar grandes tensões devido à presença de bolhas de gás microscópicas. Uma vez que as bolhas de gás podem se expandir, elas interferem na capacidade da água na seringa de resistir à tração exercida pelo êmbolo. A formação e expansão das bolhas de gás devido à tensão no líquido circundante é conhecida como **cavitação**. Como será visto no Capítulo 3, a cavitação pode ter um efeito devastador sobre o transporte de água ao longo do xilema.

Difusão e osmose

Os processos celulares dependem do transporte de moléculas tanto para dentro da célula como para fora dela. A **difusão** é o movimento espontâneo de substâncias de regiões de concentração mais alta para regiões de concentração mais baixa. Na escala celular, a difusão é o modo de transporte dominante. A difusão de água através de uma barreira seletivamente permeável é referida como **osmose**.

Nesta seção, será examinado como os processos de difusão e osmose conduzem ao movimento líquido tanto de água como de solutos.

Figura 2.7 O movimento térmico de moléculas leva à difusão – a mistura gradual de moléculas e consequente dissipação de diferenças de concentração. Inicialmente, dois materiais contendo moléculas diferentes são postos em contato. Esses materiais podem ser sólidos, líquidos ou gasosos. A difusão mais rápida ocorre em gases, sendo mais lenta em líquidos e mais lenta ainda em sólidos. A separação inicial das moléculas é visualizada graficamente nos painéis superiores, e os perfis de concentração correspondentes são mostrados nos inferiores, em função da posição. A cor roxa indica uma sobreposição nos perfis de concentração dos solutos vermelho e azul. Com o tempo, a mistura e a aleatorização das moléculas diminuem o movimento líquido. Na situação de equilíbrio, os dois tipos de moléculas estão aleatoriamente (uniformemente) distribuídos. Observe que em todos os pontos e tempos a concentração *total* de solutos (i.e., ambos os solutos, vermelho e azul) permanece constante.

Difusão é o movimento líquido de moléculas por agitação térmica aleatória

As moléculas em uma solução não são estáticas; elas estão em contínuo movimento, colidindo umas com as outras e trocando energia cinética. A trajetória de uma molécula após uma colisão é considerada uma variável aleatória. Contudo, esses movimentos aleatórios podem resultar em um movimento líquido de moléculas.

Considere um plano imaginário dividindo uma solução em dois volumes iguais, A e B. Como todas as moléculas estão sob movimento aleatório, em cada intervalo de tempo há alguma probabilidade de que qualquer molécula de determinado soluto atravesse esse plano imaginário. O número esperado de travessia de A para B em qualquer intervalo determinado de tempo será proporcional ao número no início do intervalo de tempo no lado A, e o número de travessia de B para A será proporcional ao número inicial no lado B.

Se a concentração inicial no lado A for maior do que no lado B, será esperado que mais moléculas de soluto atravessem de A para B do que de B para A, e será observado um movimento líquido de solutos de A para B. Assim, a difusão resulta em um movimento líquido de moléculas de regiões de concentração alta para regiões de concentração baixa, embora cada molécula esteja se movendo em uma direção aleatória. O movimento independente de cada molécula explica por que o sistema irá evoluir em direção a um número igual de moléculas em cada lado – A e B (**Figura 2.7**).

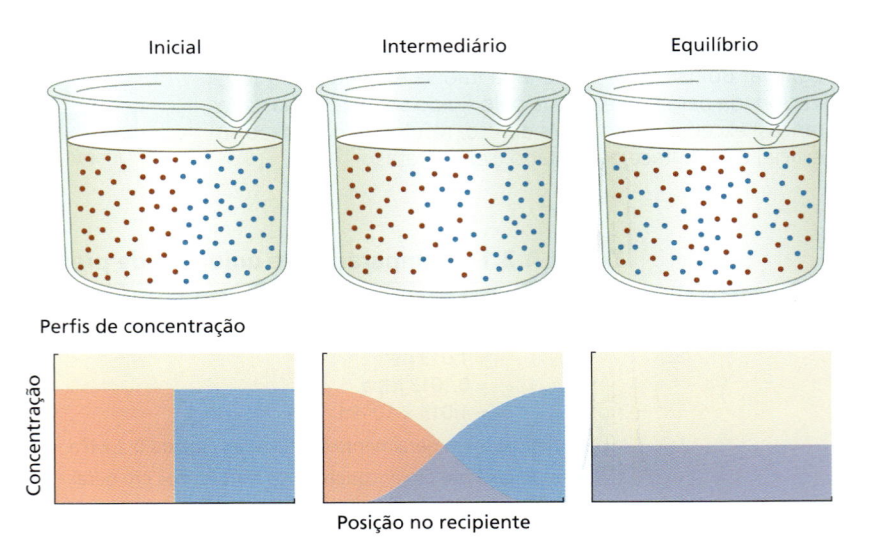

Essa tendência de um sistema a evoluir em direção a uma distribuição uniforme de moléculas pode ser entendida como uma consequência da segunda lei da termodinâmica, que afirma que processos espontâneos evoluem na direção do aumento da entropia, ou desordem. Aumentar a entropia é sinônimo de reduzir a energia livre. Assim, a difusão representa a tendência natural dos sistemas a se deslocarem em direção ao mais baixo estado de energia possível.

Adolf Fick foi quem primeiro percebeu, na década de 1850, que a taxa de difusão é diretamente proporcional ao gradiente de concentração ($\Delta c_s/\Delta x$) – ou seja, à diferença na concentração da substância s (Δc_s) entre dois pontos separados por uma distância bem pequena Δx. Em símbolos, representamos essa relação como a primeira lei de Fick:

$$J_s = -D_s \frac{\Delta c_s}{\Delta x} \qquad (2.1)$$

A taxa de transporte, expressa como **densidade de fluxo** (J_s), é a quantidade da substância s que atravessa uma unidade de área de uma secção transversal por unidade de tempo (p. ex., J_s pode ter unidades de moles por metro quadrado por segundo [mol m^{-2} s^{-1}]). O **coeficiente de difusão** (D_s) é uma constante de proporcionalidade que mede quão facilmente a substância s se move por determinado meio. O coeficiente de difusão é uma característica da substância (moléculas maiores têm menores coeficientes de difusão) e depende tanto do meio (p. ex., a difusão no ar em geral é 10 mil vezes mais rápida que a difusão em um líquido) como da temperatura (as substâncias difundem-se mais rapidamente em temperaturas mais altas). O sinal negativo na Equação 2.1 indica que o fluxo ocorre a favor do gradiente de concentração.

A primeira lei de Fick diz que uma substância terá difusão mais rápida quando o gradiente de concentração se tornar mais acentuado (Δc_s é grande) ou quando o coeficiente de difusão for aumentado. Observe que essa equação contabiliza apenas o movimento em resposta a um gradiente de concentração, e não movimentos em resposta a outras forças (p. ex., pressão, campos elétricos, e assim por diante).

A difusão é mais eficaz para curtas distâncias

Considere uma massa de moléculas de soluto inicialmente concentradas em torno de uma posição $x = 0$ (**Figura 2.8A**). Como as moléculas estão sob movimento aleatório, a frente de concentração afasta-se da posição inicial, conforme mostrado para um momento posterior na **Figura 2.8B**.

Comparando a distribuição dos solutos nos dois momentos, observa-se que, à medida que a substância se difunde para longe do ponto de origem, o gradiente de concentração torna-se menor (Δc_s diminui); ou seja, o número de moléculas de soluto que "recuam" (i.e., em direção a $x = 0$) em relação àquelas que "avançam" (afastam-se de $x = 0$) aumenta e, com isso, o movimento líquido torna-se mais lento. Observe que a posição média das moléculas do soluto permanece em $x = 0$ durante todo o tempo, mas que a distribuição lentamente se achata.

Como consequência direta do fato de que cada molécula está submetida a sua própria trajetória casual e, portanto, tem igual probabilidade de avançar em direção a algum ponto de interesse ou em uma direção distante deste, o tempo médio necessário para uma partícula difundir-se por uma distância L cresce de acordo com L^2/D_s. Em outras palavras, o tempo médio necessário para uma substância se difundir a certa distância aumenta com o *quadrado* daquela distância.

O coeficiente de difusão para a glicose em água é de cerca de 10^{-9} m^2 s^{-1}. Assim, o tempo médio necessário para uma molécula de glicose se difundir através

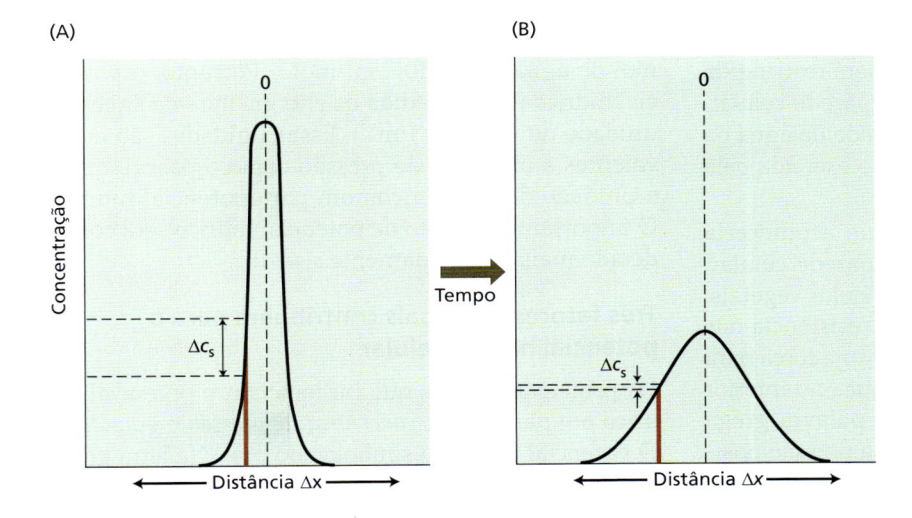

Figura 2.8 Representação gráfica do gradiente de concentração de um soluto que se difunde de acordo com a primeira lei de Fick. As moléculas de soluto foram inicialmente colocadas no plano indicado no eixo *x* ("0"). (A) Distribuição das moléculas de soluto logo após o posicionamento no plano de origem. Observe que a concentração cai abruptamente à medida que a distância da origem, *x*, aumenta. (B) Distribuição do soluto em um momento posterior. A distância média das moléculas em difusão em relação à origem aumentou, e a inclinação do gradiente tornou-se bem menos acentuada. (De Nobel, 1991.)

de uma célula com diâmetro de 50 μm é de 2,5 s. Entretanto, o tempo médio requerido pela mesma molécula de glicose para se difundir por uma distância de 1 m na água é de cerca de 32 anos. Esses valores mostram que a difusão em soluções pode ser eficaz dentro de dimensões celulares, mas é demasiado lenta para ter eficácia por longas distâncias.

A osmose descreve o movimento líquido da água através de uma barreira seletivamente permeável

As membranas das células vegetais são **seletivamente permeáveis**, ou seja, elas permitem que a água e outras substâncias pequenas, sem carga, movam-se através delas mais rapidamente do que solutos maiores e substâncias com carga. Se a concentração de solutos é maior dentro da célula do que na solução que a envolve, a água irá se difundir para o interior da célula, porém os solutos são incapazes de se difundir para fora dela. O movimento resultante da água através de uma barreira seletivamente permeável é denominado *osmose*.

Foi visto anteriormente que a tendência de todo o sistema em direção à entropia crescente resulta na dispersão de solutos ao longo do volume completo disponível. Na osmose, o volume disponível ao movimento do soluto é restringido pela membrana, e, portanto, a maximização da entropia é realizada pelo volume do solvente em difusão através da membrana para diluir os solutos. De fato, na ausência de qualquer força que contrabalance, *toda* a água disponível irá fluir para o lado da membrana contendo o soluto.

Imagine o que acontece quando se coloca uma célula viva em um béquer com água pura. A presença de uma membrana seletivamente permeável significa que o movimento resultante da água continua até que uma entre duas coisas aconteça: (1) a célula irá expandir-se até que a membrana seletivamente permeável se rompa, permitindo que os solutos se difundam livremente, ou (2) a expansão do volume da célula será restringida mecanicamente pela presença de uma parede celular, de modo que a força que governa a entrada da água na célula será contrabalançada pela pressão exercida pela parede celular.

O primeiro cenário descreve o que aconteceria a uma célula animal, que não possui parede celular. O segundo cenário é relevante para as células vegetais. A parede celular é muito resistente. A resistência das paredes celulares à deformação origina uma força para dentro que aumenta a pressão hidrostática no interior da célula. A palavra *osmose* deriva da palavra grega para "empurrar"; ela é uma expressão da pressão positiva gerada quando os solutos são confinados.

Em seguida, será visto como a osmose regula o movimento de água para dentro e para fora das células vegetais. Primeiramente, no entanto, será discutido o conceito de uma força propulsora composta ou total, que representa o gradiente de energia livre da água.

Potencial hídrico

Todos os seres vivos, incluindo as plantas, requerem uma adição contínua de energia livre para manterem e repararem suas estruturas altamente organizadas, assim como para crescerem e se reproduzirem. Processos como reações bioquímicas, acúmulo de solutos e transporte por longa distância são movidos por um aporte de energia livre na planta. Nesta seção, será examinado como a concentração, a pressão e a gravidade influenciam a energia livre.

O potencial químico da água representa o *status* de sua energia livre

Potencial químico é uma expressão quantitativa da energia livre associada a uma substância. Em termodinâmica, energia livre representa o potencial para realizar trabalho, força × distância. A unidade do potencial químico é energia por mol da substância (J mol^{-1}). Observe que o potencial químico é uma grandeza relativa: representa a diferença entre o potencial de uma substância em determinado estado e o potencial da mesma substância em um estado-padrão.

O potencial químico da água representa a energia livre associada à água. A água se move espontaneamente, ou seja, sem adição de energia, de regiões de potencial químico mais alto para outras de potencial químico mais baixo.

Historicamente, os fisiologistas vegetais têm usado um parâmetro relacionado, denominado **potencial hídrico**, definido como o potencial químico da água dividido por seu volume molal parcial (o volume de 1 mol de água): 18×10^{-6} m^3 mol^{-1}. Portanto, o potencial hídrico é uma medida da energia livre da água por unidade de volume (J m^{-3}). Essas unidades são equivalentes a unidades de pressão como o pascal, que é a unidade de medida comum para potencial hídrico. O importante conceito de potencial hídrico será considerado mais detalhadamente a seguir.

Três fatores principais contribuem para o potencial hídrico celular

Os principais fatores que influenciam o potencial hídrico em plantas são *concentração, pressão* e *gravidade*. O potencial hídrico é simbolizado por Ψ (a letra grega psi), e o potencial hídrico de soluções pode ser dividido em componentes individuais, sendo normalmente escrito pelo seguinte somatório:

$$\Psi = \Psi_s + \Psi_p + \Psi_g \quad (2.2)$$

Os termos Ψ_s, Ψ_p e Ψ_g expressam os efeitos de solutos, pressão e gravidade, respectivamente, sobre a energia livre da água. Níveis energéticos precisam ser definidos em relação a um referencial, análogo a como as curvas de nível em um mapa especificam a distância acima do nível do mar. O estado de referência mais utilizado para definir potencial hídrico é água pura sob temperatura ambiente e pressão atmosférica padrão. A altura de referência em geral é estabelecida ou na base da planta (para estudos de plantas inteiras), ou no nível do tecido sob exame (para estudos de movimento de água em nível celular). A seguir, são considerados os termos do lado direito da Equação 2.2.

SOLUTOS O termo Ψ_s, denominado **potencial de soluto** ou **potencial osmótico**, representa o efeito de solutos dissolvidos sobre o potencial hídrico. Os solutos reduzem a energia livre da água por diluição desta. Isso é essencialmente um efeito de entropia, ou seja, a mistura de solutos e água aumenta a desordem ou entropia do sistema e, desse modo, reduz a energia livre. Isso significa que *o potencial osmótico é independente da natureza específica do soluto*. Para soluções diluídas de substâncias indissociáveis, como a sacarose, o potencial osmótico pode ser estimado aproximadamente por:

$$\Psi_s = -RTc_s \quad (2.3)$$

em que R é a constante dos gases (8,32 J mol^{-1} K^{-1}), T é a temperatura absoluta (em graus Kelvin, ou K) e c_s é a concentração de solutos da solução, expressa como **osmolaridade** (moles de solutos totais dissolvidos por litro de água [mol L^{-1}]). O sinal negativo na equação indica que os solutos dissolvidos reduzem o potencial hídrico da solução em relação ao estado de referência da água pura.

A Equação 2.3 é válida para soluções "ideais". Soluções reais com frequência se desviam das ideais, em especial em altas concentrações – por exemplo, maiores que 0,1 mol L^{-1}. A temperatura também afeta o potencial hídrico. Ao se tratar de potencial hídrico, assume-se que se está lidando com soluções ideais.

PRESSÃO O termo Ψ_p, denominado **potencial de pressão**, representa o efeito da pressão hidrostática sobre a energia livre da água. Pressões positivas aumentam o potencial hídrico; pressões negativas reduzem-no. Tanto pressões positivas como negativas ocorrem em plantas. A pressão hidrostática positiva dentro das células refere-se à *pressão de turgor*. Pressões hidrostáticas negativas, que frequentemente se desenvolvem nas células condutoras do xilema, são referidas como **tensão**.

Conforme será visto, a tensão é importante no movimento de água por longas distâncias através da planta.

A pressão hidrostática com frequência é medida como o desvio da pressão atmosférica. Lembre que a água em seu estado de referência está à pressão atmosférica, de modo que, de acordo com essa definição, $\Psi_p = 0$ MPa para água no estado-padrão. Assim, o valor de Ψ_p para água pura em um béquer aberto é de 0 MPa, embora sua pressão absoluta seja de cerca de 0,1 MPa (1 atmosfera).

GRAVIDADE A gravidade faz a água mover-se para baixo, a não ser que uma força igual e oposta se oponha à força da gravidade. O **potencial gravitacional** (Ψ_g) depende da altura (h) da água acima do estado de referência dela, da densidade da água (ρ_w) e da aceleração da gravidade (g). Em símbolos, escreve-se:

$$\Psi_g = \rho_w g h \quad (2.4)$$

em que $\rho_w g$ tem um valor de 0,01 MPa m^{-1}. Assim, elevar a água a uma altura de 10 m se traduz em um aumento de 0,1 MPa no potencial hídrico.

O componente gravitacional (Ψ_g) costuma ser omitido em considerações do transporte de água ao nível celular, porque diferenças nesse componente entre células vizinhas são desprezíveis se comparadas às diferenças no potencial osmótico e no potencial de pressão. Portanto, nesses casos, a Equação 2.2 pode ser simplificada como segue:

$$\Psi = \Psi_s + \Psi_p \quad (2.5)$$

Potenciais hídricos podem ser medidos

Crescimento celular, fotossíntese e produtividade de culturas vegetais são fortemente influenciados pelo potencial hídrico e seus componentes. Assim, os botânicos têm despendido considerável esforço no desenvolvimento de métodos acurados e confiáveis para a avaliação do estado hídrico das plantas.

As principais abordagens para determinar o Ψ usam os psicrômetros (os quais são de dois tipos) ou a câmara de pressão. Os psicrômetros tiram proveito do grande calor latente de vaporização da água, o que permite acuradas medições de (1) pressão de vapor da água em equilíbrio com a amostra ou (2) transferência de vapor de água entre a amostra e uma amostra de Ψ_s conhecido. A câmara de pressão mede o Ψ pela aplicação da pressão externa de um gás em uma folha excisada até que água seja forçada a sair das células vivas.

Em algumas células, é possível medir o Ψ_p diretamente inserindo-se um microcapilar preenchido de líquido, que é ligado a um sensor de pressão, dentro da célula. Em outros casos, Ψ_p é estimado pela diferença entre Ψ e Ψ_s. Concentrações de solutos (Ψ_s) podem ser determinadas utilizando-se uma diversidade de métodos, incluindo psicrômetros e instrumentos que medem a redução do ponto de congelamento.

Nas discussões sobre água em solos secos e tecidos vegetais com conteúdos hídricos muito baixos, como sementes, com frequência se encontra referência ao **potencial mátrico**, Ψ_m. Sob essas condições, a água ocorre como uma película muito delgada, talvez com uma ou duas moléculas de espessura, ligada a superfícies sólidas por interações eletrostáticas. Essas interações não são facilmente separadas em seus efeitos sobre Ψ_s e Ψ_p, sendo às vezes combinadas em um único termo, Ψ_m.

Potencial hídrico das células vegetais

As células vegetais em geral têm potenciais hídricos de 0 MPa ou menos. Um valor negativo indica que a energia livre da água dentro da célula é menor do que a da água pura à temperatura ambiente, pressão atmosférica e mesma altura. À medida que o potencial hídrico da solução circundante da célula muda, a água entra na célula ou a deixa por osmose. Nesta seção, será ilustrado o comportamento osmótico da água em células vegetais com alguns exemplos numéricos.

A água entra na célula ao longo de um gradiente de potencial hídrico

Primeiro, imagine um béquer aberto, cheio de água pura a 20°C (**Figura 2.9A**). Uma vez que a água está em contato com a atmosfera, o potencial de pressão da água é igual à pressão atmosférica ($\Psi_p = 0$ MPa). Não há solutos na água, de modo que $\Psi_s = 0$ MPa. Finalmente, uma vez que o foco aqui são os processos de transporte que ocorrem dentro do béquer, a altura de referência é definida como igual ao nível do béquer e, portanto, $\Psi_g = 0$ MPa. Logo, o potencial hídrico é 0 MPa ($\Psi = \Psi_s + \Psi_p$).

Agora, imagine dissolver sacarose na água até uma concentração de 0,1 M (**Figura 2.9B**). Essa adição diminui o potencial osmótico (Ψ_s) para –0,244 MPa e reduz o potencial hídrico (Ψ) para –0,244 MPa.

A seguir, considere uma célula vegetal flácida (i.e., uma célula sem pressão de turgor) com uma concentração interna total de solutos de 0,3 M (**Figura 2.9C**). Essa concentração de soluto gera um potencial osmótico (Ψ_s) de –0,732 MPa. Uma vez que a célula está flácida, a pressão interna é igual à pressão atmosférica, de modo que o potencial de pressão (Ψ_p) é 0 MPa e o potencial hídrico da célula é –0,732 MPa.

O que acontece se essa célula for colocada em um béquer contendo 0,1 M de sacarose (ver Figura 2.9C)? Pelo fato de o potencial hídrico da solução de sacarose ($\Psi = -0,244$ MPa; ver Figura 2.9B) ser maior (menos negativo) do que o potencial hídrico da célula ($\Psi = -0,732$ MPa),

(A) Água pura

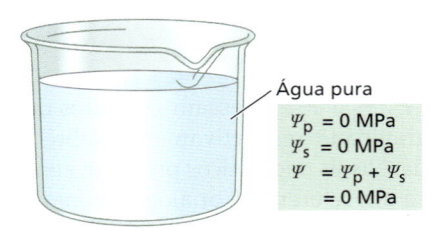

Água pura
$\Psi_p = 0$ MPa
$\Psi_s = 0$ MPa
$\Psi = \Psi_p + \Psi_s$
$= 0$ MPa

(B) Solução contendo 0,1 M de sacarose

Solução de 0,1 M de sacarose
$\Psi_p = 0$ MPa
$\Psi_s = -0,244$ MPa
$\Psi = \Psi_p + \Psi_s$
$= 0 - 0,244$ MPa
$= -0,244$ MPa

(C) Célula flácida colocada na solução de sacarose

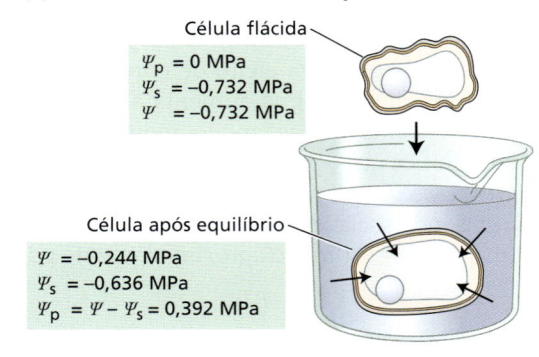

Célula flácida
$\Psi_p = 0$ MPa
$\Psi_s = -0,732$ MPa
$\Psi = -0,732$ MPa

Célula após equilíbrio
$\Psi = -0,244$ MPa
$\Psi_s = -0,636$ MPa
$\Psi_p = \Psi - \Psi_s = 0,392$ MPa

Figura 2.9 Gradientes de potencial hídrico podem causar a entrada de água em uma célula. (A) Água pura. (B) Uma solução contendo 0,1 M de sacarose. (C) Uma célula flácida (em ar) é mergulhada em uma solução de 0,1 M de sacarose. Uma vez que o potencial hídrico inicial da célula é menor do que o potencial hídrico da solução, a célula absorve água. Após o equilíbrio, o potencial hídrico da célula iguala-se ao potencial hídrico da solução, e o resultado é uma célula com uma pressão de turgor positiva.

a água vai mover-se da solução de sacarose para a célula (de um potencial hídrico alto para um baixo).

À medida que a água entra na célula, a membrana plasmática começa a pressionar a parede celular. A parede estende-se um pouco, mas também resiste à deformação, empurrando a célula de volta. Isso aumenta o potencial de pressão (Ψ_p) celular. Consequentemente, o potencial hídrico da célula (Ψ) aumenta, e a diferença entre os potenciais hídricos interno e externo ($\Delta\Psi$) é reduzida.

Por fim, o Ψ_p da célula aumenta o suficiente para elevar o Ψ da célula ao mesmo valor do Ψ da solução de sacarose. Nesse ponto, o equilíbrio é atingido (ΔΨ = 0 MPa), e o transporte líquido de água cessa.

Em equilíbrio, o potencial hídrico é igual nos dois locais: $\Psi_{(célula)} = \Psi_{(solução)}$. Como o volume do béquer é muito maior que o da célula, a minúscula quantidade de água absorvida pela célula não afeta significativamente a concentração de soluto da solução de sacarose. Por isso, Ψ_s, Ψ_p e Ψ da solução de sacarose não são alterados. Portanto, em equilíbrio, $\Psi_{(célula)} = \Psi_{(solução)} = -0,244$ MPa.

O cálculo do Ψ_p e do Ψ_s celular requer o conhecimento da variação no volume celular. Neste exemplo, admite-se que se sabe que o volume celular aumentou em 15%, de tal modo que o volume da célula túrgida é 1,15 vez aquele da célula flácida. Admitindo-se que o número de solutos no interior da célula permanece constante à medida que ela se hidrata, a concentração final de solutos será diluída em 15%. O novo Ψ_s pode ser calculado dividindo-se o Ψ_s inicial pelo aumento relativo no tamanho da célula hidratada: $\Psi_s = -0,732/1,15 = -0,636$ MPa. Pode-se, então, calcular o potencial de pressão da célula rearranjando-se a Equação 2.5 conforme segue: $\Psi_p = \Psi - \Psi_s = (-0,244) - (-0,636) = 0,392$ MPa (ver Figura 2.9C).

A água também pode sair da célula em resposta a um gradiente de potencial hídrico

A água também pode sair da célula por osmose. Se agora a célula vegetal da solução de 0,1 M de sacarose for removida e colocada em uma solução de 0,3 M de sacarose (**Figura 2.10A**), o $\Psi_{(solução)}$ (–0,732 MPa) será mais negativo que o $\Psi_{(célula)}$ (–0,244 MPa), e a água se move da célula túrgida para a solução.

À medida que a água sai da célula, o volume celular decresce. À medida que o volume celular diminui, Ψ_p e Ψ celulares diminuem até que $\Psi_{(célula)} = \Psi_{(solução)} = -0,732$ MPa. Como antes, assume-se que o número de solutos dentro da célula permanece constante à medida que a água flui para fora dela. Sabendo-se que o volume diminui em 15%, a concentração de solutos aumentará em 15%. Desse modo, pode-se calcular o novo Ψ_s multiplicando-se o Ψ_s inicial pela quantidade relativa em que o volume celular foi reduzido: $\Psi_s = -0,636 \times 1,15 = -0,732$ MPa. Isso permite que se calcule que o $\Psi_p = 0$ MPa usando a Equação 2.5.

Se, em vez de ser colocada na solução de 0,3 M de sacarose, a célula túrgida for deixada na solução de 0,1 M e lentamente comprimida entre duas placas (**Figura 2.10B**), o Ψ_p celular será efetivamente

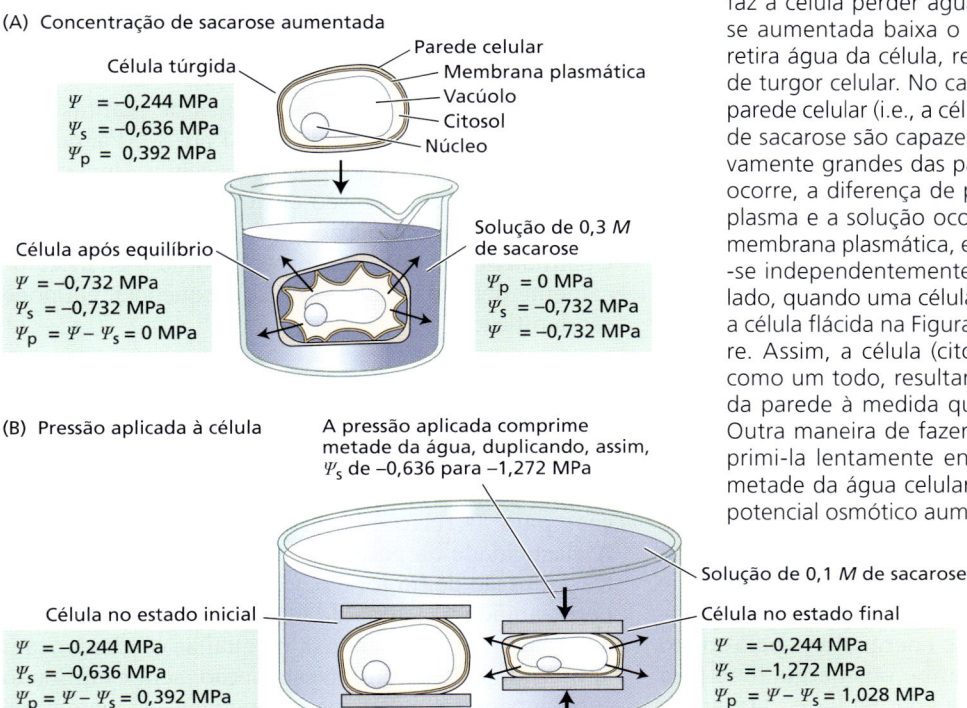

Figura 2.10 Gradientes de potencial hídrico podem causar a saída de água de uma célula. (A) O aumento da concentração de sacarose na solução faz a célula perder água. A concentração de sacarose aumentada baixa o potencial hídrico da solução, retira água da célula, reduzindo, portanto, a pressão de turgor celular. No caso, o protoplasto afasta-se da parede celular (i.e., a célula plasmolisa), pois moléculas de sacarose são capazes de passar pelos poros relativamente grandes das paredes celulares. Quando isso ocorre, a diferença de potencial hídrico entre o citoplasma e a solução ocorre inteiramente ao longo da membrana plasmática, e, assim, o protoplasto contrai-se independentemente da parede celular. Por outro lado, quando uma célula desidrata no ar (p. ex., como a célula flácida na Figura 2.9C), a plasmólise não ocorre. Assim, a célula (citoplasma + parede) contrai-se como um todo, resultando na deformação mecânica da parede à medida que a célula perde volume. (B) Outra maneira de fazer a célula perder água é comprimi-la lentamente entre duas placas. Nesse caso, metade da água celular é removida, de modo que o potencial osmótico aumenta por um fator de 2.

(A) Concentração de sacarose aumentada

Célula túrgida
- Parede celular
- Membrana plasmática
- Vacúolo
- Citosol
- Núcleo

$\Psi = -0,244$ MPa
$\Psi_s = -0,636$ MPa
$\Psi_p = 0,392$ MPa

Solução de 0,3 M de sacarose
$\Psi_p = 0$ MPa
$\Psi_s = -0,732$ MPa
$\Psi = -0,732$ MPa

Célula após equilíbrio
$\Psi = -0,732$ MPa
$\Psi_s = -0,732$ MPa
$\Psi_p = \Psi - \Psi_s = 0$ MPa

(B) Pressão aplicada à célula

A pressão aplicada comprime metade da água, duplicando, assim, Ψ_s de –0,636 para –1,272 MPa

Solução de 0,1 M de sacarose

Célula no estado inicial
$\Psi = -0,244$ MPa
$\Psi_s = -0,636$ MPa
$\Psi_p = \Psi - \Psi_s = 0,392$ MPa

Célula no estado final
$\Psi = -0,244$ MPa
$\Psi_s = -1,272$ MPa
$\Psi_p = \Psi - \Psi_s = 1,028$ MPa

aumentado, elevando, assim, o Ψ celular e criando um $\Delta\Psi$, de modo que a água agora flui para *fora* da célula. Isso é análogo ao processo industrial de osmose reversa, no qual uma pressão aplicada externamente é usada para separar a água de solutos dissolvidos, forçando sua passagem por uma barreira semipermeável. Se a compressão continuar até que metade da água da célula seja removida e depois se mantiver a célula nessa condição, ela atingirá um novo equilíbrio. Como no exemplo anterior, em equilíbrio, $\Delta\Psi = 0$ MPa, e a quantidade de água adicionada à solução externa é tão pequena que pode ser ignorada. A célula retornará, então, ao valor de Ψ que tinha antes do procedimento de compressão. No entanto, os componentes do Ψ celular serão bem diferentes.

Uma vez que metade da água celular foi retirada da célula enquanto os solutos permaneceram dentro dela (a membrana plasmática é seletivamente permeável), a concentração da solução celular é duplicada e, assim, o Ψ_s é menor ($-0{,}636$ MPa $\times 2 = -1{,}272$ MPa). Conhecendo-se os valores finais de Ψ e Ψ_s, pode-se calcular o potencial de pressão, usando a Equação 2.5, uma vez que $\Psi_p = \Psi - \Psi_s = (-0{,}244$ MPa$) - (-1{,}272$ MPa$) = 1{,}028$ MPa.

No exemplo, é usada uma força externa para se alterar o volume celular sem uma mudança no potencial hídrico. Na natureza, em geral é o potencial hídrico do ambiente celular que se altera, e a célula ganha ou perde água, até que seu Ψ se iguale ao do meio circundante.

Um ponto comum em todos esses exemplos merece ênfase: o fluxo de água através de membranas é um processo passivo; ou seja, a água move-se em resposta a forças físicas, em direção a regiões de potencial hídrico baixo ou de energia livre baixa. Não há "bombas" metabólicas conhecidas (p. ex., reações governadas por hidrólise de ATP) que possam ser usadas para direcionar a água através de uma membrana semipermeável contra seu gradiente de energia livre.

A única situação em que se pode dizer que a água se move através de uma membrana semipermeável contra seu gradiente de potencial hídrico é quando ela está acoplada ao movimento de solutos. O transporte de açúcares, de aminoácidos ou de outras moléculas pequenas por intermédio de diversas proteínas de membrana pode "arrastar" até 260 moléculas de água pela membrana por molécula de soluto transportado.

Esse transporte de água pode ocorrer mesmo quando o movimento é contra o gradiente habitual de potencial hídrico (i.e., em direção a um potencial hídrico maior), pois a perda de energia livre pelo soluto mais do que compensa o ganho de energia livre pela água. A mudança líquida na energia livre permanece negativa. A quantidade de água transportada desse modo em geral é muito pequena se comparada com o movimento passivo de água a favor do gradiente de potencial hídrico.

O potencial hídrico e seus componentes variam com as condições de crescimento e sua localização dentro da planta

Em folhas de plantas bem hidratadas, Ψ varia de $-0{,}2$ a cerca de $-1{,}0$ MPa em plantas herbáceas e a $-2{,}5$ MPa em árvores e arbustos. Folhas de plantas em climas áridos podem ter Ψ muito menores, caindo abaixo de -10 MPa sob as condições mais extremas.

Assim como os valores de Ψ dependem das condições de crescimento e do tipo de planta, também os valores de Ψ_s podem variar consideravelmente. Dentro das células de hortaliças bem hidratadas (exemplos incluem alface, plântulas de pepino e folhas de feijoeiro), o Ψ_s pode ser de até $-0{,}5$ MPa (baixa concentração de solutos na célula), embora valores de $-0{,}8$ a $-1{,}2$ MPa sejam mais típicos. Em plantas lenhosas, o Ψ_s tende a ser mais baixo (concentrações mais altas de solutos na célula), permitindo o Ψ mais negativo ao meio-dia, típico dessas plantas, o qual ocorre sem uma perda na pressão de turgor.

Embora o Ψ_s *dentro* das células possa ser bastante negativo, a solução no apoplasto envolvendo as células – isto é, nas paredes celulares e no xilema – costuma ser bastante diluída. O Ψ_s do apoplasto em geral é de $-0{,}1$ a 0 MPa, embora, em certos tecidos (p. ex., de frutos em desenvolvimento) e hábitats (p. ex., ambientes altamente salinos), a concentração de solutos no apoplasto possa ser grande.

Valores de Ψ_p dentro de células de plantas bem hidratadas podem variar desde 0,1 até 3 MPa, dependendo do valor de Ψ_s no interior da célula. Uma planta **murcha** quando a pressão de turgor dentro das suas células cai em direção a zero. À medida que mais água é perdida pela célula, suas paredes tornam-se mecanicamente deformadas e, como consequência, ela pode ser danificada.

Propriedades da parede celular e da membrana plasmática

Os elementos estruturais dão importantes contribuições para as relações hídricas das células vegetais. A elasticidade da parede celular define a relação entre a pressão de turgor e o volume celular, enquanto a permeabilidade à água da membrana plasmática e do tonoplasto influencia a taxa na qual as células trocam água com seu entorno. Nesta seção, será examinado como a parede celular e as propriedades da membrana influenciam o estado hídrico das células vegetais.

Pequenas mudanças no volume da célula vegetal causam grandes mudanças na pressão de turgor

As paredes celulares proporcionam às células vegetais um grau substancial de homeostase de volume em relação às grandes mudanças no potencial hídrico que elas sofrem todos os dias como consequência das perdas de água por transpiração associadas à fotossíntese (ver Capítulo 3). Por terem paredes bem rígidas, uma mudança no Ψ celular vegetal em geral é acompanhada por uma grande variação em Ψ_p, com relativamente pouca modificação no volume da célula (protoplasto), contanto que Ψ_p seja maior do que 0.

Tal fenômeno é ilustrado pela *curva pressão-volume* mostrada na **Figura 2.11**. À medida que Ψ decresce de 0 para cerca de –1,2 MPa, o conteúdo de água percentual ou relativo é reduzido em somente um pouco mais do que 5%. A maior parte desse decréscimo ocorre devido a uma redução em Ψ_p (de cerca de 1,0 MPa); Ψ_s diminui menos do que 0,2 MPa como resultado do aumento da concentração de solutos celulares.

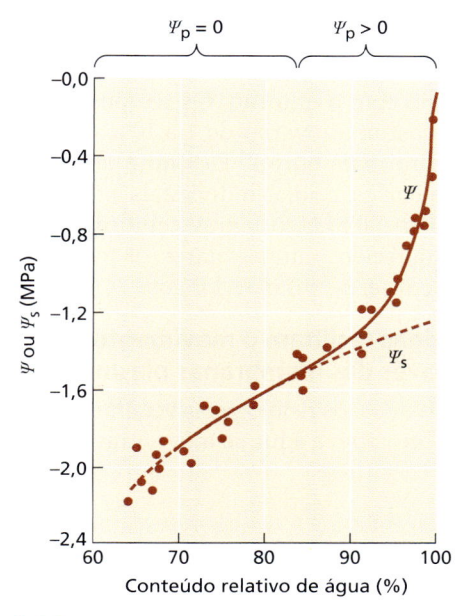

Figura 2.11 Relação entre potencial hídrico (Ψ), potencial de soluto (Ψ_s) e conteúdo relativo de água ($\Delta V/V$) em folhas de algodoeiro (*Gossypium hirsutum*). Observe que o potencial hídrico (Ψ) decresce pronunciadamente com a redução inicial no conteúdo relativo de água. Em comparação, o potencial osmótico (Ψ_s) muda pouco. À medida que o volume celular decresce abaixo de 90% neste exemplo, a situação se inverte: a maior parte da alteração no potencial hídrico é devida a uma queda no Ψ_s celular, acompanhada por relativamente pouca alteração na pressão de turgor. (De Hsiao e Xu, 2000.)

As medições de potencial hídrico celular e de volume celular podem ser usadas para quantificar como as propriedades da parede celular influenciam o estado hídrico de células vegetais. Na maioria das células, a pressão de turgor aproxima-se de zero à medida que o volume celular decresce em 10 a 15%. Entretanto, para células com paredes muito rígidas, a mudança de volume associada à perda de turgor pode ser muito menor. Em células com paredes extremamente elásticas, como as de armazenagem de água nos caules de muitas cactáceas, essa mudança de volume pode ser substancialmente maior.

O módulo volumétrico de elasticidade, simbolizado por ε (a letra grega épsilon), pode ser determinado examinando-se a relação entre o Ψ_p e o volume celular: ε é a variação em Ψ_p para determinada variação no volume relativo ($\varepsilon = \Delta\Psi_p/\Delta$[volume relativo]). Células com um grande ε têm paredes rígidas e, portanto, exibem variações maiores na pressão de turgor para uma mesma variação no volume celular do que uma célula com um ε menor e paredes mais elásticas. As propriedades mecânicas das paredes celulares variam entre espécies e tipos de células, resultando em diferenças significativas na extensão em que os déficits hídricos afetam o volume celular.

Uma comparação das relações hídricas celulares no interior de caules de cactos ilustra o importante papel das propriedades da parede celular. Os cactos são plantas com caules suculentos, em geral encontradas em regiões áridas. Seus caules consistem em uma camada externa fotossintética* que circunda tecidos não fotossintéticos, os quais servem como reservatórios de água (**Figura 2.12**). Durante a seca, a água é preferencialmente perdida dessas células mais internas, apesar de o potencial hídrico dos dois tipos de células permanecer em equilíbrio (ou "muito próximo do equilíbrio"). Como isso acontece?

Estudos detalhados de *Opuntia ficus-indica* demonstram que as células de armazenagem de água são maiores e têm paredes mais finas do que as células fotossintéticas e, desse modo, são mais flexíveis (têm menor ε). Para determinado decréscimo em potencial hídrico, uma célula de armazenagem de água perde uma fração maior de seu conteúdo de água do que uma célula fotossintética. Além disso, a concentração de solutos das células de armazenagem de água decresce durante a seca, em parte devido à polimerização de açúcares solúveis em grânulos de amido insolúveis. Uma resposta vegetal mais típica à seca é acumular solutos, em parte para impedir a perda de água pelas células. No entanto, no caso de cactos, a combinação de paredes celulares

---

*N. de R.T. Na verdade, essa "camada fotossintética" é formada por camadas celulares clorofiladas, cujo número é variável.

Figura 2.12 Corte transversal de um caule de cacto, mostrando uma camada fotossintética externa e um tecico não fotossintético interno, que atua na armazenagem de água. Durante a seca, a água é perdida preferencialmente das células não fotossintéticas; assim, o estado hídrico do tecido fotossintético é mantido. (Imagem de David McIntyre.)

mais flexíveis e um decréscimo na concentração de solutos durante a seca permite que a água seja retirada preferencialmente das células de armazenagem de água, assim ajudando a manter a hidratação dos tecidos fotossintéticos.

A taxa na qual as células ganham ou perdem água é influenciada pela condutividade hidráulica da membrana celular

Até agora, foi visto que a água se move para dentro e para fora das células em resposta a um gradiente de potencial hídrico. A direção do fluxo é determinada pela direção do gradiente de Ψ, e a taxa de movimento de água é proporcional à magnitude do gradiente propulsor. Entretanto, para uma célula que é exposta a uma alteração no potencial hídrico do entorno (p. ex., ver Figuras 2.9 e 2.10), o movimento de água através da membrana celular diminui com o tempo, à medida que os potenciais hídricos interno e externo convergem (**Figura 2.13**). A taxa aproxima-se de zero de maneira exponencial. O tempo que a taxa leva para reduzir pela metade – seu tempo de meia-vida, ou $t_{1/2}$ – é dado pela seguinte equação:

$$t_{1/2} = \left(\frac{0{,}693}{(A)(Lp)}\right)\left(\frac{V}{\varepsilon - \Psi_s}\right) \quad (2.6)$$

em que V e A são, respectivamente, o volume e a superfície da célula, e Lp é a **condutividade hidráulica** da membrana plasmática. A condutividade hidráulica descreve o quão prontamente a água pode se mover através de uma membrana; ela é expressa em termos do volume de água por unidade de área de membrana, por unidade de tempo, por unidade de força motora (i.e., $m^3\ m^{-2}\ s^{-1}\ MPa^{-1}$).

Um tempo de meia-vida curto significa equilíbrio rápido. Assim, células com uma grande razão de superfície:volume, alta condutividade hidráulica e paredes celulares rígidas (grande ε) atingem rapidamente o equilíbrio com o entorno. Os tempos de meia-vida celulares costumam variar de 1 a 10 s, embora alguns sejam muito mais curtos. Devido a seus tempos de meia-vida curtos, células individuais atingem o equilíbrio de potencial hídrico com seu entorno em menos de 1 min. Para tecidos multicelulares, os tempos de meia-vida podem ser muito mais longos.

Aquaporinas facilitam o movimento de água através das membranas plasmáticas

Por muitos anos, os fisiologistas vegetais estiveram em dúvida sobre como a água se move através de membra-

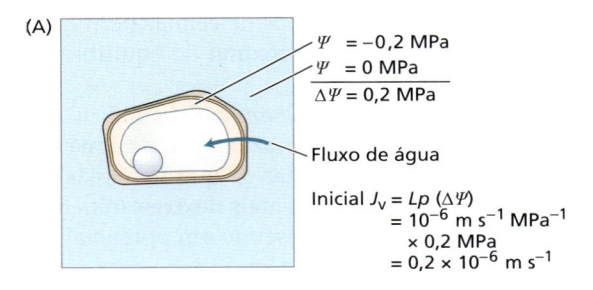

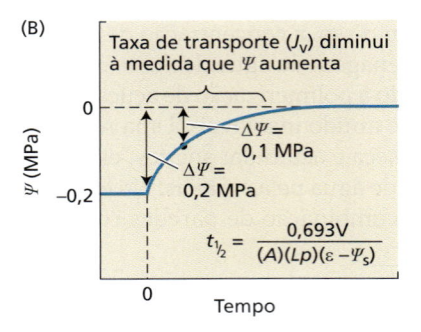

Figura 2.13 A taxa de transporte de água para dentro de uma célula depende da magnitude da diferença de potencial hídrico ($\Delta\Psi$) e da condutividade hidráulica da membrana plasmática (Lp). (A) Neste exemplo, a magnitude da diferença de potencial hídrico inicial é 0,2 MPa e a Lp é $10^{-6}\ m\ s^{-1}\ MPa^{-1}$. Esses valores geram uma taxa de transporte inicial (J_v) de $0{,}2 \times 10^{-6}\ m\ s^{-1}$. (B) À medida que a água é absorvida pela célula, a diferença de potencial hídrico decresce com o tempo, levando a uma redução na taxa de absorção de água. Esse efeito segue um curso temporal de decaimento exponencial com uma meia-vida ($t_{1/2}$) que depende dos seguintes parâmetros celulares: volume (V), área de superfície (A), condutividade (Lp), módulo volumétrico de elasticidade (ε) e potencial osmótico celular (Ψ_s).

nas vegetais. Especificamente, havia dúvida sobre se o movimento de água para dentro das células limitava-se à difusão de moléculas de água através da bicamada lipídica da membrana plasmática ou se ele também envolvia difusão por poros proteicos (**Figura 2.14**). Alguns estudos indicaram que a difusão diretamente através da bicamada lipídica não era suficiente para explicar as taxas observadas de movimento de água pelas membranas, mas a evidência em favor de poros microscópicos não era convincente.

Essa incerteza foi desfeita em 1991 com a descoberta das **aquaporinas** (ver Figura 2.14). Aquaporinas são proteínas integrais de membrana que formam canais seletivos à água através da membrana. Uma vez que a água se difunde muito mais rápido através desses canais do que através de uma bicamada lipídica, as aquaporinas facilitam o movimento de água para dentro das células vegetais.

Embora as aquaporinas possam alterar a *taxa* de movimento da água através da membrana, elas não mudam a *direção de transporte* ou a *força motora* para o movimento da água. No entanto, as aquaporinas podem ser reversivelmente "reguladas" (i.e., oscilar entre um estado aberto e um fechado) em resposta a parâmetros fisiológicos, como concentrações de Ca^{2+} e níveis de pH intracelulares. Como resultado, as plantas têm a capacidade de regular a permeabilidade à água de suas membranas plasmáticas.

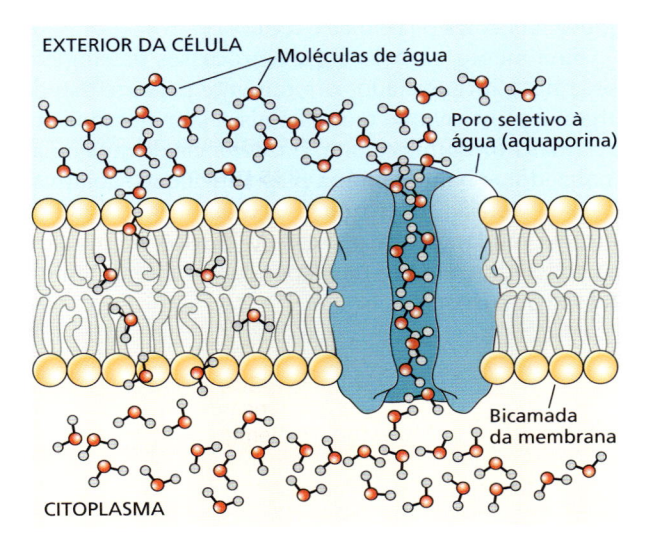

Figura 2.14 A água pode atravessar membranas vegetais por difusão de suas moléculas individuais através da bicamada lipídica da membrana, conforme mostrado à esquerda, e por difusão linear de moléculas de água através de poros seletivos para a água, formados por proteínas integrais de membrana, como as aquaporinas.

O estado hídrico da planta

O conceito de potencial hídrico tem dois usos principais: primeiro, o potencial hídrico governa o transporte através de membranas plasmáticas, conforme foi descrito. Segundo, ele é comumente utilizado como uma medida do *estado hídrico* de uma planta. Nesta seção, será discutido como o conceito de potencial hídrico auxilia a avaliar o estado hídrico de uma planta.

Os processos fisiológicos são afetados pelo estado hídrico da planta

Devido à perda de água por transpiração para a atmosfera, as plantas raramente estão completamente hidratadas. Durante períodos de seca, elas sofrem déficits hídricos que levam à inibição do crescimento e da fotossíntese. A **Figura 2.15** lista algumas das mudanças fisiológicas que ocorrem quando as plantas ficam submetidas a condições cada vez mais secas.

A sensibilidade de determinado processo fisiológico a déficits hídricos é, em grande parte, um reflexo da estratégia da planta em lidar com amplitude da disponibilidade de água que ela experimenta em seu ambiente. De acordo com a Figura 2.15, o processo que é mais afetado pelo déficit hídrico é o da expansão celular. Em muitas plantas, reduções no suprimento hídrico inibem o crescimento do caule e a expansão foliar, mas *estimulam* o alongamento das raízes. Um aumento relativo nas raízes em relação às folhas é uma resposta adequada a reduções na disponibilidade de água; assim, a sensibilidade do crescimento da parte aérea a decréscimos na disponibilidade de água pode ser vista como uma adaptação à seca em vez de uma restrição fisiológica.

No entanto, o que as plantas não conseguem fazer é alterar a disponibilidade de água no solo*. (A Figura 2.15 mostra valores representativos do Ψ em vários estágios de estresse hídrico.) Desse modo, a seca impõe algumas limitações absolutas aos processos fisiológicos, embora os valores reais de potenciais hídricos nos quais essas limitações ocorrem variem de acordo com a espécie.

A acumulação de solutos ajuda a manter a pressão de turgor e o volume das células

A capacidade de manter atividade fisiológica à medida que a água se torna menos disponível geralmente acarreta alguns custos. A planta pode despender energia para acumular solutos para manter a pressão de turgor, investir no crescimento de órgãos não fotossintéticos

---
*N. de T. Contudo, as plantas podem, pela redistribuição hidráulica, redistribuir a água ao longo do perfil de solo.

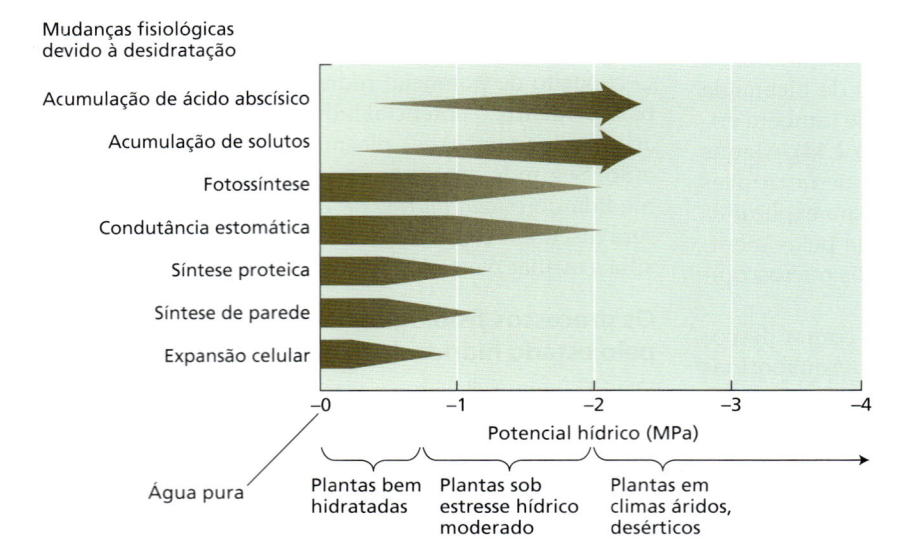

Figura 2.15 Sensibilidade de diversos processos fisiológicos a alterações no potencial hídrico sob variadas condições de crescimento. A espessura das setas corresponde à magnitude do processo. Por exemplo, a expansão celular decresce à medida que o potencial hídrico cai (torna-se mais negativo). O ácido abscísico é um hormônio que induz o fechamento estomático durante o estresse hídrico (ver Capítulo 19). (De Hsiao, 1973.)

como raízes para aumentar a capacidade de absorção de água, ou formar vasos (xilema) capazes de suportar altas pressões negativas. Portanto, as respostas fisiológicas à disponibilidade de água refletem um conflito (*trade-off*) entre os benefícios advindos da capacidade de executar processos fisiológicos (p. ex., crescimento) por uma vasta gama de condições ambientais e os custos associados a essa capacidade.

Plantas que crescem em ambientes salinos, denominadas **halófitas**, em geral apresentam valores muito baixos de Ψ_s. Um Ψ_s baixo reduz o Ψ celular o suficiente para permitir às células da raiz extraírem água da água salina sem permitirem que níveis excessivos de sais entrem ao mesmo tempo. As plantas também podem exibir Ψ_s bastante negativos sob condições de seca. O estresse hídrico, em geral, conduz a uma acumulação de solutos no citoplasma e no vacúolo das células vegetais, permitindo, desse modo, que elas mantenham a pressão de turgor apesar dos potenciais hídricos baixos.

Uma pressão de turgor positiva ($\Psi_p > 0$) é importante por várias razões. Primeiro, o crescimento de células vegetais requer pressão de turgor para estender as paredes celulares. A perda de turgor sob déficits hídricos pode explicar, em parte, por que o crescimento celular é tão sensível ao estresse hídrico, assim como por que essa sensibilidade pode ser modificada variando-se o potencial osmótico celular (ver Capítulo 19). A segunda razão pela qual um turgor positivo é importante está no fato de que a pressão de turgor aumenta a rigidez mecânica de células e tecidos.

Finalmente, embora alguns processos fisiológicos possam ser influenciados diretamente pela pressão de turgor, é provável que muitos mais sejam afetados por variações no volume celular. A existência de moléculas sinalizadoras na membrana plasmática que são ativadas por extensão sugere que as células vegetais podem perceber mudanças em seu estado hídrico via mudanças no volume, em vez de responderem diretamente à pressão de turgor.

Resumo

A fotossíntese expõe as plantas à perda de água e à ameaça de desidratação. Para impedir a dessecação, a água deve ser absorvida pelas raízes e transportada através do corpo da planta.

A água na vida das plantas

- As paredes celulares permitem às células vegetais desenvolverem grandes pressões hidrostáticas internas (pressão de turgor). A pressão de turgor é essencial para muitos processos vegetais.
- A água limita a produtividade tanto de ecossistemas agrícolas como de ecossistemas naturais (**Figuras 2.1, 2.2**).
- Cerca de 97% da água absorvida pelas raízes são conduzidos pela planta e perdidos por transpiração a partir das superfícies foliares.
- A absorção de CO_2 é acoplada à perda de água por meio de uma rota difusional em comum.

A estrutura e as propriedades da água

- A polaridade e a forma tetraédrica das moléculas de água permitem a elas formar pontes de hidrogênio que dão à água suas propriedades físicas incomuns: ela é um excelente solvente e tem um alto calor específico, um extraordinariamente alto calor latente de vaporização e uma alta resistência à tensão (**Figuras 2.3, 2.6**).
- A coesão, a adesão e a tensão superficial dão origem à capilaridade (**Figuras 2.4, 2.5**).

Difusão e osmose

- O movimento térmico aleatório de moléculas resulta em difusão (**Figuras 2.7, 2.8**).
- A difusão é importante por pequenas distâncias (nível celular). O tempo médio para uma substância difundir-se a uma distância determinada aumenta com o quadrado da distância.
- A osmose é o movimento líquido de água através de uma barreira seletivamente permeável.

Potencial hídrico

- O potencial químico da água mede a sua energia livre em um estado determinado.
- Concentração, pressão e gravidade contribuem para o potencial hídrico (Ψ) nas plantas.
- Ψ_s, o potencial de soluto ou potencial osmótico, representa a redução da energia livre da água pelos solutos dissolvidos.
- Ψ_p, o potencial de pressão, representa o efeito da pressão hidrostática sobre a energia livre da água. Pressão positiva (pressão de turgor) eleva o potencial hídrico; a pressão negativa (tensão) o reduz.
- Ψ_g, o potencial gravitacional, costuma ser omitido quando se calcula o potencial hídrico em nível celular. Assim, $\Psi = \Psi_s + \Psi_p$.

Potencial hídrico das células vegetais

- As células vegetais geralmente têm potenciais hídricos negativos.
- A água entra na célula ou sai dela de acordo com o gradiente de potencial hídrico.
- Quando uma célula flácida é colocada em uma solução que tem um potencial hídrico maior (menos negativo) do que o potencial hídrico da célula, a água se move da solução para dentro da célula (do potencial hídrico alto para o baixo) (**Figura 2.9**).
- À medida que a água entra, a parede celular resiste a ser estendida, aumentando a pressão de turgor (Ψ_p) da célula.
- No equilíbrio [$\Psi_{(célula)} = \Psi_{(solução)}$; $\Delta\Psi = 0$], o Ψ_p celular aumentou suficientemente para elevar o Ψ celular ao mesmo valor do Ψ da solução, e o movimento líquido de água cessa.
- A água também pode sair da célula por osmose. Quando uma célula vegetal túrgida é colocada em uma solução de sacarose que tem um potencial hídrico mais negativo do que o potencial hídrico da célula, a água se move da célula túrgida para a solução (**Figura 2.10**).
- Se uma célula for comprimida, seu Ψ_p é aumentado, assim como o Ψ celular, resultando em um $\Delta\Psi$, de tal modo que a água flui para fora da célula (**Figura 2.10**).

Propriedades da parede celular e da membrana plasmática

- A elasticidade da parede celular define a relação entre pressão de turgor e volume celular, enquanto a permeabilidade à água da membrana plasmática e do tonoplasto determina quão rápido as células trocam água com seu entorno.
- Uma vez que as células vegetais têm paredes relativamente rígidas, pequenas alterações no volume celular causam grandes variações na pressão de turgor (**Figura 2.11**).
- Para qualquer $\Delta\Psi$ inicial diferente de zero, o movimento líquido de água através da membrana diminui com o tempo à medida que os potenciais hídricos, interno e externo, convergem (**Figura 2.13**).
- Aquaporinas são proteínas integrais de membrana que formam canais seletivos à água (**Figura 2.14**).

O estado hídrico da planta

- Durante a seca, a fotossíntese e o crescimento são inibidos, enquanto as concentrações de ácido abscísico e de solutos aumentam (**Figura 2.15**).
- Durante a seca, as plantas devem utilizar energia para manter a pressão de turgor por acumulação de solutos, assim como para sustentar o crescimento de raízes e vascular.
- Moléculas sinalizadoras ativadas por extensão na membrana plasmática podem permitir que as células vegetais percebam mudanças em seu estado hídrico via alterações no volume.

Leituras sugeridas

Bartlett, M. K., Scoffoni, C., and Sack, L. (2012) The determinants of leaf turgor loss point and prediction of drought tolerance of species and biomes: A global meta-analysis. *Ecol. Lett.* 15: 393–405.

Chaumont, F., and Tyerman, S. D. (2014) Aquaporins: Highly regulated channels controlling plant water relations. *Plant Physiol.* 164: 1600–1618.

Goldstein, G., Ortega, J. K. E., Nerd, A., and Nobel, P. S. (1991) Diel patterns of water potential components for the crassulacean acid metabolism plant *Opuntia ficus-indica* when well-watered or droughted. *Plant Physiol.* 95: 274–280.

Kramer, P. J., and Boyer, J. S. (1995) *Water Relations of Plants and Soils*. Academic Press, San Diego.

Maurel, C., Verdoucq, L., Luu, D.-T., and Santoni, V. (2008) Plant aquaporins: Membrane channels with multiple integrated functions. *Annu. Rev. Plant Biol.* 59: 595–624.

Munns, R. (2002) Comparative physiology of salt and water stress. *Plant Cell Environ.* 25: 239–250.

Nobel, P. S. (1999) *Physicochemical and Environmental Plant Physiology*. 2nd ed. Academic Press, San Diego.

Tardieu, F., Parent, B., Caldeira, C. F., and Welcker, C. (2014) Genetic and physiological controls of growth under water deficit. *Plant Physiol.* 164: 1628–1635.

Wheeler, T. D., and Stroock, A. D. (2008) The transpiration of water at negative pressures in a synthetic tree. *Nature* 455: 208–212.

3 Balanço Hídrico das Plantas

A vida na atmosfera da Terra impõe um desafio impressionante para as plantas terrestres. Por um lado, a atmosfera é a fonte de dióxido de carbono, necessário para a fotossíntese. Por outro, ela em geral é bastante seca, levando a uma perda líquida de água devido à evaporação. Como as plantas carecem de superfícies que permitam a difusão de CO_2 para seu interior enquanto impeçam a perda de água, a absorção de CO_2 as expõe ao risco de desidratação. Esse problema é agravado porque o gradiente de concentração para a absorção de CO_2 é muito menor do que o gradiente de concentração que governa a perda de água. Para atender as demandas contraditórias de maximizar a absorção de dióxido de carbono enquanto limitam a perda de água, as plantas desenvolveram adaptações para controlar a perda de água pelas folhas e repor a água perdida para a atmosfera com água extraída do solo.

Neste capítulo, serão examinados os mecanismos e as forças propulsoras que operam no transporte de água dentro da planta e entre a planta e seu ambiente. Inicialmente, será examinado o transporte de água enfocando a água no solo. Depois, será considerado como a água se move do solo para o interior das raízes e delas, através de células especializadas de transporte, até as folhas, das quais ela é perdida para a atmosfera. Ao final do capítulo, serão consideradas as maneiras pelas quais a folha pode controlar a perda de água e a entrada de CO_2 pela regulação da abertura e do fechamento dos estômatos, pequenas aberturas através das quais ocorre a maior parte da perda de água.

A água no solo

O conteúdo de água e sua velocidade de movimento no solo dependem em grande parte do tipo e da estrutura do solo. Em um extremo está a areia, cujas partículas podem medir 1 mm de diâmetro ou mais. Solos arenosos têm uma área de superfície por unidade de grama de solo relativamente pequena e grandes espaços ou canais entre as partículas.

No outro extremo está a argila, cujas partículas são menores que 2 μm de diâmetro. Solos argilosos têm áreas de superfície muito maiores e canais menores entre as partículas. Com o auxílio de substâncias orgânicas como o húmus (matéria orgânica em decomposição), as partículas de argila podem agregar-se em "migalhas", possibilitando a formação de grandes canais que ajudam a melhorar a aeração do solo e a infiltração de água.

Quando um solo é pesadamente aguado por chuva ou irrigação, a água percola por gravidade através dos espaços entre as suas partículas, parcialmente deslocando e, em alguns casos, aprisionando ar nesses canais. Como a água é puxada para dentro dos espaços entre as partículas do solo por capilaridade, os canais menores são preenchidos primeiro. Dependendo da sua quantidade disponível, a água no solo pode existir como uma película aderente à superfície de suas partículas; ela pode preencher os canais menores, mas não os maiores, ou pode preencher todos os espaços entre as partículas.

Em solos arenosos, os espaços entre as partículas são tão grandes que a água tende a drenar a partir deles e permanecer somente sobre as superfícies das partículas e nos espaços onde as partículas entram em contato. Em solos argilosos, os espaços entre as partículas são tão pequenos que muita água é retida contra a força da gravidade. Poucos dias após ser saturado pela chuva, um solo argiloso pode reter 40% da água por unidade de volume. Por outro lado, os solos arenosos em geral retêm somente cerca de 15% de água por volume depois de completamente umedecidos.

Uma pressão hidrostática negativa na água do solo diminui seu potencial hídrico

Da mesma forma que o potencial hídrico das células vegetais, o potencial hídrico dos solos pode ser decomposto em três componentes: o potencial osmótico, o potencial de pressão e o potencial gravitacional. O **potencial osmótico** (Ψ_s; ver Capítulo 2) da água do solo em geral é desprezível, pois, excetuando os solos salinos, as concentrações de soluto são baixas; um valor típico pode ser –0,02 MPa. Em solos que contêm uma concentração substancial de sais, entretanto, o Ψ_s pode ser significativo, talvez –0,2 MPa ou menor.

O segundo componente do potencial hídrico do solo é o **potencial de pressão** (Ψ_p) (**Figura 3.1**). Para solos úmidos, o Ψ_p é muito próximo de zero. À medida que o solo seca, o Ψ_p decresce e pode tornar-se bem negativo. De onde vem o potencial de pressão negativo da água do solo?

Lembre a discussão sobre capilaridade no Capítulo 2, em que a água tem uma tensão superficial alta que tende a minimizar as interfaces ar-água. No entanto, devido às forças de adesão, a água também

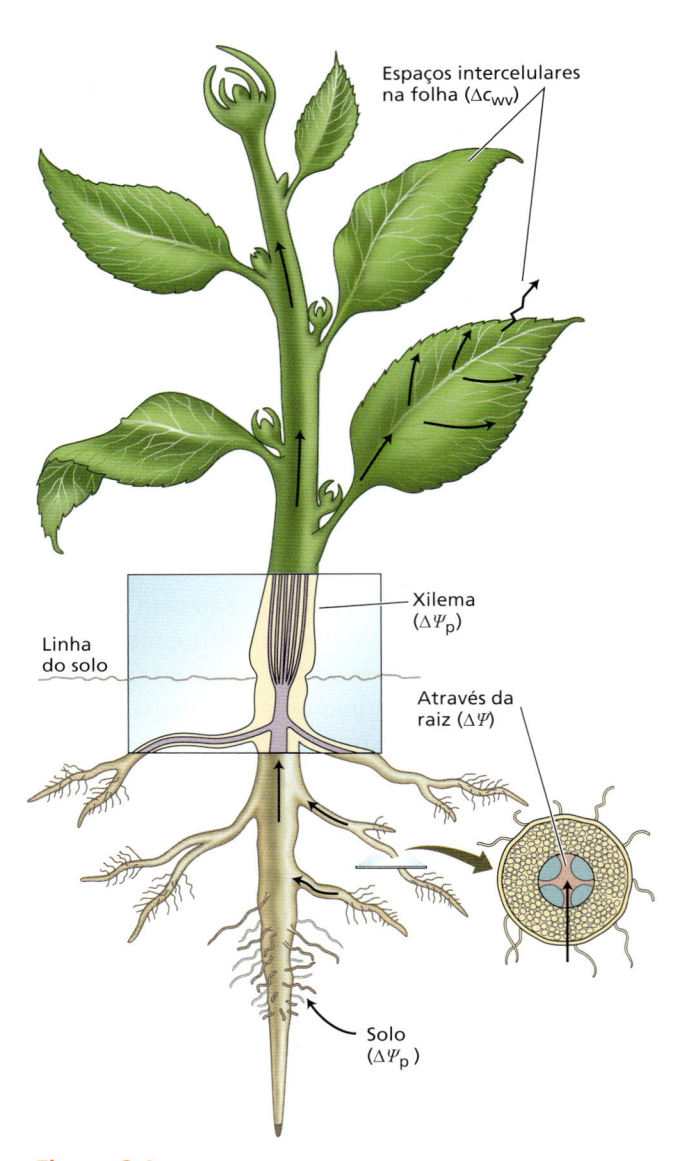

Figura 3.1 Principais forças propulsoras do fluxo de água do solo através da planta para a atmosfera. Diferenças na concentração de vapor de água (Δc_{wv}) entre a folha e o ar são responsáveis pela difusão de vapor de água da folha para o ar; diferenças no potencial de pressão ($\Delta \Psi_p$) governam o fluxo de massa de água pelas células condutoras do xilema; diferenças no potencial hídrico ($\Delta \Psi$) são responsáveis pelo movimento de água através de células vivas na raiz.

tende a aderir às superfícies das partículas do solo (**Figura 3.2**).

À medida que o conteúdo de água do solo decresce, a água retrocede para os interstícios entre partículas do solo, formando superfícies ar-água cujas curvaturas representam o equilíbrio entre a tendência de minimizar a área de superfície da interface ar-água e a atração da água pelas partículas do solo. A água sob uma superfície curva desenvolve uma pressão negativa, que pode ser estimada pela seguinte fórmula:

$$\Psi_p = \frac{-2T}{r} \quad (3.1)$$

em que T é a tensão superficial da água ($7,28 \times 10^{-8}$ MPa m) e r é o raio de curvatura da interface ar-água. Observe que aqui as partículas de solo são consideradas como completamente umedecíveis (ver Figura 2.5, ângulo de contato $\theta = 0$).

À medida que o solo seca, a água é removida primeiro dos espaços maiores entre suas partículas e, então, sucessivamente, dos espaços menores entre e dentro das partículas do solo. Nesse processo, o valor de Ψ_p na água do solo pode se tornar bem negativo devido às curvaturas crescentes das superfícies ar-água em poros de diâmetros sucessivamente menores. Por exemplo, uma curvatura de $r = 1\ \mu m$ (aproximadamente do tamanho das maiores partículas de argila) corresponde a um valor de Ψ_p de $-0,15$ MPa. O valor de Ψ_p pode facilmente alcançar -1 a -2 MPa à medida que a interface ar-água recua para dentro dos espaços menores entre as partículas de argila.

O terceiro componente do potencial hídrico do solo é o **potencial gravitacional** (Ψ_g). A gravidade exerce um papel importante na drenagem. O movimento descendente da água deve-se ao fato de que o Ψ_g é proporcional à elevação: mais alto em elevações mais altas e mais baixo em elevações mais baixas.

A água move-se pelo solo por fluxo de massa

Fluxo de massa é o movimento conjunto de moléculas em massa,* na maioria das vezes em resposta a um gradiente de pressão. Exemplos comuns de fluxo de massa são a água movendo-se ao longo de uma mangueira de jardim ou rio abaixo. O movimento da água pelos solos é, na maior parte das vezes, por fluxo de massa.

Como a pressão da água no solo se deve à existência de interfaces ar-água curvadas, a água flui de regiões de maior conteúdo de água no solo (onde os espaços preenchidos com água são maiores e, portanto, o Ψ_p é menos negativo) para regiões de menor conteúdo de água no solo (onde os espaços menores preenchidos com água estão associados a interfaces ar-água mais curvadas e um Ψ_p mais negativo). Algum movimento de água também ocorre por difusão de vapor de água, o que pode ser importante em solos secos.

À medida que absorvem, as plantas esgotam o solo de água junto à superfície das raízes. Esse esgotamento reduz o Ψ_p próximo à superfície da raiz e estabelece um gradiente de pressão em relação às regiões vizinhas do solo que possuem valores mais altos de Ψ_p. Uma vez que os espaços porosos preenchidos com água se interconectam no solo, a água move-se obedecendo a um gradiente de pressão em direção à superfície das raízes por fluxo de massa através desses canais.

A taxa de fluxo de água nos solos depende de dois fatores: o tamanho do gradiente de pressão pelo solo e a condutividade hidráulica do solo. A **condutividade hidráulica do solo** é uma medida da facilidade com que a água se move pelo solo; ela varia com o tipo de solo e com seu conteúdo de água. Solos arenosos, que possuem grandes espaços entre as partículas, têm alta condutividade hidráulica quando saturados, enquanto solos argilosos, com somente diminutos espaços entre suas partículas, têm condutividade hidráulica consideravelmente menor.

À medida que o conteúdo de água (e, por consequência, o potencial hídrico) de um solo decresce, sua

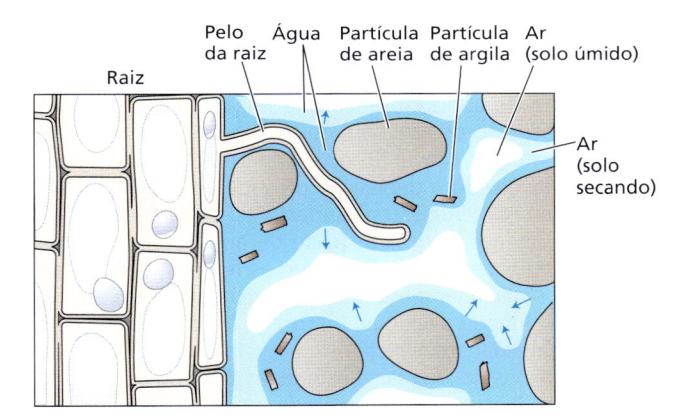

Figura 3.2 Os pelos da raiz fazem um contato íntimo com as partículas do solo e amplificam bastante a área de superfície utilizada para a absorção de água pela planta. O solo é uma mistura de partículas (areia, argila, silte e material orgânico), água, solutos dissolvidos e ar. A água é adsorvida à superfície das partículas do solo. À medida que a água é absorvida pela planta, a solução do solo recua para pequenos compartimentos, canais e fissuras entre as partículas do solo. Nas interfaces ar-água, esse recuo faz a superfície da solução do solo desenvolver um menisco côncavo (interfaces curvas entre ar e água, marcadas na figura por setas), desenvolvendo uma tensão (pressão negativa) na solução por meio da tensão superficial. À medida que mais água é removida do solo, a curvatura dos meniscos ar-água aumenta, gerando tensões maiores (pressões mais negativas).

---

*N. de T. No original, do francês, *en masse*.

condutividade hidráulica diminui drasticamente. Esse decréscimo na condutividade hidráulica do solo deve-se principalmente à substituição da água por ar nos seus espaços. Quando o ar se desloca para dentro de um canal do solo previamente preenchido por água, o movimento de água através daquele canal restringe-se à periferia dele. À medida que mais espaços do solo são preenchidos por ar, o fluxo de água é limitado a menos canais e mais estreitos, e, com isso, a condutividade hidráulica cai.

Absorção de água pelas raízes

O contato entre a superfície da raiz e o solo é essencial para a absorção efetiva de água. Esse contato proporciona a área de superfície necessária para a absorção de água* e é maximizado pelo crescimento das raízes e dos pelos seus no solo. **Pelos das raízes** são projeções filamentosas das células da epiderme que aumentam significativamente a área de superfície das raízes, proporcionando, assim, maior capacidade para a absorção de íons e água do solo. O exame de indivíduos de trigo de três meses de idade mostrou que os pelos constituíam mais de 60% da área de superfície das raízes (ver Figura 4.7).

A água penetra mais prontamente na raiz próximo ao seu ápice. Regiões maduras da raiz são menos permeáveis à água porque elas desenvolvem uma camada epidérmica modificada que contém materiais hidrofóbicos em suas paredes. Embora, inicialmente, possa parecer contraditório que qualquer porção do sistema de raízes seja impermeável à água, as regiões mais velhas das raízes precisam ser lacradas se houver necessidade de absorção de água (e, assim, fluxo de massa de nutrientes) pelas regiões do sistema de raízes que estão explorando ativamente novas áreas no solo (**Figura 3.3**).

O contato entre o solo e a superfície da raiz é facilmente rompido quando o solo é perturbado. Essa é a razão pela qual as plantas e as plântulas recentemente transplantadas precisam ser protegidas da perda de água durante os primeiros dias após o transplante. A partir daí, o novo crescimento das raízes no solo restabelece o contato solo-raiz e a planta pode suportar melhor o estresse hídrico.

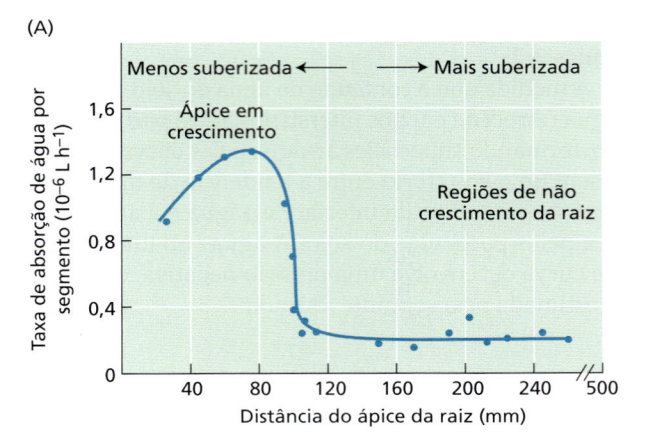

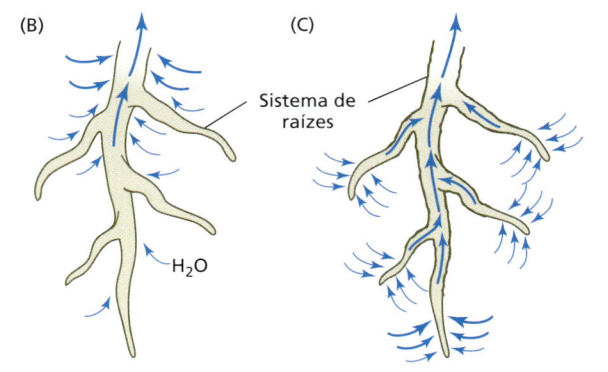

A água move-se na raiz pelas rotas apoplástica, simplástica e transmembrana

No solo, a água flui entre suas partículas. Entretanto, da epiderme até a endoderme, existem três rotas pelas quais a água pode fluir (**Figura 3.4**): a rota apoplástica, a simplástica e a transmembrana.

Figura 3.3 (A) Taxa de absorção de água por segmentos curtos (3-5 mm) em várias posições ao longo de uma raiz intacta de abóbora (*Cucurbita pepo*). (B e C) Diagramas da absorção de água em que a superfície total da raiz é igualmente permeável (B) ou é impermeável nas regiões mais velhas devido à deposição de suberina, um polímero hidrofóbico (C). Quando as superfícies da raiz são igualmente permeáveis, a maior parte da água entra próximo ao topo do sistema de raízes, com as regiões mais distais sendo hidraulicamente isoladas à medida que a sucção no xilema é atenuada devido ao influxo de água. A diminuição da permeabilidade das regiões mais velhas da raiz permite que as tensões no xilema se estendam além no sistema de raízes, possibilitando a absorção de água por suas regiões distais. (A de Kramer, 1983, de Agricultural Research Council Letcombe Laboratory Annual Report [1973, p.10].)

1. O apoplasto é o sistema contínuo de paredes celulares, espaços intercelulares de aeração e lumes de células não vivas (i.e., células condutoras do xilema e fibras). Nessa rota, a água move-se pelas paredes celulares e por espaços extracelulares (sem atravessar qualquer membrana) à medida que se desloca ao longo do parênquima cortical da raiz.

---

*N. de T. Esse contato reduz a chamada resistência da interface solo-raiz à passagem de água e permite melhor absorção de água pela área de superfície das raízes.

2. O simplasto consiste na rede de citoplasmas celulares interconectados por plasmodesmos (ver Capítulo 1). Nessa rota, a água desloca-se através do parênquima cortical via plasmodesmos.

3. A rota transmembrana é a via pela qual a água entra em uma célula por um lado, sai pelo outro lado, entra na próxima célula da série e assim por diante. Nessa rota, a água atravessa duas vezes (uma na entrada e outra na saída) a membrana plasmática de cada célula em seu caminho. O transporte através do tonoplasto também pode estar envolvido.

Apesar da importância relativa das rotas apoplástica, simplástica e transmembrana ainda não ter sido completamente estabelecida, experimentos com a técnica da sonda de pressão indicam um importante papel das membranas plasmáticas e, portanto, da rota transmembrana no movimento de água através do parênquima cortical da raiz. E, embora se possam definir três rotas, é importante lembrar que a água não se move de acordo com um único caminho escolhido, mas para onde os gradientes e as resistências a dirijam. Determinada molécula de água movendo-se no simplasto pode atravessar a membrana, mover-se no apoplasto por um momento e, após, retornar para o simplasto novamente.

Na endoderme, o movimento da água pelo apoplasto é obstruído pela estria de Caspary (ver Figura 3.4).

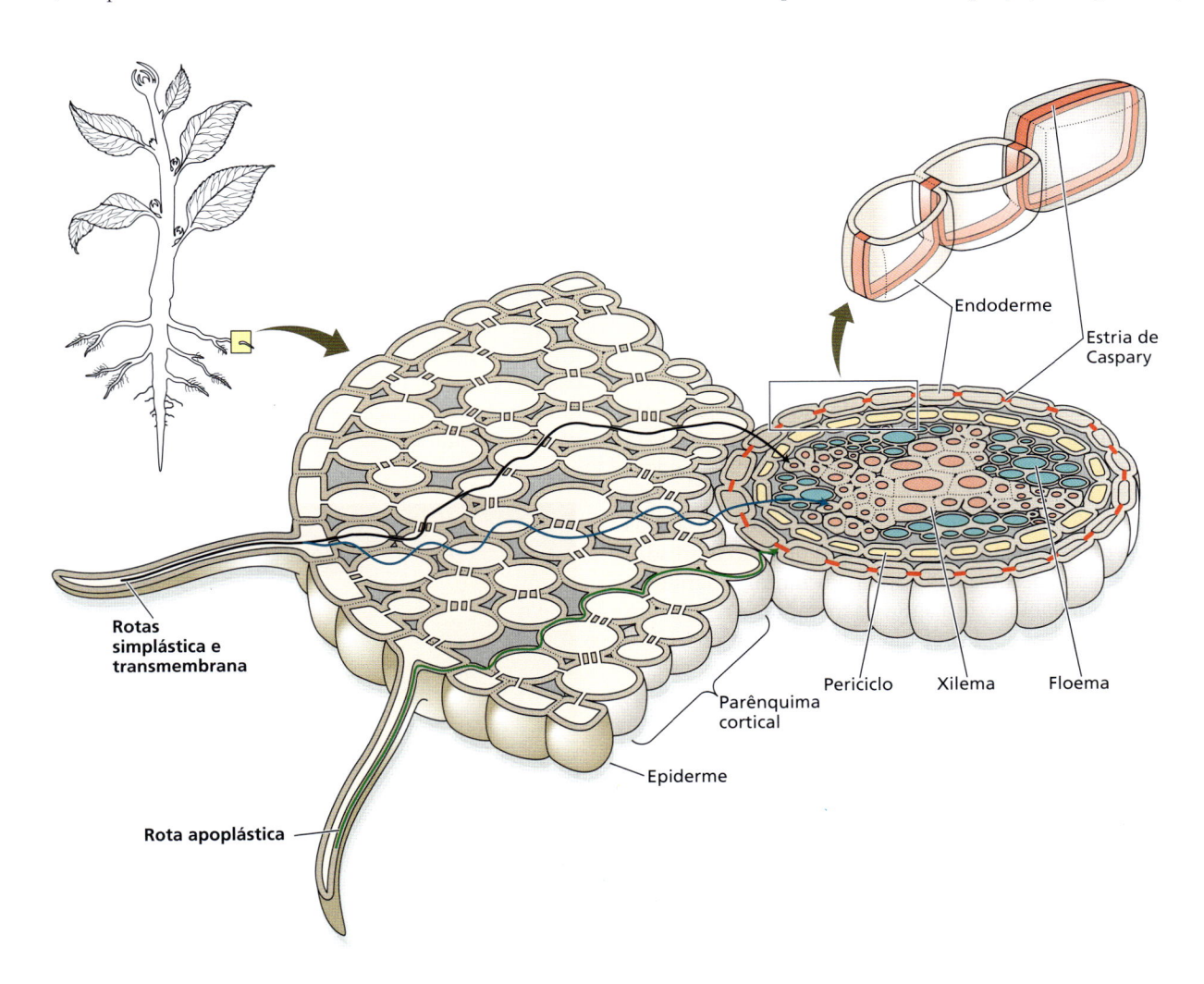

Figura 3.4 Rotas de absorção de água pela raiz. Através do parênquima cortical, a água pode se movimentar pelas rotas apoplástica, transmembrana e simplástica. Na rota simplástica, a água flui entre células pelos plasmodesmos, sem atravessar a membrana plasmática. Na rota transmembrana, a água move-se através das membranas plasmáticas, com uma curta permanência no espaço da parede celular. Na endoderme, a rota apoplástica é bloqueada pela estria de Caspary. Observe que, embora elas sejam representadas como três rotas distintas, na realidade as moléculas de água movem-se entre o simplasto e o apoplasto direcionadas por gradientes no potencial hídrico e resistências hidráulicas.

A **estria de Caspary** é uma tira dentro das paredes celulares radiais da endoderme que é impregnada com suberina e/ou lignina, dois polímeros hidrofóbicos*. Ela se forma na parte da raiz que não está em crescimento, vários milímetros a vários centímetros do seu ápice (ver Figura 3.3A), aproximadamente ao mesmo tempo em que os primeiros elementos do xilema amadurecem. A estria de Caspary quebra a continuidade da rota apoplástica, forçando a água e os solutos a passarem pela membrana a fim de atravessarem a endoderme.

A necessidade de movimento simplástico da água através da endoderme ajuda a explicar por que a permeabilidade das raízes depende consideravelmente da presença de **aquaporinas**, canais proteicos que facilitam o movimento da água através das membranas. A repressão (*down-regulation*) da expressão de genes para aquaporinas reduz marcadamente a condutividade hidráulica das raízes e pode resultar em plantas que murcham facilmente ou que compensam essa falta através da produção de sistemas de raízes maiores.

A absorção de água decresce quando as raízes são submetidas a baixas temperaturas ou a condições anaeróbias ou quando são tratadas com inibidores respiratórios. Até recentemente não havia explicação para a conexão entre a respiração da raiz e a absorção de água, ou para a enigmática murcha de plantas em locais inundados. Agora se sabe que a permeabilidade de aquaporinas pode ser regulada em resposta ao pH intracelular. Taxas reduzidas de respiração, em resposta à baixa temperatura ou a condições anaeróbias, podem levar a aumentos no pH intracelular. Esse aumento no pH citosólico altera a condutância das aquaporinas nas células da raiz, resultando em raízes que são marcadamente menos permeáveis à água. Portanto, a manutenção da permeabilidade à água da membrana requer um gasto de energia pelas células da raiz; essa energia é fornecida pela respiração.

A acumulação de solutos no xilema pode gerar "pressão de raiz"

Às vezes, as plantas exibem um fenômeno referido como **pressão de raiz**. Por exemplo, se o caule de uma plântula é seccionado logo acima do solo, o coto normalmente exsudará seiva do xilema cortado por muitas horas. Se um manômetro é selado sobre o coto, pressões positivas que atingem até 0,2 MPa (e às vezes até valores mais altos) podem ser medidas.

Quando a transpiração é baixa ou inexistente, uma pressão hidrostática positiva se estabelece no xilema, porque as raízes continuam a absorver íons do solo e a transportá-los para o xilema. A formação de solutos na seiva do xilema leva a um decréscimo no potencial osmótico (Ψ_s) do xilema e, portanto, a um decréscimo no seu potencial hídrico (Ψ). Essa diminuição do Ψ proporciona a força propulsora para a absorção de água, que, por sua vez, gera uma pressão hidrostática positiva no xilema. De fato, os tecidos multicelulares da raiz comportam-se como uma membrana osmótica, desenvolvendo uma pressão hidrostática positiva no xilema em resposta à acumulação de solutos.

A probabilidade de ocorrência de pressão de raiz é maior quando os potenciais hídricos do solo são altos e as taxas de transpiração são baixas. Quando as taxas de transpiração aumentam, a água é transportada através da planta e perdida para a atmosfera tão rapidamente que uma pressão positiva resultante da absorção de íons nunca se desenvolve no xilema.

As plantas que desenvolvem pressão de raiz frequentemente produzem gotículas líquidas nas margens de suas folhas, um fenômeno conhecido como **gutação** (**Figura 3.5**). A pressão positiva no xilema provoca exsudação da seiva do xilema por poros especializados chamados de *hidatódios*, que estão associados às terminações de nervuras na margem da folha. As "gotas de orvalho" que podem ser vistas nos ápices de folhas de grama pela manhã são, na verdade, gotículas de gutação exsudadas pelos hidatódios. A gutação é mais evidente quando a transpiração é suprimida e a umidade relativa é alta, como à noite. É possível que a pressão de raiz

Figura 3.5 Gutação em uma folha de manto-de-senhora (*Alchemilla vulgaris*). De manhã cedo, a planta secreta gotículas de água pelos hidatódios, localizados nas margens de suas folhas. (Imagem de David McIntyre.)

---

*N. de R.T. Em uma abordagem tridimensional da endoderme, a estria de Caspary encontra-se nas suas paredes radiais (anticlinais) e transversais.

reflita uma consequência inevitável das altas taxas de acumulação de íons. No entanto, a existência de pressões positivas no xilema à noite pode ajudar a dissolver bolhas de gás anteriormente formadas e, assim, desempenhar uma função importante na reversão de efeitos deletérios da cavitação descrita na próxima seção.

Transporte de água pelo xilema

Na maioria das plantas, o xilema constitui a parte mais longa da rota de transporte de água. Em uma planta de 1 m de altura, mais de 99,5% da rota de transporte de água encontram-se dentro do xilema; em árvores altas, o xilema representa uma fração ainda maior da rota. Comparado com o movimento de água por camadas de células vivas, o xilema é uma rota simples, de baixa resistência. Nas seções seguintes, é examinado como a estrutura do xilema contribui para o movimento de água das raízes às folhas e como a pressão hidrostática negativa gerada pela transpiração foliar puxa a água pelo xilema.

O xilema consiste em dois tipos de células de transporte

As células condutoras no xilema têm uma estrutura especializada que lhes permite transportar grandes quantidades de água com grande eficiência. Existem dois tipos principais de células de transporte de água no xilema: traqueídes e elementos de vaso (**Figura 3.6**). Os elementos de vaso são encontrados somente em angiospermas, em um pequeno grupo de gimnospermas chamado de Gnetales e em algumas pteridófitas. As traqueídes estão presentes tanto em angiospermas quanto em gimnospermas, assim como em pteridófitas e outros grupos de plantas vasculares.

A maturação tanto de traqueídes quanto de elementos de vaso envolve a produção de paredes celulares secundárias e a subsequente morte da célula: a perda do citoplasma e de todos os seus conteúdos. O que permanece são paredes celulares lignificadas e espessas, que formam tubos ocos pelos quais a água pode fluir com resistência relativamente baixa.

Traqueídes são células fusiformes alongadas (ver Figura 3.6A) organizadas em filas verticais sobrepostas (ver Figura 3.6B). A água flui entre traqueídes por meio de numerosas **pontoações** em suas paredes laterais. Pontoações são regiões microscópicas nas quais a parede secundária inexiste e somente a parede primária está presente. As pontoações de uma traqueíde em geral estão localizadas em oposição às pontoações de uma traqueíde adjacente, formando **pares de pontoações** (**Figura 3.7**). Os pares de pontoações constituem um trajeto de baixa resistência para o movimento de água entre traqueídes. A camada permeável à água entre os pares de pontoações, que consiste em duas paredes primárias e uma lamela média, é denominada **membrana de pontoação** (não confundir com as membranas lipídicas de uma célula viva).

As membranas de pontoação em traqueídes de algumas espécies de coníferas têm um espessamento central chamado de **toro**, circundado por uma região porosa e relativamente flexível denominada **margo** (ver Figura 3.7A). O toro atua como uma válvula: quando ele está no centro da cavidade da pontoação, ela permanece aberta; quando ele está alojado nos espessamentos circulares ou ovais de parede que margeiam a pontoação, ela está fechada. Essa disposição do toro impede efetivamente que bolhas de ar se expandam nas traqueídes vizinhas (adiante, será discutida brevemente essa formação de bolhas – um processo chamado de cavitação). Com pouquíssimas exceções, as membranas de pontoação em todas as outras plantas, tanto em traqueídes como em elementos de vaso, carecem de toro. Porém, como os poros cheios de água nas membranas de pontoação de não coníferas são muito pequenos, elas também servem como uma barreira efetiva contra o deslocamento de bolhas de gás. Portanto, as membranas de pontoação de ambos os tipos desempenham uma importante função ao impedir a expansão de bolhas de gás, denominada *embolia*, dentro do xilema.

Os **elementos de vaso** tendem a ser mais curtos e mais largos que as traqueídes e têm paredes terminais perfuradas, estabelecendo-se uma **placa de perfuração** em cada extremidade da célula (ver Figura 3.6A). Como as traqueídes, os elementos de vaso têm pontoações em suas paredes laterais (ver Figura 3.6C). Diferentemente das traqueídes, as paredes terminais perfuradas permitem que os elementos de vaso sejam empilhados extremidade com extremidade para formar um conduto muito maior denominado **vaso** (ver Figura 3.6B). Os vasos são condutos multicelulares que variam em comprimento, tanto dentro das espécies quanto entre elas. Eles podem medir desde poucos centímetros até muitos metros. Os elementos de vaso encontrados nas extremidades de um vaso carecem de perfurações em suas paredes terminais e são conectados aos vasos vizinhos por pontoações.

A água move-se através do xilema por fluxo de massa acionado por pressão

O fluxo de massa acionado por pressão da água é responsável pelo transporte de água a longa distância no xilema. Ele também é responsável por grande parte do fluxo de água no solo e nas paredes celulares dos tecidos vegetais. Ao contrário da difusão de água através de membranas semipermeáveis, o fluxo de massa acionado por pressão é independente do gradiente de concentração de solutos, contanto que variações na viscosidade sejam desprezíveis.

Se for considerado o fluxo de massa por um tubo, a taxa de fluxo depende do raio (r) do tubo, da viscosidade (η) do líquido e do gradiente de pressão ($\Delta\Psi_p/\Delta x$) que impulsiona o fluxo. Jean Léonard Marie Poiseuille (1797-1869) foi um médico e fisiologista francês, e a relação foi descrita acima é dada por um tipo de equação de Poiseuille:

$$\text{Taxa de fluxo de volume} = \left(\frac{\pi r^4}{8\eta}\right)\left(\frac{\Delta\Psi_p}{\Delta x}\right) \quad (3.2)$$

expressa em metros cúbicos por segundo ($m^3\ s^{-1}$). Essa equação mostra que o fluxo de massa acionado por pressão é extremamente sensível ao raio do tubo. Se o raio é duplicado, a taxa de fluxo aumenta por um fator de 16 (2^4). Elementos de vaso de até 500 μm de diâmetro, aproximadamente uma ordem de magnitude maior do que as maiores traqueídes, ocorrem em caules de espécies trepadeiras. Esses vasos de grande diâmetro permitem que as lianas transportem grandes quantidades de água apesar do pequeno diâmetro de seus caules.

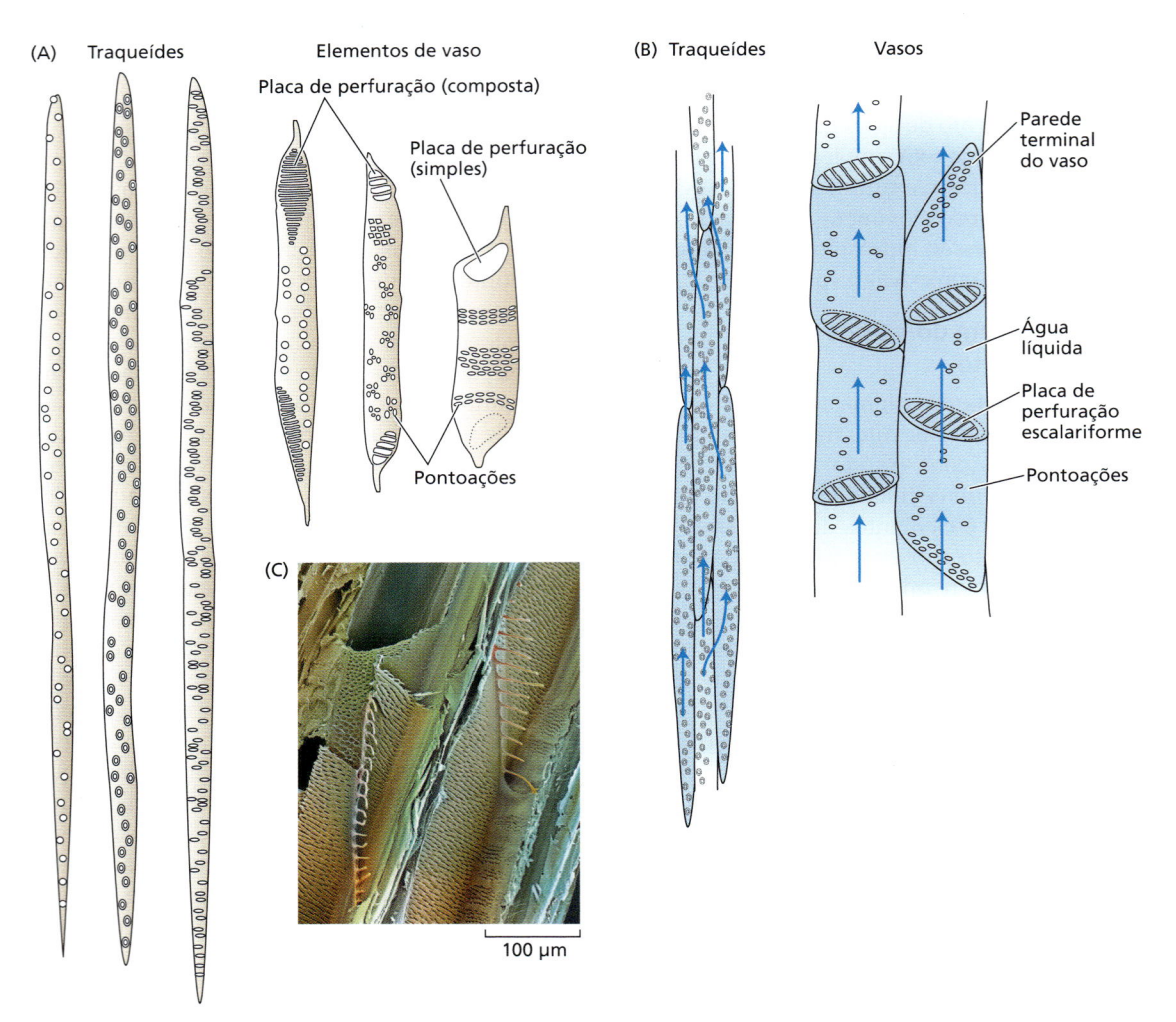

Figura 3.6 Condutos do xilema e suas interconexões. (A) Comparação estrutural de traqueídes e elementos de vaso. Traqueídes são células mortas, ocas e alongadas, com paredes altamente lignificadas. As paredes contêm numerosas pontoações – regiões onde não há parede secundária, mas a parede primária permanece. As formas das pontoações e os padrões delas nas paredes variam com a espécie e o tipo de órgão. As traqueídes estão presentes em todas as plantas vasculares. Os vasos consistem em empilhamento de dois ou mais elementos de vaso. Assim como as traqueídes, os elementos de vaso são células mortas, e são conectados entre si por placas de perfuração – regiões da parede onde poros ou orifícios se desenvolveram. Os vasos são conectados a outros vasos e às traqueídes por pontoações. Eles são encontrados na maioria das angiospermas e não estão presentes na maioria das gimnospermas. (B) Traqueídes (à esquerda) e vasos (à direita) formam uma série de rotas paralelas e interconectadas para o movimento de água. (C) Micrografia ao microscópio eletrônico de varredura mostrando dois vasos (dispostos em diagonal do canto inferior esquerdo para o canto superior direito). Pontoações são visíveis nas paredes laterais, assim como as paredes terminais escalariformes entre os elementos de vaso. (C © Steve Gschmeissner/Science Source.)

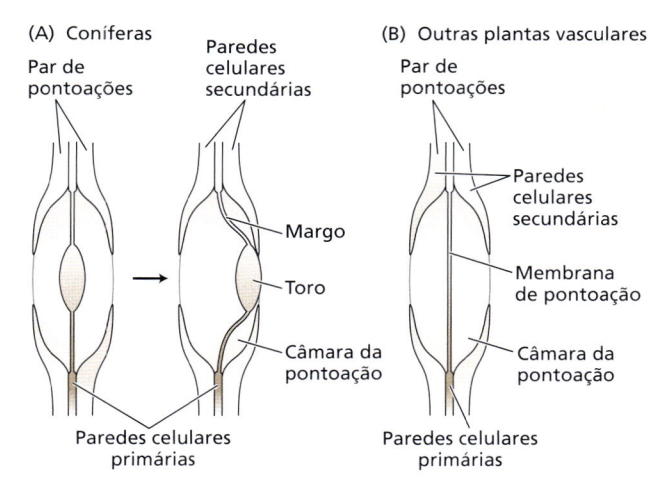

Figura 3.7 Pares de pontoações. (A) Diagrama de uma pontoação areolada de coníferas, com o toro centrado na câmara da pontoação (esquerda) ou deslocado para um lado da câmara (direita). Quando a diferença de pressão entre duas traqueídes é pequena, a membrana de pontoação vai se alojar perto do centro da pontoação areolada, permitindo que a água flua pela região da margem da membrana de pontoação; quando a diferença de pressão entre duas traqueídes é grande, como acontece quando uma está cavitada e a outra permanece preenchida com água sob tensão, a membrana de pontoação é deslocada, de modo que o toro fica disposto contra as paredes arqueadas sobre ele, impedindo assim que a embolia se propague entre traqueídes. (B) As membranas de pontoação de angiospermas e de outras plantas vasculares não coníferas, ao contrário, são relativamente homogêneas em suas estruturas. Essas membranas de pontoação têm poros muito pequenos em comparação com os das coníferas, os quais impedem a propagação de embolia, mas também impõem uma resistência hidráulica significativa. (A de Zimmermann, 1983.)

A Equação 3.2 descreve o fluxo de água através de um tubo cilíndrico e, desse modo, não leva em conta o fato de que as células condutoras do xilema têm comprimento finito, de maneira que a água tem que atravessar muitas membranas de pontoação à medida que flui do solo até as folhas. Tudo o mais mantido igual, as membranas de pontoação deveriam impedir o fluxo de água pelas traqueídes unicelulares (e, portanto, mais curtas) em maior medida do que pelos vasos multicelulares (e, portanto, mais longos). Entretanto, as membranas de pontoação de coníferas são muito mais permeáveis à água do que aquelas encontradas em outras plantas, permitindo que essas plantas tornem-se árvores enormes a despeito de produzirem apenas traqueídes.

O movimento de água através do xilema requer um gradiente de pressão menor que o do movimento através de células vivas

O xilema proporciona uma rota que opõe pouca resistência ao movimento de água. Alguns valores numéricos ajudarão a compreender a extraordinária eficiência do xilema. Calculemos a força propulsora requerida para mover a água através do xilema em uma velocidade típica e comparemos esta com a força propulsora que seria necessária para mover a água através de uma rota constituída de células vivas na mesma taxa.

Para fins de comparação, será usado um valor de 4 mm s^{-1} para a velocidade de transporte no xilema e 40 µm como o raio do vaso. Essa é uma velocidade alta para um vaso tão estreito, de modo que ela tenderá a exagerar o gradiente de pressão requerido para sustentar o fluxo de água no xilema. Utilizando uma versão da equação de Poiseuille (ver Equação 3.2), pode-se calcular o gradiente de pressão necessário para mover a água a uma velocidade de 4 mm s^{-1} através de um tubo *ideal* com um raio interno uniforme de 40 µm. O cálculo resulta em um valor de 0,02 MPa m^{-1}.

Evidentemente, os condutos *reais* de xilema têm superfícies internas das paredes irregulares, e o fluxo de água através das placas de perfuração e pontoações adiciona resistência ao transporte de água. Esses desvios do ideal aumentam o arrasto friccional: medições evidenciam que a resistência real é maior por um fator de aproximadamente 2.

Agora, compare-se esse valor com a força propulsora que seria necessária para mover a água na mesma velocidade de uma célula para outra, atravessando, cada vez, a membrana plasmática. A força propulsora necessária para mover a água através de uma camada de células a 4 mm s^{-1} é de 2 × 10^8 MPa m^{-1}. Isso é dez ordens de grandeza maior que a força necessária para mover a água pelo vaso de 40 µm de raio. O cálculo mostra claramente que o fluxo de água pelo xilema é muito mais eficiente do que o fluxo de água através de células vivas. Contudo, o xilema constitui uma contribuição significativa para a resistência total ao fluxo de água pela planta.

Que diferença de pressão é necessária para elevar a água 100 m até o topo de uma árvore?

Tendo em mente o exemplo anterior, vê-se que gradiente de pressão é necessário para mover a água até o topo de uma árvore muito alta. As árvores mais altas do mundo são a sequoia-vermelha (*Sequoia sempervirens*), da América do Norte, e o cinza-da-montanha (*Eucalyptus regnans*), da Austrália. Indivíduos de ambas as espécies podem medir mais de 100 m de altura.

Ao se pensar no caule de uma árvore como um cano longo, pode-se estimar a diferença de pressão necessária para superar o arrasto friccional do movimento de água do solo ao topo da árvore, multiplicando o gradiente de pressão necessário para mover a água pela altura da árvore. Os gradientes de pressão necessários para mover a água pelo xilema de árvores muito altas são da ordem de 0,01 MPa m^{-1}, menores do que no exemplo anterior. Ao multiplicar esse gradiente de pressão pela altura da árvore (0,01 MPa m^{-1} × 100 m), constata-se que a diferença de pressão total necessária para superar a resistência friccional ao movimento da água pelo caule é igual a 1 MPa.

Além da resistência friccional, é necessário considerar a gravidade. Como descrito pela Equação 2.4, para uma diferença de altura de 100 m, a diferença no Ψ_g é de cerca de 1 MPa; ou seja, Ψ_g é 1 MPa maior no alto da árvore do que ao nível do solo. Assim, os outros componentes do potencial hídrico devem ser 1 MPa mais negativos no topo da árvore, para compensar os efeitos da gravidade.

Para permitir que a transpiração ocorra, o gradiente de pressão decorrente da gravidade precisa ser adicionado àquele exigido para causar o movimento de água pelo xilema. Assim, calcula-se que uma diferença de pressão aproximada de 2 MPa, da base aos ramos apicais, seja necessária para transportar a água para cima nas árvores mais altas.

A teoria da coesão-tensão explica o transporte de água no xilema

Em teoria, os gradientes necessários para mover a água no xilema poderiam resultar da geração de pressões positivas na base da planta ou de pressões negativas no topo dela. Foi mencionado anteriormente que algumas raízes podem desenvolver pressões hidrostáticas positivas no seu xilema. Entretanto, a pressão de raiz em geral é menor do que 0,1 MPa e desaparece com a transpiração ou quando os solos estão secos; desse modo, ela é claramente insuficiente para mover a água até o topo de uma árvore alta. Além disso, como a pressão de raiz é gerada pela acumulação de íons no xilema, contar com ela para transportar água exigiria um mecanismo para lidar com esses solutos quando a água evaporasse das folhas.

Em vez disso, a água no topo de uma árvore desenvolve uma grande tensão (uma pressão hidrostática negativa), que *puxa* a água pelo xilema. Esse mecanismo, proposto no final do século XIX, é chamado de *teoria da coesão-tensão de ascensão da seiva*, pois ele requer as propriedades de coesão da água para suportar grandes tensões nas colunas de água do xilema. Pode-se demonstrar prontamente a existência de tensão puncionando um xilema intacto através de uma gota de tinta sobre a superfície caulinar de uma planta transpirante. Quando a tensão no xilema é atenuada, a tinta é instantaneamente puxada para dentro dele, resultando em listras visíveis ao longo do caule.

As tensões no xilema necessárias para puxar a água do solo desenvolvem-se nas folhas como uma consequência da transpiração. Como a perda de vapor de água através dos estômatos abertos resulta em um fluxo de água a partir do solo? Quando as folhas abrem seus estômatos para obter CO_2 para a fotossíntese, o vapor de água difunde-se para fora delas. Isso causa a evaporação da água da superfície das paredes celulares dentro das folhas. Por sua vez, a perda de água das paredes celulares causa o decréscimo do potencial hídrico nelas (**Figura 3.8**). Isso cria um gradiente no potencial hídrico que gera um fluxo de água em direção aos sítios de evaporação.

Uma hipótese de como uma perda de água das paredes celulares resulta em um decréscimo no potencial hídrico é que, quando a água evapora, a superfície de água remanescente é puxada para dentro de interstícios da parede celular (ver Figura 3.8), onde ela forma interfaces ar-água curvadas. Uma vez que a água adere às microfibrilas de celulose e a outros componentes hidrofílicos da parede celular, a curvatura dessas interfaces induz uma pressão negativa na água. À medida que mais água é removida da parede, a curvatura dessas interfaces ar-água aumenta e a pressão da água torna-se mais negativa (ver Equação 3.1), uma situação análoga ao que ocorre no solo.

Uma parte da água que flui em direção aos sítios de evaporação provém do protoplasto de células adjacentes. Contudo, como as folhas são conectadas ao solo via uma rota de baixa resistência – o xilema – a maior parte do que repõe a água perdida pelas folhas por transpiração vem do solo. A água fluirá do solo quando o potencial hídrico das folhas for baixo o suficiente para sobrepujar o Ψ_p do solo, bem como a resistência associada ao movimento da água pela planta. Observe que, para a água ser puxada do solo, é preciso uma rota contínua preenchida de líquido se estendendo dos sítios de evaporação, para baixo através da planta e para dentro do solo.

A teoria da coesão-tensão explica como o movimento substancial de água pelas plantas pode ocorrer sem o consumo direto de energia metabólica: a energia que impulsiona o movimento de água através das plantas vem do sol, o qual, por aumentar a temperatura tanto da folha como do ar circundante, impele a evaporação da água. Entretanto, o transporte de água através do xilema não é "grátis". A planta deve elaborar condutos xilemáticos capazes de suportar as enormes tensões necessárias para puxar a água do solo. Além disso, as plantas devem acumular solutos suficientes em suas células vivas para que elas sejam capazes de permanecer túrgidas mesmo quando os potenciais hídricos diminuem devido à transpiração.

A teoria da coesão-tensão tem sido um assunto controverso há mais de um século e continua a gerar debates acalorados. A principal controvérsia gira em

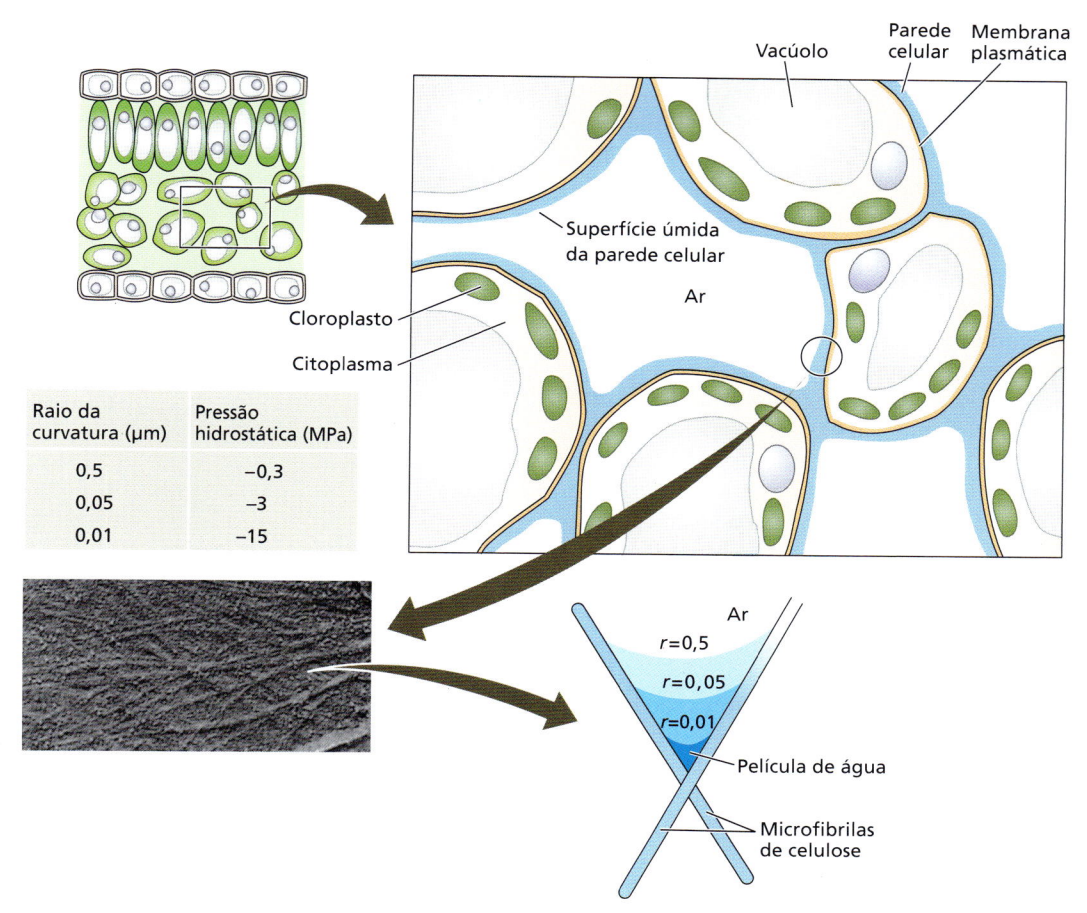

Figura 3.8 A força propulsora do movimento de água nas plantas origina-se nas folhas. Uma hipótese de como isso ocorre é que, à medida que a água evapora das superfícies das células do mesofilo, a água retrai-se mais profundamente nos interstícios da parede celular. Como a celulose é hidrofílica (ângulo de contato = 0°), a força resultante da tensão superficial causa uma pressão negativa na fase líquida. À medida que o raio da curvatura dessas interfaces ar-água decresce, a pressão hidrostática torna-se mais negativa, conforme calculado na Equação 3.1. (Micrografia de Gunning e Steer, 1996.)

Raio da curvatura (µm)	Pressão hidrostática (MPa)
0,5	−0,3
0,05	−3
0,01	−15

torno da seguinte pergunta: as colunas de água no xilema podem sustentar as grandes tensões (pressões negativas) necessárias para puxar a água para cima em árvores altas? Recentemente, o transporte de água através de um dispositivo microfluídico, projetado para funcionar como uma "árvore" artificial, demonstrou o fluxo estável de água líquida a pressões mais baixas (mais negativas) do que −7,0 MPa.

O transporte de água no xilema em árvores enfrenta desafios físicos

As grandes tensões que se desenvolvem no xilema de árvores e de outras plantas podem representar desafios físicos significativos. Primeiro, a água sob tensão transmite uma força interna às paredes do xilema. Se as paredes celulares fossem fracas ou maleáveis, elas colapsariam sob essa tensão. Os espessamentos secundários de parede e a lignificação das traqueídes e dos vasos são adaptações que se contrapõem a essa tendência ao colapso. Plantas que experimentam grandes tensões no xilema tendem a ter lenho denso, refletindo o estresse mecânico imposto a ele pela água sob tensão.

Um segundo desafio é que a água sob essas tensões está em um *estado fisicamente metaestável*. A água é um líquido estável quando sua pressão hidrostática excede sua pressão de saturação de vapor. Quando a pressão hidrostática na água líquida torna-se igual à sua pressão de saturação de vapor, a água passa por uma mudança de fase. A ideia de evaporar a água aumentando sua temperatura (elevando sua pressão de saturação de vapor) nos é familiar. Menos familiar, mas ainda facilmente observado, é o fato de que a água pode ferver à temperatura ambiente se colocada em uma câmara de vácuo (diminuindo a pressão hidrostática na fase líquida pela redução da pressão da atmosfera).

Em exemplo anterior, foi estimado que um gradiente de pressão de 2 MPa seria necessário para fornecer água às folhas no topo de uma árvore de 100 m de altura. Admitindo-se que o solo que circunda essa árvore está plenamente hidratado e não possui concentrações significativas de solutos (i.e., $\Psi = 0$), a teoria da coesão-tensão prevê que a pressão hidrostática da água no xilema junto ao topo da árvore será de –2 MPa. Esse valor está substancialmente abaixo da pressão de saturação de vapor (pressão absoluta de cerca de 0,002 MPa a 20°C), suscitando a pergunta sobre o que mantém a coluna de água em seu estado líquido.

A água no xilema é descrita como estando em um estado metaestável porque, apesar da existência de um estado de energia termodinamicamente mais baixo (o vapor de água), ela permanece como um líquido. Essa situação ocorre porque (1) a coesão e a adesão da água tornam a barreira de energia livre para a mudança de estado líquido-para-vapor muito alta e (2) a estrutura do xilema minimiza a presença de *sítios de nucleação*, que diminuem a barreira de energia que separa o líquido da fase de vapor.

Os sítios de nucleação mais importantes são bolhas de gás. Quando uma bolha de gás atinge um tamanho suficiente para que a força direcionada para dentro, resultante da tensão superficial, seja menor que a força direcionada para fora, devido à pressão negativa na fase líquida, a bolha se expande. Além disso, assim que a bolha começa a se expandir, a força em direção ao centro devido à tensão superficial decresce, porque a interface ar-água fica com curvatura menor. Assim, uma bolha que excede o tamanho crítico de expansão se dilata até preencher o conduto inteiro (**Figura 3.9**).

A ausência de bolhas de ar de tamanho suficiente para desestabilizar a coluna de água quando sob tensão se deve em parte ao fato de que, nas raízes, a água precisa atravessar a endoderme para entrar no xilema. A endoderme serve como um filtro, impedindo a entrada de bolhas de gás no xilema. As membranas de pontoação também funcionam como filtros à medida que a água flui de uma célula condutora do xilema para outra. Entretanto, quando são expostas ao ar em um lado, devido a injúria, abscisão foliar ou à existência de um conduto vizinho cheio de ar, as membranas de pontoação podem servir como sítios para entrada de ar. O ar entra quando a diferença de pressão através da membrana de pontoação é suficiente tanto para permitir que ele penetre a matriz microfibrilar de celulose de membranas de pontoação estruturalmente homogêneas (ver Figura 3.7B) como para desalojar o toro de membrana de pontoação de uma conífera (ver Figura 3.7A). Esse fenômeno denomina-se semeadura de ar (*air seeding*).

Uma segunda maneira pela qual bolhas podem se formar nas células condutoras do xilema é o congelamento dos tecidos xilemáticos. Como a água no xilema contém gases dissolvidos e a solubilidade de gases no gelo é muito baixa, o congelamento das células condutoras do xilema pode levar à formação de bolhas.

O fenômeno de formação de bolhas é denominado *cavitação*, e a lacuna resultante, preenchida de gás, é referida como uma *embolia* (ver Figura 3.9). Seu efeito é similar ao de uma obstrução do vapor no tubo do combustível de um automóvel ou à embolia de um vaso

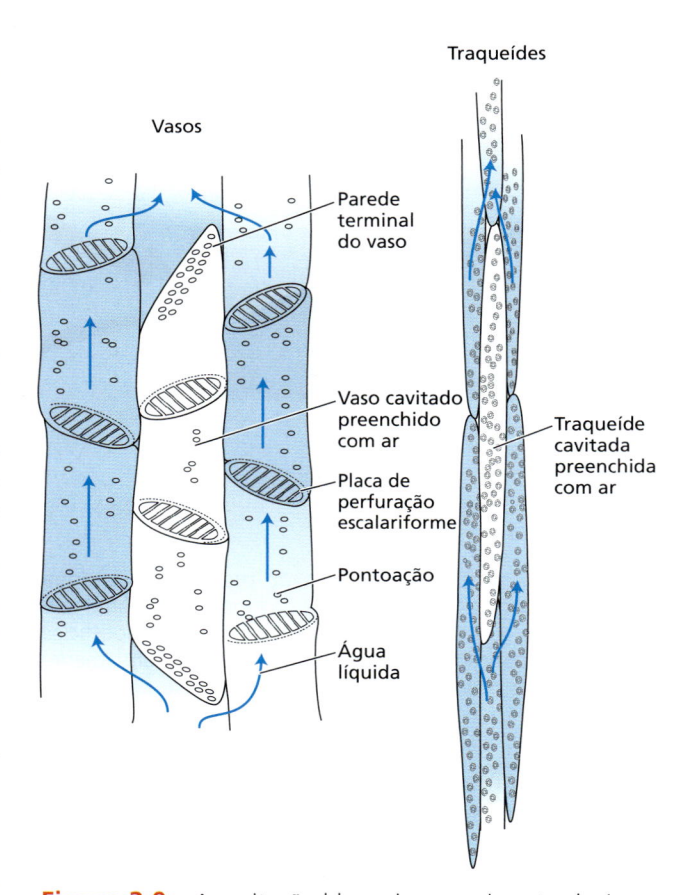

Figura 3.9 A cavitação bloqueia o movimento de água por causa da formação de condutos cheios de ar (embolizados). Uma vez que as células condutoras do xilema são interconectadas por pontoações em suas paredes secundárias espessas, a água pode desviar do vaso bloqueado, movendo-se para condutos adjacentes. Os poros muito pequenos nas membranas de pontoação ajudam a impedir que embolismos se espalhem entre as células condutoras do xilema. Assim, no diagrama da direita, o gás está contido dentro de uma única traqueíde cavitada. No diagrama da esquerda, o gás preencheu todo o vaso cavitado, aqui mostrado como composto por três elementos de vaso, separados por placas de perfuração escalariformes (parecendo os degraus de uma escada). Na natureza, os vasos podem ser muito longos (até vários metros de comprimento) e, portanto, compostos por vários elementos de vaso.

sanguíneo. A cavitação rompe a continuidade da coluna de água e impede o transporte de água sob tensão.

Essas rupturas nas colunas de água em plantas são bastante comuns. Quando as plantas são privadas de água, pulsos de som ou cliques podem ser detectados. A formação e a rápida expansão de bolhas de ar no xilema, de tal forma que a pressão na água é repentinamente aumentada por talvez 1 MPa ou mais, resultam em ondas de choque acústico de alta frequência pelo resto da planta. Essas interrupções na continuidade da água do xilema, se não reparadas, seriam desastrosas à planta. Ao bloquearem a rota principal de transporte de água, essas embolias aumentariam a resistência ao fluxo e, por fim, causariam a desidratação e a morte das folhas e de outros órgãos.

Curvas de vulnerabilidade (**Figura 3.10**) proporcionam uma maneira de quantificar a suscetibilidade de uma espécie à cavitação e o impacto desta no fluxo pelo xilema. Uma curva de vulnerabilidade relaciona a condutividade hidráulica medida (normalmente como uma porcentagem da máxima) de um ramo, caule ou segmento de raiz aos níveis de tensão de xilema experimentalmente impostos. Devido à cavitação, a condutividade hidráulica do xilema decresce com tensões crescentes até o fluxo cessar por completo. Contudo, o decréscimo na condutividade hidráulica do xilema ocorre sob tensões muito menores em espécies de hábitats úmidos, como a bétula, do que em espécies de regiões mais áridas, como a artemísia.

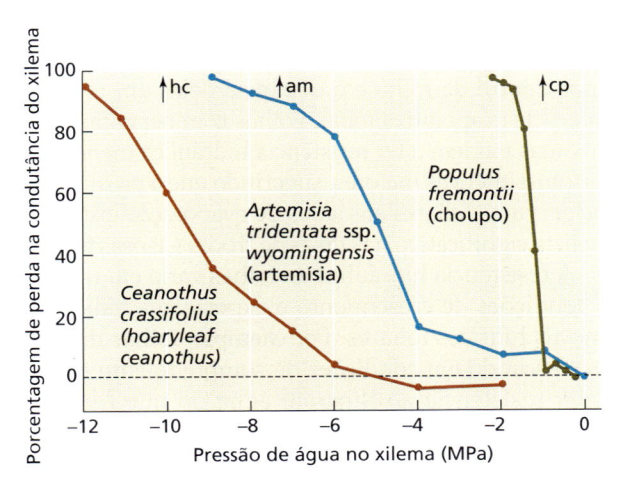

Figura 3.10 Curvas de vulnerabilidade do xilema representam a perda percentual na condutância hidráulica do xilema caulinar *versus* a pressão de água no xilema em três espécies de tolerâncias contrastantes à seca. Os dados foram obtidos de ramos excisados submetidos experimentalmente a níveis crescentes de tensão no xilema, utilizando uma técnica de força centrífuga. As setas sobre o eixo superior indicam a pressão mínima no xilema, medida no campo para cada espécie. (De Sperry, 2000.)

As plantas minimizam as consequências da cavitação do xilema

O impacto da cavitação do xilema na planta é minimizado de várias maneiras. Uma vez que as células condutoras de transporte de água no xilema são interconectadas, uma bolha de gás pode, em princípio, expandir-se e preencher toda a rede de células condutoras. Na prática, as bolhas de gás não se expandem para muito longe, porque, em expansão, elas não podem passar facilmente pelos pequenos poros das membranas de pontoação. Devido à interconexão das células condutoras do xilema, uma bolha de gás não consegue parar completamente o fluxo de água. Em vez disso, a água pode desviar do ponto bloqueado, trafegando pelas células condutoras vizinhas preenchidas com água (ver Figura 3.9). Assim, o comprimento finito dos condutos formados por traqueídes e vasos do xilema, apesar de resultar em aumento de resistência ao fluxo de água, também proporciona uma maneira de restringir o impacto da cavitação.

As bolhas de gás também podem ser eliminadas do xilema. Conforme foi visto, algumas plantas desenvolvem pressões positivas (pressões de raiz) no xilema. Essas pressões contraem as bolhas e fazem os gases se dissolverem. Estudos recentes sugerem que a cavitação pode ser reparada mesmo quando a água no xilema se encontra sob tensão. Um mecanismo para esse reparo ainda não é conhecido e permanece como tema de pesquisas em andamento.

Finalmente, muitas plantas têm crescimento secundário, em que um novo xilema se forma a cada ano. A produção de novas células condutoras de xilema permite às plantas restituírem as perdas na capacidade de transporte de água devido à cavitação.

Movimento da água da folha para a atmosfera

Em sua trajetória da folha para a atmosfera, a água é puxada do xilema para as paredes celulares do mesofilo, de onde evapora para os espaços intercelulares (**Figura 3.11**). O vapor de água sai, então, da folha através de fendas estomáticas. O movimento da água líquida pelos tecidos vivos da folha é controlado por gradientes no potencial hídrico. Entretanto, o transporte na fase de vapor é por difusão, de modo que a parte final da corrente transpiratória é controlada pelo *gradiente de concentração de vapor de água*.

A cutícula cerosa que cobre a superfície foliar é uma barreira eficaz ao movimento da água. Estima-se que apenas 5% da água perdida pelas folhas saiam através da cutícula. Quase toda a perda de água pelas folhas se dá por difusão de vapor de água pelas diminutas fendas estomáticas. Na maioria das espécies herbáceas, os

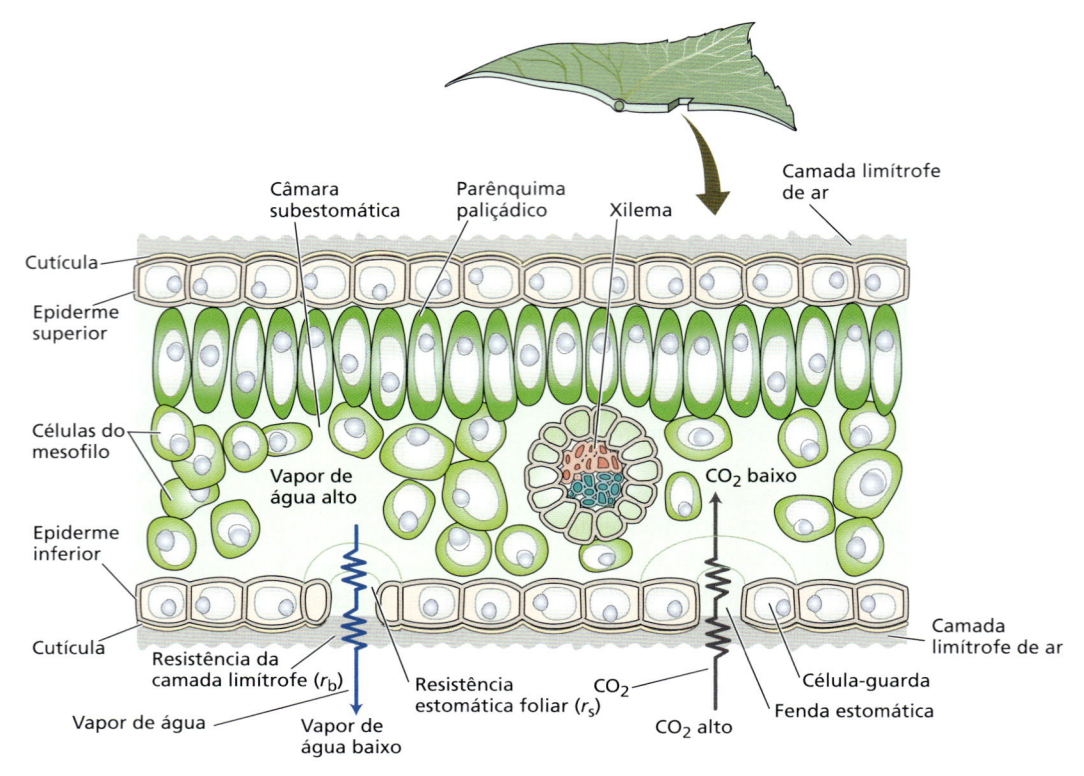

Figura 3.11 Trajetória da água pela folha. A água é puxada do xilema para as paredes celulares do mesofilo, de onde evapora para os espaços intercelulares dentro da folha. O vapor de água difunde-se, então, pelos espaços intercelulares da folha, através da fenda estomática e da camada limítrofe de ar estacionário situada junto à superfície foliar. O CO_2 difunde-se na direção oposta, ao longo de seu gradiente de concentração (baixa no interior, mais alta no exterior).

estômatos estão presentes tanto na face superior como na inferior da epiderme foliar, geralmente sendo mais abundantes na inferior. Em muitas espécies arbóreas, os estômatos estão localizados somente na face inferior.

As folhas têm uma grande resistência hidráulica

Embora as distâncias que a água deve atravessar dentro das folhas sejam pequenas em relação a toda a rota solo-atmosfera, a contribuição da folha para a resistência hidráulica total é grande. Em média, as folhas constituem 30% da resistência total da fase líquida, e, em algumas plantas, sua contribuição é muito maior. Essa combinação de comprimento curto de percurso e resistência hidráulica grande também ocorre em raízes, refletindo o fato de que, em ambos os órgãos, o transporte de água ocorre através de tecidos vivos altamente resistivos, bem como pelo xilema.

A água entra nas folhas e é distribuída pela lâmina foliar por meio dos condutos do xilema. Ela deve sair pelas paredes do xilema e passar por múltiplas camadas de células vivas antes de evaporar. Portanto, a resistência hidráulica foliar reflete o número, a distribuição e o tamanho das células condutoras xilemáticas, bem como as propriedades hidráulicas das células do mesofilo. A resistência hidráulica de folhas de arquiteturas de venação diversas varia em cerca de 40 vezes. Uma grande parte dessa variação parece ser devido à densidade das nervuras dentro da folha e à distância delas em relação à superfície evaporativa foliar. Folhas com nervuras muito próximas tendem a ter resistência hidráulica menor e taxas fotossintéticas maiores, sugerindo que a proximidade das nervuras foliares aos sítios de evaporação exerce um impacto significativo nas taxas de trocas gasosas foliares.

A resistência hidráulica de folhas varia em resposta às condições de crescimento e exposição a baixos potenciais hídricos foliares. Por exemplo, folhas de plantas crescendo em condições de sombreamento exibem maior resistência ao fluxo de água do que folhas de plantas crescendo sob maior luminosidade. A resistência hidráulica foliar também aumenta, em geral, com a idade foliar. Em escalas de tempo mais curtas, decréscimos no potencial hídrico foliar levam a marcantes incrementos na resistência hidráulica. O aumento na resistência hidráulica foliar pode resultar em decréscimos na permeabilidade da membrana de células do mesofilo, cavitação das células condutoras xilemáticas de nervuras foliares, ou, em alguns casos, colapso físico de células condutoras do xilema sob tensão.

A força propulsora da transpiração é a diferença na concentração de vapor de água

A transpiração foliar depende de dois fatores principais: (1) a **diferença na concentração de vapor de água** entre os espaços intercelulares das folhas e a massa atmosférica externa (Δc_{wv}) e (2) a **resistência à difusão** (r) dessa rota. A diferença de concentração de vapor de água é expressa como $c_{wv(folha)} - c_{wv(ar)}$. A concentração de vapor de água do ar ($c_{wv[ar]}$) pode ser facilmente medida, mas a da folha ($c_{wv[folha]}$) é mais difícil de determinar.

Enquanto o volume dos espaços intercelulares dentro da folha é pequeno, a superfície úmida da qual a água evapora é grande. O volume dos espaços intercelulares é somente 5% do volume total da folha em acículas de pinheiros, 10% em folhas de milho (*Zea mays*), 30% em cevada e 40% em folhas de tabaco. Em comparação com o volume dos espaços intercelulares, a área de superfície interna da qual a água evapora pode ser de 7 a 30 vezes a área foliar externa. Essa alta razão superfície:volume leva a um rápido equilíbrio de vapor no interior da folha. Assim, pode-se assumir que os espaços intercelulares dentro da folha se aproximam do equilíbrio de potencial hídrico com as superfícies das paredes celulares das quais a água líquida está evaporando.

Dentro da faixa de potenciais hídricos experimentados por folhas transpirantes (geralmente maiores do que –2,0 MPa), a concentração de equilíbrio de vapor de água está em torno de 2 pontos percentuais da concentração de saturação de vapor de água. Isso permite que se estime a concentração de vapor de água dentro da folha a partir de sua temperatura, a qual é fácil de medir. Visto que o conteúdo de saturação de vapor de água do ar aumenta exponencialmente com a temperatura, a temperatura foliar tem um impacto marcante nas taxas transpiratórias.

A concentração de vapor de água, c_{wv}, muda em vários pontos ao longo da rota de transpiração. Na **Tabela 3.1**, observa-se que c_{wv} decresce em cada etapa da rota que vai da superfície da parede celular até a massa atmosférica fora da folha. Os pontos importantes a serem lembrados são que (1) a força propulsora da perda de água da folha é a diferença na concentração *absoluta* (diferença em c_{wv}, em mol m^{-3}) e (2) essa diferença é marcadamente influenciada pela temperatura foliar. Os números na Tabela 3.1 também mostram que, enquanto a saturação da massa atmosférica for menor que 97%, a diferença de potencial hídrico entre a solução do solo e o ar é plenamente suficiente para superar a resistência friccional e a força gravitacional (total de 2 MPa) e transportar água para o topo das árvores mais altas.

A perda de água também é regulada por resistências na rota

O segundo fator importante a governar a perda de água pelas folhas é a resistência à difusão na rota da transpiração, que consiste em dois componentes variáveis (ver Figura 3.11):

1. A resistência associada à difusão pela fenda estomática, a **resistência estomática** (r_s).
2. A resistência causada pela camada de ar estacionário junto à superfície foliar, através da qual o vapor tem de se difundir para alcançar o ar turbulento da atmosfera. Essa segunda resistência, r_b, é chamada de **resistência da camada limítrofe**. Será discutido esse tipo de resistência antes de se considerar a resistência estomática.

A camada limítrofe contribui para a resistência à difusão

A espessura da camada limítrofe é determinada principalmente pela velocidade do vento e pelo tamanho da folha. Quando o ar que circunda a folha encontra-se muito parado, a camada de ar estacionário junto à superfície foliar pode ser tão espessa que se torna o principal impedimento à perda de vapor de água pela

TABELA 3.1 Valores representativos de umidade relativa, concentração absoluta de vapor de água e potencial hídrico para quatro pontos ao longo da rota de perda de água de uma folha

		Vapor de água	
Localização	Umidade relativa	Concentração (mol m^{-3})	Potencial (MPa)[a]
Espaços intercelulares (25°C)	0,99	1,27	–1,38
Imediatamente internamente à fenda estomática (25°C)	0,97	1,21	–7,04
Imediatamente externamente à fenda estomática (25°C)	0,47	0,60	–103,7
Massa atmosférica (20°C)	0,50	0,50	–93,6

Fonte: Adaptada de Nobel, 1999.
Nota: Ver Figura 3.11.
[a] Calculado com valores para $RT/\overline{V}_w$ de 135 MPa a 20°C e 137,3 MPa a 25°C.

folha. Aumentos nas aberturas estomáticas sob essas condições têm pouco efeito na taxa de transpiração (**Figura 3.12**), embora o fechamento completo dos estômatos ainda reduza a transpiração.

Quando a velocidade do vento é alta, o ar em movimento reduz a espessura da camada limítrofe na superfície da folha, diminuindo a resistência dessa camada. Sob essas condições, a resistência estomática controla em grande parte a perda de água da folha.

Vários aspectos anatômicos e morfológicos da folha podem influenciar a espessura da camada limítrofe. Os tricomas nas superfícies foliares podem servir como quebra-ventos microscópicos. Algumas plantas têm estômatos em cavidade, o que proporciona um abrigo externo à fenda estomática. O tamanho e a forma das folhas e sua orientação em relação à direção do vento também influenciam a maneira como ele sopra ao longo da superfície foliar. A maioria desses fatores, entretanto, não pode ser alterada de uma hora para outra ou mesmo de um dia para outro. Para uma regulação de curto prazo da transpiração, o controle das aberturas estomáticas pelas células-guarda desempenha um papel decisivo no controle da transpiração foliar.

Algumas espécies são capazes de mudar a orientação de suas folhas e, desse modo, influenciar suas taxas transpiratórias. Por exemplo, quando as plantas orientam suas folhas paralelamente aos raios solares, a temperatura foliar é reduzida e, com isso, a força impulsora da transpiração, Δc_{wv}. Muitas folhas de gramíneas enrolam-se quando experimentam déficits hídricos, aumentando, dessa maneira, sua resistência da camada limítrofe. Mesmo a murcha pode ajudar a melhorar as altas taxas transpiratórias pela redução da quantidade de radiação interceptada, resultando em temperaturas foliares mais baixas e um decréscimo em Δc_{wv}.

A resistência estomática é um outro importante componente da resistência à difusão

Como a cutícula que recobre a folha é quase impermeável à água, a maior parte da transpiração foliar resulta da difusão de vapor de água através das fendas estomáticas (ver Figura 3.11). Quando abertas, as fendas estomáticas microscópicas proporcionam uma *rota de baixa resistência* para o movimento de difusão de gases através da epiderme e da cutícula. As mudanças na resistência estomática são importantes para a regulação da perda de água pela planta e para o controle da taxa de absorção de dióxido de carbono, necessária à fixação continuada de CO_2 durante a fotossíntese.

A folha não pode controlar $c_{wv(ar)}$ ou r_b (ver Figura 3.11). Todavia, ela pode regular sua resistência estomática (r_s) pela abertura e pelo fechamento da fenda estomática. A resistência estomática é governada pelo grau de abertura dos estômatos. O controle biológico sobre esse processo é exercido por um par de células epidérmicas especializadas, as **células-guarda**, que circundam a fenda estomática (**Figura 3.13**). A abertura estomática é dependente das características especiais das paredes da célula-guarda, assim como do estado hídrico foliar e das condições de luz. Primeiramente, serão consideradas as paredes das células-guarda.

As paredes celulares das células-guarda têm características especializadas

Células-guarda são encontradas em folhas de todas as plantas vasculares e estão presentes também em algumas plantas avasculares, como antóceros e musgos. As células-guarda mostram considerável diversidade morfológica, mas se podem distinguir dois tipos principais: um é típico de gramíneas, enquanto o outro é encontrado na maioria das outras angiospermas, bem como em musgos, pteridófitas e gimnospermas.

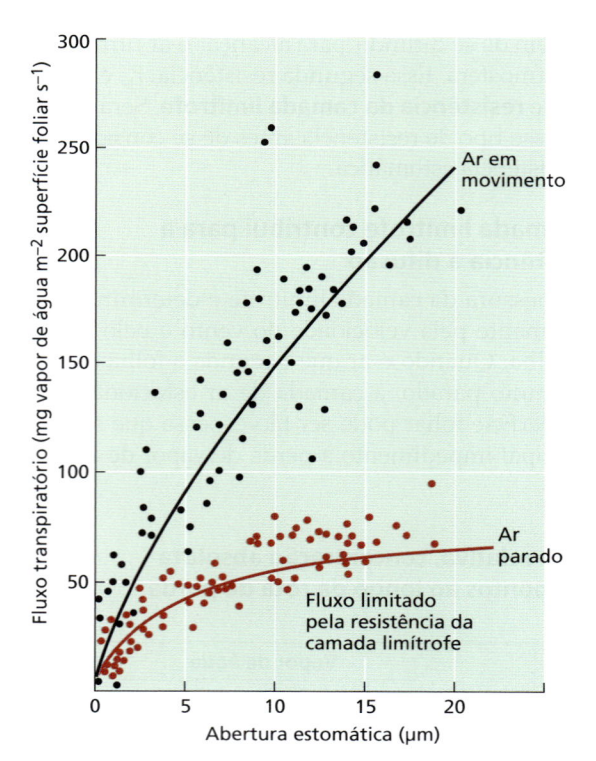

Figura 3.12 Dependência do fluxo de transpiração em relação à abertura estomática da zebrina (*Tradescantia zebrina*), sob ar parado e sob ar em movimento. A camada limítrofe é mais espessa e mais limitante em ar parado do que em ar em movimento. Como consequência, a abertura estomática tem menos controle sobre a transpiração no ar parado. (De Bange, 1953.)

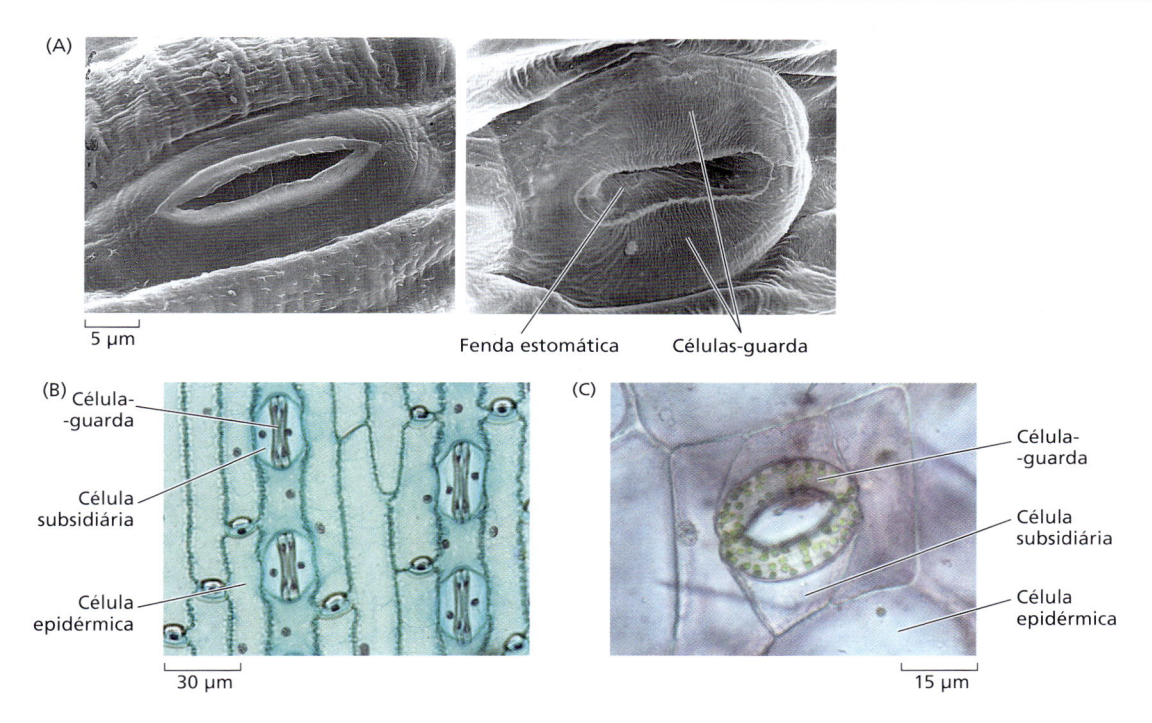

Figura 3.13 Estômato. (A) Micrografias ao microscópio eletrônico de varredura da epiderme de cebola. A representação à esquerda mostra a superfície externa da folha, com uma fenda estomática inserida na cutícula. A representação à direita apresenta um par de células-guarda voltadas para a cavidade estomática, em direção ao interior da folha. (B) Estômato de milho (*Zea mays*), mostrando as células-guarda em forma de halteres, típicas de gramíneas. (C) A maioria das outras plantas tem células-guarda reniformes, como visto neste estômato aberto de *Tradescantia zebrina*. (A de Zeiger e Hepler, 1976 [esquerda] e E. Zeiger e N. Burnstein [direita]; B © age fotostock Spain, S.L./Alamy; C © Ray Simons/Science Source.)

Em gramíneas (ver Figura 3.13B), as células-guarda têm uma forma característica de halteres, com extremidades bulbosas. A fenda propriamente dita é uma longa abertura localizada entre as duas "alças" dos halteres. Essas células-guarda são sempre ladeadas por um par de células epidérmicas distintas denominadas **células subsidiárias**, que auxiliam as células-guarda a controlar a fenda estomática. As células-guarda, as células subsidiárias e a fenda constituem o chamado **complexo estomático**.

Na maioria das outras plantas, as células-guarda têm um contorno elíptico (frequentemente chamado de "reniforme") com a fenda em seu centro (ver Figura 3.13C). Embora sejam comuns em espécies com estômatos reniformes, as células subsidiárias podem inexistir; nesse caso, as células-guarda são circundadas por células epidérmicas comuns.

Uma característica peculiar de células-guarda é a estrutura especializada de suas paredes. Porções dessas paredes são substancialmente espessadas (**Figura 3.14**) e podem ter espessura superior a 5 μm, em comparação com a espessura de 1 a 2 μm típica de células epidérmicas. Em células-guarda reniformes, um padrão de espessamento diferencial resulta em paredes internas e externas (laterais*) muito espessas, uma parede dorsal fina (a parede em contato com células epidérmicas) e uma ventral (fenda) um tanto quanto espessada. As porções da parede que estão voltadas para a atmosfera muitas vezes se estendem em proeminências bem desenvolvidas, que formam uma câmara frontal sobre a fenda.

O alinhamento das microfibrilas de celulose, que reforçam todas as paredes celulares vegetais e que são um importante determinante da forma da célula (ver Capítulo 1), desempenha um papel essencial na abertura e no fechamento da fenda estomática. Em células comuns, de formato cilíndrico, as microfibrilas de celulose estão orientadas transversalmente em relação ao eixo longitudinal da célula. Como consequência, a célula expande-se na direção de seu eixo longitudinal, pois o reforço de celulose oferece menor resistência a ângulos retos em relação à sua orientação.

Nas células-guarda, a organização de microfibrilas é diferente. Células-guarda reniformes têm microfibrilas de celulose projetadas radialmente a partir da fenda (ver Figura 3.14C). Como resultado, a parede interna (voltada para a fenda) é muito mais espessa do que a parede

---

*N. de T. Anticlinais.

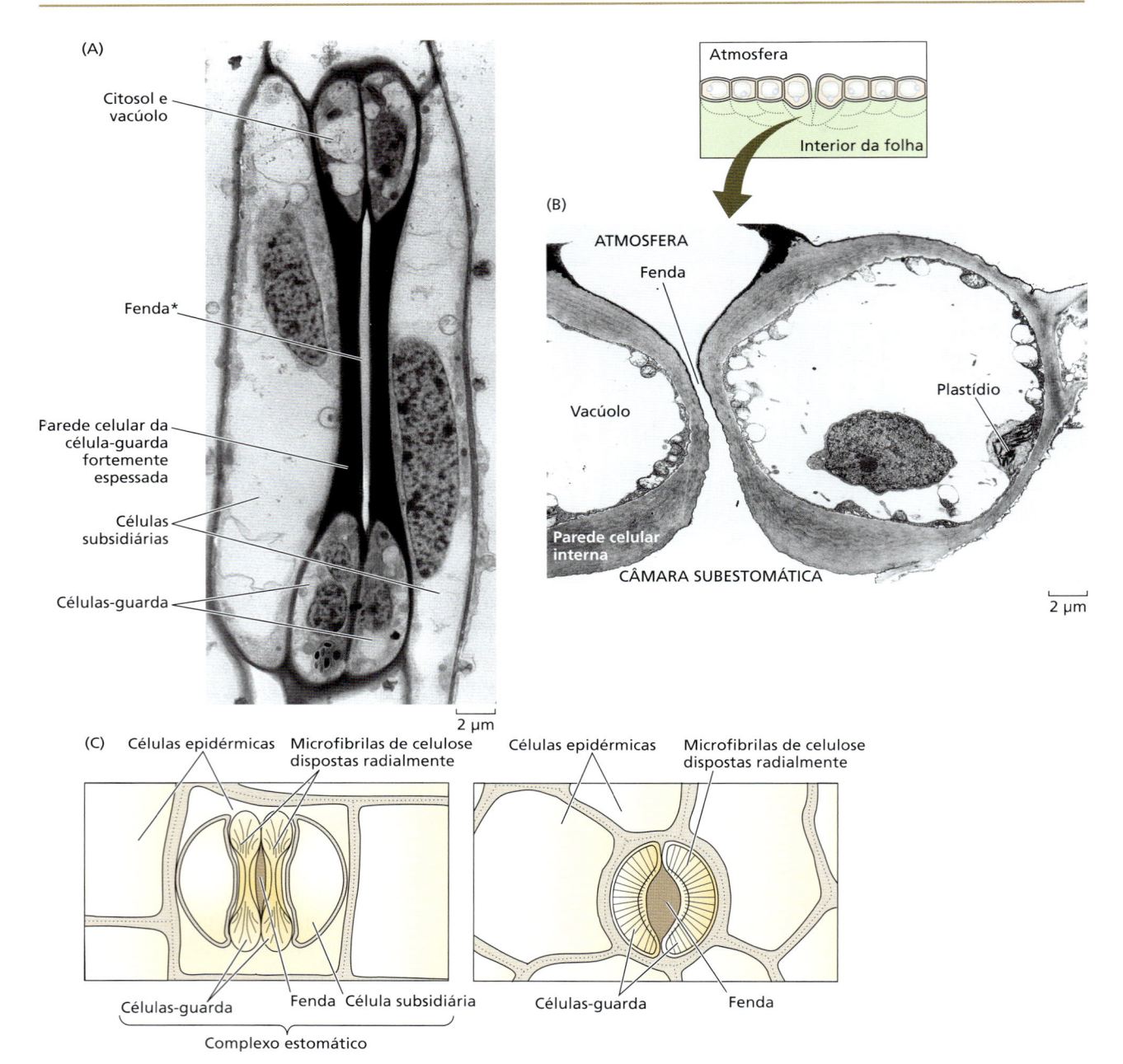

Figura 3.14 Estrutura da parede das células-guarda. (A) Micrografia ao microscópio eletrônico de um estômato de uma gramínea (*Phleum pratense*). As extremidades bulbosas de cada célula-guarda mostram seus conteúdos citosólicos e são unidas por paredes fortemente espessadas. A fenda estomática separa as duas porções medianas das células-guarda. (B) Micrografia ao microscópio eletrônico exibindo um par de células-guarda de tabaco (*Nicotiana tabacum*). O corte é perpendicular à superfície principal da folha. A câmara sobre a fenda estomática* está voltada para a atmosfera, e a câmara subestomática situa-se no interior da folha. Observe o padrão de espessamento desigual das paredes, o que determina a deformação assimétrica das células-guarda quando seu volume aumenta durante a abertura estomática. (C) Alinhamento radial das microfibrilas de celulose em células-guarda e células epidérmicas de um estômato do tipo gramínea (esquerda) e um estômato reniforme (direita). (A de Palevitz, 1981, cortesia de B. Palevitz; B de Sack, 1987, cortesia de F. Sack; C de Meidner e Mansfield, 1968.)

---

*N. de R.T. No original, há referência apenas ao poro (*pore*), para mencionar a abertura do estômato em contato com a atmosfera. No entanto, cabe destacar que, anatomicamente, existe uma distinção entre poro e fenda estomática (ostíolo). O poro é a abertura externa, abaixo do qual encontra-se um espaço (câmara) denominado átrio. Mais para o interior localiza-se a fenda estomática, onde se processa o controle do intercâmbio gasoso e da transpiração.

externa. Assim, quando uma célula-guarda aumenta em volume, a parede externa expande-se mais do que a parede interna. Isso leva as células-guarda a curvarem-se, e a fenda a abrir-se. Em gramíneas, as células-guarda em forma de halteres funcionam como barras com extremidades infláveis. A orientação das microfibrilas de celulose é tal que, quando as extremidades bulbosas das células aumentam em volume, as barras são separadas uma da outra e a fenda entre elas se alarga (ver Figura 3.14C).

Um aumento na pressão de turgor das células-guarda abre o estômato

As células-guarda funcionam como válvulas hidráulicas multissensoriais. Fatores ambientais, como intensidade e qualidade de luz, temperatura, estado hídrico foliar e concentração intracelular de CO_2, são percebidos pelas células-guarda, e esses sinais são integrados em respostas estomáticas bem definidas. Se folhas mantidas no escuro são iluminadas, o estímulo luminoso é percebido pelas células-guarda como um sinal de abertura, desencadeando uma série de respostas que resultam na abertura da fenda estomática.

Os aspectos iniciais desse processo são a absorção iônica e outras mudanças metabólicas nas células-guarda, que serão discutidas em detalhe no Capítulo 6. Aqui, são observados os efeitos do decréscimo no potencial osmótico (Ψ_s), resultante da absorção iônica e da biossíntese de moléculas orgânicas nas células-guarda. As relações hídricas nas células-guarda seguem as mesmas regras válidas para outras células. À medida que o Ψ_s decresce, o potencial hídrico diminui, e, consequentemente, a água se move para dentro das células-guarda. À medida que a água entra na célula, a pressão de turgor aumenta e o estômato se abre.

Em angiospermas, a abertura e o fechamento estomático envolvem mudanças no volume e pressão de turgor tanto das células-guarda como das células subsidiárias (ou epidérmicas adjacentes) (ver Figura 3.14A). Ao mesmo tempo em que a absorção de solutos pelas células-guarda provoca nelas o aumento no volume e na pressão de turgor, as células subsidiárias (ou epidérmicas adjacentes) liberam solutos no apoplasto. A transferência de solutos para fora das células subsidiárias e para dentro das células-guarda leva as primeiras a diminuir a pressão de turgor e o tamanho, facilitando a expansão das células-guarda na direção oposta à fenda estomática. De modo inverso, a transferência de solutos das células-guarda para as células subsidiárias aumenta o tamanho e a pressão de turgor dessas últimas, empurrando, assim, as células-guarda e causando o fechamento do estômato.

As células subsidiárias parecem desempenhar um importante papel ao permitir aos estômatos de angiospermas abrirem rapidamente e alcançarem grandes aberturas. Uma consequência dessas interações é que decréscimos no potencial hídrico foliar não estão ligados passivamente ao fechamento estomático. As células subsidiárias devem aumentar em volume e pressão de turgor para o estômato se fechar. No Capítulo 19, será visto como sinais químicos desempenham um importante papel no controle da abertura estomática durante a seca.

Conectando transpiração foliar e fotossíntese: abertura estomática dependente da luz

Em condições de clima temperado, a luz é o estímulo dominante que causa a abertura dos estômatos (**Figura 3.15**). Os dois principais fatores envolvidos na abertura estomática dependente da luz são (1) a fotossíntese nos cloroplastos das células-guarda e (2) uma resposta específica à luz azul. Além disso, aumentos na fotossíntese no mesofilo reduzem a concentração intercelular de CO_2, o que estimula a abertura dos estômatos.

A abertura estomática é regulada pela luz

Quando a água é abundante, a solução funcional para a necessidade de limitar a perda de água pela folha

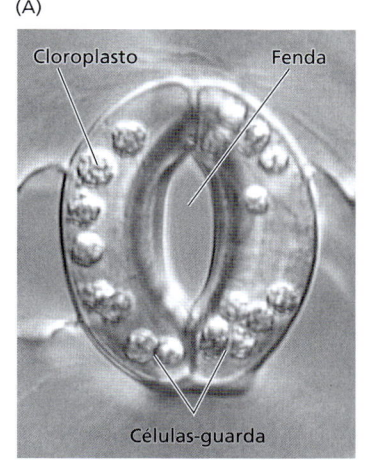

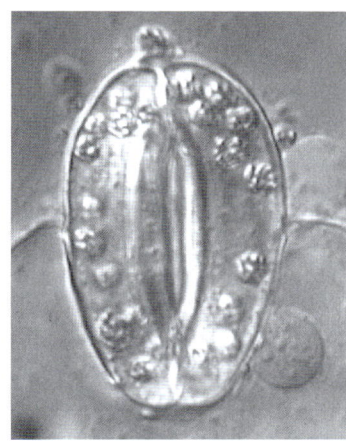

Figura 3.15 Abertura estomática estimulada pela luz em epiderme isolada de *Vicia faba*. O estômato, aberto após tratamento com luz (A), é mostrado no estado fechado, após tratamento no escuro (B). A abertura estomática é quantificada por medição microscópica da largura da fenda estomática. Diferentemente das células epidérmicas fundamentais, células-guarda contêm cloroplastos. (Cortesia de E. Raveh.)

durante a absorção de CO_2 é a regulação temporal das aberturas estomáticas – abertas durante o dia, fechadas durante a noite (**Figura 3.16**). À noite, quando não há fotossíntese e, assim, não há qualquer demanda por CO_2 dentro da folha, as aberturas estomáticas mantêm-se pequenas ou fechadas, impedindo a perda desnecessária de água. Em uma manhã ensolarada, quando o suprimento de água é abundante e a radiação solar incidente nas folhas favorece a alta atividade fotossintética, a demanda por CO_2 dentro da folha é grande, e as fendas estomáticas abrem-se amplamente, diminuindo a resistência estomática à difusão do CO_2. A perda de água por transpiração é substancial nessas condições, mas, uma vez que o suprimento hídrico é abundante, é vantajoso para a planta trocar a água por produtos da fotossíntese, essenciais para o crescimento e a reprodução.

Contudo, quando a água do solo é menos abundante, os estômatos abrirão menos ou até mesmo permanecerão fechados em uma manhã ensolarada. Mantendo seus estômatos fechados sob condições de seca, a planta evita a desidratação.

A abertura estomática é especificamente regulada pela luz azul

Estudos da resposta estomática à luz mostraram que a diclorofenildimetilureia (DCMU), um inibidor do transporte fotossintético de elétrons (ver Figura 7.27), provoca uma inibição parcial da abertura estomática estimulada pela luz. Isso indica que a fotossíntese nos cloroplastos das células-guarda desempenha um papel na abertura dos estômatos dependente da luz; mas por que a resposta é apenas parcial? Essa resposta parcial à DCMU aponta para o envolvimento de um componente da resposta estomática à luz não fotossintético, insensível à DCMU. Estudos detalhados realizados sob luz colorida mostraram que ela ativa duas respostas distintas das células-guarda: a fotossíntese nos cloroplastos das células-guarda e uma resposta específica à luz azul.

Uma vez que a luz azul estimula tanto a resposta específica dos estômatos à luz azul quanto a fotossíntese das células-guarda (ver o espectro de ação para a fotossíntese na Figura 7.8), a luz azul por si só não pode ser usada para estudar a resposta estomática específica a ela. Para conseguir uma separação bem definida entre essas duas respostas à luz, os pesquisadores realizam experimentos com uma fonte luminosa de feixe duplo. Primeiro, altas taxas de fluência de luz vermelha são utilizadas para *saturar* a resposta fotossintética; essa saturação impede posterior abertura estomática mediada pela fotossíntese em resposta a novos aumentos na luz vermelha. A seguir, baixos fluxos de fótons de luz azul são adicionados após a resposta à luz vermelha saturante ser estabelecida (**Figura 3.17**). A adição da luz azul leva a um substancial aumento na abertura estomática, que, como já explicado, não pode ser devido a um aumento na estimulação da fotossíntese das células-guarda, pois a luz vermelha de fundo saturou a fotossíntese.

Movimentos estomáticos estimulados pela luz são governados por mudanças na regulação osmótica das células-guarda. Esses processos serão descritos ao final do Capítulo 6. O processo de transdução de sinal que liga a percepção da luz azul à abertura dos estômatos será descrito no Capítulo 13.

Eficiência no uso da água

A eficiência das plantas em moderar a perda de água, ao mesmo tempo em que permitem absorção suficiente de CO_2 para a fotossíntese, pode ser estimada por um parâmetro denominado **razão de transpiração**. Esse valor é definido como a quantidade de água transpirada pela planta dividida pela quantidade de dióxido de carbono assimilado pela fotossíntese.

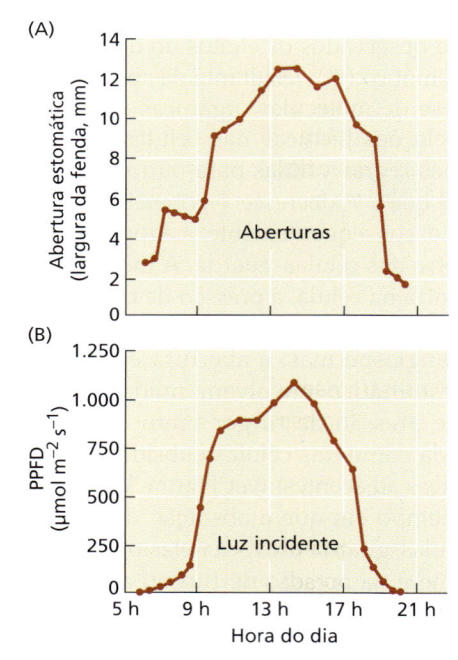

Figura 3.16 A abertura estomática acompanha a radiação fotossinteticamente ativa na superfície foliar. A abertura estomática na superfície inferior (abaxial) das folhas de *Vicia faba* cultivadas em casa de vegetação, medida pela largura da fenda estomática (A), segue de perto os níveis da radiação fotossinteticamente ativa (400-700 nm) sobre a superfície foliar (B), indicando que a resposta à luz é a dominante na regulação da abertura estomática. PPFD, densidade do fluxo de fótons fotossintéticos. (De Srivastava e Zeiger, 1995.)

Para plantas em que o primeiro produto estável da fixação de carbono é um composto de três carbonos (plantas C_3; ver Capítulo 8), cerca de 400 moléculas de água são perdidas para cada molécula de CO_2 fixada pela fotossíntese, dando uma razão de transpiração de 400. (Algumas vezes, a recíproca da razão de transpiração, chamada de *eficiência no uso da água*, é citada. Plantas com uma razão de transpiração de 400 têm uma eficiência no uso da água de 1/400, ou 0,0025.)

A razão alta entre efluxo de H_2O e influxo de CO_2 resulta de três fatores:

1. O gradiente de concentração que aciona a perda de água é cerca de 50 vezes maior que aquele que aciona o influxo de CO_2. Em grande parte, essa diferença decorre da baixa concentração de CO_2 no ar (cerca de 0,04%) e da concentração relativamente alta de vapor de água dentro da folha.

2. O CO_2 difunde-se na proporção de 1,6 vez mais lentamente pelo ar que a água (a molécula de CO_2 é maior que a de H_2O e tem um menor coeficiente de difusão).

3. O CO_2 precisa atravessar a membrana plasmática, o citoplasma e o envoltório do cloroplasto antes de ser assimilado no cloroplasto. Essas membranas aumentam a resistência da rota de difusão do CO_2.

Algumas plantas utilizam variações da rota fotossintética habitual para a fixação do dióxido de carbono que reduzem substancialmente suas razões de transpiração. As plantas nas quais um composto de quatro carbonos é o primeiro produto estável da fotossíntese (plantas C_4; ver Capítulo 8) em geral transpiram menos água por molécula de CO_2 fixado do que as plantas C_3; uma razão de transpiração típica para plantas C_4 é de cerca de 150. Isso acontece, em grande parte, porque a fotossíntese C_4 resulta em uma menor concentração de CO_2 no espaço intercelular de aeração (ver Capítulo 8). Assim, cria-se uma força propulsora maior para a absorção de CO_2, permitindo que essas plantas funcionem com aberturas estomáticas menores e, desse modo, menores taxas transpiratórias.

As plantas adaptadas ao deserto e com fotossíntese do tipo metabolismo ácido das crassuláceas (CAM, de *crassulacean acid metabolism*) (Capítulo 8), nas quais o CO_2 é inicialmente fixado em ácidos orgânicos de quatro carbonos à noite, têm razões de transpiração ainda menores; valores de cerca de 50 não são incomuns. Isso é possível porque seus estômatos têm um ritmo diurno invertido, abrindo à noite e fechando durante o dia. A transpiração é muito menor à noite, uma vez que a temperatura foliar amena dá origem apenas a um Δc_{wv} muito pequeno.

Visão geral: o *continuum* solo-planta-atmosfera

Foi visto que o movimento de água do solo para a atmosfera através da planta envolve diferentes mecanismos de transporte:

- No solo e no xilema, água líquida move-se por fluxo de massa em resposta a um gradiente de pressão ($\Delta\Psi_p$).

- Quando a água transportada no estado líquido atravessa membranas, a força propulsora é a diferença de potencial hídrico através da membrana. Esse fluxo osmótico ocorre quando as células absorvem a água e quando as raízes a transportam do solo ao xilema.

- Na fase de vapor, a água move-se principalmente por difusão, pelo menos até atingir o ar externo, onde a convecção (uma forma de fluxo de massa) torna-se dominante.

No entanto, o elemento-chave no transporte de água do solo às folhas é a geração de pressões negativas dentro do xilema, devido às forças capilares nas paredes celulares das folhas transpirantes. Na outra extremidade da planta, a água do solo também é retida por forças capilares. Isso resulta em um "cabo de guerra" nessa coluna de água, com forças capilares atuando nas duas extremida-

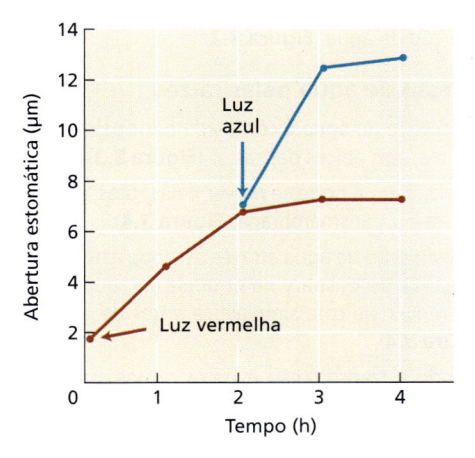

Figura 3.17 Resposta dos estômatos à luz azul sob luz vermelha de fundo. Os estômatos de uma epiderme isolada da trapoeraba (*Commelina communis*) foram tratados com fluxos de fótons saturantes de luz vermelha (linha vermelha). Em um tratamento paralelo, os estômatos iluminados com luz vermelha também foram iluminados com luz azul, conforme indicado pela seta (linha azul). O aumento na abertura estomática, acima do nível alcançado na presença da luz vermelha saturante, indica que um sistema fotorreceptor diferente, estimulado pela luz azul, está mediando os aumentos adicionais na abertura. Experimentos realizados com epiderme isolada eliminam os efeitos do CO_2 do mesofilo. (De Schwartz e Zeiger, 1984.)

des. À medida que a folha perde água por transpiração, a água sobe pela planta saindo do solo, impulsionada por forças físicas, sem o envolvimento de qualquer bomba metabólica. A energia para o movimento da água é, em última instância, fornecida pelo sol.

Esse mecanismo simples contribui para tremenda eficiência energética – o que é decisivo quando cerca de 400 moléculas de água estão sendo transportadas para cada molécula de CO_2 sendo absorvida em troca. Os elementos decisivos que permitem o funcionamento desse mecanismo de transporte são a baixa resistividade da rota de fluxo no xilema, a qual é protegida contra a cavitação, e uma grande área de superfície do sistema de raízes para extrair água do solo.

Resumo

Há um conflito inerente entre a necessidade de uma planta de absorver CO_2 e sua necessidade de conservar água, resultante da perda de água e entrada de CO_2 pelas mesmas fendas. Para lidar com esse conflito, as plantas desenvolveram adaptações para controlar a perda de água pelas folhas e para repor a água perdida.

A água no solo

- O conteúdo e a taxa de movimento da água dependem do tipo e da estrutura do solo; essas características influenciam o gradiente de pressão no solo e sua condutividade hidráulica.
- No solo, a água pode ocorrer como uma película superficial sobre as suas partículas ou pode preencher parcial ou completamente os espaços entre as partículas.
- Potencial osmótico, potencial de pressão e potencial gravitacional influenciam o movimento da água do solo pela planta para a atmosfera (**Figura 3.1**).
- O contato íntimo entre os pelos das raízes e as partículas do solo aumenta consideravelmente a área de superfície para a absorção de água (**Figura 3.2**).

Absorção de água pelas raízes

- A absorção de água é confinada principalmente às regiões próximas aos ápices das raízes (**Figura 3.3**).
- Na raiz, a água pode se mover pelas rotas apoplástica, simplástica ou transmembrana (**Figura 3.4**).
- O movimento de água através do apoplasto é obstruído pelas estrias de Caspary na endoderme, que forçam a água a se mover via rota simplástica antes de entrar no xilema (**Figura 3.4**).
- Quando a transpiração é baixa ou inexiste, o transporte contínuo de solutos para dentro do fluido xilemático leva a um decréscimo no Ψ_s e no Ψ. Isso proporciona a força para a absorção de água e um Ψ_p positivo, o qual produz uma pressão hidrostática positiva no xilema (**Figura 3.5**).

Transporte de água pelo xilema

- As células condutoras do xilema, que podem ser tanto traqueídes (unicelulares) quanto vasos (multicelulares), proporcionam uma rota de baixa resistência para o transporte de água (**Figura 3.6**).
- Traqueídes fusiformes alongadas e elementos de vaso enfileirados têm pontoações nas paredes laterais (**Figuras 3.6, 3.7**).
- O fluxo de massa impelido pela pressão move a água por longas distâncias pelo xilema.

- A ascensão de água pelas plantas resulta da redução no potencial hídrico nos sítios de evaporação dentro das folhas (**Figura 3.8**).
- A cavitação rompe a continuidade da coluna de água e impede o transporte de água sob tensão (**Figura 3.9**).

Movimento da água da folha para a atmosfera

- A água é puxada a partir do xilema para as paredes celulares do mesofilo antes de evaporar para dentro dos espaços intercelulares foliares (**Figura 3.11**).
- A resistência hidráulica das folhas é grande e varia em resposta às condições de crescimento e exposição a baixos potenciais hídricos foliares.
- A transpiração depende da diferença na concentração de vapor de água entre os espaços foliares e o ar externo e da resistência à difusão dessa rota, a qual consiste da resistência dos estômatos e da resistência da camada limítrofe (**Figura 3.11, 3.12**).
- A abertura e o fechamento da fenda estomática são realizados e controlados pelas células-guarda (**Figuras 3.13, 3.14**).

Conectando transpiração foliar e fotossíntese: abertura estomática dependente da luz

- A luz é o estímulo dominante que causa a abertura estomática. As duas principais forças motrizes para a abertura estomática dependente da luz são a fotossíntese nos cloroplastos das células-guarda e uma resposta específica à luz azul (**Figuras 3.15, 3.16**).
- Um inibidor do transporte de elétrons na fotossíntese, a DCMU, inibe a abertura estomática, indicando que o processo fotossintético desempenha um papel na abertura dos estômatos. A inibição, no entanto, é apenas parcial, ou seja, outros mecanismos de abertura devem estar ativos. Outro importante mecanismo é uma resposta estomática específica à luz azul (**Figura 3.17**).

Eficiência no uso da água

- A eficácia das plantas em limitar a perda de água enquanto permitem a absorção de CO_2 é dada pela razão de transpiração.

Visão geral: o *continuum* solo-planta-atmosfera

- Forças físicas, sem o envolvimento de qualquer bomba metabólica, regulam o movimento da água a partir do solo, para a planta e para a atmosfera, sendo o sol a fonte fundamental de energia.

Leituras sugeridas

Assmann, S. M. (2010) Hope for Humpty Dumpty. Systems biology of cellular signaling. *Plant Physiol*. 152: 470–479.

Bramley, H., Turner, N. C., Turner, D. W., and Tyerman, S. D. (2009) Roles of morphology, anatomy and aquaporins in determining contrasting hydraulic behavior of roots. *Plant Physiol*. 150: 348–364.

Brodribb, T. J., and McAdam, S. A. M. (2011) Passive origins of stomatal control in vascular plants. *Science* 331: 582–585.

Franks, P. J., and Farquhar, G. D. (2007) The mechanical diversity of stomata and its significance in gas-exchange control. *Plant Physiol*. 143: 78–87.

Hacke, U. G., Sperry, J. S., Pockman, W. T., Davis, S. D., and McCulloh, K. (2001) Trends in wood density and structure are linked to prevention of xylem implosion by negative pressure. *Oecologia* 126: 457–461.

Lawson, T. (2009) Guard cell photosynthesis and stomatal function. *New Phytol*. 181: 13–34.

Pittermann, J., Sperry, J. S., Hacke, U. G., Wheeler, J. K., and Sikkema, E. H. (2005) Torus-margo pits help conifers compete with angiosperms. *Science* 310: 1924.

Roelfsema, M. R. G., and Kollist, H. (2013) Tiny pores with a global impact. *New Phytol*. 197: 11–15.

Zwieniecki, M. A., Thompson, M. V., and Holbrook, N. M. (2002) Understanding the hydraulics of porous pipes: Tradeoffs between water uptake and root length utilization. *J. Plant Growth Regul*. 21: 315–323.

4 Nutrição Mineral

Nutrientes minerais são elementos, como nitrogênio, fósforo e potássio, que as plantas obtêm do solo principalmente na forma de íons inorgânicos. Embora os nutrientes percorram um ciclo contínuo por todos os organismos, eles entram na **biosfera** predominantemente pelos sistemas de raízes das plantas; assim, as plantas, de certo modo, agem como "mineradoras" da crosta terrestre. A grande área de superfície das raízes e sua capacidade em absorver íons inorgânicos da solução do solo em baixas concentrações aumentam a eficácia da obtenção mineral pelas plantas. Após serem absorvidos pelas raízes, os elementos minerais são translocados para as diferentes partes da planta, onde atendem às numerosas funções biológicas. Outros organismos, como fungos micorrízicos e bactérias fixadoras de nitrogênio, frequentemente participam com as raízes na obtenção de nutrientes minerais.

O estudo sobre como as plantas obtêm e utilizam os nutrientes minerais se denomina **nutrição mineral**. Essa área de pesquisa é fundamental para aprimorar as modernas práticas agrícolas e a proteção ambiental, bem como para compreender as interações ecológicas das plantas em ecossistemas naturais. Produtividades agrícolas altas dependem da fertilização com nutrientes minerais. De fato, a produtividade da maioria das culturas vegetais aumenta linearmente com a quantidade de fertilizantes que elas absorvem. Para atender à crescente demanda por alimento, o consumo anual mundial dos principais elementos minerais usados em fertilizantes – nitrogênio, fósforo e potássio – aumentou gradualmente de 30 milhões de toneladas métricas* em 1960 para 143 milhões de toneladas métricas em 1990. Durante uma década, o consumo permaneceu relativamente constante, uma vez que os fertilizantes foram usados de maneira mais criteriosa em uma tentativa de equilibrar os custos crescentes. Entretanto, durante os últimos 10 a 15 anos, o consumo anual aumentou para mais de 180 milhões de toneladas (**Figura 4.1**).

Mais da metade da energia usada na agricultura é consumida na produção, na distribuição e na aplicação de fertilizantes nitrogenados. Além disso, a produção de fertilizantes fosfatados depende de recursos não renováveis que provavelmente atingirão o pico de produção durante este século. As culturas vegetais, entretanto, em geral usam menos da metade dos fertilizantes aplicados aos solos junto a elas. Os minerais restantes podem lixiviar para as águas superficiais ou subterrâneas, associar-se a partículas do solo ou contribuir para a poluição atmosférica ou a mudança climática.

Em consequência da lixiviação de fertilizantes, muitos poços de água nos Estados Unidos excedem atualmente os padrões federais de concentrações para nitrato (NO_3^-) em água potável; o mesmo problema ocorre em muitas áreas agriculturáveis no resto do mundo. O aumento na disponibilidade de nitrogênio por meio de nitrato (NO_3^-) e amônio (NH_4^+) liberados para o ambiente por atividades humanas e depositados no solo pela chuva, um processo conhecido como deposição atmosférica de nitrogênio, está alterando ecossistemas em todo o mundo.

Sob um olhar mais otimista, as plantas são os meios tradicionais de reciclagem de resíduos animais e estão provando serem úteis para a remoção de materiais nocivos, incluindo metais pesados, de aterros de resíduos tóxicos. Devido à natureza complexa das relações planta-solo-atmosfera, estudos de nutrição mineral envolvem químicos que estudam a atmosfera, pedologistas, hidrologistas, microbiologistas e ecologistas, além de fisiologistas vegetais.

Neste capítulo, são discutidas as necessidades nutricionais das plantas, os sintomas de deficiências nutricionais específicas e o uso de fertilizantes para garantir a elas uma nutrição adequada. Em seguida, é examinado como a estrutura do solo (o arranjo dos componentes sólidos, líquidos e gasosos) e a morfologia das raízes influenciam a transferência de nutrientes inorgânicos do ambiente para dentro da planta. Por fim, é introduzido o tópico de associações micorrízicas simbióticas, que desempenham papéis-chave na obtenção de nutrientes na maioria das plantas. Os Capítulos 5 e 6 abordam aspectos adicionais da assimilação de nutrientes e do transporte de solutos, respectivamente.

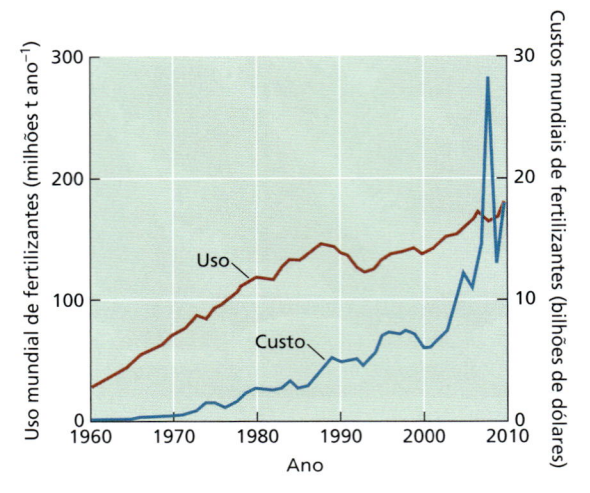

Figura 4.1 Consumo mundial de fertilizantes e custos ao longo das últimas cinco décadas. (De http://faostat3.fao.org/faostat-gateway/go/to/download/R/*/E.)

Nutrientes essenciais, deficiências e distúrbios vegetais

Apenas certos elementos foram determinados como essenciais para o crescimento vegetal. Um **elemento essencial** é definido como um componente intrínseco na estrutura ou no metabolismo de uma planta ou cuja ausência causa anormalidades graves no crescimento, no desenvolvimento ou na reprodução vegetais ou pode impedir uma planta de completar seu ciclo de vida. Se as plantas recebem esses elementos, assim como água e energia solar, elas podem sintetizar todos os compostos de que necessitam para o crescimento normal. A **Tabela 4.1** apresenta os elementos considerados essenciais para a maioria das plantas superiores, se não para todas. Os primeiros três elementos – hidrogênio, carbono e oxigênio – não são considerados nutrientes minerais porque são obtidos principalmente da água ou do dióxido de carbono.

Os elementos minerais essenciais em geral são classificados como *macro* ou *micronutrientes*, de acordo com suas concentrações relativas nos tecidos vegetais. Em alguns casos, as diferenças na concentração nos tecidos entre macro e micronutrientes não são tão grandes como aquelas indicadas na Tabela 4.1. Por exemplo, alguns te-

---

*N. de T. A tonelada, unidade de medida de massa equivalente a 10^3 kg cujo símbolo é t, não pertence ao Sistema Internacional de Unidades (SI), porém é aceita para uso com as unidades do SI. Em países de língua inglesa, essa unidade costuma ser denominada tonelada métrica (http://www.bipm.org/en/si/si_brochure/chapter4/table6.html).

TABELA 4.1 Concentrações nos tecidos de elementos essenciais requeridos pela maioria das plantas

Elemento	Símbolo químico	Concentração na matéria seca (% ou ppm)[a]	Número relativo de átomos em relação ao molibdênio
Obtido da água ou do dióxido de carbono			
Hidrogênio	H	6	60.000.000
Carbono	C	45	40.000.000
Oxigênio	O	45	30.000.000
Obtido do solo			
Macronutrientes			
Nitrogênio	N	1,5	1.000.000
Potássio	K	1,0	250.000
Cálcio	Ca	0,5	125.000
Magnésio	Mg	0,2	80.000
Fósforo	P	0,2	60.000
Enxofre	S	0,1	30.000
Silício	Si	0,1	30.000
Micronutrientes			
Cloro	Cl	100	3.000
Ferro	Fe	100	2.000
Boro	B	20	2.000
Manganês	Mn	50	1.000
Sódio	Na	10	400
Zinco	Zn	20	300
Cobre	Cu	6	100
Níquel	Ni	0,1	2
Molibdênio	Mo	0,1	1

Fonte: Epstein, 1972, 1999.
[a] Os valores para os elementos não minerais (H, C, O) e os macronutrientes são porcentagens. Os valores para os micronutrientes são expressos em partes por milhão (ppm).

---

cidos vegetais, como o mesofilo, contêm quase tanto ferro ou manganês quanto enxofre ou magnésio. Com frequência, os elementos estão presentes em concentrações maiores do que as necessidades mínimas dos vegetais.

Alguns pesquisadores têm argumentado que a classificação em macro e micronutrientes é difícil de ser justificada do ponto de vista fisiológico. Konrad Mengel e Ernest Kirkby propuseram que os elementos essenciais sejam classificados, em vez disso, de acordo com seu papel bioquímico e sua função fisiológica. A **Tabela 4.2** mostra essa classificação, na qual os nutrientes vegetais foram divididos em quatro grupos básicos:

1. Nitrogênio e enxofre constituem o primeiro grupo de elementos essenciais. As plantas assimilam esses nutrientes via reações bioquímicas envolvendo oxidação e redução, formando ligações covalentes com carbono e criando compostos orgânicos (p. ex., aminoácidos, ácidos nucleicos e proteínas).

2. O segundo grupo é importante em reações de armazenagem de energia ou na manutenção da integridade estrutural. Os elementos desse grupo estão comumente presentes em tecidos vegetais na forma de fosfato, borato e ésteres silicato, em que o grupo elementar está covalentemente ligado a uma molécula orgânica (p. ex., açúcar fosfato).

3. O terceiro grupo está presente nos tecidos como íons livres dissolvidos na água do vegetal ou como íons eletrostaticamente ligados a substâncias como os ácidos pécticos presentes na parede celular. Elementos nesse grupo têm papéis importantes como cofatores enzimáticos, na regulação de potenciais osmóticos e no controle da permeabilidade de membranas.

4. O quarto grupo, compreendendo metais como ferro, desempenha papéis importantes em reações envolvendo a transferência de elétrons.

TABELA 4.2 Classificação dos nutrientes minerais das plantas de acordo com a função bioquímica

Nutriente mineral	Funções
Grupo 1	**Nutrientes que fazem parte de compostos de carbono**
N	Constituinte de aminoácidos, amidas, proteínas, ácidos nucleicos, nucleotídeos, coenzimas, hexosaminas, etc.
S	Componente de cisteína, cistina, metionina. Constituinte de ácido lipoico, coenzima A, tiamina pirofosfato, glutationa e biotina.
Grupo 2	**Nutrientes importantes na armazenagem de energia ou na integridade estrutural**
P	Componente de açúcares-fosfato, ácidos nucleicos, nucleotídeos, coenzimas, fosfolipídeos, ácido fítico, etc. Tem papel central em reações que envolvem ATP.
Si	Depositado como sílica amorfa em paredes celulares. Contribui para as propriedades mecânicas das paredes celulares, incluindo rigidez e elasticidade.
B	Forma complexo com manitol, manano, ácido polimanurônico e outros constituintes das paredes celulares. Envolvido no alongamento celular e no metabolismo de ácidos nucleicos.
Grupo 3	**Nutrientes que permanecem na forma iônica**
K	Requerido como cofator de mais de 40 enzimas. Principal cátion no estabelecimento do turgor celular e na manutenção da eletroneutralidade celular.
Ca	Constituinte da lamela média das paredes celulares. Requerido como cofator por algumas enzimas envolvidas na hidrólise de ATP e de fosfolipídeos. Atua como mensageiro secundário na regulação metabólica.
Mg	Requerido por muitas enzimas envolvidas na transferência de fosfatos. Constituinte da molécula de clorofila.
Cl	Requerido para as reações fotossintéticas envolvidas na liberação de O_2.
Zn	Constituinte de álcool desidrogenase, desidrogenase glutâmica, anidrase carbônica, etc.
Na	Envolvido na regeneração do fosfo*enol*piruvato em plantas C_4 e CAM (metabolismo ácido das crassuláceas). Substitui o potássio em algumas funções.
Grupo 4	**Nutrientes envolvidos em reações redox**
Fe	Constituinte de citocromos e ferro-proteínas não heme envolvidas na fotossíntese, na fixação de N_2 e na respiração.
Mn	Requerido para a atividade de algumas desidrogenases, descarboxilases, quinases, oxidases e peroxidases. Envolvido com outras enzimas ativadas por cátions e na evolução fotossintética de O_2.
Cu	Componente de ácido ascórbico oxidase, tirosinase, monoaminoxidase, uricase, citocromo oxidase, fenolase, lacase e plastocianina.
Ni	Constituinte da urease. Em bactérias fixadoras de N_2, é constituinte de hidrogenases.
Mo	Constituinte de nitrogenase, nitrato redutase e xantina desidrogenase.

Fonte: De Evans e Sorger, 1966, e Mengel e Kirkby, 2001.

Deve-se ter em mente que essa classificação é um tanto arbitrária, pois muitos elementos exercem vários papéis funcionais. Por exemplo, o manganês, listado no grupo 4 como um metal envolvido em várias reações-chave de transferência de elétrons, ainda é também um mineral que permanece na forma iônica, o que o colocaria no grupo 3.

Alguns elementos de ocorrência natural, como o alumínio, o selênio e o cobalto, não são essenciais, embora também possam se acumular em tecidos vegetais. O alumínio, por exemplo, não é considerado um elemento essencial, mas as plantas em geral contêm de 0,1 a 500 µg desse elemento por g de matéria seca, e a adição de pequenas quantidades dele a uma solução nutritiva pode estimular o crescimento vegetal. Muitas espécies dos gêneros *Astragalus*, *Xylorhiza* e *Stanleya* acumulam selênio, embora não tenham mostrado uma necessidade específica desse elemento. O cobalto é parte da cobalamina (vitamina B12 e seus derivados), um componente de várias enzimas em microrganismos fixadores de nitrogênio; assim, a deficiência em cobalto bloqueia o desenvolvimento e a função dos nódulos de fixação de nitrogênio, mas as plantas que não fixam nitrogênio não requerem cobalto. As culturas vegetais normalmente contêm apenas quantidades relativamente pequenas desses elementos não essenciais.

As seções a seguir descrevem os métodos usados para examinar as funções dos elementos nutrientes nas plantas.

Técnicas especiais são utilizadas em estudos nutricionais

Demonstrar que um elemento é essencial exige que as plantas sejam cultivadas sob condições experimentais, nas quais apenas o elemento sob investigação não está presente. Essas condições são extremamente difíceis de serem alcançadas com plantas cultivadas em um meio complexo como o solo. No século XIX, vários pesquisadores, incluindo Nicolas-Théodore de Saussure, Julius von Sachs, Jean-Baptiste-Joseph-Dieudonné Boussingault e Wilhelm Knop, abordaram esse problema, cultivando plantas com as raízes imersas em uma **solução nutritiva** contendo apenas sais inorgânicos. A demonstração desses pesquisadores de que as plantas podiam crescer sem solo ou matéria orgânica provou inequivocamente que elas podem satisfazer todas as suas necessidades unicamente a partir de elementos nutrientes minerais, água, ar (CO_2) e luz solar.

A técnica de crescimento de plantas com suas raízes imersas em uma solução nutritiva sem solo é chamada de **cultivo em solução** ou **hidroponia**. O cultivo hidropônico bem-sucedido (**Figura 4.2A**) exige um grande volume de solução nutritiva ou ajuste frequente dela, para impedir que a absorção de nutrientes pelas raízes produza mudanças radicais nas concentrações dos nutrientes e no pH da solução. Um suprimento suficiente de oxigênio para o sistema de raízes também é crucial e pode ser alcançado pelo borbulhamento vigoroso de ar através da solução.

A hidroponia é usada na produção comercial de muitas culturas em casa de vegetação ou interiores, como o tomateiro (*Solanum lycopersicum*), o pepineiro (*Cucumis sativus*) e o cânhamo ou maconha (*Cannabis sativa*). Em uma forma de cultura hidropônica comercial, as plantas são cultivadas em um material de suporte, como areia, brita, vermiculita, lã de rocha (rockwool), espuma de poliuretano ou argila expandida (i.e., areia para gatos). Soluções nutritivas circulam, então, pelo material de suporte, e as soluções velhas são removidas por lixiviação. Em outra forma de cultura hidropônica, as raízes das plantas repousam sobre a superfície de uma canaleta e as soluções nutritivas fluem em uma fina camada ao longo da canaleta sobre as raízes. Esse **sistema de cultivo em lâmina de nutrientes*** assegura que as raízes recebam um amplo suprimento de oxigênio (**Figura 4.2B**).

Outra possibilidade, que às vezes tem sido proclamada como a técnica futura para investigações científicas, é o cultivo de plantas em **aeroponia**. Nessa técnica, cultivam-se as plantas com suas raízes suspensas no ar, enquanto são aspergidas continuamente com uma solução nutritiva (**Figura 4.2C**). Essa abordagem proporciona fácil manipulação do ambiente gasoso ao redor das raízes, mas, para sustentar um rápido crescimento vegetal, requer concentrações mais altas de nutrientes do que o cultivo hidropônico. Por essa razão e em decorrência de outras dificuldades técnicas, o uso da aeroponia não é muito difundido.

Um sistema de subirrigação** (**Figura 4.2D**) é ainda outra abordagem para o cultivo em solução. Nesses sistemas, a solução nutritiva é periodicamente elevada para imergir as raízes e, então, recuada, expondo-as a uma atmosfera úmida. Como a aeroponia, o sistema de subirrigação requer maiores concentrações de nutrientes do que os outros sistemas hidropônicos ou de cultivo em lâmina de nutrientes.

Soluções nutritivas podem sustentar rápido crescimento vegetal

Ao longo dos anos, muitas formulações foram empregadas para as soluções nutritivas. As primeiras formulações, desenvolvidas por Knop, na Alemanha, incluíam somente KNO_3, $Ca(NO_3)_2$, KH_2PO_4, $MgSO_4$ e um sal de ferro. Naquela época, acreditava-se que essa solução nutritiva continha todos os minerais exigidos pelas plantas, mas aqueles experimentos foram conduzidos com produtos químicos contaminados com outros elementos, hoje reconhecidos como essenciais (como boro ou molibdênio). A **Tabela 4.3** apresenta uma composição mais moderna para uma solução nutritiva. Essa formulação é chamada de **solução de Hoagland** modificada, denominação em homenagem a Dennis R. Hoagland, um pesquisador que se destacou pelo desenvolvimento de modernas pesquisas em nutrição mineral nos EUA.

Uma solução de Hoagland modificada contém todos os elementos minerais conhecidos necessários ao rápido crescimento vegetal. As concentrações desses elementos são estabelecidas no nível mais alto possível, sem produzir sintomas de toxicidade ou estresse salino; assim, elas podem ser várias ordens de grandeza mais elevadas do que as encontradas no solo ao redor das raízes. Por exemplo, enquanto o fósforo está presente na solução do solo em concentrações normalmente menores do que 0,06 µg g^{-1} ou 2 µM, aqui ele é oferecido a 62 µg g^{-1} ou 2 mM. Esses níveis iniciais altos permitem que as plantas cresçam no meio por períodos prolongados sem reposição dos nutrientes, mas podem ser prejudiciais às plantas jovens. Portanto, muitos pesquisadores diluem suas soluções nutritivas muitas vezes e as trocam com frequência para minimizar as flutuações na concentração de nutrientes no meio e nos tecidos vegetais.

Outra propriedade importante da formulação de Hoagland modificada é que o nitrogênio é suprido tanto como amônio (NH_4^+) quanto como nitrato (NO_3^-).

---

*N. de T. No Brasil, tem-se utilizado a sigla NFT (*Nutrient Film Technique*) para descrever esse sistema de irrigação.

**N. de T. Esse é o termo que tem sido empregado no Brasil para denominar o sistema de irrigação hidropônico, em inglês denominado *ebb-and-flow system*.

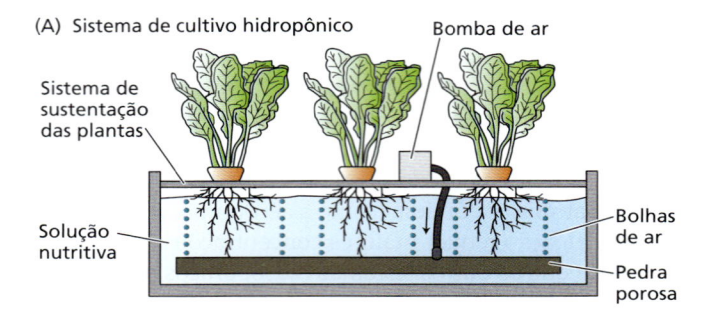

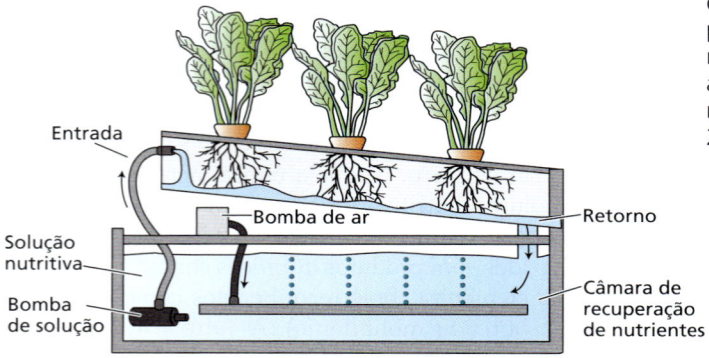

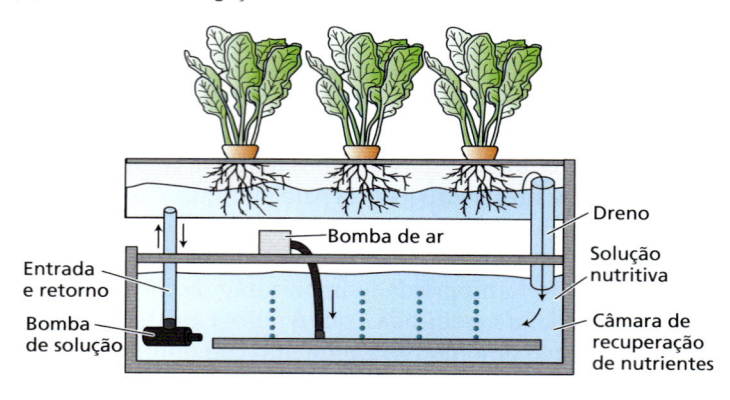

Figura 4.2 Tipos diversos de sistemas de cultivo em solução. (A) Em um cultivo hidropônico padrão, as plantas são suspensas pela base do caule sobre um tanque contendo uma solução nutritiva. O bombeamento de ar através de uma pedra porosa, um sólido poroso que gera uma corrente de pequenas bolhas de ar, mantém a solução completamente saturada com oxigênio. (B) Na técnica da lâmina de nutrientes, uma bomba impulsiona a solução nutritiva de um reservatório principal, colocado embaixo de um tanque inclinado, e, por um tubo de retorno, de volta ao reservatório. (C) Em um tipo de aeroponia, uma bomba de alta pressão asperge solução nutritiva nas raízes contidas em um tanque. (D) Em um sistema de subirrigação, uma bomba periodicamente enche com solução nutritiva uma câmara superior contendo as raízes das plantas. Quando a bomba é desligada, a solução é drenada de volta ao reservatório através da bomba. (De Epstein e Bloom, 2005.)

O suprimento de nitrogênio em uma mistura balanceada de cátions (íons positivamente carregados) e ânions (íons negativamente carregados) tende a reduzir o rápido aumento no pH do meio, que comumente é observado quando o nitrogênio é fornecido somente como ânion nitrato. Mesmo quando o pH do meio é mantido neutro, a maioria das plantas cresce melhor se tiver acesso tanto ao NH_4^+ quanto ao NO_3^-, pois a absorção e a assimilação das duas formas de nitrogênio inorgânico promovem o balanço cátion-ânion na planta.

Um problema expressivo das soluções nutritivas é a manutenção da disponibilidade de ferro. Quando fornecido como um sal inorgânico, como $FeSO_4$ ou $Fe(NO_3)_2$, o ferro pode precipitar-se da solução como hidróxido de ferro, em particular sob condições alcalinas. Se sais de fosfato estiverem presentes, fosfato de ferro insolúvel também será formado. A precipitação do ferro na solução torna-o fisicamente indisponível à planta, a não ser que sais de ferro sejam adicionados com frequência. Pesquisadores anteriores resolveram esse problema adicionando ferro junto com ácido cítrico ou tartárico. Compostos como esses se denominam **quelantes**, pois formam complexos solúveis com cátions, como ferro e cálcio, nos quais o cátion é retido por forças iônicas, e não por ligações covalentes. Os cátions quelados, portanto, permanecem fisicamente disponíveis para as plantas.

Soluções nutritivas mais modernas usam o produto químico ácido etilenodiaminotetracético (EDTA), o ácido dietilenotriaminopen-

TABELA 4.3 Composição de uma solução nutritiva de Hoagland modificada para cultivo de plantas

Composto	Peso molecular	Concentração da solução-estoque	Concentração da solução-estoque	Volume da solução-estoque por litro da solução final	Elemento	Concentração final do elemento	
	g mol^{-1}	mM	g L^{-1}	mL		μM	ppm
Macronutrientes							
KNO$_3$	101,10	1.000	101,10	6,0	N	16.000	224
Ca(NO$_3$)$_2$ • 4H$_2$O	236,16	1.000	236,16	4,0	K	6.000	235
NH$_4$H$_2$PO$_4$	115,08	1.000	115,08	2,0	Ca	4.000	160
MgSO$_4$ • 7H$_2$O	246,48	1.000	246,49	1,0	P	2.000	62
					S	1.000	32
					Mg	1.000	24
Micronutrientes							
KCl	74,55	25	1,864		Cl	50	1,77
H$_3$BO$_3$	61,83	12,5	0,773		B	25	0,27
MnSO$_4$ • H$_2$O	169,01	1,0	0,169	2,0	Mn	2,0	0,11
ZnSO$_4$ • 7H$_2$O	287,54	1,0	0,288		Zn	2,0	0,13
CuSO$_4$ • 5H$_2$O	249,68	0,25	0,062		Cu	0,5	0,03
H$_2$MoO$_4$ (85% MoO$_3$)	161,97	0,25	0,040		Mo	0,5	0,05
NaFeDTPA	468,20	64	30,0	0,3-1,0	Fe	16,1-53,7	1,00-3,00
Opcional[a]							
NiSO$_4$ • 6H$_2$O	262,86	0,25	0,066	2,0	Ni	0,5	0,03
Na$_2$SiO$_3$ • 9H$_2$O	284,20	1.000	284,20	1,0	Si	1.000	28

Fonte: De Epstein e Bloom, 2005.
Nota: Os macronutrientes são adicionados separadamente a partir das soluções-estoque, para impedir a precipitação durante a preparação da solução nutritiva. Uma solução-estoque mista é preparada contendo todos os micronutrientes, exceto o ferro. O ferro é adicionado como dietilenotriaminopentacetato férrico de sódio (NaFeDTPA, nome comercial Ciba-Geigy Sequestreno 330 Fe; ver Figura 4.3); algumas plantas, como o milho, requerem a concentração mais alta de ferro mostrada na tabela.
[a] O níquel geralmente está presente como um contaminante de outros produtos químicos, de modo que ele não precisa ser aplicado de forma explícita. O silício, se incluído, deveria ser adicionado primeiro, e o pH deveria ser ajustado com HCl para impedir a precipitação de outros nutrientes.

tacético (DTPA, ou ácido pentético) ou o ácido etilenodiamino-N,N´-bis(*o*-hidroxifenilacético) (*o,o*EDDHA) como agentes quelantes. A **Figura 4.3** mostra a estrutura do DTPA. O destino do complexo da quelação durante a absorção do ferro pelas células das raízes não é claro; o ferro pode ser liberado do quelante quando é reduzido de ferro férrico (Fe^{3+}) a ferro ferroso (Fe^{2+}) na superfície da raiz. O quelante pode, então, difundir-se de volta na solução nutritiva (ou do solo) e associar-se a outro Fe^{3+} ou outro íon metálico.

Após a absorção pela raiz, o ferro é mantido solúvel por quelação com compostos orgânicos presentes nas células vegetais. O ácido cítrico pode desempenhar um papel importante como quelante orgânico de ferro, e o transporte de longa distância no xilema parece envolver um complexo ferro-ácido cítrico.

Deficiências minerais perturbam o metabolismo e o funcionamento vegetal

O suprimento inadequado de um elemento essencial provoca um distúrbio nutricional que se manifesta por sintomas de deficiência característicos. Em cultivo hidropônico, a supressão de um elemento essencial pode ser prontamente correlacionada a determinado conjunto de sintomas. Por exemplo, uma deficiência específica pode provocar um padrão específico de descoloração foliar. O diagnóstico de plantas que crescem no solo pode ser mais complexo pelos seguintes motivos:

- Deficiências de vários elementos podem ocorrer simultaneamente em diferentes tecidos vegetais.
- Deficiências ou quantidades excessivas de um elemento podem induzir deficiências ou acúmulos excessivos de outro elemento.

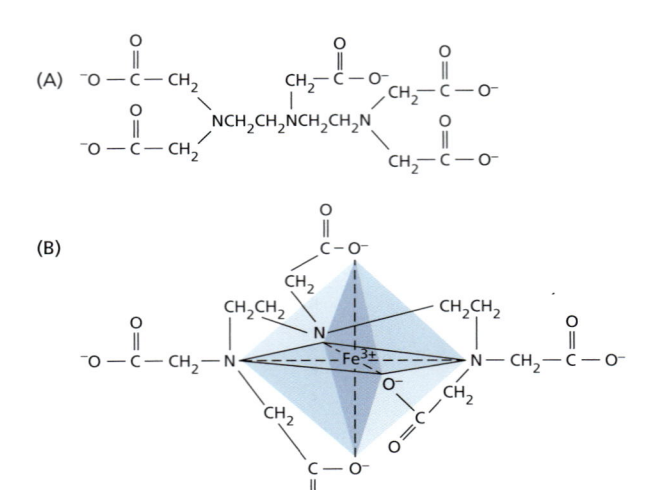

Figura 4.3 Quelante e cátion quelado isolado. Estrutura química do quelante ácido dietilenotriaminopentacético (DTPA) isolado (A) e quelado com um íon Fe^{3+} (B). O ferro liga-se ao DTPA por interações com três átomos de nitrogênio e três átomos ionizados de oxigênio de grupos carboxilatos. A estrutura de anel resultante envolve o íon metálico e neutraliza eficazmente sua reatividade na solução. Durante a absorção de ferro na superfície das raízes, o Fe^{3+} parece ser reduzido a Fe^{2+}, que é liberado do complexo DTPA-ferro. O quelante pode, então, associar-se a outro Fe^{3+} disponível. (De Sievers e Bailar, 1962.)

- Algumas doenças virais das plantas podem produzir sintomas similares àqueles das deficiências nutricionais.

Os sintomas de deficiência nutricional em uma planta são a expressão de distúrbios metabólicos, resultantes do suprimento insuficiente de um elemento essencial. Esses transtornos estão relacionados aos papéis desempenhados pelos elementos essenciais no metabolismo e no funcionamento normal da planta (descritos na Tabela 4.2).

Embora cada elemento essencial participe de muitas reações metabólicas diferentes, são possíveis algumas afirmações gerais a respeito das funções dos elementos essenciais no metabolismo vegetal. Em geral, os elementos essenciais atuam na estrutura do vegetal, no seu metabolismo e na osmorregulação celular. Papéis mais específicos podem estar relacionados à capacidade de cátions bivalentes, como Ca^{2+} ou Mg^{2+}, de modificar a permeabilidade das membranas vegetais. Além disso, pesquisas continuam a revelar papéis específicos para esses elementos no metabolismo vegetal; por exemplo, íons cálcio atuam como um sinal para regular enzimas-chave no citosol. Assim, a maioria dos elementos essenciais tem múltiplas funções no metabolismo vegetal.

Um indício importante relacionando um sintoma de deficiência aguda a um elemento essencial em particular é a magnitude em que um elemento pode ser reciclado de folhas mais velhas para folhas mais jovens. Alguns elementos, como nitrogênio, fósforo e potássio, podem prontamente se mover de folha para folha; outros, como boro, ferro e cálcio, são relativamente imóveis na maioria das espécies vegetais (**Tabela 4.4**). Se um elemento essencial é móvel, os sintomas de deficiência tendem a aparecer primeiro nas folhas mais velhas. Inversamente, a deficiência de elementos essenciais imóveis torna-se evidente primeiro em folhas mais jovens. Embora os mecanismos precisos de mobilização de nutrientes não sejam bem compreendidos, hormônios vegetais, como citocininas, parecem estar envolvidos (ver Capítulo 12). A seguir, são descritos os sintomas específicos de deficiência e os papéis funcionais dos elementos essenciais, da maneira como eles se encontram agrupados na Tabela 4.2. Tenha em mente que muitos sintomas são altamente dependentes da espécie vegetal.

GRUPO 1: DEFICIÊNCIAS DE NUTRIENTES MINERAIS QUE INTEGRAM COMPOSTOS DE CARBONO Este grupo consiste em nitrogênio e enxofre. A disponibilidade de nitrogênio em solos limita a produtividade das plantas na maioria dos ecossistemas naturais e agrícolas. Por outro lado, os solos geralmente contêm enxofre em excesso. Apesar dessa diferença, nitrogênio e enxofre são similares quimicamente quanto à ampla variação dos seus estados de oxidação-redução (ver Capítulo 5). Algumas das reações vitais mais intensas energeticamente convertem formas inorgânicas altamente oxidadas, como nitrato e sulfato, que as raízes absorvem do solo, em compostos orgânicos altamente reduzidos, como aminoácidos, dentro das plantas.

TABELA 4.4 Elementos minerais classificados com base em suas mobilidades dentro da planta e em suas tendências de translocação durante deficiências

Móveis	Imóveis
Nitrogênio	Cálcio
Potássio	Enxofre
Magnésio	Ferro
Fósforo	Boro
Cloro	Cobre
Sódio	
Zinco	
Molibdênio	

Nota: Os elementos estão listados na ordem de sua abundância na planta.

NITROGÊNIO O nitrogênio é o elemento mineral que as plantas exigem em maiores quantidades (ver Tabela 4.1). Ele serve como um constituinte de muitos componentes celulares vegetais, incluindo clorofila, aminoácidos e ácidos nucleicos. Por isso, a deficiência de nitrogênio rapidamente inibe o crescimento vegetal. Se essa deficiência persiste, a maioria das espécies mostra **clorose** (amarelecimento das folhas), sobretudo nas folhas mais velhas, próximas à base da planta. Sob forte deficiência de nitrogênio, essas folhas tornam-se completamente amarelas (ou castanhas) e desprendem-se da planta. Folhas mais jovens podem não mostrar inicialmente esses sintomas, pois é possível que o nitrogênio seja mobilizado a partir das folhas mais velhas. Portanto, uma planta deficiente em nitrogênio pode ter folhas superiores verde-claras e folhas inferiores amarelas ou castanhas.

Quando a deficiência de nitrogênio se processa lentamente, é possível que as plantas tenham caules pronunciadamente delgados e frequentemente lenhosos. Esse caráter lenhoso pode ser devido a um acúmulo dos carboidratos em excesso, que não podem ser usados na síntese de aminoácidos ou de outros compostos nitrogenados. Os carboidratos não utilizados no metabolismo do nitrogênio podem também ser empregados na síntese de antocianina, levando à acumulação desse pigmento. Essa condição revela-se pela coloração púrpura de folhas, pecíolos e caules de plantas deficientes em nitrogênio de algumas espécies, como tomateiro e algumas variedades de milho (*Zea mays*).

ENXOFRE O enxofre é encontrado em certos aminoácidos (i.e., cisteína e metionina) e é um constituinte de várias coenzimas e vitaminas, como coenzima A, *S*-adenosilmetionina, biotina, vitamina B1 e ácido pantotênico, que são essenciais para o metabolismo.

Muitos dos sintomas da deficiência de enxofre são similares aos da deficiência de nitrogênio, incluindo clorose, redução do crescimento e acumulação de antocianinas. Essa similaridade não surpreende, uma vez que o enxofre e o nitrogênio são constituintes de proteínas. A clorose causada pela deficiência de enxofre, entretanto, em geral aparece inicialmente em folhas jovens e maduras, em vez de em folhas velhas, como na deficiência de nitrogênio. Isso acontece porque o enxofre, ao contrário do nitrogênio, não é remobilizado com facilidade para as folhas jovens, na maioria das espécies. No entanto, em muitas espécies vegetais, a clorose por falta de enxofre pode ocorrer simultaneamente em todas as folhas, ou mesmo iniciar em folhas mais velhas.

GRUPO 2: DEFICIÊNCIAS DE NUTRIENTES MINERAIS IMPORTANTES NA ARMAZENAGEM DE ENERGIA OU NA INTEGRIDADE ESTRUTURAL Este grupo consiste em fósforo, silício e boro.

Fósforo e silício são encontrados em concentrações no tecido vegetal que lhes garantem a classificação como macronutrientes, enquanto o boro é muito menos abundante e considerado um micronutriente. Esses elementos em geral estão presentes nas plantas como ligações ésteres entre um grupo ácido inorgânico, como um fosfato (PO_4^{3-}), e um carbono de um álcool (i.e., X–O–C–R, em que o elemento X é fixado a uma molécula contendo carbono C–R via um átomo de oxigênio, O).

FÓSFORO O fósforo (como fosfato, PO_4^{3-}) é um componente integral de compostos importantes nas células vegetais, incluindo os açúcares fosfato, intermediários da respiração e da fotossíntese, bem como os fosfolipídeos que compõem as membranas vegetais. Ele também é um componente de nucleotídeos utilizados no metabolismo energético das plantas (como ATP) e no DNA e no RNA. Sintomas característicos da deficiência de fósforo incluem o crescimento atrofiado da planta inteira e uma coloração verde-escura das folhas, que podem ser malformadas e conter pequenas áreas de tecido morto denominadas **manchas necróticas**.

Como na deficiência de nitrogênio, algumas espécies podem produzir excesso de antocianinas sob deficiência de fósforo, dando às folhas uma coloração levemente purpúrea. Diferente da deficiência de nitrogênio, a coloração púrpura não está associada a clorose. Na verdade, as folhas podem apresentar uma coloração escura, púrpura esverdeada. Sintomas adicionais da deficiência de fósforo incluem a produção de caules delgados (mas não lenhosos) e a morte das folhas mais velhas. A maturação da planta também pode ser retardada.

SILÍCIO Apenas membros da família Equisetaceae – chamados de juncos de polimento (*scouring rushes*), porque houve um tempo em que suas cinzas, ricas em sílica granulosa, eram usadas para polir panelas – requerem silício para completar seus ciclos de vida. No entanto, muitas outras espécies acumulam quantidades substanciais de silício em seus tecidos e exibem crescimento, fertilidade e resistência ao estresse intensificados quando supridas com quantidades adequadas desse nutriente.

Plantas deficientes em silício são mais suscetíveis ao acamamento (tombamento) e a infecções fúngicas. O silício é depositado principalmente no retículo endoplasmático, nas paredes celulares e nos espaços intercelulares, como sílica amorfa hidratada ($SiO_2 \cdot nH_2O$). Ele também forma complexos com polifenóis e, assim, serve como complemento à lignina no reforço das paredes celulares. Além disso, o silício pode atenuar a toxicidade de muitos metais pesados, incluindo alumínio e manganês.

BORO Embora muitas funções do boro no metabolismo vegetal sejam ainda pouco claras, evidências mostram que ele promove ligações cruzadas com RG II (ramnogalacturonano II, um pequeno polissacarídeo péctico) na parede celular e sugerem que ele desempenha um papel no alongamento celular, na síntese de ácidos nucleicos, nas respostas hormonais, na função da membrana e na regulação do ciclo celular. Plantas deficientes em boro podem exibir uma ampla variedade de sintomas, dependendo da espécie e da sua idade.

Um sintoma característico é a necrose preta de folhas jovens e gemas terminais. A necrose das folhas jovens ocorre principalmente na base da lâmina foliar. Os caules podem se apresentar anormalmente rígidos e quebradiços. A dominância apical pode ser perdida, tornando a planta altamente ramificada; entretanto, os ápices terminais dos ramos logo se tornam necróticos devido à inibição da diferenciação celular. Estruturas como frutos, raízes carnosas e tubérculos podem exibir necrose ou anormalidades relacionadas à desintegração de tecidos internos.

GRUPO 3: DEFICIÊNCIAS DE NUTRIENTES MINERAIS QUE PERMANECEM NA FORMA IÔNICA

Este grupo inclui alguns dos elementos minerais mais familiares: os macronutrientes potássio, cálcio e magnésio, e os micronutrientes cloro, zinco e sódio. Esses elementos podem ser encontrados como íons em solução no citosol ou nos vacúolos, ou podem estar ligados eletrostaticamente ou como ligantes a compostos maiores dotados de carbono.

POTÁSSIO O potássio, presente nas plantas como o cátion K^+, desempenha um papel importante na regulação do potencial osmótico das células vegetais (ver Capítulos 2, 3 e 6). Ele também ativa muitas enzimas envolvidas na respiração e na fotossíntese.

O primeiro sintoma visível da deficiência de potássio é clorose em manchas ou marginal, que depois evolui para necrose, com maior ocorrência nos ápices foliares, nas margens e entre nervuras. Em muitas monocotiledôneas, essas lesões necróticas podem se formar, em primeiro lugar, nos ápices foliares e nas margens e, após, se estender em direção à base. Como o potássio pode ser remobilizado para as folhas mais jovens, esses sintomas aparecem inicialmente nas folhas mais maduras da base da planta. As folhas podem também se enrolar e enrugar. Os caules de plantas deficientes em potássio podem ser delgados e fracos, com entrenós anormalmente curtos. No milho deficiente em potássio, as raízes podem ter uma suscetibilidade aumentada a fungos da podridão da raiz presentes no solo; essa suscetibilidade, junto com os efeitos caulinares, resulta em uma tendência de acamamento fácil da planta.

CÁLCIO Os íons cálcio (Ca^{2+}) têm dois papéis distintos nas plantas: (1) um papel estrutural/apoplástico no qual o Ca^{2+} se liga a grupos ácidos de lipídeos da membrana (fosfo e sulfolipídeos) e a pectinas com ligações cruzadas, em particular na lamela média que separa células recentemente divididas; e (2) um papel sinalizador, no qual o Ca^{2+} atua como mensageiro secundário que inicia as respostas vegetais aos estímulos ambientais. Em sua função como um mensageiro secundário, o Ca^{2+} pode se ligar à **calmodulina**, uma proteína encontrada no citosol de células vegetais. O complexo calmodulina-Ca^{2+}, então, liga-se a diferentes tipos de proteínas, incluindo quinases, fosfatases, proteínas mensageiras secundárias de sinalização e proteínas do citoesqueleto. Desse modo, ele regula muitos processos celulares, desde o controle de transcrição e sobrevivência celular até a liberação de sinais químicos (ver Capítulo 12).

Os sintomas característicos da deficiência de cálcio incluem a necrose de regiões meristemáticas jovens, como os ápices de raízes ou de folhas jovens, nas quais a divisão celular e a formação de paredes celulares são mais rápidas. A necrose em plantas em lento crescimento pode ser precedida por uma clorose generalizada e um encurvamento para baixo de folhas jovens. As folhas jovens também podem se mostrar deformadas. O sistema de raízes de uma planta deficiente em cálcio pode ser acastanhado, curto e muito ramificado. Pode haver forte redução no crescimento se as regiões meristemáticas da planta morrerem prematuramente.

MAGNÉSIO Em células vegetais, os íons magnésio (Mg^{2+}) têm um papel específico na ativação de enzimas envolvidas na respiração, na fotossíntese e na síntese de DNA e RNA. O Mg^{2+} é também parte da estrutura em anel da molécula de clorofila (ver Figura 7.6A). Um sintoma característico da deficiência de magnésio é a clorose entre as nervuras foliares, ocorrendo primeiro em folhas mais velhas por causa da mobilidade desse cátion. Esse padrão de clorose ocorre porque a clorofila nos feixes vasculares permanece inalterada em períodos mais longos do que aquela nas células entre os feixes. Se a deficiência for extensa, as folhas podem se tornar amarelas ou brancas. Um sintoma adicional da deficiência de magnésio pode ser a senescência e a abscisão foliar prematura.

CLORO O elemento cloro é encontrado nas plantas como o íon cloreto (Cl^-). Ele é necessário para a reação de clivagem da água na fotossíntese pela qual o oxigênio é produzido (ver Capítulo 7). Além disso, o cloro pode ser necessário para a divisão celular em folhas e raízes. Plantas deficientes em cloro manifestam murcha dos ápices foliares, seguida por clorose e necrose generalizadas. As folhas podem também exibir crescimento reduzido. Subsequentemente, as folhas podem assumir uma coloração bronzeada ("bronzeamento"). As raízes de plantas deficientes em cloro podem se mostrar curtas e grossas junto aos ápices.

Os íons cloreto são altamente solúveis e em geral estão disponíveis nos solos, porque a água do mar é carregada para o ar pelo vento e distribuída sobre o solo quando chove. Por isso, a deficiência de cloro raramente é observada em plantas cultivadas em hábitats nativos ou agrícolas. A maioria das plantas absorve cloro em concentrações muito mais altas que as necessárias ao funcionamento normal.

ZINCO Muitas enzimas requerem íons zinco (Zn^{2+}) para suas atividades, e o zinco pode ser exigido para a biossíntese da clorofila em algumas plantas. A deficiência de zinco é caracterizada pela redução do crescimento dos entrenós; como consequência, as plantas exibem um hábito de crescimento rosulado (em roseta), no qual as folhas formam um agrupamento circular junto ao solo. As folhas podem ser também pequenas e retorcidas, com margens de aparência enrugada. Esses sintomas podem resultar da perda da capacidade de produzir quantidades suficientes do ácido 3-indolacético (AIA), uma auxina (ver Capítulo 12). Em algumas espécies (p. ex., milho, sorgo e feijoeiro), as folhas mais velhas podem mostrar clorose intervenal e, então, desenvolver manchas brancas necróticas. Essa clorose pode ser uma expressão da necessidade de zinco para a biossíntese de clorofila.

SÓDIO Espécies que utilizam as rotas C_4 e CAM de fixação de carbono (ver Capítulo 8) podem exigir íons sódio (Na^+). Nessas plantas, o Na^+ parece ser imprescindível para a regeneração do fosfo*enol*piruvato, o substrato para a primeira carboxilação nas rotas C_4 e CAM. Sob deficiência de sódio, essas plantas exibem clorose e necrose ou até deixam de florescer. Muitas espécies C_3 também se beneficiam da exposição a concentrações baixas de Na^+. Os íons sódio estimulam o crescimento mediante a estimulação da expansão celular e podem substituir parcialmente os íons potássio como um soluto osmoticamente ativo.

GRUPO 4: DEFICIÊNCIAS DE NUTRIENTES MINERAIS ENVOLVIDOS EM REAÇÕES REDOX Este grupo de cinco micronutrientes consiste nos metais ferro, manganês, cobre, níquel e molibdênio. Todos eles podem sofrer oxidações e reduções reversíveis (p. ex., $Fe^{2+} \leftrightarrow Fe^{3+}$) e têm papéis importantes na transferência de elétrons e na transformação de energia. Geralmente, eles são encontrados em associação com moléculas maiores, como citocromos, clorofila e proteínas (normalmente enzimas).

FERRO O ferro tem um papel importante como componente de enzimas envolvidas na transferência de elétrons (reações redox), como citocromos. Nesse papel, ele é reversivelmente oxidado de Fe^{2+} a Fe^{3+} durante a transferência de elétrons.

Como na deficiência de magnésio, um sintoma característico da deficiência de ferro é a clorose entre as nervuras. Esse sintoma, contudo, aparece inicialmente nas folhas mais jovens, porque o ferro, diferente do magnésio, não pode ser prontamente mobilizado das folhas mais velhas. Sob condições de deficiência extrema ou prolongada, as nervuras podem também se tornar cloróticas, fazendo toda a folha se tornar branca. As folhas se tornam cloróticas porque o ferro é necessário para a síntese de alguns dos complexos constituídos por clorofila e proteína no cloroplasto. A mobilidade baixa do ferro provavelmente ocorre devido à sua precipitação nas folhas mais velhas como óxidos insolúveis ou fosfatos. A precipitação do ferro diminui a subsequente mobilização do metal para dentro do floema para o transporte de longa distância.

MANGANÊS Os íons manganês (Mn^{2+}) ativam várias enzimas nas células vegetais. Em particular, as descarboxilases e as desidrogenases envolvidas no ciclo do ácido tricarboxílico (ciclo de Krebs) são especificamente ativadas pelos íons manganês. A função mais bem definida do Mn^{2+} está na reação fotossintética mediante a qual o oxigênio (O_2) é produzido a partir da água (ver Capítulo 7). O sintoma principal da deficiência de manganês é a clorose entre as nervuras, associada ao desenvolvimento de pequenas manchas necróticas. Essa clorose pode ocorrer em folhas jovens ou mais velhas, dependendo da espécie vegetal e da velocidade de crescimento.

COBRE Como o ferro, o cobre está associado a enzimas envolvidas em reações redox, pelas quais ele é reversivelmente oxidado de Cu^+ a Cu^{2+}. Um exemplo de tal enzima é a plastocianina, a qual está envolvida na transferência de elétrons durante as reações luminosas da fotossíntese. O sintoma inicial da deficiência de cobre em muitas espécies de plantas é a produção de folhas verde-escuras, que podem conter manchas necróticas. Essas manchas aparecem em primeiro lugar nos ápices de folhas jovens e depois se estendem em direção à base da folha, ao longo das margens. As folhas podem também ficar retorcidas ou malformadas. Cereais exibem uma clorose foliar esbranquiçada e necrose com pontas enroladas. Sob extrema deficiência de cobre, as folhas podem cair prematuramente e as flores podem ser estéreis.

NÍQUEL A urease é a única enzima conhecida em plantas superiores que contém níquel (Ni^{2+}), embora microrganismos fixadores de nitrogênio exijam níquel (Ni^+ até Ni^{4+}) para a enzima que reprocessa parte do gás hidrogênio gerado durante a fixação (hidrogenase de captação de hidrogênio) (ver Capítulo 5). Plantas deficientes em níquel acumulam ureia em suas folhas e, em consequência, apresentam necrose nos ápices foliares. A deficiência de níquel no campo foi encontrada somente em uma cultura (árvores da nogueira pecan no sudeste dos Estados Unidos), porque as plantas exigem apenas quantidades minúsculas de níquel (ver Tabela 4.1).

MOLIBDÊNIO Íons molibdênio (Mo^{4+} até Mo^{6+}) são componentes de várias enzimas, incluindo a nitrato redutase, a nitrogenase, a xantina desidrogenase, a aldeído oxidase e a sulfito oxidase. A nitrato redutase catalisa a redução do nitrato a nitrito durante sua assimilação pela célula vegetal; a nitrogenase converte o gás nitrogênio em amônia em microrganismos fixadores de nitrogênio (ver Capítulo 5). O primeiro indicativo de uma deficiência de molibdênio é a clorose generalizada entre as nervuras e a necrose de folhas mais velhas. Em algumas plantas, como couve-flor e brócolis, as folhas podem não se tornar necróticas, mas, em vez disso, podem se mostrar retorcidas e, por conseguinte, morrer (doença do "rabo-de-chicote"). A formação de flores pode ser impedida ou as flores podem cair prematuramente.

Como o molibdênio está envolvido tanto com a redução do nitrato quanto com a fixação de nitrogênio, a deficiência desse nutriente pode acarretar uma deficiência de nitrogênio se a sua fonte for primariamente nitrato ou se a planta depender da fixação simbiótica de nitrogênio. Embora as plantas necessitem apenas de pequenas quantidades de molibdênio (ver Tabela 4.1), alguns solos (p. ex., solos ácidos na Austrália) fornecem concentrações inadequadas. Pequenas adições de molibdênio nesses solos podem melhorar substancialmente o crescimento de culturas ou forrageiras a um custo desprezível.

A análise de tecidos vegetais revela deficiências minerais

As exigências de elementos minerais podem variar à medida que uma planta cresce e se desenvolve. Em plantas de lavoura, os níveis de nutrientes em determinados estágios de crescimento influenciam a produtividade de órgãos vegetais economicamente importantes (tubérculos, grãos e outros). Para otimizar as produções, os agricultores usam análises dos níveis de nutrientes no solo e nos tecidos vegetais, a fim de determinar o calendário de fertilizações.

A **análise de solo** é a determinação química do conteúdo de nutrientes em uma amostra de solo da zona das raízes. Conforme será discutido mais adiante neste capítulo, tanto a química quanto a biologia dos solos são complexas, e os resultados das análises de solo variam de acordo com os métodos de amostragem, as condições de armazenagem das amostras e as técnicas de extração de nutrientes. Talvez o mais importante seja considerar que determinada análise de solo reflete os níveis de nutrientes *potencialmente* disponíveis nele para as raízes das plantas, mas não informa a quantidade de determinado mineral de que a planta realmente precisa ou é capaz de absorver. Essa informação adicional é mais bem determinada pela análise de tecidos vegetais.

O uso adequado da **análise de tecidos vegetais** requer um entendimento das relações entre o crescimento vegetal (ou produtividade) e a concentração de um nutriente em amostras de tecidos vegetais. Vale ressaltar que a concentração de um nutriente nos tecidos depende do balanço entre a absorção do nutriente e a diluição da quantidade do nutriente ao longo do crescimento. A **Figura 4.4** identifica três zonas (de deficiência, adequada e tóxica) na resposta de crescimento a concentrações crescentes de um nutriente. Quando a concentração do nutriente é baixa em uma amostra de tecidos, o crescimento é reduzido. Na **zona de deficiência** da curva, um aumento na disponibilidade e na absorção do nutriente está diretamente relacionado a um aumento no crescimento ou na produtividade. À medida que a disponibilidade e a absorção do nutriente continuam a aumentar, é alcançado um ponto no qual uma adição posterior de nutriente não é mais relacionada a aumentos no crescimento ou na produti-

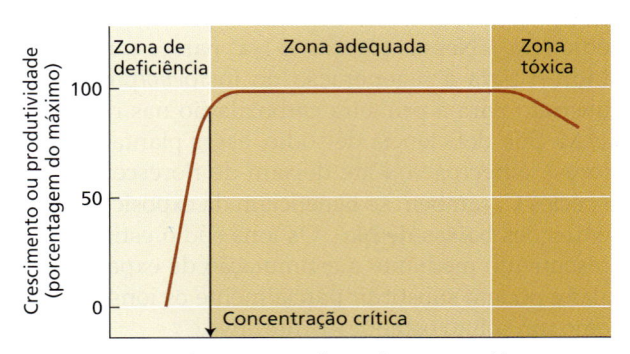

Figura 4.4 A relação entre a produtividade (ou o crescimento) e o conteúdo de nutrientes dos tecidos vegetais define zonas de deficiência, adequação e toxicidade. Produtividade ou crescimento podem ser expressos em termos de massa seca ou altura da parte aérea. Para obter dados desse tipo, as plantas são cultivadas sob condições nas quais a concentração de um nutriente essencial é alterada, enquanto os demais nutrientes são adequadamente fornecidos. O efeito da variação na concentração desse nutriente durante o crescimento da planta se reflete no crescimento ou na produtividade. A concentração crítica desse nutriente é aquela abaixo da qual a produtividade ou o crescimento é reduzido.

vidade, mas é refletida somente no aumento das concentrações nos tecidos. Essa região da curva é chamada de **zona adequada**.

O ponto de transição entre a zona de deficiência e a zona adequada da curva revela a **concentração crítica** do nutriente (ver Figura 4.4). Esta concentração pode ser definida como o conteúdo mínimo de nutriente nos tecidos que se correlaciona com crescimento ou produtividade máximos. À medida que a concentração de nutriente do tecido aumenta além da zona adequada, o crescimento ou a produtividade declinam devido à toxicidade. Essa região da curva é a **zona tóxica**.

Para avaliar a relação entre o crescimento e a concentração de nutrientes no tecido, os pesquisadores cultivam plantas em solo ou em uma solução nutritiva nos quais todos os nutrientes estão presentes em concentrações adequadas, exceto o nutriente sob avaliação. No começo do experimento, o nutriente limitante é adicionado em concentrações crescentes para diferentes grupos de plantas, e as concentrações do nutriente em tecidos específicos são correlacionadas com uma medida específica de crescimento ou produtividade. Diversas curvas são estabelecidas para cada elemento, uma para cada tecido e idade de tecido.

Como os solos agrícolas geralmente são limitados nos elementos nitrogênio, fósforo e potássio (N, P, K), muitos produtores rotineiramente levam em consideração, pelo menos, as respostas de crescimento ou produtividade para esses elementos. Se há suspeita de uma deficiência nutricional, são tomadas medidas para a correção do problema antes da redução do crescimento ou da produtividade. A análise do vegetal tem se mostrado útil em estabelecer calendários de fertilização que sustentem a produtividade e assegurem a qualidade alimentar de muitas culturas.

Tratando deficiências nutricionais

Muitas práticas agrícolas tradicionais e de subsistência promovem a reciclagem de elementos minerais. As plantas cultivadas absorvem nutrientes do solo, os seres humanos e os animais consomem essas plantas localmente, e os resíduos vegetais e os dejetos humanos e de animais devolvem os nutrientes ao solo. As principais perdas de nutrientes desses sistemas agrícolas resultam da lixiviação, que carrega os nutrientes dissolvidos, principalmente nitrato, na água de drenagem. Em solos ácidos, a lixiviação de outros nutrientes além do nitrato pode ser diminuída pela adição de calcário – uma mistura de CaO, $CaCO_3$ e $Ca(OH)_2$ – para tornar o solo mais alcalino, uma vez que muitos elementos minerais formam compostos menos solúveis quando o pH é superior a 6 (**Figura 4.5**). Essa diminuição na lixiviação, no entanto, pode ser obtida às custas da redução na disponibilidade de alguns nutrientes, em especial o ferro.

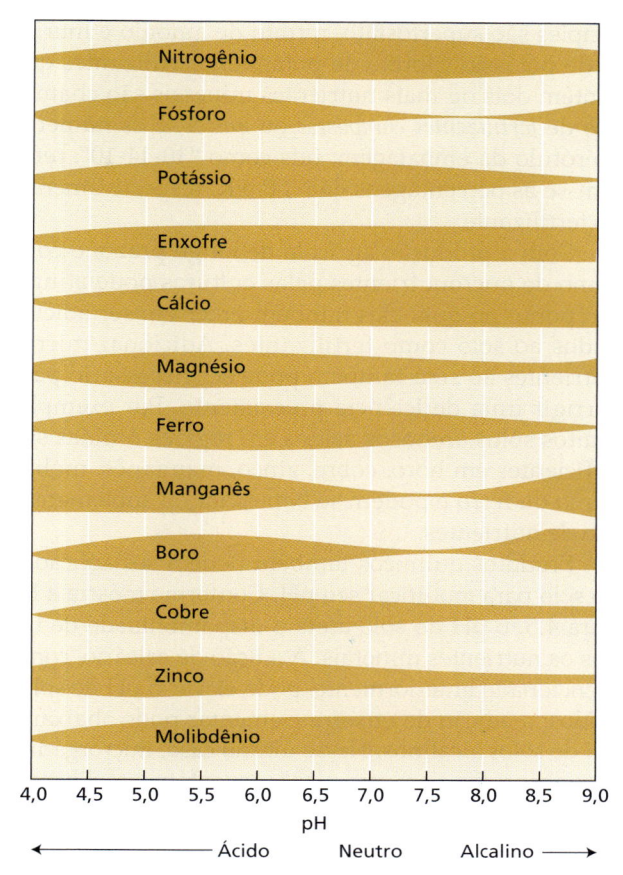

Figura 4.5 Influência do pH do solo na disponibilidade de nutrientes em solos orgânicos. A espessura das barras horizontais indica o grau de disponibilidade do nutriente para as raízes das plantas. Todos esses nutrientes estão disponíveis na faixa de pH de 5,5 a 6,5. (De Lucas e Davis, 1961.)

Nos sistemas agrícolas de alta produtividade dos países industrializados, uma grande proporção da biomassa da cultura deixa a área de cultivo, e o retorno dos resíduos da cultura à terra onde ela foi produzida torna-se difícil, na melhor das hipóteses. Essa remoção unidirecional dos nutrientes dos solos agrícolas torna importante devolver os nutrientes para esses substratos por meio da adição de fertilizantes.

A produtividade das culturas pode ser melhorada pela adição de fertilizantes

A maioria dos **fertilizantes químicos** contém sais inorgânicos dos macronutrientes nitrogênio, fósforo e potássio (ver Tabela 4.1). Os fertilizantes que contêm apenas um desses três nutrientes são chamados de *fertilizantes simples*. Alguns exemplos de fertilizantes simples são superfosfato, nitrato de amônio e muriato de potássio (cloreto de potássio). Fertilizantes que contêm dois ou mais nutrientes minerais são chamados de *fertilizantes compostos* ou *mistos*, e os números no rótulo da embalagem, tais como "10-14-10", referem-se às porcentagens de N, P e K, respectivamente, no fertilizante.

Com a produção agrícola de longo prazo, o consumo de micronutrientes pelas culturas pode atingir um ponto no qual eles também precisem ser adicionados ao solo como fertilizantes. Adicionar micronutrientes ao solo também pode ser necessário para corrigir uma deficiência preexistente. Por exemplo, muitos solos arenosos ácidos em regiões úmidas são deficientes em boro, cobre, zinco, manganês, molibdênio ou ferro e podem se beneficiar da suplementação de nutrientes.

Produtos químicos também podem ser aplicados no solo para modificar seu pH. Conforme mostra a Figura 4.5, o pH do solo afeta a disponibilidade de todos os nutrientes minerais. A adição de calcário, como mencionado anteriormente, pode elevar o pH de solos ácidos; a adição de enxofre elementar pode abaixar o pH de solos alcalinos. Nesse último caso, microrganismos absorvem o enxofre e, subsequentemente, liberam sulfato e íons hidrogênio, que acidificam o solo.

Fertilizantes orgânicos são aqueles aprovados para práticas de agricultura orgânica. Em contraste com os fertilizantes químicos, eles se originam de depósitos naturais de rochas como nitrato de sódio e rocha fosfatada (fosforita) ou de resíduos de plantas ou animais. Os depósitos de rocha natural são quimicamente inorgânicos, mas são aceitáveis para o uso na agricultura orgânica. Os resíduos vegetais e animais contêm muitos nutrientes sob forma de compostos orgânicos. Antes que as culturas vegetais possam absorver esses nutrientes dos resíduos, os compostos orgânicos precisam ser decompostos, normalmente pela ação de microrganismos do solo, segundo um processo denominado **mineralização**. A mineralização depende de muitos fatores, incluindo temperatura, disponibilidade de água e oxigênio, pH, além dos tipos e do número de microrganismos presentes no solo. Como uma consequência, as taxas de mineralização são altamente variáveis, e os nutrientes de resíduos orgânicos tornam-se disponíveis às plantas por períodos que variam de dias a meses ou anos. Essa taxa de mineralização lenta dificulta o uso eficiente de fertilizantes. Desse modo, as plantações dependentes somente de fertilizantes orgânicos podem necessitar da adição de muito mais nitrogênio ou fósforo, além de sofrerem perdas ainda maiores de nutrientes que plantações que usam fertilizantes químicos. Os resíduos de fertilizantes orgânicos melhoram a estrutura física da maioria dos solos, melhorando a retenção de água durante a seca e aumentando a drenagem em tempo chuvoso. Em alguns países em desenvolvimento, fertilizantes orgânicos são tudo o que está disponível ou acessível.

Alguns nutrientes minerais podem ser absorvidos pelas folhas

Além de absorver nutrientes adicionados ao solo como fertilizantes, a maioria das plantas consegue absorver nutrientes minerais aplicados às suas folhas por aspersão, em um processo conhecido como **adubação foliar**. Em alguns casos, esse método tem vantagens agronômicas, em comparação à aplicação de nutrientes no solo. A adubação foliar pode reduzir o tempo de retardo entre a aplicação e a absorção pela planta, o que poderia ser importante durante uma fase de crescimento rápido. Ela também pode contornar o problema de restrição de absorção de um nutriente do solo. Por exemplo, a aplicação foliar de nutrientes minerais como ferro, manganês e cobre pode ser mais eficiente que a aplicação via solo, onde esses íons são adsorvidos às partículas do solo e, assim, estão menos disponíveis ao sistema de raízes.

A absorção de nutrientes pelas folhas é mais eficaz quando a solução de nutrientes é aplicada à folha como uma película fina. A produção de uma película fina com frequência requer que as soluções de nutrientes sejam suplementadas com substâncias surfactantes, como o detergente Tween 80 ou os surfactantes organossiliconados desenvolvidos recentemente, que reduzem a tensão superficial. O movimento dos nutrientes para o interior da planta parece envolver a difusão pela cutícula e a absorção pelas células foliares, embora a absorção através da fenda estomática também possa ocorrer.

Para que a aplicação foliar de nutrientes seja bem-sucedida, os danos às folhas devem ser minimizados. Se a aspersão for aplicada em um dia quente, quando a evaporação é alta, os sais podem se acumular na superfície foliar e provocar queimadura ou ressecamento. A aplicação em dias frescos ou ao final da tarde ajuda a aliviar esse problema. A adição de calcário na aspersão diminui a solubilidade de muitos nutrientes e limita a toxicidade. A aplicação foliar tem-se mostrado economicamente bem-sucedida, sobretudo em culturas arbóreas e em videiras, mas ela também é usada com cereais. Os nutrientes aplicados às folhas podem salvar um pomar ou um vinhedo nos casos em que os nutrientes aplicados ao solo seriam de correção muito lenta. No trigo (*Triticum aestivum*), o nitrogênio aplicado às folhas durante os estágios tardios de crescimento melhora o conteúdo proteico das sementes.

Solo, raízes e microrganismos

O solo é física, química e biologicamente complexo. Ele é uma mistura heterogênea de substâncias distribuídas em fases sólidas, líquida e gasosa (ver Capítulo 3). Todas essas fases interagem com os nutrientes minerais. As partículas inorgânicas da fase sólida fornecem um reservatório de potássio, fósforo, cálcio, magnésio e ferro. Também associados a essa fase sólida estão os compostos orgânicos constituídos de nitrogênio, fósforo e enxofre, entre outros elementos. A fase líquida constitui a solução do solo que é retida em poros entre as suas partículas. Ela contém íons minerais dissolvidos e serve como o meio para o movimento deles até a superfície das raízes. Gases como oxigênio, dióxido de carbono e nitrogênio estão dissolvidos na solução do solo, mas as raízes fazem as trocas gasosas com o solo predominantemente através dos espaços de ar entre as suas partículas.

De uma perspectiva biológica, o solo constitui-se em um ecossistema diversificado no qual as raízes das plantas e microrganismos interagem. Muitos microrganismos desempenham papéis-chave na liberação (mineralização) de nutrientes de fontes orgânicas, alguns dos quais se tornam, então, diretamente disponíveis para as plantas. Sob algumas condições do solo, microrganismos de vida livre competem com as plantas por esses nutrientes minerais. Por outro lado, alguns microrganismos especializados, incluindo fungos micorrízicos e bactérias fixadoras de nitrogênio, podem formar alianças com as plantas (**simbioses**) para benefício mútuo.* Nesta seção, discute-se a importância das propriedades do solo, da estrutura da raiz e das relações simbióticas micorrízicas para a nutrição mineral das plantas. O Capítulo 5 abordará as relações simbióticas de plantas com bactérias fixadoras de nitrogênio.

Partículas de solo carregadas negativamente afetam a adsorção dos nutrientes minerais

As partículas de solo, tanto inorgânicas quanto orgânicas, têm cargas predominantemente negativas em suas superfícies. Muitas partículas inorgânicas de solo constituem redes cristalinas. Essas redes são arranjos tetraédricos das formas catiônicas de alumínio (Al^{3+}) e silício (Si^{4+}) ligadas a átomos de oxigênio, formando, assim, aluminatos e silicatos. Quando cátions de menor carga substituem o Al^{3+} e o Si^{4+}, as partículas inorgânicas de solo ficam carregadas negativamente.

As partículas orgânicas do solo originam-se de plantas mortas, animais e microrganismos que os microrganismos do solo decompuseram em vários graus. As cargas superficiais negativas das partículas orgânicas resultam da dissociação de íons hidrogênio de grupos ácidos carboxílicos e fenólicos presentes nesse componente do solo. A maioria dos solos do mundo é composta de agregados formados de partículas orgânicas e inorgânicas.

Os solos são classificados pelo tamanho das partículas:

- O cascalho consiste em partículas maiores que 2 mm.
- A areia grossa consiste em partículas entre 0,2 e 2 mm.
- A areia fina consiste em partículas entre 0,02 e 0,2 mm.
- O silte consiste em partículas entre 0,002 e 0,02 mm.
- A argila consiste em partículas menores do que 0,002 mm (2 µm).

Os materiais argilosos que contêm silicatos são ainda divididos em três grandes grupos – caulinita, ilita e montmorilonita – com base em diferenças nas suas propriedades estruturais e físicas (Tabela 4.5). O grupo caulinita em geral é encontrado em solos bem intemperizados; os grupos montmorilonita e ilita são encontrados em solos menos intemperizados.

Cátions minerais como amônio (NH_4^+) e potássio (K^+) são adsorvidos às cargas superficiais negativas das partículas inorgânicas e orgânicas ou adsorvidos dentro das redes formadas pelas partículas do solo. Essa adsorção de cátions é um fator importante

---

*N. de R.T. Cabe mencionar que nem todas as simbioses resultam em benefícios mútuos às espécies envolvidas nessas interações.

TABELA 4.5 Comparação das propriedades dos três principais tipos de argilossilicatos encontrados no solo

	Tipo de argila		
Propriedade	Montmorilonita	Ilita	Caulinita
Tamanho (µm)	0,01-1,0	0,1-2,0	0,1-5,0
Forma	Flocos irregulares	Flocos irregulares	Cristais hexagonais
Coesão	Alta	Média	Baixo
Capacidade de embebição	Alta	Média	Baixo
Capacidade de troca catiônica (miliequivalentes 100 g^{-1})	80-100	15-40	3-15

Fonte: De Brady, 1974.

na fertilidade do solo. Os cátions minerais adsorvidos à superfície das partículas do solo não são facilmente lixiviados quando o solo é infiltrado pela água e, portanto, proporcionam uma reserva de nutrientes disponível para as raízes. Os nutrientes minerais adsorvidos dessa maneira podem ser substituídos por outros cátions em um processo conhecido como **troca catiônica** (**Figura 4.6**). O grau em que um solo pode adsorver ou trocar íons é denominado *capacidade de troca catiônica* (*CTC*)* e é altamente dependente do tipo de solo. Um solo com capacidade mais alta de troca de cátions em geral tem uma maior reserva de nutrientes minerais.

Os ânions minerais como nitrato (NO_3^-) e cloreto (Cl^-) tendem a ser repelidos pela carga negativa na superfície das partículas do solo e permanecem dissolvidos na solução do solo. Assim, a capacidade de troca aniônica da maioria dos solos agrícolas é pequena quando comparada com a capacidade de troca catiônica. O nitrato, em particular, permanece móvel na solução do solo, onde é suscetível à lixiviação pela água que se movimenta pelo solo.

Os íons fosfato ($H_2PO_2^-$) podem se ligar às partículas de solo contendo alumínio ou ferro, pois os íons ferro e alumínio carregados positivamente (Fe^{2+}, Fe^{3+} e Al^{3+}) estão associados a grupos hidroxila (OH^-)

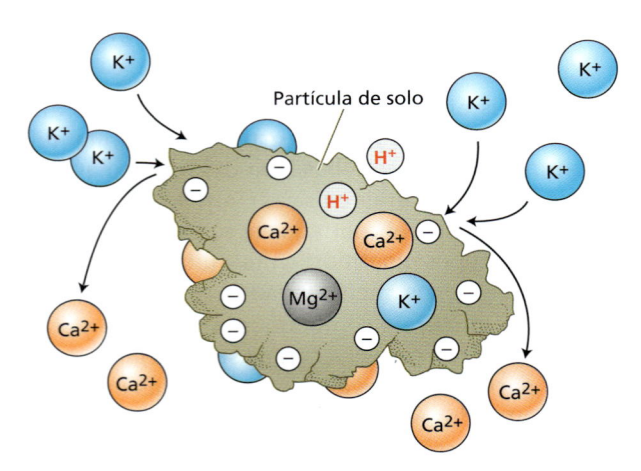

Figura 4.6 Princípio da troca catiônica sobre a superfície de uma partícula de solo. Cátions são adsorvidos à superfície de uma partícula de solo porque essa superfície é carregada negativamente. A adição de um cátion, como o potássio (K^+), ao solo pode deslocar outro cátion, como o cálcio (Ca^{2+}), da superfície da partícula de solo e torná-lo disponível para a absorção pelas raízes.

*N. de T. Na verdade, quando se refere à capacidade do solo de trocar íons, como foi descrito no texto, caracteriza-se a capacidade de troca iônica do solo (cátions + ânions).

que são trocados por fosfato. Os íons fosfato também reagem fortemente com Ca^{2+}, Fe^{3+} e Al^{3+}, formando compostos inorgânicos insolúveis. Como resultado, o fosfato com frequência é ligado fortemente sob pH baixo ou alto (ver Figura 4.5), e sua falta de mobilidade e disponibilidade no solo pode limitar o crescimento vegetal. A formação de simbioses micorrízicas (que discutimos mais adiante nesta seção) ajuda a superar essa falta de mobilidade. Adicionalmente, as raízes de algumas plantas, como o tremoço-branco (*Lupinus albus*) e membros da família Proteaceae (p. ex., *Macadamia, Banskia, Protea*), secretam grandes quantidades de prótons ou ânions orgânicos para o solo que liberam o fosfato de fosfatos de ferro, alumínio e cálcio.

Sulfato (SO_4^{2-}), na presença de Ca^{2+}, forma gesso ($CaSO_4$). O gesso é apenas levemente solúvel, mas libera sulfato suficiente para sustentar o crescimento vegetal. A maioria dos solos não ácidos contém quantidades substanciais de Ca^{2+}; em consequência, a mobilidade do sulfato nesses solos é baixa, de modo que o sulfato não é altamente suscetível à lixiviação.

O pH do solo afeta a disponibilidade de nutrientes, os microrganismos do solo e o crescimento das raízes

A concentração de íons hidrogênio (pH) é uma propriedade importante dos solos porque afeta o crescimento das raízes e os microrganismos neles presentes. O crescimento das raízes geralmente é favorecido em solos levemente ácidos, com valores de pH entre 5,5 e 6,5. Os fungos em geral predominam em solos ácidos (pH abaixo de 7); as bactérias tornam-se mais abundantes em solos alcalinos (pH superior a 7). O pH determina a disponibilidade dos nutrientes do solo (ver Figura 4.5). A acidez promove a intemperização de rochas, que libera K^+, Mg^{2+}, Ca^{2+} e Mn^{2+} e aumenta a solubilidade de carbonatos, sulfatos e alguns fosfatos. O aumento da solubilidade de nutrientes eleva sua disponibilidade para as raízes à medida que as concentrações aumentam na solução do solo.

Os principais fatores que baixam o pH do solo são a decomposição da matéria orgânica, a assimilação de amônio pelas plantas e pelos microrganismos e a quantidade de chuva. O dióxido de carbono é produzido como resultado da decomposição de matéria orgânica e se equilibra com a água do solo conforme a seguinte reação:

$$CO_2 + H_2O \leftrightarrow H^+ + HCO_3^-$$

Isso libera íons hidrogênio (H^+), diminuindo o pH do solo. A decomposição microbiana da matéria orgânica também produz amônia/amônio (NH_3/NH_4^+) e sulfeto de hidrogênio (H_2S), que podem ser oxidados no solo, formando os ácidos fortes: ácido nítrico (HNO_3) e ácido sulfúrico (H_2SO_4), respectivamente. À medida que absorvem íons amônio do solo e os assimilam em aminoácidos, as raízes geram íons hidrogênio que elas excretam no solo circundante (ver Capítulo 5). Os íons hidrogênio podem deslocar K^+, Mg^{2+}, Ca^{2+} e Mn^{2+} das superfícies das partículas do solo. A lixiviação pode, então, remover esses íons das camadas superiores do solo, deixando-o mais ácido. Por outro lado, a intemperização de rochas em regiões mais áridas libera K^+, Mg^{2+}, Ca^{2+} e Mn^{2+} para o solo, mas, devido à baixa pluviosidade, esses íons não são lixiviados das camadas superiores do solo e este permanece alcalino.

O excesso de íons minerais no solo limita o crescimento vegetal

Quando íons minerais estão presentes em excesso no solo, este é denominado *salino*. Solos desse tipo podem inibir o crescimento vegetal se os íons minerais alcançarem concentrações que limitem a disponibilidade de água ou excedam os níveis adequados para determinado nutriente (ver Capítulo 19). Cloreto de sódio e sulfato de sódio são os sais mais comuns em solos salinos. O excesso de íons minerais no solo pode ser um fator de grande importância em regiões áridas e semiáridas, pois a precipitação é insuficiente para lixiviá-los das camadas de solo junto à superfície.

A agricultura irrigada promove a salinização dos solos caso a quantidade de água aplicada seja insuficiente para lixiviar o sal abaixo da zona de raízes. A água de irrigação pode conter 100 a 1.000 g de íons minerais por metro cúbico. Uma cultura requer em média cerca de 10.000 m^3 de água por hectare. Consequentemente, 1.000 a 10.000 kg de íons minerais por hectare podem ser adicionados ao solo por cultura vegetal, e, ao longo de várias estações de crescimento, concentrações altas de íons minerais podem se acumular no solo.

Em solos salinos, as plantas enfrentam **estresse salino**. Enquanto muitas plantas são afetadas de maneira adversa pela presença de níveis relativamente baixos de sal, outras podem sobreviver (**plantas tolerantes ao sal**) ou mesmo prosperar (**halófitas**) em níveis elevados de sal. Os mecanismos pelos quais as plantas toleram a salinidade alta são complexos (ver Capítulo 19), envolvendo síntese molecular, indução enzimática e transporte de membrana. Em algumas espécies vegetais, os íons minerais em excesso não são absorvidos, sendo excluídos pelas raízes; em outras, eles são absorvidos, mas são excretados pela planta por glândulas de sal presentes nas folhas. Para impedir o acúmulo tóxico de íons minerais no citosol, muitas plantas sequestram esses íons no vacúolo. Esforços estão em curso para conferir tolerância ao sal em espécies de culturas sensíveis a ele, utilizando tanto o melhoramento clássico de plantas como a biotecnologia, conforme detalhado no Capítulo 19.

Outro problema importante relacionado ao excesso de íons minerais é a acumulação de metais pesados no solo, que pode causar toxicidade severa em plantas, assim como em seres humanos. Esses metais pesados abrangem zinco, cobre, cobalto, níquel, mercúrio, chumbo, cádmio, prata e cromo.

Algumas plantas desenvolvem sistemas de raízes extensos

A capacidade das plantas de obter água e nutrientes minerais do solo está relacionada à sua capacidade de desenvolver um sistema de raízes extenso e várias outras características, como a capacidade de secretar ânions inorgânicos ou desenvolver simbioses micorrízicas. No final da década de 1930, H. J. Dittmer examinou o sistema de raízes de um único indivíduo de centeio depois de 16 semanas de crescimento. Ele estimou que a planta tivesse 13 milhões de eixos de raízes primárias e laterais, estendendo-se mais de 500 km em comprimento e proporcionando uma área de superfície de 200 m^2. Essa planta também tinha mais de 10^{10} pelos nas raízes, proporcionando 300 m^2 adicionais de área de superfície. A área de superfície total das raízes de uma única planta de centeio equivalia àquela de uma quadra de basquetebol profissional. Outras espécies vegetais podem não desenvolver tais sistemas de raízes extensos, o que pode limitar sua capacidade de absorção e aumentar a sua dependência da simbiose micorrízica (discutido a seguir).

No deserto, as raízes de plantas do gênero *Prosopis* podem atingir uma profundidade superior a 50 m para alcançar a água subterrânea. Plantas anuais cultivadas têm raízes que normalmente crescem entre 0,1 e 2,0 m em profundidade e se estendem lateralmente a distâncias de 0,3 a 1,0 m. Em pomares, os sistemas de raízes principais de árvores plantadas com espaçamento de 1 m entre si atingem um comprimento total de 12 a 18 km por árvore. A produção anual de raízes em ecossistemas naturais pode facilmente ultrapassar a de partes aéreas, de modo que, em muitos casos, as porções aéreas de uma planta representam apenas "a ponta do *iceberg*". No entanto, realizar observações de sistemas de raízes é difícil e normalmente requer técnicas especiais.

As raízes das plantas podem crescer continuamente ao longo do ano se as condições forem favoráveis. Sua proliferação, no entanto, depende da disponibilidade de água e nutrientes no microambiente que as circunda, a chamada **rizosfera**. Se a rizosfera for pobre em nutrientes ou muito seca, o crescimento das raízes é lento. À medida que as condições na rizosfera melhoram, o crescimento das raízes aumenta. Se a fertilização e a irrigação fornecerem nutrientes e água em abundância, o crescimento das raízes poderá não acompanhar o da parte aérea. O crescimento vegetal sob tais condições torna-se limitado por carboidratos, e um sistema de raízes relativamente pequeno satisfaz as necessidades de nutrientes da planta inteira. Em culturas nas quais colhemos as partes aéreas, a fertilização e a irrigação causam uma maior alocação de recursos para o caule, folhas e estruturas reprodutivas do que para as raízes, e esse desvio no padrão de alocação com frequência resulta em produtividades mais altas.

Os sistemas de raízes diferem na forma, mas se baseiam em estruturas comuns

A *forma* do sistema de raízes difere muito entre as espécies vegetais. Em monocotiledôneas, o desenvolvimento das raízes começa com a emergência de três a seis eixos de **raízes primárias** (ou *seminais*) a partir da semente em germinação. À medida que cresce, a planta estende raízes adventícias novas, chamadas de **raízes nodais** ou *raízes-escora*. Com o passar do tempo, os eixos de raiz primários e nodais crescem e se ramificam extensamente, formando um complexo *sistema de raízes fasciculado* (**Figura 4.7**). Nos sistemas fasciculados, todas as raízes em geral têm o mesmo diâmetro (exceto quando as condições ambientais ou interações com patógenos modificam sua estrutura), de modo que é impossível distinguir um eixo de raiz primária*.

Diferentemente das monocotiledôneas, as dicotiledôneas desenvolvem sistemas de raízes com um eixo principal único, denominado **raiz pivotante**, que pode engrossar como resultado da atividade cambial (crescimento secundário). Desse eixo principal desenvolvem-se *raízes laterais*, formando um sistema de raízes extensamente ramificado (**Figura 4.8**).

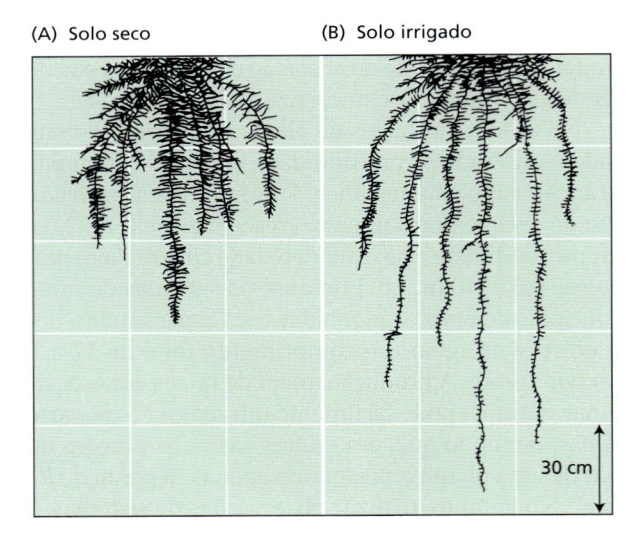

(A) Solo seco   (B) Solo irrigado

30 cm

Figura 4.7 Sistemas de raízes fasciculados de trigo (uma monocotiledônea). (A) Sistema de raízes de uma planta madura (3 meses de idade) de trigo crescendo em solo seco. (B) Sistema de raízes de uma planta madura de trigo crescendo em solo irrigado. É visível que a morfologia do sistema de raízes é afetada pela quantidade de água presente no solo. Em um sistema de raízes fasciculado maduro, os eixos primários são indistinguíveis. (De Weaver, 1926.)

(A) Beterraba   (B) Alfafa

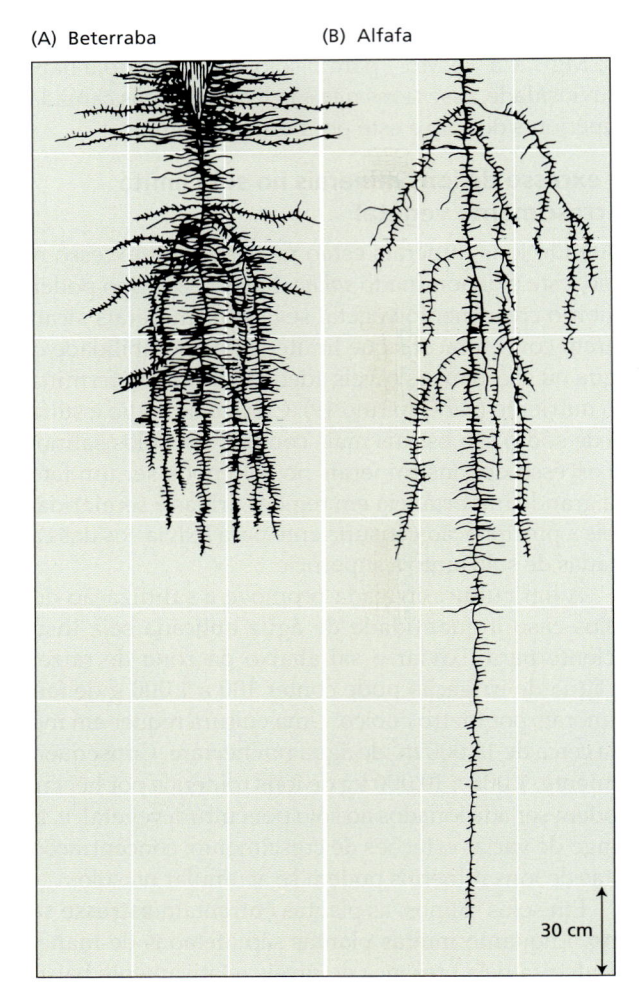

30 cm

Figura 4.8 Sistema de raízes pivotante de duas dicotiledôneas adequadamente irrigadas: beterraba (A) e alfafa (B). O sistema de raízes da beterraba é típico de 5 meses de crescimento; o sistema de raízes da alfafa é típico de 2 anos de crescimento. Em ambas as eudicotiledôneas, o sistema de raízes mostra um eixo vertical principal. No caso da beterraba, a porção superior do sistema de raízes pivotante é engrossada devido à sua função como órgão de armazenagem. (De Weaver, 1926.)

---

*N. de R.T. O termo "primária" refere-se à origem morfológica, isto é, a primeira raiz que surge no desenvolvimento da planta.

O desenvolvimento do sistema de raízes tanto em monocotiledôneas quanto em eudicotiledôneas depende da atividade do meristema apical e da produção de meristemas de raízes laterais. A **Figura 4.9** é um diagrama geral da região apical da raiz de uma planta e identifica três zonas de atividade: meristemática, de alongamento e de maturação.

Na **zona meristemática**, as células dividem-se em direção à base da raiz, para formar células que se diferenciam em tecidos da raiz funcional, e em direção ao ápice da raiz, para formar a **coifa**. A coifa protege as delicadas células meristemáticas à medida que a raiz se expande no solo. Ela geralmente secreta um material gelatinoso chamado *mucigel*, que envolve o ápice da raiz. A função precisa do mucigel não é bem conhecida, mas ele pode proporcionar lubrificação que facilita a penetração da raiz no solo, proteger o ápice da raiz de dessecação, promover a transferência de nutrientes à raiz e afetar interações entre a raiz e os microrganismos do solo. A coifa é essencial para a percepção da gravidade, sinal que direciona o crescimento das raízes para baixo. Esse processo é conhecido como **resposta gravitrópica** (ver Capítulo 15).

A divisão celular no ápice da raiz é relativamente lenta; assim, essa região é denominada **centro quiescente**. Após algumas gerações de divisões celulares lentas, células da raiz deslocadas cerca de 0,1 mm do ápice começam a se dividir mais rapidamente. A divisão celular novamente vai diminuindo a cerca de 0,4 mm do ápice, e as células expandem-se igualmente em todas as direções.

A **zona de alongamento** começa a 0,7 a 1,5 mm do ápice (ver Figura 4.9). Nessa zona, as células alongam-se rapidamente e passam por uma série final de divisões, produzindo um anel central de células denominado **endoderme**. As paredes dessa camada de células endodérmicas tornam-se espessadas, e suberina é depositada sobre as paredes radiais e transversais das células endodérmicas, formando a **estria de Caspary**, uma estrutura hidrofóbica que impede o movimento apoplástico de água ou solutos através da raiz (ver Figura 3.4).

A endoderme divide a raiz em duas regiões: o **córtex**,* para fora, e o **estelo**, para dentro. O estelo contém os sistemas condutores da raiz: o **floema**, que transporta metabólitos da parte aérea para a raiz e para frutos e sementes, e o **xilema**, que transporta água e solutos para a parte aérea.

O floema desenvolve-se mais rápido que o xilema, evidenciando o fato de que a função do floema é crucial próximo ao ápice da raiz. Grandes quantidades de carboidratos devem fluir pelo floema em direção às zonas apicais em crescimento para sustentar a divisão e o alongamento celulares (ver Capítulo 10). Os carboidratos proporcionam às células em rápido crescimento uma fonte de energia e esqueletos de carbono necessários para a síntese de compostos orgânicos. Açúcares de seis carbonos (hexoses) também atuam como solutos osmoticamente ativos nos tecidos das raízes. No ápice da raiz, onde o floema ainda não está desenvolvido, o movimento de carboidratos depende do transporte simplástico e é relativamente lento. As baixas taxas de divisão celular no centro quiescente podem resultar do fato de que os carboidratos chegam em quantidades in-

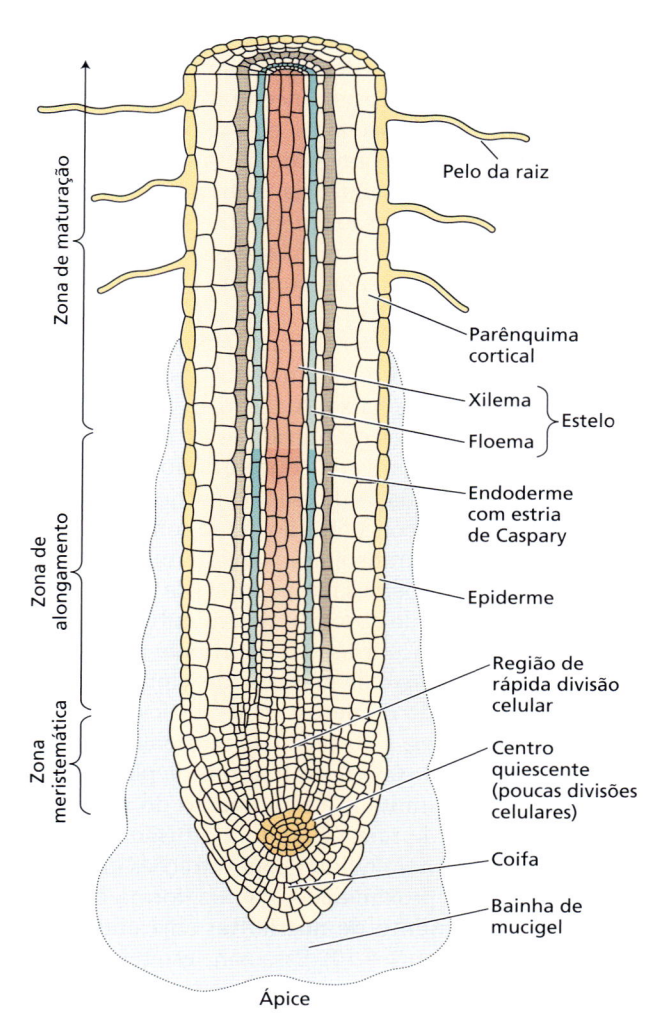

Figura 4.9 Representação diagramática de um corte longitudinal da região apical da raiz. As células meristemáticas estão localizadas próximos ao ápice da raiz. Essas células geram a coifa e os tecidos superiores da raiz. Na zona de alongamento, as células diferenciam-se para produzir xilema, floema e córtex. Os pelos da raiz, formados por células epidérmicas, aparecem primeiro na zona de maturação.

---

*N. de R.T. A endoderme, de fato, é a camada mais interna do córtex.

suficientes a essa região centralmente localizada ou de que essa área é mantida em um estado oxidado.

Os pelos das raízes, com suas grandes áreas de superfície para a absorção de água e solutos e para ancorar a raiz ao solo, aparecem primeiro na **zona de maturação** (ver Figura 4.9), na qual o xilema desenvolve a capacidade de transportar quantidades substanciais de água e solutos para a parte aérea.

Áreas diferentes da raiz absorvem íons minerais distintos

O ponto exato de entrada dos minerais no sistema de raízes tem sido um tópico de interesse considerável. Alguns pesquisadores afirmam que os nutrientes são absorvidos somente nas regiões apicais dos eixos ou das ramificações das raízes; outros afirmam que os nutrientes são absorvidos ao longo de toda a superfície da raiz. Evidências experimentais sustentam as duas possibilidades, dependendo da espécie vegetal e do nutriente sob investigação:

- A absorção de íons cálcio pela cevada (*Hordeum vulgare*) parece ser restrita à região apical.
- Ferro pode ser absorvido tanto na região apical, como na cevada e outras espécies, quanto ao longo de toda a superfície da raiz, como no milho.
- Íons potássio, nitrato, amônio e fosfato podem ser absorvidos livremente em todos os locais da superfície da raiz, mas no milho a zona de alongamento tem as taxas máximas de acumulação de íons potássio e de absorção de nitrato.
- No milho, no arroz e em espécies de áreas úmidas (*wetlands*), o ápice da raiz absorve amônio mais rapidamente do que a zona de alongamento. A absorção de amônio e nitrato por coníferas varia significativamente em diferentes regiões da raiz e pode ser influenciada pelas taxas de crescimento e maturação desse órgão.
- Em várias espécies, o ápice e os pelos da raiz são os mais ativos na absorção de fosfato. Para espécies com pelos fracamente desenvolvidos, hifas de fungos micorrízicos arbusculares podem desempenhar um papel expressivo na absorção de fosfato e outros nutrientes, e o desenvolvimento dessa simbiose pode mudar as regiões da raiz envolvidas na absorção.

As altas taxas de absorção de nutrientes nas zonas apicais da raiz resultam da forte demanda nesses tecidos e da disponibilidade relativamente alta de nutrientes no solo que os circunda. Por exemplo, o alongamento celular depende do acúmulo de nutrientes como potássio, cloro e nitrato para aumentar a pressão osmótica dentro das células. O amônio é a fonte preferencial de nitrogênio para sustentar a divisão celular no meristema, pois os tecidos meristemáticos são, com frequência, limitados na disponibilidade de carboidratos e porque a assimilação de amônio em compostos orgânicos nitrogenados consome menos energia do que a assimilação de nitrato (ver Capítulo 5). O ápice e os pelos da raiz crescem em solo inexplorado, onde os nutrientes ainda não foram esgotados.

Dentro do solo, os nutrientes podem se mover para a superfície da raiz tanto por fluxo de massa quanto por difusão (ver Capítulo 2). No fluxo de massa, os nutrientes são carregados pela água que se move do solo em direção às raízes. A quantidade de nutrientes fornecida às raízes por fluxo de massa depende da taxa de fluxo de água pelo solo em direção à planta, a qual depende das taxas de transpiração e das concentrações de nutrientes na solução do solo. Quando tanto a taxa de fluxo de água quanto as concentrações de nutrientes na solução do solo são altas, o fluxo de massa pode desempenhar um papel importante no suprimento de nutrientes. Como consequência, nutrientes altamente solúveis como o nitrato são em grande parte transportados por fluxo de massa, mas esse processo é menos importante para nutrientes com baixa solubilidade, como íons fosfato e zinco.

Na difusão, os nutrientes minerais movem-se de uma região de concentração mais alta para um local de concentração mais baixa. A absorção de nutrientes reduz as concentrações de nutrientes na superfície da raiz, gerando gradientes de concentração na solução do solo que a circunda. A difusão de nutrientes a favor de seu gradiente de concentração, junto com o fluxo de massa resultante da transpiração, pode aumentar a disponibilidade de nutrientes na superfície da raiz.

Quando a taxa de absorção de um nutriente pelas raízes é alta e a concentração do nutriente na solução do solo é baixa, o fluxo de massa pode suprir somente uma pequena fração da necessidade nutricional total. Sob essas condições, a absorção do nutriente torna-se independente das taxas transpiratórias da planta, e as taxas de difusão limitam o movimento do nutriente para a superfície da raiz. Quando a difusão é demasiadamente baixa para manter concentrações elevadas de nutrientes nas proximidades da raiz, forma-se uma **zona de esgotamento de nutrientes** adjacente à superfície da raiz (**Figura 4.10**). Essa zona estende-se cerca de 0,2 a 2,0 mm da superfície da raiz, dependendo da mobilidade do nutriente no solo. A zona de esgotamento de nutrientes é particularmente importante para o fosfato.

A formação de uma zona de esgotamento informa algo importante sobre a nutrição mineral. Uma vez que as raízes esgotam o suprimento mineral na rizosfera, sua eficácia em extrair minerais do solo é determi-

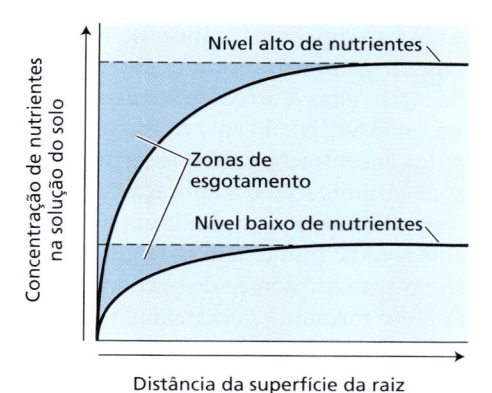

Figura 4.10 Formação de uma zona de esgotamento de nutrientes na região do solo adjacente à raiz da planta. Uma zona de esgotamento se forma quando a taxa de absorção de nutrientes pelas células da raiz excede a taxa de reposição de nutrientes por fluxo de massa e por difusão na solução do solo. Esse esgotamento causa um decréscimo localizado na concentração de nutrientes na área adjacente à superfície da raiz. (De Mengel e Kirkby, 2001.)

nada não só pela taxa pela qual elas podem remover nutrientes da solução do solo, mas por seu contínuo crescimento em direção ao solo ainda inesgotado. Sem crescimento, as raízes rapidamente esgotariam o solo adjacente às suas superfícies. Portanto, uma obtenção ótima de nutrientes depende tanto da capacidade de absorção de nutrientes pelo sistema de raízes como da sua capacidade de crescer em direção ao solo inexplorado. A capacidade da planta para formar uma simbiose micorrízica também é fundamental para a superação dos efeitos da zona de esgotamento, uma vez que as hifas do simbionte fúngico crescem além dessa zona. Essas estruturas fúngicas absorvem nutrientes distantes da raiz (até 25 cm no caso de micorrizas arbusculares) e os translocam rapidamente para as raízes, superando a lenta difusão no solo.

A disponibilidade de nutrientes influencia o crescimento da raiz

As plantas, que têm mobilidade limitada na maior parte de suas vidas, devem lidar com alterações em seu ambiente local, uma vez que elas não podem se afastar das condições desfavoráveis. Acima do solo, o nível de luz, a temperatura e a umidade podem flutuar substancialmente durante o dia e através do dossel, porém as concentrações de CO_2 e O_2 permanecem relativamente uniformes. Por outro lado, o solo tampona as raízes de temperaturas extremas, mas as concentrações de CO_2 e O_2, água e nutrientes são extremamente heterogêneas no subsolo, tanto espacial como temporalmente. Por exemplo, as concentrações de nitrogênio inorgânico no solo podem variar 1.000 vezes ao longo de uma distância de centímetros ou no decorrer de horas. Dada essa heterogeneidade, as plantas buscam as condições mais favoráveis ao seu alcance.

As raízes percebem o ambiente do subsolo – por meio de gravitropismo, tigmotropismo, quimiotropismo e hidrotropismo – para orientar seu crescimento em direção aos recursos nele existentes. Algumas dessas respostas envolvem a auxina (ver Capítulo 15). A amplitude na qual as raízes proliferam dentro de uma mancha de solo varia com as concentrações de nutrientes (**Figura 4.11**). O crescimento de raízes é mínimo em solos pobres, pois elas se tornam limitadas pelos nutrientes. À medida que a disponibilidade de nutrientes no solo aumenta, as raízes proliferam.

Onde os nutrientes do solo excedem uma concentração ideal, o crescimento de raiz pode se tornar limitado por carboidratos e finalmente cessa. Com concentrações altas de nutrientes no solo, umas poucas raízes – 3,5% do sistema de raiz no trigo de primavera e 12% na alface – são suficientes para suprir todas as necessidades nutricionais, de modo que a planta pode diminuir a alocação de seus recursos para as raízes enquanto aumenta sua alocação para a parte aérea e estruturas reprodutivas. Essa alteração de recursos é um mecanismo pelo qual a fertilização estimula a produtividade das culturas.

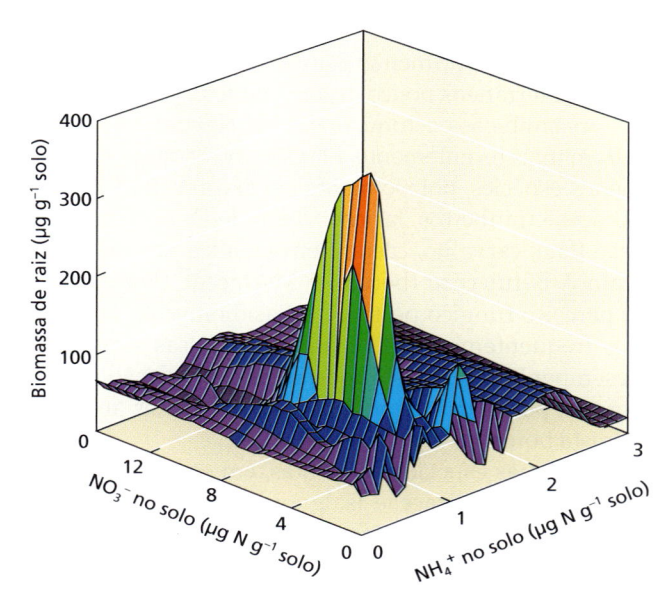

Figura 4.11 Biomassa de raiz como uma função de NH_4^+ e NO_3^- extraíveis no solo. A biomassa de raiz é mostrada (µg massa seca de raiz g^{-1} solo) em relação a NH_4^+ e NO_3^- extraíveis do solo (µg extraível N g^{-1} solo) para tomateiro (*Solanum lycopersicum* cv T-5) crescendo em uma parcela irrigada não cultivada nos 2 anos anteriores. As cores enfatizam as diferenças entre biomassas, variando de baixas (roxo) a altas (vermelho). (De Bloom et al., 1993.)

As simbioses micorrízicas facilitam a absorção de nutrientes pelas raízes

Nossa discussão até agora tem se centrado na aquisição direta de elementos minerais pelas raízes, mas esse processo em geral é modificado pela associação de **fungos micorrízicos** ao sistema de raiz para formar uma **micorriza** (da palavra grega para "fungo" e "raiz"). A planta hospedeira supre os fungos micorrízicos associados de carboidratos e em retorno recebe nutrientes deles. Há evidências de que a tolerância à seca e a doenças também possa ser melhorada na planta hospedeira.

Simbioses micorrízicas de dois tipos principais – **micorrizas arbusculares e ectomicorrizas** – são amplamente distribuídas na natureza, ocorrendo em cerca de 90% das espécies vegetais, incluindo a maioria das principais culturas. A maior parte, talvez 80%, é de micorrizas arbusculares, que são simbioses entre um filo de fungos recentemente descrito, Glomeromycota, e uma ampla gama de angiospermas, gimnospermas, pteridófitas e hepáticas. Sua importância em espécies herbáceas e em árvores frutíferas de muitos tipos torna as micorrizas arbusculares vitais para a produção agrícola, em particular em solos pobres em nutrientes. Esse é o tipo mais antigo de micorriza, ocorrendo em fósseis das primeiras plantas terrestres. Essa simbiose provavelmente foi importante para facilitar o estabelecimento vegetal sobre o solo há cerca de 450 milhões de anos, pois as primeiras plantas terrestres tinham órgãos subterrâneos pouco desenvolvidos.

As simbioses ectomicorrízicas, ao contrário, evoluíram mais recentemente. Elas são formadas por muito menos espécies, notavelmente em árvores das famílias Pinaceae (pinheiros, lariços, abeto de Douglas), Fagaceae (faia, carvalho, castanheiro), Salicaceae (choupo, álamo), Betulaceae (bétula) e Myrtaceae (*Eucalyptus*). O parceiro fúngico pertence a Basidiomycota ou, menos frequentemente, a Ascomycota. Essas simbioses desempenham papéis importantes na nutrição de árvores e, portanto, na produtividade de vastas áreas de floresta boreal.

Algumas espécies de plantas, em especial aquelas nas famílias Salicaceae (salgueiro [*Salix*] e choupo e álamo [*Populus*]) e Myrtaceae (*Eucalyptus*), podem formar tanto simbioses arbusculares como ectomicorrízicas. Outras espécies se mostraram incapazes de formar qualquer tipo de micorriza. Elas incluem membros das famílias Brassicaceae, como a couve (*Brassica oleracea*) e a planta-modelo *Arabidopsis thaliana*; Chenopodiaceae, como o espinafre (*Spinacea oleracea*), e Proteaceae, como a nogueira-macadâmia (*Macadamia integrifolia*).

Certas práticas agriculturais podem reduzir ou eliminar a formação de micorrizas em plantas que normalmente as formam. Essas práticas incluem a inundação (o arroz irrigado não forma micorrizas, enquanto o arroz de terras altas – arroz de sequeiro – as forma), a perturbação extensiva do solo causada pela aração, a aplicação de concentrações altas de fertilizantes e, evidentemente, a fumigação e a aplicação de alguns fungicidas. Tais práticas podem diminuir a produtividade em culturas como o milho, que são muito dependentes de micorrizas para a absorção de nutrientes. Micorrizas também não se formam em cultivo em solução ou em cultivo hidropônico. Todavia, para a maioria das plantas, a formação de micorrizas é a situação normal e a condição sem micorrizas é essencialmente um artefato, provocado por determinadas práticas agrícolas.

As micorrizas modificam o sistema de raízes da planta e influenciam sua obtenção de nutrientes minerais, mas o modo como elas fazem isso varia entre os tipos. Fungos micorrízicos arbusculares desenvolvem, fora da raiz de seu hospedeiro, um sistema altamente ramificado (micélio) de hifas (estruturas filamentosas finas de 2 a 10 µm de diâmetro) que exploram o solo (**Figura 4.12**). Diferentes fungos micorrízicos arbusculares variam consideravelmente em sua distância e intensidade de exploração do solo, mas a transferência de fosfato a 25 cm de distância da raiz foi medida. O micélio também auxilia a estabilizar agregados de partículas do solo, melhorando a sua estrutura. As hifas estendem-se no solo bem além da zona de esgotamento que se desenvolve em volta da raiz e, portanto, podem absorver um nutriente imóvel como o fosfato além dessa zona. As hifas também penetram nos poros do solo

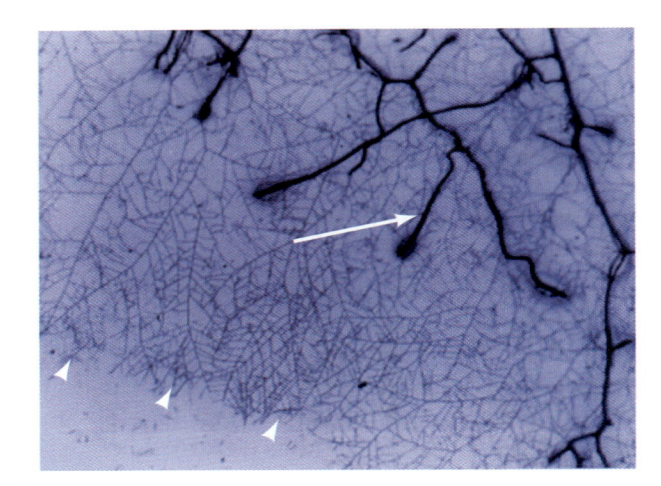

Figura 4.12 Visualização do micélio extrarradical de *Glomus mosseae* expandindo-se a partir de raízes colonizadas de ameixeira-de-jardim (*Prunus cerasifera*). A frente de avanço do micélio extrarradical é indicada pelas pontas de setas, e as raízes da planta, por uma seta. Observe as diferenças nos comprimentos e nos diâmetros das raízes e das hifas. (De Giovannetti et al., 2006.)

que são muito mais estreitos do que aqueles disponíveis para as raízes.

A raiz da planta hospedeira de micorrizas arbusculares mostra-se quase igual a uma raiz não micorrízica, e a presença dos fungos somente pode ser detectada por coloração e microscopia. As hifas dos fungos micorrízicos arbusculares crescidas a partir de esporos no solo ou raízes de outras plantas penetram a epiderme da raiz e colonizam o parênquima cortical, estendendo-se através dos espaços intercelulares e invadindo as células corticais para formar estruturas altamente ramificadas denominadas **arbúsculos** (colonização tipo Arum; **Figura 4.13A**) ou complexas **hifas enoveladas** (colonização tipo Paris; **Figura 4.13B**). Os fungos são restritos ao parênquima cortical e nunca penetram a endoderme ou colonizam o estelo da raiz. Essas estruturas aumentam a área de contato entre os simbiontes e permanecem rodeadas por uma membrana da planta que participa na transferência de nutrientes do fungo para as células vegetais. O processo de penetração é geneticamente controlado por uma rota que milhões e milhões de anos mais tarde foi parcialmente incorporada para a colonização de raízes de leguminosas por bactérias fixadoras de nitrogênio (ver Capítulo 5).

O fosfato é liberado pelos fungos diretamente no córtex da raiz. Depois de exportado dos arbúsculos ou novelos fúngicos, esse fosfato é absorvido pelas células vegetais. Alguns dos conjuntos de transportadores de fosfato vegetais (ver Capítulo 6) são específica ou preferencialmente expressos somente nas membranas vegetais que envolvem os arbúsculos ou novelos no córtex da raiz e não são expressos em raízes não micorrízicas. Os transportadores desempenham um papel-chave na transferência de fosfato do fungo para a planta.

As hifas de fungos micorrízicos arbusculares têm capacidade de crescimento constante, absorção altamente eficiente, e translocação e transferência rápidas de nutrientes como o fosfato para as células da raiz. Isso significa que elas conseguem explorar o solo de forma muito mais eficaz e com menos recursos do que as raízes não micorrízicas. Em um grande número de espécies de plantas, a resposta à colonização por fungos micorrízicos arbusculares é o aumento da absorção de fosfato e, portanto, do crescimento, em especial quando o fósforo no solo é pouco disponível. Porém, uma grande diversidade de respostas foi observada, variando desde respostas muito positivas até zero ou mesmo respostas negativas. A explicação convencional para as respostas negativas é que o fungo consome carboidratos em excesso e é incapaz de fornecer quantidades adequadas de nutrientes para a planta. Entretanto, os fungos permanecem ativos na liberação de fosfato, enquanto, ao mesmo tempo, decresce a quantidade de fosfato que é absorvida diretamente através da epi-

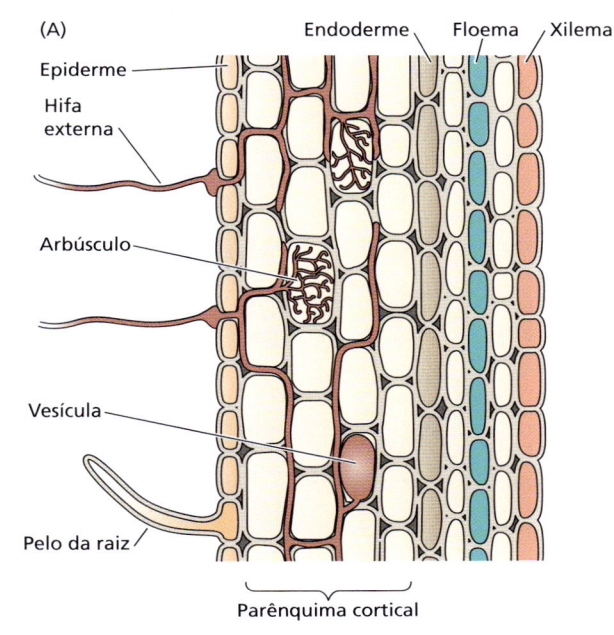

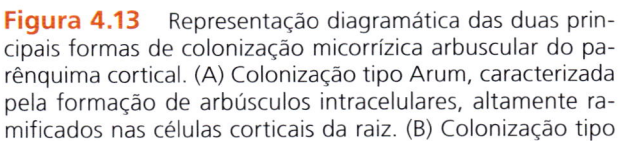

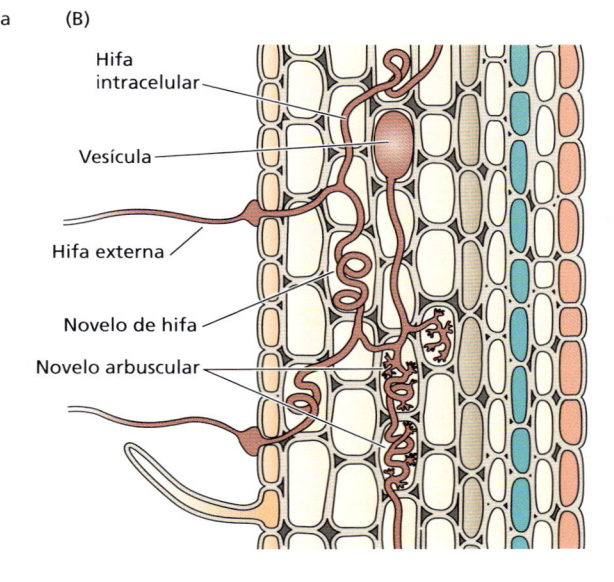

Figura 4.13 Representação diagramática das duas principais formas de colonização micorrízica arbuscular do parênquima cortical. (A) Colonização tipo Arum, caracterizada pela formação de arbúsculos intracelulares, altamente ramificados nas células corticais da raiz. (B) Colonização tipo Paris, caracterizada pela formação de novelos intracelulares de hifas nas células corticais da raiz, alguns dos quais (chamados de novelos arbusculares) portam pequenos arbúsculos semelhantes a ramos.

derme da raiz. A ausência de resposta positiva pode, portanto, derivar de uma "linha cruzada" entre os simbiontes vegetais e fúngicos que interfere no modo de absorção de nutrientes pelas raízes. A alta disponibilidade de fosfato no solo tende a diminuir o efeito estimulador que a formação de micorriza arbuscular tem sobre a absorção de fósforo pela planta, o crescimento e a produtividade, mas ainda não há evidência substancial de controle vegetal específico da colonização fúngica e da atividade pelo fosfato.

Aproveitar a simbiose micorrízica arbuscular para otimizar a nutrição de culturas vegetais, à medida que os fertilizantes se tornam cada vez mais dispendiosos, dependerá da compreensão de como os parceiros simbióticos interagem para influenciar a obtenção de nutrientes. No momento, os fungos micorrízicos arbusculares são conhecidos pela importância na absorção de nutrientes imóveis, como o fosfato e o zinco. Seu papel em aumentar a absorção de nitrogênio ainda precisa ser comprovado.

Raízes colonizadas por simbiose ectomicorrízica podem ser claramente distinguidas de raízes não micorrízicas; elas crescem mais lentamente e com frequência parecem mais grossas e altamente ramificadas. Os fungos tipicamente formam uma espessa bainha, ou *manto*, de micélio em volta das raízes, e algumas hifas penetram entre as células epidérmicas e, às vezes (no caso de coníferas), as células corticais (**Figura 4.14**). As células das raízes não são penetradas pelas hifas fúngicas, mas, em vez disso, são envolvidas por uma rede de hifas denominada **rede de Hartig**. Essa rede proporciona uma grande área de contato que está envolvida nas transferências de nutrientes entre os simbiontes. O micélio também se estende no solo além da bainha compacta, onde ele está presente como hifas individuais, massas achatadas de micélio (*mycelial fans*) (**Figura 4.15**) ou cordões miceliais (*mycelial strands*). As massas achatadas de micélio, em particular, desempenham importantes papéis na obtenção de nutrientes do solo, em especial matéria orgânica.

Fungos ectomicorrízicos produzem muitos dos cogumelos venenosos, bufas-de-lobo e trufas encontradas nas florestas. Com frequência, a quantidade de micélio é tão vasta que sua massa total é muito maior do que aquela das raízes propriamente ditas. O arranjo e as atividades bioquímicas das estruturas do fungo em relação aos tecidos da raiz determinam importantes aspectos na obtenção de nutrientes por raízes ectomicorrízicas e na forma na qual os nutrientes passam do fungo para a planta. Além disso, todos os nutrientes do solo devem passar pelo manto recobrindo a epiderme da raiz antes de alcançar as células da raiz propriamente ditas, dando ao fungo um importante papel na absorção de todos os nutrientes da solução do solo,

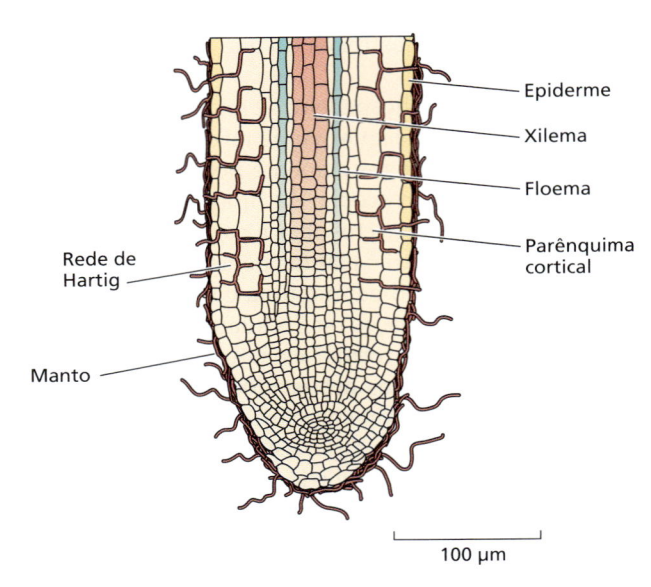

Figura 4.14 Representação diagramática de um corte longitudinal de uma raiz ectomicorrízica. As hifas fúngicas (mostradas em marrom) formam um denso manto sobre a superfície da raiz e penetram entre as células epidérmicas, ou entre as células epidérmicas e corticais, para formar a rede de Hartig. As hifas também crescem extensamente no solo, formando um denso micélio e/ou cordões miceliais. (De Rovira et al., 1983.)

Figura 4.15 Plântula de pinheiro (*Pinus*) mostrando pequenas raízes micorrízicas (seta superior) colonizadas por um fungo ectomicorrízico e cultivada em uma câmara de observação em solo florestal. Observe as diferenças entre a fronte do denso micélio de hifas avançando em direção ao solo (pontas de seta) e os cordões miceliais agregados (seta inferior). (Cortesia de D. J. Read.)

incluindo fosfato e formas inorgânicas de nitrogênio (nitrato e amônio). Até que ponto os fungos estão realmente envolvidos na absorção de nitrogênio inorgânico e em que medida eles podem competir com as raízes quando o suprimento de nitrogênio é escasso são assuntos de pesquisa atual. O micélio que se desenvolve no solo prolifera amplamente em manchas de matéria orgânica (ver Figura 4.15). As hifas têm uma notável capacidade de converter nitrogênio orgânico insolúvel e fósforo em formas solúveis e de passar esses nutrientes para as plantas. Desse modo, os fungos ectomicorrízicos possibilitam que suas plantas hospedeiras acessem fontes orgânicas de nutrientes, evitando a competição com organismos mineralizadores de vida livre, e cresçam em solos florestais com altos teores de matéria orgânica que contêm quantidades muito pequenas de nutrientes inorgânicos.

Os nutrientes movem-se entre os fungos micorrízicos e as células das raízes

O movimento de nutrientes do solo via um fungo micorrízico para as células da raiz envolve complexa integração de estrutura e função tanto no simbionte fúngico como no vegetal. As interfaces onde fungo e planta estão justapostos são zonas cruciais para o transporte e são compostas de membranas plasmáticas dos dois organismos, mais quantidades variáveis de material de parede celular. Portanto, os movimentos de nutrientes do fungo para a planta estão potencialmente sob controle desses dois tipos de membranas e sujeitos ao processo regulatório de transporte descrito no Capítulo 6. O movimento de nutrientes do solo para a planta via um fungo micorrízico requer (no mínimo) a absorção de um nutriente do solo pelo fungo, a translocação a longa distância do nutriente através da hifa (e cordões miceliais, quando presentes), a liberação (ou o efluxo) do fungo para a zona apoplástica entre as duas membranas de interface e a absorção pela membrana plasmática da planta. Questões importantes a serem resolvidas abrangem a forma do nutriente que é transferida e o mecanismo e a quantidade de transferências. Os mecanismos promotores do efluxo do fungo para a zona apoplástica interfacial são pouco conhecidos, mas a absorção na planta tem recebido mais atenção. No caso do fosfato, a etapa de absorção pela planta é um processo ativo exigindo energia e a presença de transportadores de fosfato, as quais são específica ou preferencialmente expressas na membrana da planta envolvendo as estruturas fúngicas intracelulares quando as raízes são micorrízicas.

A transferência de nitrogênio é mais complexa e mais controversa. Em ectomicorrizas, para as quais um papel importante na nutrição de nitrogênio da planta tem sido aceito há muito tempo, o nitrogênio orgânico pode se mover do fungo para a planta, com a forma (glutamina, glutamina e alanina ou glutamato) variando conforme a distribuição de enzimas envolvidas na assimilação de nitrogênio inorgânico e a identidade dos simbiontes fúngicos e vegetais. Alguma transferência de nitrogênio como amônio ou amônia também pode ocorrer. Como mencionado anteriormente, o envolvimento de micorrizas arbusculares no incremento da absorção de nitrogênio e transferência para as plantas hospedeiras não está bem estabelecido.

Resumo

As plantas são organismos autotróficos capazes de utilizar a energia do sol para sintetizar todos os seus componentes a partir de dióxido de carbono, água e elementos minerais. Embora os nutrientes minerais apresentem ciclagem contínua por todos os organismos, eles entram na biosfera predominantemente pelos sistemas de raízes das plantas. Depois de serem absorvidos pelas raízes, esses elementos são translocados para as diversas partes da planta, nas quais são utilizados em numerosas funções biológicas.

Nutrientes essenciais, deficiências e distúrbios vegetais

- Estudos de nutrição vegetal mostram que elementos minerais específicos são essenciais para a vida das plantas (**Tabelas 4.1, 4.2**).
- Esses elementos são classificados como macronutrientes ou micronutrientes, dependendo das quantidades relativas encontradas nos tecidos vegetais (**Tabela 4.1**).

- Certos sintomas detectados visualmente são diagnósticos para deficiências de nutrientes específicos nas plantas superiores. Os distúrbios nutricionais ocorrem porque os nutrientes têm papéis-chave nas plantas. Eles servem como componentes de compostos orgânicos, no armazenamento de energia, nas estruturas vegetais, como cofatores enzimáticos e nas reações de transferência de elétrons.
- A nutrição mineral pode ser estudada pelo uso de cultivo em solução, a qual permite a caracterização das exigências de nutrientes específicos (**Figura 4.2**; **Tabela 4.3**).
- A análise do solo e dos tecidos vegetais pode fornecer informação sobre o estado nutricional do sistema solo-planta e sugerir ações corretivas para evitar deficiências ou toxicidades (**Figura 4.4**).

Tratando deficiências nutricionais

- Quando as culturas vegetais são plantadas sob condições modernas de elevada produção, quantidades substanciais de nutrientes são removidas do solo.
- Para evitar o desenvolvimento de deficiências, os nutrientes podem ser adicionados de volta ao solo na forma de fertilizantes, em particular nitrogênio, fósforo e potássio.
- Os fertilizantes que fornecem nutrientes em formas inorgânicas são chamados de fertilizantes químicos; aqueles que derivam de resíduos vegetais ou animais ou de depósitos naturais de rochas são considerados fertilizantes orgânicos. Nos dois casos, as plantas absorvem os nutrientes principalmente como íons inorgânicos. A maior parte dos fertilizantes é aplicada no solo, mas alguns são pulverizados sobre as folhas.

Solo, raízes e microrganismos

- O solo é um substrato complexo – física, química e biologicamente. O tamanho das partículas do solo e a sua capacidade de troca catiônica determinam a amplitude na qual ele proporciona um reservatório para água e nutrientes (**Tabela 4.5**; **Figura 4.6**).
- O pH do solo também tem uma grande influência sobre a disponibilidade de elementos minerais para as plantas (**Figura 4.5**).
- Se elementos minerais, em especial sódio ou metais pesados, estiverem presentes em excesso no solo, o crescimento vegetal poderá ser afetado adversamente. Certas plantas são capazes de tolerar elementos minerais em excesso, e algumas poucas espécies – por exemplo, halófitas, no caso do sódio – podem desenvolver-se sob essas condições extremas.
- Para obter nutrientes do solo, as plantas desenvolvem sistemas de raízes extensas (**Figuras 4.7**, **4.8**), formam simbioses com fungos micorrízicos e produzem ou secretam prótons ou ânions orgânicos no solo.
- As raízes esgotam continuamente os nutrientes do solo nas suas imediações (**Figura 4.10**).
- A maioria das plantas tem a capacidade de formar simbioses com fungos micorrízicos.
- As finas hifas de fungos micorrízicos estendem o alcance das raízes no solo circundante e facilitam a obtenção de nutrientes (**Figuras 4.12**, **4.14**, **4.15**). As micorrizas arbusculares aumentam a absorção de nutrientes minerais, em particular fósforo, enquanto as ectomicorrizas desempenham um papel significativo na obtenção de nitrogênio de fontes orgânicas.
- Em contrapartida, as plantas fornecem carboidratos para os fungos micorrízicos.

Leituras sugeridas

Armstrong, F. A. (2008) Why did nature choose manganese to make oxygen? *Philos. Trans. R. Soc. Lond., B, Biol. Sci.* 363: 1263–1270.

Bucher, M. (2007) Functional biology of plant phosphate uptake at root and mycorrhiza interfaces. *New Phytol.* 173: 11–26.

Connor, D. J., Loomis, R. S., and Cassman, K. G. (2011) *Crop Ecology: Productivity and Management in Agricultural Systems*, 2nd ed. Cambridge University Press, Cambridge.

Cordell, D., Drangerta, J.-O., and White, S. (2009) The story of phosphorus: Global food security and food for thought. *Glob. Environ. Change* 19: 292–305.

Epstein, E., and Bloom, A. J. (2005) *Mineral Nutrition of Plants: Principles and Perspectives*, 2nd ed. Sinauer Associates, Sunderland, MA.

Fageria, N., Filho, M. B., Moreira, A., and Guimaraes, C. (2009) Foliar fertilization of crop plants. *J. Plant Nutr.* 32: 1044–1064.

Feldman, L. J. (1998) Not so quiet quiescent centers. *Trends Plant Sci.* 3: 80–81.

Fox, T. C., and Guerinot, M. L. (1998) Molecular biology of cation transport plants. *Annu. Rev. Plant Physiol. Plant Mol. Biol.* 49: 669–696.

Jeong, J., and Guerinot, M. L. (2009) Homing in on iron homeostasis in plants. *Trends Plant Sci.* 14: 280–285.

Jones, M. D., and Smith, S. E. (2004) Exploring functional definitions of mycorrhizas: Are mycorrhizas always mutualisms? *Can. J. Bot.* 82: 1089–1109.

Kochian, L. V. (2000) Molecular physiology of mineral nutrient acquisition, transport and utilization. In *Biochemistry and Molecular Biology of Plants*, B. Buchanan, W. Gruissem, and R. Jones, eds., American Society of Plant Physiologists, Rockville, MD, pp. 1204–1249.

Larsen, M. C., Hamilton, P. A., and Werkheiser, W. H. (2013) Water quality status and trends in the United States. In *Monitoring Water Quality: Pollution Assessment, Analysis, and Remediation*, S. Ahuja, ed., Elsevier, Amsterdam, pp. 19–57.

Mengel, K., and Kirkby, E. A. (2001) *Principles of Plant Nutrition*, 5th ed. Kluwer Academic Publishers, Dordrecht, Netherlands.

Sattelmacher, B. (2001) The apoplast and its significance for plant mineral. *New Phytol.* 149: 167–192.

Smith, F. A., Smith, S. E., and Timonen, S. (2003) Mycorrhizas. In *Root Ecology*, H. de Kroon and E. J. W. Visser, eds., Springer, Berlin, pp. 257–295.

Smith, S. E., and Read, D. J. (2008) *Mycorrhizal Symbiosis*, 3rd ed. Academic Press and Elsevier, Oxford.

Zegada-Lizarazu, W., Matteucci, D. and Monti, A. (2010) Critical review on energy balance of agricultural systems. *Biofuels, Bioprod. Biorefin.* 4: 423–446.

5 Assimilação de Nutrientes Inorgânicos

As plantas superiores são organismos autotróficos que podem sintetizar todos os seus componentes orgânicos a partir de nutrientes inorgânicos obtidos do ambiente. Para muitos nutrientes minerais, o processo envolve a absorção de compostos do solo pelas raízes (ver Capítulo 4) e a incorporação em compostos orgânicos, essenciais ao crescimento e ao desenvolvimento. Essa incorporação dos nutrientes inorgânicos a substâncias orgânicas como pigmentos, cofatores enzimáticos, lipídeos, ácidos nucleicos e aminoácidos é denominada **assimilação de nutrientes**.

A assimilação de alguns nutrientes – especificamente nitrogênio e enxofre – envolve uma série complexa de reações bioquímicas que estão entre as reações de maior consumo energético dos organismos vivos: A assimilação de outros nutrientes, especialmente os macronutrientes e os micronutrientes catiônicos (ver Capítulo 4), envolve a formação de complexos com compostos orgânicos. Por exemplo, o Mg^{2+} associa-se aos pigmentos clorofilas, o Ca^{2+} associa-se a pectatos na parede celular, e o Mo^{6+} associa-se a enzimas como a nitrato redutase e a nitrogenase. Tais complexos são altamente estáveis, e a remoção do nutriente do complexo pode resultar na perda total de função.

Este capítulo resume as reações primárias pelas quais os principais nutrientes (nitrogênio, enxofre, fosfato, e ferro) são assimilados e discute os produtos orgânicos dessas reações. Serão enfatizadas as implicações fisiológicas dos gastos energéticos necessários e será introduzido o tópico sobre a fixação simbiótica do nitrogênio. As plantas servem como a principal via por meio da qual os nutrientes passam do ambiente geofísico mais lento para o ambiente biológico mais dinâmico; este capítulo destaca, portanto, o papel vital da assimilação dos nutrientes vegetais na dieta humana.

Nitrogênio no meio ambiente

Muitos compostos bioquímicos relevantes das células vegetais possuem nitrogênio (ver Capítulo 4). Por exemplo, o nitrogênio é encontrado nos nucleotídeos e nos aminoácidos que formam a estrutura dos ácidos nucleicos e das proteínas, respectivamente. Nas plantas, apenas elementos como o oxigênio, o carbono e o hidrogênio são mais abundantes que o nitrogênio. A maioria dos ecossistemas naturais e agrários apresenta ganhos expressivos na produtividade após serem fertilizados com nitrogênio inorgânico, atestando a importância desse elemento e o fato de ele estar presente em quantidades abaixo do ideal.

O nitrogênio passa por diferentes formas no ciclo biogeoquímico

O nitrogênio está presente em muitas formas na biosfera. A atmosfera contém vastas quantidades (cerca de 78% por volume) de nitrogênio molecular (N_2). Na maior parte, esse grande reservatório de nitrogênio não está diretamente disponível para os organismos vivos. A obtenção de nitrogênio da atmosfera requer a quebra de uma ligação tripla covalente de excepcional estabilidade entre os dois átomos de nitrogênio (N≡N) para produzir amônia (NH_3) ou nitrato (NO_3^-). Tais reações, conhecidas como **fixação do nitrogênio**, ocorrem por processos industriais e naturais.

Sob temperaturas elevadas (cerca de 200°C) e pressão alta (cerca de 200 atmosferas), e na presença de um metal catalisador (geralmente ferro), o N_2 combina-se com hidrogênio para formar amônia. As condições extremas são necessárias para superar a energia de ativação alta da reação. Essa reação de fixação de nitrogênio, conhecida como *processo Haber-Bosch*, é o ponto de partida para a fabricação de muitos produtos industriais e agrícolas, inclusive fertilizantes nitrogenados. A produção industrial mundial destes é superior a 100 milhões de toneladas métricas por ano (10×10^{13} g ano^{-1}).

Os processos naturais, que fixam cerca de 190 milhões de toneladas métricas por ano de nitrogênio, são os seguintes (**Tabela 5.1**):

- *Relâmpagos*. Os relâmpagos são responsáveis por cerca de 8% do nitrogênio fixado por processos naturais. Eles convertem o vapor de água e o oxigênio em radicais hidroxilas livres altamente reativos, em átomos de hidrogênio livre e em átomos de oxigênio livre, que atacam o nitrogênio molecular (N_2), formando o ácido nítrico (HNO_3). Posteriormente, esse ácido nítrico precipita-se sobre a Terra com a chuva.

- *Reações fotoquímicas*. Quase 2% do nitrogênio fixado são originados de reações fotoquímicas entre o óxido nítrico gasoso (NO) e o ozônio (O_3), produzindo o ácido nítrico (HNO_3).

TABELA 5.1 Principais processos do ciclo biogeoquímico do nitrogênio

Processo	Definição	Taxa (10^{13} g ano^{-1})[a]
Fixação industrial	Conversão industrial do nitrogênio molecular em amônia	10
Fixação atmosférica	Conversão fotoquímica e por relâmpagos do nitrogênio molecular em nitrato	1,9
Fixação biológica	Conversão procariótica do nitrogênio molecular em amônia	17
Obtenção pelos vegetais	Absorção e assimilação do amônio ou do nitrato pelos vegetais	120
Imobilização	Absorção e assimilação do amônio ou do nitrato por microrganismos	N/C
Amonificação	Catabolismo, por bactérias e fungos, da matéria orgânica do solo em amônio	N/C
Anamox	Oxidação anaeróbia do amônio: conversão bacteriana do amônio e do nitrito em nitrogênio molecular	N/C
Nitrificação	Oxidação bacteriana (*Nitrosomonas* spp.) do amônio em nitrito e posterior oxidação bacteriana (*Nitrobacter* spp.) do nitrito em nitrato	N/C
Mineralização	Catabolismo bacteriano e fúngico da matéria orgânica do solo em nitrogênio mineral, mediante amonificação ou nitrificação	N/C
Volatilização	Perda física do gás amônia para a atmosfera	10
Fixação do amônio	Ligação física do amônio nas partículas do solo	1
Desnitrificação	Conversão bacteriana do nitrato em óxido nitroso e nitrogênio molecular	21
Lixiviação do nitrato	Escoamento físico do nitrato dissolvido na água subterrânea, deixando as camadas superiores do solo e, finalmente, chegando aos oceanos	3,6

Nota: Os organismos terrestres, o solo e os oceanos possuem, respectivamente, cerca de 5,2 x 10^{15} g e 95 x 10^{15} g e 6,5 x 10^{15} g de nitrogênio orgânico ativo no ciclo. Admitindo-se que a quantidade de N_2 na atmosfera permanece constante (entradas = saídas), o *tempo médio de residência* (o tempo médio que a molécula de nitrogênio permanece em formas orgânicas) é cerca de 350 anos [(tamanho do *pool*)/(fixação de entrada) = (5,2 x 10^{15} g + 95 x 10^{15} g)/(10 x 10^{13} g ano^{-1} + 1,9 x 10^{13} g ano^{-1} + 17 x 10^{13} g ano^{-1}).

[a]N/C, não calculado.

- *Fixação biológica do nitrogênio.* Os 90% restantes resultam da fixação biológica do nitrogênio, em que bactérias ou cianobactérias (algas azuis) fixam o N_2 em amônia (NH_3). Essa amônia dissolve-se na água e forma o amônio (NH_4^+):

$$NH_3 + H_2O \rightarrow NH_4^+ + OH^- \quad (5.1)$$

Do ponto de vista agrícola, a fixação biológica do nitrogênio é crítica, pois os fertilizantes à base de nitrogênio produzidos industrialmente apresentam custos econômicos e ambientais, além de não estarem acessíveis a muitos agricultores pobres.

Uma vez fixado em amônia ou nitrato, o nitrogênio entra no ciclo biogeoquímico, passando por várias formas orgânicas ou inorgânicas antes de finalmente retornar à forma de nitrogênio molecular (**Figura 5.1**; ver também Tabela 5.1). Os íons amônio (NH_4^+) e nitrato (NO_3^-) na solução do solo, gerados pela fixação ou liberados pela decomposição da matéria orgânica, tornam-se alvos de intensa competição entre plantas e microrganismos. Para serem competitivos, os vegetais desenvolveram mecanismos para capturar rapidamente esses íons da solução do solo (ver Capítulo 4). Quando em concentrações elevadas no solo, que ocorrem após a fertilização, a absorção do amônio e do nitrato pelas raízes pode exceder a capacidade de uma planta de assimilar esses íons, levando à sua acumulação nos tecidos vegetais.

Amônio ou nitrato não assimilados podem ser perigosos

O amônio é tóxico tanto para plantas quanto para animais se acumulado em níveis elevados nos tecidos. O amônio dissipa os gradientes de prótons transmembrana (**Figura 5.2**), gerados pelo transporte de elétrons na fotossíntese e na cadeia respiratória (ver Capítulos 7 e 11) e usados para o sequestro de metabólitos em organelas (como os vacúolos) e para o transporte de nutrientes através das membranas biológicas (ver Capítulo 6). Provavelmente devido ao perigo que representam os níveis altos de amônio, os animais desenvolveram uma forte aversão a seu odor. Como exemplo, podem ser citados os sais-de-cheiro, compostos por carbonato de amônio, um vapor medicinal liberado sob o nariz para reanimar pessoas desfalecidas. As plantas assimilam o amônio próximo da região de absorção ou produção e rapidamente armazenam todo o excesso nos vacúolos, minimizando, assim, efeitos tóxicos nas membranas e no citosol.

Em comparação ao amônio, as plantas podem armazenar níveis altos de nitrato e translocá-lo através dos tecidos sem causar efeitos deletérios. Entretanto, se animais ou seres humanos consumirem material vegetal com níveis altos de nitrato, eles podem sofrer de metemoglobinemia, uma doença em que o fígado reduz o nitrato a nitrito, o qual se combina com a he-

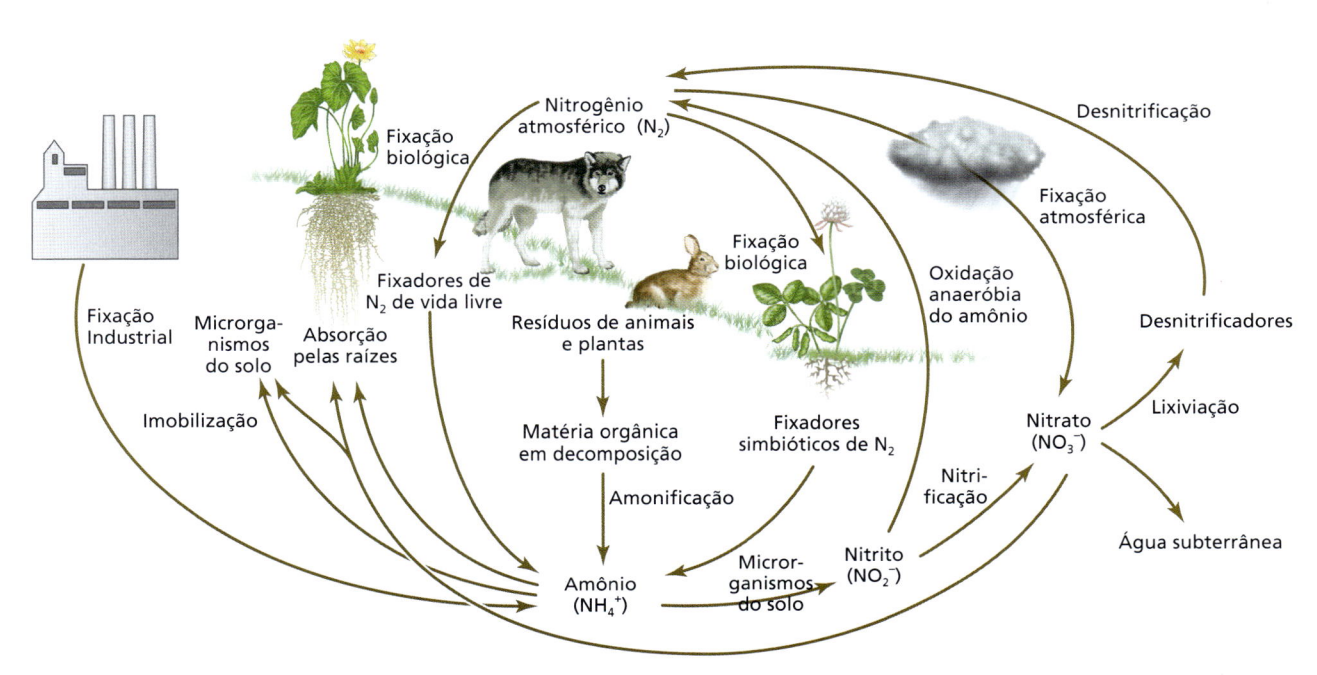

Figura 5.1 O nitrogênio apresenta um ciclo na atmosfera, mudando da forma gasosa à de íons solúveis, antes de ser incorporado a compostos orgânicos nos organismos vivos. São apresentadas algumas das etapas envolvidas no ciclo do nitrogênio.

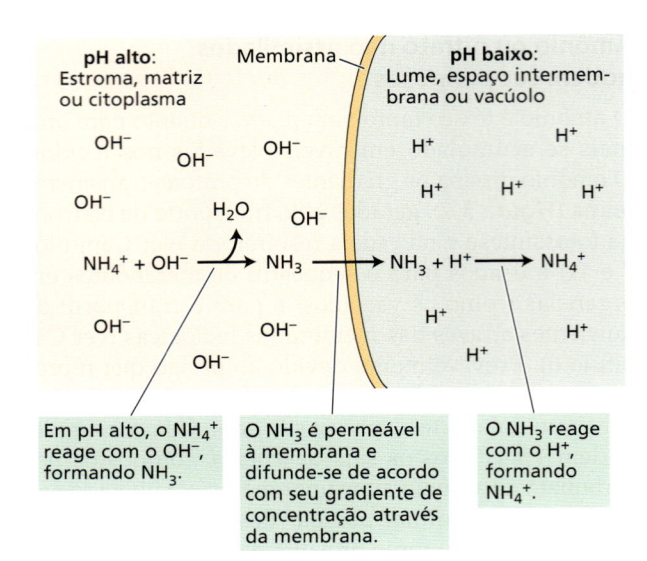

Figura 5.2 Toxicidade do NH_4^+ devido à dissipação dos gradientes de pH. O lado esquerdo representa o estroma, a matriz ou o citoplasma, onde o pH é alto. O lado direito representa o lume, o espaço intermembrana ou o vacúolo, onde o pH é baixo. A membrana representa o tilacoide do cloroplasto, a membrana interna mitocondrial ou o tonoplasto do vacúolo de uma célula da raiz. O resultado líquido da reação mostra que as concentrações de OH^- do lado esquerdo e de H^+ do lado direito diminuíram, isto é, o gradiente de pH foi dissipado. (De Bloom, 1997.)

moglobina, tornando-a incapaz de combinar-se com o oxigênio. Seres humanos e outros animais são capazes também de converter nitrato em nitrosaminas, as quais são carcinogênicas potentes, ou em óxido nítrico, uma molécula sinalizadora potente envolvida em muitos processos fisiológicos, como a dilatação de vasos sanguíneos. Em função disso, alguns países impõem limites nos níveis de nitrato nos vegetais que são consumidos por seres humanos.

Assimilação do nitrato

As raízes dos vegetais absorvem ativamente o nitrato da solução do solo através de vários cotransportadores de nitrato-prótons de baixa e de alta afinidade (ver Capítulo 6). Os vegetais, por fim, assimilam a maior parte do nitrato em compostos orgânicos nitrogenados. A primeira etapa do processo é a conversão do nitrato em nitrito no citosol, uma reação de redução (ver Capítulo 11, propriedades redox) que envolve a transferência de dois elétrons. A enzima **nitrato redutase** catalisa essa reação:

$$NO_3^- + NAD(P)H + H^+ \rightarrow NO_2^- + NAD(P)^+ + H_2O \quad (5.2)$$

onde NAD(P)H indica o NADH ou o NADPH. A forma mais comum da enzima nitrato redutase utiliza somente o NADH como doador de elétrons; uma outra forma da enzima, encontrada predominantemente em tecidos não clorofilados, como raízes, pode usar tanto o NADH quanto o NADPH.

As nitrato redutase das plantas superiores são formadas por duas subunidades idênticas com três grupos prostéticos cada: flavina adenina dinucleotídeo (FAD), heme e um complexo formado pelo íon molibdênio e uma molécula orgânica denominada *pterina*.

Uma pterina (completamente oxidada)

A nitrato redutase é a principal proteína contendo molibdênio nos tecidos vegetativos; um dos sintomas da deficiência do molibdênio é a acumulação de nitrato, resultante da diminuição da atividade da nitrato redutase.

A utilização de cristalografia de raio X e a comparação de sequências de aminoácidos da nitrato redutase de diversas espécies com as de outras proteínas já caracterizadas que se ligam ao FAD, ao heme ou ao molibdênio resultaram em um modelo multidomínios para a nitrato redutase; um modelo simplificado de três domínios é apresentado na **Figura 5.3**. O domínio de ligação do FAD aceita dois elétrons do NADH ou do NADPH. Os elétrons são, então, deslocados pelo domínio heme para o complexo molibdênio, onde são transferidos para o nitrato.

Muitos fatores regulam a nitrato redutase

O nitrato, a luz e os carboidratos interferem na nitrato redutase em níveis de transcrição e tradução. Em plân-

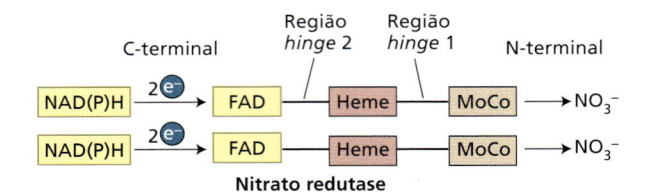

Figura 5.3 Modelo do dímero da nitrato redutase, indicando os três domínios de ligação cujas sequências de polipeptídeos são similares nos eucariotos: complexo de molibdênio (MoCo), grupo heme e FAD. O NAD(P)H liga-se ao domínio de ligação do FAD de cada subunidade e inicia a transferência de dois elétrons a partir do grupo carboxila C-terminal, através de cada elemento de transferência de elétrons, até o grupo amino N-terminal. O nitrato é reduzido no complexo molibdênio próximo à região amino terminal. As sequências dos polipeptídeos nas regiões *hinge* são altamente variáveis entre as espécies.

tulas de cevada, o mRNA da nitrato redutase foi detectado cerca de 40 minutos após a adição do nitrato, e os níveis máximos foram obtidos em 2 horas nas raízes e 12 horas nas partes aéreas (**Figura 5.4**). Contrastando com a rápida acumulação do mRNA, houve um incremento gradual e linear na atividade da nitrato redutase, refletindo o fato de que cada molécula de mRNA é traduzida diversas vezes durante um período de tempo consideravelmente longo.

Além dessa regulação ao nível da transcrição, a proteína nitrato redutase está sujeita à modificação pós-traducional envolvendo uma fosforilação reversível. A luz, os níveis de carboidratos e outros fatores ambientais estimulam a proteína fosfatase, que desfosforila um resíduo de serina chave na região do *hinge* 1 da nitrato redutase (entre o complexo molibdênio e os domínios de ligação heme; ver Figura 5.3), ativando a enzima.

Atuando na direção inversa, o escuro e o Mg^{2+} estimulam a proteína quinase, a qual fosforila o mesmo resíduo de serina. Este interage com a proteína inibidora 14-3-3 (de uma classe de proteínas que está presente em todas as células eucariontes) e, assim, inativa a nitrato redutase. *A regulação da atividade da nitrato redutase por meio da fosforilação e da desfosforilação proporciona um controle mais rápido do que o obtido pela síntese ou degradação da enzima (minutos versus horas).*

A nitrito redutase converte o nitrito em amônio

O nitrito (NO_2^-) é um íon altamente reativo e potencialmente tóxico. As células vegetais transportam imediatamente o nitrito gerado pela redução do nitrato (ver Equação 5.2) do citosol para o interior dos cloroplastos nas folhas e dos plastídios nas raízes. Nessas organelas, a enzima nitrito redutase reduz o nitrito a amônio, uma reação que envolve a transferência de seis elétrons, de acordo com a seguinte reação geral:

$$NO_2^- + 6\,Fd_{red} + 8\,H^+ \rightarrow NH_4^+ + 6\,Fd_{ox} + 2\,H_2O \quad (5.3)$$

onde Fd representa a ferredoxina e os símbolos subscritos *red* e *ox* significam formas *reduzida* e *oxidada*, respectivamente. A ferredoxina reduzida deriva do transporte de elétrons da fotossíntese nos cloroplastos (ver Capítulo 7) e do NADPH gerado pela rota oxidativa das pentoses fosfato nos tecidos não clorofilados (ver Capítulo 11).

Tanto os cloroplastos quanto os plastídios das raízes possuem diferentes formas da nitrito redutase, mas ambas as formas possuem dois grupos prostéticos: um grupo ferro-enxofre (Fe_4S_4) e um grupo heme especializado. Tais grupos atuam conjuntamente ligando-se ao nitrito e reduzindo-o diretamente a amônio. Embora nenhum composto nitrogenado seja acumulado no estado redox intermediário, uma porcentagem pequena (0,02-0,2%) do nitrito reduzido é liberada como óxido nitroso (N_2O), um gás do efeito estufa. O fluxo de elétrons pela ferredoxina, Fe_4S_4 e heme pode ser representado conforme a **Figura 5.5**.

A nitrito redutase é codificada no núcleo e sintetizada no citoplasma, apresentando um peptídeo de trânsito no N-terminal que a direciona para os plastídios. Concentrações elevadas de NO_3^- ou exposição à luz induzem a transcrição do mRNA da nitrito redutase. A acumulação dos produtos finais da assimilação de nitrato – os aminoácidos asparagina e glutamina – reprime essa indução.

Raízes e partes aéreas assimilam nitrato

Em muitas plantas, quando as raízes recebem quantidades pequenas de nitrato, este é reduzido principalmente nesses órgãos. À medida que o suprimento de nitrato aumenta, uma proporção maior desse nutriente absorvido é translocada para as partes aéreas, onde será assimilada. Mesmo sob condições similares de suprimento do nitrato, o equilíbrio do metabolismo desse nutriente entre a raiz e o caule – conforme indicado pela proporção da atividade da nitrato redutase

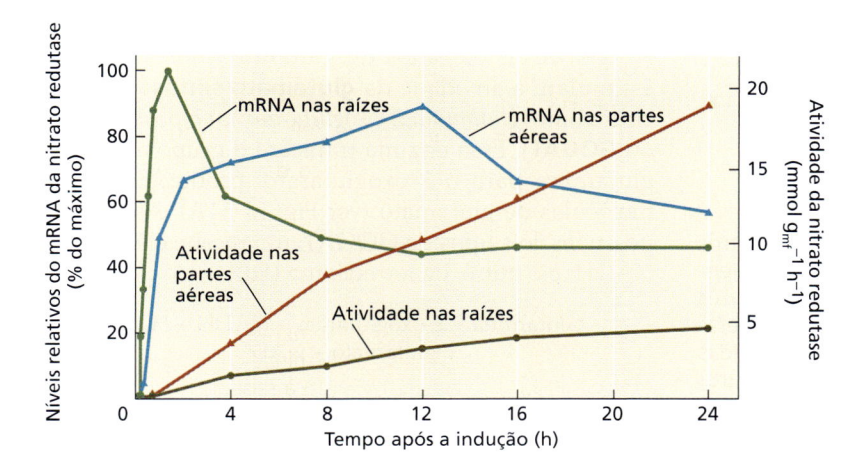

Figura 5.4 Estimulação da atividade da nitrato redutase após a promoção da síntese do mRNA dessa enzima em partes aéreas e raízes de cevada (g_{mf}, grama de massa fresca). (De Kleinhofs et al., 1989.)

Figura 5.5 Modelo do acoplamento do fluxo de elétrons da fotossíntese, via ferredoxina, com a redução do nitrito pela nitrito redutase. A enzima nitrito redutase possui dois grupos prostéticos, Fe_4S_4 e heme, que participam na redução do nitrito a amônio.

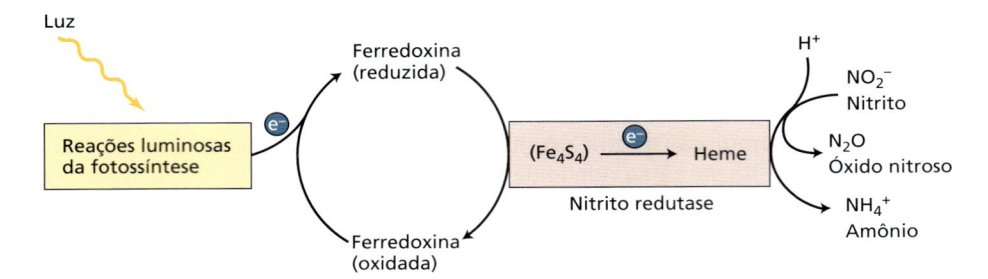

em cada um dos dois órgãos ou pelas concentrações relativas do nitrato e do nitrogênio reduzido na seiva do xilema – varia de espécie para espécie.

Em espécies como o cardo (*Xanthium strumarium*), o metabolismo do nitrato é restrito às partes aéreas; em outras espécies, como o tremoço-branco (*Lupinus albus*), a maior parte do nitrato é metabolizada nas raízes (**Figura 5.6**). Em geral, espécies nativas de regiões de clima temperado dependem mais intensamente da assimilação do nitrato pelas raízes que espécies de regiões tropicais e subtropicais.

Assimilação do amônio

As células vegetais evitam a toxicidade do amônio pela rápida conversão deste – gerado a partir da assimilação do nitrato ou da fotorrespiração (ver Capítulo 8) – em aminoácidos. A principal rota para essa conversão envolve as ações sequenciais da glutamina sintetase e da glutamato sintase. Nesta seção, são discutidos os processos enzimáticos que medeiam a assimilação do amônio em aminoácidos essenciais, além do papel das amidas na regulação do metabolismo do nitrogênio e do carbono.

A conversão do amônio em aminoácidos requer duas enzimas

A **glutamina sintetase** (**GS**) combina o amônio com o glutamato para formar a glutamina (**Figura 5.7A**):

$$\text{Glutamato} + NH_4^+ + ATP \rightarrow \text{glutamina} + ADP + P_i \quad (5.4)$$

Essa reação necessita da hidrólise de uma molécula de ATP e envolve um cátion bivalente, como Mg^{2+}, Mn^{2+} ou Co^{2+}, como um cofator. As plantas possuem duas classes de GS, uma no citosol e a outra nos plastídios das raízes ou nos cloroplastos das partes aéreas. As formas citosólicas são expressas durante a germinação de sementes ou no sistema vascular das raízes e das partes aéreas, produzindo glutamina para o transporte do nitrogênio intracelular. A GS nos plastídios das raízes gera o nitrogênio amida que é consumido localmente, enquanto a GS dos cloroplastos das partes aéreas reassimila o NH_4^+ da fotorrespiração (ver Capítulo 8). Os níveis de carboidratos e de luz alteram a expressão das formas dessa enzima presentes nos plastídios, mas apresentam pouco efeito nas formas citosólicas.

Os níveis elevados de glutamina nos plastídios estimulam a atividade da **glutamato sintase** (conhecida como *glutamina:2-oxoglutarato aminotransferase*, ou **GOGAT**). Essa enzima transfere o grupo amida da glutamina para o 2-oxoglutarato, produzindo duas moléculas de glutamato (ver Figura 5.7A). As plantas possuem dois tipos de GOGAT: um recebe elétrons do NADH, e o outro, da ferredoxina (Fd):

$$\text{Glutamina} + \text{2-oxoglutarato} + NADH + H^+ \rightarrow \text{2 glutamato} + NAD^+ \quad (5.5)$$

$$\text{Glutamina} + \text{2-oxoglutarato} + Fd_{red} \rightarrow \text{2 glutamato} + 2\,Fd_{ox} \quad (5.6)$$

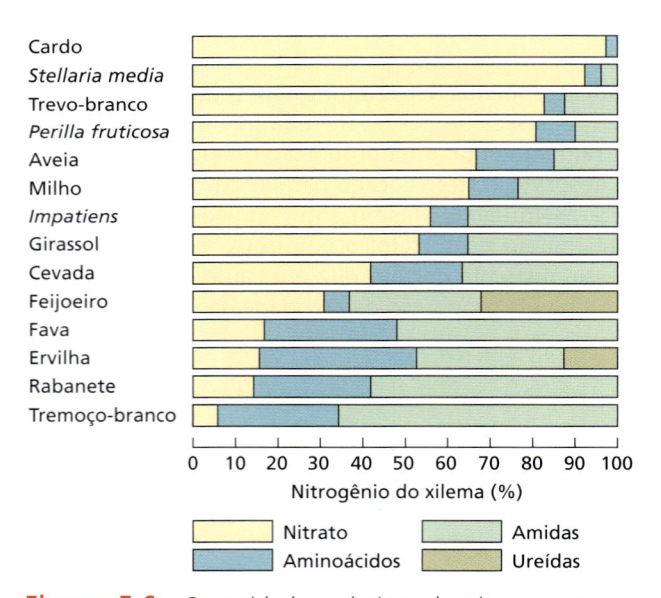

Figura 5.6 Quantidades relativas de nitrato e outros compostos nitrogenados na seiva do xilema de várias espécies vegetais. As plantas foram cultivadas com suas raízes expostas a soluções de nitrato, e a seiva do xilema foi coletada por rompimento do caule. Observe a presença de ureídas em feijoeiro e ervilha; somente leguminosas de origem tropical exportam nitrogênio das raízes às partes aéreas em tais compostos. (De Pate, 1973.)

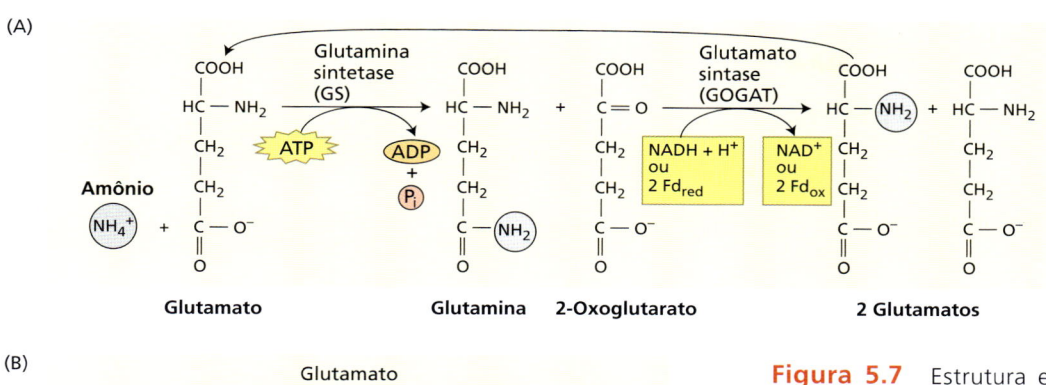

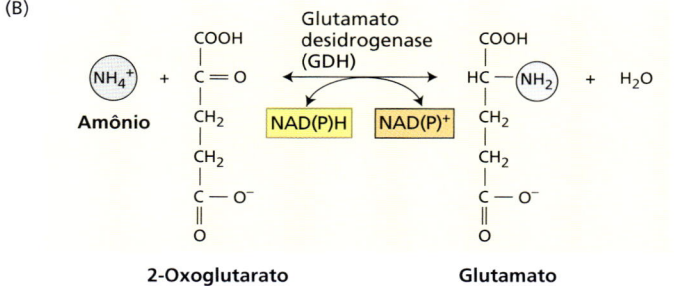

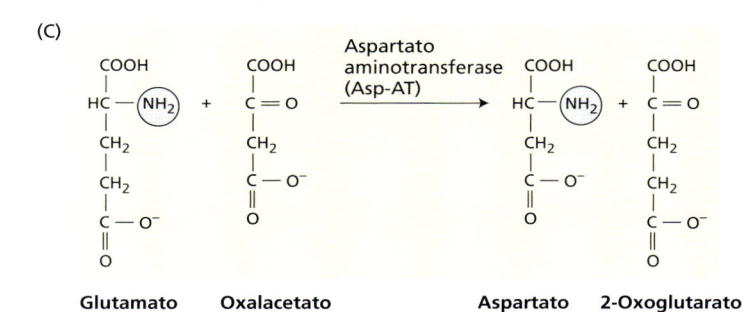

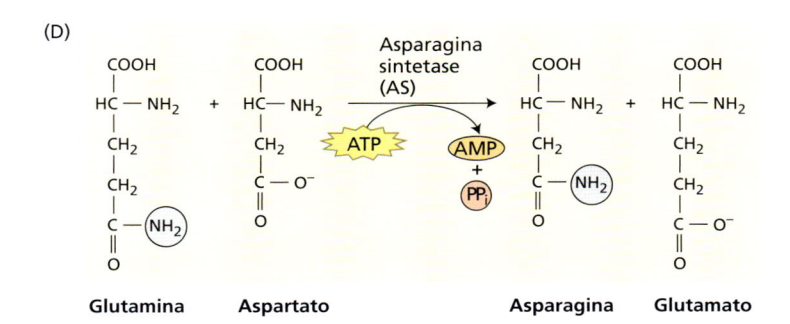

Figura 5.7 Estrutura e rotas de síntese de compostos envolvidos no metabolismo do amônio. O amônio pode ser assimilado por um de vários processos. (A) Rota da GS-GOGAT que forma a glutamina e o glutamato. É necessário um cofator reduzido para a reação: a ferredoxina (Fd) nas folhas verdes e o NADH nos tecidos não fotossintetizantes. (B) Rota da GDH que forma o glutamato, utilizando o NADH ou o NADPH como agente redutor. (C) Transferência do grupo amino do glutamato para o oxalacetato para formar o aspartato (catalisado pela enzima aspartato aminotransferase). (D) Síntese da asparagina pela transferência de um grupo aminoácido da glutamina para o aspartato (catalisado pela enzima asparagina sintetase).

A enzima do tipo NADH (NADH-GOGAT) está localizada nos plastídios de tecidos não fotossintetizantes, como raízes ou feixes vasculares de folhas em desenvolvimento. Nas raízes, a NADH-GOGAT está envolvida na assimilação do NH_4^+ absorvido da rizosfera (porção do solo localizada próxima à superfície das raízes); nos feixes vasculares de folhas em desenvolvimento, a NADH-GOGAT assimila a glutamina translocada das raízes ou de folhas senescentes.

A glutamato sintase do tipo dependente de ferredoxina (Fd-GOGAT) é encontrada nos cloroplastos e age no metabolismo fotorrespiratório do nitrogênio. Tanto a quantidade dessa proteína quanto sua atividade aumentam com os níveis de luz. As raízes, em particular aquelas de plantas que usam nitrato como fonte de nitrogênio, têm Fd-GOGAT nos plastídios. Presumivelmente, a finalidade da Fd-GOGAT das raízes seja incorporar a glutamina gerada durante a assimilação do nitrato.

Os elétrons para reduzir Fd nas raízes são gerados pela rota oxidativa da pentose fosfato (ver Capítulo 11).

O amônio pode ser assimilado por uma rota alternativa

A **glutamato desidrogenase** (**GDH**) catalisa uma reação reversível que sintetiza ou desamina o glutamato (**Figura 5.7B**):

$$\text{2-oxoglutarato} + NH_4^+ + NAD(P)H \leftrightarrow \\ \text{glutamato} + H_2O + NAD(P)^+ \quad (5.7)$$

Uma forma da GDH dependente de NADH é encontrada nas mitocôndrias, e uma forma dependente de NADPH ocorre nos cloroplastos de órgãos fotossintetizantes. Embora ambas as formas sejam relativamente abundantes, elas não podem substituir a rota da GS-GOGAT para a assimilação do amônio, tendo como função principal desaminar o glutamato durante a realocação do nitrogênio (ver Figura 5.7B).

As reações de transaminação transferem o nitrogênio

Uma vez assimilado em glutamina e glutamato, o nitrogênio é incorporado a outros aminoácidos por meio de reações de transaminação. As enzimas que catalisam tais reações são conhecidas como aminotransferases. Um exemplo é a **aspartato aminotransferase** (**Asp-AT**), que catalisa a seguinte reação (**Figura 5.7C**):

$$\text{Glutamato} + \text{oxalacetato} \rightarrow \\ \text{2-oxoglutarato} + \text{aspartato} \quad (5.8)$$

em que o grupo amino do glutamato é transferido para o grupo carboxila do oxalacetato. O aspartato é um aminoácido que participa do transporte malato-aspartato, do processo de transferência de equivalentes redutores das mitocôndrias e dos cloroplastos para o citosol, bem como do transporte do carbono a partir das células do mesofilo até a bainha do feixe vascular no processo de fixação C_4 do carbono (ver Capítulo 8). Todas as reações de transaminação requerem o piridoxal fosfato (vitamina B6) como cofator.

As aminotransferases são encontradas no citoplasma, nos cloroplastos, nas mitocôndrias, nos glioxissomos e nos peroxissomos. As aminotransferases localizadas nos cloroplastos podem desempenhar um papel importante na biossíntese dos aminoácidos, pois folhas ou cloroplastos isolados expostos ao dióxido de carbono marcado radiativamente incorporam rapidamente a marca em glutamato, aspartato, alanina, serina e glicina.

A asparagina e a glutamina unem o metabolismo do carbono e do nitrogênio

A asparagina, isolada pela primeira vez do aspargo em 1806, foi a primeira amida identificada. Esse aminoácido não atua apenas como um componente de proteínas, mas como um elemento-chave no transporte e no armazenamento do nitrogênio, devido à sua estabilidade e à alta razão nitrogênio:carbono (2 N para 4 C da asparagina, contra 2 N para 5 C da glutamina e 1 N para 5 C do glutamato).

A principal rota para a síntese da asparagina envolve a transferência do nitrogênio amida da glutamina para o aspartato (**Figura 5.7D**):

$$\text{Glutamina} + \text{aspartato} + ATP \rightarrow \\ \text{glutamato} + \text{asparagina} + AMP + PP_i \quad (5.9)$$

A **asparagina sintetase** (**AS**), enzima que catalisa essa reação, é encontrada no citosol de células das folhas e das raízes e nos nódulos que fixam o nitrogênio (ver seção *Fixação biológica do nitrogênio*). Em raízes de milho (*Zea mays*), especialmente aquelas sob níveis potencialmente tóxicos de amônia, o amônio pode substituir a glutamina como fonte do grupo amida.

Níveis altos de luz e de carboidratos – condições que estimulam a GS e a Fd-GOGAT dos plastídios – inibem a expressão dos genes que codificam a AS e a atividade da enzima. A regulação antagônica dessas rotas competitivas auxilia no equilíbrio do metabolismo do carbono e do nitrogênio nos vegetais. As condições de ampla energia (i.e., com níveis altos de luz e de carboidratos) estimulam a GS (ver Equação 5.4) e a GOGAT (ver Equações 5.5 e 5.6) e inibem a AS; assim, elas favorecem a assimilação do nitrogênio em glutamina e em glutamato, compostos que são ricos em carbono e que participam da síntese de novos materiais vegetais.

Por outro lado, condições limitadas de energia inibem a GS e a GOGAT, e estimulam a AS, favorecendo, portanto, a assimilação do nitrogênio em asparagina, um composto rico em nitrogênio e suficientemente estável para ser transportado a longas distâncias ou armazenado por muito tempo.

Biossíntese de aminoácidos

Os seres humanos e a maioria dos animais não conseguem sintetizar certos aminoácidos – como histidina, isoleucina, leucina, lisina, metionina, fenilalanina, treonina, triptofano, valina e arginina (no caso de seres humanos jovens; os adultos conseguem sintetizar a arginina) – tendo que obter esses aminoácidos, denominados essenciais, a partir da dieta. Por sua vez, as plantas sintetizam todos os 20 aminoácidos encontrados nas proteínas. O grupo amino contendo o nitrogênio, como discutido nas seções anteriores, é derivado de reações de transaminações com glutamina ou glutamato. Os esqueletos de carbono dos aminoácidos são derivados do 3-fosfoglicerato, do fosfo*enol*piruvato e do piruvato gerados durante a glicólise, e do 2-oxoglutarato e oxalacetato formados no ciclo do ácido tricarboxílico (**Figura 5.8**; ver também Capítulo 11). Partes dessas rotas utilizadas para a síntese dos aminoácidos essenciais são alvos apropriados de herbicidas (como o Roundup), pois elas não estão presentes nos animais. Assim, as substâncias que bloqueiam essas rotas são letais para as plantas, mas, em concentrações baixas, não causam danos aos animais.

Fixação biológica do nitrogênio

A fixação biológica representa o tipo mais importante de conversão do nitrogênio atmosférico N_2 em amônio. Desse modo, ela representa o ponto-chave do ingresso do nitrogênio molecular no ciclo biogeoquímico desse elemento (ver Figura 5.1). Nesta seção, são abordadas as relações simbióticas entre organismos fixadores de nitrogênio e plantas superiores; os nódulos, estruturas especializadas formadas nas raízes infectadas por bactérias fixadoras de nitrogênio; as interações genéticas e sinalizadoras que regulam a fixação do nitrogênio pelos procariotos simbióticos e por seus hospedeiros; e as propriedades das enzimas nitrogenases, responsáveis pela fixação do nitrogênio.

Bactérias fixadoras de nitrogênio de vida livre e simbióticas

Conforme já mencionado, certas bactérias podem converter o nitrogênio atmosférico em amônio (**Tabela 5.2**). A maior parte desses organismos procariotos fixadores de nitrogênio vive no solo, geralmente de forma independente de outros organismos. Vários formam associações simbióticas com plantas superiores, nas quais o procarioto fornece nitrogênio fixado diretamente para a planta hospedeira em troca de outros nutrientes e de carboidratos (ver parte superior da Tabela 5.2). Essas simbioses ocorrem nos nódulos formados nas raízes dos vegetais contendo bactérias fixadoras.

O tipo mais comum de simbiose ocorre entre as espécies da família Fabaceae (leguminosas) e as bactérias do solo dos gêneros *Azorhizobium*, *Bradyrhizobium*, *Mesorhizobium*, *Rhizobium* e *Sinorhizobium* (coletivamente chamadas de **rizóbios**; **Tabela 5.3** e **Figura 5.9**). Outro tipo comum de simbiose ocorre entre várias espécies de plantas lenhosas, como o amieiro (*Alnus*), e bactérias do solo do gênero *Frankia*; essas plantas são conhecidas como **actinorrízicas**. Ocorrem ainda outros tipos de simbioses fixadoras de nitrogênio, como na herbá-

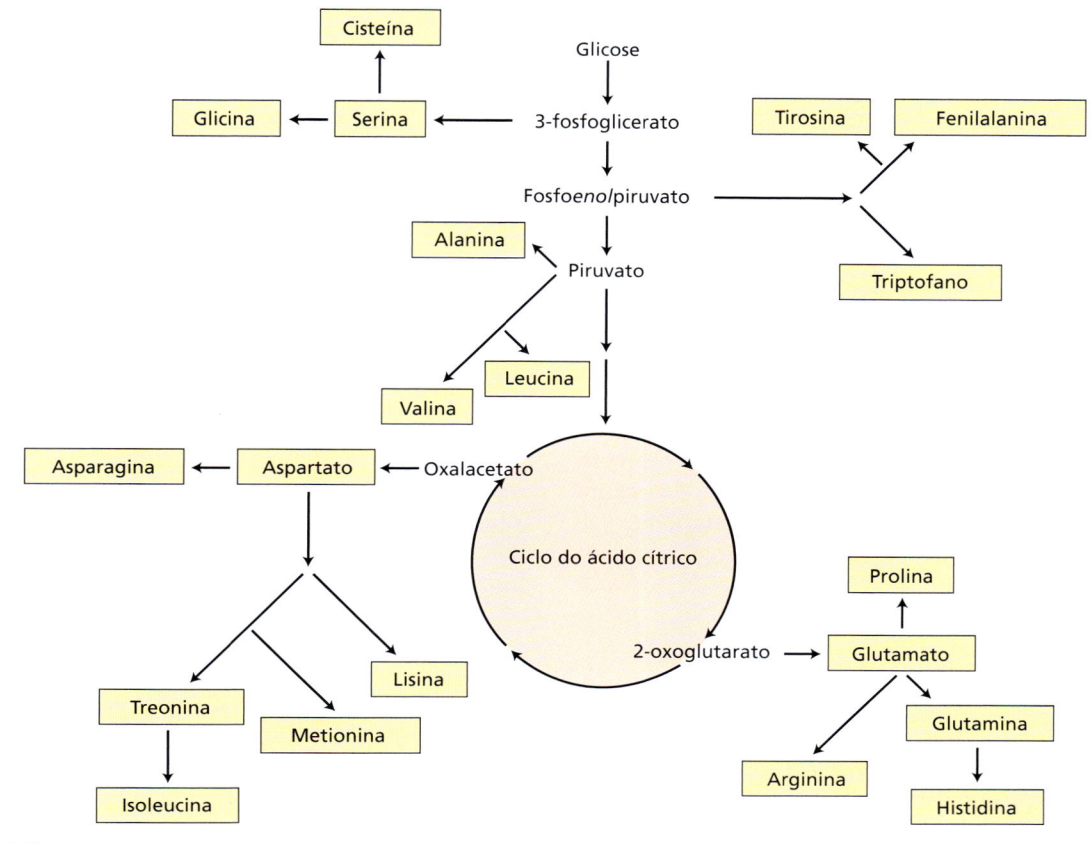

Figura 5.8 Rotas biossintéticas dos esqueletos de carbono dos 20 aminoácidos-padrão.

TABELA 5.2 Exemplos de organismos que podem realizar a fixação do nitrogênio

FIXAÇÃO SIMBIÓTICA DO NITROGÊNIO

Planta hospedeira	Simbiontes fixadores de N
Leguminosas e *Parasponia*	*Azorhizobium, Bradyrhizobium, Mesorhizobium, Rhizobium, Sinorhizobium*
Actinorrízicas: *Alnus* (árvore), *Ceanothus* (arbusto), *Casuarina* (árvore), *Datisca* (arbusto)	*Frankia*
Gunnera	*Nostoc*
Azolla (pteridófita aquática)	*Anabaena*
Cana-de-açúcar	*Acetobacter*
Miscanthus	*Azospirillum*

FIXADORES DE NITROGÊNIO DE VIDA LIVRE

Tipo	Gêneros fixadores de N
Cianobactérias (anteriomente chamadas de algas azuis)	*Anabaena, Calothrix, Nostoc*
Outras bactérias	
Aeróbias	*Azospirillum, Azotobacter, Beijerinckia, Derxia*
Facultativas	*Bacillus, Klebsiella*
Anaeróbias	
Não fotossintetizantes	*Clostridium, Methanococcus* (arqueobactéria)
Fotossintetizantes	*Chromatium, Rhodospirillum*

TABELA 5.3 Associações entre plantas hospedeiras e rizóbios

Planta hospedeira	Rizóbios simbiontes
Parasponia (não leguminosa, antigamente chamada de *Trema*)	*Bradyrhizobium* spp.
Soja (*Glycine max*)	*Bradyrhyzobium japonicum* (tipo com crescimento lento); *Sinorhizobium fredii* (tipo com crescimento rápido)
Alfafa (*Medicago sativa*)	*Sinorhizobium meliloti*
Sesbania (aquática)	*Azorhizobium* (forma nódulos nas raízes e no caule; no caule desenvolvem-se raízes adventícias)
Feijoeiro (*Phaseolus*)	*Rhizobium leguminosarum* bv. *phaseoli; R. tropici; R. etli*
Trevo (*Trifolium*)	*Rhizobium leguminosarum* bv. *trifolii*
Ervilha (*Pisum sativum*)	*Rhizobium leguminosarum* bv. *viciae*
Aeschynomene (aquática)	Clado *Bradyrhizobium* fotossintetizante (rizóbios fotossinteticamente ativos, que formam nódulos no caule, provavelmente associados a raízes adventícias)

cea sul-americana *Gunnera* e na diminuta pteridófita aquática *Azolla*, as quais formam associações com as cianobactérias *Nostoc* e *Anabaena*, respectivamente (**Figura 5.10**; ver também Tabela 5.2). Finalmente, vários tipos de bactérias fixadoras de nitrogênio estão associados com gramíneas C_4, como cana-de-açúcar e *Miscanthus*.

A fixação do nitrogênio necessita de condições microanaeróbias e anaeróbias

Como a fixação do nitrogênio envolve o consumo de grandes quantidades de energia, as enzimas nitrogenases, que catalisam essas reações, possuem sítios que facilitam as trocas de alta energia dos elétrons. O oxigênio, sendo um forte aceptor de elétrons, pode danificar esses sítios e inativar irreversivelmente a nitrogenase. Assim, o nitrogênio deve ser fixado sob condições anaeróbias. Cada organismo fixador de nitrogênio listado na Tabela 5.2 funciona sob condições naturais anaeróbias ou pode criar um ambiente anaeróbio interno (microanaeróbio), isolando-o do oxigênio atmosférico que o circunda.

Nas cianobactérias, as condições de anaerobiose são criadas em células especializadas denominadas *heterocistos* (ver Figura 5.10). Os heterocistos são células com paredes espessadas que se diferenciam quando as cianobactérias filamentosas são privadas do NH_4^+. Essas células carecem do fotossistema II, o fotossistema produtor de oxigênio (ver Capítulo 7) e, assim, não formam oxigênio. Os heterocistos parecem representar

Figura 5.9 Nódulos em raiz de feijoeiro (*Phaseolus vulgaris*). Os nódulos, as estruturas esféricas, são resultado de infecção por *Rhizobium* spp. (Imagem por David McIntyre.)

e morrem quando os campos secam, liberando para o solo o nitrogênio fixado. Outra fonte importante de nitrogênio disponível em campos alagados cultivados com arroz é a *Azolla*, a qual se associa à cianobactéria *Anabaena*. A associação *Azolla-Anabaena* pode fixar 0,5 kg de nitrogênio atmosférico por hectare/dia, uma taxa de fertilização suficiente para manter uma produtividade moderada de arroz.

As bactérias de vida livre, capazes de fixar nitrogênio, podem ser aeróbias, facultativas ou anaeróbias (ver Tabela 5.2, parte inferior).

- Aeróbias: Bactérias *aeróbias* fixadoras de nitrogênio, como *Azotobacter*, mantêm uma concentração baixa de oxigênio (condições microaeróbias) por meio de suas altas taxas de respiração. Outras, como *Gloeothece*, liberam o O_2 fotossintético durante o dia e fixam o nitrogênio durante a noite, quando a respiração diminui os níveis do oxigênio.

- Facultativas: Organismos *facultativos*, que são capazes de crescer sob condições aeróbias e anaeróbias, geralmente fixam o nitrogênio somente sob condições anaeróbias.

- Anaeróbias: Bactérias *anaeróbias* obrigatórias fixadoras de nitrogênio que crescem em ambientes sem oxigênio podem ser fotossintetizantes (p. ex., *Rhodospirillum*) ou não fotossintetizantes (p. ex., *Clostridium*).

uma adaptação para que ocorra a fixação do nitrogênio, pelo fato de que são largamente encontrados entre as cianobactérias aeróbias fixadoras de nitrogênio.

As cianobactérias conseguem fixar o nitrogênio em condições de anaerobiose, como aquelas encontradas em campos alagados. Nos países asiáticos, ambos os tipos de cianobactérias fixadoras de nitrogênio, com ou sem heterocistos, representam o principal modo de manutenção de um suprimento adequado de nitrogênio nos solos de cultivo de arroz. Esses microrganismos fixam o nitrogênio quando os campos estão alagados

A fixação simbiótica do nitrogênio ocorre em estruturas especializadas

Alguns organismos procariotos simbiontes fixadores de nitrogênio ocorrem no interior de **nódulos**, órgãos especiais da planta hospedeira que envolvem as bactérias fixadoras (ver Figura 5.9). No caso do gênero *Gunnera*, esses órgãos ocorrem em glândulas do caule, que se desenvolvem independentemente do organismo simbionte. No caso das leguminosas e das plantas ac-

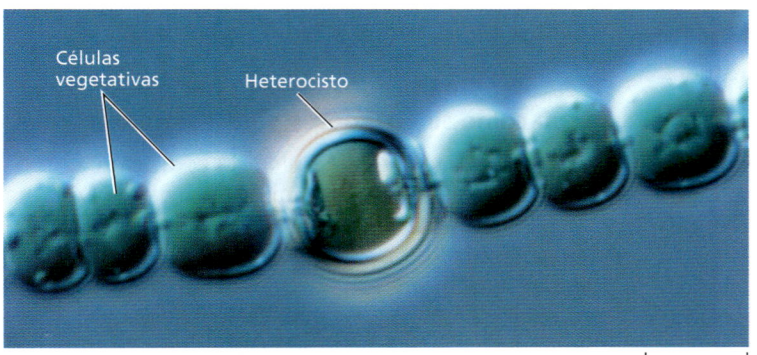

Figura 5.10 Heterocisto presente em um filamento da cianobactéria *Anabaena* fixadora de nitrogênio, a qual forma associações com *Azolla*, uma pteridófita aquática. Os heterocistos com paredes espessas, intercalados entre as células vegetativas, têm um ambiente interno anaeróbio que permite que cianobactérias fixem nitrogênio em condições aeróbias. (© Dr. Peter Siver/Visuals Unlimited.)

tinorrízicas, as bactérias fixadoras de nitrogênio induzem a formação de nódulos nas raízes.

As gramíneas também podem desenvolver relações simbióticas com organismos fixadores de nitrogênio, mas, nessas associações, não são produzidos nódulos. Nesse caso, a bactéria fixadora de nitrogênio ancora-se na superfície da raiz, principalmente nas proximidades da zona de alongamento e nos pelos das raízes, ou vive como endófita, colonizando os tecidos da planta sem causar doença. Por exemplo, as bactérias fixadoras de nitrogênio *Acetobacter diazotrophicus* e *Herbaspirillum* spp. vivem no apoplasto dos tecidos do caule de cana-de-açúcar e podem suprir seu hospedeiro com cerca de 30% do nitrogênio necessário, reduzindo a necessidade de fertilização nitrogenadas. O potencial das bactérias fixadoras de nitrogênio associadas e endofíticas para suplementar a nutrição nitrogenada em milho, arroz e outros grãos tem sido explorado. No entanto, a diversidade das espécies de bactérias encontradas nas raízes e nos tecidos vegetais, bem como a variação das respostas dessas bactérias, têm impedido o progresso dessa abordagem.

As plantas leguminosas e actinorrízicas regulam a permeabilidade aos gases em seus nódulos, mantendo uma concentração de oxigênio entre 20 e 40 nanomolar (nM) no interior do nódulo (cerca de 10 mil vezes menor que a concentração de equilíbrio na água). Esses níveis podem sustentar a respiração, mas são suficientemente baixos para evitar a inativação da nitrogenase. A permeabilidade gasosa aumenta na luz e decresce sob condições de seca ou exposição ao nitrato. O mecanismo que regula a permeabilidade aos gases ainda não é conhecido, mas pode envolver o influxo e o efluxo de íons potássio nas células infectadas.

Os nódulos contêm proteínas heme que se ligam ao oxigênio, denominadas **leg-hemoglobinas**. As leg-hemoglobinas são as proteínas mais abundantes nos nódulos, conferindo a elas uma cor rosada. Essas proteínas são decisivas para a fixação biológica do nitrogênio. As leg-hemoglobinas possuem uma alta afinidade pelo oxigênio (um K_m de aproximadamente 10 nM), cerca de 10 vezes maior que a cadeia β da hemoglobina humana.

Embora se acreditasse que a leg-hemoglobina agisse como um tampão para o oxigênio do nódulo, estudos mais recentes indicam que ela armazena uma quantidade de suficiente de oxigênio para a manutenção da respiração nodular por alguns segundos. Sua função é aumentar a taxa de transporte do oxigênio para a respiração das células bacterianas simbióticas, levando à redução substancial do nível de estado estacionário de oxigênio nas células infectadas. Para manter a respiração aeróbia sob essas condições, os rizóbios utilizam uma cadeia especializada de transporte de elétrons (ver Capítulo 11), na qual a oxidase terminal possui uma afinidade ainda mais alta pelo oxigênio do que aquela das leg-hemoglobinas (um K_m de aproximadamente 7 nM).

O estabelecimento da simbiose requer uma troca de sinais

A simbiose entre as leguminosas e os rizóbios não é obrigatória. As plântulas de leguminosas desenvolvem-se sem qualquer associação com rizóbios e podem permanecer nessa condição durante todo o seu ciclo de vida. Os rizóbios também ocorrem como organismos de vida livre no solo. Entretanto, sob condições limitantes de nitrogênio, os simbiontes procuram uns aos outros, por meio de uma elaborada troca de sinais. A sinalização, o processo de infecção e o desenvolvimento de nódulos fixadores de nitrogênio envolvem genes específicos, tanto da planta hospedeira quanto dos simbiontes.

Os genes vegetais específicos de nódulos são denominados **genes nodulinos**, enquanto os genes dos rizóbios participantes da formação dos nódulos são chamados de **genes de nodulação** (*nod*). Os genes *nod* são classificados como *nod* gerais ou *nod* hospedeiro-específicos. Os genes *nod* gerais – *nodA, nodB* e *nodC* – são encontrados em todas as cepas de rizóbios, enquanto os genes *nod* hospedeiro-específicos – como *nodP, nodQ* e *nodH*, ou *nodF, nodE* e *nodL* – diferem entre as espécies de rizóbios e determinam a faixa de hospedeiros (as plantas que podem ser infectadas). Somente um dos genes *nod*, o gene regulador *nodD*, é constitutivamente expresso e, como será explicado em detalhe, seu produto proteico (NodD) regula a transcrição de outros genes *nod*.

O primeiro estágio no estabelecimento da relação simbiótica entre a bactéria fixadora de nitrogênio e seu hospedeiro é a migração da bactéria em direção às raízes da planta hospedeira. Essa migração é uma resposta quimiotática, mediada por atrativos químicos, em especial (iso)flavonoides e betaínas, secretados pelas raízes. Tais atrativos ativam a proteína do rizóbio NodD, a qual induz a transcrição de outros genes *nod*. A região promotora de todos os óperons *nod*, exceto a do *nodD*, possui sequências altamente conservadas chamadas de *nod box*. A ligação da NodD ativada ao *nod box* induz a transcrição de outros genes *nod*.

Os fatores Nod produzidos por bactérias atuam como sinalizadores para a simbiose

Os genes *nod* ativados pela NodD codificam as proteínas de nodulação, cuja maioria está envolvida na biossíntese dos fatores Nod. Os **fatores Nod** são moléculas sinalizadoras oligossacarídeos de lipoquitina, que apresentam um esqueleto N-acetil-D-glicosamina com ligações β-(1,4) (variando em comprimento de 3 a 6 unidades de açúcar) e uma cadeia de ácido graxo na posição C-2 do açúcar não redutor (**Figura 5.11**).

Figura 5.11 Os fatores Nod são oligossacarídeos de lipoquitina. A cadeia de ácido graxo apresenta normalmente de 16 a 18 carbonos. O número de seções intermediárias (*n*) repetidas em geral é dois ou três. (De Stokkermans et al., 1995.)

Três dos genes *nod* (*nodA*, *nodB* e *nodC*) codificam as enzimas (NodA, NodB e NodC, respectivamente) necessárias à síntese dessa estrutura básica:

1. A NodA é uma *N*-aciltransferase que catalisa a adição da cadeia acil lipídica.
2. A NodB é uma quitina oligossacarídeo desacetilase que remove o grupo acetil de um açúcar terminal não redutor.
3. A NodC é uma quitina oligossacarídeo sintase que liga os monômeros de *N*-acetil-D-glicosamina.

Os fatores Nod hospedeiro-específicos que variam entre as espécies de rizóbios estão envolvidos na modificação da cadeia acil lipídica ou na adição de grupos importantes na determinação da especificidade do hospedeiro:

- NodE e NodF determinam o comprimento e o grau de saturação da cadeia acil lipídica; aquelas de *Rhizobium leguminosarum* bv. *viciae* e *Sinorhizobium meliloti* resultam na síntese de grupos acil lipídicos de 18:4 e 16:2, respectivamente. (O número antes dos dois pontos indica o número total de carbonos da cadeia acil lipídica, e o número após os dois pontos indica o número de ligações duplas; ver Capítulo 11.)
- Outras enzimas, como NodL, influenciam a especificidade do hospedeiro aos fatores Nod por meio da adição de substituições específicas nas porções dos açúcares redutores ou não redutores do esqueleto de quitina.

Uma determinada leguminosa hospedeira responde a um fator Nod específico. Os receptores de leguminosas para os fatores Nod são proteínas quinases com domínio extracelular LysM de ligação ao açúcar (LysM, o motivo lisina, é um módulo proteico amplamente distribuído; originalmente identificado em enzimas que degradam paredes celulares bacterianas, está presente também em muitas outras proteínas) nos pelos da raiz. Os fatores Nod ativam esses domínios, induzindo oscilações nas concentrações de íons cálcio livres na região nuclear das células da epiderme da raiz (**Figura 5.12**). O reconhecimento da oscilação dos íons Ca^{2+} necessita de uma proteína quinase dependente de calmodulina/Ca^{2+} (CaMK, *calmodulin-dependent protein kinase*) que está associada a uma proteína com função desconheci-

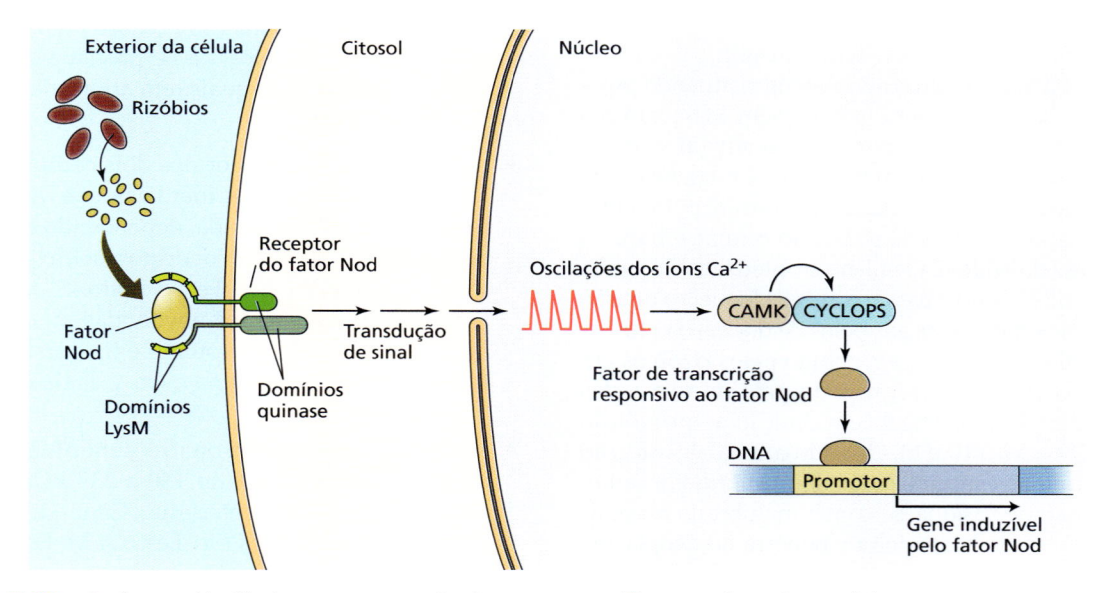

Figura 5.12 Os fatores Nod induzem a expressão de genes específicos na planta hospedeira.

da, denominada CYCLOPS. Após a célula da epiderme ter reconhecido a oscilação continuada dos íons Ca^{2+}, o regulador de transcrição responsivo ao fator Nod associa-se diretamente a promotores de genes induzidos pelo fator Nod. O processo global, conectando a percepção do fator Nod no nível da membrana plasmática a alterações da expressão gênica no núcleo, é denominado rota simbiótica, devido ao compartilhamento de elementos com o processo pelo qual os fungos micorrízicos arbusculares interagem com seus hospedeiros (ver Capítulo 4).

A formação do nódulo envolve fitormônios

Os dois processos – infecção e organogênese do nódulo – ocorrem simultaneamente durante a formação do nódulo da raiz. Os rizóbios em geral infectam os pelos das raízes liberando, inicialmente, fatores Nod que induzem um pronunciado enrolamento das células desses pelos (**Figura 5.13A e B**). Os rizóbios tornam-se envolvidos pelo pequeno compartimento formado por esse enrolamento. A parede celular do pelo também é degradada nessas regiões em resposta aos fatores Nod, permitindo às células bacterianas o acesso direto à superfície externa da membrana plasmática.

A próxima etapa é a formação de um **canal de infecção** (**Figura 5.13C**), uma extensão interna tubular da membrana plasmática, que é produzida pela fusão de vesículas derivadas do Golgi no local da infecção. O canal cresce em seu ápice pela fusão de vesículas secretoras na extremidade do tubo. Na região mais profunda do córtex, próximo ao xilema, as células corticais desdiferenciam-se e iniciam a divisão, formando uma área distinta no córtex, denominada *primórdio nodular*, a partir da qual o nódulo irá se desenvolver. Os primórdios nodulares são formados na região oposta aos polos do protoxilema do sistema vascular da raiz.

Compostos de sinalização diferentes, atuando positiva ou negativamente, controlam o desenvolvimento dos primórdios modulares. Os fatores Nod ativam a sinalização localizada da citocinina no córtex e no periciclo da raiz, levando à supressão localizada do transporte polar da auxina, o qual estimula a divisão celular e induz a morfogênese do nódulo. O etileno é sintetizado na região do periciclo, difunde-se para o córtex e bloqueia a divisão celular em posição oposta aos polos de floema da raiz.

O canal de infecção, preenchido pelos rizóbios em proliferação, alonga-se através do pelo da raiz e das camadas de células corticais em direção ao primórdio nodular (**Figura 5.13D e E**). Quando o canal de infecção atinge as células especializadas do primórdio nodular, sua extremidade fusiona-se com a membrana plasmática de uma célula hospedeira e penetra no citoplasma (**Figura 5.13F**). Subsequentemente, as células bacterianas são liberadas no citoplasma circundadas pela membrana plasmática da célula hospedeira, resultando na formação de uma organela denominada *simbiossomo*. A ramificação do canal de infecção no interior do nódulo permite que a bactéria infecte muitas células.

Inicialmente, as bactérias no simbiossomo continuam a se dividir, e a membrana que as envolve (também denominada *membrana bacterioide*) aumenta em área de superfície para acomodar esse crescimento, fusionando-se com vesículas menores. Logo após, a partir de um sinal indeterminado da planta, as bactérias param de se dividir e começam a se diferenciar em **bacterioides** fixadores de nitrogênio.

O nódulo como um todo desenvolve características semelhantes a um sistema vascular (que facilita a troca de nitrogênio fixado produzido pelos bacterioides por nutrientes disponibilizados pela planta) e uma camada de células para excluir o O_2 do interior do nódulo da raiz. Em algumas leguminosas de clima temperado (p. ex., ervilhas), os nódulos são alongados e cilíndricos devido à presença de um *meristema nodular*. Os nódulos de leguminosas tropicais, como soja e amendoim, não apresentam um meristema persistente e são esféricos.

O complexo da enzima nitrogenase fixa o N_2

A fixação biológica do nitrogênio, semelhante à fixação industrial do nitrogênio, produz amônia a partir do nitrogênio molecular. A reação geral é:

$$N_2 + 8\,e^- + 8\,H^+ + 16\,ATP \rightarrow 2\,NH_3 + H_2 + 16\,ADP + 16\,P_i \quad (5.10)$$

Observe que a redução do N_2 a 2 NH_3, uma transferência de seis elétrons, está acoplada à redução de dois prótons para formar H_2. O **complexo da enzima nitrogenase** catalisa essa reação.

O complexo da enzima nitrogenase pode ser separado em dois componentes – a Fe-proteína e a MoFe-proteína –, nenhum dos quais tem atividade catalítica própria (**Figura 5.14**):

- A Fe-proteína é o menor dos dois componentes e tem duas subunidades idênticas que variam em massa de 30 a 72 kDa cada, dependendo da espécie de bactéria. Cada subunidade possui um grupo ferro-enxofre (quatro Fe^{2+}/Fe^{3+} e quatro S^{2-}), que participa nas reações redox envolvidas na conversão do N_2 em NH_3. A Fe-proteína é irreversivelmente inativada por O_2 com uma meia-vida típica de 30 a 45 segundos.

- A MoFe-proteína tem quatro subunidades, com massa molecular total de 180 a 235 kDa, dependendo da espécie bacteriana. Cada subunidade apresenta dois grupos Mo-Fe-S. A MoFe-proteína é também inativada pelo O_2, com uma meia-vida de 10 minutos no ar.

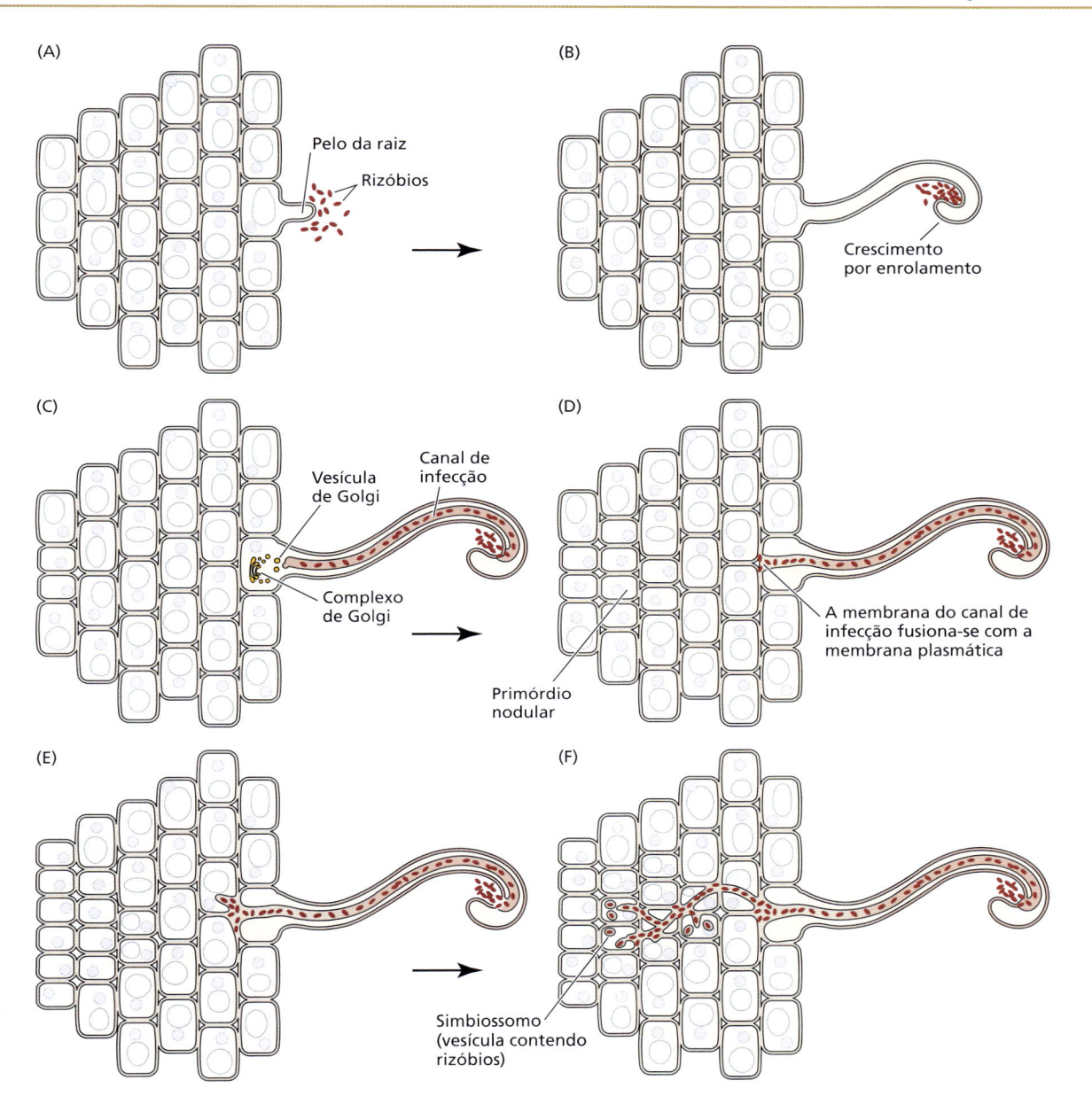

Figura 5.13 Processo de infecção durante a organogênese do nódulo. (A) Os rizóbios ligam-se a um pelo emergente da raiz em resposta a atrativos químicos liberados pela planta. (B) Em resposta aos fatores produzidos pelas bactérias, o pelo da raiz exibe um enrolamento anormal, e as células dos rizóbios proliferam nos enrolamentos. (C) A degradação localizada da parede celular do pelo da raiz leva à infecção e à formação do canal de infecção a partir das vesículas secretoras do Golgi das células da raiz. (D) O canal de infecção atinge a extremidade da célula, e sua membrana fusiona-se com a membrana plasmática da célula do pelo da raiz. (E) Os rizóbios são liberados no apoplasto e penetram na lamela média composta para a membrana plasmática da célula subepidérmica, iniciando um novo canal de infecção, que forma um canal aberto com o primeiro. (F) O canal de infecção estende-se e ramifica-se até atingir as células-alvo, onde os simbiossomos compostos de membranas vegetais que envolvem as células bacterianas são liberados no citosol.

Na reação geral de redução do nitrogênio (ver Figura 5.14), a ferredoxina atua como um doador de elétrons para a Fe-proteína, que, por sua vez, hidrolisa ATP e reduz a MoFe-proteína. A MoFe-proteína pode, então, reduzir inúmeros substratos (**Tabela 5.4**), embora, sob condições naturais, ela reaja somente com N_2 e H^+. Uma das reações catalisadas pela nitrogenase, a redução do acetileno a etileno, é usada para estimar a atividade da nitrogenase.

O balanço energético da fixação do nitrogênio é complexo. A produção de NH_3 a partir de N_2 e H_2 é uma reação exergônica, com um $\Delta G^{0'}$ (mudança na energia

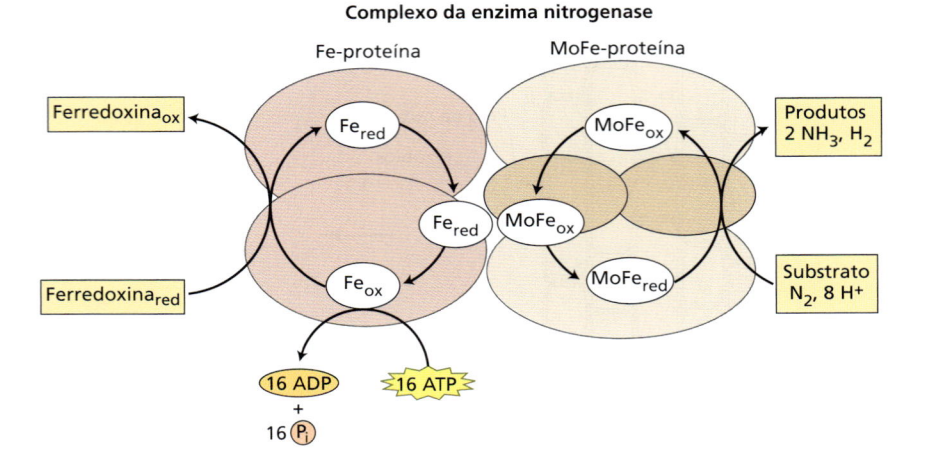

Figura 5.14 Reação catalisada pela nitrogenase. A ferredoxina reduz a Fe-proteína. Acredita-se que a ligação e a hidrólise do ATP à Fe-proteína provoquem uma mudança na conformação dessa proteína, o que facilita as reações redox. A Fe-proteína reduz a MoFe-proteína, e essa última reduz o N_2. (De Dixon e Wheeler, 1986; Buchanan et al., 2000.)

TABELA 5.4 Reações catalisadas pela nitrogenase

Reação	Descrição
$N_2 \rightarrow NH_3$	Fixação do nitrogênio molecular
$N_2O \rightarrow N_2 + H_2O$	Redução do óxido nitroso
$N_3^- \rightarrow N_2 + NH_3$	Redução da azida
$C_2H_2 \rightarrow C_2H_4$	Redução do acetileno
$2H^+ \rightarrow H_2$	Produção do H_2
$ATP \rightarrow ADP + P_i$	Atividade hidrolítica do ATP

livre) de -27 kJ mol^{-1}. Entretanto, a produção industrial de NH_3 a partir de N_2 e H_2 é *endergônica*, demandando um grande aporte de energia devido à energia de ativação necessária para quebrar a ligação tripla do N_2. Pela mesma razão, a redução enzimática do N_2 pela nitrogenase também requer um grande investimento de energia (ver Equação 5.10), embora as mudanças exatas na energia livre ainda sejam desconhecidas.

Cálculos baseados no metabolismo de carboidrato de leguminosas indicam que a planta respira 9,3 moles de CO_2 por mol de N_2 fixado. Com base na Equação 5.10, o $\Delta G^{0\prime}$ para a reação geral da fixação biológica do nitrogênio é de cerca de -200 kJ mol^{-1}. Visto que a reação total é altamente exergônica, a produção de amônio é limitada pelo lento funcionamento (o número de moléculas de N_2 reduzido por unidade de tempo é de cerca de 5 s^{-1}) do complexo nitrogenase. Para compensar essa velocidade lenta de reciclagem, o bacterioide sintetiza grandes quantidades de nitrogenase (representando até 20% do total das proteínas na célula).

Sob condições naturais, quantidades substanciais de H^+ são reduzidas ao gás H_2. Esse processo pode competir com a redução do N_2 pelos elétrons da nitrogenase. Nos rizóbios, 30 a 60% da energia fornecida para a nitrogenase podem ser perdidos como H_2, diminuindo a eficiência da fixação do nitrogênio. Alguns rizóbios, entretanto, contêm hidrogenase, uma enzima que pode clivar o H_2 formado e gerar elétrons para a redução do N_2, aumentando, assim, a eficiência da fixação de nitrogênio.

Amidas e ureídas são formas de transporte do nitrogênio

Os procariotos simbióticos fixadores de nitrogênio liberam amônia, que, para evitar a toxicidade, deve ser rapidamente convertida em formas orgânicas nos nódulos da raiz, antes de ser transportada via xilema para a parte aérea. As leguminosas fixadoras de nitrogênio podem ser classificadas como exportadoras de amidas ou exportadoras de ureídas, dependendo da composição da seiva do xilema. As amidas (principalmente os aminoácidos asparagina ou glutamina) são exportadas por leguminosas de regiões temperadas, como ervilha (*Pisum*), trevo (*Trifolium*), fava (*Vicia*) e lentilha (*Lens*).

As ureídas são exportadas por leguminosas de origem tropical, como a soja (*Glycine*), o feijoeiro (*Phaseolus*), o amendoim (*Arachis*) e a ervilha-do-sul (*Vigna*). As três ureídas principais são alantoína, ácido alantoico e citrulina (**Figura 5.15**). A alantoína é sintetizada nos peroxissomos a partir do ácido úrico, enquanto o ácido alantoico é sintetizado no retículo endoplasmático a partir da alantoína. O local de síntese da citrulina a partir do aminoácido ornitina ainda não foi determinado. Os três compostos são, por fim, liberados no xilema e transportados para a parte aérea, onde são rapidamente catabolizados a amônio. Esse amônio entra na rota de assimilação já descrita.

Assimilação do enxofre

O enxofre está entre os elementos mais versáteis dos organismos vivos. As pontes dissulfeto nas proteínas possuem funções estruturais e reguladoras (ver Capítulo 8). O enxofre participa do transporte de elétrons pe-

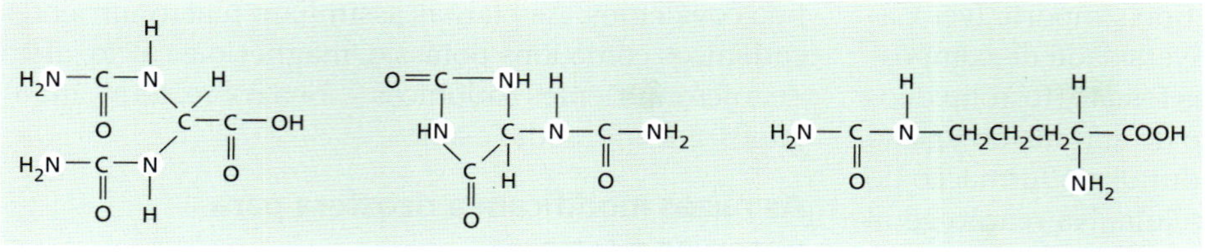

Figura 5.15 Principais ureídas utilizadas para transportar nitrogênio a partir dos locais de fixação para os locais onde será desaminado, fornecendo nitrogênio para a síntese de aminoácidos e nucleosídeos.

Ácido alantoico — Alantoína — Citrulina

los grupos ferro-enxofre (ver Capítulos 7 e 11). Os sítios catalíticos de várias enzimas e coenzimas, como urease e coenzima A, contêm enxofre. Os metabólitos secundários (compostos que não estão envolvidos nas rotas primárias de crescimento e de desenvolvimento) que contêm enxofre variam desde os fatores Nod dos rizóbios, discutidos na seção anterior, ao antisséptico aliina encontrado no alho e ao anticarcinogênico sulforafano, presente no brócolis.

A versatilidade do enxofre deriva, em parte, da propriedade que apresenta em comum com o nitrogênio: *múltiplos estados estáveis de oxidação*. Nesta seção, discutimos a assimilação do enxofre em dois aminoácidos contendo enxofre: cisteína e metionina.

O sulfato é a forma do enxofre transportado nos vegetais

A maior parte do enxofre nas células de plantas superiores deriva do sulfato (SO_4^{2-}) transportado via um transportador de H^+-SO_4^{2-} do tipo simporte (ver Capítulo 6) a partir da solução do solo. O sulfato no solo é predominantemente oriundo do intemperismo da rocha matriz. No entanto, a industrialização acrescenta uma fonte adicional de sulfato: a poluição atmosférica. A queima de combustíveis fósseis libera várias formas de enxofre gasoso, incluindo dióxido de enxofre (SO_2) e sulfeto de hidrogênio (H_2S), os quais são levados para o solo pela chuva.

Na fase gasosa, o dióxido de enxofre reage com o radical hidroxila e o oxigênio, formando o trióxido de enxofre (SO_3). O SO_3 dissolve-se na água e torna-se ácido sulfúrico (H_2SO_4), um ácido forte, que é a principal fonte de chuva ácida. As plantas conseguem metabolizar o dióxido de enxofre, que é absorvido na forma gasosa pelos estômatos. Entretanto, exposições prolongadas (mais de 8 horas) às concentrações atmosféricas altas do SO_2 (superiores a 0,3 ppm) causam extensos danos aos tecidos, devido à formação do ácido sulfúrico.

A assimilação do sulfato ocorre principalmente nas folhas

As primeiras etapas na síntese de compostos orgânicos contendo enxofre envolvem a redução do sulfato e a síntese do aminoácido cisteína. A redução do sulfato à cisteína altera o número de oxidação do enxofre de +6 para –2, necessitando, assim, da transferência de oito elétrons. A glutationa, a ferredoxina, o NAD(P)H ou a *O*-acetilserina podem atuar como doadores de elétrons em várias etapas da rota metabólica, o que não apresentamos em detalhe aqui. Na assimilação do enxofre, as folhas em geral são muito mais ativas do que as raízes, presumivelmente porque a fotossíntese fornece a ferredoxina reduzida (ver Capítulo 7), e a fotorrespiração gera a serina (ver Capítulo 8), o que pode estimular a produção da *O*-acetilserina. O enxofre assimilado nas folhas é exportado via floema para os locais de síntese proteica (frutos e ápices de caules e raízes), sobretudo na forma de glutationa:

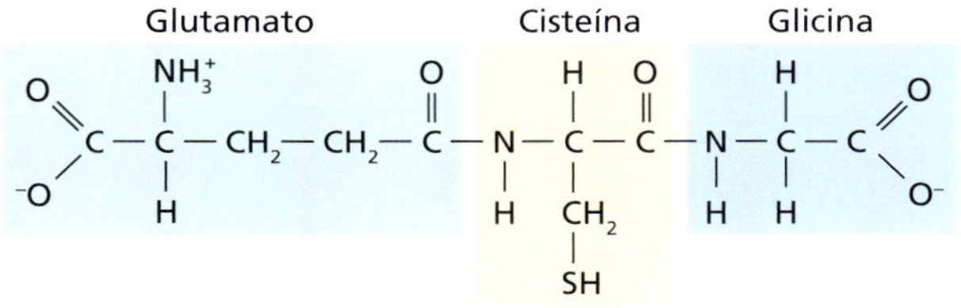

Glutationa reduzida (Glutamato – Cisteína – Glicina)

A glutationa também atua como um sinal que coordena o transporte do sulfato nas raízes e a assimilação desse nutriente na parte aérea.

A metionina é sintetizada a partir da cisteína

A metionina, outro aminoácido contendo enxofre encontrado nas proteínas, é sintetizada nos plastídios a partir da cisteína. Após as sínteses da cisteína e da metionina, o enxofre pode ser incorporado às proteínas e a diversos outros compostos, como a acetil-CoA e a *S*-adenosilmetionina. A acetil-CoA é utilizada na transferência de grupos acetil – ou seja, no metabolismo intermediário, como o ciclo do ácido tricarboxílico e o ciclo do glioxilato (ver Capítulo 11) – enquanto a a *S*-adenosilmetionina é importante na síntese do etileno (ver Capítulo 12).

Assimilação do fosfato

O fosfato (HPO_4^{2-}) na solução do solo é rapidamente absorvido pelas raízes das plantas mediante um transportador de H^+-HPO_4^{2-} do tipo simporte (ver Capítulo 6) e incorporado a uma diversidade de compostos orgânicos, incluindo açúcares fosfato, fosfolipídeos e nucleotídeos. O principal ponto de entrada do fosfato nas rotas de assimilação ocorre durante a formação do ATP, a molécula de energia da célula. Na reação geral desse processo, o fosfato inorgânico é adicionado ao segundo grupo fosfato do difosfato de adenosina para formar a ligação éster fosfato.

Nas mitocôndrias, a energia para a síntese do ATP é proveniente da oxidação do NADH ou do succinato pela fosforilação oxidativa (ver Capítulo 11). A síntese do ATP também é acionada pela fosforilação dependente da luz ocorrente nos cloroplastos (ver Capítulo 7). Além dessas reações que ocorrem nas mitocôndrias e nos cloroplastos, aquelas que acontecem no citosol, como a glicólise, também assimilam fosfato.

A glicólise incorpora o fosfato inorgânico no ácido 1,3-difosfoglicérico, formando um grupo acil fosfato de alta energia. Esse fosfato pode ser doado para o ADP para formar o ATP, em uma reação de fosforilação em nível de substrato (ver Capítulo 11). Uma vez incorporado ao ATP, o grupo fosfato pode ser transferido mediante muitas reações diferentes, formando vários compostos fosforilados encontrados nas células das plantas superiores.

Assimilação de ferro

Os cátions absorvidos pelas células vegetais formam complexos com compostos orgânicos. Nesses compostos, o cátion se torna ligado ao complexo por ligações não covalentes. As plantas assimilam macronutrientes catiônicos como íons potássio, magnésio e cálcio, além de micronutrientes catiônicos – íons cobre, ferro, manganês, cobalto, sódio e zinco.

As raízes modificam a rizosfera para absorver o ferro

O ferro é importante nas proteínas ferro-enxofre (ver Capítulo 7) e como catalisador em reações redox mediadas por enzimas (ver Capítulo 4), como aquelas do metabolismo do nitrogênio anteriormente discutidas. As plantas obtêm o ferro do solo, onde ele está presente primordialmente como ferro férrico (Fe^{3+}), em óxidos como $Fe(OH)^{2+}$, $Fe(OH)_3$ e $Fe(OH)_4^-$. Em pH neutro, o ferro férrico é altamente insolúvel. Para que quantidades suficientes do ferro sejam absorvidas da solução do solo, as raízes desenvolveram vários mecanismos que aumentam sua solubilidade e, assim, sua disponibilidade (**Figura 5.16**). Esses mecanismos abrangem:

- Acidificação do solo, fazendo aumentar a solubilidade do ferro férrico, seguida pela redução do ferro férrico para a forma ferrosa (Fe^{2+}), mais solúvel.
- Liberação de compostos que formam complexos solúveis e estáveis com o ferro. Conforme foi visto no Capítulo 4, esses compostos são chamados de quelantes do ferro (ver Figura 4.3).

Em geral, as raízes acidificam o solo ao seu redor. Elas exsudam prótons durante a absorção e a assimilação dos cátions, em especial amônio, e liberam compostos orgânicos, como os ácidos málico e cítrico, que aumentam a disponibilidade do ferro e do fosfato

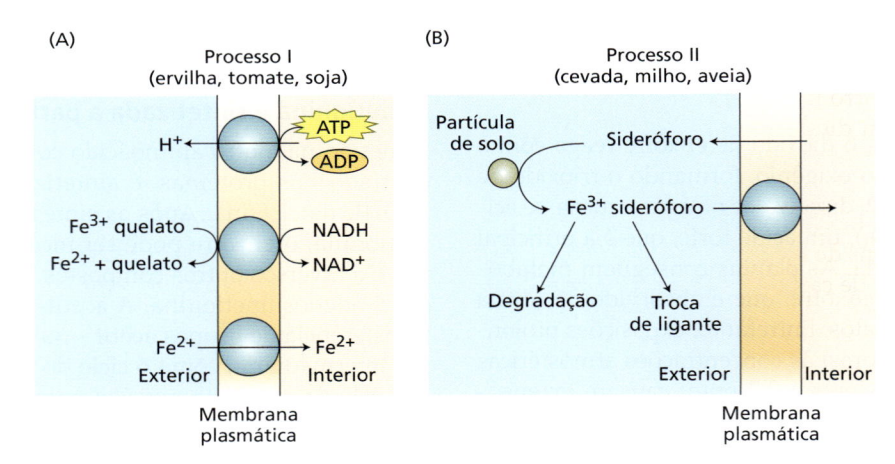

Figura 5.16 Consideram-se dois processos para a absorção de ferro nas plantas. (A) Processo comum nas eudicotiledôneas, como ervilha, tomate e soja, que inclui, de cima para baixo, exportação de prótons, quelação e redução da forma ferrosa, e absorção de ferro ferroso. Os quelantes incluem compostos orgânicos, como ácido málico, ácido cítrico, fenóis e ácido piscídico. (B) Processo comum nas gramíneas como cevada, milho e aveia. Após a excreção do sideróforo pela gramínea e a retirada do ferro de partículas do solo, o complexo pode ser degradado e liberar o ferro para o solo, trocar o ferro por outro ligante ou ser transportado para o interior da raiz. (De Guerinot e Yi, 1994.)

(ver Figura 4.5). A deficiência de ferro estimula a extrusão de prótons pelas raízes. Além disso, as membranas plasmáticas da raiz contêm uma enzima, a *ferro quelato redutase*, que reduz o ferro férrico (Fe^{3+}) à forma de ferro ferroso (Fe^{2+}), em que o NADH ou o NADPH do citosol servem como doadores de elétrons (ver Figura 5.16A). A atividade dessa enzima aumenta sob condições de deficiência de ferro.

Vários compostos secretados pelas raízes formam quelatos estáveis com o ferro. Os exemplos incluem o ácido málico, o ácido cítrico, os fenólicos e o ácido piscídico. As gramíneas produzem uma classe especial de quelantes de ferro denominada *sideróforos*. Os sideróforos são constituídos por aminoácidos não encontrados nas proteínas, como o ácido mugineico, por exemplo, e formam complexos estáveis com o Fe^{3+}. As células das raízes das gramíneas possuem sistemas de transporte de sideróforo-Fe^{3+} em suas membranas plasmáticas, que carregam o quelato para o interior do citoplasma. Sob deficiência de ferro, as raízes das gramíneas liberam mais sideróforos no solo e aumentam a capacidade do sistema de transporte do sideróforo-Fe^{3+} (ver Figura 5.16B).

Cátions de ferro formam complexos com carbono e fosfato

Após a absorção de cátion ferro ou um ferro quelato pelas raízes, eles são oxidados à forma férrica e translocados, em sua maior parte, para as folhas, na forma de complexos eletrostáticos com citrato ou com nicotianamina.

Uma vez nas folhas, o cátion ferro é reduzido a Fe^{2+}, após o que passa por uma importante reação de assimilação catalisada pela enzima ferroquelatase. Através dessa enzima, ele é inserido na porfirina, precursora do grupo heme, encontrado nos citocromos localizados nos cloroplastos e nas mitocôndrias (**Figura 5.17**). A maior parte do ferro nos vegetais é encontrada nos grupos heme. Além disso, as proteínas ferro-enxofre da cadeia transportadora de elétrons contêm ferro não heme covalentemente ligado aos átomos de enxofre dos resíduos de cisteína na apoproteína.

O ferro livre (íons de ferro que não estão complexados com compostos de carbono) podem interagir com o oxigênio para formar radicais hidroxila (OH•) que são altamente danosos. As células vegetais conseguem limitar tais danos pela armazenagem do excesso de íons de ferro em complexos de ferro-proteína chamados de **ferritina**. Mutantes de *Arabidopsis* mostraram que as ferritinas, embora essenciais para a proteção contra o dano oxidativo, não servem como *pool* principal para o desenvolvimento da plântula ou o funcionamento apropriado do aparato fotossintético. A ferritina consiste em uma estrutura proteica com 24 subunidades idênticas formando uma esfera oca que possui uma massa molecular de cerca de 480 kDa. No interior dessa esfera, há um núcleo de 5.400 a 6.200 átomos de ferro presentes na forma de um complexo fosfato-óxido férrico.

A forma pela qual o ferro é liberado da ferritina não é conhecida, porém a decomposição da estrutura proteica parece estar envolvida nesse processo. O nível de ferro livre nas células vegetais regula a biossíntese de novo da ferritina. Existe um grande interesse na ferritina, porque o ferro, ligado a proteínas dessa forma, pode ser altamente disponível para seres humanos. Alimentos ricos em ferritina, como a soja, podem auxiliar em dietas para problemas de anemia.

Balanço energético da assimilação de nutrientes

A assimilação de nutrientes – em particular de nitrogênio e enxofre – geralmente necessita de grandes quantidades de energia para converter compostos inorgânicos estáveis, de baixa energia, altamente oxidados, em compostos orgânicos, de alta energia, altamente reduzidos:

- Conforme foi visto, na assimilação do nitrato (NO_3^-), o nitrogênio do NO_3^- é convertido em uma forma mais energética (mais reduzida), o nitrito (NO_2^-), e, depois, em uma forma ainda mais energética (mais reduzida ainda), o amônio (NH_4^+), e finalmente em nitrogênio amida da glutamina. Esse processo consome o equivalente a 12 ATPs para cada nitrogênio amida.
- O processo de fixação biológica do nitrogênio, junto com a subsequente assimilação de NH_3 em um

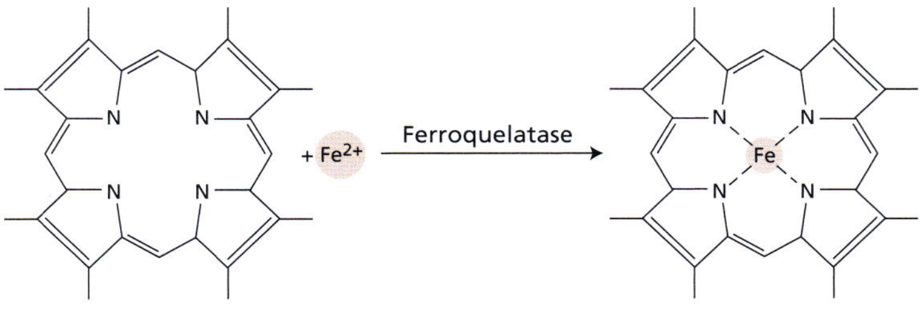

Figura 5.17 Reação da ferroquelatase. A enzima ferroquelatase catalisa a inserção do ferro no anel da porfirina, formando o complexo de valência coordenada.

aminoácido, consome o equivalente a cerca de 16 ATPs por nitrogênio amida.

- A assimilação de sulfato (SO_4^{2-}) no aminoácido cisteína consome cerca de 14 ATPs por átomo S assimilado.

Para se ter uma ideia da enorme quantidade de energia envolvida, deve-se considerar que, se ocorressem rapidamente no sentido oposto – por exemplo, de NH_4NO_3 (nitrato de amônio) para N_2 –, essas reações se tornariam explosivas, liberando grandes quantidades de energia como movimento, calor e luz. Praticamente todos os explosivos, incluindo a nitroglicerina, o TNT (trinitrotolueno) e a pólvora, são baseados na rápida oxidação de compostos de nitrogênio ou de enxofre.

A consequência do alto custo da assimilação de nitrato é que ela representa cerca de 25% do total da energia consumida pelas raízes e partes aéreas. Portanto, o vegetal pode utilizar um quarto de sua energia para assimilar o nitrogênio, um constituinte que representa menos de 2% da massa seca total da planta.

Resumo

A assimilação de nutrientes é um processo de frequente demanda energética pelo qual as plantas incorporam nutrientes inorgânicos a compostos de carbono necessários ao crescimento e ao desenvolvimento.

Nitrogênio no meio ambiente

- Quando o nitrogênio é fixado em amônia (NH_3) ou nitrato (NO_3^-), ele passa por diversas formas orgânicas e inorgânicas antes de retornar, finalmente, à forma de nitrogênio molecular (N_2) (**Figura 5.1**).
- O amônio (NH_4^+), em concentrações altas, é tóxico aos tecidos vivos (**Figura 5.2**), enquanto o nitrato pode ser armazenado e transportado nos tecidos vegetais de forma segura.

Assimilação do nitrato

- As raízes vegetais absorvem ativamente o nitrato para, então, reduzi-lo a nitrito (NO_2^-) no citosol (**Figura 5.3**).
- O nitrato, a luz e os carboidratos afetam a transcrição e a tradução da nitrato redutase (**Figura 5.4**).
- O escuro e o Mg^{2+} podem inativar a nitrato redutase. Essa inativação é mais rápida do que a regulação pela redução da síntese ou da degradação da enzima.
- Nos cloroplastos e nos plastídios da raiz, a enzima nitrito redutase reduz o nitrito a amônio (**Figura 5.5**).
- Tanto as raízes quanto as partes aéreas assimilam o nitrato (**Figura 5.6**).

Assimilação do amônio

- As células vegetais evitam a toxicidade do amônio por sua rápida conversão em aminoácidos (**Figura 5.7**).
- O nitrogênio é incorporado a outros aminoácidos por reações de transaminação envolvendo a glutamina e o glutamato.
- O aminoácido asparagina é um componente-chave para o transporte e o armazenamento do nitrogênio.

Biossíntese de aminoácidos

- Os esqueletos de carbono dos aminoácidos são originados de intermediários da glicólise e do ciclo do ácido tricarboxílico (**Figura 5.8**).

Fixação biológica do nitrogênio

- A fixação biológica do nitrogênio é responsável pela maior parte da amônia formada a partir do N_2 atmosférico (**Figura 5.1; Tabelas 5.1, 5.2**).
- Vários tipos de bactérias fixadoras de nitrogênio formam associações simbióticas com plantas superiores (**Figuras 5.9, 5.10; Tabela 5.3**).
- A fixação do nitrogênio necessita de condições anaeróbias ou microanaeróbias.
- Procariotos simbióticos fixadores de nitrogênio funcionam no interior de estruturas especializadas formadas pela planta hospedeira (**Figura 5.9**).
- A relação simbiótica é iniciada pela migração das bactérias fixadoras de nitrogênio na direção da raiz da planta hospedeira, a qual é mediada por atrativos químicos secretados pelas raízes.
- Os compostos atrativos ativam a proteína NodD do rizóbio, a qual, então, induz a biossíntese de fatores Nod que agem como sinalizadores para a simbiose (**Figura 5.11, 5.12**).
- Os fatores Nod induzem o enrolamento da raiz, sequestro dos rizóbios, degradação da parede celular e acesso bacteriano à membrana celular do pelo da raiz, do qual se forma o canal de infecção (**Figura 5.13**).
- Repleto de rizóbios em proliferação, o canal de infecção alonga-se através dos tecidos da raiz no sentido do nódulo em desenvolvimento, o qual surge a partir das células corticais (**Figura 5.13**).
- Em resposta a um sinal do vegetal, as bactérias do nódulo param de se dividir e se diferenciam em bacterioides fixadores de nitrogênio.
- A redução do N_2 em NH_3 é catalisada pelo complexo da enzima nitrogenase (**Figura 5.14**).
- O nitrogênio fixado é transportado como amidas ou ureídas (**Figura 5.15**).

Assimilação do enxofre

- A maior parte do enxofre assimilado é derivada do sulfato (SO_4^{2-}) absorvido da solução do solo, mas os vegetais podem também metabolizar dióxido de enxofre gasoso (SO_2) que entra pelos estômatos.

- A síntese de compostos orgânicos contendo enxofre inicia com a redução do sulfato no aminoácido cisteína.
- O sulfato é assimilado nas folhas e exportado como glutationa via floema para os locais de crescimento.

Assimilação do fosfato
- As raízes absorvem o fosfato (HPO_4^{2-}) da solução do solo, e sua assimilação ocorre com a formação do ATP.
- A partir do ATP, o grupo fosfato pode ser transferido a muitos compostos de carbono diferentes nas células vegetais.

Assimilação do ferro
- As raízes utilizam vários mecanismos para absorver quantidades suficientes de ferro férrico (Fe^{3+}) insolúvel da solução do solo (**Figura 5.16**).
- Uma vez nas folhas, o ferro é assimilado por incorporação ao heme (**Figura 5.17**).
- Para restringir os danos causados pelo radical livre que os íons de ferro livre podem ocasionar, as células vegetais podem armazenar o excedente de ferro como ferritina.

Balanço energético da assimilação de nutrientes
- A assimilação de nitrogênio e enxofre para compostos altamente reduzidos requer uma grande quantidade de energia. Por exemplo, a assimilação de nitrato é responsável por cerca de 25% do total de energia consumida por raízes e partes aéreas.

Leituras sugeridas

Bloom, A. J., Burger, M., Asensio, J. S. R., and Cousins, A. B. (2010) Carbon dioxide enrichment inhibits nitrate assimilation in wheat and *Arabidopsis*. *Science* 328: 899–903.

Bloom, A. J., Rubio-Asensio, J. S., Randall, L., Rachmilevitch, S., Cousins, A. B., and Carlisle, E. A. (2012) CO_2 enrichment inhibits shoot nitrate assimilation in C_3 but not C_4 plants and slows growth under nitrate in C_3 plants. *Ecology* 93: 355–367.

Geurts, R., Lillo, A., and Bisseling, T. (2012) Exploiting an ancient signalling machinery to enjoy a nitrogen fixing symbiosis. *Curr. Opin. Plant Biol.* 15: 438–443.

Herridge, D. F., Peoples, M. B., and Boddey, R. M. (2008) Global inputs of biological nitrogen fixation in agricultural systems. *Plant Soil* 311: 1–18.

Jeong, J., and Guerinot, M. L. (2009) Homing in on iron homeostasis in plants. *Trends Plant Sci.* 14: 280–285.

Leustek, T., Martin, M. N., Bick, J.-A., and Davies, J. P. (2000) Pathways and regulation of sulfur metabolism revealed through molecular and genetic studies. *Annu. Rev. Plant Physiol. Plant Mol. Biol.* 51: 141–165.

Maillet, F., Poinsot, V., Andre, O., Puech-Pages, V., Haouy, A., Gueunier, M., Cromer, L., Giraudet, D., Formey, D., Niebel, A., et al. (2011) Fungal lipochitooligosaccharide symbiotic signals in arbuscular mycorrhiza. *Nature* 469: 58–63.

Marschner, H., and Marschner, P. (2012) *Marschner's Mineral Nutrition of Higher Plants*, 3rd ed. Elsevier/Academic Press, London.

Mendel, R. R. (2005) Molybdenum: Biological activity and metabolism. *Dalton Trans.* 2005: 3404–3409.

Miller, A. J., Fan, X. R., Orsel, M., Smith, S. J., and Wells, D. M. (2007) Nitrate transport and signalling. *J. Exp. Bot.* 58: 2297–2306.

Oldroyd, G. E., Murray, J. D., Poole, P. S., and Downie, J. A. (2011) The rules of engagement in the legume-rhizobial symbiosis. *Annu. Rev. Gen.* 45: 119–144.

Santi, C., Bogusz, D., and Franche, C. (2013) Biological nitrogen fixation in non-legume plants. *Ann. Bot.* 111: 743–767.

Thomine, S., and Vert, G. (2013) Iron transport in plants: Better be safe than sorry. *Curr. Opin. Plant Biol.* 16: 322–327.

Welch, R. M., and Graham, R. D. (2004) Breeding for micronutrients in staple food crops from a human nutrition perspective. *J. Exp. Bot.* 55: 353–364.

6 Transporte de Solutos

O interior de uma célula vegetal é separado da parede celular e do ambiente por uma membrana plasmática cuja espessura é de apenas duas camadas de moléculas lipídicas. Essa camada delgada separa um ambiente interno relativamente constante do entorno variável. Além de formar uma barreira hidrofóbica à difusão, a membrana deve facilitar e regular continuamente o tráfego para dentro e para fora de íons e moléculas selecionados, à medida que a célula absorve nutrientes, exporta resíduos e regula sua pressão de turgor. Funções semelhantes são realizadas pelas membranas internas que separam os vários compartimentos dentro de cada célula. A membrana plasmática também detecta informações sobre o ambiente, sobre sinais moleculares vindos de outras células e sobre a presença de patógenos invasores. Com frequência, esses sinais são retransmitidos por mudanças no fluxo iônico através da membrana.

O movimento molecular e iônico de um local para outro é conhecido como **transporte**. O transporte local de solutos dentro ou para dentro das células é regulado principalmente por proteínas de membrana. O transporte, em maior escala, entre os órgãos vegetais ou entre eles e o ambiente também é controlado pelo transporte de membranas em nível celular. Por exemplo, o transporte de sacarose da folha para a raiz pelo floema, denominado **translocação**, é governado e regulado pelo transporte de membrana para dentro das células do floema foliar e deste para as células de armazenagem da raiz (ver Capítulo 10).

Neste capítulo, são abordados os princípios físicos e químicos que governam os movimentos de moléculas em solução. A seguir, é mostrado como esses princípios se aplicam às membranas e aos sistemas biológicos. São discutidos, também, os mecanismos moleculares de transporte em células vivas e a grande diversidade de proteínas de transporte de membrana, responsáveis pelas propriedades particulares de transporte das células vegetais. A seguir, é descrito um tipo de células especializadas, as células-guarda que regulam a abertura estomática, onde o transporte iônico transmembrana exerce um papel vital. Por fim, são examinadas as rotas que os íons seguem quando penetram na raiz, assim como o mecanismo de carregamento do xilema, o processo pelo qual os íons são liberados dentro dos elementos traqueais do estelo. Uma vez que as substâncias transportadas, incluindo carboidratos, aminoácidos e metais como ferro e zinco, são vitais para a nutrição humana, compreender e manipular o transporte de solutos em plantas pode contribuir com soluções para a produção sustentável de alimentos.

Transporte passivo e ativo

De acordo com a primeira lei de Fick (ver Equação 2.1), o movimento de moléculas por difusão sempre ocorre espontaneamente, a favor de um gradiente de energia livre ou de potencial químico, até que o equilíbrio seja atingido. O movimento espontâneo de moléculas "montanha abaixo" é denominado **transporte passivo**. Em equilíbrio, nenhum movimento líquido adicional de solutos pode ocorrer sem a introdução de uma força propulsora.

O movimento de substâncias contra um gradiente de potencial químico, ou "montanha acima", denomina-se **transporte ativo**. Ele não é espontâneo e requer a realização de trabalho no sistema pela aplicação de energia celular. Uma forma comum (mas não a única) de executar essa tarefa é acoplar o transporte à hidrólise de ATP.

Conforme mencionado no Capítulo 2, pode-se calcular a força propulsora para a difusão ou, inversamente, a adição de energia necessária para movimentar substâncias contra um gradiente, medindo-se o gradiente de energia potencial. Para solutos sem carga, esse gradiente com frequência é uma simples função da diferença de concentração. O transporte biológico pode ser dirigido por quatro forças principais: concentração, pressão hidrostática, gravidade e campos elétricos. (Entretanto, viu-se, no Capítulo 2, que, em sistemas biológicos de pequena escala, a gravidade raramente contribui de maneira substancial para a força que governa o transporte.)

O **potencial químico** para qualquer soluto é definido como a soma dos potenciais de concentração, elétrico e hidrostático (e o potencial químico sob condições-padrão). *A importância do conceito de potencial químico é que ele soma todas as forças que podem agir sobre uma molécula para acionar seu transporte líquido resultante.*

$$\tilde{\mu}_j = \mu_j^* + RT \ln C_j + z_j FE + \bar{V}_j P \quad (6.1)$$

- $\tilde{\mu}_j$: Potencial químico para um dado soluto, j
- μ_j^*: Potencial químico de j sob condições-padrão
- $RT \ln C_j$: Componente concentração (atividade)
- $z_j FE$: Componente potencial eletroquímico
- $\bar{V}_j P$: Componente pressão hidrostática

Aqui, $\tilde{\mu}_j$ é o potencial químico da espécie de soluto j em joules por mol (J mol^{-1}), $\tilde{\mu}_j^*$ é seu potencial químico sob condições-padrão (um fator de correção que será cancelado em futuras equações e que, assim, pode ser ignorado), R é a constante universal dos gases, T é a temperatura absoluta e C_j é a concentração (mais precisamente a atividade) de j.

O termo elétrico $z_j FE$ aplica-se somente a íons; z é a carga eletrostática do íon (+1 para cátions monovalentes, –1 para ânions monovalentes, +2 para cátions divalentes e assim por diante), F é a constante de Faraday (96.500 Coulombs, equivalente à carga elétrica em 1 mol de H$^+$) e E é o potencial elétrico geral da solução (em relação à terra). O termo final, $\bar{V}_j P$, expressa a contribuição do volume parcial molal de j ($\bar{V}_j$) e da pressão (P) para o potencial químico de j. (O volume parcial molal de j é a mudança em volume por mol de substância j adicionada ao sistema para uma adição infinitesimal.)

Esse termo final, $\bar{V}_j P$, faz uma contribuição muito menor para $\tilde{\mu}_j$ do que os termos concentração e elétrico, exceto no caso muito importante de movimentos osmóticos de água. Conforme discutido no Capítulo 2, quando se considera o movimento de água em escala celular, o potencial químico da água (i.e., o potencial hídrico) depende da concentração de solutos dissolvidos e da pressão hidrostática sobre o sistema.

Em geral, a difusão (transporte passivo) sempre movimenta as moléculas energeticamente "montanha abaixo", de áreas de potencial químico maior para áreas de potencial químico menor. O movimento contra um gradiente de potencial químico é indicativo de transporte ativo (**Figura 6.1**).

Tomando-se como exemplo a difusão de sacarose através de uma membrana permeável, é possível, de forma acurada, fazer uma aproximação do potencial químico da sacarose em qualquer compartimento usando apenas o termo concentração (a menos que uma solução seja concentrada, causando a elevação da pressão hidrostática na célula vegetal). Pela Equação 6.1, o po-

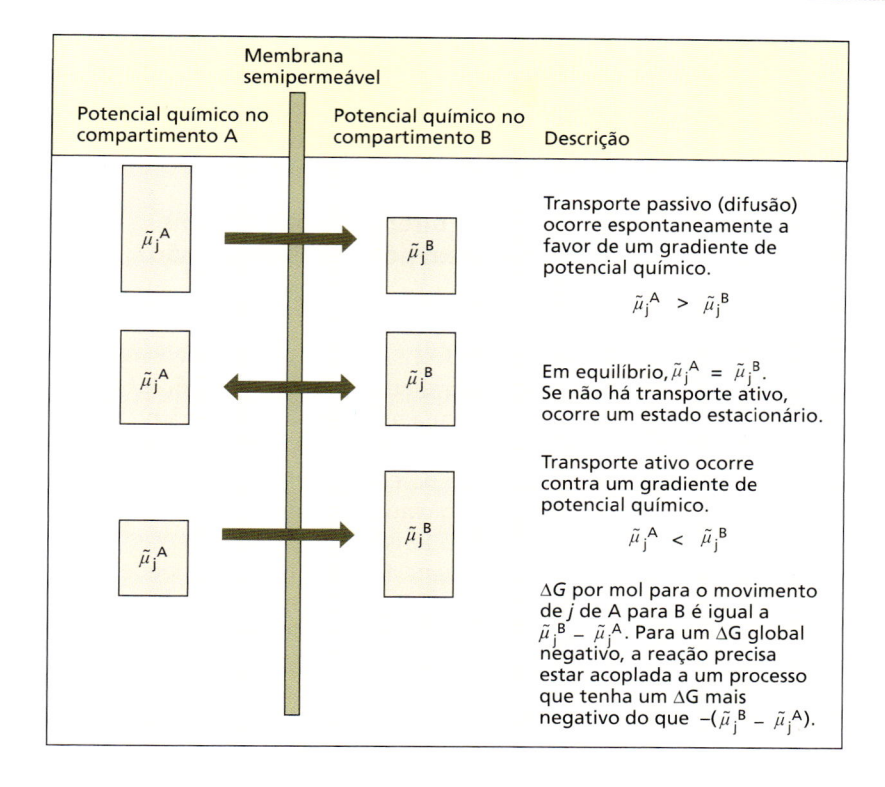

Figura 6.1 Relação entre o potencial químico, $\tilde{\mu}$, e o transporte de moléculas através de uma barreira de permeabilidade. O movimento líquido resultante das espécies moleculares *j* entre os compartimentos A e B depende da magnitude relativa do potencial químico de *j* em cada compartimento, aqui representado pelo tamanho dos retângulos. O movimento a favor de um potencial químico ocorre espontaneamente e é chamado de transporte passivo; o movimento contra um gradiente requer energia e é denominado transporte ativo.

Membrana semipermeável

Potencial químico no compartimento A	Potencial químico no compartimento B	Descrição
$\tilde{\mu}_j^A$	$\tilde{\mu}_j^B$	Transporte passivo (difusão) ocorre espontaneamente a favor de um gradiente de potencial químico. $\tilde{\mu}_j^A > \tilde{\mu}_j^B$
$\tilde{\mu}_j^A$	$\tilde{\mu}_j^B$	Em equilíbrio, $\tilde{\mu}_j^A = \tilde{\mu}_j^B$. Se não há transporte ativo, ocorre um estado estacionário.
$\tilde{\mu}_j^A$	$\tilde{\mu}_j^B$	Transporte ativo ocorre contra um gradiente de potencial químico. $\tilde{\mu}_j^A < \tilde{\mu}_j^B$

ΔG por mol para o movimento de *j* de A para B é igual a $\tilde{\mu}_j^B - \tilde{\mu}_j^A$. Para um ΔG global negativo, a reação precisa estar acoplada a um processo que tenha um ΔG mais negativo do que $-(\tilde{\mu}_j^B - \tilde{\mu}_j^A)$.

---

tencial químico da sacarose dentro de uma célula pode ser estimado como segue (nas próximas equações, o subscrito s refere-se à sacarose, e os sobrescritos *i* e *o* significam dentro e fora, respectivamente):

$$\tilde{\mu}_s^i = \mu_s^* + RT \ln C_s^i \quad (6.2)$$

Potencial químico da solução de sacarose dentro da célula = Potencial químico da solução de sacarose sob condições-padrão + Componente concentração

O potencial químico da sacarose fora da célula é assim calculado:

$$\tilde{\mu}_s^o = \mu_s^* + RT \ln C_s^o \quad (6.3)$$

Pode-se calcular a diferença no potencial químico da sacarose entre as soluções dentro e fora da célula, $\Delta\tilde{\mu}_s$, independentemente do mecanismo de transporte. Para acertar os sinais, é importamte lembrar que, para movimentos para dentro, a sacarose está sendo removida (–) do lado de fora da célula e adicionada (+) ao lado de dentro, de modo que a mudança na energia livre em joules por mol de sacarose transportada será como segue:

$$\Delta\tilde{\mu}_s = \tilde{\mu}_s^i - \tilde{\mu}_s^o \quad (6.4)$$

Substituindo os termos das Equações 6.2 e 6.3 na Equação 6.4, tem-se o seguinte:

$$\begin{aligned}\Delta\tilde{\mu}_s &= \left(\mu_s^* + RT \ln C_s^i\right) - \left(\mu_s^* + RT \ln C_s^o\right) \\ &= RT \left(\ln C_s^i - \ln C_s^o\right) \\ &= RT \ln \frac{C_s^i}{C_s^o}\end{aligned} \quad (6.5)$$

Se essa diferença de potencial químico for negativa, a sacarose pode difundir-se para dentro espontaneamente (desde que a membrana tenha permeabilidade à sacarose; ver próxima seção). Em outras palavras, a força propulsora ($\Delta\tilde{\mu}_s$) para a difusão de soluto está relacionada à magnitude do gradiente de concentração (C_s^i/C_s^o).

Se o soluto possuir uma carga elétrica (p. ex., o íon potássio), o componente elétrico do potencial químico também precisa ser considerado. Suponha-se que a membrana seja permeável ao K^+ e ao Cl^- em vez da sacarose. Como as espécies iônicas (K^+ e Cl^-) difundem-se independentemente, cada uma tem seu próprio potencial químico. Assim, para a difusão do K^+ para dentro,

$$\Delta\tilde{\mu}_K = \tilde{\mu}_K^i - \tilde{\mu}_K^o \quad (6.6)$$

Substituindo os termos apropriados da Equação 6.1 na Equação 6.6, obtém-se

$$\Delta \tilde{\mu}_K = (RT \ln [K^+]^i + zFE^i) - (RT \ln [K^+]^o + zFE^o) \quad (6.7)$$

e, porque a carga eletrostática do K^+ é +1, $z = +1$, e

$$\Delta \tilde{\mu}_K = RT \ln \frac{[K^+]^i}{[K^+]^o} + F(E^i - E^o) \quad (6.8)$$

A magnitude e o sinal dessa expressão indicarão a força motora e a direção para a difusão do K^+ através da membrana. Uma expressão similar pode ser escrita para o Cl^- (lembrando que, para o Cl^-, $z = -1$).

A Equação 6.8 mostra que íons, como o K^+, difundem-se em resposta tanto a gradientes de concentração ($[K^+]^i/[K^+]^o$) quanto a qualquer diferença de potencial elétrico entre dois compartimentos ($E^i - E^o$). Uma implicação importante dessa equação é que íons podem ser movidos passivamente contra seus gradientes de concentração se uma voltagem apropriada (campo elétrico) for aplicada entre os dois compartimentos. Devido à importância dos campos elétricos no transporte biológico de qualquer molécula carregada, $\tilde{\mu}$ com frequência é chamado de **potencial eletroquímico**, e $\Delta \tilde{\mu}$ é a diferença de potencial eletroquímico entre dois compartimentos.

Transporte de íons através de barreiras de membrana

Se duas soluções iônicas são separadas por uma membrana biológica, a difusão é dificultada pelo fato de que os íons devem se mover através da membrana, assim como através das soluções abertas. A medida em que uma membrana permite o movimento de uma substância é denominada **permeabilidade de membrana**. Conforme será discutido mais adiante, a permeabilidade depende da composição da membrana, assim como da natureza química do soluto. Em um sentido amplo, a permeabilidade pode ser expressa em termos de um coeficiente de difusão para o soluto através da membrana. Entretanto, ela é influenciada por vários fatores adicionais difíceis de serem medidos, como a capacidade de uma substância de penetrar na membrana.

Apesar de sua complexidade teórica, pode-se prontamente medir a permeabilidade, determinando-se a taxa com a qual um soluto passa por uma membrana sob um conjunto específico de condições. Geralmente, a membrana retardará a difusão e, assim, reduzirá a velocidade com a qual o equilíbrio é atingido. Para qualquer soluto em particular, entretanto, a permeabilidade ou a resistência da membrana, por si só, não pode alterar as condições finais de equilíbrio. O equilíbrio ocorre quando $\Delta \tilde{\mu}_j = 0$.

Nas seções seguintes, são discutidos os fatores que influenciam a distribuição passiva de íons através de uma membrana. Esses parâmetros podem ser usados para prever a relação entre o gradiente elétrico e o gradiente de concentração de um íon.

Taxas de difusão diferentes para cátions e ânions produzem potenciais de difusão

Quando sais difundem-se através de uma membrana, pode se desenvolver um potencial elétrico de membrana (voltagem). Considere as duas soluções de KCl separadas por uma membrana na **Figura 6.2**. Os íons K^+ e Cl^- vão permear a membrana independentemente, à medida que eles se difundem a favor de seus respectivos gradientes de potencial eletroquímico. A não ser que a membrana seja muito porosa, sua permeabilidade diferirá para os dois íons.

Como consequência dessas permeabilidades diferentes, K^+ e Cl^- irão difundir-se inicialmente a taxas diferentes pela membrana. O resultado é uma leve separação de cargas, que criará de maneira instantânea um potencial elétrico através da membrana. Em sistemas biológicos, as membranas normalmente são mais permeáveis ao K^+ que ao Cl^-. Por consequência, K^+ vai di-

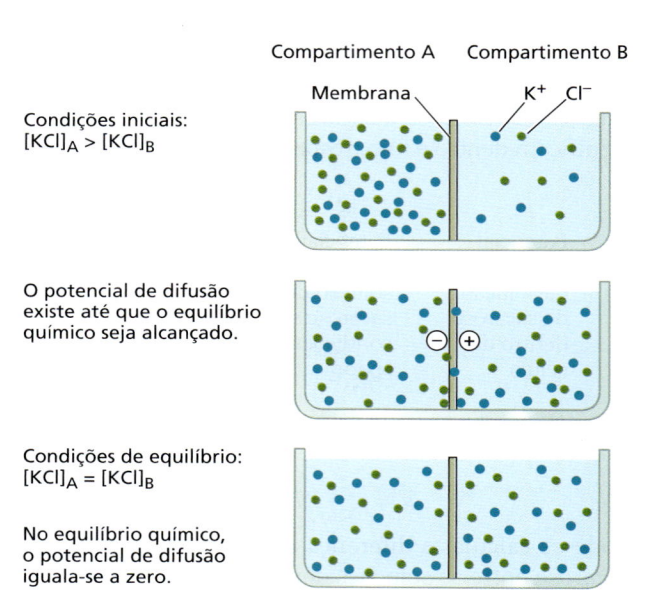

Figura 6.2 Desenvolvimento de um potencial de difusão e de uma separação de cargas entre dois compartimentos separados por uma membrana que é preferencialmente permeável aos íons potássio. Se a concentração de cloreto de potássio for maior no compartimento A ($[KCl]_A > [KCl]_B$), os íons potássio e cloreto vão se difundir para o compartimento B. Se a membrana for mais permeável ao potássio que ao cloreto, os íons potássio irão se difundir mais rapidamente que os íons cloreto e ocorrerá uma separação de cargas (+ e –), resultando no estabelecimento de um potencial de difusão.

fundir-se para fora da célula (ver compartimento A na Figura 6.2) mais rapidamente que Cl⁻, fazendo a célula desenvolver uma carga elétrica negativa com relação ao meio extracelular. Um potencial que se desenvolve como consequência da difusão é denominado **potencial de difusão**.

Deve-se ter sempre em mente o princípio de neutralidade elétrica quando o movimento de íons através de membranas é considerado: soluções de massa sempre contêm números iguais de ânions e cátions. A existência de um potencial de membrana pressupõe que a distribuição de cargas através da membrana seja desigual, entretanto o número real de íons desbalanceados é desprezível em termos químicos. Por exemplo, um potencial de membrana de –100 milivolts (mV), como aquele encontrado através da membrana plasmática de muitas células vegetais, resulta da presença de apenas 1 ânion extra entre cada 100 mil presentes dentro da célula – uma diferença de concentração de somente 0,001%! Conforme mostra a Figura 6.2, todos esses ânions extras são encontrados imediatamente adjacentes à superfície da membrana; não existe qualquer desequilíbrio de carga ao longo da maior parte de uma célula.

No exemplo de difusão de KCl através da membrana, a neutralidade elétrica é preservada porque, à medida que o K⁺ move-se na dianteira em relação ao Cl⁻ na membrana, o potencial de difusão resultante retarda o movimento do K⁺ e acelera o do Cl⁻. Na realidade, ambos os íons difundem-se com as mesmas taxas, mas o potencial de difusão persiste e pode ser mensurado. À medida que o sistema se aproxima do equilíbrio e o gradiente de concentração colapsa, o potencial de difusão também colapsa.

Como o potencial de membrana se relaciona à distribuição de um íon?

Uma vez que a membrana, no exemplo anterior, é permeável tanto ao íon K⁺ quanto ao íon Cl⁻, o equilíbrio não será alcançado para qualquer um dos íons até que os gradientes de concentração decresçam a zero. Entretanto, se a membrana fosse permeável somente para o K⁺, a difusão desse íon transportaria cargas através da membrana até que o potencial desta equilibrasse o gradiente de concentração. Como a mudança no potencial exige pouquíssimos íons, esse equilíbrio seria alcançado instantaneamente. Os íons potássio estariam, então, em equilíbrio, embora a mudança no gradiente de concentração para o K⁺ fosse desprezível.

Quando a distribuição de qualquer soluto através da membrana atinge o equilíbrio, o fluxo passivo, J (i.e., a quantidade de solutos atravessando uma unidade de área de membrana por unidade de tempo), é o mesmo nas duas direções – de fora para dentro e de dentro para fora:

$$J_{o \to i} = J_{i \to o}$$

Os fluxos estão relacionados à $\Delta \tilde{\mu}$; assim, em equilíbrio, os potenciais eletroquímicos serão os mesmos:

$$\tilde{\mu}_j^o = \tilde{\mu}_j^i$$

e para qualquer íon (o íon é aqui simbolizado pelo subscrito j),

$$\mu_j^* + RT \ln C_j^o + z_j FE^o = \mu_j^* + RT \ln C_j^i + z_j FE^i \quad (6.9)$$

Rearranjando a Equação 6.9, obtém-se a diferença em potencial elétrico entre dois compartimentos em equilíbrio ($E^i - E^o$):

$$E^i - E^o = \frac{RT}{z_j F}\left(\ln \frac{C_j^o}{C_j^i}\right)$$

Esta diferença de potencial elétrico é conhecida como o **potencial de Nernst** (ΔE_j) para aquele íon,

$$\Delta E_j = E^i - E^o$$

e

$$\Delta E_j = \frac{RT}{z_j F}\left(\ln \frac{C_j^o}{C_j^i}\right) \quad (6.10)$$

ou

$$\Delta E_j = \frac{2{,}3RT}{z_j F}\left(\log \frac{C_j^o}{C_j^i}\right)$$

Essa relação, conhecida como *equação de Nernst*, estabelece que, em equilíbrio, a diferença na concentração de um íon entre dois compartimentos é equilibrada pela diferença de voltagem* entre os compartimentos. A equação de Nernst pode ser ainda simplificada para um cátion univalente a 25°C:

$$\Delta E_j = 59 \text{mV} \log \frac{C_j^o}{C_j^i} \quad (6.11)$$

Observe que uma diferença de concentração de dez vezes corresponde a um potencial de Nernst de 59 mV ($C_o/C_i = 10/1$; log 10 = 1). Isso significa que um potencial de membrana de 59 mV manteria um gradiente de concentração de 10 vezes de um íon cujo deslocamento através da membrana é acionado por difusão passiva. De maneira similar, se existisse um gradiente de concentração de 10 vezes de um íon através de uma membrana, a difusão passiva desse íon a favor de seu gradiente de concentração (se lhe fosse permitido alcançar

---

*N. de T. Termo de uso coloquial para tensão elétrica; voltagem significa a diferença de potencial elétrico entre dois pontos cuja unidade de medida é o volt, de forma que não é adequado falar em "diferença de voltagem", e, sim, em diferença de potencial elétrico.

o equilíbrio) resultaria em uma diferença de 59 mV através da membrana.

Todas as células vivas exibem um potencial de membrana que é devido à distribuição assimétrica de íons entre o interior e o exterior da célula. Pode-se prontamente determinar esses potenciais de membrana inserindo um microeletrodo na célula e medindo a diferença de voltagem entre o lado de dentro da célula e o meio extracelular (**Figura 6.3**).

A equação de Nernst pode ser usada em qualquer ocasião para determinar se um dado íon está em equilíbrio através de uma membrana. Entretanto, uma distinção deve ser feita entre equilíbrio e estado estacionário (*steady state*), que é a condição na qual influxo e efluxo de determinado soluto são iguais e, como consequência, as concentrações iônicas são constantes ao longo do tempo. Estado estacionário não é necessariamente o mesmo que equilíbrio (ver Figura 6.1); no estado estacionário, a existência de transporte ativo através da membrana impede que muitos fluxos por difusão atinjam o equilíbrio.

A equação de Nernst distingue transporte ativo de transporte passivo

A **Tabela 6.1** mostra como medições experimentais de concentrações iônicas no estado estacionário em células de raízes de ervilha se comparam com os valores previstos, calculados a partir da equação de Nernst. Nesse exemplo, a concentração de cada íon na solução externa banhando o tecido e o potencial de membrana medido foram substituídos na equação de Nernst, e a concentração de cada íon foi prevista.

A previsão utilizando a equação de Nernst assume a distribuição iônica passiva, mas observa-se que, de todos os íons mostrados na Tabela 6.1, somente K^+ está em equilíbrio ou próximo a ele. Os ânions NO_3^-, Cl^-, $H_2PO_4^-$ e SO_4^{2-} têm concentrações internas maiores que o previsto, indicando que a absorção deles é ativa. Os cátions Na^+, Mg^{2+} e Ca^{2+} têm concentrações internas menores que o previsto; portanto, esses íons entram na célula por difusão, a favor de seus gradientes eletroquímicos, e são, então, exportados ativamente.

O exemplo mostrado na Tabela 6.1 é bastante simplificado: as células vegetais têm vários compartimentos internos diferentes, cada um com sua composição iônica. O citosol e o vacúolo são os compartimentos mais importantes na determinação das relações iônicas das células vegetais. Na maioria das células vegetais maduras, o vacúolo central ocupa 90% ou mais do volume celular, enquanto o citosol está restrito a uma fina camada ao redor da periferia da célula.

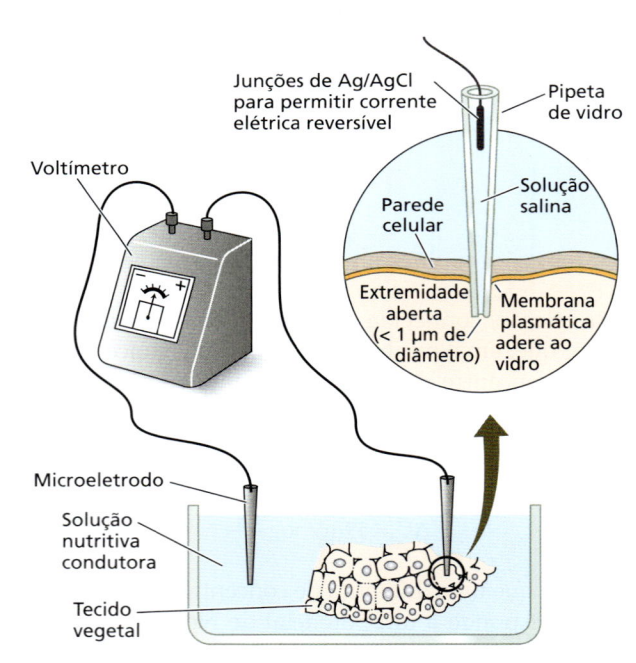

Figura 6.3 Diagrama de um par de microeletrodos usado para medir potenciais de membrana através de membranas celulares. Um dos eletrodos de micropipeta de vidro é inserido no compartimento celular em estudo (normalmente o vacúolo ou o citoplasma), enquanto o outro é mantido em uma solução eletrolítica que serve como referência. Os microeletrodos são conectados a um voltímetro, que registra a diferença de potencial elétrico entre o compartimento celular e a solução. Potenciais de membrana típicos através das membranas celulares vegetais variam de −60 a −240 mV. O detalhe mostra como o contato elétrico do interior da célula é feito por uma extremidade aberta da micropipeta de vidro, que contém uma solução salina eletricamente condutora.

TABELA 6.1 Comparação das concentrações iônicas previstas e observadas em tecidos de raiz de ervilha

Íon	Concentração no meio externo (mmol L^{-1})	Concentração interna[a] (mmol L^{-1})	
		Prevista	Observada
K^+	1	74	75
Na^+	1	74	8
Mg^{2+}	0,25	1.340	3
Ca^{2+}	1	5.360	2
NO_3^-	2	0,0272	28
Cl^-	1	0,0136	7
$H_2PO_4^-$	1	0,0136	21
SO_4^{2-}	0,25	0,00005	19

Fonte: Dados de Higinbotham et al., 1967.
Nota: O potencial de membrana foi medido como −110 mV.
[a] Os valores de concentrações internas foram derivados do conteúdo iônico de extratos de água aquecida de segmentos de 1 a 2 cm de raiz intacta.

Em decorrência de seu pequeno volume, o citosol da maioria das células de angiospermas é de difícil análise química. Por essa razão, a maior parte dos trabalhos mais antigos acerca das relações iônicas das plantas centrou-se em algumas algas verdes, como *Chara* e *Nitella*, cujas células têm vários centímetros de comprimento e podem conter um volume apreciável de citosol. De maneira resumida:

- Os íons potássio são acumulados passivamente pelo citosol e pelo vacúolo. Quando as concentrações extracelulares de K^+ são muito baixas, ele pode ser absorvido ativamente.
- Os íons sódio são bombeados ativamente para fora do citosol, indo para dentro dos espaços intercelulares e do vacúolo.
- Prótons em excesso, gerados pelo metabolismo intermediário, também são ativamente expelidos do citosol. Esse processo ajuda a manter o pH citosólico perto da neutralidade, enquanto o vacúolo e o meio extracelular em geral são mais ácidos em uma ou duas unidades de pH.
- Os ânions são absorvidos ativamente para dentro do citosol.
- Os íons cálcio são ativamente transportados para fora do citosol tanto pela membrana plasmática como pela membrana vacuolar, a qual é chamada de tonoplasto.

Muitos íons diferentes permeiam simultaneamente as membranas de células vivas, mas o K^+ tem as concentrações mais elevadas em células vegetais, apresentando permeabilidades altas. Uma versão modificada da equação de Nernst, a **equação de Goldman**, inclui todos os íons que permeiam membranas (todos os íons para os quais existem os mecanismos de movimento transmembrana) e, portanto, fornece um valor mais acurado para o potencial de difusão. Quando permeabilidades e gradientes iônicos são conhecidos, pela equação de Goldman é possível calcular um potencial de difusão através de uma membrana biológica. O potencial de difusão calculado por essa equação é denominado *potencial de difusão de Goldman*.

O transporte de prótons é um importante determinante do potencial de membrana

Na maioria das células eucarióticas, o K^+ tem a maior concentração interna e a mais alta permeabilidade na membrana, de modo que o potencial de difusão pode se aproximar de E_K, o potencial de Nernst para o K^+. Em algumas células de alguns organismos – em particular em células de mamíferos como os neurônios –, seu potencial de repouso normal também pode se aproximar de E_K. Entretanto, esse não é o caso de plantas e fungos, os quais, muitas vezes, mostram valores de potencial de membrana medidos experimentalmente (em geral de –200 a –100 mV) muito mais negativos do que aqueles calculados pela equação de Goldman, que geralmente são de apenas –80 a –50 mV. Assim, além do potencial de difusão, o potencial de membrana deve ter um segundo componente. O excesso de voltagem é proporcionado pela H^+-ATPase eletrogênica da membrana plasmática.

Sempre que um íon se move para dentro ou para fora de uma célula sem ser equilibrado pelo movimento contrário de um íon de carga oposta,* uma voltagem é criada através da membrana. Qualquer mecanismo de transporte ativo resultante do movimento de uma carga elétrica líquida tenderá a afastar o potencial de membrana do valor previsto pela equação de Goldman. Esses mecanismos de transporte são chamados de *bombas eletrogênicas* e são comuns em células vivas.

A energia requerida para o transporte ativo em geral é fornecida pela hidrólise de ATP. Pode-se estudar a dependência do potencial da membrana plasmática com relação ao ATP pela observação do efeito do cianeto (CN^-) no potencial de membrana (**Figura 6.4**). O cianeto rapidamente envenena as mitocôndrias (ver Ca-

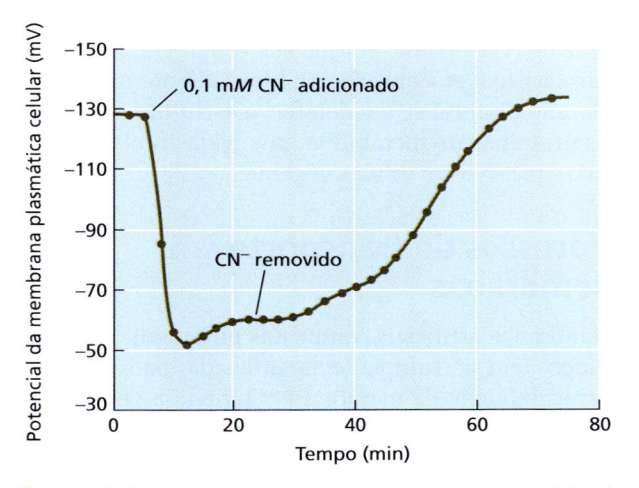

Figura 6.4 O potencial de membrana de uma célula de ervilha colapsa quando cianeto (CN^-) é adicionado à solução que a banha. O cianeto bloqueia a síntese de ATP na célula por envenenamento das mitocôndrias. O colapso do potencial de membrana sob adição de cianeto indica que um suprimento de ATP é necessário para a manutenção do potencial. A remoção do cianeto do tecido resulta em uma lenta recuperação da produção de ATP e restauração do potencial de membrana. (De Higinbotham et al., 1970.)

---

*N. de T. Na verdade, os autores referem-se ao movimento contrário de um íon de mesma carga ou ao movimento de um íon de carga oposta na mesma direção.

pítulo 11) e, por consequência, o ATP celular torna-se esgotado. Como a síntese de ATP é inibida, o potencial de membrana cai para o nível do potencial de difusão de Goldman.

Dessa maneira, os potenciais de membrana das células vegetais têm dois componentes: um potencial de difusão e um componente resultante do transporte iônico eletrogênico (transporte que resulta na geração de um potencial de membrana). Quando o cianeto inibe o transporte iônico eletrogênico, o pH do meio externo aumenta, enquanto o citosol se torna ácido, porque prótons permanecem dentro da célula. Essa observação é uma parte da evidência de que é o transporte ativo de prótons para fora da célula que é eletrogênico.

Uma mudança no potencial de membrana causado por uma bomba eletrogênica mudará as forças propulsoras de todos os íons que atravessam a membrana. Por exemplo, o transporte de H^+ para fora pode criar uma força elétrica propulsora para a difusão passiva de K^+ para dentro da célula. Prótons são transportados eletrogenicamente através da membrana plasmática não somente em plantas vasculares, mas também em bactérias, algas, fungos e algumas células animais, como aquelas do epitélio dos rins.

A síntese de ATP nas mitocôndrias e nos cloroplastos também depende de uma H^+-ATPase. Nessas organelas, a proteína de transporte algumas vezes é chamada de *ATP-sintase*, porque ela forma ATP, em vez de hidrolisá-lo (ver Capítulo 11). Mais adiante neste capítulo, são discutidas, em detalhe, a estrutura e a função das proteínas de membrana envolvidas no transporte ativo e passivo em células vegetais.

Processos de transporte em membranas

Membranas artificiais compostas puramente de fosfolipídeos têm sido amplamente utilizadas para estudar a permeabilidade da membrana. Quando a permeabilidade de bicamadas fosfolipídicas artificiais para íons e moléculas é comparada com a de membranas biológicas, similaridades e diferenças importantes tornam-se evidentes (**Figura 6.5**).

As membranas biológicas e as artificiais têm permeabilidades similares para moléculas não polares e muitas moléculas polares pequenas. Entretanto, as membranas biológicas são muito mais permeáveis a íons, a algumas moléculas polares grandes, como açúcares, e à água, em comparação às bicamadas artificiais. A razão para isso é que, ao contrário das bicamadas artificiais, as membranas biológicas contêm **proteínas de transporte** que facilitam a passagem de determinados íons e de outras moléculas. A expres-

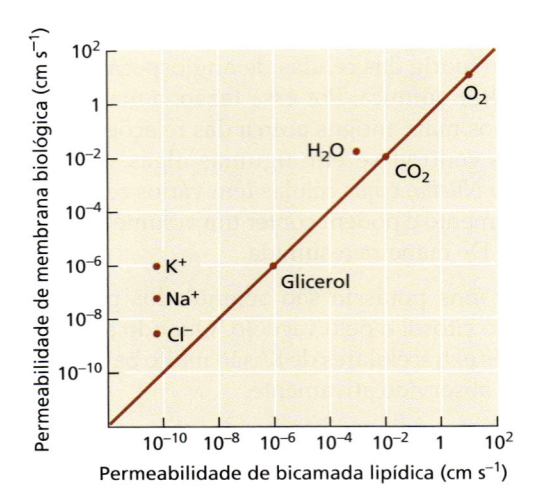

Figura 6.5 Valores típicos para a permeabilidade de uma membrana biológica a substâncias diversas, comparados com os de uma bicamada fosfolipídica artificial. Para moléculas não polares, como O_2 e CO_2, e para algumas moléculas pequenas sem carga, como glicerol, os valores de permeabilidade são similares em ambos os sistemas. Para íons e moléculas polares específicas, incluindo a água, a permeabilidade de membranas biológicas é aumentada em uma ou mais ordens de grandeza, devido à presença de proteínas de transporte. Observe a escala logarítmica.

são geral *proteínas de transporte* abrange três categorias principais de proteínas: canais, carregadores e bombas (**Figura 6.6**), cada uma das quais será descrita com mais detalhes posteriormente nesta seção.

As proteínas de transporte exibem especificidade para os solutos que elas transportam, de modo que as células necessitam de uma grande diversidade dessas proteínas. O procarioto simples *Haemophilus influenzae*, o primeiro organismo cujo genoma completo foi sequenciado, tem apenas 1.743 genes e, mesmo assim, mais de 200 desses genes (mais que 10% do genoma) codificam várias proteínas envolvidas no transporte em membranas. Em Arabidopsis, de uma estimativa de cerca de 27.400 genes codificantes de proteína, até 1.800 podem codificar proteínas com funções de transporte.

Embora determinada proteína de transporte em geral seja altamente específica para os tipos de substâncias que transporta, sua especificidade com frequência não é absoluta. Em plantas, por exemplo, um transportador de K^+ na membrana plasmática pode transportar K^+, Rb^+ e Na^+ com preferências diferentes. Por outro lado, a maioria dos transportadores de K^+ é completamente ineficaz no transporte de ânions, como o Cl^-, ou de solutos sem carga, como a sacarose. Da mesma forma, uma proteína envolvida no transporte de aminoácidos neutros pode mover glicina, alanina e

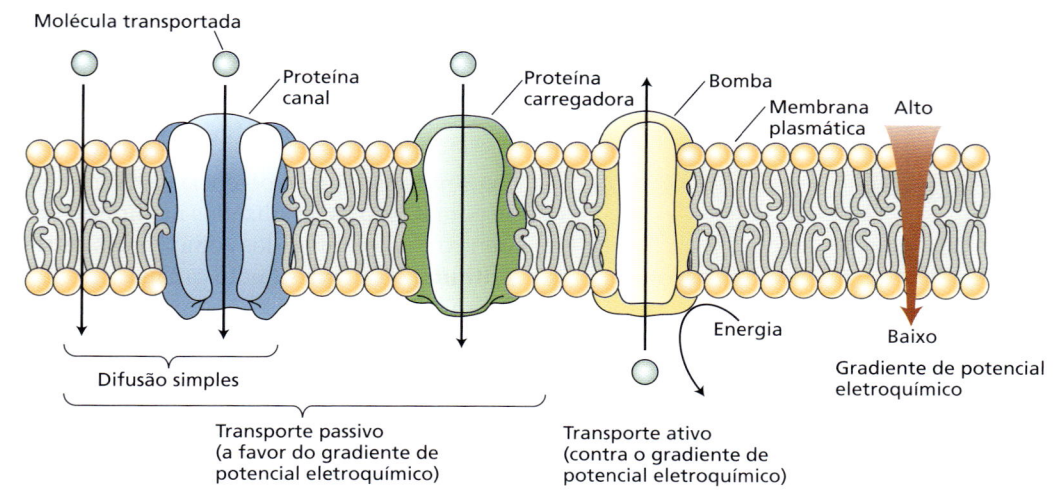

Figura 6.6 Três classes de proteínas de transporte em membranas: canais, carregadoras e bombas. As canais e as carregadoras podem promover o transporte passivo de um soluto através das membranas (por difusão simples ou difusão facilitada) a favor do gradiente de potencial eletroquímico do soluto. As proteínas canais atuam como poros de membrana, e sua especificidade é determinada principalmente pelas propriedades biofísicas do canal. As proteínas carregadoras ligam-se à molécula transportada em um lado da membrana e a liberam no outro lado. (Os diferentes tipos de proteínas carregadoras são descritos com mais detalhes na Figura 6.10.) O transporte ativo primário é feito por bombas e emprega energia diretamente, em geral a partir da hidrólise de ATP, para bombear solutos contra seu gradiente de potencial eletroquímico.

valina com a mesma facilidade, mas pode não aceitar ácido aspártico ou lisina.

Nas páginas que seguem, são considerados as estruturas, as funções e os papéis fisiológicos dos vários transportadores de membrana encontrados em células vegetais, em especial na membrana plasmática e no tonoplasto.

Os canais aumentam a difusão através das membranas

Os **canais** são proteínas transmembrana que funcionam como poros seletivos pelos quais íons e, em alguns casos, moléculas neutras podem se difundir através da membrana. O tamanho de um poro, a densidade e a natureza das cargas de superfície em seu revestimento interno determinam sua especificidade de transporte. O transporte através de canais é sempre passivo, e a especificidade do transporte depende mais do tamanho do poro e da carga elétrica do que de ligação seletiva (**Figura 6.7**).

Desde que o poro do canal esteja aberto, as substâncias que podem penetrar o poro se difundem muito rapidamente através dele: cerca de 10^8 íons por segundo através de um canal iônico. No entanto, os poros dos canais não estão abertos todo o tempo. As proteínas canais contêm regiões particulares denominadas **portões** que abrem e fecham o poro em resposta a sinais. Os sinais que podem regular a atividade do canal incluem mudanças do potencial de membrana, ligantes, hormônios, luz e modificações pós-tradução, como a fosforilação. Por exemplo, canais com portões controlados por voltagem abrem ou fecham em resposta a mudanças no potencial de membrana (ver Figura 6.7B). Outro sinal regulador intrigante é a força mecânica, que altera a conformação e, portanto, controla o acionamento de canais sensíveis a estímulos mecânicos em plantas e outros organismos.

Os canais iônicos individuais podem ser estudados em detalhe por uma técnica eletrofisiológica chamada de *patch clamping* (ver Figura 6.19A), que pode detectar a corrente elétrica carregada por íons que se difundem através de um único canal aberto ou um conjunto de canais. Estudos com *patch clamping* revelam que, para determinado íon como o K^+, determinada membrana tem uma variedade de canais diferentes. Esses canais podem abrir sob diferentes faixas de voltagem ou em resposta a diferentes sinais, que podem incluir concentrações de K^+ ou Ca^{2+}, pH, espécies reativas de oxigênio, e assim por diante. Essa especificidade permite que o transporte de cada íon seja finamente ajustado às condições reinantes. Assim, a permeabilidade iônica de uma membrana é uma variável dependente da combinação de canais iônicos que estão abertos em determinado tempo.

Conforme foi visto no experimento apresentado na Tabela 6.1, a distribuição da maioria dos íons não se

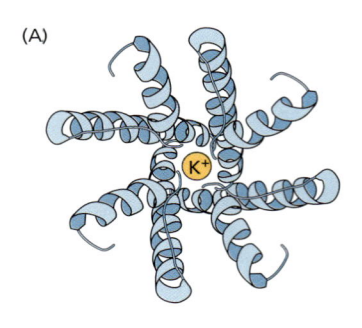

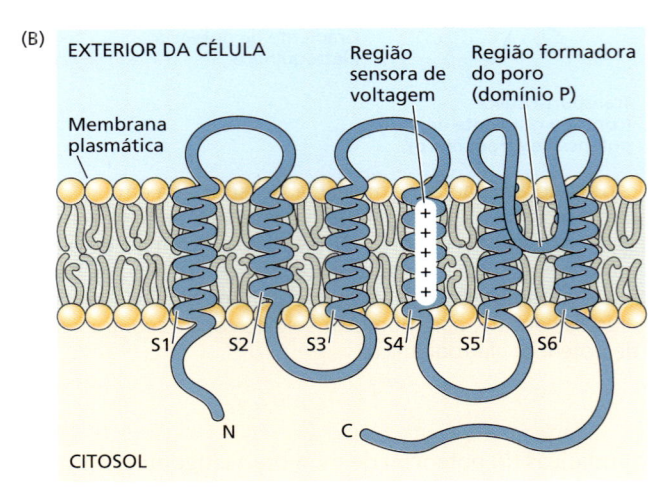

Figura 6.7 Modelos de canais de K⁺ em plantas. (A) Visão de cima de um canal, olhando pelo poro da proteína. Hélices transmembrana de quatro subunidades juntam-se em uma forma de oca invertida com o poro no centro. As regiões formadoras do poro das quatro subunidades aprofundam-se para dentro da membrana, formando uma região (semelhante a um dedo) seletiva ao K⁺ na parte externa do poro. (B) Visão lateral de um canal retificador de entrada de K⁺, mostrando a cadeia polipeptídica de uma subunidade, com seis hélices transmembrana (S1-S6). A quarta hélice contém aminoácidos carregados positivamente e atua como um sensor de voltagem. A região formadora do poro (domínio P) é uma alça entre as hélices 5 e 6. (A de Leng et al., 2002; B de Buchanan et al., 2000.)

aproxima do equilíbrio através da membrana. Por isso, sabe-se que os canais em geral estão fechados para a maioria dos íons. As células vegetais geralmente acumulam mais ânions do que poderia ocorrer por meio de um mecanismo estritamente passivo. Assim, quando canais aniônicos se abrem, os ânions fluem para fora da célula, e mecanismos ativos são necessários para a absorção desses íons. Os canais de cálcio são rigidamente regulados e, em essência, abrem somente durante a transdução de sinal. Eles funcionam somente para permitir a liberação de Ca^{2+} para dentro do citosol, e o Ca^{2+} deve ser expelido do citosol por transporte ativo. Em comparação, o K⁺ pode se difundir tanto para dentro como para fora através de canais, dependendo de o potencial de membrana ser mais negativo ou mais positivo do que E_K, o potencial de equilíbrio para o íon potássio.

Os canais de K⁺ que se abrem apenas em potenciais mais negativos que o potencial de Nernst predominante para K⁺ são especializados na difusão desse íon para dentro e são conhecidos como canais **retificadores de entrada**, ou simplesmente canais *de entrada* de K⁺. Por outro lado, canais de K⁺ que se abrem somente em potenciais mais positivos que o potencial de Nernst para K⁺ são canais **retificadores de saída**, ou canais *de saída*, de K⁺ (**Figura 6.8**). Os canais de entrada de K⁺ funcionam para acumular K⁺ do apoplasto, como ocorre, por exemplo, durante a absorção de K⁺ pelas células-guarda no processo de abertura estomática (ver Figura 6.8). Vários canais de saída de K⁺ funcionam no fechamento estomático (ver mais adiante neste capítulo) e na liberação de K⁺ para o xilema ou o apoplasto.

Os carregadores ligam e transportam substâncias específicas

Ao contrário dos canais, as proteínas carregadoras não têm poros que se estendem completamente através da membrana. No transporte mediado por um carregador, a substância transportada é inicialmente ligada a um sítio específico na proteína carregadora. Essa necessidade de ligação permite aos carregadores serem altamente seletivos para um determinado substrato a ser transportado. Os **carregadores**, portanto, especializam-se no transporte de íons inorgânicos ou orgânicos específicos, assim como outros metabólitos orgânicos. A ligação gera uma mudança na conformação da proteína, a qual expõe a substância à solução no outro lado da membrana. O transporte completa-se quando a substância se dissocia do sítio de ligação do carregador.

Visto que é necessária uma mudança na conformação da proteína para transportar uma molécula ou um íon individual, a taxa de transporte por um carregador é várias ordens de grandeza mais lenta do que através de um canal. Em geral, os carregadores podem transportar de 100 a 1.000 íons ou moléculas por segundo, enquanto milhões de íons podem passar por um canal iônico aberto. A ligação e a liberação de moléculas em um sítio específico em uma proteína carregadora são similares à ligação e à liberação de moléculas por uma enzima em uma reação catalisada por enzima. Como é discutido mais adiante neste capítulo, a cinética enzimática tem sido utilizada para caracterizar as proteínas carregadoras.

O transporte mediado por carregadores (diferentemente do transporte por canais) pode ser tanto passivo quanto ativo secundário (o transporte ativo secundário será discutido a seguir). O transporte passivo via

Capítulo 6 • Transporte de Solutos

(A)

Equilíbrio ou potencial de Nernst para K⁺: por definição, nenhum fluxo líquido de K⁺; portanto, nenhuma corrente.

Corrente carregada pelo movimento de K⁺ para fora da célula. Por convenção, essa **corrente para fora** recebe um **sinal positivo**.

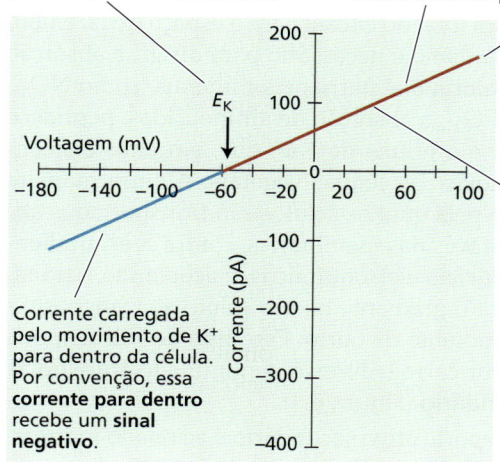

A abertura e o fechamento ou "acionamento" (*gating*) desses canais não são regulados por voltagem. Portanto, a corrente através do canal é uma função linear da voltagem.

A inclinação da reta ($\Delta I/\Delta V$) informa a **condutância** dos canais que promovem esta corrente de K⁺.

$E_K = RT/zF * \ln \{[K_{fora}]/[K_{dentro}]\}$
$E_K = 0{,}025 * \ln \{10/100\}$
$E_K = -59$ mV

Corrente carregada pelo movimento de K⁺ para dentro da célula. Por convenção, essa **corrente para dentro** recebe um **sinal negativo**.

(B)

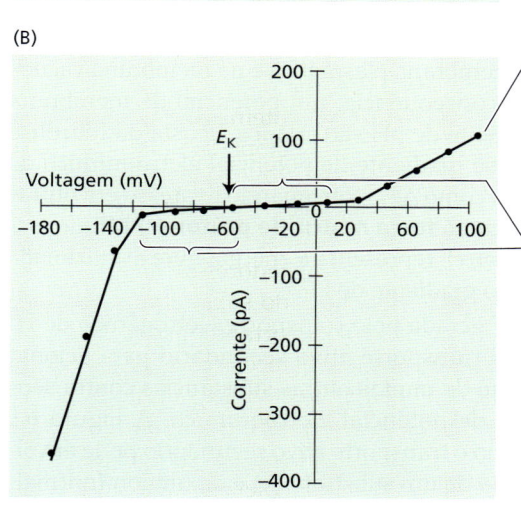

Esta relação corrente-voltagem é produzida pelo movimento de K⁺ por canais que são regulados ("acionados") por voltagem. Observe que a relação I/V não é linear.

Pouca ou nenhuma corrente para estas faixas de voltagens, porque os canais são regulados por voltagem e o efeito destas voltagens é manter os canais em um estado fechado.

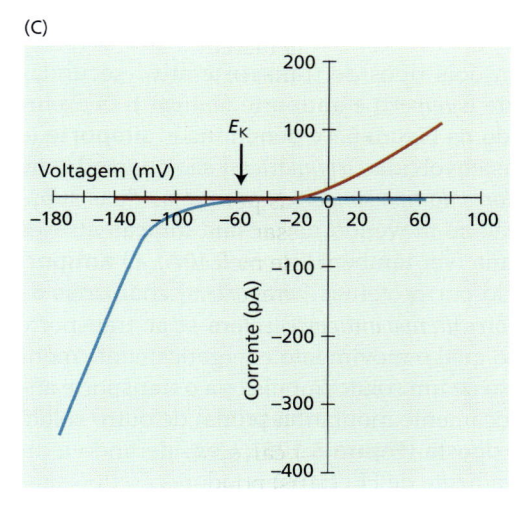

(C)

A resposta da corrente ilustrada em (B) é mostrada aqui como surgindo da atividade de dois tipos de canais de K⁺ molecularmente distintos. Os canais de saída de K⁺ (vermelho) são acionados por voltagem de tal modo que se abrem somente em potenciais de membrana > E_K; portanto, esses canais promovem o efluxo de K⁺ da célula. Os canais de entrada de K⁺ (azul) são acionados por voltagem de tal modo que se abrem apenas em potenciais de membrana < E_K; portanto, esses canais promovem a absorção

Figura 6.8 Relações corrente-voltagem. (A) Diagrama mostrando a corrente (I) que resultaria do fluxo de K⁺ por meio de um conjunto hipotético de canais de K⁺ de membrana plasmática, que não fossem regulados por voltagem, para uma concentração de K⁺ no citoplasma de 100 m*M* e uma concentração de K⁺ extracelular de 10 m*M*. Observe que a corrente seria linear e que haveria corrente zero no potencial de equilíbrio (Nernst) para o K⁺ (E_K). (B) Dados reais de corrente de K⁺ no protoplasto de células-guarda de Arabidopsis, com as mesmas concentrações intracelulares e extracelulares que em (A). Essas correntes resultam das atividades de canais de K⁺ regulados por voltagem. Observe que, novamente, há corrente líquida zero no potencial de equilíbrio para K⁺. No entanto, também há corrente zero em uma faixa mais ampla de voltagem porque, nessas condições, os canais estão fechados nessa faixa de voltagem. Quando os canais estão fechados, nenhum K⁺ pode fluir através deles, de modo que uma corrente zero é observada para essa faixa de voltagem. (C) A relação corrente-voltagem em (B), na verdade, resulta das atividades de dois conjuntos de canais – os canais retificadores de entrada de K⁺ e os canais retificadores de saída de K⁺ – que, juntos, produzem a relação corrente-voltagem. (B de L. Perfus-Barbeoch e S. M. Assmann, dados não publicados.)

carregador às vezes é chamado de **difusão facilitada**, embora ele se assemelhe à difusão somente pelo fato de transportar substâncias a favor de seu gradiente de potencial eletroquímico, sem a aplicação adicional de energia. (A expressão *difusão facilitada* pode ser aplicada de maneira mais apropriada ao transporte através de canais, mas historicamente ela não tem sido utilizada desse modo).

O transporte ativo primário requer energia

Para realizar transporte ativo, um carregador precisa acoplar o transporte energeticamente "montanha acima" de um soluto a outro evento que libere energia, de modo que a mudança global na energia livre seja negativa. O **transporte ativo primário** é acoplado diretamente a uma fonte de energia diferente do $\Delta \tilde{\mu}_j$, tal como a hidrólise de ATP, uma reação de oxidação-redução (como na cadeia de transporte de elétrons na mitocôndria e nos cloroplastos), ou a absorção de luz pela proteína carregadora (assim como a bacteriorrodopsina nas halobactérias).

As proteínas de membrana que realizam o transporte ativo primário são chamadas de **bombas** (ver Figura 6.6). A maioria das bombas transporta íons inorgânicos, tal como H^+ ou Ca^{2+}. Entretanto, conforme será visto mais adiante neste capítulo, as bombas que pertencem à família de transportadores do tipo "cassete de ligação de ATP" (ABC, de *ATP-binding cassette*) podem transportar grandes moléculas orgânicas.

As bombas iônicas podem ser ainda caracterizadas como eletrogênicas ou eletroneutras. Em geral, o **transporte eletrogênico** refere-se ao transporte de íons envolvendo o movimento líquido de cargas através da membrana. Por outro lado, o **transporte eletroneutro**, como o nome sugere, não envolve qualquer movimento líquido de cargas. Por exemplo, a Na^+/K^+-ATPase de células animais bombeia três Na^+ para fora a cada dois K^+ bombeados para dentro, resultando em um movimento líquido para fora de uma carga positiva. A Na^+/K^+-ATPase é, portanto, uma bomba iônica eletrogênica. Em comparação, a H^+/K^+-ATPase da mucosa gástrica animal bombeia um H^+ para fora da célula para cada K^+ que entra, de modo que não há qualquer movimento líquido de cargas através da membrana. Por isso, a H^+/K^+-ATPase é uma bomba eletroneutra.

Para a membrana plasmática de plantas, fungos e bactérias, assim como para os tonoplastos vegetais e outras endomembranas vegetais e animais, o H^+ é o principal íon bombeado eletrogenicamente através da membrana. A **H^+-ATPase da membrana plasmática** gera o gradiente de potencial eletroquímico de H^+ através da membrana plasmática, enquanto a **H^+-ATPase vacuolar** (em geral chamada de **V-ATPase**) e a **H^+-pirofosfatase** (**H^+-PPase**) bombeiam prótons eletrogenicamente para dentro do lume do vacúolo e das cisternas do Golgi.

O transporte ativo secundário utiliza energia armazenada

Nas membranas plasmáticas vegetais, as principais bombas são as de H^+ e Ca^{2+}, e a direção do bombeamento é para fora, do citosol para o espaço extracelular. Outro mecanismo é necessário para dirigir a absorção ativa da maioria dos nutrientes minerais, como NO_3^-, SO_4^{2-} e $H_2PO_4^-$, a absorção de aminoácidos, peptídeos e sacarose, e o efluxo de Na^+, que, em altas concentrações, é tóxico às células vegetais. A outra maneira importante pela qual os solutos são transportados ativamente através das membranas, contra seus gradientes de potenciais eletroquímicos, é acoplando o transporte contra o gradiente de um soluto ao transporte a favor do gradiente de outro. Esse tipo de cotransporte mediado por carregadores é denominado **transporte ativo secundário** (Figura 6.9).

O transporte ativo secundário é acionado indiretamente pelas bombas. Em células vegetais, prótons são expelidos do citosol por H^+-ATPases eletrogênicas operando na membrana plasmática e na membrana vacuolar. Como consequência, um potencial de membrana e um gradiente de pH são criados à custa da hidrólise de ATP. Esse gradiente de potencial eletroquímico de H^+, referido como $\Delta \tilde{\mu}_{H^+}$, ou (quando expresso em outras unidades) como **força motriz de prótons** (**PMF**, de *proton motive force*), representa a energia livre armazenada na forma do gradiente de H^+.

A PMF gerada pelo transporte eletrogênico de H^+ é usada no transporte ativo secundário para acionar o transporte de muitas outras substâncias contra seus gradientes de potencial eletroquímico. A Figura 6.9 mostra como o transporte ativo secundário pode envolver a ligação de um substrato (S) e de um íon (normalmente H^+) a uma proteína carregadora e uma mudança na conformação dessa proteína.

Existem dois tipos de transporte ativo secundário: simporte (*symport*) e antiporte (*antiport*). O exemplo mostrado na Figura 6.9 é denominado **simporte** (e as proteínas envolvidas [*symporters*] são chamadas de *transportadores do tipo simporte*), porque as duas substâncias estão se movendo na mesma direção através da membrana (ver também Figura 6.10A). O **antiporte** (facilitado por proteínas [*antiporters*] chamadas de *transportadores do tipo antiporte*) refere-se ao transporte acoplado no qual o movimento energeticamente montanha abaixo de um soluto impulsiona o transporte ativo (energeticamente montanha acima) de outro soluto na direção oposta (Figura 6.10B). Considerando a direção do gradiente de H^+, transportadores do tipo simporte acopladores de prótons em geral funcionam na captação de substratos no citosol, enquanto transporta-

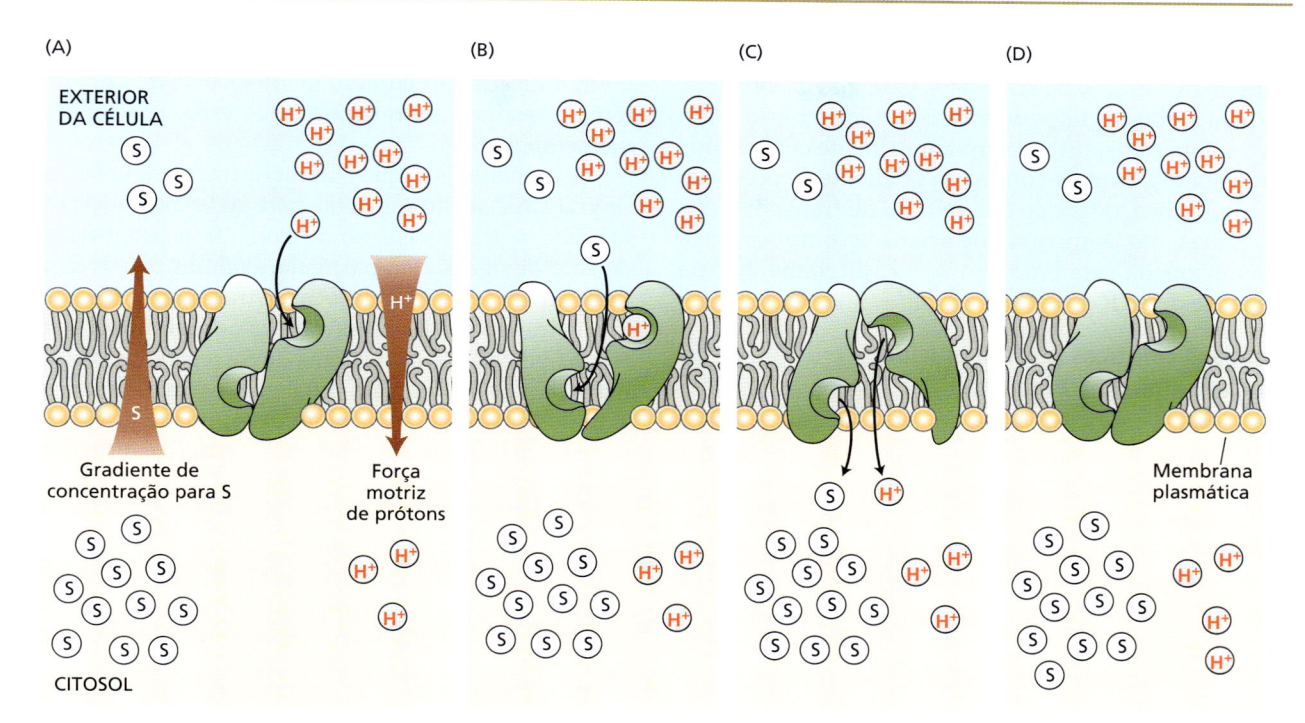

Figura 6.9 Modelo hipotético de transporte ativo secundário. No transporte ativo secundário, o transporte energeticamente "montanha acima" de um soluto é acionado pelo transporte energeticamente "montanha abaixo" de outro soluto. No exemplo ilustrado, a energia que foi armazenada como força motriz de prótons ($\Delta\tilde{\mu}_{H^+}$, simbolizado pela seta vermelha à direita em [A]) está sendo usada para absorver um substrato (S) contra seu gradiente de concentração (seta vermelha à esquerda). (A) Na conformação inicial, os sítios de ligação na proteína estão expostos ao ambiente externo e podem ligar um próton. (B) Essa ligação resulta em uma mudança na conformação que permite a uma molécula de S ser ligada. (C) A ligação de S provoca outra mudança na conformação que expõe os sítios de ligação e seus substratos ao interior da célula. (D) A liberação de um próton e de uma molécula de S para o interior celular restabelece a conformação original do carregador e permite que se inicie um novo ciclo de bombeamento.

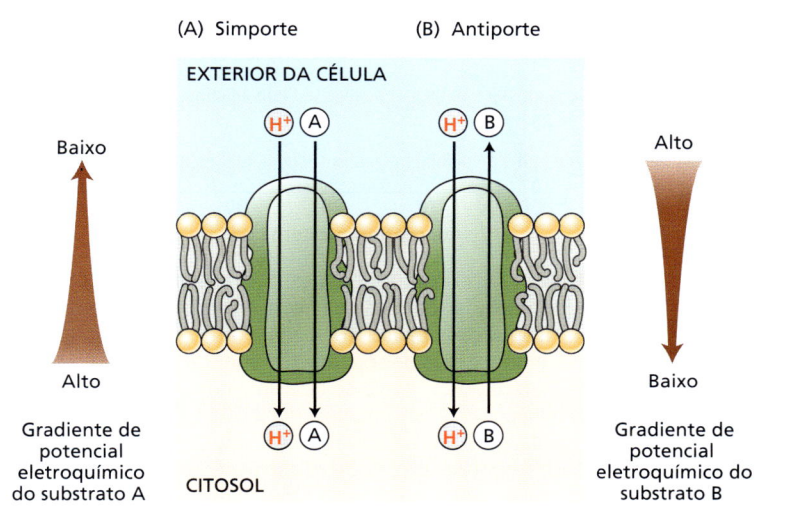

Figura 6.10 Dois exemplos de transporte ativo secundário acoplado a um gradiente primário de prótons. (A) No simporte, a energia dissipada por um próton movendo-se de volta para a célula é acoplada à absorção de uma molécula de um substrato (p. ex., um açúcar) para dentro da célula. (B) No antiporte, a energia dissipada por um próton movendo-se de volta para a célula é acoplada ao transporte ativo de um substrato (p. ex., um íon sódio) para fora da célula. Em ambos os casos, o substrato considerado está se movendo contra seu gradiente de potencial eletroquímico. Tanto substratos neutros quanto com carga podem ser transportados por esses processos de transporte ativo secundário.

dores do tipo antiporte acopladores de prótons funcionam na exportação de substratos para fora do citosol.

Em ambos os tipos de transporte secundário, o íon ou o soluto transportado simultaneamente com os prótons está se movendo contra seu gradiente de potencial eletroquímico, de modo que se trata de transporte ativo. Entretanto, a energia que aciona esse transporte é proporcionada pela PMF, em vez de diretamente pela hidrólise de ATP.

Análises cinéticas podem elucidar mecanismos de transporte

Até agora, foi descrito o transporte celular em termos energéticos. Entretanto, o transporte celular também pode ser estudado pelo uso da cinética enzimática, pois ele envolve a ligação e a dissociação de moléculas a sítios ativos nas proteínas de transporte. Uma vantagem da abordagem cinética é que ela fornece novas visões a respeito da regulação do transporte.

Em experimentos de cinética, são medidos os efeitos das concentrações externas de íons (ou outros solutos) nas taxas de transporte. As características cinéticas das taxas de transporte podem, então, ser usadas para distinguir diferentes transportadores. A taxa máxima ($V_{máx}$) do transporte mediado por carregadores, e com frequência também a do transporte por canais, não pode ser excedida, independentemente da concentração de substrato (**Figura 6.11**). $V_{máx}$ é alcançada quando o sítio de ligação do substrato no carregador está sempre ocupado ou quando o fluxo pelo canal é máximo. A concentração do transportador, e não a do soluto, torna-se limitante da taxa de transporte. Assim, $V_{máx}$ é um indicador do número de moléculas de uma proteína específica de transporte que estão funcionando na membrana.

A constante K_m (que é numericamente igual à concentração de soluto suficiente para gerar metade da taxa máxima de transporte) tende a refletir as propriedades do sítio de ligação em particular. Valores baixos de K_m indicam alta afinidade do local de transporte pela substância transportada. Esses valores normalmente sugerem a operação de um sistema de carregadores. Valores mais altos de K_m indicam uma mais baixa afinidade do sítio de transporte pelo soluto. A afinidade muitas vezes é tão baixa que, na prática, $V_{máx}$ nunca é alcançada. Nesses casos, a cinética sozinha não pode distinguir entre carregadores e canais.

Células ou tecidos com frequência mostram uma cinética complexa para o transporte de um soluto. Uma cinética complexa em geral indica a presença de mais de um tipo de mecanismo de transporte – por exemplo, tanto transportadores de alta como de baixa afinidade. A **Figura 6.12** mostra a taxa de absorção de sacarose por protoplastos cotiledonares de soja como uma função da concentração externa de sacarose. A absorção aumenta nitidamente com a concentração e começa a saturar a cerca de 10 mM. Em concentrações superiores a 10 mM, a absorção torna-se linear e não saturável dentro da faixa de concentrações testadas. A inibição

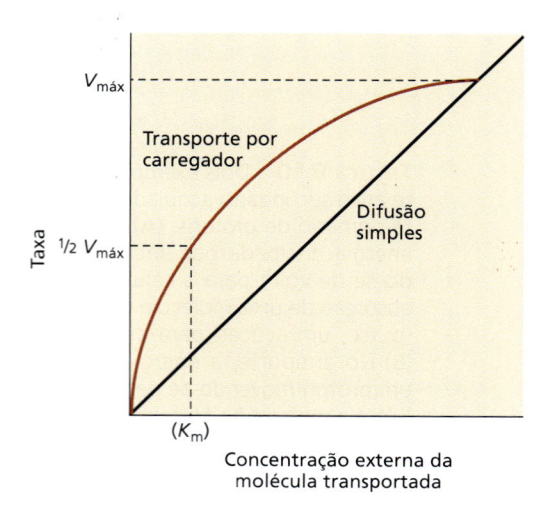

Figura 6.11 O transporte por carregador frequentemente exibe cinética enzimática, incluindo saturação ($V_{máx}$). Em comparação, a difusão simples por meio de canais abertos é diretamente proporcional à concentração do soluto transportado, ou, para um íon, à diferença de potencial eletroquímico através da membrana.

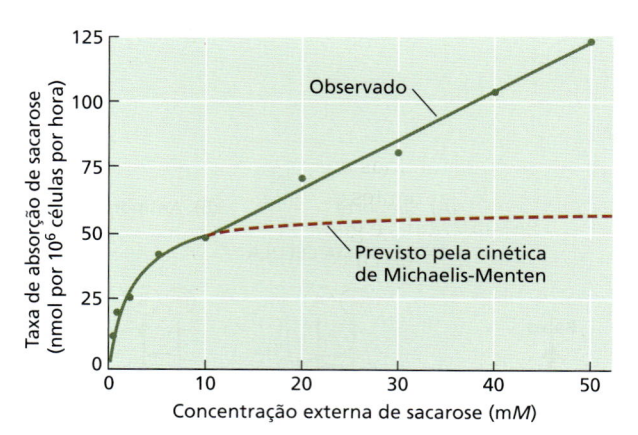

Figura 6.12 As propriedades de transporte de um soluto podem mudar com as suas concentrações. Por exemplo, em concentrações baixas (1-10 mM), a taxa de absorção de sacarose por células de soja mostra cinética de saturação típica de carregadores. Prevê-se que uma curva ajustada a esses dados se aproxime de uma taxa máxima ($V_{máx}$) de 57 nmol por 10^6 células por hora. Em vez disso, em concentrações mais altas de sacarose, a taxa de absorção continua a aumentar linearmente, ao longo de uma ampla faixa de concentrações, coerente com a existência de mecanismos de transporte facilitado para a absorção de sacarose. (De Lin et al., 1984.)

da síntese de ATP com venenos metabólicos bloqueia o componente saturável, mas não o linear.

A interpretação do padrão apresentado na Figura 6.12 é que a absorção de sacarose em concentrações baixas é um processo mediado por carregador e dependente de energia (transportador de H^+-sacarose do tipo simporte). Em concentrações mais altas, a sacarose entra na célula por difusão, a favor de seu gradiente de concentração, e é, por isso, insensível aos venenos metabólicos. Coerente com esses dados, tanto transportadores de H^+-sacarose do tipo simporte quanto os facilitadores da sacarose (i.e., proteínas de transporte que promovem o fluxo transmembrana de sacarose a favor de seu gradiente de energia livre) foram identificados em nível molecular.

Proteínas de transporte em membranas

Numerosas proteínas de transporte representativas localizadas na membrana plasmática e no tonoplasto estão ilustradas na **Figura 6.13**. Tipicamente, o transporte através de uma membrana biológica é energizado por um sistema de transporte ativo primário acoplado à hidrólise de ATP. O transporte de uma espécie iônica – H^+, por exemplo – gera um gradiente iônico e um potencial eletroquímico. Muitos outros íons e substratos orgânicos podem, então, ser transportados por uma diversidade de proteínas de transporte ativo secundário, as quais energizam o transporte de seus substratos, carregando simultaneamente um ou dois H^+ a favor de seus gradientes de energia. Assim, prótons circulam através da membrana, para fora por intermédio das proteínas de transporte ativo primário e de volta para dentro da célula mediante proteínas de transporte ativo secundário. A maioria dos gradientes de íons através das membranas de plantas superiores é gerada e mantida por gradientes de potencial eletroquímico de H^+, os quais são gerados por bombas eletrogênicas de prótons.

As evidências sugerem que, em plantas, o Na^+ é transportado para fora da célula por um transportador de Na^+-H^+ do tipo antiporte e que Cl^-, NO_3^-, $H_2PO_4^-$, sacarose, aminoácidos e outras substâncias entram na célula via transportadores específicos de H^+ do tipo simporte. E os íons potássio? Os íons potássio podem ser absorvidos do solo ou do apoplasto por simporte com H^+ (ou, sob algumas condições, Na^+). Quando o gradiente de energia livre favorece a absorção passiva de K^+, este pode entrar na célula por fluxo através de canais específicos para K^+. Entretanto, mesmo o influxo por canais é impulsionado pela H^+-ATPase, no sentido de que a difusão do K^+ é governada pelo potencial de membrana, o qual é mantido em um valor mais negativo do que o potencial de equilíbrio para K^+ pela ação da bomba eletrogênica de prótons. Inversamente, o efluxo de K^+ exige que o potencial de membrana seja mantido em um valor mais positivo que E_K, que pode ser alcançado pelo efluxo de Cl^- ou de outros ânions através de canais aniônicos.

Foi visto, nas seções anteriores, que algumas proteínas transmembrana operam como canais para a difusão controlada de íons. Outras proteínas de membrana atuam como carregadoras para outras substâncias (solutos não carregados e íons). O transporte ativo utiliza proteínas do tipo carregador que são energizadas tanto diretamente por hidrólise de ATP quanto indiretamente, como no caso de transportadores do tipo simporte e do tipo antiporte. Esses últimos sistemas utilizam a energia dos gradientes iônicos (com frequência um gradiente de H^+) para acionar o transporte energeticamente favorável de outro íon ou molécula. Nas páginas que seguem, são examinadas mais detalhadamente as propriedades moleculares, as localizações celulares e as manipulações genéticas de algumas das proteínas de transporte que medeiam o movimento de nutrientes orgânicos e inorgânicos, assim como de água, através de membranas plasmáticas vegetais.

Os genes para muitos transportadores têm sido identificados

A identificação dos genes de transportadores tem revolucionado o estudo de proteínas de transporte. Uma maneira de identificar genes de transportadores é pesquisar bibliotecas de DNA complementar (cDNA) para genes que complementam (i.e., compensam) deficiências de transporte em leveduras. Muitos mutantes de transportadores em leveduras têm sido usados para identificar genes vegetais correspondentes por complementação. No caso de genes para canais iônicos, pesquisadores estudaram também o comportamento de proteínas de canal pela expressão de genes em oócitos da rã *Xenopus*, que, devido a seu grande tamanho, são adequados para estudos eletrofisiológicos. Genes para canais retificadores tanto para entrada quanto para saída de K^+ foram clonados e caracterizados desse modo; a coexpressão de canais iônicos e proteínas reguladoras putativas, como proteínas quinase, em oócitos tem proporcionado informação sobre mecanismos reguladores de acionamento de canal. À medida que o número de genomas sequenciados tem aumentado, é cada vez mais comum identificar genes putativos de transportadores por análise filogenética, em que a comparação de sequências com genes que codificam transportadores de funções conhecidas em outro organismo permite prever a função no organismo de interesse. Com base nessas análises, tornou-se evidente que, em genomas vegetais,

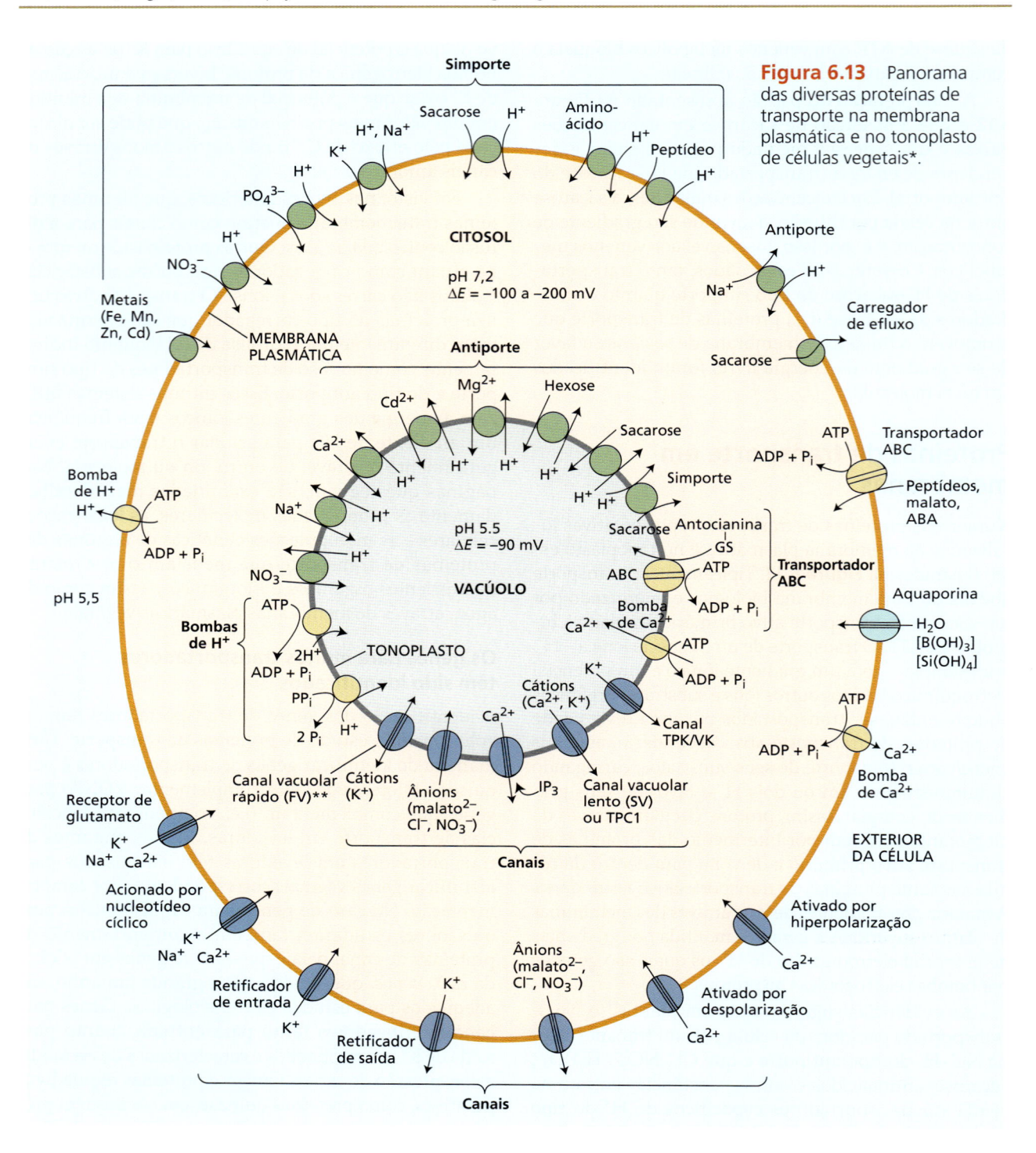

Figura 6.13 Panorama das diversas proteínas de transporte na membrana plasmática e no tonoplasto de células vegetais*.

existem famílias de genes para a maioria das funções de transporte, em vez de genes individuais. Dentro de uma família de genes, variações nas cinéticas de transporte, nos modos de regulação e na expressão diferente nos tecidos conferem às plantas uma notável plasticidade para se aclimatar e prosperar sob uma ampla gama de condições ambientais. Nas próximas seções, são discutidas as funções e a diversidade de transportadores para as principais categorias de solutos encontrados dentro do corpo vegetal (observe que o transporte de sacarose

---

*N. de T. TPC (de *two-pore domain channel*).
**N. de R.T. Canal vacuolar rápido (FV), de Fast vacuolar (FV) channel; Canal vacuolar lento (SV), de Slow vacuolar (SV) channel.

foi discutido antes neste capítulo e também será discutido no Capítulo 10).

Existem transportadores para diversos compostos nitrogenados

O nitrogênio, um dos macronutrientes, pode estar presente na solução do solo como nitrato (NO_3^-), amônia (NH_3) ou amônio (NH_4^+). Os transportadores vegetais de NH_4^+ são facilitadores que promovem a absorção de NH_4^+ a favor de seu gradiente de energia livre. Os transportadores vegetais de NO_3^- são de especial interesse devido à sua complexidade. A análise cinética mostra que o transporte de NO_3^-, assim como o transporte de sacarose apresentado na Figura 6.12, tem componentes de alta afinidade (baixo K_m) e de baixa afinidade (alto K_m). Ambos os componentes são mediados por mais de um produto gênico. Ao contrário da sacarose, o NO_3^- é carregado negativamente, e essa carga elétrica impõe uma necessidade de energia para a sua absorção. A energia é fornecida por simporte com H^+. O transporte de nitrato também é fortemente regulado de acordo com a disponibilidade de NO_3^-: as enzimas requeridas para o transporte de NO_3^-, bem como para a sua assimilação (ver Capítulo 5), são induzidas na presença de NO_3^- no ambiente, e a absorção pode ser reprimida se NO_3^- acumula-se nas células.

Os mutantes com deficiência no transporte ou na redução do NO_3^- podem ser selecionados pelo crescimento na presença de clorato (ClO_3^-). Em plantas selvagens, o clorato é um análogo do NO_3^- que é absorvido e reduzido ao produto tóxico clorito. Se plantas resistentes ao ClO_3^- são selecionadas, elas provavelmente mostrarão mutações que bloqueiam o transporte ou a redução do NO_3^-. Várias dessas mutações foram identificadas em *Arabidopsis*. O primeiro gene de transportador identificado desse modo, denominado *CHL1*, codifica um transportador de NO_3^--H^+ do tipo simporte induzível, que funciona como um carregador de dupla afinidade, com seu modo de ação (afinidade alta ou baixa) sendo alterado por seu *status* de fosforilação. Deve-se destacar que esse transportador também funciona como um sensor de NO_3^- que regula a expressão gênica induzida por NO_3^-.

Logo que o nitrogênio é incorporado a moléculas orgânicas, há uma diversidade de mecanismos que o distribui por toda a planta. Os transportadores de peptídeos proporcionam tal mecanismo. Eles são importantes para a mobilização das reservas de nitrogênio durante a germinação da semente e a senescência. Em *Nepenthes alata*, uma planta carnívora em forma de jarro, níveis altos de expressão de um transportador de peptídeo são encontrados no jarro, onde o transportador presumivelmente promove a absorção de peptídeos oriundos da digestão de insetos pelos tecidos internos.

Alguns transportadores de peptídeos operam mediante acoplamento com o gradiente eletroquímico de H^+. Outros desses transportadores são membros da família de proteínas ABC, que utilizam diretamente a energia da hidrólise de ATP para o transporte; assim, esse transporte não depende de um gradiente eletroquímico primário. A família ABC é uma família de proteínas extremamente grande, e seus membros transportam diversos substratos, variando desde pequenos íons inorgânicos até macromoléculas. Por exemplo, metabólitos grandes, como flavonoides, antocianinas e produtos do metabolismo secundário, são sequestrados no vacúolo via ação de transportadores ABC específicos, enquanto outros transportadores ABC promovem o transporte transmembrana do hormônio ácido abscísico.

Os aminoácidos constituem outra importante categoria de compostos nitrogenados. Os transportadores de aminoácidos da membrana plasmática de eucariotos foram divididos em cinco superfamílias, três das quais dependem do gradiente de prótons para a absorção acoplada de aminoácidos e estão presentes em plantas. Em geral, transportadores de aminoácidos podem promover transporte de afinidade alta ou baixa e têm especificidades de substrato que se sobrepõem. Muitos desses transportadores mostram padrões de expressão distintos e específicos para cada tecido, sugerindo funções especializadas em diferentes tipos de células. Os aminoácidos constituem uma importante forma pela qual o nitrogênio é distribuído por longas distâncias nas plantas; assim, não surpreende que o padrão de expressão de muitos genes de transportadores de aminoácidos inclua expressão em tecido vascular.

Transportadores de aminoácidos e de peptídeos têm funções importantes, além de suas funções como distribuidores de recursos nitrogenados. Como os hormônios vegetais com frequência são conjugados com aminoácidos e peptídeos, os transportadores dessas moléculas também podem estar envolvidos na distribuição de conjugados hormonais ao longo do corpo da planta. O hormônio auxina é derivado do triptofano, e os genes que codificam os transportadores de auxinas estão relacionados àqueles para alguns transportadores de aminoácidos. Em outro exemplo, a prolina é um aminoácido que se acumula sob estresse salino. Essa acumulação reduz o potencial hídrico da célula, promovendo, assim, a retenção da água celular sob condições de estresse.

Os transportadores de cátions são diversos

Os cátions são transportados por canais de cátions e carregadores de cátions. As contribuições relativas de cada tipo de mecanismo de transporte diferem, dependendo da membrana, do tipo de célula e das condições prevalecentes.

CANAIS DE CÁTIONS Cerca de 50 genes no genoma de *Arabidopsis* codificam canais que medeiam a absorção de cátions através da membrana plasmática ou das membranas intracelulares, como o tonoplasto. Alguns desses canais são altamente seletivos para espécies iônicas específicas, como íons potássio. Outros permitem a passagem de uma diversidade de cátions, às vezes incluindo Na^+, embora esse íon seja tóxico quando superacumulado. Conforme descrito na **Figura 6.14**, os canais de cátions são classificados em seis tipos, com base em suas estruturas deduzidas e na seletividade de cátions.

Dos seis tipos de canais de cátions vegetais, os canais Shaker foram os mais minuciosamente caracterizados. Esses canais foram assim denominados em função de um canal de K^+ de *Drosophila*, cuja mutação faz as moscas se sacudirem ou tremerem. Os canais Shaker de plantas são altamente seletivos para K^+ e podem ser retificadores de entrada ou de saída, ou fracamente retificadores. Alguns membros da família Shaker podem:

- Promover a absorção ou o efluxo de K^+ através da membrana plasmática das células-guarda.
- Fornecer um conduto importante para a absorção de K^+ do solo.
- Participar da liberação de K^+ para os vasos mortos do xilema a partir de células vivas do estelo.
- Desempenhar um papel na absorção de K^+ no pólen, um processo que promove o influxo de água e o alongamento do tubo polínico.

Alguns canais Shaker, como os das raízes, podem mediar a absorção de afinidade alta de K^+, possibilitando a absorção passiva de K^+ em concentrações externas micromolares desse íon, desde que o potencial de membrana seja suficientemente hiperpolarizado para acionar essa absorção.

Nem todos os canais iônicos são tão fortemente regulados pelo potencial de membrana como a maioria dos canais Shaker. Alguns canais iônicos, como os canais TPK/VK (ver Figuras 6.13 e 6.14A), não são regulados por voltagem; a sensibilidade à voltagem de outros, como o canal KCO_3, ainda não foi determinada. Os canais de cátions cíclicos com portões de nucleotídeos são um exemplo de um canal controlado por ligante, com atividade promovida pela ligação de nucleotídeos como cGMP. Esses canais exibem seletividade fraca com permeabilidade para K^+, Na^+ e Ca^{2+}. Canais de cátions cí-

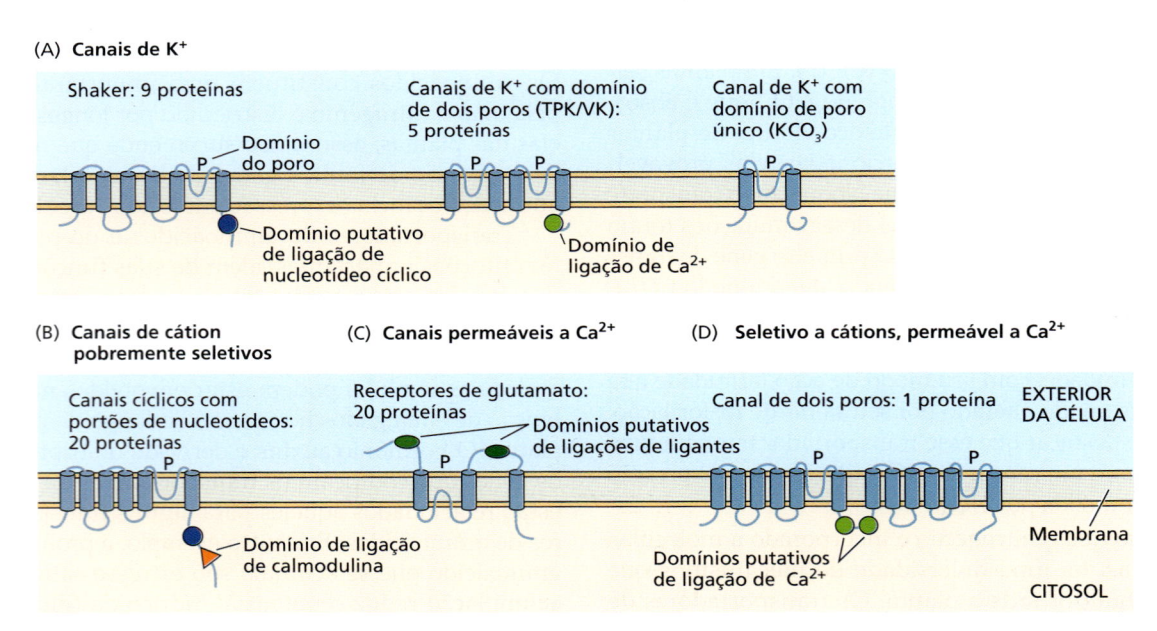

Figura 6.14 Seis famílias de canais de cátions de *Arabidopsis*. Alguns canais foram identificados unicamente a partir da homologia de sequência com canais de animais, enquanto outros foram verificados experimentalmente. (A) Canais seletivos de K^+. (B) Canais de cátions fracamente seletivos com atividade regulada pela ligação de nucleotídeos cíclicos. (C) Receptores putativos de glutamato; com base em medições de mudanças no Ca^{2+} citosólico, essas proteínas provavelmente funcionam como canais permeáveis a Ca^{2+}. (D) Canal de dois poros: uma proteína (TPC1) é o único canal de dois poros desse tipo codificado no genoma de *Arabidopsis*. TPC1 é permeável a cátions mono e divalentes, incluindo Ca^{2+}. (A de Lebaudy et al., 2007; B–D de Very and Sentenac, 2002.)

clicos com portões de nucleotídeos estão envolvidos em diversos processos fisiológicos, incluindo resistência a doenças, senescência, percepção de temperatura e crescimento e viabilidade do tubo polínico. Outro conjunto interessante de canais controlados por ligantes são os canais receptores de glutamato. Esses canais são homólogos para uma classe de receptores de glutamato no sistema nervoso de mamíferos que funcionam como canais de cátions com portões de glutamato e são ativados em plantas por glutamato e alguns outros aminoácidos. Canais vegetais receptores de glutamato são permeáveis a Ca^{2+}, K^+ e Na^+ em vários níveis, mas têm sido particularmente envolvidos na absorção de Ca^{2+} e na sinalização na aquisição de nutrientes em raízes e na fisiologia das células-guarda e do tubo polínico.

Os fluxos de íons devem ocorrer também para dentro e para fora do vacúolo, e canais permeáveis a cátions e a ânions foram caracterizados na membrana vacuolar (ver Figura 6.13). Canais de cátions vacuolares vegetais incluem o canal de K^+ KCO_3 (ver Figura 6.14A), o canal de cátion TPC1/SV ativado por Ca^{2+} (ver Figura 6.13) e a maioria dos canais TPK/VK (ver Figura 6.13), os quais são canais de K^+ altamente seletivos ativados por Ca^{2+}. Além disso, o efluxo de Ca^{2+} dos sítios de armazenamento interno, como o vacúolo, desempenha um papel importante na sinalização. A liberação do Ca^{2+} dos armazenamentos é desencadeada por diversas moléculas de mensageiros secundários, incluindo o próprio Ca^{2+} citosólico e o inositol trifosfato ($InsP_3$). Para uma descrição mais detalhada dessas rotas de transdução de sinal, ver Capítulo 12.

CARREGADORES DE CÁTIONS Uma diversidade de carregadores também movimenta cátions para dentro das células vegetais. Uma família de transportadores que se especializa no transporte de K^+ através das membranas vegetais é a família HAK/KT/KUP (que é referida aqui como família HAK). A família HAK contém transportadores de afinidade alta e baixa, alguns dos quais também medeiam o influxo de Na^+ sob concentrações externas altas desse cátion. Acredita-se que transportadores HAK de afinidade alta absorvam K^+ via simporte H^+-K^+, e esses transportadores são particularmente importantes para a absorção do K^+ do solo quando as concentrações desse íon são baixas no solo. Uma segunda família, os transportadores de cátion-H^+ do tipo antiporte (CPAs, de *cation-H^+ antiporters*), promove a troca eletroneutra de H^+ e outros cátions, incluindo K^+ em alguns casos. Uma terceira família consiste em transportadores TRK/HKT (que serão referidos aqui como transportadores HKT), os quais podem operar como transportadores de K^+-H^+ ou K^+-Na^+ do tipo simporte, ou como canais de Na^+ sob concentrações externas altas de Na^+. A importância de transportadores HKT para o transporte de K^+ permanece incompletamente esclarecida, mas, como descrito a seguir, esses transportadores são elementos centrais na tolerância das plantas a condições salinas.

A irrigação aumenta a salinidade do solo, e a salinização de terras cultiváveis é um problema crescente em todo o mundo. Embora plantas halófitas, como aquelas encontradas em marismas, sejam adaptadas a ambientes com teor alto de sal, tais ambientes são deletérios para outras espécies vegetais, glicófitas, incluindo a maioria das espécies cultivadas. As plantas desenvolveram mecanismos para excretar Na^+ através da membrana plasmática, para sequestrar sal no vacúolo e para redistribuir Na^+ ao longo do corpo da planta.

Na membrana plasmática, um transportador de Na^+-H^+ do tipo antiporte foi descoberto em uma pesquisa para identificar mutantes de *Arabidopsis* com sensibilidade aumentada ao sal; por isso, esse transportador do tipo antiporte foi denominado extremamente sensível ao sal 1 (SOS1, de *Salt Overly Sensitive 1*). Os transportadores SOS1 do tipo antiporte na raiz excretam Na^+ da planta, reduzindo assim as concentrações internas desse íon tóxico.

O sequestro vacuolar de Na^+ ocorre pela atividade de transportadores de Na^+-H^+ do tipo antiporte – um subconjunto de proteínas CPA – que combinam o movimento energeticamente favorável ("montanha abaixo") de H^+ para o citoplasma à absorção de Na^+ pelo vacúolo. Quando o gene do transportador do tipo antiporte de *Arabidopsis AtNHX1* Na^+-H^+ é superexpresso, ele confere um grande incremento na tolerância ao sal tanto em *Arabidopsis* como em espécies cultivadas como milho, trigo e tomateiro.

Enquanto transportadores do tipo antiporte SOS1 e NHX reduzem as concentrações citosólicas de Na^{2+}, os transportadores HKT1 transportam Na^+ do apoplasto para o citosol. No entanto, a absorção de Na^+ por transportadores HKT1 na membrana plasmática das células parenquimáticas do xilema da raiz é importante na recuperação de Na^+ a partir do fluxo transpiratório, reduzindo, assim, as concentrações desse cátion e a concomitante toxicidade nos tecidos fotossintéticos. Presumivelmente, esse Na^+ é então excluído do citosol da raiz pela ação dos transportadores SOS1 e NHX. A expressão transgênica de um transportador HKT1 em uma variedade de trigo (*T. durum*) aumentou bastante a produtividade de grãos em trigo cultivado em solos salinos.

Tal como para o Na^+, existe um amplo gradiente de energia livre para o Ca^{2+} que favorece sua entrada no citosol, tanto vindo do apoplasto quanto dos estoques intracelulares. Essa entrada é mediada pelos canais permeáveis a Ca^{2+}, descritos anteriormente. As concentrações do íon cálcio na parede celular e no apoplasto normalmente estão na faixa milimolar; em comparação, as concentrações de Ca^{2+} citosólico livre são mantidas na faixa dos centésimos de nanomolar (10^{-9} M) até 1 micromolar (10^{-6} M), contra um amplo gradiente de potencial eletroquímico para a difusão de Ca^{2+} para dentro da célula. O efluxo de íon cálcio do citosol é realizado por Ca^{2+}-ATPases encontradas na membrana plasmática e em algumas endomembranas, como o tonoplasto (ver Figura 6.13) e o retículo endoplasmático. A maioria do Ca^{2+} dentro da célula encontra-se armazenada no vacúolo central, onde ele é sequestrado por Ca^{2+}-ATPases e por transportadores de Ca^{2+}-H^+ do tipo antiporte, que utilizam o potencial eletroquímico do gradiente de prótons para energizar a acumulação vacuolar de Ca^{2+}.

A concentração citosólica de Ca^{2+} é fortemente regulada, uma vez que pequenas variações alteram drasticamente as atividades de muitas enzimas. A proteína ligante de Ca^{2+}, calmodulina (CaM), participa dessa regulação. Embora a CaM não tenha atividade catalítica por si própria, a CaM ligada ao Ca^{2+} liga-se a muitas classes diferentes de proteínas-alvo e regula suas atividades. Os canais cíclicos com portões de nucleotídeos permeáveis a Ca^{2+} são proteínas ligantes de Ca^{2+}, e há evidência de que essa ligação à CaM resulte em redução da atividade do canal. Uma classe de Ca^{2+}-ATPases também se liga à CaM. A ligação à CaM libera essas ATPases da autoinibição, resultando em um aumento da extrusão de Ca^{2+} para o apoplasto, o retículo endoplasmático e o vacúolo. Juntos, esses dois efeitos reguladores da CaM proporcionam um mecanismo por meio do qual aumentos na concentração citosólica de Ca^{2+} iniciam um ciclo de retroalimentação negativo, via CaM ativada, que auxilia na restauração dos níveis citosólicos em repouso de Ca^{2+}.

Transportadores de ânions foram identificados

Nitrato (NO_3^-), cloreto (Cl^-), sulfato (SO_4^{2-}) e fosfato ($H_2PO_4^-$) são os principais íons inorgânicos em células vegetais, e malato^{2-} é um ânion orgânico importante. O gradiente de energia livre para todos esses ânions é na direção do efluxo passivo. Diversos tipos de canais de ânions foram caracterizados por técnicas de eletrofisiologia, e a maioria deles parece ser permeável a uma diversidade de ânions. Em particular, vários canais com diferentes dependências de voltagem e permeabilidades aniônicas têm se mostrado importantes para o efluxo de ânions de células-guarda durante o fechamento estomático.

Ao contrário da relativa falta de especificidade dos canais de ânions, os carregadores de ânions que medeiam o transporte contra o gradiente em células vegetais exibem seletividade por ânions específicos. Além dos transportadores de nitrato descritos anteriormente, as plantas têm transportadores para vários ânions orgânicos, como malato e citrato. Conforme discutido adiante neste capítulo, a absorção de malato é um contribuinte importante para o aumento na concentração intracelular de soluto, o que aciona a absorção de água para dentro das células-guarda, provocando a abertura estomática. Um membro da família ABC, o AtABCB14, é responsável por essa função de importação de malato.

A disponibilidade de fosfato na solução do solo comumente limita o crescimento vegetal (ver Capítulo 4). Em *Arabidopsis*, uma família de cerca de nove transportadores de fosfato na membrana plasmática, alguns de afinidade alta e alguns de afinidade baixa, promove a absorção de fosfato por simporte com prótons. Esses transportadores são expressos primariamente na epiderme e nos pelos da raiz, e sua expressão é induzida pela carência de fosfato. Outros transportadores de fosfato-H^+ do tipo simporte também foram identificados em plantas e localizados em membranas de organelas intracelulares como plastídios e mitocôndrias. Outro grupo de transportadores de fosfato, os translocadores de fosfato, está localizado na membrana interna de plastídios, onde atua na troca de fosfato inorgânico com compostos fosforilados de carbono.

Transportadores de íons metálicos e metaloides transportam micronutrientes essenciais

Diversos metais são nutrientes essenciais para as plantas, embora necessários apenas em quantidades vestigiais. Um exemplo é o ferro. A deficiência de ferro é o distúrbio nutricional humano mais comum no mundo, de modo que uma maior compreensão sobre a acumulação vegetal desse elemento também pode beneficiar os esforços no sentido de melhorar o valor nutricional de plantas cultivadas. Mais de 25 transportadores ZIP atuam na absorção de íons ferro, manganês e zinco em plantas, e outras famílias de transportadores que promovem a absorção de íons cobre e molibdênio foram identificadas. Íons metálicos geralmente estão presentes em concentrações baixas na solução do solo, de modo que esses transportadores normalmente apresentam afinidade alta. Alguns transportadores de íons metálicos medeiam a absorção de íons cádmio ou chumbo, os quais são indesejáveis em espécies cultivadas, pois são tóxicos para os seres humanos. Entretanto, essa propriedade pode se mostrar útil na destoxificação dos solos pela absorção dos contaminantes pelas plantas (fitorremediação), as quais podem então ser removidas e descartadas adequadamente.

Uma vez na planta, os íons metálicos, em geral quelados com outras moléculas, devem ser transportados para o xilema para distribuição pelo corpo da planta via corrente transpiratória; os metais devem ser também enviados a seus destinos subcelulares apropriados. Por exemplo, a maior parte do ferro nas plantas é encontrada nos cloroplastos, onde ele é incorporado à clorofila e aos componentes da cadeia de transporte de elétrons (ver Capítulo 7). A superacumulação de formas iônicas de metais, como o ferro e o cobre, pode levar à produção de espécies reativas de oxigênio (EROs) tóxicas. Os compostos que quelam íons metálicos protegem contra essa ameaça, e transportadores responsáveis pela absorção de metais para dentro do vacúolo também são importantes na manutenção das concentrações de metais em níveis não tóxicos.

Metaloides são elementos com propriedades tanto de metais como de não metais. O boro e o silício são dois metaloides usados pelas plantas. Ambos desempenham papéis importantes na estrutura da parede celular – o boro pela participação em ligações cruzadas de polissacarídeos da parede celular e o silício pelo aumento da rigidez estrutural. Tanto o boro (como ácido bórico [$B(OH)_3$; também escrito como H_3BO_3]) quanto o silício (como ácido silícico [$Si(OH)_4$; também escrito como H_4SiO_4]) entram nas células via canais do tipo aquaporinas (ver a seguir) e são exportados via transportadores de efluxo, provavelmente por transporte ativo secundário. Devido a similaridades na estrutura química, o arsenito (uma forma de arsênico) também pode entrar nas raízes das plantas via um canal de silício e ser exportado para a corrente transpiratória via o transportador de silício. O arroz é particularmente eficiente na absorção de arsenito, e, como consequência, o envenenamento por arsênico pelo consumo humano de arroz é um problema significativo em regiões do Sudeste Asiático.

As aquaporinas têm funções diversas

As **aquaporinas** são uma classe de transportadores relativamente abundantes em membranas vegetais também comuns em membranas animais (ver Capítulos 2 e 3). Estima-se que o genoma de *Arabidopsis* codifica cerca de 35 aquaporinas. Como o nome sugere, muitas aquaporinas promovem o fluxo de água através de membranas; e supõe-se que as aquaporinas funcionem como sensores de gradientes no potencial osmótico e na pressão de turgor. Além disso, algumas proteínas aquaporinas atuam no influxo de nutrientes minerais (p. ex., ácido bórico e ácido silícico). Há evidências de que as aquaporinas podem atuar como condutos para o movimento de dióxido de carbono, amônia (NH_3) e peróxido de hidrogênio (H_2O_2) através das membranas plasmáticas vegetais.

A atividade das aquaporinas é regulada por fosforilação, assim como pelo pH, pela concentração de Ca^{2+}, pela heteromerização (*heteromerization*) e por EROs. Essa regulação pode ser responsável pela capacidade das células vegetais de alterar rapidamente sua permeabilidade à água em resposta aos ritmos circadianos e a estresses, como sal, resfriamento, seca e inundação (anoxia). A regulação também ocorre em nível de expressão gênica. As aquaporinas são altamente expressas em células epidérmicas e endodérmicas e no parênquima do xilema, os quais podem ser pontos críticos para o controle do movimento de água.

As H^+-ATPases de membrana plasmática são ATPases do tipo P altamente reguladas

Como foi visto anteriormente, o transporte ativo de prótons para fora da membrana plasmática gera gradientes de pH e de potencial elétrico que acionam o transporte de muitas outras substâncias (íons e solutos não carregados), mediante diferentes proteínas de transporte ativo secundário. A atividade da H^+-ATPase é importante também para a regulação do pH citoplasmático e para o controle do turgor celular, que governa o movimento de órgãos (folhas e flores), a abertura estomática e o crescimento celular. A **Figura 6.15** ilustra como uma H^+-ATPase de membrana pode funcionar.

As H^+-ATPases e Ca^{2+}-ATPases de membrana plasmática de plantas e fungos fazem parte de uma classe conhecida como ATPases do tipo P, que são fosforiladas como parte do ciclo catalítico que hidrolisa ATP. As H^+-ATPases de membrana plasmática de plantas são codificadas por uma família de cerca de uma dúzia de genes. As funções de cada isoforma de H^+-ATPase estão começando a ser compreendidas com base em padrões de expressão gênica e na análise funcional de indivíduos de *Arabidopsis* contendo mutações nulas em genes individuais de H^+-ATPases. Algumas H^+-ATPases exibem padrões de expressão específicos para cada célula. Por exemplo, diversas H^+-ATPases são expressas em células-guarda, onde elas energizam a membrana plasmática para impulsionar a absorção de solutos durante a abertura estomática (ver adiante neste capítulo).

Em geral, a expressão de H^+-ATPases é alta em células com funções-chave no movimento de nutrientes, incluindo células da endoderme da raiz e células envolvidas na absorção de nutrientes do apoplasto que circunda a semente em desenvolvimento. Em células onde múltiplas H^+-ATPases são coexpressas, elas podem ser reguladas de maneira distinta ou funcionar de modo redundante, talvez proporcionando um "mecanismo de segurança" a essa função de transporte tão importante.

A **Figura 6.16** mostra um modelo dos domínios funcionais da H^+-ATPase de membrana plasmática de leveduras, similar à das plantas. A proteína tem 10 domínios que atravessam a membrana, o que cria um zigue-zague de um lado da membrana para o outro. Alguns dos domínios transmembrana constituem a rota pela qual os prótons são bombeados. O domínio catalítico, que catalisa a hidrólise de ATP, incluindo o resíduo de ácido

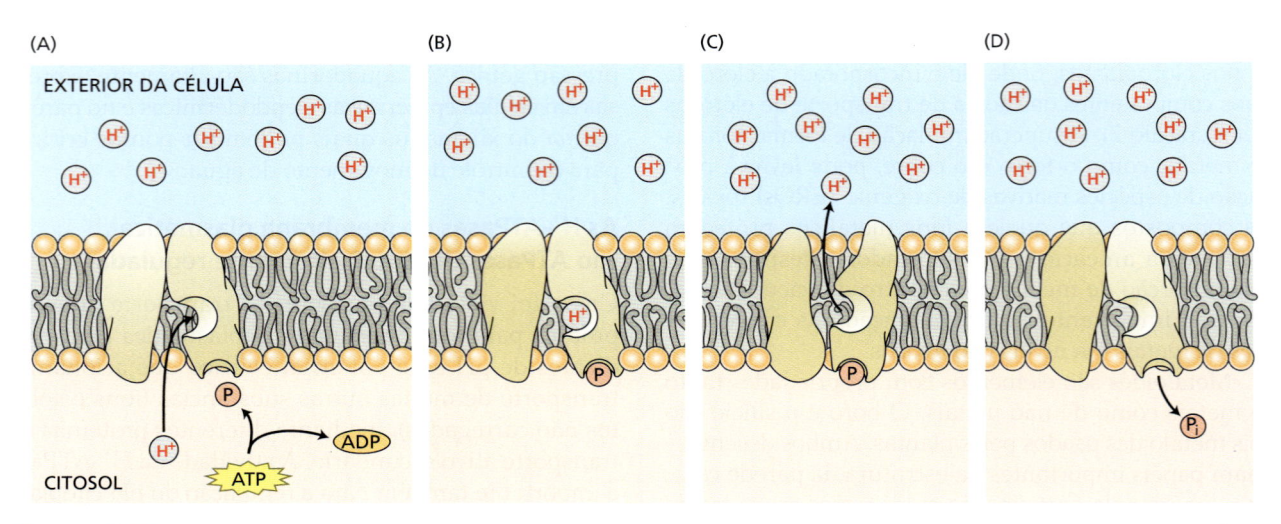

Figura 6.15 Etapas hipotéticas no transporte de um próton contra seu gradiente químico por uma H⁺-ATPase. A bomba, inserida na membrana, (A) liga-se ao próton no lado interno da célula e (B) é fosforilada por ATP. (C) Essa fosforilação leva a uma mudança de conformação que expõe o próton ao exterior da célula e possibilita sua difusão. (D) A liberação do íon fosfato (P_i) da bomba no citosol restaura a configuração inicial da H⁺-ATPase e permite o começo de um novo ciclo de bombeamento.

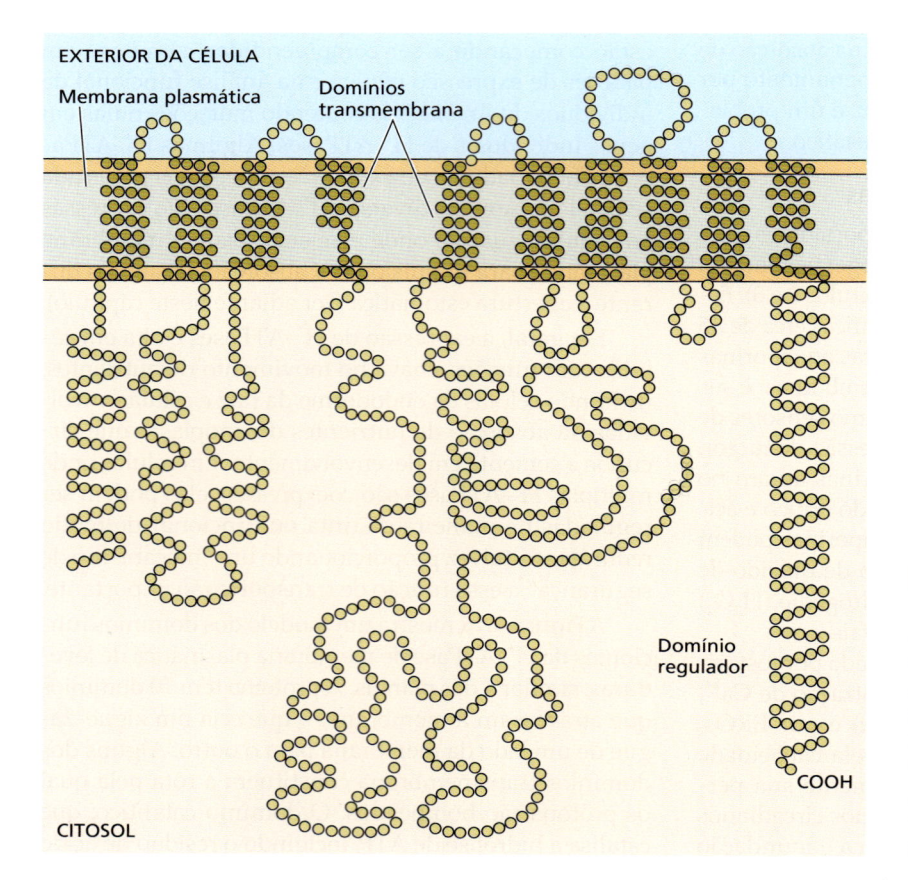

Figura 6.16 Representação bidimensional de uma H⁺-ATPase de membrana plasmática de levedura. Cada círculo pequeno representa um aminoácido. A proteína H⁺-ATPase possui 10 segmentos transmembrana. O domínio regulador é um domínio autoinibitório. Modificações pós-tradução que levam ao deslocamento do domínio autoinibitório resultam na ativação da H⁺-ATPase. (De Palmgren, 2001.)

aspártico que é fosforilado durante o ciclo catalítico, está na face citosólica da membrana.

Como outras enzimas, a H$^+$-ATPase de membrana plasmática é regulada pela concentração de substrato (ATP), pH, temperatura e outros fatores. Além disso, moléculas de H$^+$-ATPase podem ser reversivelmente ativadas ou desativadas por sinais específicos, como luz, hormônios ou ataque de patógenos. Esse tipo de regulação é mediado por um domínio autoinibitório especializado na extremidade C-terminal da cadeia polipeptídica, que atua para regular a atividade da H$^+$-ATPase (ver Figura 6.16). Se o domínio autoinibitório é removido por uma protease, a enzima torna-se irreversivelmente ativada.

O efeito autoinibitório do domínio C-terminal também pode ser regulado pela ação de proteínas quinases e fosfatases, que adicionam grupos fosfato ou os removem de resíduos de serina ou treonina nesse domínio. A fosforilação recruta proteínas moduladoras de enzimas de ocorrência generalizada chamadas de proteínas 14-3-3, as quais se ligam à região fosforilada e, então, deslocam o domínio autoinibitório, levando à ativação da H$^+$-ATPase. A toxina fúngica **fusicocina**, que é uma forte ativadora da H$^+$-ATPase, ativa essa bomba pelo aumento da afinidade de ligação da 14-3-3, mesmo na ausência de fosforilação. O efeito da fusicocina nas H$^+$-ATPases das células-guarda é tão forte que pode levar à abertura estomática irreversível, à murcha e mesmo à morte da planta (ver Figura 6.19B).

A H$^+$-ATPase do tonoplasto aciona a acumulação de solutos nos vacúolos

As células vegetais aumentam seu tamanho, principalmente, pela absorção de água no grande vacúolo central. Por isso, a pressão osmótica do vacúolo precisa ser conservada suficientemente alta para a entrada de água proveniente do citosol. O tonoplasto regula o tráfego de íons e produtos metabólicos entre o citosol e o vacúolo, da mesma forma que a membrana plasmática regula sua absorção para dentro da célula. O transporte no tonoplasto tornou-se uma área de intensa pesquisa após o desenvolvimento de métodos de isolamento de vacúolos intactos e de vesículas do tonoplasto. Esses estudos elucidaram a diversidade de canais de ânions e cátions na membrana do tonoplasto (ver Figura 6.13) e levaram à descoberta de um novo tipo de ATPase bombeadora de prótons, a H$^+$-ATPase vacuolar, que transporta prótons para dentro do vacúolo (ver Figura 6.13).

A H$^+$-ATPase vacuolar difere tanto estrutural como funcionalmente da H$^+$-ATPase de membrana plasmática. A ATPase vacuolar é mais estreitamente relacionada a F-ATPases de cloroplastos e mitocôndrias (ver Capítulos 7 e 11); diferentemente das ATPases de membrana plasmática discutidas antes, a ATPase vacuolar não envolve a formação de um intermediário fosforilado durante a hidrólise de ATP. As ATPases vacuolares pertencem a uma classe geral de ATPases presentes no sistema de endomembranas de todos os eucariotos. Elas são grandes complexos enzimáticos, cerca de 750 kDa, compostos de múltiplas subunidades. Essas subunidades são organizadas em um complexo periférico, V$_1$, que é responsável pela hidrólise de ATP, e um complexo formando um canal integral de membrana, V$_0$, que é responsável pela translocação de H$^+$ através da membrana (**Figura 6.17**). Devido à similaridade com as F-ATPases, admite-se que as ATPases vacuolares operem como pequenos motores de rotação (ver Capítulo 7).

As ATPases vacuolares são bombas eletrogênicas que transportam prótons do citoplasma para o vacúolo e geram uma PMF (força matriz de prótons) através do tonoplasto. O bombeamento eletrogênico de prótons explica o fato de o vacúolo em geral ser 20 a 30 mV mais positivo do que o citoplasma, embora ele ainda seja negativo em relação ao meio externo. Para possibilitar a manutenção da neutralidade elétrica global,

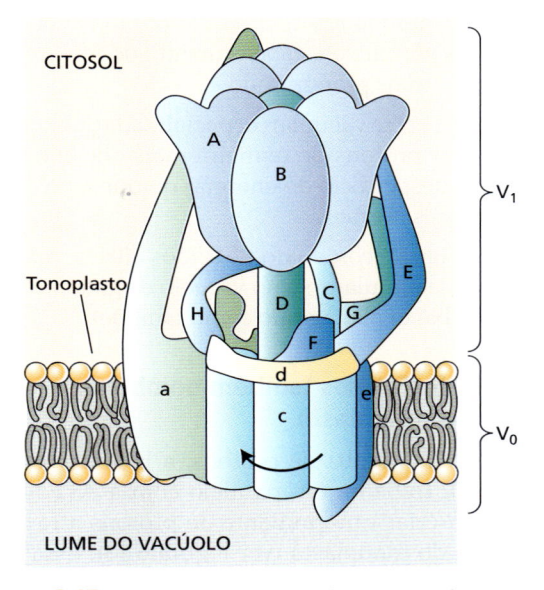

Figura 6.17 Modelo do motor de rotação da V-ATPase. Muitas subunidades de polipeptídeos se unem para formar essa enzima complexa. O complexo catalítico V$_1$, que é facilmente dissociado da membrana, contém os sítios catalítico e de ligação de nucleotídeos. Os componentes de V$_1$ são designados por letras maiúsculas. O complexo integral de membrana que promove o transporte de H$^+$ é designado V$_0$, e suas subunidades são designadas por letras minúsculas. Propõe-se que as reações da ATPase catalisadas por cada uma das subunidades A, atuando em sequência, acionem a rotação do eixo (D) e das seis subunidades c. Acredita-se que a rotação das subunidades c em relação à subunidade a acione o transporte de H$^+$ através da membrana. (De Kluge et al., 2003.)

ânions como o Cl⁻ ou o malato²⁻ são transportados do citosol para dentro do vacúolo através de canais no tonoplasto. A manutenção da neutralidade elétrica geral pelo transporte de ânions possibilita que a H⁺-ATPase vacuolar gere um grande gradiente de concentração de prótons (gradiente de pH) através do tonoplasto. Esse gradiente explica o fato de o pH vacuolar normalmente ser de cerca de 5,5, ao passo que o pH citoplasmático é tipicamente de 7,0 a 7,5. Enquanto o componente elétrico da PMF aciona a absorção de ânions pelo vacúolo, o gradiente de potencial eletroquímico para H⁺ ($\tilde{\mu}_{H^+}$) é direcionado para acionar a absorção de cátions e açúcares pelo vacúolo por sistemas de transporte secundário (transportador do tipo antiporte) (ver Figura 6.13).

Embora o pH da maioria dos vacúolos vegetais seja moderadamente ácido (cerca de 5,5), o pH do vacúolo de algumas espécies é muito mais baixo – fenômeno chamado de *hiperacidificação*. A hiperacidificação vacuolar é a causa do gosto ácido de certas frutas (p. ex., limões) e verduras (p. ex., ruibarbo). Estudos bioquímicos sugeriram que o pH reduzido dos vacúolos de limões (especificamente aqueles das células do gomo produtoras de suco) é devido a uma combinação de fatores:

- A permeabilidade baixa da membrana vacuolar a prótons permite o estabelecimento de um gradiente de pH mais pronunciado.
- Uma ATPase vacuolar especializada é capaz de bombear prótons de maneira mais eficiente (com menos desperdício de energia) do que as ATPases vacuolares normais.
- Ácidos orgânicos, como os ácidos cítrico, málico e oxálico, acumulam-se no vacúolo e ajudam a manter seu baixo pH, agindo como tampões.

As H⁺-pirofosfatases também bombeiam prótons no tonoplasto

Outro tipo de bomba de prótons, a H⁺-pirofosfatase (H⁺-PPase), trabalha em paralelo com a ATPase vacuolar para criar um gradiente de prótons através da membrana do tonoplasto (ver Figura 6.13). Essa enzima consiste em um polipeptídeo único que aproveita a energia da hidrólise do pirofosfato inorgânico (PP$_i$) para acionar o transporte de H⁺.

A energia livre liberada pela hidrólise do PP$_i$ é menor do que a oriunda da hidrólise do ATP. No entanto, a H⁺-PPase transporta somente um H⁺ por molécula de PP$_i$ hidrolisada, enquanto a ATPase vacuolar parece transportar dois íons H⁺ por ATP hidrolisado. Assim, a energia disponível por H⁺ transportado parece ser aproximadamente a mesma, e as duas enzimas mostram-se capazes de gerar gradientes de prótons comparáveis. É interessante saber que a H⁺-PPase não é encontrada em animais ou leveduras, embora enzimas similares estejam presentes em bactérias e protistas.

A V-ATPase e a H⁺-PPase são encontradas em outros compartimentos do sistema de endomembranas além do vacúolo. Coerente com essa distribuição, está se evidenciando que essas ATPases regulam não somente gradientes de H⁺ em si, mas também o movimento de vesículas e a secreção. Além disso, o transporte de auxina e a divisão celular aumentados em indivíduos de *Arabidopsis* superexpressando uma H⁺-PPase, e os fenótipos opostos em plantas com atividade reduzida da H⁺-PPase, indicam conexões entre a atividade da H⁺-PPase e a síntese, a distribuição e a regulação de transportadores de auxina.

Transporte iônico na abertura estomática

A abertura dos estômatos ilustra como processos de transporte em nível de membrana controlam uma resposta fisiológica. No Capítulo 3, viu-se que o intumescimento das células-guarda e a abertura estomática eram estimulados pela luz, mediante um efeito na fotossíntese das células-guarda e, especificamente, pela luz azul através de um processo não identificado. Aqui, são descritos os processos de transporte em nível de membrana envolvidos na abertura estomática. No Capítulo 13, será concluída a abordagem desse processo importante, ao descrever como a luz azul é detectada e como o sinal é transmitido.

A luz estimula a atividade da ATPase e cria um gradiente eletroquímico mais forte através da membrana plasmática da célula-guarda

Quando os protoplastos de células-guarda são irradiados com luz azul, sob iluminação com luz vermelha saturante de fundo, o pH da solução que envolve as células torna-se mais ácido e os protoplastos intumescem (**Figura 6.18A**). Esse intumescimento induzido pela luz azul é bloqueado por inibidores da H⁺-ATPase bombeadora de prótons na membrana plasmática, como o ortovanadato (**Figura 6.18B**).

Na folha intacta, a estimulação luminosa (luz azul) do bombeamento de prótons da ATPase na membrana plasmática das células-guarda reduz o pH do espaço apoplástico que circunda essas células; a redução é de até 0,5–1,0 unidade de pH. Além disso, a luz hiperpolariza a membrana plasmática (tornando-a até 64 mV mais negativa), gerando, assim, a força propulsora necessária para a absorção de prótons e a abertura estomática.

A atividade de bombas eletrogênicas, como a H⁺-ATPase, pode ser medida experimentalmente em

Figura 6.18 Intumescimento de protoplastos de células-guarda estimulado pela luz azul. (A) Na ausência de uma parede celular rígida, os protoplastos de células-guarda de cebola (*Allium cepa*) intumescem. (B) A luz azul estimula o intumescimento dos protoplastos de células-guarda de fava (*V. faba*), e o ortovanadato, um inibidor da H⁺-ATPase, inibe o intumescimento. A luz azul estimula a absorção de íons e de água nos protoplastos de células-guarda, o que, nas células intactas, fornece uma força mecânica que opera contra a parede celular rígida e distorce a célula-guarda, causando o aumento da abertura estomática. (A, esquerda, cortesia de E. Zeiger; direita, de Zeiger e Hepler, 1977; B de Amodeo, et al., 1992.)

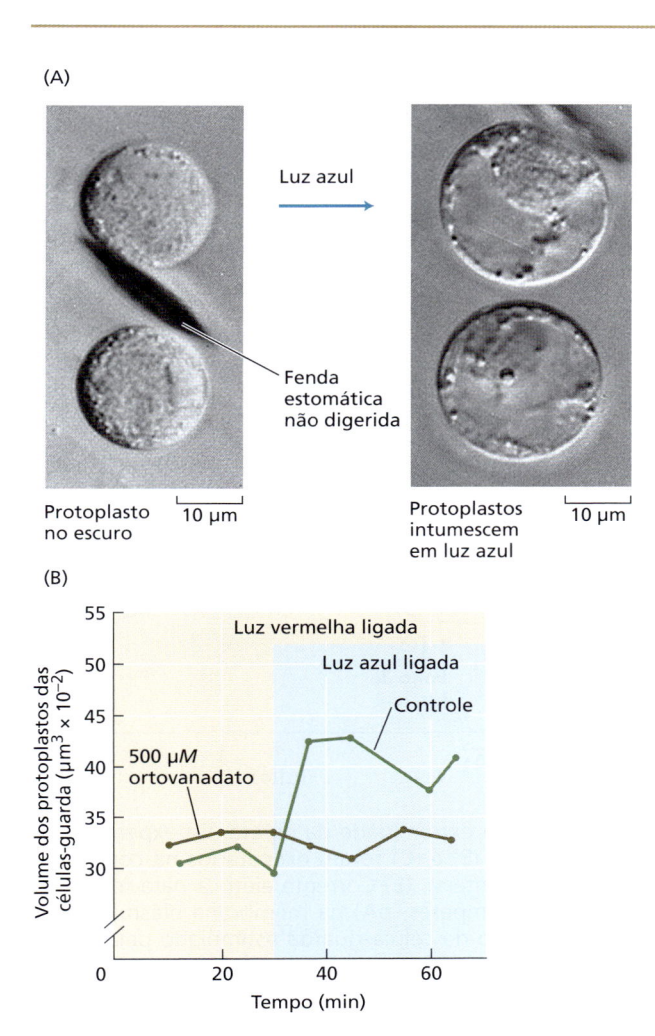

células inteiras pela técnica *patch clamp*, em que um eletrodo oco (uma pipeta) é fixado ao protoplasto, de tal modo que o interior do eletrodo e o citoplasma da célula formam um contínuo (**Figura 6.19A**). A ativação de bombas eletrogênicas nessa configuração experimental gera correntes elétricas mensuráveis através da membrana plasmática. A **Figura 6.19B** mostra um registro de *patch clamping* de um protoplasto de célula-guarda, tratado no escuro com a toxina fúngica fusicocina para ativar a H⁺-ATPase de membrana plasmática. A exposição à fusicocina estimula uma corrente elétrica para fora, a qual gera um gradiente de prótons. Esse gradiente de prótons é interrompido pela carbonil cianeto *m*-clorofenil-hidrazona (CCCP), um ionóforo de prótons que torna a membrana plasmática altamente permeável a prótons, colapsando, assim, o gradiente de prótons através da membrana.

A relação entre o bombeamento de prótons na membrana plasmática da célula-guarda e a abertura estomática é evidente a partir das observações de que (1) a fusicocina estimula tanto a extrusão de prótons da célula-guarda quanto a abertura estomática, e (2) a CCCP inibe a abertura estimulada pela fusicocina. Um pulso de luz azul dado sob um fundo de luz vermelha saturante também pode estimular uma corrente elétrica para o exterior a partir de protoplastos de células-guarda (**Figura 6.19C**), mostrando, mais uma vez, que a luz azul estimula a ATPase eletrogênica de membrana plasmática.

A hiperpolarização da membrana plasmática da célula-guarda leva à absorção de íons e água

A luz azul modula a osmorregulação das células-guarda por sua ativação do bombeamento de prótons, pela captação de solutos e pela estimulação da síntese de solutos orgânicos (**Figura 6.20**). A concentração de K⁺ nas células-guarda aumenta de 100 mM, no estado fechado, até 400-800 mM, no estado aberto. O componente elétrico do gradiente de prótons fornece a força motriz para a absorção passiva de K⁺ através dos canais de K⁺ regulados por voltagem, discutidos anteriormente neste capítulo. Essas mudanças grandes na concentração de K⁺ são eletricamente equilibradas por quantidades variáveis de ânions Cl⁻ e malato²⁻. Ânions Cl⁻ são trazidos do apoplasto para dentro das células-guarda durante a abertura dos estômatos e expelidos no fechamento. Ânions malato, por outro lado, são sintetizados no citosol de células-guarda, em uma rota metabólica que utiliza esqueletos de carbono gerados por hidrólise do amido. O potencial hídrico decrescente causado pelo influxo de íons provoca o movimento da água para as células-guarda. Isso aumenta a pressão osmótica (ver Figura 6.20) e causa o intumescimento das células-guarda e a abertura estomática (ver Figura 3.15).

Transporte de íons nas raízes

Os nutrientes minerais absorvidos pelas raízes são carregados para a parte aérea pela corrente de transpiração que se movimenta pelo xilema (ver Capítulo 3). Tanto a absorção inicial de nutrientes e água quanto o movimento subsequente dessas substâncias desde a superfí-

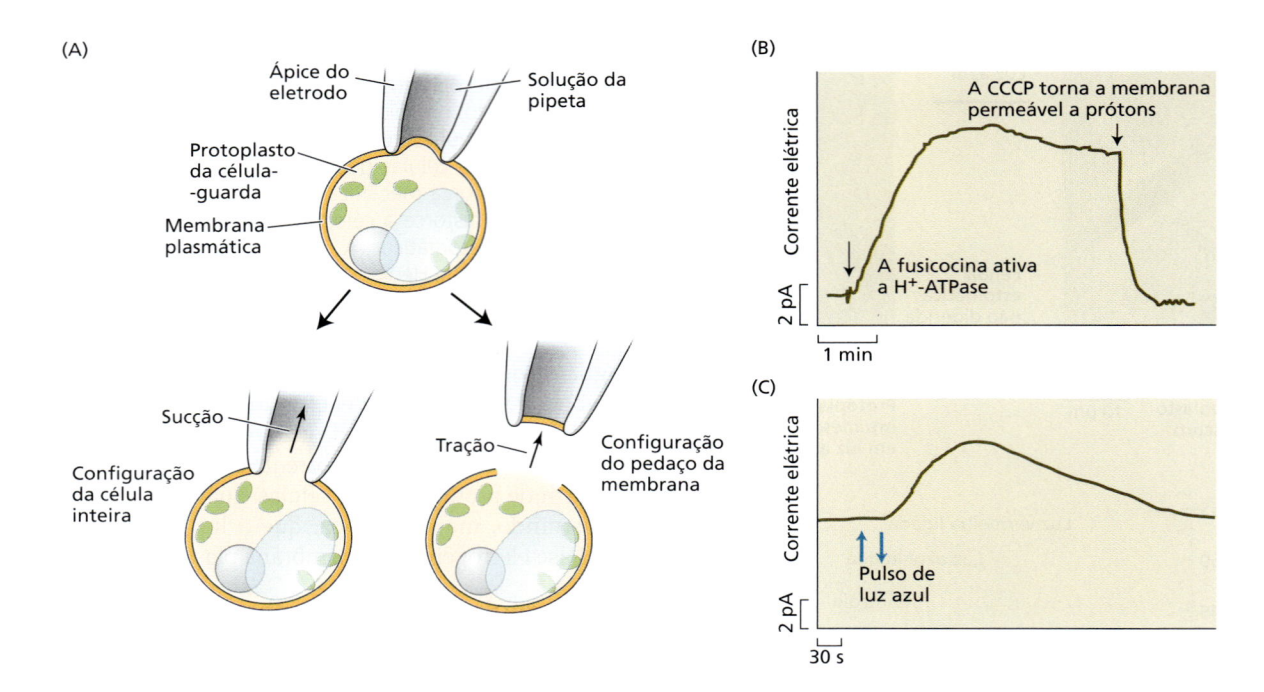

Figura 6.19 A ativação da H⁺-ATPase na membrana plasmática de protoplastos das células-guarda por fusicocina e luz azul pode ser mensurada como uma corrente elétrica em experimentos de *patch clamping*. (A) Em experimentos com *patch clamping*, um eletrodo consistindo de uma pipeta de vidro é pressionado contra o lado externo do protoplasto para realizar uma vedação hermética com a membrana. A aplicação de sucção cria um orifício na membrana, estabelecendo uma conexão da solução da pipeta com o citoplasma da célula (esquerda). Se, em vez disso, a pipeta é afastada do protoplasto, desprende-se um pedaço de membrana que permanece hermeticamente justaposto à extremidade da pipeta. Os experimentos mostrados em (B) e (C) foram executados na configuração da célula inteira. (B) Corrente elétrica para fora (medida em picoamperes, pA) na membrana plasmática de um protoplasto de célula-guarda estimulado pela toxina fúngica fusicocina, um ativador da H⁺-ATPase. A corrente é interrompida pelo ionóforo de prótons carbonil cianeto *m*-clorofenil-hidrazona (CCCP). (C) Corrente elétrica para fora na membrana plasmática de um protoplasto de célula-guarda estimulado por um pulso de luz azul. Esses resultados indicam que a luz azul estimula a H⁺-ATPase. (B de Serrano et al., 1988; C de Assmann et al., 1985.)

cie da raiz, atravessando o córtex e entrando no xilema, são processos altamente específicos e bem regulados.

O transporte de íons através da raiz obedece às mesmas leis biofísicas que governam o transporte celular. No entanto, conforme foi visto no caso do movimento da água (ver Capítulo 3), a anatomia da raiz impõe algumas limitações especiais na rota de movimento iônico. Nesta seção, são discutidos as rotas e os mecanismos envolvidos no movimento radial de íons da superfície da raiz para os elementos traqueais (xilema).

Os solutos movem-se tanto através do apoplasto quanto do simplasto

Até agora, a discussão do movimento iônico celular não incluiu a parede celular. Em termos do transporte de pequenas moléculas, a parede celular é uma rede de polissacarídeos preenchida de fluido, pela qual os nutrientes minerais se difundem prontamente. Pelo fato de as células vegetais serem separadas por paredes, os íons podem se difundir através de um tecido (ou ser passivamente carregados pelo fluxo de água) inteiramente pelos espaços intercelulares, sem nunca entrarem em uma célula viva. O *continuum* de paredes celulares é denominado **espaço extracelular** ou **apoplasto** (ver Figura 3.4). Tipicamente, 5 a 20% do volume de um tecido são ocupados por paredes celulares.

Assim como as paredes celulares formam uma fase contínua, os citoplasmas de células vizinhas também o fazem, sendo coletivamente chamados de **simplasto**. As células vegetais são interconectadas por pontes citoplasmáticas chamadas de plasmodesmos (ver Capítulo 1), poros cilíndricos de 20 a 60 nm de diâmetro (**Figura 6.21**; ver também Figura 1.8). Cada plasmodesmo é forrado com membrana plasmática e contém um

Figura 6.20 A atividade da ATPase de membrana plasmática fornece a força propulsora para o intumescimento das células-guarda e a abertura estomática. (De Inoue e Kinoshita, 2017.)

1. A luz azul ativa a H^+-ATPase da membrana plasmática via rota de transdução de sinal (descrita no Capítulo 13).

2. A ativação da H^+-ATPase hiperpolariza a membrana plasmática.

3. O movimento de K^+ para dentro da célula-guarda aumenta.

4. O malato se acumula no citosol como resultado da degradação do amido do cloroplasto.

5. A absorção vacuolar de K^+ é acompanhada pela absorção de Cl^- e malato^{2-}.

6. Esses movimentos iônicos diminuem o potencial hídrico do vacúolo (ver Capítulo 2), o que conduz à absorção de água.

7. Os vacúolos se expandem e o aumento do turgor provoca abertura estomática.

8. A radiação fotossinteticamente ativa aumenta a geração de ATP celular pelos cloroplastos, que sustenta o aumento das taxas de atividade da ATPase celular.

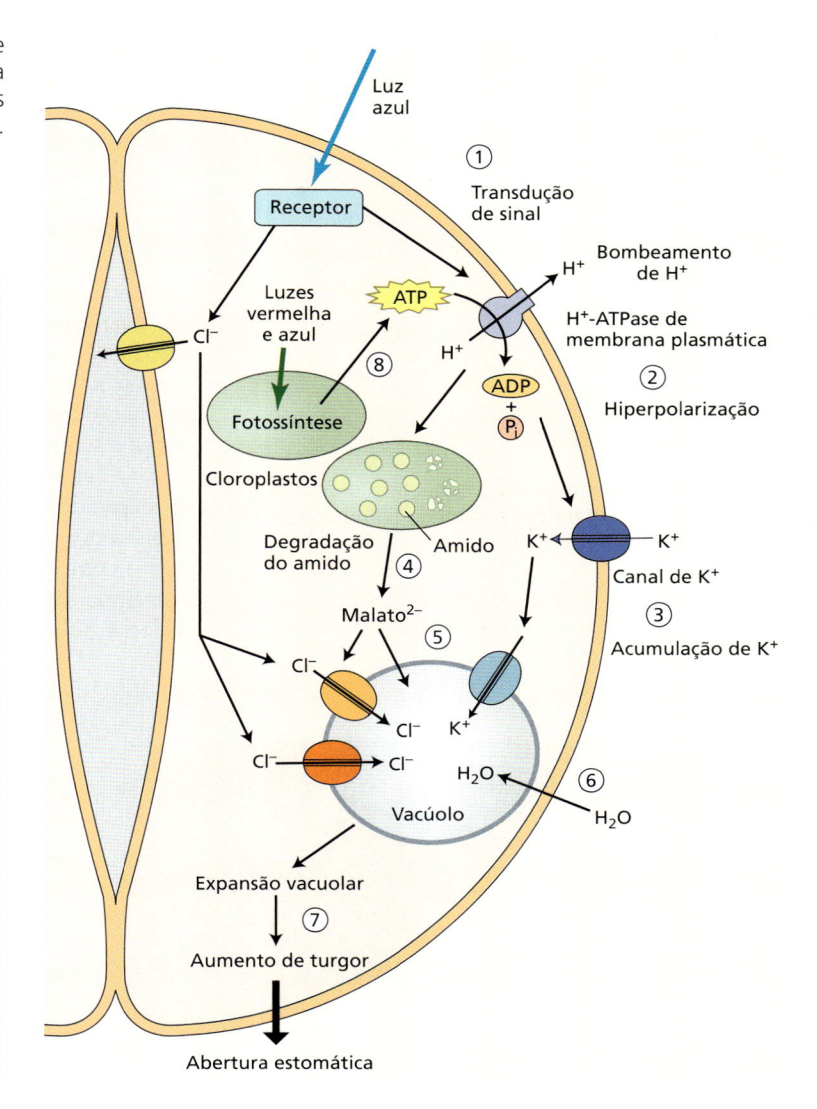

túbulo estreito, o *desmotúbulo*, que é a continuação do retículo endoplasmático.

Em tecidos onde ocorrem quantidades significativas de transporte intercelular, células vizinhas contêm numerosos plasmodesmos, até 15 por micrômetro quadrado de superfície celular. Células secretoras especializadas, como nectários florais e glândulas foliares de sal, têm altas densidades de plasmodesmos.

Pela injeção de corantes ou pela realização de medições de resistência elétrica em células contendo grandes números de plasmodesmos, investigadores mostraram que íons inorgânicos, água e pequenas moléculas orgânicas podem se mover de célula para célula através desses poros. Uma vez que cada plasmodesmo é parcialmente ocluído pelo desmotúbulo e suas proteínas associadas (ver Capítulo 1), o movimento de moléculas grandes como proteínas através dos plasmodesmos requer mecanismos especiais. Os íons, por outro lado, parecem se mover de maneira simplástica pela planta, por simples difusão através de plasmodesmos.

Os íons cruzam o simplasto e o apoplasto

A absorção de íons pela raiz (ver Capítulo 4) é mais pronunciada na zona dos pelos do que nas zonas meristemática e de alongamento. As células na zona dos pelos da raiz completaram seu alongamento, mas ainda não iniciaram o crescimento secundário. Os pelos são simplesmente extensões de células epidérmicas específicas que aumentam substancialmente a área de superfície disponível para a absorção de íons.

Um íon que penetra em uma raiz pode imediatamente entrar no simplasto, cruzando a membrana plasmática de uma célula epidérmica, ou pode penetrar no apoplasto e se difundir entre as células epidérmicas atra-

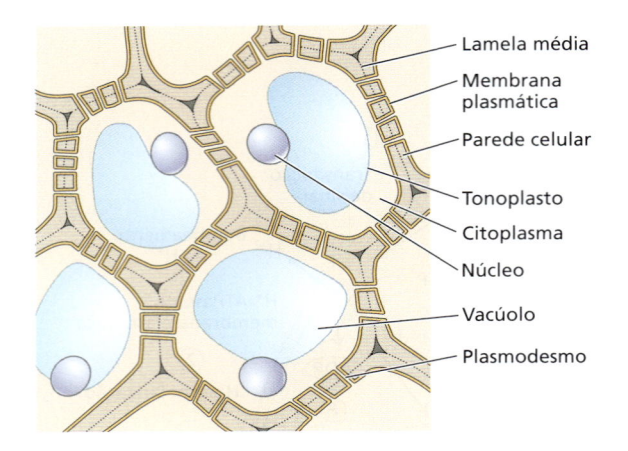

Figura 6.21 Os plasmodesmos conectam o citoplasma de células vizinhas, facilitando, portanto, a comunicação célula a célula.

vés das paredes celulares. Do apoplasto do parênquima cortical, um íon (ou outro soluto) pode tanto ser transportado através da membrana plasmática de uma célula cortical, assim entrando no simplasto, quanto se difundir radialmente até a endoderme via apoplasto. O apoplasto forma uma fase contínua desde a superfície da raiz atravessando o parênquima cortical. Entretanto, em todos os casos, os íons precisam ingressar no simplasto antes de entrarem no estelo, devido à presença da estria de Caspary. Como discutido nos Capítulos 3 e 4, a estria de Caspary é uma camada lignificada ou suberizada que forma anéis ao redor de células especializadas da endoderme (**Figura 6.22**) e bloqueia eficazmente a entrada de água e solutos dentro do estelo via o apoplasto.

O estelo consiste em elementos traqueais mortos circundados pelas células vivas do periciclo e do parênquima do xilema. Uma vez que um íon entra no estelo pelas conexões simplásticas através da endoderme, ele continua a se difundir através de células vivas. Por fim, o íon é liberado no apoplasto e se difunde dentro das

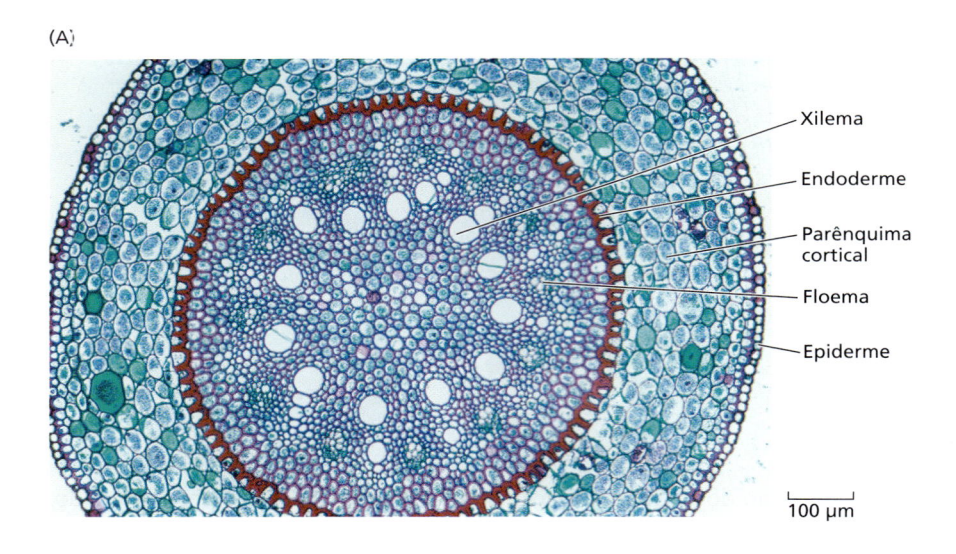

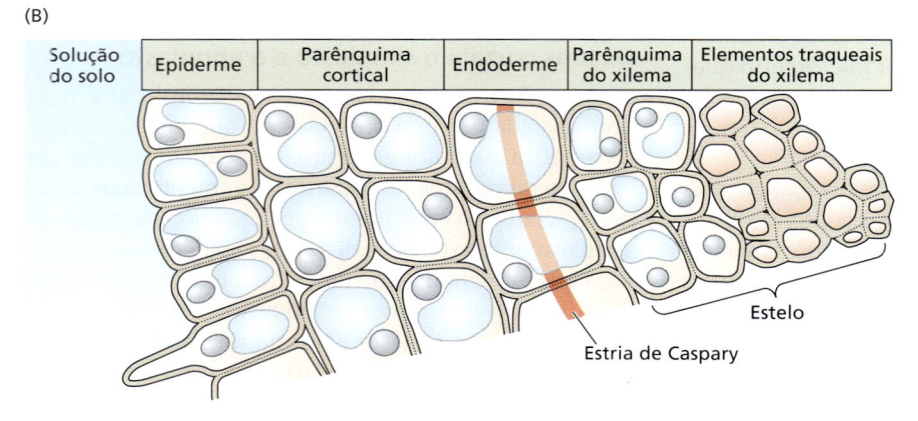

Figura 6.22 Organização de tecidos em raízes. (A) Corte transversal de uma raiz de uma monocotiledônea, a flor-de-carniça (gênero *Smilax*), mostrando a epiderme, o parênquima cortical, a endoderme, o xilema e o floema. (B) Diagrama esquemático de um corte transversal de raiz, ilustrando as camadas de células pelas quais os solutos passam da solução do solo para os elementos traqueais. (A © Biodisc/Visuals Unlimited.)

células condutoras do xilema – visto que são células mortas, seus interiores são contínuos com o apoplasto. A estria de Caspary permite que a absorção de nutrientes seja seletiva; ela também impede que os íons se difundam de volta para fora da raiz através do apoplasto. Desse modo, a presença da estria de Caspary permite à planta manter uma concentração de íons mais alta no xilema do que a existente na água do solo que circunda as raízes.

As células parenquimáticas do xilema participam de seu carregamento

O processo pelo qual os íons saem do simplasto de uma célula do parênquima do xilema e entram nas células condutoras do xilema para translocação para a parte aérea é chamado de **carregamento do xilema**, um processo altamente regulado. As células do parênquima do xilema, como outras células vegetais vivas, mantêm atividade das H^+-ATPases e um potencial de membrana negativo. Por estudos eletrofisiológicos e abordagens genéticas, foram identificados transportadores que funcionam especificamente na transferência dos solutos para os elementos traqueais. As membranas plasmáticas das células do parênquima do xilema contêm bombas de prótons, aquaporinas e uma diversidade de canais e carregadores de íons especializados para influxo ou efluxo.

No parênquima do xilema de *Arabidopsis*, o canal retificador de saída de K^+ do estelo (SKOR, de *stelar outwardly rectifying K^+ channel*) é expresso em células do periciclo e do parênquima do xilema, onde funciona como um canal de efluxo, transportando K^+ das células vivas para os elementos traqueais. Em indivíduos mutantes de *Arabidopsis* carentes da proteína de canal SKOR ou em plantas em que o SKOR foi farmacologicamente desativado, o transporte de K^+ da raiz para a parte aérea é fortemente reduzido, confirmando a função dessa proteína canal.

Diversos tipos de canais seletivos de ânions também foram identificados como participantes do efluxo de Cl^- e NO_3^- do parênquima do xilema. Seca, tratamento com ácido abscísico (ABA) e elevação das concentrações citosólicas de Ca^{2+} (que comumente ocorre em resposta ao ABA) reduzem a atividade dos canais SKOR e dos canais de ânions do parênquima do xilema da raiz, uma resposta que poderia ajudar a manter a hidratação na raiz sob condições de dessecação.

Outros canais de íons menos seletivos encontrados na membrana plasmática de células do parênquima do xilema são permeáveis a K^+, Na^+ e ânions. Também foram identificadas outras moléculas de transporte que mediam o carregamento de boro (como ácido bórico $[B(OH)_3]$ ou borato $[B(OH)_4^-]$), Mg^{2+} e $H_2PO_4^{2-}$. Assim, no estelo, o fluxo de íons das células do parênquima para os elementos traqueais do xilema está sob rigoroso controle metabólico mediante regulação de H^+-ATPases, canais de efluxo de íons e carregadores da membrana plasmática.

Resumo

O movimento biologicamente regulado de moléculas e íons de um local para outro é conhecido como transporte. As plantas trocam solutos dentro de suas células, com seu ambiente local e entre seus tecidos e órgãos. Os processos de transporte tanto local como a longa distância nas plantas são controlados, em grande parte, por membranas celulares. O transporte iônico nas plantas é vital para sua nutrição mineral e tolerância ao estresse; a modulação de componentes e propriedades do transporte tem potencial para melhorar o valor nutritivo, a tolerância ao estresse e a produtividade das culturas vegetais.

Transporte passivo e ativo

- O movimento de solutos através de membranas a favor de seus gradientes de energia livre é facilitado por mecanismos de transporte passivo, enquanto o movimento de solutos contra seus gradientes de energia livre é conhecido como transporte ativo e requer o aporte de energia (**Figura 6.1**).

- Os gradientes de concentração e os gradientes de potencial elétrico, as principais forças que acionam o transporte através de membranas biológicas, são integrados por um termo chamado de potencial eletroquímico (**Equação 6.8**).

Transporte de íons através de barreiras de membrana

- A medida em que uma membrana permite o movimento de uma substância é uma propriedade conhecida como permeabilidade de membrana (**Figura 6.5**).

- A permeabilidade depende da composição lipídica da membrana, das propriedades químicas dos solutos e particularmente das proteínas da membrana que facilitam o transporte de substâncias específicas.

- Para cada íon que se difunde, a distribuição dessa espécie iônica específica através da membrana que ocorreria no equilíbrio é descrita pela equação de Nernst (**Equação 6.10**).

- O transporte de H^+ através da membrana plasmática de plantas por H^+-ATPases é um determinante importante do potencial de membrana (**Figuras 6.15, 6.16**).

Processos de transporte em membranas

- As membranas biológicas contêm proteínas especializadas – canais, carregadores e bombas – que facilitam o transporte de solutos (**Figura 6.6**).

- O resultado líquido dos processos de transporte pela membrana é que a maioria dos íons é mantida em desequilíbrio com seu entorno.
- Canais são poros proteicos regulados que, quando abertos, aumentam muito o fluxo de íons e, em alguns casos, moléculas neutras através das membranas (**Figuras 6.6, 6.7**).
- Os organismos têm uma grande diversidade de tipos de canais iônicos. Dependendo do tipo, os canais podem ser não seletivos ou altamente seletivos para somente uma espécie iônica. Os canais podem ser regulados por muitos parâmetros, incluindo voltagem, moléculas sinalizadoras intracelulares, ligantes, hormônios e luz (**Figuras 6.8, 6.13, 6.14**).
- Carregadores ligam-se a substâncias específicas e as transportam em taxas várias ordens de grandeza menores do que os canais (**Figuras 6.6, 6.11**).
- As bombas requerem energia para o transporte. O transporte ativo de H^+ e Ca^{2+} através das membranas plasmáticas de plantas é mediado por bombas (**Figura 6.6**).
- Os transportadores ativos secundários em plantas aproveitam a energia do movimento de prótons energeticamente "montanha abaixo" para mediar o transporte energeticamente "montanha acima" de outro soluto (**Figura 6.9**).
- No simporte, ambos os solutos transportados movem-se na mesma direção através da membrana, enquanto, no antiporte, os dois solutos movem-se em direções opostas (**Figuras 6.9, 6.10**).

Proteínas de transporte em membranas
- Muitos canais, carregadores e bombas da membrana plasmática e do tonoplasto de plantas foram identificados ao nível molecular (**Figura 6.13**) e caracterizados por meio de técnicas eletrofisiológicas (**Figura 6.8**) e bioquímicas.
- Existem transportadores para diversos compostos nitrogenados, incluindo NO_3^-, aminoácidos e peptídeos.
- As plantas têm uma grande diversidade de canais de cátions que podem ser classificados de acordo com sua seletividade iônica e seus mecanismos reguladores (**Figura 6.14**).
- Várias classes diferentes de carregadores de cátions medeiam a absorção de K^+ para o citosol (**Figura 6.13**).
- Transportadores de Na^+-H^+ do tipo antiporte no tonoplasto e na membrana plasmática excluem Na^+ para o vacúolo e o apoplasto, respectivamente, impedindo assim a acumulação de níveis tóxicos de Na^+ no citosol (**Figura 6.13**).
- O Ca^{2+} é um mensageiro secundário importante nas cascatas de transdução de sinal, e sua concentração citosólica é fortemente regulada. Ele entra passivamente no citosol, via canais permeáveis ao Ca^{2+}, e é ativamente removido do citosol por bombas de Ca^+ e transportadores de Ca^{2+}-H^+ do tipo antiporte (**Figura 6.13**).
- Os carregadores seletivos que medeiam a absorção de NO_3^-, Cl^-, SO_4^- e $H_2PO_4^-$ para o citosol e os canais aniônicos que medeiam o efluxo não seletivo de ânions do citosol regulam as concentrações celulares desses macronutrientes (**Figura 6.13**).
- Os íons de metais essenciais e tóxicos são transportados por proteínas de transporte de afinidade alta na membrana plasmática (**Figura 6.13**).
- As aquaporinas facilitam o fluxo de água e outras moléculas específicas, incluindo ácido bórico e ácido silícico, através de membranas plasmáticas vegetais, e a sua regulação permite que ocorram rápidas mudanças na permeabilidade à água em resposta a estímulos ambientais (**Figura 6.13**).
- H^+-ATPases de membrana plasmática são codificadas por uma família multigênica e sua atividade é reversivelmente controlada por um domínio autoinibitório (**Figura 6.16**).
- Assim como a membrana plasmática, o tonoplasto também contém canais de cátions e de ânions, bem como uma diversidade de outros transportadores (**Figura 6.13**).
- Dois tipos de bombas de prótons encontrados na membrana vacuolar, V-ATPases e H^+-pirofosfatases, regulam a força motriz de prótons através do tonoplasto, a qual, por sua vez, aciona o movimento de outros solutos através dessa membrana via mecanismos de antiporte (**Figuras 6.13, 6.17**).

Transporte de íons na abertura estomática
- Movimentos estomáticos estimulados pela luz são movidos por mudanças na regulação osmótica das células-guarda. A luz azul estimula uma H^+-ATPase na membrana plasmática das células-guarda, gerando um gradiente eletroquímico que induz a absorção de íons (**Figuras 6.18-6.20**).
- A luz azul também estimula a degradação do amido e a biossíntese do malato. A acumulação de malato e K^+ e seus contraíons dentro das células-guarda conduz à abertura estomática (**Figura 6.20**).

Transporte de íons nas raízes
- Solutos como nutrientes minerais movem-se entre células pelo espaço extracelular (apoplasto) ou de citoplasma para citoplasma (via simplasto). O citoplasma de células adjacentes é conectado por plasmodesmos, que facilitam o transporte simplástico (**Figura 6.21**).
- Quando um soluto entra na raiz, ele pode ser absorvido no citosol de uma célula epidérmica ou pode se difundir apoplasticamente para o parênquima cortical da raiz; então, ele pode entrar simplasticamente em uma célula parenquimática ou endodérmica.
- A presença da estria de Caspary impede a difusão apoplástica de solutos para o estelo. Os solutos entram no estelo via difusão a partir das células endodérmicas para as células do periciclo e do parênquima do xilema.
- Durante o carregamento do xilema, os solutos são liberados das células parenquimáticas para as células condutoras do xilema e, então, são movidos para a parte aérea via corrente transpiratória (**Figura 6.22**).

Leituras sugeridas

Barbier-Brygoo, H., Vinauger, M., Colcombet, J., Ephritikhine, G., Frachisse, J., and Maurel, C. (2000) Anion channels in higher plants: Functional characterization, molecular structure and physiological role. *Biochim. Biophys. Acta* 1465: 199–218.

Buchanan, B. B., Gruissem, W., and Jones, R. L., eds. (2000) *Biochemistry and Molecular Biology of Plants*. American Society of Plant Physiologists, Rockville, MD.

Burch-Smith, T. M., and Zambryski, P. C. (2012) Plasmodesmata paradigm shift: Regulation from without versus within. *Annu. Rev. Plant. Biol.* 63: 239–260.

Harold, F. M. (1986) *The Vital Force: A Study of Bioenergetics*. W. H. Freeman, New York.

Inoue, S.-I., and Kinoshita, T. (2017) Blue light regulation of stomatal opening and the plasma membrane H^+-ATPase. *Plant Physiol.* 174: 531–538.

Jammes, F., Hu, H. C., Villiers, F., Bouten, R., and Kwak, J. M. (2011) Calcium-permeable channels in plant cells. *FEBS J.* 278: 4262–4276.

Li, G., Santoni, V., and Maurel, C. (2013) Plant aquaporins: Roles in plant physiology. *Biochim. Biophys. Acta* 1840: 1574–1582.

Marschner, H. (1995) *Mineral Nutrition of Higher Plants*. Academic Press, London.

Martinoia, E., Meyer, S., De Angeli, A., and Nagy, R. (2012) Vacuolar transporters in their physiological context. *Annu. Rev. Plant Biol.* 63: 183–213.

Munns, R., James, R. A., Xu, B., Athman, A., Conn, S. J., Jordans, C., Byrt, C. S., Hare, R. A., Tyerman, S. D., Tester, M., et al. (2012) Wheat grain yield on saline soils is improved by an ancestral Na^+ transporter gene. *Nat. Biotechnol.* 30: 360–364.

Nicholls, D. G., and Ferguson, S. J. (2013) *Bioenergetics*, 4th ed. Academic Press, Amsterdam.

Nobel, P. (1991) *Physicochemical and Environmental Plant Physiology*. Academic Press, San Diego, CA.

Palmgren, M. G. (2001) Plant plasma membrane H^+-ATPases: Powerhouses for nutrient uptake. *Annu. Rev. Plant Physiol. Plant Mol. Biol.* 52: 817–845.

Roelfsema, M. R., and Hedrich, R. (2005) In the light of stomatal opening: New insights into "the Watergate." *New Phytol.* 167: 665–691.

Schroeder, J. I., Delhaize, E., Frommer, W. B., Guerinot, M. L., Harrison, M. J., Herrera-Estrella, L., Horie, T., Kochian, L. V., Munns, R., Nishizawa, N. K., et al. (2013) Using membrane transporters to improve crops for sustainable food production. *Nature* 497: 60–66.

Ward, J. M., Mäser, P., and Schroeder, J. I. (2009). Plant ion channels: Gene families, physiology, and functional genomics analyses. *Annu. Rev. Plant Biol.* 71: 59–82.

Yamaguchi, T., Hamamoto, S., and Uozumi, N. (2013) Sodium transport system in plant cells. *Front. Plant Sci.* 4: 410.

Yazaki, K., Shitan, N., Sugiyama, A., and Takanashi, K. (2009) Cell and molecular biology of ATP-binding cassette proteins in plants. *Int. Rev. Cell Mol. Biol.* 276: 263–299.

7 Fotossíntese: Reações Luminosas

A vida na Terra depende, em última análise, da energia vinda do sol. A fotossíntese é o único processo de importância biológica que pode captar essa energia. Uma grande fração dos recursos energéticos do planeta resulta da atividade fotossintética em épocas recentes ou passadas (combustíveis fósseis). Este capítulo introduz os princípios físicos básicos que fundamentam o armazenamento de energia fotossintética, bem como os conhecimentos recentes sobre a estrutura e a função do aparelho fotossintético.

O termo **fotossíntese** significa, literalmente, "síntese utilizando a luz". Como será visto neste capítulo, os organismos fotossintetizantes utilizam a energia solar para sintetizar compostos carbonados complexos. Mais especificamente, a energia luminosa impulsiona a síntese de carboidratos e a liberação de oxigênio a partir de dióxido de carbono e água:

$$6\ CO_2 + 6\ H_2O \xrightarrow{Luz} C_6H_{12}O_6 + 6\ O_2 \quad (7.1)$$

Dióxido de carbono, Água, Carboidrato, Oxigênio

onde $C_6H_{12}O_6$ representa um açúcar simples, tal como a glicose. Conforme será discutido no Capítulo 8, a glicose não é o produto real das reações de carboxilação; assim, esta parte da equação não deve ser considerada literalmente. No entanto, a energia contida na equação real é aproximadamente a mesma da apresentada aqui. A energia armazenada nessas moléculas pode ser utilizada mais tarde para impulsionar processos celulares na planta e servir como fonte de energia para todas as formas de vida.

Este capítulo aborda o papel da luz na fotossíntese, a estrutura do aparelho fotossintético e os processos que iniciam com a excitação da clorofila pela luz e culminam na síntese de ATP e NADPH.

Fotossíntese nas plantas superiores

O mais ativo dos tecidos fotossintéticos das plantas superiores é o mesofilo. As células do mesofilo possuem muitos cloroplastos, os quais contêm os pigmentos verdes especializados na absorção da luz, as **clorofilas**. Durante a fotossíntese, a planta utiliza a energia solar para oxidar a água, consequentemente liberando oxigênio, e para reduzir o dióxido de carbono, formando assim grandes compostos carbonados, sobretudo açúcares. A complexa série de reações que culmina na redução do CO_2 inclui as reações dos tilacoides e as de fixação do carbono.

As **reações dos tilacoides** da fotossíntese ocorrem em membranas internas especializadas encontradas nos cloroplastos e chamadas de tilacoides (ver Capítulo 1). Os produtos finais dessas reações dos tilacoides são os compostos de alta energia ATP e NADPH, utilizados para a síntese de açúcares nas **reações de fixação do carbono**. Esses processos de síntese ocorrem no estroma do cloroplasto, a região aquosa que circunda os tilacoides. As reações dos tilacoides, também chamadas de "reações luminosas" da fotossíntese, são o assunto deste capítulo; as reações de fixação do carbono serão discutidas no Capítulo 8.

No cloroplasto, a energia luminosa é convertida em energia química por duas unidades funcionais diferentes denominadas *fotossistemas*. A energia absorvida da luz é utilizada para impulsionar a transferência de elétrons por uma série de compostos que atuam como doadores e aceptores desses elétrons. A maior parte dos elétrons é extraída da H_2O, a qual é oxidada a O_2, e, por fim, reduz $NADP^+$ a NADPH. A energia luminosa também é utilizada para gerar a força motriz de prótons (ver Capítulo 6) através da membrana do tilacoide; essa força motriz é utilizada para sintetizar ATP.

Conceitos gerais

Nesta seção, são explorados os conceitos essenciais que fornecem a base para a compreensão da fotossíntese. Esses conceitos incluem a natureza da luz, as propriedades dos pigmentos e os vários papéis desses pigmentos.

A luz possui características tanto de partícula quanto de onda

Um triunfo da física no início do século XX foi a descoberta de que a luz possui características tanto de partículas quanto de ondas. Uma onda (**Figura 7.1**) é caracterizada por um **comprimento de onda**, representado pela letra grega lambda (λ), que é a distância entre picos de onda sucessivos. A **frequência**, representada pela letra grega nu (v), é o número de picos de onda que passam por um observador em um dado tempo. Uma

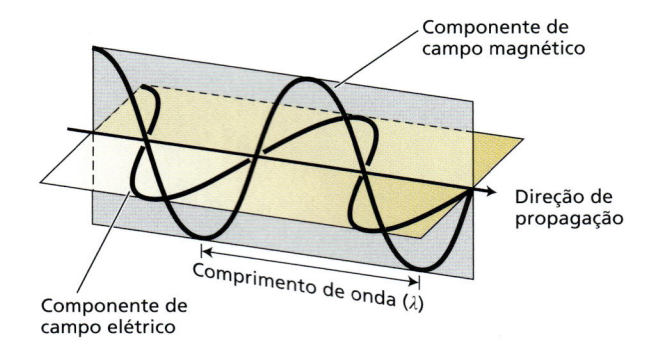

Figura 7.1 A luz é uma onda eletromagnética transversa que consiste em campos oscilantes, o elétrico e o magnético, perpendiculares um ao outro e à direção de propagação da luz. Ela move-se com uma velocidade de $3,0 \times 10^8$ m s^{-1}. O comprimento de onda (λ) é a distância entre sucessivos picos de onda.

equação simples relaciona o comprimento, a frequência e a velocidade de qualquer onda:

$$c = \lambda v \qquad (7.2)$$

onde c é a velocidade da onda – neste caso, a velocidade da luz ($3,0 \times 10^8$ m s^{-1}). A onda de luz é uma onda eletromagnética transversa (lado a lado), em que os campos magnético e elétrico oscilam perpendicularmente à direção da propagação da onda e a um ângulo de 90° uma em relação à outra.

A luz é também uma partícula, denominada **fóton**. Cada fóton contém uma quantidade de energia que é chamada de **quantum** (plural: *quanta*). O conteúdo de energia da luz não é contínuo, mas emitido em "pacotes" discretos, os *quanta*. A energia (E) de um fóton depende da frequência, de acordo com a relação conhecida como a lei de Planck:

$$E = hv \qquad (7.3)$$

onde h é a constante de Planck ($6,626 \times 10^{-34}$ J s).

A luz solar é como uma chuva de fótons de diferentes frequências. O olho humano é sensível a apenas uma pequena faixa de frequências – a região da luz visível do espectro eletromagnético (**Figura 7.2**). Luz com frequências levemente superiores (comprimentos de onda mais curtos) está na faixa do ultravioleta no espectro, e luz com frequências levemente inferiores (comprimentos de onda mais longos) está na faixa do infravermelho. A radiação global emitida pelo sol é mostrada na **Figura 7.3**, junto com a densidade de energia que chega à superfície da Terra. O **espectro de absorção** da clorofila *a* (curva verde na Figura 7.3) indica a porção aproximada da radiação solar que é utilizada pelas plantas.

Um espectro de absorção fornece informações sobre a quantidade de **energia luminosa** captada ou

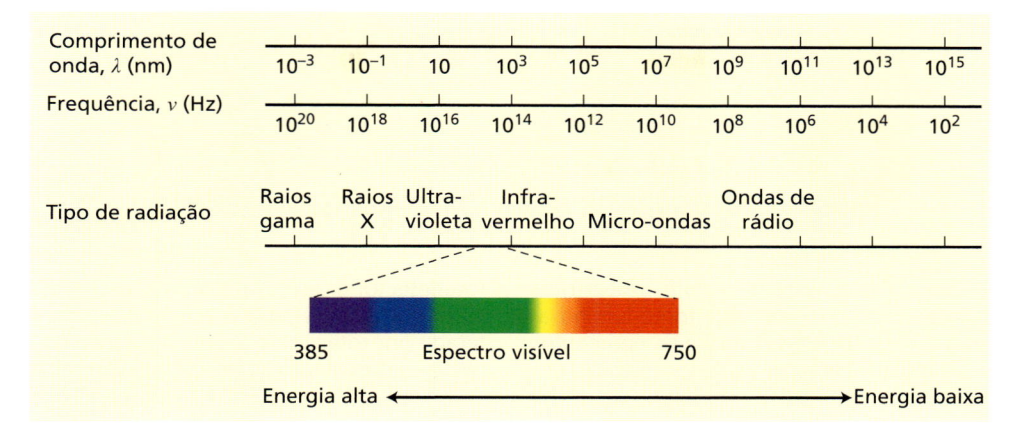

Figura 7.2 Espectro eletromagnético. O comprimento de onda (λ) e a frequência (ν) são inversamente relacionados. O olho humano é sensível a apenas uma estreita faixa de comprimentos de onda da radiação, a região visível, que se estende de cerca de 385 nm (violeta) até cerca de 750 nm (vermelho). A luz de comprimentos de onda curtos (frequência alta) possui conteúdo de energia alto; a luz de comprimentos de onda longos (frequência baixa) possui conteúdo de energia baixo.

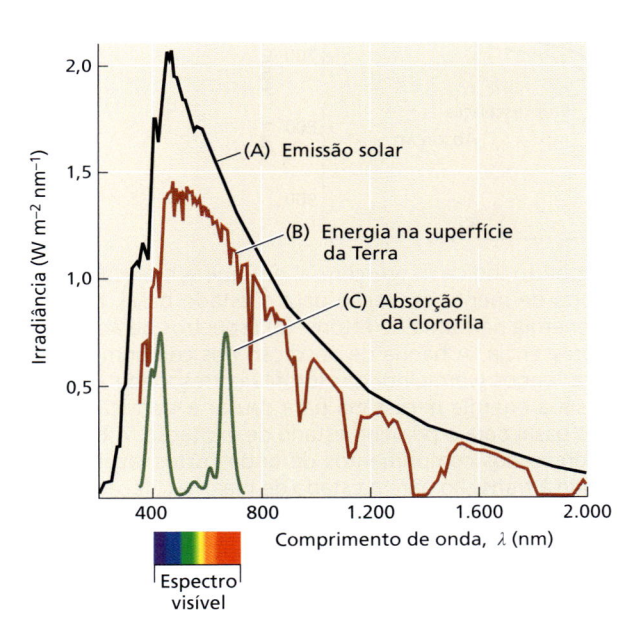

Figura 7.3 O espectro solar e sua relação com o espectro de absorção da clorofila. A curva A representa a emissão de energia pelo sol em função do comprimento de onda. A curva B é a energia que atinge a superfície da Terra. Os íngremes vales na região do infravermelho além dos 700 nm representam a absorção da energia solar pelas moléculas na atmosfera, principalmente vapor de água. A curva C é o espectro de absorção da clorofila, a qual absorve fortemente nas regiões do azul (cerca de 430 nm) e do vermelho (cerca de 660 nm) do espectro. Devido à pouca eficiência na absorção da luz verde na faixa intermediária da região do espectro visível, parte dela é refletida para o olho humano e dá às plantas sua coloração verde característica.

absorvida por uma molécula ou substância em função do comprimento de onda da luz. O espectro de absorção de determinada substância em um solvente não absorvente pode ser determinado com um espectrofotômetro, conforme ilustrado na **Figura 7.4**. A espectrofotometria é a técnica usada para medir a absorção de luz por uma amostra.

As moléculas alteram seu estado eletrônico quando absorvem ou emitem luz

A clorofila parece verde ao olho humano porque ela absorve luz principalmente nas porções vermelha e azul do espectro. Desse modo, apenas uma parte da luz enriquecida nos comprimentos de onda do verde (cerca de 550 nm) é refletida para o olho humano (ver Figura 7.3).

A absorção da luz é representada pela Equação 7.4, na qual a clorofila (Chl) em seu estado mais baixo de energia, ou estado basal, absorve um fóton (representado por $h\nu$) e faz a transição para um estado de maior energia, ou estado excitado (Chl*):

$$\text{Chl} + h\nu \rightarrow \text{Chl}^* \qquad (7.4)$$

A distribuição de elétrons na molécula excitada é um tanto diferente da distribuição na molécula em estado basal (**Figura 7.5**). A absorção da luz azul excita a clorofila a um estado energético mais elevado do que a absorção de luz vermelha, pois a energia dos fótons é maior quando seus comprimentos de onda são mais curtos. No estado de maior excitação, a clorofila é extremamente instável; ela rapidamente libera parte de sua energia ao meio como calor, entrando em um **estado de menor excitação**, no qual pode permanecer estável por um máximo de alguns nanossegundos (10^{-9} s). Devido à

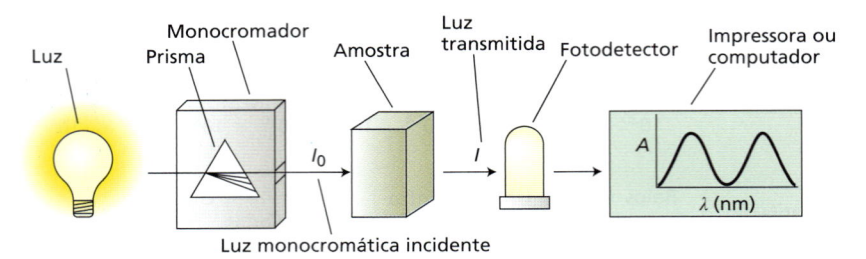

Figura 7.4 Diagrama esquemático de um espectrofotômetro. O instrumento consiste em uma fonte luminosa, um monocromador que contém o seletor de comprimentos de onda do tipo prisma, um receptáculo para amostras, um fotodetector e uma impressora ou computador. O comprimento de onda emitido pelo monocromador pode ser alterado por rotação do prisma; o gráfico de absorbância (A) *versus* comprimento de onda (λ) é denominado espectro.

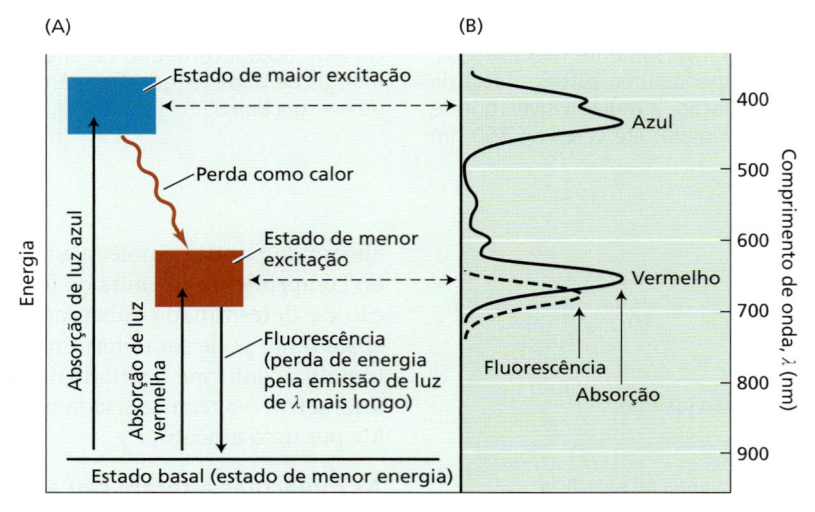

Figura 7.5 Absorção e emissão de luz pela clorofila. (A) Diagrama mostrando o nível energético. A absorção ou emissão de luz é indicada pelas linhas verticais que conectam o estado basal com os estados excitados dos elétrons. As bandas azul e vermelha de absorção da clorofila (que absorvem fótons azuis e vermelhos, respectivamente) correspondem às setas verticais para cima, significando que a energia absorvida da luz provoca uma alteração na molécula do estado basal para um estado excitado. A seta que aponta para baixo indica fluorescência, em que a molécula vai do estado de menor excitação para o estado basal, reemitindo energia na forma de fótons. (B) Espectros de absorção e fluorescência. A banda de absorção nos comprimentos de onda longos (vermelho) da clorofila corresponde à luz que possui a energia necessária para causar a transição do estado basal para o primeiro estado de excitação. A banda de absorção nos comprimentos de onda curtos (azul) corresponde à transição para o estado de maior excitação.

instabilidade inerente do estado excitado, qualquer processo que capture sua energia deve ser extremamente rápido.

No estado de menor excitação, a clorofila excitada possui quatro rotas alternativas para liberar a energia disponível:

1. A clorofila excitada pode reemitir um fóton e, assim, retornar a seu estado basal – um processo conhecido como **fluorescência**. Quando isso acontece, o comprimento de onda da fluorescência é levemente mais longo (e com menor energia) do que o comprimento de onda de absorção, pois uma parte da energia de excitação é convertida em calor antes da emissão do fóton fluorescente. As clorofilas fluorescem na região vermelha do espectro.

2. A clorofila excitada pode retornar a seu estado basal pela conversão direta de sua energia de excitação em calor, sem a emissão de um fóton.

3. A clorofila pode participar na **transferência de energia**, durante a qual uma molécula excitada de clorofila transfere sua energia para outra molécula.

4. Um quarto processo é a **fotoquímica**, na qual a energia do estado excitado provoca a ocorrência de reações químicas. As reações fotoquímicas da fotossíntese estão entre as reações químicas mais rápidas conhecidas. Essa velocidade extrema é neces-

sária para que a fotoquímica possa competir com as outras três reações possíveis do estado excitado, descritas anteriormente.

Os pigmentos fotossintetizantes absorvem a luz que impulsiona a fotossíntese

A energia da luz solar é absorvida primeiro pelos pigmentos da planta. Todos os pigmentos ativos na fotossíntese são encontrados nos cloroplastos. A estrutura e o espectro de absorção de vários pigmentos fotossintetizantes são mostrados nas **Figuras 7.6** e **7.7**, respectivamente. As clorofilas e as **bacterioclorofilas** (pigmentos encontrados em algumas bactérias) são pigmentos típicos de organismos fotossintetizantes.

As clorofilas *a* e *b* são abundantes nas plantas verdes, e as *c*, *d* e *f* são encontradas em alguns protistas e cianobactérias. Muitos tipos diferentes de bacterioclorofilas já foram encontrados; o tipo *a* é o mais amplamente distribuído.

Todas as clorofilas têm uma complexa estrutura em anel quimicamente relacionada com os grupos do tipo porfirina encontrados na hemoglobina e nos citocromos (ver Figura 7.6A). Uma cauda longa de hidrocarbonetos quase sempre está ligada à estrutura do anel. A cauda ancora a clorofila à porção hidrofóbica de seu ambiente. A estrutura em anel contém alguns elétrons frouxamente ligados e é a parte da molécula envolvida nas transições eletrônicas e nas reações redox (redução-oxidação).

Os diferentes tipos de **carotenoides** encontrados nos organismos fotossintetizantes são moléculas lineares com múltiplas ligações duplas conjugadas (ver Figura 7.6B). As bandas de absorção na região dos 400 a 500 nm dão aos carotenoides sua coloração alaranjada característica. A cor das cenouras, por exemplo, deve-se ao β-caroteno, um carotenoide cuja estrutura e espectro de absorção são mostrados nas Figuras 7.6 e 7.7, respectivamente.

Os carotenoides são encontrados em todos os organismos fotossintetizantes naturais. Eles são constituintes integrais das membranas dos tilacoides e, em geral, estão intimamente associados às proteínas que formam o aparelho fotossintetizante. A energia da luz absorvida pelos carotenoides é transferida à clorofila para o processo de fotossíntese; em decorrência desse papel que desempenham, são chamados de **pigmentos acessórios**. Os carotenoides também ajudam a proteger o organismo de danos causados pela luz (ver Capítulo 9).

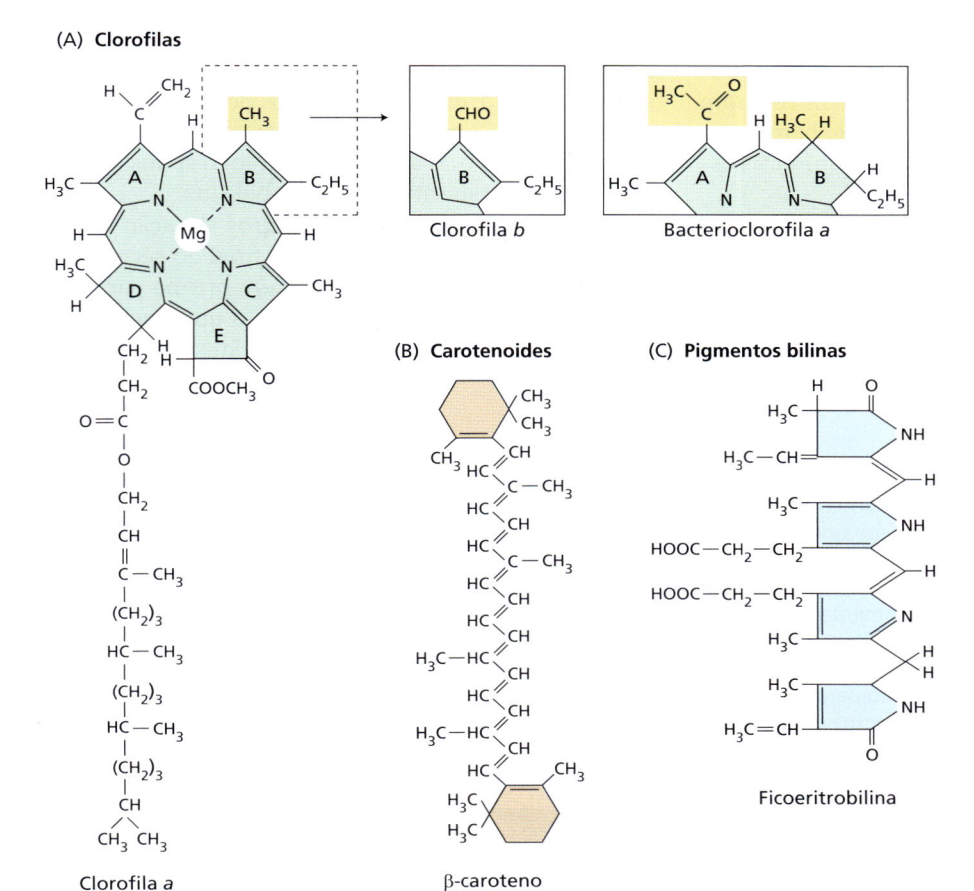

Figura 7.6 Estrutura molecular de alguns pigmentos fotossintetizantes. (A) As clorofilas possuem uma estrutura de anel do tipo porfirina com um íon magnésio (Mg) coordenado no centro e uma cauda longa de hidrocarbonetos hidrofóbicos que as ancora nas membranas fotossintéticas. O anel do tipo porfirina é o sítio dos rearranjos eletrônicos que ocorrem quando a clorofila é excitada e dos elétrons não pareados quando a clorofila é oxidada ou reduzida. As diversas clorofilas diferem principalmente nos substituintes ao redor dos anéis e nos padrões de ligações duplas. (B) Os carotenoides são polienos lineares que servem tanto como pigmentos das antenas quanto como agentes fotoprotetores. (C) Os pigmentos bilinas são tetrapirróis de cadeia aberta encontrados nas antenas e conhecidos como ficobilissomos, que ocorrem nas cianobactérias e nas algas vermelhas.

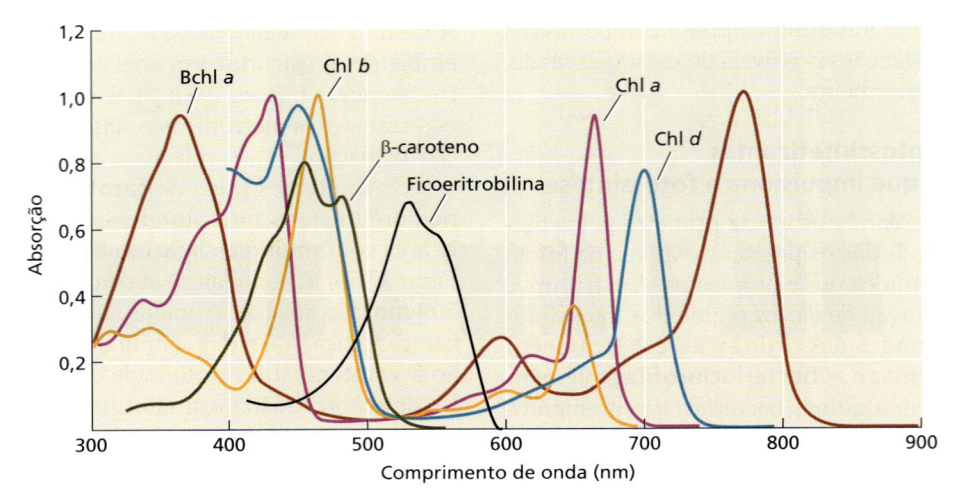

Figura 7.7 Espectros de absorção de alguns dos pigmentos fotossintetizantes, incluindo β-caroteno, clorofila a (Chl a), clorofila b (Chl b), bacterioclorofila a (Bchl a), clorofila d (Chl d) e ficoeritrobilina. Os espectros de absorção mostrados são para pigmentos puros dissolvidos em solventes não polares, exceto para a ficoeritrina, uma proteína das cianobactérias que contém um cromóforo de ficoeritrobilina covalentemente ligado à cadeia peptídica. Em muitos casos, os espectros dos pigmentos fotossintetizantes *in vivo* são substancialmente afetados pelo ambiente na membrana fotossintetizante.

Experimentos-chave para a compreensão da fotossíntese

Aqui é descrita a relação entre a atividade fotossintética e o espectro da luz absorvida. Também são discutidos alguns dos experimentos críticos que contribuíram para o entendimento atual da fotossíntese, bem como consideradas as equações para as reações químicas essenciais da fotossíntese.

Os espectros de ação relacionam a absorção de luz à atividade fotossintética

O uso de espectros de ação tem sido central ao desenvolvimento de nossa compreensão atual sobre a fotossíntese. Um **espectro de ação** mostra a magnitude da resposta de um sistema biológico à luz em função do comprimento de onda. Por exemplo, um espectro de ação para a fotossíntese pode ser construído a partir de medições da liberação de oxigênio (produção fotossintética de O_2), em comprimentos de onda diferentes (**Figura 7.8**). Com frequência, um espectro de ação pode identificar o *cromóforo* (pigmento) responsável por um fenômeno específico induzido pela luz.

Alguns dos primeiros espectros de ação foram medidos por T. W. Engelmann no final do século XIX (**Figura 7.9**). Engelmann utilizou um prisma para dispersar a luz solar em um arco-íris, a qual incidia sobre um filamento de alga aquática. Uma população de

Figura 7.8 Espectro de ação comparado com espectro de absorção. O espectro de absorção é medido conforme mostra a Figura 7.4. O espectro de ação é medido plotando-se uma resposta à luz, tal como a liberação de oxigênio, em função do comprimento de onda. Se o pigmento usado para obter o espectro de absorção for o mesmo que causa a resposta, os espectros de absorção e de ação coincidirão. No exemplo mostrado aqui, o espectro de ação para a liberação de oxigênio coincide bastante com o espectro de absorção de cloroplastos intactos, indicando que a absorção de luz pelas clorofilas regula a liberação de oxigênio. Algumas discrepâncias são encontradas na região de absorção pelos carotenoides, de 450 a 550 nm, indicando que a transferência de energia dos carotenoides para as clorofilas não é tão eficaz quanto a transferência de energia entre as clorofilas.

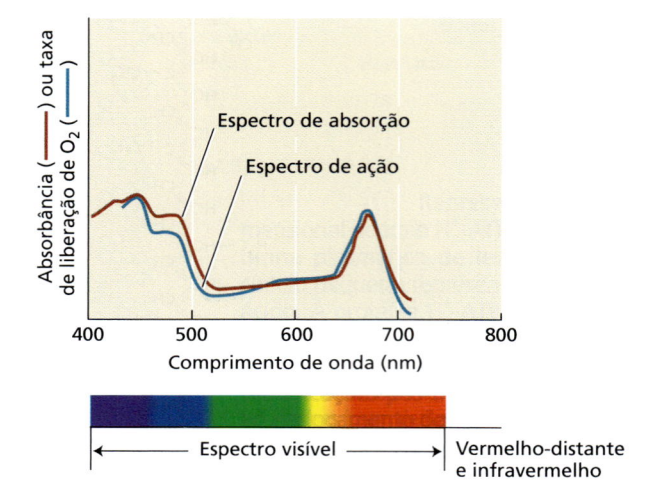

preciso descrever as antenas de captação de luz e as necessidades energéticas da fotossíntese.

A fotossíntese ocorre em complexos contendo antenas de captação de luz e centros fotoquímicos de reação

Uma porção da energia da luz absorvida pelas clorofilas e pelos carotenoides é no final armazenada como energia química via formação de ligações químicas. Essa conversão de energia de uma forma para outra é um processo complexo que depende da cooperação entre muitas moléculas de pigmentos e um grupo de proteínas de transferência de elétrons.

A maior parte dos pigmentos serve como um **complexo antena**, coletando luz e transferindo a energia para o **complexo dos centros de reação**, onde acontecem as reações químicas de oxidação e redução que levam ao armazenamento de energia a longo prazo (**Figura 7.10**). As estruturas moleculares de alguns complexos antena e dos centros de reação são discutidas mais adiante neste capítulo.

Como a planta se beneficia dessa divisão de trabalho entre os pigmentos das antenas e os pigmentos dos centros de reação? Mesmo sob radiação solar alta, uma única molécula de clorofila absorve apenas uns poucos fótons a cada segundo. Se houvesse um centro de reação completo associado a cada molécula de clorofila, as enzimas do centro de reação estariam ociosas na maior parte do tempo, sendo ativadas apenas ocasionalmente

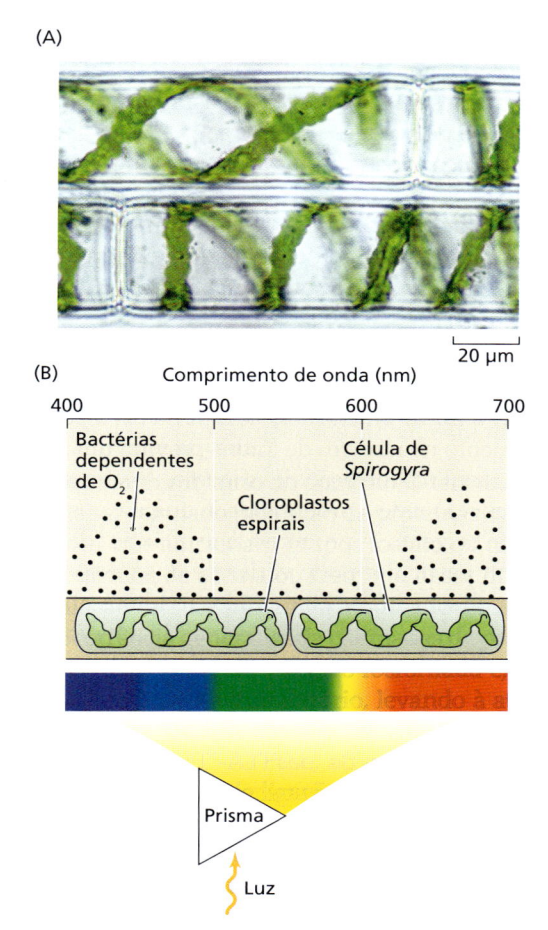

Figura 7.9 As medições do espectro de ação por T. W. Engelmann. (A) Quatro células da alga verde filamentosa *Spirogyra* com seus cloroplastos espirais. (B) Diagrama esquemático de como Engelmann projetou um espectro de luz sobre *Spirogyra* e observou que as bactérias dependentes de oxigênio, introduzidas no sistema, acumulavam-se na região do espectro onde havia absorção pelos pigmentos de clorofila. Esse espectro de ação forneceu as primeiras indicações sobre a eficácia da luz absorvida pelos pigmentos no funcionamento da fotossíntese. (A © Biophoto Associates/Science Source.)

bactérias dependentes de oxigênio foi introduzida no sistema. As bactérias reuniam-se nas regiões dos filamentos que liberavam a maior quantidade de O_2. Essas eram as regiões iluminadas por luz azul e vermelha, as quais são fortemente absorvidas pelas clorofilas. Hoje, espectros de ação podem ser medidos em espectrógrafos do tamanho de uma sala, onde enormes monocromadores banham as amostras em luz monocromática. A tecnologia é mais sofisticada, porém o princípio é o mesmo dos experimentos de Engelmann.

Os espectros de ação foram muito importantes na descoberta de dois fotossistemas distintos que operam em organismos fotossintetizantes produtores de O_2. Antes de introduzir os dois fotossistemas, contudo, é

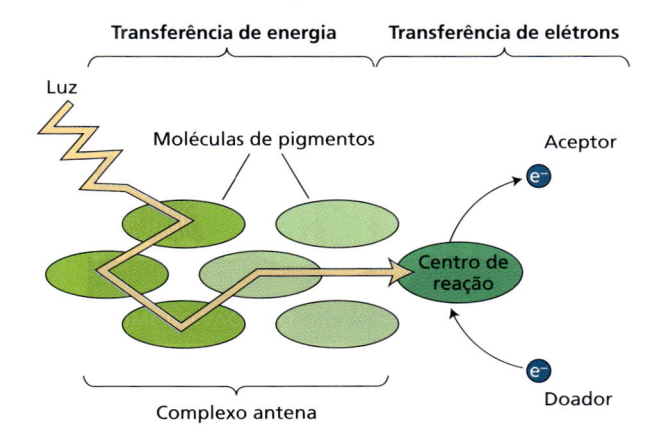

Figura 7.10 Conceito básico da transferência de energia durante a fotossíntese. Muitos pigmentos juntos servem como uma antena, coletando a luz e transferindo sua energia para o centro de reação, onde as reações químicas armazenam parte dessa energia por meio da transferência de elétrons de um pigmento de clorofila para uma molécula aceptora de elétrons. Um doador de elétrons, então, reduz a clorofila novamente. A transferência de energia na antena é um fenômeno puramente físico e não envolve qualquer alteração química.

pela absorção de um fóton. Entretanto, se um centro de reação recebe energia de muitos pigmentos de uma só vez, o sistema é mantido ativo por grande parte do tempo.

Em 1932, Robert Emerson e William Arnold realizaram um experimento-chave que forneceu a primeira evidência da cooperação de muitas moléculas de clorofila na conversão de energia durante a fotossíntese. Eles forneceram brevíssimos *flashes* (10^{-5} s) de luz a uma suspensão aquosa da alga verde *Chlorella pyrenoidosa* e mediram a quantidade de oxigênio produzido. Os *flashes* foram separados por cerca de 0,1 s, intervalo que Emerson e Arnold determinaram em experimentos anteriores como longo o suficiente para que as etapas enzimáticas do processo fossem completadas antes da chegada do *flash* seguinte. Os pesquisadores variaram a energia dos *flashes* e descobriram que, em energias altas, a produção de oxigênio não aumentava quando um *flash* mais intenso era fornecido: o sistema fotossintetizante estava saturado com luz (**Figura 7.11**).

Em suas medições da relação entre a produção de oxigênio e a energia do *flash*, Emerson e Arnold se surpreenderam ao descobrir que, sob condições de saturação luminosa, apenas 1 molécula de oxigênio era produzida para cada 2.500 moléculas de clorofila na amostra. Hoje, sabe-se que centenas de pigmentos estão associadas a cada centro de reação e que cada centro de reação precisa operar quatro vezes para produzir 1 molécula de oxigênio – daí o valor de 2.500 clorofilas por O_2.

Os centros de reação e a maior parte dos complexos antena são componentes integrais da membrana fotossintética. Nos organismos eucarióticos fotossintetizantes, tais membranas estão localizadas dentro dos cloroplastos; nos procariotos fotossintetizantes, o sítio da fotossíntese é a membrana plasmática ou as membranas dela derivadas.

O gráfico mostrado na Figura 7.11 permite calcular outro parâmetro importante das reações luminosas da fotossíntese, a produtividade quântica. A **produtividade quântica** da fotoquímica (Φ) é definida da seguinte forma:

$$\Phi = \frac{\text{Número de produtos da fotoquímica}}{\text{Número total de } quanta \text{ absorvidos}} \quad (7.5)$$

Na porção linear (intensidade luminosa baixa) da curva, um aumento no número de fótons provoca um aumento proporcional na liberação de oxigênio. Assim, a inclinação da curva mede a produtividade quântica para a produção de oxigênio. A produtividade quântica de um processo em particular pode variar de 0 (se esse processo não responder à luz) a 1,0 (se todos os fótons absorvidos contribuírem para o processo formando um produto).

Em cloroplastos funcionais mantidos sob iluminação fraca, a produtividade quântica da fotoquímica é de cerca de 0,95, a produtividade quântica da fluorescência é de 0,05 ou menos, e as produtividades quânticas para outros processos são insignificantes. Desse modo, o resultado mais comum da excitação da clorofila é a fotoquímica. Os produtos da fotossíntese, como o O_2, necessitam de mais do que um único evento fotoquímico para serem formados e, dessa forma, possuem uma menor produtividade quântica de formação do que a produtividade quântica fotoquímica. São necessários cerca de 10 fótons para produzir 1 molécula de O_2, de modo que a produtividade quântica da produção de O_2 é aproximadamente 0,1, embora a produtividade quântica fotoquímica para cada etapa no processo seja próxima de 1,0.

A reação química da fotossíntese é impulsionada pela luz

É importante considerar que o equilíbrio da reação química mostrada na Equação 7.1 se inclina muito fortemente na direção dos reagentes. A constante de equilíbrio para a Equação 7.1, calculada a partir dos valores tabulados de energia livre para a formação de cada composto envolvido, é de cerca de 10^{-500}. Esse número está tão próximo de zero que se pode ter certeza quase absoluta de que, em toda a história do universo, nunca uma molécula de glicose foi formada espontaneamente a partir da combinação de H_2O e CO_2 sem o provimento de energia externa. A energia necessária para impulsionar a reação fotossintética vem da luz. Aqui se tem uma forma mais simples da Equação 7.1:

$$CO_2 + H_2O \xrightarrow{\text{Luz, planta}} (CH_2O) + O_2 \quad (7.6)$$

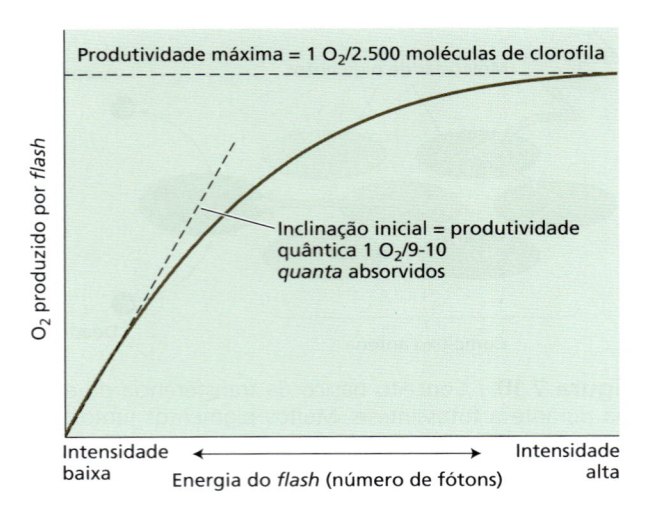

Figura 7.11 Relação entre a produção de oxigênio e a energia de um *flash*, a primeira evidência da interação entre os pigmentos da antena e o centro de reação. Em condições de saturação de energia, a quantidade máxima de O_2 produzido é uma molécula para cada 2.500 moléculas de clorofila.

onde (CH_2O) é um sexto de uma molécula de glicose. Cerca de 9 ou 10 fótons de luz são necessários para acionar a reação da Equação 7.6.

Embora a produtividade quântica fotoquímica sob condições ótimas seja de quase 100%, a *eficiência* da conversão da luz em energia química é muito menor. Se luz vermelha de comprimento de onda de 680 nm for absorvida, a entrada total de energia (ver Equação 7.3) é de cerca de 1.760 kJ por mol de oxigênio formado. Essa quantidade de energia é mais do que suficiente para impulsionar a reação na Equação 7.6, a qual possui uma energia livre para mudança do estado-padrão de +467 kJ mol^{-1}. Assim, no comprimento de onda ideal, a eficiência de conversão de energia luminosa em energia química é de cerca de 27%. A maior parte dessa energia armazenada é utilizada em processos de manutenção celulares; a quantidade direcionada à formação de biomassa é muito menor (ver Capítulo 9).

Não há contradição no fato de a eficiência quântica fotoquímica (produtividade quântica) ser de cerca de 1,0 (100%), a eficiência de conversão de energia ser de apenas 27% e a eficiência total de conversão da energia solar ser de apenas uns poucos pontos percentuais. A *eficiência quântica* é uma medida da fração dos fótons absorvidos que participam da fotoquímica; a *eficiência energética* é uma medida de quanto da energia dos fótons absorvidos é armazenado como produtos químicos; e a *eficiência de estocagem da energia solar* é uma medida de quanta energia no espectro solar global é convertida em forma utilizável. Os números indicam que quase todos os fótons absorvidos participam da fotoquímica, mas apenas cerca de um quarto da energia de cada fóton é estocado (o restante é convertido em calor), e apenas aproximadamente metade do espectro solar é absorvida pela planta. A eficiência energética global de conversão em biomassa, incluindo todos os processos de perda e considerando o espectro solar global como fonte de energia, é significativamente menor ainda – cerca de 4,3% para plantas C_3 e 6% para plantas C_4.

A luz impulsiona a redução do $NADP^+$ e a formação do ATP

O processo global da fotossíntese é uma reação química redox, na qual elétrons são removidos de uma espécie química, oxidando-a, e adicionados a outra espécie, reduzindo-a. Em 1937, Robert Hill descobriu que, na luz, tilacoides de cloroplastos isolados reduzem uma diversidade de compostos, como sais de ferro. Esses compostos servem como oxidantes no lugar do CO_2, conforme mostrado na seguinte equação:

$$4\ Fe^{3+} + 2\ H_2O \rightarrow 4\ Fe^{2+} + O_2 + 4\ H^+ \quad (7.7)$$

Desde então, tem-se demonstrado que muitos compostos atuam como receptores artificiais de elétrons no que ficou conhecido como reação de Hill. A utilização de aceptores artificiais de elétrons tem sido valiosa na elucidação das reações que precedem a redução do carbono. A demonstração da liberação do oxigênio ligada à redução de aceptores artificiais de elétrons forneceu as primeiras evidências de que essa liberação poderia ocorrer na ausência de dióxido de carbono. Além disso, ela levou à ideia, agora aceita e comprovada, de que o oxigênio na fotossíntese se origina da água, e não do dióxido de carbono.

Hoje, sabe-se que, durante o funcionamento normal dos sistemas fotossintéticos, a luz reduz a nicotinamida adenina dinucleotídeo fosfato ($NADP^+$), que, por sua vez, serve como agente redutor para a fixação do carbono no ciclo de Calvin-Benson (ver Capítulo 8). O ATP também é formado durante o fluxo de elétrons da água ao $NADP^+$, e este também é utilizado na redução do carbono.

As reações químicas em que a água é oxidada a oxigênio, o $NADP^+$ é reduzido a NADPH e o ATP é formado são conhecidas como *reações dos tilacoides*, porque quase todas até chegar na redução do $NADP^+$ acontecem dentro dos tilacoides. A fixação do carbono e as reações de redução são chamadas de *reações do estroma*, porque as reações de redução do carbono acontecem na região aquosa do cloroplasto, o estroma. Embora essa divisão seja arbitrária, ela é conceitualmente útil.

Os organismos produtores de oxigênio possuem dois fotossistemas que operam em série

No final da década de 1950, vários experimentos confundiram os cientistas que estudavam a fotossíntese. Uma dessas pesquisas, conduzida por Emerson, media a produtividade quântica da fotossíntese em função do comprimento de onda e revelou um efeito conhecido como a queda no vermelho (**Figura 7.12**).

Se a produtividade quântica é medida nos comprimentos de onda em que a clorofila absorve luz, os valores encontrados ao longo de quase toda a faixa são bastante constantes, indicando que qualquer fóton absorvido pela clorofila ou outro pigmento é tão efetivo para impulsionar a fotossíntese quanto qualquer outro fóton. Entretanto, a produtividade cai drasticamente na região de absorção da clorofila, na faixa do vermelho-distante (acima de 680 nm).

Essa queda não pode ser causada por um decréscimo na absorção da clorofila, pois a produtividade quântica mede apenas a luz que foi efetivamente absorvida. Portanto, a luz com comprimentos de onda superiores a 680 nm é muito menos eficiente que a luz com comprimentos de onda mais curtos.

Outro resultado enigmático foi o **efeito de melhora** (*enhancement effect*), também descoberto por Emerson.

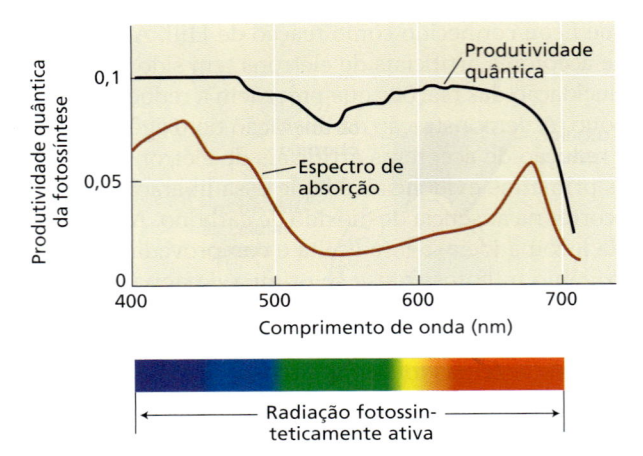

Figura 7.12 Efeito de queda no vermelho. A produtividade quântica da fotossíntese (curva preta superior) cai drasticamente na luz vermelho-distante com comprimentos de onda superiores a 680 nm, indicando que essa luz sozinha é ineficiente para induzir a fotossíntese. A pequena queda nas proximidades dos 500 nm reflete a eficiência um pouco menor da fotossíntese quando é utilizada a luz absorvida pelos pigmentos acessórios, carotenoides.

Ele mediu a taxa de fotossíntese separadamente com luz de dois comprimentos de onda e em seguida usou os dois feixes de luz ao mesmo tempo. Quando luz no vermelho e luz no vermelho-distante foram fornecidas juntas, a taxa de fotossíntese foi maior que a soma das taxas obtidas separadamente com cada um dos comprimentos de onda, uma observação surpreendente. Essas e outras observações foram finalmente explicadas por experimentos realizados na década de 1960, que levaram à descoberta de que dois complexos fotoquímicos, hoje conhecidos como **fotossistemas I** e **II** (**PSI** e **PSII**; PS, *photosystem*), operam em série para realizar as reações de armazenamento de energia da fotossíntese.

O PSI absorve preferencialmente luz na faixa do vermelho-distante de comprimentos maiores do que 680 nm; o PSII absorve preferencialmente luz vermelha de 680 nm e é excitado fracamente por luz vermelho-distante. Tal dependência de comprimentos de onda explica o efeito de melhora e o efeito de queda no vermelho. Outras diferenças entre os fotossistemas são:

- O PSI produz um redutor forte, capaz de reduzir o NADP+, e um oxidante fraco.
- O PSII produz um oxidante muito forte, capaz de oxidar a água, e um redutor mais fraco do que aquele produzido pelo PSI.

O redutor produzido pelo PSII reduz novamente o oxidante produzido pelo PSI. Essas propriedades dos dois fotossistemas são mostradas esquematicamente na **Figura 7.13**.

O esquema da fotossíntese mostrado na Figura 7.13, chamado de *esquema Z* (de *zigue-zague*), tornou-se a base para a compreensão dos organismos fotossintetizantes produtores de O_2 (oxigênicos). Ele é responsável pela operação de dois fotossistemas física e quimicamente distintos (I e II), cada um com seus próprios pigmentos da antena e centro de reação fotoquímico. Os dois fotossistemas estão ligados por uma cadeia transportadora de elétrons.

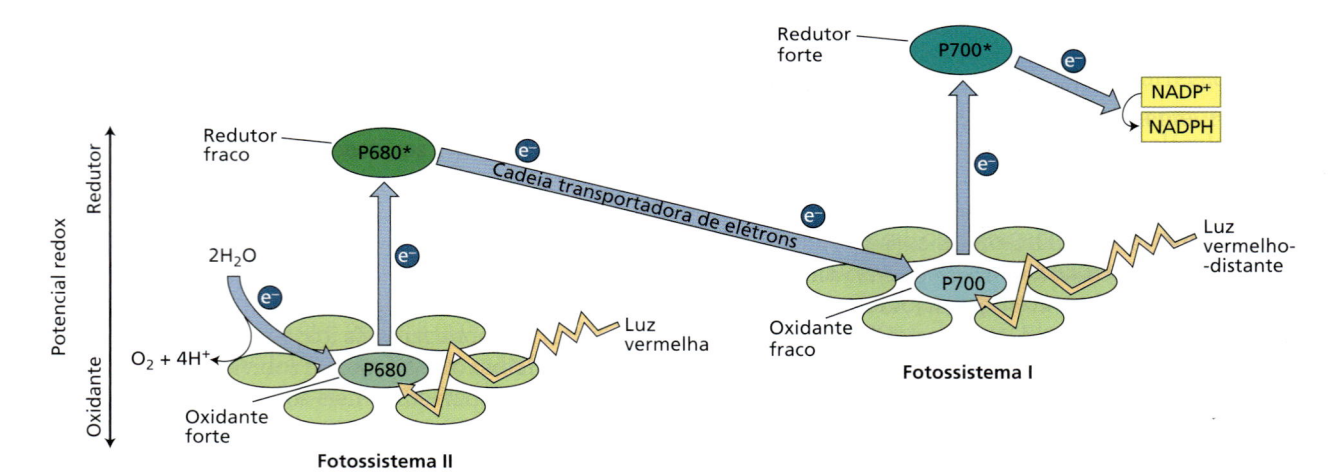

Figura 7.13 Esquema Z da fotossíntese. A luz vermelha absorvida pelo fotossistema II (PSII) produz um oxidante forte e um redutor fraco. A luz vermelho-distante absorvida pelo fotossistema I (PSI) produz um oxidante fraco e um redutor forte. O oxidante forte gerado pelo PSII oxida a água, enquanto o redutor forte produzido pelo PSI reduz o NADP+. Esse esquema é básico para a compreensão do transporte de elétrons da fotossíntese. P680 e P700 referem-se ao comprimento de onda de máxima absorção das clorofilas do centro de reação no PSII e no PSI, respectivamente.

Organização do aparelho fotossintético

Na seção anterior, foram explicados alguns dos princípios físicos subjacentes ao processo de fotossíntese, alguns aspectos da funcionalidade de vários pigmentos e algumas das reações químicas realizadas pelos organismos fotossintetizantes. Agora, a atenção é voltada para a arquitetura do aparelho fotossintético e para a estrutura de seus componentes, visando discutir como a estrutura molecular do sistema leva às suas características funcionais.

O cloroplasto é o local da fotossíntese

Nos eucariotos fotossintetizantes, a fotossíntese acontece na organela subcelular conhecida como cloroplasto. A **Figura 7.14** mostra uma micrografia ao microscópio eletrônico de transmissão de um corte fino de um cloroplasto de ervilha. O aspecto mais marcante da estrutura do cloroplasto é seu extenso sistema de membranas internas conhecidas como **tilacoides**. Toda a clorofila está contida nesse sistema de membranas, que é o local das reações luminosas da fotossíntese.

As reações de redução do carbono, que são catalisadas por enzimas hidrossolúveis, ocorrem no **estroma**, a região do cloroplasto fora dos tilacoides. Em sua maioria, os tilacoides parecem estar intimamente associados entre si. Essas membranas empilhadas são conhecidas como **lamelas granais** (cada pilha individual é chamada de *granum*), e as membranas expostas onde não há empilhamento são conhecidas como **lamelas estromais**.

Duas membranas separadas, cada uma composta de uma bicamada lipídica e juntas conhecidas como **envoltório**, circundam a maioria dos tipos de cloroplastos (**Figura 7.15**). Esse sistema de membranas duplas contém uma diversidade de sistemas de transporte de metabólitos. O cloroplasto também contém seus próprios DNA, RNA e ribossomos. Algumas das proteínas do cloroplasto são produtos da transcrição e da tradução dentro do próprio cloroplasto; enquanto isso, a maioria das outras é codificada por DNA nuclear, sintetizada nos ribossomos citoplasmáticos e, após, importada para o interior dos cloroplastos. Essa notável divisão de tra-

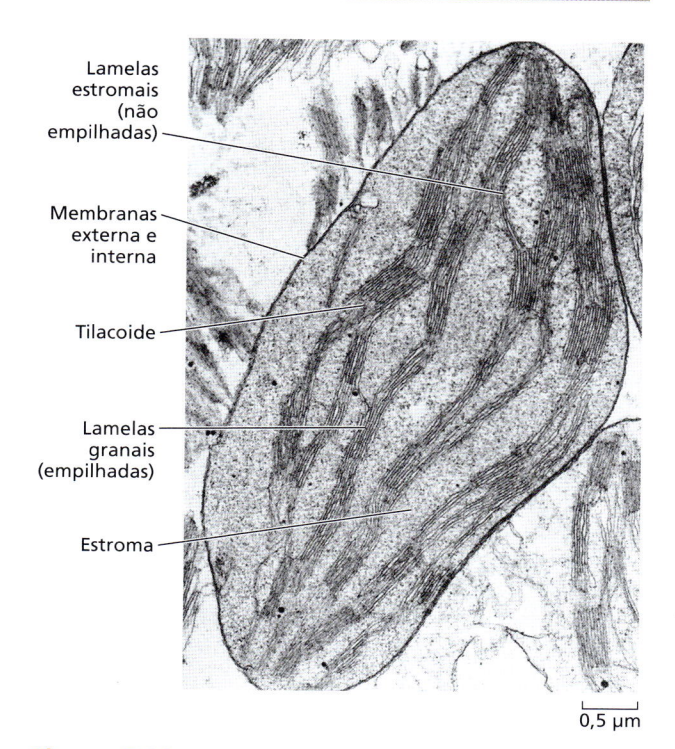

Figura 7.14 Micrografia ao microscópio eletrônico de transmissão de um cloroplasto de ervilha (*Pisum sativum*), fixado em glutaraldeído e OsO_4, incluído em resina plástica e cortado (corte fino) com um ultramicrótomo. (Cortesia de J. Swafford.)

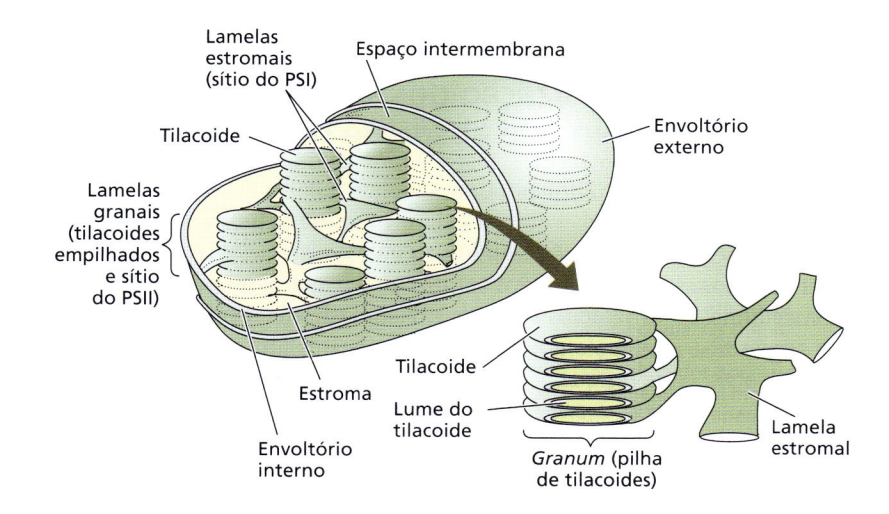

Figura 7.15 Representação esquemática da organização geral das membranas no cloroplasto. O cloroplasto das plantas superiores está circundado por uma membrana externa e outra interna (envoltório). A região do cloroplasto que está dentro da membrana interna e circunda os tilacoides é conhecida como estroma. Ela contém as enzimas que catalisam a fixação do carbono e outras rotas biossintéticas. As membranas dos tilacoides são altamente dobradas e parecem, em muitas imagens, empilhadas como moedas (*granum*), embora, na realidade, formem um ou alguns grandes sistemas de membranas interconectadas, com um interior e um exterior bem definidos em relação ao estroma. (De Becker, 1986.)

balho, estendendo-se em muitos casos a diferentes subunidades do mesmo complexo enzimático, é discutida em mais detalhe no decorrer deste capítulo.

Os tilacoides contêm proteínas integrais de membrana

Uma grande diversidade de proteínas essenciais à fotossíntese está inserida nas membranas dos tilacoides. Em muitos casos, porções dessas proteínas estendem-se para as regiões aquosas em ambos os lados dos tilacoides. Essas proteínas integrais de membrana contêm uma grande proporção de aminoácidos hidrofóbicos e são, portanto, muito mais estáveis em um meio não aquoso, como a porção de hidrocarbonos da membrana (ver Figura 1.12A).

Os centros de reação, os complexos pigmento-proteicos das antenas e muitas das proteínas de transporte de elétrons são proteínas integrais de membrana. Em todos os casos conhecidos, as proteínas integrais de membrana dos cloroplastos possuem uma orientação específica dentro da membrana. As proteínas da membrana dos tilacoides possuem uma região apontada para o lado do estroma da membrana e outra orientada na direção do espaço interno do tilacoide, conhecido como lume (ver Figura 7.15).

As clorofilas e os pigmentos acessórios de captação de luz localizados nas membranas dos tilacoides estão sempre associados a proteínas de maneira não covalente, porém altamente específica, formando, assim, os complexos pigmento-proteicos. As clorofilas do centro de reação e as da antena associam-se a proteínas que estão organizadas dentro das membranas, de modo a otimizar a transferência de energia nos complexos antena e a transferência de elétrons nos centros de reação, ao mesmo tempo minimizando os processos de perda.

Os fotossistemas I e II estão separados espacialmente na membrana do tilacoide

O centro de reação do PSII, junto com suas clorofilas de antena e as proteínas de transporte de elétrons associadas, está localizado predominantemente nas lamelas granais (**Figura 7.16A**). O centro de reação PSI, junto com seus pigmentos da antena e proteínas de transporte de elétrons, bem como a enzima ATP-sintase, que catalisa a formação do ATP, é encontrado quase exclusivamente nas lamelas estromais e nas margens das lamelas granais. O complexo citocromo b_6f da cadeia transportadora de elétrons que conecta os dois fotossistemas é igualmente distribuído entre as lamelas estromais e granais. As estruturas de todos esses complexos são mostradas na **Figura 7.16B**.

Assim, os dois eventos fotoquímicos que têm lugar na fotossíntese oxigênica estão espacialmente separados. Essa separação significa que um ou mais dos carregadores de elétrons que operam entre os fotossistemas se difundem da região granal da membrana para a região do estroma, onde os elétrons são entregues ao PSI. Esses carregadores móveis são a proteína cúprica de coloração azulada plastocianina (PC) e o cofator orgânico redox plastoquinona (PQ). Esses carregadores são discutidos em mais detalhes mais adiante neste capítulo.

No PSII, a oxidação de duas moléculas de água produz quatro elétrons, quatro prótons e um único O_2 (ver a seção "Mecanismos de transporte de elétrons" para detalhes). Os prótons produzidos pela oxidação da água também devem ser capazes de se difundir para a região do estroma, onde o ATP é sintetizado. O papel funcional dessa grande separação (dezenas de nanômetros) entre os fotossistemas I e II não está claro, porém se acredita que melhore a eficiência da distribuição de energia entre os dois fotossistemas.

A separação espacial entre os fotossistemas I e II indica que não é necessária uma estequiometria estrita um-para-um entre os dois fotossistemas. Em vez disso, os centros de reação PSII fornecem equivalentes redutores para um *pool* intermediário comum de carregadores lipossolúveis de elétrons (plastoquinona). O centro de reação PSI remove os equivalentes redutores desse *pool* comum, e não de um complexo de centro de reação PSII específico.

A maioria das medições das quantidades relativas de fotossistemas I e II mostra que há um excesso de PSII nos cloroplastos. Mais comumente, a razão de PSII para PSI está ao redor de 1,5 (PSII) para 1 (PSI), mas isso pode ser alterado quando as plantas são cultivadas sob diferentes condições de luz. Ao contrário da situação nos cloroplastos dos organismos fotossintetizantes eucariotos, as cianobactérias geralmente possuem um excesso de PSI em relação a PSII.

Organização dos sistemas antena de absorção de luz

Os sistemas antena das diferentes classes de organismos fotossintetizantes são extraordinariamente variados, ao contrário dos centros de reação, que parecem ser similares mesmo entre organismos distantemente relacionados. A diversidade de complexos antena reflete a adaptação evolutiva aos ambientes diferentes nos quais os organismos vivem, bem como a necessidade, para alguns organismos, de equilibrar a entrada de energia aos dois fotossistemas. Nesta seção, aborda-se como os processos de transferência de energia absorvem luz e distribuem energia para o centro de reação.

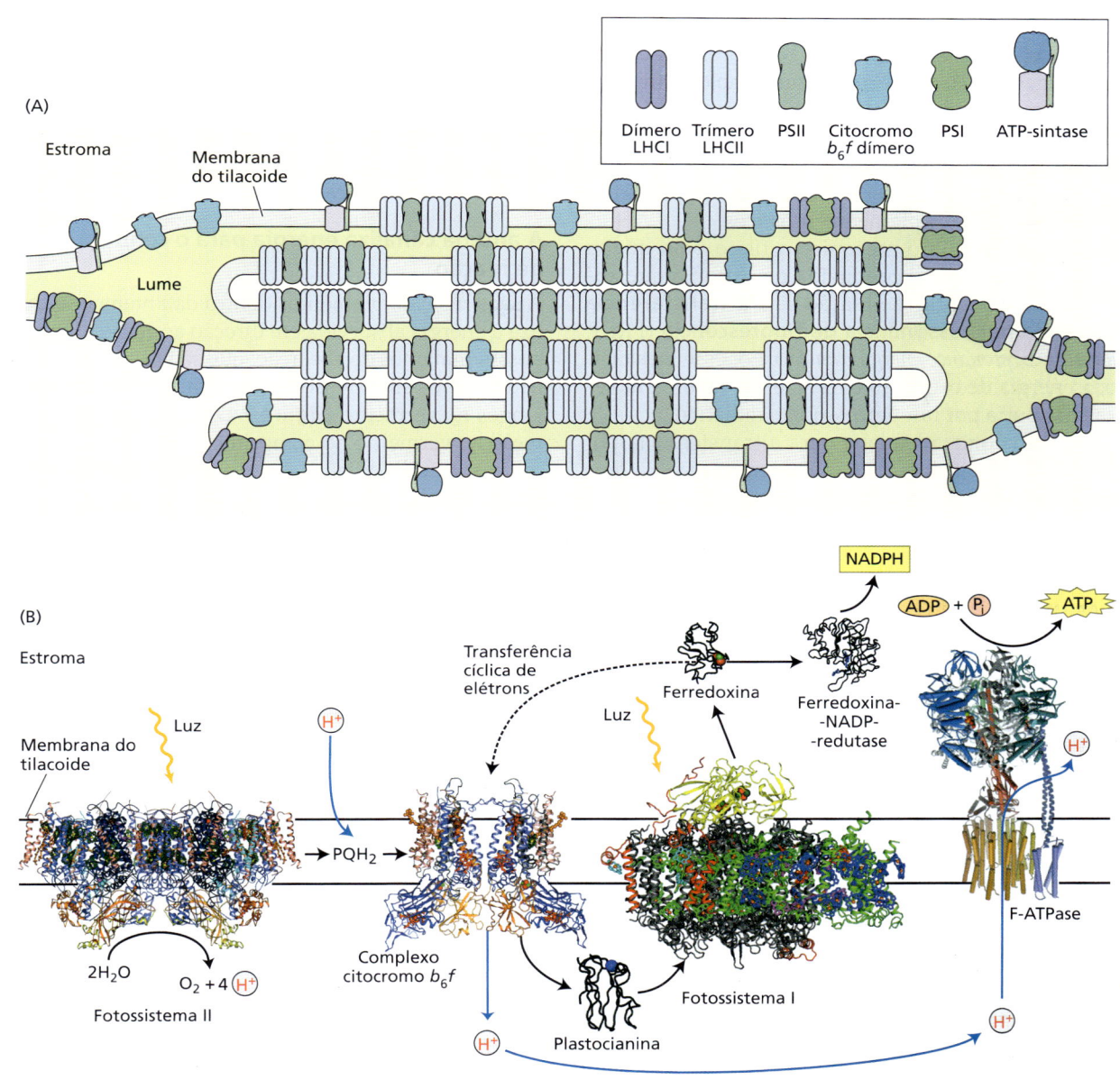

Figura 7.16 Organização e estrutura dos quatro principais complexos proteicos da membrana do tilacoide. (A) O PSII está localizado predominantemente na região empilhada das membranas dos tilacoides; o PSI e a ATP-sintase encontram-se na região não empilhada se projetando para o estroma. Os complexos citocromo b_6f estão distribuídos uniformemente entre as duas áreas. Essa separação lateral dos dois fotossistemas exige que os elétrons e os prótons produzidos pelo PSII sejam transportados por uma distância considerável, antes que possam sofrer a ação do PSI e da enzima responsável pela união do ATP. (B) Estruturas dos quatro principais complexos proteicos da membrana dos tilacoides. Também são mostrados os dois carregadores de elétrons móveis – a plastocianina, a qual é localizada no lume do tilacoide, e a plasto-hidroquinona (PQH_2), localizada na membrana. O lume possui uma carga elétrica positiva em relação ao estroma. (A, de Allen e Forsberg, 2001; B, de Nelson e Ben-Shem, 2004.)

O sistema antena contém clorofila e está associado à membrana

Os sistemas antena operam para entregar energia de maneira eficiente aos centros de reação aos quais estão associados. O tamanho do sistema antena varia consideravelmente em diferentes organismos: de 20 a 30 bacterioclorofilas por centro de reação, em algumas bactérias fotossintetizantes, a 200 a 300 clorofilas por centro de reação, em plantas superiores, a alguns milhares de pigmentos por centro de reação, em alguns tipos de algas e bactérias. As estruturas moleculares dos pigmentos da antena também são bastante variáveis, embora todas sejam associadas de alguma maneira às membranas fotossintéticas. Em quase todos os casos, os pigmentos da antena estão associados a proteínas, formando complexos pigmento-proteicos.

Acredita-se que o mecanismo físico pelo qual a energia de excitação é conduzida da clorofila que absorve a luz ao centro de reação seja a **transferência de energia por ressonância de fluorescência** (FRET, *fluorescence resonance energy transfer*). Por esse mecanismo, a energia de excitação é transferida de uma molécula para outra por um processo não radiativo.

Uma analogia adequada para a transferência por ressonância é a transferência de energia entre dois diapasões. Ao se bater um diapasão e colocá-lo apropriadamente próximo de outro, o segundo recebe parte da energia do primeiro e começa a vibrar. A eficiência da transferência de energia entre os dois diapasões depende da distância entre eles e de sua orientação relativa, bem como de suas frequências de vibração, ou oscilação. Parâmetros similares afetam a eficiência da transferência de energia nos complexos antena, com a energia substituída por oscilação.

A transferência de energia nos complexos antena costuma ser muito eficiente: cerca de 95 a 99% dos fótons absorvidos pelos pigmentos da antena têm sua energia transferida para o centro de reação, onde ela pode ser utilizada pela fotoquímica. Há uma diferença importante entre a transferência de energia entre os pigmentos da antena e a transferência de elétrons que ocorre no centro de reação: enquanto a transferência de energia é um fenômeno puramente físico, a transferência de elétrons envolve reações químicas (redox).

A antena canaliza energia para o centro de reação

A sequência de pigmentos dentro da antena que canaliza a energia absorvida em direção ao centro de reação possui máximos de absorção, que são progressivamente desviados em direção a comprimentos de onda mais longos no vermelho (**Figura 7.17**). Tal alteração em direção ao vermelho no comprimento de onda de máxima absorção significa que a energia do estado excitado é menor próximo ao centro de reação do que na periferia do sistema antena.

Como consequência desse arranjo, quando a excitação é transferida, por exemplo, de uma molécula de clorofila *b* com uma absorção máxima a 650 nm para uma molécula de clorofila *a* com uma absorção máxima a 670 nm, a diferença em energia entre as duas clorofilas excitadas é perdida para o ambiente sob forma de calor.

Para que a energia de excitação seja transferida de volta à clorofila *b*, a energia perdida como calor teria de ser reposta. A probabilidade de transferência reversa é,

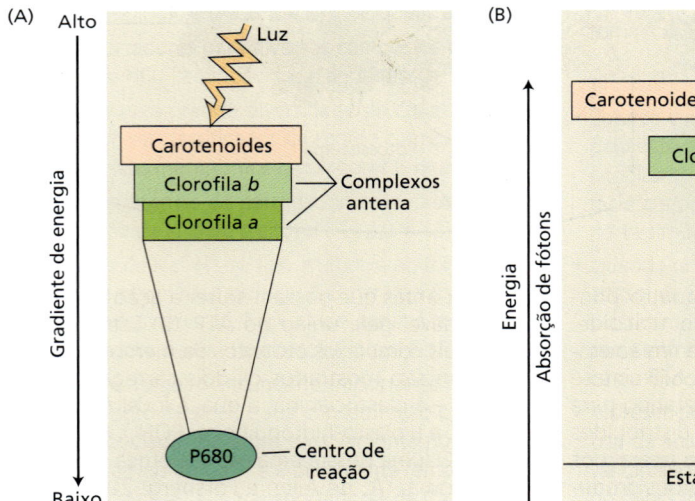

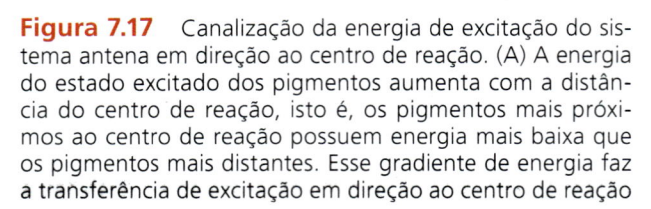

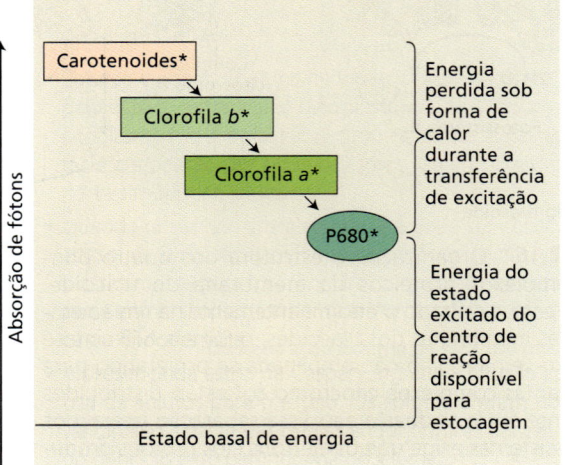

Figura 7.17 Canalização da energia de excitação do sistema antena em direção ao centro de reação. (A) A energia do estado excitado dos pigmentos aumenta com a distância do centro de reação, isto é, os pigmentos mais próximos ao centro de reação possuem energia mais baixa que os pigmentos mais distantes. Esse gradiente de energia faz a transferência de excitação em direção ao centro de reação ser energeticamente favorável e a transferência de excitação de volta para as porções periféricas da antena ser energeticamente desfavorável. (B) Por esse processo, parte da energia é perdida sob forma de calor para o ambiente, mas, sob condições ótimas, a quase totalidade das excitações absorvidas pelos complexos antena pode ser transferida para o centro de reação. Os asteriscos indicam estados excitados.

portanto, menor, simplesmente porque a energia térmica não é suficiente para superar o déficit entre pigmentos de energia mais baixa e mais alta. Esse efeito dá ao processo de apreensão de energia um grau de direcionalidade, ou irreversibilidade, e torna a entrega da excitação ao centro de reação mais eficiente. Em essência, o sistema sacrifica parte da energia de cada *quantum*, de modo que quase todos os *quanta* possam ser apreendidos pelo centro de reação.

Muitos complexos pigmento-proteicos antena possuem um motivo estrutural comum

Em todos os organismos eucarióticos fotossintetizantes que contêm as clorofilas *a* e *b*, as proteínas antena mais abundantes são membros de uma grande família de proteínas estruturalmente relacionadas. Algumas dessas proteínas estão associadas primeiro ao PSII e são chamadas de proteínas do **complexo de captura de luz II** (**LHCII**, *light-harvesting complex II*); outras estão associadas ao PSI e são denominadas proteínas do LHCI. Esses complexos antena também são conhecidos como **proteínas antenas clorofilas *a/b***.

A estrutura de uma das proteínas do LHCII já foi determinada (**Figura 7.18**). Essa proteína contém três regiões de α-hélice e liga-se a 14 moléculas de clorofila *a* e *b*, bem como a quatro carotenoides. A estrutura das proteínas do LHCI em geral é similar à das proteínas do LHCII. Todas essas proteínas têm uma similaridade de sequência significativa e quase todas certamente descendem de uma proteína ancestral comum.

A luz absorvida por carotenoides ou pela clorofila *b* nas proteínas do LHC é rapidamente transferida para a clorofila *a* e, após, para outros pigmentos antena intimamente associados ao centro de reação. O complexo LHCII também está envolvido em processos reguladores, que são discutidos mais adiante neste capítulo.

Mecanismos de transporte de elétrons

Parte das evidências que levaram à ideia de duas reações fotoquímicas operando em série já foi discutida neste capítulo. Nesta seção, são consideradas em detalhe as reações químicas envolvidas na transferência de elétrons durante a fotossíntese. São discutidas a excitação da clorofila pela luz e a redução do primeiro aceptor de elétrons, o fluxo de elétrons através dos fotossistemas II e I, a oxidação da água como fonte primária de elétrons e a redução do aceptor final de elétrons ($NADP^+$). O mecanismo quimiosmótico que medeia a

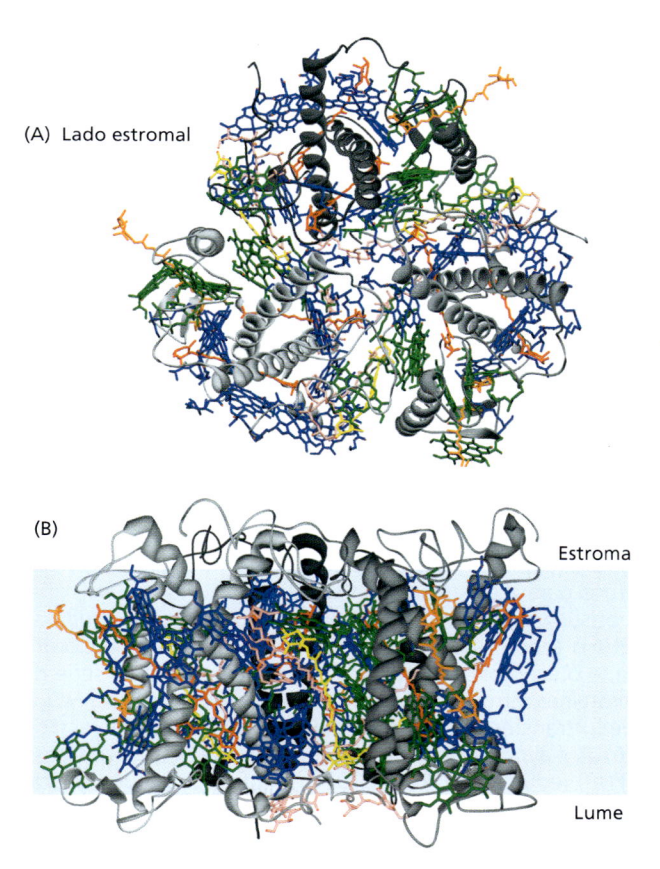

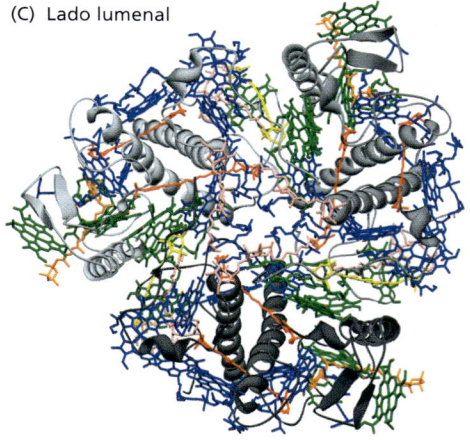

Figura 7.18 Estrutura do complexo antena LHCII trimérico das plantas superiores. O complexo antena é um pigmento proteico transmembrana; cada monômero contém três regiões helicoidais que atravessam a porção apolar da membrana. O complexo trimérico é mostrado (A) pelo lado estromal, (B) por dentro da membrana e (C) pelo lado lumenal. Cinza, polipeptídeo; azul-escuro, clorofila *a*; verde, clorofila *b*; laranja-escuro, luteína; laranja-claro, neoxantina; amarelo, violaxantina; rosa, lipídeos. (De Barros e Kühlbrandt, 2009.)

síntese de ATP é tratado em detalhes mais adiante neste capítulo (ver a seção "O transporte de prótons e a síntese de ATP no cloroplasto").

Elétrons oriundos da clorofila viajam através de carregadores organizados no esquema Z

A **Figura 7.19** mostra a versão atual do esquema Z, no qual todos os carregadores que atuam no fluxo de elétrons desde a água até o $NADP^+$ estão organizados verticalmente no ponto médio de seus potenciais redox. Os componentes que sabidamente reagem entre si estão conectados por setas, de modo que o esquema Z é, na verdade, uma síntese tanto da informação cinética quanto da termodinâmica. As grandes setas verticais representam a entrada de energia luminosa no sistema.

Os fótons excitam as clorofilas especializadas dos centros de reação (P680 para o PSII; P700 para o PSI),
e um elétron é ejetado. O elétron passa, então, por uma série de carregadores e, por fim, reduz o P700 (para os elétrons vindos do PSII) ou o $NADP^+$ (para os elétrons vindos do PSI). Muito da discussão que segue descreve as jornadas desses elétrons e a natureza de seus carregadores.

Quase todos os processos químicos que formam as reações da luz são realizados por quatro complexos proteicos principais: o PSII, o complexo citocromo b_6f, o PSI e a ATP-sintase. Esses quatro complexos integrais de membrana estão vetorialmente orientados na membrana do tilacoide para funcionar da seguinte forma (**Figura 7.20**; ver também Figura 7.16):

- O PSII oxida a água a O_2 no lume do tilacoide e, nesse processo, libera prótons no lume. O produto reduzido do PSII é a plasto-hidroquinona (PQH_2).
- O citocromo b_6f oxida moléculas de PQH_2 que foram reduzidas pelo PSII e entrega elétrons ao PSI

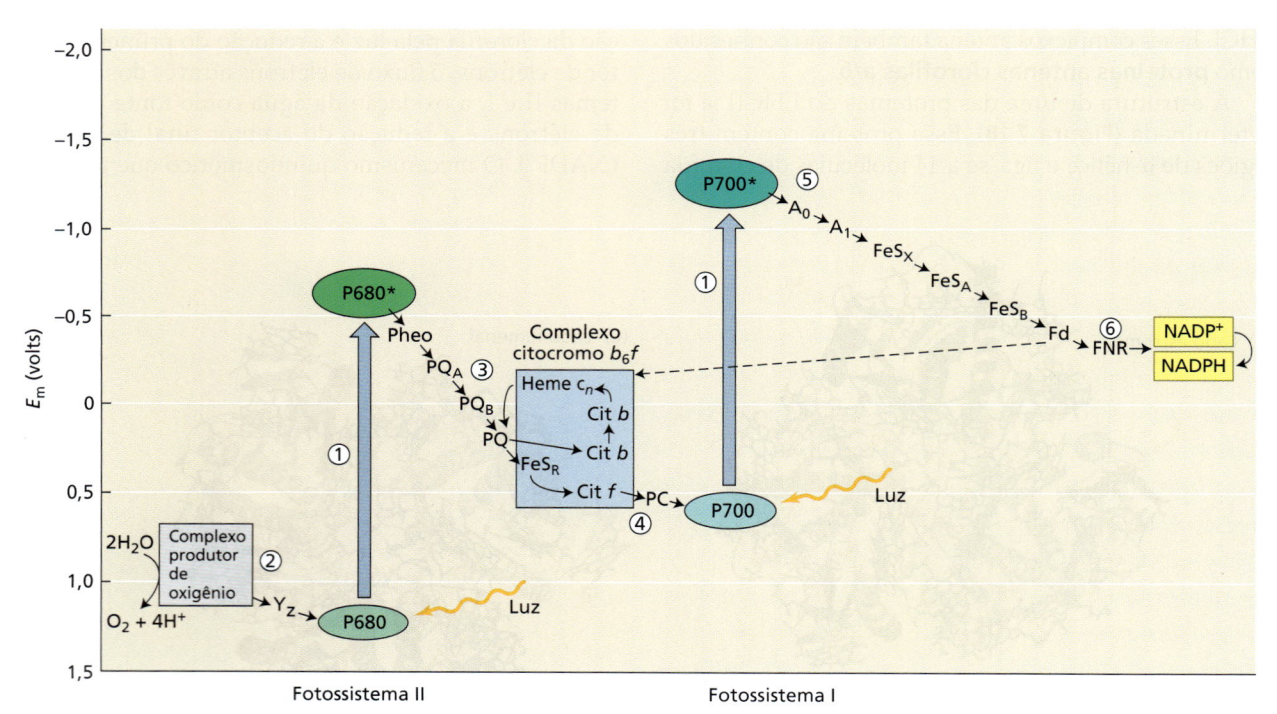

Figura 7.19 Detalhamento do esquema Z para organismos fotossintetizantes produtores de O_2. Os carregadores redox estão posicionados no ponto médio de seu potencial redox (em pH 7). (1) As setas verticais representam a absorção de fótons pelas clorofilas do centro de reação: P680 para o fotossistema II (PSII) e P700 para o fotossistema I (PSI). A clorofila do centro de reação PSII excitada, P680*, transfere um elétron para a feofitina (Pheo). (2) No lado oxidante do PSII (à esquerda da seta que une o P680 ao P680*), o P680 oxidado pela feofitina depois da excitação pela luz é reduzido novamente pelo Y_z, o qual recebeu elétrons via oxidação da água. (3) No lado redutor do PSII (à direita da seta que une o P680 ao P680*), a feofitina transfere elétrons para os aceptores PQ_A e PQ_B, que são plastoquinonas. (4) O complexo citocromo b_6f transfere elétrons para a plastocianina (PC), uma proteína solúvel, que, por sua vez, reduz o $P700^+$ (P700 oxidado). (5) Acredita-se que o aceptor de elétrons do P700* (A_0) seja uma clorofila, e o aceptor seguinte (A_1) é uma quinona. Uma série de proteínas ferro-sulfurosas ligadas à membrana (FeS_X, FeS_A e FeS_B) transfere elétrons para uma ferredoxina solúvel (Fd). (6) A flavoproteína solúvel ferredoxina-$NADP^+$-redutase (FNR) reduz o $NADP^+$ a NADPH, o qual é utilizado no ciclo de Calvin-Benson para reduzir o CO_2 (ver Capítulo 8). A linha tracejada indica o fluxo cíclico de elétrons ao redor do PSI. (De Blankenship e Prince, 1985.)

ESTRUMA (concentração baixa de H⁺)

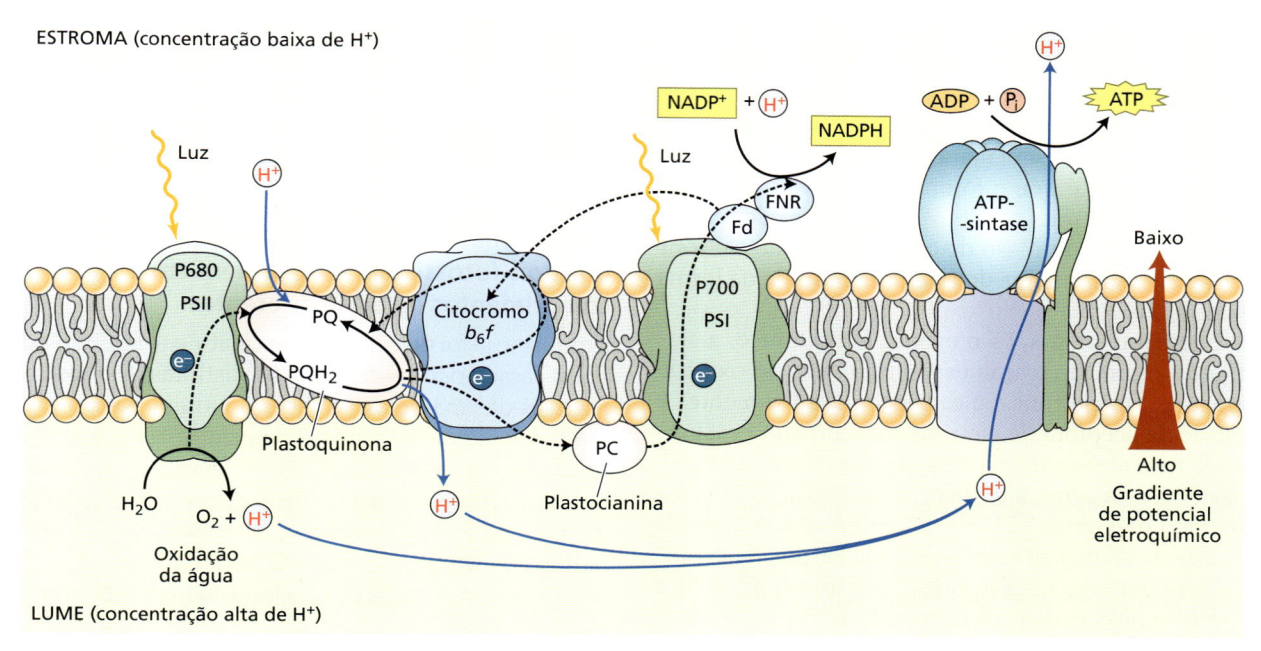

Figura 7.20 A transferência de elétrons e prótons na membrana do tilacoide é realizada vetorialmente por quatro complexos proteicos (ver Figura 7.16B para estruturas). A água é oxidada e os prótons são liberados no lume pelo PSII. O PSI reduz o NADP⁺ a NADPH no estroma pela ação da ferredoxina (Fd) e da flavoproteína ferredoxina-NADP⁺-redutase (FNR). Os prótons também são transportados para o lume pelo complexo citocromo b_6f e contribuem para o gradiente eletroquímico de prótons. Esses prótons precisam, então, difundir-se até a enzima ATP-sintase, onde sua difusão, por meio do gradiente de potencial eletroquímico, será utilizada para sintetizar ATP no estroma. A plastoquinona reduzida (PQH₂) e a plastocianina transferem elétrons para o citocromo b_6f e para o PSI, respectivamente. As linhas tracejadas representam a transferência de elétrons; as linhas contínuas representam o movimento de prótons.

por intermédio da proteína cúprica solúvel plastocianina. A oxidação da PQH₂ está acoplada à transferência de prótons do estroma para o lume, gerando uma força motriz de prótons.

- O PSI reduz o NADP⁺ a NADPH no estroma pela ação da ferredoxina (Fd) e da flavoproteína ferredoxina-NADP⁺-redutase (FNR).
- A ATP-sintase produz ATP à medida que prótons se difundem do lume de volta ao estroma através de seu canal central.

A energia é capturada quando uma clorofila excitada reduz uma molécula aceptora de elétrons

Conforme já discutido, a função da luz é excitar uma clorofila especializada no centro de reação por absorção direta ou, mais frequentemente, via transferência de energia de um pigmento antena. Esse processo de excitação pode ser visualizado como a promoção de um elétron do orbital completo de mais elevado nível de energia da clorofila ao orbital incompleto de menor energia (**Figura 7.21**). O elétron no orbital superior está ligado apenas fracamente à clorofila e é facilmente perdido se uma molécula capaz de aceitá-lo está por perto.

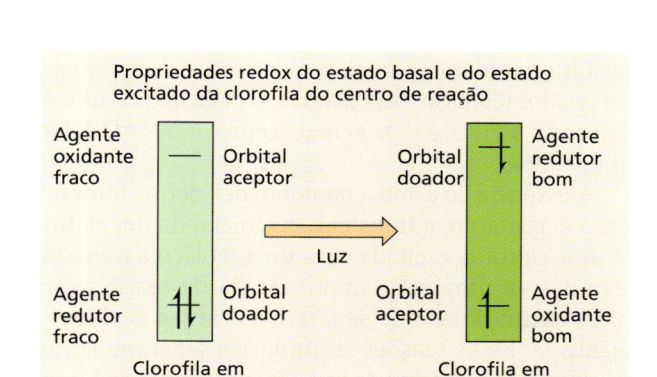

Figura 7.21 Diagrama de ocupação orbital para o estado basal e o estado excitado da clorofila do centro de reação. No estado basal, a molécula é um agente redutor fraco (perde elétrons de um orbital de baixa energia) e um agente oxidante fraco (aceita elétrons somente em orbitais de alta energia). No estado excitado, a situação é marcadamente diferente, e um elétron pode ser perdido do orbital de alta energia, tornando a molécula um agente redutor extremamente poderoso. Essa é a razão para o potencial redox extremamente negativo em estado excitado mostrado pelo P680* e pelo P700* na Figura 7.19. O estado excitado também pode agir como um oxidante forte, aceitando um elétron em um orbital de energia baixa, embora essa rota não seja significativa para os centros de reação. (De Blankenship e Prince, 1985.)

A primeira reação que converte a energia do elétron em energia química – isto é, o primeiro evento fotoquímico – é a transferência de um elétron do estado excitado de uma clorofila no centro de reação para uma molécula aceptora. Uma maneira equivalente de visualizar o processo é que o fóton absorvido provoca um rearranjo de elétrons na clorofila do centro de reação, seguido por um processo de transferência de elétrons em que parte da energia do fóton é capturada na forma de energia redox.

Imediatamente após o evento fotoquímico, a clorofila do centro de reação está em um estado oxidado (deficiente em elétrons, ou carregada positivamente), e a molécula aceptora de elétrons mais próxima está reduzida (rica em elétrons, ou carregada negativamente). O sistema está agora em uma junção crítica. Conforme mostrado na Figura 7.21, o orbital de baixa energia da clorofila do centro de reação oxidada carregada positivamente tem uma vaga e pode aceitar um elétron. Se a molécula aceptora doa seu elétron de volta para a clorofila do centro de reação, o sistema retornará ao estado existente antes da excitação pela luz, e toda a energia absorvida será convertida em calor.

Entretanto, esse processo dispendioso de *recombinação* não parece ocorrer de maneira substancial em centros de reação funcionais. Em vez disso, o aceptor transfere seu elétron extra para um aceptor secundário e assim por diante dentro da cadeia transportadora de elétrons. O centro de reação oxidado da clorofila que havia doado um elétron é reduzido novamente por um doador secundário, o qual, por sua vez, é reduzido por um doador terciário. Nas plantas, o principal doador de elétrons é a H_2O, e o principal aceptor é o $NADP^+$ (ver Figura 7.19).

A essência do armazenamento de energia fotossintética é, portanto, a transferência inicial de um elétron de uma clorofila excitada para uma molécula aceptora, seguida por uma série muito rápida de reações químicas secundárias que separam as cargas positivas e negativas. Essas reações secundárias separam as cargas para lados opostos da membrana dos tilacoides em cerca de 200 picossegundos (1 picossegundo = 10^{-12} s).

Com as cargas assim separadas, a reação reversa é muitas ordens de grandeza mais lenta e a energia foi capturada. Cada transferência secundária de elétrons é acompanhada pela perda de parte da energia, tornando, assim, o processo efetivamente irreversível. A produtividade quântica medida para a produção de produtos estáveis em centros de reação purificados de bactérias fotossintetizantes foi de 1,0; isso significa que cada fóton produz produtos estáveis e que não ocorrem reações reversas.

As exigências quânticas para a liberação de O_2 pelas plantas superiores, medidas sob condições ideais (intensidade de luz baixa), indicam que os valores para os eventos fotoquímicos primários também são muito próximos de 1,0. A estrutura do centro de reação parece ser extremamente bem sintonizada para taxas máximas de reações produtivas e taxas mínimas de reações que desperdiçam energia.

As clorofilas dos centros de reação dos dois fotossistemas absorvem em comprimentos de onda diferentes

Conforme já foi discutido neste capítulo, PSI e PSII possuem características de absorção distintas. As medições precisas das máximas de absorção foram possíveis por meio das alterações ópticas nas clorofilas dos centros de reação nos estados reduzidos e oxidados. A clorofila do centro de reação está transitoriamente em um estado oxidado após a perda de um elétron e antes de ser reduzida novamente por seu doador de elétrons.

No estado oxidado, as clorofilas perdem sua característica de forte absorbância de luz na região do vermelho do espectro; elas sofrem **descoloração** (*bleaching*). Portanto, é possível acompanhar o estado redox dessas clorofilas por medições ópticas de absorbância em tempo real em que essa descoloração é monitorada diretamente.

Utilizando-se essas técnicas, foi descoberto que o centro de reação do PSI, em seu estado reduzido, tem a máxima absorção no comprimento de onda de 700 nm. Por isso, essa clorofila é chamada de **P700** (o P significa *pigmento*). O transiente óptico análogo do PSII está em 680 nm, de modo que a clorofila de seu centro de reação é conhecida como **P680**. O doador primário do PSI, P700, também é um dímero de moléculas de clorofila *a*. O PSII também contém um dímero de clorofilas, embora o primeiro evento do transporte de elétrons possa não ser originário desses pigmentos. No estado oxidado, as clorofilas do centro de reação contêm um elétron não pareado.

Moléculas com elétrons não pareados em geral podem ser detectadas por uma técnica de ressonância magnética conhecida como **espectroscopia de ressonância de spin eletrônico** (**ESR**, *electron spin resonance*). Estudos de ESR, junto com as medições espectroscópicas já descritas, levaram à descoberta de muitos dos carregadores intermediários de elétrons no sistema fotossintético de transporte de elétrons.

O centro de reação do fotossistema II é um complexo pigmento-proteico com múltiplas subunidades

O PSII está contido em um supercomplexo proteico com múltiplas subunidades. Nas plantas superiores, esse supercomplexo possui dois centros de reação completos e alguns complexos antena. O núcleo do centro de reação consiste em duas proteínas de membrana conhecidas como D1 e D2, bem como outras proteínas, como mostrado na **Figura 7.22**.

Clorofilas doadoras primárias, clorofilas adicionais, carotenoides, feofitinas e plastoquinonas (dois aceptores de elétrons descritos a seguir) são ligados às proteínas de membranas D1 e D2. Outras proteínas servem como complexos antena ou estão envolvidas na liberação do oxigênio. Alguns, como o citocromo b_{559}, não têm função conhecida, mas podem estar envolvidos em um ciclo de proteção ao redor do PSII.

A água é oxidada a oxigênio pelo fotossistema II

A água é oxidada de acordo com a seguinte reação química:

$$2\,H_2O \rightarrow O_2 + 4\,H^+ + 4\,e^- \tag{7.8}$$

Essa equação indica que quatro elétrons são removidos de duas moléculas de água, gerando uma molécula de oxigênio e quatro íons hidrogênio.

A água é uma molécula muito estável. A oxidação da água para formar oxigênio molecular é muito difícil: o complexo fotossintético de liberação de oxigênio (OEC, *oxigem evolving complex*) é o único sistema bioquímico conhecido que realiza essa reação, e é a fonte de quase todo o oxigênio da atmosfera terrestre.

Os prótons produzidos pela oxidação da água são liberados dentro do lume do tilacoide, não diretamente no compartimento estromal (ver Figura 7.20). Eles são liberados dentro do lume devido à natureza vetorial da membrana e porque o complexo produtor de oxigênio está localizado próximo da superfície interna da membrana do tilacoide (ver Figura 7.22A). Esses prótons são, por fim, transferidos do lume para o estroma por translocação pela ATP-sintase. Dessa maneira, os prótons

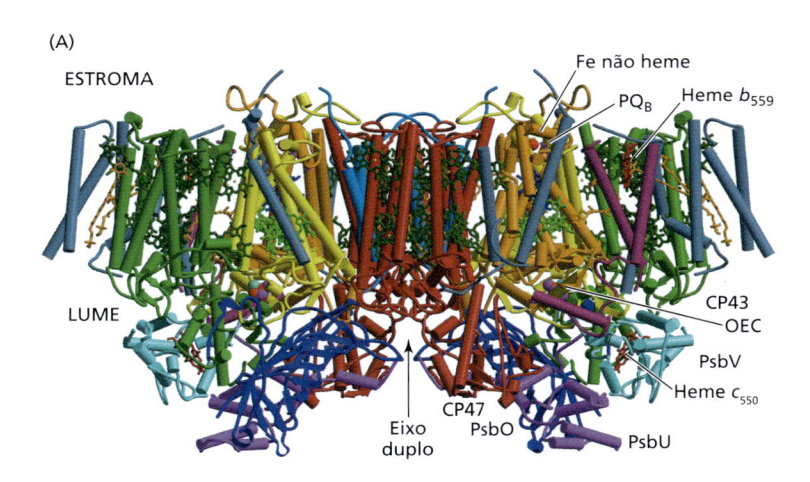

Figura 7.22 Estrutura do centro de reação do PSII da cianobactéria *Thermosynechococcus elongatus*, em uma resolução de 0,35 nm. A estrutura inclui as proteínas-núcleo do centro de reação D_1 (amarelo) e D_2 (laranja), as proteínas antena CP43 (verde) e CP47 (vermelho), os citocromos b_{559} e c_{550}, a proteína extrínseca de 33 kDa PsbO (azul-escuro), além dos pigmentos e de outros cofatores. (A) Visão lateral paralela ao plano da membrana. (B) Visão da superfície lumenal perpendicular ao plano da membrana. (C) Detalhe do complexo de liberação de oxigênio (OEC), que contém Mn. (A e B de Ferreira et al., 2004; C de Umena et al., 2011.)

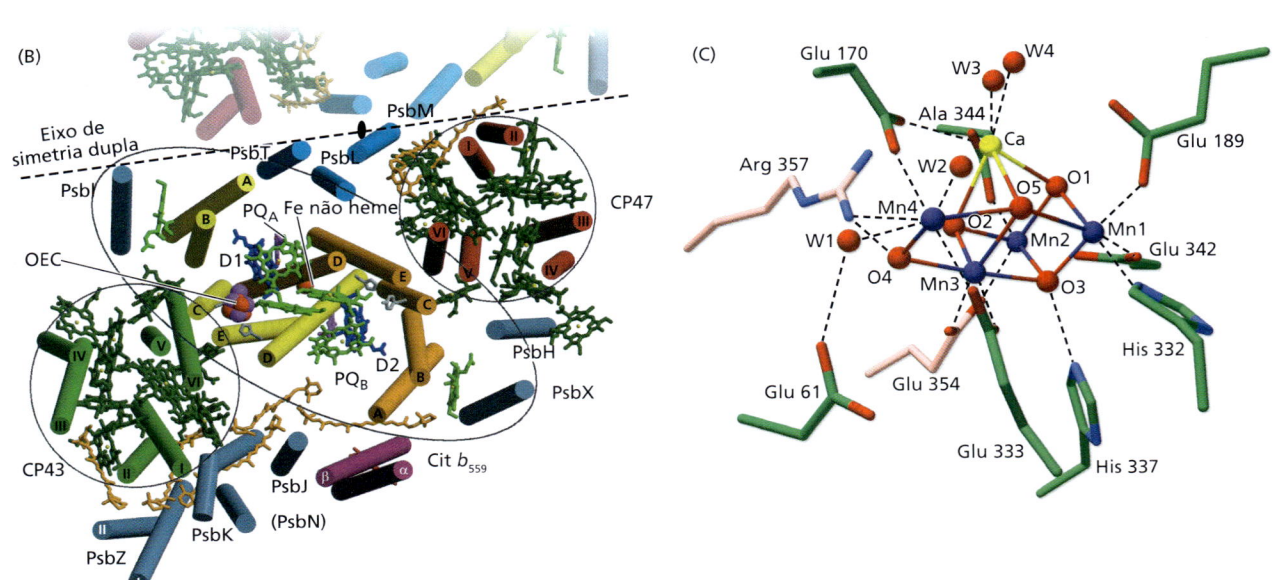

liberados durante a oxidação da água contribuem para o potencial eletroquímico que impulsiona a formação do ATP (ver Figura 7.20).

Sabe-se já há muitos anos que o manganês (Mn) é um cofator essencial no processo de oxidação da água (ver Capítulo 4), e uma hipótese clássica na pesquisa sobre fotossíntese postula que íons Mn sofrem uma série de oxidações – conhecidas como *estados S* e rotuladas S_0, S_1, S_2, S_3 e S_4 – que são, possivelmente, ligadas à oxidação de H_2O e à geração de O_2. Essa hipótese tem recebido forte apoio de uma grande diversidade de experimentos, notadamente de estudos de absorção de raios X e ESR, ambos detectando diretamente os íons Mn. Experimentos analíticos indicam que quatro átomos de Mn estão associados a cada complexo de liberação de oxigênio. Outros experimentos mostram que íons Cl^- e Ca^{2+} são essenciais para a liberação de O_2. O mecanismo químico detalhado de oxidação da água a O_2 ainda não é bem conhecido; entretanto, com as informações estruturais hoje disponíveis, progressos rápidos estão sendo feitos nessa área.

Um carregador de elétrons, geralmente identificado como Y_z, funciona entre o complexo de liberação de oxigênio e o P680 (ver Figura 7.19). Para funcionar nessa região, Y_z necessita de uma forte tendência para reter seus elétrons. Essa espécie foi identificada como um radical formado de um resíduo de tirosina na proteína D1 do centro de reação do PSII.

Feofitina e duas quinonas recebem elétrons do fotossistema II

Estudos espectrais e de ESR revelaram o arranjo estrutural dos carregadores no complexo aceptor de elétrons. A **feofitina**, uma clorofila onde o íon magnésio central foi substituído por dois íons hidrogênio, atua como um aceptor inicial no PSII. Essa alteração estrutural confere à feofitina propriedades químicas e espectrais ligeiramente diferentes das características das clorofilas baseadas em Mg. A feofitina passa elétrons para um complexo formado por duas plastoquinonas intimamente relacionadas a um íon ferro.

As duas plastoquinonas, PQ_A e PQ_B, estão ligadas ao centro de reação e recebem elétrons da feofitina de maneira sequencial. A transferência dos dois elétrons para PQ_B reduz esta a PQ_B^{2-}, e a PQ_B^{2-} reduzida toma dois prótons do meio no lado do estroma, produzindo uma **plasto-hidroquinona** (**PQH₂**) completamente reduzida (**Figura 7.23**). A PQH_2, então, dissocia-se do complexo do centro de reação e entra na porção hidrocarbonada da membrana, onde, por sua vez, transfere seus elétrons para o complexo citocromo b_6f. Diferentemente dos grandes complexos proteicos da membrana do tilacoide, a PQH_2 é uma molécula pequena, apolar, que se difunde com facilidade no núcleo apolar da bicamada da membrana.

O fluxo de elétrons através do complexo citocromo b_6f também transporta prótons

O **complexo citocromo b_6f** é uma grande proteína dotada de múltiplas subunidades com muitos grupos prostéticos (**Figura 7.24**). Ele contém dois hemes do tipo *b* e um do tipo *c* (**citocromo *f***). Nos citocromos do tipo *c*, o heme está covalentemente ligado ao peptídeo; nos citocromos do tipo *b*, o grupo proto-heme quimicamente similar não está covalentemente ligado. O complexo ainda contém uma **proteína Rieske ferro-sulfurosa** (assim denominada em homenagem ao cientista que a descobriu), na qual dois átomos de ferro estão ligados em uma ponte por dois íons sulfeto. Os papéis de todos esses cofatores são razoavelmente

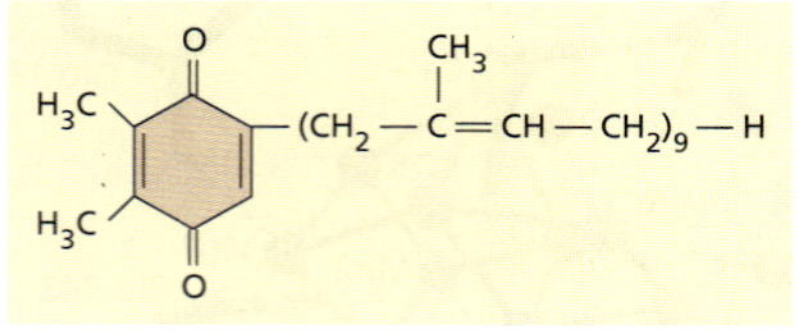

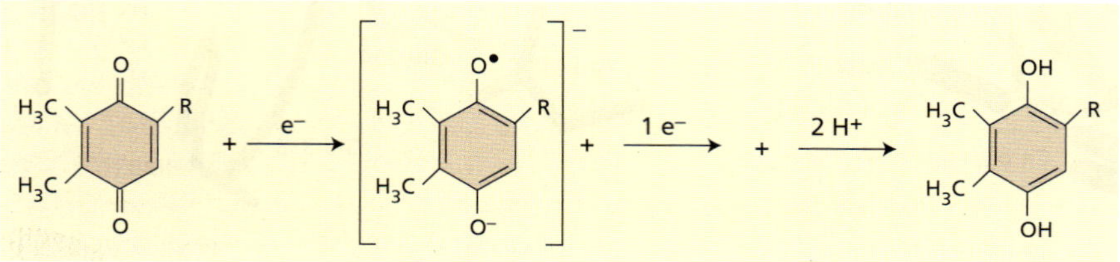

Figura 7.23 Estrutura e reações das plastoquinonas que operam no PSII. (A) A plastoquinona consiste em uma cabeça quinoide e uma longa cauda apolar que a ancora na membrana. (B) Reações redox da plastoquinona. Estão representadas as formas da quinona totalmente oxidada (PQ), plastossemiquinona aniônica (PQ•⁻) e plasto-hidroquinona reduzida (PQH₂); R representa a cadeia lateral.

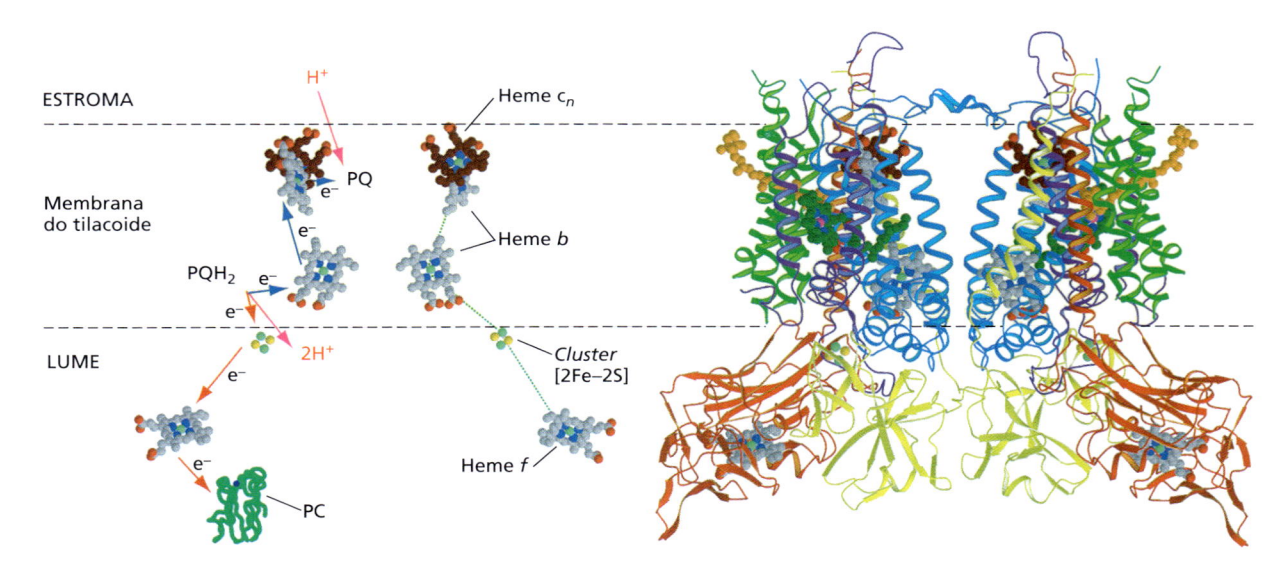

Figura 7.24 Estrutura do complexo citocromo b_6f de cianobactérias. O diagrama à direita mostra o arranjo das proteínas e dos cofatores no complexo. A proteína citocromo b_6 é representada em azul, o citocromo f, em vermelho, a proteína Rieske ferro-sulfurosa, em amarelo, e outras subunidades menores são mostradas em verde e roxo. No lado esquerdo, as proteínas foram omitidas para mostrar com maior clareza as posições dos cofatores. Cluster [2 Fe-2S], porção da proteína Rieske ferro-sulfurosa; PC, plastocianina; PQ, plastoquinona; PQH_2, plasto-hidroquinona. (De Kurisu et al., 2003.)

bem compreendidos, como descrito a seguir. Entretanto, o complexo citocromo b_6f também contém cofatores adicionais, incluindo um grupo heme (chamado heme c_n), uma clorofila e um carotenoide adicionais cujas funções ainda não estão estabelecidas.

As estruturas do complexo citocromo b_6f e do complexo citocromo bc_1 a ele relacionado na cadeia de transporte mitocondrial de elétrons (ver Capítulo 11) sugerem um mecanismo para fluxo de elétrons e prótons. A maneira precisa pela qual os elétrons e os prótons fluem pelo complexo citocromo b_6f ainda não está elucidada por completo, mas um mecanismo conhecido como **ciclo Q** é responsável pela maioria dos eventos observados. Nesse mecanismo, a PQH_2 (também chamada de plastoquinol) é oxidada, e um dos dois elétrons é passado ao longo da cadeia linear de transporte de elétrons em direção ao PSI, enquanto o outro elétron passa por um processo cíclico que aumenta o número de prótons bombeados através da membrana (**Figura 7.25**).

Na cadeia linear de transporte de elétrons, a proteína Rieske (**FeS$_R$**) oxidada aceita um elétron da PQH_2 e o transfere para o citocromo f (ver Figura 7.25A). O citocromo f, então, transfere um elétron para a proteína cúprica de cor azulada plastocianina (PC), que, por sua vez, reduz o P700 oxidado do PSI. Na porção cíclica do processo (ver Figura 7.25B), a plastossemiquinona (ver Figura 7.23) transfere seu outro elétron para um dos hemes do tipo b, liberando seus dois prótons para o lado lumenal da membrana.

O primeiro heme do tipo b transfere seu elétron através do segundo heme do tipo b para uma molécula de plastoquinona oxidada, reduzindo-a à forma de semiquinona próximo à superfície estromal do complexo. Outra sequência similar do fluxo de elétrons (ver Figura 7.25B) reduz completamente a plastoquinona, que capta prótons do lado estromal da membrana e é liberada do complexo b_6f como plasto-hidroquinona.

O resultado global de duas reciclagens (*turnovers*) do complexo é que dois elétrons são transferidos ao P700, duas plasto-hidroquinonas são oxidadas à forma de plastoquinona, e uma plastoquinona oxidada é reduzida à forma de plasto-hidroquinona. No processo de oxidação das plasto-hidroquinonas, quatro prótons são transferidos do lado estromal para o lado lumenal da membrana.

Por esse mecanismo, o fluxo de elétrons, que conecta o lado aceptor do centro de reação do PSII ao lado doador do centro de reação do PSI, também gera um potencial eletroquímico através da membrana, devido, em parte, a diferenças de concentração de H^+ nos dois lados dessa membrana. Esse potencial eletroquímico é utilizado para fornecer energia à síntese de ATP. O fluxo cíclico de elétrons pelo citocromo b e plastoquinona aumenta o número de prótons bombeados por elétron para além do que poderia ser obtido em uma sequência estritamente linear.

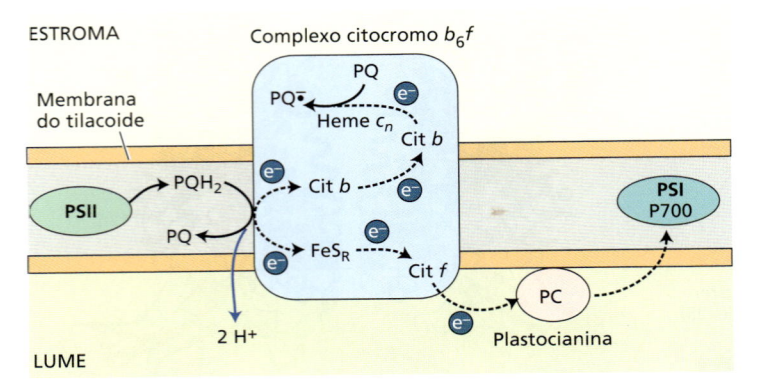

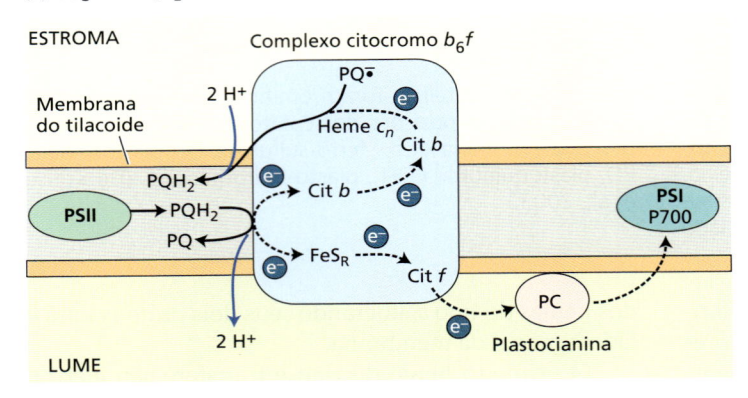

Figura 7.25 Mecanismo de transferência de elétrons e prótons no complexo citocromo b_6f. Esse complexo contém dois citocromos do tipo b (Cit b), um citocromo do tipo c (Cit c, historicamente chamado de citocromo f), uma proteína Rieske Fe-S (FeS$_R$) e dois sítios de oxidação-redução de quinonas. (A) Processos acíclicos ou lineares: uma molécula de plasto-hidroquinona (PQH$_2$) produzida pela ação do PSII (ver Figuras 7.20, 7.23) é oxidada próximo do lado lumenal do complexo, transferindo um de seus dois elétrons para a proteína Rieske Fe-S e outro para um dos citocromos do tipo b e, simultaneamente, expelindo dois prótons para o lume. O elétron transferido para a FeS$_R$ é passado para o citocromo f (Cit f) e daí para a plastocianina (PC), a qual irá reduzir o P700 do PSI. O citocromo do tipo b reduzido transfere um elétron ao outro citocromo do tipo b, o qual reduz uma plastoquinona (PQ) ao estado de plastossemiquinona (PQ•$^-$) (ver Figura 7.23). (B) Processos cíclicos: uma segunda PQH$_2$ é oxidada com um elétron indo da FeS$_R$ para a PC e finalmente para o P700. O segundo elétron viaja através dos dois citocromos do tipo b e reduz a plastossemiquinona a plasto-hidroquinona, captando, ao mesmo tempo, dois prótons do estroma. Globalmente, quatro prótons são transportados pela membrana para cada dois elétrons enviados ao P700.

A plastoquinona e a plastocianina transportam elétrons entre os fotossistemas II e I

A localização dos dois fotossistemas em diferentes locais nas membranas do tilacoide (ver Figura 7.16) exige que pelo menos um componente seja capaz de se movimentar ao longo ou pelo interior da membrana, a fim de entregar os elétrons produzidos pelo PSII ao PSI. O complexo citocromo b_6f está distribuído igualmente entre as regiões granal e estromal das membranas, porém seu tamanho grande torna-o pouco provável como carregador móvel. Em vez disso, considera-se que a plastoquinona ou a plastocianina, ou possivelmente ambas, sirvam como carregadores móveis para conectar os dois fotossistemas.

A **plastocianina** (**PC**) é uma proteína cúprica, pequena (10,5 kDa), hidrossolúvel, que transfere elétrons entre o complexo citocromo b_6f e o P700. Essa proteína é encontrada no espaço lumenal (ver Figura 7.25).

O centro de reação do fotossistema I reduz o NADP$^+$

O complexo do centro de reação PSI é um grande complexo proteico com múltiplas subunidades (**Figura 7.26**). Diferentemente do PSII, onde as clorofilas da antena estão associadas ao centro de reação, mas estão presentes em pigmentos proteicos separados, uma antena-núcleo consistindo em cerca de 100 clorofilas é parte integral do centro de reação PSI. A antena-núcleo e o P700 estão ligados a duas proteínas, PsaA e PsaB, com massas moleculares na faixa de 66 a 70 kDa. O complexo do centro de reação PSI de ervilhas contém quatro complexos LHCI, além de uma estrutura do núcleo similar àquela encontrada em cianobactérias (ver Figura 7.26). O número total de moléculas de clorofila nesse complexo é de aproximadamente 200.

Os pigmentos da antena-núcleo formam um bojo ao redor dos cofatores de transferência de elétrons, que se encontram no centro do complexo. Na sua forma reduzida, todos os transportadores de elétrons que atuam na região aceptora do PSI são agentes redutores extremamente fortes. Essas espécies reduzidas são muito instáveis e, por isso, de difícil identificação. As evidências indicam que um desses aceptores primários é uma molécula de clorofila, e outro é uma espécie de quinona, filoquinona, também conhecida como vitamina K1.

Os aceptores adicionais de elétrons incluem uma série de três proteínas ferro-sulfurosas associadas à mem-

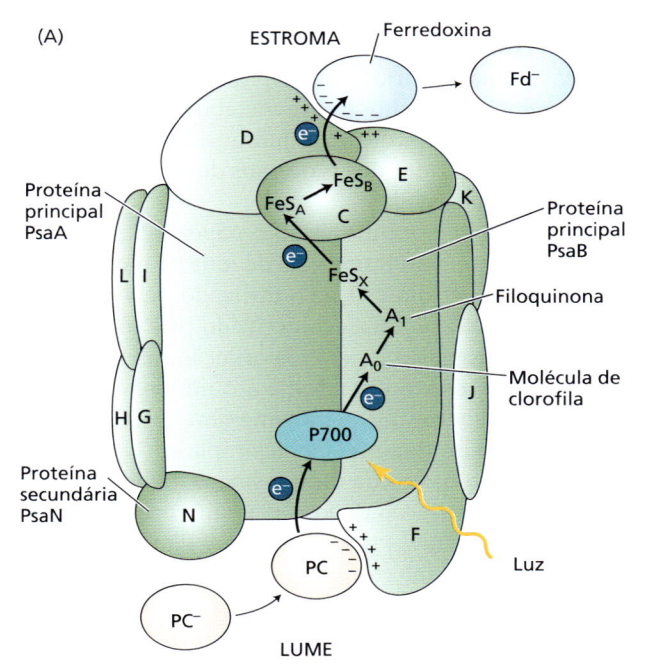

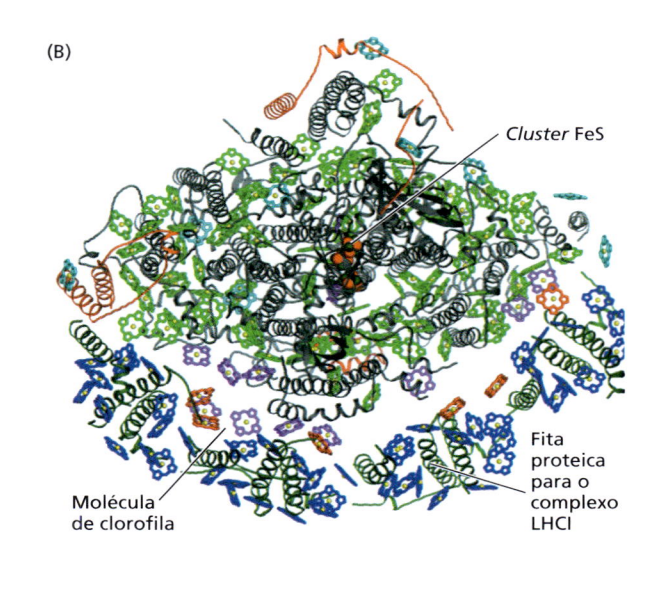

Figura 7.26 Estrutura do PSI. (A) Modelo estrutural do centro de reação do PSI das plantas superiores. Os componentes do centro de reação do PSI estão organizados ao redor de duas proteínas-núcleo principais, PsaA e PsaB. As proteínas secundárias PsaC a PsaN estão identificadas pelas letras de C a N. Os elétrons são transferidos da plastocianina (PC) para o P700 (ver Figuras 7.19 e 7.20) e daí para uma molécula de clorofila (A_0), para uma filoquinona (A_1), para os centros Fe-S, FeS_X, FeS_A e FeS_B, e, finalmente, para a proteína ferro-sulfurosa solúvel ferredoxina (Fd). (B) Estrutura do complexo do centro de reação do PSI de ervilha em uma resolução de 0,44 nm, incluindo os complexos antena LHCI. Esta é a visão do lado estromal da membrana. (A de Buchanan et al., 2000; B de Nelson e Ben-Shem, 2004.)

brana, também conhecidas como **centros Fe-S**: **FeS$_X$**, **FeS$_A$**, e **FeS$_B$** (ver Figura 7.26). O FeS$_X$ é parte da proteína ligante P700; o FeS$_A$ e o FeS$_B$ residem em uma proteína de 8 kDa que faz parte do complexo do centro de reação PSI. Os elétrons são transferidos através do FeS$_A$ e do FeS$_B$ para a **ferredoxina** (**Fd**), uma pequena proteína ferro-sulfurosa hidrossolúvel (ver Figuras 7.19 e 7.26). Uma flavoproteína associada à membrana, a **ferredoxina-NADP$^+$-redutase** (**FNR**), reduz o NADP$^+$ a NADPH, completando, assim, a sequência do transporte acíclico de elétrons, que inicia com a oxidação da água.

Além da redução de NADP$^+$, a ferredoxina reduzida pelo PSI tem diversas outras funções no cloroplasto, tais como fornecer redutor para a redução do nitrato e regular algumas das enzimas da fixação do carbono (ver Capítulo 8).

O fluxo cíclico de elétrons gera ATP, mas não NADPH

Alguns dos complexos citocromo b_6f são encontrados na região do estroma da membrana, onde está localizado o PSI. Sob certas condições, sabe-se que pode ocorrer um **fluxo cíclico de elétrons** a partir do lado redutor do PSI, via plasto-hidroquinona e complexo b_6f e de volta ao P700. Esse fluxo cíclico de elétrons está acoplado ao bombeamento de prótons para o lume, os quais podem ser utilizados para a síntese de ATP, mas não oxida água ou reduz NADP$^+$ (ver Figura 7.16B). O fluxo cíclico de elétrons é especialmente importante como uma fonte de ATP nos cloroplastos da bainha do feixe vascular de algumas plantas que possuem o tipo C$_4$ de fixação de carbono (ver Capítulo 8). O mecanismo molecular do fluxo cíclico de elétrons ainda não é completamente compreendido.

Alguns herbicidas bloqueiam o fluxo fotossintético de elétrons

O uso de herbicidas para matar plantas indesejáveis é largamente adotado na agricultura moderna. Muitas classes diferentes de herbicidas foram desenvolvidas. Alguns agem bloqueando a biossíntese de aminoácidos, carotenoides ou lipídeos ou transtornando a divisão celular. Outros herbicidas, como diclorofenildimetilureia (DCMU, também conhecido como diuron) e paraquat, bloqueiam o fluxo de elétrons fotossintéticos (**Figura 7.27**).

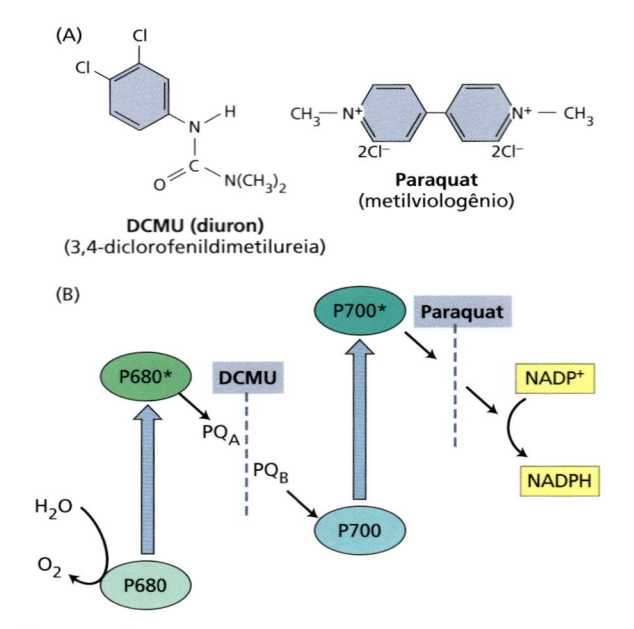

Figura 7.27 Estrutura química e mecanismo de ação de dois herbicidas importantes. (A) Estrutura química do diclorofenildimetilureia (DCMU) e do metilviologênio (paraquat, um sal de cloreto), dois herbicidas que bloqueiam o fluxo de elétrons fotossintéticos. O DCMU também é conhecido como diuron. (B) Sítios de ação dos dois herbicidas. O DCMU bloqueia o fluxo de elétrons nos aceptores de plastoquinona do PSII, por competição pelo sítio de ligação da plastoquinona. O paraquat atua recebendo elétrons dos aceptores primários do PSI.

O DCMU bloqueia o fluxo de elétrons nos aceptores quinona do PSII, competindo pelo sítio de ligação da plastoquinona que normalmente é ocupado pela PQ_B. O paraquat aceita elétrons dos aceptores primários do PSI e, então, reage com o oxigênio para formar superóxido, $O_2^{\bullet-}$, uma espécie reativa de oxigênio que é muito prejudicial aos componentes do cloroplasto.

O transporte de prótons e a síntese de ATP no cloroplasto

As seções anteriores mostraram como a energia capturada da luz é utilizada para reduzir o $NADP^+$ a NADPH. Outra fração dessa energia capturada é utilizada para a síntese do ATP dependente de luz, que é conhecida como **fotofosforilação**. Esse processo foi descoberto por Daniel Arnon e colaboradores na década de 1950. Sob condições celulares normais, a fotofosforilação requer fluxo de elétrons, embora, sob certas condições, o fluxo de elétrons e a fotofosforilação possam ocorrer independentemente. O fluxo de elétrons sem o acompanhamento da fosforilação é dito **desacoplado**.

Hoje é amplamente aceito que a fotofosforilação funciona via mecanismo quimiosmótico. Esse mecanismo foi proposto pela primeira vez por Peter Mitchell, na década de 1960. O mesmo mecanismo geral aciona a fosforilação durante a respiração aeróbia em bactérias e mitocôndrias (ver Capítulo 11), bem como a transferência de muitos íons e metabólitos através de membranas (ver Capítulo 6). A quimiosmose parece ser um aspecto unificador dos processos de membrana em todas as formas de vida.

No Capítulo 6, foi discutido o papel das ATPases na quimiosmose e no transporte de íons na membrana plasmática das células. O ATP utilizado pela ATPase da membrana plasmática é sintetizado pela fotofosforilação no cloroplasto e pela fosforilação oxidativa na mitocôndria. Aqui, o interesse é a quimiosmose e as diferenças de concentração transmembrana de prótons utilizadas para produzir ATP no cloroplasto.

O princípio básico da quimiosmose é que as diferenças na concentração de íons e as diferenças no potencial elétrico através das membranas são uma fonte de energia livre que pode ser utilizada pela célula. Conforme descrito pela segunda lei da termodinâmica, qualquer distribuição não uniforme de matéria ou energia representa uma fonte de energia. As diferenças no **potencial químico** de qualquer espécie molecular cujas concentrações não são as mesmas em lados opostos de uma membrana proporcionam tal fonte de energia.

A natureza assimétrica da membrana fotossintética e o fato de que o fluxo de prótons de um lado para outro da membrana acompanha o fluxo de elétrons foram discutidos anteriormente. A direção da translocação de prótons é tal que o estroma se torna mais alcalino (menos íons H^+) e o lume mais ácido (mais íons H^+), como consequência do transporte de elétrons (ver Figuras 7.20 e 7.25).

Algumas das primeiras evidências respaldando o mecanismo quimiosmótico da formação fotossintética de ATP foram fornecidas por um refinado experimento conduzido por André Jagendorf e colaboradores (**Figura 7.28**). Eles colocaram tilacoides de cloroplastos em uma suspensão-tampão de pH 4, e o tampão difundiu-se através da membrana, causando um equilíbrio nesse pH ácido entre o interior e o exterior do tilacoide. Eles, então, transferiram rapidamente os tilacoides para um tampão de pH 8, criando, assim, uma diferença de pH de 4 unidades através da membrana do tilacoide, com o interior ácido em relação ao exterior.

Eles constataram que grandes quantidades de ATP foram formadas a partir de $ADP + P_i$ por esse processo, sem a entrada de luz ou o transporte de elétrons. Esse resultado dá suporte às predições da hipótese quimiosmótica, descrita nos parágrafos seguintes.

Mitchell propôs que a energia total disponível para a síntese de ATP, a qual chamou de **força motriz de prótons** (Δp), é a soma de um potencial químico de

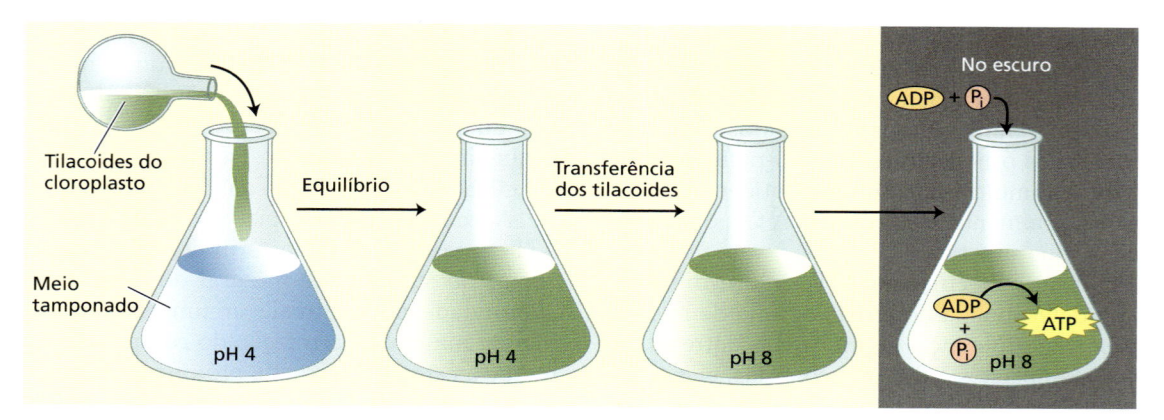

Figura 7.28 Resumo do experimento realizado por Jagendorf e colaboradores. Os tilacoides isolados de cloroplastos e mantidos previamente em pH 8 foram equilibrados em um meio ácido em pH 4. Os tilacoides foram, então, transferidos para um tampão em pH 8 contendo ADP e P_i. O gradiente de prótons gerado por essa manipulação forneceu uma força propulsora para a síntese de ATP na ausência da luz. Esse experimento confirmou uma hipótese da teoria quimiosmótica, segundo a qual um potencial químico através da membrana pode fornecer energia para a síntese de ATP. (De Jagendorf, 1967.)

prótons e um potencial elétrico transmembrana. Esses dois componentes da força motriz de prótons do lado de fora da membrana para o interior são dados pela seguinte equação:

$$\Delta p = \Delta E - 59(pH_i - pH_o) \qquad (7.9)$$

onde ΔE é o potencial elétrico transmembrana e $pH_i - pH_o$ (ou ΔpH) é a diferença de pH através da membrana. A constante de proporcionalidade (a 25°C) é 59 mV por unidade de pH, de forma que uma diferença transmembrana de 1 unidade de pH é equivalente a um potencial de membrana de 59 mV. A maior parte das evidências sugere que o equilíbrio dinâmico do potencial elétrico é relativamente pequeno nos cloroplastos, de forma que a maior parte da força motriz de prótons é derivada do gradiente de pH.

Além da necessidade dos carregadores móveis de elétrons já discutida, a distribuição desigual dos fotossistemas II e I e da ATP-sintase na membrana do tilacoide (ver Figura 7.16) coloca alguns desafios para a formação do ATP. A ATP-sintase é encontrada apenas nas lamelas estromais e nas margens das pilhas de *grana*. Os prótons bombeados através da membrana pelo complexo citocromo b_6f ou os prótons produzidos pela oxidação da água no meio dos *grana* precisam se movimentar lateralmente várias dezenas de nanômetros para alcançar a ATP-sintase.

O ATP é sintetizado por um complexo enzimático (massa de ~400 kDa) conhecido por vários nomes: **ATP-sintase**, ATPase (pela reação reversa da hidrólise do ATP) e CF_0–CF_1. Essa enzima consiste em duas partes: uma porção hidrofóbica ligada à membrana, chamada de CF_0, e uma porção que sai da membrana para dentro do estroma, chamada de CF_1 (**Figura 7.29**). A CF_0 parece formar um canal através da membrana, pelo qual os

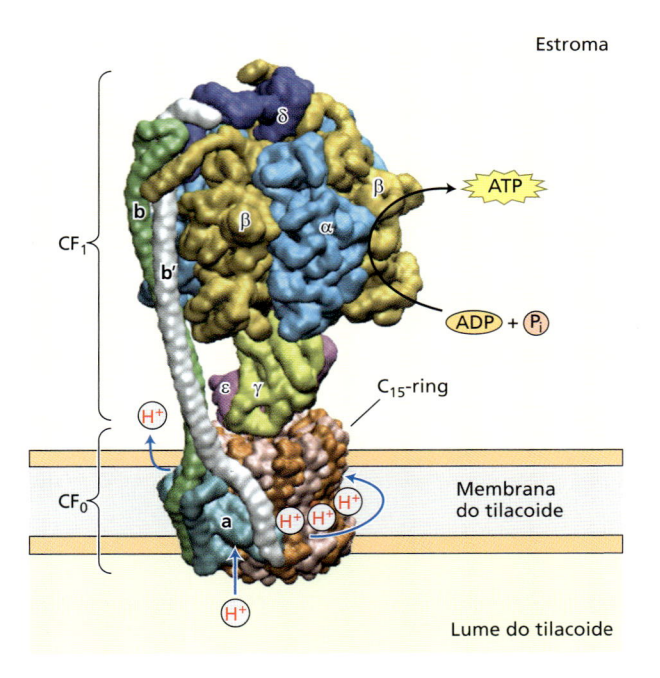

Figura 7.29 Estrutura da ATP-sintase F_1F_0 cloroplástica. Essa enzima consiste em um grande complexo com múltiplas subunidades, CF_1, ligado no lado estromal da membrana a uma porção integral de membrana, conhecida como CF_0. A CF_1 consiste em cinco diferentes polipeptídeos, com uma estequiometria de α_3, β_3, γ δ ε. A CF_0 contém quatro diferentes polipeptídeos, com uma estequiometria de a, b, b', c_{14}. Prótons provenientes do lume são transportados pelo polipeptídeo giratório c e ejetados no lado do estroma. A estrutura é muito semelhante à da ATP-sintase F_0F_1 mitocondrial (ver Capítulo 11) e da V-ATPase vacuolar (ver Capítulo 6). (Cortesia de W. Frasch.)

prótons podem passar. A CF_1 é formada por vários peptídeos, incluindo três cópias de cada um dos peptídeos α e β, arranjados alternadamente de forma similar aos gomos de uma laranja. Enquanto os sítios catalíticos estão localizados principalmente nos β-polipeptídeos, acredita-se que muitos dos outros peptídeos tenham funções principalmente de regulação. A CF_1 é a porção do complexo que sintetiza ATP.

A estrutura molecular da ATP-sintase mitocondrial já foi determinada por cristalografia de raios X. Embora existam diferenças significativas entre as enzimas dos cloroplastos e das mitocôndrias, elas têm a mesma arquitetura geral e, provavelmente, sítios catalíticos quase idênticos. Na verdade, existem similaridades marcantes na forma como o fluxo de elétrons está acoplado à translocação de prótons nos cloroplastos e nas mitocôndrias (**Figura 7.30**). Outro aspecto marcante do mecanismo da ATP-sintase é que o ramo interno e provavelmente muito da porção CF_0 da enzima giram durante a catálise. A enzima é, na realidade, um pequeno motor molecular. Três moléculas de ATP são sintetizadas a cada rotação da enzima.

A imagem microscópica direta da porção CF_0 da ATP-sintase do cloroplasto indica que ela contém 14 cópias da subunidade integral de membrana. Cada subunidade pode translocar um próton através da membrana em cada rotação do complexo. Isso sugere que a estequiometria de prótons translocados para ATP formados é de 14/3, ou 4,67. Os valores medidos desse parâmetro em geral são menores que esse valor, e as razões para essa discrepância ainda não são compreendidas.

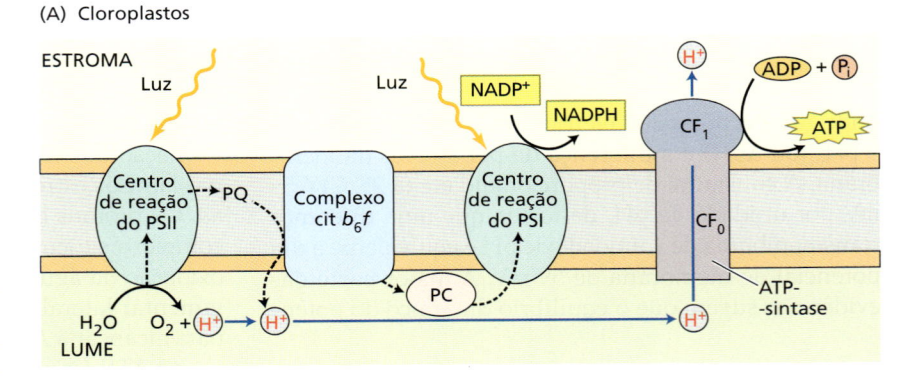

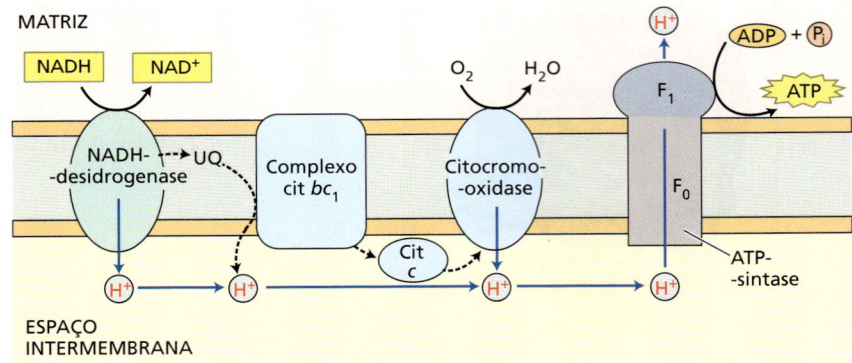

Figura 7.30 Similaridades entre os fluxos fotossintético e respiratório de elétrons em cloroplastos e mitocôndrias. Em ambos, o fluxo de elétrons está acoplado à translocação de prótons, criando uma força motriz de prótons transmembrana (Δp). A energia na força motriz de prótons é, então, utilizada para a síntese de ATP pela ATP-sintase. (A) Os cloroplastos realizam o fluxo acíclico de elétrons, oxidando a água e reduzindo o $NADP^+$. Prótons são produzidos pela oxidação da água e pela oxidação da PQH_2 (denominada "PQ" na ilustração) pelo complexo citocromo b_6f. (B) As mitocôndrias oxidam NADH a NAD^+ e reduzem oxigênio a água. Prótons são bombeados por enzima NADH-desidrogenase, complexo citocromo bc_1 e citocromo oxidase. As ATP-sintases nos dois sistemas são estruturalmente muito similares. UQ, ubiquinona.

Resumo

A fotossíntese nas plantas usa a energia luminosa para a síntese de carboidratos e a liberação de oxigênio a partir de dióxido de carbono e água. A energia armazenada nos carboidratos é utilizada para impulsionar processos celulares na planta e serve como fonte de energia para todas as formas de vida.

Fotossíntese nas plantas superiores

- Dentro dos cloroplastos, as clorofilas absorvem a energia da luz para a oxidação da água, liberando oxigênio e produzindo NADPH e ATP (reações dos tilacoides).
- O NADPH e o ATP são utilizados na redução do dióxido de carbono para formar açúcares (reações de fixação do carbono).

Conceitos gerais

- A luz comporta-se como partícula e onda, levando energia sob forma de fótons, dos quais alguns são utilizados pelas plantas (**Figuras 7.1-7.3**).
- As clorofilas energizadas pela luz podem fluorescer, transferir energia para outras moléculas ou utilizar sua energia para induzir reações químicas (**Figuras 7.5, 7.10**).
- Todos os organismos fotossintetizantes contêm uma mistura de pigmentos com diferentes estruturas e propriedades de absorção de luz (**Figuras 7.6, 7.7**).

Experimentos-chave para a compreensão da fotossíntese

- Um espectro de ação para a fotossíntese mostra a liberação de oxigênio por algas em certos comprimentos de onda (**Figuras 7.8, 7.9**).
- Complexos antena pigmento-proteicos capturam a energia da luz e a transferem para os complexos do centro de reação (**Figura 7.10**).
- A luz impulsiona a redução do $NADP^+$ e a formação do ATP. Organismos produtores de oxigênio possuem dois fotossistemas (PSI e PSII) que operam em série (**Figuras 7.12, 7.13**).

Organização do aparelho fotossintético

- Dentro do cloroplasto, as membranas do tilacoide contêm os centros de reação, os complexos antena de captação de luz e a maioria das proteínas carregadoras de elétrons. O PSI e o PSII estão espacialmente separados nos tilacoides (**Figura 7.16**).

Organização dos sistemas antena de absorção de luz

- O sistema antena canaliza a energia para os centros de reação (**Figura 7.17**).

- As proteínas de captação de luz de ambos os fotossistemas são estruturalmente similares (**Figura 7.18**).

Mecanismos de transporte de elétrons

- O esquema Z identifica o fluxo de elétrons da água ao $NADP^+$ pelos carregadores no PSII e no PSI (**Figuras 7.13, 7.19**).
- Quatro grandes complexos proteicos transferem elétrons: PSII, citocromo b_6f, PSI e ATP-sintase (**Figuras 7.16, 7.20**).
- A clorofila do centro de reação do PSI possui uma absorção máxima em 700 nm; a clorofila do centro de reação do PSII tem sua absorção máxima em 680 nm.
- O centro de reação PSII é um complexo pigmento-proteico composto por múltiplas subunidades (**Figura 7.22**).
- Íons manganês são necessários para oxidar a água.
- Duas plastoquinonas hidrofóbicas aceitam elétrons do PSII (**Figuras 7.20, 7.23**).
- Os prótons são translocados para o lume do tilacoide quando os elétrons passam pelo complexo citocromo b_6f (**Figuras 7.20, 7.24**).
- Plastoquinona e plastocianina transportam elétrons entre o PSII e o PSI (**Figura 7.25**).
- $NADP^+$ é reduzido pelo centro de reação do PSI utilizando três centros Fe-S e ferredoxina como carregadores de elétrons (**Figuras 7.20, 7.26**).
- O fluxo cíclico de elétrons produz ATP, mas não produz NADPH, por bombeamento de prótons.
- Herbicidas podem bloquear o fluxo fotossintético de elétrons (**Figura 7.27**).

O transporte de prótons e a síntese de ATP no cloroplasto

- A transferência *in vitro* de tilacoides de cloroplastos, equilibrados em pH 4, para um tampão de pH 8 resultou na formação de ATP a partir de ADP e P_i, dando suporte à hipótese quimiosmótica (**Figura 7.28**).
- Os prótons movimentam-se por meio um gradiente eletroquímico (força motriz de prótons), passando por uma ATP-sintase e formando ATP (**Figuras 7.20, 7.29**).
- Durante a catálise, a porção CF_0 da ATP-sintase gira como um motor em miniatura.
- A translocação de prótons nos cloroplastos e nas mitocôndrias mostra similaridades significativas (**Figura 7.30**).

Leituras sugeridas

Blankenship, R. E. (2014) *Molecular Mechanisms of Photosynthesis*, 2nd ed. Wiley-Blackwell, Oxford, UK.

Hohmann-Marriott, M. F., and Blankenship, R. E. (2011) Evolution of photosynthesis. *Annu. Rev. Plant Biol.* 62: 515–548.

Ke, B. (2001) *Photosynthesis Photobiochemistry and Photobiophysics* (*Advances in Photosynthesis*, vol. 10). Kluwer, Dordrecht, Netherlands.

Nicholls, D. G., and Ferguson, S. J. (2013) *Bioenergetics*, 4th ed. Academic Press, Amsterdam.

Ort, D. R., and Yocum, C. F., eds. (1996) *Oxygenic Photosynthesis: The Light Reactions* (*Advances in Photosynthesis*, vol. 4). Kluwer, Dordrecht, Netherlands.

Zhu, X.-G., Long, S. P., and Ort, D. R. (2010) Improving photosynthetic efficiency for greater yield. *Ann. Rev. Plant Biol.* 61: 235–261.

8 Fotossíntese: Reações de Carboxilação

No Capítulo 4, foram examinadas as demandas das plantas por nutrientes minerais e luz para poderem crescer e completar seu ciclo de vida. Uma vez que a quantidade de matéria em nosso planeta permanece constante, a transformação e a circulação de moléculas pela biosfera demandam um fluxo contínuo de energia. De outra parte, a entropia aumentaria e o fluxo de matéria, em última análise, pararia. A principal fonte de energia para a sustentação da vida na biosfera é a energia solar radiante que atinge a superfície da Terra. Os organismos fotossintetizantes capturam cerca de 3×10^{21} Joules por ano de energia da luz solar e a utilizam para a fixação de aproximadamente 2×10^{11} toneladas de carbono por ano.

Há mais de 1 bilhão de anos, células heterotróficas dependentes de moléculas orgânicas produzidas abioticamente adquiriram a capacidade de converter a luz solar em energia química, mediante endossimbiose primária com uma cianobactéria ancestral. Esse evento endossimbiótico implicou o ganho de novas rotas metabólicas: o endossimbionte ancestral transmitiu a capacidade não apenas de realizar a fotossíntese oxigênica, mas também de sintetizar novos compostos, tal como o *amido*.

No Capítulo 7, mostrou-se como a energia associada à oxidação fotoquímica da água ao oxigênio molecular nas membranas do tilacoide gera ATP, ferredoxina reduzida e NADPH. Subsequentemente, os produtos das reações luminosas, ATP e NADPH, fluem das membranas dos tilacoides para a fase fluida circundante (estroma) e impulsionam a redução, catalisada por enzimas, do CO_2 atmosférico a carboidratos e outros componentes celulares (**Figura 8.1**). Por muito tempo, considerou-se que essas últimas reações no estroma eram independentes da luz e, por isso, foram referidas como reações escuras (*dark reactions*). Entretanto, essas reações

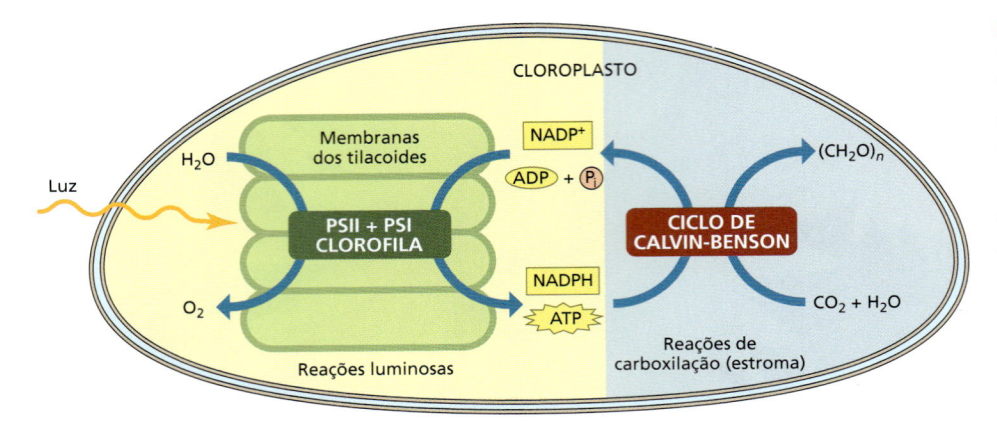

Figura 8.1 Reações luminosas e de carboxilação da fotossíntese em cloroplastos de plantas terrestres. Nas membranas dos tilacoides, a excitação da clorofila na cadeia de transporte de elétrons [fotossistema II (PSII) + fotossistema I (PSI)] pela luz induz a formação de ATP e NADPH (ver Capítulo 7). No estroma, tanto o ATP como o NADPH são consumidos pelo ciclo de Calvin-Benson, em uma série de reações catalisadas por enzimas que reduzem o CO_2 atmosférico a carboidratos (trioses fosfato).

localizadas no estroma são mais adequadamente denominadas reações de carboxilação da fotossíntese, porque os produtos dos processos fotoquímicos não apenas fornecem os substratos para as enzimas, mas também controlam suas taxas catalíticas.

No início deste capítulo, é analisado o ciclo metabólico que incorpora o CO_2 atmosférico em compostos orgânicos apropriados para a vida: o **ciclo de Calvin-Benson**. A seguir, considera-se como o fenômeno inevitável da fotorrespiração – uma consequência de uma reação lateral com oxigênio molecular – libera parte do CO_2 assimilado. Como a fotorespiração diminui a eficiência da assimilação fotossintética de CO_2, são também examinados os mecanismos bioquímicos para mitigar a perda de CO_2: bombas de CO_2, metabolismo C_4 e metabolismo ácido das crassuláceas (CAM, *crassulacean acid metabolism*). Por fim, é brevemente considerada a formação dos dois principais produtos da fixação fotossintética de CO_2: **amido**, o polissacarídeo de reserva que se acumula transitoriamente em cloroplastos, e **sacarose**, o dissacarídeo que é exportado das folhas para os órgãos de armazenamento e em desenvolvimento da planta.

O ciclo de Calvin-Benson

Um requisito para a manutenção da vida na biosfera é a fixação de CO_2 atmosférico em esqueletos de compostos orgânicos que são compatíveis com as necessidades da célula. Essas transformações endergônicas (consumidoras de energia) são acionadas pela energia advinda de fontes físicas e químicas. A rota autotrófica de fixação do CO_2 predominante é o ciclo de Calvin-Benson, encontrado em muitos procariotos e em todos os eucariotos fotossintetizantes, das algas mais primitivas até as angiospermas mais avançadas. Essa rota diminui o estado de oxidação do carbono a partir do valor mais elevado, encontrado no CO_2 (+4), para níveis encontrados em açúcares (p. ex., +2 em grupos ceto –CO–; 0 em alcoóis secundários –CHOH–). Em vista de sua notável capacidade de diminuir o estado de oxidação de carbono, o ciclo de Calvin-Benson é também apropriadamente chamado de *ciclo redutor das pentoses fosfato* e de *ciclo de redução de carbono fotossintético*.

O ciclo de Calvin-Benson tem três fases: carboxilação, redução e regeneração

Na década de 1950, uma série de experimentos criativos realizados por M. Calvin, A. Benson, J. A. Bassham e seus colegas forneceu evidências convincentes para o ciclo de Calvin-Benson. O ciclo acontece em três fases altamente coordenadas no cloroplasto (**Figura 8.2**):

1. *Carboxilação* da molécula aceptora de CO_2. A primeira etapa enzimática executada no ciclo é a reação de CO_2 e água com uma molécula aceptora de cinco átomos de carbono (ribulose-1,5-bifosfato), gerando duas moléculas de um intermediário de três carbonos (3-fosfoglicerato).

2. *Redução* do 3-fosfoglicerato. O 3-fosfoglicerato é convertido em carboidratos de 3 carbonos (trioses fosfato) por reações enzimáticas acionadas por ATP e NADPH gerados fotoquimicamente.

3. *Regeneração* do aceptor de CO_2, ribulose-1,5-bifosfato. O ciclo é finalizado pela regeneração da ribulose-1,5-bifosfato por uma série de dez reações catalisadas por enzimas, uma das quais necessita de ATP.

A saída de carbono na forma de trioses fosfato equilibra a entrada de carbono fornecido pelo CO_2 atmosférico. As trioses fosfato geradas pelo ciclo de Calvin-Benson são convertidas em amido no cloroplasto ou exportadas para o citosol para a formação de sacarose. A sacarose é transportada no floema para órgãos heterotróficos da planta para sustentar o crescimento e a síntese de produtos de reserva.

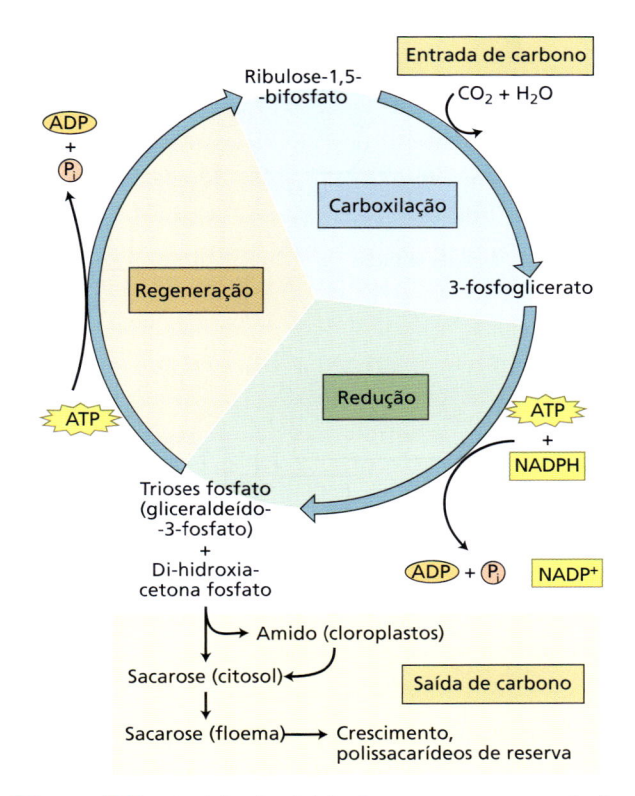

Figura 8.2 O ciclo de Calvin-Benson opera em três fases: (1) *carboxilação*, em que o carbono atmosférico (CO_2) é covalentemente ligado a um esqueleto de carbono; (2) *redução*, que forma um carboidrato (triose fosfato) às custas do ATP formado fotoquimicamente e de agentes redutores na forma de NADPH; e (3) *regeneração*, que reconstitui a ribulose-1,5-bifosfato aceptora do CO_2. Em situação de equilíbrio, a entrada de CO_2 iguala-se à saída de trioses fosfato. Essas últimas servem como precursores da biossíntese do amido no cloroplasto ou fluem para o citosol, para a biossíntese de sacarose e outras reações metabólicas. A sacarose é carregada na seiva do floema (ver Capítulo 10) e utilizada para crescimento ou biossíntese de polissacarídeos em outras partes da planta.

A fixação do CO_2 via carboxilação da ribulose-1,5-bifosfato e redução do produto 3-fosfoglicerato gera trioses fosfato

Na etapa de carboxilação do ciclo de Calvin-Benson, uma molécula de CO_2 e uma molécula de H_2O reagem com uma molécula de ribulose-1,5-bifosfato para produzir duas moléculas de 3-fosfoglicerato (**Figura 8.3** e **Tabela 8.1**, reação 1). Essa reação é catalisada pela enzima do cloroplasto ribulose-1,5-bifosfato-carboxilase/oxigenase, referida como **Rubisco**. Na primeira reação parcial, um H^+ é removido do carbono 3 da ribulose-1,5-bifosfato (**Figura 8.4**). A adição de CO_2 ao enediol intermediário instável, ligado à Rubisco, impulsiona a segunda reação parcial para a formação irreversível do 2-carbóxi-3-cetoarabinitol-1,5-bifosfato (ver Figura 8.4, ramo superior da rota), cuja hidratação produz duas moléculas de 3-fosfoglicerato.

Na fase de redução do ciclo de Calvin-Benson, duas reações sucessivas reduzem o carbono do 3-fosfoglicerato produzido pela fase de carboxilação (ver Figura 8.3 e Tabela 8.1, reações 2 e 3):

1. Em primeiro lugar, o ATP formado pelas reações luminosas fosforila o 3-fosfoglicerato no grupo carboxila, produzindo um misto anidrido, 1,3-bifosfoglicerato, em uma reação catalisada pela 3-fosfoglicerato quinase.

2. Em seguida, NADPH, também gerado pelas reações luminosas, reduz 1,3-bifosfoglicerato a gliceraldeído-3-fosfato, em uma reação catalisada pela enzima de cloroplasto NADP-gliceraldeído-3-fosfato-desidrogenase.

A operação de três fases de carboxilação e redução produz seis moléculas de gliceraldeído-3-fosfato (6 moléculas x 3 carbonos/molécula = 18 carbonos no total), quando três moléculas de ribulose-1,5-bifosfato (3 moléculas x 5 carbonos/molécula = 15 carbonos no total) reagem com três moléculas de CO_2 (3 carbonos no total) e as seis moléculas de 3-fosfoglicerato são reduzidas (ver Figura 8.3).

A regeneração da ribulose-1,5-bifosfato assegura a assimilação contínua do CO_2

Na fase de regeneração, o ciclo de Calvin-Benson facilita a absorção contínua do CO_2 atmosférico pelo restabelecimento do aceptor de CO_2 ribulose-1,5-bifosfato. Para esse fim, três moléculas de ribulose-1,5-bifosfato (3 moléculas × 5 carbonos/molécula = 15 carbonos no total) são formadas por reações que reposicionam os carbonos de cinco moléculas de gliceraldeído-3-fosfato (5 moléculas × 3 carbonos/molécula = 15 carbonos) (ver Figura 8.3). A sexta molécula de gliceraldeído-3-fosfato (1 molécula × 3 carbonos/molécula = 3 carbonos no total) representa a assimilação líquida de três moléculas de CO_2 e fica disponível para o metabolismo do carbono da planta. O reposicionamento das outras cinco moléculas de gliceraldeído-3-fosfato para produzir três moléculas de ribulose-1,5-bifosfato ocorre por meio das reações 4 a 12 na Tabela 8.1 e na Figura 8.3:

- Duas moléculas de gliceraldeído-3-fosfato são convertidas em di-hidroxiacetona fosfato na reação catalisada pela triose fosfato isomerase (ver Tabela 8.1, reação 4). O gliceraldeído-3-fosfato e a di-hidroxiacetona fosfato são chamados coletivamente de *trioses fosfato*.

- Uma molécula de di-hidroxiacetona fosfato passa por uma condensação aldólica com uma terceira molécula de gliceraldeído-3-fosfato, uma reação

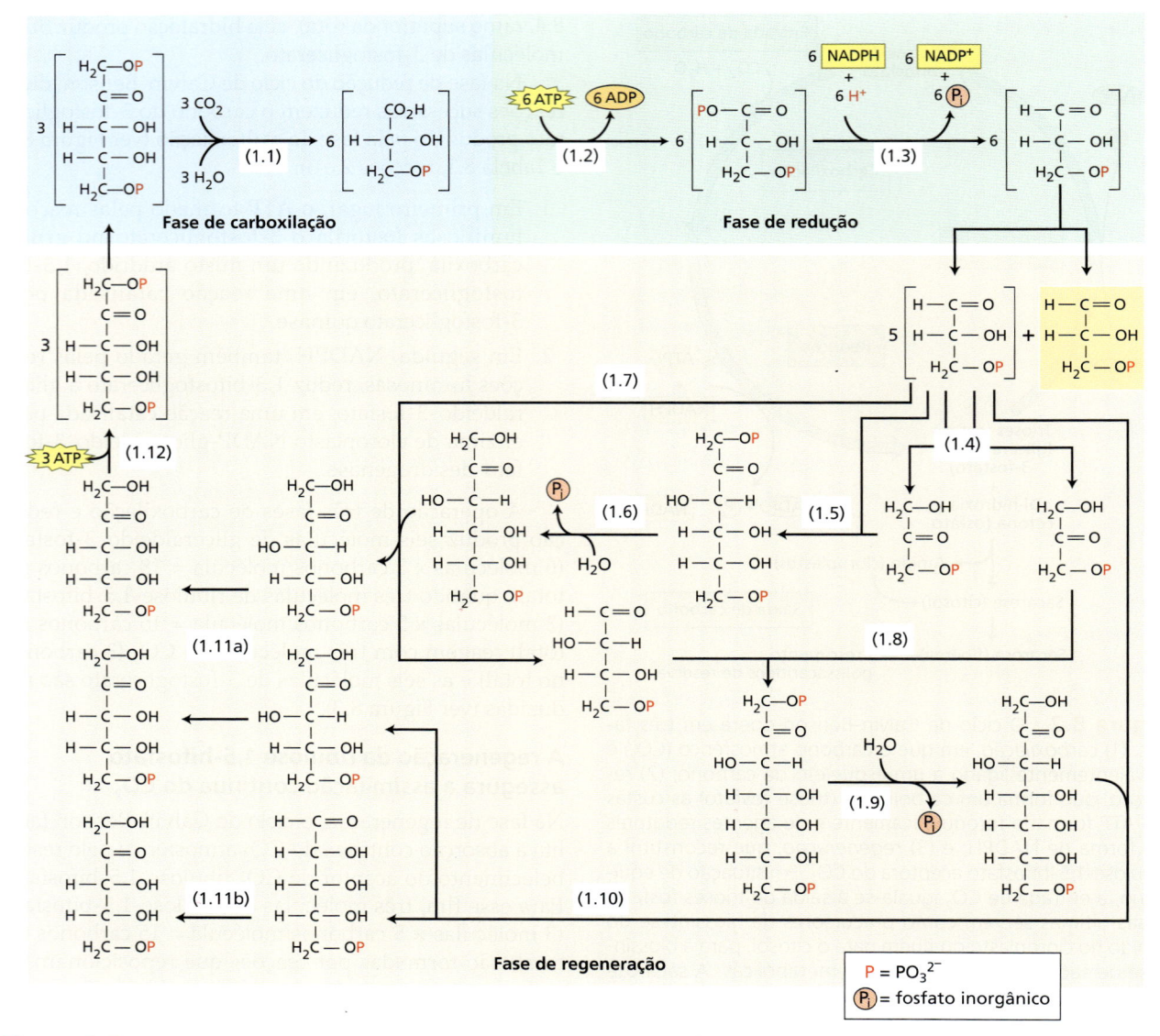

Figura 8.3 Ciclo de Calvin-Benson. A carboxilação de três moléculas de ribulose-1,5-bifosfato produz seis moléculas de 3-fosfoglicerato (fase de carboxilação). Após a fosforilação do grupo carboxila, o 1,3-bifosfoglicerato é reduzido a seis moléculas de gliceraldeído-3-fosfato com a liberação concomitante de seis moléculas de fosfato inorgânico (fase de redução). Desse total de seis moléculas de gliceraldeído-3-fosfato, uma delas (sombreada) representa a assimilação líquida das três moléculas de CO_2, enquanto as outras cinco passam por uma série de reações que, ao final, regeneram as três moléculas de ribulose-1,5-bifosfato iniciais (fase de regeneração). Ver Tabela 8.1 para uma descrição de cada uma das reações numeradas.

catalisada pela aldolase, gerando frutose-1,6-bifosfato (ver Tabela 8.1, reação 5).

- A frutose-1,6-bifosfato é hidrolisada a frutose-6-fosfato em uma reação catalisada por uma frutose-1,6-bifosfatase específica do cloroplasto (ver Tabela 8.1, reação 6).
- Uma unidade de 2 carbonos da molécula de frutose-6-fosfato (carbonos 1 e 2) é transferida, via enzima transcetolase, para uma quarta molécula de gliceraldeído-3-fosfato, formando xilulose-5-fosfato. Os outros quatro carbonos da molécula de frutose-6-fosfato (carbonos 3, 4, 5 e 6) formam eritrose-4-fosfato (ver Tabela 8.1, reação 7).
- A eritrose-4-fosfato combina-se, então, via aldolase, com a molécula remanescente de di-hidroxiacetona fosfato, produzindo o açúcar de sete carbonos sedo-heptulose-1,7-bifosfato (ver Tabela 8.1, reação 8).

Capítulo 8 • Fotossíntese: Reações de Carboxilação

TABELA 8.1   Reações do ciclo de Calvin-Benson

Enzima	Reação
1. Ribulose-1,5-bifosfato-carboxilase/oxigenase (Rubisco)	Ribulose-1,5-bifosfato + CO_2 + H_2O → 2 3-fosfoglicerato
2. 3-fosfoglicerato quinase	3-fosfoglicerato + ATP → 1,3-bifosfoglicerato + ADP
3. NADP-gliceraldeído-3-fosfato-desidrogenase	1,3-bifosfoglicerato + NADPH + H^+ → gliceraldeído-3-fosfato + $NADP^+$ + P_i
4. Triose fosfato isomerase	Gliceraldeído-3-fosfato → di-hidroxiacetona fosfato
5. Aldolase	Gliceraldeído-3-fosfato + di-hidroxiacetona fosfato → frutose-1,6-bifosfato
6. Frutose-1,6-bifosfatase	Frutose-1,6-bifosfato + H_2O → frutose-6-fosfato + P_i
7. Transcetolase	Frutose-6-fosfato + gliceraldeído-3-fosfato → eritrose-4-fosfato + xilulose-5-fosfato
8. Aldolase	Eritrose-4-fosfato + di-hidroxiacetona fosfato → sedo-heptulose-1,7-bifosfato
9. Sedo-heptulose-1,7-bifosfatase	Sedo-heptulose-1,7-bifosfato + H_2O → sedo-heptulose-7-fosfato + P_i
10. Transcetolase	Sedo-heptulose-7-fosfato + gliceraldeído-3-fosfato → ribose-5-fosfato + xilulose-5-fosfato
11a. Ribulose-5-fosfato-epimerase	Xilulose-5-fosfato → ribulose-5-fosfato
11b. Ribose-5-fosfato-isomerase	Ribose-5-fosfato → ribulose-5-fosfato
12. Fosforribuloquinase (ribulose-5-fosfato-quinase)	Ribulose-5-fosfato + ATP → ribulose-1,5-bifosfato + ADP + H^+

Nota: P_i simboliza fosfato inorgânico.

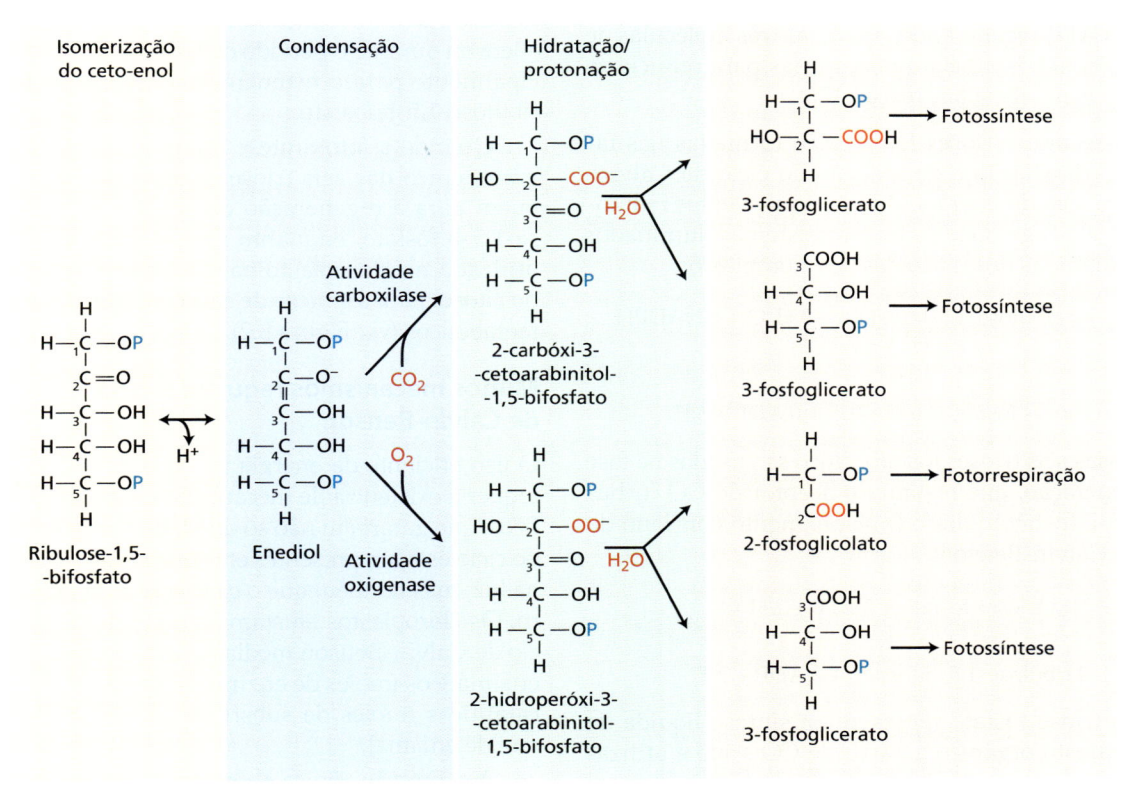

Figura 8.4 Carboxilação e oxigenação da ribulose-1,5-bifosfato catalisadas pela Rubisco. A ligação da ribulose-1,5-bifosfato à Rubisco facilita a formação de um enediol intermediário ligado à enzima que pode ser atacado pelo CO_2 ou pelo O_2 no carbono 2. Com CO_2 (ramo superior da rota), o produto é um intermediário de seis carbonos (2-carbóxi-3-cetoarabinitol-1,5-bifosfato); com O_2 (ramo inferior da rota), o produto é um intermediário reativo de cinco carbonos (2-hidroperóxi-3-cetoarabinitol-1,5-bifosfato). A hidratação desses intermediários no carbono 3 desencadeia a clivagem da ligação carbono-carbono entre os carbonos 2 e 3, produzindo duas moléculas de 3-fosfoglicerato (atividade de carboxilase) ou uma molécula de 2-fosfoglicolato e uma molécula de 3-fosfoglicerato (atividade de oxigenase). O efeito fisiológico importante da atividade de oxigenase é descrito na seção *Fotorrespiração: o ciclo fotossintético oxidativo C_2 do carbono*.

- A sedo-heptulose-1,7-bifosfato é, então, hidrolisada a sedo-heptulose-7-fosfato, por uma sedo-heptulose-1,7-bifosfatase específica do cloroplasto (ver Tabela 8.1, reação 9).

- A sedo-heptulose-7-fosfato doa uma unidade de dois carbonos (carbonos 1 e 2) para a quinta (e última) molécula de gliceraldeído-3-fosfato, via transcetolase, produzindo xilulose-5-fosfato. Os cinco carbonos restantes (carbonos 3-7) da molécula de sedo-heptulose-7-fosfato tornam-se ribose-5-fosfato (ver Tabela 8.1, reação 10).

- As duas moléculas de xilulose-5-fosfato são convertidas em duas moléculas de ribulose-5-fosfato por uma ribulose-5-fosfato-epimerase (ver Tabela 8.1, reação 11a), enquanto uma terceira molécula de ribulose-5-fosfato é formada, a partir da ribose-5-fosfato, pela ribose-5-fosfato-isomerase (ver Tabela 8.1, reação 11b).

- Finalmente, a fosforribuloquinase (também chamada de ribulose-5-fosfato quinase) catalisa a fosforilação de três moléculas de ribulose-5-fosfato com ATP, regenerando, assim, as três moléculas de ribulose-1,5-bifosfato necessárias para reiniciar o ciclo (ver Tabela 8.1, reação 12).

Em resumo, trioses fosfato são formadas nas fases de carboxilação e de redução do ciclo de Calvin-Benson, usando energia (ATP) e equivalentes redutores (NADPH) gerados pelos fotossistemas iluminados das membranas dos tilacoides dos cloroplastos:

$$3\ CO_2 + 3\ \text{ribulose-1,5-bifosfato} + 3\ H_2O + 6\ NADPH + 6\ H^+ + 6\ ATP$$
$$\downarrow$$
$$6\ \text{trioses fosfato} + 6\ NADP^+ + 6\ ADP + 6\ P_i$$

Dessas seis trioses fosfato, cinco são usadas na fase de regeneração, que restaura o aceptor de CO_2 (ribulose-1,5-bifosfato) para o funcionamento contínuo do ciclo de Calvin-Benson:

$$5\ \text{trioses fosfato} + 3\ ATP + 2\ H_2O$$
$$\downarrow$$
$$3\ \text{ribulose-1,5-bifosfato} + 3\ ADP + 2\ P_i$$

A sexta triose fosfato representa a síntese líquida de um composto orgânico a partir de CO_2, que é utilizado como um constituinte estrutural para o carbono armazenado ou para outros processos metabólicos. Assim, a fixação de três CO_2 em uma triose fosfato usa 6 NADPH e 9 ATP:

$$3\ CO_2 + 5\ H_2O + 6\ NADPH + 9\ ATP$$
$$\downarrow$$
$$\text{Gliceraldeído-3-fosfato} + 6\ NADP^+ + 9\ ADP + 8\ P_i$$

O ciclo de Calvin-Benson utiliza duas moléculas de NADPH e três moléculas de ATP para assimilar uma única molécula de CO_2.

Um período de indução antecede o estado de equilíbrio da assimilação fotossintética do CO_2

No escuro, tanto a atividade das enzimas fotossintéticas quanto a concentração dos intermediários do ciclo de Calvin-Benson são baixas. Por isso, as enzimas do ciclo de Calvin-Benson e a maior parte das trioses fosfato estão encarregadas de restaurar as concentrações adequadas dos intermediários metabólicos quando as folhas recebem luz. A taxa de fixação de CO_2 aumenta com o tempo, nos primeiros minutos após o início da iluminação – um intervalo chamado de **período de indução**. A velocidade da fotossíntese acelera porque várias enzimas do ciclo de Calvin-Benson são ativadas pela luz (discussão mais adiante neste capítulo) e porque as concentrações dos intermediários do ciclo aumentam. Em suma, as seis trioses fosfato formadas nas fases de carboxilação e redução do ciclo de Calvin-Benson durante o período de indução são usadas principalmente para a regeneração do aceptor de CO_2, a ribulose-1,5-bifosfato.

Quando a fotossíntese atinge um estado estacionário, cinco das seis trioses fosfato formadas contribuem para a regeneração do aceptor de CO_2 ribulose-1,5-bifosfato, enquanto uma sexta triose fosfato é utilizada no cloroplasto para a formação de amido e no citosol para a síntese de sacarose e outros processos metabólicos (ver Figura 8.2).

Muitos mecanismos regulam o ciclo de Calvin-Benson

O uso eficiente da energia no ciclo de Calvin-Benson requer a existência de mecanismos reguladores específicos, que garantem não só que todos os intermediários do ciclo estejam presentes em concentrações adequadas na luz, mas também que o ciclo seja desligado no escuro. Os cloroplastos ajustam as taxas de reações do ciclo de Calvin-Benson mediante modificação dos níveis enzimáticos (moles de enzima/cloroplasto) e atividades catalíticas (moles de substrato convertido/[minuto × mol de enzima]).

A expressão gênica e a biossíntese de proteínas determinam as concentrações de enzimas em compartimentos celulares. Como a subunidade pequena de Rubisco é codificada no genoma nuclear e a subunidade grande no genoma plastidial, a biossíntese da Rubisco requer a expressão coordenada de dois conjuntos de genes. Proteínas codificadas no núcleo são traduzidas nos ribossomos 80S no citosol e subsequentemente transportadas para o plastídio. Proteínas codificadas no plastídio são traduzidas no estroma em ribossomos 70S semelhantes a procarióticos.

A luz modula a expressão das enzimas do estroma codificadas pelo genoma nuclear via fotorreceptores específicos (p. ex., fitocromo e receptores de luz azul) (ver Capítulo 13). Entretanto, a expressão dos genes nucleares necessita ser sincronizada com a expressão de outros componentes do aparato fotossintético na organela. A maior parte da sinalização reguladora entre o núcleo e os plastídios é anterógrada, isto é, os produtos dos genes nucleares controlam a transcrição e a tradução dos genes dos plastídios. Esse é o caso, por exemplo, na montagem da Rubisco estromal a partir de oito subunidades pequenas codificadas no núcleo (S, de *small*) e oito subunidades grandes codificadas no plastídio (L, de *large*). Contudo, em alguns casos (p. ex., a síntese das proteínas associadas às clorofilas), a regulação pode ser retrógrada – isto é, o sinal flui do plastídio para o núcleo.

Ao contrário das alterações lentas nas taxas catalíticas, causadas por variações na concentração de enzimas, modificações na pós-tradução alteram rapidamente a atividade específica das enzimas dos cloroplastos (µmoles de substrato convertido/[minuto × µmol de enzima]). Dois mecanismos gerais realizam a modificação, mediada por luz, das propriedades cinéticas das enzimas do estroma:

- Mudança nas ligações covalentes resulta em uma enzima modificada quimicamente, tal como a redução de ligações dissulfeto na enzima (Enz) com elétrons doados por outra proteína (Prot):

  $$\text{Enz–(S)}_2 + \text{Prot–(SH)}_2 \leftrightarrow \text{Enz–(SH)}_2 + \text{Prot–(S)}_2$$

- Modificação de interações não covalentes causadas por alterações (a) na composição iônica do meio celular (p. ex., pH, Mg^{2+}), (b) na ligação de efetores da enzima, (c) na estreita associação com proteínas reguladoras em complexos supramoleculares, ou (d) na interação com as membranas dos tilacoides. Apenas as interações iônicas são descritas nas seções seguintes.

Na discussão subsequente sobre a regulação, são examinados os mecanismos dependentes de luz que regulam a atividade específica de cinco enzimas cruciais nos primeiros minutos da transição luz-escuro:

1. Rubisco
2. Frutose-1,6-bifosfatase
3. Sedo-heptulose-1,7-bifosfatase
4. Fosforribuloquinase
5. NADP-gliceraldeído-3-fosfato-desidrogenase

A Rubisco ativase regula a atividade catalítica da Rubisco

Como a Rubisco tem um papel tão importante na fixação de carbono, sua atividade é rigorosamente regulada. A Rubisco que é inativada (p. ex., à noite) é reativada quando as condições tornam-se favoráveis para a fotossíntese. Primeiro, a Rubisco ativase remove a ligação de açúcares-fosfatos da Rubisco e, após, a Rubisco é ativada por ligação de uma molécula de CO_2 (CO_2 ativador). Após essa ativação, a enzima pode iniciar seu ciclo catalítico, pelo qual o CO_2 reage com ribulose-1,-5-bifosfato. A atividade da Rubisco ativase é, por sua vez, regulada pelo sistema ferredoxina-tiorredoxina.

A luz regula o ciclo de Calvin-Benson via sistema ferredoxina-tiorredoxina

A luz regula a atividade catalítica de quatro enzimas do ciclo de Calvin-Benson diretamente pelo **sistema ferredoxina-tiorredoxina**. Esse mecanismo utiliza ferredoxina reduzida pela cadeia de transporte de elétrons da fotossíntese, junto com duas proteínas do cloroplasto (ferredoxina-tiorredoxina redutase e tiorredoxina), para regular frutose-1,6-bifosfatase, sedo-heptulose--1,7-bifosfatase, fosforribuloquinase e NADP-gliceraldeído-3-fosfato-desidrogenase (**Figura 8.5**).

A luz transfere elétrons da água para a ferredoxina via cadeia de transporte de elétrons da fotossíntese (ver Capítulo 7). A ferredoxina reduzida converte a ligação dissulfeto da proteína reguladora tiorredoxina (–S–S–) ao estado reduzido (–SH HS–) com a enzima ferro-sulfurosa ferredoxina-tiorredoxina redutase. Subsequentemente, a tiorredoxina reduzida cliva uma ponte dissulfeto específica (cisteínas oxidadas) da enzima-alvo, formando cisteínas livres (reduzidas). A clivagem das ligações dissulfeto da enzima provoca uma alteração conformacional que aumenta a atividade catalítica (ver Figura 8.5). A desativação de enzimas ativadas pela tiorredoxina ocorre quando o escuro atenua a "pressão de elétrons" do transporte de elétrons da fotossíntese. No entanto, os detalhes do processo de desativação são desconhecidos.

Estudos de proteômica têm demonstrado que o sistema ferredoxina-tiorredoxina regula o funcionamento de enzimas em vários outros processos do cloroplasto, além da fixação de carbono. A tiorredoxina também protege as proteínas contra danos causados por espécies reativas de oxigênio, como o peróxido de hidrogênio (H_2O_2), o ânion superóxido ($O_2^{\bullet}$) e o radical hidroxila (OH•).

Movimentos iônicos dependentes da luz modulam as enzimas do ciclo de Calvin-Benson

No momento em que a iluminação inicia, o fluxo de prótons do estroma para o lume dos tilacoides (ver

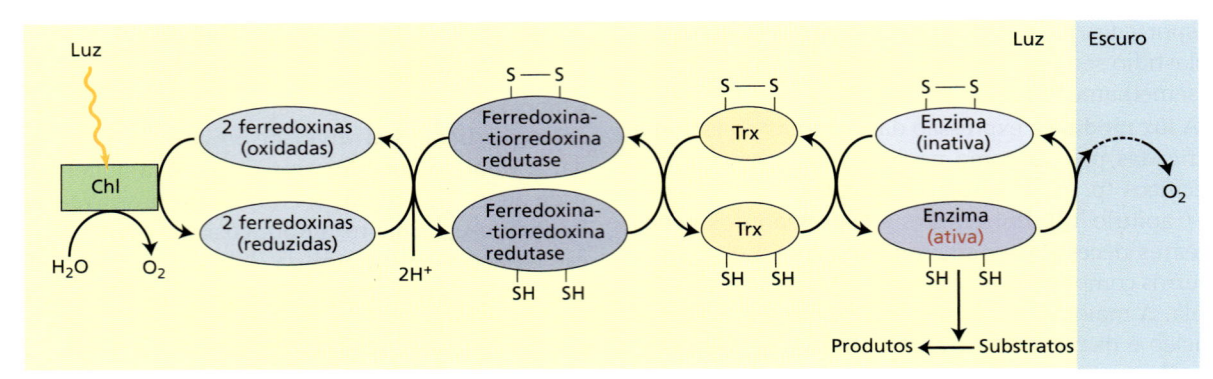

Figura 8.5 Sistema ferredoxina-tiorredoxina. O sistema ferredoxina-tiorredoxina liga o sinal luminoso percebido pelas membranas dos tilacoides à atividade das enzimas no estroma do cloroplasto. A ativação das enzimas do ciclo de Calvin-Benson inicia na luz com a redução da ferredoxina pela cadeia de transporte de elétrons da fotossíntese (Chl) (ver Capítulo 7). A ferredoxina reduzida, junto com dois prótons, é utilizada para reduzir a ligação dissulfeto cataliticamente ativa (–S–S–) da enzima ferro-sulfurosa ferredoxina-tiorredoxina redutase, que, por sua vez, reduz a ligação dissulfeto única (–S–S–) da proteína reguladora tiorredoxina (Trx). A forma reduzida da tiorredoxina (–SH HS–) reduz, então, as ligações dissulfeto reguladora da enzima-alvo, desencadeando sua conversão para um estado cataliticamente ativo que catalisa a transformação dos substratos em produtos. O escuro interrompe o fluxo de elétrons da ferredoxina para a enzima, e a tiorredoxina torna-se oxidada. Embora o mecanismo para a desativação de enzimas ativadas por tiorredoxina no escuro não esteja completamente esclarecido, parece que as oxidações ativadas por O_2 causam a formação de tiorredoxina oxidada. Em seguida, a ligação dissulfeto única (–S–S–) da tiorredoxina traz a forma reduzida (–SH HS–) da enzima de volta à forma oxidada (–S–S–), com a perda concomitante da capacidade catalítica. Diferente das enzimas ativadas pela tiorredoxina, uma enzima do ciclo oxidativo das pentoses fosfato do cloroplasto, glicose-6-fosfato-desidrogenase, não opera na luz, mas é funcional no escuro, porque a tiorredoxina reduz o dissulfeto crítico para a atividade da enzima. A capacidade da tiorredoxina de regular as enzimas funcionais em diferentes rotas minimiza a ciclagem inútil.

Figura 7.20) é acoplado à liberação do Mg^{2+} do espaço intratilacoide para o estroma. Esses fluxos de íons induzidos pela luz diminuem a concentração de prótons no estroma (o pH aumenta de 7 para 8) e aumentam a concentração de Mg^{2+} de 2 para 5 mM. O aumento do pH e da concentração de Mg^{2+}, mediado pela luz, ativa enzimas do ciclo de Calvin-Benson que requerem Mg^{2+} para a catálise e são mais ativas em pH 8 do que em pH 7: Rubisco, frutose-1,6-bifosfatase, sedo-heptulose--1,7-bifosfatase e fosforribuloquinase. As mudanças na composição iônica do estroma do cloroplasto são revertidas rapidamente após escurecer, diminuindo a atividade dessas quatro enzimas.

Fotorrespiração: o ciclo fotossintético oxidativo C_2 do carbono

A Rubisco catalisa tanto a carboxilação como a oxigenação da ribulose-1,5-bifosfato (ver Figura 8.4). A carboxilação produz duas moléculas de 3-fosfoglicerato, e a oxigenação produz uma molécula de 3-fosfoglicerato e uma de 2-fosfoglicolato. A atividade oxigenase da Rubisco provoca a perda parcial do carbono fixado pelo ciclo de Calvin-Benson e produz 2-fosfoglicolato, um inibidor de duas enzimas do cloroplasto: triose fosfato isomerase e fosfofrutoquinase. Para evitar tanto o dreno de carbono do ciclo de Calvin-Benson quanto a inibição de enzimas, o 2-fosfoglicolato é metabolizado pelo ciclo fotossintético oxidativo C_2 do carbono. Essa rede de reações enzimáticas coordenadas, também conhecida como **fotorrespiração**, ocorre nos cloroplastos, nos peroxissomos foliares e nas mitocôndrias (**Figura 8.6, Tabela 8.2**).

Estudos recentes mostraram que o ciclo fotossintético oxidativo C_2 do carbono é um componente acessório da fotossíntese que não só recupera parte do carbono assimilado, mas também se conecta a outras rotas metabólicas de plantas terrestres.

A oxigenação da ribulose-1,5-bifosfato coloca em marcha o ciclo fotossintético oxidativo C_2 do carbono

A Rubisco provavelmente evoluiu de uma enolase ancestral na rota de recuperação da metionina das arqueias. Há bilhões de anos, durante a evolução inicial da Rubisco e antes do advento da fotossíntese oxigênica em cianobactérias, a capacidade enzimática para oxigenar a ribulose-1,5-bifosfato era insignificante, pois a falta de O_2 e as concentrações altas de CO_2 na atmosfera primitiva impediam a reação de oxigenação. As concentrações de O_2 na atmosfera são muito mais altas agora e as concentrações de CO_2 são muito mais

TABELA 8.2 Reações do ciclo fotossintético oxidativo C_2 do carbono

Enzima[a]	Reação
1. Rubisco	2 ribulose-1,5-bifosfato + 2 O_2 → 2 2-fosfoglicolato + 2 3-fosfoglicerato
2. Fosfoglicolato fosfatase	2 2-fosfoglicolato + 2 H_2O → 2 glicolato + 2 P_i
3. Glicolato oxidase	2 glicolato + 2 O_2 → 2 glioxilato + 2 H_2O_2
4. Catalase	2 H_2O_2 → 2 H_2O + O_2
5. Glutamato:glioxilato aminotransferase	2 glioxilato + 2 glutamato → 2 glicina + 2 2-oxoglutarato
6. Complexo glicina descarboxilase (GDC)	Glicina + NAD^+ + [GDC] → CO_2 + NH_4^+ + NADH + [GDC-THF-CH_2]
7. Serina hidroximetiltransferase	[GDC-THF-CH_2] + glicina + H_2O → serina + [GDC]
8. Serina:2-oxoglutarato aminotransferase	Serina + 2-oxoglutarato → hidroxipiruvato + glutamato
9. Hidroxipiruvato redutase	Hidroxipiruvato + NADH + H^+ → glicerato + NAD^+
10. Glicerato quinase	Glicerato + ATP → 3-fosfoglicerato + ADP
11. Glutamina sintetase	Glutamato + NH_4^+ + ATP → glutamina + ADP + P_i
12. Glutamato sintase dependente de ferredoxina (GOGAT)	2-oxoglutarato + glutamina + 2 Fd_{red} + 2 H^+ → 2 glutamato + 2 Fd_{oxid}

Reações líquidas do ciclo fotossintético oxidativo C_2 do carbono

2 Ribulose-1,5-bifosfato + 3 O_2 + H_2O + glutamato
↓ **(reações 1 a 9)**
Glicerato + 2 3-fosfoglicerato + NH_4^+ + CO_2 + 2 P_i + 2-oxoglutarato

Duas reações no cloroplasto regeneram a molécula de glutamato:

2-oxoglutarato + NH_4^+ + [(2 Fd_{red} + 2 H^+), ATP]
↓ **(reações 11 e 12)**
Glutamato + H_2O + [(2 Fd_{oxid}), ADP + P_i]

e a molécula de 3-fosfoglicerato:

Glicerato + ATP
↓ **(reação 10)**
3-fosfoglicerato + ADP

Assim, o consumo de três moléculas de oxigênio atmosférico no ciclo fotossintético oxidativo C_2 do carbono (dois na atividade oxigenase da Rubisco e um nas oxidações do peroxissomo) provoca

- a liberação de uma molécula de CO_2 e
- o consumo de duas moléculas de ATP e duas moléculas de equivalentes redutores (2 Fd_{red} + 2 H^+)

para

- a incorporação de um esqueleto de 3 carbonos de volta ao ciclo de Calvin-Benson e
- a regeneração do glutamato a partir de NH_4^+ e 2-oxoglutarato.

---

[a] Localizações: cloroplastos, peroxissomos e mitocôndrias. Fd, ferredoxina; THF, tetra-hidrofolato.

---

baixas (apesar de aumentos recentes), impulsionando a atividade oxigenase da Rubisco e tornando inevitável a formação de 2-fosfoglicolato tóxico. Todas as Rubiscos catalisam a incorporação de O_2 na ribulose-1,5-bifosfato. Mesmo homólogos de bactérias autotróficas anaeróbias exibem atividade oxigenase, demonstrando que a reação de oxigenase está intrinsecamente ligada ao sítio ativo da Rubisco, e não a uma resposta adaptativa ao aparecimento de O_2 na biosfera.

A oxigenação do isômero 2,3-enediol da ribulose-1,5-bifosfato com uma molécula de O_2 produz um intermediário instável, que se divide rapidamente em uma molécula de 3-fosfoglicerato e uma de 2-fosfoglicolato (ver Figuras 8.4 e 8.6, e Tabela 8.2, reação 1).

Nos cloroplastos de plantas terrestres, a 2-fosfoglicolato fosfatase catalisa a hidrólise rápida de 2-fosfoglicolato a glicolato (ver Figura 8.6 e Tabela 8.2, reação 2). As transformações subsequentes de glicolato ocorrem nos peroxissomos e nas mitocôndrias (ver Capítulo 1). O glicolato deixa os cloroplastos por meio de um transportador específico na membrana interna do envoltório e difunde-se para os peroxissomos (ver Figura 8.6). Nos peroxissomos, a enzima glicolato oxidase catalisa a oxidação do glicolato pelo O_2, produzindo H_2O_2 e glioxilato (ver Tabela 8.2, reação 3). A catalase peroxissômica decompõe o H_2O_2, liberando O_2 e H_2O (ver Figura 8.6 e Tabela 8.2, reação 4). A glutamato:glioxilato aminotransferase catalisa a transaminação do glioxilato com glutamato, produzindo o aminoácido glicina (ver Figura 8.6 e Tabela 8.2, reação 5).

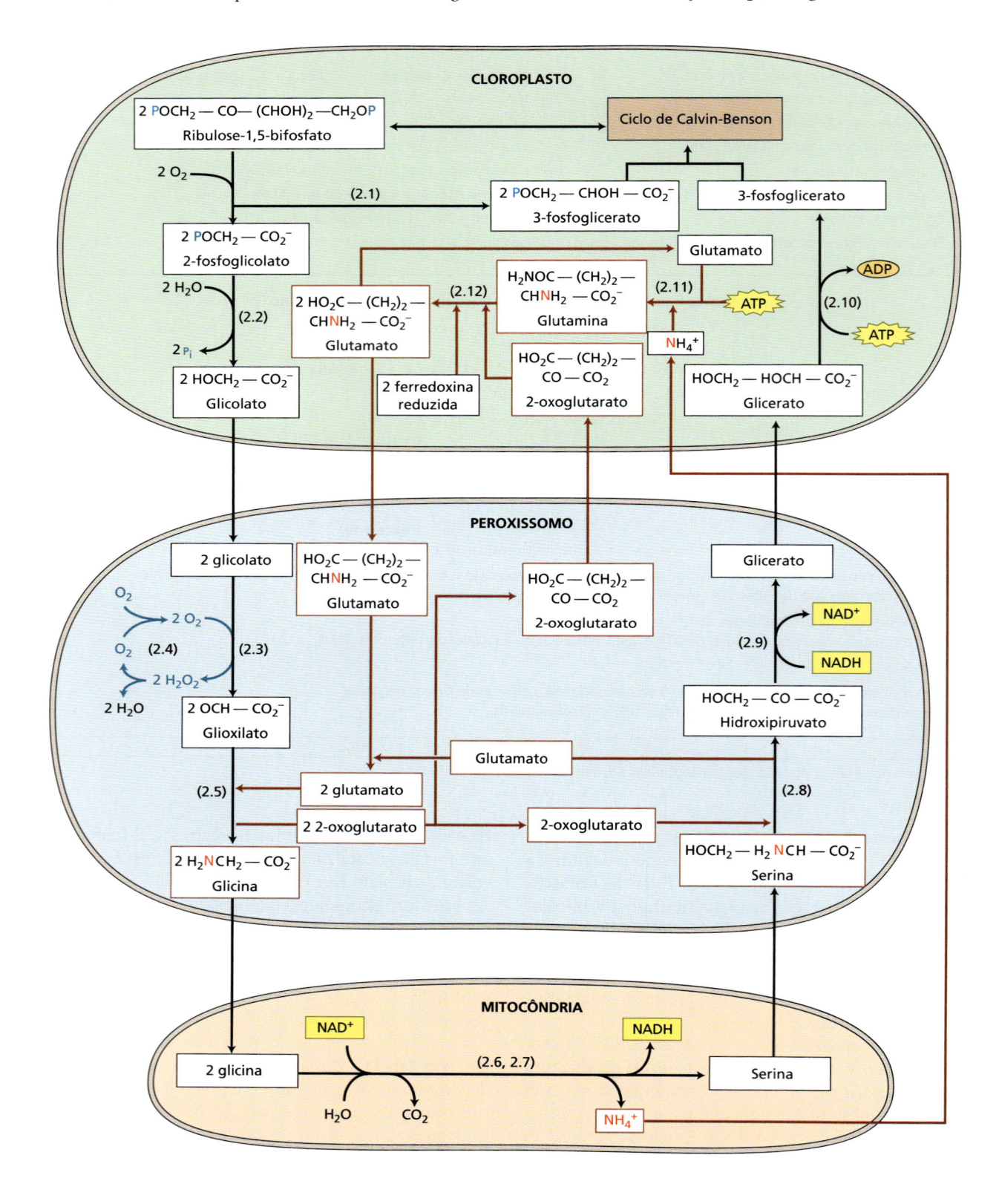

A glicina sai dos peroxissomos e entra nas mitocôndrias, onde um complexo multienzimático de glicina descarboxilase (GDC) e serina hidroximetiltransferase catalisa a conversão de duas moléculas de glicina e uma molécula de NAD^+ em uma molécula de cada de serina, NADH, NH_4^+ e CO_2 (ver Figura 8.6 e Tabela 8.2, reações 6 e 7). Em primeiro lugar, a GDC utiliza uma molécula de NAD^+ para a descarboxilação oxidativa de uma molécula de glicina, produzindo uma molécula cada de NADH, NH_4^+ e CO_2 e a unidade ativada de um carbono, tetra-hidrofolato de metileno (THF), ligada à GDC (GDC-THF-CH_2):

$$\text{Glicina} + NAD^+ + \text{GDC-THF} \rightarrow NADH + NH_4^+ + CO_2 + \text{GDC-THF-}CH_2$$

Em seguida, a serina hidroximetiltransferase catalisa a adição da unidade de metileno a uma segunda molécula de glicina, formando serina e regenerando THF para assegurar níveis elevados de atividade da glicina descarboxilase:

$$\text{Glicina} + \text{GDC-THF-}CH_2 \rightarrow \text{Serina} + \text{GDC-THF}$$

A oxidação de átomos de carbono (duas moléculas de glicina [estados de oxidação C1: +3; C2: –1] → serina [estados de oxidação C1: +3; C2: 0; C3: –1] e CO_2 [estado de oxidação C: +4]) governa a redução do nucleotídeo de piridina oxidado:

$$NAD^+ + H^+ + 2\ e^- \rightarrow NADH$$

Os produtos da reação da enzima glicina descarboxilase são metabolizados em locais diferentes em células foliares. O NADH é oxidado a NAD^+ nas mitocôndrias. O NH_4^+ e o CO_2 são exportados para os cloroplastos, onde são assimilados para formar glutamato (ver a seguir) e 3-fosfoglicerato, respectivamente.

A serina recém-formada difunde-se a partir das mitocôndrias de volta aos peroxissomos, para a doação de seu grupo amino a 2-oxoglutarato via transaminação catalisada pela serina:2-oxoglutarato aminotransferase, formando glutamato e hidroxipiruvato (ver Figura 8.6 e Tabela 8.2, reação 8). Em seguida, uma redutase dependente de NADH catalisa a transformação do hidroxipiruvato em glicerato (ver Figura 8.6 e Tabela 8.2, reação 9). Finalmente, o glicerato reentra no cloroplasto, onde é fosforilado por ATP, produzindo 3-fosfoglicerato e ADP (ver Figura 8.6 e Tabela 8.2, reação 10). Assim, a formação de 2-fosfoglicolato (via Rubisco) e a fosforilação do glicerato (via glicerato quinase) ligam metabolicamente o ciclo de Calvin-Benson ao ciclo fotossintético oxidativo C_2 do carbono.

O NH_4^+ liberado na oxidação de glicina difunde-se rapidamente a partir da matriz das mitocôndrias para os cloroplastos (ver Figura 8.6). No estroma do cloroplasto, a glutamina sintetase catalisa a incorporação, dependente de ATP, do NH_4^+ em glutamato, produzindo glutamina, ADP e fosfato inorgânico (ver Figura 8.6 e Tabela 8.2, reação 11). Subsequentemente, a glutamina e o 2-oxoglutarato servem como substratos da glutamato sintase dependente de ferredoxina (GOGAT) para a produção de duas moléculas de glutamato (ver Tabela 8.2, reação 12). A reassimilação do NH_4^+ no ciclo fotorrespiratório restaura o glutamato para a ação da glutamato:glioxilato aminotransferase peroxissômica na conversão de glioxilato em glicina (ver Tabela 8.2, reação 5).

Átomos de carbono, nitrogênio e oxigênio circulam pela fotorrespiração (**Figura 8.7**).

- No ciclo do *carbono*, os cloroplastos transferem duas moléculas de glicolato (quatro átomos de carbono) aos peroxissomos e recuperam uma molécula de glicerato (três átomos de carbono). As mitocôndrias liberam uma molécula de CO_2 (um átomo de carbono).

- No ciclo do *nitrogênio*, os cloroplastos transferem uma molécula de glutamato (um átomo de nitrogênio) e recuperam uma molécula de NH_4^+ (um átomo de nitrogênio).

Figura 8.6 Operação do ciclo oxidativo fotossintético C_2 do carbono. As reações enzimáticas estão distribuídas entre três organelas: cloroplastos, peroxissomos e mitocôndrias. *Nos cloroplastos*, a atividade oxigenase da Rubisco produz duas moléculas de 2-fosfoglicolato, que, sob a ação da fosfoglicolato fosfatase, formam duas moléculas de glicolato e duas moléculas de fosfato inorgânico. Essas duas moléculas de glicolato (quatro carbonos) fluem concomitantemente com uma molécula de glutamato dos cloroplastos para os peroxissomos. *Nos peroxissomos*, o glicolato é oxidado a glioxilato pelo O_2 em uma reação catalisada pela glicolato oxidase. A glutamato:glioxilato aminotransferase catalisa a conversão do glioxilato e do glutamato em glicina e 2-oxoglutarato. O aminoácido glicina difunde-se dos peroxissomos para as mitocôndrias. *Nas mitocôndrias*, duas moléculas de glicina (quatro carbonos) produzem uma molécula de serina (três carbonos) com a liberação concomitante de CO_2 (um carbono) e NH_4^+ pela ação sucessiva do complexo glicina descarboxilase e serina hidrometiltransferase. O aminoácido serina é, então, transportado de volta ao peroxissomo e transformado em glicerato (três carbonos), pela ação sucessiva da serina:2-oxoglutarato aminotransferase e da hidroxipiruvato redutase. O glicerato e o 2-oxoglutarato dos peroxissomos, assim como o NH_4^+ das mitocôndrias, retornam aos cloroplastos em um processo que recupera parte do carbono (três carbonos) e todo o nitrogênio perdido na fotorrespiração. O glicerato é fosforilado a 3-fosfoglicerato e incorporado de volta ao ciclo de Calvin-Benson. O NH_4^+ é convertido de volta em glutamato no estroma do cloroplasto pela ação sucessiva da glutamina sintetase e glutamato sintase dependente de ferredoxina (GOGAT). Ver Tabela 8.2 para uma descrição de cada uma das reações numeradas. As reações em preto são parte do ciclo do carbono, as em vermelho são parte do ciclo do nitrogênio, e as em azul são parte do ciclo do oxigênio.

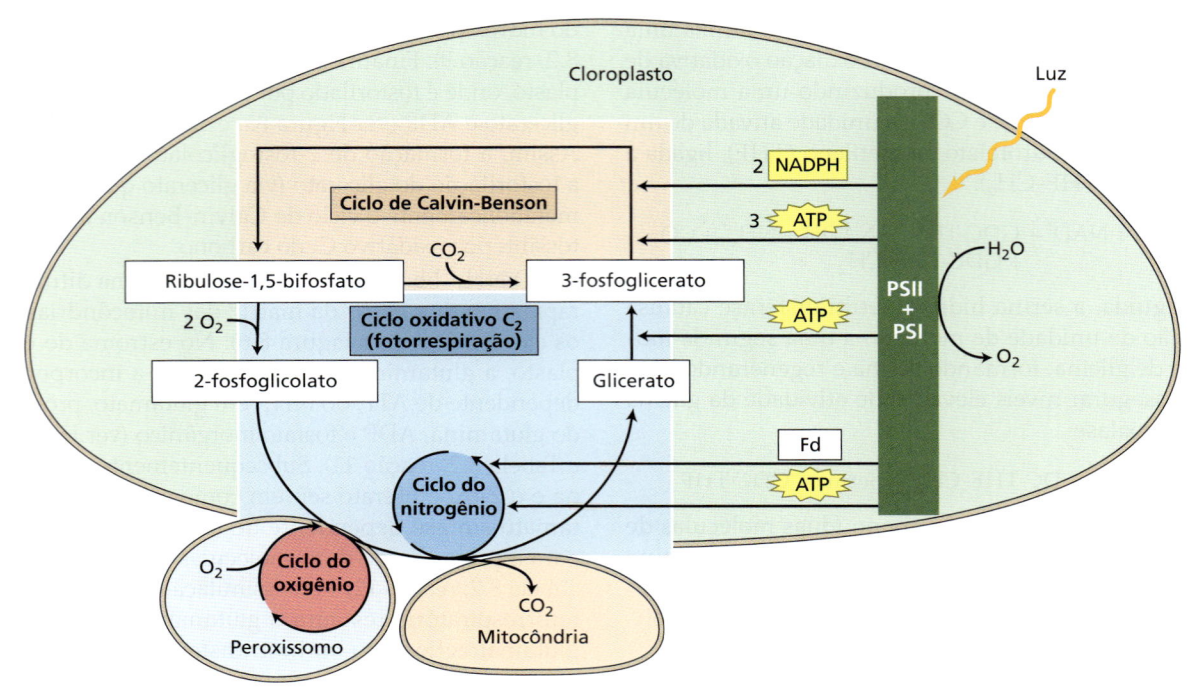

Figura 8.7 Dependência do ciclo oxidativo fotossintético C_2 do carbono no metabolismo do cloroplasto. O fornecimento de ATP e equivalentes redutores a partir das reações luminosas nas membranas tilacoides é necessário para o funcionamento do ciclo oxidativo fotossintético C_2 em três compartimentos: cloroplastos, mitocôndrias e peroxissomos. O *ciclo do carbono* utiliza (1) NADPH e ATP para manter um nível adequado de ribulose-1,5-bifosfato no ciclo de Calvin--Benson e (2) ATP para converter o glicerato a 3-fosfoglicerato no ciclo oxidativo fotossintético C_2 do carbono. O *ciclo do nitrogênio* emprega ATP e equivalentes redutores para recuperar glutamato a partir de NH_4^+ e 2-oxoglutarato vindo do ciclo fotorrespiratório. No peroxissomo, o *ciclo do oxigênio* contribui para a remoção do H_2O_2 formado na oxidação do glicolato pelo O_2.

- No ciclo do *oxigênio*, a rubisco e a glicolato oxidase catalisam a incorporação de duas moléculas de O_2 cada (oito átomos de oxigênio) quando duas moléculas de ribulose-1,5-bifosfato entram no ciclo fotossintético oxidativo C_2 do carbono (ver Tabela 8.2, reações 1 e 3). No entanto, a catalase libera uma molécula de O_2 a partir de duas moléculas de H_2O_2 (dois átomos de oxigênio) (ver Tabela 8.2, reação 4). Assim, três moléculas de O_2 (seis átomos de oxigênio) são reduzidas no ciclo fotorrespiratório.

In vivo, três fatores regulam a distribuição de metabólitos entre o ciclo de Calvin-Benson e o ciclo fotossintético oxidativo C_2 do carbono: um inerente à planta (as propriedades cinéticas da Rubisco) e dois ligados ao ambiente (a razão da concentração atmosférica de CO_2 e O_2 e a temperatura).

O fator de especificidade (Ω) estima a preferência da Rubisco por CO_2 em relação a O_2:

$$\Omega = (V_C/K_C)/(V_O/K_O)$$

onde V_C e V_O são as velocidades máximas de carboxilação e oxigenação, respectivamente, e K_C e K_O são as constantes de Michaelis-Menten para o CO_2 e o O_2, respectivamente. O Ω ajusta a razão entre a velocidade de carboxilação (v_C) e a velocidade de oxigenação (v_O) em concentrações ambientais de CO_2 e O_2:

$$\Omega = (v_C/v_O) \times ([O_2]/[CO_2])$$

O fator de especificidade (Ω) estima a capacidade relativa da Rubisco para carboxilação e oxigenação [v_C/v_O] quando a concentração de CO_2 em torno do sítio ativo é igual à de O_2 [$(O_2)/(CO_2) = 1$]. Ω é uma constante para cada Rubisco, que indica a eficiência relativa com a qual o O_2 compete com o CO_2 em certa temperatura. Rubiscos de diferentes organismos exibem variações no valor de Ω: o Ω da rubisco de cianobactérias ($\Omega \sim 40$) é menor que o de plantas C_3 ($\Omega \sim 82$-90) e de espécies C_4 ($\Omega \sim 70$-82).

A temperatura ambiente exerce uma influência expressiva sobre o Ω e as concentrações de CO_2 e O_2 em torno do sítio ativo da rubisco. Ambientes mais quentes têm o efeito de:

- Aumentar a atividade de oxigenase da Rubisco mais do que a atividade de carboxilase. O maior aumento de K_C para o CO_2 do que de K_O para o O_2 diminui o Ω da Rubisco.

- Diminuir mais a solubilidade do CO_2 em relação à do O_2. O aumento de $[O_2]/[CO_2]$ diminui a razão v_C/v_O; isto é, a atividade de oxigenase da Rubisco prevalece sobre a atividade de carboxilase.

- Reduzir a abertura estomática para conservar água. O fechamento dos estômatos reduz a absorção de CO_2 atmosférico, diminuindo, assim, o CO_2 no sítio ativo da Rubisco.

Em geral, ambientes mais quentes limitam significativamente a eficiência da assimilação fotossintética do carbono, porque um aumento progressivo da temperatura inclina o equilíbrio para longe da fotossíntese (carboxilação) e em direção à fotorrespiração (oxigenação) (ver Capítulo 9).

A fotorrespiração está ligada à cadeia de transporte de elétrons da fotossíntese

O metabolismo do carbono na fotossíntese em folhas intactas reflete a competição por ribulose-1,5-biofosfato entre dois ciclos mutuamente opostos, o ciclo de Calvin-Benson e o ciclo fotossintético oxidativo C_2 do carbono. Esses ciclos estão interligados com a cadeia de transporte de elétrons na fotossíntese para o fornecimento de ATP e equivalentes redutores (ferredoxina reduzida e NADPH) (ver Figura 8.7). Para recuperar duas moléculas de 2-fosfoglicolato pela conversão em uma molécula de 3-fosfoglicerato, a fotofosforilação fornece uma molécula de ATP (necessária para a transformação do glicerato em 3-fosfoglicerato; ver Tabela 8.2, reação 10), enquanto o consumo de NADH pela hidroxipiruvato redutase (ver Tabela 8.2, reação 9) é contrabalançado por sua produção pela glicina descarboxilase (ver Tabela 8.2, reação 6).

O nitrogênio entra no ciclo fotorrespiratório no peroxissomo pela etapa de transaminação catalisada pela glutamato:glioxilato aminotransferase (dois átomos de nitrogênio) (ver Tabela 8.2, reação 5). O nitrogênio deixa o ciclo fotorrespiratório em duas etapas: (1) nas mitocôndrias como NH_4^+ (um átomo de nitrogênio), na reação catalisada pelo complexo glicina descarboxilase-serina hidroximetiltransferase (ver Tabela 8.2, reações 6 e 7) e (2) nos peroxissomos, na etapa de transaminação catalisada pela serina: 2-oxoglutarato aminotransferase (um átomo de nitrogênio) (ver Tabela 8.2, reação 8).

A cadeia fotossintética de transporte de elétrons fornece uma molécula de ATP e duas moléculas de ferredoxina reduzida necessárias para a recuperação de uma molécula de NH_4^+ por sua incorporação em glutamato via glutamina sintetase (ver Tabela 8.2, reação 11) e glutamato sintase dependente de ferredoxina (GOGAT) (ver Tabela 8.2, reação 12).

Em resumo,

$$2\text{ ribulose-1,5-bifosfato} + 3\text{ O}_2 + \text{H}_2\text{O} + \text{ATP}$$
$$+ [2\text{ ferredoxina}_{red} + 2\text{ H}^+ + \text{ATP}]$$
$$\downarrow$$
$$3\text{ 3-fosfoglicerato} + \text{CO}_2 + 2\text{ P}_i + \text{ADP}$$
$$+ [2\text{ ferredoxina}_{oxid} + \text{ADP} + \text{P}_i]$$

Devido ao suprimento adicional de ATP e ao poder redutor necessários para a operação do ciclo fotorrespiratório, a necessidade quântica para a fixação de CO_2 em condições de fotorrespiração (alta $[O_2]$ e baixa $[CO_2]$) é maior do que em condições não fotorrespiratórias (baixa $[O_2]$ e alta $[CO_2]$).

Mecanismos de concentração de carbono inorgânico

Exceto por algumas bactérias fotossintetizantes, organismos fotoautotróficos na biosfera usam o ciclo de Calvin-Benson para assimilar CO_2 atmosférico. A pronunciada redução na concentração de CO_2 e o aumento da concentração de O_2 que começaram há aproximadamente 350 milhões de anos desencadearam uma série de adaptações nos organismos fotossintetizantes, para suportar um ambiente que promoveria a fotorrespiração. Essas adaptações incluem várias estratégias para a captação ativa de CO_2 e HCO_3^- do ambiente e a acumulação de carbono inorgânico próximo da Rubisco. A consequência imediata de concentrações mais elevadas de CO_2 próximo da Rubisco é uma diminuição na reação de oxigenação. Bombas de CO_2 e HCO_3^- na membrana plasmática têm sido extensivamente estudadas em cianobactérias procarióticas, algas eucarióticas e plantas aquáticas.

Em plantas terrestres, a difusão do CO_2 da atmosfera para o cloroplasto desempenha um papel crucial na fotossíntese líquida. Para ser incorporado em compostos de açúcar, o carbono inorgânico tem que atravessar quatro barreiras: a parede celular, a membrana plasmática, o citoplasma e o envoltório do cloroplasto. Evidências recentes revelaram que as proteínas de membrana que formam poros (aquaporinas) atuam como facilitadores da difusão para várias moléculas pequenas, reduzindo a resistência do mesofilo para a difusão de CO_2.

As plantas terrestres desenvolveram dois mecanismos de concentração de carbono para aumentar a concentração de CO_2 no sítio de carboxilação da Rubisco:

1. Fixação fotossintética do carbono via C_4 (C_4)
2. Metabolismo ácido das crassuláceas (CAM, *crassulacean acid metabolism*)

A absorção de CO_2 atmosférico por esses mecanismos de concentração de carbono precede a assimilação do CO_2 pelo ciclo de Calvin-Benson.

Mecanismos de concentração de carbono inorgânico: o ciclo C_4 do carbono

A **fotossíntese C_4** evoluiu como um dos principais mecanismos de concentração de carbono utilizados por plantas terrestres para compensar as limitações associadas a concentrações baixas de CO_2 atmosférico. Algumas das culturas vegetais mais produtivas do planeta (p. ex., milho [*Zea mays*], cana-de-açúcar, sorgo) usam esse mecanismo para aumentar a capacidade catalítica da Rubisco. Nesta seção são examinados:

- Os atributos bioquímicos e anatômicos da fotossíntese C_4 que minimizam a atividade oxigenase da Rubisco e a perda concomitante de carbono pelo ciclo fotorrespiratório;
- A ação conjunta de diferentes tipos de células para a incorporação de carbono inorgânico em esqueletos de carbono;
- A regulação de atividades enzimáticas mediada pela luz; e
- A importância da fotossíntese C_4 para sustentar o crescimento vegetal em muitas áreas tropicais.

Malato e aspartato são os produtos primários da carboxilação no ciclo C_4

No final da década de 1950, H. P. Kortschack e Y. Karpilov observaram que o marcador ^{14}C aparecia inicialmente nos ácidos de quatro carbonos, malato e aspartato, quando $^{14}CO_2$ era fornecido às folhas de cana-de-açúcar e milho na presença da luz. Essa descoberta foi inesperada porque um ácido com três carbonos, 3-fosfoglicerato, é o primeiro produto marcado no ciclo de Calvin-Benson. M. D. Hatch e C. R. Slack explicaram essa distribuição especial de carbono radiativo sugerindo um mecanismo alternativo ao ciclo de Calvin-Benson. Essa rota é denominada *ciclo fotossintético C_4 do carbono* (também conhecido como ciclo de Hatch-Slack ou ciclo C_4).

Hatch e Slack verificaram que (1) malato e aspartato são os primeiros intermediários estáveis da fotossíntese e (2) que o carbono 4 desses ácidos de quatro carbonos subsequentemente se torna o carbono 1 do 3-fosfoglicerato. Essas transformações ocorrem em dois tipos de células morfologicamente distintas – células do mesofilo e células da bainha do feixe vascular – que são separadas por suas respectivas paredes e membranas.

No ciclo C_4, a enzima fosfo*enol*piruvato carboxilase (PEPCase), em vez da Rubisco, catalisa a carboxilação inicial nas células do mesofilo, perto da atmosfera externa (**Tabela 8.3**, reação 1). Ao contrário da Rubisco, o O_2 não compete com o HCO_3^- na carboxilação catalisada pela PEPCase. Os ácidos de quatro carbonos formados nas células do mesofilo se movem até as células da bainha do feixe vascular, onde são descarboxilados, liberando CO_2, que é refixado pela Rubisco por meio do ciclo de Calvin-Benson. Embora todas as plantas C_4 partilhem a carboxilação primária pela PEPCase, as outras enzimas usadas para concentrar o CO_2 na vizinhança da Rubisco variam entre diferentes espécies C_4. Existem três tipos de ciclos C_4, denominados segundo sua(s) principal(is) enzima(s) de descarboxilação: NADP–ME (usando a enzima NADP–málica; é ilustrada na **Figura 8.8**), NAD–ME (usando a enzima NAD–málica) e PEP carboxiquinase (PEPCK; usando a enzima NAD–málica e a fosfo*enol*piruvato carboxicinase). As reações catalisadas por essas enzimas podem ser encontradas na Tabela 8.3.

TABELA 8.3 Reações das fotossínteses C_4 e CAM

Enzima	Compartimento	Reação
1. PEPCase	Citosol	Fosfo*enol*piruvato + HCO_3^- → oxalacetato + P_i
2. NADP-malato desidrogenase	Cloroplasto	Oxalacetato + NADPH + H^+ → malato + $NADP^+$
3. Aspartato aminotransferase	Citosol/mitocôndria	Oxalacetato + glutamato → aspartato + 2-oxoglutarato
Enzimas de descarboxilação		
4a. Enzima NADP-málica	Cloroplasto	Malato + $NADP^+$ → piruvato + CO_2 + NADPH + H^+
4b. Enzima NAD-málica	Mitocôndria	Malato + NAD^+ → piruvato + CO_2 + NADH + H^+
5. Fosfo*enol*piruvato carboxiquinase	Citosol	Oxalacetato + ATP → fosfo*enol*piruvato + CO_2 + ADP
6. Alanina aminotransferase	Citosol	Piruvato + glutamato → alanina + 2-oxoglutarato
7. Piruvato fosfato diquinase	Cloroplasto	Piruvato + P_i + ATP → fosfo*enol*piruvato + AMP + PP_i
8. Adenilato quinase	Cloroplasto	AMP + ATP → 2 ADP
9. Pirofosfatase	Cloroplasto	PP_i + H_2O → 2 P_i

Nota: P_i e PP_i significam fosfato inorgânico e pirofosfato, respectivamente.

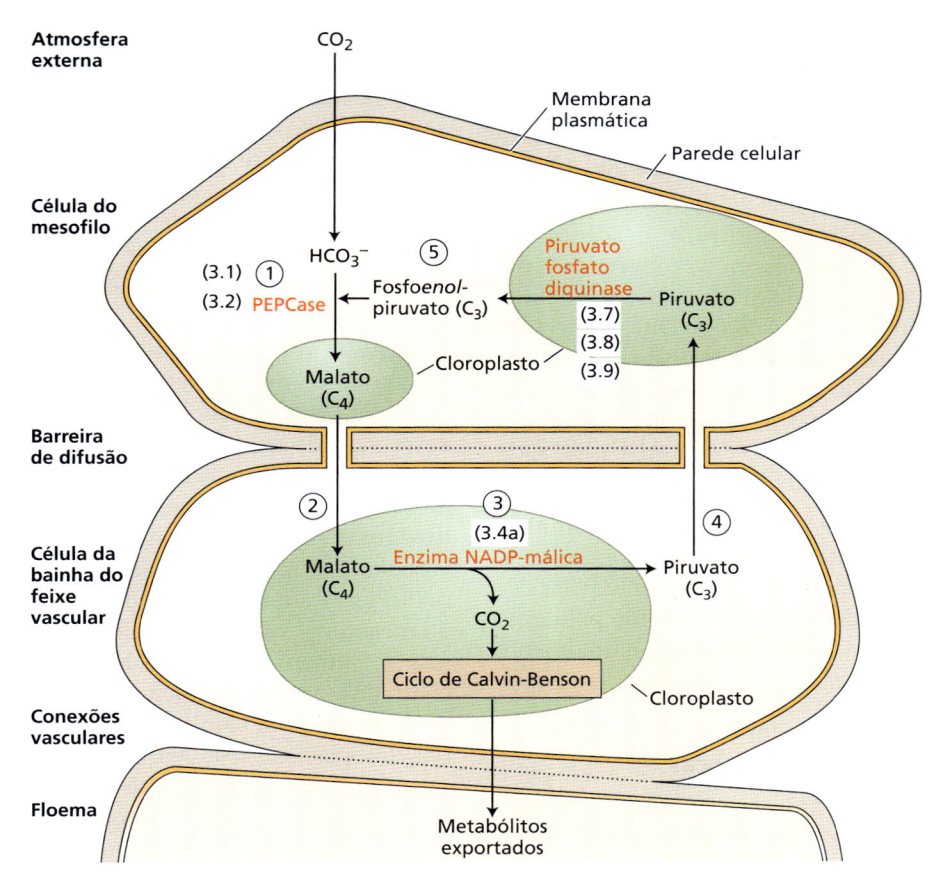

Figura 8.8 O ciclo fotossintético C_4 do carbono envolve cinco estágios sucessivos em dois tipos celulares distintos. ① Nas células do mesofilo, a enzima fosfo*enol*piruvato carboxilase (PEPCase) catalisa a reação do HCO_3^-, fornecido pela captura de CO_2 atmosférico, com fosfo*enol*piruvato, um composto de três carbonos. O produto da reação, oxalacetato, um composto de quatro carbonos, é subsequentemente transformado em malato pela ação das enzimas NADP-malato desidrogenase (ver Tabela 8.3, reação 2). ② O ácido de quatro carbonos move-se para a célula da bainha do feixe vascular, junto às conexões vasculares. ③ A enzima de descarboxilação (aqui, enzima NADP-málica no cloroplasto; ver Tabela 8.3, reação 4a) libera o CO_2 do ácido de quatro carbonos, produzindo um ácido de três carbonos (p. ex., piruvato). O CO_2 liberado no cloroplasto da bainha do feixe vascular forma um excesso de CO_2 em relação ao O_2 ao redor da Rubisco, facilitando, assim, a assimilação de CO_2 pelo ciclo de Calvin-Benson. ④ O ácido de três carbonos residual (piruvato) flui de volta à célula do mesofilo. ⑤ Para completar o ciclo C_4, a enzima piruvato fosfato diquinase catalisa a regeneração do fosfo*enol*piruvato, o aceptor de HCO_3^-, para outra volta do ciclo. O consumo de duas moléculas de ATP por molécula de CO_2 fixada (ver Tabela 8.3, reações 7, 8 e 9) impulsiona o ciclo C_4 na direção das setas, bombeando, desse modo, CO_2 da atmosfera para o ciclo de Calvin-Benson. O carbono assimilado deixa o cloroplasto e, após ser convertido em sacarose no citoplasma, entra no floema para translocação a outras partes da planta.

O ciclo C_4 assimila CO_2 por uma ação combinada de dois tipos diferentes de células

As principais características do ciclo C_4 foram inicialmente descritas em folhas de plantas como o milho, cujos tecidos vasculares são circundados por dois tipos de células fotossintetizantes característicos. Nesse contexto anatômico, o transporte de CO_2 da atmosfera externa às células da bainha do feixe vascular se dá através de cinco estágios sucessivos. Aqui são descritas as reações associadas a cada etapa no ciclo C_4 da NADP-ME (ver Figura 8.8 e Tabela 8.3):

1. *Fixação* do HCO_3^- no fosfo*enol*piruvato pela PEPCase na célula do mesofilo (ver Tabela 8.3, reação 1). O produto da reação, oxalacetato, é subsequentemente reduzido a malato por NADP-malato desidrogenase nos cloroplastos do mesofilo (ver Tabela 8.3, reação 2).

2. *Transporte* dos ácidos de quatro carbonos (nesse caso, malato) para as células da bainha do feixe vascular.

3. *Descarboxilação* dos ácidos de quatro carbonos nas células da bainha do feixe vascular (aqui, pela en-

zima NADP-málica do cloroplasto; ver Tabela 8.3, reação 4a) e geração de CO_2, que é, então, reduzido a carboidratos pelo ciclo de Calvin-Benson.

4. *Transporte* do esqueleto de três carbonos (nesse caso, piruvato), formado pela etapa de descarboxilação, de volta às células do mesofilo.
5. *Regeneração* do fosfo*enol*piruvato, o aceptor de HCO_3^-. ATP e fosfato inorgânico convertem piruvato em fosfo*enol*piruvato, liberando AMP e pirofosfato (ver Tabela 8.3, reação 7). Duas moléculas de ATP são consumidas na conversão de piruvato em fosfo*enol*piruvato: uma na reação catalisada por piruvato fosfato diquinase (ver Tabela 8.3, reação 7) e outra na transformação de AMP a ADP catalisada por adenilato quinase (ver Tabela 8.3, reação 8).

Em todos os três tipos de ciclo C_4, a compartimentação das enzimas garante que o carbono inorgânico da atmosfera possa ser assimilado inicialmente pelas células do mesofilo, fixado subsequentemente pelo ciclo de Calvin-Benson das células da bainha, e finalmente exportado para o floema.

As células da bainha vascular e as células do mesofilo apresentam diferenças anatômicas e bioquímicas

Originalmente descrito para gramíneas tropicais e *Atriplex*, o ciclo C_4 agora é conhecido por ocorrer em pelo menos 62 linhagens independentes de angiospermas distribuídas em 19 famílias diferentes. As plantas C_4 evoluíram a partir de ancestrais C_3 há cerca de 30 milhões de anos, em resposta a vários estímulos ambientais, como mudanças atmosféricas (queda de CO_2, aumento de O_2), modificação do clima global, períodos de seca e radiação solar intensa. A transição de plantas C_3 para plantas C_4 requer a modificação coordenada de genes que afetam a anatomia foliar, a ultraestrutura celular, o transporte de metabólitos e a regulação de enzimas metabólicas. As análises de (i) genes específicos e elementos que controlam sua expressão, (ii) mRNA e as sequências de aminoácidos deduzidas e (iii) genomas e transcriptomas C_3 e C_4 indicam que a evolução convergente está na base das múltiplas origens das plantas C_4.

Desde os estudos pioneiros das décadas de 1950 e 1960, o ciclo C_4 tem sido associado a uma estrutura foliar especial, chamada de **anatomia Kranz** (*Kranz* é a palavra em alemão para "grinalda"). A anatomia Kranz típica apresenta um anel interno de células da bainha do feixe vascular e uma camada externa de células do mesofilo (**Figura 8.9A**). Essa anatomia foliar específica gera uma barreira de difusão que (1) separa a absorção de carbono atmosférico em células do mesofilo da assimilação de CO_2 pela Rubisco em células da bainha do feixe vascular e (2) limita o vazamento de CO_2 da bainha para as células do mesofilo (**Figura 8.9B**, painel esquerdo). Desse modo, os gradientes de difusão orientam o deslocamento de metabólitos entre os dois tipos de células que operam o ciclo C_4. No entanto, já existem exemplos claros de fotossíntese C_4 em célula única em algumas algas verdes, diatomáceas e plantas aquáticas e terrestres. Mais adiante são abordados os mecanismos usados para estabelecer os gradientes de difusão de CO_2 dentro de células individuais que realizam a fotossíntese C_4.

Salvo em três plantas terrestres (ver a seguir), a anatomia Kranz característica aumenta a concentração de CO_2 nas células da bainha vascular em quase 10 vezes mais do que a atmosfera externa. A acumulação eficiente de CO_2 nos arredores da Rubisco no cloroplasto reduz a taxa de fotorrespiração para 2 a 3% da fotossíntese. As células do mesofilo e da bainha do feixe vascular apresentam grandes diferenças bioquímicas. A PEPCase e a Rubisco estão localizadas nas células do mesofilo e nas células da bainha do feixe vascular, respectivamente, enquanto as descarboxilases são encontradas em diferentes compartimentos intracelulares das células da bainha do feixe vascular: NADP-ME nos cloroplastos, NAD-ME nas mitocôndrias, e PEPCK no citosol. Além disso, as células do mesofilo contêm cloroplastos arranjados aleatoriamente com tilacoides empilhados, enquanto os cloroplastos das células da bainha vascular estão dispostos de forma concêntrica e exibem tilacoides não empilhados. Esses cloroplastos correlacionam-se com necessidades energéticas da fotossíntese do tipo C_4. Por exemplo, espécies C_4 do tipo NADP-ME, em que o malato é enviado dos cloroplastos do mesofilo para as células da bainha do feixe vascular (ver Figura 8.8), exibem fotossistemas II e I funcionais nos cloroplastos do mesofilo, enquanto os cloroplastos da bainha do feixe vascular são deficientes em fotossistema II. Como a enzima decompositora da água, que produz oxigênio, está associada ao fotossistema II (ver Figura 7.20), não há produção de oxigênio nos cloroplastos da bainha, o que também contribui para um aumento considerável da razão $[CO_2]:[O_2]$.

O ciclo C_4 também concentra CO_2 em células individuais

A descoberta de fotossíntese C_4 em organismos desprovidos de anatomia Kranz desvendou uma diversidade muito maior de modos de fixação C_4 do carbono do que inicialmente se havia pensado existir. Três plantas que crescem na Ásia, *Suaeda aralocaspica* (anteriormente *Borszczowia aralocaspica*) e duas espécies de *Bienertia*, realizam a fotossíntese C_4 completa nas células individuais do clorênquima (ver Figura 8.9B, painel direito, e **Figura 8.9C**). A região externa, próxima ao ambiente

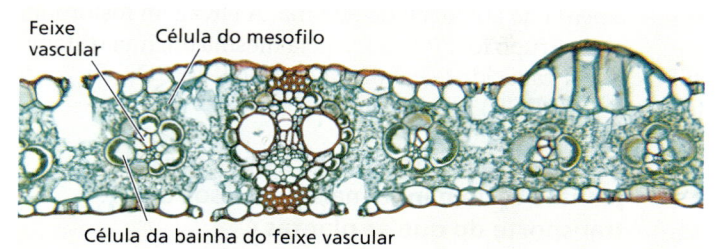

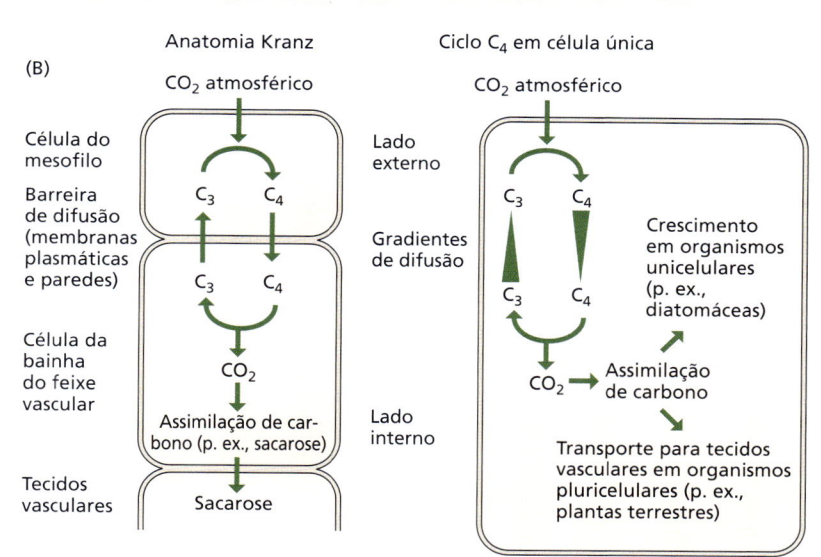

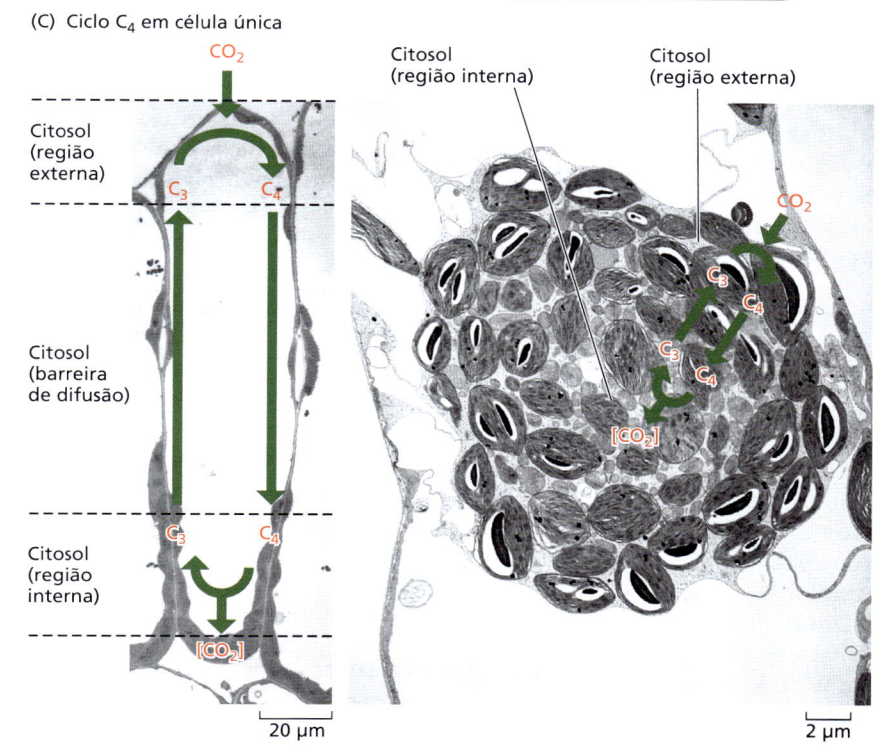

Figura 8.9 Rota fotossintética C_4 em folhas de plantas diferentes. (A) Anatomia Kranz. Micrografia ao microscópio óptico de um corte transversal da lâmina foliar do milho (tipo fotossintético C_4, enzima NAD–málica). Essa característica anatômica compartimentaliza as reações fotossintéticas em dois tipos distintos de células, organizadas concentricamente ao redor das nervuras: células do mesofilo e células da bainha do feixe vascular. As células da bainha do feixe vascular circundam os tecidos vasculares, enquanto um anel externo de células do mesofilo fica na periferia da bainha e adjacente aos espaços intercelulares. (B) Em quase todas as espécies C_4 conhecidas, a assimilação fotossintética do CO_2 requer o desenvolvimento da anatomia Kranz (painel à esquerda). As membranas que separam as células designadas para fixação do CO_2 das células destinadas a reduzir o carbono formam uma barreira de difusão que é essencial para o funcionamento eficiente da fotossíntese C_4 em plantas terrestres. Alguns organismos unicelulares (p. ex., diatomáceas) e poucas plantas terrestres (tipificadas pela *Suaeda aralocaspica* [anteriormente conhecida como *Borszczowia aralocaspica*] e duas espécies de *Bienertia*) contêm os equivalentes da compartimentação C_4 em uma única célula (painel à direita). Estudos das enzimas-chave dessas plantas também revelam dois tipos dimórficos de cloroplastos localizados em diferentes compartimentos citoplasmáticos, os quais possuem funções análogas às células do mesofilo e da bainha do feixe vascular na anatomia Kranz. Os produtos da assimilação de CO_2 sustentam o crescimento em organismos unicelulares e deixam o citosol em direção aos tecidos vasculares em organismos multicelulares. (C) Fotossíntese C_4 em célula única. Diagramas do ciclo C_4 estão superpostos em micrografias eletrônicas de *Suaeda aralocaspica* (esquerda) e *Bienertia cycloptera* (direita). (A © Dr. John Cunningham/Visuals Unlimited, Inc.; C de Edwards, et al., 2004.)

externo, realiza a carboxilação inicial e a regeneração do fosfo*enol*piruvato, enquanto a região interna opera na descarboxilação dos ácidos de quatro carbonos e na refixação, pela Rubisco, do CO_2 liberado. O citosol dessas espécies de Chenopodiaceae abriga cloroplastos dimórficos com diferentes subconjuntos de enzimas.

Diatomáceas – algas eucarióticas fotossintetizantes encontradas em sistemas marinhos e de água doce – também realizam a fotossíntese C_4 dentro de uma única célula. A importância da rota C_4 na fixação de carbono foi confirmada pela utilização de inibidores específicos para PEPCase e pela identificação de sequências de nucleotídeos que codificam enzimas essenciais para o metabolismo C_4 (PEPCase, PEPCK e piruvato fosfato diquinase) nos genomas de duas diatomáceas, *Thalassiosira pseudonana* e *Phaeodactylum tricornutum*. Embora a descoberta desses genes sugira que o carbono é assimilado pela rota C_4, as diatomáceas também possuem transportadores de bicarbonato e anidrases carbônicas que podem funcionar elevando a concentração de CO_2 no sítio ativo da Rubisco. Análises bioquímicas de enzimas essenciais das C_4 e de transportadores de HCO_3^- serão necessárias para avaliar a importância funcional dos diferentes mecanismos de concentração de CO_2 nas diatomáceas.

A luz regula a atividade de enzimas-chave das C_4

Além do fornecimento de ATP e NADPH para o funcionamento do ciclo C_4, a luz é fundamental para a regulação de várias enzimas participantes. Variações na densidade de fluxo de fótons promovem alterações nas atividades da NADP-malato desidrogenase, da PEPCase e da piruvato fosfato diquinase, por dois mecanismos diferentes: troca dos grupos tiol-dissulfeto [Enz-(Cys-S)$_2$ ↔ Enz-(Cys-SH)$_2$] e fosforilação-desfosforilação de resíduos de aminoácidos específicos (p. ex., serina, Enz-Ser-OH ↔ Enz-Ser-OP).

A NADP-malato desidrogenase é regulada por intermédio do sistema ferredoxina-tiorredoxina como nas plantas C_3 (ver Figura 8.5). A enzima é reduzida (ativada) pela tiorredoxina quando as folhas são iluminadas, mas é oxidada (desativada) no escuro. A fosforilação diurna da PEPCase por uma quinase específica, chamada de PEPCase quinase, aumenta a absorção de CO_2 do ambiente, e a desfosforilação noturna pela proteína fosfatase 2A traz a PEPCase de volta à atividade baixa. Uma enzima altamente incomum regula a atividade claro-escuro da piruvato fosfato diquinase. Esta é modificada por uma treonina quinase fosfatase bifuncional que catalisa tanto a fosforilação dependente de ADP quanto a desfosforilação dependente de P_i da piruvato fosfato diquinase. O escuro promove a fosforilação da piruvato fosfato diquinase (PPDK, de *pyruvate-phosphate dikinase*) pela quinase fosfatase reguladora [(PPDK)$_{ativa}$ + ADP → (PPDK-P)$_{inativa}$ + AMP], causando a perda de atividade da enzima. A clivagem fosforolítica do grupo fosforil na luz pela mesma enzima restabelece a capacidade catalítica da PPDK [(PPDK-P)$_{inativa}$ + P_i → (PPDK)$_{ativa}$ + PP$_i$].

A assimilação fotossintética de CO_2 nas plantas C_4 demanda mais processos de transporte do que as plantas C_3

Os cloroplastos exportam parte do carbono fixado para o citosol durante a fotossíntese ativa enquanto importam o fosfato liberado de processos biossintéticos para repor ATP e outros metabólitos fosforilados no estroma. Em plantas C_3, os principais fatores que modulam a partição de carbono assimilado entre o cloroplasto e o citosol são as concentrações relativas de trioses fosfato e fosfato inorgânico. Trioses fosfato isomerase rapidamente interconvertem a di-hidroxiacetona fosfato e o gliceraldeído-3-fosfato no plastídio e no citosol. O translocador de triose fosfato – um complexo proteico na membrana interna do envoltório do cloroplasto – troca trioses fosfato do cloroplasto por fosfatos do citosol. Assim, plantas C_3 necessitam de um processo de transporte através do envoltório do cloroplasto para exportar trioses fosfato (três moléculas de CO_2 assimiladas) dos cloroplastos para o citosol.

Nas plantas C_4, a distribuição da assimilação fotossintética do CO_2 em mais de duas células diferentes envolve um fluxo expressivo de metabólitos entre as células do mesofilo e as células da bainha do feixe vascular. Além disso, três rotas diferentes realizam a assimilação de carbono inorgânico na fotossíntese C_4. Nesse contexto, diferentes metabólitos fluem do citosol de células da folha para os cloroplastos, as mitocôndrias e os tecidos de condução. Portanto, a composição e a função de translocadores em organelas e na membrana plasmática de plantas C_4 dependem da rota utilizada para a assimilação do CO_2. Por exemplo, de células do mesofilo de fotossíntese C_4 do tipo enzima NADP-málica utilizam quatro etapas de transporte através do envoltório do cloroplasto para fixar uma molécula de CO_2 atmosférico: (1) importação de piruvato citosólico (transportador desconhecido); (2) exportação de fosfo*enol*piruvato do estroma (translocador de fosfo*enol*piruvato fosfato); (3) importação de oxalacetato citosólico (transportador dicarboxilato), e (4) exportação de malato do estroma (transportador dicarboxilato).

Em climas quentes e secos, o ciclo C_4 reduz a fotorrespiração

Como visto anteriormente neste capítulo, temperaturas elevadas limitam a taxa de assimilação fotossintética de CO_2 em plantas C_3 pela redução da solubilidade do

CO_2 e da razão entre as reações de carboxilação e oxigenação da Rubisco. Devido à diminuição da atividade fotossintética da Rubisco, a demanda de energia associada com a fotorrespiração aumenta nas áreas mais quentes do mundo. Em plantas C_4, duas características contribuem para superar os efeitos deletérios da temperatura alta:

1. Em primeiro lugar, o CO_2 atmosférico entra no citoplasma das células do mesofilo, onde a anidrase carbônica converte rápida e reversivelmente CO_2 em bicarbonato $[CO_2 + H_2O \rightarrow HCO_3^- + H^+]$ ($K_{eq} = 1{,}7 \times 10^{-4}$). Climas quentes diminuem as concentrações de CO_2, porém essas baixas concentrações citosólicas de HCO_3^- saturam a PEPCase porque a afinidade da enzima por seu substrato é suficientemente alta. Assim, essa atividade alta da PEPCase permite que as plantas C_4 reduzam sua abertura estomática em temperaturas altas e, assim, conservem água, enquanto fixam CO_2 em taxas iguais ou maiores do que as plantas C_3.

2. Em segundo lugar, a concentração elevada de CO_2 em cloroplastos da bainha do feixe vascular minimiza a atividade oxigenase da Rubisco e, portanto, a fotorrespiração.

A resposta da assimilação líquida de CO_2 à temperatura controla a distribuição de espécies C_3 e C_4 na Terra. A eficiência fotossintética ótima das espécies C_3 geralmente ocorre em temperaturas inferiores à temperatura das espécies C_4: cerca de 20 a 25°C e 25 a 35°C, respectivamente. Visto que a fotossíntese C_4 permite a assimilação mais eficiente de CO_2 em temperaturas mais altas, as espécies C_4 são mais abundantes nas regiões tropicais e subtropicais e menos abundantes longe da linha do Equador. Embora a fotossíntese C_4 comumente seja dominante em ambientes quentes, um grupo de gramíneas perenes (*Miscanthus*, *Spartina*) é de C_4 cultivadas tolerantes ao resfriamento, que se desenvolvem bem em áreas onde o clima é moderadamente frio.

Mecanismos de concentração de carbono inorgânico: metabolismo ácido das crassuláceas (CAM)

Outro mecanismo para concentrar CO_2 em torno da Rubisco está presente em muitas plantas que habitam ambientes áridos com disponibilidade sazonal de água, incluindo plantas comercialmente importantes, como o abacaxi (*Ananas comosus*), o agave (*Agave* spp.), os cactos (Cactaceae) e as orquídeas (Orchidaceae). Essa variante importante da fixação fotossintética do carbono foi historicamente chamada de **metabolismo ácido das crassuláceas** (**CAM**), em reconhecimento à sua observação inicial em *Bryophyllum calycinum*, uma suculenta membro das Crassulaceae. Como o mecanismo C_4, o CAM parece ter se originado durante os últimos 35 milhões de anos para conservar a água em hábitats onde a precipitação é insuficiente para o crescimento das plantas. As folhas das plantas CAM têm características que minimizam a perda de água, como cutículas espessas, grandes vacúolos e estômatos com aberturas pequenas.

O arranjo compactado das células do mesofilo melhora o desempenho do CAM, restringindo a perda de CO_2 durante o dia. Em todas as plantas CAM, a captura inicial de CO_2 em ácidos de quatro carbonos ocorre durante a noite, e a subsequente incorporação do CO_2 em esqueletos de carbono ocorre durante o dia (**Figura 8.10**). À noite, a PEPCase citosólica fixa CO_2 atmosférico e respiratório em oxalacetato usando o fosfo*enol*piruvato formado pela decomposição glicolítica de carboidratos armazenados (ver Tabela 8.3, reação 1). Uma NADP-malato desidrogenase citosólica converte o oxalacetato em malato, que é armazenado na solução ácida dos vacúolos durante o resto da noite (ver Tabela 8.3, reação 2). Durante o dia, o malato armazenado sai do vacúolo para descarboxilação por mecanismos semelhantes aos das plantas C_4 – isto é, por uma NADP-ME citosólica ou NAD-ME mitocondrial (ver Tabela 8.3, reações 4a e 4b). A Figura 8.10 mostra a atuação desta última. O CO_2 liberado é disponibilizado para os cloroplastos para a fixação pela Rubisco, enquanto o ácido de três carbonos coproduzido é convertido em triose fosfato e, posteriormente, em amido ou sacarose via gliconeogênese (ver Figura 8.10).

Mudanças na taxa de captura de carbono e na regulação da enzima ao longo do dia criam um ciclo CAM de 24 horas. Quatro fases distintas abrangem o controle temporal das carboxilações C_4 e C_3 dentro do mesmo ambiente celular: fase I (noite), fase II (início da manhã), fase III (durante o dia) e fase IV (final da tarde). Durante a fase I, noturna, quando os estômatos estão abertos, o CO_2 é captado e armazenado no vacúolo como ácido málico. A captura do CO_2 pela PEPCase domina a fase I. Na fase III, diurna, quando os estômatos estão fechados e as folhas estão fotossintetizando, o ácido málico estocado é descarboxilado. Isso resulta em concentrações altas de CO_2 ao redor do sítio ativo da Rubisco, atenuando, assim, os efeitos adversos da fotorrespiração. As fases transientes II e IV alteram o metabolismo em preparação para as fases III e I, respectivamente. Na fase II, a atividade da Rubisco aumenta, ao passo que decresce na fase IV. Por outro lado, a atividade da PEPCase aumenta na fase IV, porém decai na fase II. A contribuição de cada fase para o equilíbrio global de carbono varia consideravelmente entre plantas CAM diferentes e é sensível às condições ambien-

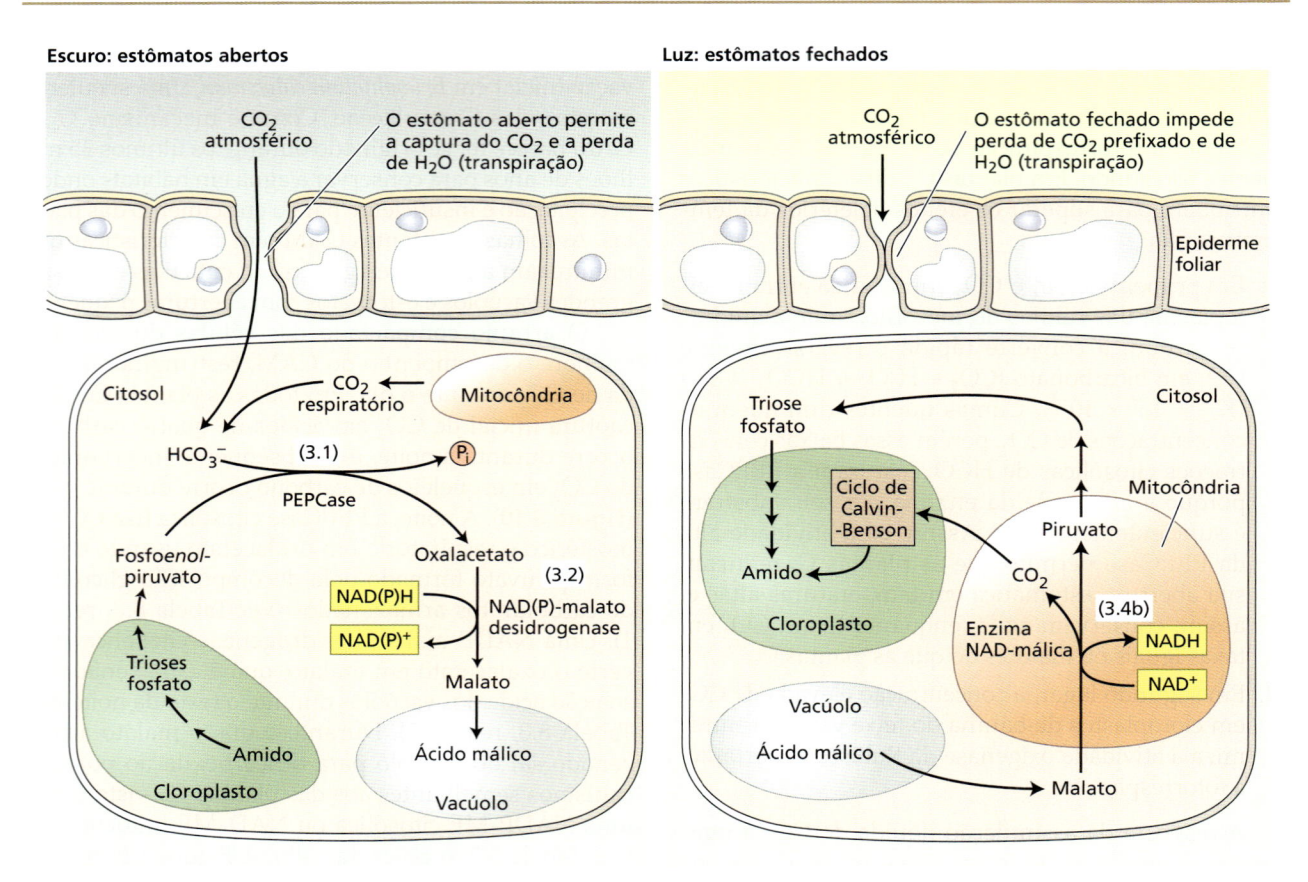

Figura 8.10 Metabolismo ácido das crassuláceas (CAM), tendo como exemplo *Kalanchoe*. No CAM, a captura do CO_2 está separada temporalmente da fixação via ciclo de Calvin-Benson. A captura do CO_2 atmosférico ocorre à noite quando os estômatos estão abertos. Nesse estágio, o CO_2 gasoso no citosol, vindo tanto da atmosfera externa como da respiração mitocondrial, aumenta os níveis de HCO_3^- (CO_2 + $H_2O \leftrightarrow HCO_3^- + H^+$). Após, a PEPCase citosólica catalisa a reação entre o HCO_3^- e o fosfo*enol*piruvato fornecido pela decomposição noturna de amido do cloroplasto. O ácido de quatro carbonos formado, oxalacetato, é reduzido a malato. Este, por sua vez, difunde-se no vacúolo ácido e torna-se protonado a ácido málico. Durante o dia, o ácido málico armazenado no vacúolo flui de volta ao citosol e dissocia-se de novo em malato. A enzima NAD-málica mitocondrial descarboxila o malato, liberando CO_2 que é refixado em esqueletos de carbono pelo ciclo de Calvin-Benson. Em essência, a acumulação diurna do amido no cloroplasto constitui o ganho líquido da captura noturna de carbono inorgânico. A vantagem adaptativa do fechamento estomático durante o dia é que ele evita não apenas a perda de água por transpiração, mas também a difusão do CO_2 interno para a atmosfera externa. Ver Tabela 8.3 para a descrição das reações numeradas.

tais. As plantas CAM constitutivas usam a captação noturna de CO_2 em todos os momentos, enquanto seus equivalentes facultativos recorrem à via CAM somente quando induzidos por estresse hídrico ou salino.

As trioses fosfato produzidas pelo ciclo de Calvin-Benson serão estocadas como amido no cloroplasto ou utilizadas para a síntese de sacarose, dependendo da espécie vegetal. Entretanto, esses carboidratos, em última análise, garantem não apenas o crescimento vegetal, mas também o suprimento de substratos para a próxima fase de carboxilação noturna. Para resumir, a separação temporal entre a carboxilação inicial noturna e a descarboxilação diurna aumenta a concentração de CO_2 próximo da Rubisco e reduz a taxa da atividade oxigenase, aumentando, assim, a eficiência da fotossíntese.

Mecanismos diferentes regulam a PEPCase C_4 e a PEPCase CAM

A análise comparativa das PEPCases fotossintéticas fornece um exemplo notável da adaptação da regulação da enzima a metabolismos específicos. Como mencionado anteriormente em conexão com a fotossíntese C_4, a fosforilação de PEPCases vegetais por PEPCase-quinase converte a forma não fosforilada inativa em sua equivalente fosforilada ativa:

$$\text{PEPCase}_{\text{inativa}} + \text{ATP} \xrightarrow{\text{PEPCase quinase}} \text{PEPCase–P}_{\text{ativa}} + \text{ADP}$$

A desfosforilação da PEPCase pela proteína fosfatase 2A retorna a enzima para a forma inativa. A PEPCase C_4 é funcional durante o dia e inativa durante a noite, e a PEPCase CAM opera durante a noite e tem atividade reduzida durante o dia. Assim, a PEPCase C_4 diurna e a PEPCase CAM noturna são fosforiladas. As respostas contrastantes das PEPCases fotossintéticas à luz são conferidas pelos elementos reguladores que controlam a síntese e a degradação das PEPCase-quinases. A síntese de PEPCase-quinase é mediada por mecanismos de detecção de luz nas folhas C_4 e por ritmos circadianos endógenos nas folhas CAM.

O metabolismo ácido das crassuláceas é um mecanismo versátil sensível a estímulos ambientais

A alta eficiência do uso da água nas plantas CAM provavelmente é responsável por sua ampla diversificação e especiação em ambientes limitados nesse recurso. As plantas CAM que crescem em desertos, como os cactos, abrem seus estômatos durante as noites frias e os fecham durante os dias quentes e secos. A vantagem potencial das plantas CAM terrestres em ambientes áridos é bem ilustrada pela introdução acidental da pera espinhosa africana (*Opuntia stricta*) no ecossistema australiano. De umas poucas plantas em 1840, a população de *O. stricta* expandiu-se progressivamente para ocupar 25 milhões de hectares em menos de um século.

O fechamento dos estômatos durante o dia minimiza a perda de água em plantas CAM, mas, como H_2O e CO_2 compartilham a mesma rota de difusão, o CO_2 deve então ser capturado pelos estômatos abertos à noite (ver Figura 8.10). A disponibilidade de luz mobiliza as reservas de ácido málico vacuolar para a ação de enzimas de descarboxilação específicas – NAD-ME, NADP-ME e PEPCK – e a assimilação do CO_2 resultante pelo ciclo de Calvin-Benson. O CO_2 liberado pela descarboxilação não sai da folha porque os estômatos estão fechados durante o dia. Como consequência, o CO_2 gerado internamente é fixado pela Rubisco e convertido em carboidratos pelo ciclo de Calvin-Benson. Assim, o fechamento estomático auxilia não apenas na conservação da água, mas também na acumulação da concentração interna elevada de CO_2 que melhora a carboxilação fotossintética da ribulose-1,5-bifosfato.

Atributos genotípicos e fatores ambientais modulam a amplitude na qual as capacidades bioquímicas e fisiológicas das plantas CAM são expressas. Embora muitas espécies de plantas suculentas ornamentais na família Crassulaceae (p. ex., *Kalanchoe*) sejam plantas CAM obrigatórias que exibem ritmo circadiano, outras (p. ex., *Clusia*) mostram fotossíntese C_3 e CAM simultaneamente em folhas distintas. A proporção de CO_2 capturado pela PEPCase à noite ou pela Rubisco durante o dia (assimilação líquida de CO_2) é ajustada (1) pelo comportamento estomático; (2) pelas flutuações na acumulação dos ácidos orgânicos e carboidratos de reserva; (3) pela atividade das enzimas primária (PEPCase) e secundária (Rubisco) de fixação de CO_2; (4) pela atividade das enzimas de descarboxilação, e (5) pela síntese e decomposição dos esqueletos de três carbonos.

Muitos representantes das plantas CAM são capazes de ajustar seu padrão de captação de CO_2 em resposta a variações de longo prazo das condições ambientais. A erva-de-gelo (*Mesembryanthemum crystallinum* L.), a agave e a *Clusia* estão entre as plantas que utilizam o CAM quando a água é escassa, mas fazem uma transição gradual para C_3 quando a água se torna abundante. Outras condições ambientais, como salinidade, temperatura e luz, também contribuem para o grau no qual o CAM é induzido nessas plantas. Essa forma de regulação requer a expressão de numerosos genes CAM em resposta aos sinais de estresse.

O fechamento dos estômatos para conservação de água em zonas áridas pode não ser a única base da evolução do CAM porque, paradoxalmente, as espécies CAM também são encontradas entre plantas aquáticas. Talvez esse mecanismo também aumente a obtenção de carbono inorgânico (como HCO_3^-) em hábitats aquáticos, onde a resistência alta à difusão gasosa restringe a disponibilidade do CO_2.

Acumulação e partição de fotossintatos – amido e sacarose

Metabólitos acumulados na luz – fotossintatos – tornam-se a fonte máxima de energia para o desenvolvimento vegetal. A assimilação fotossintética de CO_2 pela maioria das folhas produz sacarose no citosol e amido nos cloroplastos. Durante o dia, a sacarose flui continuamente a partir do citosol da folha para tecidos-dreno heterotróficos, enquanto o amido se acumula como grânulos densos nos cloroplastos (**Figura 8.11**). O escurecimento não somente cessa a assimilação de CO_2, mas também dá início à degradação do amido dos cloroplastos. O conteúdo de amido nos cloroplastos cai durante a noite, porque os produtos de degradação fluem para o citosol para sustentar a exportação de sacarose para outros órgãos. A grande flutuação do amido do estroma na luz *versus* no escuro é a razão pela qual o polissacarídeo armazenado nos cloroplastos é chamado de *amido transitório*. O amido transitório funciona como (1) um mecanismo de transbordamento que armazena fotossintato quando a síntese e o transporte de sacarose são limitados durante o dia, e (2) uma reserva de energia para proporcionar uma fonte adequada de carboidratos durante a noite, quando os açú-

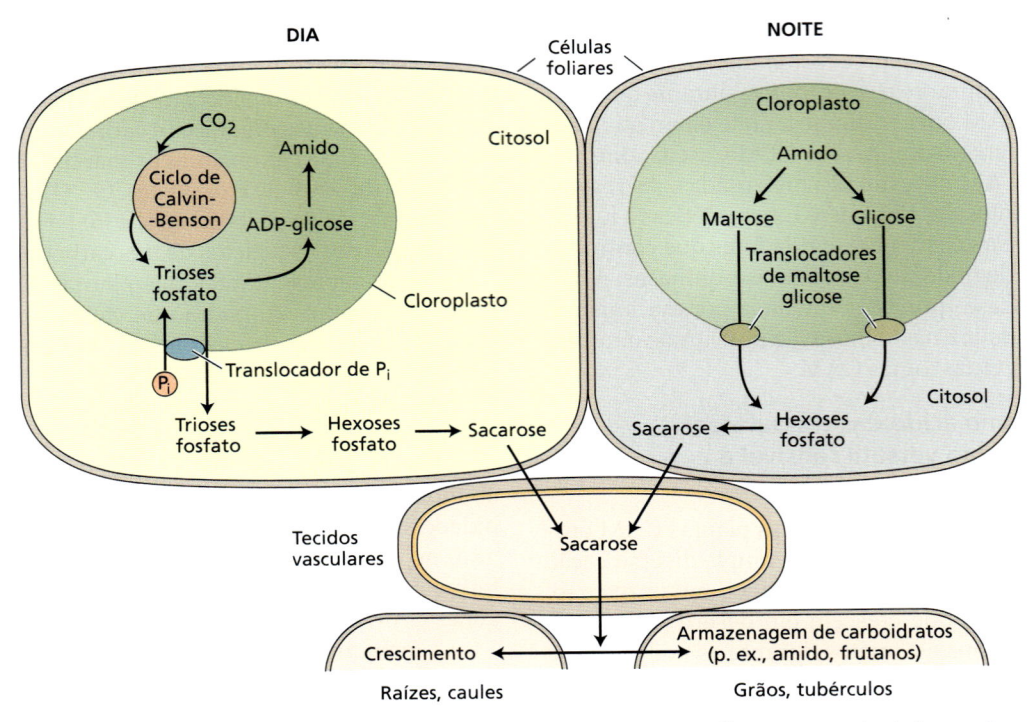

Figura 8.11 Mobilização do carbono em plantas terrestres. Durante o dia, o carbono assimilado fotossinteticamente é utilizado para a formação de amido no cloroplasto ou é exportado para o citosol para a síntese de sacarose. Estímulos externos e internos controlam a partição entre amido e sacarose. As trioses fosfato do ciclo de Calvin-Benson podem ser utilizadas para (1) a síntese de ADP-glicose (o doador de glicosil para a síntese do amido) no cloroplasto ou (2) a translocação para o citosol para a síntese de sacarose. Durante a noite, a decomposição do amido libera maltose e glicose, que fluem através do envoltório do cloroplasto para suplementar o *pool* de hexoses fosfato e contribuir para a síntese de sacarose. O transporte através do envoltório do cloroplasto, realizado por translocadores para fosfato, maltose e glicose, transmite informações entre os dois compartimentos. Como consequência da síntese diurna e da degradação noturna, os níveis de amido do cloroplasto são máximos durante o dia e mínimos durante a noite. Esse amido transitório serve como a reserva de energia noturna, que proporciona um suprimento adequado de carboidratos para as plantas terrestres, e também como uma válvula de escape diurna, que aceita o excesso de carbono quando a assimilação fotossintética de CO_2 prossegue mais rapidamente do que a síntese de sacarose. Diariamente, a sacarose liga a assimilação de carbono inorgânico (CO_2) nas folhas à utilização de carbono orgânico para o crescimento e a armazenagem em partes não fotossintetizantes da planta.

cares não são formados pela fotossíntese. As plantas variam muito na magnitude em que acumulam amido e sacarose nas folhas (ver Figura 8.11). Em algumas espécies (p. ex., soja, beterraba, *Arabidopsis thaliana*), a proporção de amido para sacarose na folha é quase constante ao longo do dia. Em outras (p. ex., espinafre, feijoeiro francês), o amido acumula-se quando a sacarose excede a capacidade de armazenagem da folha ou a demanda dos tecidos-dreno.

O metabolismo do carbono das folhas também responde às necessidades de energia e de crescimento dos tecidos-dreno. Mecanismos de regulação asseguram que os processos fisiológicos no cloroplasto sejam sincronizados não somente com o citoplasma da célula da folha, mas também com outras partes da planta durante o ciclo dia-noite. A abundância de açúcares nas folhas promove o crescimento da planta e a armazenagem de carboidratos em órgãos de reserva, enquanto níveis baixos de açúcares nos tecidos-dreno estimulam a taxa de fotossíntese. O transporte de sacarose liga a disponibilidade de carboidratos nas folhas-fonte ao uso de energia e à formação de polissacarídeos de reserva nos tecidos-dreno (ver Capítulo 10).

Resumo

A luz solar, em última análise, fornece energia para a assimilação de carbono inorgânico em material orgânico (autotrofia). O ciclo de Calvin-Benson é a rota predominante para essa conversão em muitos procariotos e em todas as plantas.

O ciclo de Calvin-Benson

- NADPH e ATP gerados pela luz nos tilacoides dos cloroplastos acionam a fixação endergônica de CO_2 atmosférico pelo ciclo de Calvin-Benson no estroma do cloroplasto (**Figura 8.1**).
- O ciclo de Calvin-Benson tem três fases: (1) carboxilação da ribulose-1,5-bifosfato com CO_2 catalisada pela Rubisco, produzindo 3-fosfoglicerato; (2) redução do 3-fosfoglicerato a trioses fosfato usando ATP e NADPH; e (3) regeneração da molécula aceptora do CO_2, ribulose-1,5-bifosfato (**Figuras 8.2, 8.3**).
- CO_2 e O_2 competem nas reações de carboxilação e de oxigenação catalisadas pela Rubisco (**Figura 8.4**).
- A Rubisco ativase controla a atividade da Rubisco em que o CO_2 funciona tanto como ativador quanto como substrato.
- A luz regula a atividade da Rubisco ativase e de quatro enzimas do ciclo de Calvin-Benson via sistema ferredoxina-tiorredoxina e alterações na concentração de Mg^{2+} e no pH (**Figura 8.5**).

Fotorrespiração: o ciclo fotossintético oxidativo C_2 do carbono

- O ciclo fotossintético oxidativo C_2 do carbono (fotorrespiração) minimiza a perda de CO_2 fixado mediante atividade oxigenase da Rubisco (**Figura 8.6, Tabela 8.2**).
- Cloroplastos, peroxissomos e mitocôndrias participam no movimento dos átomos de carbono, de nitrogênio e de oxigênio pela fotorrespiração (**Figuras 8.6, 8.7**).
- As propriedades cinéticas da Rubisco, a temperatura e as concentrações de CO_2 e O_2 atmosféricos controlam o equilíbrio entre o ciclo de Calvin-Benson e o ciclo fotossintético oxidativo C_2 do carbono.

Mecanismos de concentração de carbono inorgânico

- As plantas terrestres têm dois mecanismos de concentração de carbono que precedem a assimilação de CO_2 pelo ciclo de Calvin-Benson: a fixação fotossintética C_4 do carbono (C_4) e o metabolismo ácido das crassuláceas (CAM).

Mecanismos de concentração de carbono inorgânico: o ciclo C_4 do carbono

- O ciclo fotossintético C_4 do carbono fixa o CO_2 atmosférico via PEPCase em esqueletos de carbono em um compartimento. Os produtos ácidos de quatro carbonos fluem para outro compartimento, onde o CO_2 é liberado e refixado via Rubisco (**Figura 8.8, Tabela 8.3**).
- O ciclo C_4 pode ser acionado por gradientes de difusão dentro de uma única célula, bem como pelos gradientes entre células do mesofilo e da bainha do feixe vascular (anatomia Kranz) (**Figura 8.9, Tabela 8.3**).
- A luz regula a atividade de enzimas-chave do ciclo C_4: NADP-malato desidrogenase, PEPCase e piruvato fosfato diquinase.
- O ciclo C_4 reduz a fotorrespiração e a perda de água em climas secos e quentes.

Mecanismos de concentração de carbono inorgânico: metabolismo ácido das crassuláceas (CAM)

- Em ambientes áridos, a fotossíntese CAM captura CO_2 atmosférico e reaproveita CO_2 respiratório.
- O CAM geralmente está associado a características anatômicas que minimizam a perda de água.
- Nas plantas CAM, a captura inicial de CO_2 (que ocorre durante a noite) e sua incorporação final em esqueletos de carbono (durante o dia) estão separadas temporalmente (**Figura 8.10**).
- Fatores genéticos e ambientais determinam a expressão CAM.

Acumulação e partição de fotossintatos – amido e sacarose

- Na maioria das folhas, sacarose no citosol e amido nos cloroplastos são os produtos finais da assimilação fotossintética de CO_2 (**Figura 8.11**).
- Durante o dia, a sacarose flui do citosol das folhas para os tecidos-dreno, enquanto o amido se acumula na forma de grânulos nos cloroplastos. À noite, o conteúdo de amido dos cloroplastos cai para fornecer esqueletos de carbono para a síntese de sacarose no citosol, com a finalidade de nutrir os tecidos heterotróficos.

Leituras sugeridas

Balsera, M., Uberegui, E., Schürmann, P., and Buchanan, B. B. (2014) Evolutionary development of redox regulation in chloroplasts. *Antioxid. Redox Signal.* 21: 1327–1355.

Bordych, C., Eisenhut, M., Pick, T. R., Kuelahoglu, C., and Weber, A. P. M. (2013) Co-expression analysis as tool for the discovery of transport proteins in photorespiration. *Plant Biol.* 15: 686–693.

Christin, P. A., Arakaki, M., Osborne, C. P., Bräutigam, A., Sage, R. F., Hibberd, J. M., Kelly, S., Covshoff, S., Wong, G. S., Hancock, L., et al. (2014) Shared origins of a key enzyme during the evolution of C4 and CAM metabolism. *J. Exp. Bot.* 65: 3609–3621.

Denton, A. K., Simon, R., and Weber, A. P. M. (2013) C4 photosynthesis: From evolutionary analyses to strategies for synthetic reconstruction of the trait. *Curr. Opin. Plant Biol.* 16: 315–321.

Dever, L. V., Boxall, S. F., Knerová, J., and Hartwell, J. (2015) Transgenic perturbation of the decarboxylation phase of Crassulacean acid metabolism alters physiology and metabolism but has only a small effect on growth. *Plant Physiol.* 167: 44–59.

Ducat, D. C., and Silver, P. A. (2012) Improving carbon fixation pathways. *Curr. Opin. Chem. Biol.* 16: 337–344.

Florian, A., Araújo, W. L., and Fernie, A. R. (2013) New insights into photorespiration obtained from metabolomics. *Plant Biol.* 15: 656–666.

Hagemann, M., Fernie, A. R., Espie, G. S., Kern, R., Eisenhut, M., Reumann, S., Bauwe, H., and Weber, A. P. M. (2013) Evolution of the biochemistry of the photorespiratory C2 cycle. *Plant Biol.* 15: 639–647.

Hibberd, J. M., and Covshoff, S. (2010) The regulation of gene expression required for C4 photosynthesis. *Annu. Rev. Plant Biol.* 61: 181–207.

Sage, R. F., Christin, P. A., and Edwards, E. J. (2011) The C4 plant lineages of planet Earth. *J. Exp. Bot.* 62: 3155–3169.

Sage, R. F., Khoshravesh, R., and Sage, T. L. (2014) From proto-Kranz to C4 Kranz: Building the bridge to C4 photosynthesis. *J. Exp. Bot.* 65: 3341–3356.

Timm, S., and Bauwe, H. (2013) The variety of photorespiratory phenotypes—Employing the current status for future research directions on photorespiration. *Plant Biol.* 15: 737–747.

9 Fotossíntese: Considerações Fisiológicas e Ecológicas

A conversão de energia solar em energia química de compostos orgânicos é um processo complexo que inclui o transporte de elétrons e o metabolismo do carbono fotossintético (ver Capítulos 7 e 8). Este capítulo trata de algumas das respostas fotossintéticas da folha intacta a seu ambiente. Respostas fotossintéticas adicionais a diferentes tipos de estresse são estudadas no Capítulo 19. Quando for discutida a fotossíntese neste capítulo, será referida a taxa fotossintética líquida, ou seja, a diferença entre a assimilação fotossintética de carbono e a perda de CO_2 via respiração mitocondrial.

O impacto do ambiente sobre a fotossíntese é de interesse amplo, em especial para fisiologistas, ecólogos, biólogos evolucionistas, especialistas em mudanças climáticas e agrônomos. Do ponto de vista fisiológico, há interesse em compreender as respostas diretas da fotossíntese a fatores ambientais como luz, concentrações de CO_2 do ambiente e temperatura, assim como as respostas indiretas (mediadas por efeitos do controle estomático) a fatores como umidade do ar e umidade do solo. A dependência de processos fotossintéticos em relação às condições ambientais é também importante para os agrônomos, pois a produtividade vegetal e, em consequência, a produtividade das culturas agrícolas dependem muito das taxas fotossintéticas prevalecentes em um ambiente dinâmico. Para o ecólogo, a variação fotossintética entre ambientes diferentes é de grande interesse em termos de adaptação e evolução.

No estudo da dependência ambiental surge uma pergunta central: quantos fatores ambientais podem limitar a fotossíntese em determinado momento? Em 1905, o fisiologista vegetal britânico F. F. Blackman formulou uma hipótese segundo a qual, sob algumas condições especiais, a taxa fotossintética é limitada pela etapa mais lenta no processo, o chamado *fator limitante*. A implicação dessa hipótese é que, em determinado momento, a fotossíntese pode ser limitada pela luz ou pela concentração de CO_2, por exemplo, mas não por ambos os fatores. Essa hipótese teve uma influência marcante sobre a abordagem adotada por fisiologistas vegetais no estudo da fotossíntese, que consiste em variar um fator e manter constantes todas as demais condições ambientais. Na folha intacta, três processos metabólicos principais têm sido identificados como importantes para o desempenho fotossintético:

- Capacidade da Rubisco
- Regeneração da ribulose-1,5-bifosfato (RuBP, de *ribulose bisphosphate*).
- Metabolismo das trioses fosfato

Graham Farquhar e Tom Sharkey acrescentaram uma perspectiva fundamentalmente nova à compreensão da fotossíntese, ao destacarem que se deve pensar nos controles sobre as taxas globais da fotossíntese líquida de folhas em termos econômicos, considerando as funções de "oferta" e "demanda" de dióxido de carbono. Os processos metabólicos referidos ocorrem nas células dos parênquimas paliçádico e esponjoso da folha (**Figura 9.1**). Essas atividades bioquímicas descrevem a "demanda" por CO_2 pelo metabolismo fotossintético nas células. Contudo, a taxa de "oferta" de CO_2 a essas células é determinada em grande parte pelas limitações da difusão resultantes da regulação estomática e subsequente resistência no mesofilo. As ações coordenadas de "demanda" pelas células fotossintetizantes e "suprimento" pelas células-guarda afetam a taxa fotossintética foliar, medida pela absorção líquida de CO_2.

Nas seções seguintes, será enfocado como a variação de ocorrência natural na luz e na temperatura influencia a fotossíntese nas folhas, e como elas, por sua vez, ajustam-se ou aclimatam-se a tal variação. Será analisado também como o dióxido de carbono atmosférico influencia a fotossíntese, uma consideração especialmente importante em um mundo onde as concentrações de CO_2 estão crescendo rapidamente, à medida que os seres humanos continuam a queimar combustíveis fósseis para a produção de energia.

O efeito das propriedades foliares na fotossíntese

A gradação desde o cloroplasto (o ponto central dos Capítulos 7 e 8) até a folha acrescenta novos níveis de complexidade à fotossíntese. Ao mesmo tempo, as propriedades estruturais e funcionais da folha possibilitam outros níveis de regulação.

Inicialmente, será examinada a captura da luz e como a anatomia e a orientação foliares maximizam a absorção dela para a fotossíntese. A seguir, será descrito como as folhas se aclimatam a seu ambiente luminoso. Verifica-se que a resposta fotossintética de folhas sob diferentes condições de luz reflete a capacidade de uma planta de crescer em ambientes luminosos distintos. Contudo, existem limites dentro dos quais a fotossíntese de uma espécie pode se aclimatar a ambientes luminosos muito diferentes. Por exemplo, em algumas situações, a fotossíntese é limitada por um suprimento inadequado de luz. Em outras situações, a absorção de luz em demasia provocaria problemas graves se mecanismos especiais não protegessem o sistema fotossintético do excesso de luminosidade. Embora as plantas possuam níveis múltiplos de controle sobre a fotossín-

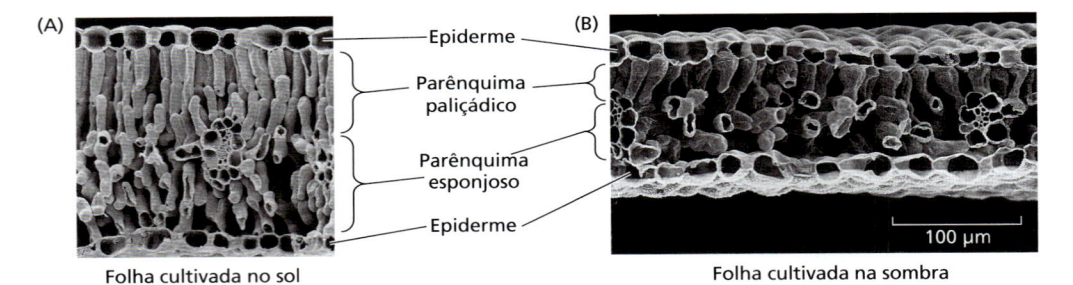

Figura 9.1 Imagem ao microscópio eletrônico de varredura da anatomia foliar de uma leguminosa (*Thermopsis montana*) cultivada sob diferentes ambientes quanto ao fator luz. Observe que a folha cultivada no sol (A) é muito mais espessa que a folha cultivada na sombra (B) e que as células do parênquima paliçádico (colunares) são muito mais longas nas folhas cultivadas à luz solar. As camadas de células do parênquima esponjoso podem ser vistas abaixo do parênquima paliçádico. A escala é a mesma para as duas imagens. (Cortesia de T. Vogelmann.)

tese que lhes permitem crescer com êxito nos ambientes em constante mudança, existem limites para que isso seja possível.

Considere as muitas maneiras nas quais as folhas são expostas a espectros (qualidades) e quantidades diferentes de luz que resultam em fotossíntese. As plantas que crescem ao ar livre são expostas à luz solar, e o espectro desse fator depende de onde for realizada a medição, se em plena luz do dia ou à sombra de um dossel. As plantas cultivadas em ambiente fechado podem receber iluminações incandescente ou fluorescente, sendo cada uma delas diferente da luz solar. Para explicar essas diferenças em qualidade e quantidade espectrais, é necessário uniformizar o modo de medir e expressar a luz que influencia a fotossíntese.

A luz que chega à planta é um fluxo, que pode ser medido em unidades de energia ou de fótons. **Irradiância** é o montante de energia que incide sobre um sensor plano de área conhecida, por unidade de tempo, e é expressa em watts por metro quadrado (W m^{-2}). Lembre que o tempo (segundos) está contido no termo watt: 1 W = 1 joule (J) por segundo (s^{-1}). Fluxo quântico, ou **densidade de fluxo fotônico** (**PFD**, de *photon flux density*), é o número de **quanta** (*quantum*, no singular) incidentes que atinge a folha, expresso em moles por metro quadrado por segundo (mol m^{-2} s^{-1}), onde *moles* se referem ao número de fótons (1 mol de luz = 6,02 × 10^{23} fótons, número de Avogadro). As unidades de *quanta* e de energia para luz solar podem ser interconvertidas com relativa facilidade, desde que o comprimento de onda da luz, λ, seja conhecido. A energia de um fóton está relacionada a seu comprimento de onda conforme a equação:

$$E = \frac{hc}{\lambda}$$

onde c é a velocidade da luz (3 × 10^8 m s^{-1}), h é a constante de Planck (6,63 × 10^{-34} J s) e λ é o comprimento de onda da luz, em geral expresso em nanômetros (1 nm = 10^{-9} m). A partir dessa equação, é possível demonstrar que um fóton a 400 nm tem duas vezes mais energia do que um fóton a 800 nm.

Quando se considera a fotossíntese e a luz, é apropriado expressar a luz como densidade de fluxo fotônico fotossintético (PPFD, de *photosynthetic photon flux density*) – o fluxo de luz (em geral expresso como micromoles por metro quadrado por segundo [µmol m^{-2} s^{-1}]) dentro do espectro fotossinteticamente ativo (400-700 nm). Qual é a quantidade de luz em um dia ensolarado? Sob a luz solar direta em um dia claro, a PPFD é de cerca de 2.000 µmol m^{-2} s^{-1} no topo do dossel de uma floresta densa, mas pode ser de apenas 10 µmol m^{-2} s^{-1} no chão da floresta, devido à absorção de luz pelas folhas dispostas nos estratos superiores.

A anatomia foliar e a estrutura do dossel maximizam a absorção da luz

Em média, cerca de 340 W da energia radiante do sol alcançam cada metro quadrado da superfície da Terra. Quando essa luz solar atinge a vegetação, apenas 5% da energia são, em última análise, convertidos em carboidratos pela fotossíntese (**Figura 9.2**). O motivo dessa porcentagem tão baixa é que grande parte da luz tem um comprimento de onda demasiadamente curto ou longo para ser absorvido pelos pigmentos fotossintetizantes (**Figura 9.3**). Além disso, da radiação fotossinteticamente ativa (400-700 nm) que incide sobre uma folha, uma porcentagem pequena é transmitida através dela e parte também é refletida a partir de sua superfície. Como a clorofila absorve fortemente nas regiões do azul e do vermelho do espectro (ver Figura 7.3), os comprimentos de onda na faixa do verde são dominantes na luz transmitida e refletida (ver Figura 9.3) – por isso a cor verde da vegetação. Por fim, uma porcentagem da radiação fotossinteticamente ativa inicialmente absorvida pela folha é perdida pelo metabolismo e uma quantidade menor é perdida como calor (ver Capítulo 7).

A anatomia da folha é altamente especializada para a absorção de luz. A camada celular mais externa,

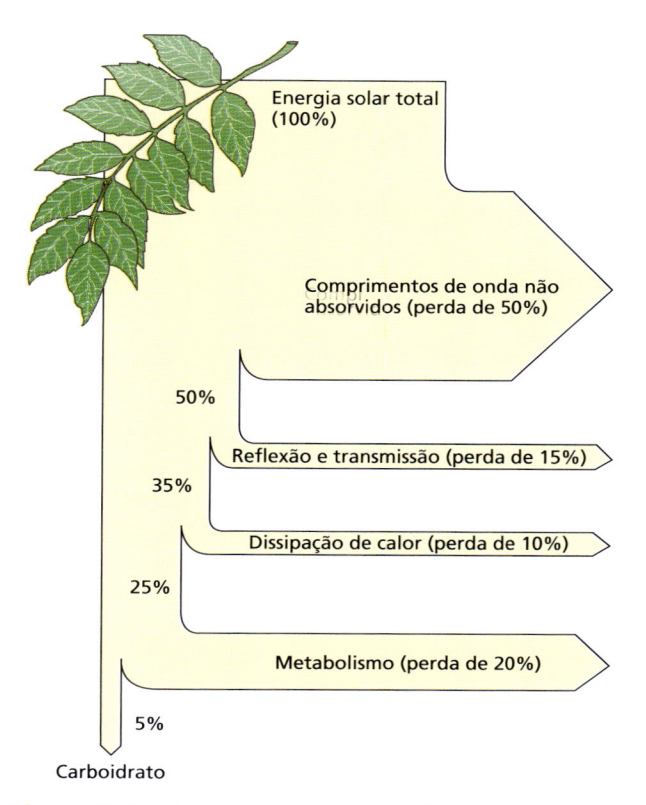

Figura 9.2 Conversão da energia solar em carboidratos por uma folha. Do total de energia incidente, apenas 5% são convertidos em carboidratos.

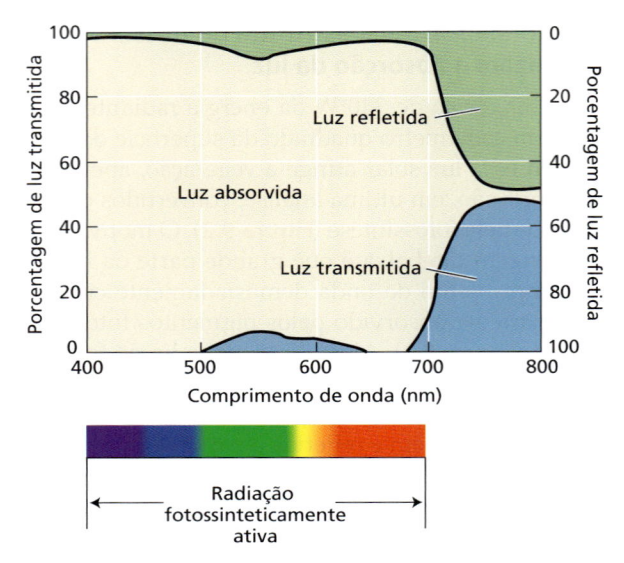

Figura 9.3 Propriedades ópticas de uma folha de feijoeiro. Aqui são mostradas as porcentagens de luz absorvida, refletida e transmitida, em função do comprimento de onda. A luz verde na faixa de 500 a 600 nm é transmitida e refletida, conferindo a cor verde às folhas. Observe que a maior parte da luz acima de 700 nm não é absorvida pela folha. (De Smith, 1986.)

a epiderme, normalmente é transparente à luz visível e suas células com frequência são convexas. As células epidérmicas convexas podem atuar como lentes e concentrar a luz, de modo que a intensidade que atinge alguns dos cloroplastos pode ser muitas vezes maior que a intensidade da luz do ambiente. A concentração epidérmica de luz, comum em plantas herbáceas, é especialmente proeminente em plantas tropicais de sub-bosque florestal, onde os níveis de luz são muito baixos.

Sob a epiderme, encontram-se camadas de células fotossintetizantes que constituem o **parênquima paliçádico**; elas são semelhantes a pilares dispostos em colunas paralelas de uma a três camadas de profundidade (ver Figura 9.1). Algumas folhas têm várias camadas de células paliçádicas, podendo ser questionado se é eficiente para uma planta investir energia no desenvolvimento de múltiplas camadas celulares, quando o conteúdo alto de clorofila da primeira camada parece permitir pouca transmissão da luz incidente para o interior da folha. De fato, mais luz do que poderia ser esperado penetra na primeira camada do tecido paliçádico, por causa do *efeito peneira* e da *canalização da luz*.

O **efeito peneira** ocorre porque a clorofila não está distribuída uniformemente pelas células, mas, sim, confinada aos cloroplastos. Essa disposição da clorofila provoca sombreamento entre suas moléculas e cria lacunas entre os cloroplastos, onde luz não é absorvida – por isso, a referência a uma peneira. Devido ao efeito peneira, a absorção total de luz por determinada quantidade de clorofila, em uma célula do parênquima paliçádico, é menor que a luz que seria absorvida pela mesma quantidade de clorofila distribuída uniformemente em uma solução.

A **canalização da luz** ocorre quando parte da luz incidente é propagada pelos vacúolos centrais das células paliçádicas e pelos espaços intercelulares, uma disposição que facilita a transmissão da luz para o interior da folha. No interior, abaixo das camadas paliçádicas, localiza-se o **parênquima esponjoso**, cujas células têm formas muito irregulares e são delimitadas por grandes espaços de ar (ver Figura 9.1). Esses espaços geram muitas interfaces entre ar e água, que refletem e refratam a luz, o que torna aleatória sua direção de deslocamento. Esse fenômeno é denominado **difusão da luz na interface**.

A difusão da luz é especialmente importante nas folhas, pois as refrações múltiplas entre as interfaces célula-ar aumentam muito o comprimento do caminho de deslocamento dos fótons, ampliando, assim, a probabilidade de absorção. Na realidade, os comprimentos das trajetórias dos fótons dentro das folhas são comumente quatro vezes mais longos do que a espessura foliar. Portanto, as propriedades das células do parênquima paliçádico que permitem a passagem direta da luz e as propriedades das células do parênquima esponjoso que servem à canalização da luz resultam em absorção de luz mais uniforme por toda a folha.

Em alguns ambientes, como os desertos, há muita luz, o que é potencialmente prejudicial à maquinaria fotossintética das folhas. Nesses ambientes, as folhas com frequência possuem características anatômicas especiais, como tricomas, glândulas de sal e cera epicuticular, que aumentam a reflexão de luz junto à superfície foliar, reduzindo, desse modo, sua absorção. Tais adaptações podem diminuir a absorção de luz em 60%, reduzindo, assim, o superaquecimento e outros problemas associados à absorção de energia solar em demasia.

Considerando a planta inteira, as folhas dispostas no topo de um dossel absorvem a maior parte da luz solar e reduzem a quantidade de radiação que alcança as folhas inferiores. As folhas sombreadas por outras folhas estão expostas a níveis mais baixos de luz e a uma qualidade de luz diferente em relação às folhas acima delas e têm taxas fotossintéticas muito mais baixas. No entanto, como as camadas de uma folha individual, a estrutura da maioria das plantas, e das árvores especialmente, representa uma adaptação extraordinária para interceptação da luz. A estrutura sofisticada de ramificação de árvores aumenta bastante a intercepção da luz solar. Além disso, as folhas em níveis diferentes do dossel exibem morfologia e fisiologia variadas, o que ajuda a melhorar a captura da luz. Em consequência, pouquíssima PPFD penetra até a parte inferior do dossel; a PPFD é quase toda absorvida pelas folhas antes de alcançar o chão da floresta (**Figura 9.4**).

A sombra profunda no chão de uma floresta, portanto, contribui para um ambiente de crescimento desafiador para as plantas. Em muitos ambientes com sombra, entretanto, as **manchas de sol** constituem uma característica ambiental comum que permite níveis elevados de luz em estratos profundos do dossel. Elas são porções de luz solar que passam por pequenas clareiras no dossel; à medida que o sol se desloca, as manchas de sol se movem pelas folhas normalmente sombreadas. A despeito da natureza curta e efêmera das manchas de sol, seus fótons constituem quase 50% da energia luminosa total disponível durante o dia. Em uma floresta densa, as manchas de sol podem alterar a luz solar que atinge uma folha de sombra em mais de dez vezes por segundo. Essa energia fundamental está disponível por apenas alguns minutos, em uma quantidade muito alta. Muitas espécies de sombra profunda submetidas a manchas de sol possuem mecanismos fisiológicos para tirar proveito da ocorrência desse pulso de luz. As manchas de sol também exercem um papel no metabolismo do carbono de lavouras densamente cultivadas, em que as folhas inferiores da planta são sombreadas pelas folhas superiores.

O ângulo e o movimento da folha podem controlar a absorção da luz

O ângulo da folha em relação ao sol determina a quantidade de luz solar incidente sobre ela. A luz solar incidente pode atingir uma superfície foliar plana em diversos ângulos, dependendo do período do dia e da orientação da folha. A radiação incidente máxima ocorre quando a luz solar atinge uma folha de forma perpendicular à sua superfície. Quando os raios de luz desviam do ângulo perpendicular, no entanto, a luz solar incidente sobre uma folha é proporcional ao ângulo em que os raios alcançam a superfície.

Sob condições naturais, as folhas expostas à luz solar plena no topo do dossel tendem a apresentar ângulos agudos. Desse modo, uma quantidade de luz solar menor que o máximo incide sobre a lâmina foliar, o que permite que mais luz solar atravesse o dossel. Por essa razão, é comum constatar que o ângulo das folhas dentro de um dossel decresce (torna-se mais horizontal) com a profundidade crescente no dossel.

Algumas folhas maximizam a absorção da luz pelo **acompanhamento do sol**; isto é, elas ajustam continuamente a orientação de suas lâminas, de modo a permanecerem perpendiculares aos raios solares (**Figura 9.5**). Muitas espécies, incluindo alfafa, algodo-

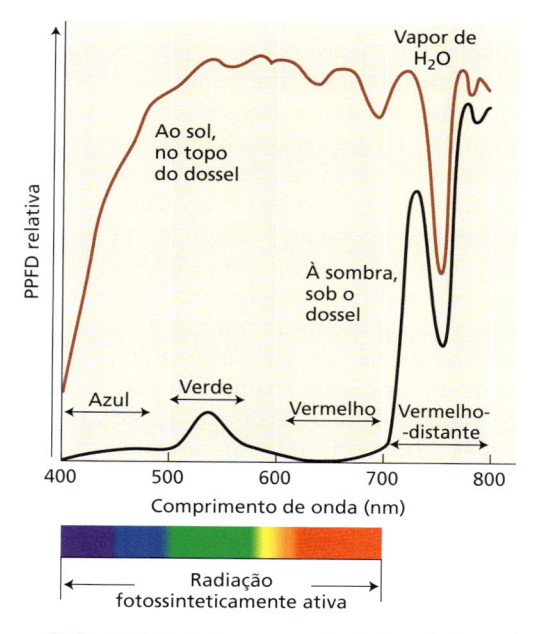

Figura 9.4 Distribuição espectral relativa da luz solar no topo de um dossel e à sombra sob ele. A maior parte da radiação fotossinteticamente ativa é absorvida pelas folhas do dossel. (De Smith, 1994.)

Figura 9.5 Movimento foliar em plantas que se ajustam à posição do sol. (A) Orientação foliar inicial no tremoço (*Lupinus succulentus*), sem luz solar direta. (B) Orientação foliar 4 horas após exposição à luz oblíqua. As setas indicam a orientação do feixe de luz. O movimento é gerado pela intumescência assimétrica de um pulvino, encontrado na junção da lâmina com o pecíolo. Em condições naturais, as folhas acompanham a trajetória do sol. (De Vogelmann e Björn, 1983; cortesia de T. Vogelmann.)

eiro, soja, feijoeiro e tremoço, possuem folhas capazes de acompanhar a trajetória solar.

As folhas que se posicionam segundo a trajetória solar apresentam uma posição quase vertical ao nascer do sol, voltando-se para o leste. Após, as lâminas foliares começam a acompanhar o nascimento do sol, seguindo seu movimento com uma precisão de ±15°, até o crepúsculo, quando se tornam quase verticais, voltadas para o oeste. Durante a noite, as folhas assumem uma posição horizontal e se reorientam para o horizonte leste, preparando-se para outro nascer do sol. As folhas acompanham o sol somente em dias claros, interrompendo o movimento quando uma nuvem obscurece o sol. No caso de uma cobertura intermitente de nuvens, algumas folhas conseguem reorientar-se rapidamente em até 90° por hora, podendo, assim, ajustar-se à nova posição do sol quando este emerge por trás de uma nuvem.

O ajuste das folhas à trajetória solar é uma resposta à luz azul (ver Capítulo 13), e a sensação desse tipo de luz ocorre em regiões especializadas da folha ou do caule. Em espécies de *Lavatera* (Malvaceae), a região fotossensível está localizada nas nervuras foliares principais ou perto delas. Porém, em muitas espécies, em especial de Fabaceae, a orientação foliar é controlada por um órgão especializado denominado **pulvino**, encontrado na junção entre a lâmina e o pecíolo. Nos tremoços (*Lupinus*, Fabaceae), por exemplo, as folhas consistem em cinco ou mais folíolos, e a região fotossensível está em um pulvino localizado na parte basal de cada folíolo (ver Figura 9.5). O pulvino contém células motoras que mudam seu potencial osmótico e geram forças mecânicas determinantes da orientação laminar. Em outras espécies, a orientação foliar é controlada por pequenas mudanças mecânicas ao longo do pecíolo e por movimentos das partes mais jovens do caule.

Heliotropismo é outro termo empregado para descrever a orientação foliar pelo acompanhamento do sol. As folhas que maximizam a interceptação da luz mediante ajuste à trajetória do sol são referidas como *dia-heliotrópicas*. Algumas espécies que ajustam sua posição de acordo com a trajetória do sol podem também mover suas folhas de modo a *evitar* a exposição total à luz solar, minimizando, assim, o aquecimento e a perda de água. Essas folhas que evitam o sol são chamadas de *para-heliotrópicas*. Algumas espécies vegetais, como a soja, possuem folhas que podem exibir movimentos dia-heliotrópicos, quando bem hidratadas, e movimentos para-heliotrópicos, quando submetidas ao estresse hídrico.

As folhas aclimatam-se a ambientes ensolarados e sombrios

A **aclimatação** é um processo de desenvolvimento em que as folhas expressam um conjunto de ajustes bioquímicos e morfológicos apropriados ao ambiente específico ao qual elas estão expostas. A aclimatação pode ocorrer em folhas maduras e naquelas em desenvolvimento recente. **Plasticidade** é o termo utilizado para definir em que medida o ajuste pode ocorrer. Muitas espécies vegetais têm suficiente plasticidade de desenvolvimento para responder a uma gama de regimes de luz, crescendo como plantas de sol em áreas ensolaradas e como plantas de sombra em hábitats sombrios. A capacidade de aclimatar-se é importante, visto que os hábitats sombrios podem receber menos de 20% da PPFD disponível em um ambiente exposto e os hábitats profundamente sombrios recebem menos de 1% da PPFD incidente no topo do dossel.

Em algumas espécies vegetais, as folhas individuais que se desenvolvem em ambientes ensolarados ou profundamente sombrios muitas vezes são incapazes de manter-se quando transferidas para outro tipo de hábitat. Em tais casos, a folha madura abscindirá e uma folha nova mais bem ajustada ao novo ambiente se desenvolverá. Isso pode ser observado se uma planta desenvolvida em ambiente fechado for transferida para o ar livre; se ela for o tipo apropriado de planta, será desenvolvido um novo conjunto de folhas mais adequadas à luz solar intensa. Contudo, algumas espécies vegetais não são capazes de se aclimatar quando transferidas de um ambiente ensolarado para um sombrio ou vice-versa. A falta de aclimatação indica que essas espécies são especializadas para um ambiente ensolarado ou um ambiente sombrio. Quando plantas adaptadas a situações de sombra profunda são transferidas para um ambiente com luz solar plena, as folhas sofrem de fotoinibição crônica, descoloração e finalmente morrem. A fotoinibição é discutida mais adiante neste capítulo.

As folhas de sol e as folhas de sombra têm características bioquímicas e morfológicas contrastantes:

- As folhas de sombra aumentam a captura de luz por terem mais clorofila total por centro de reação, uma razão mais alta entre clorofila *b* e clorofila *a* e lâminas geralmente mais finas do que as das folhas de sol.

- As folhas de sol aumentam a assimilação de CO_2 por terem mais Rubisco e conseguem dissipar o excesso de energia luminosa por terem um grande *pool* de componentes do ciclo da xantofila (ver Figuras 9.11 e 9.12). Morfologicamente, essas folhas são mais espessas e têm camada paliçádica maior em relação às folhas de sombra (ver Figura 9.1).

Essas modificações morfológicas e bioquímicas estão associadas a respostas específicas de aclimatação à *quantidade* de luz solar no hábitat da planta, mas a *qualidade* da luz também pode influenciar tais respostas.

Por exemplo, a luz vermelho-distante, que é absorvida principalmente pelo fotossistema I (PSI, de *photosystem I*) (ver Capítulo 7), mas também pelo fitocromo (ver Capítulo 13), é proporcionalmente mais abundante nos hábitats sombrios do que nos ensolarados. Para equilibrar melhor o fluxo de energia através de PSII e PSI, a resposta adaptativa de algumas plantas de sombra é produzir uma razão mais alta entre os centros de reação de PSII e PSI em comparação com a encontrada em plantas de sol. Outras plantas de sombra, em vez de alterar a razão entre os centros de reação de PSII e PSI, adicionam mais clorofilas de antena ao PSII para aumentar a absorção por esse fotossistema. Essas mudanças parecem intensificar a absorção de luz e a transferência de energia em ambientes sombrios.

Efeitos da luz na fotossíntese na folha intacta

A luz é um recurso fundamental que limita o crescimento vegetal, mas eventualmente as folhas podem ser expostas à luz em demasia, em vez de à escassez de luz. Nesta seção, são descritas as típicas respostas fotossintéticas à luz, medidas pelas curvas de resposta a esse recurso. Considera-se, também, que características de uma curva de resposta à luz pode ajudar a explicar as propriedades fisiológicas contrastantes entre plantas de sol e de sombra, bem como entre espécies C_3 e C_4. A seção é concluída com descrições de como as folhas respondem ao excesso de luz.

As curvas de resposta à luz revelam propriedades fotossintéticas

A medição da fixação líquida de CO_2 em folhas intactas, ao longo de níveis variados de PPFD, gera curvas de resposta à luz (**Figura 9.6**). Próximo do escuro, há pouca assimilação de carbono, mas, como a respiração mitocondrial continua, o CO_2 é emitido pela planta (ver Capítulo 11). A absorção de CO_2 é negativa nessa parte da curva de resposta à luz. Sob níveis mais altos de PPFD, a assimilação fotossintética de CO_2 finalmente alcança um ponto em que a absorção e a liberação de CO_2 são exatamente equilibradas. Esse ponto é denominado **ponto de compensação da luz**. A PPFD em que diferentes folhas alcançam o ponto de compensação da luz pode variar entre as espécies e com as condições de desenvolvimento. Uma das diferenças mais interessantes é encontrada entre espécies que normalmente crescem sob luz solar plena e aquelas que crescem à sombra (**Figura 9.7**). Os pontos de compensação da luz de espécies de sol variam de 10 a 20 $\mu mol\ m^{-2}\ s^{-1}$, enquanto os valores correspondentes de espécies de sombra são de 1 a 5 $\mu mol\ m^{-2}\ s^{-1}$.

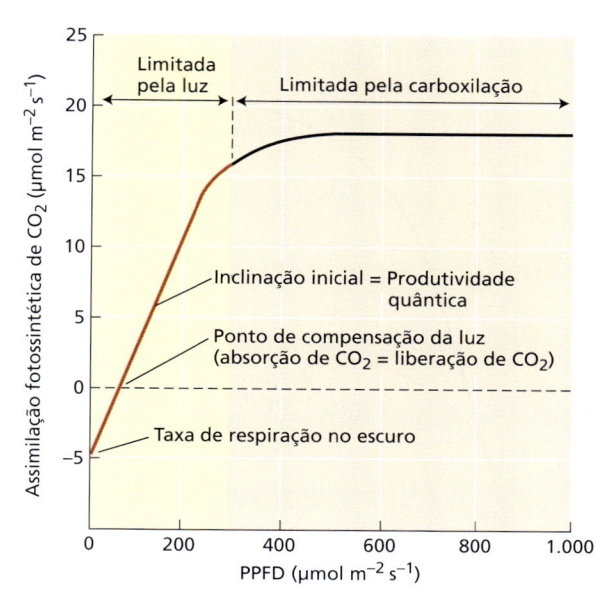

Figura 9.6 Resposta fotossintética à luz em uma espécie C_3. No escuro, a respiração causa um efluxo líquido de CO_2 oriundo da planta. O ponto de compensação da luz é alcançado quando a assimilação fotossintética de CO_2 se iguala à quantidade de CO_2 liberada pela respiração. Aumentando a luz acima do ponto de compensação, a fotossíntese eleva-se proporcionalmente, indicando que ela é limitada pela taxa de transporte de elétrons, a qual, por sua vez, é limitada pela quantidade de luz disponível. Essa porção da curva é referida como limitada pela luz. Outros aumentos na fotossíntese são posteriormente limitados pela capacidade de carboxilação da Rubisco ou pelo metabolismo das trioses fosfato. Essa parte da curva é referida como limitada pela carboxilação.

Por que os pontos de compensação da luz são mais baixos para espécies de sombra? Geralmente, isso acontece porque as taxas de respiração são muito baixas em espécies de sombra; portanto apenas uma pequena taxa fotossintética é necessária para levar a zero as taxas líquidas de troca de CO_2. As taxas de respiração baixas permitem às espécies de sombra sobreviver em ambientes com limitação de luz, por sua capacidade de atingir taxas de absorção de CO_2 positivas em valores mais baixos de PPFD do que as espécies de sol.

Uma relação linear entre a PPFD e a taxa fotossintética persiste em níveis luminosos acima do ponto de compensação da luz (ver Figura 9.6). Ao longo dessa porção linear da curva de resposta à luz, a fotossíntese é limitada por esse recurso; mais luz estimula proporcionalmente mais fotossíntese. Quando corrigida para absorção de luz, a inclinação dessa porção linear da curva proporciona a **produtividade quântica máxima** de fotossíntese para a folha. As folhas de espécies de sol e de sombra exibem produtividades quânticas muito similares, a despeito de seus hábitats de crescimento

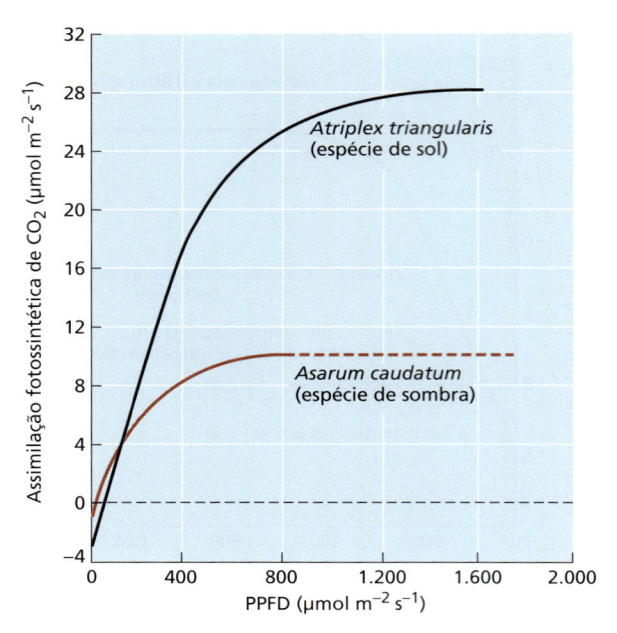

Figura 9.7 Curvas de resposta à luz da fixação fotossintética de carbono em espécies de sol e de sombra. A armole triangular (*Atriplex triangularis*) é uma espécie de sol, e o gengibre-selvagem (*Asarum caudatum*) é uma espécie de sombra. As espécies de sombra em geral têm um ponto de compensação da luz baixo e taxas fotossintéticas máximas mais baixas quando comparadas às espécies de sol. A linha vermelha tracejada foi extrapolada da parte medida da curva. (De Harvey, 1979.)

diferentes. Isso acontece porque os processos bioquímicos básicos que determinam a produtividade quântica são os mesmos para esses dois tipos de espécies. Contudo, a produtividade quântica pode variar entre espécies com rotas fotossintéticas distintas.

A produtividade quântica é a razão entre determinado produto dependente de luz e o número de fótons absorvidos (ver Equação 7.5). A produtividade quântica fotossintética pode ser expressa sobre uma base de CO_2 ou uma de O_2; conforme explicado no Capítulo 7, a produtividade quântica da fotoquímica é de cerca de 0,95. Contudo, a produtividade quântica fotossintética máxima de um processo integrado como a fotossíntese é mais baixa que a produtividade teórica quando medida em cloroplastos (organelas) ou em folhas inteiras. Com base na bioquímica discutida nos Capítulos 7 e 8, a produtividade quântica máxima teórica esperada para a fotossíntese de espécies C_3 é de 0,125 (uma molécula de CO_2 fixada por oito fótons absorvidos). Porém, nas condições atmosféricas atuais (400 ppm de CO_2, 21% de O_2), as produtividades quânticas medidas para CO_2 de folhas C_3 e C_4 variam de 0,04 a 0,07 mol de CO_2 por mol de fótons.

Em espécies C_3, a redução da máxima teórica é causada principalmente pela perda de energia pela fotorrespiração. Nas espécies C_4, a redução é causada pelas demandas adicionais de energia do mecanismo concentrador de CO_2 e pelo custo potencial da refixação do CO_2 que se difundiu para fora a partir das células da bainha vascular. Se folhas de espécies C_3 forem expostas a concentrações baixas de O_2, a fotorrespiração é minimizada, e a produtividade quântica máxima aumenta para cerca de 0,09 mol de CO_2 por mol de fótons. Por outro lado, se folhas de espécies C_4 forem expostas a concentrações baixas de O_2, as produtividades quânticas para a fixação de CO_2 permanecem constantes em cerca de 0,05 a 0,06 mol de CO_2 por mol de fótons. Isso ocorre porque o mecanismo concentrador de carbono na fotossíntese C_4 elimina quase toda a liberação de CO_2 via fotorrespiração.

Em PPFD mais alta ao longo da curva de resposta à luz, a resposta fotossintética a esse fator começa a estabilizar-se (ver Figuras 9.6 e 9.7) e, por fim, alcança a *saturação*. Além do ponto de saturação da luz, a fotossíntese líquida não aumenta mais, indicando que outros fatores que não a luz incidente, como a taxa de transporte de elétrons, a atividade de Rubisco ou o metabolismo das trioses fosfato, tornam-se limitantes à fotossíntese. Os níveis de saturação da luz para espécies de sombra são substancialmente mais baixos do que os para espécies de sol (ver Figura 9.7). Isso vale também para folhas da mesma planta quando cultivadas ao sol *versus* à sombra (**Figura 9.8**). Esses níveis em geral refletem a PPFD máxima à qual a folha foi exposta durante o crescimento.

A curva de resposta à luz da maioria das folhas satura entre 500 e 1.000 µmol m^{-2} s^{-1}, bem abaixo da luz solar plena (que é de cerca de 2.000 µmol m^{-2} s^{-1}). Uma exceção são as folhas de culturas bem fertilizadas, que, com frequência, saturam acima de 1.000 µmol m^{-2} s^{-1}. Embora as folhas individuais raramente sejam capazes de utilizar a luz solar plena, as plantas inteiras em geral consistem em muitas folhas que fazem sombra umas para as outras. Assim, em determinado momento do dia, apenas uma pequena proporção das folhas está exposta ao sol pleno, em especial em plantas com copas densas. O resto das folhas recebe fluxos fotônicos subsaturantes oriundos das manchas solares que passam através de clareiras no dossel, da luz difusa e da luz transmitida por outras folhas.

Uma vez que a resposta fotossintética da planta intacta é a soma da atividade fotossintética de todas as folhas, raramente a fotossíntese é saturada de luz em nível de planta inteira (**Figura 9.9**). Por essa razão, a produtividade de uma lavoura em geral está relacionada à quantidade total de luz recebida durante a estação de crescimento, e não à capacidade fotossintética de uma única folha. Com água e nutrientes suficientes, quanto mais luz a lavoura receber, mais alta é a biomassa produzida.

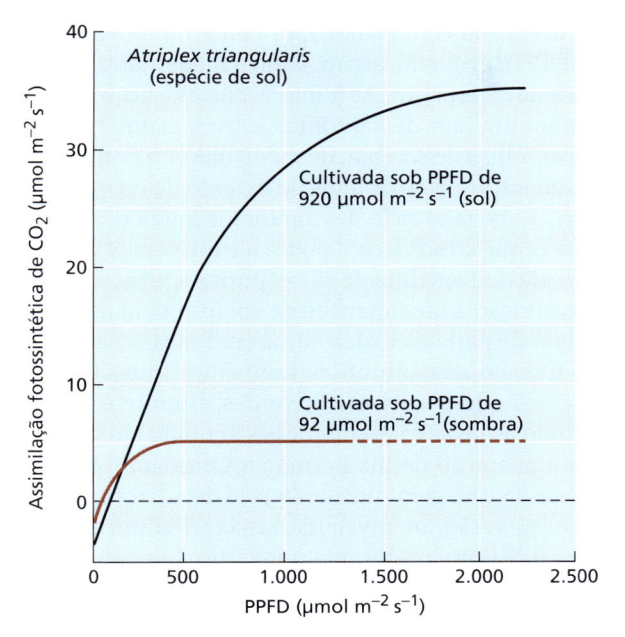

Figura 9.8 Curva de resposta à luz da fotossíntese de uma espécie de sol cultivada sob condições de sol e de sombra. A curva superior representa uma folha de *A. triangularis* submetida a uma PPFD 10 vezes maior do que a da curva inferior. Na planta sob níveis de luz mais baixos, a fotossíntese satura a uma PPFD substancialmente mais baixa, indicando que as propriedades fotossintéticas de uma folha dependem de suas condições de crescimento. A linha vermelha tracejada foi extrapolada da parte medida da curva. (De Björkman, 1981.)

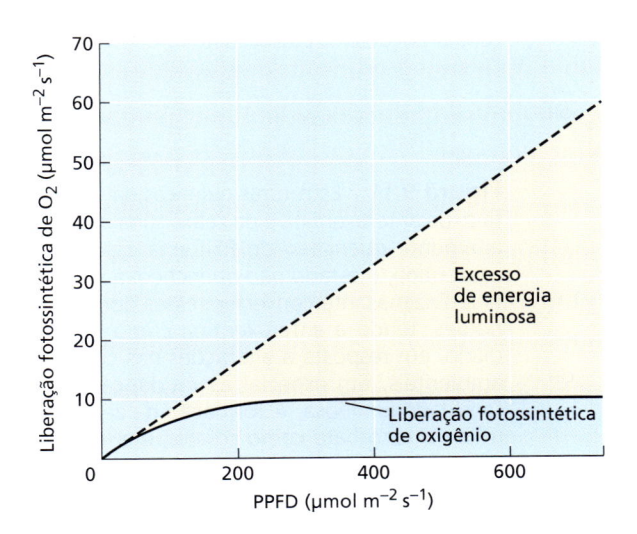

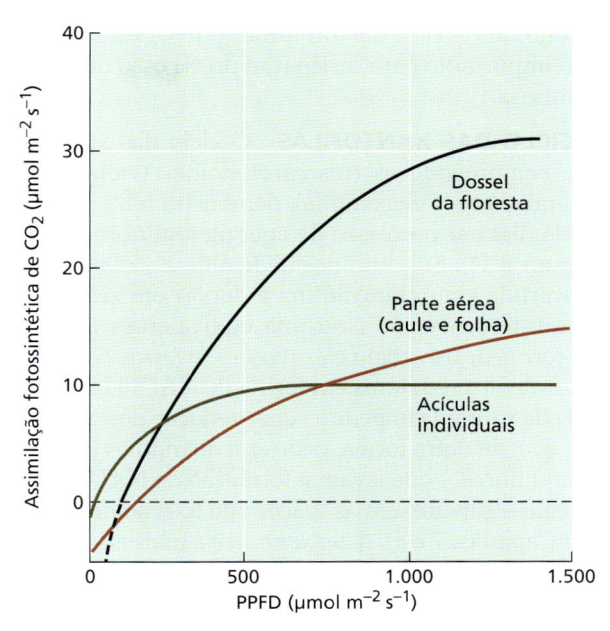

Figura 9.9 Mudanças na fotossíntese (expressas sobre uma base por metro quadrado) em acículas individuais, em uma parte aérea (caule e folhas) complexa e em um dossel de floresta de espruce (*Picea sitchensis*), em função da PPFD. As partes aéreas complexas consistem em agrupamentos de acículas em que muitas vezes uns sombreiam outros, similar à situação em um dossel, onde os ramos frequentemente fazem sombra para outros ramos. Como consequência do sombreamento, são necessários níveis de PPFD muito mais altos para saturar a fotossíntese. A porção tracejada da linha do dossel foi extrapolada da parte medida da curva. (De Jarvis e Leverenz, 1983.)

As folhas precisam dissipar o excesso de energia luminosa

Quando expostas ao excesso de luz, as folhas precisam dissipar o excedente de energia luminosa absorvido, para impedir dano ao aparelho fotossintético (**Figura 9.10**). Existem várias rotas de dissipação de energia que envolvem o *quenching não fotoquímico*, o *quenching* da fluorescência da clorofila por mecanismos que não os fotoquímicos (descritos no Capítulo 7). O exemplo mais importante envolve a transferência de energia luminosa absorvida do transporte de elétrons para a produção de calor. Embora os mecanismos moleculares ainda não sejam totalmente com-

Figura 9.10 Excesso de energia luminosa em relação a uma curva de liberação fotossintética de oxigênio em resposta à luz, em uma folha de sombra. A linha tracejada mostra a liberação teórica de oxigênio na ausência de qualquer limitação à fotossíntese. Em níveis de PPFD de até 150 μmol m^{-2} s^{-1}, uma planta de sombra é capaz de utilizar a luz absorvida. No entanto, acima de 150 μmol m^{-2} s^{-1}, a fotossíntese satura e uma quantidade cada vez maior de energia luminosa absorvida precisa ser dissipada. Em níveis de PPFD mais altos, existe uma grande diferença entre a fração de luz usada pela fotossíntese em relação à que precisa ser dissipada (excesso de energia luminosa). As diferenças são muito maiores em uma planta de sombra do que em uma planta de sol. (De Osmond, 1994.)

preendidos, o ciclo das xantofilas parece ser um caminho importante para dissipação do excesso de energia luminosa.

O CICLO DAS XANTOFILAS O ciclo das xantofilas, que compreende os três carotenoides (violaxantina, anteraxantina e zeaxantina), demonstra uma capacidade de dissipar o excesso de energia luminosa na folha (**Figura 9.11**). Sob luminosidade alta, a violaxantina é convertida em anteraxantina e depois em zeaxantina. Essa interconversão consome equivalentes redutores em forma de ascorbato e as reações inversas consomem equivalentes redutores em forma de NADPH. Assim, o ciclo da xantofila impede a super-redução dos cloroplastos, que, de outra forma, ocorreria quando os processos fotoquímicos – que levam à formação de NADPH e ascorbato – superassem as reações de fixação de carbono (ver Capítulos 7 e 8). A zeaxantina é a mais eficiente das três xantofilas na dissipação de energia, pois sua formação a partir da violaxantina usa 2 NADPH e o processo inverso outros 2 NADPH. A anteraxantina apresenta apenas a metade da efetividade (ver Figura 9.11). Enquanto os níveis de anteraxantina permanecem relativamente constantes durante o dia, o conteúdo de zeaxantina aumenta sob PPFD alta e diminui sob PPFD baixa.

Em folhas que crescem sob luz solar plena, a zeaxantina e a anteraxantina representam até 40% do *pool* total do ciclo da xantofila a níveis máximos de PPFD alcançados ao meio-dia (**Figura 9.12**). Nessas condições, uma quantidade substancial do excesso de energia luminosa absorvida pelas membranas dos tilacoides pode ser dissipada como calor (por conta da reoxidação do NADPH), evitando, assim, dano à maquinaria fotossintética do cloroplasto. As folhas expostas à luz solar plena contêm um *pool* de xantofilas substancialmente maior que as folhas de sombra, de modo que elas podem dissipar quantidades mais altas do excesso de energia luminosa. Todavia, o ciclo das xantofilas também opera em plantas que crescem com pouca luz no interior da floresta, onde ocasionalmente são expostas a manchas de sol. A exposição a uma mancha de sol resulta na conversão de grande parte da violaxantina em zeaxantina.

O ciclo das xantofilas também é importante em espécies que permanecem verdes durante o inverno, quando as taxas fotossintéticas são muito baixas, ainda que a absorção de luz permaneça elevada. Diferentemente da ciclagem diurna do *pool* de xantofilas observada no verão, os níveis de zeaxantina permanecem altos o dia inteiro durante o inverno. Esse mecanismo maximiza a dissipação da energia luminosa, protegendo, assim, as folhas contra a foto-oxidação quando o frio do inverno impede a assimilação de carbono.

MOVIMENTO DOS CLOROPLASTOS Um modo alternativo de reduzir o excesso de energia luminosa é movimentar os cloroplastos, de maneira que não sejam expostos à luz elevada. O movimento de cloroplastos é comum em algas, musgos e folhas de plantas superiores. Se a orientação e a posição dos cloroplastos forem controladas, as folhas podem regular o quanto de luz incidente é absorvido. No escuro ou sob luz fraca (**Figura 9.13A e B**), os cloroplastos acumulam-se nas superfícies celulares paralelamente ao plano da folha, de modo a ficarem alinhados perpendicularmente à luz incidente – uma posição que maximiza a absorção de luz.

Sob luminosidade alta (**Figura 9.13C**), os cloroplastos deslocam-se para as superfícies celulares paralelas à luz incidente, evitando, assim, sua absorção em excesso. Tal reordenação dos cloroplastos pode diminuir

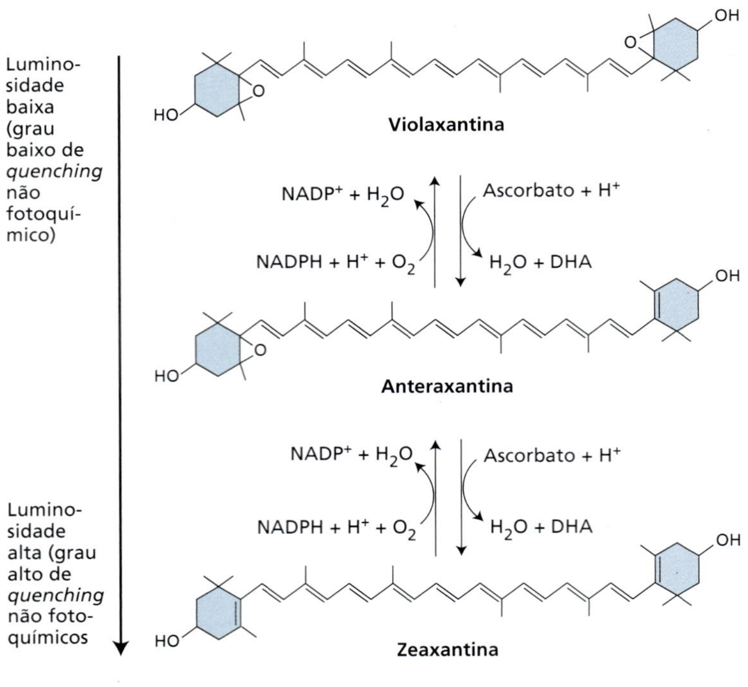

Figura 9.11 Estruturas químicas da violaxantina, da anteraxantina e da zeaxantina. O estado altamente *quenched* do PSII está associado à zeaxantina; o estado não *quenched*, à violaxantina. Enzimas interconvertem esses dois carotenoides, tendo a anteraxantina como intermediário, em resposta a alterações nas condições ambientais, em especial às mudanças na intensidade luminosa. A formação da zeaxantina utiliza o ascorbato como cofator, e a formação da violaxantina requer NADPH. DHA, desidroascorbato.

a quantidade de luz absorvida pela folha em cerca de 15%. O movimento de cloroplastos em folhas é uma resposta típica à luz azul (ver Capítulo 13). A luz azul também controla a orientação dos cloroplastos em muitas plantas inferiores, mas, em algumas algas, o movimento dos cloroplastos é controlado por fitocromo (ver Capítulo 13). Nas folhas, o deslocamento dos cloroplastos ocorre ao longo de microfilamentos de actina no citoplasma, e os íons de cálcio regulam seu movimento.

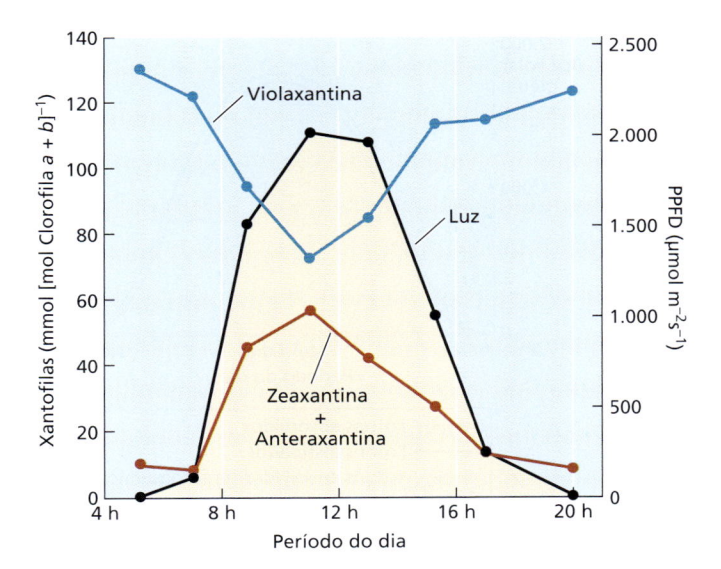

MOVIMENTOS DAS FOLHAS As plantas também desenvolveram respostas que reduzem o excesso da carga de radiação sobre as folhas inteiras durante períodos de luz solar intensa, em especial quando a transpiração e seus efeitos refrescantes são diminuídos devido ao estresse hídrico. Essas respostas muitas vezes abrangem mudanças na orientação foliar em relação à incidência de luz solar. Por exemplo, as folhas heliotrópicas da alfafa e do tremoço ajustam-se à trajetória do sol, mas, ao mesmo tempo, podem reduzir os níveis de luz incidente mediante aproximação de seus folíolos, de modo que as lâminas foliares se tornam quase paralelas aos raios solares (para-heliotrópicas). Esses movimentos são acompanhados por alterações na pressão de turgor de células do pulvino na extremidade do pecíolo. Outra resposta comum é a murcha, como se observa no girassol, pela qual a folha fica pendente em uma orientação vertical, reduzindo eficazmente a carga de calor incidente e diminuindo a transpiração e os níveis de luz incidente. Muitas gramíneas são efetivamente capazes de "enrolar-

Figura 9.12 Mudanças diurnas no teor de xantofila no girassol (*Helianthus annuus*) em função da PPFD. À medida que aumenta a quantidade de luz incidente sobre uma folha, uma proporção maior de violaxantina é convertida em anteraxantina e zeaxantina, dissipando, assim, o excesso de energia de excitação e protegendo o aparelho fotossintético. (De Adams e Demmig-Adams, 1992.)

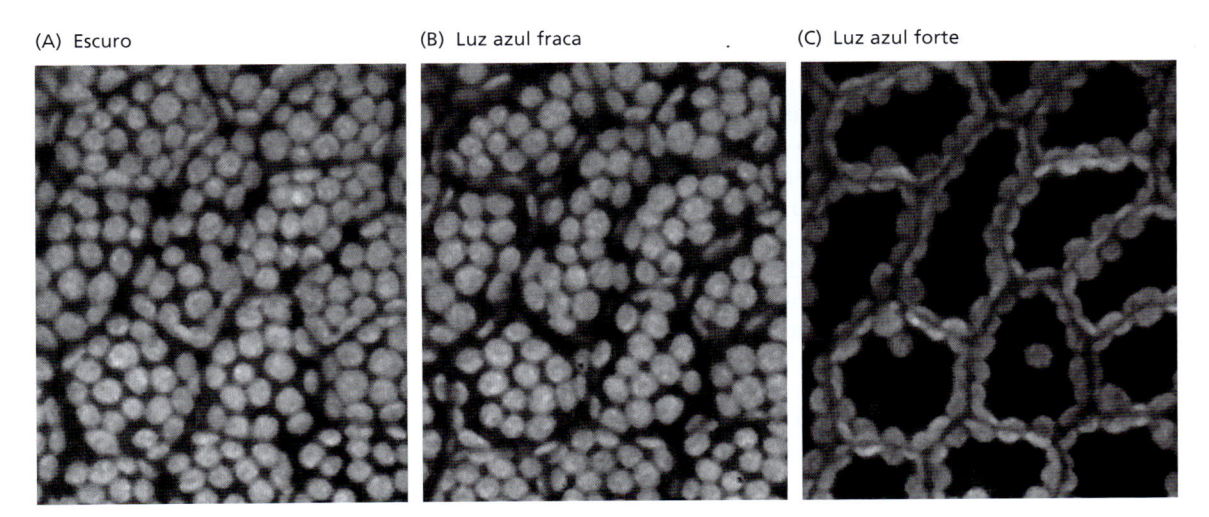

Figura 9.13 Distribuição de cloroplastos em células fotossintetizantes da lentilha-d'água (*Lemna*). Estas vistas frontais mostram as mesmas células sob três condições: (A) escuro, (B) luz azul fraca e (C) luz azul forte. Em (A) e (B), os cloroplastos estão posicionados nas proximidades da superfície superior das células, onde podem absorver quantidades máximas de luz. Quando as células são irradiadas com luz azul forte (C), os cloroplastos deslocam-se para as paredes laterais, onde sombreiam uns aos outros, minimizando, portanto, a absorção de luz em excesso. (Dados de Tlalka e Fricker, 1999. Imagens cortesia de M. Tlalka e M. D. Fricker.)

-se" mediante perda de turgor nas células buliformes, resultando na redução da PPFD incidente.

A absorção de luz em demasia pode levar à fotoinibição

Quando as folhas são expostas a uma quantidade de luz maior do que podem usar (ver Figura 9.10), o centro de reação do PSII é inativado e frequentemente danificado, constituindo um fenômeno denominado **fotoinibição**. As características da fotoinibição na folha intacta dependem da quantidade de luz à qual a planta está exposta. Os dois tipos de fotoinibição são fotoinibição dinâmica e crônica.

Sob excesso de luz moderado, constata-se a **fotoinibição dinâmica**. A produtividade quântica diminui, mas a taxa fotossintética máxima permanece inalterada. A fotoinibição dinâmica é causada pelo desvio da energia luminosa absorvida para a dissipação fotoprotetora de calor (p. ex., o ciclo das xantofilas) – por isso, o decréscimo na produtividade quântica. Com frequência, esse decréscimo é temporário, e a produtividade quântica pode retornar a seu valor inicial mais alto quando a PPFD voltar a ficar abaixo dos níveis de saturação. A **Figura 9.14** mostra como, ao longo do dia, sob condições ambientais favoráveis ou de estresse, os fótons da luz solar são alocados para reações fotossintéticas e para serem dissipados termicamente como excesso de energia.

A **fotoinibição crônica** resulta da exposição a níveis mais altos de excesso de luz, que danificam o sistema fotossintético e diminuem tanto a produtividade quântica quanto a taxa fotossintética máxima. Isso aconteceria se a condição de estresse na Figura 9.14B persistisse porque a fotoproteção não foi possível. A fotoinibição crônica está associada a dano à proteína D1 do centro de reação de PSII (ver Capítulo 7). Em comparação aos efeitos transientes da fotoinibição dinâmica, os efeitos da fotoinibição crônica são de duração relativamente longa, persistindo por semanas ou meses.

Quão significante é a fotoinibição na natureza? A fotoinibição dinâmica parece ocorrer diariamente, quando as folhas são expostas a quantidades máximas de luz e ocorre uma redução correspondente na fixação de carbono. A fotoinibição é mais pronunciada em temperaturas baixas e torna-se crônica sob condições climáticas mais extremas.

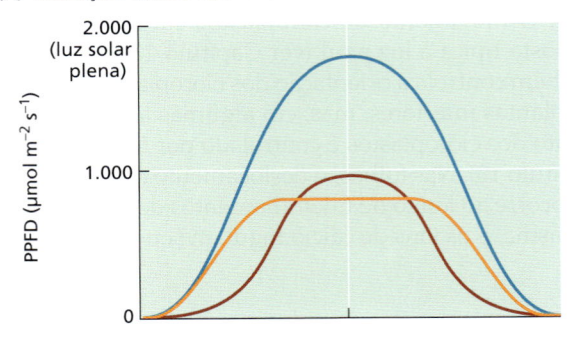

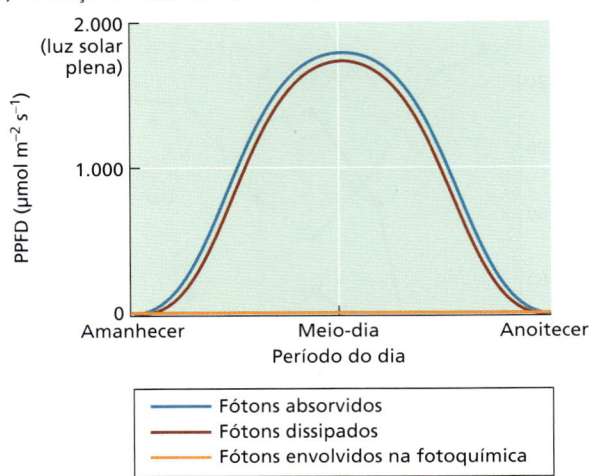

Efeitos da temperatura na fotossíntese na folha intacta

A fotossíntese (absorção de CO_2) e a transpiração (perda de H_2O) apresentam um caminho em comum, ou seja, o CO_2 difunde-se para o interior da folha e a H_2O difunde-se para fora através da abertura estomática regulada pelas células-guarda (ver Capítulo 3). Ao mesmo tempo em que esses processos são independentes, grandes quantidades de água são perdidas durante os períodos fotossintéticos, com a razão molar da perda de H_2O em relação à absorção de CO_2 muitas vezes excedendo 250. Essa taxa elevada de perda de água também remove calor das folhas mediante resfriamento evaporativo, mantendo-as relativamente esfriadas mesmo sob condições de luz solar plena. O resfriamento pela transpiração é importante, pois a fotossíntese é um processo dependente da temperatura, mas a perda de água concorrente significa que o resfriamento representa um custo, em especial em ecossistemas áridos e semiáridos.

Figura 9.14 Mudanças na alocação de fótons absorvidos da luz solar durante um dia. É apresentada uma comparação de como os fótons incidentes sobre uma folha são envolvidos na fotoquímica ou dissipados termicamente como excesso de energia em folhas sob (A) condições favoráveis e (B) de estresse. (De Demmig-Adams e Adams, 2000.)

As folhas precisam dissipar grandes quantidades de calor

O calor acumulado sobre uma folha exposta à luz solar plena é muito alto. De fato, sob condições luminosas normais com temperatura do ar moderada, uma folha atingiria uma temperatura perigosamente alta caso toda a energia solar fosse absorvida e não houvesse dissipação de calor. Entretanto, isso não ocorre, pois as folhas absorvem apenas cerca de 50% da energia solar total (300-3.000 nm), com a maior parte da absorção ocorrendo na porção visível do espectro (ver Figuras 9.2 e 9.3). Essa quantidade ainda é grande. O acúmulo de calor típico de uma folha é dissipado por meio de três processos (**Figura 9.15**):

- Perda de calor radiativo: todos os objetos emitem radiação (a cerca de 10.000 nm) em proporção à quarta potência de sua temperatura (equação de Stephan Boltzman). Contudo, o comprimento máximo de onda emitido é inversamente proporcional à temperatura foliar, e as temperaturas foliares são suficientemente baixas para que os comprimentos de onda emitidos não sejam visíveis ao olho humano.

- Perda de calor sensível: se a temperatura da folha for mais alta que a do ar circulante ao seu redor, haverá convecção de calor (transferência) da folha para o ar. O tamanho e a forma de uma folha influenciam a quantidade da perda de calor sensível.

- Perda de calor latente: uma vez que a evaporação da água requer energia, quando ela evapora de uma folha (transpiração), ocorre remoção de grandes quantidades de calor desta e, portanto, seu resfriamento. O corpo humano é esfriado pelo mesmo princípio, por perspiração.

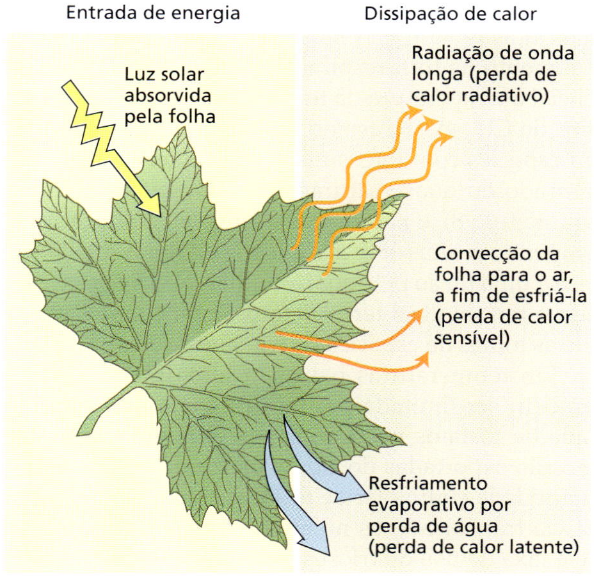

As perdas de calor sensível e evaporativo são os processos mais importantes na regulação da temperatura foliar, e a razão dos dois fluxos é denominada **razão de Bowen**:

$$\text{Razão de Bowen} = \frac{\text{Perda de calor sensível}}{\text{Perda de calor evaporativo}}$$

Em lavouras bem irrigadas, a transpiração (ver Capítulo 3), e, portanto, a evaporação de água da folha, é alta, de modo que a razão de Bowen é baixa. Inversamente, quando o resfriamento evaporativo é limitado, a razão de Bowen é elevada. Em uma lavoura sob estresse hídrico, por exemplo, o fechamento estomático parcial reduz o resfriamento evaporativo e a razão de Bowen é aumentada. A quantidade de perda de calor evaporativo (e, portanto, a razão de Bowen) é influenciada pelo grau em que os estômatos permanecem abertos.

As plantas com razões de Bowen muito altas conservam água, mas consequentemente podem também ficar submetidas a temperaturas foliares muito altas. Entretanto, a diferença de temperatura entre a folha e o ar aumenta a quantidade de perda de calor sensível. O crescimento reduzido em geral está correlacionado com razões de Bowen altas, porque uma razão de Bowen alta indica fechamento estomático ao menos parcial.

Existe uma temperatura ideal para a fotossíntese

A manutenção de temperaturas foliares favoráveis é essencial para o crescimento vegetal, porque a fotossíntese máxima ocorre dentro de uma faixa de temperatura relativamente estreita. O pico da taxa fotossintética em uma faixa de temperaturas é o *ideal térmico fotossintético*. Quando a temperatura ótima para determinada planta é ultrapassada, as taxas fotossintéticas decrescem novamente. O ideal térmico fotossintético reflete componentes bioquímicos, genéticos (adaptação) e ambientais (aclimatação).

As espécies adaptadas a regimes térmicos diferentes em geral têm uma faixa de temperatura ideal para a fotossíntese que reflete as temperaturas do ambiente no qual elas se desenvolveram. Um contraste é especialmente nítido entre a espécie C_3 *Atriplex glabriuscula*, que comumente ocorre em ambientes costeiros frios, e a espécie C_4 *Tidestromia oblongifolia*, de um ambiente desértico quente (**Figura 9.16**). A capacidade de aclimatar-se ou ajustar-se bioquimicamente também pode ser constatada em nível intraespecífico. Quando cultivados em temperaturas diferentes e, em seguida, testados quanto à sua resposta fotossintética, os indivíduos da mesma espécie mostram ideais térmicos fotossintéticos

Figura 9.15 Absorção e dissipação de energia da luz solar pela folha. A carga de calor imposta deve ser dissipada, a fim de evitar dano à folha. A carga de calor é dissipada pela emissão de radiação de ondas longas, pela perda de calor sensível para o ar que circunda a folha e pelo resfriamento evaporativo causado pela transpiração.

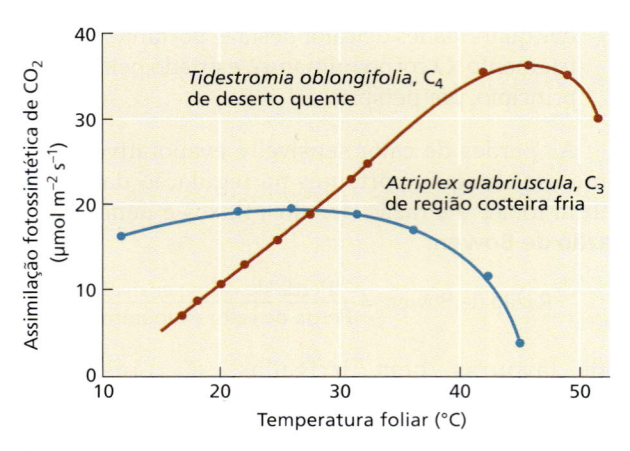

Figura 9.16 Fotossíntese em função da temperatura, em concentrações normais de CO_2 atmosférico, para uma espécie C_3 crescendo em seu hábitat natural frio e uma espécie C_4 crescendo em seu hábitat natural quente. (De Björkman et al., 1975.)

que se correlacionam com as respectivas temperaturas de cultivo. Em outras palavras, os indivíduos da mesma espécie cultivados em temperaturas baixas têm taxas fotossintéticas mais altas em temperaturas baixas, enquanto esses mesmos indivíduos cultivados em temperaturas altas têm taxas fotossintéticas mais altas em temperaturas altas. Esse fenômeno é outro exemplo de plasticidade. As plantas com uma plasticidade térmica elevada são capazes de crescer em uma ampla faixa de temperaturas.

As mudanças nas taxas fotossintéticas em resposta à temperatura exercem um papel importante nas adaptações das plantas e contribuem para que elas sejam produtivas mesmo em alguns dos hábitats termicamente mais extremos. Na amplitude térmica mais baixa, as plantas crescendo em áreas alpinas do Colorado e em regiões árticas do Alasca são capazes de absorção líquida de CO_2 em temperaturas próximas a 0°C. No outro extremo, as plantas vivendo no Vale da Morte (Death Valley), na Califórnia, um dos lugares mais quentes na Terra, podem alcançar taxas fotossintéticas positivas em temperaturas próximas a 50°C.

A fotossíntese é sensível às temperaturas altas e baixas

Quando as taxas fotossintéticas são plotadas em função da temperatura, a curva de resposta à temperatura tem uma forma assimétrica de sino (ver Figura 9.16). A despeito de algumas diferenças na forma, a curva de resposta à temperatura da fotossíntese interespecífica e intraespecífica tem muitas características em comum. A porção ascendente da curva representa uma estimulação de atividades enzimáticas dependentes da temperatura; o topo plano é a faixa de temperatura ideal para a fotossíntese, e a porção descendente da curva está associada aos efeitos deletérios sensíveis à temperatura, alguns dos quais são reversíveis e outros não.

Que fatores estão associados ao declínio da fotossíntese acima do ideal térmico fotossintético? A temperatura afeta todas as reações bioquímicas da fotossíntese, bem como a integridade de membranas em cloroplastos, de forma que não surpreende que as respostas à temperatura sejam complexas. As taxas de respiração aumentam em função da temperatura, mas essa não é a razão primordial para o decréscimo pronunciado na fotossíntese líquida em temperaturas elevadas. Um impacto importante da temperatura alta é sobre os processos de transporte de elétrons ligados à membrana, que se tornam desacoplados ou instáveis em temperaturas altas. Isso interrompe o suprimento do poder redutor necessário para abastecer a fotossíntese líquida e provoca um decréscimo geral acentuado na fotossíntese.

Sob concentrações de CO_2 existentes no ambiente e com condições favoráveis de luz e umidade do solo, o ideal térmico fotossintético com frequência é limitado pela atividade da Rubisco. Em folhas de espécies C_3, a resposta à temperatura crescente reflete processos conflitantes: um aumento na taxa de carboxilação e um decréscimo na afinidade da Rubisco por CO_2, com um aumento correspondente na fotorrespiração (ver Capítulo 8). (Também há evidência de que a atividade da Rubisco diminui devido aos efeitos negativos do calor sobre um ativador da Rubisco, a Rubisco-ativase (ver Capítulo 8), quando submetido a temperaturas mais altas [> 35°C]). A redução na afinidade por CO_2 e o aumento na fotorrespiração atenuam a resposta potencial à temperatura da fotossíntese sob as concentrações de CO_2 existentes no ambiente. Em comparação, em espécies com fotossíntese C_4, o interior da folha é saturado ou quase saturado de CO_2 (como discutido no Capítulo 8), e não se manifesta o efeito negativo da temperatura alta sobre a afinidade da Rubisco por CO_2. Essa é uma razão pela qual as folhas de espécies C_4 tendem a ter um ideal térmico fotossintético mais alto do que as folhas de espécies C_3 (ver Figura 9.16).

Em temperaturas baixas, a fotossíntese C_3 pode também ser limitada por fatores como a disponibilidade de fosfatos no cloroplasto. Quando trioses fosfato são exportadas do cloroplasto para o citosol, uma quantidade equimolar de fosfato inorgânico é absorvida via translocadores na membrana dos cloroplastos. Se a taxa de uso de trioses fosfato no citosol diminuir, o ingresso de fosfatos no citosol é inibido e a fotossíntese torna-se limitada por eles. As sínteses de amido e sacarose diminuem rapidamente com o decréscimo da temperatura, reduzindo a demanda por trioses fosfato e causando a limitação de fosfatos observada em temperaturas baixas.

A eficiência fotossintética é sensível à temperatura

A fotorrespiração (ver Capítulo 8) e a produtividade quântica (eficiência no uso da luz) diferem entre os tipos fotossintéticos C_3 e C_4, com mudanças especialmente notáveis à medida que a temperatura varia. A **Figura 9.17** ilustra a produtividade quântica para a fotossíntese em função da temperatura foliar de espécies C_3 e espécies C_4 na atmosfera atual de 400 ppm de CO_2. Nas espécies C_4, a produtividade quântica permanece constante com a temperatura, refletindo taxas baixas de fotorrespiração. Nas espécies C_3, a produtividade quântica é mais alta do que nas espécies C_4 em temperaturas baixas, refletindo os custos intrínsecos mais baixos da rota C_3. Porém, nas espécies C_3, a produtividade quântica diminui com a temperatura, refletindo uma estimulação da fotorrespiração pela temperatura e um subsequente custo energético mais alto para a fixação líquida de CO_2.

A combinação de redução da produtividade quântica e aumento da fotorrespiração leva a diferenças esperadas nas capacidades fotossintéticas de espécies C_3 e C_4 em hábitats com temperaturas diferentes. As taxas relativas de produtividade primária previstas para gramíneas C_3 e C_4 ao longo de um gradiente latitudinal nas Grandes Planícies da América do Norte, desde o sul do Texas nos EUA até Manitoba no Canadá, são mostradas na **Figura 9.18**. Esse declínio na produtividade de espécies C_4 em relação à produtividade de C_3 conforme o deslocamento para o norte nas Grandes Planícies assemelha-se estreitamente à mudança na abundância de plantas com essas rotas: as espécies C_4 são mais comuns abaixo de 40°N, e as espécies C_3 dominam acima de 45°N.

Efeitos do dióxido de carbono na fotossíntese na folha intacta

Foi discutido como a luz e a temperatura influenciam a fisiologia e a anatomia da folha. Agora, interessa saber como a concentração de CO_2 afeta a fotossíntese. O CO_2 difunde-se da atmosfera para as folhas: primeiramente através dos estômatos, depois através dos espaços intercelulares e, finalmente, para o interior de células e cloroplastos. Na presença de quantidades adequadas de luz, concentrações mais elevadas de CO_2 sustentam taxas fotossintéticas mais altas. O inverso também é verdadeiro, ou seja, concentrações baixas de CO_2 podem limitar a taxa fotossintética em espécies C_3.

Nesta seção, é discutida a concentração de CO_2 atmosférico na história recente e sua disponibilidade para os processos de fixação do carbono. A seguir, serão consideradas as limitações que o CO_2 impõe à fotossíntese e o impacto dos mecanismos concentradores de CO_2 de espécies C_4.

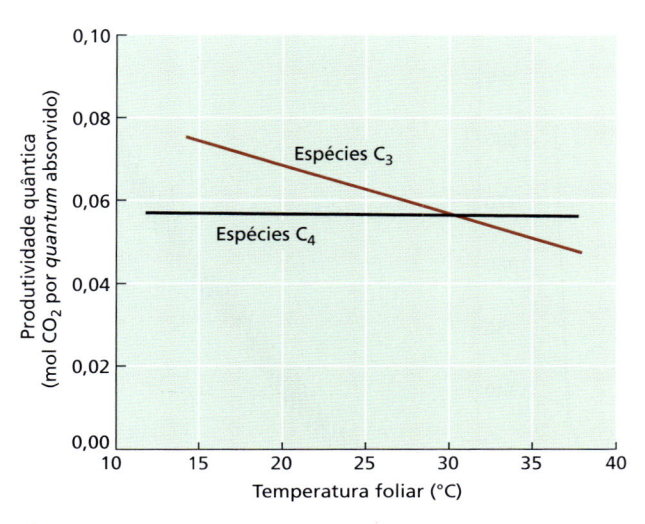

Figura 9.17 Produtividade quântica da fixação de carbono fotossintético em espécies C_3 e C_4 em função da temperatura foliar, sob concentração de CO_2 atmosférico atual de 400 ppm. A fotorrespiração aumenta com a temperatura em espécies C_3, e o custo energético da fixação líquida de CO_2 aumenta de acordo. Esse custo energético mais alto é expresso em produtividades quânticas mais baixas sob temperaturas mais elevadas. Por outro lado, a fotorrespiração é muito baixa em espécies C_4 e a produtividade quântica não mostra uma dependência da temperatura. Observe que, em temperaturas mais baixas, a produtividade quântica de espécies C_3 é mais alta que a de espécies C_4, indicando que a fotossíntese em espécies C_3 é mais eficiente em temperaturas mais baixas. (De Ehleringer e Björkman, 1977.)

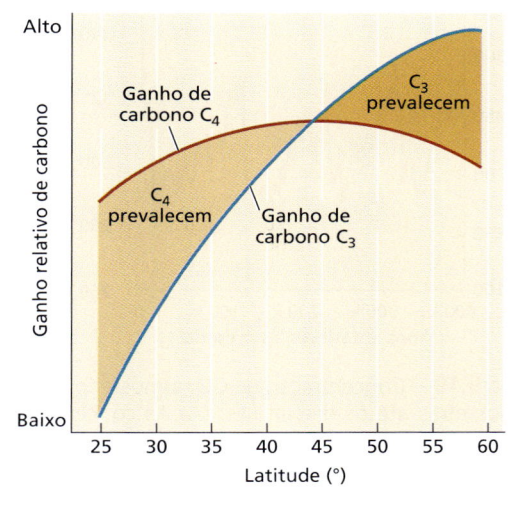

Figura 9.18 Taxas relativas de ganho de carbono fotossintético, previstas para gramíneas C_3 e C_4 de estratos idênticos em função da latitude ao longo das Grandes Planícies da América do Norte. (De Ehleringer, 1978.)

A concentração de CO$_2$ atmosférico continua subindo

Atualmente, o dióxido de carbono representa cerca de 0,040% ou 400 ppm do ar. A pressão parcial de CO$_2$ do ambiente (c_a) varia com a pressão atmosférica e é de cerca de 40 pascais (Pa) ao nível do mar. O vapor de água em geral fica acima de 2% da atmosfera e o O$_2$ responde por cerca de 21%. O maior constituinte da atmosfera é o nitrogênio diatômico, representando cerca de 77%.

Hoje, a concentração atmosférica de CO$_2$ é quase o dobro da que prevaleceu a nos últimos 400 mil anos, conforme medições de bolhas de ar apreendidas no gelo glacial da Antártica (**Figura 9.19A e B**), e é mais elevada do que aquela ocorrida na Terra nos últimos 2 milhões de anos. Por isso, considera-se que a maioria dos táxons vegetais existentes evoluiu em um mundo com concentração de CO$_2$ baixa (cerca de 180-280 ppm de CO$_2$). Somente quando se retrocede cerca de 35 milhões de anos podem ser encontradas concentrações de CO$_2$ em níveis muito mais altos (> 1.000 ppm). Portanto, a tendência geológica durante esses muitos milhões de anos foi de concentrações decrescentes de CO$_2$ atmosférico.

Atualmente, a concentração de CO$_2$ da atmosfera está crescendo cerca de 1 a 3 ppm por ano, principalmente devido à queima de combustíveis fósseis (p. ex., carvão, petróleo e gás natural) e ao desmatamento (**Figura 9.19C**). Desde 1958, quando C. David Keeling começou as medições sistemáticas de CO$_2$ no ar puro de Mauna Loa, Havaí, as concentrações têm aumentado mais de 25%. Por volta de 2100, a concentração de CO$_2$ atmosférico poderá alcançar 600 a 750 ppm, a menos que as emissões de combustíveis fósseis e o desmatamento diminuam.

A difusão de CO$_2$ até o cloroplasto é essencial para a fotossíntese

Para a ocorrência da fotossíntese, o CO$_2$ precisa difundir-se da atmosfera para o interior da folha e para o sítio de carboxilação da Rubisco. A taxa de difusão depende do gradiente de concentração de CO$_2$ na folha (ver Capítulos 3 e 6) e das resistências ao longo da rota

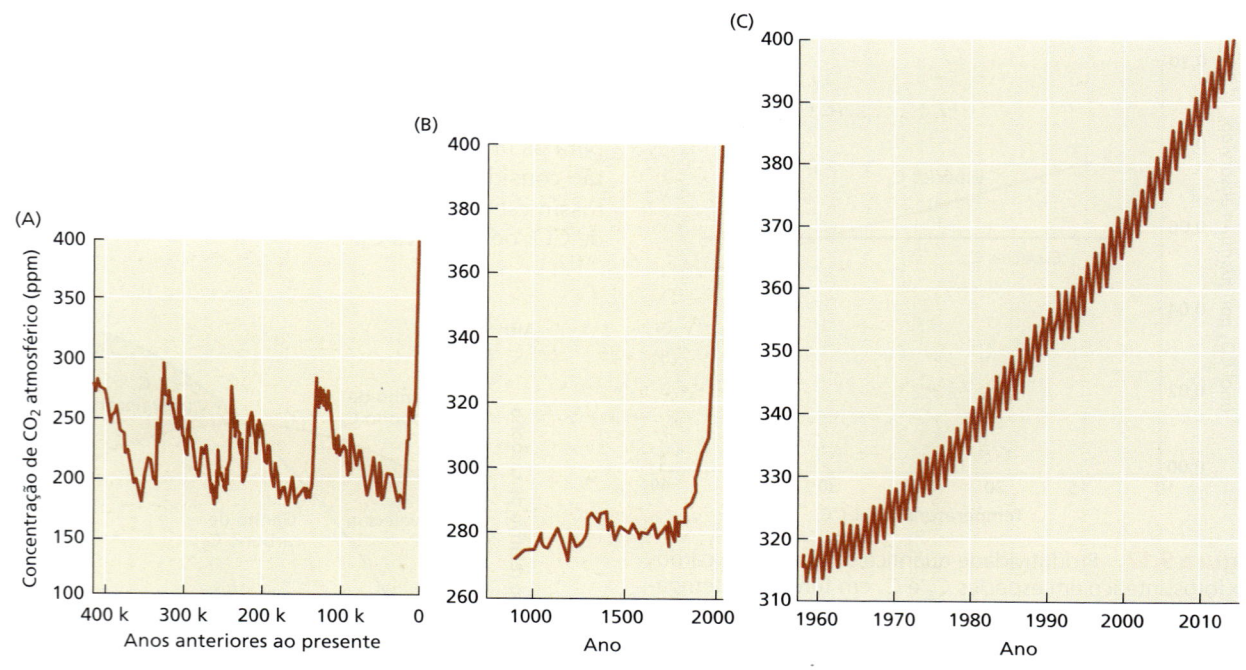

Figura 9.19 Concentração de CO$_2$ atmosférico desde 420 mil anos atrás até os dias atuais. (A) As concentrações de CO$_2$ atmosférico no passado, determinadas a partir de bolhas apreendidas no gelo glacial da Antártica, eram muito mais baixas que os níveis atuais. (B) Nos últimos 1.000 anos, a elevação na concentração de CO$_2$ coincide com a Revolução Industrial e com o aumento da queima de combustíveis fósseis. (C) As concentrações atuais de CO$_2$ atmosférico, medidas em Mauna Loa, Havaí, continuam a aumentar. A natureza ondulada do traço é causada pelas alterações nas concentrações de CO$_2$ atmosférico associadas a mudanças sazonais no balanço relativo entre taxas de fotossíntese e respiração. A cada ano, a concentração mais elevada de CO$_2$ é observada em maio, pouco antes da estação de crescimento no hemisfério norte, e a concentração mais baixa é observada em outubro. (A de Barnola et al., 2003; B de Etheridge et al., 1998; C de Keeling e Whorf, 1994, atualizada usando dados de www.esrl.noaa.gov/gmd/ccgg/trends/ e scrippsco2.ucsd.edu/.)

de difusão. A cutícula que cobre a folha é quase impermeável ao CO_2, de modo que a principal porta de entrada desse gás na folha é a fenda estomática. (O mesmo caminho é percorrido pela H_2O, no sentido inverso.) Através da fenda, o CO_2 difunde-se para a câmara subestomática e daí para os espaços de ar entre as células do mesofilo. Essa parte do caminho de difusão de CO_2 para o cloroplasto é uma fase gasosa. O restante do caminho de difusão para o cloroplasto é uma fase líquida, a qual inicia na camada de água que umedece as paredes das células do mesofilo e continua pela membrana plasmática, pelo citosol e pelo cloroplasto.

O compartilhamento do caminho da entrada estomática pelo CO_2 e pela H_2O submete a planta a um dilema funcional. No ar com umidade relativa alta, o gradiente de difusão que impulsiona a perda de água é cerca de 50 vezes maior do que o gradiente que impulsiona a absorção de CO_2. No ar mais seco, essa diferença pode ser muito maior. Como consequência, um decréscimo na resistência estomática, por meio da abertura estomática, facilita a maior absorção de CO_2, mas ela é inevitavelmente acompanhada por substancial perda de água. Não surpreende que muitas características adaptativas ajudem a neutralizar essa perda de água em plantas de regiões áridas e semiáridas do mundo.

Cada porção dessa rota de difusão impõe uma resistência à difusão de CO_2, de modo que o suprimento de CO_2 para a fotossíntese enfrenta uma série de diferentes pontos de resistência. A fase gasosa da difusão de CO_2 para a folha pode ser dividida em três componentes – a camada limítrofe, o estômato e os espaços intercelulares da folha – cada um impondo uma resistência à difusão de CO_2 (**Figura 9.20**). Uma avaliação da magnitude de cada ponto de resistência ajuda a entender as limitações do CO_2 à fotossíntese.

A camada limítrofe é constituída de ar relativamente parado junto à superfície foliar, e sua resistência à difusão é denominada **resistência da camada limítrofe**. Essa resistência afeta todos os processos de difusão, incluindo a difusão de água e de CO_2, assim como a perda de calor sensível, discutida anteriormente. A resistência da camada limítrofe decresce com o menor tamanho foliar e a maior velocidade do vento. As folhas menores, portanto, têm uma resistência menor à difusão de CO_2 e de água, bem como à perda de calor sensível. As folhas de espécies de deserto em geral são pequenas, facilitando a perda de calor sensível. As folhas grandes, por outro lado, com frequência são encontradas nos trópicos úmidos, em especial na sombra. Essas folhas têm grandes resistências da camada limítrofe, mas elas podem dissipar o acúmulo de calor da radiação por resfriamento evaporativo, possibilitado pelo suprimento abundante de água nesses hábitats.

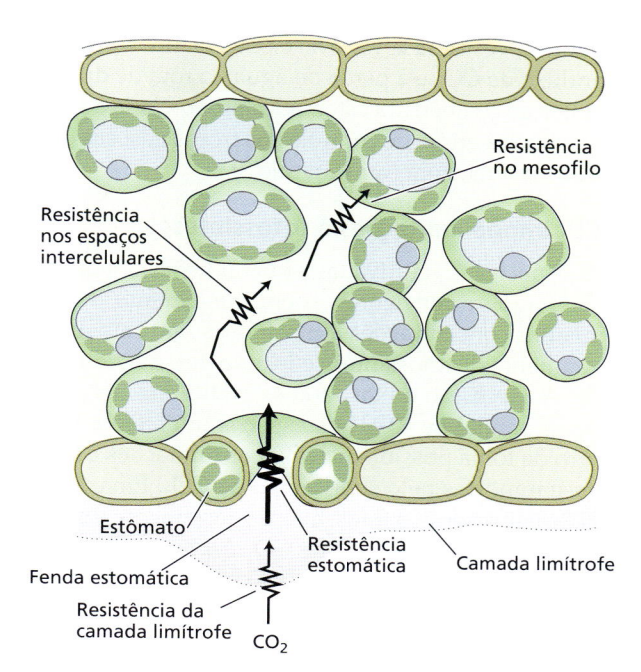

Figura 9.20 Pontos de resistência à difusão e à fixação de CO_2 do exterior da folha para os cloroplastos. A fenda estomática* é o principal ponto de resistência à difusão de CO_2 para dentro da folha.

Após difundir-se através da camada limítrofe, o CO_2 penetra na folha pelas fendas estomáticas, que impõem o próximo tipo de resistência no caminho da difusão, a **resistência estomática**. Na maioria das condições naturais, em que o ar ao redor da folha raras vezes está completamente parado, a resistência da camada limítrofe é muito menor que a resistência estomática. Portanto, a principal limitação à difusão de CO_2 é imposta pela resistência estomática.

Existem duas resistências adicionais no interior da folha. A primeira é a resistência à difusão de CO_2 nos espaços de ar que separam a câmara subestomática das paredes das células do mesofilo. Ela é chamada de **resistência nos espaços intercelulares**. A segunda é a **resistência no mesofilo**, que é a resistência à difusão de CO_2 na fase líquida em folhas C_3. A localização dos cloroplastos perto da periferia celular minimiza a distância que o CO_2 precisa percorrer através do líquido para alcançar os sítios de carboxilação dentro do cloroplasto. A resistência no mesofilo à difusão de CO_2 é considerada cerca de 1,4 vez a resistência da camada limítrofe combinada com a resistência estomática, quando os estômatos estão totalmente abertos. Visto que as células-guarda podem

---

*N. de R.T. De acordo com a terminologia adotada em língua portuguesa, a maior resistência à difusão de CO_2 ocorre na fenda estomática ou ostíolo, cujo tamanho é regulado por alterações nas células-guarda.

impor uma resistência variável e potencialmente grande ao influxo de CO_2 e à perda de água na rota de difusão, a regulação da abertura estomática proporciona à planta uma maneira eficaz de controle das trocas gasosas entre a folha e a atmosfera (ver Capítulo 3).

O CO_2 impõe limitações à fotossíntese

Para espécies C_3 cultivadas em condições adequadas de luz, água e nutrientes, o enriquecimento do CO_2 acima das concentrações atmosféricas naturais resulta em aumento da fotossíntese e incremento da produtividade. A expressão da taxa fotossintética em função da pressão parcial de CO_2 nos espaços intercelulares (c_i) dentro da folha possibilita avaliar as limitações à fotossíntese impostas pelo suprimento de CO_2. Em concentrações baixas de c_i, a fotossíntese é fortemente limitada pelas concentrações baixas de CO_2. Na ausência de CO_2 atmosférico, as folhas liberam CO_2 devido à respiração mitocondrial (ver Capítulo 11).

O aumento de c_i até a concentração em que a fotossíntese e a respiração se equilibram entre si define o **ponto de compensação do CO_2**. Esse é o ponto em que a assimilação líquida de CO_2 pela folha é zero (**Figura 9.21**). Tal conceito é análogo ao do ponto de compensação da luz, discutido anteriormente neste capítulo (ver Figuras 9.6 a 9.8). O ponto de compensação do CO_2 expressa o balanço entre fotossíntese e respiração em função da concentração de CO_2, enquanto o ponto de compensação da luz reflete esse mesmo balanço em função da PPFD sob concentração de CO_2 constante.

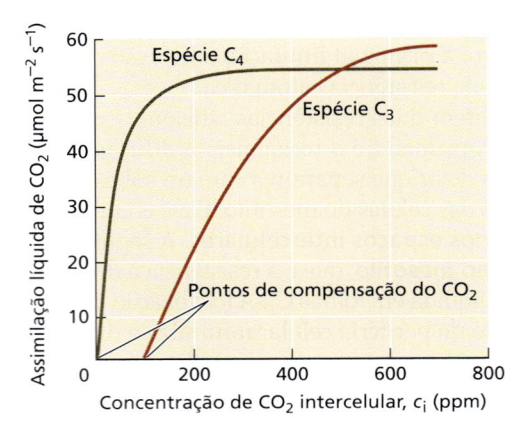

Figura 9.21 Mudanças na fotossíntese em função das concentrações intercelulares de CO_2 em *Tidestromia oblongifolia* ("Arizona honeysweet"), uma espécie C_4, e *Larrea tridentata* (arbusto-de-creosoto), uma espécie C_3. A taxa fotossintética está relacionada à concentração de CO_2 intercelular, calculada no interior da folha. A concentração de CO_2 intercelular na qual a assimilação líquida de CO_2 é zero define o ponto de compensação desse gás. (De Berry e Downton, 1982.)

ESPÉCIES C_3 *VERSUS* ESPÉCIES C_4 Em espécies C_3, o aumento de c_i acima do ponto de compensação aumenta a fotossíntese ao longo de uma faixa ampla de concentrações (ver Figura 9.21). Em concentrações de CO_2 baixas a intermediárias, porém ainda subambientes, a fotossíntese é limitada pela capacidade de carboxilação da Rubisco. Em concentrações de c_i mais altas, a fotossíntese começa a saturar à medida que a taxa fotossintética líquida se torna limitada por outro fator (lembre-se do conceito de Blackman de fatores limitantes). Nesses níveis mais altos de c_i, a fotossíntese líquida torna-se limitada pela capacidade das reações luminosas de gerar NADPH e ATP suficientes para regenerar a molécula aceptora ribulose 1,5-bifosfato. A maioria das folhas parece regular seus valores de c_i, mediante controle da abertura estomática, de modo que c_i, permaneça em uma concentração intermediária, porém ainda subambiente, entre os limites impostos pela capacidade de carboxilação e a capacidade de regenerar ribulose 1,5-bifosfato. Dessa forma, a captura da luz e as reações da fixação de carbono da fotossíntese são colimitantes. Uma representação gráfica da assimilação líquida de CO_2 em função de c_i ilustra como a fotossíntese é regulada pelo CO_2, independentemente do funcionamento dos estômatos (ver Figura 9.21).

A comparação da representação gráfica de espécies C_3 e C_4 revela diferenças interessantes entre as duas rotas do metabolismo do carbono:

- Em espécies C_4, as taxas fotossintéticas saturam com valores de c_i de cerca de 100 a 200 ppm, refletindo a efetividade dos mecanismos concentradores de CO_2 que operam nessas espécies (ver Capítulo 8).
- Em espécies C_3, o aumento dos níveis de c_i continua a estimular a fotossíntese em uma faixa de CO_2 muito mais ampla do que em espécies C_4.
- Em espécies C_4, o ponto de compensação do CO_2 é zero ou próximo de zero, refletindo seus níveis de fotorrespiração muito baixos (ver Capítulo 8).
- Em espécies C_3, o ponto de compensação do CO_2 é de cerca de 50 a 100 ppm a 25°C, refletindo a produção de CO_2 devido à fotorrespiração (ver Capítulo 8).

Essas respostas revelam que as espécies C_3 têm mais probabilidade do que as espécies C_4 de se beneficiar dos aumentos nas concentrações atuais de CO_2 atmosférico (ver Figura 9.21). As espécies C_4 não se beneficiam muito dos aumentos nas concentrações de CO_2 atmosférico porque sua fotossíntese é saturada em concentrações baixas de CO_2.

De uma perspectiva evolutiva, a rota fotossintética ancestral é a fotossíntese C_3, e a fotossíntese C_4 é uma rota derivada. Durante períodos geológicos pretéritos, quando as concentrações de CO_2 atmosférico eram muito mais elevadas que as atuais, a difusão de CO_2

através dos estômatos para o interior de folhas teria resultado em valores de c_i mais altos e, por isso, em taxas fotossintéticas mais elevadas em espécies C_3, mas não em espécies C_4. A evolução da fotossíntese C_4 é uma adaptação bioquímica a uma atmosfera com limitação de CO_2. Nosso entendimento atual é que a fotossíntese C_4 pode ter evoluído recentemente em termos geológicos, há mais de 20 milhões de anos.

Se a Terra há mais de 50 milhões de anos teve concentrações de CO_2 atmosférico bem acima das atuais, sob quais condições atmosféricas poderíamos esperar que a fotossíntese C_4 tenha se tornado uma rota fotossintética importante em ecossistemas terrestres? O grupo de Jim Ehleringer sugere que a fotossíntese C_4 tenha se tornado de início um componente destacado de ecossistemas terrestres nas regiões de crescimento mais quentes da Terra, quando as concentrações globais de CO_2 decresceram abaixo de um limiar crítico ainda desconhecido (**Figura 9.22**). Simultaneamente, os impactos negativos da fotorrespiração alta e da limitação do CO_2 sobre a fotossíntese C_3 seriam mais altos sob essas condições de crescimento quentes e de concentração baixa de CO_2 atmosférico. As espécies C_4 teriam sido mais favorecidas durante períodos da história da Terra em que os níveis de CO_2 eram os mais baixos. Hoje, existem muitos dados indicando que a fotossíntese C_4 foi mais proeminente durante períodos glaciais, quando os níveis de CO_2 atmosférico ficavam abaixo de 200 ppm (ver Figura 9.19). Outros fatores podem ter contribuído para a propagação das espécies C_4, mas certamente a concentração baixa do CO_2 atmosférico foi um fator importante que favoreceu sua evolução e, em última análise, sua expansão geográfica.

Devido aos mecanismos concentradores de CO_2 em espécies C_4, a concentração desse gás nos sítios de carboxilação em cloroplastos C_4 em geral está próxima ao nível de saturação da atividade da Rubisco. Como consequência, para alcançar determinada taxa de fotossíntese, as espécies com metabolismo C_4 necessitam de menos Rubisco que as espécies C_3 e, portanto, requerem menos nitrogênio para crescer. Além disso, o mecanismo concentrador de CO_2 permite à folha manter taxas fotossintéticas altas com valores de c_i mais baixos. Isso permite que os estômatos permaneçam relativamente fechados, resultando em menos perda de água para determinada taxa de fotossíntese. Portanto, o mecanismo concentrador de CO_2 ajuda as espécies C_4 a utilizar água e nitrogênio de maneira mais eficiente que as espécies C_3. Contudo, o custo energético adicional exigido pelo mecanismo concentrador de CO_2 (ver Capítulo 8) reduz a eficiência da fotossíntese C_4 quanto ao uso da luz. Provavelmente, essa é uma razão pela qual, em regiões temperadas, poucas espécies adaptadas à sombra são do tipo C_4.

ESPÉCIES CAM As espécies com metabolismo ácido das crassuláceas (CAM, de *crassulacean acid metabolism*), incluindo muitos cactos, orquídeas, bromeliáceas e outras suculentas, têm padrões de atividade estomática que diferem daqueles encontrados em espécies C_3 e C_4. As espécies CAM abrem seus estômatos predominantemente à noite e fecham-nos durante o dia, exatamente o oposto do padrão observado em folhas de espécies C_3 e C_4 (**Figura 9.23**). À noite, o CO_2 atmosférico difunde-se para o interior de plantas CAM, onde é combinado com fosfo*enol*piruvato e fixado em oxalacetato, que é reduzido a malato (ver Capítulo 8). Uma vez que os estômatos ficam abertos principalmente à noite, quando as temperaturas mais baixas e a umidade mais alta reduzem a demanda transpiratória, a razão da perda de água para a absorção de CO_2 é muito mais baixa em espécies CAM que em espécies C_3 ou C_4.

A principal restrição fotossintética ao metabolismo CAM é que a capacidade de armazenagem de ácido málico é limitada, e essa limitação restringe a quantidade total de absorção de CO_2. No entanto, o ciclo diário da fotossíntese CAM pode ser bastante flexível.

Algumas espécies CAM são capazes de aumentar a fotossíntese total durante condições úmidas, fixando CO_2 via ciclo de Calvin-Benson no final do dia, quando os gradientes de temperatura são menos extremos. Outras espécies podem usar a estratégia CAM como

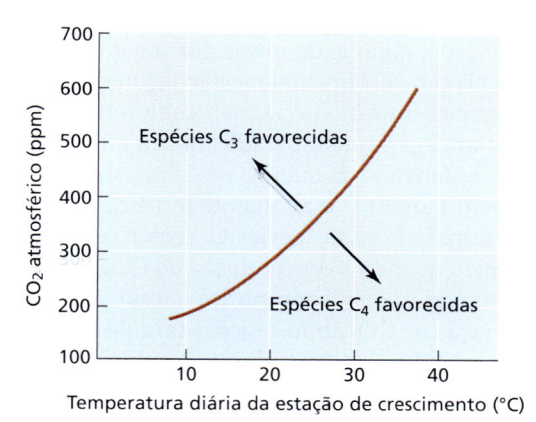

Figura 9.22 Previsão das temperaturas de cruzamento da produtividade quântica para absorção de CO_2 em função das concentrações de CO_2 atmosférico. Em uma determinada concentração de CO_2, a temperatura de cruzamento é definida como aquela em que as produtividades quânticas para absorção de CO_2 de espécies C_3 e C_4 são iguais. Sob temperaturas acima da temperatura de cruzamento, as espécies C_4 terão uma produtividade quântica mais alta do que as espécies C_3 e, portanto, serão favorecidas; o oposto é o caso sob temperaturas abaixo da temperatura de cruzamento. Em um momento qualquer, a Terra está sob uma única concentração de CO_2 atmosférico e a curva mostra que as espécies C_4 seriam mais eficientes e, por isso, mais comuns, em hábitats com estações de crescimento mais quentes. (De Ehleringer et al., 1997.)

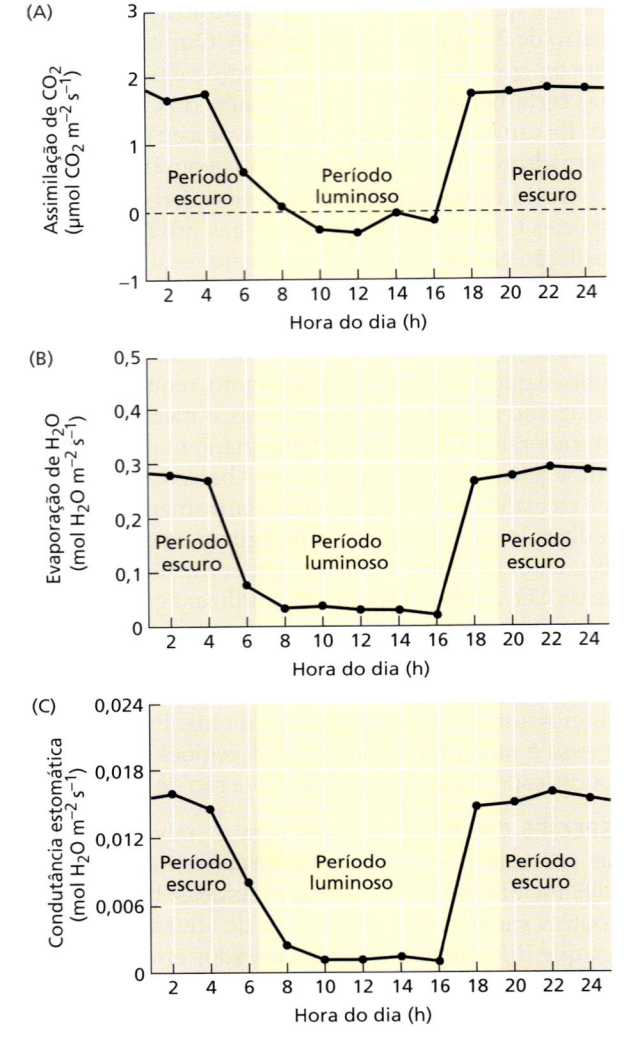

Figura 9.23 Assimilação fotossintética líquida de CO_2, evaporação de H_2O e condutância estomática de uma espécie CAM, a orquídea *Doritaenopsis*, durante um período de 24 horas. Plantas inteiras foram mantidas em uma câmara de medição de trocas gasosas no laboratório. As áreas marrom-escuro indicam os períodos escuros. Durante o período de estudo, foram medidos três parâmetros: (A) taxa fotossintética, (B) perda de água e (C) condutância estomática. Ao contrário das plantas com metabolismo C_3 ou C_4, as plantas CAM abrem seus estômatos e fixam CO_2 à noite. (De Jeon et al., 2006.)

um mecanismo de sobrevivência durante limitações extremas de água. Por exemplo, os cladódios (caules achatados) de cactos conseguem sobreviver por vários meses sem água após a separação da planta-mãe. Seus estômatos permanecem fechados durante todo o tempo, e o CO_2 liberado pela respiração é refixado em malato. Tal processo, que tem sido denominado *CAM ocioso*, permite à planta sobreviver por períodos de seca prolongada com perda de água extremamente reduzida.

Como a fotossíntese e a respiração mudarão no futuro sob condições de aumento de CO_2?

As consequências do aumento de CO_2 atmosférico estão sendo investigadas por cientistas e agências governamentais, em particular devido às predições de que o efeito estufa está alterando o clima do mundo. A expressão **efeito estufa** refere-se ao aquecimento do clima da Terra causado pela captação de radiação de ondas longas pela atmosfera.

O teto de uma estufa transmite luz visível, que é absorvida por plantas e outras superfícies no interior dessa estrutura. Uma porção da energia da luz absorvida é convertida em calor, e parte deste é reemitida como radiação de ondas longas. Como o vidro transmite muito pouca radiação de ondas longas, essa radiação não consegue sair pelo teto de vidro da estufa, e, com isso, ela esquenta. Certos gases na atmosfera, em particular CO_2 e metano, desempenham um papel similar ao do teto de vidro na estufa. O aumento da concentração de CO_2 e a elevação da temperatura, associados com o efeito estufa, têm múltiplas influências sobre a fotossíntese e o crescimento vegetal. Nas concentrações atuais do CO_2 atmosférico, a fotossíntese de espécies C_3 é limitada pelo CO_2, mas essa situação mudará à medida que as concentrações desse gás continuarem a crescer.

Atualmente, uma pergunta central na fisiologia vegetal é: quanto a fotossíntese e a respiração diferirão em torno de 2100, quando os níveis globais de CO_2 alcançarem 500 ppm, 600 ppm ou mesmo valores mais elevados? Essa pergunta é especialmente relevante à medida que humanos continuam a adicionar à atmosfera terrestre CO_2 derivado da queima de combustíveis fósseis. Se for bem hidratada e altamente fertilizada em laboratório, a maioria das espécies C_3 cresce cerca de 30% mais rápido quando a concentração de CO_2 alcança 600 a 750 ppm do que na concentração atual; acima dessa concentração de CO_2 atmosférico, a taxa de crescimento torna-se mais limitada pela disponibilidade de nutrientes para a planta. Para estudar essa questão no campo, os cientistas precisam ser capazes de criar simulações realistas de ambientes futuros. Uma abordagem promissora para o estudo de fisiologia e ecologia vegetais em ambientes com níveis elevados de CO_2 tem sido o emprego de experimentos de enriquecimento de CO_2 ao ar livre (FACE, de *Free Air CO_2 Enrichment*).

Para realizar o experimento de FACE, campos inteiros de plantas ou ecossistemas naturais são cercados por emissores, os quais adicionam CO_2 ao ar a fim de criar o ambiente com concentração alta desse gás que se pode esperar para os próximos 25 a 50 anos. A **Figura 9.24** mostra experimentos de FACE em três tipos diferentes de vegetação.

Figura 9.24 Experimentos de enriquecimento de CO_2 ao ar livre (FACE) são utilizados para estudar como plantas e ecossistemas responderão a níveis de CO_2 futuros. A figura apresenta experimentos de FACE em (A) uma floresta decidual e (B) no estrato superior de uma lavoura. (C) Sob níveis aumentados de CO_2, os estômatos foliares são mais fechados, acarretando temperaturas foliares mais altas, conforme mostrado pela imagem por infravermelho do estrato superior de uma lavoura. (A, cortesia de D. Karnosky; B, cortesia de USDA/ARS; C, de Long et al., 2006.)

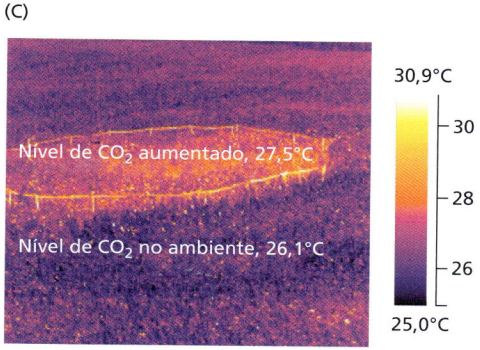

Os experimentos de FACE têm proporcionado novas perspectivas (*insights*) fundamentais sobre como as plantas e os ecossistemas responderão aos níveis de CO_2 esperados no futuro. Uma observação-chave é que as espécies com rota fotossintética C_3 são muito mais responsivas que as espécies C_4 sob condições bem hidratadas, com a taxa fotossintética líquida aumentando 20% ou mais em espécies C_3 e nem tanto, ou nada, em espécies C_4. A fotossíntese aumenta nas espécies C_3 porque os níveis de c_i crescem (ver Figura 9.21). Ao mesmo tempo, há uma regulação para baixo (*down-regulation*) da capacidade fotossintética, manifestada pela atividade reduzida das enzimas associadas às reações de carboxilação da fotossíntese.

Os níveis aumentados de CO_2 afetarão muitos processos vegetais. Por exemplo, as folhas tendem a manter seus estômatos mais fechados sob níveis aumentados de CO_2. Como uma consequência direta da redução da transpiração, as temperaturas foliares ficam mais altas (ver Figura 9.24C), o que pode retroalimentar a respiração mitocondrial básica. Esta é sem dúvida uma área de pesquisa estimulante e promissora atualmente. A partir de estudos de FACE, está se tornando progressivamente claro que um processo de aclimatação ocorre sob níveis de CO_2 mais elevados, em que as taxas de respiração são diferentes daquelas sob condições atmosféricas atuais, mas não tão altas quanto teriam sido previstas sem a resposta de aclimatação por regulação para baixo.

Ao mesmo tempo em que o CO_2 certamente é importante para a fotossíntese e a respiração, outros fatores são importantes para o crescimento sob concentrações aumentadas desse gás. Por exemplo, uma observação comum dos experimentos de FACE é que o crescimento sob níveis aumentados de CO_2 rapidamente se torna limitado pela disponibilidade de nutrientes (lembrar da regra de Blackman de fatores limitantes). Uma segunda e surpreendente observação é que a presença de gases-traço poluentes, como o ozônio, pode reduzir a resposta fotossintética líquida abaixo dos valores máximos previstos por estudos iniciais de FACE e por aqueles realizados em estufa há uma década.

Como consequência da elevação do CO_2 atmosférico, no futuro próximo prevê-se a ocorrência de condições mais quentes e mais secas, bem como de aumento de limitações de nutrientes. Avanços importantes estão sendo feitos pelo estudo de como o crescimento de culturas irrigadas e fertilizadas se compara com o de plantas em ecossistemas naturais em um mundo com aumento de CO_2. A compreensão dessas respostas é crucial, à medida que a sociedade busca aumentar a produção agrícola visando sustentar as populações humanas crescentes e fornecer matéria-prima para os biocombustíveis.

Resumo

Considerando o desempenho fotossintético ideal, a hipótese do fator limitante e uma "perspectiva econômica" enfatizando a "oferta" e a "demanda" de CO_2 têm orientado as pesquisas.

O efeito das propriedades foliares na fotossíntese

- A anatomia foliar é altamente especializada para a absorção de luz (**Figura 9.1**).
- Cerca de 5% da energia solar que atinge a Terra são convertidos em carboidratos pela fotossíntese. Grande parte da luz absorvida é perdida na reflexão, na transmissão, no metabolismo e como calor (**Figuras 9.2, 9.3**).
- Em florestas densas, quase toda a radiação fotossinteticamente ativa é absorvida pelas folhas no dossel; uma parte pequena dessa radiação chega ao chão da floresta (**Figura 9.4**).
- As folhas de algumas plantas maximizam a absorção da luz pelo acompanhamento do sol (**Figura 9.5**).
- Algumas espécies vegetais respondem a uma gama de regimes de luz. As folhas de sol e de sombra têm características morfológicas e bioquímicas contrastantes.
- Para aumentar a absorção da luz, algumas plantas de sombra produzem uma razão mais alta entre os centros de reação de PSII e PSI, enquanto outras adicionam clorofila antena ao PSII.

Efeitos da luz na fotossíntese na folha intacta

- As curvas de resposta à luz mostram a PPFD onde a fotossíntese é limitada pela luz ou pela capacidade de carboxilação. A inclinação da porção linear da curva de resposta à luz mede a produtividade quântica máxima (**Figura 9.6**).
- Os pontos de compensação da luz de plantas de sombra são mais baixos do que os de plantas de sol porque as taxas de respiração são muito baixas em plantas de sombra (**Figuras 9.7, 9.8**).
- Além do ponto de saturação, outros fatores que não a luz incidente (como transporte de elétrons, atividade da Rubisco ou metabolismo de trioses fosfato) limitam a fotossíntese. Raramente uma planta inteira é saturada de luz (**Figura 9.9**).
- O ciclo das xantofilas dissipa o excesso de energia luminosa absorvida para evitar dano ao aparelho fotossintético (**Figuras 9.10 a 9.12**). Os movimentos dos cloroplastos também limitam o excesso de absorção de luz (**Figura 9.13**).

- A fotoinibição dinâmica desvia temporariamente o excesso de absorção de luz para dissipação de calor, mas mantém a taxa fotossintética máxima (**Figura 9.14**). A fotoinibição crônica é irreversível.

Efeitos da temperatura na fotossíntese na folha intacta

- As plantas são notavelmente plásticas em suas adaptações à temperatura. As temperaturas fotossintéticas ideais têm fortes componentes bioquímicos, genéticos (adaptação) e ambientais (aclimatação).
- A absorção foliar de energia luminosa gera uma carga de calor que deve ser dissipada (**Figura 9.15**).
- As curvas de sensibilidade à temperatura identificam (a) uma faixa de temperatura em que os eventos enzimáticos são estimulados, (b) uma faixa para fotossíntese ótima e (c) uma faixa em que ocorrem eventos deletérios (**Figura 9.16**).
- Abaixo de 30°C, a produtividade quântica de espécies C_3 é mais alta que a de espécies C_4; acima de 30°C, a situação é invertida (**Figura 9.17**). Devido à fotorrespiração, a produtividade quântica é profundamente dependente da temperatura em espécies C_3, mas é quase independente desse fator em espécies C_4.
- A redução da produtividade quântica e o aumento da fotorrespiração devido aos efeitos da temperatura levam a diferenças nas capacidades fotossintéticas de espécies C_3 e C_4 e resultam em uma mudança na dominância das espécies em um gradiente de latitudes diferentes (**Figura 9.18**).

Efeitos do dióxido de carbono na fotossíntese na folha intacta

- Os níveis de CO_2 atmosférico estão aumentando desde a Revolução Industrial por causa do uso humano de combustíveis fósseis e do desmatamento (**Figura 9.19**).
- Os gradientes de concentração governam a difusão de CO_2 da atmosfera para o sítio de carboxilação na folha, usando rotas gasosas e líquidas. Existem múltiplas resistências ao longo da rota de difusão de CO_2, mas, na maioria das situações, a resistência estomática tem o maior efeito na difusão de CO_2 para dentro da folha (**Figura 9.20**).
- O enriquecimento de CO_2 acima dos níveis atmosféricos naturais resulta em aumento da fotossíntese e da produtividade (**Figura 9.21**).

- A fotossíntese C_4 pode ter se tornado proeminente nas regiões mais quentes da Terra quando as concentrações globais do CO_2 atmosférico decresceram abaixo de um valor limiar (**Figura 9.22**).
- Os estômatos de espécies CAM abrem à noite e fecham durante o dia, que é o padrão oposto ao encontrado em espécies C_3 e C_4 (**Figura 9.23**).
- Os experimentos com enriquecimento de CO_2 ao ar livre (FACE) mostram que as espécies C_3 são mais responsivas ao aumento da concentração do CO_2 que as espécies C_4 (**Figura 9.24**).

Leituras sugeridas

Adams, W. W., Zarter, C. R., Ebbert, V., and Demmig-Adams, B. (2004) Photoprotective strategies of overwintering evergreens. *Bioscience* 54: 41–49.

Koller, D. (2000) Plants in search of sunlight. *Adv. Bot. Res.* 33: 35–131.

Long, S. P., Ainsworth, E. A., Leakey, A. D., Nosberger, J., and Ort, D. R. (2006) Food for thought: Lower-than-expected crop stimulation with rising CO_2 concentrations. *Science* 312: 1918–1921.

Long, S. P., Ainsworth, E. A., Rogers, A., and Ort, D. R. (2004) Rising atmospheric carbon dioxide: Plants FACE the future. *Annu. Rev. Plant Biol.* 55: 591–628.

Sharkey, T. D. (1996) Emission of low molecular mass hydrocarbons from plants. *Trends Plant Sci.* 1: 78–82.

Terashima, I., and Hikosaka, K. (1995) Comparative ecophysiology of leaf and canopy photosynthesis. *Plant Cell Environ.* 18: 1111–1128.

Vogelmann, T. C. (1993) Plant tissue optics. *Annu. Rev. Plant Physiol. Plant Mol. Biol.* 44: 231–251.

von Caemmerer, S. (2000) *Biochemical models of leaf photosynthesis*. CSIRO, Melbourne, Australia.

Zhu, X. G., Long, S. P., and Ort, D. R. (2010) Improving photosynthetic efficiency for greater yield. *Annu. Rev. Plant Biol.* 61: 235–261.

10 Translocação no Floema

A sobrevivência no ambiente terrestre impôs sérios desafios às plantas, principalmente quanto à necessidade de obter e de reter a água. Em resposta a essas pressões ambientais, as plantas desenvolveram raízes e folhas. As raízes fixam as plantas ao substrato e absorvem água e nutrientes; as folhas absorvem luz e realizam as trocas gasosas. À medida que as plantas crescem, as raízes e as folhas tornam-se gradativamente separadas no espaço. Assim, os sistemas evoluíram para o transporte de longa distância, o que permitiu a troca eficiente de produtos da absorção e da assimilação entre a parte aérea e as raízes.

Os Capítulos 3 e 6 mostraram que, no xilema, ocorre o transporte de água e sais minerais desde o sistema de raízes até as partes aéreas das plantas. No **floema**, dá-se o transporte (*translocação*) dos produtos da fotossíntese – particularmente os açúcares – das folhas maduras para as áreas de crescimento e armazenamento, incluindo as raízes.

Junto com os açúcares, o floema também transmite sinais na forma de moléculas reguladoras, e redistribui água e vários compostos pela planta. Todas essas moléculas parecem se mover com os açúcares transportados. Os compostos a serem redistribuídos, alguns dos quais inicialmente chegam às folhas maduras via xilema, podem ser transferidos das folhas sem modificações ou ser metabolizados antes da redistribuição. O líquido que flui pelo floema – água mais todos os seus solutos – é denominado *seiva do floema*. (*Seiva* é um termo genérico utilizado para fazer referência ao conteúdo fluido das células vegetais.)

A discussão que segue descreve a translocação no floema das angiospermas, já que a maioria das pesquisas tem sido desenvolvida nesse grupo de plantas. O mecanismo de translocação pode ser diferente nas gimnospermas, mas ele é menos compreendido e não será abordado aqui.

Padrões de translocação: fonte-dreno

As duas rotas de transporte de longa distância – o floema e o xilema – estendem-se por toda a planta. Diferentemente do xilema, o floema não transporta materiais exclusivamente na direção ascendente ou descendente, e a translocação no floema não é determinada pela gravidade. Mais exatamente, a seiva é translocada das áreas de suprimento, denominadas **fontes**, para as áreas de metabolismo ou armazenamento, chamadas **drenos** (**Figura 10.1**). Como consequência de sua função no transporte de açúcares, os elementos de tubo crivado (as células condutoras do floema; ver seção seguinte) das fontes são frequentemente referidos como **floema de coleta**, os tubos crivados da rota de conexão, como *floema de transporte*, e os elementos crivados dos drenos, como **floema de entrega**.

As fontes incluem órgãos exportadores, geralmente folhas maduras, que são capazes de produzir fotossintatos além de suas necessidades. O termo **fotossintato** refere-se aos produtos da fotossíntese. Outro tipo de fonte é um órgão de reserva que exporta durante determinada fase de seu desenvolvimento. Por exemplo, a raiz da beterraba selvagem bianual (*Beta maritima*) é um dreno durante a estação de crescimento do primeiro ano, quando acumula açúcares provenientes das folhas-fonte. Durante a segunda estação de crescimento, a mesma raiz torna-se uma fonte; os açúcares são remobilizados e utilizados para produzir uma nova parte aérea, que, por fim, torna-se reprodutiva.

Os drenos incluem órgãos não fotossintéticos dos vegetais e órgãos que não produzem fotossintatos em quantidade suficiente para suas próprias necessidades de crescimento ou de reserva. As raízes, os tubérculos, os frutos em desenvolvimento e as folhas imaturas, que devem importar carboidratos para seu desenvolvimento normal, são exemplos de tecidos-dreno. Os estudos de anelamento e de marcação radioativa dão suporte ao padrão de translocação fonte-dreno no floema (**Figura 10.2A**).

O fotossintato entra no floema por **carregamento do floema** (ver Figura 10.1), uma denominação geral para uma diversidade de mecanismos diferentes de absorção de açúcar no floema. O carregamento do floema é precedido pelo **transporte de curta distância**, a partir de células exportadoras de fotossintatos dentro do tecido-fonte para os sítios de carregamento dos elementos de tubo crivado. A translocação através do sistema vascular de uma fonte até um dreno ocorre via **transporte de longa distância**. Logo que chega ao dreno, o fotossintato sai do floema, um processo denominado **descarregamento do floema**. O transporte de curta distância leva fotossintato dos elementos de tubo crivado para células-dreno fora do floema.

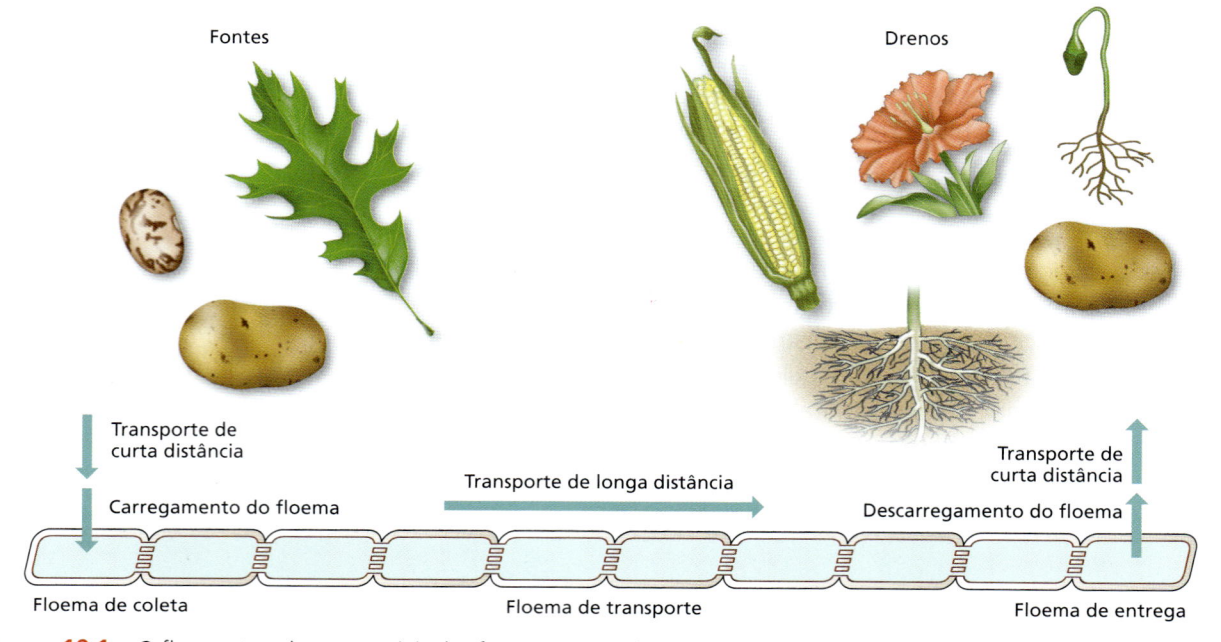

Figura 10.1 O floema transloca materiais das fontes para os drenos.

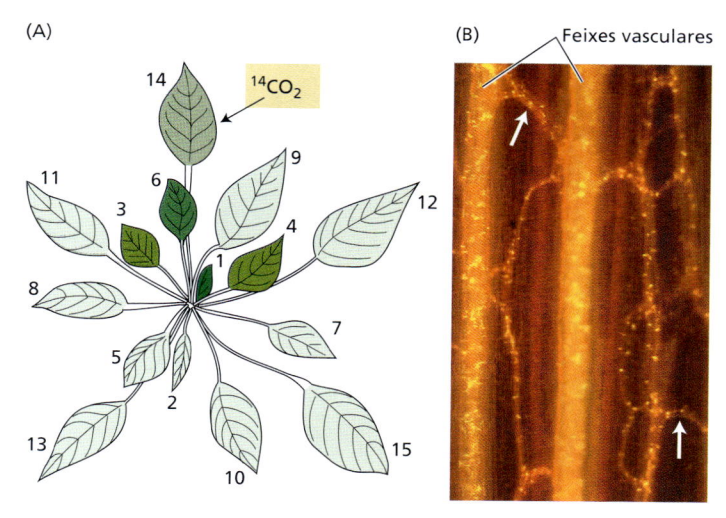

Figura 10.2 Padrões de translocação fonte-dreno no floema. (A) Distribuição de radiatividade de uma única folha-fonte marcada radiativamente em uma planta intacta. A distribuição de radiatividade nas folhas da beterraba (*Beta vulgaris*) foi determinada uma semana após a aplicação de $^{14}CO_2$ por 4 horas a uma única folha-fonte (folha 14, seta). O grau de marcação radiativa está indicado pela intensidade de sombreamento das folhas. As folhas estão numeradas de acordo com a idade; a mais jovem, recentemente desenvolvida, é designada 1. O $^{14}CO_2$ marcado foi translocado principalmente para as folhas-dreno diretamente acima da folha-fonte (ou seja, as folhas-dreno com as conexões vasculares mais diretas à fonte; p. ex., as folhas 1 e 6 são folhas-dreno diretamente acima da folha-fonte 14). (B) Vista longitudinal de uma estrutura tridimensional típica de floema em um corte espesso (de um entrenó de dália [*Dahlia pinnata*]), após clareamento, coloração com azul de anilina e observação ao microscópio de epifluorescência. As placas crivadas do floema são vistas como pequenos pontos amarelos numerosos, devido à coloração amarela da calose nos elementos de tubo crivado (ver Figura 10.7). Dois grandes feixes vasculares longitudinais são proeminentes. Essa coloração revela os delicados tubos crivados formando a rede do floema; duas anastomoses do floema (interconexões vasculares) estão indicadas com setas. (A, de Joy, 1964; B, cortesia de R. Aloni.)

Embora o padrão geral de transporte no floema possa ser considerado simplesmente como um movimento fonte-dreno, as rotas específicas envolvidas costumam ser mais complexas, dependendo da proximidade, do desenvolvimento, das conexões vasculares (**Figura 10.2B**) e da modificação das rotas de translocação. Nem todas as fontes suprem todos os drenos em uma planta; ao contrário, certas fontes suprem, preferencialmente, drenos específicos.

Rotas de translocação

O floema geralmente é encontrado no lado externo dos sistemas vasculares primário e secundário (**Figuras 10.3 e 10.4**). Nas plantas com crescimento secundário, o floema constitui a casca viva. Embora seja normalmente encontrado em posição externa ao xilema, o floema *também* é encontrado na região mais interna de muitas famílias de eudicotiledôneas. Nessas famílias, o floema apresenta-se nas duas posições e é denominado floema externo e interno, respectivamente.

As células do floema que conduzem açúcares e outros compostos orgânicos pela planta são chamadas de **elementos crivados**. Nas angiospermas, os *elementos crivados* altamente diferenciados são frequentemente chamados de **elementos de tubo crivado**. Além dos elementos crivados, o floema contém as células companheiras (discutidas adiante) e as células parenquimáticas (que armazenam e liberam moléculas nutritivas). Em alguns casos, o floema também inclui fibras e esclereides (para proteção e sustentação do floema) e laticíferos (células que contêm látex). No entanto, apenas os elementos crivados estão envolvidos diretamente na translocação.

As nervuras de menor porte das folhas e os feixes vasculares primários dos caules são, com frequência, circundados por uma **bainha do feixe vascular** (ver Figura 10.3), que consiste em uma ou mais camadas de células compactamente arranjadas. (Lembre-se das células da bainha do feixe envolvidas no metabolismo C_4 e apresentadas no Capítulo 8.) No sistema vascular das folhas, a bainha do feixe vascular circunda as nervuras menores em toda sua extensão até suas extremidades, isolando as nervuras dos espaços intercelulares da folha.

A discussão sobre as rotas de translocação é iniciada com evidências experimentais que demonstram que os elementos crivados são as células condutoras do floema. Após, a estrutura e a fisiologia dessas células vegetais singulares são examinadas.

O açúcar é translocado nos elementos crivados

Experimentos iniciais sobre o transporte no floema datam do século XIX, indicando a importância do transporte de longa distância nas plantas. Esses experimentos clássicos demonstraram que a retirada de um anel da casca ao redor do tronco de uma árvore, removendo o floema, interrompe efetivamente o transporte de açúcar das folhas para as raízes, sem alterar o transporte de água pelo xilema. Quando o uso de compostos radiativos tornou-se disponível para pesquisas, o $^{14}CO_2$ marcado foi utilizado para demonstrar que os açúcares produzidos pelo processo fotossintético são translocados pelos elementos crivados (ver Figura 10.2A).

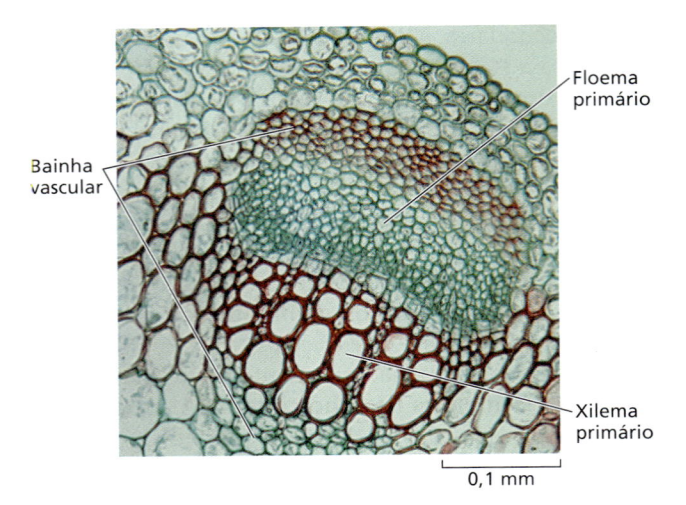

Figura 10.3 Corte transversal de um feixe vascular de trevo (*Trifolium*). O floema primário aparece próximo à superfície externa do caule. O floema e o xilema primários são circundados por uma bainha do feixe formada de células de esclerênquima com paredes espessas, que isolam o sistema vascular do tecido fundamental. Fibras e vasos (xilema) estão corados em vermelho. (© J.N.A. Lott/Biological Photo Service.)

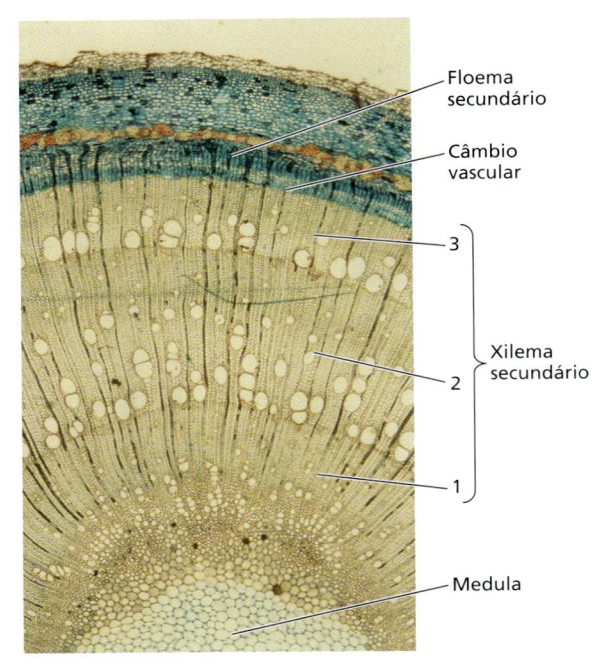

Figura 10.4 Corte transversal de um caule de 3 anos de um indivíduo de freixo (*Fraxinus excelsior*). Os números 1, 2 e 3 indicam os anéis de crescimento no xilema secundário. O floema secundário velho (externo) foi comprimido pela expansão do xilema. Somente a camada mais recente (mais interna) do floema secundário é funcional. (© P. Gates/ Biological Photo Service.)

Os elementos crivados maduros são células vivas especializadas para translocação

O conhecimento detalhado da ultraestrutura dos elementos crivados é essencial para qualquer discussão do mecanismo de translocação no floema. Os elementos crivados maduros são únicos entre as células vegetais vivas (**Figuras 10.5 e 10.6**). Eles carecem de muitas estruturas normalmente encontradas nas células vivas, mesmo em células não diferenciadas, a partir das quais são formados. Por exemplo, os elementos crivados perdem seu núcleo e tonoplasto (membrana dos vacúolos) durante o desenvolvimento. Os microfilamentos, os microtúbulos, o complexo de Golgi e os ribossomos geralmente também inexistem nas células maduras. Além da membrana plasmática, as organelas mantidas incluem algumas mitocôndrias relativamente modificadas, os plastídios e o retículo endoplasmático liso. As paredes não são lignificadas, embora haja um espessamento secundário em alguns casos.

Desse modo, a estrutura celular dos elementos crivados difere daquela dos elementos traqueais do xilema, os quais não apresentam membrana plasmática, possuem paredes secundárias lignificadas e são mortos na maturidade. Como será visto adiante, as células vivas são fundamentais para o mecanismo de translocação no floema.

Grandes poros nas paredes celulares caracterizam os elementos crivados

Os elementos crivados (células crivadas e elementos de tubo crivado) apresentam áreas crivadas características em suas paredes, nas quais poros interconectam as células condutoras (**Figura 10.7**). Os poros da área crivada variam em diâmetro de menos de 1 µm até aproximadamente 15 µm. As áreas crivadas de angiospermas podem se diferenciar em **placas crivadas** (ver Figura 10.5 e 10.7 e Tabela 10.1). As placas crivadas apresentam poros maiores do que outras áreas crivadas na célula e em geral são encontradas nas paredes terminais dos elementos de tubo crivado, onde as células individuais são unidas para formar séries longitudinais denominadas **tubos crivados** (ver Figura 10.5B).

A distribuição dos conteúdos dos tubos crivados, especialmente dentro dos poros da placa crivada, tem sido debatida por muitos anos e é uma questão crítica quando se considera o mecanismo de transporte do floema. As primeiras micrografias mostravam poros bloqueados ou obstruídos, o que se acreditava ser consequência de danos causados durante a preparação dos tecidos para a observação. (Ver próxima seção, "Elementos de tubo crivado danificados são vedados".) Mais tarde, técnicas menos invasivas demonstraram que os poros da placa crivada de elementos de tubos crivados são canais abertos que permitem o transporte sem restrições entre as células (ver Figura 10.7A-C).

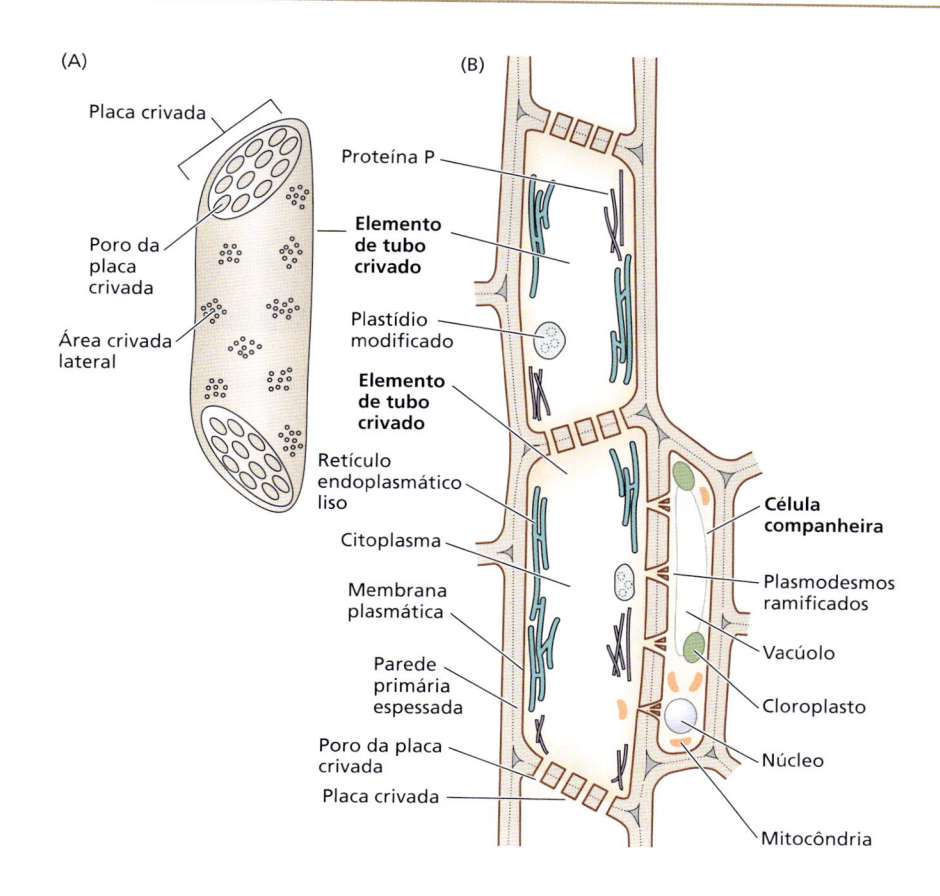

Figura 10.5 Desenhos esquemáticos de elementos crivados maduros (elementos de tubo crivado), unidos para formar um tubo crivado. (A) Vista externa de um único elemento crivado, mostrando as placas crivadas e as áreas crivadas laterais. (B) Corte longitudinal, mostrando esquematicamente um tubo crivado, formado pela união de dois elementos de tubo crivado. Os poros nas placas crivadas entre os elementos de tubo crivado são canais abertos para transporte através do tubo. A membrana plasmática de um elemento de tubo crivado é contínua com a do tubo adjacente. Cada elemento de tubo crivado está associado a uma ou mais células companheiras, as quais assumem algumas das funções metabólicas essenciais que são reduzidas ou perdidas durante a diferenciação dos elementos de tubo crivado. Observe que a célula companheira apresenta muitas organelas citoplasmáticas, enquanto o elemento de tubo crivado apresenta relativamente poucas organelas. Uma célula companheira ordinária é representada aqui.

Mais adiante, neste capítulo, uma seção "Os poros da placa crivada parecem ser canais abertos" considera a distribuição dos conteúdos de elementos crivados dentro das células e nos poros da placa crivada.

A **Tabela 10.1** lista as características dos elementos de tubo crivado.

Elementos de tubo crivado danificados são vedados

A seiva do elemento de tubo crivado é rica em açúcares e outras moléculas orgânicas. Essas moléculas representam um investimento energético para a planta, e sua perda deve ser impedida quando os elementos de tubo crivado são danificados. Os mecanismos de vedação de curto prazo envolvem proteínas da seiva, enquanto o principal mecanismo de longo prazo para

Figura 10.6 Imagem ao microscópio eletrônico de um corte transversal de células companheiras ordinárias e elementos de tubo crivado maduros. Os componentes celulares são distribuídos ao longo das paredes dos elementos de tubo crivado, onde oferecem menos resistência ao fluxo de massa. (De Warmbrodt, 1985.)

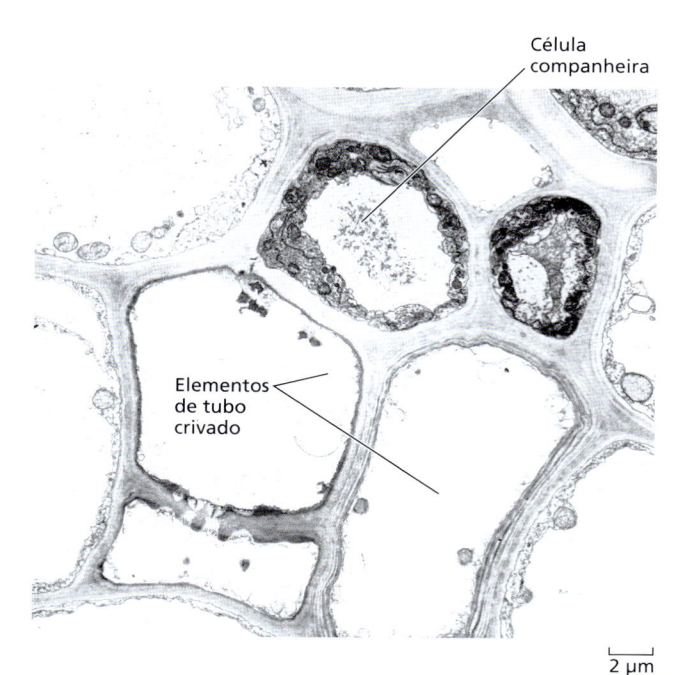

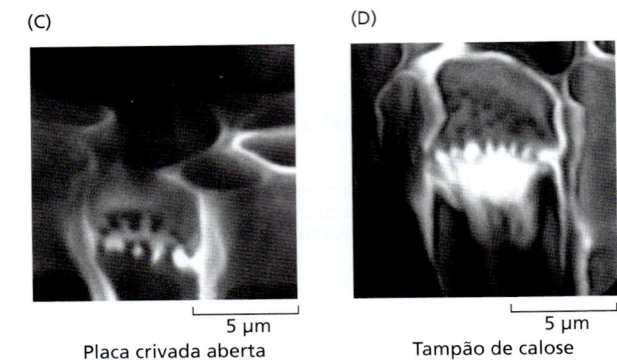

Figura 10.7 Elementos crivados e poros da placa crivada. Nas imagens A, B e C, os poros estão abertos – isto é, não obstruídos pela proteína P ou pela calose. Os poros abertos proporcionam uma rota de baixa resistência para o transporte entre os elementos crivados. (A) Imagem ao microscópio eletrônico de um corte longitudinal de dois elementos crivados maduros (elementos de tubo crivado), mostrando a parede entre os elementos crivados (denominada placa crivada) no hipocótilo de abóbora (*Cucurbita maxima*). (B) O detalhe mostra os poros de uma placa crivada em vista frontal. (C e D) Reconstruções tridimensionais de placas crivadas de *Arabidopsis*, utilizando uma técnica de coloração que permite visualizar órgãos vegetais inteiros por microscopia a *laser* confocal. Poros crivados abertos são visíveis em (C), enquanto um tampão de calose, tal qual como é formada em resposta ao dano no tubo, é visível em (D). (A e B de Evert, 1982; C e D de Truernit et al., 2008.)

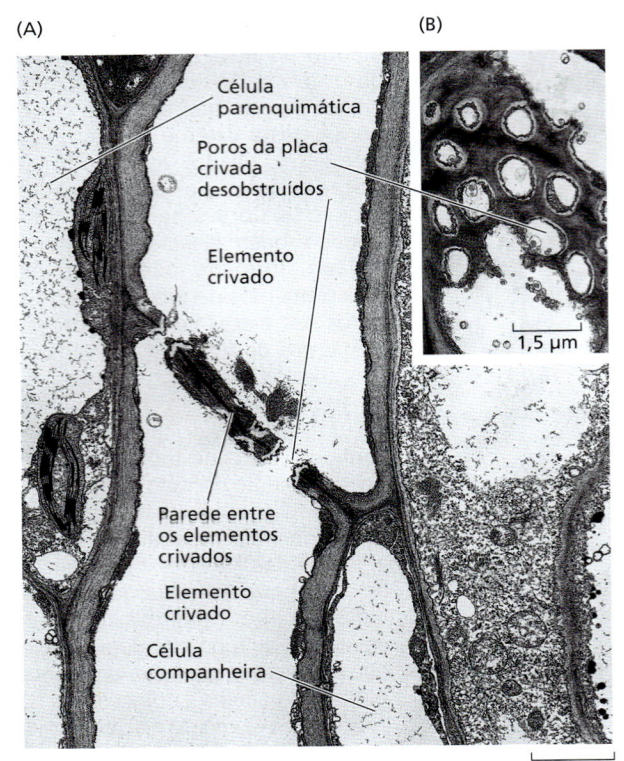

evitar a perda de seiva acarreta o fechamento dos poros da placa crivada com calose, um polímero de glicose.

As principais proteínas do floema envolvidas na vedação dos elementos crivados danificados são proteínas estruturais chamadas **proteínas P** (ver Figura 10.5B). (Na literatura científica clássica, a proteína P era denominada *mucilagem*.) Os elementos de tubo crivado da maioria das angiospermas, incluindo todas as eudicotiledôneas e muitas monocotiledôneas, são ricos em proteína P, a qual ocorre em várias formas diferentes (tubular, fibrilar, granular e cristalina), dependendo da espécie e do estágio de maturação da célula.

A proteína P parece agir na vedação de elementos crivados danificados mediante obstrução dos poros das placas crivadas. Os tubos crivados estão sob uma pressão de turgor interna muito alta, e os elementos crivados em um tubo crivado estão conectados pelos poros abertos das placas crivadas. Quando um tubo crivado é cortado ou perfurado, a diminuição da pressão provoca o deslocamento do conteúdo dos elementos crivados em direção à extremidade cortada, podendo levar a planta a perder muita seiva do floema, rica em açúcar, se não houvesse um mecanismo de vedação. Entretanto, quando esse deslocamento ocorre, a proteína P fica presa nos poros da placa crivada, auxiliando na vedação do elemento crivado e na prevenção da perda adicional de seiva. O apoio científico para a função de vedação da proteína P foi encontrado em tabaco e *Arabidopsis*, nos quais mutantes carentes de proteína P perdem significativamente mais açúcar transportado por exsudação da seiva após um ferimento do que as plantas selvagens. (Para mais informações sobre exsudação, ver adiante "A seiva do floema pode ser coletada e analisada"). Não foram observadas diferenças fenotípicas visíveis entre as plantas mutantes e as de tipo selvagem.

TABELA 10.1 Características dos elementos crivados em angiospermas

Elementos de tubo crivado encontrados em angiospermas

1. Algumas áreas crivadas são diferenciadas em placas crivadas; elementos de tubo crivado individuais são unidos em um tubo crivado.
2. Os poros da placa crivada são canais abertos.
3. A proteína P está presente em todas as eudicotiledôneas e em muitas monocotiledôneas.
4. As células companheiras são fontes de ATP e talvez de outros compostos.

Os cristais proteicos liberados pela ruptura de plastídios podem exercer função semelhante de vedação em algumas monocotiledôneas, como a proteína P em eudicotiledôneas. Entretanto, as organelas dos elementos crivados (mitocôndrias, plastídios e RE) parecem estar ancoradas umas às outras ou à membrana plasmática do elemento crivado por "grampos" de proteínas muito pequenas. Quais organelas estão ancoradas depende da espécie.

Outro mecanismo para bloquear os tubos crivados danificados ocorre em espécies da família das leguminosas (Fabaceae). Essas plantas contêm grandes corpos de proteínas P cristaloides que não se dispersam durante o desenvolvimento. Contudo, após um dano ou choque osmótico, as proteínas P rapidamente se dispersam e bloqueiam o tubo crivado. O processo é reversível e controlado por íons cálcio. Essas proteínas P ocorrem apenas em certas leguminosas.

Uma solução de longo prazo para o dano no tubo crivado é a produção de **calose**, um polímero de glicose, nos poros da placa crivada (ver Figura 10.7D). A calose, um β-1,3-glucano, é sintetizada por uma enzima na membrana plasmática (calose sintase) e depositada entre a membrana e a parede celular. A calose é sintetizada em um elemento crivado funcional em resposta a lesão e outros estresses, como estímulo mecânico e temperaturas altas, ou em preparação para eventos normais do desenvolvimento, como a dormência. O depósito de **calose de lesão** nos poros da placa crivada isola de maneira eficiente os elementos crivados danificados do tecido intacto adjacente, sendo que a oclusão completa ocorre cerca de 20 minutos após o ferimento. Em todos os casos, à medida que os elementos crivados se recuperam das lesões ou quebram a dormência, a calose desaparece desses poros; sua dissolução é mediada por uma enzima que a hidrolisa. Como mencionado anteriormente, mutantes de *Arabidopsis* e tabaco sem proteína P não exibem alterações fenotípicas visíveis, mas mutantes de *Arabidopsis* sem uma das enzimas caloses sintase mostram redução do crescimento da inflorescência, aparentemente devido ao transporte reduzido de assimilados até ela.

A deposição da calose é induzida, e os genes para calose sintase apresentam regulação para cima (*up-regulation*) em plantas de arroz (*Oryza sativa*) atacadas por insetos sugadores de floema (gafanhoto castanho, *Nilaparvata lugens*); isso ocorre tanto em plantas resistentes quanto em plantas suscetíveis ao inseto. No entanto, nas plantas suscetíveis, a alimentação dos insetos também ativa a enzima de hidrólise da calose. Isso desobstrui os poros, permitindo a alimentação contínua, e resulta na diminuição dos níveis de sacarose e amido na bainha da folha atacada. Dessa forma, a vedação de elementos crivados que tenham sido penetrados pelas peças bucais de insetos pode ter um papel importante na resistência a herbívoros.

As células companheiras dão suporte aos elementos crivados altamente especializados

Cada elemento de tubo crivado está associado a uma ou mais **células companheiras** (ver Figuras 10.5B, 10.6 e 10.7A). A divisão de uma única célula-mãe forma o elemento de tubo crivado e a célula companheira. Numerosos plasmodesmos (ver Capítulo 1) perfuram as paredes entre os elementos de tubo crivado e suas células companheiras; os plasmodesmos frequentemente são complexos e ramificados no lado da célula companheira. A abundância de plasmodesmos sugere uma relação funcional estreita entre o elemento crivado e sua célula companheira, uma associação que é demonstrada pela rápida troca de solutos, como corantes fluorescentes, entre as duas células.

As células companheiras exercem um papel no transporte dos produtos fotossintéticos das células produtoras nas folhas maduras para os elementos crivados nas nervuras foliares menores. Elas também assumem algumas das funções metabólicas essenciais, como a síntese proteica, que são reduzidas ou perdidas durante a diferenciação dos elementos crivados. Além disso, as numerosas mitocôndrias das células companheiras podem fornecer energia na forma de ATP aos elementos crivados.

Materiais translocados no floema

A água é a substância mais abundante no floema. Os solutos translocados, incluindo carboidratos, aminoácidos, hormônios, alguns íons inorgânicos, RNA e proteínas, além de alguns compostos secundários envolvidos na defesa e na proteção, estão dissolvidos na água. Os carboidratos são os solutos mais importantes e mais concentrados na seiva do floema (**Tabela 10.2**), sendo a

TABELA 10.2 Composição da seiva do floema de mamona (*Ricinus communis*), coletada como exsudado de cortes no floema

Componente	Concentração (mg mL^{-1})
Açúcares	80,0-106,0
Aminoácidos	5,2
Ácidos orgânicos	2,0-3,2
Proteína	1,45-2,20
Íons potássio	2,3-4,4
Cloreto	0,355-0,675
Fosfato	0,350-0,550
Íons magnésio	0,109-0,122

Fonte: Hall e Baker, 1972.

sacarose o açúcar mais comumente transportado nos elementos crivados. Há sempre alguma sacarose na seiva dos elementos crivados, podendo atingir concentrações de 0,3 a 0,9 M. Os açúcares, os íons potássio, os aminoácidos e suas amidas são as principais moléculas que contribuem para o potencial osmótico do floema.

A identificação conclusiva de solutos móveis no floema que têm uma função significativa tem sido difícil; nenhum método de amostragem da seiva do floema é completamente livre de artefatos ou fornece um quadro completo dos solutos móveis. Essa discussão é iniciada com um breve exame dos métodos disponíveis de amostragem, seguindo com a descrição dos solutos que normalmente são aceitos como substâncias móveis no floema.

A seiva do floema pode ser coletada e analisada

A coleta da seiva do floema é um desafio experimental devido à alta pressão de turgor nos elementos crivados, e reações às lesões têm sido descritas. Devido aos processos que obstruem os poros da placa crivada, apenas algumas espécies exsudam seiva do floema dos ferimentos que danificam elementos crivados. Desafios e problemas consideráveis apresentam-se quando a seiva exsudada é coletada de cortes ou ferimentos:

- As amostras iniciais podem ser contaminadas pelo conteúdo das células adjacentes danificadas.
- Além de obstruir os poros da placa crivada, a súbita liberação de pressão em elementos crivados pode desorganizar organelas celulares e proteínas e até mesmo puxar substâncias das células vizinhas, especialmente as células companheiras. Espera-se que alguns materiais, como a subunidade pequena da Rubisco, estejam presentes apenas em tecidos que circundam o floema; a não detecção desses materiais na seiva coletada fornece evidências de que não houve contaminação significativa por tecidos adjacentes.
- O exsudado é substancialmente diluído pelo influxo de água a partir do xilema e das células adjacentes, quando a pressão/tensão no tecido vascular é liberada.
- A seiva de cucurbitáceas como pepino (*Cucumis sativus*) e abóbora (*Cucurbita maxima*) tem sido utilizada em muitos estudos de materiais translocados. Estas espécies apresentam floema complexo, incluindo elementos crivados tanto internos como externos (ver seção "Rotas de translocação" anteriormente), assim como elementos crivados externos aos feixes vasculares. Além das preocupações já mencionadas, a fonte de exsudado nessas espécies pode ser qualquer um dos tubos crivados presentes e pode diferir entre as espécies.

A exsudação da seiva a partir de pecíolos ou hastes cortados, aumentada pela inclusão de EDTA no fluido coletado, também tem sido utilizada em vários estudos. Os agentes quelantes, como EDTA, ligam-se aos íons cálcio e inibem a síntese de calose (que requer íons cálcio), permitindo, assim, que a exsudação ocorra por períodos prolongados. No entanto, a exsudação em EDTA está sujeita a vários problemas técnicos adicionais, como o vazamento de solutos, incluindo hexoses, dos tecidos afetados, e não é um método confiável de obtenção de seiva de floema para análise.

A abordagem preferencial para coleta da seiva exsudada é o uso do estilete de um afídeo como uma "seringa natural". Os afídeos são pequenos insetos que se alimentam inserindo suas peças bucais, constituídas de quatro estiletes tubulares, em um único elemento crivado de uma folha ou caule. A seiva pode ser coletada dos estiletes cortados do corpo do inseto, normalmente com laser, após o afídeo ter sido anestesiado com CO_2. A alta pressão de turgor no elemento crivado força os conteúdos celulares pelo estilete até a extremidade cortada, onde podem ser coletados. No entanto, as quantidades de seiva coletadas são pequenas, e o método é tecnicamente difícil. Além disso, a exsudação em estiletes excisados pode continuar por horas, sugerindo que substâncias na saliva do afídeo impedem a ação do mecanismo normal de cicatrização dos elementos crivados e potencialmente alteram o conteúdo da seiva. Apesar disso, esse método resulta na obtenção de seiva relativamente pura dos elementos crivados e das células companheiras e fornece uma ideia razoavelmente acurada sobre a composição da seiva do floema.

Os açúcares são translocados na forma não redutora

Os resultados de muitas análises da seiva coletada indicam que os carboidratos translocados são açúcares não redutores. Açúcares redutores, como as hexoses glicose e frutose, contêm um grupo aldeído ou cetona exposto (**Figura 10.8A**). Em um açúcar não redutor, como a sacarose, o grupo cetona ou aldeído é reduzido a um álcool ou combinado com um grupo semelhante em outro açúcar, eliminando ambos os grupos (**Figura 10.8B**).

A maioria dos pesquisadores acredita que os açúcares não redutores são os principais compostos translocados no floema, pois eles são menos reativos do que seus equivalentes redutores. Na verdade, açúcares redutores, como hexoses, são bastante reativos e podem representar uma ameaça, como as espécies reativas de oxigênio e nitrogênio. Os animais podem tolerar o transporte de glicose pois ela está presente em concentrações relativamente baixas no sangue, mas hexoses

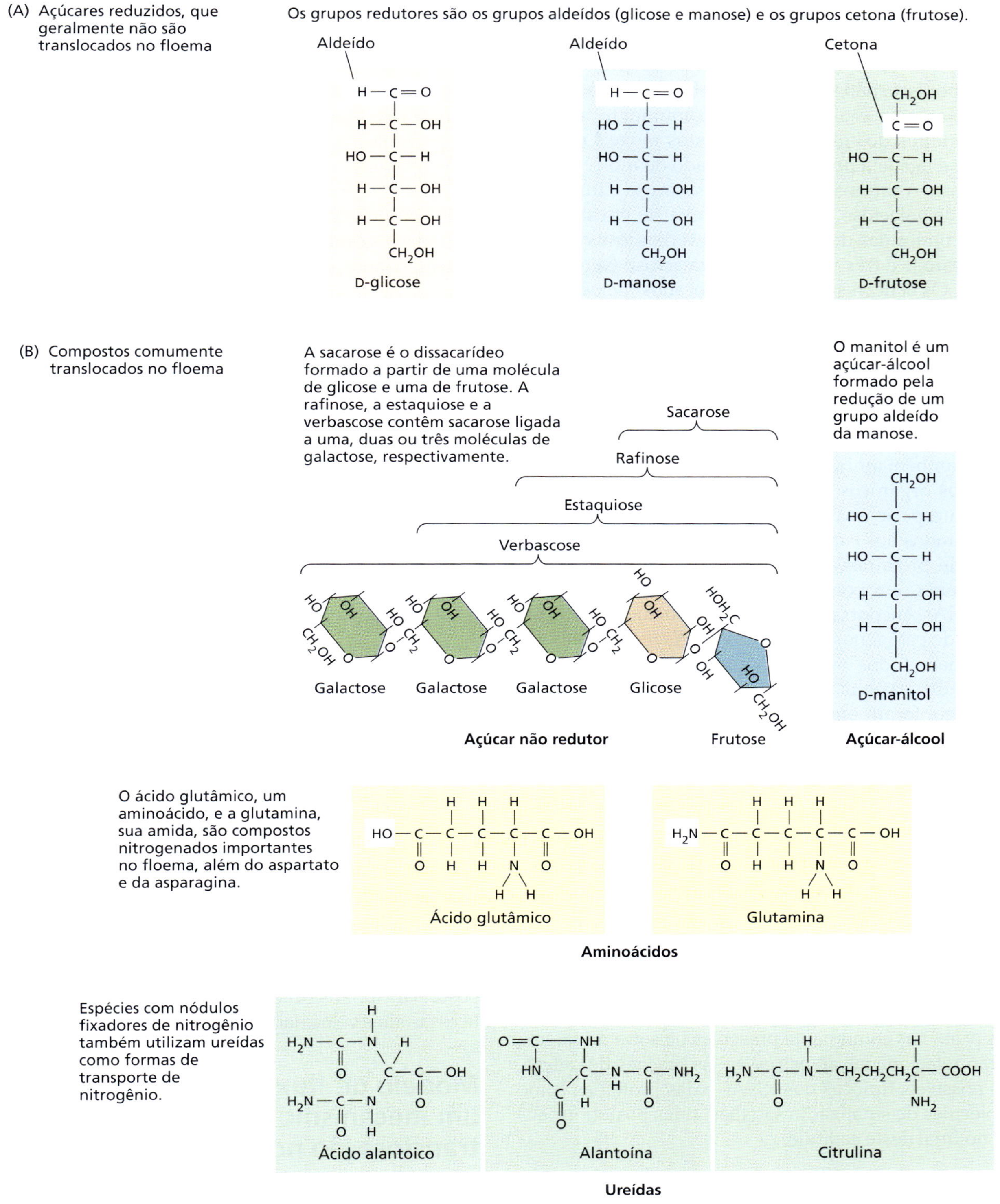

Figura 10.8 Estrutura dos (A) compostos que geralmente não são translocados no floema e (B) daqueles comumente translocados.

(A) Açúcares reduzidos, que geralmente não são translocados no floema

Os grupos redutores são os grupos aldeídos (glicose e manose) e os grupos cetona (frutose).

D-glicose (Aldeído) — D-manose (Aldeído) — D-frutose (Cetona)

(B) Compostos comumente translocados no floema

A sacarose é o dissacarídeo formado a partir de uma molécula de glicose e uma de frutose. A rafinose, a estaquiose e a verbascose contêm sacarose ligada a uma, duas ou três moléculas de galactose, respectivamente.

Sacarose
Rafinose
Estaquiose
Verbascose

Galactose — Galactose — Galactose — Glicose — Frutose

Açúcar não redutor

O manitol é um açúcar-álcool formado pela redução de um grupo aldeído da manose.

D-manitol — Açúcar-álcool

O ácido glutâmico, um aminoácido, e a glutamina, sua amida, são compostos nitrogenados importantes no floema, além do aspartato e da asparagina.

Ácido glutâmico — Glutamina

Aminoácidos

Espécies com nódulos fixadores de nitrogênio também utilizam ureídas como formas de transporte de nitrogênio.

Ácido alantoico — Alantoína — Citrulina

Ureídas

não podem ser toleradas no floema, onde são mantidos níveis muito elevados de açúcar. Mecanicamente, as hexoses são sequestradas nos vacúolos de células vegetais e, por isso, não têm acesso direto ao floema.

A sacarose é o açúcar mais comumente translocado; muitos dos outros carboidratos móveis contêm sacarose ligada a um número variado de moléculas de galactose. A rafinose consiste em sacarose e uma molécula de galactose, a estaquiose consiste em sacarose e duas moléculas de galactose, e a verbascose consiste em sacarose e três moléculas de galactose (ver Figura 10.8B). Os açúcares-alcoóis translocados incluem manitol e sorbitol.

Outros solutos são translocados no floema

O nitrogênio é encontrado no floema principalmente na forma de aminoácidos – em especial glutamato e aspartato e suas respectivas amidas, glutamina e asparagina (também aminoácidos). Os níveis de aminoácidos e ácidos orgânicos observados variam muito, até na mesma espécie, mas em geral eles são baixos quando comparados aos carboidratos (ver Tabela 10.2). Vários tipos de proteínas e RNAs estão presentes na seiva do floema, em concentrações relativamente baixas. Os RNAs encontrados no floema incluem mRNAs, RNAs de patógenos e pequenos RNAs reguladores.

Quase todos os hormônios vegetais endógenos, incluindo auxinas, giberelinas, citocininas e ácido abscísico, foram encontrados em elementos crivados. Acredita-se que o transporte de longa distância de hormônios, especialmente a auxina, ocorra, pelo menos em parte, nos elementos crivados. Os nucleotídeos fosfato também são encontrados na seiva do floema.

Alguns solutos inorgânicos movem-se no floema, incluindo potássio, magnésio, fosfato e cloreto (ver Tabela 10.2). Por outro lado, nitrato, cálcio, enxofre e ferro são relativamente imóveis no floema.

As proteínas encontradas no floema incluem as proteínas P estruturais envolvidas na obstrução dos elementos crivados danificados, assim como várias proteínas hidrossolúveis. As funções de muitas dessas proteínas comumente presentes na seiva do floema estão relacionadas ao estresse e às reações de defesa. As possíveis funções dos RNAs e das proteínas como moléculas de sinalização são discutidas posteriormente, no final deste capítulo.

Taxa de movimento

É importante resaltar que, nas primeiras publicações sobre as taxas de transporte no floema, as unidades de velocidade utilizadas eram centímetros por hora ($cm\ h^{-1}$), e as unidades de transferência de massa eram gramas por hora por centímetro quadrado ($g\ h^{-1}\ cm^{-2}$) de floema ou de elementos crivados. As unidades atualmente utilizadas (unidades SI) são metros (m) para comprimento, segundos (s) para tempo e quilogramas (kg) para massa. As velocidades relatadas nesses estudos foram convertidas para as unidades SI e estão indicadas entre parênteses a seguir.

A taxa de movimento de materiais nos elementos crivados pode ser expressa de duas maneiras: como velocidade, a distância linear percorrida por unidade de tempo, ou como **taxa de transferência de massa**, a quantidade de material que passa por determinada secção transversal do floema ou dos elementos crivados por unidade de tempo. Tem sido dada preferência às taxas de transferência de massa com base na área de secção transversal dos elementos crivados, pois eles são as células condutoras do floema. Os valores das taxas de transferência de massa variam entre 1 e 15 $g\ h^{-1}\ cm^{-2}$ de elementos crivados (em unidades SI, 2,8-41,7 $\mu g\ s^{-1}\ mm^{-2}$).

Tanto as velocidades quanto as taxas de transferência de massa podem ser medidas com marcadores radiativos. No tipo mais simples de experimento para medição de velocidade, o CO_2 marcado com ^{11}C ou ^{14}C é aplicado por um breve período à folha-fonte (pulso de marcação), e a chegada da marca radiativa ao tecido-dreno ou a um ponto específico ao longo da rota é monitorada com um detector de radiação apropriado.

Em geral, as velocidades medidas por várias técnicas convencionais atingem, em média, 1 $m\ h^{-1}$ (0,28 $mm\ s^{-1}$), variando de 0,3 a 1,5 $m\ h^{-1}$ (em unidades SI, 0,08-0,42 $mm\ s^{-1}$). Uma medida recente de velocidade, utilizando espectrometria de ressonância magnética e imagens de ressonância magnética, resultou na velocidade média de 0,25 $mm\ s^{-1}$ na mamona, o que se assemelha à média obtida pelos métodos tradicionais. As velocidades de transporte no floema são claramente muito altas e excedem a taxa de difusão em muitas ordens de grandeza por distâncias superiores a alguns milímetros (ver Capítulo 2). Qualquer mecanismo proposto para a translocação no floema deve levar em conta essas altas velocidades.

Modelo de fluxo de pressão: um mecanismo passivo para a translocação no floema

O mecanismo mais amplamente aceito para a translocação no floema de angiospermas é o modelo de fluxo de pressão. Esse modelo explica a translocação no floema como um fluxo de solução (fluxo de massa) governado por um gradiente de pressão gerado osmoticamente entre a fonte e o dreno. Esta seção descreve o modelo de fluxo de pressão, as previsões decorrentes do fluxo de massa e os dados, tanto os que corroboram quanto os que contestam o modelo.

Nas primeiras pesquisas sobre a translocação no floema, tanto os mecanismos ativos quanto os passivos foram considerados. Todas as teorias, ativas e passivas, admitem uma necessidade de energia, tanto nas fontes quanto nos drenos. Nas fontes, a energia é necessária para sintetizar os materiais para o transporte e, em alguns casos, mover os fotossintatos para os elementos crivados por transporte ativo de membrana. Mais adiante neste capítulo, discute-se em detalhe o carregamento do floema. Nos drenos, a energia é essencial para alguns aspectos do movimento (descarregamento do floema) dos elementos crivados para as células-dreno, as quais armazenam ou metabolizam o açúcar. O descarregamento do floema também é discutido em detalhe mais adiante.

Os mecanismos passivos do transporte no floema admitem ainda que é necessária energia nos elementos de tubo crivado da rota entre as fontes e os drenos simplesmente para manter estruturas como a membrana plasmática e recuperar açúcares que vazaram do floema. O modelo de fluxo de pressão é um exemplo de mecanismo passivo. As teorias de mecanismos ativos, por outro lado, postulam um gasto adicional de energia pelos elementos crivados do floema de transporte para acionar a translocação. Enquanto as teorias ativas foram em grande parte desconsideradas, o interesse em certos aspectos desses modelos pode ser renovado, com base em observações de pressões presentes em plantas de grande porte, como árvores. (Ver discussão "Os gradientes de pressão nos elementos crivados podem ser moderados".)

Um gradiente de pressão gerado osmoticamente aciona a translocação no modelo de fluxo de pressão

A difusão é um processo muito lento para ser responsável pelas velocidades de movimento de solutos observadas no floema. As velocidades de translocação são, em média, de 1 m h^{-1}; a taxa de difusão seria de 1 m em 32 anos! (Ver Capítulo 2 para a discussão sobre as velocidades de difusão e as distâncias nas quais a difusão representa um mecanismo eficiente de transporte.)

O **modelo de fluxo de pressão**, inicialmente proposto por Ernst Münch, em 1930, defende que um fluxo de solução nos elementos crivados é acionado por um *gradiente de pressão* gerado osmoticamente entre a fonte e o dreno (Ψ_p). O carregamento do floema na fonte e o descarregamento no dreno estabelecem o gradiente de pressão.

Como será visto mais adiante (ver seção "O carregamento do floema pode ocorrer via apoplasto ou simplasto"), existem três mecanismos diferentes de geração de concentrações altas de açúcares nos elementos crivados da fonte: o metabolismo fotossintético no mesofilo, a conversão de fotoassimilados para açúcares de transporte em células intermediárias (aprisionamento de polímeros) e o transporte ativo de membrana. Lembre-se do Capítulo 2 (Equação 2.5), que $\Psi = \Psi_s + \Psi_p$; isto é, $\Psi_p = \Psi - \Psi_s$. Nos tecidos-fonte, o acúmulo de açúcares nos elementos crivados gera um potencial de soluto (Ψ_s) baixo (negativo) e causa uma queda acentuada no potencial hídrico (Ψ). Em resposta ao gradiente de potencial hídrico, a água entra nos elementos crivados e causa o aumento da pressão de turgor (Ψ_p).

Na extremidade receptora da rota de translocação, o descarregamento do floema leva a uma concentração menor de açúcar nos elementos crivados, gerando um potencial de soluto mais alto (mais positivo) dos elementos crivados dos tecidos-dreno. À medida que o potencial hídrico do floema aumenta acima daquele do xilema, a água tende a deixar o floema em resposta ao gradiente de potencial hídrico, provocando um decréscimo na pressão de turgor nos elementos crivados do dreno. A **Figura 10.9** ilustra a hipótese do fluxo de pressão; a figura mostra especificamente o caso no qual o transporte ativo de membrana a partir do apoplasto gera uma concentração de açúcar alta nos elementos crivados da fonte.

A seiva do floema move-se mais por fluxo de massa do que por osmose. Ou seja, nenhuma membrana é transposta durante o transporte de um tubo crivado para outro, e os solutos movem-se na mesma velocidade das moléculas de água. Dessa forma, o fluxo de massa pode ocorrer de um órgão-fonte com um potencial hídrico mais baixo para um órgão-dreno com potencial hídrico mais alto, ou vice-versa, dependendo dos tipos de órgão-fonte e dreno. De fato, a Figura 10.9 ilustra um exemplo no qual o fluxo ocorre contra o gradiente de potencial hídrico. Esse movimento da água não transgride as leis da termodinâmica, pois é um exemplo de fluxo de massa, o qual é acionado por um gradiente de pressão, ao contrário da osmose, que é acionada por um gradiente de potencial hídrico.

De acordo com o modelo de fluxo de pressão, o movimento na rota de translocação é acionado pelo transporte de solutos e água para dentro dos elementos crivados da fonte e para fora dos elementos crivados do dreno. A translocação passiva impulsionada por pressão e de longas distâncias que ocorre nos tubos crivados depende, em última instância, dos mecanismos envolvidos no carregamento e no descarregamento do floema. Esses mecanismos são responsáveis pelo estabelecimento do gradiente de pressão.

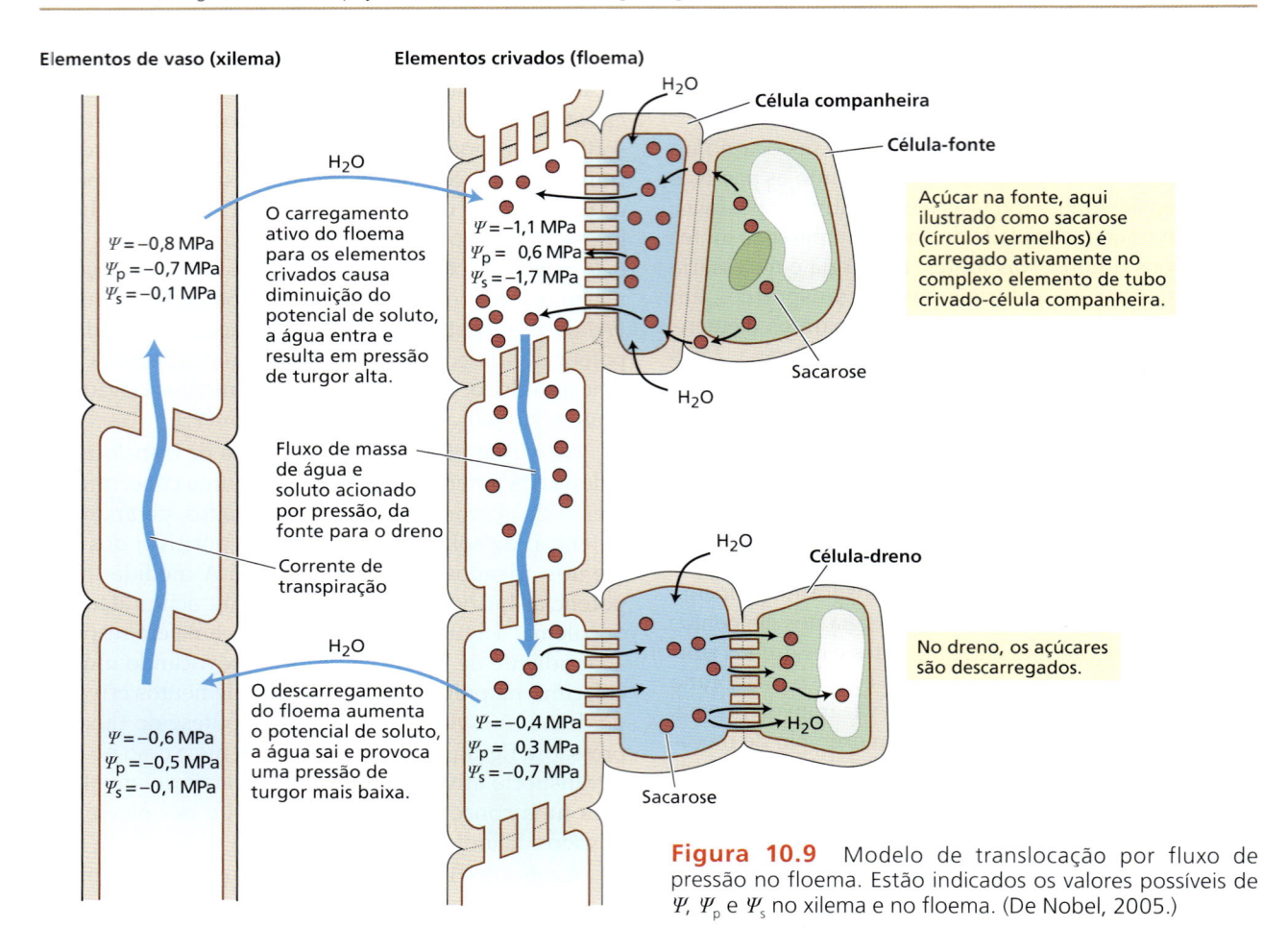

Figura 10.9 Modelo de translocação por fluxo de pressão no floema. Estão indicados os valores possíveis de Ψ, Ψ_p e Ψ_s no xilema e no floema. (De Nobel, 2005.)

Algumas predições do modelo de fluxo de pressão têm sido confirmadas, enquanto outras necessitam de experimentos adicionais

Algumas predições importantes surgem a partir do modelo de translocação no floema como fluxo de massa descrito anteriormente:

- O transporte bidirecional real (i.e., o transporte simultâneo em ambas as direções) não pode ocorrer em um único elemento crivado. Um fluxo de massa de solução impede esse movimento bidirecional, pois uma solução pode fluir apenas em uma direção em um tubo, em determinado tempo. Os solutos no floema podem se mover bidirecionalmente, mas em diferentes elementos crivados ou em momentos diferentes. Além disso, a água e os solutos devem se mover na mesma velocidade em uma solução fluente.

- Grandes gastos de energia não são necessários para impulsionar a translocação de longa distância. Portanto, tratamentos que restringem o suprimento de ATP ao longo do trajeto, como temperatura baixa, anoxia e inibidores metabólicos, não deveriam parar a translocação. Entretanto, é necessário haver energia para manter a estrutura dos elementos crivados, para recarregar qualquer açúcar perdido do apoplasto por vazamento e talvez para recarregar açúcares na extremidade do elemento crivado.

- O lume do elemento crivado e os poros da placa crivada devem estar desobstruídos. Se a proteína P ou outros materiais obstruírem os poros, a resistência ao fluxo da seiva do elemento crivado pode ser demasiadamente grande.

- A hipótese de fluxo de pressão demanda a presença de um gradiente de pressão positivo, com a pressão de turgor mais alta nos elementos crivados das fontes do que nos elementos dos drenos. De acordo com a ideia tradicional do fluxo de massa, a diferença de pressão deve ser grande o suficiente para superar a resistência da rota e manter o fluxo nas velocidades observadas. Assim, os gradientes de pressão devem ser maiores nas rotas de transporte de longa distância, como em árvores, do que nas rotas de transporte de curta distância, como em plantas herbáceas.

As evidências obtidas a partir do teste dessas previsões são apresentadas a seguir.

Não há transporte bidirecional em um único elemento crivado, e solutos e água movem-se na mesma velocidade

Os pesquisadores têm investigado o transporte bidirecional por meio da aplicação de dois traçadores radiativos diferentes em duas folhas-fonte, uma acima da outra. Cada folha recebe um dos traçadores, e um ponto entre as duas fontes é monitorado quanto à presença de ambos os traçadores.

O transporte em duas direções tem sido detectado com frequência em elementos crivados de diferentes feixes vasculares nos caules. Ele também foi constatado nos elementos crivados adjacentes do mesmo feixe em pecíolos. O transporte bidirecional em elementos crivados adjacentes pode ocorrer no pecíolo de uma folha que esteja em transição entre dreno e fonte, simultaneamente importando e exportando fotossintatos através de seu pecíolo. No entanto, o transporte bidirecional em um único elemento crivado nunca foi demonstrado.

As velocidades medidas para o transporte no floema são notavelmente semelhantes, sendo medidas tanto com a utilização de solutos marcados com carbono como com técnicas de ressonância magnética, que detectam o fluxo de água. Solutos e água movimentam-se na mesma velocidade.

Ambas as observações – falta de transporte bidirecional em um único elemento crivado e velocidades semelhantes para solutos e água – apoiam a existência de fluxo de massa nos elementos crivados do floema.

A necessidade de energia para o transporte no floema é pequena em plantas herbáceas

Nas plantas herbáceas que sobrevivem a períodos de temperaturas baixas, como a beterraba (*Beta vulgaris*), o rápido resfriamento de um segmento do pecíolo de uma folha-fonte a cerca de 1°C não causa inibição contínua do transporte de massa para fora da folha (**Figura 10.10**). Mais propriamente, há um breve período de inibição (de minutos a poucas horas), após o qual o transporte retorna lentamente à velocidade controle. O resfriamento reduz em cerca de 90% a taxa de respiração, bem como a síntese e o consumo de ATP no pecíolo, ao mesmo tempo em que a translocação é recuperada e prossegue normalmente. Esses experimentos demonstram que a necessidade de energia para o transporte de longa distância através do floema dessas plantas é pequena, coerente com a hipótese do fluxo de pressão.

Experimentos de resfriamento em plantas de grande porte, como árvores, em geral estendem-se por períodos mais longos (dias a algumas semanas). Muitas

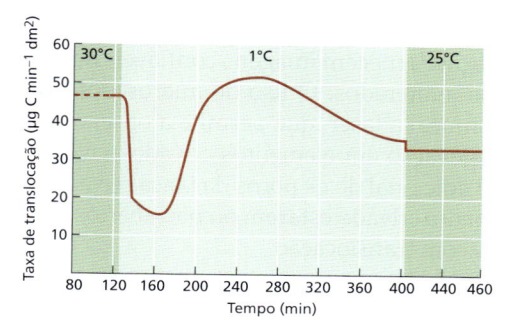

Figura 10.10 A necessidade de energia para a translocação no trajeto é pequena em plantas herbáceas. A perda de energia metabólica resultante do resfriamento do pecíolo da folha-fonte reduz parcialmente a taxa de translocação na beterraba. Entretanto, as taxas de translocação são recuperadas com o tempo, apesar de a produção e a utilização do ATP estarem ainda fortemente inibidas por resfriamento. $^{14}CO_2$ marcado foi fornecido a uma folha-fonte, e um segmento de 2 cm de seu pecíolo foi resfriado a 1°C. A translocação foi monitorada pela chegada do ^{14}C à folha-dreno. (1 dm [decímetro] = 0,1 m). (De Geiger e Sovonick, 1975.)

vezes, o resfriamento da haste nesses experimentos inibe o transporte no floema durante o período de tratamento. No entanto, os métodos utilizados para avaliar o transporte, como as taxas de crescimento radiais abaixo da zona de tratamento ou de efluxo de CO_2 do solo, não permitem que sejam observadas alterações transitórias e de curto prazo no transporte.

Deve-se observar que os tratamentos extremos que inibem todo metabolismo energético inibem a translocação, mesmo em plantas herbáceas. Por exemplo, no feijoeiro, o tratamento do pecíolo de uma folha-fonte com um inibidor metabólico (cianeto) leva à inibição da translocação para fora da folha. No entanto, o exame do tecido tratado por microscopia eletrônica revelou a obstrução dos poros da placa crivada com detritos celulares. Obviamente, esses resultados não dão suporte à questão da necessidade de energia para a translocação ao longo da rota.

Os poros da placa crivada parecem ser canais abertos

Os estudos ultraestruturais dos elementos crivados são desafiadores devido à alta pressão interna dessas células. Quando o floema é cortado ou morto lentamente com fixadores químicos, a pressão de turgor nos elementos crivados é diminuída. Os conteúdos celulares, especialmente a proteína P, movem-se em direção ao ponto de menor pressão e, no caso dos elementos de tubo crivado, acumulam-se nas placas crivadas. Provavelmente por conta dessa acumulação, muitas das imagens mais antigas ao microscópio eletrônico mostram placas obstruídas.

Mais recentemente, técnicas de congelamento rápido e fixação fornecem imagens confiáveis de elementos crivados inalterados. O uso de microscopia de varredura confocal a laser, que permite a observação direta da translocação em elementos crivados vivos, trata da questão adicional de os poros da placa crivada e o lume do elemento crivado estarem ou não abertos em tecidos intactos com translocação.

Quando plantas jovens de *Arabidopsis* são rapidamente congeladas em nitrogênio líquido e então fixadas, os poros das placas crivadas não aparecem obstruídos. Os poros das placas crivadas de elementos crivados vivos e funcionais de fava, na maioria das vezes, também foram observados abertos. A condição não obstruída de poros vista em muitas espécies, como cucurbitáceas, beterraba, feijoeiro (*Phaseolus vulgaris*) e *Arabidopsis* (ver Figura 10.7), é compatível com o modelo de fluxo de massa.

E sobre a distribuição da proteína P no lume do elemento de tubo crivado? Imagens de microscopia eletrônica de unidades de tubo crivado preparadas por congelamento rápido e fixação com frequência têm mostrado a proteína P ao longo da periferia dos tubos crivados ou uniformemente distribuída no lume da célula. Além disso, os poros da placa crivada, muitas vezes, contêm proteína P em posições semelhantes, revestindo o poro ou organizadas em uma rede frouxa.

Os gradientes de pressão nos elementos crivados podem ser modestos; as pressões em plantas herbáceas e árvores parecem ser semelhantes

O fluxo de pressão ou fluxo de massa é o movimento combinado de todas as moléculas de uma solução, acionado por um gradiente de pressão. Quais são os valores de pressão nos elementos crivados e como eles podem ser determinados? Será que existe um gradiente de pressão entre fontes e drenos, e, se assim for, o gradiente é modesto ou substancial? As plantas de grande porte, como árvores, têm pressões proporcionalmente mais elevadas no floema do que espécies de pequeno porte, herbáceas?

A pressão de turgor em elementos crivados pode ser calculada a partir do potencial hídrico e do potencial osmótico ($\Psi_p = \Psi - \Psi_s$) ou medida diretamente. A técnica mais eficiente utiliza micromanômetros ou transdutores de pressão vedados nos estiletes de afídeos em exsudação. Os dados obtidos são acurados, pois os afídeos perfuram um único elemento crivado, e a membrana plasmática aparentemente veda ao redor do estilete do inseto. As pressões medidas usando a técnica de estilete de afídeos variaram de 0,7 a 1,5 MPa tanto em plantas herbáceas quanto em árvores pequenas.

Estudos utilizando pressões de turgor calculadas detectaram gradientes suficientes para acionar o fluxo de massa em algumas plantas herbáceas, como a soja. No entanto, não há estudos sistematizados, em qualquer planta, sobre gradientes de turgor medidos usando estiletes de afídeos. Os dados são cruciais para qualquer avaliação da hipótese de fluxo de pressão. Técnicas que possam medir as diferenças de turgor ao longo do mesmo tubo crivado contínuo, tanto em plantas herbáceas quanto em plantas de grande porte, como árvores, devem ser desenvolvidas. O desenvolvimento de tais técnicas será um grande desafio técnico.

No entanto, uma observação é bastante segura: as pressões de turgor em árvores não são proporcionalmente maiores do que aquelas em plantas herbáceas. Um estudo comparou as pressões de turgor calculadas (técnica usada frequentemente em árvores) e as pressões medidas usando estiletes de afídeos (técnica usada em plantas herbáceas) em pequenas mudas de salgueiro. As duas técnicas produziram valores comparáveis, com média de 0,6 MPa para as pressões calculadas e 0,8 MPa para as pressões medidas. As pressões calculadas foram de até 2,0 MPa em indivíduos grandes de freixos. Esses valores não são substancialmente diferentes daqueles medidos nas plantas herbáceas, como já observado acima. (Por outro lado, plantas herbáceas e árvores muitas vezes diferem em suas estratégias de carregamento do floema, de maneira coerente com as pressões relativamente baixas em árvores; ver seção "O carregamento do floema é passivo em diversas espécies arbóreas".)

Embora as pressões de turgor relativamente baixas medidas no floema de árvores sejam incompatíveis com uma das predições da teoria do fluxo de pressão, essa teoria ainda é a melhor disponível para descrever as observações experimentais, ao menos para angiospermas. Várias modificações à teoria têm sido propostas para explicar essa divergência, mas elas não são abordadas aqui.

Carregamento do floema

Várias etapas de transporte estão envolvidas no movimento de fotossintatos dos cloroplastos do mesofilo até os elementos crivados das folhas maduras:

1. A triose fosfato formada pela fotossíntese durante o dia (ver Capítulo 8) é transportada do cloroplasto para o citosol, onde é convertida em sacarose. Durante a noite, o carbono do amido armazenado deixa o cloroplasto, primariamente na forma de maltose, sendo convertido em sacarose. (Outros açúcares de transporte são posteriormente sintetizados a partir da sacarose em algumas espécies, enquanto açúcares-alcoóis são sintetizados utili-

zando hexose fosfato e, em alguns casos, hexose como moléculas iniciais.)

2. A sacarose move-se das células produtoras do mesofilo para as células adjacentes aos elementos crivados das nervuras menores da folha. Essa rota de transporte de curta distância normalmente cobre uma distância do diâmetro de algumas células.

3. No carregamento do floema, os açúcares são transportados para os elementos crivados e as células companheiras. Observe que, com relação ao carregamento, os elementos crivados e as células companheiras muitas vezes são considerados como uma unidade funcional, denominada *complexo elemento crivado-célula companheira*. Uma vez dentro dos elementos crivados, a sacarose e outros solutos são translocados para longe da fonte, um processo denominado **exportação**.

Conforme discussão anterior, os processos de carregamento na fonte e talvez de descarregamento no dreno proporcionam a força motriz para o transporte de longa distância e, assim, têm considerável importância básica e agrícola. O completo entendimento desses mecanismos deve fornecer as bases da tecnologia utilizada para intensificar a produtividade de plantas cultivadas, por meio do aumento do acúmulo de fotossintatos nos tecidos-dreno comestíveis, como os grãos dos cereais.

O carregamento do floema pode ocorrer via apoplasto ou simplasto

Foi visto que os solutos (principalmente os açúcares) nas folhas-fonte devem se mover das células fotossintetizantes no mesofilo para os elementos crivados. A rota de curta distância inicial provavelmente é simplástica (**Figura 10.11**). Entretanto, os açúcares poderiam se mover completamente através do simplasto (citoplasma), via plasmodesmos, para os elementos crivados (ver Figura 10.11A) ou poderiam passar para o apoplasto antes do carregamento do floema (ver Figura 10.11B). (Para uma descrição geral do simplasto e do apoplasto, ver Figura 3.4.) Uma das duas vias, apoplástica ou simplástica, é dominante em algumas espécies; muitas espécies, contudo, mostram evidências de serem capazes de utilizar mais de um mecanismo de carregamento. Para simplificar, no início serão consideradas as vias separadamente, retornando-se em seguida ao assunto da diversidade de carregamento.

Atualmente, vários mecanismos para o carregamento do floema são reconhecidos: carregamento apoplástico, carregamento simplástico com aprisionamento de polímeros e carregamento simplástico passivo. As pesquisas iniciais sobre o carregamento do floema tiveram foco na rota apoplástica, provavelmente porque é muito comum em plantas herbáceas e, portanto, em

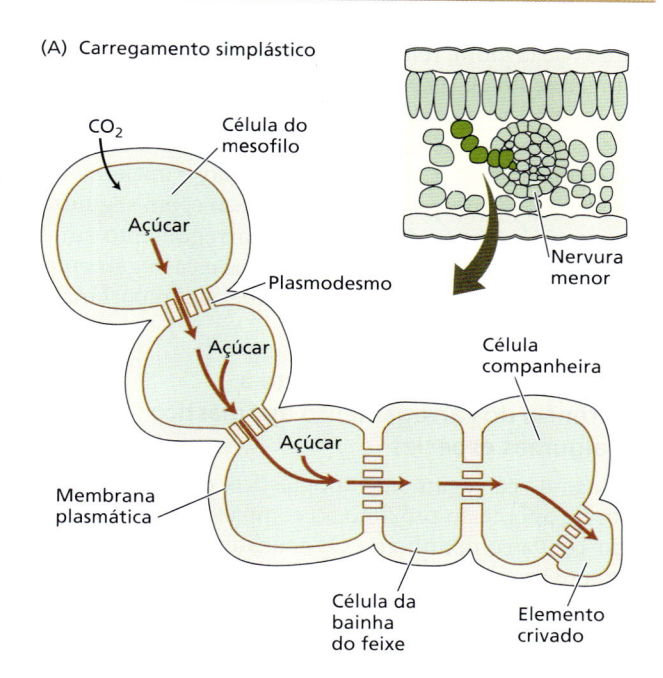

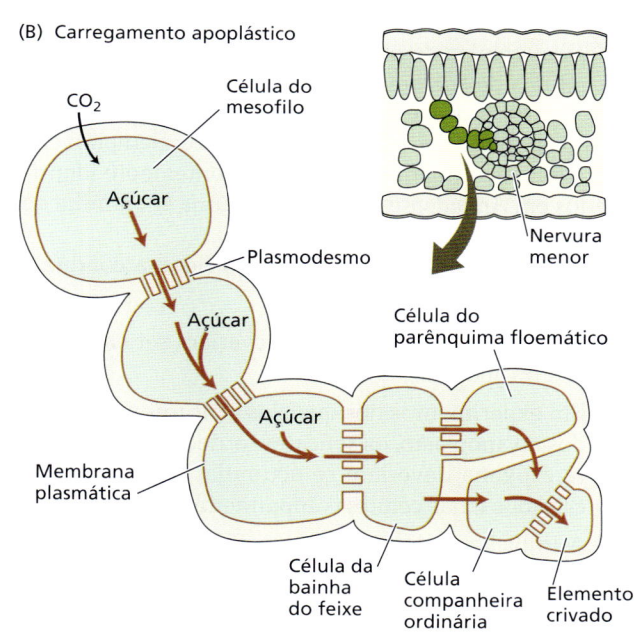

Figura 10.11 Esquema das rotas de carregamento do floema nas folhas-fonte. (A) Na rota totalmente simplástica, os açúcares movem-se de uma célula para outra pelos plasmodesmos durante todo o percurso desde as células do mesofilo até os elementos crivados. (B) Na rota parcialmente apoplástica, os açúcares movem-se inicialmente pelo simplasto, mas entram no apoplasto imediatamente antes do carregamento nas células companheiras e nos elementos crivados. Considera-se que os açúcares carregados nas células companheiras se movem para os elementos crivados através dos plasmodesmos.

plantas de lavoura. (Na verdade, grande parte do nosso conhecimento de fisiologia vegetal é direcionada, provavelmente, pelo interesse principal nas culturas herbáceas. Como visto, a via apoplástica aparentemente é o mecanismo mais comum.) Nesta seção, é inicialmente discutido o carregamento apoplástico e, em seguida, são introduzidos os dois tipos de carregamento simplástico (aprisionamento de polímeros e carregamento simplástico passivo) na ordem em que sua importância foi reconhecida.

Dados abundantes dão suporte à ocorrência do carregamento apoplástico em algumas espécies

No caso do carregamento apoplástico, os açúcares entram no apoplasto próximo ao complexo elemento crivado-célula companheira. Os açúcares são, então, ativamente transportados do apoplasto para os elementos crivados e as células companheiras por um transportador seletivo, acionado por energia, localizado nas membranas dessas células. O efluxo para o apoplasto é altamente localizado, ocorrendo provavelmente nas paredes das células do parênquima floemático. Os transportadores de sacarose que medeiam o efluxo dela, a maior parte provavelmente do parênquima floemático para o apoplasto próximo aos complexos elemento crivado-célula companheira, foram recentemente identificados em *Arabidopsis* e arroz como uma subfamília de transportadores SWEET.

O carregamento apoplástico do floema conduz a três predições:

1. Os açúcares transportados deveriam ser encontrados no apoplasto.
2. Em experimentos nos quais os açúcares são aplicados ao apoplasto, os açúcares fornecidos de maneira exógena deveriam se acumular nos elementos crivados e nas células companheiras.
3. A inibição do efluxo do açúcar do parênquima do floema ou da absorção a partir do apoplasto deveria resultar na inibição da exportação pela folha.

Muitos estudos dedicados a testar essas predições têm fornecido evidências consistentes para o carregamento apoplástico em várias espécies.

A absorção de sacarose na rota apoplástica requer energia metabólica

Em muitas das espécies estudadas inicialmente, os açúcares estão mais concentrados nos elementos crivados e nas células companheiras do que no mesofilo. Essa diferença na concentração do soluto pode ser demonstrada por medições do potencial osmótico (Ψ_s) de vários tipos celulares da folha (ver Capítulo 2).

Na beterraba, o potencial osmótico do mesofilo é de cerca de –1,3 MPa, e o potencial osmótico dos elementos crivados e das células companheiras é de cerca de –3,0 MPa. Acredita-se que a maior parte dessa diferença seja resultado do açúcar acumulado, especificamente sacarose, porque esse é o principal açúcar transportado nessa espécie. Os estudos experimentais também têm demonstrado que tanto a sacarose fornecida externamente quanto a sacarose produzida a partir dos produtos fotossintéticos se acumulam nos elementos crivados e nas células companheiras das nervuras menores das folhas-fonte de beterraba (**Figura 10.12**).

O fato de a sacarose estar em concentração mais alta no complexo elemento crivado-célula companheira do que nas células adjacentes indica que esse açúcar é ativamente transportado contra seu gradiente de potencial químico. A dependência de transporte ativo para ocorrer o acúmulo de sacarose é apoiada pelo fato de que o tratamento do tecido-fonte com inibidores respiratórios leva ao decréscimo na concentração de ATP e inibe o carregamento de açúcar exógeno.

Os vegetais que carregam açúcares pela rota apoplástica para o floema podem também carregar ativamente aminoácidos e açúcares-alcoóis (sorbitol e manitol). Por outro lado, outros metabólitos, como ácidos orgânicos e hormônios, podem entrar passivamente nos elementos crivados.

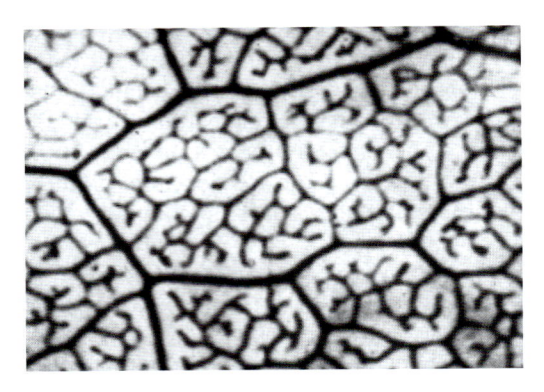

Figura 10.12 Esta autorradiografia mostra que o açúcar marcado se move, contra seu gradiente de concentração, do apoplasto para os elementos crivados e as células companheiras de uma folha-fonte de beterraba. Uma solução de sacarose marcada com ^{14}C foi aplicada por 30 minutos à superfície superior de uma folha de beterraba (*Beta vulgaris*) que havia sido previamente mantida em ausência de luz por 3 horas. A cutícula da folha foi removida para permitir a penetração da solução na folha. Os elementos crivados e as células companheiras de nervuras pequenas na folha-fonte contêm concentrações elevadas de açúcar marcado, como mostrado pelos acúmulos pretos, indicando que a sacarose é ativamente transportada contra seu gradiente de concentração. (De Fondy, 1975, cortesia de D. Geiger.)

Na rota apoplástica, o carregamento dos elementos crivados envolve um transportador de sacarose-H⁺ do tipo simporte

Considera-se que um transportador de sacarose-H⁺ do tipo simporte medeia o transporte de sacarose do apoplasto para o complexo elemento crivado-célula companheira. Lembre-se, do Capítulo 6, de que o simporte é um processo de transporte secundário que utiliza a energia gerada por uma bomba de prótons (ver Figura 6.10A). A energia dissipada pelos prótons no movimento de retorno para a célula é usada para absorver um substrato, nesse caso a sacarose (**Figura 10.13**).

Vários transportadores de sacarose-H⁺ do tipo simporte foram clonados e localizados no floema. SUT1 e SUC2 parecem ser os principais transportadores de sacarose no carregamento do floema para as células companheiras ou para os elementos crivados. Os dados de vários outros estudos apoiam o mecanismo de um transportador de sacarose-H⁺ do tipo simporte no carregamento do floema.

O carregamento do floema é simplástico em algumas espécies

Muitos resultados apontam para o carregamento apoplástico do floema em algumas espécies que transportam apenas sacarose e com poucos plasmodesmos que chegam às nervuras menores do floema. Entretanto, muitas outras espécies apresentam numerosos plasmodesmos na interface entre o complexo elemento crivado-célula companheira e as células adjacentes, o que parece ser incompatível com o carregamento apoplástico. Nessas espécies, o funcionamento da via simplástica requer a presença de plasmodesmos abertos entre as diferentes células da rota.

O modelo de aprisionamento de polímeros explica o carregamento simplástico em plantas com células companheiras do tipo intermediário

Uma rota simplástica tornou-se evidente em espécies que, além da sacarose, transportam rafinose e estaquiose no floema. Elas têm um tipo especial de células companheiras, as **células intermediárias**, com numerosos plasmodesmos que chegam às nervuras menores. Alguns exemplos dessas espécies incluem coleus (*Coleus blumei*), abóbora e abobrinha (*Cucurbita pepo*) e melão (*Cucumis melo*). Lembre-se de que as células intermediárias são células companheiras especializadas; ver "As células companheiras dão suporte aos elementos crivados altamente especializados".

Duas questões principais surgem em relação ao carregamento simplástico:

1. Em muitas espécies, a composição da seiva do elemento crivado é diferente da composição dos solutos dos tecidos adjacentes ao floema. Essa diferença indica que certos açúcares são especificamente selecionados na folha-fonte para o transporte. O envolvimento de transportadores do tipo simporte no carregamento apoplástico do floema fornece um mecanismo claro para seletividade, pois os transportadores são específicos para certas moléculas de açúcares. O carregamento simplástico, por outro lado, depende da difusão de açúcares do mesofilo para os elementos crivados via plasmodesmos. Como a difusão pelos plasmodesmos durante o carregamento simplástico pode ser seletiva para certos açúcares?

2. Os dados de várias espécies com carregamento simplástico indicam que os elementos crivados e as células companheiras têm conteúdo osmótico mais elevado do que o mesofilo (potencial osmóti-

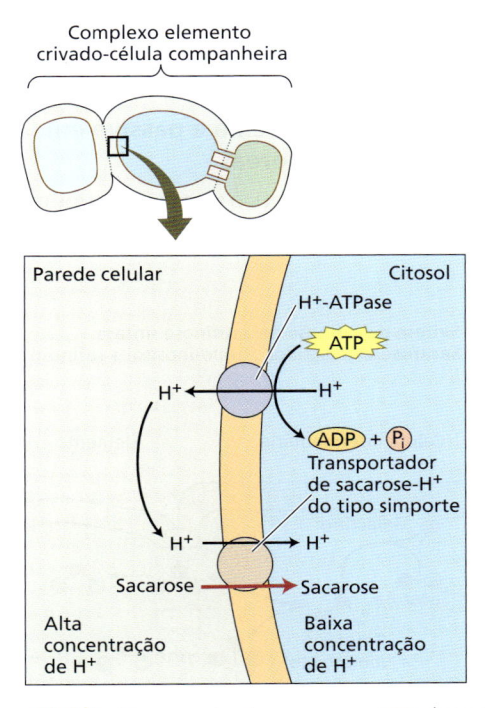

Figura 10.13 Transporte de sacarose ATP-dependente no carregamento apoplástico do elemento crivado. No modelo do cotransporte do carregamento de sacarose para o simplasto do complexo elemento crivado-célula companheira, a ATPase da membrana plasmática bombeia prótons para fora da célula no apoplasto. Isso estabele uma concentração mais alta de prótons no apoplasto e um potencial de membrana de aproximadamente –120 mV. A energia desse gradiente de prótons é, então, utilizada como força motriz para o transporte de sacarose para o simplasto do complexo elemento crivado-célula companheira via transportador de sacarose-H⁺ do tipo simporte.

co mais negativo). Como o carregamento simplástico, dependente da difusão, pode ser responsável pela seletividade das moléculas transportadas e pelo acúmulo de açúcares contra um gradiente de concentração?

O **modelo de aprisionamento de polímeros** (**Figura 10.14**) foi desenvolvido para esclarecer essas questões em espécies de cucurbitáceas e coleus. O modelo postula que a sacarose sintetizada no mesofilo se difunde das células da bainha do feixe para as células intermediárias pelos abundantes plasmodesmos que conectam esses dois tipos celulares. Nas células intermediárias, a rafinose e a estaquiose (polímeros formados por três e quatro hexoses, respectivamente; ver Figura 10.8B) são sintetizadas a partir da sacarose transportada e do galactinol (um metabólito da galactose). Em decorrência da anatomia do tecido e do tamanho relativamente grande da rafinose e da estaquiose, os polímeros não podem se difundir de volta para as células da bainha do feixe, mas difundem-se para os elementos crivados. As concentrações de açúcar nos elementos de tubo crivado dessas plantas podem atingir níveis equivalentes àqueles nas plantas que realizam carregamento apoplástico. A sacarose pode continuar a difundir-se para as células intermediárias, pois sua síntese no mesofilo e sua utilização nas células intermediárias mantêm o gradiente de concentração (ver Figura 10.14).

O modelo de aprisionamento de polímeros faz três predições:

1. A sacarose deveria estar mais concentrada no mesofilo do que nas células intermediárias.
2. As enzimas para a síntese de rafinose e estaquiose deveriam estar preferencialmente localizadas nas células intermediárias.
3. Os plasmodesmos que ligam as células da bainha do feixe e as células intermediárias deveriam excluir moléculas maiores do que a sacarose. Os plasmodesmos entre as células intermediárias e os elementos crivados deveriam ser mais largos para permitir a passagem da rafinose e da estaquiose.

Vários estudos sustentam o modelo de aprisionamento de polímeros em algumas espécies. Entretanto, resultados recentes de modelagem sugerem que outros fatores ainda desconhecidos precisam estar presentes para permitir que os plasmodesmos bloqueiem a difusão de oligossacarídeos, como rafinose e estaquiose, de volta para o mesofilo, enquanto permitem o fluxo suficiente de sacarose para as células intermediárias para manter as taxas de transporte observadas.

O carregamento do floema é passivo em diversas espécies arbóreas

O carregamento simplástico passivo do floema foi recentemente reconhecido como um mecanismo ampla-

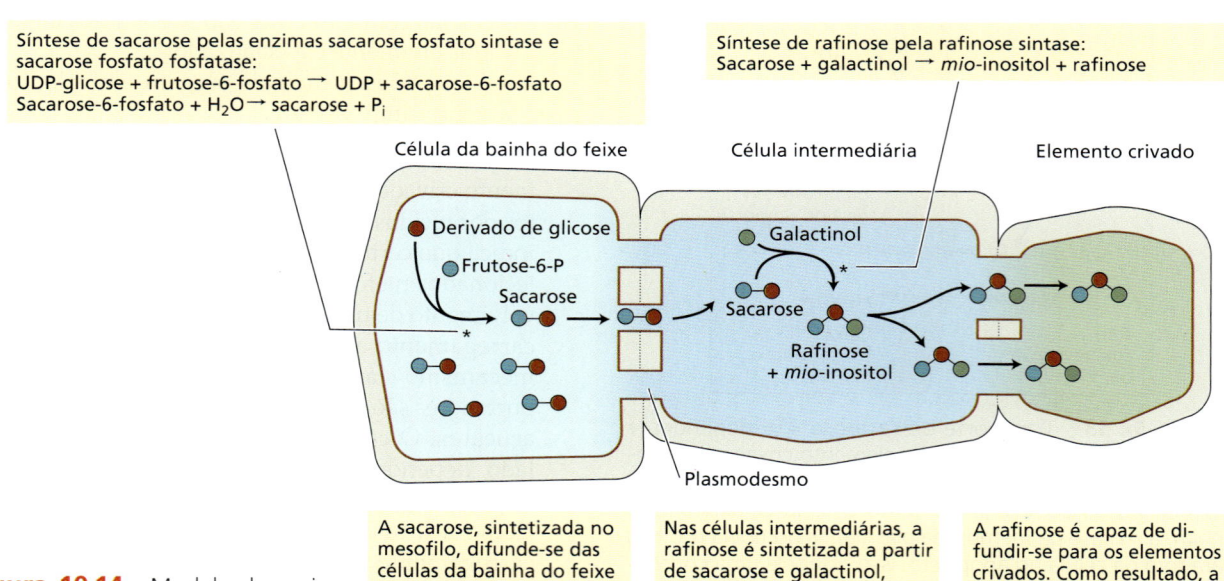

Figura 10.14 Modelo de aprisionamento de polímeros para o carregamento do floema. Para simplificar, o trissacarídeo estaquiose foi omitido. UDP, difosfato de uridina (De van Bel, 1992.)

Síntese de sacarose pelas enzimas sacarose fosfato sintase e sacarose fosfato fosfatase:
UDP-glicose + frutose-6-fosfato → UDP + sacarose-6-fosfato
Sacarose-6-fosfato + H_2O → sacarose + P_i

Síntese de rafinose pela rafinose sintase:
Sacarose + galactinol → *mio*-inositol + rafinose

A sacarose, sintetizada no mesofilo, difunde-se das células da bainha do feixe para as células intermediárias através dos plasmodesmos abundantes.

Nas células intermediárias, a rafinose é sintetizada a partir de sacarose e galactinol, mantendo, assim, o gradiente de difusão para a sacarose. Devido ao seu tamanho maior, a rafinose não é capaz de difundir-se de volta para o mesofilo.

A rafinose é capaz de difundir-se para os elementos crivados. Como resultado, a concentração do açúcar transportado aumenta nas células intermediárias e nos elementos crivados. Observe que a estaquiose foi omitida para simplificar o esquema.

mente distribuído nos vegetais. Mesmo que os dados que dão suporte a esse mecanismo sejam recentes, o carregamento simplástico passivo foi, na realidade, uma parte da concepção original de Münch sobre o fluxo de pressão.

Tornou-se evidente que várias espécies arbóreas apresentam numerosos plasmodesmos entre o complexo elemento crivado-célula companheira e as células adjacentes, mas não possuem células intermediárias e não transportam rafinose e estaquiose. Árvores como salgueiro (*Salix babylonica*) e macieira (*Malus domestica*) estão entre as espécies que se enquadram nessa categoria. Essas plantas não possuem a etapa de concentração na rota do mesofilo para o complexo elemento crivado-célula companheira. Como o gradiente de concentração do mesofilo ao floema aciona a difusão ao longo da rota de curta distância, os níveis absolutos de açúcares nas folhas-fonte dessas espécies devem ser altos, para manter a exigência de altas concentrações de soluto e as consequentes altas pressões de turgor nos elementos crivados. Embora haja grande variação (mais de 50 vezes) e uma sobreposição considerável entre os grupos de plantas com diferentes mecanismos de carregamento, as concentrações de açúcar nas folhas-fonte em geral são mais elevadas nas espécies arbóreas que apresentam carregamento passivo.

Descarregamento do floema e transição dreno-fonte

Como os eventos que levam à exportação de açúcares já foram discutidos, o processo de **importação** pelos drenos, como as raízes em desenvolvimento, os tubérculos e as estruturas reprodutivas, será examinado. De muitas maneiras, os eventos nos tecidos-dreno são simplesmente o inverso dos eventos que ocorrem nos tecidos-fonte. As etapas seguintes estão envolvidas na importação de açúcares pelas células-dreno.

1. *Descarregamento do floema*. Esse é o processo pelo qual os açúcares importados deixam os elementos crivados dos tecidos-dreno.
2. *Transporte de curta distância*. Após o descarregamento dos elementos crivados, os açúcares são transportados para as células no dreno por meio de uma rota de transporte de curta distância. Essa rota também é chamada de transporte pós-elemento crivado.
3. *Armazenamento e metabolismo*. Na etapa final, os açúcares são armazenados ou metabolizados nas células-dreno.

Nesta seção, são discutidas as seguintes perguntas: o descarregamento do floema e o transporte de curta distância são processos simplásticos ou apoplásticos? A sacarose é hidrolisada durante o processo? O descarregamento do floema e as etapas subsequentes requerem energia? Por último, é examinado o processo de transição pelo qual uma folha importadora jovem se torna uma folha-fonte exportadora.

O descarregamento do floema e o transporte de curta distância podem ocorrer via rotas simplástica ou apoplástica

Nos órgãos-dreno, os açúcares movem-se dos elementos crivados para as células que armazenam ou metabolizam essas moléculas. Os drenos variam desde órgãos vegetativos em crescimento (ápices de raízes e folhas jovens) até órgãos de reserva (raízes e caules) e órgãos de reprodução e dispersão (frutos e sementes). Como os drenos variam bastante em estrutura e função, não há um mecanismo único para o descarregamento do floema e para o transporte de curta distância. Nesta seção, são enfatizadas as diferenças nas rotas de importação devido a variações nos tipos de dreno; no entanto, muitas vezes, a rota também depende do estágio de desenvolvimento do dreno.

Como nas fontes, os açúcares podem se mover para o dreno completamente pelos plasmodesmos no simplasto ou podem entrar no apoplasto em determinado ponto da rota. Tanto a rota de descarregamento quanto o transporte de curta distância parecem ser completamente simplásticos em algumas das folhas jovens de eudicotiledôneas, como beterraba e tabaco. As regiões meristemáticas e de alongamento dos ápices das raízes primárias também parecem apresentar descarregamento simplástico.

Enquanto a importação pela rota simplástica predomina na maioria dos tecidos-dreno, parte do transporte de curta distância é apoplástica em alguns órgãos-dreno em algumas etapas do desenvolvimento – por exemplo, em frutos, sementes e outros órgãos de armazenamento que acumulam concentrações altas de açúcares. A rota pode alternar entre simplástica e apoplástica nesses drenos, com uma etapa apoplástica sendo necessária quando as concentrações de açúcar no dreno são elevadas. A etapa apoplástica poderia estar localizada no próprio local de descarregamento ou em um ponto mais distante dos elementos crivados. Esse último arranjo, típico de sementes em desenvolvimento, parece ser o mais comum nas rotas de descarregamento apoplástico.

Uma etapa apoplástica é necessária nas sementes em desenvolvimento pois não há conexões citoplasmáticas entre os tecidos maternos e os tecidos do embrião. Os açúcares saem dos elementos crivados (descarregamento do floema) por meio da rota simplástica e são transferidos do simplasto para o apoplasto em determinado ponto distante do complexo elemento crivado-célula companheira. A etapa apoplástica permite o controle da membrana sobre as substâncias que entram no embrião, pois duas membranas devem ser atravessadas nesse processo.

Quando ocorre uma etapa apoplástica na rota de importação, o açúcar de transporte pode ser parcialmente metabolizado no apoplasto ou pode atravessar o apoplasto sem sofrer modificações. Por exemplo, a sacarose pode ser hidrolisada à glicose e à frutose no apoplasto pela invertase, uma enzima de clivagem da sacarose, e a glicose e/ou frutose poderiam, então, entrar nas células-dreno. Tais enzimas de clivagem de sacarose têm função no controle que os tecidos-dreno exercem sobre o transporte no floema.

O transporte para os tecidos-dreno necessita de energia metabólica

Estudos com inibidores demonstraram que a importação para os tecidos-dreno depende de energia. As folhas em crescimento, as raízes e os drenos de reserva, nos quais o carbono é armazenado como amido ou proteína, parecem utilizar a rota simplástica de descarregamento do floema e o transporte de curta distância. Os açúcares de transporte são usados como substratos para a respiração e metabolizados em polímeros de reserva e em compostos necessários para o crescimento. Assim, o metabolismo da sacarose leva à concentração baixa desse açúcar nas células-dreno, mantendo o gradiente de concentração para a absorção de açúcares. Nessa rota, os açúcares absorvidos pelas células-dreno não atravessam membranas, e o transporte é passivo: os açúcares movem-se de uma concentração alta nos elementos crivados para uma concentração baixa nas células-dreno. Portanto, nesses órgãos-dreno, a energia metabólica é necessária principalmente para respiração e reações de biossíntese.

Na importação apoplástica, os açúcares devem atravessar, pelo menos, duas membranas: a membrana plasmática da célula que está liberando o açúcar e a membrana plasmática da célula-dreno. Quando transportados para o vacúolo da célula-dreno, os açúcares devem também atravessar o tonoplasto. Conforme discutido anteriormente, o transporte através de membranas em uma rota apoplástica pode depender de energia. Apesar de algumas evidências indicarem que tanto o efluxo quanto a absorção de sacarose podem ser processos ativos, os transportadores já foram completamente caracterizados.

Uma vez que foi demonstrado, em alguns estudos, que os transportadores podem ser bidirecionais, alguns dos mesmos transportadores de sacarose descritos anteriormente para o carregamento de sacarose poderiam também estar envolvidos no descarregamento desse carboidrato; a direção do transporte dependeria do gradiente da sacarose, do gradiente de pH e do potencial de membrana. Além disso, os transportadores do tipo simporte, importantes no carregamento do floema, foram encontrados em alguns tecidos-dreno, como o SUT1 em tubérculos de batata. O transportador do tipo simporte pode atuar na recuperação da sacarose do apoplasto, na importação para as células-dreno ou em ambos. Os transportadores de monossacarídeos devem estar envolvidos na importação para as células-dreno quando a sacarose é hidrolisada no apoplasto.

Em uma folha, a transição de dreno para fonte é gradual

As folhas de eudicotiledôneas, como do tomateiro ou do feijoeiro, iniciam seu desenvolvimento como órgãos-dreno. Uma transição do estado de dreno para o de fonte ocorre mais tarde no desenvolvimento, quando a folha está cerca de 25% expandida, e, normalmente, completa-se quando a folha está de 40 a 50% expandida. A exportação a partir da folha inicia no ápice da lâmina foliar e progride em direção à base, até que toda a folha se torne exportadora de açúcar. Durante o período de transição, o ápice exporta açúcar, enquanto a base o importa de outras folhas-fonte (**Figura 10.15**).

A maturação das folhas é acompanhada por um grande número de mudanças anatômicas e funcionais, resultando na reversão da direção do transporte, ou seja, passando de importação para exportação. Em geral, o encerramento da importação e o início da exportação são eventos independentes. Em folhas albinas de tabaco, que não apresentam clorofila e são, portanto, incapazes de realizar fotossíntese, a importação é interrompida no mesmo estágio de desenvolvimento das folhas verdes, embora a exportação não seja possível. Portanto, algumas outras mudanças devem ocorrer nas folhas de tabaco em desenvolvimento para que elas cessem a importação de açúcares.

Nas folhas de tabaco, os açúcares são carregados e descarregados quase que inteiramente por nervuras diferentes (**Figura 10.16**), contribuindo para a conclusão de que o encerramento da importação e o início da exportação são eventos separados. As nervuras de menor porte, que são, em última análise, responsáveis pela maioria do carregamento no tabaco e em outras espécies de *Nicotiana*, não amadurecem até o momento de parada da importação e não participam do descarregamento.

Desse modo, a alteração que interrompe a importação deve envolver o bloqueio do descarregamento das nervuras maiores em determinado ponto do desenvolvimento das folhas maduras. Os fatores que poderiam ser responsáveis por essa interrupção no descarregamento incluem o fechamento dos plasmodesmos e o decréscimo na frequência de plasmodesmos. Dados

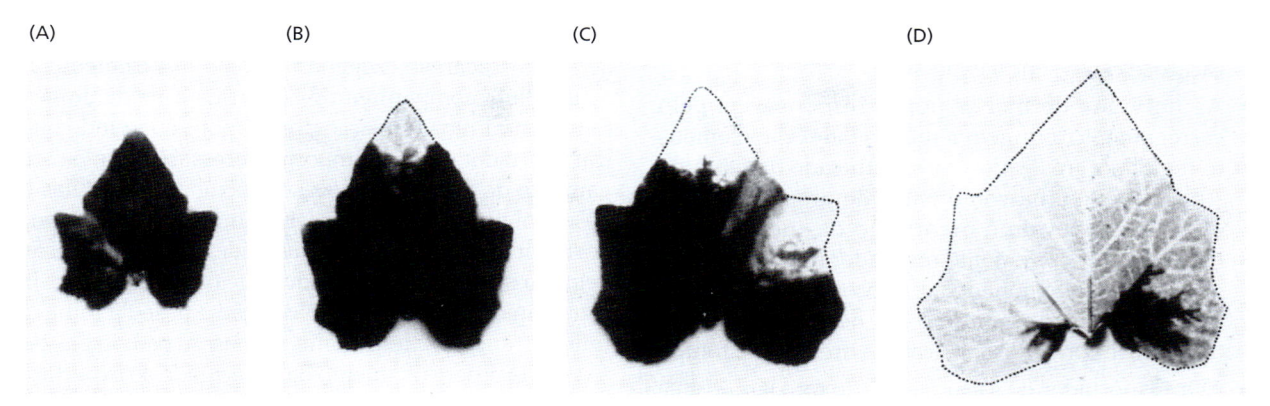

Figura 10.15 Autorradiografias de uma folha de abobrinha (*Cucurbita pepo*), ilustrando a transição da folha do estado de dreno para fonte. Em cada caso, a folha importou o ^{14}C da folha-fonte na planta por 2 horas. O marcador radioativo é visualizado como acúmulos pretos. (A) A folha inteira funciona como dreno, importando açúcar da folha-fonte. (B-D) A base ainda é dreno. À medida que o ápice da folha perde a capacidade de descarregar e deixa de importar açúcar (conforme mostrado pela perda dos acúmulos pretos), ele adquire a capacidade de carregar e exportar açúcar. (De Turgeon e Webb, 1973.)

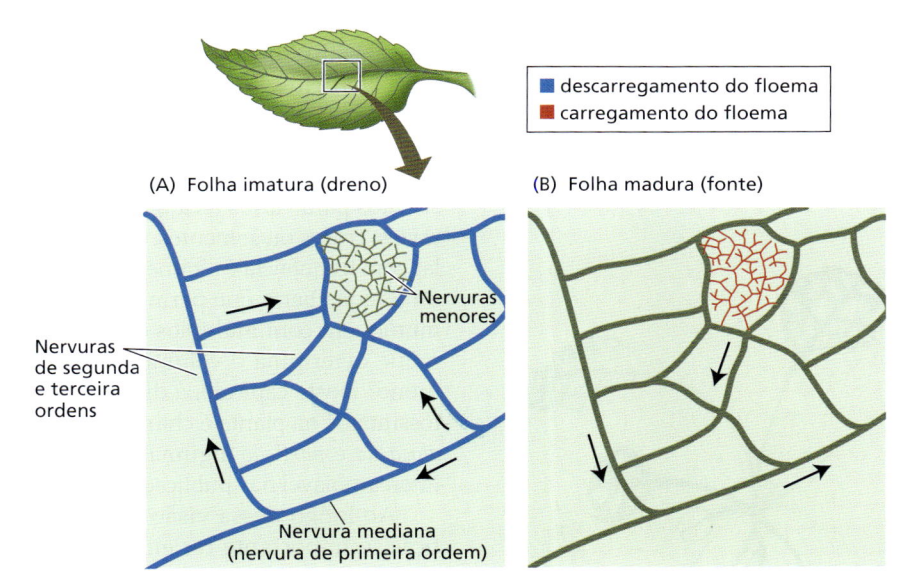

Figura 10.16 A divisão de tarefas em nervuras de folha de tabaco. (A) Quando a folha está imatura e ainda na fase de dreno, o fotossintato é importado das folhas maduras e distribuído (setas) por toda a lâmina foliar pelas nervuras maiores (linhas espessas). O fotossintato importado é descarregado das nervuras principais para o mesofilo. As nervuras menores estão mostradas como linhas mais finas nas áreas delimitadas por nervuras de terceira ordem e não atuam na importação e no descarregamento, pois estão imaturas. (B) Em uma folha-fonte madura, a importação é interrompida e a exportação inicia. Os fotossintatos são carregados para as nervuras menores, enquanto as nervuras maiores atuam somente na exportação (setas). Elas não podem mais realizar o descarregamento. (A) está representada em escala com base em uma autorradiografia, mas (B) é utilizada apenas como ilustração; na realidade, a porção da folha mostrada em (A) teria crescido consideravelmente à medida que a folha amadurecesse. (De Turgeon, 2006.)

experimentais têm mostrado que podem ocorrer tanto o fechamento quanto a eliminação dos plasmodesmos.

A exportação de açúcares inicia quando ocorrem eventos que interrompem a rota de importação e ativam o carregamento apoplástico, e quando o carregamento acumula fotossintatos suficientes nos elementos crivados para acionar a translocação para fora da folha. As condições seguintes são necessárias para iniciar a exportação:

- A folha está sintetizando fotossintatos em quantidade suficiente, de modo que um pouco fica disponível para exportação. Os genes para a síntese de sacarose estão sendo expressos.

- As nervuras de menor porte, responsáveis pelo carregamento, atingem a maturidade. Um elemento regulador (realçador) foi identificado no DNA de *Arabidopsis* e atua como parte de uma cascata de eventos que levam à maturação das nervuras de menor porte. O elemento regulador pode ativar um gene repórter fusionado a um promotor específico de célula companheira e o faz no mesmo padrão ápice-base como na transição de dreno para fonte.

- O transportador de sacarose-H^+ do tipo simporte é expresso e está localizado na membrana plasmática do complexo elemento crivado-célula companheira. A regulação desses eventos está sendo investigada. Por exemplo, em *Arabidopsis*, o promotor do gene *SUC2*, que codifica o transportador de sacarose-H^+ do tipo simporte, torna-se ativo em células companheiras em um padrão que corresponde àquele da transição dreno-fonte (**Figura 10.17**). Os sítios de ligação para fatores de transcrição foram identificados no promotor de *SUC2*, o qual medeia a expressão gênica específica para a fonte e para a célula companheira.

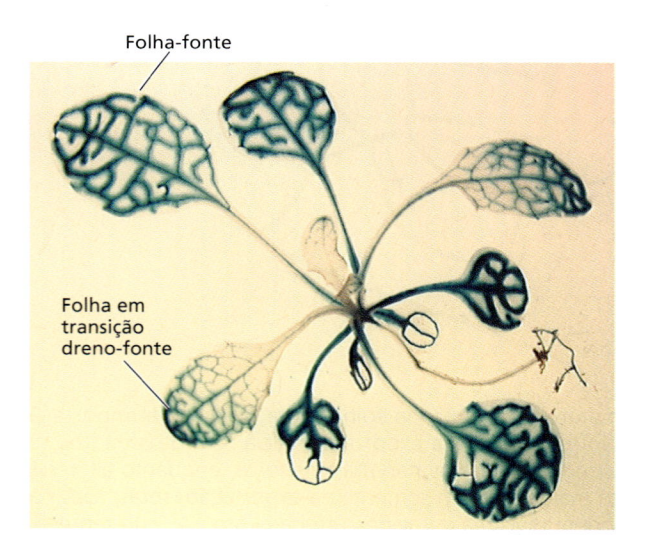

Figura 10.17 A exportação a partir do tecido-fonte depende do local e da atividade dos transportadores ativos de sacarose. A figura mostra uma roseta de *Arabidopsis* transformada com uma construção consistindo em um gene repórter sob controle de um promotor *AtSUC2*. O SUC2, um transportador de sacarose-H^+ do tipo simporte, é um dos principais transportadores de sacarose atuando no carregamento do floema. O sistema repórter usado (GUS) forma um produto visível (azul) onde o promotor está ativo. A coloração é visível somente no tecido vascular das folhas-fonte e nos ápices das folhas que estão em transição dreno-fonte. (De Schneidereit et al., 2008.)

Em folhas de beterraba e tabaco, a capacidade de acumular sacarose exógena no complexo elemento crivado-célula companheira é adquirida à medida que as folhas entram na transição dreno-fonte, sugerindo que o transportador do tipo simporte, necessário para o carregamento do floema, tornou-se funcional. Nas folhas em desenvolvimento de *Arabidopsis*, a expressão do transportador do tipo simporte, considerado o responsável pelo transporte de açúcares durante o carregamento, inicia no ápice e prossegue em direção à base da folha durante a transição dreno-fonte. O mesmo padrão basípeto é visto no desenvolvimento da capacidade de exportação.

Distribuição dos fotossintatos: alocação e partição

A taxa fotossintética determina a quantidade total de carbono fixado disponível para a folha. Entretanto, a quantidade de carbono fixado disponível para translocação depende dos eventos metabólicos subsequentes. Neste capítulo, a regulação da distribuição do carbono fixado em várias rotas metabólicas é denominada **alocação** (**Figura 10.18**).

Os feixes vasculares de uma planta formam um sistema de "tubos" que podem direcionar o fluxo dos fotossintatos para vários tecidos-dreno: folhas jovens, caules, raízes, frutos ou sementes. No entanto, o sistema vascular com frequência é altamente interconectado, formando uma rede aberta que permite que as folhas-fonte se comuniquem com múltiplos drenos. Sob essas condições, o que determina o volume de fluxo para determinado dreno? Neste capítulo, a distribuição diferencial dos fotossintatos na planta é chamada de **partição**. (Os termos *alocação* e *partição* algumas vezes são usados de forma intercambiável nas publicações recentes.)

Ao longo dessa visão geral sobre alocação e partição, é importante ter em mente que um número limitado de espécies tem sido estudado, principalmente aquelas que carregam ativamente sacarose a partir do apoplasto. É provável que o mecanismo de carregamento do floema afete a regulação da alocação, de modo que estudos nessa área deverão ser estendidos a uma gama maior de espécies. Para concluir, será discutido como os drenos competem, como a demanda do dreno pode regular a taxa fotossintética na folha-fonte e como as fontes e os drenos comunicam-se entre si.

A alocação inclui armazenagem, utilização e transporte

O carbono fixado em uma célula-fonte pode ser usado para armazenamento, metabolismo e transporte:

- *Síntese dos compostos de reserva.* O amido é sintetizado e armazenado nos cloroplastos e, na maioria das

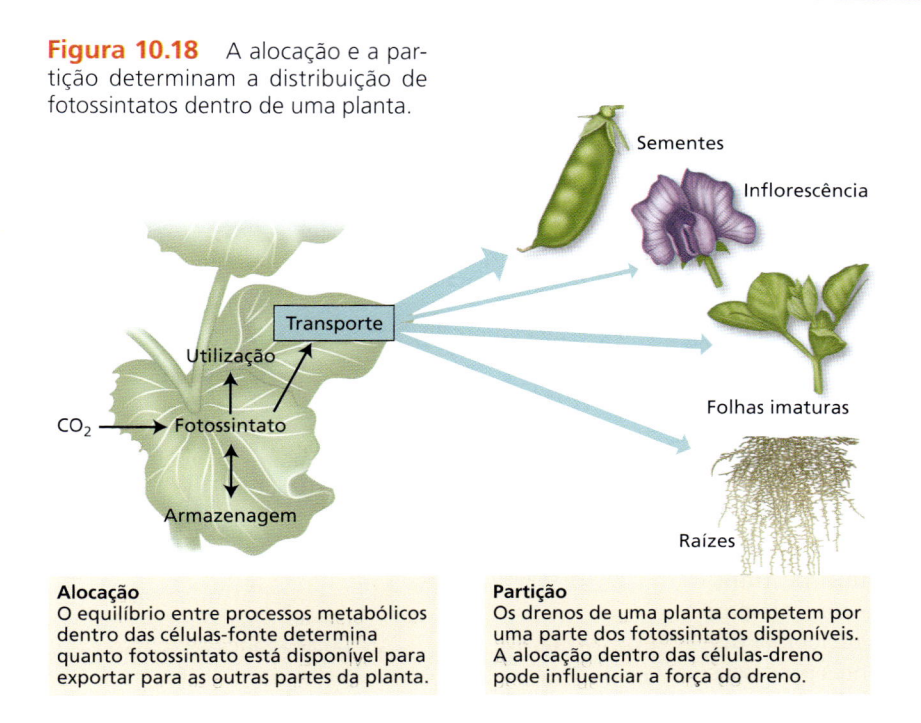

Figura 10.18 A alocação e a partição determinam a distribuição de fotossintatos dentro de uma planta.

Alocação
O equilíbrio entre processos metabólicos dentro das células-fonte determina quanto fotossintato está disponível para exportar para as outras partes da planta.

Partição
Os drenos de uma planta competem por uma parte dos fotossintatos disponíveis. A alocação dentro das células-dreno pode influenciar a força do dreno.

espécies, é a principal forma de reserva mobilizada para translocação durante a noite. As plantas que armazenam carbono principalmente em forma de amido são chamadas de *armazenadoras de amido.*

- *Utilização metabólica.* O carbono fixado pode ser utilizado em vários compartimentos da célula fotossintetizante para satisfazer suas demandas energéticas ou fornecer esqueletos de carbono para a síntese de outros compostos necessários à célula.

- *Síntese dos compostos transportados.* O carbono fixado pode ser incorporado em açúcares de transporte para exportação aos diferentes tecidos-dreno. Uma parte do açúcar de transporte pode também ser estocada temporariamente no vacúolo.

A alocação é também um processo-chave nos tecidos-dreno. Uma vez descarregados nas células-dreno, os açúcares de transporte podem permanecer como tal ou podem ser transformados em vários outros compostos. Nos drenos de reserva, o carbono fixado pode ser acumulado como sacarose ou hexose nos vacúolos ou como amido nos amiloplastos. Nos drenos em crescimento, os açúcares podem ser utilizados para a respiração e para a síntese de outras moléculas necessárias ao crescimento.

Partição dos açúcares de transporte entre vários drenos

Os drenos competem pelos fotossintatos que estão sendo exportados pelas fontes (ver Figura 10.18). Essa competição determina a partição de açúcares de transporte entre os vários tecidos-dreno da planta, pelo menos em curto prazo. A alocação de açúcar no dreno (armazenamento ou metabolismo) afeta sua capacidade de competir pelos açúcares disponíveis. Dessa maneira, os processos de partição e de alocação interagem.

Evidentemente, os eventos nas fontes e nos drenos devem ser sincronizados. O processo de partição determina os padrões de crescimento, e o crescimento deve ser equilibrado entre a parte aérea (produtividade fotossintética) e a raiz (absorção de água e minerais), de tal modo que a planta possa responder aos desafios de um ambiente variável. O objetivo *não* é uma razão constante raiz--parte aérea, mas uma razão que assegure um suprimento de carbono e nutrientes minerais apropriado para as necessidades da planta.

Assim, existe um nível adicional de controle na interação entre as áreas de suprimento e de demanda. A pressão de turgor nos elementos crivados poderia ser um meio importante de comunicação entre as fontes e os drenos, atuando na coordenação das taxas de carregamento e descarregamento. Os mensageiros químicos também são importantes na sinalização do estado de um órgão para o outro na planta. Esses mensageiros químicos abrangem os hormônios vegetais e os nutrientes, como o potássio e o fosfato, bem como os próprios açúcares de transporte. Descobertas recentes sugerem que as macromoléculas (RNA e proteínas) também podem atuar na partição de fotossintatos, talvez influenciando o transporte através dos plasmodesmos.

A conquista de produtividades mais altas de plantas cultivadas é uma meta da pesquisa de alocação e partição dos fotossintatos. Enquanto os grãos e os frutos são exemplos de produções comestíveis, a produção total inclui porções não comestíveis da parte aérea. O índice de colheita, que é a razão de rendimento econômico (grão comestível) para biomassa total da parte aérea, tem aumentado consideravelmente ao longo dos anos, em grande parte devido aos esforços de especialistas em melhoramento vegetal. Um dos objetivos da fisiologia vegetal moderna é aumentar ainda mais a produtividade com base em uma compreensão fundamental do metabolismo, do desenvolvimento e, no presente contexto, da partição.

Contudo, a alocação e a partição na planta devem ser coordenados integralmente, de tal modo que o aumento do transporte para os tecidos comestíveis não ocorra à custa de outros processos e estruturas essenciais. A produtividade de plantas cultivadas também pode ser aumentada se os fotossintatos normalmente "perdidos" pela planta forem mantidos. Por exemplo, as perdas decorrentes da respiração não essencial ou da exsudação pelas raízes poderiam ser reduzidas. Nesse último caso, deve-se tomar cuidado para não interromper processos essenciais externos à planta, como o crescimento de espécies microbianas benéficas na região adjacente à raiz, as quais obtêm nutrientes a partir dos exsudados da raiz.

As folhas-fonte regulam a alocação

Os aumentos na taxa de fotossíntese nas folhas-fonte geralmente resultam em aumento na taxa de translocação a partir da fonte. Os pontos de controle para alocação de fotossintatos (**Figura 10.19**) incluem a distribuição de trioses fosfato para os seguintes processos:

- Regeneração de intermediários do ciclo fotossintético C_3 de redução do carbono (o ciclo de Calvin-Benson; ver Capítulo 8).
- Síntese de amido.
- Síntese de sacarose, bem como distribuição da sacarose entre os *pools* de transporte e de armazenamento temporário.

Várias enzimas atuam nas rotas que processam os fotossintatos, e o controle dessas etapas é complexo. A pesquisa descrita a seguir foi centrada em espécies que carregam sacarose ativamente a partir do apoplasto, especificamente durante o dia. Estudos adicionais serão necessários para aumentar nosso conhecimento sobre plantas que utilizam outras estratégias de carregamento, bem como sobre a regulação da alocação nessas espécies.

Durante o dia, a taxa de síntese de amido nos cloroplastos deve ser coordenada com a síntese de sacarose no citosol. As trioses fosfato (gliceraldeído-3-fosfato e di-hidroxiacetona fosfato) produzidas no cloroplasto pelo ciclo de Calvin-Benson (ver Capítulo 8) podem ser usadas tanto na síntese de amido ou sacarose quanto na respiração. A síntese de sacarose no citoplasma desvia a triose fosfato da síntese e da reserva do amido. Por exemplo, tem sido demonstrado que, quando a demanda de sacarose por outras partes de uma planta de soja é alta, menos carbono é armazenado como amido pelas folhas-fonte. As enzimas-chave envolvidas na regulação da síntese de sacarose no citosol e na síntese de amido no cloroplasto são a sacarose fosfato sintase e a frutose-1,6-bifosfatase no citosol e a ADP-glicose pirofosforilase no cloroplasto (ver Figura 10.19).

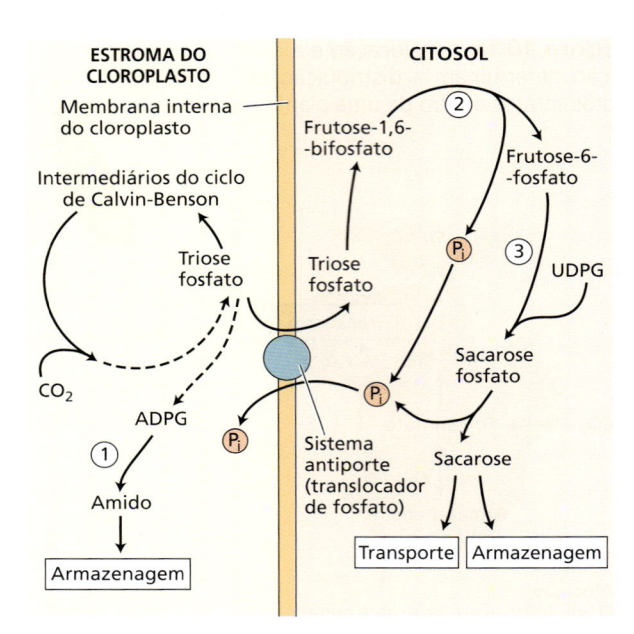

Figura 10.19 Esquema simplificado para a síntese de amido e sacarose durante o dia. A triose fosfato, formada no ciclo de Calvin-Benson, pode ser utilizada na formação de amido no cloroplasto ou transportada para o citosol em troca de fosfato inorgânico (P_i), via translocador de fosfato no envoltório interno do cloroplasto. O envoltório externo do cloroplasto (omitido aqui para simplificar o esquema) é permeável a moléculas pequenas. No citosol, a triose fosfato pode ser convertida em sacarose para sua armazenagem no vacúolo ou para transporte, ou ainda para ser degradada via glicólise. As enzimas-chave que estão envolvidas são a amido sintetase (1), a frutose-1,6-bifosfatase (2) e a sacarose fosfato sintase (3). A segunda e a terceira enzimas, em conjunto com a ADP-glicose pirofosforilase, a qual forma a glicose adenosina difosfato (ADPG, de *adenosine diphosphate glucose*), são enzimas reguladas na síntese de amido e sacarose. UDPG, glicose uridina difosfato (*uridine diphosphate glucose*). (De Preiss, 1982.)

Entretanto, há um limite na quantidade de carbono que em geral pode ser desviada da síntese de amido em espécies que armazenam o carbono principalmente nessa forma. Os estudos sobre alocação do amido e da sacarose sob diferentes condições sugerem que uma taxa relativamente estável de translocação durante um período de 24 horas é uma prioridade da maioria das plantas.

Os tecidos-dreno competem pelos fotossintatos translocados disponíveis

Como discutido anteriormente, a translocação para os tecidos-dreno depende da posição do dreno em relação à fonte e das conexões vasculares entre a fonte e o dreno. Outro fator determinante do padrão de transporte é a competição entre os drenos, como, por exemplo, entre os drenos terminais ou entre estes e os drenos axiais ao longo da rota de transporte. Folhas jovens, por exemplo, podem competir com raízes pelos fotossintatos na corrente da translocação. Essa competição tem sido demonstrada em numerosos experimentos em que a remoção de um tecido-dreno de uma planta geralmente resulta em aumento da translocação para drenos alternativos e, por conseguinte, competitivos. Inversamente, o tamanho aumentado do dreno, como, por exemplo, o carregamento aumentado para o fruto, diminui a translocação para outros drenos, especialmente as raízes.

No tipo inverso de experimento, o suprimento das fontes pode ser alterado enquanto os tecidos-dreno permanecem intactos. Quando o suprimento de fotossintatos das fontes para drenos competidores é repentina e drasticamente reduzido por sombreamento de todas as folhas-fonte, com exceção de uma, os tecidos-dreno tornam-se dependentes de uma única fonte. Na beterraba e no feijoeiro, as taxas de fotossíntese e de exportação a partir de uma única folha-fonte remanescente não sofrem alterações em curto prazo (cerca de 8 horas). Entretanto, as raízes recebem menos açúcar da fonte única, enquanto as folhas jovens recebem relativamente mais. Nesse sentido, o sombreamento diminui a partição para as raízes. Presumivelmente, as folhas jovens podem exaurir o conteúdo de açúcar dos elementos crivados de modo mais rápido e, assim, aumentar o gradiente de pressão e a taxa de translocação em sua própria direção.

Os tratamentos que tornam o potencial hídrico do dreno mais negativo aumentam o gradiente de pressão e intensificam o transporte para o dreno. O tratamento dos ápices de raízes de plântulas de ervilha (*Pisum sativum*) com soluções de manitol aumentou, em pouco tempo, a importação de sacarose em mais de 300%, possivelmente devido ao decréscimo de turgor nas células-dreno. Experimentos de longo prazo mostraram a mesma tendência. O estresse hídrico moderado nas raízes, induzido por tratamento como polietilenoglicol, aumentou a proporção de assimilados transportados para as raízes de macieiras por um período de 15 dias. No entanto, houve uma diminuição na proporção transportada para o ápice caulinar. Isso contrasta com o tratamento de sombra (acima), no qual a limitação da fonte desvia mais açúcar para as folhas jovens.

A intensidade do dreno depende de seu tamanho e atividade

A capacidade do dreno de mobilizar fotossintatos em sua direção frequentemente é descrita como **intensidade do dreno**, a qual depende de dois fatores – o tamanho e a atividade do dreno – como indicado a seguir:

Intensidade do dreno = tamanho do dreno
× atividade do dreno

O **tamanho do dreno** é a biomassa total do tecido-dreno, e a **atividade do dreno** é a taxa de absorção de fotossintatos por unidade de biomassa do tecido-dreno. A alteração do tamanho ou da atividade do dreno resulta em mudanças nos padrões de translocação. Por exemplo, a capacidade de uma vagem de ervilha de importar carbono depende da massa seca daquela vagem em proporção ao número total de vagens.

As mudanças na atividade do dreno podem ser complexas, pois várias atividades nos tecidos-dreno podem limitar potencialmente sua taxa de absorção. Essas atividades incluem o descarregamento dos elementos crivados, o metabolismo na parede celular, a absorção a partir do apoplasto e os processos metabólicos que utilizam os fotossintatos para crescimento ou armazenamento.

Os tratamentos experimentais para manipular a intensidade do dreno são, com frequência, inespecíficos. Por exemplo, o resfriamento de um tecido-dreno, do qual se espera que iniba todas as atividades que necessitam de energia metabólica, em geral resulta na diminuição da velocidade do transporte em direção ao dreno. Experimentos mais recentes beneficiam-se do conhecimento para superexpressar ou subexpressar enzimas específicas relacionadas à atividade do dreno, como aquelas envolvidas no metabolismo da sacarose nesses tecidos. As duas enzimas principais que clivam a sacarose são a invertase ácida e a sacarose sintase, ambas com capacidade de catalisar a primeira etapa da utilização de sacarose.

A fonte ajusta-se às alterações de longo prazo na razão fonte-dreno

Em um indivíduo de soja, se todas as folhas foram sombreadas por um período longo (p. ex., oito dias), e apenas uma única folha permanecer descoberta, muitas mudanças ocorrerão na folha-fonte remanescente. Tais mudanças incluem o decréscimo na concentração de amido e o aumento na taxa fotossintética, na atividade da Rubisco, na concentração de sacarose, no transporte procedente da fonte e na concentração de ortofosfato. Assim, além das alterações observadas em curto prazo na distribuição de fotossintatos entre os diferentes drenos, o metabolismo da fonte, em um prazo mais longo, ajusta-se às condições alteradas.

A taxa fotossintética (a quantidade líquida de carbono fixado por unidade de área foliar por unidade de tempo) muitas vezes aumenta por vários dias quando aumenta a demanda do tecido-dreno, e decresce quando diminui a demanda desse tecido. Uma acumulação de fotossintatos (sacarose ou hexoses) na folha-fonte pode ser responsável pela ligação entre a demanda do dreno e a taxa fotossintética nas plantas com armazenamento de amido. Os açúcares agem como moléculas sinalizadoras que regulam muitos processos metabólicos e de desenvolvimento nos vegetais. Em geral, a depleção de carboidratos acentua a expressão de genes para fotossíntese, mobilização de reservas e processos de exportação, enquanto o suprimento abundante de carbono favorece a expressão de genes de armazenamento e utilização.

A sacarose ou as hexoses que seriam acumuladas como um resultado do decréscimo da demanda dos drenos reprimem a expressão dos genes fotossintéticos. Curiosamente, os genes que codificam a invertase e a sacarose sintase, que podem catalisar a primeira etapa na utilização da sacarose, e os genes para os transportadores de sacarose-H^+ do tipo simporte, que desempenham um papel-chave no carregamento apoplástico, também estão entre aqueles regulados pelo suprimento de carboidratos.

Essa regulação da fotossíntese pela demanda do dreno sugere que aumentos contínuos na fotossíntese em resposta a concentrações elevadas de CO_2 na atmosfera podem depender do aumento na intensidade do dreno (aumentando a intensidade dos drenos existentes ou criando novos drenos). Ver Capítulo 9 para discussão dos efeitos do aumento dos níveis de CO_2 atmosférico na fotossíntese e no crescimento de plantas.

Transporte de moléculas sinalizadoras

Além de possuir como função principal o transporte de fotossintatos em longas distâncias, o floema é uma das vias de transporte de moléculas sinalizadoras de uma parte para outra do vegetal. Esses sinais de longa distância coordenam a atividade de fontes e drenos e regulam o crescimento e o desenvolvimento da planta. Como indicado anteriormente, os sinais entre as fontes e os drenos podem ser físicos ou químicos. Os sinais físicos, como a mudança de turgor, são transmitidos rapidamente por meio do sistema interconectado dos elementos crivados. Moléculas consideradas tradicionalmente como sinais químicos, como proteínas e hormônios vegetais, são encontradas na seiva do floema, bem como mRNAs e pequenos RNAs, recentemente incluídos na lista de moléculas sinalizadoras. Os carboidratos translocados também podem atuar como sinais.

A pressão de turgor e os sinais químicos coordenam as atividades das fontes e dos drenos

A pressão de turgor pode exercer um papel na coordenação das atividades das fontes e dos drenos. Por exemplo, se o descarregamento do floema fosse rápido sob condições de utilização rápida de açúcar no tecido-dreno, as pressões de turgor nos elementos crivados dos drenos seriam reduzidas, e essa redução seria transmitida às fontes. Se o carregamento fosse controlado em parte pelo turgor dos elementos crivados, haveria um aumento no carregamento em resposta a este sinal dos drenos. A resposta contrária seria observada quando o descarregamento fosse lento nos drenos. Alguns dados sugerem que o turgor celular pode modificar a atividade da ATPase bombeadora de prótons na membrana plasmática e, portanto, alterar as taxas de transporte.

As partes aéreas produzem reguladores de crescimento como a auxina, a qual pode ser rapidamente transportada para as raízes pelo floema; as raízes, por sua vez, produzem citocininas, que se movem para as partes aéreas através do xilema. As giberelinas (GAs) e o ácido abscísico (ABA) também são transportados por toda a planta no sistema vascular (ver Capítulo 12). Os hormônios vegetais desempenham um papel importante na regulação das relações fonte-dreno. Eles afetam a partição dos fotossintatos ao controlarem o crescimento do dreno, a senescência foliar e outros processos do desenvolvimento. As respostas de defesa das plantas contra herbívoros e patógenos também podem alterar a alocação e a partição de fotoassimilados, com hormônios de defesa como o ácido jasmônico mediando as respostas.

O carregamento da sacarose é estimulado por auxina exógena, mas inibido pelo ABA em alguns tecidos-fonte, enquanto o ABA exógeno intensifica, e a auxina inibe, a absorção de sacarose por alguns tecidos-dreno. Os hormônios poderiam regular o carregamento e o descarregamento apoplástico, influenciando os níveis de proteínas transportadoras na membrana plasmática. Outros sítios potenciais da regulação hormonal do descarregamento incluem os transportadores do tonoplasto, as enzimas para o metabolismo da sacarose recebida, a extensibilidade da parede celular e a permeabilidade dos plasmodesmos no caso do descarregamento simplástico (ver próxima seção).

Proteínas e RNAs atuam como moléculas sinalizadoras no floema para regular o crescimento e o desenvolvimento

Sabe-se, há muito tempo, que os vírus podem se mover no floema, deslocando-se como complexos de proteínas e ácidos nucleicos ou como partículas virais intactas. Recentemente, moléculas endógenas de RNA e proteínas foram encontradas na seiva do floema, e algumas delas podem atuar como moléculas sinalizadoras ou gerar sinais móveis no floema.

Pelo menos algumas proteínas sintetizadas nas células companheiras podem entrar nos elementos crivados pelos plasmodesmos que conectam os dois tipos celulares e se mover pela corrente de translocação para os tecidos-dreno. No Capítulo 17, discute-se o papel do floema na translocação de uma molécula sinalizadora proteica das folhas ao ápice caulinar para induzir o florescimento. Os RNAs transportados no floema consistem em mRNAs endógenos, RNAs patogênicos e pequenos RNAs associados ao silenciamento gênico. A maioria desses RNAs parece se deslocar no floema como complexos RNA-proteína (ribonucleoproteínas [RNPs]).

Plasmodesmos atuam na sinalização do floema

Os plasmodesmos (ver Figura 1.8) têm sido relacionados a praticamente todos os aspectos da translocação no floema, desde o carregamento e o transporte de longa distância (os poros nas áreas crivadas e nas placas crivadas são plasmodesmos modificados) à alocação e à partição. Que função os plasmodesmos exercem na sinalização macromolecular no floema?

O mecanismo de transporte pelos plasmodesmos (denominado tráfego) pode ser passivo (sem destino) ou seletivo e regulado. Quando uma molécula se move passivamente, seu tamanho deve ser menor que o limite de exclusão por tamanho (SEL, de *size exclusion limit*) dos plasmodesmos (ver Capítulo 1). Quando uma molécula move-se de forma seletiva, ela deve possuir um sinal de tráfego ou ser direcionada de outra maneira para o plasmodesmo. O transporte de alguns fatores de transcrição de desenvolvimento e de proteínas de movimento viral parece ocorrer por meio de um mecanismo seletivo.

As **proteínas de movimento** viral interagem diretamente com os plasmodesmos para aumentar o limite de exclusão por tamanho e permitir que o genoma viral se mova entre as células, o que expande a infecção na planta. Essas proteínas aumentam o limite de exclusão por tamanho por um de dois mecanismos. As proteínas de movimento de alguns vírus recobrem a superfície do genoma viral (geralmente RNA), formando complexos de ribonucleoproteínas. As proteínas de movimento permitem que o vírus do mosaico do tabaco se mova entre células de folhas que são suscetíveis a ele, onde recruta outras proteínas celulares, aumentando o tamanho do poro do plasmodesmo. Outros vírus, como o vírus do mosaico do feijão-caupi e o vírus da doença vira-cabeça do tomateiro, codificam proteínas de movimento que formam túbulos de transporte no canal dos plasmodesmos, os quais facilitam o movimento de partículas virais maduras pelos plasmodesmos.

É oportuno finalizar este capítulo com tópicos de pesquisa que continuarão a engajar fisiologistas vegetais no futuro: a regulação do crescimento e do desenvolvimento via transporte de RNA endógeno e proteínas sinalizadoras, a natureza das proteínas que facilitam o transporte dos sinais pelos plasmodesmos e a possibilidade de direcionar os sinais para drenos específicos em contraste com a relativa inespecificidade do fluxo de massa. Muitas outras áreas potenciais de investigação foram indicadas neste capítulo, como o mecanismo de transporte no floema de gimnospermas, a natureza e a função das proteínas no lume dos elementos crivados e a magnitude dos gradientes de pressão nos elementos crivados, especialmente em árvores. Como sempre ocorre na ciência, a resposta a uma pergunta gera muitas outras perguntas!

Resumo

A translocação no floema move os produtos da fotossíntese das folhas maduras para as áreas de crescimento e armazenagem. O floema também transmite sinais químicos e redistribui íons e outras substâncias pelo corpo da planta.

Padrões de translocação: fonte-dreno

- A translocação no floema não é definida pela gravidade. A seiva é translocada das fontes para os drenos, e as rotas envolvidas muitas vezes são complexas (**Figuras 10.1, 10.2**).

Rotas de translocação

- Os elementos crivados do floema conduzem açúcares e outros compostos orgânicos pela planta (**Figuras 10.3-10.5**).
- Durante o desenvolvimento, os elementos crivados perdem muitas organelas, mantendo somente a membrana plasmática, as mitocôndrias e os plastídios modificados, além do retículo endoplasmático liso (**Figuras 10.5, 10.6**).
- Os elementos crivados são interconectados por poros presentes em suas paredes celulares (**Figura 10.7**).

- As proteínas P e a calose vedam os elementos crivados danificados, limitando a perda de seiva.
- As células companheiras auxiliam no transporte dos produtos fotossintéticos para os elementos crivados. Elas também fornecem proteínas e ATP aos elementos crivados (**Figuras 10.5-10.7**).

Materiais translocados no floema

- A composição da seiva foi determinada; os açúcares não redutores são as principais moléculas transportadas (**Tabela 10.2, Figura 10.8**).
- A seiva inclui proteínas, muitas das quais podem ter funções relacionadas com reações ao estresse e de defesa.

Taxa de movimento

- As velocidades de transporte no floema são altas e excedem, em muitas ordens de grandeza, a taxa de difusão por distâncias longas.

Modelo de fluxo de pressão: um mecanismo passivo para a translocação no floema

- O modelo de fluxo de pressão explica a translocação no floema como um fluxo de massa de solução acionado por um gradiente de pressão gerado osmoticamente entre a fonte e o dreno.
- O carregamento do floema na fonte e o descarregamento do floema no dreno estabelecem o gradiente de pressão para o fluxo de massa passivo e de longa distância (**Figura 10.9**).
- Os gradientes de pressão nos elementos crivados podem ser moderados; as pressões em plantas herbáceas e árvores parecem ser semelhantes.

Carregamento do floema

- A exportação de açúcares a partir das fontes envolve a alocação de fotossintatos para transporte, o transporte de curta distância e o carregamento do floema.
- O carregamento do floema pode ocorrer pelas rotas simplástica ou apoplástica (**Figura 10.11**).
- A sacarose é ativamente transportada para o complexo elemento crivado-célula companheira na rota apoplástica (**Figuras 10.12, 10.13**).
- O modelo de aprisionamento de polímeros retém os polímeros que são sintetizados a partir da sacarose nas células intermediárias; os oligossacarídeos maiores podem se difundir somente para os elementos crivados (**Figura 10.14**).

Descarregamento do floema e transição dreno-fonte

- A importação de açúcares nas células-dreno envolve descarregamento do floema, transporte de curta distância e armazenamento ou metabolismo.
- O descarregamento do floema e o transporte de curta distância podem ocorrer pelas rotas simplástica ou apoplástica em drenos diferentes.
- O transporte para os tecidos-dreno depende de energia.
- A interrupção da importação e o início da exportação são eventos separados, e há uma transição gradual de dreno para fonte (**Figuras 10.15, 10.16**).
- A transição de dreno para fonte requer algumas condições, incluindo a expressão e a localização do transportador de sacarose-H^+ do tipo simporte (**Figura 10.17**).

Distribuição dos fotossintatos: alocação e partição

- A alocação nas folhas-fonte inclui a síntese de compostos de armazenamento, a utilização metabólica e a síntese de compostos para transporte (**Figura 10.18**).
- A regulação da alocação controla a distribuição do carbono fixado no ciclo de Calvin-Benson, a síntese de amido, a síntese de sacarose e a respiração (**Figura 10.19**).
- Diversos sinais químicos e físicos estão envolvidos na partição de recursos entre os vários drenos.
- Na competição por fotossintatos, a intensidade do dreno depende do seu tamanho e da sua atividade.
- Em resposta a condições alteradas, mudanças de curto prazo alteram a distribuição de fotossintatos entre diferentes drenos, enquanto mudanças de longo prazo ocorrem no metabolismo da fonte e alteram a quantidade de fotossintatos disponíveis para transporte.

Transporte de moléculas sinalizadoras

- A pressão de turgor, os açúcares, as citocininas, as giberelinas e o ácido abscísico têm funções sinalizadoras na coordenação das atividades das fontes e dos drenos.
- Algumas proteínas podem se mover das células companheiras para os elementos crivados das folhas-fonte e, através do floema, para as folhas-dreno.
- As proteínas e os RNAs transportados no floema podem alterar as funções celulares.
- Mudanças no limite de exclusão por tamanho (SEL) podem controlar o que passa pelos plasmodesmos.

Leituras sugeridas

Holbrook, N. M., and Zwieniecki, M. A., eds. (2005) *Vascular Transport in Plants*. Elsevier Academic Press, Boston, MA.

Jekat, S. B., Ernst, A. M., von Bohl, A., Zielonka, S., Twyman, R. M., Noll, G. A., and Prufer, D. (2013) P-proteins in *Arabidopsis* are heteromeric structures involved in rapid sieve tube sealing. *Front. Plant Sci.* 4: 225. DOI: 10.3389/fpls.2013.00225

Jensen, K. H., Berg-Sørensen, K., Bruus, H., Holbrook, N. M., Liesche, J., Schulz, A., Zwieniecki, M. A., and Bohr, T. (2016) Sap flow and sugar transport in plants. *Reviews of Modern Physics* 88(3): [035007]. DOI: 10.1103/RevModPhys.88.035007

Knoblauch, M., and Oparka, K. (2012) The structure of the phloem—still more questions than answers. *Plant J.* 70: 147–156.

Liesche, J., and Schulz, A. (2013) Modeling the parameters for plasmodesmatal sugar filtering in active symplasmic phloem loaders. *Front. Plant Sci.* 4: 207. DOI: 10.3389/fpls.2013.00207

Mullendore, D. L., Windt, C. W., Van As, H., and Knoblauch, M. (2010) Sieve tube geometry in relation to phloem flow. *Plant Cell* 22: 579–593.

Patrick, J. W. (2013) Does Don Fisher's high-pressure manifold model account for phloem transport and resource partitioning? *Front. Plant Sci.* 4: 184.

Slewinski, T. L., Zhang, C., and Turgeon, R. (2013) Structural and functional heterogeneity in phloem loading and transport. *Front. Plant Sci.* 4: 244. DOI: 10.3389/fpls.2013.00244

Thompson, G. A., and van Bel, A. J. E., eds. (2013) *Phloem: Molecular Cell Biology, Systemic Communication, Biotic Interactions.* Wiley-Blackwell, Ames, IA.

Turgeon, R. (2010) The puzzle of phloem pressure. *Plant Physiol.* 154: 578–581.

Yoo, S.-C., Chen, C., Rojas, M., Daimon, Y., Ham, B.-K., Araki, T., and Lucas, W. J. (2013) Phloem long-distance delivery of FLOWERING LOCUS T (FT) to the apex. *Plant J.* 75: 456–468.

Zhang, C., Yu, X., Ayre, B. G., and Turgeon, R. (2012) The origin and composition of cucurbit "phloem" exudate. *Plant Physiol.* 158: 1873–1882.

11 Respiração e Metabolismo de Lipídeos

A fotossíntese fornece as unidades orgânicas básicas das quais as plantas (e quase todos os outros organismos) dependem. Com seu metabolismo de carbono associado, a respiração libera, de maneira controlada, a energia armazenada nos compostos de carbono para uso celular. Ao mesmo tempo, ela gera muitos precursores de carbono para a biossíntese.

Este capítulo inicia revisando a respiração em seu contexto metabólico, enfatizando as conexões entre os processos envolvidos e as características especiais peculiares às plantas. A respiração é também relacionada aos recentes desenvolvimentos na compreensão da bioquímica e da biologia molecular das mitocôndrias vegetais e dos fluxos respiratórios em tecidos de plantas intactas. Em seguida, são descritas as rotas da biossíntese de lipídeos que levam à acumulação de gorduras e óleos, usados para a armazenagem de energia e carbono por muitas espécies vegetais. Finalmente, são discutidas as rotas catabólicas envolvidas na decomposição de lipídeos e na conversão dos produtos da sua degradação em açúcares, que ocorre durante a germinação de sementes oleaginosas.

Visão geral da respiração vegetal

A respiração aeróbica (que exige oxigênio) é comum a quase todos os organismos eucarióticos, e, em linhas gerais, o processo respiratório em plantas é similar àquele encontrado em animais e outros eucariotos aeróbicos. No entanto, alguns aspectos específicos da respiração vegetal distinguem-na de seu equivalente animal. A **respiração aeróbica** é o processo biológico pelo qual compostos orgânicos reduzidos são oxidados de maneira controlada. Durante a respiração, energia é liberada e armazenada transitoriamente em um composto, **trifosfato de adenosina** (**ATP**, *adenosine triphosphate*), usado pelas reações celulares para manutenção e desenvolvimento.

A glicose geralmente é citada como o substrato para a respiração. Na maioria dos tipos de células vegetais, entretanto, o carbono reduzido é derivado de fontes como o dissacarídeo sacarose, outros açúcares, ácidos orgânicos, trioses fosfato da fotossíntese e metabólitos da degradação lipídica e proteica (**Figura 11.1**).

Do ponto de vista químico, a respiração vegetal pode ser expressa como a oxidação da molécula de 12 carbonos (sacarose) e a redução de 12 moléculas de O_2:

$$C_{12}H_{22}O_{11} + 13\ H_2O \rightarrow 12\ CO_2 + 48\ H^+ + 48\ e^- \quad (11.1)$$

$$12\ O_2 + 48\ H^+ + 48\ e^- \rightarrow 24\ H_2O \quad (11.2)$$

resultando na seguinte reação líquida:

$$C_{12}H_{22}O_{11} + 12\ O_2 \rightarrow 12\ CO_2 + 11\ H_2O \quad (11.3)$$

Essa reação é o inverso do processo fotossintético; ela representa uma reação redox acoplada, na qual a sacarose é completamente oxidada a CO_2, enquanto o oxigênio serve como aceptor final de elétrons, sendo reduzido a água no processo. A variação na **energia livre de Gibbs** padrão ($\Delta G^{0\prime}$) para a reação líquida é -5.760 kJ por mol (342 g) de sacarose oxidada. Esse grande valor negativo significa que o ponto de equilíbrio é fortemente deslocado para a direita, e muita energia é, portanto, liberada pela degradação da sacarose. A liberação controlada dessa energia livre, junto com seu acoplamento à síntese de ATP, é a principal função do metabolismo respiratório, embora, de maneira alguma, a única.

Para impedir o dano por aquecimento de estruturas celulares, a célula oxida a sacarose em uma série de reações graduais. As reações podem ser agrupadas em quatro processos principais: a glicólise, a rota oxidativa das pentoses fosfato, o ciclo do TCA e a fosforilação oxidativa. Essas rotas não funcionam isoladamente, mas trocam metabólitos em vários níveis. Os substratos para a respiração entram no processo respiratório em diferentes pontos das rotas, conforme resumido na Figura 11.1.

- A **glicólise** envolve uma série de reações catalisadas por enzimas localizadas tanto no citosol quanto nos plastídios. Um açúcar – por exemplo, a sacarose – é parcialmente oxidado via açúcares fos-

Figura 11.1 Visão geral da respiração. Os substratos para a respiração são gerados por outros processos celulares e entram nas rotas respiratórias. A glicólise e a rota oxidativa das pentoses fosfato no citosol e nos plastídios convertem açúcares em ácidos orgânicos como o piruvato, via hexoses fosfato e trioses fosfato, gerando NADH ou NADPH e ATP. Os ácidos orgânicos são oxidados no ciclo mitocondrial do TCA; o NADH e o $FADH_2$ produzidos fornecem a energia para a síntese de ATP pela cadeia de transporte de elétrons e ATP-sintase na fosforilação oxidativa. Na gliconeogênese, o carbono oriundo da decomposição de lipídeos é degradado nos glioxissomos, metabolizado no ciclo do TCA e, após, utilizado para sintetizar açúcares no citosol por glicólise reversa.

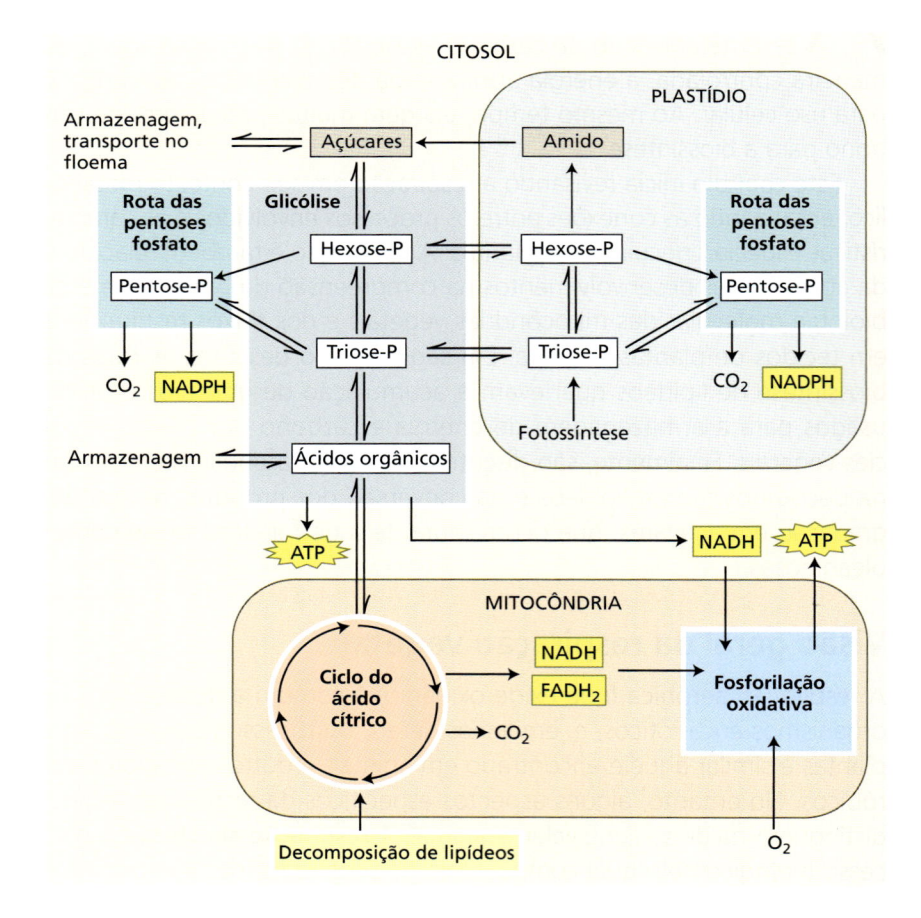

fato de seis carbonos (hexoses fosfato) e açúcares fosfato de três carbonos (trioses fosfato) para produzir um ácido orgânico – principalmente piruvato. O processo rende uma quantidade pequena de energia como ATP e poder redutor sob a forma de um nucleotídeo nicotinamida reduzido, o NADH.

- Na **rota oxidativa das pentoses fosfato**, também localizada tanto no citosol quanto nos plastídios, a glicose-6-fosfato de seis carbonos é inicialmente oxidada a ribulose-5-fosfato de cinco carbonos. O carbono é perdido como CO_2, e o poder redutor é conservado na forma de outro nucleotídeo nicotinamida reduzido, NADPH. Nas reações subsequentes próximas ao equilíbrio da rota das pentoses fosfato, a ribulose-5-fosfato é convertida em açúcares fosfato de 3 a 7 carbonos. Esses intermediários podem ser usados em rotas biossintéticas ou reentrar na glicólise.

- No **ciclo do ácido tricarboxílico** (**TCA**, *tricarboxylic acid*), o piruvato é oxidado completamente a CO_2, via oxidações graduais de ácidos orgânicos no compartimento mais interno da mitocôndria – a matriz. Esse processo mobiliza a maior quantidade de poder redutor (16 NADH + 4 $FADH_2$ por sacarose) e uma pequena quantidade de energia (ATP) a partir da decomposição da sacarose.

- Na **fosforilação oxidativa**, os elétrons são transferidos ao longo de uma cadeia de transporte de elétrons, que consiste em uma série de complexos proteicos inseridos na mais interna das duas membranas mitocondriais. Esse sistema transfere elétrons do NADH (e espécies relacionadas) – produzidos pela glicólise, pela rota oxidativa das pentoses fosfato e pelo ciclo do TCA – ao oxigênio. Essa transferência de elétrons desprende uma grande quantidade de energia livre, da qual boa parte é conservada por meio da síntese de ATP a partir de ADP e P_i (fosfato inorgânico) e catalisada pela enzima ATP-sintase. Coletivamente, as reações redox da cadeia de transporte de elétrons e a síntese de ATP são chamadas de fosforilação oxidativa.

Nicotinamida adenina dinucleotídeo (NAD) é um cofator orgânico (coenzima) associado a muitas enzimas que catalisam reações redox celulares. NAD^+ é a forma oxidada que sofre uma redução reversível envolvendo dois elétrons para produzir NADH (**Figura 11.2**). O potencial de redução-padrão para o par redox NAD^+/NADH é cerca de –320 mV. Isso indica que o NADH é um redutor relativamente forte (i.e., doador de elétrons), que pode conservar a energia livre carregada pelos elétrons liberados durante as oxidações graduais da glicólise e do ciclo do TCA. Um composto relacionado, nicotinamida adenina dinucleotídeo fosfato (NADP/$NADP^+$/NADPH), tem uma função similar na fotossíntese (ver Capítulos 7 e 8) e na rota oxidativa das pentoses fosfato, bem como participa do metabolismo mitocondrial. Esses papéis são discutidos mais adiante neste capítulo.

A oxidação do NADH pelo oxigênio via cadeia de transporte de elétrons desprende energia livre (220 kJ mol^{-1}) que governa a síntese de cerca de 60 ATPs por molécula de sacarose oxidada (como será visto mais adiante). Pode-se agora elaborar um quadro mais complexo da respiração, relacionado ao seu papel no metabolismo energético celular, acoplando as duas reações que seguem:

$$C_{12}H_{22}O_{11} + 12\ O_2 \rightarrow 12\ CO_2 + 11\ H_2O \quad (11.3)$$

$$60\ ADP + 60\ P_i \rightarrow 60\ ATP + 60\ H_2O \quad (11.4)$$

Deve ser lembrado que nem todo carbono que entra na rota respiratória termina como CO_2. Muitos intermediários de carbono respiratórios são os pontos de partida para rotas que sintetizam aminoácidos, nucleotídeos, lipídeos e muitos outros compostos.

Glicólise

Nas etapas iniciais da glicólise (das palavras gregas *glykos*, "açúcar", e *lysis*, "quebra"), carboidratos são convertidos em hexoses-fosfato, cada uma das quais é então decomposta em duas trioses fosfato. Em uma fase subsequente, conservadora de energia, cada triose fosfato é oxidada e rearranjada, produzindo uma molécula de piruvato, um ácido orgânico. Além de preparar o substrato para a oxidação no ciclo do TCA, a glicólise produz uma quantidade pequena de energia química sob a forma de ATP e de NADH.

Quando o oxigênio molecular não está disponível – por exemplo, em raízes em solos alagados –, a glicólise pode ser a fonte principal de energia para as células. Para essa tarefa, as *rotas fermentativas*, realizadas no citosol, devem reduzir o piruvato para reciclar o NADH produzido por glicólise. Nesta seção, são descritas as rotas glicolíticas e fermentativas básicas, enfatizando as características que são específicas para as células vegetais. Na seção seguinte, é discutida a rota das pentoses fosfato, outra rota para a oxidação de açúcares em plantas.

A glicólise metaboliza carboidratos de várias fontes

A glicólise ocorre em todos os organismos vivos (procariotos e eucariotos). As principais reações associadas à rota glicolítica clássica em plantas são quase idênticas

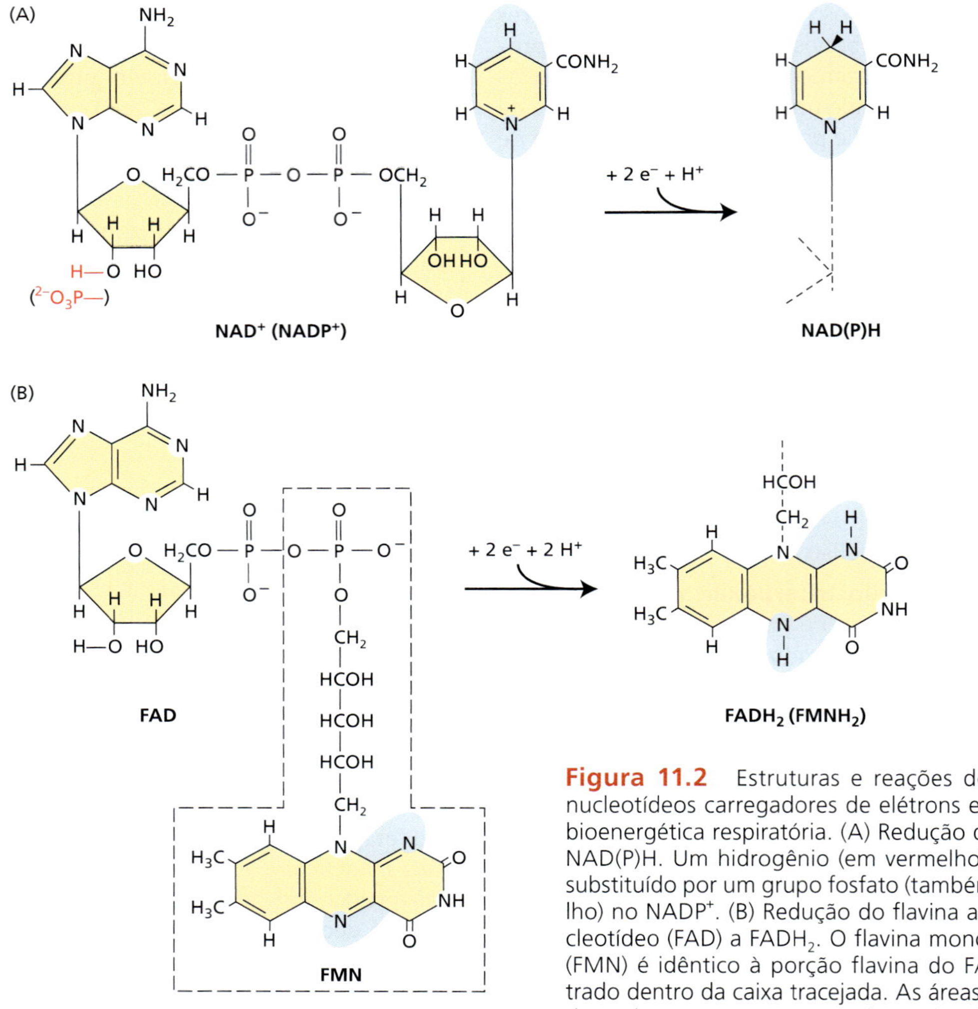

Figura 11.2 Estruturas e reações dos principais nucleotídeos carregadores de elétrons envolvidos na bioenergética respiratória. (A) Redução do NAD(P)$^+$ a NAD(P)H. Um hidrogênio (em vermelho) no NAD$^+$ é substituído por um grupo fosfato (também em vermelho) no NADP$^+$. (B) Redução do flavina adenina dinucleotídeo (FAD) a FADH$_2$. O flavina mononucleotídeo (FMN) é idêntico à porção flavina do FAD e é mostrado dentro da caixa tracejada. As áreas sombreadas de azul mostram as porções das moléculas que estão envolvidas na reação redox.

àquelas em células animais (**Figura 11.3**). No entanto, a glicólise em plantas tem características reguladoras exclusivas, rotas enzimáticas alternativas para várias etapas e uma rota glicolítica parcial paralela nos plastídios.

Em animais, o substrato para a glicólise é a glicose, e o produto final é o piruvato. Por ser o principal açúcar translocado na maioria das plantas e, portanto, a forma de carbono que a maior parte dos tecidos não fotossintéticos importa, a sacarose (e não a glicose) pode ser considerada como o verdadeiro substrato de açúcar para a respiração vegetal. Os produtos finais da glicólise vegetal incluem outro ácido orgânico, o malato.

Nas etapas iniciais da glicólise, a sacarose é decomposta em duas unidades de monossacarídeos – glicose e frutose – que podem prontamente ingressar na rota glicolítica. Duas rotas para a decomposição da glicose são conhecidas em plantas, sendo que ambas participam na utilização da sacarose oriunda do descarregamento do floema (ver Capítulo 10): a rota da invertase e a rota da sacarose sintase.

Na parede celular, no vacúolo ou no citosol, as *invertases* hidrolisam a sacarose em suas duas hexoses componentes (glicose e frutose). As hexoses são, então, fosforiladas no citosol por uma hexoquinase que usa ATP para formar **hexoses fosfato**. Por outro lado, a *sacarose sintase* combina a sacarose com UDP, produzindo frutose e UDP-glicose no citosol. A UDP-glicose pirofosforilase pode, então, converter UDP-glicose e pirofosfato (PP$_i$) em UTP e glicose-6-fosfato (ver Figura 11.3). Enquanto a reação da sacarose sintase está próxima ao equilíbrio, a reação da invertase é essencialmente irreversível, dirigindo o fluxo adiante.

Por meio de estudos de plantas transgênicas carentes de invertases específicas ou sacarose sintase, foi constatado que cada enzima é essencial para processos vitais específicos, mas diferenças são observadas entre tecidos e espécies vegetais. Por exemplo, a sacarose sintase e a invertase da parede celular são necessárias para o desenvolvimento normal do fruto em várias espécies cultivadas, enquanto a invertase citosólica é necessária para a integridade ótima da parede celular de células da raiz e para a respiração foliar em *Arabidopsis thaliana*. Tanto a sacarose sintase e quanto a invertase podem degradar sacarose na glicólise e; se uma das enzimas não está presente, por exemplo, em um mutante, a outra enzima pode ainda manter a respiração. A existência de rotas diferentes que servem a uma função similar e, portanto, podem se substituir mutuamente sem uma clara perda de função é chamada de **redundância metabólica** e é uma característica comum no metabolismo vegetal. Em plastídios, ocorre uma glicólise parcial que produz metabólitos para reações biossintéticas plastídicas, como a síntese de ácidos graxos, tetrapirróis e aminoácidos aromáticos. O amido é sintetizado e catabolizado somente nos plastídios, e o carbono obtido da degradação do amido (p. ex., em um cloroplasto à noite) ingressa na rota glicolítica no citosol primariamente como glicose (ver Capítulo 8). Na luz, os produtos fotossintéticos entram na rota glicolítica diretamente como triose fosfato. Em linhas gerais, a glicólise funciona como um funil com uma fase inicial que coleta carbono de fontes diferentes de carboidratos, dependendo da situação fisiológica.

Na fase inicial da glicólise, cada unidade de hexose (glicose) é fosforilada duas vezes e depois decomposta, produzindo, consequentemente, duas moléculas de **triose fosfato**. Essa série de reações consome de 2 a 4 moléculas de ATP por unidade de sacarose, dependendo de a sacarose ser decomposta pela sacarose sintase ou pela invertase. Essa fase inicial também inclui duas das três reações essencialmente irreversíveis da rota glicolítica, as quais são catalisadas pela hexoquinase e pela fosfofrutoquinase (ver Figura 11.3). Como será visto mais adiante, a reação da fosfofrutoquinase é um dos pontos de controle da glicólise, tanto em plantas quanto em animais.

A fase de conservação de energia da glicólise extrai energia utilizável

As reações discutidas até agora transferem carbono dos diversos *pools* de substrato para trioses fosfato. Uma vez formado o *gliceraldeído-3-fosfato*, a rota glicolítica pode começar a extrair energia utilizável na fase de conservação de energia. A enzima *gliceraldeído-3-fosfato desidrogenase* catalisa a oxidação do aldeído em um ácido carboxílico, reduzindo NAD^+ a $NADH$. Essa reação desprende energia livre suficiente, permitindo a fosforilação (usando fosfato inorgânico) do gliceraldeído-3-fosfato, para produzir 1,3-bifosfoglicerato. O ácido carboxílico fosforilado no carbono 1 do 1,3-bifosfoglicerato (ver Figura 11.3B) tem uma variação grande de energia livre padrão ($\Delta G^{0'}$) de hidrólise ($-49,3$ kJ mol^{-1}). Assim, o 1,3-bifosfoglicerato é um forte doador de grupos fosfato.

Na etapa seguinte da glicólise, catalisada pela *fosfoglicerato quinase*, o fosfato no carbono 1 é transferido para uma molécula de ADP, produzindo ATP e 3-fosfoglicerato. Para cada sacarose que entra na rota, são gerados quatro ATPs por essa reação – um para cada molécula de 1,3-bifosfoglicerato.

Esse tipo de síntese de ATP, tradicionalmente denominada **fosforilação em nível de substrato**, envolve a transferência direta de um grupo fosfato de uma molécula de substrato para o ADP, formando ATP. A síntese de ATP por fosforilação em nível de substrato tem um mecanismo distinto da síntese de ATP pelas ATP-sintases envolvidas na fosforilação oxidativa em mitocôndrias (que é descrita mais adiante neste capítulo) ou na fotofosforilação em cloroplastos (ver Capítulo 7).

Nas duas reações subsequentes, o fosfato do 3-fosfoglicerato é transferido para o carbono 2, e, então, uma molécula de água é removida, produzindo o composto *fosfo*enol*piruvato* (PEP, *phospho*enol*pyruvate*). O grupo fosfato no PEP tem uma $\Delta G^{0'}$ de hidrólise alta ($-61,9$ kJ mol^{-1}), que faz do PEP um doador de fosfato extremamente adequado para a formação de ATP. Usando PEP como substrato, a enzima *piruvato quinase* catalisa uma segunda fosforilação em nível de substrato, produzindo ATP e piruvato. Essa etapa final, que é o terceiro passo essencialmente irreversível na glicólise, produz quatro moléculas adicionais de ATP para cada sacarose que ingressa na rota.

As plantas têm reações glicolíticas alternativas

A degradação glicolítica de açúcares em piruvato ocorre na maioria dos organismos, mas muitos deles podem operar também uma rota similar na direção oposta. Esse processo de síntese de açúcares a partir de ácidos orgânicos é conhecido como **gliconeogênese**.

A gliconeogênese é particularmente importante em plantas (como a mamona [*Ricinus communis*] e o girassol) que armazenam carbono na forma de óleos (triacilgliceróis) nas sementes. As plantas não conseguem transportar lipídeos, de modo que, quando a semente germina, o óleo é convertido pela gliconeogênese em sacarose, que é transportada para as células em crescimento na plântula. Na fase inicial da glicólise, a gliconeogênese sobrepõe-se à rota de síntese da sacarose a partir da triose-fosfato fotossintética que é típica de células foliares.

Uma vez que a reação glicolítica catalisada pela *fosfofrutoquinase dependente de ATP* é essencialmente irreversível (ver Figura 11.3), uma enzima adicional, a *frutose-1,6-bifosfato fosfatase*, converte a frutose-

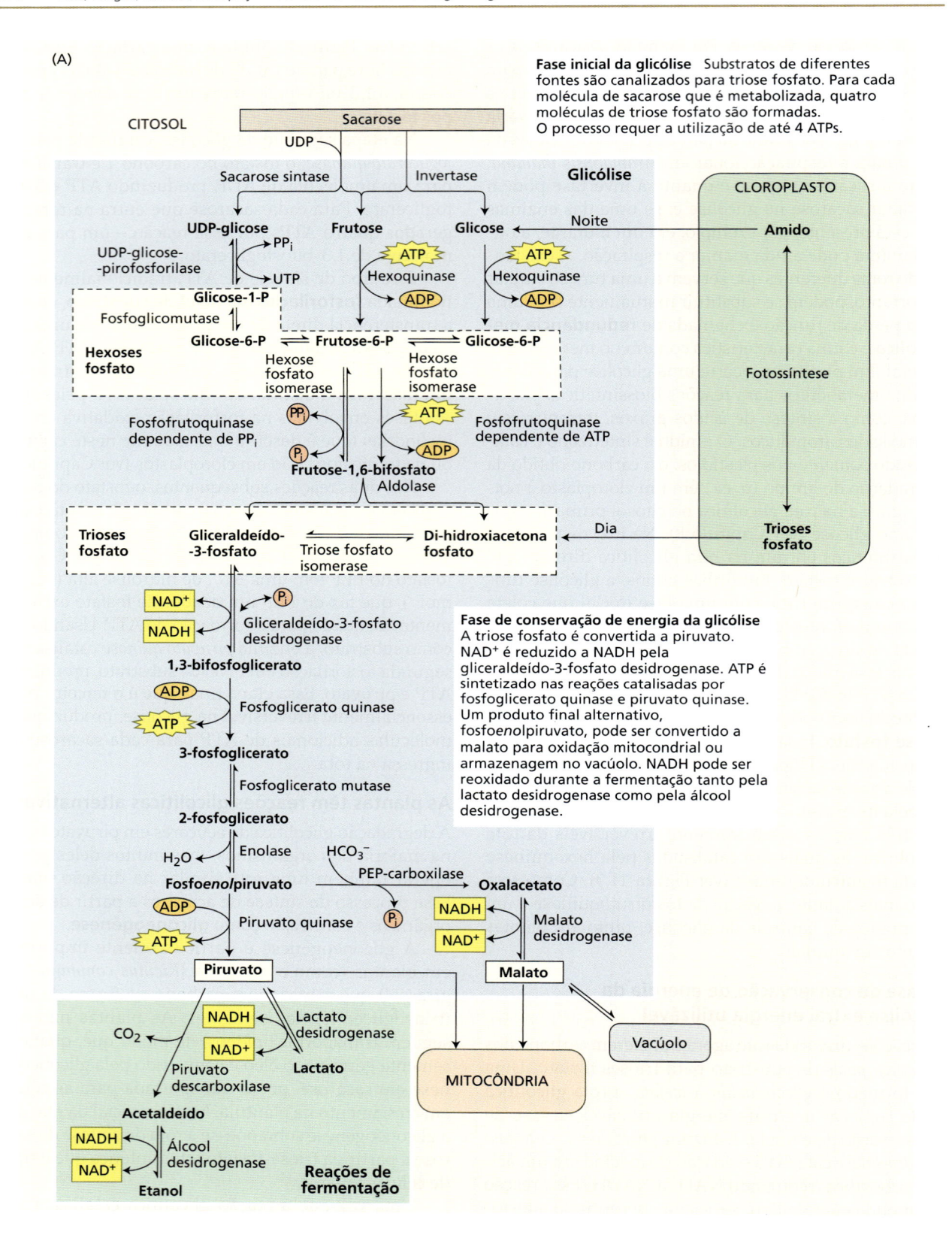

(A)

Fase inicial da glicólise Substratos de diferentes fontes são canalizados para triose fosfato. Para cada molécula de sacarose que é metabolizada, quatro moléculas de triose fosfato são formadas. O processo requer a utilização de até 4 ATPs.

CITOSOL

Sacarose
— UDP
Sacarose sintase / Invertase

Glicólise

CLOROPLASTO

UDP-glicose — Frutose — Glicose ← Noite ← Amido

UDP-glicose-pirofosforilase
→ PP$_i$
→ UTP

Hexoquinase (ATP → ADP)
Hexoquinase (ATP → ADP)

Glicose-1-P

Fosfoglicomutase

Glicose-6-P ⇌ **Frutose-6-P** ⇌ **Glicose-6-P**

Hexoses fosfato

Hexose fosfato isomerase

Fosfofrutoquinase dependente de PP$_i$ (PP$_i$ → P$_i$)
Fosfofrutoquinase dependente de ATP (ATP → ADP)

Frutose-1,6-bifosfato
Aldolase

Trioses fosfato

Gliceraldeído-3-fosfato ⇌ **Di-hidroxiacetona fosfato** ← Dia ← **Trioses fosfato**

Triose fosfato isomerase

Fotossíntese

NAD$^+$ → NADH, P$_i$
Gliceraldeído-3-fosfato desidrogenase

1,3-bifosfoglicerato

ADP → ATP
Fosfoglicerato quinase

3-fosfoglicerato

Fosfoglicerato mutase

2-fosfoglicerato

H$_2$O ← Enolase

Fosfoenolpiruvato

HCO$_3^-$ → PEP-carboxilase → **Oxalacetato**

ADP → ATP
Piruvato quinase (P$_i$)

NADH → NAD$^+$
Malato desidrogenase

Piruvato — **Malato** → Vacúolo

Fase de conservação de energia da glicólise
A triose fosfato é convertida a piruvato. NAD$^+$ é reduzido a NADH pela gliceraldeído-3-fosfato desidrogenase. ATP é sintetizado nas reações catalisadas por fosfoglicerato quinase e piruvato quinase. Um produto final alternativo, fosfoenolpiruvato, pode ser convertido a malato para oxidação mitocondrial ou armazenagem no vacúolo. NADH pode ser reoxidado durante a fermentação tanto pela lactato desidrogenase como pela álcool desidrogenase.

CO$_2$ ← NADH ← Lactato desidrogenase
NAD$^+$
Piruvato descarboxilase
Lactato

MITOCÔNDRIA

Acetaldeído

NADH → NAD$^+$
Álcool desidrogenase

Etanol

Reações de fermentação

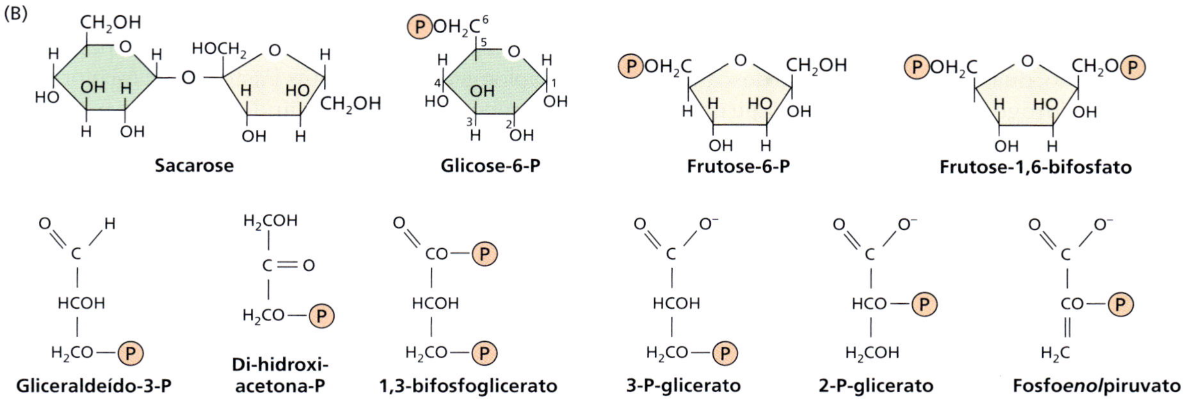

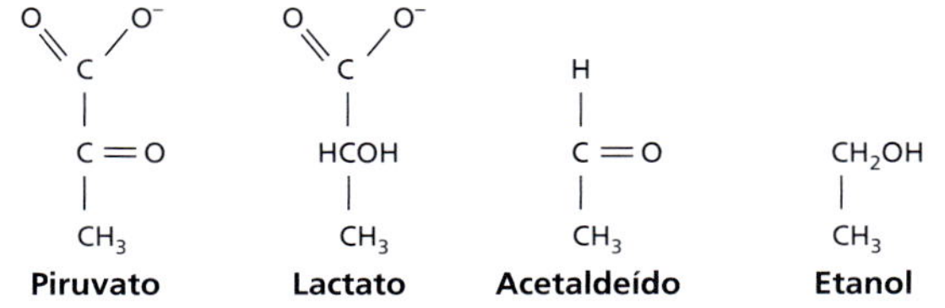

Figura 11.3 Reações da glicólise e da fermentação vegetais. (A) Na rota glicolítica principal, a sacarose é oxidada, via hexoses fosfato e trioses fosfato em ácido orgânico piruvato, mas as plantas também realizam reações alternativas. As setas duplas indicam reações reversíveis; as setas simples, reações essencialmente irreversíveis. (B) Estruturas de intermediários de carbono. P, grupo fosfato.

-1,6-bifosfato irreversivelmente em frutose-6-fosfato e P_i durante a gliconeogênese. A fosfofrutoquinase dependente de ATP e a frutose-1,6-bifosfato fosfatase representam um ponto de controle importante do fluxo de carbono através das rotas glicolítica/gliconeogênica, tanto em plantas quanto em animais, assim como na síntese de sacarose em plantas (ver Capítulo 8).

Em plantas, a interconversão da frutose-6-fosfato e da frutose-1,6-bifosfato torna-se mais complexa devido à presença de uma enzima (citosólica) adicional, a *fosfofrutoquinase dependente de PP_i* (pirofosfato:frutose-6-fosfato 1-fosfotransferase), que catalisa a seguinte reação reversível (ver Figura 11.3):

$$\text{Frutose-6-P} + PP_i \rightarrow \text{frutose-1,6-bifosfato} + P_i \quad (11.5)$$

em que –P representa fosfato ligado. A fosfofrutoquinase dependente de PP_i é encontrada no citosol da maioria dos tecidos vegetais em níveis consideravelmente mais altos do que aqueles da fosfofrutoquinase dependente de ATP. A reação catalisada pela fosfofrutoquinase dependente de PP_i é prontamente reversível, mas é improvável que ela opere na síntese de sacarose. A supressão da fosfofrutoquinase dependente de PP_i em plantas transgênicas mostrou que ela contribui para a conversão glicolítica de hexoses fosfato em trioses fosfato, porém ela não é essencial para a sobrevivência da planta, indicando que a fosfofrutoquinase dependente de ATP pode assumir sua função. As três enzimas que interconvertem frutose-6-fosfato e frutose-1,6-bifosfato são reguladas para corresponder às demandas vegetais tanto pela respiração como pela síntese de sacarose e polissacarídeos. Como consequência, a operação da rota glicolítica em plantas tem várias características exclusivas.

No final do processo glicolítico, as plantas exibem rotas alternativas para metabolizar o PEP. Em uma rota, o PEP é carboxilado pela enzima citosólica de ocorrência generalizada **PEP-carboxilase**, formando o ácido orgânico oxalacetato. O oxalacetato é, a seguir, reduzido a malato pela ação da *malato desidrogenase*, que usa NADH como uma fonte de elétrons (ver Figura 11.3). O malato resultante pode ser exportado para o vacúolo, onde é armazenado, ou transportado para a mitocôndria, onde pode ser usado no ciclo do TCA (discutido mais adiante). Assim, a ação da piruvato quinase e da PEP-carboxilase pode produzir piruvato ou malato para a respiração mitocondrial, sendo que o piruvato predomina na maioria dos tecidos.

Na ausência de oxigênio, a fermentação regenera o NAD⁺ necessário para a produção glicolítica de ATP

A fosforilação oxidativa não funciona na ausência de oxigênio. Portanto, a glicólise não pode continuar porque o suprimento celular de NAD^+ é limitado e, uma vez que o NAD^+ fica retido no estado reduzido (NADH), a gliceraldeído-3-fosfato desidrogenase detém-se. Para superar essa limitação, as plantas e outros organismos podem prosseguir na metabolização do piruvato, realizando uma ou mais formas de **fermentação** (ver Figura 11.3).

A fermentação alcoólica é comum em plantas, embora mais amplamente conhecida na levedura de cerveja. Nesse processo, duas enzimas, piruvato descarboxilase e álcool desidrogenase, atuam sobre o piruvato, produzindo, ao final, etanol e CO_2 e oxidando NADH. Na fermentação do ácido láctico (comum em músculos de mamíferos, mas também encontrada em plantas), a enzima lactato desidrogenase utiliza NADH para reduzir piruvato a lactato, regenerando, assim, NAD^+.

Os tecidos vegetais podem ser submetidos a ambientes com concentrações baixas (hipóxicas) ou zero (anóxicas) de oxigênio. O exemplo mais bem estudado diz respeito a solos inundados ou saturados de água, nos quais a difusão do oxigênio é suficientemente reduzida para os tecidos das raízes se tornarem hipóxicos (ver também Capítulo 19). Tais condições forçam os tecidos a realizar o metabolismo fermentativo. No milho (*Zea mays*), a resposta metabólica inicial às baixas concentrações de oxigênio é a fermentação do ácido láctico, mas a resposta subsequente é a fermentação alcoólica. Acredita-se que o etanol seja um produto final menos tóxico da fermentação, pois ele pode se difundir para fora da célula, enquanto o lactato acumula-se e promove a acidificação do citosol. Em numerosos outros casos, as plantas ou partes das plantas funcionam sob condições quase anóxicas realizando alguma forma de fermentação.

É importante considerar a eficiência da fermentação. *Eficiência* é definida aqui como a energia conservada sob forma de ATP, em relação à energia potencialmente disponível em uma molécula de sacarose. A variação na energia livre padrão ($\Delta G^{0'}$) para a completa oxidação da sacarose em CO_2 é de -5.760 kJ mol^{-1}. A $\Delta G^{0'}$ para a síntese de ATP é de 32 kJ mol^{-1}. No entanto, sob as condições não padrão que normalmente ocorrem em células tanto de mamíferos quanto de vegetais, a síntese de ATP requer um aporte de energia livre de cerca de 50 kJ mol^{-1}. A glicólise normal – com etanol ou lactato como produto final – leva à síntese líquida de quatro moléculas de ATP (custo de ~200 kJ mol^{-1}) para cada molécula de sacarose que é convertida em piruvato. Portanto, a eficiência da fermentação é apenas de cerca de 4% (200 kJ mol^{-1}/5760 kJ mol^{-1}). A maioria da energia disponível na sacarose permanece no etanol ou no lactato.

Alterações na rota glicolítica sob deficiência de oxigênio podem aumentar a produção de ATP. Esse é o caso quando a sacarose é degradada via sacarose sintase em vez de invertase, evitando o consumo de ATP pela hexoquinase na fase inicial da glicólise. Essas modificações enfatizam a importância da eficiência energética para a sobrevivência vegetal na ausência de oxigênio.

Devido à baixa recuperação de energia da fermentação, uma taxa maior de degradação de carboidratos é exigida para sustentar a produção de ATP necessária para a sobrevivência celular. O aumento da taxa glicolítica é denominado *efeito Pasteur*, em homenagem ao microbiologista francês Louis Pasteur, que foi o primeiro a perceber esse efeito quando leveduras mudaram da respiração aeróbica para a fermentação. A glicólise é suprarregulada (*up-regulated*) pelas variações nos níveis de metabólitos e pela indução de genes que codificam as enzimas da glicólise e da fermentação.

Ao contrário dos produtos da fermentação, o piruvato produzido pela glicólise durante a respiração aeróbica é posteriormente oxidado pelas mitocôndrias, resultando em uma utilização muito mais eficiente da energia livre disponível na sacarose.

Rota oxidativa das pentoses fosfato

A rota glicolítica não é a única disponível para a oxidação de açúcares em células vegetais. A rota oxidativa das pentoses fosfato também pode realizar essa tarefa (**Figura 11.4**). As reações são realizadas por enzimas solúveis presentes no citosol e nos plastídios. Sob a maioria das condições, a rota nos plastídios predomina em relação à rota citosólica.

As duas primeiras reações dessa rota envolvem os eventos oxidativos que convertem uma molécula de seis carbonos, a glicose-6-fosfato, em uma unidade de cinco carbonos, a **ribulose-5-fosfato**, com perda de uma molécula de CO_2 e a geração de duas moléculas de NADPH (não de NADH). As reações restantes da rota convertem ribolose-5-fosfato nos intermediários glicolíticos gliceraldeído-3-fosfato e frutose-6-fosfato, usando de forma inversa três enzimas do ciclo de Calvin-Benson (ver Capítulo 8). Esses produtos podem ser depois metabolizados pela glicólise para produzir piruvato. Por outro lado, a glicose-6-fosfato pode ser regenerada a partir do gliceraldeído-3-fosfato e da frutose-6-fosfato por enzimas glicolíticas. Para seis voltas do ciclo, pode-se escrever a reação da seguinte forma:

$$6 \text{ Glicose-6-P} + 12 \text{ NADP}^+ + 7 H_2O \rightarrow$$
$$5 \text{ glicose-6-P} + 6 CO_2 + P_i + 12 \text{ NADPH} + 12 H^+ \quad (11.6)$$

O resultado líquido é a completa oxidação de uma molécula de glicose-6-fosfato em CO_2 (cinco moléculas são regeneradas) com a síntese concomitante de 12 moléculas de NADPH.

Estudos de liberação de CO_2 de glicose marcada isotopicamente indicam que a rota das pentoses fosfato contribui com 10 a 25% da degradação da glicose, com o resto ocorrendo principalmente via glicólise. Como será visto, a contribuição da rota das pentoses fosfato se altera durante o desenvolvimento e conforme as mudanças nas condições de crescimento, à medida que as exigências da planta por produtos específicos variam.

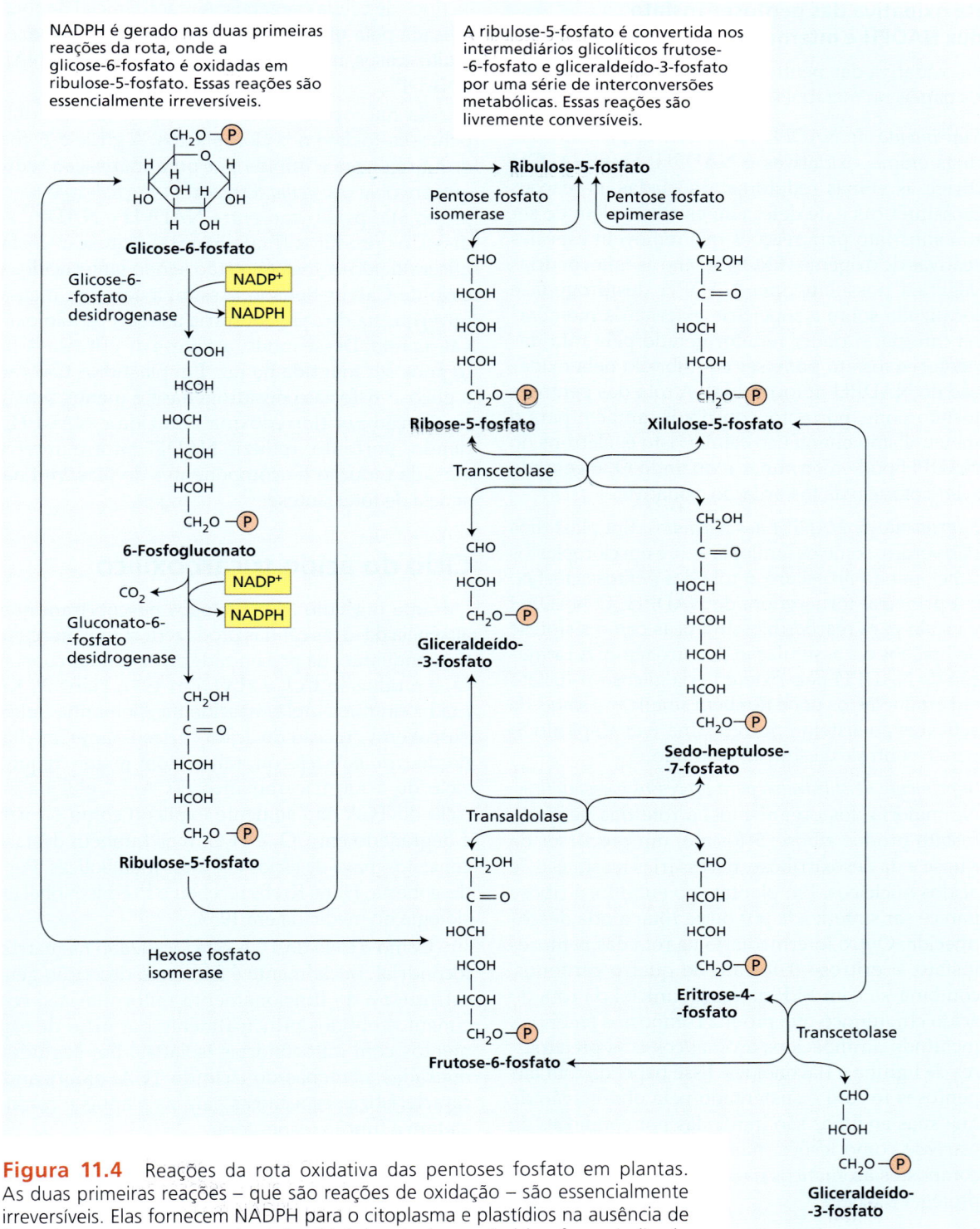

Figura 11.4 Reações da rota oxidativa das pentoses fosfato em plantas. As duas primeiras reações – que são reações de oxidação – são essencialmente irreversíveis. Elas fornecem NADPH para o citoplasma e plastídios na ausência de fotossíntese. A parte posterior (a jusante) da rota é reversível (conforme indicado pelas setas duplas), de modo que ela pode fornecer substratos de cinco carbonos para a biossíntese mesmo quando as reações de oxidação são inibidas, como, por exemplo, nos cloroplastos na luz.

A rota oxidativa das pentoses fosfato produz NADPH e intermediários biossintéticos

A rota oxidativa das pentoses-fosfato desempenha diversos papéis no metabolismo vegetal:

- *Suprimento de NADPH no citosol.* O produto das duas etapas oxidativas é NADPH. Esse NADPH dirige as etapas redutoras associadas às reações biossintéticas e de defesa ao estresse, além de ser um substrato para reações que removem espécies reativas de oxigênio (EROs). Como as mitocôndrias vegetais possuem uma NADPH desidrogenase localizada sobre a superfície externa da membrana interna, o poder redutor gerado pela rota das pentoses fosfato pode ser equilibrado pela oxidação do NADPH mitocondrial. A rota das pentoses fosfato pode, portanto, contribuir também para o metabolismo energético celular; isto é, elétrons do NADPH podem terminar reduzindo O_2 e gerando ATP por meio da fosforilação oxidativa.

- *Suprimento de NADPH nos plastídios.* Em plastídios não verdes, como os amiloplastos, e em cloroplastos funcionando no escuro, a rota das pentoses fosfato é a principal fornecedora de NADPH. O NADPH é usado para reações biossintéticas como a síntese de lipídeos e a assimilação de nitrogênio. A formação de NADPH pela oxidação da glicose-6-fosfato em amiloplastos pode também sinalizar o *status* de açúcares ao sistema tiorredoxina (ver Capítulo 8) para o controle da síntese de amido.

- *Suprimento de substratos para processos biossintéticos.* Na maioria dos organismos, a rota das pentoses fosfato produz ribose-5-fosfato, um precursor da ribose e da desoxirribose, necessárias na síntese de ácidos nucleicos. Em plantas, no entanto, a ribose parece ser sintetizada por outra rota, ainda desconhecida. Outro intermediário na rota das pentoses fosfato, a eritrose-4-fosfato de quatro carbonos, combina-se com PEP na reação inicial da rota do ácido chiquímico que produz compostos fenólicos, incluindo aminoácidos aromáticos e os precursores de lignina e flavonoides. Esse papel da rota das pentoses fosfato é sustentado pela observação de que suas enzimas são induzidas por condições de estresse como lesões, nas quais a biossíntese de compostos aromáticos é necessária para reforçar e proteger o tecido.

A rota oxidativa das pentoses fosfato é regulada por reações redox

Cada etapa enzimática na rota oxidativa das pentoses fosfato é catalisada por um grupo de isozimas que variam em abundância e propriedades reguladoras entre os tipos de células vegetais. A reação inicial da rota, catalisada pela **glicose-6-fosfato desidrogenase**, é, em muitos casos, inibida por uma razão alta entre NADPH e $NADP^+$.

Na luz, ocorre uma baixa operação da rota das pentoses-fosfato nos cloroplastos. A glicose-6-fosfato desidrogenase é inibida por uma inativação redutora que envolve o *sistema ferredoxina-tiorredoxina* (ver Capítulo 8) e pela razão entre NADPH e $NADP^+$. Além disso, os produtos finais da rota, frutose-6-fosfato e gliceraldeído-3-fosfato, estão sendo sintetizados pelo ciclo de Calvin-Benson. Assim, a ação em massa vai governar na direção contrária as reações não oxidativas da rota. Desse modo, a síntese de eritrose-4-fosfato pode ser mantida na luz. Em plastídios não verdes, a glicose-6-fosfato desidrogenase é menos sensível à inativação por tiorredoxina reduzida e NADPH, podendo, portanto, reduzir $NADP^+$ para manter uma elevada redução de componentes do plastídio na ausência de fotossíntese.

Ciclo do ácido tricarboxílico

Durante o século XIX, biólogos descobriram que, na ausência de ar, as células produzem etanol ou ácido láctico, enquanto, na presença de ar, as células consomem O_2 e produzem CO_2 e H_2O. Em 1937, Hans A. Krebs, um bioquímico inglês nascido na Alemanha, relatou a descoberta do ciclo do ácido cítrico – também chamado de *ciclo de Krebs* ou, talvez com maior frequência, ciclo do ácido tricarboxílico (TCA). A elucidação do ciclo do TCA não somente explicou como o piruvato é degradado em CO_2 e H_2O, mas também destacou o conceito-chave de ciclos em rotas metabólicas. Por essa descoberta, Hans Krebs recebeu o Prêmio Nobel em fisiologia ou medicina em 1953.

Como o ciclo do TCA está localizado na matriz mitocondrial, inicialmente é feita uma descrição geral da estrutura e do funcionamento mitocondriais, conhecimentos obtidos principalmente por meio de experimentos com mitocôndrias isoladas. Em seguida, são revisadas as etapas do ciclo do TCA, enfatizando as características específicas para as plantas e como elas afetam a função respiratória.

As mitocôndrias são organelas semiautônomas

A degradação da sacarose em piruvato libera menos que 25% da energia total da sacarose; a energia restante é armazenada nas quatro moléculas de piruvato. As duas próximas etapas da respiração (o ciclo do TCA e a fosforilação oxidativa) ocorrem dentro de uma organela limitada por uma membrana dupla, a **mitocôndria**.

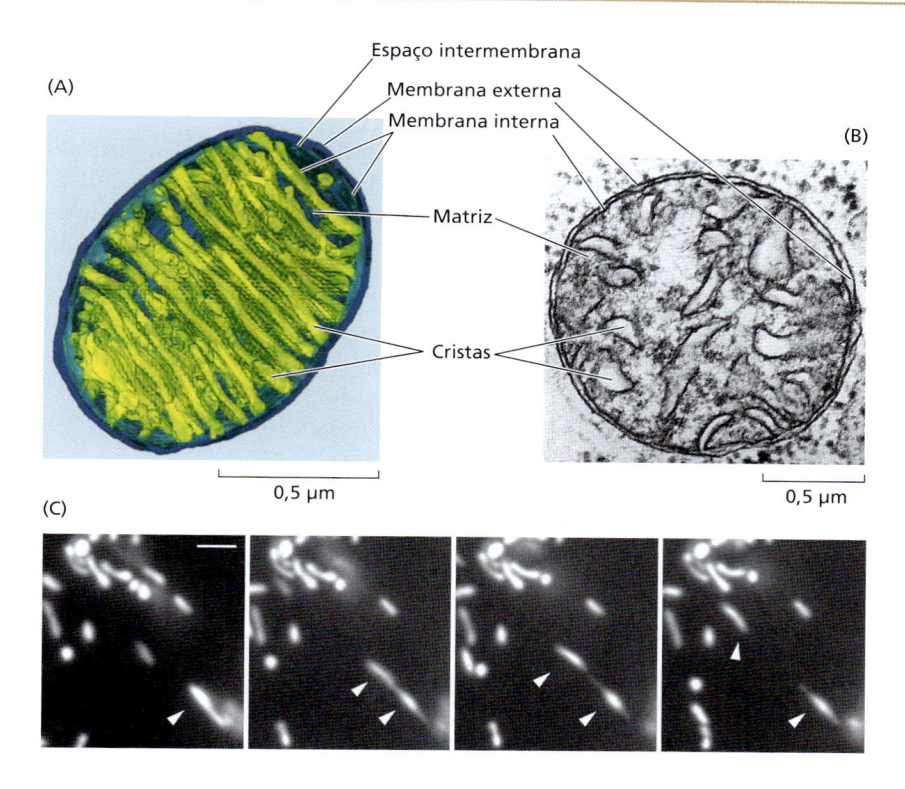

Figura 11.5 Estrutura das mitocôndrias de animais e plantas. (A) Imagem de tomografia tridimensional de uma mitocôndria do cérebro de uma galinha, mostrando as invaginações da membrana interna, denominadas cristas, bem como as localizações da matriz e do espaço intermembrana. (B) Micrografia ao microscópio eletrônico de uma mitocôndria em uma célula do mesofilo de fava (*Vicia faba*). Geralmente, as mitocôndrias individuais têm 1 a 3 μm de comprimento em células vegetais, ou seja, elas são substancialmente menores do que o núcleo e os plastídios. (C) Imagens em sequência temporal mostrando uma mitocôndria dividindo-se em uma célula epidérmica de *Arabidopsis* (pontas de setas). Todas as organelas visíveis são mitocôndrias marcadas com proteína fluorescente verde. As imagens exibidas foram tomadas em intervalos de 2 s. Barra de escala = 1 μm. (A, de Perkins et al., 1997; B, de Gunning e Steer, 1996; C, fotos em *time-lapse* cortesia de David C. Logan.)

As mitocôndrias vegetais em geral são esféricas ou em forma de bastão e têm de 0,5 a 1,0 μm de diâmetro e até 3 μm de comprimento (**Figura 11.5**), mas podem também ser ramificadas ou reticuladas. O número e os tamanhos das mitocôndrias em uma célula podem variar dinamicamente devido à fissão, fusão e degradação mitocondrial (ver Figura 12.5C), enquanto acompanham com a divisão celular. Como os cloroplastos, as mitocôndrias são organelas semiautônomas, porque contêm ribossomos, RNA e DNA, os quais codificam um número limitado de proteínas mitocondriais. As mitocôndrias vegetais são, portanto, capazes de realizar as várias etapas da síntese proteica e de transmitir suas informações genéticas. Tecidos metabolicamente ativos em geral contêm mais mitocôndrias do que células menos ativas, refletindo o papel das mitocôndrias no metabolismo energético. As células-guarda, por exemplo, são extraordinariamente ricas em mitocôndrias.

As características ultraestruturais da mitocôndria vegetal são similares àquelas das mitocôndrias em outros organismos (ver Figura 11.5A e B). As mitocôndrias vegetais têm duas membranas: uma **membrana mitocondrial externa** lisa circunda completamente uma **membrana mitocondrial interna** altamente invaginada. As invaginações da membrana interna são conhecidas como **cristas**. Como consequência de sua área de superfície consideravelmente aumentada, a membrana interna pode conter mais de 50% do total da proteína mitocondrial. A região entre as duas membranas mitocondriais é conhecida como **espaço intermembrana**. O compartimento envolto pela membrana interna é referido como **matriz** mitocondrial. Ela tem um conteúdo bastante alto de macromoléculas, cerca de 50% em massa. Como há pouca água na matriz, a mobilidade é restringida e é provável que as proteínas da matriz estejam organizadas em complexos multienzimáticos, para facilitar a canalização de substratos.

As mitocôndrias intactas são osmoticamente ativas, isto é, elas absorvem água e intumescem quando colocadas em um meio hiposmótico. Íons e moléculas polares em geral são incapazes de se difundir livremente através da membrana interna, que funciona como a barreira osmótica. A membrana externa é permeável a solutos que têm massa molecular menor do que cerca de 10.000 Da – isto é, à maioria dos metabólitos celulares e íons, mas não às proteínas. A fração lipídica de ambas as membranas é formada principalmente por fosfolipídeos, 80% dos quais são ou fosfatidilcolina ou fosfatidiletanolamina. Cerca de 15% dos lipídeos da membrana mitocondrial interna são difosfatidilglicerol (também chamado de cardiolipina), que ocorre naquela membrana.

O piruvato entra na mitocôndria e é oxidado pelo ciclo do TCA

O ciclo do TCA tem esse nome devido à importância dos ácidos cítrico (citrato) e isocítrico (isocitrato) como intermediários iniciais (**Figura 11.6**). Esse ciclo constitui o segundo estágio da respiração e ocorre na matriz mitocondrial. Sua operação requer que o piruvato gerado no citosol durante a glicólise seja transportado pela barreira da membrana interna da mitocôndria através de uma proteína de transporte específica (como será descrito em breve).

Uma vez dentro da matriz mitocondrial, o piruvato é descarboxilado em uma reação de oxidação catalisada pela **piruvato desidrogenase**, um grande complexo que consiste em diversas enzimas. Os produtos são NADH, CO_2 e acetil-CoA, na qual o grupo acetil deri-

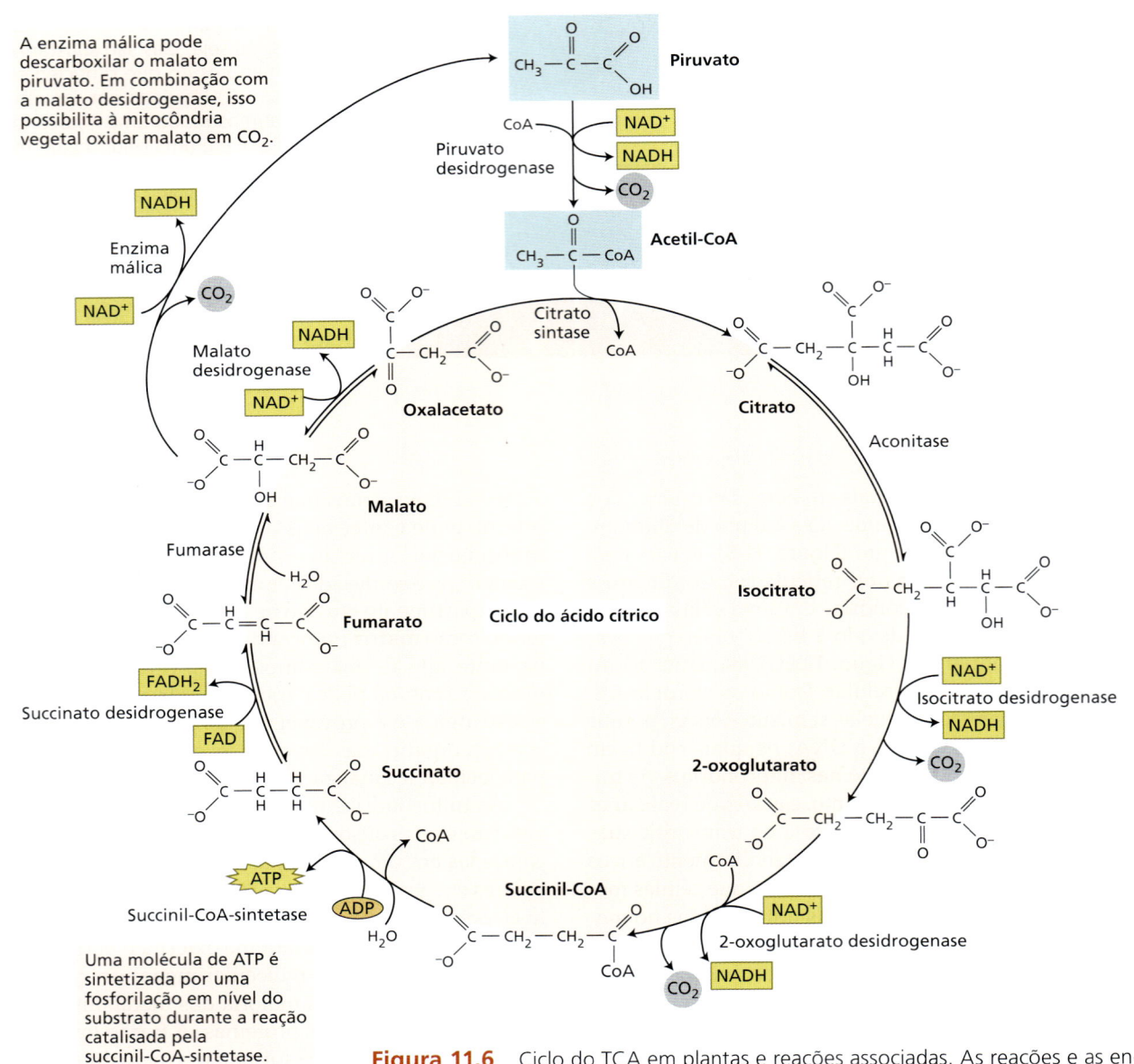

Figura 11.6 Ciclo do TCA em plantas e reações associadas. As reações e as enzimas do ciclo do TCA são exibidas junto com as reações acessórias da piruvato desidrogenase e da enzima málica. O piruvato é completamente oxidado em três moléculas de CO_2, e, em combinação, a malato desidrogenase e a enzima málica possibilitam às mitocôndrias vegetais oxidar completamente o malato. Os elétrons liberados durante essas oxidações são utilizados para reduzir quatro moléculas de NAD^+ a NADH e uma molécula de FAD a $FADH_2$. CoA, coenzima A.

vado do piruvato é conectado por uma ligação tioéster a um cofator, a coenzima A (CoA) (ver Figura 11.6).

Na próxima reação, a enzima citrato sintase, formalmente a primeira enzima no ciclo do TCA, combina o grupo acetil da acetil-CoA com um ácido dicarboxílico de quatro carbonos (*oxalacetato*), gerando um ácido tricarboxílico de seis carbonos (citrato). O citrato é, então, isomerizado a isocitrato pela enzima aconitase.

As duas reações seguintes são descarboxilações oxidativas sucessivas. Cada uma delas produz um NADH e libera uma molécula de CO_2, gerando um produto de quatro carbonos ligado à CoA, succinil-CoA. Nesse ponto, três moléculas de CO_2 foram produzidas para cada três carbonos que ingressaram na mitocôndria como piruvato, ou 12 CO_2 para cada molécula de sacarose oxidada.

No restante do ciclo do TCA, succinil-CoA é oxidada a oxalacetato, permitindo a operação continuada do ciclo. Inicialmente a quantidade grande de energia livre disponível na ligação tioéster da succinil-CoA é conservada pela síntese de ATP a partir de ADP e P_i via uma fosforilação em nível de substrato catalisada pela *succinil-CoA-sintetase*. (Lembre que a energia livre disponível na ligação tioéster da acetil-CoA foi usada para formar uma ligação carbono-carbono na etapa catalisada pela citrato sintase.) O succinato resultante é oxidado a fumarato pela *succinato desidrogenase*, que é a única enzima do ciclo do TCA associada a membranas e também parte da cadeia de transporte de elétrons.

Os elétrons e os prótons removidos do succinato não terminam no NAD^+, mas em outro cofator envolvido em reações redox: **flavina adenina dinucleotídeo (FAD)**. O FAD é ligado covalentemente ao sítio ativo da succinato desidrogenase e passa por uma redução reversível com dois elétrons para produzir $FADH_2$ (ver Figura 11.2B).

Nas duas reações finais do ciclo do TCA, o fumarato é hidratado para produzir malato, que é subsequentemente oxidado pela *malato desidrogenase* para regenerar oxalacetato e produzir outra molécula de NADH. O oxalacetato produzido é agora capaz de reagir com outra acetil-CoA e continuar o ciclo.

A oxidação gradativa de uma molécula de piruvato na mitocôndria dá origem a três moléculas de CO_2, sendo que a maior parte da energia livre desprendida durante essas oxidações é conservada na forma de quatro NADH e um $FADH_2$. Além disso, uma molécula de ATP é produzida por uma fosforilação em nível de substrato.

O ciclo do TCA em plantas tem características exclusivas

As reações do ciclo do TCA destacadas na Figura 11.6 não são todas idênticas àquelas realizadas pelas mitocôndrias animais. A etapa catalisada pela succinil-CoA-sintetase, por exemplo, produz ATP em plantas e GTP em animais. Esses nucleotídeos são equivalentes energeticamente.

Uma característica do ciclo do TCA em plantas, inexistente em muitos outros organismos, é a presença da **enzima málica** na matriz mitocondrial. Essa enzima catalisa a descarboxilação oxidativa do malato:

$$\text{Malato} + NAD^+ \rightarrow \text{piruvato} + CO_2 + NADH \quad (11.7)$$

A atividade da enzima málica permite às mitocôndrias vegetais operarem rotas alternativas para o metabolismo do PEP derivado da glicólise. Conforme já descrito, o malato pode ser sintetizado a partir do PEP no citosol, via enzimas PEP-carboxilase e malato desidrogenase (ver Figura 11.3). Para a degradação, o malato é transportado para a matriz mitocondrial, onde a enzima málica pode oxidá-lo a piruvato. Essa reação torna possível a oxidação dos intermediários do ciclo do TCA como o malato (**Figura 11.7A**) ou o citrato (**Figura 11.7B**) a CO_2. Muitos tecidos vegetais, não somente aqueles que realizam o metabolismo ácido das crassuláceas (ver Capítulo 8), armazenam nos seus vacúolos quantidades significativas de malato e de outros ácidos orgânicos. A degradação do malato via enzima málica mitocondrial é importante para regular os níveis de ácidos orgânicos em células – por exemplo, durante o amadurecimento de frutos.

Em vez de ser degradado, o malato produzido via PEP-carboxilase pode repor os intermediários do ciclo do TCA utilizados na biossíntese. As reações que repõem intermediários em um ciclo metabólico são conhecidas como *anapleróticas*. Por exemplo, a exportação de 2-oxoglutarato para a assimilação de nitrogênio no cloroplasto provoca uma escassez de malato para a reação da citrato-sintase. Esse malato pode ser reposto pela rota da PEP-carboxilase (**Figura 11.7C**).

O ácido gama-aminobutírico (GABA, de *gamma-aminobutyric acid*) é um aminoácido que se acumula em plantas sob condições de vários estresses bióticos e abióticos e pode desempenhar o papel de sinal. O GABA é sintetizado a partir de 2-oxoglutarato e degradado a succinato pelo chamado **desvio de GABA**, que evita as enzimas do ciclo do TCA. A relação funcional entre o acúmulo de GABA e o estresse permanece pouco compreendida.

Transporte de elétrons e síntese de ATP na mitocôndria

O ATP é o carregador de energia utilizado pelas células para impulsionar os processos vitais; assim, a energia química conservada durante o ciclo do TCA sob a forma de NADH e FADH₂ deve ser convertida em ATP para realizar trabalho relevante dentro da célula. Esse processo dependente de O_2, denominado fosforilação oxidativa, ocorre na membrana mitocondrial interna.

Nesta seção, será descrito o processo pelo qual o nível de energia dos elétrons de NADH e FADH₂ é reduzido de maneira gradual e conservado na forma de um gradiente eletroquímico de prótons através da membrana mitocondrial interna. Embora fundamentalmente similar em todas as células aeróbicas, a cadeia de transporte de elétrons em plantas (e em muitos fungos e protistas) contém múltiplas NAD(P)H-desidrogenases e uma oxidase alternativa, nenhuma das quais é encontrada nas mitocôndrias de mamíferos.

É examinada também a enzima que utiliza a energia do gradiente de prótons para sintetizar ATP: a F_oF_1-ATP-sintase. Após examinar os diversos estágios na produção de ATP, são resumidas as etapas de conservação de energia em cada estágio, bem como os mecanismos reguladores que coordenam as diferentes rotas.

A cadeia de transporte de elétrons catalisa o fluxo de elétrons do NADH ao O_2

Para cada molécula de sacarose oxidada pela glicólise e pelo ciclo do TCA, quatro moléculas de NADH são geradas no citosol e dezesseis moléculas de NADH mais quatro moléculas de FADH₂ (associadas à succinato desidrogenase) são geradas na matriz mitocondrial. Esses compostos reduzidos precisam ser reoxidados ou todo o processo respiratório cessa.

A cadeia de transporte de elétrons catalisa uma transferência de dois elétrons do NADH (ou FADH₂) ao oxigênio, o aceptor final de elétrons do processo respiratório. Para a oxidação do NADH, a reação pode ser escrita como

$$NADH + H^+ + \tfrac{1}{2} O_2 \rightarrow NAD^+ + H_2O \quad (11.8)$$

A partir dos potenciais de redução para o par NADH-NAD⁺ (–320 mV) e o par H₂O-½ O₂ (+810 mV), é possível calcular que a energia livre padrão liberada durante essa reação global ($-nF\Delta E^{0'}$) é de cerca de 220 kJ por mol de NADH. Como o potencial de redução do succinato fumarato é mais alto (+30 mV), apenas 152 kJ por mol de succinato são liberados. O papel da cadeia de transporte de elétrons é realizar a oxidação do NADH (e FADH₂) e, no processo, utilizar parte da energia livre liberada para gerar um gradiente eletroquímico de prótons, $\Delta\tilde{\mu}_{H^+}$, através da membrana mitocondrial interna.

A cadeia de transporte de elétrons de plantas contém o mesmo conjunto de carregadores de elétrons

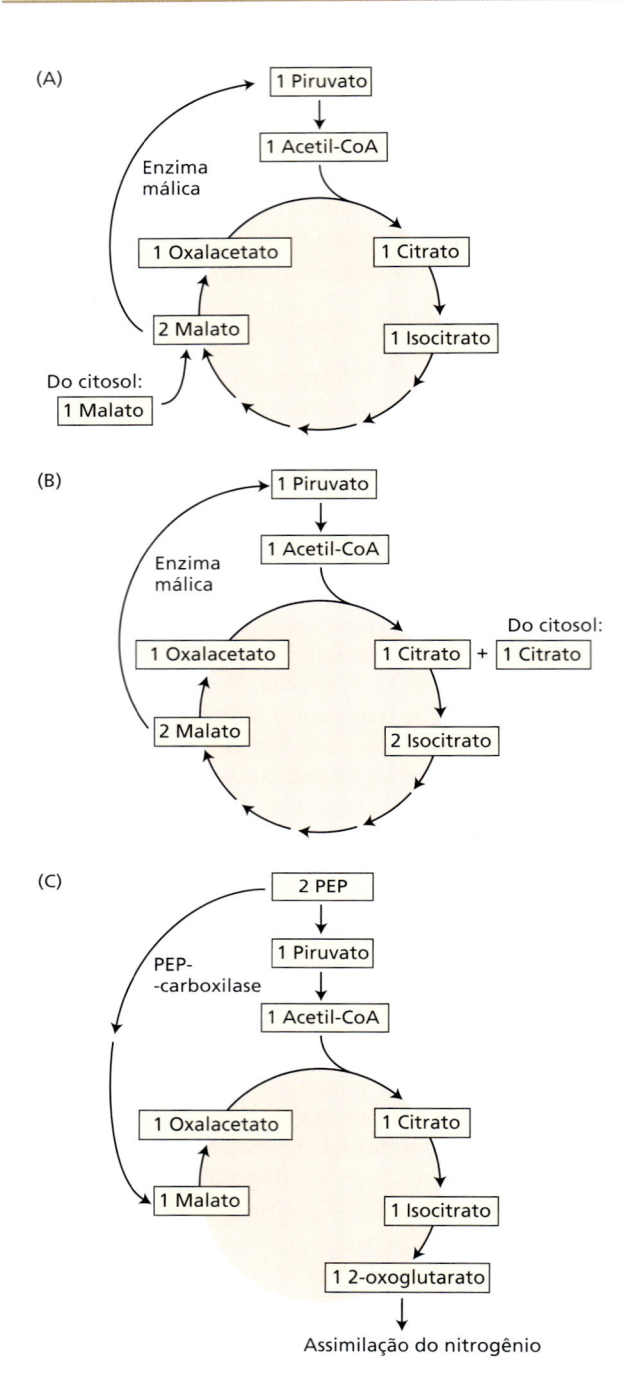

Figura 11.7 A enzima málica e a PEP-carboxilase conferem flexibilidade metabólica às plantas para o metabolismo do PEP e do piruvato. A enzima málica converte malato em piruvato e, assim, possibilita que as mitocôndrias vegetais oxidem tanto (A) malato como (B) citrato a CO_2, sem envolver o piruvato liberado pela glicólise. (C) Com a ação adicional da PEP-carboxilase à rota-padrão, o PEP glicolítico é convertido em 2-oxoglutarato, que é usado para a assimilação de nitrogênio.

encontrados em mitocôndrias de outros organismos (**Figura 11.8**). As proteínas individuais de transporte de elétrons estão organizadas em quatro complexos transmembrana multiproteicos (identificados pelos numerais romanos de I a IV), todos localizados na membrana mitocondrial interna. Três desses complexos (I, III e IV) estão envolvidos no bombeamento de prótons.

COMPLEXO I (NADH-DESIDROGENASE) Elétrons do NADH gerados pelo ciclo do TCA na matriz mitocondrial são oxidados pelo **complexo I** (uma **NADH-desidrogenase**). Os carregadores de elétrons no complexo I incluem um cofator fortemente ligado (**flavina mononucleotídeo**, ou **FMN**, é quimicamente similar ao FAD; ver Figura 11.2B), além de vários centros ferro-enxofre. O complexo I, então, transfere esses elétrons à ubiquinona. Quatro prótons são bombeados da matriz para o espaço intermembrana, para cada par de elétrons que passa pelo complexo.

A **ubiquinona**, um pequeno carregador lipossolúvel de prótons e elétrons, está localizada dentro da membrana interna. Ela não está fortemente associada a qualquer proteína e pode se difundir no centro hidrofóbico da bicamada da membrana.

COMPLEXO II (SUCCINATO DESIDROGENASE) A oxidação do succinato no ciclo do TCA é catalisada por esse complexo, sendo os equivalentes redutores transferidos via $FADH_2$ e um grupo de centros ferro-enxofre para a ubiquinona. O complexo II não bombeia prótons.

COMPLEXO III (COMPLEXO DE CITOCROMOS BC_1) O complexo III oxida a ubiquinona reduzida (ubiquinol) e transfere os elétrons para o citocromo c via um centro ferro-enxofre, dois citocromos tipo b (b_{565} e b_{560}) e um citocromo c_1 ligado à membrana. Quatro prótons por par de elétrons são bombeados para fora da matriz pelo complexo III, usando um mecanismo denominado **Ciclo Q**, similar ao descrito para a cadeia de transporte de elétrons no cloroplasto (ver Figura 7.25).

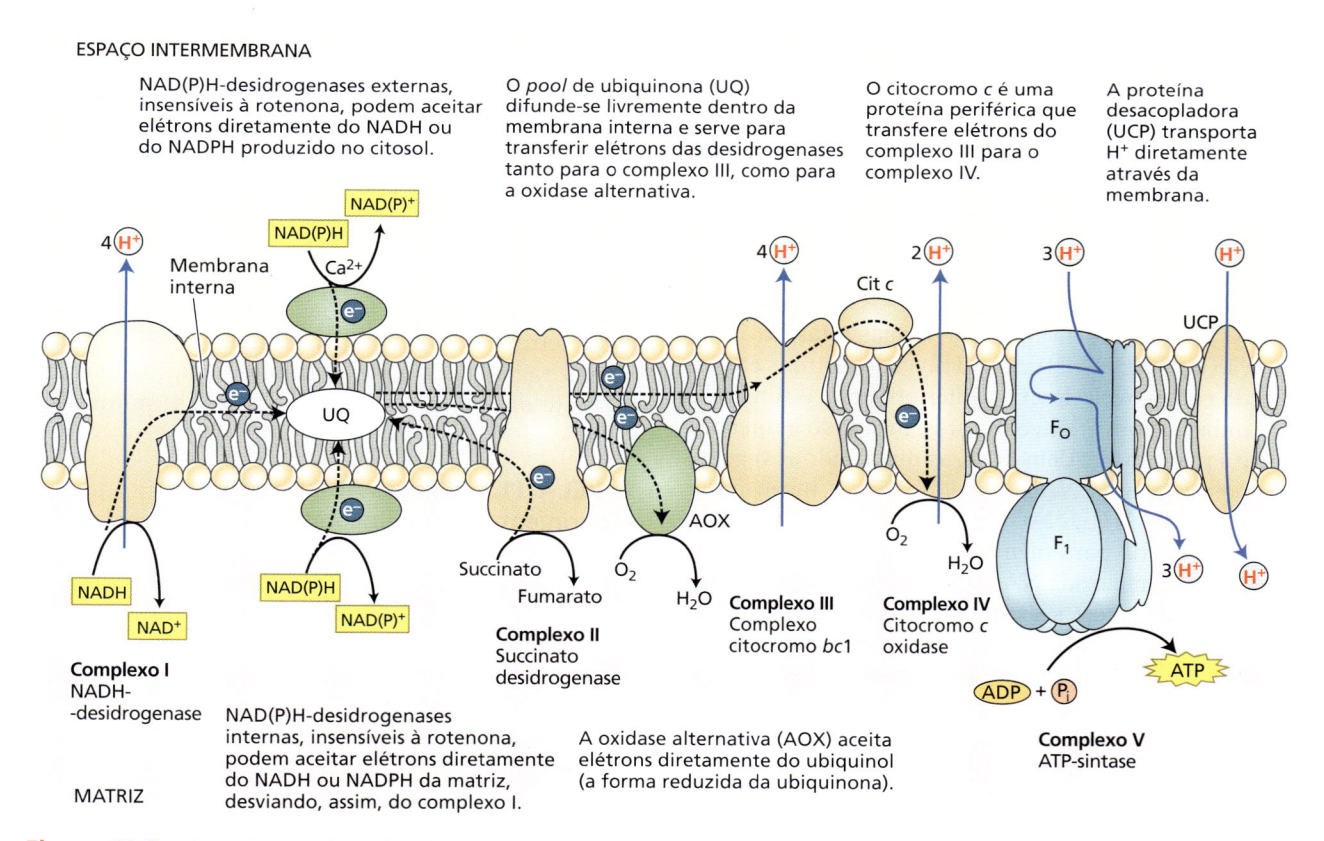

Figura 11.8 Organização da cadeia de transporte de elétrons e síntese de ATP na membrana interna da mitocôndria vegetal. As mitocôndrias de quase todos os eucariotos contêm os quatro complexos proteicos padrão: I, II, III e IV. As estruturas de todos os complexos foram determinadas, mas eles são mostrados aqui como formas simplificadas. A cadeia de transporte de elétrons da mitocôndria vegetal contém enzimas adicionais (ambas as NAD(P)H-desidrogenases interna e externa, e a oxidase alternativa; marcadas em verde) que não bombeiam prótons. Adicionalmente, proteínas desacopladoras desviam diretamente da ATP-sintase, permitindo o influxo passivo de prótons. Essa multiplicidade de desvios dá uma maior flexibilidade ao acoplamento energético em plantas; os mamíferos possuem apenas a enzima desacopladora.

O **citocromo c** é uma proteína pequena fracamente fixada à superfície externa da membrana interna e serve como um carregador móvel que transfere elétrons entre os complexos III e IV.

Tanto estrutural quanto funcionalmente, a ubiquinona, o complexo de citocromos bc_1, e o citocromo c são muito similares à plastoquinona, ao complexo de citocromos b_6f, e à plastocianina, respectivamente, na cadeia fotossintética de transporte de elétrons (ver Capítulo 7).

COMPLEXO IV (CITOCROMO c OXIDASE)

O complexo IV contém dois centros de cobre (Cu_A e Cu_B) e os citocromos a e a_3. Esse complexo é a oxidase terminal e realiza a redução do O_2 a duas moléculas de H_2O com quatro elétrons. Dois prótons são bombeados para cada par de elétrons (ver Figura 11.8).

A cadeia de transporte de elétrons tem ramificações suplementares

Além do conjunto de complexos proteicos descrito anteriormente, a cadeia de transporte de elétrons das plantas contém componentes não encontrados em mitocôndrias de mamíferos (ver Figura 11.8). Em especial, as enzimas adicionais, **NAD(P)H-desidrogenases** e uma assim chamada **oxidase alternativa**, não conservadoras de energia, são ligadas à membrana interna. Ao contrário dos complexos I, III e IV bombeadores de prótons, essas enzimas adicionais não os bombeiam. Em consequência, quando elas são usadas, uma parte menor da energia liberada da oxidação de NADH (ou succinato) é conservada como ATP.

- As mitocôndrias vegetais têm duas rotas de oxidação do NADH matricial. O fluxo de elétrons através do complexo I, descrito anteriormente, é sensível à inibição por vários compostos, incluindo a rotenona e a piericidina. Além disso, as mitocôndrias vegetais possuem uma NADH-desidrogenase insensível à rotenona, ND_{in}(NADH), sobre a superfície matricial voltada para membrana mitocondrial interna. Essa enzima oxida NADH derivado do ciclo do TCA e pode também ser um desvio utilizado quando o complexo I está sobrecarregado, como será visto em breve. Uma NADPH-desidrogenase, ND_{in}(NADPH), também está presente sobre a superfície matricial, mas muito pouco é conhecido sobre essa enzima.

- As NAD(P)H-desidrogenases insensíveis à rotenona, a maior parte dependente de Ca^{2+}, também estão aderidas à superfície externa da membrana interna, voltada para o espaço intermembrana. Elas oxidam tanto NADH como NADPH do citosol. Os elétrons dessas NAD(P)H-desidrogenases externas – ND_{ex}(NADH) e ND_{ex}(NADPH) – entram na cadeia de transporte de elétrons principal ao nível do *pool* de ubiquinona.

- A maioria das plantas, se não todas, tem uma rota respiratória adicional para a oxidação do ubiquinol e a redução do oxigênio. Essa rota envolve a oxidase alternativa, que, diferente da citocromo c oxidase, é insensível à inibição por cianeto, monóxido de carbono e pela molécula sinalizadora óxido nítrico.

O significado fisiológico dessas enzimas suplementares do transporte de elétrons é considerado de maneira mais completa posteriormente neste capítulo.

A síntese de trifosfato de adenosina na mitocôndria está acoplada ao transporte de elétrons

Na fosforilação oxidativa, a transferência de elétrons para o oxigênio via complexos I, III e IV é acoplada à síntese de ATP a partir de ADP e P_i via a F_oF_1-ATP-sintase (complexo V). O número de ATPs sintetizados depende da natureza do doador de elétrons.

Em experimentos conduzidos em mitocôndrias isoladas, elétrons doados para o complexo I (p. ex., gerados pela oxidação do malato) geram razões ADP:O (o número de ATPs sintetizados por dois elétrons transferidos para o oxigênio) de 2,4 a 2,7 (**Tabela 11.1**). Elétrons doados ao complexo II (do succinato) e para a NADH-desidrogenase externa geram valores na faixa de 1,6 a 1,8, enquanto elétrons doados diretamente à citocromo c oxidase (complexo IV) via carregadores artificiais de elétrons dão valores de 0,8 a 0,9. Resultados como esses levaram ao conceito geral de que existem três locais de conservação de energia ao longo da cadeia de transporte de elétrons, nos complexos I, III e IV.

As razões ADP:O experimentais aproximam-se bastante dos valores calculados com base no número

TABELA 11.1 Razões ADP:O teóricas e experimentais em mitocôndrias vegetais isoladas

Elétrons alimentando	Razão ADP:O	
	Teórica[a]	Experimental
Complexo I	2,5	2,4-2,7
Complexo II	1,5	1,6-1,8
NADH-desidrogenase externa	1,5	1,6-1,8
Complexo IV	1,0[b]	0,8-0,9

[a] Admite-se que os complexos I, III e IV bombeiam 4, 4 e 2 H^+ por 2 elétrons, respectivamente; que o custo de sintetizar 1 ATP e exportá-lo para o citosol é 4 H^+; e que as rotas não fosforilativas não estão ativas.
[b] A citocromo c oxidase (complexo IV) bombeia somente 2 prótons. Entretanto, 2 elétrons movem-se da superfície externa da membrana interna (onde os elétrons são doados) através da membrana interna para o lado de dentro, o lado matricial. Como resultado, 2 H^+ são consumidos no lado da matriz. Isso significa que o movimento líquido de H^+ e cargas é equivalente ao movimento de um total de 4 H^+, resultando em uma razão ADP:O teórica de 1,0.

de H⁺ bombeados pelos complexos I, III e IV e no custo de 4 H⁺ para sintetizar um ATP (ver próxima seção e Tabela 11.1). Por exemplo, os elétrons de NADH externo passam apenas pelos complexos III e IV, de modo que um total de 6 H⁺ é bombeado, gerando 1,5 ATP (quando não é usada a rota da oxidase alternativa).

O mecanismo da síntese mitocondrial de ATP tem como base a **hipótese quimiosmótica**, descrita no Capítulo 7, que foi inicialmente proposta em 1961 pelo ganhador do prêmio Nobel Peter Mitchell como um mecanismo geral de conservação de energia através de membranas biológicas. De acordo com a hipótese quimiosmótica, a orientação dos carregadores de elétrons dentro da membrana mitocondrial interna permite a transferência de prótons através dessa membrana durante o fluxo de elétrons (ver Figura 11.8).

Como a membrana mitocondrial interna é altamente impermeável a prótons, pode se formar um **gradiente eletroquímico de prótons**. A energia livre associada com a formação de um gradiente eletroquímico de prótons, $\Delta\tilde{\mu}_{H^+}$ (expressa em kJ mol^{-1}), é também referida como *força motriz de prótons*, Δp, quando expressa em unidades de volts. A transferência de um H⁺ do espaço intermembrana para a matriz libera energia devido à Δp, que é a soma de um componente de potencial elétrico transmembrana (ΔE) e o componente de potencial químico (ΔpH) de acordo com a seguinte equação aproximada:

$$\Delta p = \Delta E - 59\Delta pH \text{ (a 25°C)} \quad (11.9)$$

em que

$$\Delta E = E_{dentro} - E_{fora} \quad (11.10)$$

e

$$\Delta pH = pH_{dentro} - pH_{fora} \quad (11.11)$$

ΔE resulta da distribuição assimétrica de uma espécie carregada (H⁺ e outros íons) através da membrana, e ΔpH é devido à diferença na concentração de H⁺ através da membrana. Como os prótons são translocados da matriz mitocondrial para o espaço intermembrana, o ΔE resultante através da membrana mitocondrial interna tem um valor negativo. Sob condições normais, o ΔpH é de cerca de 0,5 e o ΔE é de cerca de 0,2 V. Como a membrana tem apenas 7 a 8 nm de espessura, esse ΔE corresponde a um campo elétrico de pelo menos 25 milhões de V/m (ou dez vezes o campo gerado por um relâmpago durante uma tempestade), enfatizando as enormes forças envolvidas no transporte de elétrons.

Como esta equação mostra, ambos ΔE e ΔpH contribuem para a força motriz de prótons nas mitocôndrias vegetais, embora o ΔpH constitua a parte menor, provavelmente devido à grande capacidade de tamponamento tanto do citosol como da matriz, que impede variações grandes de pH. Essa situação contrasta com aquela no cloroplasto, na qual quase toda a força motriz de prótons na membrana tilacoide é devida ao ΔpH (ver Capítulo 7).

O aporte de energia livre exigido para gerar $\Delta\tilde{\mu}_{H^+}$ provém da energia livre liberada durante o transporte de elétrons. Não está completamente entendido em todos os casos como esse transporte é acoplado à translocação de prótons. Devido à permeabilidade (condutância) baixa da membrana interna a prótons, o gradiente eletroquímico de prótons pode ser utilizado para realizar trabalho químico (síntese de ATP). O $\Delta\tilde{\mu}_{H^+}$ está acoplado à síntese de ATP por um complexo proteico adicional associado à membrana interna, a F$_o$F$_1$-ATP-sintase.

A **F$_o$F$_1$-ATP-sintase** (também chamada de *complexo V*) consiste em dois componentes principais, F$_o$ e F$_1$ (ver Figura 11.8). **F$_o$** (subscrito "o" para sensível à oligomicina) é um complexo proteico integral de membrana de pelo menos três polipeptídeos diferentes. Eles formam o canal pelo qual os prótons atravessam a membrana interna. O outro componente, **F$_1$**, é um complexo proteico periférico de membrana, composto de pelo menos cinco subunidades diferentes, que contém o sítio catalítico para conversão de ADP e P$_i$ em ATP. Esse complexo é ligado ao lado matricial de F$_o$.

A passagem de prótons através do canal é acoplada ao ciclo catalítico do componente F$_1$ da ATP-sintase, permitindo a síntese continuada de ATP e o uso simultâneo do $\Delta\tilde{\mu}_{H^+}$. Para cada ATP sintetizado, 3 H⁺ passam pelo componente F$_o$, vindos do espaço intermembrana para a matriz, ao longo de um gradiente eletroquímico de prótons.

Uma estrutura de alta resolução para o componente F$_1$ da ATP-sintase de mamíferos forneceu evidência para um modelo em que uma parte de F$_o$ gira em relação a F$_1$ para acoplar o transporte de H⁺ à síntese de ATP. A estrutura e a função da ATP-sintase mitocondrial são similares àquelas da CF$_0$CF$_1$-ATP-sintase em cloroplastos (ver Capítulo 7.29).

O funcionamento do mecanismo quimiosmótico da síntese de ATP tem várias implicações. Primeiro, o verdadeiro sítio de formação do ATP na membrana mitocondrial interna é a ATP-sintase, e não os complexos I, III ou IV. Esses complexos servem como sítios de conservação de energia em que o transporte de elétrons está acoplado à geração de um $\Delta\tilde{\mu}_{H^+}$. A síntese de ATP diminui o $\Delta\tilde{\mu}_{H^+}$ e, em consequência, sua restrição sobre os complexos de transporte de elétrons. O transporte de elétrons é, portanto, estimulado por um grande suprimento de ADP.

A hipótese quimiosmótica também explica o mecanismo de ação dos **desacopladores**. Estes constituem uma gama ampla de compostos químicos artificiais não relacionados (incluindo 2,4-dinitrofenol e *p*-trifluorometoxicarbonilcianeto fenilidrazona [FCCP]), que diminuem a síntese mitocondrial de ATP, mas estimulam a taxa de transporte de elétrons. Todos os desacopladores tornam a membrana interna permeável a prótons e impedem o acúmulo de um $\Delta\tilde{\mu}_{H^+}$ suficientemente grande para governar a síntese de ATP ou restringir o transporte de elétrons.

Os transportadores trocam substratos e produtos

O gradiente eletroquímico de prótons também desempenha um papel no movimento dos ácidos orgânicos do ciclo do TCA e dos substratos e produtos da síntese de ATP para dentro e para fora das mitocôndrias (**Figura 11.9**). Embora o ATP seja sintetizado na matriz mitocondrial, a maior parte dele é utilizada fora da mitocôndria, de modo que se torna necessário um mecanismo eficiente para mover ADP para dentro e ATP para fora da organela.

O transportador ADP/ATP (adenina nucleotídeo) realiza a permuta ativa de ADP e ATP através da membrana interna. O movimento do ATP^{4-} mais negativamente carregado para fora da mitocôndria em troca de ADP^{3-} – ou seja, uma carga negativa líquida para fora – é acionado pelo gradiente de potencial elétrico (ΔE, positivo do lado de fora) gerado pelo bombeamento de prótons.

A absorção de fosfato inorgânico (P_i) envolve uma proteína de transporte ativo de fosfato, que usa o componente de potencial químico (ΔpH) da força motriz de prótons para acionar a permuta eletroneutra de P_i^- (para dentro) por OH^- (para fora). Enquanto um ΔpH é mantido através da membrana interna, o conteúdo de P_i dentro da matriz permanece alto. Um raciocínio similar aplica-se à absorção de piruvato, a qual é acionada pela troca eletroneutra de piruvato por OH^-, levando à absorção continuada de piruvato do citosol (ver Figura 11.9).

O custo energético total da absorção de um fosfato e de um ADP para a matriz e da exportação de um ATP é o movimento de um H^+ do espaço intermembrana para a matriz:

- Mover um OH^- para fora em troca de P_i^- é equivalente a um H^+ para dentro, de modo que essa permuta eletroneutra consome o ΔpH, mas não o ΔE.
- Mover uma carga negativa para fora (ADP^{3-} entrando na matriz, em troca de ATP^{4-} saindo) é o mesmo que mover uma carga positiva para dentro, de modo que esse transporte reduz apenas o ΔE.

Esse próton, que aciona a troca de ATP por ADP e P_i, deveria ser também incluído no cálculo do custo de síntese de um ATP. Assim, o custo total é de 3 H^+ usados pela ATP-sintase mais 1 H^+ para a troca através da membrana, ou totalizando 4 H^+.

A membrana interna igualmente contém transportadores para ácidos dicarboxílicos (malato ou succinato), trocados por P_i^{2-}, e para ácidos tricarboxílicos (citrato, aconitato ou isocitrato), trocados por ácidos dicarboxílicos (ver Figura 11.9).

A respiração aeróbica produz cerca de 60 moléculas de trifosfato de adenosina por molécula de sacarose

A oxidação completa de uma molécula de sacarose leva à formação líquida de:

- Oito moléculas de ATP por fosforilação em nível de substrato (quatro durante a glicólise e quatro no ciclo do TCA).
- Quatro moléculas de NADH no citosol.
- Dezesseis moléculas de NADH mais quatro moléculas de $FADH_2$ (via succinato desidrogenase) na matriz mitocondrial.

Com base nos valores teóricos de ADP:O (ver Tabela 11.1), pode-se estimar que 52 moléculas de ATP serão geradas por molécula de sacarose pela fosforilação oxidativa. A oxidação aeróbica completa da sacarose (incluindo a fosforilação em nível de substrato) resulta em um total aproximado de 60 ATPs sintetizados por molécula de sacarose (**Tabela 11.2**).

Usando 50 kJ mol^{-1} como a energia livre real de formação de ATP *in vivo*, verifica-se que cerca de 3.010 kJ mol^{-1} de energia livre são conservados na forma de ATP por mol de sacarose oxidada durante a respiração aeróbica. Essa quantidade representa em torno de 52% da energia livre padrão disponível para a oxidação completa da sacarose; o resto é perdido como calor. Ela representa também um enorme avanço em relação ao

TABELA 11.2 Produção máxima de ATP citosólico a partir da oxidação completa de sacarose a CO_2 via glicólise aeróbica e ciclo do TCA

Reação parcial	ATP por sacarose[a]
Glicólise	
4 fosforilações em nível de substrato	4
4 NADH	4 × 1,5 = 6
Ciclo do TCA	
4 fosforilações em nível de substrato	4
4 $FADH_2$	4 × 1,5 = 6
16 NADH	16 × 2,5 = 40
Total	**60**

Fonte: Adaptada de Brand, 1994.
Nota: Admite-se que o NADH citosólico é oxidado pela NADH-desidrogenase externa. Assume-se que outras rotas não fosforilativas (p. ex., a oxidase alternativa) não estão comprometidas.
[a]Calculado usando os valores teóricos de ADP:O da Tabela 11.1.

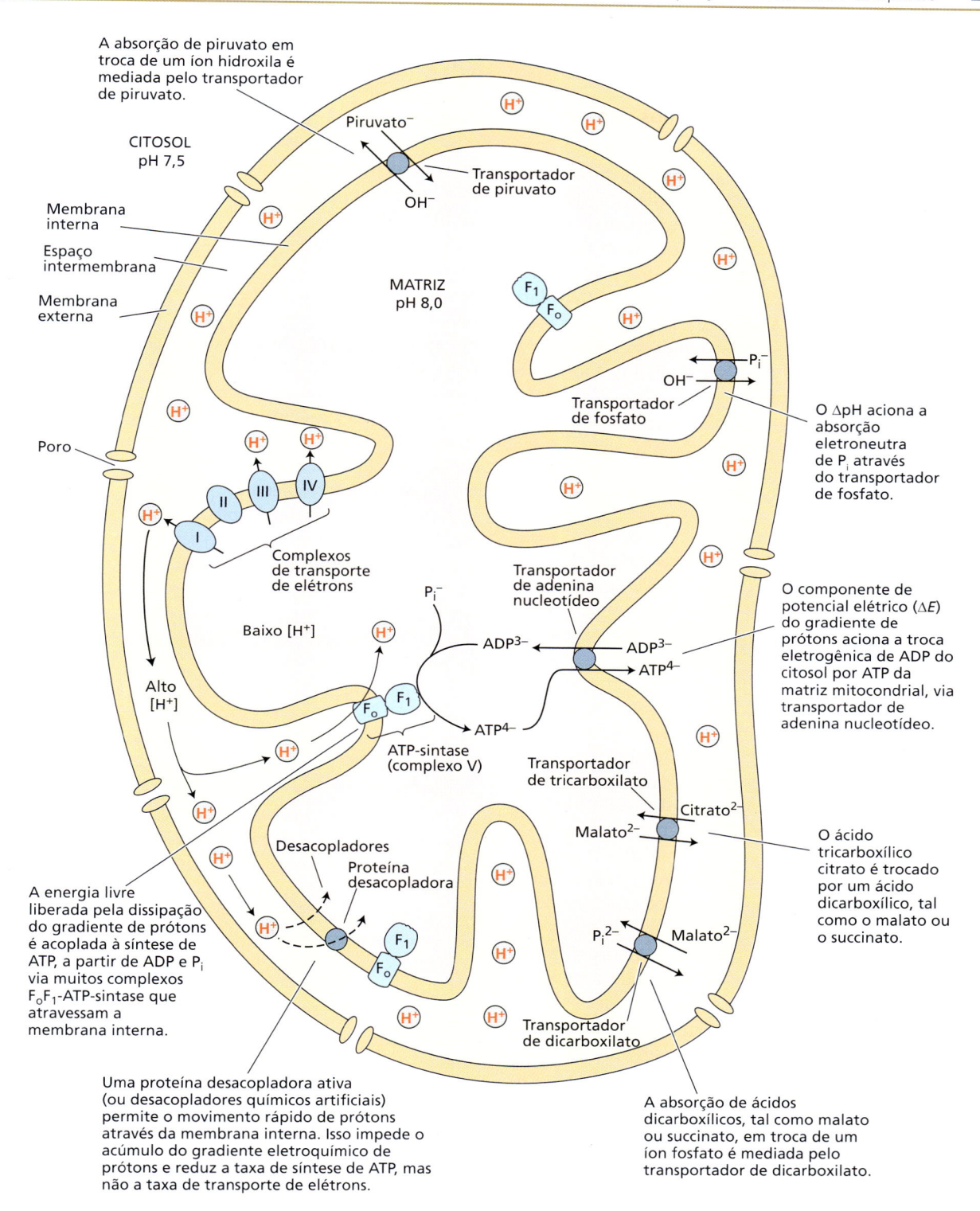

Figura 11.9 Transporte transmembrana em mitocôndrias vegetais. Um gradiente eletroquímico de prótons, $\Delta\tilde{\mu}_{H^+}$, consistindo em um componente de potencial elétrico (ΔE, –200 mV, negativo dentro) e um componente de potencial químico (ΔpH, alcalino dentro), é estabelecido através da membrana mitocondrial interna durante o transporte de elétrons. O $\Delta\tilde{\mu}_{H^+}$ é usado por transportadores específicos que movem metabólitos através da membrana interna.

metabolismo fermentativo, no qual apenas 4% de energia disponível na sacarose são convertidos em ATP.

As plantas têm diversos mecanismos que reduzem a produção de ATP

Como visto, uma complexa maquinaria é necessária para a conservação da energia na fosforilação oxidativa. Por isso, talvez seja surpreendente que as mitocôndrias vegetais tenham várias proteínas funcionais que reduzem essa eficiência. As plantas são, provavelmente, menos limitadas pelo suprimento de energia (luz solar) do que por outros fatores no ambiente (p. ex., acesso a água e nutrientes). Como consequência, para elas a flexibilidade metabólica pode ser mais importante do que a eficiência energética.

Nas próximas subseções, são discutidos o papel das três rotas não conservadoras de energia e a possível utilidade delas na vida da planta: a oxidase alternativa, a proteína desacopladora e a NAD(P)H-desidrogenase insensível à rotenona.

A OXIDASE ALTERNATIVA A maioria das plantas exibe uma capacidade para *respiração resistente ao cianeto*, comparável à capacidade da rota da citocromo *c* oxidase sensível ao cianeto. A captura de oxigênio resistente ao cianeto é catalisada pela oxidase alternativa.

Os elétrons saem da cadeia principal de transporte de elétrons para essa rota alternativa no nível do *pool* de ubiquinona (ver Figura 11.8). A oxidase alternativa, o único componente da rota alternativa, catalisa uma redução com quatro elétrons de oxigênio para água e é inibida especificamente por vários compostos, em especial o ácido salicil-hidroxâmico (SHAM). Quando os elétrons passam à rota alternativa a partir do *pool* de ubiquinona, dois locais de bombeamento de prótons (nos complexos III e IV) são deixados de lado. Como não existe um local de conservação de energia na rota alternativa entre a ubiquinona e o oxigênio, a energia livre que normalmente seria conservada na forma de ATP é perdida como calor quando os elétrons são desviados por essa rota.

Como um processo que aparentemente desperdiça tanta energia, como a rota alternativa, pode contribuir para o metabolismo vegetal? Um exemplo da utilidade funcional da oxidase alternativa é sua atividade nas chamadas flores termogênicas de várias famílias de plantas – por exemplo, o lírio vodu (*Sauromatum guttatum*). Um pouco antes da polinização, partes da inflorescência exibem uma drástica elevação na taxa de respiração causada por um grande aumento na expressão da oxidase alternativa ou da proteína desacopladora (dependendo da espécie). Como consequência, a temperatura da parte superior do apêndice aumenta até 25°C acima da temperatura ambiente. Durante essa extraordinária explosão de produção de calor, a planta pode, concretamente derreter neve ao seu redor. Simultaneamente, certas aminas, indóis e terpenos são volatilizados e, portanto, a planta exala um odor pútrido que atrai insetos polinizadores. O ácido salicílico foi identificado como o sinal iniciador desse evento termogênico no lírio vodu e, posteriormente, foi descoberto que também está envolvido na defesa de plantas a patógenos (ver Capítulo 18).

Na maioria das plantas, as taxas respiratórias são baixas demais para gerar calor suficiente para aumentar significativamente a temperatura. Quais outros papéis são desempenhados pela rota alternativa? Para responder a essa pergunta, deve-se considerar a regulação da oxidase alternativa. Sua transcrição normalmente é induzida de forma específica, por exemplo, por vários tipos de estresses abióticos e bióticos. A atividade da oxidase alternativa, que funciona como um dímero, é regulada pela oxidação-redução reversível de uma ponte dissulfeto intermolecular, pelo nível de redução do *pool* de ubiquinona e pelo piruvato. Os dois primeiros fatores garantem que a enzima seja mais ativa sob condições redutoras, enquanto o último fator garante que a enzima tenha atividade elevada quando houver abundância de substrato para o ciclo do TCA.

Se a taxa respiratória exceder a demanda celular por ATP (i.e., se os níveis de ADP estão muito baixos), o nível de redução na mitocôndria será alto e a oxidase alternativa será ativada. Portanto, a oxidase alternativa possibilita à mitocôndria ajustar suas taxas relativas de produção de ATP e de síntese de esqueletos de carbono para uso em reações biossintéticas.

Outra possível função da rota alternativa está na resposta das plantas a uma diversidade de estresses (deficiência de fosfato, frio, seca, estresse osmótico, e assim por diante), muitos dos quais podem inibir a respiração mitocondrial (ver Capítulo 19). Em resposta ao estresse, a cadeia de transporte de elétrons leva ao aumento na formação de espécies reativas de oxigênio (EROs): inicialmente superóxido, mas também peróxido de hidrogênio e radical hidroxila, que atuam como um sinal para a ativação da expressão da oxidase alternativa. Por meio da drenagem de elétrons do *pool* de ubiquinona (ver Figura 11.8), a rota alternativa evita a super-redução, limitando assim a produção de EROs e minimizando os efeitos prejudiciais do estresse sobre a respiração.

A PROTEÍNA DESACOPLADORA Uma proteína encontrada na membrana interna das mitocôndrias de mamíferos, a **proteína desacopladora**, pode aumentar drasticamente a permeabilidade da membrana a prótons e, assim, atuar como um desacoplador. Como resultado, são gerados menos ATP e mais calor. A produção de calor parece ser uma das principais funções da proteína desacopladora em células de mamíferos.

Por muito tempo pensou-se que a oxidase alternativa em plantas e a proteína desacopladora em mamíferos fossem simplesmente duas maneiras diferentes de atingir o mesmo objetivo. Foi surpreendente, portanto, quando uma proteína similar à proteína desacopladora foi descoberta em mitocôndrias vegetais. Essa proteína é induzida por estresse e estimulada por EROs. Em mutantes silenciados (*knockout*), a assimilação fotossintética de carbono e o crescimento foram reduzidos, o que é compatível com a interpretação de que a proteína desacopladora, assim como a oxidase alternativa, funciona para impedir a super-redução da cadeia de transporte de elétrons e a formação de EROs.

NAD(P)H-DESIDROGENASES INSENSÍVEIS À ROTENONA

Múltiplas desidrogenases insensíveis à rotenona oxidando NADH ou NADPH são encontradas em mitocôndrias de plantas (ver Figura 11.8). A NADH-desidrogenase interna insensível à rotenona (ND_{in}[NADH]) pode trabalhar como um desvio não bombeador de prótons quando o complexo I está sobrecarregado. O complexo I tem uma afinidade mais alta por NADH (K_m dez vezes menor) do que ND_{in}(NADH). Em níveis mais baixos de NADH na matriz, normalmente quando ADP está disponível, o complexo I domina, enquanto, quando o ADP está limitando o processo, a concentração de NADH aumenta e a ND_{in}(NADH) se torna mais ativa. A ND_{in}(NADH) e a oxidase alternativa provavelmente reciclam o NADH em NAD^+, mantendo a atividade da rota. Como o poder redutor pode ser transferido da matriz para o citosol pela troca de diferentes ácidos orgânicos, as NADH-desidrogenases externas podem ter funções de desvio semelhantes àquelas da ND_{in}(NADH). Tomadas em conjunto, essas NADH-desidrogenases e as NADPH-desidrogenases provavelmente tornam a respiração das plantas mais flexível e permitem o controle da homeostase redox específica de NADH e NADPH nas mitocôndrias e no citosol.

O controle da respiração mitocondrial em curto prazo ocorre em diferentes níveis

As rotas respiratórias são controladas por alterações na expressão gênica. Vários genes codificadores de enzimas do ciclo do TCA e da cadeia de transporte de elétrons, especialmente as enzimas não conservadoras de energia, são reguladas por para cima (*up-regulated*) pela luz ou por açúcares, indicando um aumento da capacidade respiratória em resposta ao *status* do carbono. As taxas respiratórias das plantas submetem-se também ao importante *controle alostérico* de "baixo para cima" (*bottom up*) (**Figura 11.10**). Os substratos para a síntese de ATP – ADP e P_i – parecem ser os reguladores-chave, em curto prazo, das taxas da glicólise no citosol e do ciclo do TCA e da fosforilação oxidativa nas mitocôndrias.

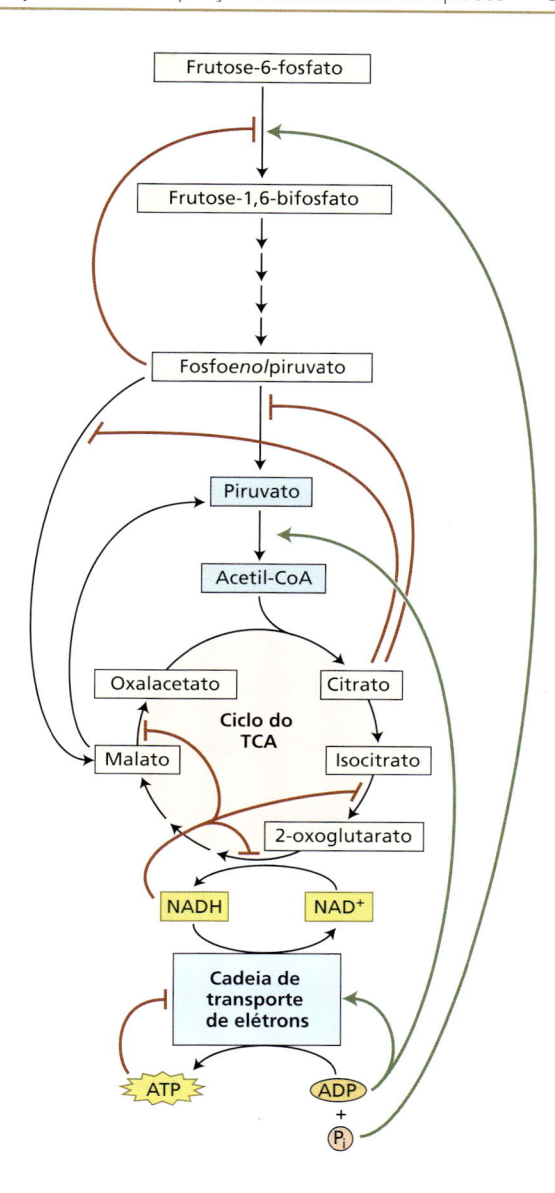

Figura 11.10 Modelo de regulação "de baixo para cima" (*bottom-up*) da respiração vegetal. Diversos substratos para a respiração (p. ex., ADP) estimulam enzimas nas etapas iniciais das rotas (setas verdes). Ao contrário, a acumulação de produtos (p. ex., ATP) inibe as reações a montante (*upstream*) (linhas vermelhas) de uma maneira gradativa. Por exemplo, o ATP inibe a cadeia de transporte de elétrons, levando a uma acumulação de NADH. O NADH inibe as enzimas do ciclo do TCA, como a isocitrato-desidrogenase e a 2-oxoglutarato desidrogenase. Os intermediários do ciclo do TCA, como o citrato, inibem enzimas metabolizadoras do PEP no citosol. Por fim, o PEP inibe a conversão de frutose-6-fosfato em frutose-1,6-bifosfato e restringe o fluxo de carbono para a glicólise. Desse modo, a respiração pode ser regulada para cima (*up*) ou para baixo (*down*) em resposta a demandas variáveis por qualquer um de seus produtos: ATP e ácidos orgânicos.

Em todos os três estágios da respiração, há pontos de controle. Aqui é apresentado apenas um breve panorama de algumas características importantes do controle respiratório, começando com o ciclo do TCA.

O sítio de regulação pós-tradução mais bem caracterizado do metabolismo respiratório mitocondrial é o complexo piruvato desidrogenase, que é fosforilado por uma *proteína quinase reguladora* e desfosforilado por uma *proteína fosfatase*. A piruvato desidrogenase encontra-se inativa no estado fosforilado, e a quinase reguladora é inibida pelo piruvato, permitindo a atividade da enzima quando o substrato está disponível (**Figura 11.11**). A piruvato desidrogenase forma o ponto de entrada ao ciclo do TCA, de modo que essa regulação ajusta a atividade do ciclo à demanda celular.

As oxidações do ciclo do TCA e, subsequentemente, a respiração são controladas de modo dinâmico pelo nível celular de nucleotídeos de adenina (ver Figura 11.10). À medida que a demanda celular por ATP no citosol diminui em relação à taxa de síntese de ATP nas mitocôndrias, menos ADP está disponível, e a cadeia de transporte de elétrons opera em uma taxa reduzida. Essa desaceleração leva a um aumento no NADH matricial, que inibe a atividade de várias desidrogenases do ciclo do TCA, e no NADPH matricial, que é necessário para reposição (*turnover*) da tiorredoxina. Na fotossíntese, as tiorredoxinas controlam muitas enzimas por dimerização redox reversível de resíduos de cisteína (ver Capítulo 8). O fluxo de carbono pelo ciclo do TCA parece ser regulado por uma desativação da succinato desidrogenase e da fumarase. Embora o mecanismo detalhado não tenha sido elucidado ainda, está claro que o *status* redox mitocondrial exerce controles adicionais sobre os processos respiratórios. O acúmulo de intermediários do ciclo do TCA (como o citrato) e de seus derivados (como o glutamato) inibe a ação da piruvato quinase citosólica e da PEP-carboxilase. Isso aumenta a concentração de PEP citosólico, que, por sua vez, reduz a taxa de conversão da frutose-6-fosfato em frutose-1,6-bifosfato, inibindo, assim, a glicólise. Esse efeito inibidor do PEP "de baixo para cima" sobre a fosfofrutoquinase é fortemente diminuído por fosfato inorgânico, fazendo da razão citosólica entre PEP e P_i um fator crítico no controle da atividade glicolítica vegetal. Por outro lado, a regulação em animais opera "de cima para baixo" (*top down*), com uma ativação primária ocorrendo na fosfofrutoquinase e a ativação secundária na piruvato quinase.

Um benefício possível do controle "de baixo para cima" da glicólise é que ele permite que as plantas regulem o fluxo glicolítico líquido para o piruvato, independentemente de processos metabólicos relacionados, como o ciclo de Calvin-Benson e a interconversão sacarose-triose fosfato-amido. Outro benefício desse mecanismo de controle é que a glicólise pode se ajustar à demanda por remoção dos precursores biossintéticos do ciclo do TCA.

Uma consequência do controle "de baixo para cima" da glicólise é que sua taxa pode influenciar as concentrações celulares de açúcares, em combinação com processos fornecedores de açúcares, como o transporte no floema (ver Capítulo 10). A glicose e a sacarose são moléculas sinalizadoras potentes que induzem a planta a ajustar seu crescimento e desenvolvimento a seu *status* de carboidratos.

A respiração é fortemente acoplada a outras rotas

Além de fornecer 2-oxoglutarato para a assimilação de nitrogênio, conforme mencionado anteriormente (ver Figura 11.7C), a glicólise, a rota oxidativa das pentoses fosfato e o ciclo do TCA produzem as unidades estruturais para a síntese de muitos metabólitos vegetais fundamentais, incluindo aminoácidos, lipídeos, e nucleotídeos e seus compostos relacionados (**Figura 11.12**). De fato, boa parte do carbono reduzido que é metabolizado na glicólise e no ciclo do TCA é desviada para fins biossintéticos, e não oxidada a CO_2.

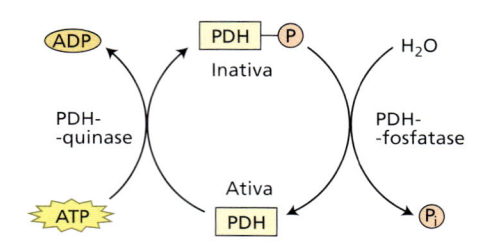

Piruvato + CoA + NAD$^+$ ⟶ Acetil-CoA + CO_2 + NADH + H$^+$

Efeito sobre a atividade da PDH	Mecanismo
Ativação	
Piruvato	Inibe a quinase
ADP	Inibe a quinase
Mg^{2+} (ou Mn^{2+})	Estimula a fosfatase
Inativação	
NADH	Inibe a PDH Estimula a quinase
Acetil-CoA	Inibe a PDH Estimula a quinase
NH$_4^+$	Inibe a PDH Estimula a quinase

Figura 11.11 Regulação metabólica da atividade da piruvato desidrogenase (PDH), diretamente ou por fosforilação reversível. Os metabólitos do início (a montante, *upstream*) e do final (a jusante, *downstream*) regulam a atividade da PDH por ações diretas sobre a própria enzima ou pela regulação de sua proteína quinase ou proteína fosfatase.

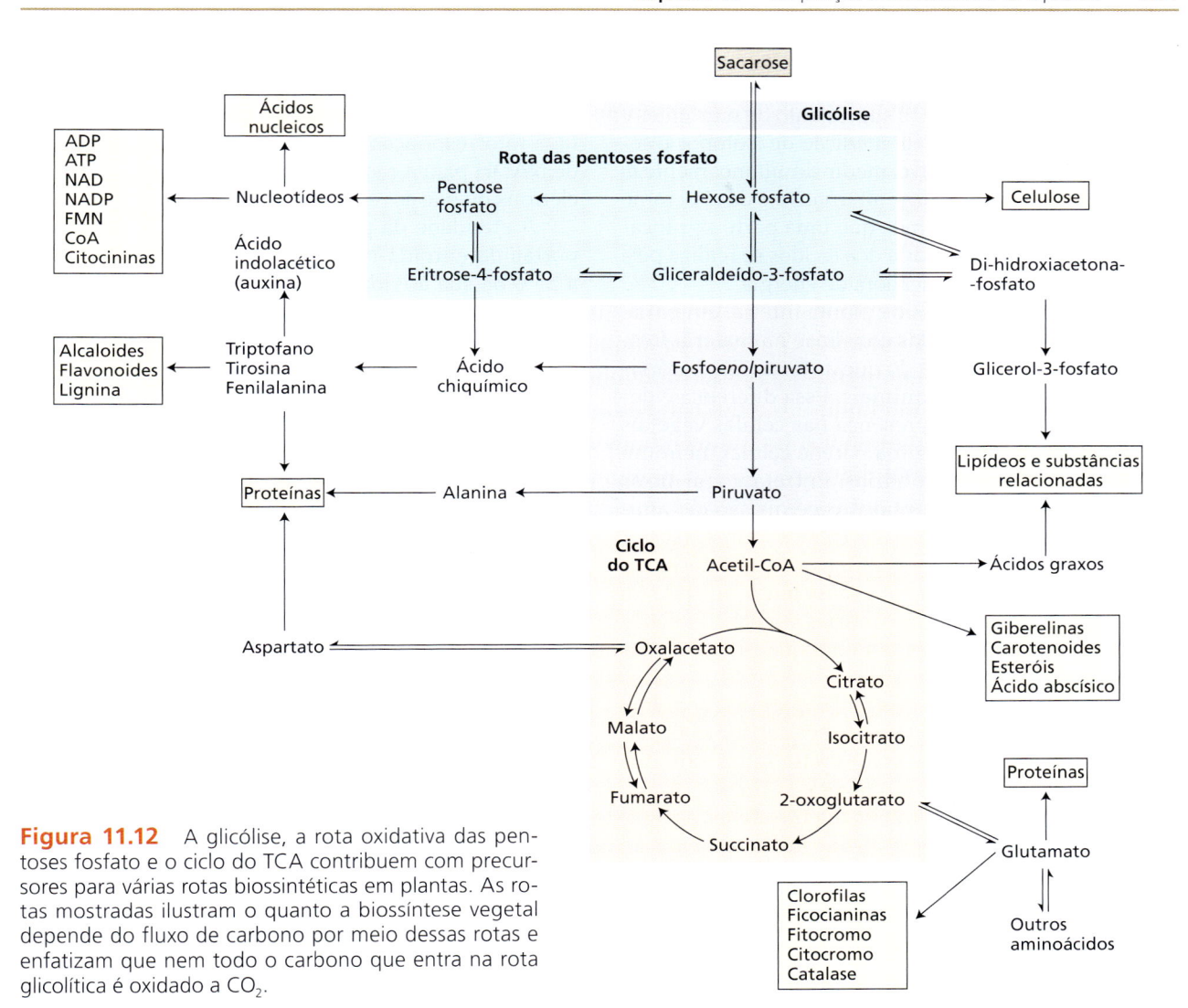

Figura 11.12 A glicólise, a rota oxidativa das pentoses fosfato e o ciclo do TCA contribuem com precursores para várias rotas biossintéticas em plantas. As rotas mostradas ilustram o quanto a biossíntese vegetal depende do fluxo de carbono por meio dessas rotas e enfatizam que nem todo o carbono que entra na rota glicolítica é oxidado a CO_2.

As mitocôndrias também estão integradas à rede redox celular. Variações no consumo ou na produção de compostos redox ou transportadores de energia, como NAD(P)H e ácidos orgânicos, provavelmente afetam as rotas metabólicas no citosol e nos plastídios. De importância especial é a síntese do ácido ascórbico, uma molécula central no equilíbrio redox e na defesa ao estresse em plantas, pela cadeia de transporte de elétrons. As mitocôndrias também executam etapas na biossíntese de coenzimas necessárias para muitas enzimas metabólicas em outros compartimentos celulares.

Respiração em plantas e em tecidos intactos

Muitos estudos relevantes sobre a respiração vegetal e a sua regulação foram desenvolvidos em organelas isoladas e em extratos livres de células de tecidos vegetais. Porém, como esse conhecimento se relaciona à função da planta como um todo, em condições naturais ou agrícolas?

Nesta seção, são examinadas a respiração e a função mitocondrial no contexto da planta inteira, sob uma diversidade de condições. Primeiro é explorado o que acontece quando órgãos verdes são expostos à luz: respiração e fotossíntese operam de maneira simultânea e são integradas funcionalmente na célula. A seguir, são discutidas as taxas de respiração em tecidos diferentes, as quais podem estar sob controle do desenvolvimento. Finalmente, é analisada a influência de vários fatores ambientais sobre taxas respiratórias.

As plantas respiram aproximadamente metade da produção fotossintética diária

Muitos fatores podem afetar a taxa de respiração de plantas intactas ou de seus órgãos individuais. Entre os fatores relevantes, estão a espécie e o hábito de crescimento da planta, o tipo e a idade do órgão específico, e variáveis ambientais, como luz, concentração externa de O_2 e CO_2, temperatura, e suprimento de nutrientes e água (ver Capítulo 19). Pela medição de isótopos diferentes de oxigênio é possível medir simultaneamente *in vivo* as atividades da oxidase alternativa e da citocromo *c* oxidase. Portanto, sabemos que uma parte significativa da respiração na maioria dos tecidos se realiza pela rota alternativa "desperdiçadora de energia".

As taxas respiratórias da planta inteira, em particular quando consideradas com base na matéria fresca, em geral são menores do que as taxas respiratórias encontradas em tecidos animais. Essa diferença é devida, principalmente, à presença nas células vegetais de um grande vacúolo e uma parede celular, nenhum dos quais contém mitocôndrias. Entretanto, as taxas respiratórias em alguns tecidos vegetais são tão altas quanto aquelas observadas em tecidos animais respirando ativamente; assim, o processo respiratório em plantas não é inerentemente mais lento do que em animais. Na verdade, mitocôndrias vegetais isoladas respiram tão ou mais rapidamente que mitocôndrias de mamíferos.

A contribuição da respiração para a economia geral de carbono da planta pode ser substancial. Enquanto apenas os tecidos verdes fotossintetizam, todos os tecidos respiram, e o fazem 24 horas por dia. Mesmo em tecidos fotossinteticamente ativos, a respiração, se integrada ao longo do dia, utiliza uma fração considerável da fotossíntese bruta. Um levantamento de várias espécies herbáceas indicou que 30 a 60% do ganho diário de carbono na fotossíntese são perdidos para a respiração, embora esses valores tendam a diminuir em plantas mais velhas. As árvores respiram uma fração similar de sua produção fotossintética, mas suas perdas respiratórias aumentam com a idade e com a redução da razão entre tecidos fotossintéticos e não fotossintéticos. Em geral, condições de crescimento desfavoráveis aumentarão a respiração em relação à fotossíntese e, assim, reduzirão o rendimento global de carbono da planta.

Processos respiratórios operam durante a fotossíntese

As mitocôndrias estão envolvidas no metabolismo de folhas fotossintetizantes de várias maneiras. A glicina gerada pela fotorrespiração é oxidada à serina na mitocôndria em uma reação que envolve consumo de oxigênio (ver Capítulo 8). Ao mesmo tempo, as mitocôndrias em tecido fotossintético realizam respiração normal (i.e., pela via do ciclo do TCA). Em relação à taxa máxima de fotossíntese, as taxas de respiração mitocondrial medidas em tecidos verdes na luz são muito menores, em geral por um fator que varia de 6 a 20 vezes. Considerando que as taxas de fotorrespiração geralmente podem alcançar de 20 a 40% da taxa fotossintética bruta, a fotorrespiração diurna é uma fornecedora maior de NADH para a cadeia de transporte mitocondrial de elétrons do que as rotas respiratórias normais.

A atividade da piruvato desidrogenase, uma das portas de entrada no ciclo do TCA, decresce na luz a 25% de sua atividade no escuro. Coerentemente, a taxa geral de respiração mitocondrial decresce na luz, mas a magnitude do decréscimo permanece incerta até o momento. Fica evidente, contudo, que a mitocôndria é o principal fornecedor de ATP para o citosol (p. ex., para governar rotas biossintéticas), especialmente sob condições em que o ATP produzido fotossinteticamente é usado nos cloroplastos para fixação de carbono. Mesmo assim, durante a fotossíntese, um fluxo básico através das rotas respiratórias é necessário para fornecer precursores para reações fotossintéticas, como a 2-oxoglutarato necessário à fixação de nitrogênio (ver Figuras 11.7C e 11.12). A formação de 2-oxoglutarato também produz NADH na matriz, conectando o processo à fosforilação oxidativa ou às atividades sem conservação de energia da cadeia de transporte de elétrons.

Evidências adicionais do envolvimento da respiração mitocondrial na fotossíntese foram obtidas em estudos com mutantes mitocondriais deficientes nos complexos respiratórios. Comparadas com o tipo selvagem, essas plantas têm desenvolvimento foliar e fotossíntese mais lentos, porque mudanças nos níveis de metabólitos com atividade redox são comunicadas entre mitocôndrias e cloroplastos, afetando negativamente a função fotossintética.

Tecidos e órgãos diferentes respiram com taxas diferentes

Considera-se com frequência que a respiração tem dois componentes de magnitude comparável. A **respiração de manutenção** é necessária para sustentar o funcionamento e a reposição dos tecidos já presentes. A **respiração de crescimento** fornece a energia utilizada na conversão de açúcares em unidades estruturais que produzem os novos tecidos. Uma regra geral útil é que, quanto maior a atividade metabólica geral de determinado tecido, mais alta é sua taxa respiratória. Gemas em desenvolvimento normalmente mostram taxas de respiração muito altas, e as taxas de respiração de órgãos vegetativos normalmente decrescem a partir do ponto de crescimento (p. ex., o ápice foliar em dicotiledôneas e a base foliar em monocotiledôneas) em direção a regiões mais diferenciadas. Um exemplo bem estudado é a folha de cevada em crescimento.

Em órgãos vegetativos maduros, os caules em geral têm as taxas de respiração mais baixas, enquanto a respiração de folhas e raízes varia com a espécie e com as condições sob as quais as plantas estão se desenvolvendo. Uma disponibilidade baixa de nutrientes no solo, por exemplo, aumenta a demanda pela produção de ATP respiratório na raiz. Esse aumento reflete a elevação dos custos energéticos para a absorção ativa de íons e o crescimento da raiz em busca de nutrientes.

Quando um órgão vegetal atinge a maturidade, sua taxa respiratória permanece mais ou menos constante ou diminui lentamente à medida que os tecidos envelhecem e finalmente senescem. Uma exceção a esse padrão é um acentuado aumento na respiração, conhecido como *climatérico*, que acompanha o início do amadurecimento em muitos frutos (p. ex., abacate, maçã, banana) e a senescência em folhas e flores desprendidas. Durante o amadurecimento de frutos, ocorre a conversão acentuada de, por exemplo, amido (banana) ou ácidos orgânicos (tomate e maçã) em açúcares, acompanhada por um aumento do hormônio etileno e da atividade da rota alternativa resistente ao cianeto.

Tecidos diferentes podem utilizar substratos diferentes para a respiração. Os açúcares dominam amplamente, mas, em órgãos específicos, outros compostos, como ácidos orgânicos em maçãs ou limões maturando e lipídeos em plântulas de girassol ou canola germinando, podem fornecer o carbono para a respiração. Esses compostos são produzidos com razões diferentes entre átomos de carbono e oxigênio. Portanto, a razão entre o CO_2 liberado e o O_2 consumido, a qual é chamada de **quociente respiratório**, ou **QR**, varia com o substrato oxidado. Lipídeos, açúcares e ácidos orgânicos representam uma série de QRs crescentes porque os lipídeos contêm pouco oxigênio por carbono e os ácidos orgânicos contêm muito. A fermentação alcoólica libera CO_2 sem consumir O_2, de modo que um QR alto é também um indicador de fermentação. Visto que o QR pode ser determinado no campo, ele é um parâmetro importante nas análises do metabolismo de carbono em uma escala maior.

Os fatores ambientais alteram as taxas respiratórias

Diversos fatores ambientais podem alterar a operação de rotas metabólicas e mudar as taxas respiratórias. Condições de crescimento desvantajosas geralmente aumentam a respiração, a fim de fornecer energia para reações protetoras. Contudo o oxigênio ambiental (O_2), a temperatura e o dióxido de carbono (CO_2) podem estimular ou suprimir a respiração.

OXIGÊNIO A respiração vegetal pode ser limitada pelo suprimento de oxigênio, seu substrato terminal. A 25°C, a concentração de equilíbrio do O_2 em uma solução aquosa saturada de ar (21% O_2) é de cerca de 250 µM. O valor do K_m para o O_2 na reação catalisada pela citocromo *c* oxidase é bem abaixo de 1 µM, de modo que não deveria haver dependência aparente da taxa respiratória em relação às concentrações externas de O_2. No entanto, as taxas respiratórias decrescem se a concentração atmosférica de oxigênio fica abaixo de 5% para órgãos inteiros ou abaixo de 2 a 3% para partes de tecidos. Essas observações mostram que o fornecimento de oxigênio pode impor uma limitação à respiração vegetal.

O oxigênio difunde-se lentamente em soluções aquosas. Órgãos compactos, como sementes e tubérculos de batata, têm um gradiente notável de concentração de O_2 da superfície para o centro, o que restringe a razão ATP/ADP. Limitações à difusão são ainda mais expressivas em sementes com um tegumento espesso ou em órgãos vegetais submersos em água. Quando as plantas são cultivadas hidroponicamente, as soluções precisam ser aeradas para manter níveis altos de oxigênio nas proximidades das raízes (ver Capítulo 4). O problema do suprimento de oxigênio é particularmente importante em plantas crescendo em solos muito úmidos ou inundados (ver também Capítulo 19).

Algumas plantas, em especial as árvores, têm uma distribuição geográfica restrita devido à necessidade de manutenção de um suprimento de oxigênio para suas raízes. Por exemplo, o corniso (*Cornus florida*) e a tulipeira (*Liriodendron tulipifera*) conseguem sobreviver apenas em solos bem drenados e aerados. Porém, muitas espécies vegetais estão adaptadas a crescer em solos inundados. Por exemplo, o arroz e o girassol dependem de uma rede de espaços intercelulares aerados (denominada **aerênquima**) que se estende desde as folhas às raízes para fornecer uma rota gasosa contínua para o movimento de oxigênio às raízes alagadas. Se essa rota de difusão gasosa ao longo da planta não existisse, as taxas de respiração celular de muitas espécies seriam limitadas por um suprimento insuficiente de oxigênio.

As limitações no suprimento de oxigênio podem ser mais fortes em árvores com raízes muito profundas e que crescem em solos úmidos. Essas raízes precisam sobreviver com metabolismo anaeróbico (fermentativo) (ver Figura 11.3) ou desenvolver estruturas que facilitem o movimento de oxigênio até as raízes. Exemplos dessas estruturas são projeções de raízes, denominadas *pneumatóforos*, que se projetam para fora da água e proporcionam uma rota gasosa para a difusão do oxigênio para dentro das raízes. Os pneumatóforos são encontrados em *Avicennia* e *Rhizophora*, representantes arbóreas que crescem em manguezais sob condições de inundação contínua.

TEMPERATURA A respiração funciona em uma ampla faixa de temperaturas. Em pouco tempo, ela normalmente aumenta com as temperaturas entre 0 e 30°C e atinge um platô entre 40 e 50°C. Em temperaturas mais altas, ela diminui novamente devido à inativação do maquinário respiratório. O aumento na taxa respiratória para cada aumento de 10°C na temperatura comumente é chamado de **coeficiente de temperatura**, Q_{10}. Esse coeficiente descreve como a respiração responde às mudanças de curto prazo na temperatura e varia com o desenvolvimento da planta e com fatores externos. Em uma escala de tempo mais longa, as plantas aclimatam-se às baixas temperaturas aumentando sua capacidade respiratória, de modo que a produção de ATP possa ser mantida.

As temperaturas baixas são utilizadas para retardar a respiração pós-colheita durante a estocagem de frutos e verduras, mas essas temperaturas devem ser ajustadas com cuidado. Por exemplo, quando tubérculos de batata são armazenados a temperaturas acima de 10°C, a respiração e as atividades metabólicas ancilares são suficientes para permitir brotação. Abaixo de 5°C, as taxas respiratórias e a brotação são reduzidas, mas a degradação do amido armazenado e sua conversão em sacarose conferem uma doçura indesejável aos tubérculos. Por isso, batatas são mais bem armazenadas entre 7 e 9°C, o que impede a decomposição do amido enquanto minimiza a respiração e a germinação*.

DIÓXIDO DE CARBONO É uma prática comum na estocagem comercial de frutos aproveitar-se dos efeitos da concentração de oxigênio e da temperatura na respiração armazenando-os a temperaturas baixas, sob concentrações de 2 a 3% de O_2 e 3 a 5% de CO_2. A temperatura reduzida baixa a taxa respiratória, assim como o nível reduzido de O_2. Níveis baixos de oxigênio, em vez de condições anóxicas, são usados para evitar que as tensões de oxigênio nos tecidos baixem ao ponto em que o metabolismo fermentativo seja estimulado. O dióxido de carbono tem um efeito inibidor direto limitado sobre a respiração em concentrações artificiais altas de 3 a 5%.

A concentração atmosférica de CO_2 atualmente (2018) é de cerca de 400 ppm, mas está aumentando como resultado das atividades humanas, e prevê-se um aumento para 700 ppm antes do final do século XXI (ver Capítulo 9). O fluxo de CO_2 entre as plantas e a atmosfera pela fotossíntese e a respiração é muito maior que o fluxo de CO_2 para a atmosfera causado pela queima de combustíveis fósseis. Portanto, um efeito das concentrações elevadas de CO_2 sobre a respiração vegetal influenciará fortemente as futuras mudanças climáticas globais. Dentro de uma faixa relevante para mudanças atmosféricas, não há um efeito direto da concentração de CO_2 na respiração vegetal. Durante escalas de tempo mais longas, em concentrações mais altas de CO_2 atmosférico, a respiração no escuro por unidade de biomassa pode decrescer indiretamente, devido a mudanças na estrutura e no metabolismo vegetal, enquanto na luz o efeito sobre a respiração é incerto. Atualmente, não é possível predizer totalmente o efeito global do CO_2 antropogênico sobre a respiração vegetal.

Metabolismo de lipídeos

Enquanto os animais utilizam as gorduras para a armazenagem de energia, as plantas utilizam-nas para armazenar tanto energia como carbono. Gorduras e óleos são formas importantes de armazenagem de carbono reduzido em muitas sementes, incluindo aquelas de espécies agronomicamente importantes, como soja, girassol, canola, amendoim e algodão. Os óleos têm uma importante função de armazenagem em muitas plantas não domesticadas que produzem sementes pequenas. Alguns frutos, como abacates e azeitonas, também armazenam gorduras e óleos.

Nesta parte final do capítulo, é descrita a biossíntese de dois tipos de glicerolipídeos: os *triacilgliceróis* (as gorduras e os óleos estocados em sementes) e os *glicerolipídeos polares* (que formam as bicamadas lipídicas das membranas celulares) (**Figura 11.13**). Será visto que a biossíntese de triacilgliceróis e de glicerolipídeos polares requer a cooperação de duas organelas: o plastídio e o retículo endoplasmático. Será examinado também o processo complexo pelo qual as sementes em germinação obtêm esqueletos de carbono e energia metabólica a partir da oxidação de gorduras e óleos.

Gorduras e óleos armazenam grandes quantidades de energia

As gorduras e os óleos pertencem à classe geral dos *lipídeos*, um grupo estruturalmente diverso de compostos hidrofóbicos, solúveis em solventes orgânicos e altamente insolúveis em água. Os lipídeos representam uma forma de carbono mais reduzida que os carboidratos, de modo que a oxidação completa de 1 g de gordura ou óleo (que contém cerca de 40 kJ de energia) pode produzir consideravelmente mais ATP que a oxidação de 1 g de amido (cerca de 15,9 kJ). Por outro lado, a biossíntese de lipídeos requer um investimento correspondentemente grande de energia metabólica.

Outros lipídeos são importantes para a estrutura e o funcionamento das plantas, mas não são utilizados para armazenagem de energia. Esses lipídeos abrangem os fosfolipídeos e os galactolipídeos que são componentes

---

*N. de T. Os autores referem-se novamente à brotação dos tubérculos.

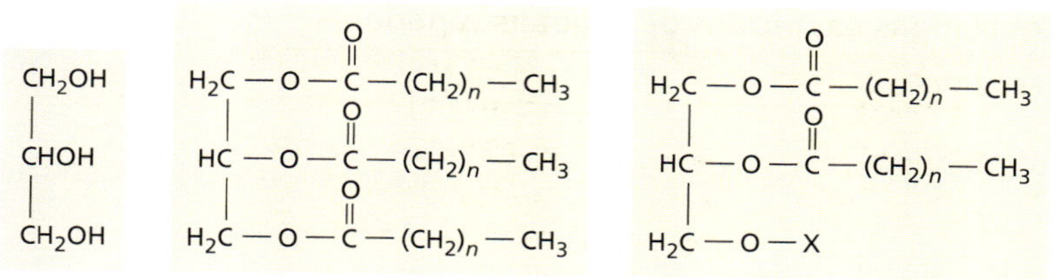

Figura 11.13 Características estruturais de triacilgliceróis e glicerolipídeos polares em plantas superiores. Os comprimentos das cadeias de carbono dos ácidos graxos, as quais sempre têm um número par de carbonos, são, em geral, de 16 ou 18. Assim, o valor de n normalmente é 14 ou 16.

Glicerol

Triacilglicerol (o principal lipídeo armazenado)

Glicerolipídeo polar

X = H — Diacilglicerol (DAG)
X = HPO_3^- — Ácido fosfatídico
X = PO_3^- — CH_2 — CH_2 — $\overset{+}{N}(CH_3)_3$ — Fosfatidilcolina
X = PO_3^- — CH_2 — CH_2 — NH_2 — Fosfatidiletanolamina
X = galactose — Galactolipídeos

das membranas vegetais, bem como os esfingolipídeos, que são também importantes componentes das membranas; as ceras, que compõem a cutícula protetora que reduz a perda de água de tecidos vegetais expostos, e os terpenoides (também conhecidos como isoprenoides), que incluem os carotenoides envolvidos na fotossíntese e os esteróis presentes em muitas membranas vegetais.

Os triacilgliceróis são armazenados em corpos lipídicos

As gorduras e os óleos existem principalmente na forma de **triacilgliceróis** (acil refere-se à porção de ácido graxo), nos quais as moléculas de ácidos graxos são unidas por ligações ésteres aos três grupos hidroxila do glicerol (ver Figura 11.13).

Os ácidos graxos em plantas normalmente são ácidos carboxílicos de cadeia reta com um número par de átomos de carbono. Eles são sintetizados nos plastídios e no retículo endoplasmático. As cadeias de carbono podem ser curtas (12 unidades) ou longas (30 ou mais), porém as mais comumente encontradas têm 16 ou 18 carbonos de extensão. Os *óleos* são líquidos à temperatura ambiente, principalmente devido à presença de ligações duplas carbono-carbono (insaturação) em seus ácidos graxos componentes; as *gorduras*, que têm uma proporção mais alta de ácidos graxos saturados, são sólidas à temperatura ambiente. Os principais ácidos graxos nos lipídeos vegetais são mostrados na **Tabela 11.3**.

As proporções de ácidos graxos nos lipídeos vegetais variam com as espécies. Por exemplo, o óleo de amendoim é 9% ácido palmítico, 59% ácido oleico e 21% ácido linoleico, enquanto o óleo de soja é 13% ácido palmítico, 7% ácido oleico, 51% ácido linoleico e 23% ácido linolênico. Na maioria das sementes, os triacilgliceróis são armazenados no citoplasma das células do cotilédone ou do endosperma, em organelas conhecidas como **corpos lipídicos** (também denominadas *esferossomos*, *oleossomos* ou *gotículas de óleo*) (ver Capítulo 1). A membrana dos corpos lipídicos é uma camada única de fosfolipídeos (i.e., uma meia bicamada) com as extremidades hidrofílicas dos fosfolipídeos expostas ao citosol e as cadeias hidrofóbicas de hidrocarbonetos acil voltadas para o interior de triacilglicerol (ver Capítulo 1). O corpo lipídico é estabilizado pela presença de proteínas específicas, denominadas oleosinas, que cobrem sua superfície externa e impedem que os fosfolipídeos de corpos lipídicos adjacentes entrem em contato e se fusionem uns aos outros.

A estrutura exclusiva da membrana de corpos lipídicos resulta do padrão de biossíntese dos triacilgliceróis. A síntese de triacilgliceróis é completada por enzimas localizadas nas membranas do retículo endoplasmático (RE), acumulando-se as gorduras resultantes entre duas monocamadas da bicamada da membrana do RE. A bicamada intumesce e separa-se à medida que mais gorduras são adicionadas à estrutura em crescimento e, por fim, um corpo lipídico maduro desprende-se do RE.

Os glicerolipídeos polares são os principais lipídeos estruturais nas membranas

Conforme descrito no Capítulo 1, cada membrana na célula é uma bicamada de moléculas *anfipáticas* (i.e., que possuem tanto regiões hidrofílicas quanto hidrofóbicas) de lipídeos, nas quais um grupo da cabeça polar interage com o ambiente aquoso, enquanto as cadeias hidrofóbicas de ácidos graxos formam a parte interna da membrana. Essa parte interna hidrofóbica impede a difusão aleatória de solutos entre os compartimentos celulares e, desse modo, permite que a bioquímica da célula seja organizada.

Os principais lipídeos estruturais nas membranas são os **glicerolipídeos polares** (ver Figura 11.13), nos quais a porção hidrofóbica consiste em duas cadeias de

TABELA 11.3 Ácidos graxos comuns em tecidos de vegetais superiores

Nome[a]	Estrutura
Ácidos graxos saturados	
Ácido láurico (12:0)	$CH_3(CH_2)_{10}CO_2H$
Ácido mirístico (14:0)	$CH_3(CH_2)_{12}CO_2H$
Ácido palmítico (16:0)	$CH_3(CH_2)_{14}CO_2H$
Ácido esteárico (18:0)	$CH_3(CH_2)_{16}CO_2H$
Ácidos graxos insaturados	
Ácido oleico (18:1)	$CH_3(CH_2)_7CH=CH(CH_2)_7CO_2H$
Ácido linoleico (18:2)	$CH_3(CH_2)_4CH=CH—CH_2—CH=CH(CH_2)_7CO_2H$
Ácido linolênico (18:3)	$CH_3CH_2CH=CH—CH_2—CH=CH—CH_2—CH=CH—(CH_2)_7CO_2H$

[a]Cada ácido graxo tem uma abreviatura numérica. O número antes dos dois pontos representa o número total de carbonos; o número depois dos dois pontos é o número de ligações duplas.

ácidos graxos de 16 ou 18 carbonos esterificadas nas posições 1 e 2 de uma estrutura de glicerol. O grupo da cabeça polar está ligado à posição 3 do glicerol. Existem duas categorias de glicerolipídeos polares:

1. **Gliceroglicolipídeos**, nos quais açúcares formam o grupo da cabeça (**Figura 11.14A**).
2. **Glicerofosfolipídeos**, nos quais o grupo da cabeça contém fosfato (**Figura 11.14B**).

As membranas vegetais possuem lipídeos estruturais adicionais, incluindo esfingolipídeos e esteróis, mas esses são componentes menores. Outros lipídeos desempenham papéis específicos na fotossíntese e em outros processos. Nesse grupo, incluem-se clorofilas, plastoquinona, carotenoides e tocoferóis, que juntos contabilizam um terço dos lipídeos das folhas.

A Figura 11.14 mostra as nove classes principais de glicerolipídeos nas plantas, cada uma delas associada a várias combinações diferentes de ácidos graxos. As estruturas mostradas na Figura 11.14 ilustram algumas das espécies moleculares mais comuns.

As membranas dos cloroplastos, que representam 70% dos lipídeos de membrana em tecidos fotossintetizantes, são dominadas por gliceroglicolipídeos; outras membranas da célula contêm glicerofosfolipídeos (**Tabela 11.4**). Em tecidos não fotossintetizantes, os glicerofosfolipídeos são os principais glicerolipídeos de membrana.

Os lipídeos de membranas são precursores importantes de compostos sinalizadores

Plantas, animais e micróbios utilizam os lipídeos de membrana como precursores de compostos utilizados para sinalização intracelular ou de longo alcance. Por exemplo, o hormônio jasmonato – derivado do ácido linolênico (ver Tabela 11.3) – ativa as defesas das plantas contra insetos e muitos fungos patogênicos (ver Capítulo 18). Além disso, o jasmonato regula outros aspectos do crescimento vegetal, incluindo o desenvolvimento das anteras e do pólen.

Fosfatidilinositol-4,5-bifosfato (**PIP$_2$**) é o mais importante de vários derivados do fosfatidilinositol conhecidos como *fosfoinositídeos*. Em animais, a ativação da fosfolipase C mediada por receptores leva à hidrólise do PIP$_2$ em inositol trifosfato (InsP$_3$) e diacilglicerol, ambos atuando como mensageiros secundários intracelulares (ver Capítulo 12). A ação do InsP$_3$ na liberação do Ca^{2+} no citoplasma (por meio de canais sensíveis ao Ca^{2+} no tonoplasto e em outras membranas) e, portanto, na regulação dos processos celulares, tem sido demonstrada em vários sistemas vegetais, incluindo as células-guarda.

Os lipídeos de reserva são convertidos em carboidratos em sementes em germinação, liberando energia armazenada

Depois de germinarem, as sementes oleaginosas metabolizam os triacilgliceróis armazenados convertendo-os em sacarose. As plantas não são capazes de transportar gorduras dos cotilédones para outros tecidos da plântula em desenvolvimento, de modo que elas precisam converter os lipídeos armazenados em uma forma mais móvel de carbono, em geral sacarose. Esse processo envolve diversas etapas, as quais estão localizadas em compartimentos celulares diferentes: corpos lipídicos, glioxissomos, mitocôndrias e citosol.

Figura 11.14 Principais classes de glicerolipídeos polares encontrados em membranas vegetais: (A) gliceroglicolipídeos e um esfingolipídeo e (B) glicerofosfolipídeos. Dois de pelo menos seis ácidos graxos diferentes podem ser ligados à estrutura básica de glicerol. Uma das espécies moleculares mais comuns é mostrada para cada classe de lipídeos. Os números abaixo de cada nome referem-se ao número de carbonos (número antes dos dois-pontos) e ao número de ligações duplas (número após os dois-pontos).

(A) Gliceroglicolipídeos

Monogalactosildiacilglicerol
(18:3 | 16:3)

Glicosilceramida

Sulfolipídeo (sulfoquinovosildiacilglicerol)
(18:3 | 16:0)

Digalactosildiacilglicerol
(16:0 | 18:3)

(B) Glicerofosfolipídeos

Fosfatidilglicerol
(18:3 | 16:0)

Fosfatidilcolina
(16:0 | 18:3)

Fosfatidiletanolamina
(16:0 | 18:2)

Fosfatidilinositol
(16:0 | 18:2)

Fosfatidilserina
(16:0 | 18:2)

Difosfatidilglicerol (cardiolipina)
(18:2 | 18:2; 18:2 | 18:2)

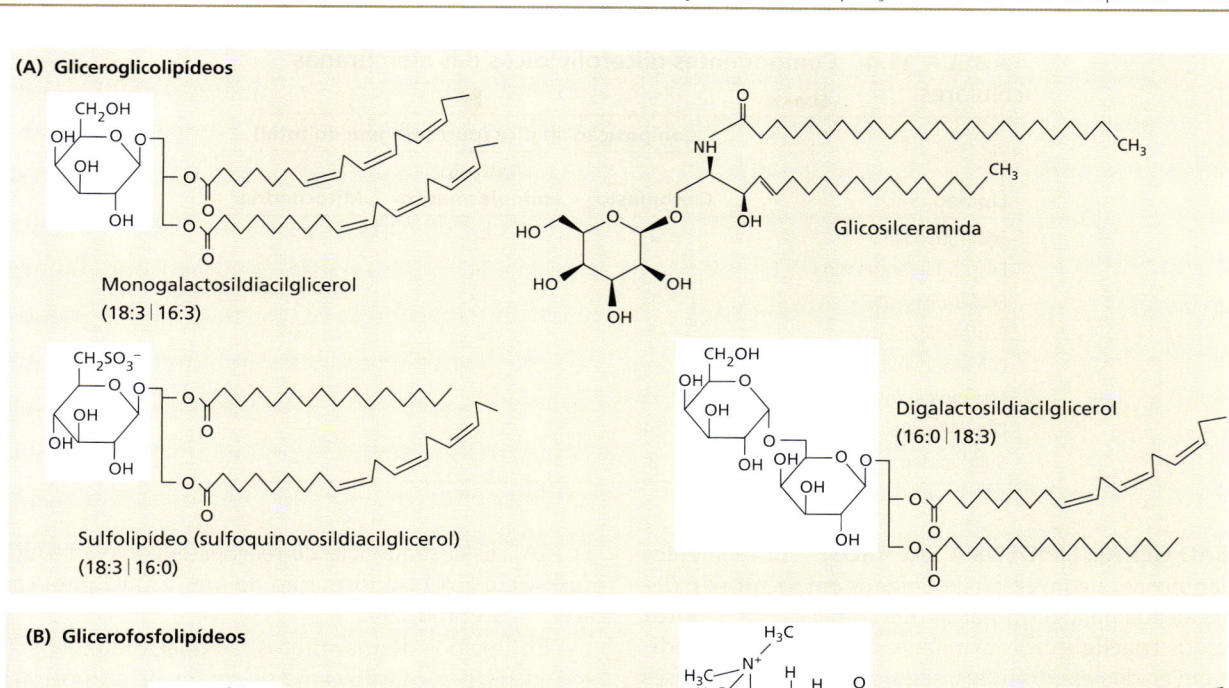

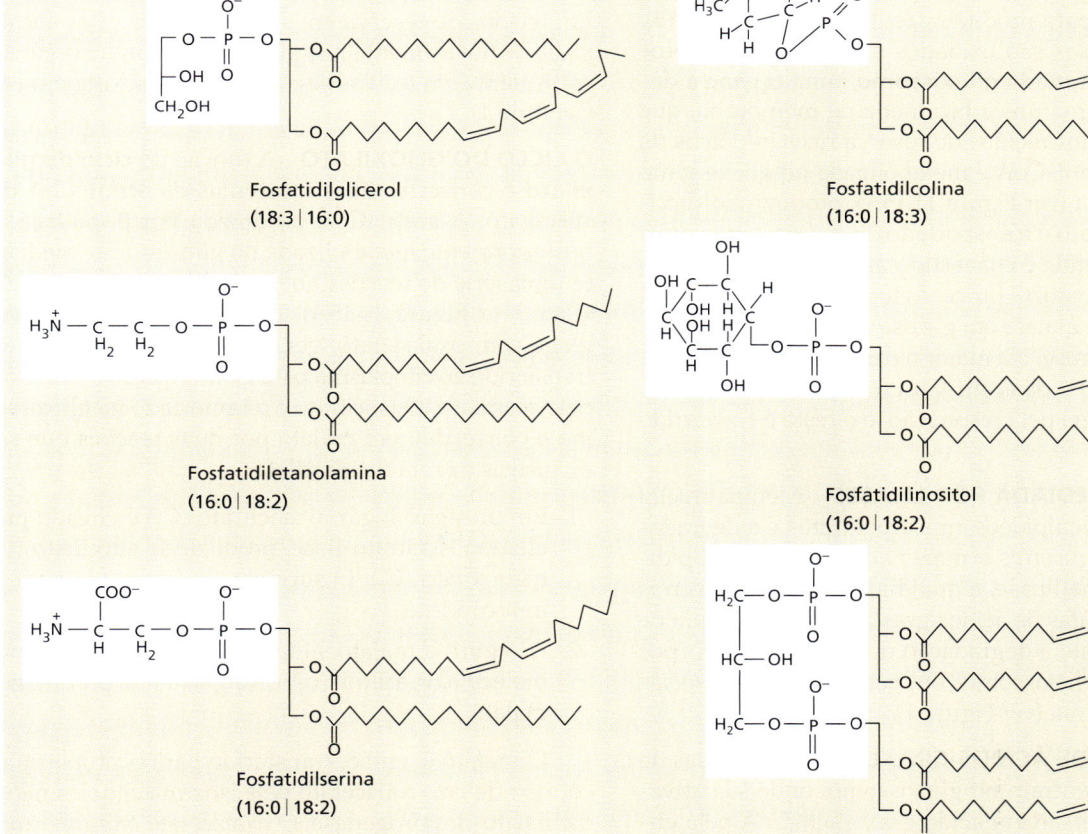

TABELA 11.4 Componentes glicerolipídicos das membranas celulares

Lipídeo	Composição lipídica (porcentagem do total)		
	Cloroplasto	Retículo endoplasmático	Mitocôndria
Fosfatidilcolina	4	47	43
Fosfatidiletanolamina	–	34	35
Fosfatidilinositol	1	17	6
Fosfatidilglicerol	7	2	3
Difosfatidilglicerol	–	–	13
Monogalactosildiacilglicerol	55	–	–
Digalactosildiacilglicerol	24	–	–
Sulfolipídeo	8	–	–

VISÃO GERAL: LIPÍDEOS A SACAROSE Em sementes oleaginosas, a conversão de lipídeos em sacarose é desencadeada pela germinação. Ela começa com a hidrólise dos triacilgliceróis armazenados em corpos lipídicos em ácidos graxos livres, seguida da oxidação desses ácidos graxos para produzir acetil-CoA (**Figura 11.15**). Os ácidos graxos são oxidados em um tipo de peroxissomo denominado **glioxissomo**, uma organela delimitada por uma única bicamada de membrana, que é encontrada nos tecidos de reserva ricos em óleos da semente. A acetil-CoA é metabolizada no glioxissomo e no citoplasma (ver Figura 11.15A), produzindo succinato. O succinato é transportado do glioxissomo para a mitocôndria, onde é convertido primeiro em fumarato e, após, em malato. O processo termina no citosol, com a conversão do malato em glicose via gliconeogênese e, então, em sacarose. Na maioria das sementes oleaginosas, cerca de 30% da acetil-CoA são usados para a produção de energia pela respiração, e o resto é convertido em sacarose.

HIDRÓLISE MEDIADA POR LIPASES A etapa inicial na conversão de lipídeos em carboidratos é a degradação dos triacilgliceróis armazenados em corpos lipídicos pela enzima lipase, a qual hidrolisa triacilgliceróis em três moléculas de ácidos graxos e uma molécula de glicerol. Durante a degradação dos lipídeos, os corpos lipídicos e os glioxissomos em geral estão em associação física próxima (ver Figura 11.15B).

β-OXIDAÇÃO DE ÁCIDOS GRAXOS As moléculas de ácidos graxos entram no glioxissomo, onde são ativadas pela conversão em ácido graxo-acil-CoA pela enzima *ácido graxo-acil-CoA-sintetase*. A ácido graxo-acil--CoA é o substrato inicial para a série de reações da **β-oxidação**, nas quais C_n ácidos graxos (ácidos graxos compostos de *n* carbonos) são sequencialmente decompostos em *n*/2 moléculas de acetil-CoA (ver Figura 11.15A). Essa sequência de reações envolve a redução de ½ O_2 a H_2O e a formação de um NADH para cada acetil-CoA produzida.

Em tecidos de mamíferos, as quatro enzimas associadas à β-oxidação estão presentes na mitocôndria. Em tecidos de reserva em sementes, elas estão localizadas exclusivamente nos glioxissomos ou na organela equivalente em tecidos vegetativos, o peroxissomo (ver Capítulo 1).

O CICLO DO GLIOXILATO A função do **ciclo do glioxilato** é converter duas moléculas de acetil-CoA em succinato. A acetil-CoA produzida por β-oxidação é posteriormente metabolizada no glioxissomo, mediante uma série de reações que compõem o ciclo do glioxilato (ver Figura 11.15A). Inicialmente, a acetil-CoA reage com oxalacetato, gerando citrato, que é, então, transferido ao citoplasma para isomerização a isocitrato pela aconitase. O isocitrato é reimportado no glioxissomo e convertido em malato por duas reações que são exclusivas da rota do glioxilato:

1. Em primeiro lugar, o isocitrato (C_6) é clivado pela enzima isocitrato-liase, produzindo succinato (C_4) e glioxilato (C_2). O succinato é exportado para as mitocôndrias.

2. A seguir, a malato sintase combina uma segunda molécula de acetil-CoA com glioxilato, produzindo malato.

O malato é, então, transferido para o citoplasma e convertido em oxalacetato pela isozima citoplasmática da malato-desidrogenase. O oxalacetato é reimportado para o glioxissomo e combina-se com outra acetil-CoA para continuar o ciclo (ver Figura 11.15A). O glioxilato produzido mantém o ciclo operando, enquanto o succinato é exportado às mitocôndrias para a continuação do processamento.

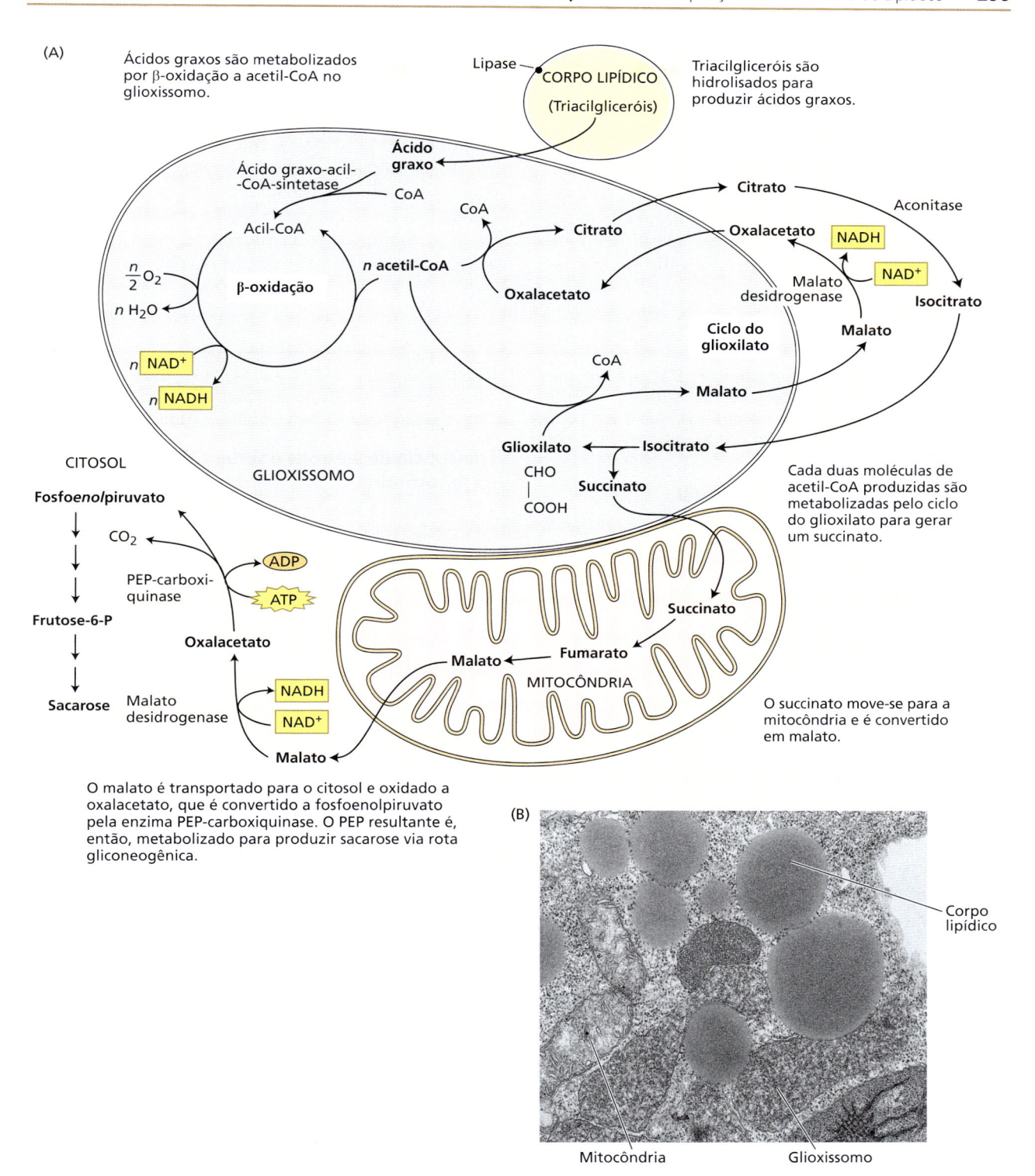

Figura 11.15 Conversão de gorduras em açúcares durante a germinação de sementes oleaginosas. (A) Fluxo de carbono durante a degradação de ácidos graxos e a gliconeogênese (ver Figuras 11.2, 11.3 e 11.6 para estruturas químicas). (B) Micrografia ao microscópio eletrônico de uma célula do cotilédone armazenador de óleos de uma plântula de pepino, mostrando glioxissomos, mitocôndrias e corpos lipídicos. (B, cortesia de R. N. Trelease.)

O PAPEL MITOCONDRIAL Ao se mover dos glioxissomos para as mitocôndrias, o succinato é convertido em malato pelas duas reações correspondentes do ciclo do TCA (ver Figura 11.6). O malato resultante pode ser exportado das mitocôndrias em troca de succinato pelo transportador de dicarboxilato localizado na membrana mitocondrial interna. O malato é, então, oxidado a oxalacetato pela malato-desidrogenase no citosol, enquanto o oxalacetato resultante é convertido em carboidratos pela inversão da glicólise (gliconeogênese).

Essa conversão exige que a irreversibilidade da reação da piruvato quinase seja contornada (ver Figura 11.3) e é facilitada pela enzima PEP-carboxiquinase, que utiliza a capacidade de fosforilação do ATP para converter oxalacetato em PEP e CO_2 (ver Figura 11.15A).

A partir do PEP, a gliconeogênese pode prosseguir com a produção de glicose, conforme já descrito. A sacarose, produto final desse processo, é a forma primária de carbono reduzido translocado dos cotilédones aos tecidos das plântulas em desenvolvimento.

Resumo

Utilizando as unidades estruturais fornecidas pela fotossíntese, a respiração libera a energia armazenada em compostos de carbono de uma maneira controlada para o uso celular. Ao mesmo tempo, ela gera muitos precursores de carbono para a biossíntese.

Visão geral da respiração vegetal

- Na respiração vegetal, o carbono celular reduzido gerado pela fotossíntese é oxidado a CO_2 e água, e essa oxidação é acoplada à síntese de ATP.
- A respiração ocorre por quatro processos principais: a glicólise, a rota oxidativa das pentoses fosfato, o ciclo do TCA e a fosforilação oxidativa (cadeia de transporte de elétrons e síntese de ATP) (**Figura 11.1**).

Glicólise

- Na glicólise, os carboidratos são convertidos em piruvato no citosol, e uma quantidade pequena de ATP é sintetizada via fosforilação em nível de substrato. O NADH também é produzido (**Figura 11.3**).
- A glicólise vegetal tem enzimas alternativas para várias etapas. Isso permite diferenças nos substratos utilizados, nos produtos gerados e na direção da rota.
- Quando não há O_2 suficiente disponível, a fermentação regenera NAD^+ para a produção glicolítica de ATP. Apenas uma fração pequena da energia disponível em açúcares é conservada pela fermentação (**Figura 11.3**).

Rota oxidativa das pentoses fosfato

- Os carboidratos podem ser oxidados pela rota oxidativa das pentoses-fosfato, que fornece unidades estruturais para biossíntese e poder redutor na forma de NADPH (**Figura 11.4**).

Ciclo do ácido tricarboxílico

- O piruvato é oxidado a CO_2 dentro da matriz mitocondrial por meio do ciclo do TCA, gerando um grande número de equivalentes redutores na forma de NADH e $FADH_2$ (**Figuras 11.5, 11.6**).

- Em plantas, o ciclo do TCA é envolvido em rotas alternativas que permitem a oxidação de malato ou citrato e a exportação de intermediários para biossíntese (**Figuras 11.6, 11.7**).

Transporte de elétrons e síntese de ATP na mitocôndria

- O transporte de elétrons de NADH e $FADH_2$ para o oxigênio é acoplado por complexos enzimáticos ao transporte de prótons através da membrana mitocondrial interna. Isso gera um gradiente eletroquímico de prótons usado para alimentar a síntese e a exportação de ATP (**Figuras 11.8, 11.9**).
- Durante a respiração aeróbica, até 60 moléculas de ATP são produzidas por molécula de sacarose (**Tabela 11.2**).
- A presença de várias proteínas (oxidase alternativa, NAD[P]H-desidrogenases e proteína desacopladora) que diminuem a recuperação de energia é típica da respiração vegetal (**Figura 11.8**).
- Os principais produtos do processo respiratório são ATP e intermediários metabólicos utilizados na biossíntese. A demanda celular por esses compostos regula a respiração via pontos de controle na cadeia transportadora de elétrons, no ciclo do TCA e na glicólise (**Figuras 11.10-11.12**).

Respiração em plantas e em tecidos intactos

- Mais de 50% da produtividade fotossintética diária podem ser respirados por uma planta.
- Muitos fatores podem afetar a taxa respiratória observada ao nível da planta inteira. Esses fatores abrangem a natureza e a idade do tecido vegetal, assim como fatores ambientais, como a luz, a temperatura, o suprimento de nutrientes e de água, e as concentrações de O_2 e CO_2.

Metabolismo de lipídeos

- Triacilgliceróis (gorduras e óleos) são formas eficientes para armazenagem de carbono reduzido, particularmente em sementes. Glicerolipídeos polares são os componentes estruturais principais das membranas (**Figuras 11.13, 11.14; Tabelas 11.3, 11.4**).

- Os triacilgliceróis são sintetizados no retículo endoplasmático e acumulam-se dentro da bicamada fosfolipídica, formando corpos lipídicos.
- Alguns derivados lipídicos, como o jasmonato, são hormônios vegetais importantes.
- Durante a germinação de sementes oleaginosas, os lipídeos armazenados são metabolizados a carboidratos em uma série de reações que incluem o ciclo do glioxilato. Esse ciclo ocorre nos glioxissomos, e as etapas subsequentes ocorrem nas mitocôndrias (**Figura 11.15**).
- O carbono reduzido gerado durante a degradação lipídica nos glioxissomos é, por fim, convertido em carboidratos no citosol pela gliconeogênese (**Figura 11.15**).

Leituras sugeridas

Atkin, O. K., Meir, P., and Turnbull, M. H. (2014) Improving representation of leaf respiration in large-scale predictive climate-vegetation models. *New Phytol.* 202: 743–748.

Bates, P. D., Stymne, S., and Ohlrogge, J. (2013) Biochemical pathways in seed oil synthesis. *Curr. Opin. Plant Biol.* 16: 358–364.

Brennicke, A., and Leaver, C. J. (Jan 2007) Mitochondrial Genome Organization and Expression in Plants. In: eLS. John Wiley & Sons Ltd, Chichester. http://www.els.net [doi: 10.1002/9780470015902.a0003825].

Markham, J. E., Lynch, D. V., Napier, J. A., Dunn, T. M., and Cahoon, E. B. (2013) Plant sphingolipids: function follows form. *Curr. Opin. Plant Biol.* 16: 350–357.

Millar, A. H., Siedow, J. N., and Day, D. A. (2015) Respiration and photorespiration. In *Biochemistry and Molecular Biology of Plants*, 2nd ed., B. B. Buchanan, W. Gruissem, and R. L. Jones, eds., Wiley, Somerset, NJ, pp. 610–655.

Millar, A. H., Whelan, J., Soole, K. L., and Day, D. A. (2011) Organization and regulation of mitochondrial respiration in plants. *Annu. Rev. Plant Biol.* 62: 79–104.

Møller, I. M. (2001) Plant mitochondria and oxidative stress. Electron transport, NADPH turnover and metabolism of reactive oxygen species. *Annu. Rev. Plant Physiol. Plant Mol. Biol.* 52: 561–591.

Nicholls, D. G., and Ferguson, S. J. (2013) *Bioenergetics*, 4th ed. Academic Press, San Diego, CA.

O'Leary, B. M. and Plaxton, W. C. (2016) Plant Respiration. eLS. 1–11. DOI: 10.1002/9780470015902.a0001301.pub3

Rasmusson, A. G., Geisler, D. A., and Møller, I. M. (2008) The multiplicity of dehydrogenases in the electron transport chain of plant mitochondria. *Mitochondrion* 8: 47–60.

Sweetlove, L. J., Beard, K. F. M., Nunes-Nesi, A., Fernie, A. R., and Ratcliffe, R. G. (2010) Not just a circle: Flux modes in the plant TCA cycle. *Trends Plant Sci.* 15: 462–470.

van Dongen, J. T., and Licausi, F. (2015) Oxygen sensing and signaling. *Annu. Rev. Plant Biol.* 66: 345–367.

Vanlerberghe, G. C. (2013) Alternative oxidase: A mitochondrial respiratory pathway to maintain metabolic and signaling homeostasis during abiotic and biotic stress in plants. *Int. J. Mol. Sci.* 14: 6805–6847.

Wallis, J. G., and Browse, J. (2010) Lipid biochemists salute the genome. *Plant J.* 61: 1092–1106.

Carol Dembinsky/Dembinsky Photo Associates/Alamy Stock Photo

12 Sinais e Transdução de Sinal

Como organismos sésseis, as plantas constantemente realizam ajustes em resposta a seu ambiente, seja para tirar proveito de condições favoráveis ou para sobreviver em situações desfavoráveis. Para facilitar esses ajustes, as plantas desenvolveram sistemas sensoriais sofisticados para otimizar o uso da água e de nutrientes; para monitorar a quantidade, a qualidade e a direcionalidade da luz; e para defender-se de ameaças bióticas e abióticas. Charles e Francis Darwin realizaram estudos pioneiros sobre transdução de sinal durante o crescimento de curvatura de coleóptilos (bainhas tubulares e pontiagudas que protegem as folhas emergentes durante a germinação sob a superfície do solo) de gramíneas induzido pela luz. Eles constataram que a fonte luminosa unidirecional foi percebida no ápice do coleóptilo, embora a resposta de curvatura tenha ocorrido mais distante e mais abaixo na parte aérea. Essa constatação os levou a concluir que devia haver um sinal móvel, o qual transferia informação de uma região do tecido do coleóptilo para outra e provocava a resposta de curvatura. O sinal móvel foi mais tarde identificado como auxina, o ácido 3-indolacético, o primeiro hormônio vegetal a ser descoberto.

Em geral, um estímulo ambiental que inicia uma ou mais respostas vegetais é referido como um sinal; o componente físico que responde bioquimicamente ao sinal é designado como um receptor. Os receptores são proteínas ou, no caso de receptores luminosos, pigmentos associados a proteínas. Uma vez sentido seu sinal específico, os receptores precisam fazer a *transdução* dele (i.e., convertê-lo de uma forma em outra), a fim de amplificá-lo e desencadear a resposta celular. Os receptores muitas vezes assim procedem modificando a atividade de outras proteínas ou empregando moléculas sinalizadoras intracelulares denominadas **mensageiros secundários**. Estes são moléculas pequenas e íons, rapidamente produzidos ou mobilizados em níveis relativamente altos após a percepção do sinal e que podem modificar a atividade de proteínas-alvo sinalizadoras. Os mensageiros secundários, portanto, alteram processos celulares como a transcrição gênica. Assim, as rotas de transdução de sinal geralmente envolvem a seguinte cadeia de eventos:

Sinal → receptor → transdução de sinal → resposta

Em muitos casos, a resposta inicial é a produção de sinais secundários, como hormônios, que são, então, transportados para o sítio de ação para evocar a resposta fisiológica principal. Muitos dos eventos específicos e das etapas intermediárias envolvidas na transdução de sinal em vegetais têm sido identificados; esses intermediários constituem as **rotas de transdução de sinal**.

Este capítulo inicia com uma visão geral breve dos tipos de sinais externos que direcionam o crescimento vegetal. A seguir, discute-se como as plantas empregam as rotas de transdução de sinal para regular as respostas fisiológicas. A amplificação do sinal via mensageiros secundários é necessária, assim como mecanismos para que a transmissão do sinal coordene respostas pelo corpo da planta. No final, é examinado como cascatas individuais de respostas a estímulos muitas vezes são integradas com outras rotas de sinalização, em um processo denominado *regulação cruzada*, para definir as respostas da planta a seu ambiente no tempo e no espaço.

Aspectos temporais e espaciais da sinalização

Os mecanismos de transdução de sinal nas plantas podem ser relativamente rápidos ou extremamente lentos (**Figura 12.1**). Quando algumas plantas carnívoras, mais notavelmente a dioneia (*Dionaea muscipula*), capturam insetos, elas usam pelos foliares modificados que se fecham em milissegundos após a estimulação pelo contato. De maneira semelhante, a sensitiva (*Mimosa pudica*) dobra seus folíolos rapidamente ao ser tocada. Plântulas reorientam-se com relação à gravidade minutos após serem colocadas na posição horizontal. Em geral, esses mecanismos de reação rápida envolvem respostas eletroquímicas para fazer a transdução dos sinais, já que a transcrição gênica e a tradução de proteínas são demasiadamente lentas. Por outro lado, as plantas atacadas por insetos herbívoros podem emitir voláteis que, em poucas horas, atraem predadores desses animais. Os processos que ocorrem nessa escala de tempo com frequência envolvem mudança na expressão gênica (ver Capítulo 18).

As respostas ambientais de prazo mais longo modificam os programas de desenvolvimento para moldar a arquitetura da planta por todo o seu ciclo de vida. Exemplos de respostas de longo prazo incluem a modulação da ramificação das raízes em resposta à disponibilidade de nutrientes, o crescimento de folhas de sol ou de sombra para ajustar-se às condições de luz (ver Capítulo 9), e a ativação do crescimento de gemas laterais quando o ápice do caule é danificado por herbívoros pastejadores. As respostas vegetais de longo prazo podem operar por escalas de tempo de meses ou anos. Por exemplo, um período longo de temperatura baixa, denominado *vernalização*, é necessário para que o florescimento ocorra em muitas espécies vegetais (ver Capítulo 17).

As respostas das plantas aos sinais ambientais também diferem espacialmente. Em uma **resposta autônoma celular** a um sinal ambiental, tanto a recepção do sinal quanto a resposta a ele ocorrem na mesma célula. Na **resposta autônoma não celular**, ao contrário, a recepção do sinal ocorre em uma célula e a resposta ocorre em células, tecidos ou órgãos distais. Um exemplo de sinalização autônoma celular é a abertura das células-guarda, em que a luz azul ativa transportadores de íons nas membranas para intumescer as células via receptores de luz azul denominados fototropinas (ver Capítulo 13). Um exemplo de sinalização autônoma não celular mesmo órgão seria a formação de estômatos adicionais quando as folhas maduras são expostas à intensidade luminosa alta, em um processo que requer transmissão de informação de um órgão para outro (ver Capítulo 16).

Percepção e amplificação de sinais

Embora sua natureza e composição variem bastante, todas as rotas de transdução de sinal compartilham características comuns: um estímulo inicial é percebido por um receptor e transmitido, via processos intermediários, para os sítios onde as respostas fisiológicas são iniciadas (**Figura 12.2**). O estímulo pode derivar da programação do desenvolvimento ou do ambiente externo. Quando o mecanismo de resposta alcança um ponto ótimo, mecanismos de retroalimentação atenuam os processos e reiniciam o mecanismo sensor. Os receptores podem estar localizados na membrana plasmática, no citosol, no sistema de endomembranas ou no núcleo (**Figura 12.3**). Alguns receptores são encontrados em mais de uma localização celular, como se observa com receptores de alongamento mecanossensíveis, que auxiliam células e cloroplastos a se ajustarem à intumescência induzida osmoticamente. Em alguns casos, os receptores movem-se de um compartimento para outro.

Figura 12.1 A velocidade das respostas vegetais ao ambiente varia de muito rápida até extremamente lenta. (A) Os movimentos do inseto sobre as folhas modificadas de dioneia (*Dionaea muscipula*) ativam o movimento imediato dos pelos, induzindo o fechamento rápido dos lobos foliares. (B) As folhas de drósera (*Drosera anglica*) capturam insetos em um fluido pegajoso produzido por glândulas pedunculadas, enrolam-se para segurar a presa e, após, iniciam a digestão. (C) Um pilriteiro (*Crataegus* sp.) sujeito a ventos que sopram predominantemente para a costa responde lentamente, crescendo no sentido contrário ao do vento. (D) Troncos e ramos de árvores podem responder lentamente ao estresse mecânico mediante produção de lenho de reação. A árvore, neste caso, é uma angiosperma, que produz *lenho de tensão* na superfície superior. As gimnospermas produzem *lenho de compressão* na superfície inferior. (E) Corte transversal de um ramo de gimnosperma com lenho de compressão (seta), criando uma estrutura anelada assimétrica. (A, de Nigel Cattlin/Alamy; B, de blickwinkel/Alamy; C, de Steven Sheppardson/Alamy; D e E, de David McIntyre.)

Os sinais devem ser amplificados intracelularmente para regular suas moléculas-alvo

Se um receptor for considerado a porta pela qual um sinal entra na rede de sinalização, sua localização até certo ponto determina o comprimento da rota de sinalização subsequente; essas rotas podem consistir em algumas poucas etapas de sinalização ou em uma elaborada cascata de eventos de sinalização. A percepção de sinais na membrana plasmática com frequência ativa rotas de transcrição com muitos intermediários. A mais comum dessas modificações é a transferência de um fosfato do ATP para uma proteína. Essa transferência, chamada de fosforilação, é catalisada por enzimas classificadas como **quinases**. Algumas quinases são componentes de complexos receptores. Outras quinases atuam em cascatas de amplificação, seja para elevar, acima do limiar de detecção, eventos com sinalização inicial fraca ou para propagá-los ao longo do citoplasma. Algumas cascatas de amplificação de sinal – como a **cascata MAP (proteína ativada por mitógeno, de *mitogen-activated protein*) quinase**, presente nas plantas e em todos os outros eucariotos – podem abranger múltiplos níveis de amplificação.

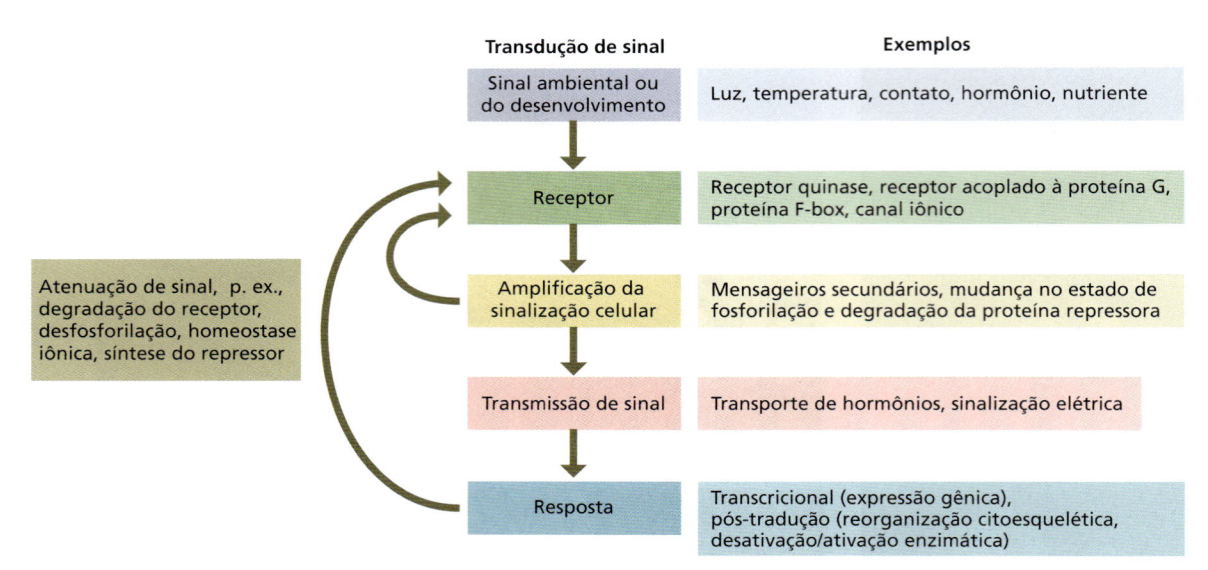

Figura 12.2 Esquema geral da transdução de sinal. Sinais ambientais ou de desenvolvimento são percebidos por receptores especializados. Após, é ativada uma cascata de sinalização que envolve mensageiros secundários e leva a uma resposta da célula vegetal. Quando uma resposta ótima é alcançada, mecanismos de retroalimentação atenuam o sinal.

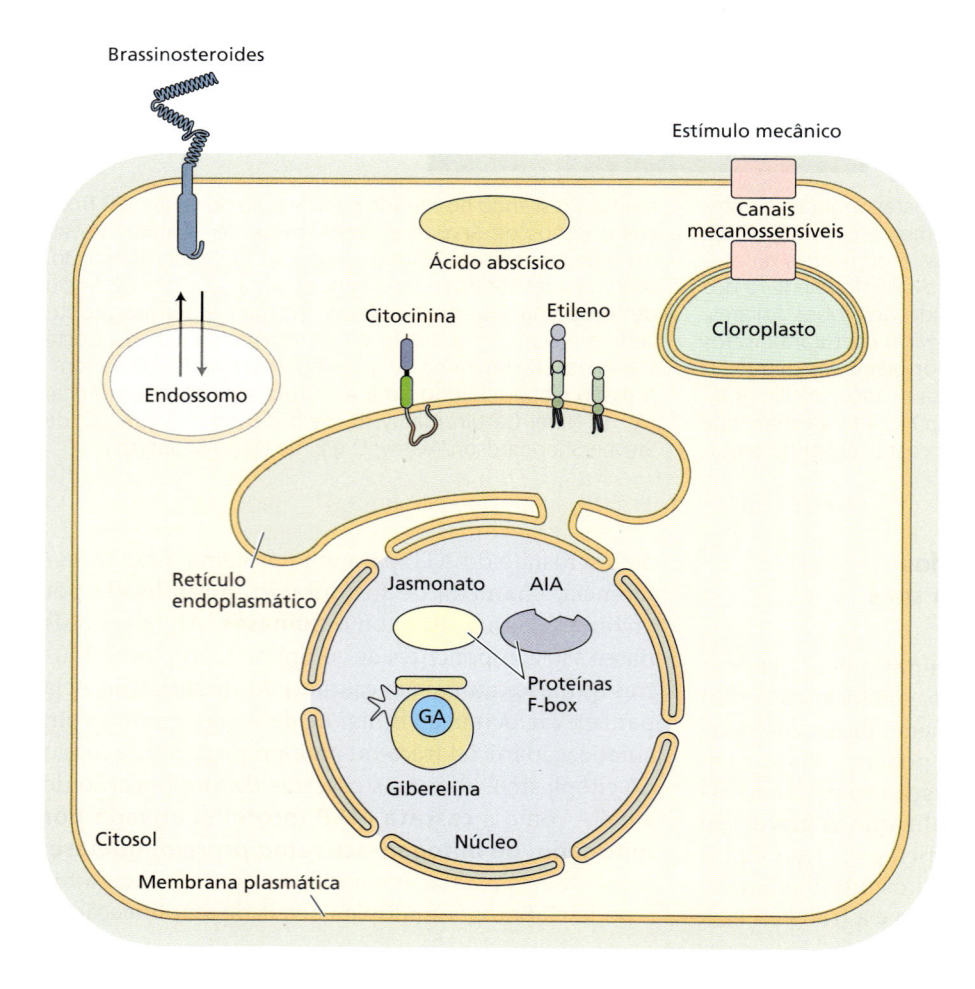

Figura 12.3 Localizações primárias de receptores de fitormônios e receptores mecanossensíveis na célula. Os receptores individualmente são discutidos mais adiante neste capítulo. AIA, ácido 3-indolacético (auxina); GA, giberelina. (De Santer e Estelle, 2009.)

Ca²⁺ é o mensageiro secundário mais ubíquo em plantas e em outros eucariotos

Os mensageiros secundários representam outra estratégia para aumentar ou propagar os sinais. O mensageiro secundário mais ubíquo em todos os eucariotos é provavelmente o cálcio divalente Ca^{2+}, que nos vegetais está envolvido em um grande número de rotas de sinalização diferentes, incluindo interações simbióticas (ver Figura 5.12), respostas de defesa, bem como respostas a diversos hormônios e estresses abióticos. Os níveis de Ca^{2+} citosólico podem aumentar rapidamente quando esse elemento é incorporado ao citosol, seja a partir de reservas externas, como a parede celular, ou de reservas internas, como os vacúolos. Em ambos os casos, a entrada de Ca^{2+} no citosol é mediada principalmente por canais iônicos permeáveis ao Ca^{2+} (**Figura 12.4**). A atividade do canal deve ser fortemente regulada para manter o controle preciso do ritmo e da duração da elevação do Ca^{2+} citosólico. Geralmente, os canais iônicos são controlados por portões, significando que seus poros são abertos ou fechados por mudanças no potencial elétrico transmembrana, tensão de membrana, modificação pós-tradução ou ligação a um ligante (ver também Capítulo 6). Várias famílias de canais permeáveis ao Ca^{2+} foram identificadas em plantas; elas incluem receptores do tipo glutamato localizados na membrana

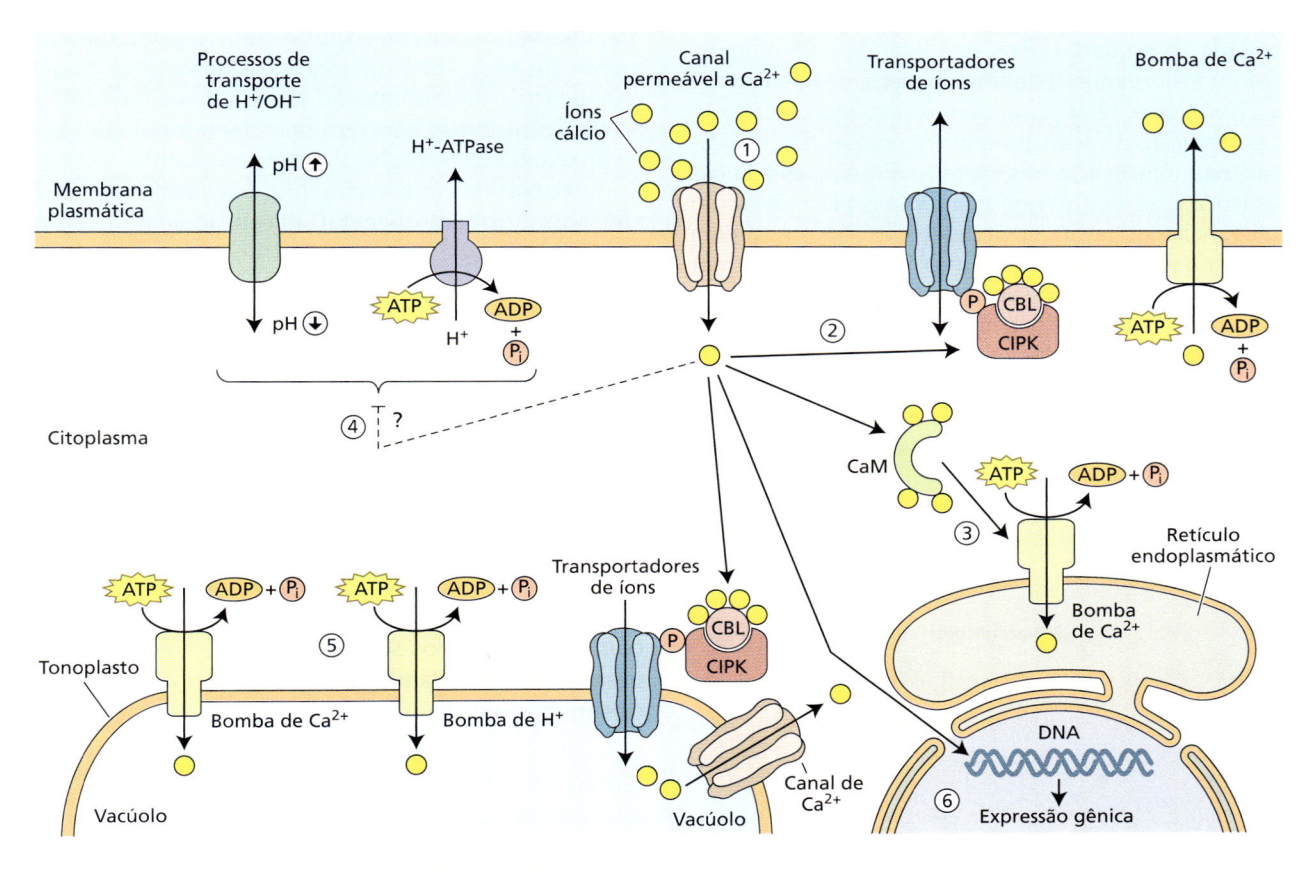

1. A ativação de canais iônicos permeáveis a Ca^{2+}, induzida pelo sinal, provoca um aumento na concentração de Ca^{2+} citosólico livre.

2. Proteínas sensoras da Ca^{2+}, CBL/CIPK, interagem com transportadores de íons na membrana plasmática e na membrana vacuolar.

3. Calmodulina (CaM) ativada estimula bombas de Ca^{2+} no retículo endoplasmático.

4. O Ca^{2+} pode afetar os transportadores de membrana, desencadeando mudanças no pH intracelular e extracelular.

5. Bombas na membrana vacuolar criam gradientes de H^+ e Ca^{2+} entre citoplasma e vacúolo.

6. Aumento de Ca^{2+} no núcleo ativa a transcrição dependente de Ca^{2+}.

Figura 12.4 Íons cálcio e pH funcionam como mensageiros secundários que amplificam sinais e regulam a atividade de proteínas-alvo de sinalização para desencadear respostas fisiológicas. Um aumento em $[Ca^{2+}]_{cit}$ ativa as proteínas sensoras de cálcio (calmodulinas [CaMs] e proteínas do tipo calcineurina-B/proteínas quinase de interação com CBL [CBL/CIPKs]), que estão localizadas em diferentes sítios subcelulares. Seis tipos de ativação são mostrados na figura.

plasmática e canais com portões de nucleotídeos cíclicos. Evidências eletrofisiológicas e outras respaldam a presença de canais permeáveis ao Ca^{2+} no tonoplasto e no retículo endoplasmático.

Assim que a sinalização mediada pelo receptor ativa os canais permeáveis ao Ca^{2+}, as proteínas sensoras desse íon desempenham um papel central como intermediários de sinalização, vinculando sinais de Ca^{2+} a mudanças nas atividades celulares. A maioria dos genomas vegetais contém quatro famílias multigênicas principais de sensores de Ca^{2+}: proteínas calmodulina (CaM) e do tipo calmodulina, proteínas quinase dependentes de Ca^{2+}, proteínas quinase dependentes de Ca^{2+}/calmodulina e proteínas do tipo calcineurina-B (CBL), que atuam combinadas com proteínas quinase de interação com CBL. Os membros dessas famílias de sensores modulam a atividade de proteínas-alvo, seja ligando-se à proteína CaM ou fosforilando-a de uma maneira dependente de Ca^{2+} (ver Figura 12.4). As proteínas-alvo incluem fatores de transcrição, diversas proteínas quinase, Ca^{2+}-ATPases, canais iônicos e outras enzimas. Por fim, as bombas e os trocadores de Ca^{2+} em membranas plasmáticas ou de organelas removem ativamente Ca^{2+} do citosol para terminar a sinalização de Ca^{2+} (ver Figura 12.4). As moléculas sinalizadoras derivadas de lipídeos celulares (diacilglicerol, inositol-1,4,5-trifosfato e ácido fosfatídico; **Figura 12.5**) são geradas enzimaticamente a partir de lipídeos de membrana e consideradas também reguladoras de fluxos de Ca^{2+} em resposta a estímulos ambientais.

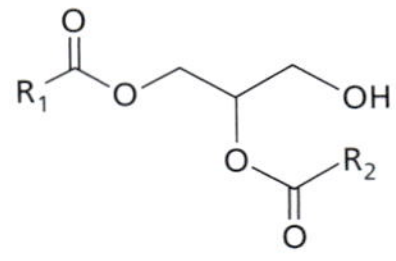

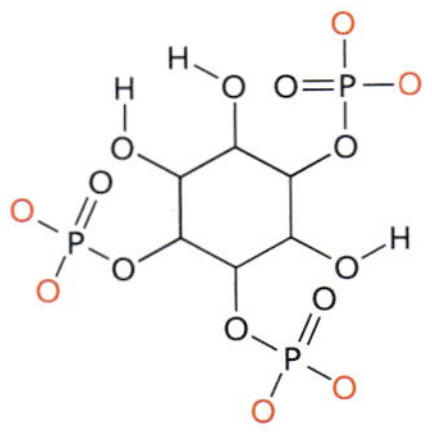

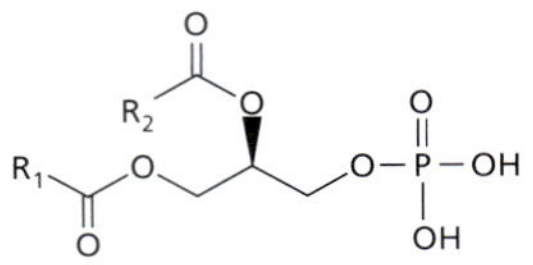

Figura 12.5 Moléculas sinalizadoras derivadas de lipídeos de membrana. R_1 e R_2 representam cadeias laterais acil.

As mudanças no pH citosólico ou no pH da parede celular podem servir como mensageiros secundários para respostas hormonais e a estresses

As células vegetais usam a **força motriz de prótons (PMF)** (i.e., o gradiente eletroquímico de prótons) através de membranas celulares para acionar a síntese de ATP (ver Capítulos 7 e 11) e para energizar o transporte ativo secundário (ver Figura 12.4; ver também Capítulo 6). Além de ter essa atividade de "manutenção", os prótons também apresentam atividade de sinalização e funcionam como mensageiros secundários. Em uma célula em repouso, o pH citosólico costuma ser mantido constante em cerca de 7,5, enquanto a parede celular tem pH de 5,5 ou mais baixo. O pH extracelular pode mudar rapidamente em resposta a uma gama de diferentes sinais endógenos e ambientais, ao passo que as mudanças no pH intracelular ocorrem mais lentamente devido à capacidade muito alta de tamponamento celular. Em hipocótilos em crescimento, por exemplo, a auxina (um hormônio vegetal) desencadeia a ativação da H^+-ATPase de membrana plasmática (ver Figura 12.4). Como será discutido no Capítulo 15, a ativação da H^+-ATPase de membrana plasmática torna a parede celular mais ácida, o que promove a expansão celular. Nas raízes, contudo, a auxina inibe a expansão celular e desencadeia a sua rápida alcalinização, um processo que tem sido demonstrado como dependente de Ca^{2+} (ver Figura 12.4, número 4). Mudanças similares de pH dependentes de Ca^{2+} são observadas em muitas respostas de plantas ao estresse ambiental (ver Capítulo 19).

Espécies reativas de oxigênio atuam como mensageiros secundários, mediando sinais ambientais e de desenvolvimento

Nos últimos anos, as **espécies reativas de oxigênio (EROs)** têm emergido não apenas como subprodutos citotóxicos de processos metabólicos, como a respiração e a fotossíntese, mas como moléculas de sinalização que regulam respostas vegetais a diversos sinais ambientais e endógenos. As EROs resultam da redução parcial do oxigênio e são formadas predominantemente em mitocôndrias, cloroplastos, peroxissomos e na parede celular. No contexto da sinalização celular, as NADPH-oxidases localizadas na membrana plasmática compõem a família de enzimas produtoras de EROs mais bem compreendida. As NADPH-oxidases (ou as homólogas da oxidase de queima respiratória, RBOHs, de *respiratory burst oxidase homologs*) transferem elétrons do NADPH citosólico doador de elétrons através da membrana para reduzir o oxigênio molecular extracelular. A ERO resultante, superóxido, pode dismutar para peróxido de hidrogênio, uma ERO mais permeável à membrana, que também pode entrar nas células através de aquaporinas específicas.

Os alvos da sinalização das EROs estão apenas começando a ser identificados. Por exemplo, a cadeia lateral de tiol de resíduos do aminoácido cisteína pode ser oxidada pelas EROs, formando ligações dissulfeto intramoleculares (dentro do polipeptídeo/proteína) ou intermoleculares (entre polipeptídeos/proteínas diferentes). Foi demonstrado que a regulação redox direta desse tipo altera a atividade de ligação ao DNA ou a localização celular de vários fatores de transcrição e ativadores transcricionais. Na parede celular, resíduos de tirosina de proteínas estruturais, conjugados de polissacarídeos de ácido ferúlico e monolignóis podem ter ligação cruzada de maneira oxidativa pelas EROs, modificando, assim, a intensidade ou as propriedades de barreira da parede celular.

Hormônios e desenvolvimento vegetal

A forma e a função dos organismos multicelulares não poderiam ser mantidas sem uma comunicação eficiente entre células, tecidos e órgãos. Nos vegetais superiores, a regulação e a coordenação do metabolismo, o crescimento e a morfogênese muitas vezes dependem de sinais químicos de uma parte da planta para outra. Na segunda metade do século XIX, o grande fisiologista vegetal alemão Julius Von Sachs propôs que "substâncias formadoras de órgãos" eram sintetizadas pela planta e transportadas para partes diferentes dela, onde regulavam o crescimento e o desenvolvimento. Ele sugeriu também que os fatores ambientais, como a gravidade, poderiam afetar a distribuição dessas substâncias na planta. Desde então, se tornou evidente que a maioria das redes de sinalização que traduz sinais ambientais em respostas de crescimento e desenvolvimento regula o metabolismo ou a redistribuição desses mensageiros químicos endógenos. Embora Sachs não conhecesse a identidade desses mensageiros químicos, suas ideias levaram à descoberta definitiva desses compostos.

Os hormônios são mensageiros químicos, produzidos em uma célula, que modulam os processos celulares em outra célula interagindo com proteínas específicas que funcionam como receptores ligados a rotas de transdução de sinal. Como no caso dos hormônios animais, a maioria dos hormônios vegetais (fitormônios), em concentrações nanomolares, é capaz de ativar respostas em células-alvo. Embora os detalhes do controle hormonal do desenvolvimento sejam bastante diversos, todas as rotas hormonais básicas compartilham características comuns (**Figura 12.6**). Por exemplo, a percepção de sinais (estímulo ambiental) e o programa de desenvolvimento muitas vezes resultam em aumentos na biossíntese de hormônios. O hormônio é, então, transportado para um sítio de ação. A percepção do hormônio por um receptor resulta em eventos transcricionais ou pós-transcricionais (p. ex., fosforilação, renovação proteica, extrusão iônica) que, por fim, induzem uma resposta fisiológica ou de desenvolvimento. Além disso, a resposta pode ser atenuada por mecanismos de retroalimentação negativa, que reprimem a síntese hormonal, e por catabolismo ou sequestro, que se combinam para causar o retorno da concentração hormonal ativa para os níveis de pré-sinal. Dessa maneira,

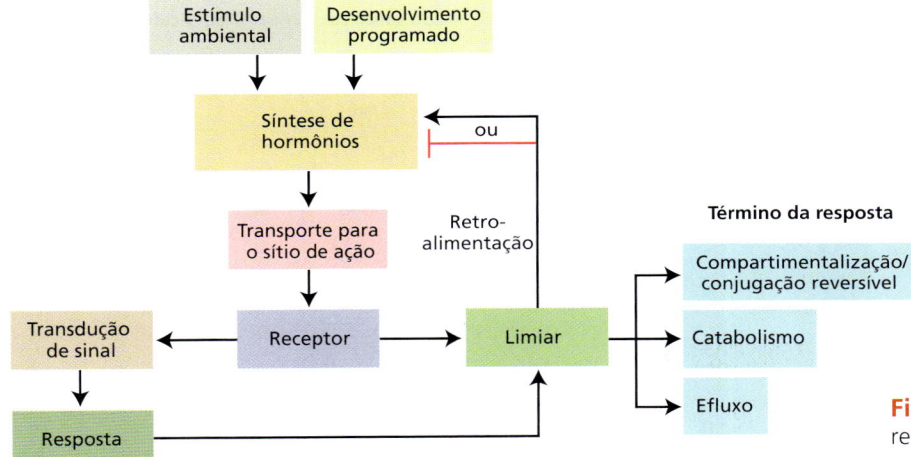

Figura 12.6 Esquema comum da regulação hormonal.

a planta readquire a capacidade de responder à próxima entrada de sinal.

O desenvolvimento vegetal é regulado por nove hormônios ou famílias de hormônios principais: auxinas, giberelinas, citocininas, etileno, ácido abscísico, brassinosteroides, jasmonatos, ácido salicílico e estrigolactonas (**Figura 12.7**). Além disso, vários peptídeos pequenos atuam na comunicação entre células no desenvolvimento e na sinalização vegetais em resposta a deficiências de nutrientes minerais.

A auxina foi descoberta em estudos iniciais da curvatura do coleóptilo durante o fototropismo

A **auxina** é essencial ao crescimento vegetal, e a sua sinalização funciona praticamente em todos os aspectos do desenvolvimento. A auxina foi o primeiro hormônio vegetal estudado em plantas. Ela foi descoberta após a predição de sua existência por Charles e Francis Darwin no seu livro, *O Poder do Movimento nas Plantas* (*The Power of Movement in Plants*), publicado em 1880, no mesmo ano em que Sachs propôs sua teoria de "substâncias formadoras de órgãos." Os Darwin estudaram a curvatura de coleóptilos de plântulas do alpiste (*Phalaris canariensis*) e os hipocótilos de plântulas de outras espécies em resposta à luz unidirecional. Eles concluíram que um sinal produzido no ápice se deslocava para baixo, fazendo as células inferiores crescerem mais rapidamente no lado sombreado do que no lado iluminado. Subsequentemente, foi demonstrado que o sinal era uma substância química que podia se difundir atravessando blocos de gelatina (**Figura 12.8**). Os fisiologistas vegetais chamaram o sinal químico de auxina, originária da palavra grega *auxein*, que significa "aumentar" ou "crescer"; eles identificaram o ácido 3-indolacético (AIA) como a auxina vegetal primária. No Capítulo 15, serão feitas mais considerações sobre o papel da auxina no crescimento em alongamento da célula.

Em algumas espécies, o ácido 4-cloro-3-indolacético (4-cloro-AIA) e o ácido fenilacético (AFA) atuam como auxinas naturais, mas o AIA é sem dúvida a forma mais abundante e fisiologicamente mais importante. Como a estrutura do AIA é relativamente simples, os pesquisadores rapidamente puderam sintetizar uma ampla série de moléculas com atividade auxínica. Alguns desses compostos, como o ácido 1-naftaleno-acético (ANA), o ácido 2,4-diclorofenoxiacético (2,4-D)

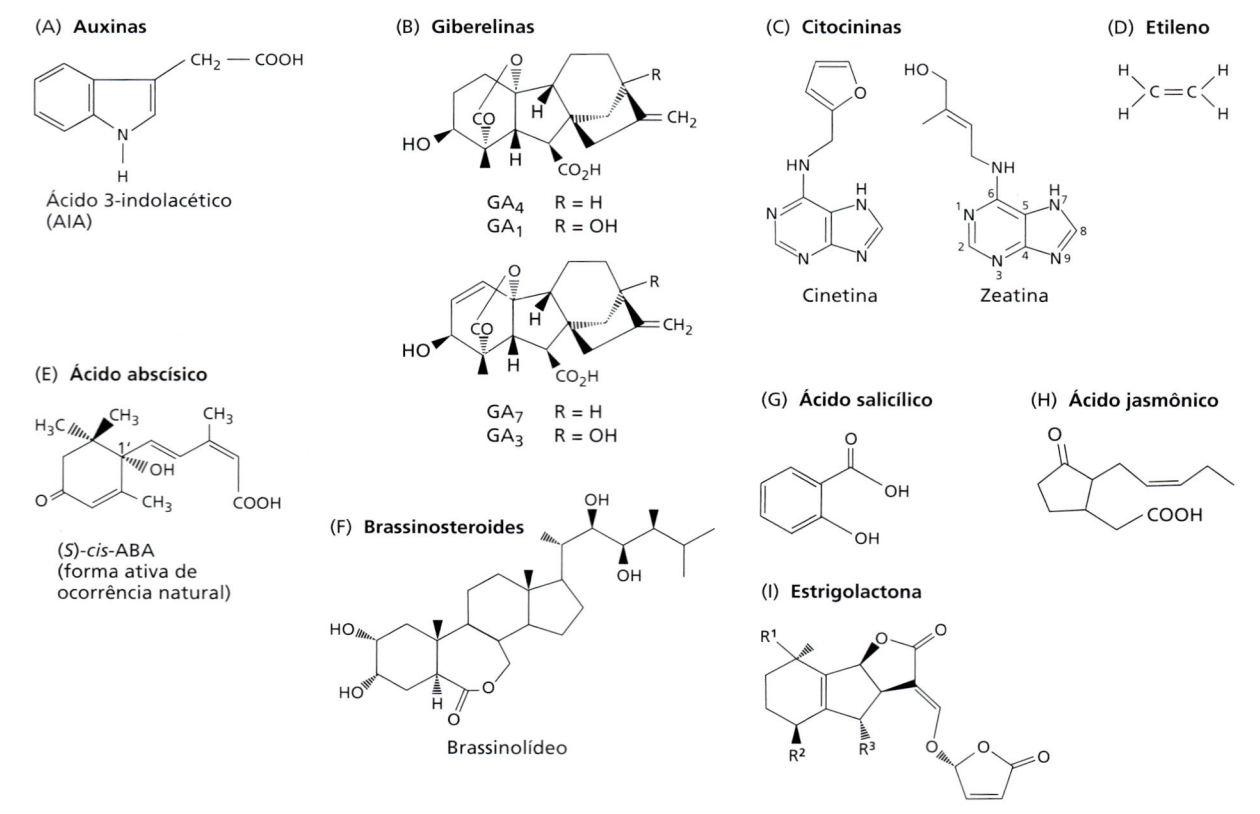

Figura 12.7 Estruturas químicas dos fitormônios.

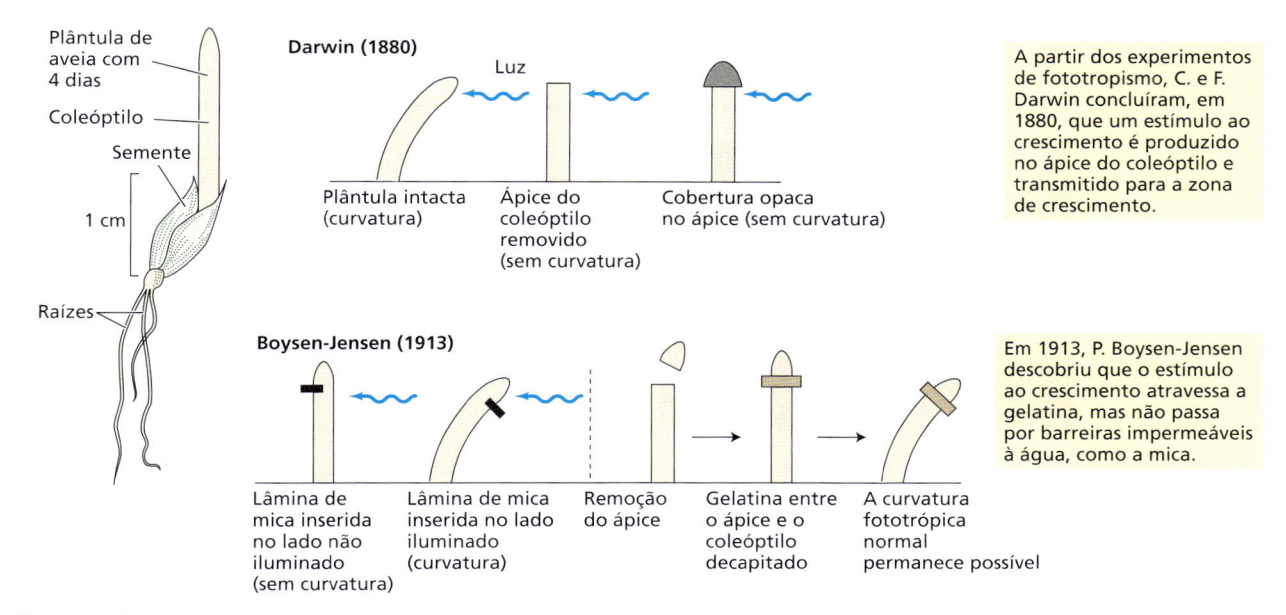

Figura 12.8 Primeiros experimentos sobre a natureza química da auxina.

e o ácido 2-metóxi-3,6-diclorobenzoico (dicamba), são agora usados amplamente como reguladores do crescimento e herbicidas na horticultura e na agricultura.

As giberelinas promovem o crescimento do caule e foram descobertas em relação à "doença da planta boba" do arroz

Um segundo grupo de hormônios vegetais é o das **giberelinas** (abreviadas como GA e numeradas na sequência cronológica de sua descoberta). Esse grupo compreende um grande número de compostos, todos ácidos tetracíclicos (quatro anéis) diterpenoides, mas apenas alguns deles, principalmente GA_1, GA_3, GA_4 e GA_7, têm atividade biológica intrínseca (ver Figura 12.7B). Um dos efeitos mais admiráveis das GAs biologicamente ativas, alcançado por seu papel na promoção do alongamento celular, é a indução do alongamento do entrenó em plântulas anãs. As GAs têm outros papéis diferentes durante o ciclo de vida da planta; por exemplo, elas podem promover a germinação de sementes (ver Capítulo 15), a transição para o florescimento e o desenvolvimento do fruto (ver Capítulo 17).

As GAs foram isoladas pela primeira vez no Japão, por Teijiro Yabuta e Yusuke Sumuki, na década de 1930, como produtos naturais no fungo *Gibberella fujikuroi* (chamado atualmente de *Fusarium fujikuroi*), do qual os hormônios derivam seu nome. Os indivíduos do arroz infectados com *F. fujikuroi* tornam-se anormalmente altos, o que os deixa suscetíveis à queda e com produção reduzida; daí o nome *bakanae*, ou "doença da planta boba". Esse crescimento excessivo pode ser reproduzido pela aplicação de GAs em plântulas de arroz não infectadas. O *F. fujikuroi* produz várias GAs diferentes; a mais abundante delas é GA_3, também chamada de ácido giberélico, que pode ser obtido comercialmente para uso horticultural e agronômico. Por exemplo, GA_3 é pulverizada sobre videiras para produzir uvas maiores e sem sementes, que agora são rotineiramente compradas em mercados (**Figura 12.9A**). Respostas impressionantes foram obtidas quanto ao alongamento do caule de plantas anãs ou rosuladas, em especial nas ervilhas (*Pisum sativum*) geneticamente anãs, no milho anão (*Zea mays*) (**Figura 12.9B**) e em muitas plantas rosuladas (**Figura 12.9C**).

Logo após a primeira caracterização de GAs a partir de *F. fujikuroi*, descobriu-se que as plantas também possuem substâncias semelhantes às GAs, mas em concentrações muito menores do que no fungo. A primeira GA vegetal a ser identificada foi GA_1, descoberta em extratos de sementes do feijão escarlate em 1958. Atualmente, sabe-se que as GAs são ubíquas em plantas e também estão presentes em vários fungos, além de *F. fujikuroi*. A maioria das espécies estudadas até agora contém GA_1 e/ou GA_4, de modo que essas são as GAs às quais se atribui a função "hormonal". Além de GA_1 e GA_4, as plantas contêm muitas GAs inativas que são os precursores ou os produtos da desativação das GAs bioativas.

As citocininas foram descobertas como fatores promotores da divisão celular em experimentos de cultura de tecidos

As citocininas foram descobertas em uma pesquisa sobre fatores que estimulavam células vegetais a se

Figura 12.9 (A) A giberelina induz o crescimento em uvas Thompson sem sementes. Cachos não tratados normalmente permanecem pequenos devido ao aborto natural de sementes. O cacho da esquerda não foi tratado. Durante o desenvolvimento dos frutos, o cacho da direita foi pulverizado com GA_3, produzindo frutos maiores e alongamento dos pedicelos (pedúnculos dos frutos). (B) O efeito da GA_1 exógena sobre o milho do tipo selvagem (identificado como "normal" na fotografia) e o mutante anão (*d1*). A giberelina estimula o alongamento expressivo do caule no mutante anão, mas apresenta pouco ou nenhum efeito sobre a planta alta do tipo selvagem. (C) Sob condições de dias curtos, o repolho permanece com pequeno porte, de aspecto rosulado, mas pode ser induzido ao alongamento dos entrenós e à floração por aplicações de GA_3. O efeito do comprimento do dia no florescimento será discutido no Capítulo 17. (A, C © Sylvan Wittwer/Visuals Unlimited; B, cortesia de B. Phinney.)

dividirem (i. e., realizarem citocinese) em combinação com a auxina, outro fitormônio. Foi identificada uma molécula pequena que, na presença de auxina, podia estimular o tecido parenquimático da medula do tabaco a transformar-se em uma estrutura amorfa, conhecida como *calo* (*callus*) (**Figura 12.10A**). A molécula indutora da citocinese foi denominada *cinetina*. A cinetina é uma citocinina sintética, mas sua estrutura é similar à das citocininas de ocorrência natural, como a zeatina (ver Figura 12.7C).

Logo após a descoberta das citocininas, demonstrou-se a sua produção em estruturas de calos formados em plantas infectadas com bactérias patogênicas, nematódeos e vírus (**Figura 12.10B**). Conforme será visto em outros capítulos, tem-se demonstrado que as citocininas têm efeitos em muitos processos fisiológicos e de desenvolvimento, abrangendo a senescência foliar, a ramificação da parte aérea, a quebra da dormência das gemas e a formação dos meristemas apicais (ver Capítulo 16). Além disso, as citocininas são produzidas durante a formação de micorrizas e quando as bactérias fixadoras de nitrogênio estimulam a nodulação de raízes (ver Capítulos 5 e 18), bem como em respostas à salinidade, à seca e a deficiências de macronutrientes (nitrato, fósforo, ferro e sulfato) (ver Capítulo 19).

O etileno é um hormônio gasoso que promove o amadurecimento do fruto e outros processos do desenvolvimento

O **etileno** é um gás com uma estrutura química simples (ver Figura 12.7D). Ele foi primeiro identificado como um regulador de crescimento vegetal em 1901 por Dimitry Neljubov, quando demonstrou a capacidade de alterar o crescimento de plântulas de ervilha estioladas no laboratório, causando a **resposta tripla** (**Figura 12.11A**). Subsequentemente, o etileno foi identificado como um produto natural sintetizado por tecidos vegetais.

O etileno regula uma gama ampla de respostas em plantas, incluindo a germinação da semente e o crescimento da plântula, a expansão e a diferenciação celular, a senescência e a abscisão foliar e floral (ver Capítulos 15 e 16), o amadurecimento de frutos (ver Capítulo 17), e as respostas aos estresses bióticos e abióticos (ver Capítulos 18 e 19), incluindo a curvatura das folhas para baixo conhecida como *epinastia* (**Figura 12.11B**).

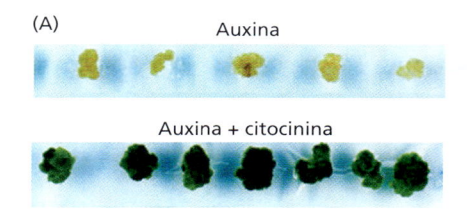

Figura 12.10 A citocinina acentua a divisão celular e o esverdeamento. (A) Explantes foliares de *Arabidopsis* do tipo selvagem foram induzidos a formar calo (conjunto de células não diferenciadas), mediante cultura na presença apenas de auxina (parte superior) ou de auxina mais citocinina (parte inferior). A citocinina foi necessária para o crescimento do calo e o esverdeamento na presença da luz. (B) Formação de tumor no caule de um tomateiro infectado com a bactéria da galha da coroa, *Agrobacterium tumefaciens*. Dois meses antes de ser feita esta fotografia, o caule foi ferido e inoculado com uma cepa virulenta da bactéria da galha da coroa. (A de Riou-Khamlichi et al., 1999; B de Aloni et al., 1998, cortesia de R. Aloni.)

O ácido abscísico regula a maturação da semente e o fechamento estomático em resposta ao estresse hídrico

O **ácido abscísico** (**ABA**) é um hormônio ubíquo em plantas vasculares e tem sido encontrado também em musgos, alguns fungos fitopatogênicos e uma gama ampla de animais. O ABA é um terpenoide com 15 carbonos (ver Figura 12.7E) que foi identificado na década de 1960 como um composto inibidor do crescimento associado ao começo da dormência dos botões e à promoção da abscisão do fruto do algodoeiro. Contudo, trabalhos posteriores demonstraram que o ABA promove a senescência, o processo que precede a abscisão, em vez da própria abscisão. Desde então, verificou-se também que o ABA é um hormônio que regula respostas aos estresses salino, por desidratação e térmico, incluindo o fechamento estomático (**Figura 12.12**) (ver Capítulo 19). O ABA também promove a maturação e a dormência da semente (ver Capítulo 15) e regula o crescimento de raízes e partes aéreas, a produção de tipos foliares diferentes em um único indivíduo, o florescimento e algumas respostas a patógenos (ver Capítulo 18).

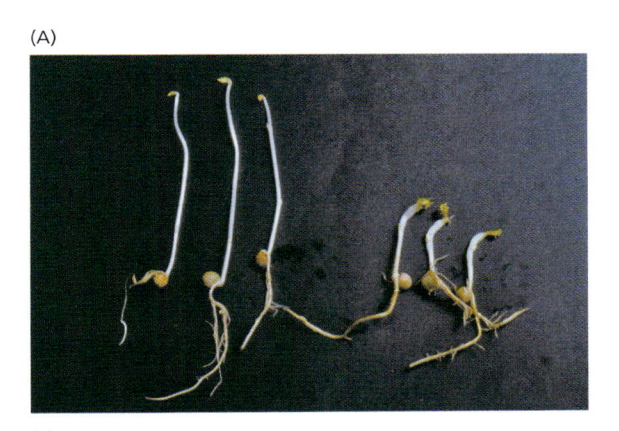

Figura 12.11 Respostas ao etileno. (A) Resposta tripla de plântulas de ervilha estioladas. Plântulas de ervilha com seis dias foram cultivadas no escuro na presença de 10 ppm (partes por milhão) de etileno (à direita) ou deixadas sem tratamento (à esquerda). As plântulas tratadas apresentaram intumescimento radial, inibição do alongamento do epicótilo e crescimento horizontal do epicótilo (diagravitropismo). (B) Epinastia foliar no tomateiro. A epinastia, ou curvatura das folhas para baixo (à direita), é causada pelo tratamento com etileno. Um tomateiro não tratado é mostrado à esquerda. A epinastia ocorre quando as células do lado superior do pecíolo crescem mais rápido do que as do lado inferior. (Cortesia de S. Gepstein.)

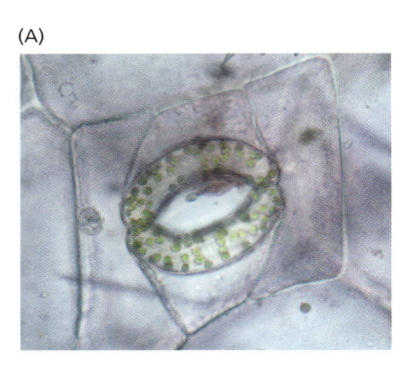

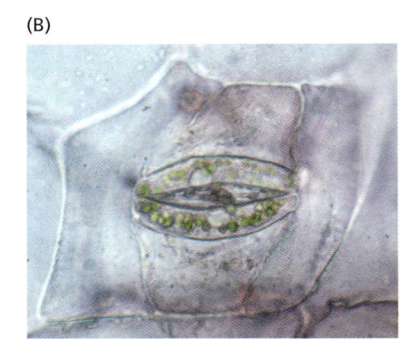

Figura 12.12 Fechamento estomático em resposta ao ABA. Na presença da luz, os estômatos estão abertos para as trocas gasosas com o ambiente (à esquerda). O tratamento com ABA fecha os estômatos na presença da luz (à direita). Sob condições de estresse pela seca, o fechamento estomático reduz a perda de água durante o dia. (Fotos © Ray Simons/Science Source.)

Os brassinosteroides regulam a determinação sexual floral, a fotomorfogênese e a germinação

Os **brassinosteroides** (**BRs**) foram descobertos como substâncias promotoras do crescimento presentes no pólen de *Brassica napus* (colza, algumas variedades da qual são chamadas de canola na América do Norte). Análises posteriores com raios X mostraram que o brassinosteroide mais bioativo nas eudicotiledôneas, que era chamado de **brassinolídeo**, é um esteroide poli-hidroxilado similar aos hormônios esteroides animais (ver Figura 12.7F).

Muitos BRs têm sido identificados, principalmente intermediários das rotas catabólicas ou biossintéticas dos brassinolídeos. Desses, as duas formas ativas conhecidas de brassinosteroides são o brassinolídeo e seu precursor imediato castasterona, que é mais ativa em monocotiledôneas (p. ex., o milho) do que em eudicotiledôneas. Os BRs são hormônios vegetais ubíquos que, como as auxinas e as giberelinas, parecem preceder a evolução das plantas terrestres. Nas angiospermas, os BRs são encontrados em níveis baixos em diversos órgãos (p. ex., flores, folhas, raízes) e em níveis relativamente mais altos no pólen, nas sementes imaturas e nos frutos.

Os brassinosteroides exercem papéis essenciais em uma ampla gama de fenômenos de desenvolvimento vegetal, abrangendo divisão, alongamento, diferenciação celular, fotomorfogênese, desenvolvimento reprodutivo, germinação, senescência foliar e resposta a estresses. Os mutantes deficientes na síntese de BR mostram crescimento e desenvolvimento anormais, incluindo nanismo, dominância apical reduzida e fotomorfogênese no escuro. Os BRs desempenham um papel importante na determinação sexual de flores. Esse papel é demonstrado por mutantes de milho deficientes em BR, em que as flores masculinas (pendões) exibem características femininas como carpelos e produção de estigma (cabelo do milho, *corn silk*) (**Figura 12.13**).

Ácido salicílico e jasmonatos atuam em respostas defensivas

O **ácido salicílico** (ver Figura 12.7G) e um composto conjugado derivado do **ácido jasmônico** (ver Figura 12.7H) são os compostos sinalizadores primários que atuam nas respostas de defesa vegetal à herbivoria e à infecção de patógenos. O papel desses dois hormônios nas respostas de defesa é discutido no Capítulo 18. O ácido jasmônico e suas formas conjugadas também funcionam em respostas ao estresse abiótico (ao sal) e

Figura 12.13 A perda de brassinosteroide ativo no mutante *nana1* de milho resulta na determinação sexual floral alterada. O pendão do tipo selvagem estaminado é mostrado à esquerda e o pendão do mutante *nana1* pistilado é mostrado à direita. (De Hartwig et al., 2011.)

interagem com a auxina e possivelmente outras rotas de sinalização hormonal na regulação ambiental do desenvolvimento vegetal.

As estrigolactonas reprimem a ramificação e promovem interações na rizosfera

As **estrigolactonas**, que ocorrem em cerca de 80% das espécies vegetais, constituem um grupo de lactonas terpenoides (ver Figura 12.7I). Elas foram originalmente descobertas como estimulantes da germinação derivados do hospedeiro para plantas parasíticas de raízes, como estrigas (*Striga* spp.) e orobanques (*Orobanche* e *Phelipanche* spp.). Elas também promovem interações simbióticas com fungos micorrízicos arbusculares, as quais facilitam a absorção de fosfato do solo. Além disso, as estrigolactonas reprimem a ramificação do caule e estimulam a atividade do câmbio e o crescimento secundário (ver Capítulo 16). Elas têm funções análogas nas raízes, onde reduzem a formação de raízes adventícias e laterais e promovem o crescimento de pelos.

Metabolismo e homeostase dos fitormônios

Para serem sinais eficazes, as concentrações dos hormônios vegetais devem ser rigorosamente reguladas. Em termos mais simples, a concentração de um hormônio em um tecido ou célula é determinada pelo equilíbrio entre a taxa de aumento em sua concentração (p. ex., por síntese ativação/local ou por importação de outra parte da planta) e a taxa de decréscimo em sua concentração (p. ex., por inativação, degradação, sequestro ou efluxo) (**Figura 12.14**). No entanto, a regulação dos níveis hormonais é complicada por muitos fatores. Primeiro, as rotas biossintéticas primárias dos hormônios podem ser aumentadas por mecanismos biossintéticos entrecruzados ou secundários. Segundo, pode haver variantes estruturais múltiplas de um hormônio, que se modificam amplamente em sua atividade biológica. Finalmente, conforme será visto mais adiante, pode haver múltiplos mecanismos para remover o hormônio ativo de um sistema.

Nesta seção, são discutidos os mecanismos de modulação das concentrações hormonais localmente (dentro de uma célula ou de um tecido).

O indol-3-piruvato é o intermediário principal na biossíntese da auxina

O AIA está relacionado estruturalmente ao aminoácido triptofano e é sintetizado primariamente em um processo de duas etapas, usando o indol-3-piruvato (IPyA) como intermediário (**Figura 15.17**). A segunda etapa da rota é executada pela família YUCCA de flavinas monoxigenases.

A biossíntese do AIA está associada a tecidos que se dividem e crescem rapidamente, em especial nas raízes. Embora praticamente todos os tecidos vegetais pareçam capazes de produzir níveis baixos de AIA, os meristemas apicais de caules, as folhas jovens e os frutos jovens são os sítios principais de síntese da auxina. Em plantas que produzem compostos defensivos de indolglicosinolato (ver Capítulo 18), o AIA também pode ser sintetizado a partir do triptofano, por uma rota com indolacetonitrila como intermediário. Nos grãos do milho, o AIA também parece ser sintetizado por uma rota independente de triptofano.

A auxina é tóxica em concentrações celulares elevadas; sem controles homeostáticos, o hormônio pode facilmente desenvolver níveis tóxicos. O catabolismo da auxina por conjugação a hexoses e degradação oxidativa garante a remoção permanente de hormônio ativo, quando a concentração excede o nível ideal ou quando a resposta ao hormônio é completa. A conjugação covalente de aminoácidos ao AIA pode também resultar em inativação permanente. Todavia, a maioria dos conjugados de aminoacil serve como forma de reserva, da qual o AIA pode ser rapidamente liberado por processos enzimáticos. O ácido indol-3-butírico (AIB) é um composto usado rotineiramente na horticultura para promover o enraizamento de estacas; no peroxissomo, ele é rapidamente convertido em AIA por β-oxidação. Tanto livre quanto conjugado, o AIB ocorre naturalmente nas plantas e serve como fonte de auxina para processos específicos do desenvolvimento. Em algumas espécies, tem sido demonstrado também que a auxina se conjuga a peptídeos, glicanos complexos (unidades múltiplas de açúcares) ou glicoproteínas, mas ainda não se conhece o papel fisiológico exato desses conjugados.

O sequestro de auxina em compartimentos de endomembranas, principalmente o retículo endoplasmático, também parece regular a quantidade desse

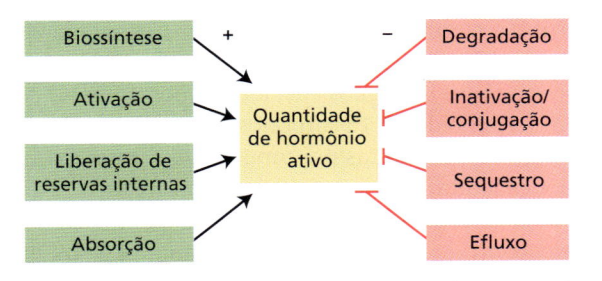

Figura 12.14 Mecanismos reguladores homeostáticos que influenciam a concentração de hormônios. Fatores positivos e negativos trabalham em conjunto para manter a homeostase hormonal.

hormônio disponível para sinalização. As proteínas que medeiam o movimento do AIA através da membrana do retículo endoplasmático foram identificadas, e uma reserva grande de AUXIN BINDING PROTEIN 1 (ABP1) é encontrada no lume do retículo endoplasmático, onde pode auxiliar no sequestro de auxina.

A bem documentada toxicidade da auxina aplicada exogenamente, sobretudo em espécies de eudicotiledôneas, estabelece uma base para o uso de uma família de auxinas sintéticas, como o ácido 2,4-diclorofenoxiacético (2,4-D), como herbicidas. As mutações causadoras da superexpressão da auxina tenderiam a ser letais se não houvesse o controle homeostático dos níveis desse hormônio. As auxinas sintéticas são mais eficazes como herbicidas do que as auxinas naturais porque elas são muito menos sujeitas ao controle homeostático – degradação, conjugação, transporte e sequestro – do que as naturais.

As giberelinas são sintetizadas pela oxidação do diterpeno *ent*-caureno

As GAs são sintetizadas em várias partes de uma planta, incluindo sementes em desenvolvimento e germinando, folhas em desenvolvimento e entrenós em alongamento. A rota biossintética, que começa nos plastídios, leva à produção de uma molécula precursora linear (cadeia reta) contendo 20 átomos de carbono, o geranilgeranildifosfato (GGPP). GGPP é convertido em *ent*-caureno no primeiro passo encarregado da biossíntese de GA (**Figura 12.15B**). Esse composto é oxidado sequencialmente por enzimas associadas ao retículo endoplasmático a formas ativas de giberelina. Enzimas dioxigenases no citosol são capazes de oxidar GA_{12} a todas as outras giberelinas encontradas nas plantas.

As rotas envolvidas na biossíntese e no catabolismo de GAs estão sob forte controle genético. Até agora, vários mecanismos reguladores têm sido descritos, abrangendo inativação de GAs por uma família de enzimas denominadas GA 2-oxidases, metilação via metiltransferase e conjugação a açúcares. A biossíntese da GA também é regulada pela inibição por retroalimentação, quando a GA celular excede os níveis do limiar.

As citocininas são derivadas da adenina com cadeias laterais de isopreno

As citocininas são derivadas da adenina. A classe mais comum de citocininas tem cadeias laterais de isoprenoide, incluindo isopenteniladenina (iP), di-hidrozeatina (DHZ) e zeatina, a citocinina mais abundante nas plantas superiores. As citocininas são formadas a partir de ADP/ATP e dimetilalildifosfato (DMAPP) principalmente nos plastídios (**Figura 12.15C**).

Além das bases livres, que são as únicas formas ativas, as citocininas também estão presentes na planta como ribosídeos (nos quais um açúcar ribose é fixado ao nitrogênio 9 do anel de purina), ribotídeos (nos quais a porção de açúcar ribose contém um grupo fosfato) ou glicosídeos (em que uma molécula de açúcar está fixada ao nitrogênio 3, 7 ou 9 do anel de purina ou ao oxigênio da zeatina ou da cadeia lateral de di-hidrozeatina). Além dessa inativação mediada por glicosilação, os níveis de citocinina ativa também são diminuídos catabolicamente mediante clivagem irreversível por citocininas oxidase.

O etileno é sintetizado da metionina via ácido 1-aminociclopropano-1-carboxílico intermediário

O etileno pode ser produzido por quase todas as partes de plantas superiores, embora a taxa de produção dependa do tipo de tecido, do estágio de desenvolvimento e dos aportes ambientais. Por exemplo, certos frutos maduros passam por uma queima respiratória em resposta ao etileno, e os níveis desse hormônio aumentam nesses frutos no período do amadurecimento (ver Capítulo 17). O etileno é derivado do aminoácido metionina e do intermediário *S*-adenosilmetionina (**Figura 12.15D**). A primeira etapa encarregada da biossíntese, e geralmente limitante da taxa, é a conversão de *S*-adenosilmetionina em ácido 1-aminociclopropano-1-carboxílico (ACC) pela enzima **ACC-sintase**. A seguir, o ACC é convertido em etileno pelas enzimas denominadas **ACC-oxidases**. Como o etileno é um hormônio gasoso, não há evidências de seu catabolismo em plantas. No entanto, se sua biossíntese é bloqueada por um inibidor exógeno, como aminoetoxi-vinilglicina (AVG), que inibe a ACC-sintase, a difusão rápida de etileno para fora da planta esgota os níveis desse hormônio nas células.

O ácido abscísico é sintetizado de um carotenoide intermediário

O ABA é sintetizado em quase todas as células que contêm cloroplastos ou amiloplastos e tem sido detectado em todos os órgãos e tecidos importantes. O ABA é um terpenoide de 15 carbonos, ou sesquiterpenoide, sintetizado em plantas por uma rota indireta via carotenoides intermediários de 40 carbonos (**Figura 12.15E**). As etapas iniciais dessa rota ocorrem nos plastídios. A clivagem do carotenoide resultante pela 9-*cis*-epoxicarotenoide dioxigenase provoca a produção de xantoxina, que, então, passa por uma série de reações oxidativas para formar ABA. A seguir, uma oxidação por ABA-8′-hidroxilases leva à inativação do ABA. O ABA também pode ser inativado por conjugação, mas esse processo é reversível. Ambos os tipos de inativação são fortemente regulados.

As concentrações de ABA podem flutuar drasticamente em tecidos específicos durante o desenvolvimento ou em resposta a mudanças nas condições ambientais. Nas sementes em desenvolvimento, por exemplo, os níveis de ABA podem aumentar 100 vezes em poucos dias, chegando a quantidades micromolares, e depois decair a níveis muito baixos à medida que a maturação prossegue (ver Capítulo 15). Sob condições de estresse hídrico (i.e., estresse por desidratação), o ABA nas folhas pode aumentar 50 vezes em um período de 4 a 8 horas (ver Capítulo 19).

Os brassinosteroides são derivados do esterol campesterol

Os brassinosteroides são sintetizados do campesterol, um esterol vegetal, que é estruturalmente similar ao colesterol. Os membros da família enzimática **citocromo P450-monoxigenase** (**CYP**), que são associados ao retículo endoplasmático, catalisam a maioria das reações na rota biossintética de brassinosteroides (**Figura 12.15F**). Os níveis de brassinosteroides bioativos também são modulados por diversas reações de inativação ou catabólicas, incluindo epimerização, oxidação, hidroxilação, sulfonação e conjugação à glicose ou aos lipídeos.

Os níveis de brassinosteroides ativos também são regulados por mecanismos de retroalimentação negativa dependente de brassinosteroide, em que as concentrações de hormônio acima de um certo limiar provocam um decréscimo em sua biossíntese. Essa atenuação é realizada pela regulação para baixo de genes da biossíntese de brassinosteroides e pela regulação para cima de genes envolvidos no catabolismo de brassinosteroides. Desse modo, os mutantes prejudicados em sua capacidade de responder ao brassinolídeo acumulam níveis altos dos brassinosteroides ativos em comparação com as plantas do tipo selvagem.

As estrigolactonas são sintetizadas a partir do β-caroteno

Como o ABA, as estrigolactonas são derivadas de precursores carotenoides nos plastídios, em uma rota que é conservada até a síntese da carlactona intermediária. Além desse limite plastidial, a biossíntese de estrigolactonas diverge de uma maneira espécie-específica (**Figura 12.15G**). Essa divergência é atribuída à diversidade funcional de isoformas do citocromo P450, que atuam sobre a carlactona. O papel das estrigolactonas na regulação da ramificação apical será discutido no Capítulo 16.

A biossíntese do ácido jasmônico e do ácido salicílico é discutida no contexto das interações bióticas no Capítulo 18.

Transmissão de sinal e comunicação célula a célula

A sinalização hormonal costuma envolver a transmissão do hormônio de seu sítio de síntese para seu sítio de ação. Em geral, os hormônios transportados aos sítios de ação em tecidos distantes de seu sítio de síntese são referidos como hormônios *endócrinos*, enquanto aqueles que atuam em células adjacentes à fonte de síntese são referidos como hormônios *parácrinos*. Os hormônios também podem funcionar nas mesmas células em que são sintetizados, sendo referidos como *efetores autócrinos*. A maioria dos hormônios vegetais tem atividades parácrinas, pois as plantas carecem dos sistemas circulatórios de movimento rápido encontrados em animais e associados com hormônios endócrinos clássicos. Contudo, o transporte hormonal mais lento de longa distância via sistema vascular é uma característica comum em plantas, a despeito da ausência de glândulas secretoras de hormônios como as dos sistemas endócrinos animais.

Por exemplo, o transporte polar de auxina, via absorção celular altamente regulada e mecanismos de efluxo, é essencial para o papel desse hormônio no estabelecimento e na manutenção do crescimento vegetal polar e organogênese. Os mecanismos celulares que controlam o transporte polar de auxina serão descritos nos Capítulos 14 e 15. Os hormônios lipofílicos como o ABA e as estrigolactonas podem se difundir através de membranas, mas, em alguns tecidos, são transportados ativamente através de membranas por transportadores de cassetes de ligação ao ATP da subfamília G (ABCG, *ATP binding casette subfamily G*). Recentemente foi demonstrado o transporte polarizado de estrigolactona para fora do ápice da raiz por uma proteína ABCG. As citocininas podem se mover por longas distâncias nas correntes transpiratórias do xilema; recentemente demonstrou-se que elas são transportadas de maneira ativa para o sistema vascular na raiz. Auxinas e citocininas também podem se mover com fluxos de fonte-dreno no floema. Pesquisas recentes sugerem que os níveis de GA nos tecidos da raiz são controlados por um mecanismo de transporte ativo, resultando na acumulação desse hormônio de crescimento nas células endodérmicas em expansão que controlam o alongamento da raiz. Como um composto gasoso, o etileno é mais solúvel em bicamadas lipídicas do que na fase aquosa e pode passar livremente pela membrana plasmática. Por outro lado, seu precursor, ACC, é hidrossolúvel e considera-se que seja transportado via xilema para os tecidos da parte aérea. Os brassinosteroides são sintetizados por toda a planta e admite-se que atuem dentro das células onde ocorre sua síntese. Eles não parecem passar por translocação da raiz para a parte aérea e da parte aérea para a raiz, conforme demonstrado por experimentos com ervilha, tomateiro e *Arabidopsis*, nos quais a enxertia recíproca de cavalo/enxerto do tipo selvagem para mutantes deficientes de brassinosteroides não resgata o fenótipo do último.

Embora careçam de sistemas nervosos, como os presentes nos animais, as plantas empregam sinalização elétrica de longa distância para a comunicação entre partes distantes de seu corpo. O tipo mais comum de sinalização elétrica em plantas é o **potencial de ação**, a despolarização transitória da membrana plasmática de uma célula gerada por canais iônicos com portões controlados por voltagem (ver Capítulo 6). Foi demonstrado na sensitiva (*M. pudica*) que os potenciais de ação medeiam o fechamento dos folíolos induzido pelo contato, bem como o fechamento rápido (~0,1 s) das folhas da dioneia, que ocorre quando um inseto toca nos pelos sensíveis nos lados superiores dos lobos foliares do tipo armadilha (**Figura 12.16A**). Para que a resposta seja ativada, dois pelos devem ser tocados em um intervalo de 20 segundos ou um pelo deve ser tocado duas vezes em sucessão rápida. Já que cada deslocamento evoca um potencial de ação (**Figura 12.16B**), a folha deve ter um mecanismo de contagem dos potenciais de ação. A propagação de sinais elétricos no sistema vascular de plantas tem sido sugerida também em respostas a herbívoros (ver Capítulo 18). No entanto, diferentemente dos sistemas nervosos de animais, as plantas carecem de sinapses que transmitem sinais elétricos de um neurônio para outro via secreção de neurotransmissores. O mecanismo da transmissão muito mais lenta de sinais elétricos ao longo dos sistemas vasculares das plantas ainda é pouco compreendido.

Rotas de sinalização hormonal

Os sítios de ação de hormônios são células com receptores específicos que podem ligar os hormônios e iniciar uma cascata de transdução de sinal. As plantas empregam muitos receptores quinases e quinases de transdução de sinal para realizar as respostas fisiológicas de células-alvo de hormônios. Nesta seção, são examinados os tipos de receptores e as rotas de transdução de sinal associados a cada um dos principais hormônios vegetais.

(A) Biossíntese da auxina (ácido 3-indolacético)

Trp →TAA→ IPyA →YUC→ IAA

(B) Biossíntese do ácido giberélico (GA)

GGPP →→ *ent*-caureno → GA₈ / GA2ox → GA₃₄

(C) Biossíntese da citocinina

DMAPP + ATP/ADP →→→ *trans*-zeatina (Base livre)

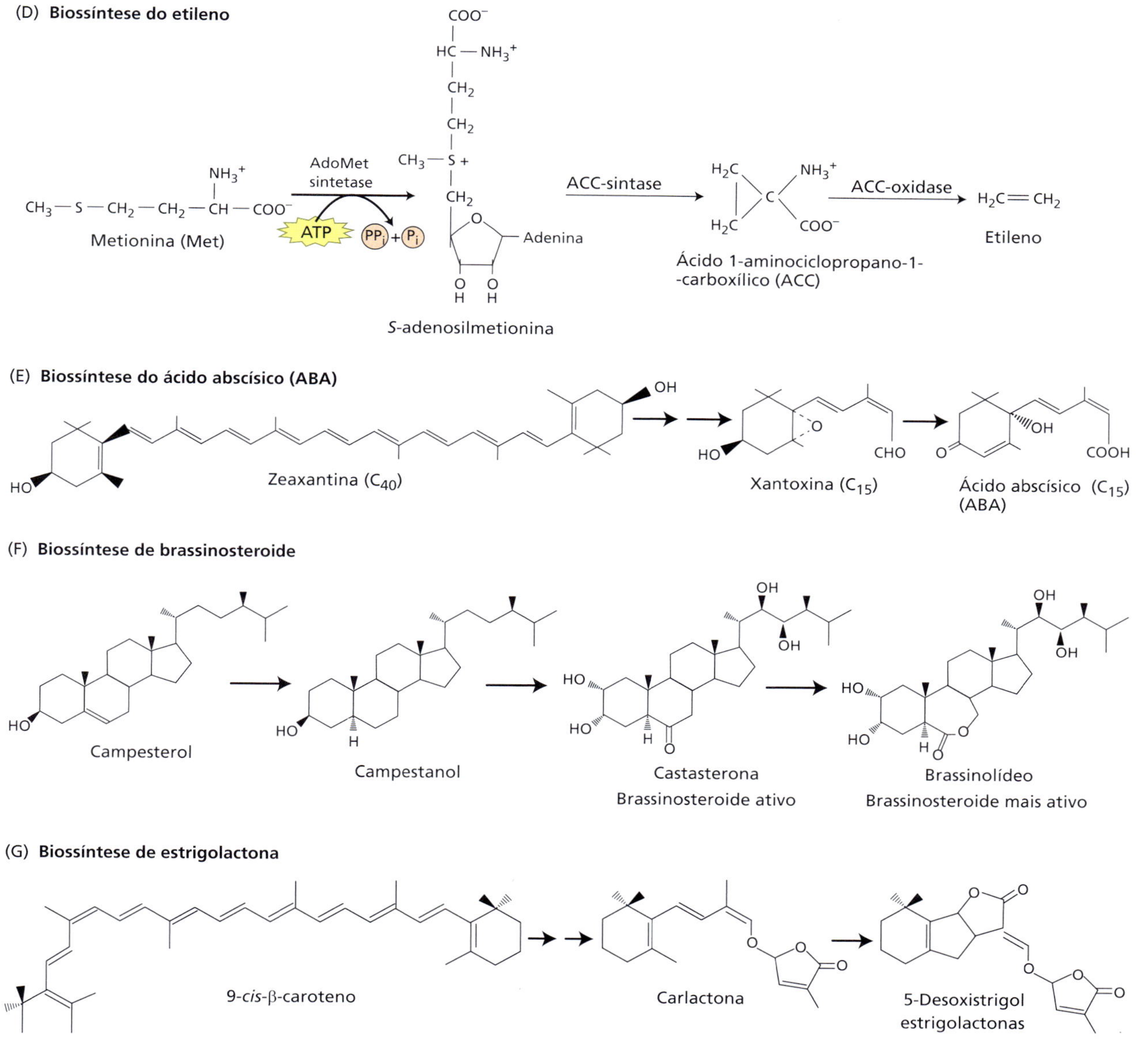

Figura 12.15 Rotas biossintéticas de hormônios vegetais abreviadas. (A) Biossíntese da auxina a partir do triptofano (Trp). Na primeira etapa, o Trp é convertido em indol-3-piruvato (IPyA) pela família TAA de triptofanos aminotransferase. Subsequentemente, o AIA é produzido a partir de IPyA pela família YUCCA (YUC) de flavinas monoxigenase. (B) Biossíntese da giberelina (GA). No plastídio, geranilgeranildifosfato (GGPP) é convertido em *ent*-caureno. Após esse passo encarregado, *ent*-caureno é convertido em múltiplas etapas até formas ativas de GA. (C) Biossíntese da citocinina. Uma cadeia lateral de isopentenil procedente do dimetilalil fosfato (DMAPP) é transferida pela isopentenil transferase para uma molécula de adenosina (ATP ou ADP) e, por fim, é convertida em zeatina. (D) Biossíntese do etileno. O aminoácido metionina é convertido a S-adenosilmetionina, que é convertido a ácido 1-aminociclopropano-1-carboxílico (ACC) pela enzima ACC-sintase. A oxidação do ACC via ACC-oxidase produz etileno. (E) Biossíntese do ABA via rota dos terpenoides. Os estágios iniciais ocorrem nos plastídios, onde o isopentenildifosfato (IPP) é convertido na zeaxantina, que é modificada e clivada para formar a xantoxina. Após, a xantoxina é convertida em ABA no citosol. (F) Síntese de brassinosteroide. O precursor primário da biossíntese dos brassinosteroides é o campesterol. Em ramos diferentes da rota, colesterol e sitosterol também podem servir como precursores. Brassinosteroides ativos, castasterona e brassinolídeo são derivados do precursor imediato campestanol após múltiplas etapas de oxidação no C-6. (G) Biossíntese de estrigolactona. A clivagem de 9-*cis*-β-caroteno produz a carlactona, um intermediário. A conversão final a estrigolactonas ocorre no citosol.

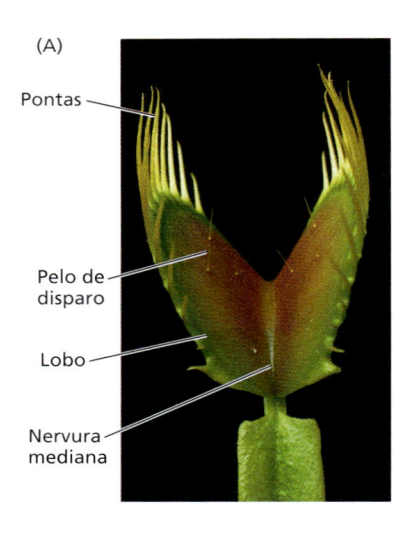

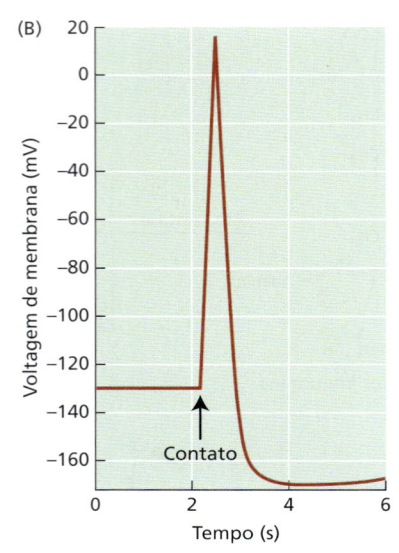

Figura 12.16 Sinalização elétrica na dioneia (*Dionaea muscipula*). (A) Ilustração de folha captora com pontas semelhantes a agulhas e pelos de disparo sensíveis ao contato. (B) Potencial de ação em resposta ao deslocamento de um único pelo de disparo. A estimulação dos pelos de disparo por uma presa ativa canais iônicos mecanossensíveis. Isso leva à indução de potenciais de ação, fazendo os lobos foliares se fecharem e secretarem enzimas digestivas. (A © blickwinkel/Alamy; B, de Escalante-Pérez et al., 2011.)

As rotas de transdução de sinal de etileno e de citocinina são derivadas dos sistemas reguladores bacterianos de dois componentes

Os receptores celulares para etileno e citocinas assemelham-se aos **sistemas reguladores de dois componentes** que atuam em respostas bacterianas aos estímulos ambientais (**Figura 12.17**). Os dois componentes desse sistema de sinalização consistem em uma **proteína sensora** histidina quinase ligada à membrana e uma proteína solúvel **reguladora de resposta**. As proteínas sensoras recebem o sinal de entrada, sofrem autofosforilação sobre um resíduo de histidina e passam o sinal aos reguladores de resposta mediante transferência do grupo fosforil a um resíduo de aspartato conservado sobre o regulador de resposta. A seguir, os reguladores de resposta ativados por fosforilação, muitos dos quais atuam como fatores de transcrição, executam a resposta celular. As proteínas sensoras têm dois domínios: um *domínio de entrada* (*input domain*), que recebe o sinal ambiental, e um *domínio transmissor*, que transmite o sinal para o regulador de resposta. As proteínas reguladoras de resposta também possuem dois domínios: um *domínio de recepção*, que recebe o sinal do domínio transmissor da proteína sensora, e um *domínio de saída* (*output domain*), que medeia a resposta.

A sinalização da citocinina é mediada por um sistema de transmissão de fosforilação que consiste em um receptor de citocinina transmembrana, uma proteína de transferência de fosfato e um regulador de resposta nuclear (**Figura 12.18A**). Os receptores de citocinina localizados no retículo endoplasmático transmitem sinais da citocinina aos dois tipos de reguladores de resposta transcricional localizados no núcleo. Os reguladores de resposta do tipo A regulam negativamente a sinalização da citocinina, enquanto os reguladores de resposta do tipo B regulam positivamente a sinalização da citocinina. Os próprios reguladores de resposta dos tipos A e B são regulados negativamente pela degradação proteica mediada pela ubiquitina.

Os receptores de etileno são também evolutivamente relacionados às histidina quinases bacterianas de dois componentes, mas a atividade da quinase parece não funcionar na sinalização do etileno. Como os receptores de citocinina, os receptores de etileno também estão localizados na membrana do retículo endoplasmático e interagem com as duas proteínas sinalizadoras a jusante (*downstream*), que, por sua vez, regulam reguladores transcricionais. Os receptores de etileno funcionam como *reguladores negativos* que reprimem ativamente a resposta ao hormônio na ausência dele.

Os receptores do tipo quinase medeiam a sinalização de brassinosteroides

A maior classe de receptores quinases vegetais consiste em RLKs (receptores do tipo quinase, de *receptor-like kinase*). Muitas RLKs localizam-se na membrana plasmática, como proteínas transmembrana dotadas de domínios extracelulares de ligação ao ligante e domínios quinases citoplasmáticos, que transmitem informação ao interior da célula via fosforilação de resíduos de serina ou treonina de proteínas-alvo. Foi demonstrado que algumas RLKs fosforilam também resíduos de tirosina. A rota de sinalização de brassinosteroides (BR) mediada por RLKs combina mecanismos de inativação de repressor e de amplificação de sinal, visando transduzir um sinal de hormônio brassinosteroide extracelular em uma resposta transcricional (**Figura 12.18B**).

Figura 12.17 Sistemas de sinalização de dois componentes de bactérias e plantas. (A) O sistema bacteriano de dois componentes, consistindo em uma proteína sensora e uma proteína reguladora de resposta, é encontrado somente nos procariotos. (B) Uma versão derivada do sistema de dois componentes, com múltiplas etapas e envolvendo uma proteína intermediária de transferência de fósforo, é encontrada nos procariotos e nos eucariotos. A proteína receptora vegetal de dois componentes inclui um domínio de recepção fusionado ao domínio transmissor. Uma proteína histidina transfere fosfatos (Hpt) do domínio de recepção do receptor para o domínio de recepção do regulador de resposta. H, resíduo de histidina; D, resíduo de aspartato.

Os componentes centrais da sinalização do ácido abscísico incluem fosfatases e quinases

Além das proteínas quinase, as proteínas fosfatase (enzimas que removem grupos fosfato de proteínas) desempenham papéis importantes nas rotas de transdução de sinal. Um exemplo bem descrito é a rota de transcrição de sinal do hormônio ABA (**Figura 12.18C**). O ABA primeiramente liga-se às proteínas receptoras solúveis no citosol, próximo à membrana plasmática. Após, o complexo ABA-receptor liga-se a uma proteína reguladora associada à membrana, na face citosólica da membrana plasmática. Por fim, o complexo ABA-proteína associado à membrana regula a atividade da proteína fosfatase 2C (PP2C), para ativar ou reprimir múltiplos mecanismos transcricionais e não-transcricionais de resposta ao ABA. Essa mesma PP2C interage com outras proteínas envolvidas em respostas celulares ao ABA, incluindo outras proteínas quinase, proteínas sensoras de Ca^{2+}, fatores de transcrição e canais iônicos, presumivelmente regulando sua atividade mediante desfosforilação de resíduos específicos de serina ou treonina.

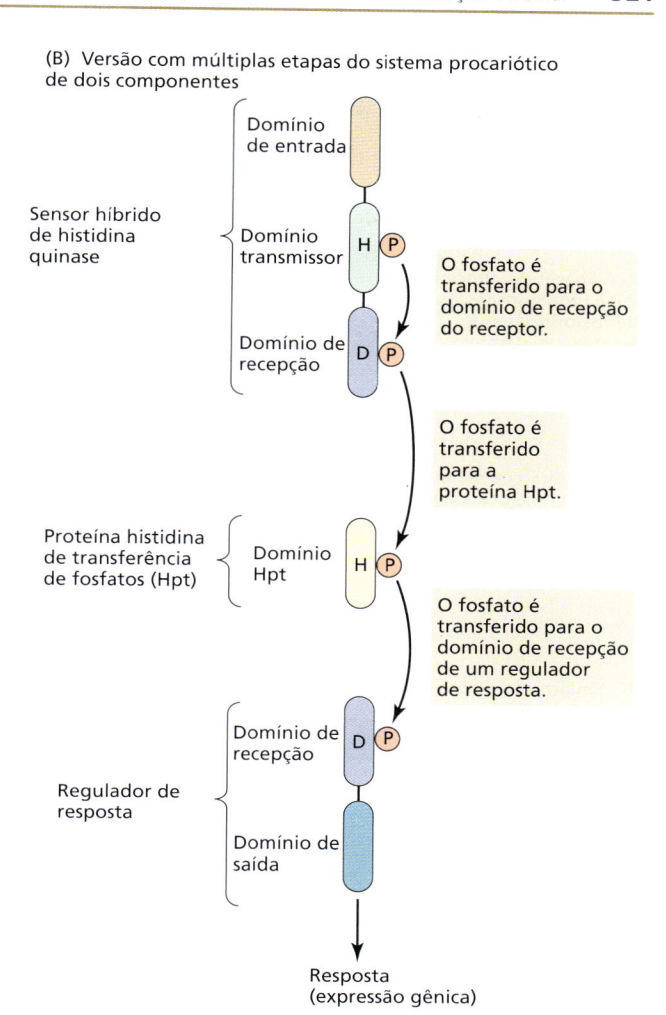

As rotas de sinalização dos hormônios vegetais geralmente empregam regulação negativa

Fundamentalmente, a maioria das rotas de transdução de sinal provoca uma resposta biológica por indução de mudanças na expressão de genes-alvo selecionados. A maior parte das rotas de transdução de sinal em animais induz uma resposta por meio da ativação de uma cascata de reguladores positivos. Em contraste, *a maioria das rotas de transdução em vegetais induz uma resposta por meio da inativação*

(A) Sinalização de citocinina

1. A citocinina liga-se ao domínio de entrada de um dímero receptor na membrana do retículo endoplasmático.

2. A ligação da citocinina ativa uma transmissão de fosforilação que envolve um domínio transmissor de histidina quinase e um domínio de recepção.

3. O domínio de recepção fosforila uma proteína histidina de transferência de fosfato (Hpt), desencadeando cascatas de sinalização a jusante.

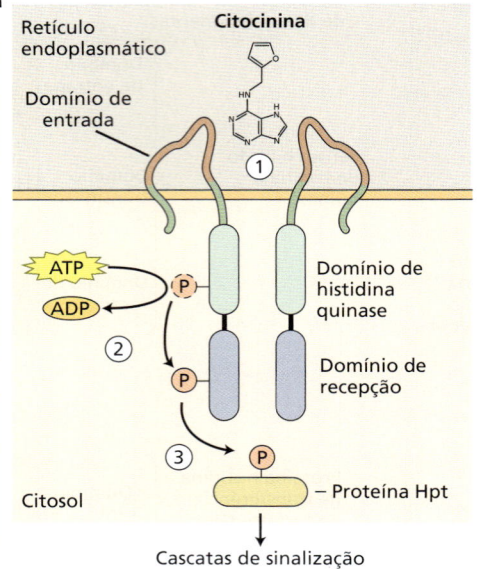

Figura 12.18 Citocininas, brassinosteroides e ABA desencadeiam cascatas de sinalização da quinase/fosfatase.

Retículo endoplasmático · Citocinina · Domínio de entrada · Domínio de histidina quinase · Domínio de recepção · Citosol · Proteína Hpt · Cascatas de sinalização

(B) Sinalização de brassinosteroide

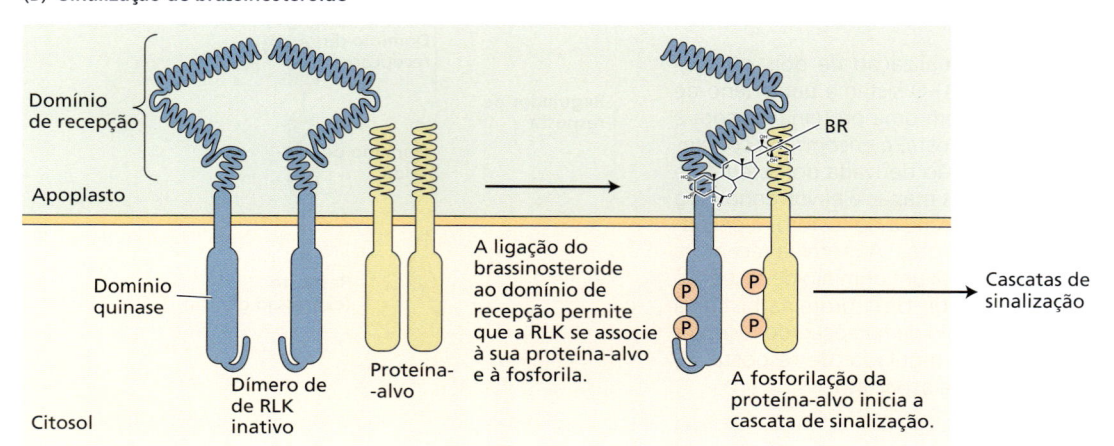

Domínio de recepção · Apoplasto · Domínio quinase · Dímero de RLK inativo · Proteína-alvo · Citosol · BR · Cascatas de sinalização

A ligação do brassinosteroide ao domínio de recepção permite que a RLK se associe à sua proteína-alvo e à fosforila.

A fosforilação da proteína-alvo inicia a cascata de sinalização.

(C) Sinalização de ABA

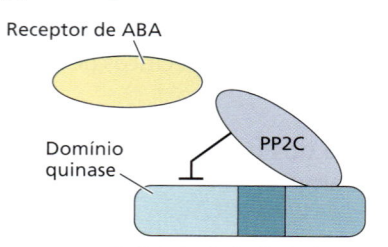

Receptor de ABA · Domínio quinase · PP2C · SnRK2 desfosforilada (inativa) · ABA · SnRK2 fosforilada (ativa)

Na ausência do ABA, a PP2C fosfatase mantém uma quinase associada (SnRK2) desfosforilada e, portanto, inativada.

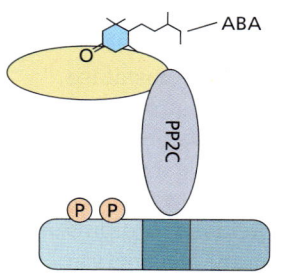

Quando o ABA está presente, seu receptor impede a desfosforilação da quinase SnRK2 por PP2C. A quinase é fosforilada e, portanto, ativada, iniciando as cascatas de sinalização.

de proteínas repressoras. Ainda não está claro se a regulação negativa de suas rotas de sinalização confere ou não uma vantagem adaptativa às plantas. Nas células vegetais, vários mecanismos moleculares foram descritos como causadores da inativação de proteínas repressoras; estas incluem mudanças na atividade do repressor via fosforilação, redestinação do repressor para outro compartimento celular e degradação da proteína repressora.

A degradação de proteínas via ubiquitinação exerce um papel relevante na sinalização hormonal

A degradação de proteínas como um mecanismo para inativar proteínas repressoras foi primeiro descrita como parte da rota de sinalização da auxina. Desde então, tem sido mostrado que a **rota ubiquitina-proteassomo** é essencial para a maioria das rotas de sinalização de hormônios, se não todas (**Figura 12.19**). Nesse processo, uma ou mais proteínas pequenas denominadas ubiquitinas são ligadas (ligações covalentes) a uma proteína repressora, para marcar a proteína a ser degradada. Essa poliubiquitinação destina a proteína para degradação pelo complexo proteassomo 26S (ver Figura 1.16).

Na sinalização hormonal, proteínas que se ligam a ativadores transcricionais e os reprimem são recrutadas aos complexos de ubiquitinação por proteínas F-box específicas quando auxina, jasmonato ou GA estão presentes. Os hormônios unem complexos de proteínas F-box-proteínas repressoras para recrutar o repressor para ubiquitinação e degradação proteolítica. A degradação da proteína repressora libera ativadores transcricionais associados a cada hormônio, ativando a transcrição gênica. Na sinalização da auxina, os ativadores transcricionais são conhecidos como fatores de resposta à auxina (ARFs, de *auxin response factors*; ver Figura 12.19A). Os fatores de transcrição JRF ativam a transcrição de genes responsivos ao jasmonato e os fatores de interação de fitocromos (PIFs, de *phytochrome interacting factors*) ativam respostas à GA (ver Figura 12.19B e C; ver também Capítulo 13).

Conforme a discussão anterior indica, auxina, jasmonato e GAs sinalizam por marcação *direta* a estabilidade de proteínas repressoras de localização nuclear e, assim, a indução de uma resposta transcricional. Tal rota de transdução de sinal curta fornece os meios para uma mudança muito rápida na expressão gênica nuclear. Contudo, não há oportunidade de amplificação do sinal, como no caso de uma rota de sinalização que envolve uma cascata de quinases ou mensageiros secundários. Em vez disso, toda resposta transcricional resultante está relacionada diretamente à abundância da molécula sinalizadora, pois isso determinará o número de moléculas repressoras que são degradadas. Essa característica importante na organização das rotas de transdução de sinal pode ajudar a explicar por que, comparativamente, concentrações altas de sinais como auxina e GA são necessárias para evocar uma resposta biológica.

As plantas possuem mecanismos para desativar ou atenuar as respostas de sinalização

É provável que a capacidade de desativar uma resposta a um sinal seja tão importante quanto a capacidade de iniciá-la. As plantas concluem a sinalização por meio de vários mecanismos.

Conforme já discutido, sinais químicos, como hormônios vegetais, podem ser degradados ou inativados por oxidação ou conjugação a açúcares ou aminoácidos. Eles podem também ser sequestrados em outros compartimentos celulares para separá-los espacialmente dos receptores. Em geral, os processos oxidativos inativam lentamente os hormônios, impedindo sua ligação às suas proteínas-alvo repressoras. Isso conclui o recrutamento aos complexos receptores e restabelece a ligação e repressão de ativadores transcricionais. Os receptores e os intermediários da sinalização podem também ser inativados por desfosforilação. De maneira similar, os transportadores de íons e inativadores celulares podem rapidamente diminuir as concentrações elevadas de mensageiros secundários para desativar a amplificação do sinal.

As rotas de sinalização hormonal com frequência estão sujeitas a várias alças de regulação por retroalimentação negativa. Combinações de alças de retroalimentação positiva e negativa ajudam a garantir que respostas e níveis hormonais apropriados sejam mantidos durante o desenvolvimento da planta.

A saída (*output*) da resposta celular a um sinal frequentemente é específica do tecido

Muitos sinais ambientais e endógenos podem desencadear respostas vegetais diversificadas. Em geral, os tipos de células ou tecidos em particular não exibem a gama completa de respostas potenciais quando expostos a um sinal, mas exibem especificidade de resposta distinta. A auxina, por exemplo, promove a expansão celular nos tecidos aéreos em crescimento, ao mesmo tempo em que inibe a expansão celular nas raízes. Ela provoca a iniciação de raízes laterais em um subconjunto de células do periciclo enquanto induz os primórdios foliares no meristema apical do caule, e controla a diferenciação vascular nos órgãos vegetais em desenvolvimento. Embora os mecanismos centrais de

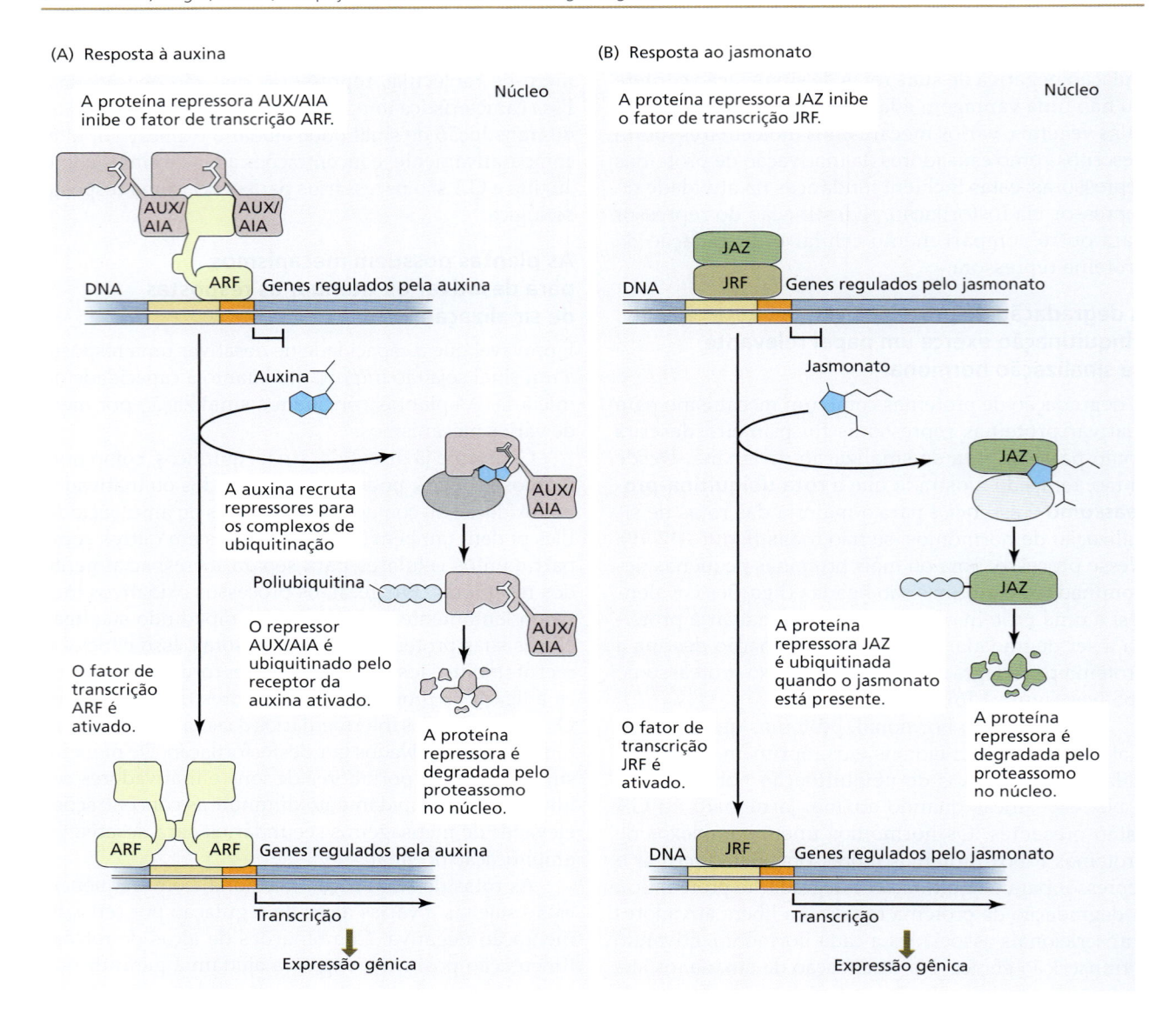

(A) Resposta à auxina

A proteína repressora AUX/AIA inibe o fator de transcrição ARF.

Núcleo

DNA — ARF — Genes regulados pela auxina

Auxina

A auxina recruta repressores para os complexos de ubiquitinação

Poliubiquitina

O repressor AUX/AIA é ubiquitinado pelo receptor da auxina ativado.

O fator de transcrição ARF é ativado.

A proteína repressora é degradada pelo proteassomo no núcleo.

ARF ARF Genes regulados pela auxina

Transcrição

Expressão gênica

(B) Resposta ao jasmonato

A proteína repressora JAZ inibe o fator de transcrição JRF.

Núcleo

DNA — JRF — Genes regulados pelo jasmonato

Jasmonato

A proteína repressora JAZ é ubiquitinada quando o jasmonato está presente.

O fator de transcrição JRF é ativado.

A proteína repressora é degradada pelo proteassomo no núcleo.

DNA — JRF — Genes regulados pelo jasmonato

Transcrição

Expressão gênica

---

transdução de sinal estejam geralmente presentes em todos os tecidos e tipos celulares da planta, componentes diferentes estão presentes em tecidos e estágios de desenvolvimento específicos. Isso permite respostas programadas de desenvolvimento e respostas diferenciais aos estímulos ambientais.

A regulação cruzada permite a integração das rotas de transdução de sinal

No interior das células vegetais, as rotas de transdução de sinal nunca funcionam isoladamente, mas operam como parte de uma rede complexa de interações da sinalização. Essas interações são responsáveis pelo fato de que os hormônios vegetais muitas vezes exibem interações *agonísticas* (aditivas ou positivas) ou *anta-*

gonísticas (inibidoras ou negativas) com outros sinais. Os exemplos clássicos incluem a interação antagonística entre a GA e o ABA no controle da germinação de sementes (ver Capítulo 15).

A interação entre rotas de sinalização foi denominada **regulação cruzada**, com três categorias propostas (**Figura 12.20**):

- A **regulação cruzada primária** envolve rotas de sinalização distintas regulando um componente de transdução compartilhado, de uma maneira positiva ou negativa. Um exemplo de regulação cruzada primária é a interação de GA e luz na regulação do alongamento do hipocótilo de *Arabidopsis*. As rotas de sinalização da GA e da luz compartilham um componente da sinalização, PIF3/4.

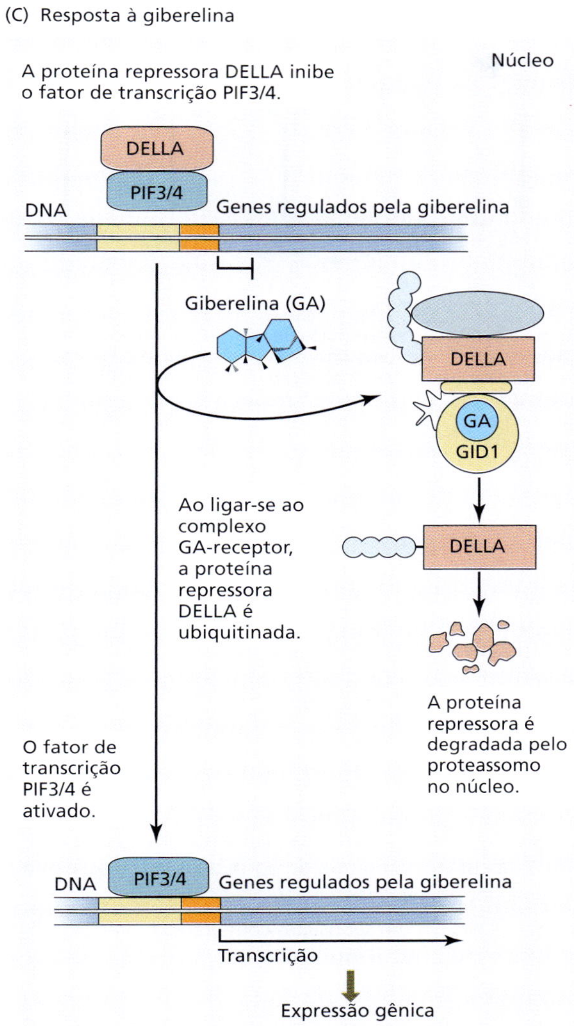

(C) Resposta à giberelina

A proteína repressora DELLA inibe o fator de transcrição PIF3/4.

Figura 12.19 As rotas de transdução de sinal em plantas com frequência funcionam por inativação de proteínas repressoras. Vários receptores de hormônios vegetais fazem parte de complexos de ubiquitinação. (A) Auxina, (B) jasmonato e (C) giberelinas (GAs) sinalizam promovendo a interação entre componentes da maquinaria de ubiquitinação e proteínas repressoras (AUX/AIA, JAZ, e DELLA, respectivamente) que operam na rota de transdução de sinal de cada hormônio. A auxina (A) e o jasmonato (B) promovem diretamente a interação entre os complexos ubiquitina-ligase e os repressores transcricionais AUX/AIA e JAZ, respectivamente. As características estruturais das proteínas AUX/AIA e dos fatores de resposta à auxina (ARFs) que atuam na sinalização da auxina foram determinadas por cristalografia de raios X e estão refletidas na figura. As características estruturais da proteína repressora JAZ ainda não foram determinadas. (C) Por outro lado, a giberelina necessita adicionalmente de uma proteína receptora, GID1 (derivada do nome do mutante de *Arabidopsis* com perda de função, *gibberellin insensitive dwarf1*, desprovido desse receptor), para formar o complexo receptor. As respostas a todos os três hormônios envolvem a adição de múltiplas ubiquitinas às proteínas repressoras, marcando-as para degradação. Esse processo ativa o fator de resposta à auxina (ARF), o fator de resposta ao jasmonato (JRF) e o fator de interação do fitocromo (PIF), resultando em mudanças na expressão gênica induzidas por auxina, jasmonato e giberelina.

- A **regulação cruzada secundária** envolve a saída de uma rota de sinalização regulando a abundância ou a percepção de um segundo sinal. Um exemplo de regulação cruzada secundária é a interação de auxina e etileno na regulação do crescimento de raízes. Em *Arabidopsis*, o etileno inibe o alongamento de células da raiz mediante promoção da biossíntese de auxina.
- A **regulação cruzada terciária** envolve as saídas de duas rotas distintas que exercem influências mútuas. Por exemplo, a interferência entre auxina e citocinina desempenha um papel importante na organogênese. Cada hormônio influencia a rota de sinalização do outro por mecanismos complexos, com concentrações mais altas de auxina promovendo a diferenciação de raízes e concentrações mais altas de citocinina promovendo a diferenciação de partes aéreas.

Portanto, a sinalização vegetal não é baseada em uma simples sequência linear de eventos de transdução, mas envolve a regulação cruzada entre muitas rotas. A compreensão de como tais rotas de sinalização complexas operam demandará uma nova abordagem científica. Essa abordagem com frequência é referida como **biologia de sistemas** e emprega modelos matemáticos e computacionais para simular essas redes biológicas não lineares e predizer melhor suas saídas.

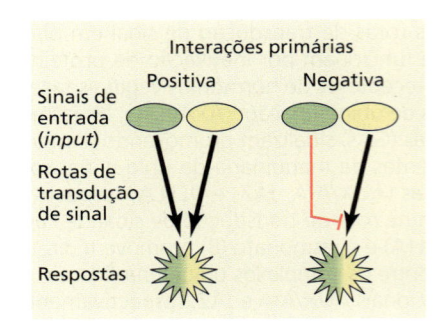

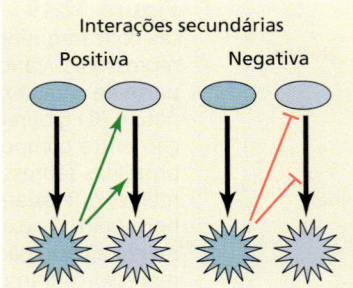

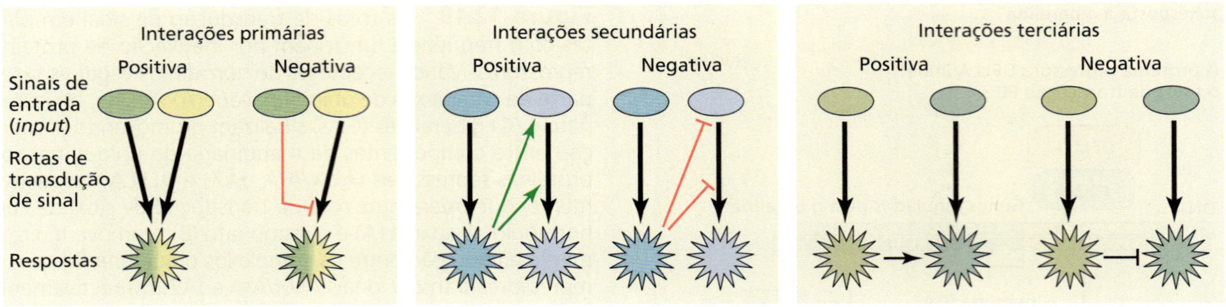

Figura 12.20 As rotas de transdução de sinal operam como parte de uma rede complexa de interações de sinalização. Três categorias de regulação cruzada têm sido propostos: primária, secundária e terciária. Os sinais de entrada são apresentados com a forma oval, as rotas de transdução de sinal são indicadas por setas grossas, e as respostas (saídas da rota) são mostradas como estrelas. As linhas de cores verde (positiva) ou vermelha (negativa) indicam onde uma rota influencia a outra. Os três tipos de regulação cruzada podem ser positivos ou negativos.

Resumo

As respostas fisiológicas de curto e de longo prazo a sinais externos e internos surgem da transformação (transdução) de sinais em rotas mecanísticas. A fim de ativar áreas que podem ser distantes do local inicial da sinalização, intermediários de sinalização são amplificados antes da disseminação (transmissão). Uma vez em atividade, as rotas de sinalização muitas vezes sobrepõem-se em redes complexas, um fenômeno denominado regulação cruzada, para coordenar respostas fisiológicas integradas.

Aspectos temporais e espaciais da sinalização

- As plantas usam a transdução de sinal para coordenar tanto respostas rápidas quanto respostas lentas aos estímulos (**Figuras 12.1, 12.2**).

Percepção e amplificação de sinais

- Os receptores estão presentes nas células (**Figura 12.3**)
- Os sinais podem ser amplificados por fosforilação ou por mensageiros secundários como Ca^{2+}, H^+, espécies reativas de oxigênio (EROs) e outras moléculas pequenas (**Figuras 12.4, 12.5**).

Hormônios e desenvolvimento vegetal

- Os hormônios são mensageiros químicos conservados que, em concentrações muito baixas, podem transmitir sinais entre células e iniciar respostas fisiológicas (**Figuras 12.6, 12.7**).
- O primeiro hormônio de crescimento a ser identificado foi a auxina, durante estudos da curvatura do coleóptilo devido ao fototropismo (**Figura 12.8**).

- Os estudos sobre a "doença da planta boba" no arroz levaram à descoberta do grupo de hormônios do crescimento denominados giberelinas.
- As giberelinas podem ser usadas como reguladores promotores de crescimento (**Figura 12.9**).
- Os experimentos com cultura de tecidos revelaram o papel das citocininas como fatores promotores da divisão celular (**Figura 12.10**).
- O etileno é um hormônio gasoso que promove o amadurecimento do fruto e outros processos do desenvolvimento (**Figura 12.11**).
- O ácido abscísico regula a maturação da semente e o fechamento estomático em resposta ao estresse hídrico (**Figura 12.12**).
- Os brassinosteroides são hormônios lipossolúveis que regulam muitos processos, incluindo a determinação do sexo floral, o crescimento do alongamento e a fotomorfogênese (**Figura 12.13**).
- As estrigolactonas são hormônios lactonas terpenoides que suprimem a ramificação e promovem interações na rizosfera.
- O ácido salicílico e o jasmonato são moléculas sinalizadoras vegetais envolvidas em respostas de defesa.

Metabolismo e homeostase dos fitormônios

- A concentração dos hormônios é rigorosamente regulada, de modo que os sinais produzam respostas no tempo adequado sem comprometer o mesmo sinal no futuro (**Figura 12.14**).

- Os hormônios, na maioria, são derivados de múltiplos precursores e rotas biossintéticas (**Figura 12.15**).

Transmissão de sinal e comunicação célula a célula

- Os hormônios podem sinalizar células dentro de seu sítio de síntese, perto dele ou muito distantes.
- As plantas podem também empregar sinalização elétrica de ação rápida e distância longa usando potenciais de ação, embora a transmissão de tais sinais seja pouco compreendida (**Figura 12.16**).

Rotas de sinalização hormonal

- As rotas de sinalização da citocinina e do etileno usam sistemas reguladores de dois componentes derivados de sistemas de sinalização bacterianos (**Figura 12.17**).
- Citocininas, brassinosteroides e ABA atuam por meio de quinases e fosfatases para iniciar cascatas de sinalização (**Figura 12.18**).
- Ao contrário das rotas dos hormônios animais, as rotas dos hormônios vegetais geralmente empregam reguladores negativos (inativação dos repressores), permitindo a ativação mais rápida de genes de resposta a jusante (**Figura 12.19**).
- A desativação das rotas de sinalização é realizada pela degradação ou pelo sequestro de sinais químicos via mecanismos de retroalimentação.
- Embora os hormônios possam produzir uma ampla diversidade de respostas, os tecidos exibem especificidade de resposta.
- A integração das rotas de transdução de sinal é realizada por regulação cruzada (**Figura 12.20**).

Leituras sugeridas

Davière, J.-M., and Achard, P. (2013) Gibberellin signaling in plants. *Development* 140: 1147–1151.

Hwang, I., Sheen, J., and Müller, B. (2012) Cytokinin signaling networks. *Annu. Rev. Plant Biol.* 63: 353–380.

Jiang, J., Zhang, C., and Wang, X. (2013) Ligand perception, activation, and early signaling of plant steroid receptor brassinosteroid insensitive 1. *J. Integr. Plant Biol.* 55: 1198–1211.

Ju, C., and Chang, C. (2012) Advances in ethylene signalling: Protein complexes at the endoplasmic reticulum membrane. *AoB Plants 2012: pls031.* DOI: 10.1093/aobpla/pls031

Santner, A., and Estelle, M. (2009) Recent advances and emerging trends in plant hormone signaling. *Nature* (Lond.) 459: 1071–1078.

Suarez-Rodriguez, M. C., Petersen, M., and Mundy, J. (2010) Mitogen-activated protein kinase signaling in plants. *Annu. Rev. Plant Biol.* 61: 621–649.

Wang, X. M. (2004) Lipid signaling. *Curr. Opin. Plant Biol.* 7: 329–336.

13 Sinais da Luz Solar

A luz solar serve não só como uma fonte de energia para a fotossíntese, mas também como um sinal que regula diversos processos do desenvolvimento, desde a germinação da semente ao desenvolvimento do fruto e à senescência (**Figura 13.1**). Além disso, ela fornece sinais direcionais para o crescimento das plantas, bem como sinais não direcionais para os seus movimentos. Já foram abordados diversos mecanismos de detecção de luz em capítulos anteriores. No Capítulo 9, foi visto que os cloroplastos se movem dentro das células do tecido paliçádico foliar, para otimizar a absorção de luz (ver Figura 9.13), uma resposta à luz azul. As folhas de muitas espécies são capazes de alterar sua posição para acompanhar o movimento do sol através do céu, um fenômeno conhecido como **acompanhamento do sol** (*solar tracking*) (ver Figura 9.5). Como discutido nos Capítulos 3 e 6, estômatos usam a luz azul como um sinal para a abertura, uma resposta sensorial que permite a entrada do CO_2 na folha e inicia a transpiração.

Nos próximos capítulos, serão apresentados exemplos de desenvolvimento vegetal regulado pela luz. Por exemplo, muitas sementes necessitam de luz para germinar. A luz solar inibe o crescimento do caule e estimula a expansão foliar durante o crescimento das plântulas, duas das várias mudanças fenotípicas induzidas pela luz, coletivamente referidas como **fotomorfogênese** (**Figura 13.2**). É comum ramos de plantas de interior colocadas junto à janela crescerem em direção à fonte de luz. Esse fenômeno, chamado de **fototropismo**, é um exemplo de como as plantas alteram seus padrões de crescimento em resposta à direção da radiação incidente. Essa resposta, estimulada fundamentalmente pela luz azul, é especialmente importante para o estabelecimento das plântulas (**Figura 13.3**; ver também Capítulo 15). Em algumas espécies, as folhas

Figura 13.1 A luz solar exerce influências múltiplas sobre as plantas, as quais expõem suas folhas à luz solar para transformar a energia solar em energia química. As plantas também usam a luz solar para uma gama ampla de sinais de desenvolvimento que otimizam a fotossíntese e detectam mudanças sazonais. (© Shosei/Corbis.)

dobram à noite (**nictinastia**) e abrem ao amanhecer (**fotonastia**). Movimentos fotonásticos são reações das plantas em resposta à luz não direcional. Como será discutido no Capítulo 17, muitas plantas florescem em épocas específicas do ano em resposta a mudanças no comprimento do dia, um fenômeno chamado de **fotoperiodismo**.

Além da luz visível (**Figura 13.4**), a luz solar também contém a radiações infravermelha e ultravioleta (UV), que podem danificar tecidos vegetais. Muitas plantas podem detectar a presença da radiação UV e se proteger contra danos celulares mediante síntese de compostos carotenoides, flavonoides e fenólicos simples. Esses compostos atuam como protetores solares e removem oxidantes nocivos e radicais livres gerados pelos fótons de alta energia da radiação UV.

Todas as fotorrespostas à luz visível mencionadas anteriormente, assim como as respostas à radiação UV, envolvem receptores que detectam comprimentos de onda específicos da luz e induzem alterações de desenvolvimento ou fisiológicas. Como visto no Capítulo 12, a transdução de sinal hormonal envolve uma cadeia de reações que começa com um receptor hormonal e termina com uma resposta fisiológica. As moléculas receptoras que as plantas utilizam para detectar luz solar são denominadas **fotorreceptores**. Como os receptores de hormônios, os fotorreceptores passam por uma mudança conformacional quando irradiados por um comprimento de onda de luz especial (percebido pelo olho como cor), para iniciar reações de sinalização que tipicamente envolvem mensageiros secundários e cascatas de fosforilação referidos coletivamente como fotorrespostas.

Neste capítulo, são discutidos os mecanismos de sinalização envolvidos no crescimento e no desenvolvimento regulados pela luz, focalizando os receptores de luz vermelha (620-700 nm), luz vermelho-distante (710-850 nm), luz azul (350-500 nm) e radiação UV-B (290-320 nm).

Fotorreceptores vegetais

Pigmentos, como a clorofila e os pigmentos acessórios da fotossíntese (ver Capítulo 7), são moléculas que absorvem a luz visível em comprimentos de onda específicos e refletem ou transmitem os comprimentos de onda não absorvidos, que são percebidos pelo olho humano como cores. Ao contrário dos pigmentos fotossintetizantes, os fotorreceptores absorvem um fóton de determinado comprimento de onda e usam a energia desse fóton como um sinal para iniciar uma fotorresposta. Com a exceção do UVR8 (discutido no final deste capítulo), todos os fotorreceptores conhecidos consistem em uma proteína mais um gru-

Figura 13.2 Comparação de plântulas cultivadas na luz e plântulas cultivadas no escuro. (À esquerda) Plântulas de agrião cultivadas na luz. (À direita) Plântulas de agrião cultivadas no escuro. As plântulas cultivadas na presença da luz exibem fotomorfogênese. As plântulas cultivadas no escuro passam por estiolamento, caracterizado por hipocótilos alongados e falta de clorofila. (© Nigel Cattlin/Alamy.)

Figura 13.3 Fotografia em *time lapse* de um coleóptilo de milho (*Zea mays*) crescendo em direção a uma fonte unilateral de luz azul aplicada do lado direito. Na primeira imagem à esquerda, o coleóptilo tem aproximadamente 3 cm de comprimento. As exposições consecutivas foram feitas com intervalos de 30 minutos. Observe o ângulo crescente de curvatura à medida que o coleóptilo dobra. (Cortesia de M. A. Quiñones.)

po prostético de absorção de luz (uma molécula não proteica ligada à proteína fotorreceptora) chamado de **cromóforo**. As estruturas das proteínas dos diferentes fotorreceptores variam, assim como sua sensibilidade à quantidade de luz (número de fótons), qualidade da luz (dependência do comprimento de onda e espectro de ação associado), intensidade da luz e duração da exposição à luz.

Entre os fotorreceptores capazes de promover fotomorfogênese em plantas, os mais importantes são aqueles que absorvem as luzes vermelha e azul. Os **fitocromos** são fotorreceptores que absorvem mais fortemente as luzes vermelha (600-750nm) e vermelho-distante (710-850 nm), mas também absorvem a luz azul (400-500 nm) e a radiação UV-A (320-400 nm). Conforme será discutido mais adiante nesse capítulo, os fitocromos mediam muitos aspectos do desenvolvimento vegetativo e reprodutivo;

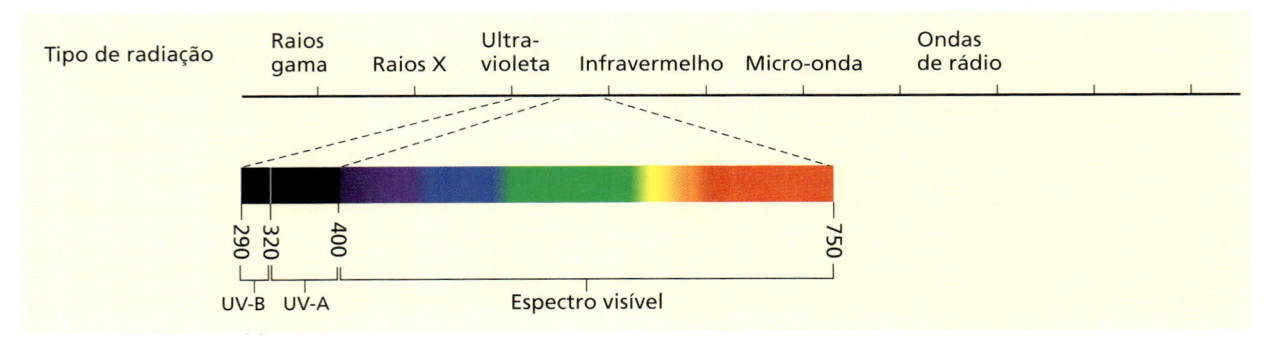

Figura 13.4 As plantas podem usar luz visível e radiações UV-A e UV-B como sinais de desenvolvimento (todos os comprimentos de onda em nm).

pelo seu caráter fotorreversível, eles são únicos entre os fotorreceptores vegetais.

Três classes principais de fotorreceptores medeiam os efeitos da luz azul e da radiação UVA: os **criptocromos**, as **fototropinas** e a família **ZEITLUPE** (**ZTL**, do alemão "câmera lenta"). Todas essas três classes de receptores empregam moléculas de flavina como cromóforos. Os criptocromos, como os fitocromos, desempenham um papel importante na fotomorfogênese da planta, enquanto as fototropinas regulam principalmente o fototropismo, os movimentos dos cloroplastos e a abertura estomática. O fotorreceptor ZEITLUPE desempenha papéis na percepção do comprimento do dia e nos ritmos circadianos (ciclo de 24h). Tal como no caso da sinalização hormonal, a sinalização luminosa em geral envolve interações entre múltiplos fotorreceptores e seus intermediários de sinalização.

Por convenção, os fotorreceptores são representados em letras minúsculas (p. ex., phy, cry, phot) quando a holoproteína (proteína mais cromóforo) é descrita, e em maiúsculas (PHY, CRY, PHOT) quando a apoproteína (proteína menos cromóforo) é descrita. Para ser coerente com as convenções da genética, serão utilizadas maiúsculas em itálico (*PHY*, *CRY*, *PHOT*) para os genes que codificam as apoproteínas dos fotorreceptores.

Somente o **UV RESISTANCE LOCUS 8** (**UVR8**), o fotorreceptor de UV-B, carece de um cromóforo. Um cromóforo não é necessário porque fótons altamente energéticos da UV-B excitam o anel indólico de resíduos de triptofano expostos na proteína fotorreceptora, para induzir diretamente mudanças conformacionais e iniciar respostas fotomorfogênicas.

As fotorrespostas são acionadas pela qualidade da luz ou pelas propriedades espectrais da energia absorvida

Pode ser difícil separar respostas específicas em plantas expostas ao espectro solar pleno durante o crescimento normal, uma vez que muitos fotorreceptores podem estar absorvendo energia ao mesmo tempo. As alterações no ângulo de incidência do sol no decorrer de um dia geralmente expõem uma planta a intensidades luminosas e misturas de comprimentos de onda variáveis. De maneira similar, o processo de **desestiolamento**, caracterizado pela produção de clorofila em plântulas cultivadas no escuro (estioladas) (ver Figura 13.2) quando expostas à luz, resulta da ação conjunta do fitocromo que absorve a porção vermelha e do criptocromo que absorve a porção azul da luz solar. Como, então, podem ser distinguidas funcionalmente as respostas aos fotorreceptores individuais? Em muitos casos, até mesmo uma contribuição da fotossíntese não pode ser excluída, uma vez que os pigmentos fotossintéticos também absorvem a luz vermelha e a luz azul.

Para determinar quais comprimentos de onda de luz são necessários para provocar uma determinada resposta da planta, os fotobiologistas costumam produzir o que é conhecido como um espectro de ação, sob condições de iluminação criteriosamente definidas, usando diodos emissores de luz (LEDs, *light-emitting diodes*) e filtros. Os espectros de ação descrevem a especificidade do comprimento de onda de uma resposta biológica dentro da faixa espectral de luz solar normal. Cada fotorreceptor difere em sua composição e arranjo atômicos e, portanto, apresenta diferentes características de absorção. No Capítulo 7, o espectro de ação para liberação de O_2 fotossintético, mostrada na Figura 7.8, é um gráfico que registra a magnitude de uma resposta fotossintética à luz em função do comprimento de onda. Da mesma forma, os espectros de ação de outras fotorrespostas podem, então, ser comparados com os espectros de absorção de fotorreceptores candidatos que foram estudados isoladamente. Os espectros de ação de plantas do tipo selvagem podem ser comparados aos espectros de ação obtidos de plantas com mutações em genes codificadores de fotorreceptores específicos. Se uma resposta específica não se manifesta ou diminuiu em um determinado mutante, então é provável que ela esteja relacionada ao fotorreceptor associado.

Esses métodos foram utilizados para identificar os fotorreceptores envolvidos nas rotas de sinalização. Por exemplo, a luz vermelha estimula a germinação de sementes de muitas espécies e a luz vermelho-distante a inibe (como mostra a **Figura 13.5**, para a alface). Os espectros de ação para esses dois efeitos antagonistas da luz sobre a germinação de sementes de *Arabidopsis* são mostrados na **Figura 13.6A**. A estimulação mostra um pico na região do vermelho (660 nm), enquanto a inibição tem um pico na região do vermelho-distante (720 nm). Sob esses tratamentos, o fotorreceptor fitocromo purificado exibe uma **fotorreversibilidade** muito semelhante (**Figura 13.6B**), sugerindo que ele é o receptor dessas respostas. A estreita correspondência entre os espectros de ação e absorção do fitocromo foi usada para confirmar sua identidade como o fotorreceptor envolvido na regulação da germinação de sementes e também demonstrou que a reversibilidade vermelho/vermelho-distante da germinação das sementes é devida à fotorreversibilidade do próprio fitocromo.

Do mesmo modo, os espectros de ação para o fototropismo estimulado pela luz azul, os movimentos estomáticos e outras respostas-chave à luz azul exibem um pico na região da UV-A (370 nm) e um pico na região do azul (400-500 nm) que tem uma estrutura fina

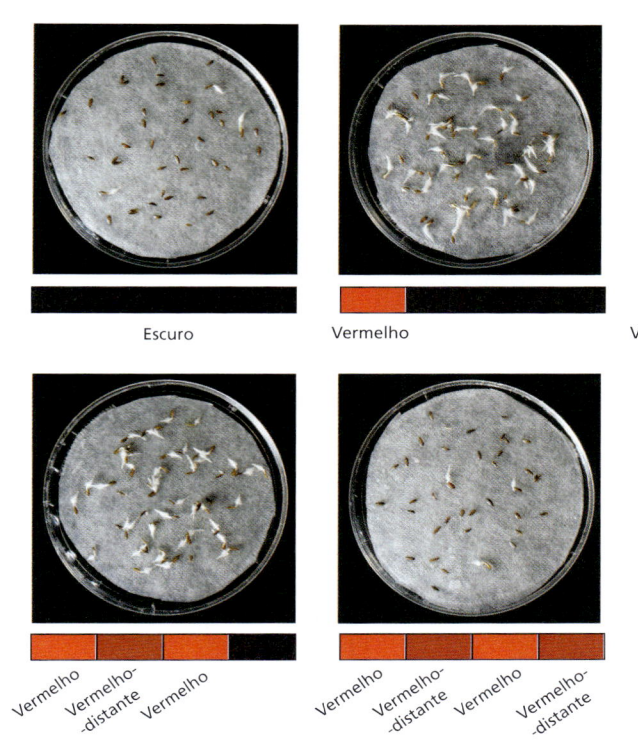

Figura 13.5 A germinação de sementes de alface é uma resposta fotorreversível típica controlada pelo fitocromo. A luz vermelha promove a germinação das sementes, porém seu efeito é revertido pela luz vermelho-distante. Sementes embebidas (umedecidas) foram submetidas a tratamentos alternados de luz vermelha seguida de luz vermelho-distante. O efeito do tratamento de luz depende do último tratamento aplicado. Pouquíssimas sementes germinaram após o último tratamento com luz vermelho-distante. (Imagens de David McIntyre.)

de "três dedos" característica (**Figura 13.7A**), sugerindo um fotorreceptor comum. O espectro de absorção para o domínio de detecção de luz da fototropina, que contém o cromóforo flavina mononucleotídeo (FMN, *flavin mononucleotide*), é quase idêntico ao espectro de ação para o fototropismo (**Figura 13.7B**), coerente com a atuação da fototropina como o fotorreceptor para essas respostas.

As respostas vegetais à luz podem ser distinguidas pela quantidade de luz requerida

As respostas à luz também podem ser distinguidas pela quantidade de luz necessária para induzi-las. A quantidade de luz é referida como **fluência**, definida como o número de fótons atingindo uma unidade de área de superfície. Fluência total = taxa de fluência × o período de tempo (duração) da irradiação. As unidades-padrão para fluência são micromoles de quanta (fótons) por metro quadrado ($\mu mol\ m^{-2}$). Algumas respostas são sensíveis não só à fluência total, mas também à **irradiância** (taxa de fluência) da luz. As unidades de irradiância são micromoles de quanta por metro quadrado por segundo ($\mu mol\ m^{-2}\ s^{-1}$) (ver Capítulo 9).

Uma vez que respostas fotoquímicas são estimuladas apenas quando um fóton é absorvido por seu fotorreceptor, pode haver uma diferença entre a irradiação incidente e a absorção. Por exemplo, na fotossíntese, a eficiência quântica aparente é avaliada como a taxa de transporte de elétrons ou a assimilação total de carbono em função da densidade de fluxo fotônico fotossintético incidente (ver Capítulo 9). Entretanto, essa medida subestima a eficiência quântica *real*, porque nem todos os fótons incidentes são absorvidos. Essa advertência também é importante na avaliação da dose-resposta das respostas fotomorfogênicas das plantas à luz vermelha ou azul, porque grande parte da luz é absorvida pela clorofila. O mesmo princípio se aplica às respostas à radiação UV, uma vez que a epiderme pode absorver pouco menos de 100% da radiação UV incidente. Assim, a quantidade de radiação necessária para induzir uma fotorresposta pode ser muito elevada com base na quantidade de radiação incidente necessária, e muito baixa com base na absorção real de fótons pelo fotorreceptor.

Fitocromos

Os fitocromos foram identificados pela primeira vez em plantas superiores como os fotorreceptores responsáveis pela fotomorfogênese, em resposta às luzes vermelha e vermelho-distante. Contudo, eles são membros de uma família de genes presentes nas Characeae (algas) e em todas as plantas terrestres (briófitas, pteridófitas e espermatófitas), assim como em cianobactérias, outras bactérias, fungos e diatomáceas.

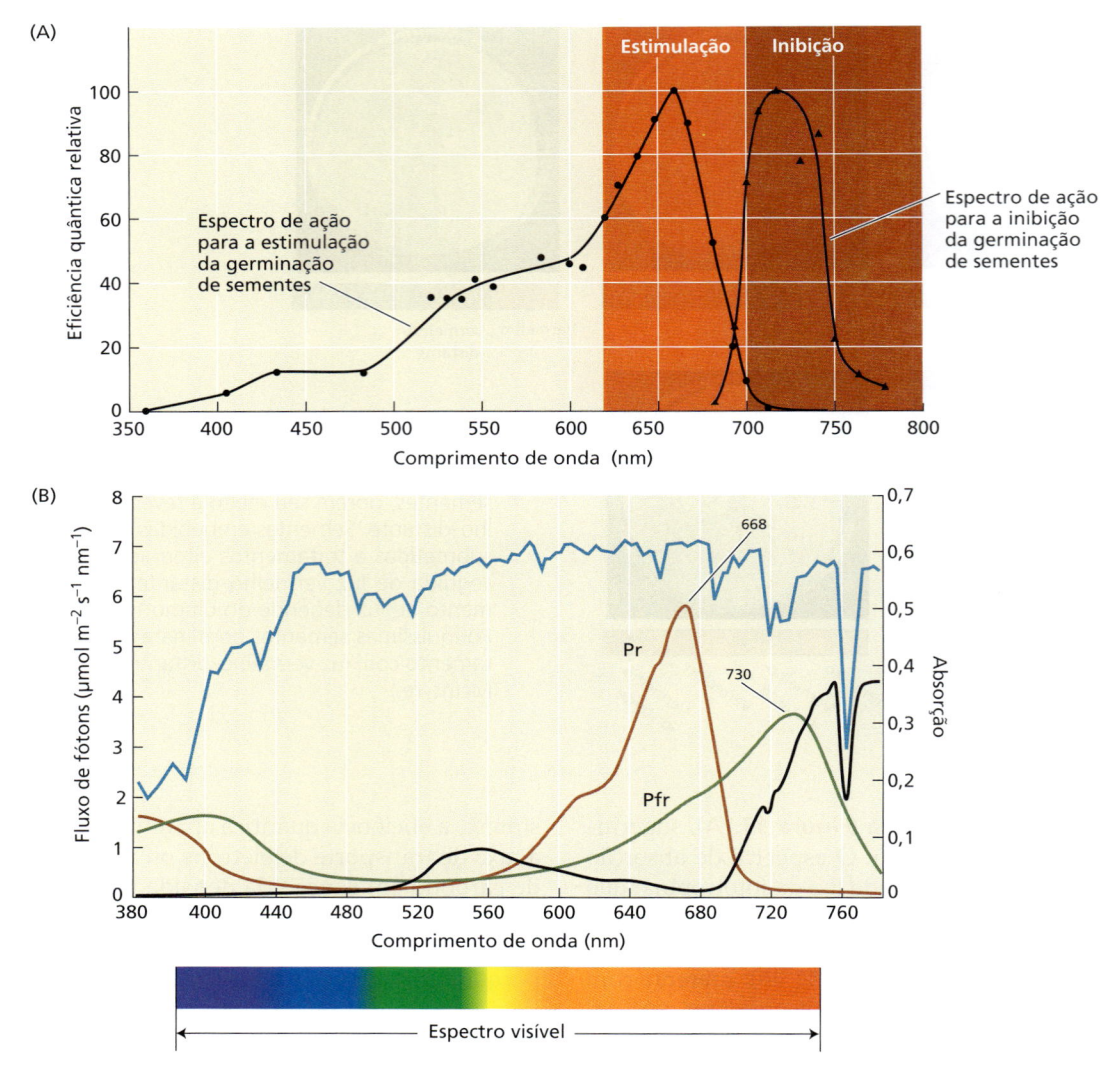

Figura 13.6 O espectro de ação do funcionamento do fitocromo iguala-se a seu espectro de absorção. (A) Espectros de ação para a estimulação e a inibição fotorreversível da germinação de sementes em *Arabidopsis*. (B) Os espectros de absorção de fitocromos purificados de aveia, nas formas Pr (linha vermelha) e Pfr (linha verde), sobrepõem-se. No topo do dossel, há uma distribuição relativamente uniforme de luz no espectro visível (linha azul), porém, sob um dossel denso, a maior parte da luz vermelha é absorvida pelos pigmentos das plantas, resultando em uma transmitância de luz vermelho-distante, principalmente. A linha preta mostra as propriedades espectrais da luz que é filtrada pelas folhas. Assim, as proporções relativas de Pr e Pfr são determinadas pelo grau de sombreamento vegetativo no dossel. (A de Shropshire et al., 1961; B de Kelly e Lagarias, 1985, cortesia de Patrice Dubois.)

Visto que nem a luz vermelha nem a luz vermelho-distante atingem profundidades superiores a alguns metros na água, o fitocromo poderia ser menos útil como um fotorreceptor para os organismos aquáticos. No entanto, estudos recentes têm mostrado que diferentes fitocromos de algas podem perceber a luz laranja, a luz verde ou até mesmo a luz azul. Isso sugere que fitocromos têm o potencial de serem espectralmente afinados durante a seleção natural para absorver comprimentos de onda diferentes.

O fitocromo é o fotorreceptor primário para as luzes vermelha e vermelho-distante

A família dos fitocromos é formada por proteínas sensoras de luzes vermelha e vermelho-distante com um cromóforo bilina ligado covalentemente, denominado fitocromobilina (PɸB). O fitocromo purificado é uma proteína ciano-azul (a meio caminho entre verde e azul) ou ciano-verde com uma massa molecular de cerca de 125 quilodáltons (kDa). As proteínas do fitocromo funcionam como dímeros da forma inativa de

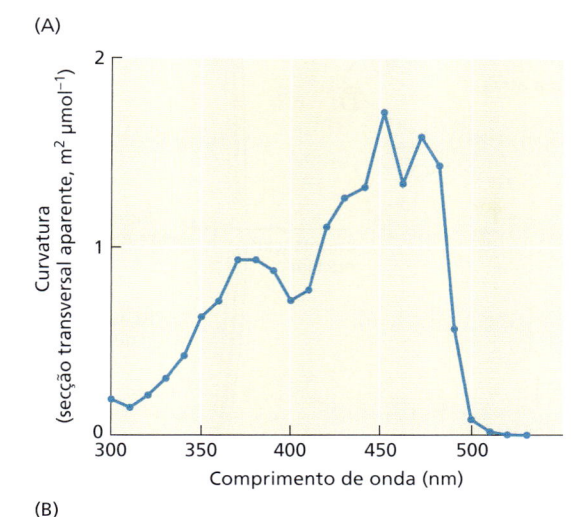

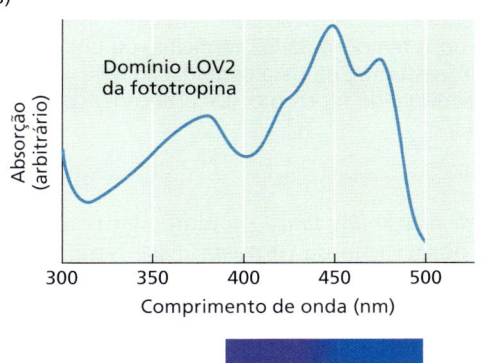

Figura 13.7 O espectro de ação do fototropismo iguala-se ao espectro de absorção do domínio de percepção de luz da fototropina. (A) Espectro de ação para o fototropismo estimulado pela luz azul em hipocótilos de alfafa. O padrão de "três dedos" na região dos 400 a 500 nm é característico de muitas respostas à luz azul. (B) Espectro de absorção do domínio de percepção da luz da fototropina. (A de Baskin e Iino, 1987; B de Briggs e Christie, 2002.)

absorção de luz vermelha, denominada **Pr**, ou da forma ativa de absorção de luz-vermelho-distante, **Pfr**.

Muitas das propriedades biológicas do fitocromo foram estabelecidas na década de 1930 por meio de estudos de respostas morfogênicas induzidas pela luz vermelha, em especial a germinação de sementes. Um avanço-chave na história do fitocromo foi a descoberta de que os efeitos da luz vermelha (620-700 nm) poderiam ser revertidos por uma irradiação subsequente com luz vermelho-distante (710-850 nm). Quando os espectros de absorção de cada uma das duas formas do fitocromo são medidos separadamente, em um espectrofotômetro concebido para estudar moléculas fotorreversíveis, eles correspondem rigorosamente ao espectro de ação para a estimulação e a inibição da germinação de sementes, respectivamente. A reversibilidade das respostas do vermelho e do vermelho-distante levou à descoberta de que um único fotorreceptor fotorreversível, o fitocromo, é o responsável por ambas as atividades. Posteriormente, foi demonstrado que as duas formas do fitocromo (Pr e Pfr) poderiam ser distinguidas espectrofotometricamente (ver Figura 13.6B).

O fitocromo pode se interconverter entre as formas Pr e Pfr

Em plântulas cultivadas no escuro ou estioladas, o fitocromo está presente na forma Pr, que absorve a luz vermelha. A forma inativa de cor ciano-azul é convertida pela luz vermelha na forma Pfr, que absorve luz vermelho-distante.

$$\text{Pr} \underset{\text{Luz vermelho-distante}}{\overset{\text{Luz vermelha}}{\rightleftharpoons}} \text{Pfr}$$

A forma Pfr de cor ciano-verde claro é considerada a forma ativa do fitocromo. Após fotoconversão à forma Pfr, o fitocromo pode ser rapidamente degradado pela rota da ubiquitina, sendo a taxa de degradação dependente do tipo de fitocromo (discutido mais adiante nesse capítulo). Alternativamente, a Pfr pode voltar à forma inativa Pr no escuro, mas esse processo é relativamente lento. No entanto, Pfr pode ser rapidamente convertido em Pr por irradiação com luz vermelho-distante. Um diagrama esquemático da mudança conformacional envolvida na fotorreversibilidade do fitocromo é apresentado na **Figura 13.8**.

Em ambientes naturais, as plantas crescendo ao ar livre estão expostas a um espectro de luz muito mais amplo, e a razão entre luz vermelha e luz vermelho-distante varia com as condições. A luz vermelha é abundante na luz solar direta, ao passo que a luz vermelho-distante é mais abundante sob as copas das plantas, onde a clorofila absorveu grande parte da luz vermelha incidente (ver Figura 13.6B). As plantas crescendo sob uma copa podem utilizar a razão R:FR de luz para regular processos como a germinação de sementes e a evitação à sombra (ver Capítulos 15 e 16). Como será visto, as respostas mediadas por fitocromos também exercem um papel importante no controle fotoperiódico do florescimento (ver Capítulo 17).

Respostas do fitocromo

A diversidade de respostas diferentes induzidas pelo fitocromo em plantas intactas é extensa em termos de tipos de respostas (**Tabela 13.1**) e de quantidade de luz necessária para induzi-las. Algumas respostas são muito rápidas, como as mudanças induzidas pela luz nos potenciais de superfície (potencial de membrana medido extracelularmente) de raízes ou coleóptilos de aveia, que ocorrem em segundos. Essas mudanças rápidas nos potenciais de

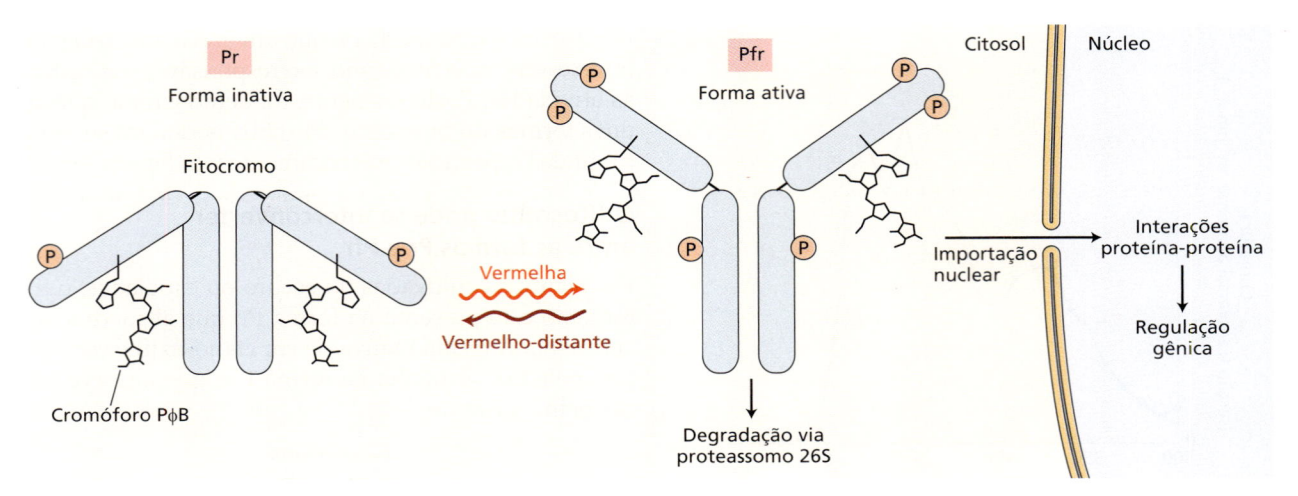

Figura 13.8 Diagrama da fotorreversibilidade do fitocromo por luzes vermelha e vermelho-distante. Após percepção da luz vermelha, a forma Pr inativa é convertida à forma ativa Pfr. A forma Pfr é transportada para o núcleo, onde participa em interações diretas proteína-proteína, resultando na repressão ou desrepressão de genes a jusante. O Pfr ativo pode ser convertido de volta à forma inativa Pr, rapidamente após irradiação com vermelho-distante ou lentamente após remoção da luz vermelha, ou pode ser enviado ao proteassomo 26S para degradação. PɸB = cromóforo (fitocromobilina) do fitocromo. (De arte cedida por Candace Pritchard.)

superfície ocorrem quando o fitocromo interage com fatores citosólicos na membrana plasmática ou perto dela e inicia os fluxos iônicos. No entanto, a maioria das respostas do fitocromo levam um período mais longo de tempo para acontecer. Essas respostas mais lentas afetam os eventos de desenvolvimento de prazo maior, como o crescimento e os movimentos de órgãos.

As respostas do fitocromo variam em período de atraso (*lag time*) e tempo de escape

Respostas morfológicas à fotoativação do fitocromo com frequência são observadas visualmente após um *período de atraso* (*lag time*) – o tempo entre a estimulação e a observação da resposta. Esse tempo pode ser muito breve, de apenas alguns minutos, ou durar várias semanas. Essas diferenças no tempo de resposta resultam de múltiplas rotas de transdução de sinal que operam a jusante (*downstream*) da sinalização do fitocromo, bem como de interações com outros mecanismos de desenvolvimento. As respostas mais rápidas em geral são os movimentos reversíveis das organelas ou as alterações reversíveis de volume nas células (expansão ou encolhimento), mas mesmo algumas respostas de crescimento são extraordinariamente rápidas. Por

TABELA 13.1 Respostas fotorreversíveis tipicamente induzidas pelo fitocromo em várias plantas superiores e inferiores

Grupo	Gênero	Estágio de desenvolvimento	Efeito da luz vermelha
Angiospermas	*Lactuca* (alface)	Semente	Promove a germinação
	Avena (aveia)	Plântula (estiolada)	Promove o desestiolamento (p. ex., o desenrolamento foliar)
	Sinapis (mostarda)	Plântula	Promove a formação de primórdios foliares, o desenvolvimento das folhas primárias e a produção de antocianinas
	Pisum (ervilha)	Adulto	Inibe o alongamento de entrenó
	Xanthium (cardo)	Adulto	Inibe o florescimento (resposta fotoperiódica)
Gimnospermas	*Pinus* (pinheiro)	Plântula	Aumenta a taxa de acumulação de clorofila
Pteridófitas	*Onoclea* (samambaia)	Gametófito jovem	Promove o crescimento
Briófitas	*Polytrichum* (musgo)	Protonema	Promove a replicação dos plastídios
Clorófitas	*Mougeotia* (alga)	Gametófito maduro	Promove a orientação dos cloroplastos em relação à luz fraca direcional

exemplo, a inibição da taxa de alongamento do caule pela luz vermelha no quenopódio-branco (*Chenopodium album*) e *Arabidopsis* é observada dentro de minutos após o aumento da proporção de Pfr para Pr no caule. Entretanto, períodos de atraso de várias semanas para a indução do florescimento são observados em *Arabidopsis* e outras espécies.

A diversidade nas respostas do fitocromo também pode ser vista no fenômeno chamado de **escape da fotorreversibilidade**. Os eventos induzidos pela luz vermelha são reversíveis pela luz vermelho-distante apenas por um período limitado, após o qual se diz que a resposta "escapou" do controle da reversão pela luz. Esse fenômeno de escape pode ser explicado por um modelo baseado na suposição de que respostas morfológicas controladas pelo fitocromo resultam de uma sequência de múltiplas etapas de reações bioquímicas nas células atingidas. Os estágios iniciais nessa sequência podem ser completamente reversíveis pela remoção do Pfr, mas, em algum local na sequência, é atingido um ponto a partir do qual não é possível reverter a sequência (*point of no return*), e para além dele as reações prosseguem irreversivelmente em direção à resposta. Por isso, o tempo de escape representa a quantidade de tempo existente antes que a sequência total de reações se torne irreversível; essencialmente, o tempo que leva para o Pfr completar sua ação primária. O tempo de escape para diferentes respostas varia extraordinariamente, de menos de 1 minuto até horas.

As respostas do fitocromo são classificadas em três categorias principais com base na quantidade de luz requerida

Como mostra a **Figura 13.9**, as respostas do fitocromo caem em três categorias principais com base na quantidade de luz que elas exigem: respostas à fluência muito baixa (VLFRs, *very low fluence responses*), respostas à fluência baixa (LFRs, *low-fluence responses*) e respostas à irradiância alta (HIRs, *high-irradiance responses*). VLFRs e LFRs possuem uma faixa de fluências de luz característica, dentro da qual a magnitude da resposta é proporcional à fluência. HIRs, por outro lado, são proporcionais à irradiância.

RESPOSTAS À FLUÊNCIA MUITO BAIXA (VLFRs)
Algumas respostas do fitocromo podem ser iniciadas por fluências baixas de até 0,0001 $\mu mol\ m^{-2}$ (alguns segundos sob o brilho das estrelas ou um décimo da quantidade de luz emitida por um vagalume em um único *flash*) e tornam-se saturadas (i.e., atingem um máximo) por volta de 0,05 $\mu mol\ m^{-2}$. Por exemplo, as sementes de *Arabidopsis* podem ser induzidas a germinar com luz vermelha na faixa de 0,001 a 0,1 $\mu mol\ m^{-2}$.

Em plântulas de aveia (*Avena* spp.) cultivadas no escuro, a luz vermelha pode estimular o crescimento do coleóptilo e inibir o crescimento do mesocótilo (o eixo alongado entre o coleóptilo e a raiz), sob fluências baixas semelhantes.

As VLFRs não são fotorreversíveis. A classe das VLRFs de respostas do fitocromo, que ocorre apenas em sementes e plântulas enterradas, é mediada pelo phyA (discutido abaixo), que é especialmente abundante em tecidos crescidos no escuro. As VLFRs não são reversíveis pela luz vermelho-distante porque, nas intensidades luminosas extremamente baixas envolvidas, a magnitude da reversão de Pfr para Pr induzida pela luz vermelho-distante é insignificante em comparação com outros mecanismos de degradação de Pfr. Embora as VLFRs não sejam fotorreversíveis, os espectros de ação para VLFRs (p. ex., a germinação de sementes) são semelhantes aos para LFRs (discutidos a seguir), o que apoia a visão de que o fitocromo é o fotorreceptor envolvido em VLFRs.

RESPOSTAS À FLUÊNCIA BAIXA (LFRs)
Outro conjunto de respostas do fitocromo não pode ser iniciado antes de a fluência atingir 1,0 $\mu mol\ m^{-2}$ e é saturado

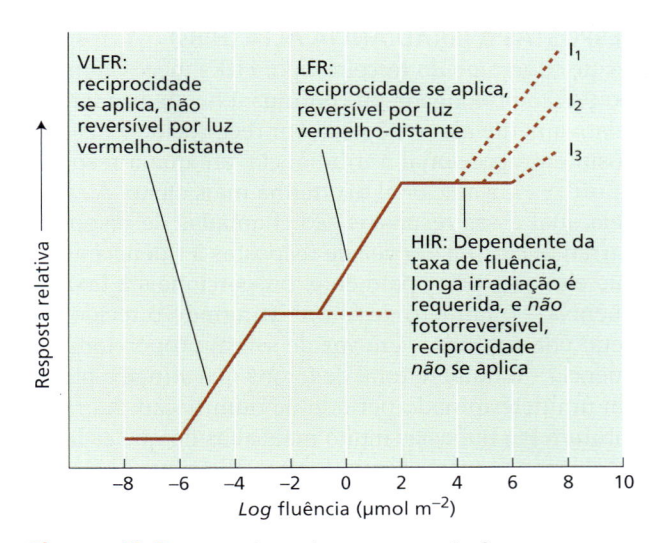

Figura 13.9 Três tipos de respostas do fitocromo, com base em sua sensibilidade à fluência. As magnitudes relativas das respostas representativas estão plotadas no gráfico em relação às fluências crescentes de luz vermelha. Curtos pulsos de luz são suficientes para ativar as respostas à fluência muito baixa (VLFRs) e respostas à fluência baixa (LFRs). A linha tracejada inferior indica sobreposição entre as VLFRs e as LFRs. As respostas à irradiância alta (HIRs) são predominantemente proporcionais à irradiância. Os efeitos das três irradiâncias fornecidas continuamente estão ilustrados ($I_1 > I_2 > I_3$). A cada nível de irradiância, a resposta aumenta com fluência crescente, indicando que, além de reagirem à irradiância, as HIRs também reagem à fluência. (De Briggs et al., 1984.)

por volta de 1.000 µmol m^{-2}. Estas LFRs incluem processos como a promoção da germinação de sementes, a inibição do alongamento do hipocótilo e a regulação dos movimentos foliares. Como visto na Figura 13.6A, o espectro de ação da LFR para a germinação das sementes de *Arabidopsis* inclui um pico principal para a estimulação na região do vermelho (660 nm) e um pico maior de inibição na região do vermelho-distante (720 nm).

Tanto as VLFRs quanto as LFRs podem ser induzidas por breves pulsos de luz, desde que a quantidade total de energia luminosa atinja o total de fluência requerido pela resposta. Como já mencionado, o total de fluência é uma função de dois fatores: a taxa de fluência (µmol m^{-2} s^{-1}) e o tempo de irradiação. Assim, um breve pulso de luz vermelha induzirá uma resposta, desde que a luz seja intensa o suficiente; por outro lado, uma luz muito fraca irá funcionar se o tempo de irradiação for suficientemente longo. Tanto para as VLFRs quanto as LFRs, a magnitude da resposta (p. ex., o percentual de germinação ou o grau de inibição do alongamento do hipocótilo) apresenta **reciprocidade**, ou dependência do produto da taxa de fluência e do tempo de irradiação.

RESPOSTAS À IRRADIÂNCIA ALTA (HIRs) As respostas do fitocromo do terceiro tipo, HIRs, necessitam de exposição prolongada ou contínua à luz de irradiância relativamente alta e não exibem reciprocidade. A resposta é proporcional à irradiância, até que a resposta sature e a luz adicional não tenha mais efeito. A razão pela qual essas respostas são chamadas de respostas à irradiância alta em vez de respostas à fluência alta é que elas são, principalmente, proporcionais à taxa de fluência – o número de fótons atingindo o tecido vegetal por segundo – em vez de serem proporcionais à fluência – o número total de fótons que atinge a planta em um determinado período de iluminação. As HIRs saturam em fluências muito mais altas do que as LFRs – pelo menos cem vezes mais altas. Visto que nem a exposição contínua à luz fraca nem a exposição transiente à luz brilhante podem induzir as HIRs, essas respostas não demonstram reciprocidade.

Muitas das LFRs também qualificam-se como HIRs. Por exemplo, em fluência baixa, o espectro de ação para a produção de antocianina em plântulas de mostarda-branca (*Sinapis alba*) é indicativo de fitocromo e apresenta um único pico na região vermelha do espectro. O efeito é reversível com a luz vermelho-distante (uma propriedade fotoquímica exclusiva dos fitocromos), e a resposta demonstra reciprocidade. Todavia, se as plântulas cultivadas no escuro são expostas à luz de irradiância alta por várias horas, o espectro de ação agora incluirá picos nas regiões do vermelho-distante e do azul, o efeito deixa de ser fotorreversível e a resposta torna-se proporcional à irradiância. Assim, o mesmo efeito pode ser tanto uma LFR quanto uma HIR, dependendo da história de exposição de uma plântula à luz.

O fitocromo A medeia respostas à luz vermelho-distante contínua

Os diferentes tipos de resposta do fitocromo à dosagem de luz sugerem a presença de múltiplas isoformas de fitocromo, com sensibilidades variáveis à luz. *Arabidopsis* contém cinco isoformas de fitocromo (phyA-phyE). O processo de degradação de Pfr é conservado em todas as isoformas conhecidas; phyA, que controla VLFRs e HIRs induzidas pela luz vermelho-distante em plantas, é degradada rapidamente como Pfr pela rota da ubiquitina.

Por outro lado, phyB-phyE são mais estáveis à luz. Evidência experimental demonstra que phyB regula LFRs incluindo a germinação fotorreversível de sementes. Por exemplo, as sementes do tipo selvagem de *Arabidopsis* requerem luz para germinação, e a resposta revela reversibilidade vermelho/vermelho-distante na faixa de fluência baixa (ver Figura 13.6A). Mutantes que não possuem o phyA respondem normalmente à luz vermelha, enquanto mutantes deficientes em phyB não são capazes de responder à luz vermelha de fluência baixa. Essa evidência experimental sugere fortemente que o phyB medeia a germinação fotorreversível de sementes.

O phyB tem também um papel importante na regulação das respostas das plantas a sombra. Plantas deficientes em phyB com frequência se parecem com plantas do tipo selvagem que cresceram sob dossel denso. Na verdade, a mediação das respostas à sombra, como a floração acelerada e o aumento do alongamento, pode ser um dos papéis ecológicos mais importantes do fitocromo. As isoformas phyC, phyD e phyE desempenham papeis exclusivos na regulação de outras respostas às luzes vermelha e vermelho-distante. As respostas mediadas por phyD e phyE incluem o alongamento dos pecíolos e dos entrenós e o controle do período de florescimento (ver Capítulo 17).

O fitocromo regula a expressão gênica

Todas as mudanças reguladas por fitocromos nas plantas iniciam com a absorção da luz pelo fotorreceptor. Após a absorção da luz, as propriedades moleculares do fitocromo são alteradas, afetando a interação da proteína do fitocromo com outros componentes celulares, o que, em última análise, provoca as mudanças no crescimento, no desenvolvimento ou na posição de um órgão. Conforme mencionado anteriormente, o fitocromo no citosol interage com outros fatores citosólicos, alterando os fluxos iônicos na membrana plasmática. Tais alterações rápidas nos fluxos iônicos podem causar mudanças repentinas na pressão de turgor em estruturas especializadas denominadas pulvinos, desencadeando os movimentos de folhas e folíolos (ver Figura 12.15).

Entretanto, enquanto uma porção expressiva de fitocromo permanence no citosol, a maior parte da sinalização fitocrômica ocorre no núcleo, onde altera a expressão gênica através de uma gama ampla de elementos reguladores e fatores de transcrição. O monitoramento desses perfis de expressão gênica ao longo do tempo, após a mudança das plantas do escuro para a luz, levou à identificação de alvos tanto precoces como tardios da ação dos genes PHY. A importação nuclear de phyA e phyB é altamente correlacionada com a qualidade da luz que estimula suas atividades. Assim, a importação nuclear do phyA é ativada tanto pela luz vermelha ou vermelho-distante quanto pela luz de espectro amplo de fluência baixa, enquanto a importação do phyB é governada pela exposição à luz vermelha e é reversível pela luz vermelho-distante. A importação nuclear das proteínas do fitocromo representa um dos principais pontos de controle na sinalização do fitocromo.

Os membros de uma família de proteínas conhecidas como **fatores de interação do fitocromo** (**PIFs**, *phytochrome interacting factors*) atuam principalmente como reguladores negativos de diferentes aspectos da fotomorfogênese mediada por fitocromo, abrangendo germinação de sementes, biossíntese de clorofilas, evitação da sombra e alongamento do hipocótilo. A formação do Pfr induzida pela luz vermelha dá início à degradação de proteínas PIF pela fosforilação, seguida pela degradação via complexo do proteassomo (ver Capítulo 1). A degradação rápida dos PIFs pode proporcionar um mecanismo de modulação das respostas à luz que é rigidamente acoplado às atividades das proteínas phy. A atividade do fitocromo é posteriormente modulada pela regulação da fosforilação, por uma família de proteínas do **substrato da quinase do fitocromo** (**PKS**, *phytochrome kinase substrate*).

Como discutido no Capítulo 12, a maioria das rotas de transdução de sinal das plantas envolve a inativação, a degradação ou a remoção de proteínas repressoras. A rota de sinalização do fitocromo é coerente com esse princípio geral. Como descrito anteriormente, o phyA é rapidamente degradado após sua ativação pela luz. Assim, a degradação de proteínas, além da fosforilação, está emergindo como um mecanismo ubíquo que regula muitos processos celulares, incluindo a sinalização luminosa e hormonal, os ritmos circadianos e a época de florescimento (para exemplos, ver Capítulo 17).

Respostas à luz azul e fotorreceptores

As respostas à luz azul já foram descritas em espermatófitas, pteridófitas, briófitas, algas, fungos e procariotes. Além do fototropismo, essas respostas abrangem a inibição do alongamento do hipocótilo em plântulas, a estimulação da síntese de clorofilas e carotenoides e a ativação da expressão gênica. Entre os organismos unicelulares móveis, como certas algas e bactérias, a luz azul medeia a *fototaxia*, o movimento de organismos unicelulares em direção à luz ou para longe dela. Algumas respostas à luz azul foram introduzidas em relação à fotossíntese nos Capítulos 6, 7 e 9, incluindo os movimentos dos cloroplastos, o acompanhamento do sol e a abertura estomática. No Capítulo 15, serão discutidas a fotomorfogênese e as respostas fototrópicas à luz azul no contexto da germinação de sementes e do estabelecimento de plântulas.

Conforme observado anteriormente, os efeitos da luz UV-A/azul (320-500 nm) são mediados por três classes diferentes de fotorreceptores que empregam moléculas de flavina como cromóforos: criptocromos, fototropinas e proteínas ZEITLUPE. O criptocromos interagem com fitocromos para regular a fotomorfogênese. As fototropinas (phots), por outro lado, estão envolvidas no direcionamento do movimento de órgãos, de cloroplastos e nuclear, no acompanhamento do sol e na abertura estomática, todos os quais são processos dependentes da luz que otimizam a eficiência fotossintética das plantas. Tem sido demonstrado que a família ZEITLUPE participa no controle do relógio circadiano e do florescimento.

As respostas à luz azul possuem cinética e períodos de atraso característicos

A inibição do alongamento do caule e a estimulação da abertura estomática pela luz azul demonstram que as respostas a esse tipo de luz podem ser relativamente rápidas, em comparação à maioria das alterações fotomorfogênicas. Enquanto as respostas fotossintéticas típicas iniciam no momento em que o cloroplasto encontra fótons fotossinteticamente ativos e cessam logo que a luz se apaga, as respostas à luz azul exibem um período de atraso de duração variável e prosseguem em velocidades máximas durante vários minutos após a aplicação de um pulso de luz. Por exemplo, em plântulas de pepino estioladas a luz azul induz uma redução na taxa de crescimento e uma despolarização transitória da membrana, apenas após um período de atraso de cerca de 25 segundos (**Figura 13.10**).

A persistência de respostas à luz azul na ausência desse tipo de luz tem sido estudada usando pulsos de

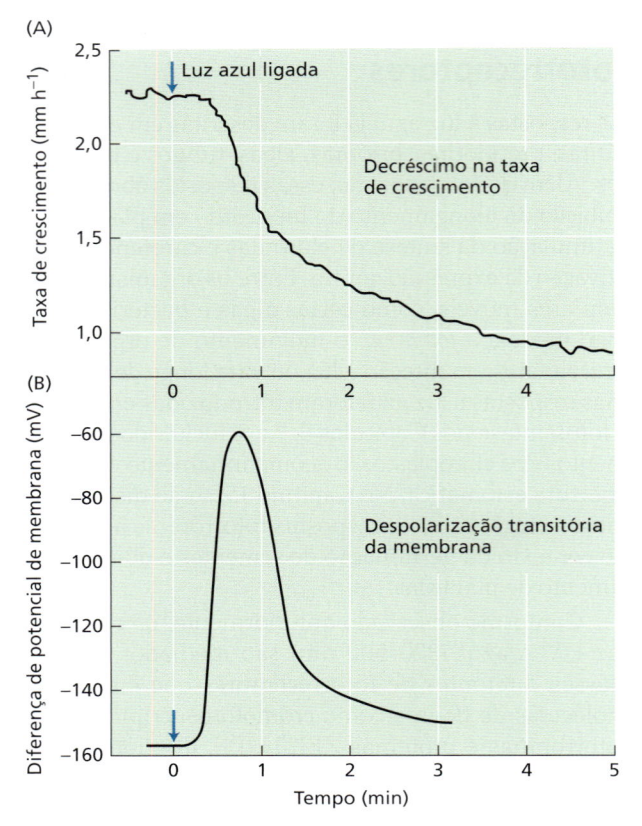

Figura 13.10 (A) Alterações induzidas pela luz azul na taxa de alongamento de plântulas estioladas de pepino. (B) Despolarização transitória induzida pela luz azul na membrana das células do hipocótilo. (De Spalding e Cosgrove, 1989.)

luz azul. Nas células-guarda, a ativação induzida pela luz azul da H^+-ATPase decai gradualmente após um pulso de luz azul, mas apenas depois de decorridos vários minutos (ver Figura 6.19). Essa persistência da resposta à luz azul após o pulso pode ser explicada por um ciclo fotoquímico no qual a forma fisiologicamente ativa do fotorreceptor (nesse caso, a fototropina), a qual foi convertida da forma inativa pela luz azul, reverte-se lentamente para a forma inativa após essa luz ser desligada. A velocidade de decaimento da resposta a um pulso de luz azul, assim, depende do curso de tempo da reversão da forma ativa do fotorreceptor de volta para a forma inativa.

Criptocromos

Criptocromos são fotorreceptores de luz azul que medeiam várias respostas a esse tipo de luz, incluindo a supressão do alongamento do hipocótilo, a promoção da expansão de cotilédones, a despolarização de membrana, a inibição do alongamento do pecíolo, a produção de antocianinas e o ajuste do relógio circadiano. O fotorreceptor criptocromo foi originalmente identificado em *Arabidopsis* usando triagens genéticas para mutantes cujos hipocótilos eram alongados quando cultivados em luz branca, porque lhes faltava a inibição, estimulada pela luz, do alongamento do hipocótilo descrito anteriormente. Foi demonstrado que o fenótipo de hipocótilo longo de um mutante para criptocromo ocorre na luz azul, mas não na vermelha. Isso revelou que a perda de função não envolve diretamente o fitocromo. As proteínas do criptocromo foram descobertas em muitos organismos, incluindo pteridófitas, algas, cianobactérias, moscas-da-fruta, camundongos e seres humanos.

A irradiação de luz azul do cromóforo FAD do criptocromo causa uma mudança conformacional

As proteínas do criptocromo absorventes de luz azul possuem um domínio N-terminal relacionado à fotoliase (PHR) que se liga ao **flavina adenina dinucleotídeo** (**FAD**) e ao pterina 5,10-metiltetraidrofolato (MTHF). Pterinas são derivados de pteridina que absorvem luz, com frequência encontrados em células pigmentadas de insetos, peixes e aves. Nas fotoliases, a luz azul é absorvida pela pterina, e a energia de excitação é, então, transferida para o FAD.

Admite-se que um mecanismo similar opere em criptocromos vegetais (**Figura 13.11**). A absorção de luz azul altera o estado redox do cromóforo FAD ligado, e é esse evento primário que desencadeia a ativação dos fotorreceptores. Assim como ocorre em fitocromos e fototropinas, esse mecanismo de ativação envolve mudanças conformacionais de proteínas. Nos criptocromos, a absorção de luz pela região N-terminal fotoliase parece alterar a conformação de uma extensão C-terminal, o domínio C-terminal do criptocromo (CCT) (ver Figura 13.11). Essa extensão C-terminal inexiste em enzimas fotoliases, mas é claramente essencial para a sinalização pelos criptocromos. Pode-se, portanto, considerar o criptocromo vegetal como um interruptor molecular de luz, em que a absorção de fótons azuis na extremidade N-terminal da região fotossensora resulta em mudanças conformacionais em proteínas no C-terminal, o qual, conforme será visto, inicia a sinalização mediante alteração da ligação a proteínas parceiras específicas.

O núcleo é o sítio primário de ação dos criptocromos

Embora a isoforma do criptocromo que regula o alongamento do hipocótilo seja estável sob luz azul, uma segunda isoforma, que regula a expansão de cotilédones e a indução floral (ver Capítulo 17), é degradada

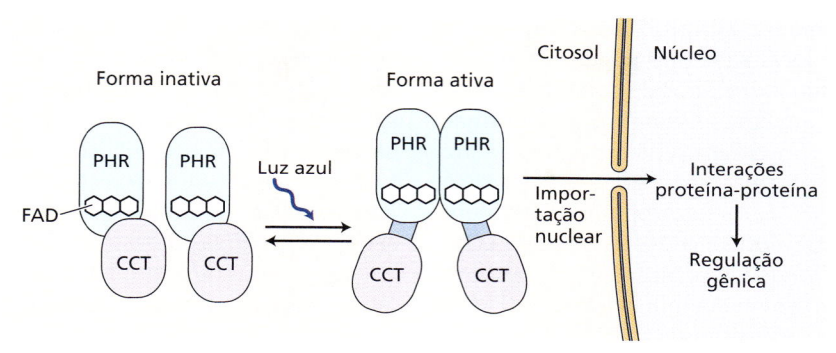

Figura 13.11 Diagrama da resposta do criptocromo à luz azul. A absorção de luz azul por cromóforos no domínio N-terminal relacionado à fotoliase (PHR) tem como consequência uma mudança conformacional do domínio C-terminal do criptocromo (CCT), possibilitando a sinalização. Após ativação, a proteína é transportada para o núcleo, onde é envolvida nas interações proteína-proteína que iniciam a sinalização a jusante, resultando em mudanças como a acumulação de antocianina, a iniciação da fotomorfogênese e a inibição do alongamento. (De arte cedida por Candace Pritchard.)

preferencialmente sob luz azul. Ambas as isoformas do criptocromo exercem papéis fundamentais na regulação dos ritmos circadianos em plantas. Os homólogos dos criptocromos também têm sido implicados no controle do relógio circadiano em moscas, ratos e seres humanos.

Os criptocromos são encontrados tanto no citosol quanto no núcleo. Respostas rápidas associadas ao crescimento, como a despolarização de membranas que ocorre em 2-3 s, estão associadas aos criptocromos citosólicos. Contudo, a maioria dos criptocromos da célula está localizada no núcleo. Os criptocromos nucleares estão envolvidos na fotomorfogênese e atuam estabilizando fatores de transcrição e inibindo sua degradação proteolítica.

O criptocromo interage com o fitocromo

Em *Arabidopsis*, a luz azul ou vermelho-distante contínua promove o florescimento, e a luz vermelha o inibe. A luz vermelho-distante atua por meio do phyA, e o efeito antagônico da luz vermelha dá-se pela ação do phyB. Poderia se esperar que os criptocromo-mutantes tivessem o florescimento atrasado, pois a luz azul promove o florescimento. Entretanto, os criptocromo-mutantes florescem ao mesmo tempo que o tipo selvagem mantido sob luz azul contínua ou sob luz vermelha contínua. Um atraso é observado apenas se as luzes azul e vermelha forem fornecidas juntas, sugerindo que as rotas de sinalização de fitocromo e criptocromo convergem.

Como visto anteriormente neste capítulo, vários processos vegetais mostram oscilações de atividade que correspondem aproximadamente a um ciclo de 24 horas, ou circadiano. Esse ritmo endógeno usa um oscilador que deve ser **sincronizado** (*entrained*) com os ciclos diários de claro-escuro do ambiente externo.

Em experimentos delineados para caracterizar o papel de fotorreceptores nesse processo, mutantes de *Arabidopsis* deficientes em fitocromo e criptocromo foram cruzados com linhagens portadoras de um gene repórter regulado pelo relógio circadiano. O ritmo do oscilador foi desacelerado (i. e., o comprimento do período foi aumentado) quando mutantes *phyA* foram cultivados sob luz vermelha fraca, ao passo que nos mutantes *phyB* foram observados defeitos de ajuste temporal somente sob luz vermelha de irradiância alta. Da mesma forma, os mutantes deficientes em criptocromo exibiram defeitos de ajuste temporal apenas quando sincronizados usando luz azul. Esses estudos indicaram que fitocromos e criptocromos sincronizam o relógio circadiano em *Arabidopsis*.

Fototropinas

As fototropinas são fotorreceptores de luz azul que medeiam o fototropismo de plântulas, o movimento de cloroplastos, a abertura de células-guarda e alguns movimentos foliares. As angiospermas contêm dois genes de fototropinas, *PHOT1* e *PHOT2*. Enquanto phot1 é o receptor fototrópico primário que medeia o fototropismo em resposta a taxas de fluência altas e baixas de luz azul, phot2 medeia o fototropismo principalmente em resposta às intensidades luminosas elevadas. Sobreposições semelhantes nas funções dos fotorreceptores phot1 e phot2 são observadas para outras respostas à luz azul, incluindo movimentos dos cloroplastos, abertura estomática, movimentos foliares e expansão foliar. Junto com o fototropismo, esses processos otimizam a captura de luz e a captação de CO_2 para a fotossíntese. Como consequência, o crescimento de mutantes deficientes de fototropina está severamente comprometido, em particular sob intensidades baixas de luz.

Em comparação com os criptocromos, que estão predominantemente localizados no núcleo, os receptores fototropina estão associados à membrana plasmática, onde funcionam como serina/treonina quinases ativadas por luz. Um esquema da indução pela luz azul de mudanças conformacionais em fototropinas é mostrado na **Figura 13.12**. As fototropinas contêm um ou dois **domínios LUZ-OXIGÊNIO-VOLTAGEM** (**LOV**, *LIGHT-OXYGEN-VOLTAGE*) fotossensíveis, cada um ligando um cromóforo flavina mononucleotídeo (FMN, *flavin mononucleotide*). Apenas um domínio LOV participa ativamente na fotorrespiração. Quando presente, um segundo domínio LOV atua na dimerização do receptor. Estudos espectroscópicos mostraram que, no escuro, uma molécula de FMN está ligada não covalentemente a cada domínio LOV. A fotoexcitação do domínio FMN-LOV "libera" o domínio quinase e leva à autofosforilação em múltiplos resíduos de serina, o que é necessário para a atividade de quinase pelo receptor. A ativação da fototropina pela luz azul pode ser revertida por um tratamento de escuro. A inativação da fototropina pelo escuro é mediada por uma proteína fosfatase do tipo 2A que desfosforila os resíduos de serina.

A família ZEITLUPE de fotorreceptores igualmente contém domínios LOV com cofatores FMN, mas eles são proteínas F-box. As proteínas ZEITLUPE regulam a estabilidade dos fatores de transcrição via ubiquitinação de proteínas, de um modo similar ao dos receptores de hormônios (ver Capítulo 12).

O fototropismo requer alterações na mobilização das auxinas

A ativação das fototropina quinases desencadeia eventos de transdução de sinal que estabelecem uma diversidade de respostas diferentes. Uma dessas respostas é o fototropismo, que ocorre tanto em plantas maduras quanto em plântulas. Como mencionado no Capítulo 12, observações desse fenômeno por Charles e Francis Darwin iniciaram uma série de experimentos com coleóptilos de gramíneas que culminaram na descoberta do hormônio auxina. De forma coerente com a função do fotorreceptor fototropina no fototropismo de plântulas, as plântulas de *Arabidopsis* desprovidas de fototropinas não conseguem curvar-se em resposta à luz azul (**Figura 13.13**).

A curvatura fototrópica consiste na redistribuição lateral de auxina do lado iluminado para o lado sombreado do hipocótilo ou coleóptilo. Como primeira etapa do processo, phot1 ativado pela luz fosforila diretamente uma proteína cassete de ligação ao ATP (ABC, *ATP-binding protein cassette*) na membrana plasmática, inibindo sua atividade. Uma vez que o transporte polar de auxina (neste caso, da direção apical para basal; **Figura 13.14**) é fortemente dependente da atividade da proteína ABC, a fosforilação desta resulta na acumulação de auxina na região apical do hipocótilo. A próxima etapa é a redistribuição lateral de auxina para o lado sombreado do hipocótilo. (A fisiologia da curvatura fototrópica será discutida mais detalhadamente no Capítulo 15).

As fototropinas regulam os movimentos de cloroplastos

As folhas podem alterar a distribuição intracelular de seus cloroplastos em resposta às mudanças nas condições de luz. Como discutido no Capítulo 9, essa característica é adaptativa, pois a redistribuição dos cloroplastos nas células modula a absorção de luz e impede o dano por excesso de luz (ver Figura 9.13). Sob iluminação fraca, os cloroplastos reúnem-se perto das paredes superiores e inferiores das células do parênquima paliçádico das folhas (acumulação), maximizando, assim, a absorção de luz (**Figura 13.15**). Sob iluminação forte, os cloroplastos movem-se para as paredes laterais que

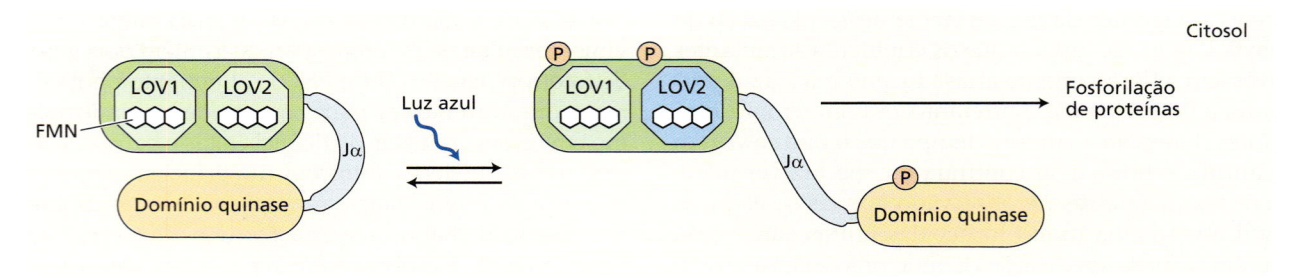

Figura 13.12 Diagrama da mudança conformacional de fototropina induzida pela luz azul. As proteínas fototropinas consistem de dois domínios luz-oxigênio-voltagem (LOV), cada um com: cromóforo de flavina mononucleotídeo (FMN) ligado, um domínio C-terminal de serina/treonina quinase e uma região α-hélice (Jα) que une os domínios N-terminal e C-terminal. A percepção da luz azul pelos domínios LOV resulta em autofosforilação e uma mudança conformacional drástica que expõe o domínio quinase. A fosforilação direta de proteínas-alvo via domínio quinase resulta em mudanças como abertura estomática, fototropismo e relocalização dos cloroplastos. (De arte cedida por Candace Pritchard.)

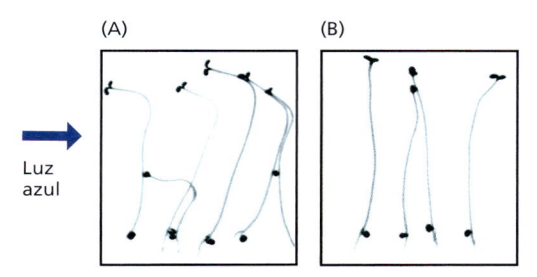

Figura 13.13 O fototropismo em plântulas de *Arabidopsis* pode ser usado como um bioensaio para a atividade da fototropina. (A) As plantas do tipo selvagem respondem curvando-se em direção à luz. (B) Uma mutação no domínio fotorreceptor LOV2 do phot1 suprime a resposta, demonstrando que apenas o domínio LOV2 é necessário para o fototropismo. (De Christie et al., 2002.)

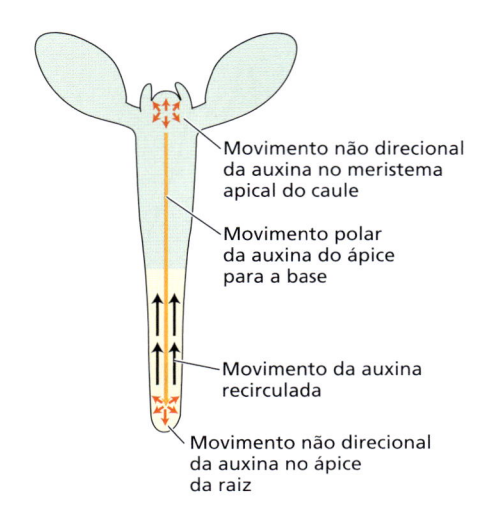

Figura 13.14 Fluxos direcionais polares da auxina em plântulas. As setas multidirecionais (vermelhas) nos ápices do caule e da raiz indicam transporte não directional da auxina, saindo dos ápices em direção às regiões subapicais. Diferentes transportadores de proteínas estão envolvidos no movimento polar da auxina, da extremidade do caule para a extremidade da raiz (seta laranja). A auxina que chega à extremidade da raiz é então recirculada via tecidos externos (setas pretas) para a parte basal da raiz.

são paralelas à luz incidente (evitamento), minimizando, assim, a absorção de luz e evitando o dano foto-oxidativo. No escuro, os cloroplastos movem-se para a parte inferior da célula, mas a função fisiológica dessa posição não é clara. Foi demonstrado que esses movimentos dos cloroplastos são dependentes da actina (ver Capítulo 1) e regulados por fototropinas. O espectro de ação para respostas mostra a estrutura fina de três dedos característica, típica de respostas específicas à luz azul (ver Figura 13.7). A importância dos movimentos dos cloroplastos é demonstrada pelo dano foto-oxidativo observado em mutantes de *Arabidopsis* desprovidos de fototropinas cultivados no campo sob luz solar plena.

A abertura estomática é regulada pela luz azul, que ativa a H$^+$-ATPase da membrana plasmática

A fotofisiologia estomática e a transdução sensorial em relação à água e à fotossíntese foram discutidas nos Capítulos 3, 6 e 9. A luz azul causa abertura estomática rápida, que pode ser distinta da abertura mais lenta provocada pela fotossíntese induzida pela luz vermelha. Um espectro de ação para a resposta estomática à luz azul sob iluminação vermelha com base saturante (**Figura 13.16**) é similar ao observado no fototropismo (ver Figura 13.7). O espectro de ação para a abertura estomática, típico da resposta à luz azul e diferente do espectro de ação da fotossíntese, indica que as células-guarda respondem especificamente à luz azul. A H$^+$-ATPase bombeando prótons nas células-guarda desempenha um papel-chave na regulação dos movimentos estomáticos. A H$^+$-ATPase ativada transporta H$^+$ através da membrana e aumenta o potencial elétrico negativo no interior, impulsionando a absorção do K$^+$ através dos canais de entrada de K$^+$ controlados por voltagem. A acumulação de K$^+$ facilita o influxo de água para as células-guarda, levando a um aumento na pressão de turgor e abertura estomática (ver Figura 6.20).

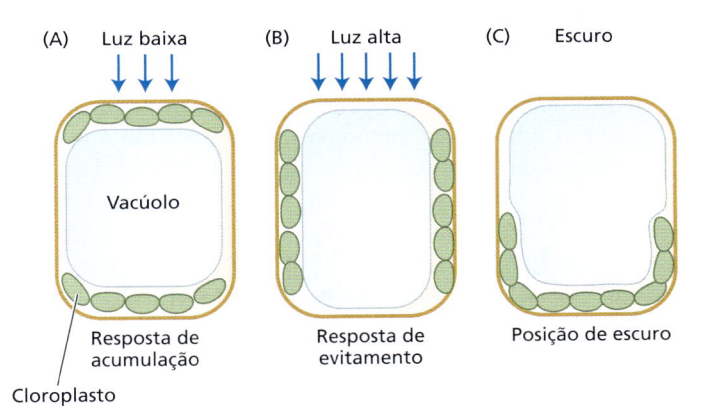

Figura 13.15 Diagrama esquemático de padrões de distribuição dos cloroplastos em células do parênquima paliçádico das folhas de *Arabidopsis* em resposta a diferentes intensidades de luz. (A) Em condições de pouca luz, os cloroplastos otimizam a absorção de luz, acumulando-se nos lados superior e inferior das células do parênquima paliçádico. (B) Em condições de luz alta, os cloroplastos evitam a luz solar, migrando para as paredes laterais das células do parênquima paliçádico. (C) No escuro, os cloroplastos movem-se para a parte inferior da célula no escuro. (De Wada, 2013.)

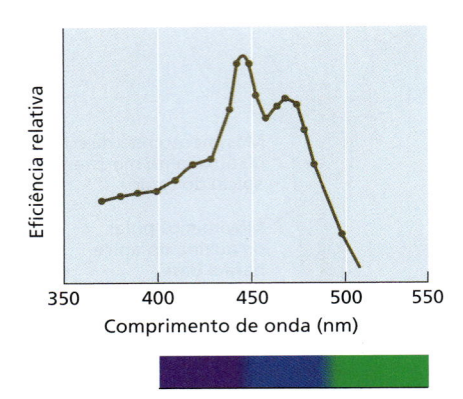

Figura 13.16 Espectro de ação para abertura estomática estimulada pela luz azul (sob uma base de luz vermelha para saturar os pigmentos fotossintéticos que também absorvem luz azul). (De Karlsson, 1986.)

As fototropinas são os fotorreceptores primários para a abertura estomática induzida pela luz azul. Várias etapas fundamentais na rota de sinalização foram identificadas e estão diagramadas na **Figura 13.17**. A luz azul ativa a H^+-ATPase através de um processo de múltiplas etapas. Inicialmente, uma proteína quinase específica de células-guarda denominada BLUE LIGHT SIGNALING1 (BLUS1), associada à membrana, é fosforilada por phot1 e phot2 de forma redundante (isto é, qualquer fototropina é suficiente por si só para essa etapa). O C-terminal da H^+-ATPase da membrana plasmática tem um domínio autoinibidor que inibe a atividade da enzima. Quando ativada pela fototropina em resposta à luz azul, BLUS1 inicia uma cascata de sinalização que fosforila o C-terminal da H^+-ATPase, retirando a inibição a enzima. Interações subsequentes com uma proteína reguladora 14-3-3 (assim denominada pela condições sob as quais a proteína é purificada bioquimicamente) estabilizam a H^+-ATPase no estado ativo.

A luz azul também estimula um segundo mecanismo que contribui para aumentar o turgor das células-guarda. As fototropinas ativadas fosforilam as proteínas CONVERGENCE OF BLUE LIGHT AND CO_2 (CBC) citosólicas, que, por sua vez, inibem canais de ânions na membrana plasmática. Isso aumenta reservas citosólicas de Cl^- que podem, então, mover-se para o vacúolo junto com malato, para atuar como contra-íons à medida que o K^+ vacuolar aumenta.

Conforme descrito acima, a radiação fotossinteticamente ativa (principalmente luz vermelha) também ativa lentamente a abertura das células-guarda (ver Figura 13.17). Esse é sobretudo o resultado do aumento da fotossíntese elevando os níveis de ATP citosólico. Os cloroplastos fotossinteticamente ativos também produzem carotenoides que protegem membranas e fotorreceptores de dano foto-oxidativo (ver Figura 9.11). Os carotenoides também são precursores na síntese de ácido abscísico. No Capítulo 19, será discutido em detalhe como o ácido abscísico causa o fechamento estomático na presença da luz.

A ação conjunta do fitocromo, do criptocromo e das fototropinas

Como observado anteriormente, os caules de plântulas cultivadas no escuro alongam-se muito rapidamente, e a inibição do alongamento do caule pela luz é uma resposta fotomorfogênica fundamental para a plântula que emerge da superfície do solo (ver Capítulo 15). Embora o fitocromo esteja envolvido nessa resposta, a região do azul do espectro de ação para o decréscimo na taxa de alongamento assemelha-se bastante à do fototropismo (ver Figura 13.7).

É possível separar experimentalmente uma redução nas taxas de alongamento mediada pelo fitocromo de uma redução mediada por uma resposta à luz azul específica. Se plântulas de alface forem irradiadas com fluência baixa de luz azul, sob uma forte luz amarela de fundo, a taxa de alongamento de seu hipocótilo será reduzida em mais de 50%. A luz amarela de fundo estabelece uma razão Pr:Pfr bem definida. A adição de luz azul em taxas de fluência baixas não altera significativamente essa razão, excluindo um efeito do fitocromo na redução da taxa de alongamento observada após a adição da luz azul. Esses resultados indicam que a taxa de alongamento do hipocótilo é controlada por uma resposta específica à luz azul que independe da resposta mediada pelo fitocromo.

É possível também distinguir uma resposta específica do hipocótilo mediada pela luz azul daquela mediada pelo fitocromo, em função de seus tempos de ação contrastantes. Enquanto as alterações mediadas pelo fitocromo nas taxas de alongamento podem ser detectadas dentro de cerca de 10 a 90 minutos, dependendo da espécie, as respostas à luz azul mostram períodos de atraso inferiores a 1 minuto. Análises de alta resolução das mudanças na taxa de crescimento durante a inibição do alongamento do hipocótilo pela luz azul forneceram informações valiosas sobre as interações entre a fototropina 1 (phot1), criptocromos (cry) e fitocromo A (phyA). Depois de um atraso de 30 segundos, plântulas do tipo selvagem de *Arabidopsis*, tratadas com luz azul, apresentam uma diminuição rápida na taxa de alongamento durante os primeiros 30 minutos e depois crescem lentamente durante vários dias. As respostas rápidas se correlacionam com eventos rápidos de despolarização de membranas. Conforme exibido na **Figura 13.18**, a análise da mesma resposta em mutantes *phot1*, *cry1*,

1. A luz azul ativa quinases das fototropinas receptoras que, então, ativam CONVERGENCE OF BLUE LIGHT AND CO2 (CBC) quinases. CBCs ativadas inibem o transporte de Cl⁻ para fora da célula, o que aumenta o ingresso de Cl⁻ no vacúolo.

2. Fosforilação de um complexo BLUE LIGHT SIGNALING 1 (BLUS1)/quinase ativa etapas sequenciais da fosforilação de proteínas, que ativam H⁺-ATPase da membrana plasmática mediante liberação de proteínas 14-3-3 inibidoras.

3. A ativação de H⁺-ATPases hiperpolariza a membrana plasmática, o que aumenta o movimento de K⁺ para a célula-guarda. A absorção de K⁺ pelo vacúolo é coordenada com a absorção de Cl⁻ e malato²⁻. Esses movimentos de íons reduzem o potencial hídrico do vacúolo e dirigem a absorção de água, a expansão vacuolar e a abertura estomática governada pelo turgor.

4. A radiação fotossinteticamente ativa eleva a produção de ATP pelos cloroplastos, aumentando os níveis de ATP citosólico e levando ao aumento das taxas da atividade da ATPase citosólica. A radiação fotossinteticamente ativa também aumenta a produção de carotenoides, que protegem as membranas de dano foto-oxidativo e são precursores da síntese do ácido abscísico, hormônio do fechamento estomático.

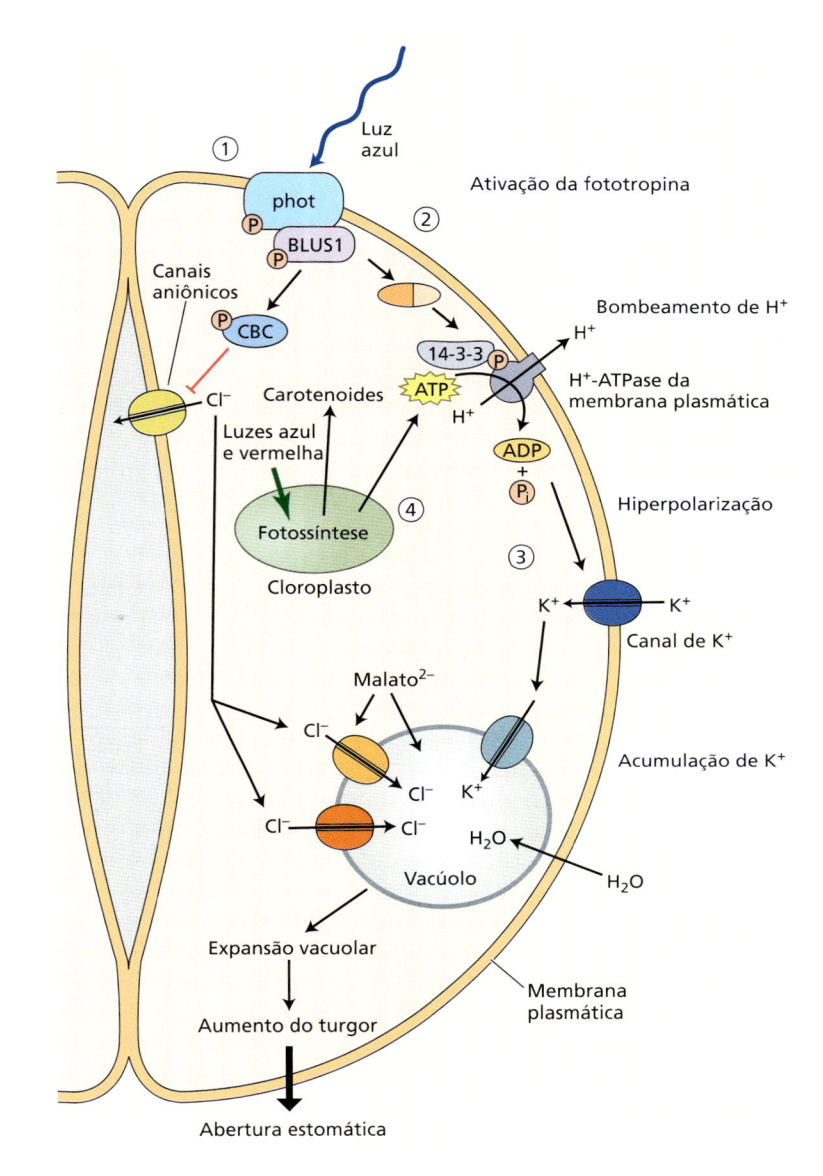

Figura 13.17 Transdução de sinal pela fototropina levando à abertura estomática. (De Inoue e Kinoshita, 2017.)

cry2 e *phyA* mostrou que a supressão do alongamento do caule pela luz azul durante o desestiolamento da plântula é iniciada por phot1, com cry1 e, até certo ponto, cry2, modulando a resposta após 30 minutos. A taxa de crescimento lento de caules em plântulas tratadas com luz azul é principalmente o resultado da ação

Figura 13.18 Ação conjunta de fototropina 1 (phot1), fitocromo A (phyA) e criptocromos (cry1/cry2) na inibição do crescimento do hipocótilo pela luz azul. A fototropina regula a inibição inicial transitória, ao passo que a inibição de prazo mais longo é regulada pela atividade combinada dos criptocromos e do fitocromo A. (De Parks et al., 2001).

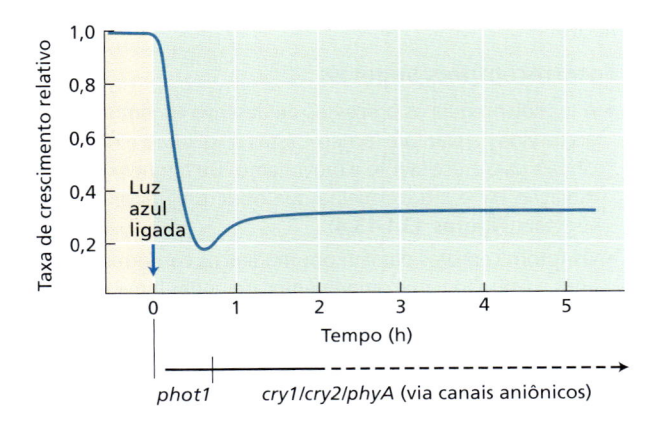

persistente de cry1, e esta é a razão pela qual os criptocromo-mutantes de *Arabidopsis* têm hipocótilos mais longos do que o tipo selvagem. O fitocromo A parece ter um papel ao menos nos estágios iniciais do crescimento regulado pela luz azul, porque a inibição do crescimento não progride normalmente em mutantes *phyA*.

Respostas à radiação ultravioleta

Além dos seus efeitos citotóxicos, a radiação UV-B pode provocar uma gama ampla de respostas fotomorfogênicas, incluindo a inibição de hormônios promotores do crescimento, tais como auxina e giberelinas, e a otimização de hormônios de defesa induzidos por estresse. O fotorreceptor responsável pelas respostas fisiológicas induzidas por UV-B, UVR8, é uma proteína em β-hélice com sete lâminas, que forma homodímeros funcionalmente inativos na ausência de radiação UV-B. Ao contrário do fitocromo, do criptocromo e da fototropina, o UVR8 carece de um cromóforo prostético. As duas subunidades idênticas do UVR8 estão ligadas no dímero por uma rede de pontes salinas formadas entre os resíduos de triptofano, que servem como os sensores primários de UV-B e resíduos de arginina próximos. Os anéis indólicos desses triptofanos são excitados por fótons de UV-B, rompendo as pontes salinas (**Figura 13.19**). Como consequência, os monômeros dissociam-se e tornam-se funcionalmente ativos. Os monômeros, então, interagem com outros complexos proteicos, ativando a expressão gênica.

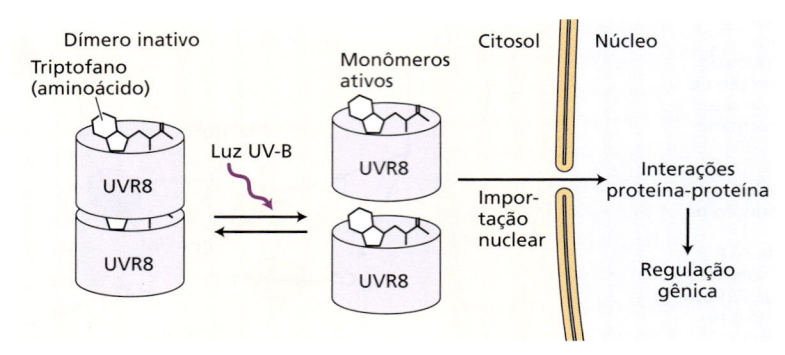

Figura 13.19 Diagrama da resposta do fotorreceptor UV RESISTANCE LOCUS 8 (UVR8) à irradiação UV-B. A forma inativa de UVR8 é um dímero que consiste de dois monômeros unidos por pontes salinas, com uma série de resíduos de triptofano na superfície de interação. Esses resíduos de triptofano percebem a UV-B, resultando nas mudanças estruturais que geram os dois monômeros ativos. Os monômeros ativos do UVR8 são, então, transportados para o núcleo, onde participam nas interações proteína-proteína que resultam na regulação a jusante de genes responsivos à UV-B. (De arte cedida por Candace Pritchard).

Resumo

Os fotorreceptores, incluindo fitocromos, criptocromos e fototropinas, ajudam as plantas a regular os processos de desenvolvimento durante suas vidas, sensibilizando-as à luz incidente. Eles também iniciam processos de proteção em resposta à radiação nociva.

Fotorreceptores vegetais

- A luz solar regula os processos de desenvolvimento ao longo da vida da planta e fornece pistas direcionais e não direcionais para crescimento e movimento. Ela também contém radiação UV e infravermelha que pode prejudicar tecidos vegetais (**Figuras 13.1-13.4**).

- Os fotorreceptores passam por mudanças conformacionais após irradiação com comprimentos de ondas luminosas específicos. Essas mudanças conformacionais iniciam eventos de sinalização a jusante.

- Os fitocromos (que absorvem as luzes vermelha e vermelho-distante) e as fototropinas e os criptocromos (que absorvem a luz azul e a UV-A) são fotorreceptores sensíveis à quantidade, à qualidade e à duração da luz.

- O componente de absorção da luz em fotorreceptores é denominado cromóforo. Em fitocromos, criptocromos, fototropinas e proteínas ZEITLUPE, o cromóforo é um pequeno cofator da molécula. O fotorreceptor UVR8 carece de um cromóforo; em vez disso, um anel intrínseco de resíduos de triptofano atua como cromóforo.

- Os espectros de ação e os espectros de absorção ajudam os pesquisadores a determinar quais comprimentos de onda da luz induzem fotorrespostas específicas (**Figuras 13.5-13.7**).

- A fluência e a irradiância da luz também determinam se uma fotorresposta vai ocorrer.

Fitocromos

- O fitocromo em geral é sensível às luzes vermelha e vermelho-distante e exibe a capacidade de interconversão entre as formas Pr, fisiologicamente inativa, e Pfr, ativa.
- A luz vermelha desencadeia mudanças conformacionais tanto no cromóforo do fitocromo como na proteína (**Figura 13.8**).

Respostas do fitocromo

- As fotorrespostas podem variar substancialmente tanto no seu tempo de atraso (o tempo entre a exposição à luz e a resposta subsequente) como no seu tempo de escape (o tempo anterior a uma sequência geral de reações tornar-se irreversível).
- As respostas iniciadas pelo fitocromo enquadram-se em uma de três categorias principais: respostas à fluência muito baixa (VLFRs), respostas à fluência baixa (LFRs) ou respostas à irradiância alta (HIRs) (**Figura 13.9**).
- O fitocromo A medeia as respostas à luz vermelho-distante contínua.
- Os fitocromos podem mudar rapidamente potenciais de membrana e fluxos de íons.
- Os fitocromos regulam a expressão gênica através de uma vasta gama de elementos reguladores e fatores de transcrição.
- O fitocromo em si pode ser fosforilado e desfosforilado.
- A fotomorfogênese induzida pelo fitocromo envolve degradação de proteínas.

Respostas à luz azul e fotorreceptores

- As respostas à luz azul geralmente exibem um tempo de atraso após a irradiação, e o efeito declina gradualmente depois da extinção do sinal luminoso (**Figura 13.10**).

Criptocromos

- A ativação do cromóforo flavina adenina dinucleotídeo (FAD) provoca uma mudança conformacional no criptocromo, permitindo que ele se ligue a outros parceiros proteicos (**Figura 13.11**).
- As isoformas do criptocromo têm efeitos diferenciais no desenvolvimento.

Fototropinas

- Da mesma maneira que os criptocromos, as fototropinas medeiam as respostas à luz azul; phot1 e phot2 são sensíveis a intensidades de luz azul diferentes e sobrepostas.
- As fototropinas estão localizadas na ou perto da membrana plasmática e possuem dois cromóforos mononucleotídeo de flavina (FMN) que podem induzir mudanças conformacionais (**Figura 13.12**).
- Quando as fototropinas são ativadas por luz azul, seu domínio de quinase é "libertado" (*uncaged*), causando autofosforilação.
- As fototropinas são necessárias para o fototropismo da plântula (**Figura 13.13**).
- As fototropinas medeiam a acumulação de cloroplastos e as respostas de evitamento às luzes fraca e forte (**Figura 13.14**).
- A luz azul, percebida pelas fototropinas, provoca ativação de H^+-ATPases na membrana plasmática, inibição de canais de ânions da membrana plasmática e, por fim, regula a abertura estomática (**Figuras 13.15, 13.16**).

A ação conjunta do fitocromo, do criptocromo e das fototropinas

- Fitocromo, fototropinas e criptocromo podem inibir o alongamento do caule. A inibição do alongamento do hipocótilo pelas fototropinas é rápida e transitória, enquanto a ação do fitocromo e do criptocromo mostra um tempo de atraso e tem persistência mais longa (**Figura 13.17**).

Respostas à radiação ultravioleta

- O fotorreceptor envolvido nas respostas à radiação UV-B é o UVR8 (**Figura 13.18**).
- Ao contrário de outros fitocromos, criptocromos e fototropinas, o UVR8 carece de um cromóforo prostético.
- O UVR8 interage com outros complexos proteicos para ativar a transcrição de genes induzidos pela UV-B.

Leituras sugeridas

Burgie, E. S., Bussell, A. N., Walker, J. M., Dubiel, K., and Vierstra, R. D. (2014) Crystal structure of the photosensing module from a red/far-red light-absorbing plant phytochrome. *Proc. Natl. Acad. Sci. USA* 111: 10179–10184.

Christie, J. M., Kaiserli, E., and Sullivan, S. (2011) Light sensing at the plasma membrane. In *Plant Cell Monographs*, Vol. 19: *The Plant Plasma Membrane*, A. S. Murphy, W. Peer, and B. Schulz, eds., Springer-Verlag, Berlin, Heidelberg, pp. 423–443.

Christie, J. M., and Murphy, A. S. (2013) Shoot phototropism in higher plants: New light through old concepts. *Am. J. Bot.* 100: 35–46.

Inoue, S.-I., Takemiya, A., and Shimazaki, K.-I. (2010) Phototropin signaling and stomatal opening as a model case. *Curr. Opin. Plant Biol.* 13: 587–593.

Leivar, P., and Monte, E. (2014) PIFs: Systems integrators in plant development. *Plant Cell* 26: 56–78.

Liscum, E., Askinosie, S. K., Leuchtman, D. L., Morrow, J., Willenburg, K. T., and Coats, D. R. (2014) Phototropism: Growing towards an understanding of plant movement. *Plant Cell* 26: 38–55.

Rizzini, L., Favory, J.-J., Cloix, C., Faggionato, D., O'Hara, A., Kaiserli, E., Baumeister, R., Schäfer, E., Nagy, F., Jenkins, G. I., et al. (2011) Perception of UV-B by the *Arabidopsis* UVR8 protein. *Science* 332: 103–106.

Rockwell, R. C., Duanmu, D., Martin, S. S., Bachy, C., Price, D. C., Bhattachary, D., Worden, A. Z., and Lagarias, J. K. (2014) Eukaryotic algal phytochromes span the visible spectrum. *Proc. Natl. Acad. Sci. USA* 111: 3871–3876.

Swartz, T. E., Corchnoy, S. B., Christie, J. M., Lewis, J. W., Szundi, I., Briggs, W. R., and Bogomolni, R. A. (2001) The photocycle of a flavin-binding domain of the blue light photoreceptor phototropin. *J. Biol. Chem.* 276: 36493–36500.

Takala, H., Bjorling, A., Berntsson, O., Lehtivuori, H., Niebling, S., Hoernke, M., Kosheleva, I., Henning, R., Menzel, A., Janne, A., et al. (2014) Signal amplification and transduction in phytochrome photosensors. *Nature* 509: 245–249.

Takemiya, A., Sugiyama, N., Fujimoto, H., Tsutsumi, T., Yamauchi, S., Hiyama, A., Tadao, Y., Christie, J. M., and Shimazaki, K.-I. (2013) Phosphorylation of BLUS1 kinase by phototropins is a primary step in stomatal opening. *Nat. Commun.* 4: 2094. DOI: 10.1038/ncomms3094

Takemiya, A., Yamauchi, S., Yano, T., Ariyoshi, C., and Shimazaki, K.-I. (2013) Identification of a regulatory subunit of protein phosphatase 1, which mediates blue light signaling for stomatal opening. *Plant Cell Physiol.* 54: 24–35.

Wada, M. (2013) Chloroplast movement. *Plant Sci.* 210: 177–182.

14 Embriogênese

Desenvolvimento biológico é definido como o processo pelo qual um organismo progride de um zigoto para o estágio reprodutivo mais complexo. Um termo relacionado, *morfogênese*, refere-se às alterações celulares necessárias para gerar a forma ou a conformação de um organismo. Desenvolvimento e morfogênese são evolutivamente vinculados à transição da vida unicelular para a multicelular, que ocorreu primeiramente há cerca de 600 milhões de anos. De acordo com algumas estimativas, a multicelularidade evoluiu independentemente pelo menos 46 vezes em organismos eucarióticos, embora apenas seis linhagens principais (animais, fungos, algas pardas, algas vermelhas, algas verdes e plantas terrestres) tenham dado origem a organismos multicelulares complexos. Acredita-se que a linhagem multicelular que, por fim, levou às plantas terrestres seja derivada das caráceas, um grupo de algas verdes filamentosas formadas de células grandes. Uma característica adaptativa fundamental que acompanhou a transição para a terra foi a adição de um estágio embrionário ao ciclo de vida. Por isso, as *plantas terrestres* (musgos, hepáticas, antóceros, pteridófitas, cavalinhas, licopódios, gimnospermas e angiospermas) são também referidas como **embriófitas**.

Uma vez que a multicelularidade evoluiu independentemente em plantas e animais, não surpreende que eles difiram em seus estágios mais precoces de desenvolvimento, denominados **embriogênese**. No entanto, todos os eucariotos são considerados derivados de uma célula ancestral comum, de modo que também não surpreende que os processos fundamentais básicos que regulam a embriogênese sejam essencialmente similares em ambas as linhagens. Por exemplo, o desenvolvimento em plantas e animais é governado primariamente por *redes gênicas* que regulam processos fundamentais como metabolismo, divisão celular, crescimento e morfogênese. A embriogênese em plantas e animais também consiste em uma divisão de trabalho entre células, com células diferentes assumindo funções metabólicas diferentes. Tanto em plantas quanto em animais, a coordenação de atividades celulares variadas é facilitada por mecanismos de *comunicação intercelular*, embora as estruturas específicas envolvidas em tal sinalização intercelular difiram nesses dois grupos de organismos. Por fim, em plantas e animais, a *informação posicional* – ou seja, a localização específica de uma célula no embrião – pode exercer um forte influência no destino do desenvolvimento da célula.

As plantas mostram um intrigante contraste no desenvolvimento em relação aos animais, não somente com respeito às suas diversas formas, mas também a como essas formas surgem. Uma sequoia, por exemplo, pode crescer por milhares de anos antes de alcançar um tamanho suficientemente grande para um automóvel passar através de seu tronco. Por outro lado, um indivíduo diminuto de *Arabidopsis* consegue completar seu ciclo de vida em pouco mais de um mês, formando aproximadamente 14 pequenas folhas rosuladas (em roseta), antes de produzir uma inflorescência pequena (**Figura 14.1**). Apesar de bastante distintas, as duas espécies empregam mecanismos de crescimento comuns a todas as plantas multicelulares. A embriogênese em todas as plantas origina-se de padrões de divisão e expansão celulares, em vez de por movimentos celulares como ocorre em animais. Devido à natureza altamente rudimentar do embrião vegetal maduro, a embriogênese nas plantas estende-se por todo o seu tempo de vida por meio de processos adaptativos de crescimento pós-embrionário. Os animais, em comparação, em geral têm um padrão de desenvolvimento mais previsível, no qual o plano básico corporal, incluindo os principais órgãos, é amplamente determinado durante a embriogênese.

Essas diferenças entre plantas e animais podem ser compreendidas parcialmente em termos de estratégias de sobrevivência contrastantes. Sendo fotossintéticas, as plantas dependem de padrões de crescimento flexíveis que permitem que elas se adaptem a locais fixos onde as condições podem ser inferiores ao ideal, especialmente em relação à luz solar, e podem variar com o tempo. Os animais, sendo heterotróficos, em vez disso, desenvolveram mecanismos para a mobilidade. Neste capítulo, são consideradas as características essenciais da embriogênese vegetal e a natureza dos mecanismos que dirigem a formação do embrião.

Figura 14.1 Dois exemplos contrastantes de formas vegetais originadas de processos de crescimento indeterminados. (A) A árvore candelabro (*Chandelier Tree*) em Leggett, Califórnia, é uma famosa *Sequoia sempervirens* que se adaptou a muitos desafios durante sua existência aproximada de 2.400 anos. (B) A forma compacta e o ciclo de vida rápido da espécie muito menor *Arabidopsis thaliana* tem feito dela um modelo útil para a compreensão dos mecanismos que orientam o crescimento e o desenvolvimento vegetal. (A © David L. Moore-CA/Alamy Stock Photo; B foto por David McIntyre.)

Visão geral da embriogênese

A fase esporofítica ou diploide do desenvolvimento vegetal começa com a formação de uma célula individual, o zigoto, que resulta da fusão dos dois gametas haploides: oosfera e célula espermática (ver Capítulo 1, para revisão dos ciclos de vida das plantas). Durante a embriogênese, o zigoto transforma-se em um embrião multicelular com uma organização rudimentar característica. Em todas as plantas com sementes, a embriogênese ocorre dentro de uma estrutura protetora denominada *óvulo*. Nas angiospermas, os óvulos localizam-se dentro dos carpelos (estruturas reprodutoras femininas) das flores, ao passo que nas gimnospermas os óvulos nascem sobre superfícies das escamas dos cones, como em coníferas e cicas, ou em pedúnculos curtos, como em *Ginkgo biloba*. Na maturidade, o óvulo transforma-se em semente.

A sequência geral do desenvolvimento embrionário segue um padrão previsível, refletindo a necessidade de o embrião ficar bem protegido no interior do tecidos da semente. Em algumas espécies com sementes pequenas, como *Arabidopsis thaliana* e a bolsa-de-pastor (*Capsella bursa-pastoris*), a sequência de divisões celulares durante a embriogênese é altamente previsível. Por causa de sua previsibilidade, a embriogênese fornece alguns dos exemplos mais evidentes dos processos básicos de padronização em plantas. Na maturidade, os embriões vegetais possuem os mesmos tipos de sistemas de tecidos presentes em todas as espermatófitas pós-embrionárias: epiderme, sistema vascular, sistema fundamental e meristemas.

Entre os processos iniciais necessários para a transformação do zigoto em um embrião maduro estão aqueles associados ao estabelecimento da polaridade celular, a distribuição assimétrica de organelas e macromoléculas dentro de uma célula. A polaridade celular ajuda a configurar a primeira divisão celular assimétrica do zigoto. Este se diferencia na pequena célula apical, que irá formar o próprio embrião, e a célula basal maior, que estabelecerá a ligação à parede do óvulo. A célula menor, então, desenvolve-se até se tornar um embrião multicelular com polaridade apical-basal. Essa transformação abrange coordenação de divisão celular assimétrica, especificação do destino celular e sinalização entre células adjacentes. Camadas celulares diferentes tornam-se funcionalmente especializadas para formar tecidos epidérmicos, fundamentais e vasculares. Grupos de células permanentemente em divisão, conhecidos como meristemas apicais, são estabelecidos nas extremidades em crescimento do caule e da raiz e possibilitam a elaboração de tecidos e órgãos adicionais durante o crescimento vegetativo subsequente. O **meristema apical** do caule (**MAC**) e o **meristema apical da raiz** (**MAR**) são os principais responsáveis pelo **crescimento indeterminado** das plantas, em comparação ao crescimento determinado dos animais. Entretanto, embora alguns indivíduos vegetais possam realmente viver por milhares de anos, todas as plantas por fim entram na senescência e morrem, conforme será discutido no Capítulo 16.

Embriologia comparativa de eudicotiledôneas e monocotiledôneas

A embriogênese fornece muitos exemplos de processos de desenvolvimento pelos quais é estabelecida a arquitetura básica da planta. Inicialmente, são comparados os processos da embriogênese em *Arabidopsis*, uma eudicotiledônea, com os observados no milho (*Zea mays*), uma monocotiledônea representante da família das gramíneas. A seguir, é estudada a natureza dos sinais que guiam os complexos padrões de crescimento e diferenciação no embrião, com várias linhas de evidência realçando a importância dos sinais dependentes da posição. Por fim, são explorados exemplos que ilustram como abordagens moleculares e genéticas permitem compreender os mecanismos que traduzem esses sinais em padrões organizados de crescimento.

Semelhanças e diferenças morfológicas entre embriões de eudicotiledôneas e monocotiledôneas determinam seus respectivos padrões de desenvolvimento

Em geral, as morfologias dos embriões de eudicotiledôneas e monocotiledôneas são similares durante o estabelecimento do eixo de crescimento principal, até o estágio embrionário inicial. A partir daí, suas trajetórias de desenvolvimento divergem expressivamente. Por exemplo, os embriões de eudicotiledôneas formam dois cotilédones, ou "folhas da semente," enquanto os embriões de monocotiledôneas formam apenas um. A família das gramíneas representa um grupo especializado de monocotiledôneas no qual, de acordo com uma interpretação corrente, o único cotilédone mostra-se funcionalmente dividido em duas estruturas: o **escutelo** e o **coleóptilo**. O escutelo serve como um órgão de absorção que capta açúcares do endosperma durante a germinação, ao passo que o coleóptilo forma uma bainha tubular que protege as folhas primárias emergentes de danos mecânicos do solo. Os padrões de divisão celular que dão origem a essas estruturas especializadas das monocotiledôneas são mais complexos, e menos previsíveis, do que os necessários para formar os dois cotilédones da maioria das eudicotiledôneas. *Arabidopsis* e milho, portanto, representam extremidades opostas de um espectro no desenvolvimento embriológico, do simples para o complexo.

ARABIDOPSIS Por conta do tamanho relativamente pequeno do embrião de *Arabidopsis*, os padrões de divisão celular pelos quais ele se desenvolve são relativamente simples e facilmente seguidos. O desenvolvimento embrionário em *Arabidopsis* é típico de membros das Brassicaceae (família da couve). Os cinco estágios de desenvolvimento principais são listados abaixo e ilustrados na **Figura 14.2**:

1. *Estágio zigótico.* O primeiro estágio do ciclo de vida diploide começa com a fusão da oosfera e da célula espermática haploides para formar um zigoto unicelular. O crescimento polarizado dessa célula, seguido por uma divisão transversal assimétrica (i.e., perpendicular ao eixo celular), dá origem a uma célula apical pequena e a uma célula basal alongada (ver Figura 14.2A).

2. *Estágio globular.* A célula apical passa por duas divisões verticais (longitudinais, formando um quadrante, seguidas por uma divisão transversal (ver Figura 14.2B-D), gerando um embrião globular de oito células (*octante*) que exibe *simetria radial*. Divisões celulares adicionais aumentam o número de células no embrião globular (ver Figura 14.2D) e criam a camada externa, a *protoderme*, que mais tarde se tornará a epiderme.

3. *Estágio de coração.* As células se dividem em duas regiões em ambos os lados do futuro meristema apical do caule para formar os dois cotilédones, gerando a *simetria bilateral* do embrião (ver Figura 14.2E e F).

4. *Estágio de torpedo.* As células alongam-se e diferenciam-se ao longo de todo o eixo embrionário. Distinções visíveis entre as superfícies internas (adaxiais) e externas (abaxiais) dos cotilédones tornam-se evidentes (ver Figura 14.2G).

5. *Estágio maduro.* Ao final da embriogênese, o embrião e a semente perdem água e tornam-se metabolicamente inativos à medida que entram em dormência (discutido no Capítulo 15) (ver Figura 14.2H).

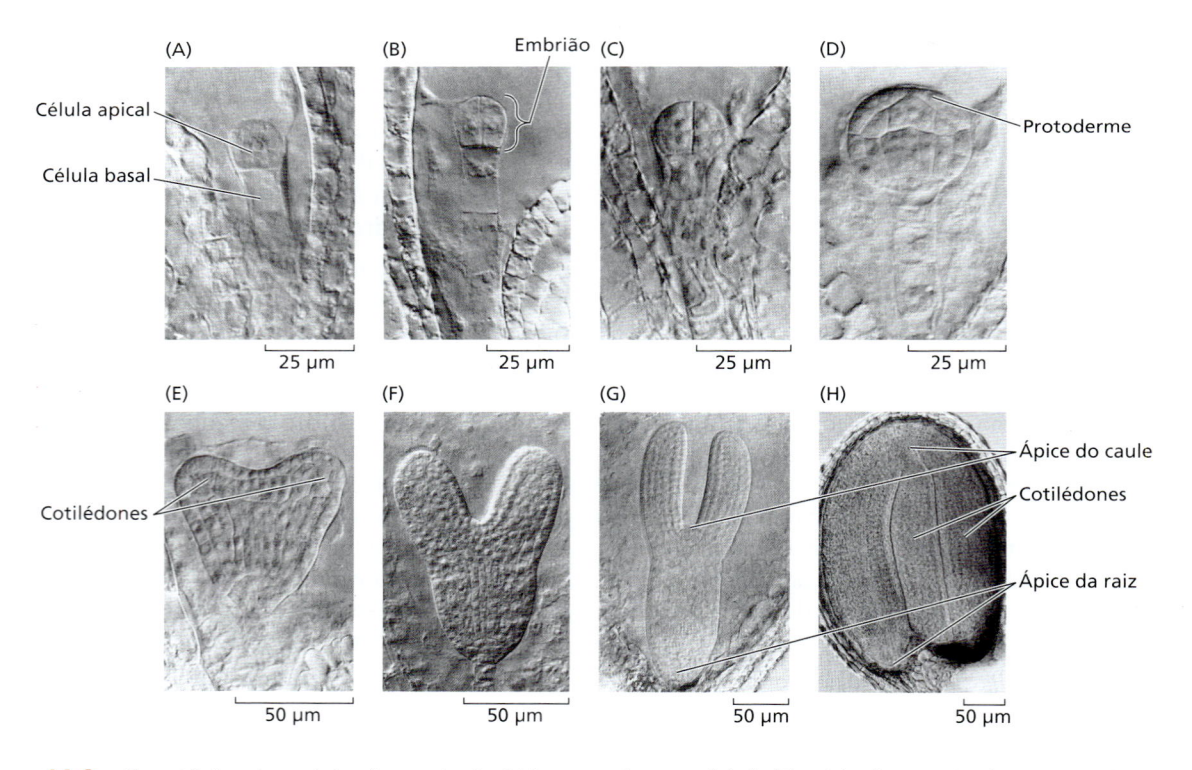

Figura 14.2 Os estágios da embriogênese de *Arabidopsis* são caracterizados por padrões exatos de divisões celulares. (A) Embrião unicelular após a primeira divisão do zigoto, que forma as células apical e basal. (B) Embrião bicelular. (C) Embrião de oito células. (D) Meio do estágio globular do embrião, que desenvolveu uma protoderme distinta (camada superficial). (E) Início do estágio de coração do embrião. (F) Estágio tardio de coração do embrião. (G) Estágio de torpedo do embrião. (H) Embrião maduro. (De West e Harada, 1993; fotografias por K. Matsudaira Yee; cortesia de John Harada, © American Society of Plant Biologists, reimpressa com permissão.)

Em praticamente todas as eudicotiledôneas, o primeiro plano de divisão celular – que dá origem às células apical e basal – é transversal, como em *Arabidopsis* (ver Figura 14.2A). Contudo, em algumas espécies, o primeiro plano de divisão celular é longitudinal, como nas Loranthaceae (família da erva-de-passarinho), ou oblíquo, como no carvalho gambel (*Quercus gambelii*). A segunda divisão é variável, dependendo da espécie. Ela pode ser transversal na célula apical ou na basal, produzindo uma tétrade linear, ou pode ser longitudinal na célula apical, como em *Arabidopsis* (ver Figura 14.2B). Esquemas diversos têm sido propostos para classificar os tipos diferentes de desenvolvimento do embrião, geralmente envolvendo seis ou mais classes. Infelizmente, estudos sobre mecanismos da embriogênese em outras espécies vegetais ainda estão defasados em relação aos conduzidos em *Arabidopsis*.

MILHO O milho, monocotiledônea, ilustra um tipo mais complexo de embriogênese que é típico de membros da família das gramíneas. Como na maioria das outras plantas, os padrões de divisão celular associados à embriogênese no milho são muito mais variáveis e bem menos definidos do que os verificados em *Arabidopsis*. Apesar disso, é possível descrever a embriogênese no milho em termos de seis estágios de desenvolvimento morfologicamente definidos (**Figura 14.3**):

1. *Estágio zigótico.* Esse estágio começa com a fusão da oosfera e da célula espermática (ambos haploides) para formar o zigoto (não mostrado na Figura 14.3). Como em *Arabidopsis*, o zigoto passa por crescimento polarizado, seguido por divisões transversais assimétricas, originando uma célula apical pequena e uma célula basal alongada (ver Figura 14.3A).

2. *Estágio globular.* Após o estabelecimento das células apical e basal, uma série de divisões celulares variáveis origina um corpo globular com múltiplas camadas consistindo do próprio embrião e do suspensor multicelular maior (ver Figura 14.3B).

3. *Estágio de transição.* Durante o início do estágio de transição, o escutelo aparece no lado interno do embrião (em relação à futura casca da semente). No final desse estágio, o futuro meristema apical do caule evidencia-se no lado externo do embrião, em relação à futura casca da semente. (O estágio de transição não é mostrado na Figura 14.3.)

4. *Estágio do coleóptilo.* Esse estágio é marcado pela formação e distinção de coleóptilo, escutelo, meristema apical do caule, meristema apical da raiz, **radídula** (raiz embrionária) e **coleorrriza**, uma bainha protetora que cobre o ápice da raiz embrionária (ver Figura 14.3C).

5. *Estágio dos primórdios foliares.* O meristema apical do caule origina várias folhas no interior do coleóptilo (ver Figura 14.3D).

6. *Estágio de maturação.* Durante o estágio final da embriogênese (ver Figura 14.3E), a expressão de genes relacionados à maturação precede o começo da dormência.

A comparação da embriogênese em *Arabidopsis* e no milho revela vários aspectos do processo que são comuns a ambas as espécies. Talvez a mais fundamental

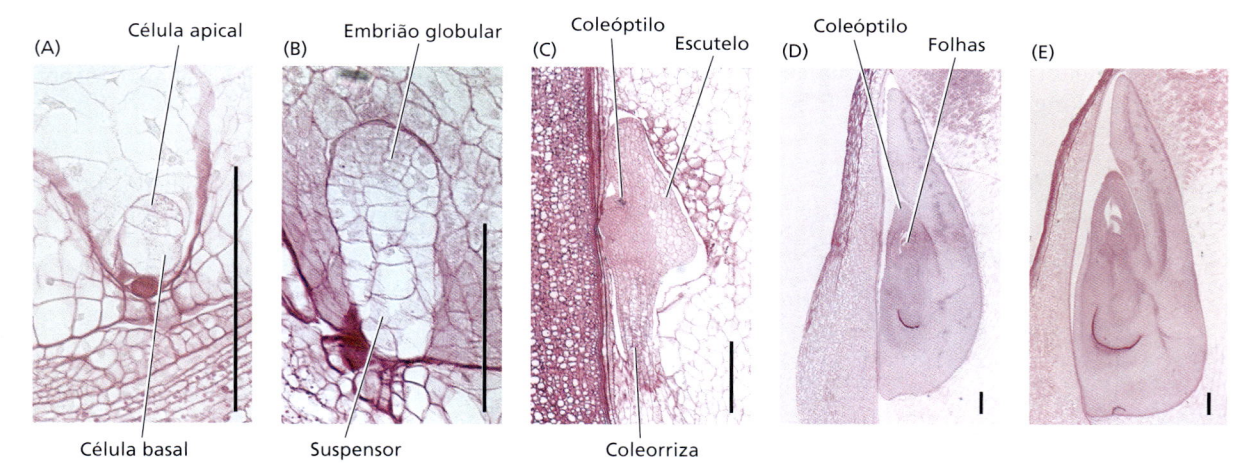

Figura 14.3 Estágios da embriogênese do milho. (A) Estágio zigótico. (B) Estágio globular. (C) Estágio de coleóptilo. (D) Estágio de primórdios foliares. (E) Estágio de maturação. (O estágio de transição, entre os estágios globular e de coleóptilo, não está mostrado). Cortes longitudinais de embriões do milho; barras de escala = 200 μm. (De Sosso et al., 2012. Journal of Experimental Biology/CC BY-ND-NC 4.0.)

dessas características relacione-se à **polaridade**. Iniciando com um zigoto unicelular, o embrião torna-se progressivamente mais polarizado pelo seu desenvolvimento ao longo de dois eixos: um **eixo apical-basal**, que vai da extremidade do caule até a extremidade da raiz, e um **eixo radial**, perpendicular ao eixo apical-basal, o qual se estende do centro da planta para o exterior (**Figura 14.4**). Nas seções seguintes, é considerado como esses eixos são estabelecidos e discutido como processos moleculares específicos orientam seu desenvolvimento. Grande parte da discussão enfoca *Arabidopsis*, que não é somente um modelo eficaz para estudos moleculares e genéticos, mas também exibe divisões celulares simples e altamente estereotipadas durante os estágios iniciais de seu desenvolvimento embrionário. Pela observação das alterações nesse padrão simples, é possível reconhecer mais facilmente tanto os fatores fisiológicos como os genéticos que influenciam o desenvolvimento do embrião.

A polaridade apical-basal é mantida no embrião durante a organogênese

A polaridade apical-basal é uma característica típica das espermatófitas em que os tecidos e os órgãos estão dispostos em uma ordem estereotípica ao longo de um eixo que se estende do meristema apical do caule ao meristema apical da raiz. Após a fecundação da oosfera, o zigoto alonga-se rapidamente no sentido do seu eixo apical-basal por aproximadamente o triplo e torna-se polarizado quanto à distribuição dos seus conteúdos celulares. A extremidade apical é densamente citoplasmática se comparada à extremidade basal, que contém um grande vacúolo. Essas diferenças na densidade citoplasmática são transmitidas para as duas células-filhas quando o zigoto se divide assimetricamente, dando origem a uma **célula apical** pequena densamente citoplasmática e a uma **célula basal** vacuolada mais longa (**Figura 14.5**). A célula basal, então, divide-se para formar o **suspensor**, que pressiona o embrião para o lume da semente em desenvolvimento, e a **hipófise**, que contribui para a formação do meristema da raiz e da coifa.

A célula apical continua a se dividir, formando o corpo do embrião, que amadurecerá, tornando-se o restante da raiz embrionária, do hipocótilo, dos cotilédones e do meristema do caule. Após as duas primeiras divisões longitudinais e uma série de divisões transversais, o embrião globular de oito células (octante) é formado (ver Figura 14.5). Exceto pela posição das células que constituem o embrião globular octante, há pouco a distinguir na aparência das fileiras de células superiores e inferiores. Todas as oito células, então, dividem-se periclinalmente. Durante as divisões **periclinais**, é formada uma nova placa celular paralela à superfície do tecido (**Figura 14.6**). Essas divisões periclinais geram uma nova camada celular denominada **protoderme**, que por fim forma a epiderme. À medida que o embrião aumenta em volume, as células da protoderme entram em divisões **anticlinais**, em que as novas placas celulares formam-se perpendicularmente à superfície do tecido. As divisões anticlinais ampliam o número de células na protoderme, possibilitando uma expansão na circunferência.

No estágio de oito células (octante), o eixo apical-basal tornou-se dividido em três domínios principais de desenvolvimento que dão origem às diferentes regiões do embrião maduro. Mais tarde na embriogênese surgem dois domínios adicionais, totalizando cinco domínios distintos de desenvolvimento do embrião em estágio tardio de coração (ver Figura 14.5):

1. A região apical (verde-escuro), derivada do quarteto de células apicais, origina a porção superior dos cotilédones e o meristema apical do caule.

2. A região subapical (verde claro) abrange a porção inferior dos cotilédones e a região abaixo do meristema apical do caule.

3. A região que dá origem ao hipocótilo (castanho).

4. A região geradora da porção basal da raiz primária (laranja), da raiz e das regiões apicais do meristema da raiz.

5. A região derivada da hipófise que dá origem às partes central e basal do meristema da raiz e da coifa (azul).

Os padrões previsíveis de divisão celular observados na embriogênese inicial em *Arabidopsis* sugerem que uma sequência fixa de divisão celular é essencial a essa fase de desenvolvimento. Entretanto, a maioria das monocotiledôneas e eudicotiledôneas, especialmente aquelas com embriões maiores, exibem padrões de divisão celular menos previsíveis. Em embriões do

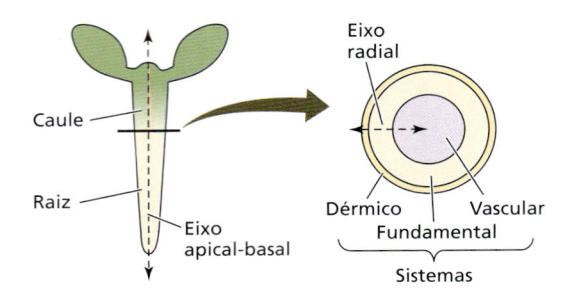

Figura 14.4 Em corte longitudinal (à esquerda), o eixo apical-basal estende-se entre as extremidades da raiz e do caule embrionários. Em corte transversal (à direita), o eixo radial estende-se do centro à superfície através de anéis concêntricos de sistemas vascular, fundamental e dérmico.

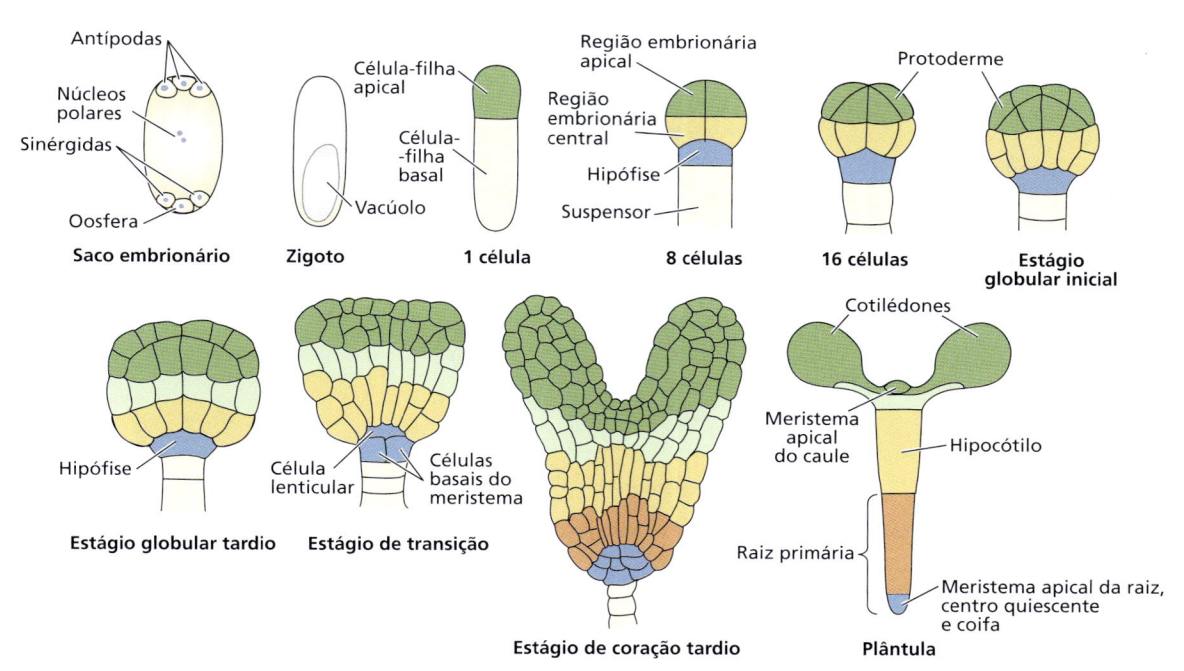

Figura 14.5 Padrão de formação durante a embriogênese de *Arabidopsis*. Uma série de estágios sucessivos é mostrada para ilustrar como células específicas no embrião jovem contribuem para a formação de atributos específicos anatomicamente definidos da plântula. Os grupos de células clonais (células que podem ser rastreadas até uma progenitora comum) são indicados por cores distintas. Seguindo a divisão assimétrica do zigoto, a célula apical menor divide-se e forma um embrião de oito células, consistindo em duas fileiras de quatro células cada uma. A fileira superior (verde) origina o meristema apical do caule e a maior parte dos primórdios cotiledonares. A fileira inferior (bege) produz o hipocótilo e parte dos cotilédones, a raiz embrionária e as células superiores do meristema apical da raiz. A célula basal produz uma série única de células que constitui o suspensor. A célula superior do suspensor torna-se a hipófise (azul), que é parte do embrião. A hipófise divide-se para formar o centro quiescente e as células-tronco (iniciais) que constituem a coifa. (De Laux et al., 2004.)

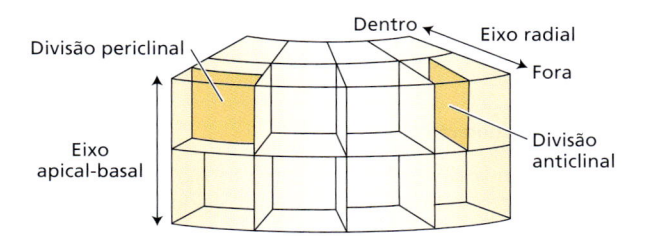

Figura 14.6 Divisão celular periclinal e anticlinal. As divisões periclinais produzem novas paredes celulares paralelas à superfície do tecido e, assim, contribuem para o estabelecimento de uma nova camada. As divisões anticlinais produzem novas paredes celulares perpendiculares à superfície do tecido e, assim, aumentam o número de células dentro de uma camada.

milho, por exemplo, apenas a primeira divisão celular assimétrica do zigoto é previsível, levando a uma célula apical pequena densamente citoplasmática e a uma célula basal vacuolada e maior (**Figura 14.7**). As divisões celulares subsequentes do embrião do milho são menos ordenadas e sincronizadas do que as observadas em embriões de *Arabidopsis*.

Mesmo em *Arabidopsis*, muitas vezes observa-se alguma variação na divisão celular durante a embriogênese normal. *Arabidopsis* com mutações nos microtúbulos que apresentam divisão celular irregular crescem como plantas pequenas, espessas e deformadas, em conformidade com o papel importante das linhagens celulares no desenvolvimento normal (**Figura 14.8**). No entanto, esses mutantes retêm a capacidade de formar tecidos e orgãos rudimentares em seus arranjos espaciais normais. Portanto, a embriogênese parece envolver uma variedade de mecanismos, incluindo aqueles que não se baseiam somente em uma sequência fixa de divisões celulares como informação da posição e sinalização célula a célula.

O desenvolvimento embrionário requer comunicação regulada entre células

As células de um embrião em desenvolvimento podem ser comparadas a um grupo de pessoas trabalhando juntas em um mesmo projeto. Para formar um embrião, cada célula deve ser capaz de atuar individualmente e, ao mesmo tempo, coordenada com as outras do grupo,

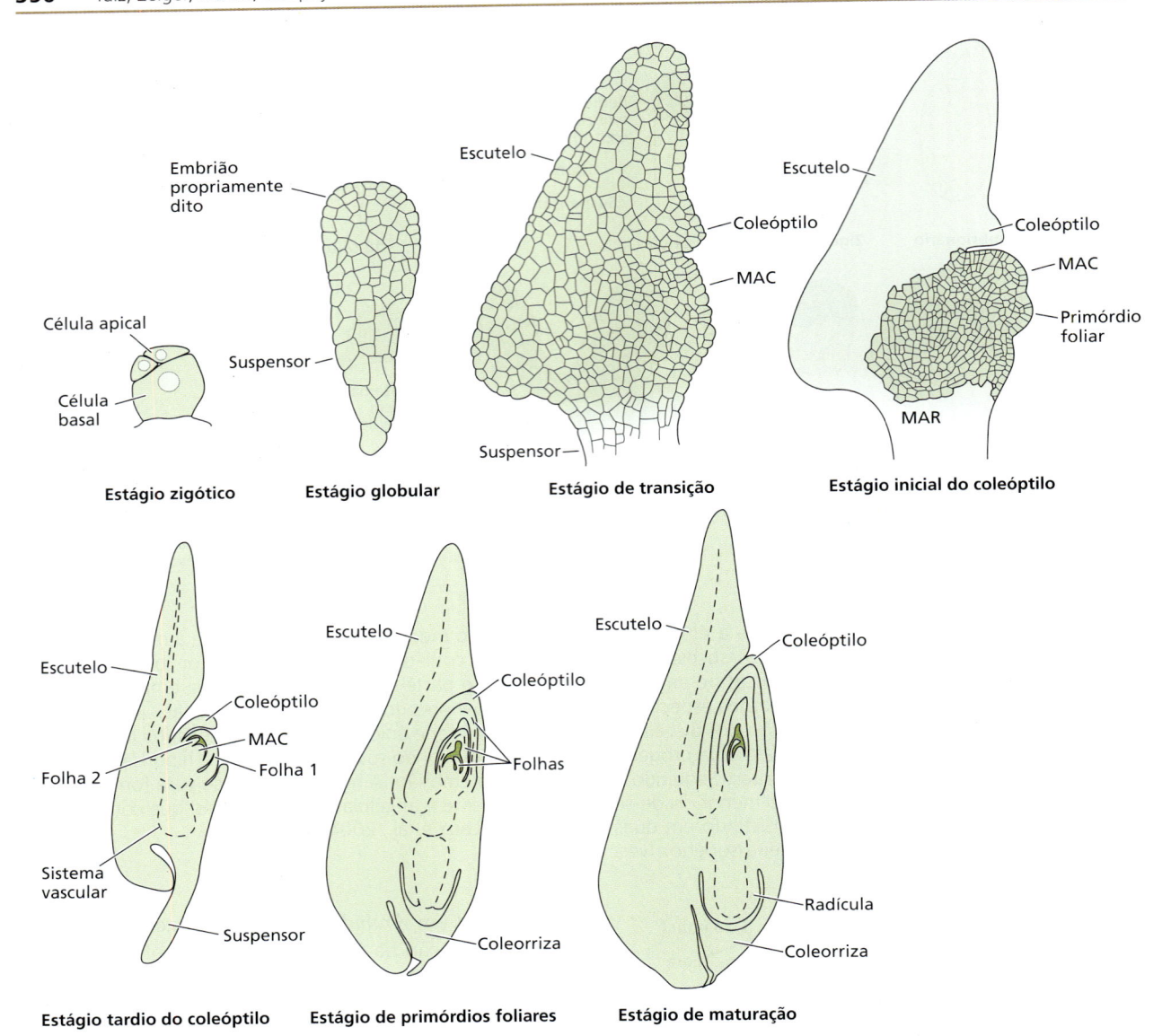

Figura 14.7 Formação de padrões durante a embriogênese no milho. Após a primeira divisão do zigoto, uma série de divisões celulares mais ou menos imprevisíveis origina o embrião globular, que abrange o próprio embrião na extremidade apical e o suspensor maior na extremidade basal. Durante o estágio de transição, o escutelo desenvolve-se em um lado do embrião. Durante os estágios inicial e tardio do coleóptilo, o meristema apical do caule (MAC) desenvolve-se e o coleóptilo forma-se. O meristema apical da raiz (MAR) forma-se, envolvido por uma coleorriza protetora. Durante o estágio de primórdios foliares, folhas imaturas desenvolvem-se no interior do coleóptilo tubular. Durante o estágio de maturação, ocorrem tipicamente alterações metabólicas associadas à dormência da semente. As linhas tracejadas indicam sistema vascular. (De Bommert e Werr, 2001.)

o que requer comunicação. Em vez de palavras, a linguagem da comunicação entre as células consiste de sinais químicos e físicos. Conforme descrito nos Capítulos 10 e 12, os hormônios são geralmente moléculas pequenas que atuam como sinais móveis durante o desenvolvimento vegetal. Além disso, sinais macromoleculares, como proteínas ou RNA, podem se deslocar simplasticamente de uma célula para outra via plasmodesmos. Como discutido no Capítulo 10, os plasmodesmos não são simplesmente condutos passivos; eles podem regular seu *limite de exclusão por tamanho*, que representa o tamanho e as características físicas das macromoléculas que conseguem atravessá-los.

O limite de exclusão por tamanho dos plasmodesmos parece variar durante a embrogênese. Estudos têm mostrado que moléculas grandes de corante artificial e proteínas marcadas com fluorescência se movem mais rapidamente através dos plasmodesmos no embrião ini-

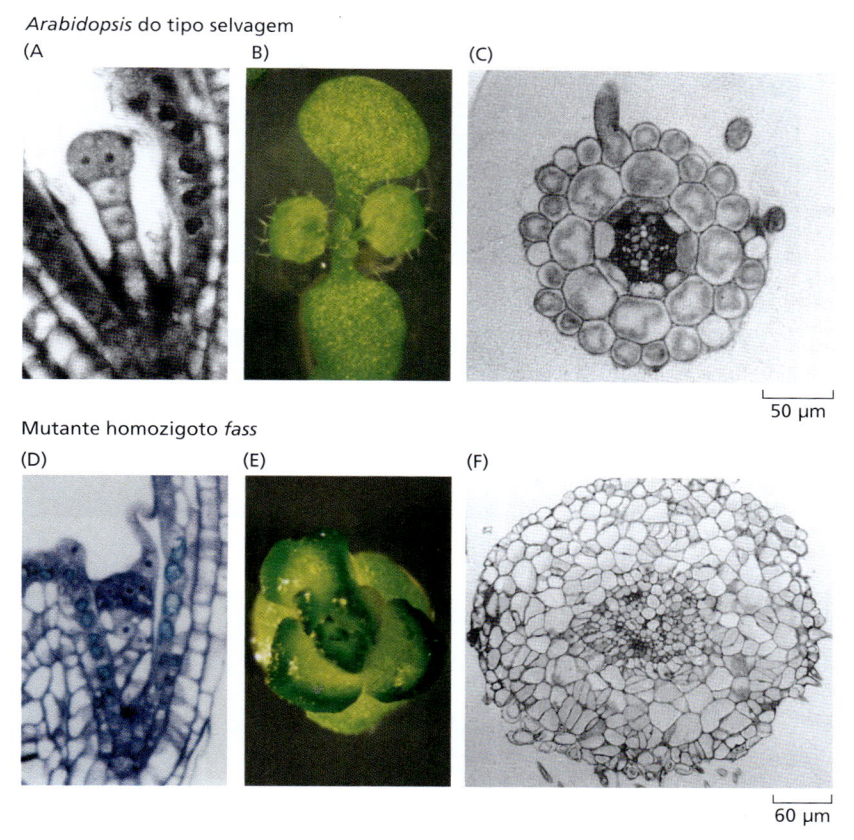

Figura 14.8 Divisões celulares adicionais não impedem o estabelecimento dos elementos do padrão radial básico. Indivíduos de *Arabidopsis* com mutações no gene *FASS* (alternativamente, *TON2*) são incapazes de formar uma faixa de microtúbulos da pré-prófase em células de qualquer estágio de divisão celular. (A banda pré-prófase normalmente estabelece onde a nova placa celular será formada; ver Figura 1.29.) Plantas carregando essa mutação têm divisão celular e planos de expansão altamente irregulares, e como consequência são severamente deformadas. Entretanto, elas continuam a produzir tecidos reconhecíveis e órgãos em suas posições corretas. Embora os órgãos e os tecidos produzidos por essas plantas mutantes sejam altamente anormais, um padrão de tecidos radialmente orientados ainda é evidente. (Parte superior) *Arabidopsis* do tipo selvagem: (A) embrião no estágio globular inicial; (B) plântula vista de cima; (C) corte transversal de uma raiz. (Parte inferior) Estágios comparáveis de *Arabidopsis* homozigoto para a mutação *fass*: (D) embriogênese inicial; (E) plântula mutante vista de cima; (F) corte transversal de uma raiz mutante, mostrando a orientação aleatória das células, mas com uma ordem aproximada à do tipo selvagem: uma camada epidérmica externa envolve um córtex multicelular, que, por sua vez, circunda o cilindro vascular. As duas barras de escala são utilizadas para A-C e D-F, respectivamente. (De Traas et al., 1995.)

cial do que em estágios posteriores da embriogênese, quando começa a diferenciação dos tecidos. Por exemplo, conforme mostrado na **Figura 14.9**, as proteínas marcadas com fluorescência migram bem além do seu sítio de síntese em embriões de *Arabidopsis* no estágio de coração, mas são mais restritas no estágio de torpedo. Em geral, à medida que os tecidos se diferenciam, os padrões de movimento de proteínas, peptídeos e hormônios tornam-se progressivamente canalizados ao longo de rotas específicas. Isso é verdadeiro tanto se as moléculas sinalizadoras são conduzidas via simplasto quanto por transporte célula a célula (discutido a seguir). Como será visto, esse tráfego intercelular regulado desempenha um papel essencial em uma diversidade de processos de desenvolvimento, incluindo a manutenção da polaridade apical-basal do eixo primário do embrião.

A sinalização de auxina é essencial para o desenvolvimento do embrião

Muitas mutações causadoras de desenvolvimento embrionário defeituoso em monocotiledôneas e eudicotiledôneas localizam-se em genes codificadores de proteínas envolvidas na biossíntese, na sinalização e no transporte celular de auxina (ácido indol-3-acético ou AIA). Algumas dessas mutações impactam aspectos individuais do desenvolvimento embrionário, enquanto outras afetam múltiplos processos celulares. O emprego de marcadores fluorescentes, como a pro-

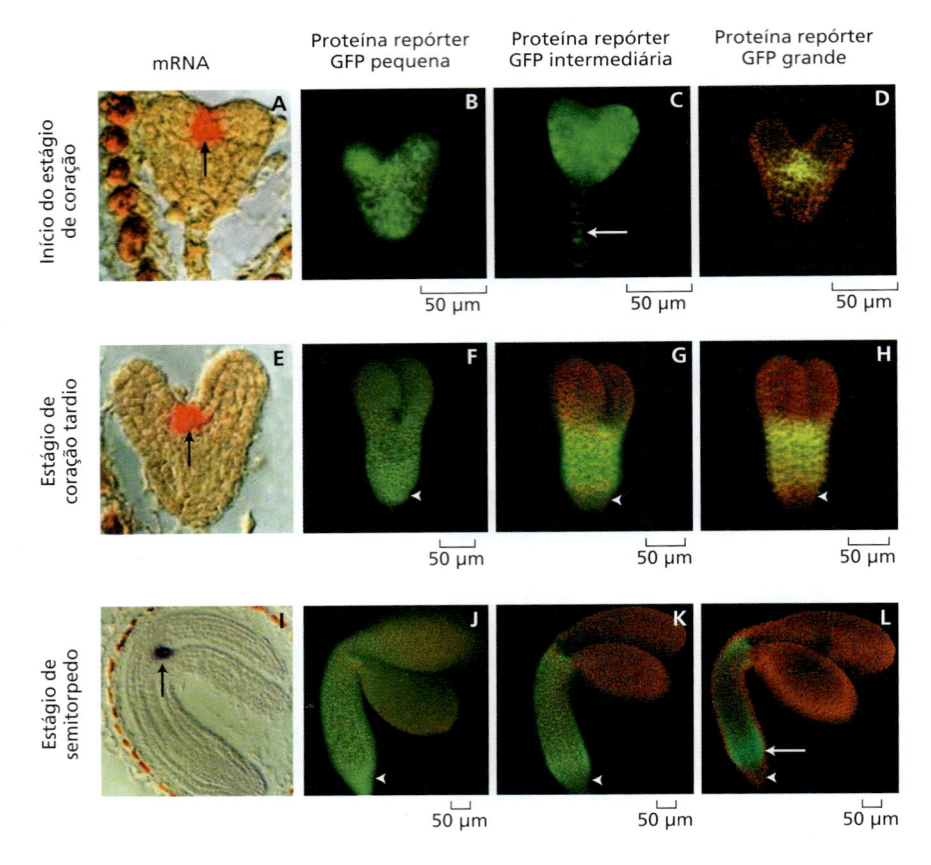

Figura 14.9 O potencial de movimento intercelular de proteínas muda durante o desenvolvimento. As imagens apresentam a distribuição de proteínas repórteres (todas verdes) GFP (*green fluorescent protein*) pequenas (B, F, J), intermediárias (C, G, K) e grandes (D, H, L), em embriões de *Arabidopsis* de idades diferentes (estágio de coração inicial, A-D; de coração tardio, E-H; de semitorpedo, I-L). Todos os construtos (*constructs*) são transcritos a partir de um promotor STM, que produz transcritos em regiões relativamente pequenas dos embriões, como mostrado pela hibridização *in situ* (A, E, I; setas pretas). As proteínas pequenas parecem se mover rapidamente em todos os estágios da embriogênese (B, F e J), porém, a mobilidade de proteínas maiores é menor e torna-se mais restrita em embriões mais velhos (C e D, G e H, K e L). As setas brancas indicam o núcleo em células do suspensor (C) e a expressão ectópica do promotor STM em hipocótilos (L). As pontas de setas brancas indicam a raiz. (De Kim et al., 2005. © National Academy of Sciences, National Library of Medicine U.S.A.)

teína verde fluorescente (GFP, *green fluorescent protein*), tem capacitado os pesquisadores a estudar exatamente quando e onde esses produtos gênicos atuam e como eles interagem. Por exemplo, gradientes apicais-basais de concentração de auxina no embrião parecem ser inicialmente estabelecidos pela localização da síntese de auxina, mas eles são gradualmente amplificados e estendidos por proteínas transportadoras específicas sobre a membrana plasmática. O transporte de auxina, especificamente o seu transporte *polar*, torna-se especialmente importante à medida que o embrião aumenta em tamanho e complexidade. Antes de descrever o papel do transporte de auxina em embriões, será discutido como os mecanismos do transporte de auxina têm sido elucidados em plântulas.

O transporte polar de auxina é mediado por carreadores de efluxo de auxina localizados

O **transporte polar de auxina** é encontrado em quase todas as plantas, incluindo briófitas e pteridófitas. Estudos pioneiros desse fenômeno focaram no movimento de auxina em tecidos apicais e epidérmicos durante respostas fototrópicas de plântulas (ver Capítulos 13 e 15). Subsequentemente, mostrou-se que o transporte polar de auxina por longa distância através do parênquima vascular, desde sítios de síntese em tecidos apicais e folhas jovens até a ponta da raiz, regula o alongamento do caule, a dominância apical e a ramificação lateral (ver Capítulo 16). O redirecionamento de auxina do ápice da raiz para a epiderme da raiz também é necessário para as respostas gravitrópicas desse órgão (ver Capítulo 15).

O transporte polar de auxina foi demonstrado por ensaios com traçadores radiativos de auxina, análises de espectrometria de massa do conteúdo de auxina em tecidos discretos (individuais), e outros métodos analíticos. Mais recentemente, os cientistas têm empregado genes repórteres para visualizar concentrações relativas de auxina em células e tecidos individuais de plantas intactas. Esses genes repórteres muitas vezes consistem de DR5, um promotor artificial responsivo à auxina, fusionado a um gene cujo produto é facilmente visualizado, tal como β-glucuronidase (GUS), que produz uma cor azul quando incubada com substratos cromogênicos, ou GFP. Entretanto, genes repórteres com base em DR5 requerem transcrição gênica para funcionar, o que atrasa a visualização da resposta à auxina. Um repórter com resposta mais rápida, DII-Venus, tem como base uma fusão da proteína amarela fluorescente a uma porção da proteína receptora de auxina AUX/AIA. A auxina causa degradação rápida de AUX/AIA (ver Figura 12.19A), de modo que a fluorescência de DII-Venus desaparece rapidamente quando a auxina está presente.

Por uma convenção antiga, a condução de auxina dos ápices do caule e da raiz para a zona de transição raiz-caule de uma plântula ou de uma planta madura é referida como um transporte *basípeto* (do latim, "em direção à base"); o fluxo descendente de auxina para a raiz é referido como transporte *acrópeto* ("em direção ao ápice"). Entretanto, uma vez que essa terminologia pode ser confusa, a denominação *transporte em direção à raiz* (*rootward*) é também aplicada para todos os fluxos de auxina em direção ao ápice da raiz; a denominação *transporte em direção ao caule* (*shootward*) refere-se a qualquer fluxo direcional voltado para o ápice do caule. Ambos os transportes polares de auxina em direção à raiz e em direção ao caule são mecanismos primários para efetuar o crescimento direcional programado.

O transporte polar ocorre de célula a célula, em vez de por via simplástica, ou seja, a auxina sai de uma célula pela membrana plasmática, difunde-se através da parede celular e entra na próxima célula pela sua membrana plasmática (**Figura 14.10A**). O processo total requer energia metabólica, conforme evidenciado pela sensibilidade do transporte polar à falta de O_2, à depleção de sacarose e a inibidores metabólicos. Em alguns tecidos vegetais maduros, a velocidade do transporte polar de auxina pode ser superior a 10 mm h^{-1}, que é mais rápido que a difusão, mas mais lento que as taxas de translocação no floema (ver Capítulo 10). O transporte polar é específico para todas as auxinas naturais e algumas sintéticas; outros ácidos orgânicos fracos, análogos inativos de auxina e conjugados de AIA são fracamente transportados.

ABSORÇÃO DE AUXINA O AIA é um ácido fraco (pK_a 4,75). No apoplasto, onde H$^+$-ATPases da membrana plasmática normalmente mantêm um pH de 5 a 5,5 na solução da parede celular (ver Figura 14.10A, número 2), 15 a 25% de auxina estão presentes em uma forma lipofílica indissociada (protonada) (AIAH) que se difunde passivamente através da membrana plasmática a favor de um gradiente de concentração (ver Figura 14.10A, número 1). A absorção de auxina é acelerada pelo transporte ativo secundário do AIA$^-$ anfipático presente no apoplasto, via transportadores de AUXIN1/LIKE AUXIN1 (AUX1/LAX) que cotransportam dois prótons junto com o ânion auxina (ver Figura 14.10A, número 1). Desse modo, a absorção de auxina via AUX1 resulta na despolarização localizada da membrana. Esse transporte secundário ativo da auxina permite uma acumulação maior desse hormônio do que a simples difusão, pois ele é acionado pela força motriz de prótons através da membrana (i.e., a alta concentração de prótons na solução apoplástica). Embora seja distribuída assimetricamente (de maneira polar) na membrana plasmática de algumas células, tais como as do protofloema, AUX1 geralmente não é responsável pela polaridade do transporte de auxina. Melhor dizendo, o papel primordial de AUX1 é acelerar a absorção de auxina do apoplasto em células destinadas a se tornar drenos desse hormônio; isso ajuda a manter um gradiente apoplástico de concentração de auxina das células transportadoras desse hormônio para as células-drenos. Todavia, a rota específica de movimento de auxina é determinada por outros fatores (ver abaixo).

A função de AUX1 foi mais bem estudada em raízes de *Arabidopsis*. No mutante *aux1*, os fluxos de auxina em direção ao caule são completamente desorganizados, resultando em crescimento agravitrópico da raiz. O crescimento gravitrópico da raiz no mutante é completamente restaurado pela expressão de *AUX1* sob o controle de um promotor expressado especificamente na região lateral da coifa.

EFLUXO DE AUXINA Em pH neutro do citosol, a forma aniônica de auxina, AIA$^-$, predomina (ver Figura 14.10A, número 3). O transporte de AIA$^-$ para fora da célula é acionado pelo potencial de membrana negativo dentro da célula. Entretanto, uma vez que a bicamada lipídica da membrana é impermeável ao ânion, a exportação de auxina para fora da célula deve ocorrer via proteínas de transporte na membrana plasmática (ver Figura 14.10A, número 4). Existem duas classes de proteínas de transporte envolvidas no efluxo de auxina: PINFORMED (PIN) e ABCB.

A família de proteínas PIN é denominada segundo a forma de grampo das inflorescências formadas pelo mutante *pin1* de *Arabidopsis*. Onde as proteínas PIN carregadoras de efluxo de auxina são polarmente localizadas – ou seja, localizadas na membrana plasmática somente em uma extremidade de uma célula – a absorção de auxina pela célula (via difusão e AUX1) e o efluxo subsequente via PIN originam um transporte polar líquido (ver Figura 14.10A). Diferentes membros da família PIN medeiam o efluxo de auxina em cada tecido, e mutantes com defeitos nesses genes exibem fenótipos compatíveis com a função da PIN nos diferentes tecidos. Das proteínas PIN, PIN1 é a mais estudada, uma vez que ela é essencial a praticamente todos os aspectos do desenvolvimento polar e da organogênese nas partes aéreas de plantas.

Um subconjunto de transportadores dependentes de ATP, de uma grande superfamília de transportadores integrais de membrana do tipo cassete de ligação de ATP (ABC, *ATP-binding cassete*), amplifica o efluxo e impede a reabsorção da auxina exportada, especialmente em células pequenas onde as concentrações de auxina são altas (**Figura 14.10B**). Os genes *ABCB* (classe ABC "B")

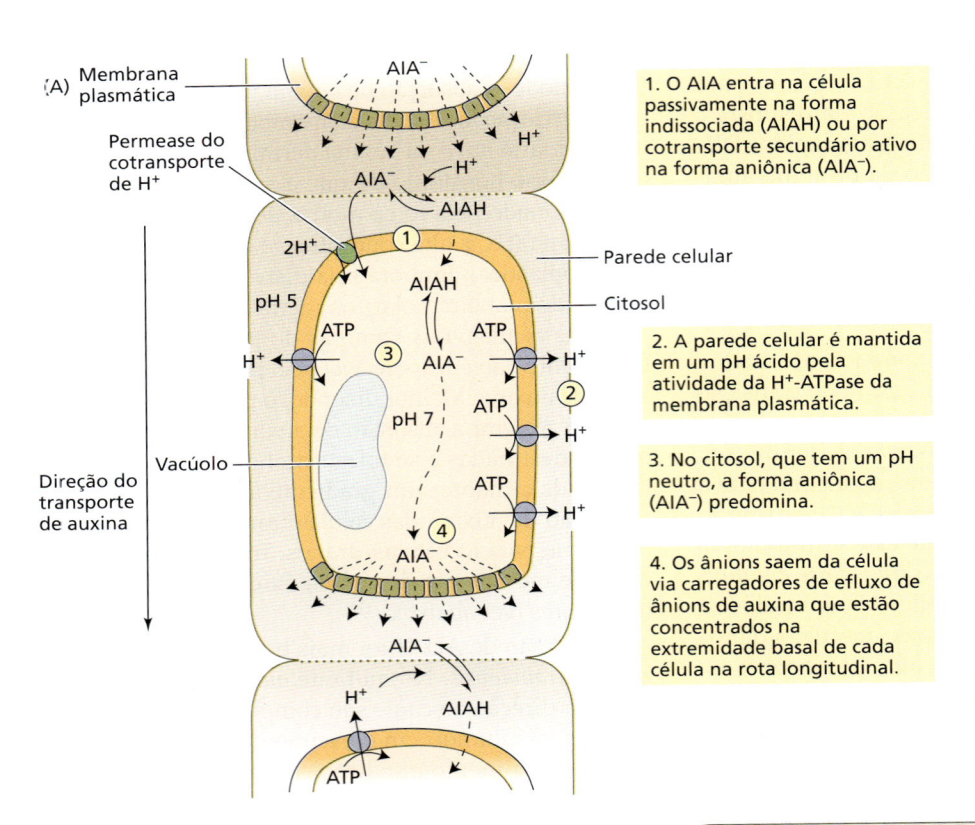

Figura 14.10 (A) Modelo quimiosmótico simplificado para o transporte polar de auxina. Aqui é mostrada uma coluna simples de células alongadas transportadoras de auxina. Mecanismos adicionais contribuem para o transporte, ao impedirem a reabsorção de AIA em sítios de exportação e em fileiras de células adjacentes. (B) Modelo para o transporte polar de auxina em células meristemáticas pequenas com expressiva difusão reversa desse hormônio, devido à alta razão superfície-volume. As proteínas ABCB mantêm as correntes polares, impedindo a reabsorção de auxina exportada nos sítios de transporte. Em células maiores, os transportadores ABCB parecem excluir o movimento de auxina de correntes polares para as filas de células adjacentes.

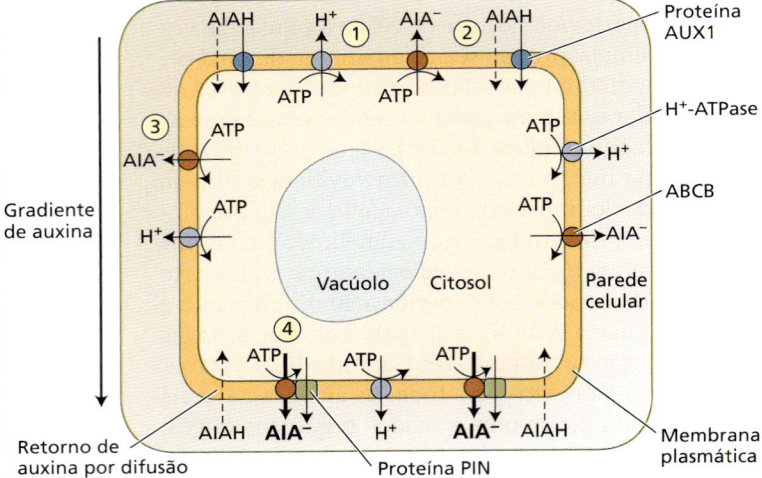

defeituosos em *Arabidopsis*, milho e sorgo resultam em nanismo de severidade variada, gravitropismo alterado e efluxo reduzido de auxina. Em geral, as proteínas ABCB apresentam distribuição uniforme, em vez de polar, nas membranas plasmáticas de células dos ápices de caules e raízes (ver Figura 14.10B). Contudo, quando proteínas ABCB e PIN específicas ocorrem juntas na mesma localização na célula, a polaridade do transporte de auxina é aumentada. O composto ácido *N*-1-naftilftalâmico (NPA) liga-se às proteínas ABCB de transporte de auxina e a seus reguladores e é usado como um inibidor da atividade de efluxo de auxina.

A síntese de auxina e o transporte polar regulam o desenvolvimento embrionário

Os repórteres para auxina DR5 e DII-Venus têm sido usados para mapear a distribuição desse hormônio em embriões em desenvolvimento. Essa informação é combinada com marcação fluorescente da biossíntese de auxina e genes de transporte, para tentar compreender como a síntese de auxina e o transporte direcionado se combinam para gerar uma distribuição padronizada desse hormônio no embrião em desenvolvimento (**Figura 14.11**). Em especial, fusões de proteínas fluorescentes à PIN1 têm auxiliado os cientistas a visualizar os fluxos de auxina que direcionam a organogênese no embrião. A posição de PIN1 pode ser usada para inferir a direção do fluxo de auxina. No entanto, a atividade de PIN1 tem regulação pós-traducional por quinases, de modo que sua presença não necessariamente é evidência da sua atividade.

Acredita-se que a localização polar das proteínas PIN de efluxo de auxina envolva três processos:

1. Transporte apolar inicial de PIN para a membrana plasmática via rota habitual de vesículas secretoras (ver Capítulo 1).

2. Concentrações de PIN nos domínios polarizados da membrana plasmática via transcitose. Nas plantas, **transcitose** refere-se à invaginação da membrana plasmática para formar vesículas em uma localização na célula, seguida pelo movimento dessas vesículas para uma outra região da célula, onde se fusionam com a membrana plasmática.

3. Estabilização da localização de PIN via interações com a parede celular. A ruptura genética ou farmacológica da biossíntese da parede celular resulta em uma perda completa da polaridade de PIN1 em *Arabidopsis*.

A padronização radial guia a formação de camadas de tecidos

Tão importante quanto o eixo apical-basal no embrião em desenvolvimento é o eixo radial, com disposição perpendicular ao eixo apical-basal, estendendo-se do interior para a superfície. Em *Arabidopsis*, a diferenciação de tecidos ao longo do eixo radial é observada primeiro no embrião globular (**Figura 14.12**), onde divisões periclinais separam o embrião em três camadas concêntricas de tecidos. As células mais externas formam uma camada de uma célula de espessura denominada protoderme, que posteriormente se diferencia na epiderme. Abaixo dessa camada, estendem-se células que, mais tarde, constituirão o **tecido fundamental**, que, por sua vez, dá origem ao parênquima cortical (região situada entre o sistema vascular e a epiderme) e, na raiz e no hipocótilo, à endoderme (ver Capítulo 3). Na camada mais central encontra-se o **procâmbio**, tecido meristemático que gera os tecidos vasculares, incluindo o periciclo da raiz.

Como vimos na padronização apical-basal do embrião, uma sequência exata de divisões celulares não parece ser essencial para o estabelecimento do eixo radial. Por exemplo, espécies vegetais estreitamente relacionadas exibem variabilidade expressiva nos padrões de divisões celulares associadas com a formação do eixo radial. Além do mais, uma organização básica de tecidos radiais pode ainda ser estabelecida em mutantes com padrões alterados de divisão celular (ver Figura 14.8), sugerindo a importância dos mecanismos de desenvolvimento dependentes da posição. Nas seções seguintes serão discutidos experimentos que enfocam a natureza desses mecanismos.

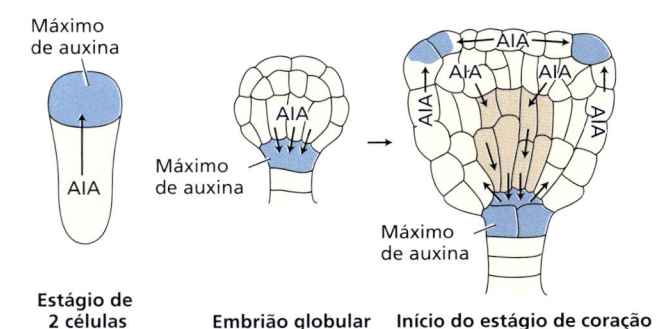

Figura 14.11 Movimento de auxina (AIA) dependente de PIN1 durante estágios iniciais da embriogênese. O movimento de auxina, como inferido da distribuição assimétrica da proteína PIN1 e da atividade de um repórter DR5 responsivo à auxina, é indicado por setas. As áreas azuis indicam células com concentrações máximas de auxina. A região rósea indica o futuro sistema vascular que se forma em resposta ao movimento direcionado de auxina. Os máximos de auxina resultando da síntese do hormônio criam gradientes que são, então, reforçados pela orientação polar de PIN1. Após a acumulação de auxina nos flancos do embrião, a auxina flui dos flancos na direção basipétala, promovendo diferenciação vascular dentro do eixo embrionário (área rósea).

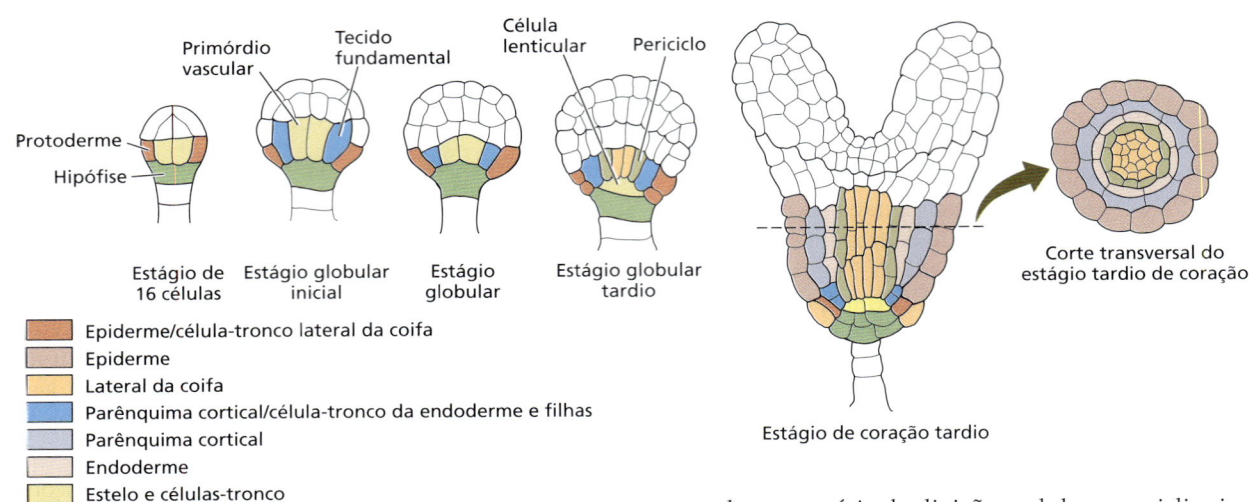

Figura 14.12 Um resumo da sequência de eventos do padrão radial durante a embriogênese de *Arabidopsis*. Os cinco estágios embrionários sucessivos, mostrados em corte longitudinal, ilustram a origem de tecidos distintos, iniciando com a protoderme (à esquerda) e terminando com os tecidos vasculares (à direita). Observe como o número de tecidos aumenta à medida que o desenvolvimento avança. Esse aumento é provocado por divisões periclinais dentro dos sistemas fundamental e vascular do embrião indiferenciado. Uma vista em corte transversal da porção basal do embrião em estágio de coração tardio é mostrada bem à direita (o nível do corte transversal é mostrado pela linha no corte longitudinal a sua esquerda). (De Laux et al., 2004.)

A protoderme diferencia-se em epiderme

A protoderme forma a camada superficial do embrião e, por fim, produz a epiderme, um sistema de revestimento essencial que medeia a comunicação entre a planta e o mundo externo. As células da protoderme originam-se precocemente na embriogênese e poderiam, em teoria, regular o intercâmbio de sinais entre o embrião e seu entorno. Por exemplo, estudos em *Citrus* têm evidenciado a presença de uma cutícula sobre a superfície do embrião, desde os estágios zigóticos iniciais até a maturidade, sugerindo que as paredes das células protodérmicas formam uma barreira de comunicação (*communication barrier*). Alguns estudos também sugerem que a protoderme pode atuar como uma limitação física ao crescimento de camadas mais internas.

O cilindro central vascular é elaborado por divisões celulares progressivas reguladas por citocinina

Os tecidos vasculares do estelo formam-se, por fim, nas posições mais centrais do embrião. Esse processo envolve uma série de divisões celulares periclinais que produzem camadas de células adicionais ao longo do eixo radial. Essas camadas tornam-se, então, padronizadas para destinos específicos pela programação do desenvolvimento e pela sinalização célula a célula. Por exemplo, mutantes de *Arabidopsis*, por carecerem de um receptor primário de citocinina (ver Capítulo 12), são incapazes de passar por uma etapa fundamental da divisão celular que normalmente produz precursores de xilema e floema (**Figura 14.13**). Esse defeito provoca o desenvolvimento de um sistema vascular que contém elementos de xilema, mas não de floema.

Formação e manutenção dos meristemas apicais

O desenvolvimento pós-embrionário das plantas mostra notável grau de flexibilidade (*plasticidade*), em grande parte devido aos tecidos especializados denominados **meristemas**, que são estabelecidos durante a embriogênese. Um meristema em geral pode ser definido como um grupo de células que retêm a capacidade de proliferar-se e cujo destino final não é rigidamente determinado, mas está sujeito a modificação por fatores externos. A capacidade de resposta aos estímulos externos permite à planta explorar melhor o ambiente predominante. Além disso, a atividade dos meristemas confere às plantas a propriedade de crescimento indeterminado, possibilitando que algumas delas, como a árvore Matusalém (*Pinus longaeva*), vivam e se reproduzam por milhares de anos. Nesta seção, são enfocados os meristemas apicais formados durante a embriogênese.

O meristema apical da raiz (MAR) e o meristema apical do caule (MAC) são encontrados nas extremidades da raiz e do caule, respectivamente. Tanto MAR quanto MAC incluem grupos definidos de células, denominadas **iniciais**, que são caracterizadas por sua taxa lenta de divisão e seu destino indeterminado. À medi-

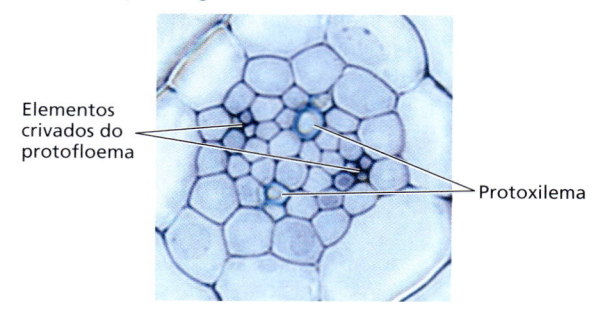

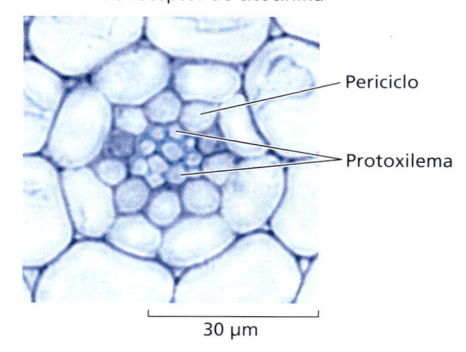

Figura 14.13 O receptor de citocinina é necessário para o desenvolvimento normal do floema em *Arabidopsis*. Comparação de (A) uma raiz do tipo selvagem e (B) uma raiz mutante carente de receptor de citocinina. Observe que a ausência de elementos do floema no mutante é acompanhada por um decréscimo aparente no número de camadas celulares. (De Mähönen et al., 2000. © 2000, Cold Spring Harbor Laboratory Press.)

da que as descendentes das iniciais são deslocadas por padrões polarizados de divisão celular, elas assumem vários destinos diferenciados que contribuem para a organização radial e longitudinal da raiz e do caule e para o desenvolvimento de órgãos laterais.

Auxina e citocinina contribuem para a formação e a manutenção do MAR

Além da sua importância no desenvolvimento da polaridade apical-basal, a auxina participa no posicionamento do MAR e na orientação do seu comportamento complexo. A posição do centro quiescente (CQ), que se torna o centro do meristema da raiz, normalmente coincide com a concentração máxima de auxina na base dos embriões nos estágios globular e de coração inicial (ver Figura 14.11). Quando a posição do máximo de auxina é alterada por tratamentos químicos, a posição do CQ apresenta mudanças correspondentes. Por outro lado, tratamentos que suprimem o máximo de auxina levam à perda do CQ. Em ambos os casos, constata-se que a jusante o ápice da raiz se torna desordenado ou disfuncional.

Resultados semelhantes são observados em *Arabidopsis* e outras espécies quando genes de biossíntese de auxina ou um subconjunto de componentes de sinalização de auxina são mutados. No embrião e em plântulas muito jovens, a auxina parece ser transportada de sítios de produção na parte aérea. À medida que as plântulas amadurecem, a auxina é crescentemente sintetizada no próprio meristema da raiz. Evidências experimentais sugerem que muitos dos fatores de transcrição primária que iniciam a diferenciação de células no meristema da raiz são ativados por desrepressão de fatores de resposta à auxina. Contudo, a auxina também parece ser necessária para a manutenção de um banco (*pool*) de células iniciais indiferenciadas no meristema. A perda de auxina pode resultar na diferenciação prematura desse banco de células.

O desenvolvimento do meristema da raiz é também regulado por citocinina. A presença de citocinina em células individuais pode ser detectada usando um gene repórter consistindo de um promotor sintético do sensor de sinalização de dois componentes (TCS) responsivo à citocinina, fusionado a um gene codificador de GFP. Após a divisão da hipófise na embriogênese inicial, a expressão de *TCS::GFP* é observada primariamente na célula lentiforme que se torna o CQ (**Figura 14.14A** e **B**). Ao mesmo tempo, os repórteres de auxina sugerem que a capacidade de sinalização de auxina é reduzida no CQ nesse ponto e aumentada na célula basal adjacente do meristema da raiz, que origina a columela e a parte central da coifa (**Figura 14.14E**). A célula basal do meristema tem níveis elevados de duas proteínas induzidas por auxina, ARR7 e ARR15 (**Figura 14.14C** e **D**); uma vez que essas proteínas são repressoras de respostas à citocinina, a auxina parece inibir a ação da citocinina nessa célula. Mutações do genes *ARR7* e *ARR15* resultam em fenótipos anormais de raízes, sugerindo que a supressão da sinalização de citocinina na célula basal é essencial para o desenvolvimento normal.

Após a formação do MAR, a diferenciação dos sistemas vasculares, córtex e células epidérmicas ocorre sob o controle de fatores de transcrição específicos.

A formação do MAC é também influenciada por fatores envolvidos no movimento de auxina e nas respostas a esse hormônio

O desenvolvimento do MAC, assim como o do MAR, é ligado a padrões complexos de transporte intercelular de auxina. No estágio de duas células da embriogênese, a distribuição de PIN1 é tal que leva à acumulação de auxina na célula apical, mas no estágio globular a distribuição de proteínas PIN é invertida, levando a uma redistribuição de auxina com direção basal (ver

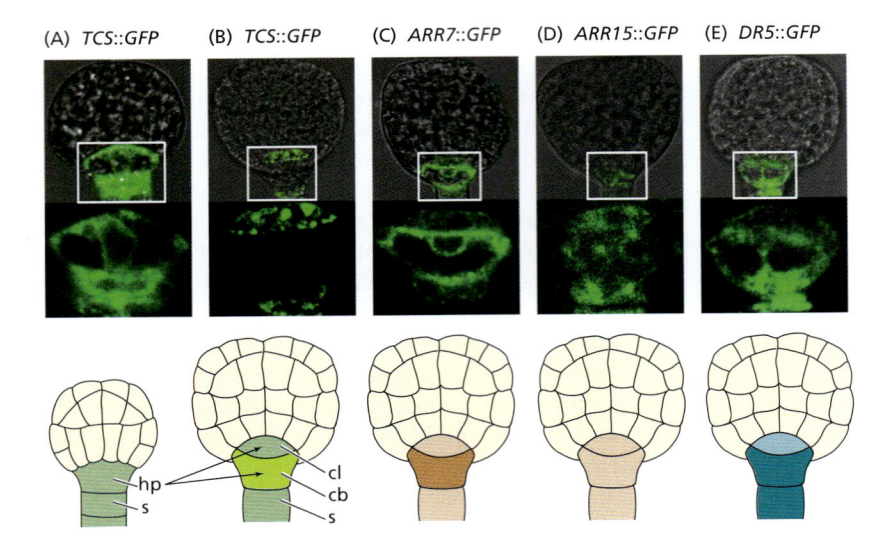

Figura 14.14 Correlação inversa entre a sinalização por citocinina e por auxina no embrião. (A) Expressão de *TCS::GFP* (um repórter para citocinina; em verde) na hipófise no estágio globular inicial. (B) Expressão de *TCS::GFP* diminuída na linhagem de células basais, no estágio globular tardio. (C) No mesmo estágio, a expressão de *ARR7::GFP* é a mais elevada na linhagem de células basais. (D) Padrão de expressão de *ARR15::GFP*. *ARR7* e *ARR15* codificam proteínas que suprimem respostas à citocinina. (E) A expressão de *DR5::GFP* (um repórter responsivo à auxina) é mais elevada na linhagem de células basais. Os cortes em cada *box*, apresentados na parte superior, estão ampliados na parte inferior; as interpretações esquemáticas são mostradas na parte inferior da figura (tonalidades mais escuras representam a expressão mais elevada do repórter). Abreviações: hp, hipófise; cb, célula basal; cl, célula lenticular; s, suspensor. (De Müller e Sheen, 2008.)

Figura 14.11). No início do estágio de coração, o transporte polar de auxina está sendo direcionado para os flancos do embrião. Uma consequência desses movimentos de auxina é causar a formação de uma região apical central, onde a concentração de auxina e as atividades dependentes de auxina são baixas em relação àquelas nas regiões dos flancos (**Figura 14.15**). Essa região central corresponde ao futuro MAC. Ao mesmo tempo, os cotilédones desenvolvem-se onde o movimento lateral protodérmico de auxina afastado da zona intercotiledonar central converge com os fluxos protodérmicos ascendentes ao longo dos flancos do embrião, criando dois novos máximos de auxina. Esses bancos de auxina, então, suprem fluxos descendentes que convergem no hipocótilo, promovendo diferenciação vascular.

Análises de mutantes de *Arabidopsis* e outras espécies identificaram um grupo pequeno de fatores de transcrição como os reguladores primários da for-

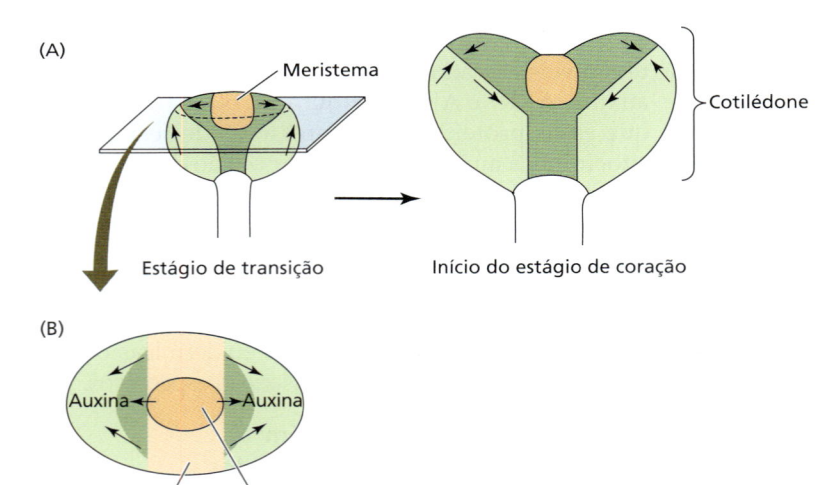

Figura 14.15 Modelo para o estabelecimento do padrão dependente de auxina do ápice caulinar. (A) Direção do transporte de auxina (setas) durante o estágio de transição e o início do estágio de coração em embriões de *Arabidopsis*. (B) Corte transversal (conforme exibido em A) através da região apical de um embrião do tipo selvagem, mostrando a região embrionária que se desenvolverá no meristema apical do caule, na zona intercotiledonar e nos domínios adaxial e abaxial do cotilédone. (De Jenik e Barton, 2005.)

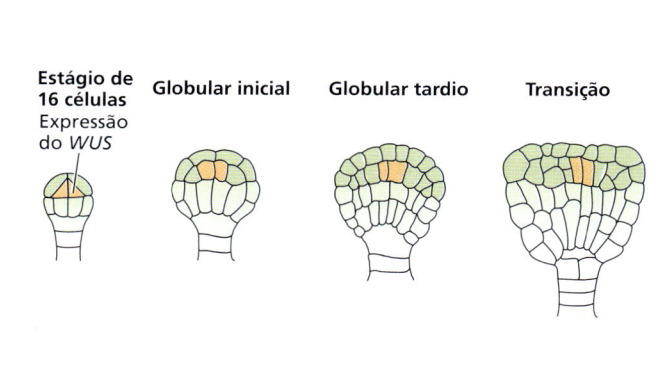

Figura 14.16 A formação da região apical engloba uma sequência definida de expressão gênica, incluindo o início da expressão de *WUS*, o qual codifica um fator de transcrição, em uma camada interna (laranja), que induz a expressão de *CLAVATA3* (*CLV3*) nas camadas celulares externas adjacentes (azul). Na maturidade, o MAC é composto de três regiões de tecidos distintas: a zona central, a zona periférica e a zona medular (discutidas no Capítulo 16). (De Laux et al., 2004.)

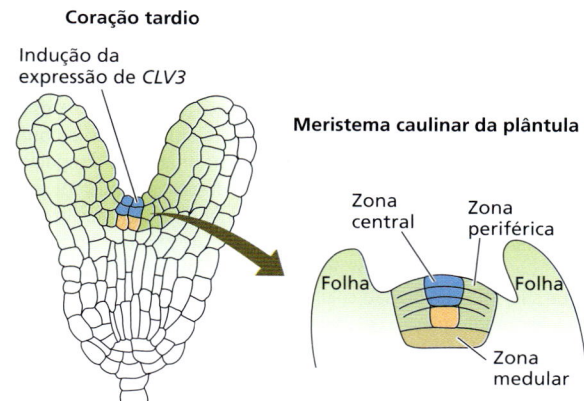

mação do MAC (**Figura 14.16**). Esses fatores de transcrição regulam a formação ordenada do MAC da plântula a partir de tipos celulares embrionários do estágio de coração. Como no MAR, isso envolve um equilíbrio entre a diferenciação celular e a manutenção de um banco de células iniciais para atuar na organogênese e responder dinamicamente às condições ambientais, expandindo ou diminuindo o tamanho do meristema.

A proliferação de células no MAC é regulada por citocinina e giberelinas

O gene *SHOOT MERISTEMLESS* (*STM*) codifica um fator de transcrição que regula a proliferação de células no MAC. Mutantes *stm* jamais desenvolvem um meristema apical do caule (embora o meristema apical da raiz seja normal), indicando que *STM* é exigido para a iniciação do MAC em embriões. Uma vez que tratamentos exógenos do mutante *stm* de *Arabidopsis* com os hormônios giberelina (GA) e citocinina restauram parcialmente o desenvolvimento normal do MAC, tais hormônios parecem estar envolvidos na proliferação de células nesse meristema (**Figura 14.17**). STM é um membro da família KNOX de proteínas de *homeodomínio*, que promovem a síntese de citocinina no MAC. Isso sugere que a promoção de STM da síntese de citocinina ajuda a manter o MAC.

As proteínas KNOX também influenciam processos mediados pela GA. Em uma multiplicidade de espécies, as proteínas KNOX suprimem a acumulação de GA no MAC mediante estimulação da transcrição de *GA 20-OXIDASE1*, um gene que codifica uma enzima degradadora de GA ativa. Indiretamente, as proteínas KNOX também reprimem a atividade de GA no meristema via citocinina, o que estimula a expressão de *GA 2-OXIDASE* nos limites entre o meristema e as folhas emergentes (ver Figura 14.17). Considera-se que a expressão de *GA 2-OXIDASE1* nesta localização impede o movimento de GA ativa para o MAC, a partir de folhas próximas em desenvolvimento (p. ex., P4 na Figura 14.17). Experimentos genéticos mostraram que a ativação artificial da sinalização de GA no MAC desestabiliza o meristema, demonstrando que a restrição dos níveis de GA no MAC provavelmente é um mecanismo-chave pelo qual os genes KNOX contribuem para a estabilidade do meristema.

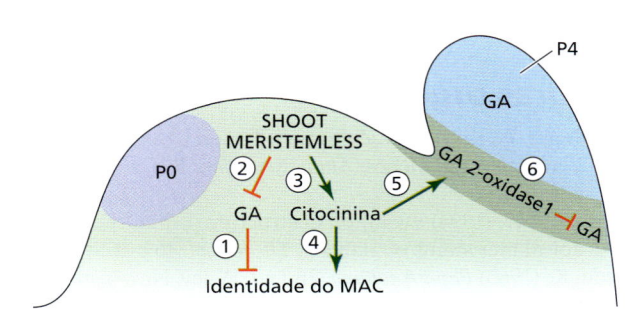

1. GA inibe a identidade do meristema apical do caule.
2. A atividade da proteína STM reprime a biossíntese de GA.
3. A atividade da proteína STM promove a biossíntese de citocinina.
4. A combinação de GA baixa e citocinina alta promove a identidade do meristema apical do caule.
5. A citocinina promove a atividade da GA 2-oxidase1.
6. A atividade de GA 2-oxidase1 provoca a desativação de GA no limite do primórdio foliar.

Figura 14.17 Modelo de como a expressão do fator de transcrição KNOX SHOOT MERISTEMLESS (STM) eleva os níveis de citocinina, ao mesmo tempo que reprime GA no MAC. P4 (à direita) é uma folha em desenvolvimento, e P0 (à esquerda) é o local onde o próximo primórdio foliar será formado. (De Hudson, 2005.)

Resumo

A geração esporofítica das plantas começa com os eventos de fecundação que iniciam a embriogênese. Divisões celulares reguladas produzem o eixo polar e a simetria bilateral do embrião. Tanto sinais móveis como posicionais funcionam como reguladores morfogênicos. Um conjunto amplo desses mecanismos reguladores funciona na elaboração subsequente dos órgãos vegetais durante o crescimento pós-embrionário. As plantas, após o período embrionário, retêm meristemas (nichos de células-tronco), que são sítios de divisão celular indiferenciada para proporcionar o crescimento plástico e adaptativo.

Visão geral da embriogênese

- A embriogênese e o desenvolvimento embrionário desenrolam-se de acordo com séries programadas de divisões e diferenciações celulares.

Embriologia comparativa de eudicotiledôneas e monocotiledôneas

- Os princípios básicos do desenvolvimento embrionário são similares na maioria das plantas, mas aspectos específicos variam consideravelmente entre eudicotiledôneas e monocotiledôneas (**Figuras 14.2, 14.3**).
- Entre as espermatófitas, a polaridade apical-basal é estabelecida no início da embriogênese (**Figura 14.4**).
- Mecanismos dependentes de posição para a determinação do destino celular orientam a embriogênese (**Figura 14.5**).
- As divisões celulares direcionais determinam grande parte da estrutura embrionária (**Figura 14.6**).
- Processos diferentes de uma sequência fixa de divisões celulares devem guiar a formação do padrão radial (**Figura 14.8**).
- O potencial para o movimento intercelular de proteínas altera-se durante o desenvolvimento (**Figura 14.9**).
- A auxina (ácido 3-indol-acético ou AIA) pode funcionar como um sinal químico móvel durante a embriogênese (**Figuras 14.10, 14.11**).
- A padronização radial guia a formação de camadas de tecidos (**Figura 14.12**).
- A sinalização da citocinina é necessária para o desenvolvimento normal do floema na raiz (**Figura 14.13**).

Formação e manutenção dos meristemas apicais

- Os meristemas apicais da raiz e do caule usam estratégias similares para possibilitar o crescimento indeterminado.
- A origem de diferentes tecidos da raiz pode ser rastreada até tipos distintos de células iniciais.
- O comportamento das iniciais no MAR depende da ativação de uma série de fatores de transcrição pela auxina e pelas interações com a citocinina (**Figura 14.14**).
- O meristema apical do caule tem uma estrutura distinta do meristema apical da raiz (**Figuras 14.15, 14.16**).
- A formação embrionária do MAC requer a expressão coordenada de fatores de transcrição específicos para estabelecer um conjunto de células indeterminadas com potencial para proliferação continuada.
- A expressão dos fatores de transcrição KNOX promove a produção de citocinina no MAC, enquanto limita os níveis de GA (**Figura 14.17**).

Leituras sugeridas

Aichinger, E., Kornet, N., Friedrich, T., and Laux, T. (2012) Plant stem cell niches. *Annu. Rev. Plant Biol.* 63: 615–636.

Barlow, P. W. (1994) Evolution of structural initial cells in apical meristems of plants. *J. Theor. Biol.* 169: 163–177.

Esau, K. (1965) *Plant Anatomy*, 2nd ed. Wiley, New York.

Hudson, A. (2005) Plant meristems: Mobile mediators of cell fate. *Curr. Biol.* 15: R803–R805.

Jenik, P. D., and Barton, M. K. (2005) Surge and destroy: The role of auxin in plant embryogenesis. *Development* 132: 3577–3585.

Laux, T., Wurschum, T., and Breuninger, H. (2004) Genetic regulation of embryonic pattern formation. *Plant Cell* 16 (Suppl.): S190–S202.

Maule, A. J., Benitez-Alfonso, Y., and Faulkner, C. (2011) Plasmodesmata–Membrane tunnels with attitude. *Curr. Opin. Plant Biol.* 14: 683–690.

Miyashima, S., Sebastian, J., Lee, J.-Y., and Helariutta, Y. (2013) Stem cell function during plant vascular development. *EMBO J.* 32: 178–193.

Reinhardt, D., Pesce, E. R., Stieger, P., Mandel, T., Baltensperger, K., Bennett, M., Traas, J., Friml, J., and Kuhlemeier, C. (2003) Regulation of phyllotaxis by polar auxin transport. *Nature* 426: 255–260.

Sachs, T. (1991) Cell polarity and tissue patterning in plants. *Development* 113 (Suppl. 1): 83–93.

Scheres, B. (2013) Rooting plant development. *Development* 140: 939–941.

Scheres, B., Wolkenfelt, H., Willemsen, V., Terlouw, M., Lawson, E., Dean, C., and Weisbeek, P. (1994) Embryonic origin of the *Arabidopsis* primary root and root meristem initials. *Development* 120: 2475–2487.

Sparks, E., Wachsman, G., and Benfey, P. N. (2013) Spatiotemporal signalling in plant development. *Nat. Rev. Genet.* 14: 631–644.

15 Dormência e Germinação da Semente e Estabelecimento da Plântula

"Não está morto, está descansando." – Monty Python

No Capítulo 14, foi discutido o processo de embriogênese que ocorre nas sementes das angiospermas em desenvolvimento. As sementes são unidades de dispersão especializadas exclusivas das espermatófitas (plantas com sementes), que abrangem as angiospermas e as gimnospermas. Tanto nas angiospermas quanto nas gimnospermas, as sementes desenvolvem-se a partir dos rudimentos seminais (óvulos), que contêm o gametófito feminino (ver Capítulos 1 e 17). A localização do embrião contido dentro de uma semente foi uma das muitas adaptações que liberaram a reprodução vegetal da dependência da água. Por isso, a evolução das espermatófitas representa um acontecimento importante na adaptação das plantas à terra firme.

Neste capítulo, são descritos os processos de germinação da semente, crescimento do hipocótilo e coleóptilo (abrangendo tropismos e fotomorfogênese) e estabelecimento da plântula – o que implica na produção das primeiras folhas fotossintetizantes e um sistema mínimo de raízes. Entre embriogênese e germinação geralmente há um período de *maturação da semente* que culmina na *quiescência*, um estado não germinativo caracterizado por uma taxa metabólica reduzida, após o qual a semente é liberada da planta-mãe. Desse modo, o estado quiescente assegura que a germinação seja protelada até que a semente chegue ao solo, onde pode receber a água e o oxigênio necessários para o crescimento da plântula. Algumas sementes exigem um tratamento adicional, como luz, resfriamento, ou abrasão física, antes de poderem germinar, uma condição conhecida como *dormência*. Para muitas culturas agrícolas isso não é um problema, pois a seleção humana de sementes para germinação rápida resultou na perda gradual de genes indutores de dormência.

Os tecidos da semente em torno do embrião formam uma barreira que o protege do ambiente. Além disso, os tecidos da semente fornecem reservas de alimento que nutrem o embrião durante a embriogênese e o desenvolvimento inicial da plântula. As reservas das sementes são armazenadas em diversos tipos de tecidos. Uma vez que a germinação está intimamente ligada à mobilização dessas reservas de alimento, é feita inicialmente uma descrição da estrutura e da composição da semente. Após, são considerados vários tipos de dormência da semente, os quais, em alguns casos, devem ser superados antes de a germinação ocorrer. É discutida, então, a mobilização das reservas armazenadas em diferentes tipos de tecidos, sendo também descrito o papel dos hormônios na coordenação dos processos de crescimento da plântula e de mobilização de reservas.

Logo depois de emergir da semente, a plântula experimenta uma transição rápida de um modo de nutrição heterotrófico para um fotoautotrófico. A discussão do estabelecimento da plântula começa com um exame da fotomorfogênese – influência da luz na morfologia do caule, incluindo o papel de hormônios nas rotas de sinalização reguladas pela luz. A seguir, retoma-se a morfologia da raiz e zonas de desenvolvimento do ápice da raiz em crescimento. Como organismos sedentários, as plantas devem recorrer a respostas do crescimento para competir pela luz solar e procurar por água e minerais no solo. Em nível de célula, a taxa de crescimento é controlada pelas propriedades mecânicas da parede celular; a auxina assume um papel central na modulação das propriedades da parede celular. Por fim, é abordado o tópico do fototropismo e da gravitropismo, processos pelos quais as plantas se orientam em relação à luz e gravidade.

Estrutura da semente

As sementes são as unidades de dispersão de angiospermas e gimnospermas que contêm os embriões maduros. Elas são derivadas dos óvulos maduros desses dois grupos de plantas. Embora este capítulo tenha como foco as sementes das angiospermas, por causa de sua extraordinária diversidade e importância para a agricultura, é importante compreender as diferenças básicas entre angiospermas e gimnospermas. Todas as sementes contêm três características estruturais básicas: um embrião, tecido de reserva de alimento e uma camada externa protetora de células mortas denominada **casca da semente** (ou **testa**). Nas angiospermas, a reserva de alimento que nutre o embrião em crescimento é o endosperma triploide que resulta de dupla fecundação (ver Capítulo 17). Em algumas espécies de angiospermas, a casca da semente fusiona-se à parede do fruto, ou **pericarpo**, que é derivado da parede do ovário. A fusão testa-pericarpo é uma característica de todas as *cariopses* de cereais, tecnicamente tornando frutos essas "sementes". Apesar disso, neste livro as cariopses serão referidas como sementes. A **Figura 15.1** apresenta uma diversidade de sementes verdadeiras bastante conhecidas, bem como frutos com aparência de semente.

A anatomia da semente varia amplamente entre diferentes grupos de plantas

Apesar das suas características comuns, as sementes exibem uma gama notável de tamanhos, desde as minúsculas encontradas em orquídeas, pesando 1 µg, até sementes enormes do coco-do-mar (*Lodoicea maldivica*), que pode alcançar 30 cm de comprimento e pesar 20 kg. Apesar da simplicidade do embrião e do número limitado de tecidos que o circundam, a anatomia da semente exibe uma diversidade considerável entre os diferentes grupos de plantas. Alguns exemplos representativos das estruturas de sementes de eudicotiledôneas e monocotiledôneas são mostrados na **Figura 15.2**.

As sementes podem ser categorizadas globalmente como endospérmicas e não endospérmicas, dependendo da presença ou ausência de um endosperma triploide bem formado na maturidade (ver Figura 15.2). Por exemplo, sementes de beterraba são não endospérmicas, pois o endosperma triploide é bastante utilizado durante o desenvolvimento do embrião. Em contrapartida, o perisperma e os cotilédones de reserva servem como fontes principais de nutrientes durante a germinação. O **perisperma** é derivado do nucelo, o tecido materno que origina o rudimento seminal. Sementes de feijoeiro (*Phaseolus vulgaris*) e de outras leguminosas em geral também são não endospérmicas, e dependem da reserva nutricional de seus cotilédones, que compõem a maior parte da semente. Por sua vez, as sementes de mamona (*Ricinus communis*), cebola (*Allium cepa*), trigo (*Triticum* spp.) e milho (*Zea mays*) são todas endospérmicas.

Mantendo seu papel como um tecido de reserva de nutrientes, o endosperma em geral é rico em amido, óleos e proteínas. Alguns tecidos do endosperma têm paredes celulares espessas que se rompem durante a germinação, liberando uma diversidade de açúcares. A camada mais externa do endosperma em algumas espécies diferencia-se em um tecido secretor especializado com paredes primárias espessas denominado *camada de aleurona*, chamado assim porque é composto de células preenchidas com **vacúolos de reserva de proteínas**, originalmente denominados grãos de aleurona. Como será visto mais adiante, a camada de

Figura 15.1 Sementes e frutos semelhantes a sementes. (A-D) Sementes verdadeiras. (A) Semente da canola (*Brassica napus*). (B) Castanha-do-pará. (C) Grão de café. (D) Coco. (E-I) Frutos semelhantes a sementes. (E) Bordo (sâmara). (F) Morango (aquênio). (G) Trigo e outros cereais (cariopses). (H) Carvalho (bolota). (I) Girassol e outras asteráceas (cipsela). As cariopses de monocotiledôneas e as cipselas de asteráceas são rotineiramente referidas como sementes. (A © Roman Nerud/Shutterstock.com; B © iStock.com/sdstockphoto; C © Jiri Hera/Shutterstock.com; D © iStock.com/kickers; E © iStock.com/SweetpeaAnna; F © Suslik1983/Shutterstock.com; G © BW Folsom/Shutterstock.com; H © Vania Zhukevych/Shutterstock.com; I © iStock.com/surabky.)

aleurona tem um papel importante na regulação da dormência em certas sementes de eudicotiledôneas. Em sementes de trigo e nas de outros membros da família Poaceae (família das gramíneas), camadas secretoras de aleurona são também responsáveis pela mobilização de reservas de nutrientes durante a germinação.

Os embriões dos grãos dos cereais são altamente especializados e merecem um exame mais cuidadoso por causa de sua importância agrícola e porque têm sido utilizados como sistemas-modelo para estudar a regulação hormonal da mobilização de reservas durante a germinação. As estruturas embrionárias especializadas peculiares da família das gramíneas, discutidas no Capítulo 14, incluem as seguintes (ver Figura 15.2):

- O cotilédone foi modificado evolutivamente para formar um órgão de absorção, o **escutelo**, o qual forma a interface entre o embrião e o tecido amiláceo do endosperma. Durante a germinação, açúcares mobilizados provenientes do endosperma são absorvidos pelo escutelo e transportados para o embrião.
- A bainha basal do escutelo alonga-se, formando o **coleóptilo** que cobre e protege as primeiras folhas enquanto o caule apresenta crescimento ascendente através do solo.
- A base do hipocótilo alonga-se, formando uma bainha protetora em volta da radícula denominada **coleorriza**.
- Em alguns membros da família das gramíneas, tal como o milho, a região superior do hipocótilo modifica-se para formar o **mesocótilo** (não mostrado na Figura 15.2). Durante o desenvolvimento da plântula, o crescimento do mesocótilo auxilia o aparecimento das folhas na superfície do solo, em especial no caso de sementes localizadas mais profundamente.

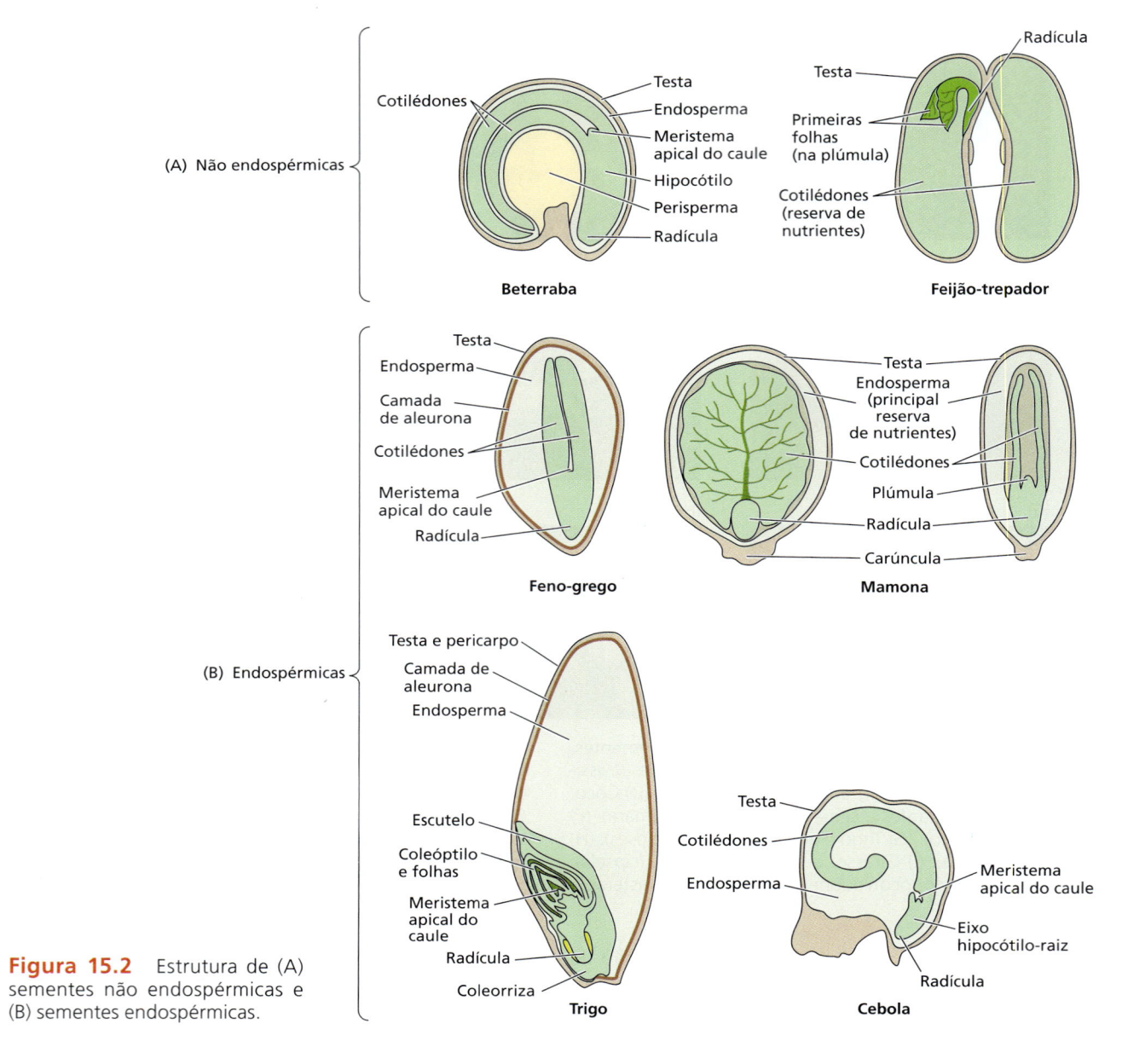

Figura 15.2 Estrutura de (A) sementes não endospérmicas e (B) sementes endospérmicas.

Dormência da semente

Durante a germinação da semente, o embrião desidrata e entra em uma fase quiescente. A germinação da semente requer a reidratação e pode ser definida como a retomada do crescimento do embrião na semente madura. No entanto, o processo de germinação engloba todos os eventos que ocorrem entre o começo da *embebição* (umedecimento) da semente seca (discutido mais tarde no contexto da germinação da semente) e a emergência do embrião, geralmente começando com a radícula, a partir das estruturas que a circundam. A finalização exitosa da germinação depende das mesmas condições ambientais do crescimento vegetativo (ver Capítulo 16): água e oxigênio devem estar disponíveis e a temperatura deve estar dentro da *amplitude fisiológica* (isto é, a amplitude que não inibe processos fisiológicos). Contudo, uma semente viável (viva) pode não germinar mesmo se as condições ambientais forem satisfeitas, um fenômeno denominado **dormência da semente**. A dormência da semente é um bloqueio temporal intrínseco à iniciação da germinação, o que proporciona tempo adicional para a dispersão da semente por distâncias maiores. Ele também maximiza a sobrevivência da plântula pela inibição da germinação sob condições não favoráveis.

A maioria das sementes maduras em geral têm menos de 0,1 g de água por g^{-1} de massa seca no momento da queda. Como consequência da desidratação, o metabolismo quase cessa e a semente entra em um estado de quiescência ou "descanso". Em alguns casos, a semente torna-se dormente também. Diferentemente da **quiescência da semente**, definida como a incapacidade de germinar devido à falta de água, O_2 ou temperatura apropriada para o crescimento, a dormência da semente requer tratamentos ou sinais adicionais para a ocorrência da germinação.

Diferentes tipos de dormência da semente podem ser distinguidos com base no momento do desenvolvimento em que a dormência inicia. Sementes maduras recém dispersadas, incapazes de germinar sob condições favoráveis, exibem **dormência primária**. Assim que a dormência primária foi perdida, sementes não dormentes podem adquirir **dormência secundária** se expostas a condições não favoráveis que inibem a germinação por um período estendido de tempo.

Existem dois tipos básicos de mecanismos de dormência da semente: exógeno e endógeno

Os mecanismos de dormência da semente têm sido classificados de diferentes maneiras. De acordo com um esquema, a dormência primária da semente pode ser dividida em dois tipos principais: *dormência exógena* e *dormência endógena*.

A **dormência exógena**, ou **dormência imposta pela casca**, refere-se aos efeitos inibitórios da casca da semente ou de outras estruturas circundantes, tais como endosperma, pericarpo ou órgãos extraflorais, sobre o crescimento do embrião durante a germinação. Os embriões de tais sementes crescem prontamente na presença de água e oxigênio assim que a casca da semente e outros tecidos circundantes tenham sido removidos ou danificados. As cascas das sementes podem impor dormência ao embrião de várias maneiras:

- *Impermeabilidade à água*. Esse tipo de dormência, relacionada às chamadas sementes duras, é comum em plantas encontradas em regiões áridas e semiáridas, especialmente nas leguminosas, tais como trevo (*Trifolium* spp.) e alfafa (*Medicago* spp.). O exemplo clássico é a semente da flor-de-lótus (*Nelumbo nucifera*), que pode sobreviver até 1.200 anos por causa da impermeabilidade de sua casca. Cutículas cerosas, camadas suberizadas e paredes celulares das camadas em paliçada consistindo de escleréides lignificadas combinam-se para restringir a penetração da água na semente. Esse tipo de dormência pode ser quebrado por escarificação mecânica ou química. No ambiente selvagem, a passagem pelo trato digestório dos animais pode causar escarificação química.

- *Interferência na troca de gás*. A dormência em algumas sementes pode ser superada por atmosferas ricas em oxigênio, sugerindo que a casca da semente e outros tecidos circundantes limitam o suprimento de oxigênio ao embrião. Na mostarda selvagem (*Sinapis arvensis*), a permeabilidade da casca da semente ao oxigênio é menor do que a permeabilidade à água em um fator de 10^4. Em outras sementes, reações oxidativas envolvendo compostos fenólicos na casca da semente podem consumir grandes quantidades de oxigênio, reduzindo a disponibilidade desse gás ao embrião.

- *Limitação mecânica*. O primeiro sinal visível da germinação em geral é a radícula (raiz embrionária) transpondo suas estruturas circundantes, como o endosperma, se presente, e a casca da semente. Em alguns casos, entretanto, o endosperma com parede espessa pode ser demasiadamente rígido para a raiz perfurar, como em *Arabidopsis*, tomateiro, cafeeiro e tabaco. Para tais sementes completarem a germinação, as paredes celulares do endosperma devem ser enfraquecidas pela produção de enzimas que as degradam, em especial onde a radícula emerge.

- *Retenção de inibidores*. Sementes dormentes com frequência contêm metabólitos secundários, incluindo ácidos fenólicos, taninos e cumarinas, e o ato de enxaguar tais sementes repetidas vezes com frequência promove a germinação. A casca pode impor dormência ao impedir a evasão de inibidores da semente ou pode produzir inibidores que se difundem para o embrião.

A **dormência endógena**, também denominada **dormência do embrião**, refere-se à dormência da semente que é intrínseca ao embrião e não se deve à qualquer influência física ou química da casca da semente ou outros tecidos circundantes. A dormência do embrião é tipicamente induzida pelo ácido abscísico (ABA) no final da embriogênese. Sementes totalmente maduras exigem ABA endógeno para a regulação e manutenção da dormência primária que sucede à embebição da semente seca. Por exemplo, em sementes de *Arabidopsis*, alface, cevada e tabaco, o grau de dormência correlaciona-se com a concentração de ABA endógeno nas sementes embebidas, e não secas. (A regulação da dormência da semente pela razão ABA:GA é discutida mais adiante neste capítulo.)

Além das dormências exógena e endógena, é possível também que as sementes não germinem porque os embriões ainda não alcançaram seu tamanho pleno ou maturidade. Tecnicamente, essas sementes não são verdadeiramente dormentes, mas simplesmente necessitam de tempo adicional para o crescimento do embrião sob condições apropriadas, antes que ele possa emergir da semente. Exemplos bastante conhecidos de

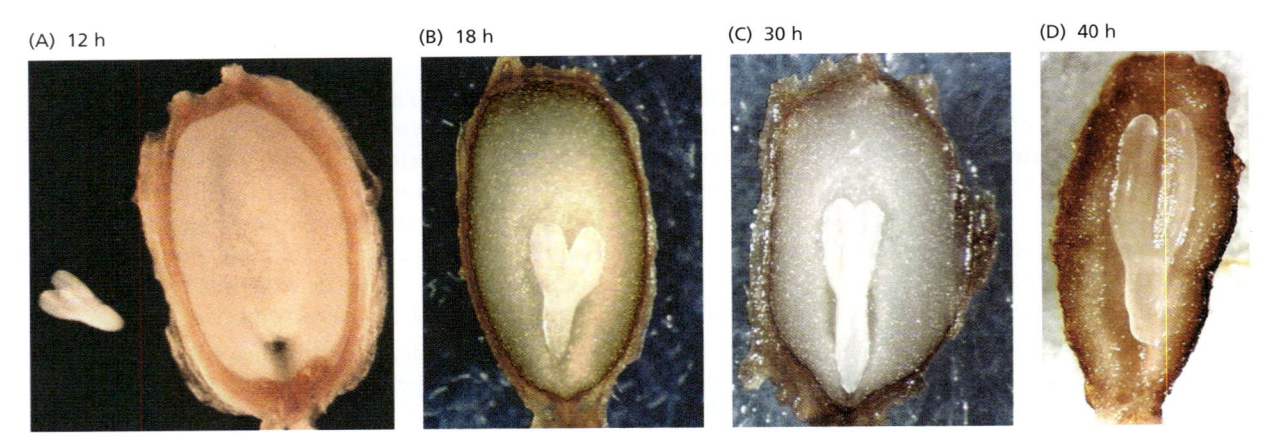

Figura 15.3 Crescimento do embrião de cenoura menor que o normal durante a embebição das sementes por 12 (A), 18 (B), 30 (C) e 40 horas (D). O embrião diminuto à esquerda, removido da semente para melhor visualização, está embebido em uma cavidade no endosperma, formada pela liberação das enzimas de degradação da parede celular. A germinação inicia com a emergência da radícula da semente em 2 a 4 dias após a embebição. (De Homrichhausen et al., 2003.)

dormência de sementes causada por embriões menores que o normal são a do aipo (*Apium graveolens*) e da cenoura (*Daucus carota*) (**Figura 15.3**). As sementes com embriões não diferenciados em geral são pequenas e incluem as orobanques parasíticas (*Orobanche* e *Phelipanche* spp.) e as orquídeas.

Sementes não dormentes podem exibir viviparidade e germinação precoce

Em algumas espécies estuarinas, a semente madura, além de não apresentar dormência, também germina ainda enquanto na planta-mãe, um fenômeno conhecido como **viviparidade**. A viviparidade verdadeira é extremamente rara em angiospermas e é bastante restrita aos mangues e a outras plantas vivendo em ecossistemas estuarinos ou ripários nos trópicos e subtrópicos. Um exemplo bem conhecido de uma espécie vivípara é o mangue-vermelho ou sapateiro (*Rhizophora mangle*) (**Figura 15.4**). As sementes dessas espécies germinam ainda dentro do fruto e produzem um propágulo semelhante a um dardo que pode se desprender da planta-mãe e se enraizar na lama circundante.

A germinação das sementes maduras fisiologicamente na planta-mãe é conhecida como **germinação pré-colheita** e é característica de algumas culturas de grãos quando amadurecem sob clima úmido (**Figura 15.5A**). A brotação na espiga dos cereais (p. ex., trigo, cevada, arroz e sorgo) reduz a qualidade do grão e causa sérias perdas econômicas. No milho, mutantes *vivíparos* (*vp*) foram selecionados para a germinação dos embriões na espiga enquanto aderidos à planta-mãe, referido como **germinação precoce** (**Figura 15.5B**). Vários desses mutantes são deficientes em ABA, enquanto um é insensível a esse hormônio. A viviparidade nos mutantes deficientes em ABA pode ser parcialmente inibida pelo tratamento exógeno com ABA. A viviparidade no milho também requer a síntese precoce de giberelina (GA) na embriogênese como um sinal positivo; mutantes duplos deficientes em GA e ABA não exibem esse fenômeno. Isso demonstra que a razão ABA:GA regula a germinação, e não a quantidade de ABA.

A razão ABA:GA é o primeiro determinante da dormência da semente

Há muito tempo se sabe que o ABA exerce um efeito inibidor sobre a germinação da semente, enquanto a giberelina exerce uma influência positiva. De acordo com

Figura 15.4 Sementes vivíparas do mangue-vermelho (*Rhizophora mangle*). (Foto © Larry Larsen/Alamy.)

Figura 15.5 (A) Germinação pré-colheita em uma espiga de trigo (*Triticum aestivum*). (B) Germinação precoce no mutante de milho *vivipary14*, deficiente em ABA. (A de Li et al., 2009; B cortesia de Bao-Cai Tan e Don McCarty.)

a **teoria do balanço dos hormônios**, a razão desses dois hormônios serve como um determinante primário da dormência e da germinação da semente. As atividades hormonais relativas de ABA e GA na semente dependem de dois fatores principais: das quantidades de cada hormônio presente nos tecidos-alvo e da capacidade dos tecidos-alvo para detectar e responder a cada hormônio. A sensibilidade hormonal, por sua vez, é determinada pelas rotas de sinalização nos tecidos-alvo.

As quantidades dos dois hormônios são reguladas por suas taxas de síntese *versus* de desativação (ver Capítulo 12). O equilíbrio entre as rotas de biossíntese e de desativação é regulado ao nível genético pela ação de fatores de transcrição. As proteínas da família DELLA são repressores transcricionais que, na ausência de GA, inibem a germinação, em parte pela expressão crescente de fatores de transcrição que promovem a biossíntese de ABA. Conforme discussão abaixo, certos fatores ambientais podem alterar o equilíbrio ABA:GA de sementes e, assim, estimular a germinação. Determinados tratamentos, como a *pós-maturação*, podem promover a germinação mediante redução dos níveis de ABA, enquanto outros tratamentos, como o resfriamento (ou *estratificação*) podem promover a germinação mediante aumento da biossíntese de GA (**Figura 15.6**). A giberelina promove a germinação ao causar a degradação proteolítica dos repressores DELLA que normalmente inibem a germinação. A pós-maturação e o resfriamento serão discutidos mais detalhadamente adiante neste capítulo.

Um outro fator que parece regular a dormência da semente refere-se às sensibilidades relativas do embrião ao ABA e à GA. De acordo com um modelo recente, a sensibilidade hormonal do embrião está sob o controle do desenvolvimento e do ambiente (ver Figura 15.6). Durante os primeiros estágios do desenvolvimento da semente, a sensibilidade ao ABA é alta e a sensibilidade à GA é baixa, o que favorece a dormência sobre a germinação. Mais tarde no desenvolvimento da semente, a sensibilidade ao ABA declina e a sensibilidade à GA aumenta, favorecendo a germinação. Ao mesmo

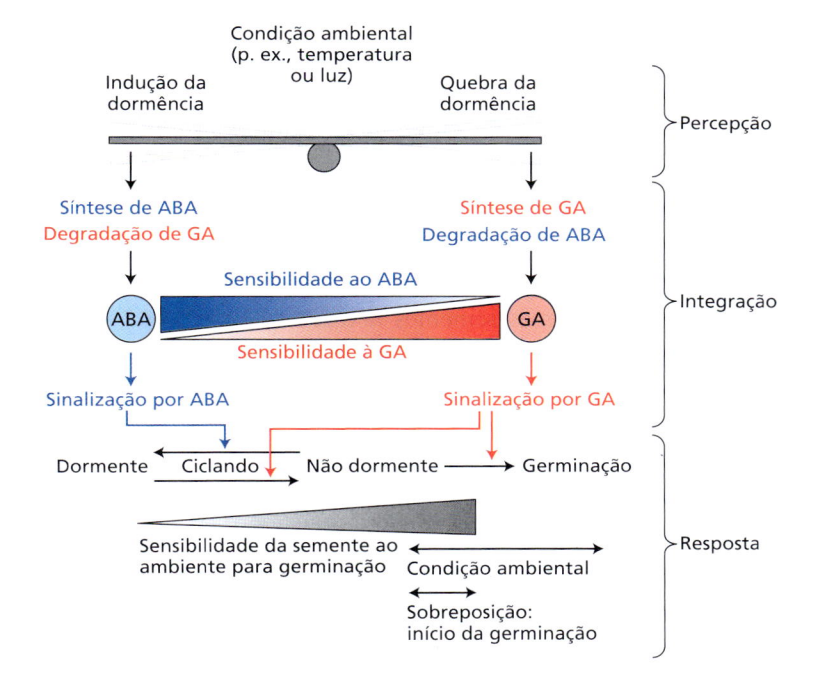

Figura 15.6 Modelo para regulação da dormência e da germinação por ABA e giberelina (GA) em resposta aos fatores ambientais. Fatores ambientais como a temperatura afetam as razões ABA:GA e a capacidade de resposta do embrião a ABA e GA. Na dormência, a GA é catabolizada, e a síntese e a sinalização por ABA predominam. Na transição para germinação, o ABA é catabolizado, e a síntese e a sinalização por GA predominam. A interação complexa entre a síntese, a degradação e a sensibilidade ao ABA e à GA em resposta às condições ambientais pode resultar na ciclização entre estados dormentes e não dormentes (ciclização da dormência). A germinação pode continuar para a conclusão quando condições ambientais favoráveis e não dormência coincidem. (De Finch-Savage e Leubner-Metzger, 2006.)

tempo, a semente torna-se progressivamente mais sensível aos fatores ambientais, como temperatura e luz, que podem tanto estimular quanto inibir a germinação.

ABA e giberelina não são os únicos hormônios que regulam a dormência da semente. Por exemplo, etileno e brassinosteroides reduzem a capacidade do ABA de inibir a germinação, aparentemente pela rota de sinalização de transdução de ABA. O ABA também inibe a biossíntese de etileno, enquanto os brassinosteroides a aumentam. Por isso, as redes hormonais provavelmente estão envolvidas na regulação da dormência da semente, assim como na regulação de muitos fenômenos do desenvolvimento.

Liberação da dormência

A quebra da dormência implica uma mudança de estado metabólico na semente que permite ao embrião reiniciar o crescimento. Como a germinação é um processo irreversível encarregado de transformar a semente em plântula, muitas espécies desenvolveram mecanismos sofisticados para perceber as melhores condições para que isso ocorra. Em geral, há componentes sazonais para a "decisão" final de uma semente de germinar, como nos exemplos de dormência secundária observados anteriormente neste capítulo. Nesta seção, são discutidos alguns dos estímulos ambientais que efetuam a liberação da dormência. Embora cada sinal externo seja discutido em separado, as sementes na natureza necessitam integrar suas respostas a múltiplos fatores ambientais percebidos simultaneamente ou em sucessão.

Como a razão ABA:GA exerce um papel decisivo na manutenção da dormência da semente, acredita-se que as condições ambientais que quebram a dormência fundamentalmente ativam redes genéticas que afetam o equilíbrio entre as respostas ao ABA e à GA. Essa hipótese é compatível com o fato de que o tratamento de sementes com GA em geral pode substituir um sinal positivo na quebra da dormência.

A luz é um sinal importante que quebra a dormência nas sementes pequenas

Muitas sementes têm uma necessidade de luz para a germinação (denominada *fotoblastia*) que pode envolver uma exposição breve, como no caso do cultivar "Grand Rapids" de alface (*Lactuca sativa*) (ver Figura 13.5); um tratamento intermitente (p. ex., suculentas do gênero *Kalanchoe*); ou mesmo fotoperíodos específicos envolvendo dias longos e curtos. Por exemplo, sementes de bétula (*Betula* spp.) necessitam de dias longos (16 h) para germinar, enquanto sementes da conífera cicuta oriental (*Tsuga canadensis*) requerem dias curtos. O fitocromo, que percebe comprimentos de onda do vermelho (R) e vermelho-distante (FR) (ver Capítulo 13), é o sensor primário para a germinação regulada pela luz. Todas as sementes que necessitam de luz exibem dormência imposta pela casca, e a remoção dos tecidos mais externos – especificamente o endosperma – permite ao embrião desenvolver-se na ausência de luz. O efeito que a luz tem no embrião permite à radícula (raiz embrionária) penetrar o endosperma, um processo facilitado em algumas espécies pelo enfraquecimento enzimático das paredes celulares na região micropilar, próxima à radícula.

A luz é requerida pelas sementes pequenas de várias espécies herbáceas, muitas das quais permanecem dormentes se estiverem enterradas em uma profundidade na qual a luz não penetra. Mesmo quando tais sementes estão na superfície do solo ou próximas a ela, a quantidade de sombra do dossel da vegetação (i.e., a razão R:FR que a semente recebe) provavelmente afeta a germinação. No Capítulo 16, são vistos os efeitos da razão R:FR em relação ao fenômeno de evitação da sombra.

Algumas sementes requerem ou resfriamento ou pós-maturação para quebrar a dormência

Muitas sementes necessitam de um período de temperaturas baixas (1-10°C) para germinar. Em espécies de zonas temperadas, essa demanda tem um valor óbvio para sua sobrevivência, pois tais sementes não germinarão no outono, mas na primavera subsequente. Resfriar as sementes para quebrar sua dormência é referido como **estratificação**, nome dado à prática agrícola de hibernar sementes dormentes em montes estratificados de solo ou areia úmida. Hoje, as sementes são simplesmente estocadas úmidas em um refrigerador. A estratificação possui o benefício adicional de sincronizar a germinação, assegurando que as plantas amadurecerão ao mesmo tempo. A **Figura 15.7A** demonstra o efeito do resfriamento sobre a germinação da semente. Sementes intactas exigem 80 dias de resfriamento para germinação máxima, enquanto embriões isolados concretizam a germinação máxima após aproximadamente 50 dias. Portanto, a presença de tecidos de revestimento (casca e endosperma) aumenta a necessidade de resfriamento do embrião em cerca de 30 dias.

Algumas sementes necessitam de um período de **pós-maturação** antes que possam germinar. A duração da necessidade da pós-maturação deve ser curta, como algumas semanas (p. ex., cevada, *Hordeum vulgare*), ou longa, como cinco anos (p. ex., labaça-crespa, *Rumex crispus*). No campo, a pós-maturação deve ocorrer nas plantas de inverno em que a dormência é quebrada pelas altas temperaturas de verão, permitindo às sementes germinarem no outono. Inversamente, o resfriamento úmido durante os meses frios do inverno é eficaz em muitas plantas de verão. A pós-maturação em culturas hortícolas e agrícolas em geral é realizada em armários especiais

Capítulo 15 • Dormência e Germinação da Semente e Estabelecimento da Plântula

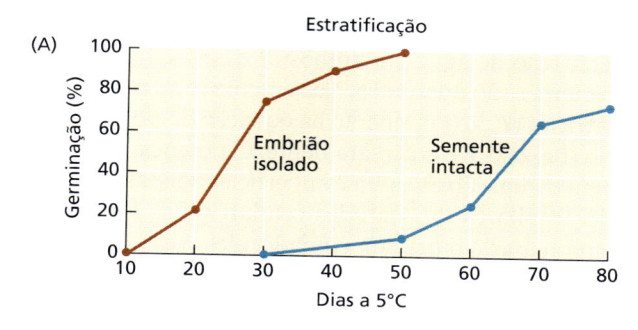

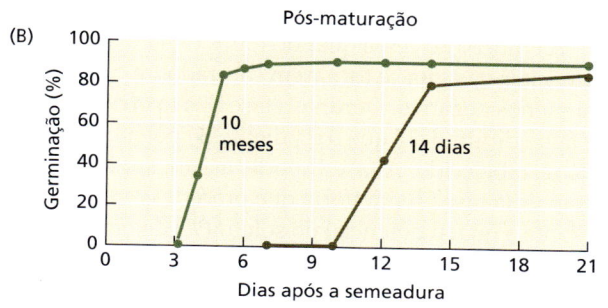

Figura 15.7 A dormência da semente pode ser superada por estratificação ou pós-maturação. (A) Liberação de sementes de maçã pela estratificação ou pelo resfriamento úmido. Sementes embebidas foram estocadas a 5°C e removidas periodicamente para testar as sementes ou os embriões isolados para germinação. A germinação de sementes intactas atrasou significativamente em comparação com aquela dos embriões isolados. (B) Efeito da pós-maturação (estocagem seca à temperatura ambiente) sobre a germinação das sementes de *Nicotiana plumbaginifolia*. A pós-maturação por 10 meses ou mais acelerou bastante a germinação, comparada com a pós-maturação por somente 14 dias. (A de Bewley, 2013; B de Grappin et al., 2000.)

para secagem que mantêm a temperatura e a aeração apropriadas e fornecem condições de umidade baixa.

O efeito da duração da pós-maturação sobre a germinação das sementes de *Nicotiana plumbaginifolia* é mostrado na **Figura 15.7B**. Sementes pós-maturadas por somente 14 dias iniciaram a germinação depois de cerca de 10 dias de umedecimento, enquanto sementes pós-maturadas por 10 meses começaram a germinação depois de 3 dias apenas. As sementes são consideradas "secas" quando seu conteúdo de água cai para menos de 20%. Em muitas espécies, o ABA diminui durante a pós-maturação, e mesmo um declínio pequeno deve ser o suficiente para quebrar a dormência. Por exemplo, em sementes de *N. plumbaginifolia*, o conteúdo de ABA decresce em cerca de 40% durante a pós-maturação. Em geral, a pós-maturação promove um decréscimo na concentração de ABA e na sensibilidade a ele e um aumento na concentração de GA e na sensibilidade a esse hormônio. Entretanto, se as sementes se tornam muito secas (5% de água ou menos), o efeito da pós-maturação é diminuído.

A dormência da semente pode ser quebrada por vários compostos químicos

Foi demonstrado que numerosas moléculas, como inibidores respiratórios, compostos sulfídricos, oxidantes e compostos nitrogenados, podem quebrar a dormência da semente em determinadas espécies. Entretanto, somente algumas dessas substâncias químicas ocorrem naturalmente no ambiente. Dessas moléculas, o nitrato, com frequência em combinação com a luz, provavelmente é a mais importante. Algumas plantas, como a erva-rinchão (*Sysymbrium officinale*), têm uma necessidade absoluta de nitrato e luz para a germinação da semente. Outro agente químico que pode quebrar a dormência é o óxido nítrico (NO), uma molécula sinalizadora encontrada em animais e plantas (ver Capítulo 18). Mutantes de *Arabidopsis* incapazes de sintetizar NO exibem germinação reduzida, e o efeito pode ser revertido pelo tratamento das sementes com NO exógeno. Outro forte estimulante químico da germinação da semente em muitas espécies sob condições naturais é a fumaça produzida durante as queimadas das florestas. A fumaça provavelmente contém múltiplos estimulantes da germinação, mas, entre eles, um dos mais ativos é o **carriquinolida** (*karrikinolide*), um membro da classe das carriquinas (*karrikin*) de moléculas, que estruturalmente lembram os fitormônios estrigolactonas (ver Capítulos 12 e 16).

Nos três exemplos, os estimulantes químicos parecem quebrar a dormência pelo mesmo mecanismo básico: regulando para baixo a síntese ou a sinalização por ABA, e regulando para cima a síntese ou a sinalização por GA, alterando, portanto, a razão ABA:GA.

Germinação da semente

Germinação é o processo que inicia com a absorção de água pela semente seca e termina com a emergência de parte do embrião, normalmente a radícula, transpondo seus tecidos circundantes. Estritamente falando, a germinação não inclui o crescimento da plântula depois da emergência da radícula. De modo similar, a rápida mobilização das reservas que estimula o crescimento inicial da plântula é considerada um processo pós-germinação.

A germinação requer quantidades adequadas de água, temperatura, oxigênio e com frequência luz e nitrato. Desses, a água é o fator mais essencial. O conteúdo de água de sementes secas e maduras está entre 5 e 15%, bem abaixo do limiar necessário para o metabolismo completamente ativo. Além disso, a absorção de água é necessária para gerar a pressão de turgor que potencializa a expansão celular, a base do crescimento e do desenvolvimento vegetativo. Como foi discutido no Capítulo 2, a absorção de água é direcionada pelo gradiente de potencial hídrico (Ψ) do solo para a semente. Por exemplo, a incubação de sementes de tomate em um potencial hídrico ambiental alto ($\Psi = 0$ MPa) permite 100% de germinação, ao passo que a incubação em um potencial hídrico ambiental baixo ($\Psi = -1,0$ MPa), que anula o gradiente de potencial hídrico, suprime completamente a germinação (**Figura 15.8**).

A germinação e a pós-germinação podem ser divididas em três fases correspondentes às fases de absorção da água

Sob condições normais, a absorção de água pela semente é trifásica (**Figura 15.9**):

- *Fase I.* As sementes secas absorvem água rapidamente pelo processo de embebição.
- *Fase II.* A absorção de água pela embebição declina, e os processos metabólicos, incluindo a transcrição e a tradução, são reiniciados. O embrião expande, e a radícula emerge da casca da semente.
- *Fase III.* A absorção de água reinicia devido a um decréscimo no Ψ à medida que a plântula cresce, e as reservas de nutrientes das sementes são completamente mobilizadas.

A absorção inicial rápida de água pela semente seca durante a fase I é referida como **embebição**, para distingui-la da absorção de água durante a fase III.

Embora o gradiente de potencial hídrico impulsione a absorção de água em ambos os casos, as causas dos gradientes são diferentes. Na semente seca, o **potencial matricial** (Ψ_m) componente da equação do potencial hídrico baixa o Ψ e cria o gradiente. O potencial matricial surge da ligação da água a superfícies sólidas, como os microcapilares das paredes celulares e as superfícies de proteínas e outras macromoléculas (ver Capítulo 2). A reidratação das macromoléculas celulares ativa os processos metabólicos basais, incluindo a respiração, a transcrição e a tradução.

A embebição cessa quando todos os sítios de ligação potenciais da água se tornarem saturados, e o Ψ_m se tornar menos negativo. Durante a fase II, a taxa de absorção de água diminui até que o gradiente de potencial hídrico seja restabelecido. A fase II pode, assim, ser imaginada como uma fase preparatória que precede o crescimento, durante a qual o potencial do soluto (Ψ_s) do embrião torna-se gradualmente mais negativo devido à queda das reservas estocadas e à liberação de solutos ativos osmoticamente. O volume da semente pode aumentar, rompendo sua casca. Ao mesmo tempo, funções metabólicas adicionais iniciam, como a reestruturação do citoesqueleto e a ativação de mecanismos de reparo do DNA.

A emergência da radícula através da casca da semente na fase II marca o final do processo de germi-

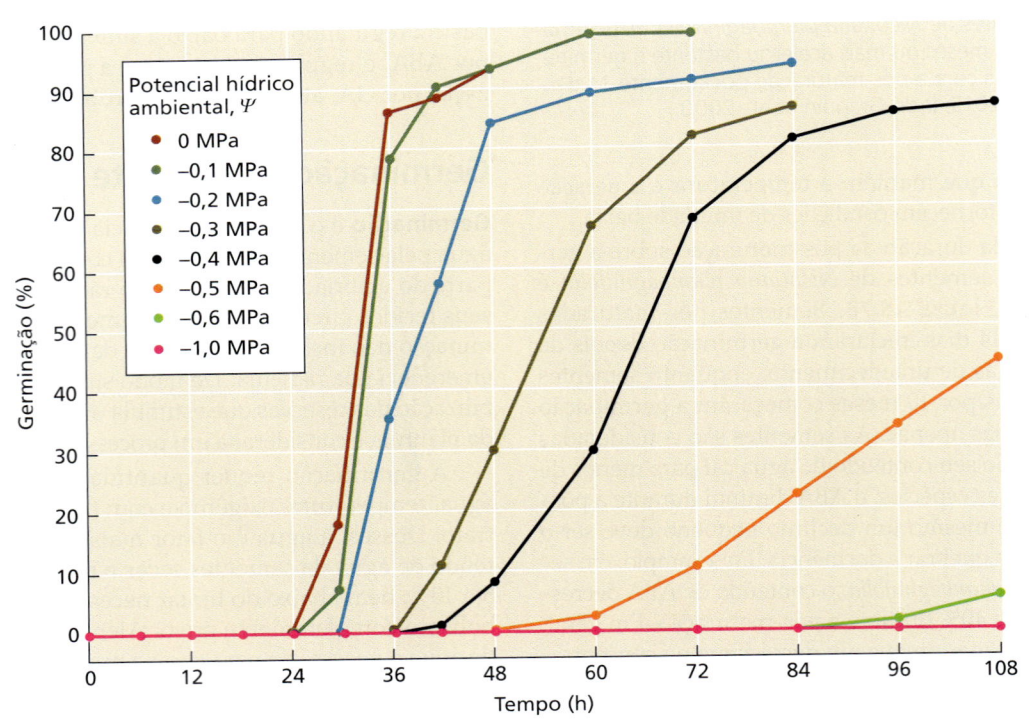

Figura 15.8 Curso do processo da germinação de sementes do tomate em diferentes potenciais hídricos ambientais. (De G. Leubner [www.seedbiology.de] e Liptay e Schopfer, 1983.)

Figura 15.9 Fases da embebição das sementes. Na fase I, as sementes secas absorvem água rapidamente. Já que a água flui do potencial hídrico mais alto para o mais baixo, a absorção de água cessa quando a diferença no potencial hídrico entre a semente e o ambiente se torna zero. Durante a fase II, as células expandem-se e a radícula emerge da semente, completando a germinação. A atividade metabólica aumenta e ocorre o afrouxamento da parede celular. Na fase III, a absorção de água reinicia à medida que a plântula se estabelece. (De Bewley, 1997 e Nonogaki et al., 2007 e 2010.)

nação. As paredes celulares da radícula são afrouxadas e estendem-se em resposta ao aumento na pressão de turgor que acompanha a absorção de água, que causa o alongamento da célula. Contudo, em muitas sementes a radícula precisa primeiro romper a barreira imposta por estruturas circundantes, como o endosperma, a casca da semente, ou o pericarpo, antes que possa emergir da semente. A emergência da radícula pode ser um processo de uma ou duas etapas. No processo de uma etapa, ou os tecidos circundantes tornam-se enfraquecidos fisicamente durante a embebição, permitindo a emergência sem impedimento, ou, durante a embebição, a expansão da radícula é suficiente para romper os tecidos circundantes. No processo de duas etapas, os tecidos circundantes devem primeiro passar por enfraquecimento metabólico antes que a radícula possa emergir.

Durante da fase III, a taxa de absorção de água aumenta rapidamente devido ao início do afrouxamento da parede celular e à expansão celular quando a plântula começa a crescer. Portanto, o gradiente de potencial hídrico nos embriões da fase III é mantido pelo relaxamento da parede celular e pelo acúmulo de solutos.

Mobilização das reservas armazenadas

As principais reservas de nutrientes das sementes das angiospermas tipicamente são armazenadas nos cotilédones ou no endosperma. A mobilização massiva de reservas que ocorre após a germinação fornece nutrientes para a plântula em crescimento até que ela se torne autotrófica. Carboidratos (amidos), proteínas e lipídeos são armazenados em organelas especializadas dentro desses tecidos; o amido, por exemplo, é armazenado em **amiloplastos** no endosperma de cereais. As duas enzimas responsáveis pelo início da degradação do amido são α-amilase e β-amilase. A α–amilase hidrolisa internamente cadeias de amido, produzindo oligossacarídeos que consistem de resíduos de glicose com ligações α(1→4). A β–amilase degrada esses oligossacarídeos das extremidades, produzindo maltose, um dissacarídeo. A maltase, então, converte a maltose em glicose.

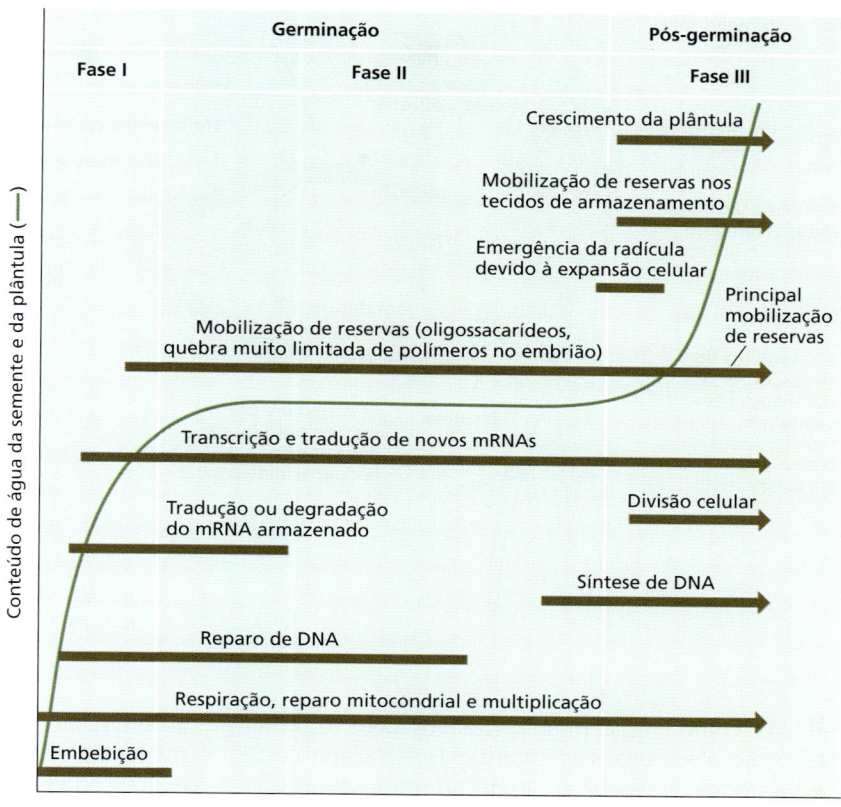

Os vacúolos de reserva de proteínas são as fontes primárias de aminoácidos para uma nova síntese de proteínas na plântula. Além disso, eles contêm fitina, sais de K^+, Mg^{2+} e Ca^{2+} do ácido fítico (*mio*-inositol-hexafosfato), uma forma principal de estoque de fosfato em sementes. Durante a mobilização de reservas, a enzima fitase hidrolisa a fitina, liberando fosfato e outros íons para utilização pela plântula em crescimento.

Os lipídeos são uma fonte de carbono de alta energia que é estocada em óleos ou em corpos lipídicos. Corpos lipídicos de sementes de canola, mostarda, algodão, linho, milho, amendoim e sésamo contêm

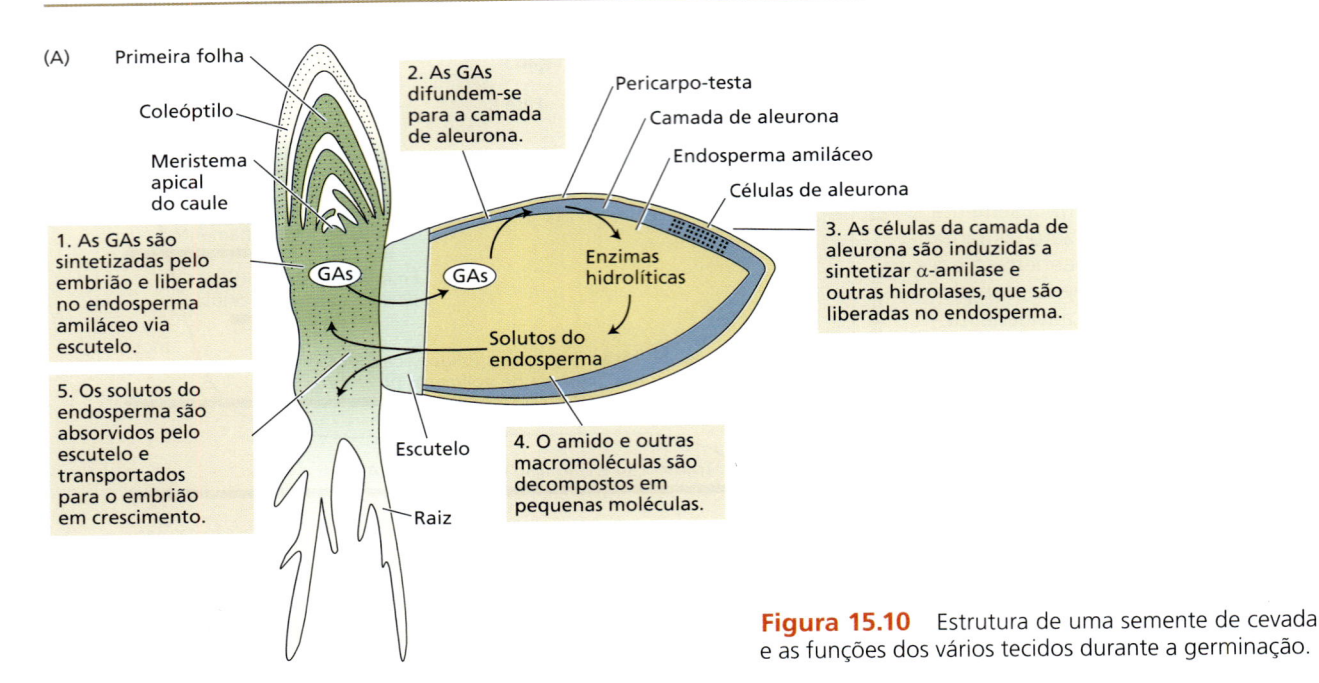

Figura 15.10 Estrutura de uma semente de cevada e as funções dos vários tecidos durante a germinação.

lipídeos, como triglicerídeos e fosfolipídeos, e proteínas, como oleosinas (ver Capítulo 1). No Capítulo 11, foi discutido o catabolismo lipídico durante a germinação da semente.

A camada de aleurona dos cereais é um tecido digestivo especializado circundando o endosperma amiláceo

As sementes de cereais contêm três partes: o embrião, o endosperma e a fusão testa-pericarpo (**Figura 15.10**). O embrião, que originará uma nova plântula, tem um órgão de absorção especializado, o escutelo. O endosperma triploide é composto de dois tecidos: o endosperma amiláceo centralmente localizado e a **camada de aleurona** periférica. O endosperma amiláceo consiste em células com paredes celulares finas preenchidas com grão de amido. As células vivas da camada de aleurona, que circunda o endosperma amiláceo, sintetizam e liberam α-amilase e outras enzimas hidrolíticas no endosperma amiláceo durante a germinação. Como consequência, as reservas de nutrientes do endosperma são decompostas; os açúcares solubilizados, aminoácidos e outros produtos são transportados para o embrião em crescimento via escutelo.

Conforme apresentado na Figura 15.10, as giberelinas liberadas do embrião durante a germinação estimulam a produção e a liberação de α-amilase pela camada de aleurona de sementes de cereais. Uma vez dentro das células da camada de aleurona, a GA liga-se ao seu receptor e inicia uma rota de transdução de sinal, como descrito no Capítulo 12. A ligação de GA ao seu receptor inicia uma resposta que resulta no aumento da expressão de um ativador transcricional da expressão gênica de α-amilase, levando à produção e secreção desta enzima (**Figura 15.11**).

O ABA inibe a síntese de enzimas hidrolíticas induzida por giberelinas. As enzimas hidrolíticas são essenciais para a decomposição de reservas armazenadas durante o crescimento da plântula. No caso da α-amilase, o ABA atua inibindo a transcrição – dependente de giberelinas – do mRNA da α-*amilase*.

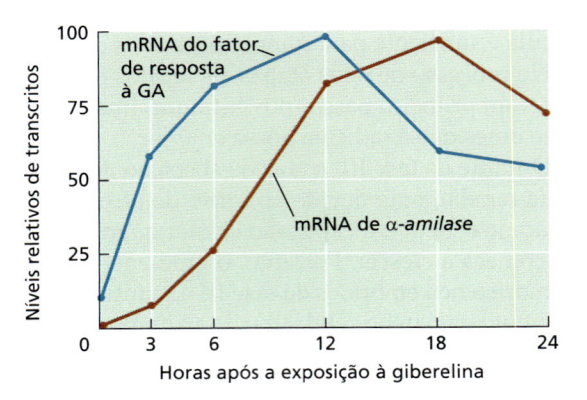

Figura 15.11 Evolução temporal da indução do mRNA do *fator de resposta à GA* e do mRNA da α-amilase pela GA_3. A produção do mRNA do *fator de resposta à GA* precede à do mRNA da α-amilase em aproximadamente 3 horas. Na ausência de giberelina, os níveis do mRNA do *fator de resposta à GA* e do mRNA da α-amilase são insignificantes. (De Gubler et al., 1995.)

Estabelecimento da plântula

O estabelecimento da plântula é fundamental para a sobrevivência da planta, bem como para seu crescimento e desenvolvimento subsequentes. Esta transição entre a germinação (emergência) e o crescimento independente da semente é crucial, já que as plântulas são altamente suscetíveis a fatores bióticos e abióticos durante esse estágio. No campo, cerca de 10 a 55% das plântulas de milho e 48 a 70% das plântulas de soja não superam esse estágio. O tamanho da semente é um fator importante no estabelecimento da plântula porque sementes maiores têm reserva de nutrientes maior, permitindo mais tempo para o desenvolvimento da plântula.

Numa definição ampla, o estabelecimento da plântula é o momento em que ela se torna capaz de fotossintetizar, assimilar água e nutrientes do solo, passar pela diferenciação e maturação normais das células e dos tecidos e responder apropriadamente aos estímulos ambientais.

O desenvolvimento de plântulas emergentes é fortemente influenciado pela luz

Um evento-chave no estabelecimento da plântula é a emergência do caule do solo em direção à luz, o que desencadeia alterações profundas no desenvolvimento caulinar. As partes aéreas de plântulas cultivadas no escuro são **estioladas** – isto é, elas têm hipocótilos longos, um ápice em forma de gancho, cotilédones fechados e pró-plastídios não fotossintetizantes, fazendo as folhas não expandidas terem uma cor amarela pálida. Por sua vez, plântulas cultivadas sob luz não direcional têm hipocótilos menores e mais espessos, cotilédones abertos e folhas expandidas com cloroplastos ativos fotossinteticamente (**Figura 15.12**). O desenvolvimento no escuro é denominado **escotomorfogênese**, enquanto o desenvolvimento na presença de luz é denominado **fotomorfogênese**. Quando plântulas cultivadas no escuro são transferidas para a luz, a fotomorfogênese inicia e as plântulas são ditas desestioladas.

A troca entre os desenvolvimentos no escuro e no claro envolve mudanças genômicas amplas na transcrição e na tradução, desencadeadas pela percepção da luz por diversas classes de receptores (ver Capítulo 13). Apesar da complexidade do processo, a transição da escotomorfogênese para a fotomorfogênese é surpreendentemente rápida. Dentro de minutos da aplicação de um único *flash* de luz a uma plântula de feijoeiro cultivada no escuro, muitas mudanças ocorrem no desenvolvimento:

- Um decréscimo na taxa de alongamento do caule
- O início da abertura do ápice em forma de gancho
- O início da síntese dos pigmentos fotossintetizantes

A luz age, portanto, como um sinal para induzir uma mudança na forma da plântula, de uma que facilita o crescimento dentro do solo para uma que possibilita a captação eficiente de energia luminosa e sua conversão em açúcares, proteínas e lipídeos essenciais e necessários ao crescimento da planta.

Entre os diferentes fotorreceptores que podem promover respostas morfogenéticas nas plantas, os mais importantes são os que absorvem as luzes azul e vermelha. O fitocromo é um pigmento proteico fotorreceptor que absorve luz vermelha e vermelho-distante mais fortemente, mas também absorve luz azul

Figura 15.12 Plântulas de monocotiledôneas e eudicotiledôneas cultivadas sob iluminação e no escuro. (A e B) Milho (*Zea mays*) e (C e D) mostarda (*Eruca* sp.) cultivados na luz (A e C) ou no escuro (B e D). Os sintomas do estiolamento no milho, uma monocotiledônea, abrangem ausência do esverdeamento, redução da largura da folha, incapacidade de desenrolamento foliar e alongamento do coleóptilo e do mesocótilo. Na mostarda, uma eudicotiledônea, os sintomas do estiolamento incluem ausência do esverdeamento, tamanho reduzido da folha, alongamento do hipocótilo e manutenção do ápice em gancho. (A e B, imagens cortesia de Patrice Dubois; C e D, imagens de David McIntyre.)

(ver Capítulo 13). Os criptocromos são flavoproteínas que medeiam muitas respostas à luz azul envolvidas na fotomorfogênese, incluindo a inibição do alongamento do hipocótilo, a expansão cotiledonar e o alongamento do pecíolo.

Giberelinas e brassinosteroides suprimem a fotomorfogênese no escuro

No escuro, o nível do fitocromo na forma Pfr (que absorve luz vermelho-distante) é baixo. Como o Pfr reduz a sensibilidade do hipocótilo a GA, as GAs endógenas promovem o alongamento celular do hipocótilo em escala maior no escuro do que na luz, ocasionando o surgimento de plântulas longas e finas cultivadas no escuro. Sob a luz, o Pr (a forma de fitocromo que absorve luz vermelha) é convertido em Pfr, que ocasiona uma menor sensibilidade do hipocótilo às GAs. Como consequência, o alongamento do hipocótilo é amplamente reduzido, e a plântula parece passar por fotomorfogênese parcial. Por essa razão, ervilhas mutantes deficientes em giberelina cultivadas no escuro lembram um pouco plântulas cultivadas na luz, embora ainda careçam de clorofila. Em conjunto, esses resultados indicam que a GA suprime a fotomorfogênese no escuro, e a supressão é revertida pela luz vermelha.

Os brassinosteroides exercem um papel paralelo na supressão da fotomorfogênese no escuro. Quando cultivados no escuro, mutantes de *Arabidopsis* deficientes em brassinosteroides são curtos e carecem de ganchos apicais observados em plântulas normais estioladas (**Figura 15.13**).

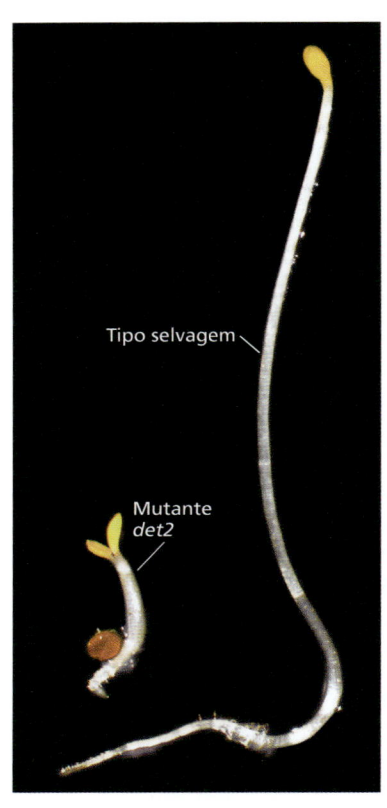

Figura 15.13 Uma plântula mutante (*det2*) de *Arabidopsis* à esquerda, deficiente de brassinosteroides e cultivada no escuro, tem um hipocótilo curto, engrossado e cotilédones abertos. O tipo selvagem cultivado no escuro está à direita. (Cortesia de S. Savaldi-Goldstein.)

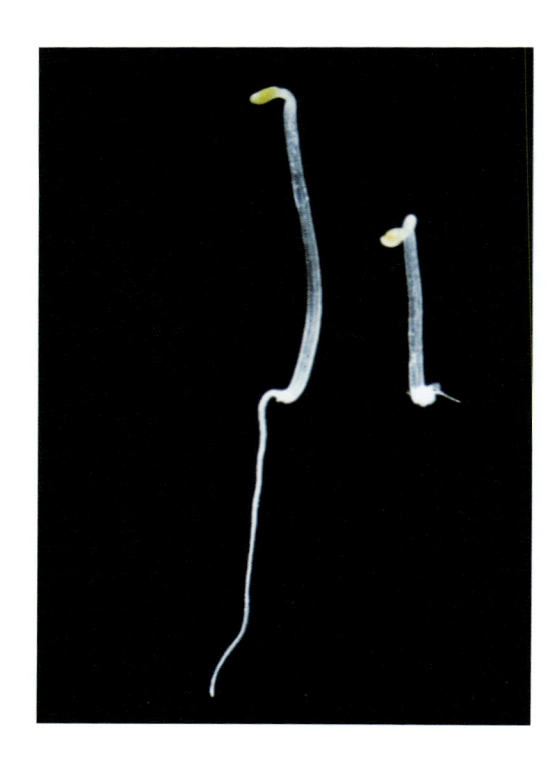

A abertura do gancho é regulada por fitocromo, auxina e etileno

Plântulas estioladas de eudicotiledôneas em geral são caracterizadas pela formação de um gancho logo abaixo do ápice caulinar. A formação do gancho e sua manutenção no escuro resultam do crescimento assimétrico induzido por etileno (**Figura 15.14**). A forma fechada do gancho é uma consequência do alongamento mais rápido do lado externo do caule do que do lado interno. Quando exposto à luz branca, o gancho abre, porque a taxa do alongamento do lado interno aumenta, igualando a taxa de crescimento em ambos os lados. A expansão diferencial envolve alongamento celular induzido pela auxina, discutido mais adiante neste capítulo.

Figura 15.14 Efeitos do etileno no crescimento de plântulas de *Arabidopsis*. Plântulas de 3 dias de idade cultivadas na presença de luz (direita) ou na ausência de luz (esquerda) em 10 ppm de etileno. Observe o hipocótilo encurtado, o alongamento reduzido da raiz e a exacerbação da curvatura do gancho apical que resultam da presença do etileno. (Cortesia de Joe Kieber, UNC.)

A luz vermelha induz a abertura do gancho e a luz vermelho-distante reverte o efeito da luz vermelha, indicando que o fitocromo é o fotorreceptor envolvido nesse processo. Uma interação estreita entre o fitocromo e o etileno controla a abertura do gancho. Enquanto o etileno for produzido pelo tecido do gancho no escuro, o alongamento das células do lado interno será inibido. A luz vermelha inibe a formação do etileno, promovendo o crescimento do lado interno, e causando, assim, a abertura do gancho.

A diferenciação vascular começa durante a emergência da plântula

Durante a embriogênese na semente, os transportes simplástico e apoplástico são suficientes para distribuir água, nutrientes e sinais ao longo do embrião pelo processo de difusão. Seguindo-se à germinação, entretanto, a plântula emergente requer um sistema vascular contínuo para distribuir materiais através da planta de maneira rápida e eficiente. O sistema vascular do embrião consiste somente em procâmbio – sistema vascular imaturo.

Durante a emergência da plântula, aparecem as primeiras células do protoxilema e do protofloema, seguidas de células maiores do metaxilema e do metafloema (**Figura 15.15**). As células do protofloema e do metafloema podem se diferenciar em elementos crivados, células companheiras, fibras ou células parenquimáticas. As células do protoxilema e do metaxilema podem se tornar elementos de vaso e traqueídes, fibras ou parênquima.

Raízes em crescimento possuem zonas distintas

O desenvolvimento de um sistema funcional de raízes é tão importante quanto o desenvolvimento do caule para que as plântulas tenham um bom início do seu crescimento. Os atributos básicos do desenvolvimento da raiz podem ser melhor descritos pelas suas primeiras zonas distinguidas dentro da raiz com comportamentos celulares característicos. Embora não seja possível definir seus limites com absoluta precisão, as zonas de desenvolvimento subsequente proporcionam uma adequada estrutura espacial para discutir o crescimento e o desenvolvimento da raiz (**Figura 15.16**):

- A **coifa** ocupa a parte mais distal da raiz. Ela representa um conjunto exclusivo de células que se situam abaixo da zona meristemática, cobrem o meristema apical e o protegem de lesão mecânica, à medida que a extremidade da raiz é submetida a desgaste no avanço através do solo. Outras funções da coifa incluem a percepção da gravidade durante o gravitropismo e a secreção de compostos que auxiliam a raiz a penetrar no solo e a mobilizar nutrientes minerais.

- A **zona meristemática** situa-se logo abaixo da coifa. Ela contém um grupo de células que atuam como iniciais, dividindo-se com polaridades características e produzindo células que posteriormente se dividem e se diferenciam nos vários tecidos que constituem a raiz madura. As células ao redor dessas iniciais têm pequenos vacúolos e se expandem e dividem rapidamente. Esta zona é também referida como meristema apical da raiz.

(A) No embrião maduro, o sistema vascular consiste em células procambiais.

(B) Em aproximadamente 2,5 dias após a germinação, o protofloema (linhas tracejadas) e o protoxilema (linhas pontilhadas) imaturos desenvolveram-se.

(C) Em aproximadamente 2,75 dias após a germinação, o protofloema maduro (linhas contínuas) desenvolveu-se, mas o protoxilema ainda está imaturo (linhas pontilhadas).

(D) Em plântulas de 3 dias de idade, a maior parte do protofloema e do protoxilema está plenamente diferenciada, com o desenvolvimento seguindo em direção à raiz.

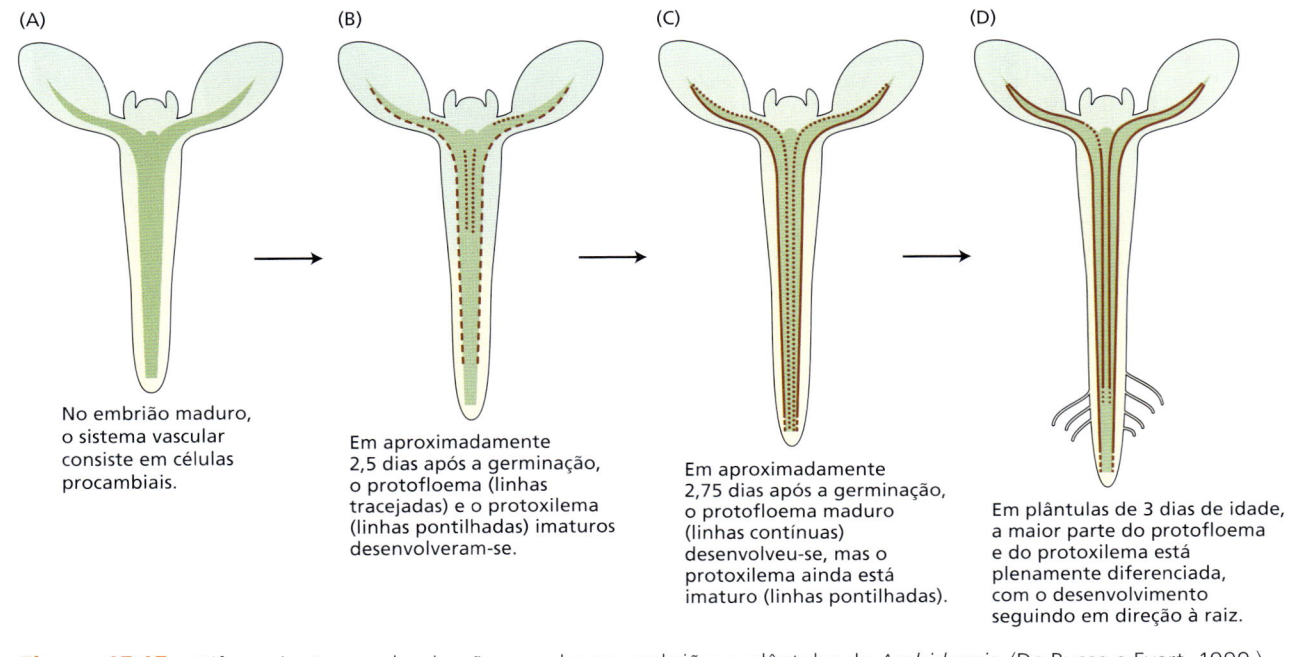

Figura 15.15 Diferenciação e padronização vascular em embriões e plântulas de *Arabidopsis*. (De Busse e Evert, 1999.)

- A **zona de alongamento** é o local de alongamento celular rápido e amplo. Embora algumas células continuem a se dividir enquanto se alongam dentro dessa zona, a taxa de divisão diminui progressivamente até zero com o aumento da distância em relação ao meristema. As células condutoras do floema também começam a se diferenciar na zona de alongamento.
- A **zona de maturação** é a região em que as células adquirem suas características diferenciadas. As células entram na zona de maturação após a divisão e o alongamento terem cessado; nessa região, órgãos laterais (raízes laterais e pelos) podem começar a se formar. A diferenciação pode começar muito mais cedo, mas as células não adquirem o estado maduro até alcançarem essa zona. As células condutoras do xilema também iniciam a diferenciação na zona de maturação.

Em *Arabidopsis*, essas quatro zonas de desenvolvimento ocupam pouco mais do que o primeiro milímetro da ponta da raiz. Em muitas outras espécies, essas zonas estendem-se por uma distância mais longa, mas o crescimento ainda é confinado às regiões distais da raiz.

O etileno e outros hormônios regulam o desenvolvimento dos pelos da raiz

Os pelos são extensões de células epidérmicas que ampliam a área de superfície da raiz. Normalmente, apenas algumas células epidérmicas produzem pelos de raiz; por exemplo, na alface somente aquelas células epidérmicas que recobrem uma junção celular cortical diferenciam-se em células de pelos. Porém, raízes tratadas com etileno produzem pelos extras em localizações anormais (**Figura 15.17**). Por sua vez, plântulas cultivadas na presença de inibidores da biossíntese de etileno (tais como o íon Ag^+), assim como mutantes insensíveis ao etileno, mostram uma redução na formação de pelos. Essas observações sugerem que o etileno atua como um

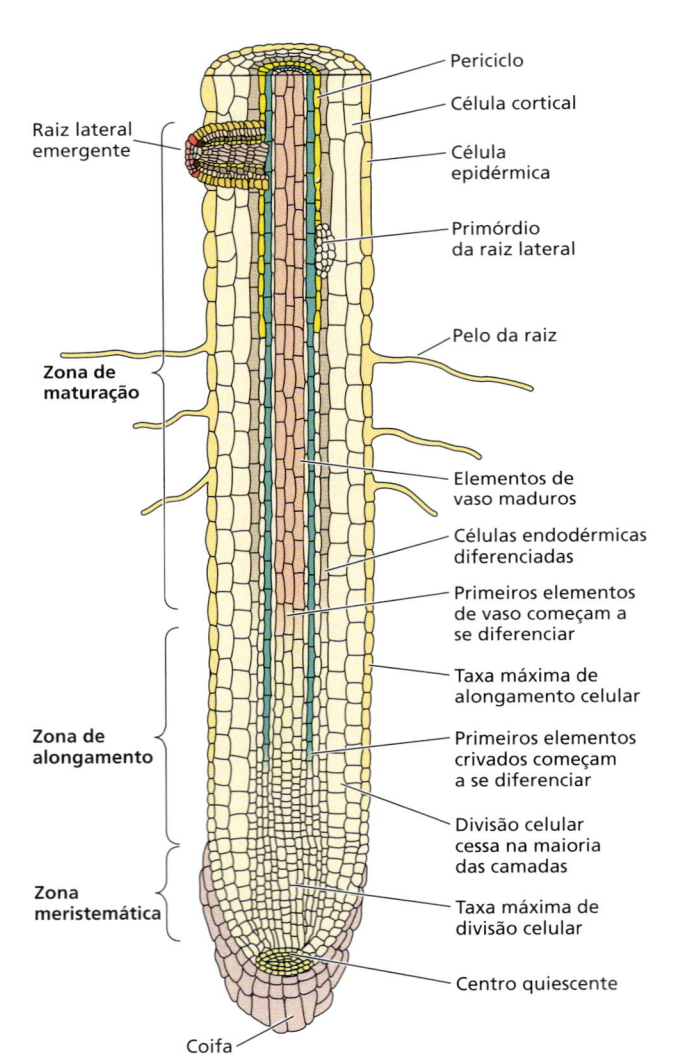

Figura 15.16 Diagrama da raiz primária mostrando as três zonas de desenvolvimento. A divisão celular ocorre na zona meristemática e a extensão celular ocorre na zona de alongamento. A diferenciação celular ocorre na zona de maturação, marcada pela formação dos pelos da raiz e iniciação das raízes laterais. A diferenciação do floema começa na zona de alongamento e a diferenciação do xilema inicia na zona de maturação.

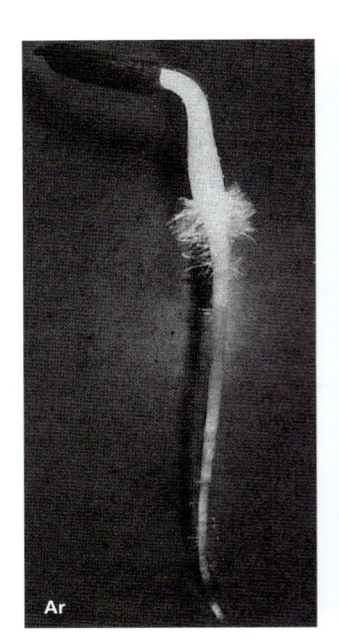

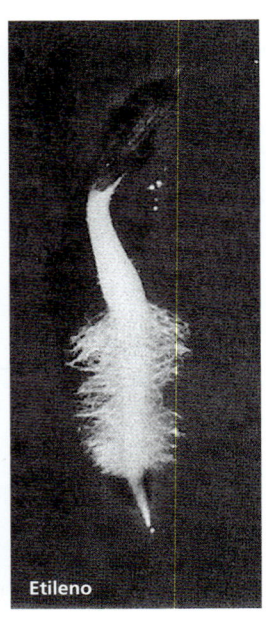

Figura 15.17 Promoção da formação de pelos da raiz por ação do etileno em plântulas de alface. Plântulas de 2 dias de idade foram tratadas com ar (à esquerda) ou 10 ppm de etileno (à direita) por 24 horas antes do registro da foto. Observe a profusão dos pelos nas raízes de plântulas tratadas com etileno. (De Abeles et al., 1992, cortesia de F. Abeles.)

regulador positivo na diferenciação de pelos de raiz. Foi demonstrado também que ácido jasmônico acentua o crescimento de pelos da raiz, ao passo que os brassinosteroides o inibem (ver Capítulo 12).

As raízes laterais surgem internamente a partir do periciclo

Outra maneira pela qual um sistema de raízes amplia sua área de superfície é por ramificação – mediante produção de raízes laterais. Nas gimnospermas e em muitas eudicotiledôneas, os primórdios da raiz lateral iniciam nas células do periciclo adjacentes às células do xilema. Entretanto, nas gramíneas, os primórdios das raízes laterais formam-se nas células do periciclo e da endoderme adjacentes às células do floema. Na maioria das plantas, as divisões anticlinais nas células do periciclo precedem as divisões periclinais. Essas células dos primórdios das raízes laterais continuam a divisão celular e a expansão celular até que a nova raiz lateral surja através das camadas de células corticais e epidérmicas (**Figura 15.18**).

A raiz lateral contém todos os tipos celulares da raiz primária, e o sistema vascular da raiz lateral é contínuo com o da raiz primária. As raízes laterais começam na zona de maturação da raiz primária. Elas retêm a capacidade de formar ramificações adicionais, aumentando consideravelmente a área de superfície total do sistema de raízes.

Expansão celular: mecanismos e controles hormonais

O crescimento é definido como o aumento no número e tamanho de células que ocorre durante o ciclo de vida de um organismo. O crescimento em vegetais é qualitativamente diferente do crescimento de animais. Nos animais, as divisões celulares são distribuídas uniformemente por todo o corpo, e o organismo atinge seu tamanho pleno no final do estágio juvenil. As células animais aumentam de tamanho sintetizando mais citoplasma, um processo que depende primordialmente da síntese de proteínas e outras macromoléculas.

As plantas exibem dois tipos de crescimento: crescimento em altura (crescimento primário) e crescimento em perímetro (crescimento secundário, ver Capítulo 1). Após a conclusão da embriogênese, as divisões celulares que originam o crescimento primário tornam-se restritas aos meristemas apicais do caule e da raiz, que têm o potencial de continuar se dividindo indefinidamente. Todavia, a maior parte do crescimento em altura vegetal deve-se ao processo de expansão celular. Diferentemente das células animais, as células vegetais ampliam seu volume absorvendo água para dentro do vacúolo central (ver Capítulos 2 e 3). Uma vez que a absorção de água é energeticamente muito menos onerosa do que a síntese de novas proteínas, tal estratégia de crescimento capacita as plantas, que vivem como coletores solares, a competir mais eficientemente por luz solar.

Nas plantas, a presença de uma parede celular rígida envolvendo o protoplasto dificulta o processo de

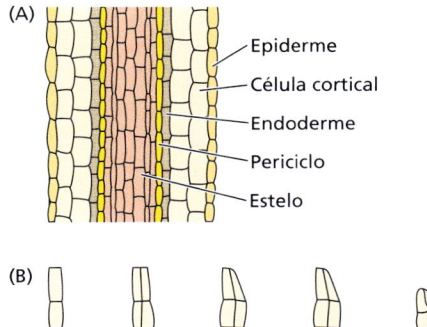

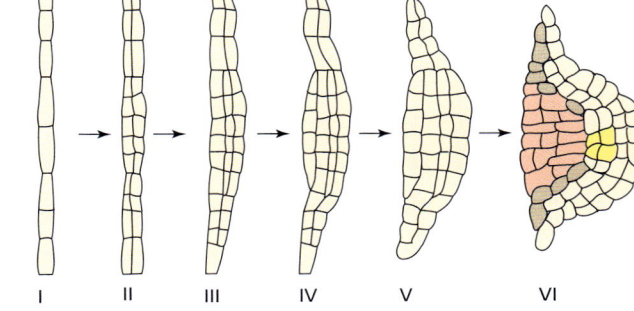

Figura 15.18 Desenvolvimento da raiz lateral. (A) Corte longitudinal de uma raiz na zona de maturação. Divisões celulares anticlinais no periciclo iniciam a formação da raiz lateral. (B) Estágios de desenvolvimento da raiz lateral. O estágio I consiste em uma única camada do periciclo. Durante o estágio II, as células do periciclo dividem-se periclinalmente para formar as camadas internas e externas. Nos estágios III e IV, o primórdio da raiz lateral tem uma forma de cúpula, e as divisões periclinais e anticlinais continuam. No estágio V, as células corticais afrouxam-se, de modo que o primórdio da raiz lateral possa se expandir entre as células da raiz primária. No estágio VI, o primórdio da raiz lateral repete os tecidos da raiz primária: camadas de células da epiderme, do parênquima cortical e da endoderme. No estágio VII, o estelo diferencia-se, as células epidérmicas separam-se e o primórdio da raiz lateral emerge. (De Petricka et al., 2012.)

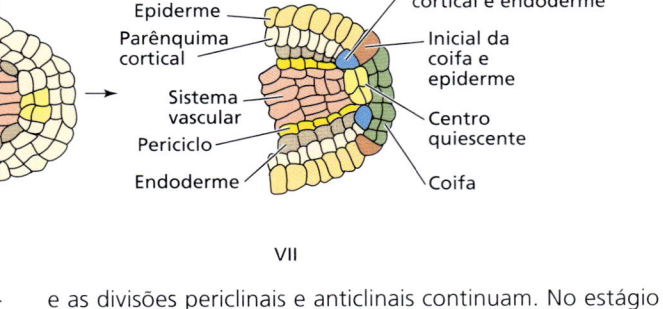

expansão das células. Uma das funções da parede celular é impedir a dissolução da célula durante a absorção de água. Mesmo assim, para que a célula se amplie, a resistência da parede de algum modo deve ser superada sem comprometer sua integridade. O sofisticado mecanismo desenvolvido pelas plantas para conseguir esse delicado equilíbrio de amolecimento de paredes sem rompimento é descrito nas seções seguintes. Por outro lado, a direcionalidade de ampliação da célula (alongamento *versus* expansão lateral) é regulada por um mecanismo inteiramente diferente que envolve microtúbulos celulares. Tanto o afrouxamento da parede quanto a direcionalidade da expansão celular são fortemente influenciados por hormônios.

A parede celular primária rígida deve ser afrouxada para que ocorra a expansão celular

Precocemente no seu desenvolvimento, as células vegetais começam a formar uma parede primária rígida e extensível. A estrutura da parede, em geral, consiste em camadas finas feitas de microfibrilas de celulose longas, incluídas em uma matriz hidratada de polissacarídeos não celulósicos, e de uma quantidade pequena de proteínas não enzimáticas (ver Figuras 1.5 e 1.7). Essa estrutura confere uma combinação ideal de flexibilidade e resistência à parede celular em crescimento, que deve ser tanto extensível quanto rígida. Pela massa seca, as paredes celulares primárias em geral contêm cerca de 40% de pectinas, 25% de celulose e 20% de hemicelulose, com talvez 5% de proteínas, e o restante composto de diversos outros materiais. Entretanto, grandes desvios desses valores podem ser encontrados entre espécies. As paredes de células de coleóptilos de gramíneas, por exemplo, consistem em 60 a 70% de hemicelulose, 20 a 25% de celulose e apenas cerca de 10% de pectinas.

O que as paredes primárias têm em comum é que elas são formadas em células em crescimento, contêm uma matriz altamente hidratada entre as microfibrilas de celulose e têm a capacidade de expandir em área de superfície, pelo menos durante a expansão celular. Isso contrasta com as paredes secundárias, que são agregadas mais densamente e têm um papel estrutural e de reforço incompatível com a sua expansão. A parede primária também contém uma quantidade considerável de água (cerca de 75%), localizada principalmente na matriz. O estado de hidratação da matriz é um determinante muito importante nas propriedades físicas da parede; por exemplo, a remoção da água torna a parede mais rígida e menos extensível, e isso é um fator que contribui para a inibição do crescimento da planta pelo déficit hídrico.

Durante o aumento da célula vegetal, novos polímeros de parede são continuamente sintetizados e secretados, ao mesmo tempo em que a parede preexistente se expande (ver Figura 1.7). A expansão da parede pode ser altamente localizada (como no caso do **crescimento apical**) ou mais dispersa sobre toda a sua superfície (**crescimento difuso**) (**Figura 15.19**). O crescimento apical é característico de tubos polínicos e pelos de raízes. A maioria das outras células no corpo vegetal exibe crescimento difuso.

A orientação das microfibrilas influencia a direção de células com crescimento difuso

Durante o crescimento, a parede celular frouxa é estendida por forças físicas geradas pela pressão de turgor da célula. A pressão de turgor cria uma força dirigida para fora, igual em todas as direções. A direção do crescimento é determinada em grande parte pela estrutura da parede celular – especificamente pela orientação das microfibrilas de celulose.

Quando formadas primeiro no meristema, as células são isodiamétricas, isto é, possuem diâmetros iguais em todas as direções. Se as microfibrilas de celulose na parede celular primária estão dispostas aleatoriamente, as células crescem isotropicamente (igualmente em todas as direções), expandindo-se radialmente até gerar uma esfera (**Figura 15.20A**). Na maioria das paredes celulares das plantas, contudo, as microfibrilas de celulose são alinhadas em uma direção preferencial, resultando em um **crescimento anisotrópico** (p. ex., no caule, as células aumentam mais em comprimento do que em largura).

Nas paredes laterais de células em alongamento, como as células do parênquima cortical e as células vasculares de caules e raízes, as microfibrilas de celulose são depositadas de maneira circunferencial (transversal-

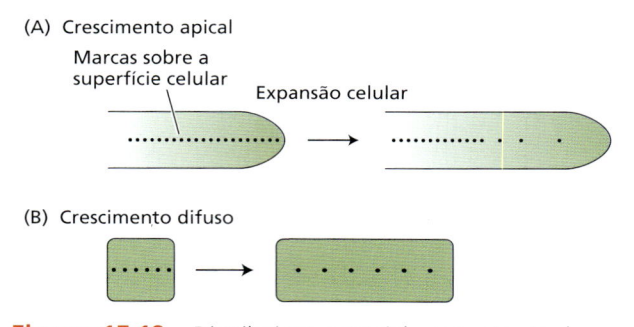

Figura 15.19 Distribuição espacial contrastante da expansão durante o crescimento apical e o crescimento difuso. (A) A expansão de uma célula em crescimento apical é restrita a uma cúpula apical na extremidade da célula. Se marcas forem feitas na superfície de uma célula em crescimento apical, apenas as marcas inicialmente dentro da cúpula apical tornam-se mais afastadas. Os pelos das raízes e os tubos polínicos são exemplos de células vegetais que exibem crescimento apical. (B) Se as marcas forem dispostas sobre a superfície de uma célula em crescimento difuso, a distância entre todas as marcas aumenta igualmente à medida que a célula cresce. A maioria das células de plantas multicelulares apresenta crescimento difuso.

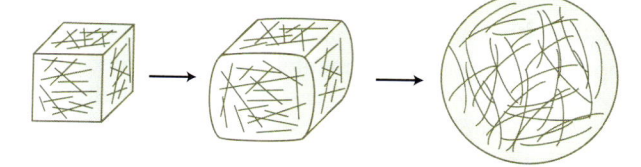

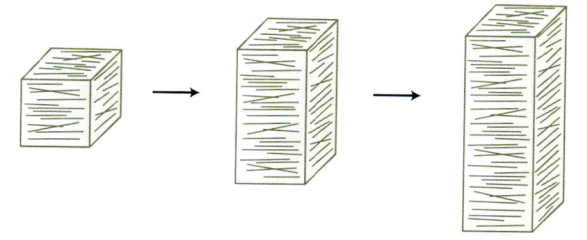

Figura 15.20 A orientação das microfibrilas de celulose determina a direção da expansão celular. (A) Microfibrilas de celulose orientadas aleatoriamente. (B) Microfibrilas de celulose transversais.

mente) em ângulos retos em relação ao eixo longitudinal da célula. O arranjo circunferencial das microfibrilas de celulose restringe o crescimento em largura e promove o crescimento em comprimento (**Figura 15.20B**).

As células vegetais em geral expandem-se de dez a mil vezes em volume antes de alcançar a maturidade. Em casos extremos, as células podem aumentar mais do que dez mil vezes em volume, comparadas com suas iniciais meristemáticas (p. ex., elementos de vaso). A parede celular experimenta essa expansão profunda sem perder sua integridade mecânica e sem tornar-se mais delgada. A integração de novos polímeros de parede durante a expansão celular é especialmente crucial para o crescimento rápido de pelos de raízes, tubos polínicos e outras células com crescimento apical, nas quais a região de depósito de parede e expansão da sua superfície está localizada no ápice da célula em forma de tubo.

Quando as células vegetais se expandem, seja por crescimento difuso ou por crescimento apical, o aumento em volume é devido principalmente à absorção de água. Essa água é destinada, principalmente, ao vacúolo, que ocupa uma proporção cada vez maior no volume da célula à medida que ela se expande.

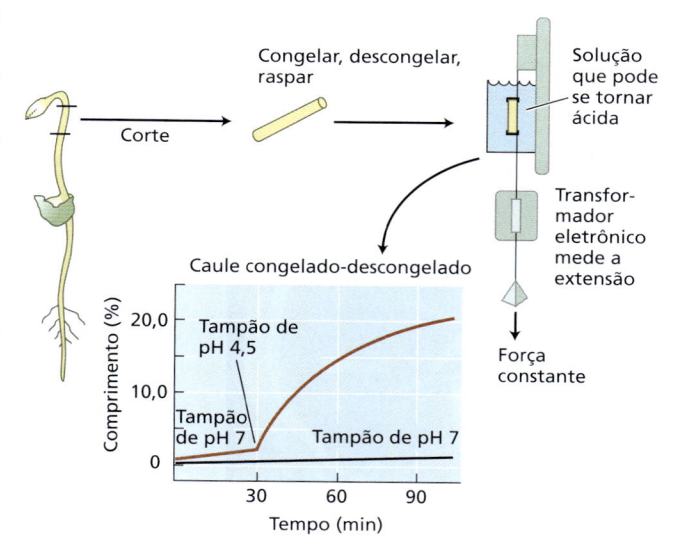

Figura 15.21 Extensão de paredes celulares isoladas induzida por acidez e medida em um extensômetro. A amostra de parede de células mortas é presa e colocada sob tensão em um extensômetro, que mede o comprimento com um transformador eletrônico ligado a um grampo. Quando a solução que circunda a parede é substituída por um tampão ácido (p. ex., pH 4,5), a parede estende-se irreversivelmente de uma maneira dependente do tempo. (De Cosgrove, 1997.)

O crescimento e o amolecimento da parede celular induzidos por ácidos são mediados por expansinas

Uma característica comum de paredes celulares em crescimento é que sua extensão é muito mais rápida em pH ácido do que em pH neutro. Esse fenômeno é denominado **crescimento ácido**. Em células vivas, o crescimento ácido fica evidente quando as células em crescimento são tratadas com tampões ácidos ou com a droga fusicoccina, que induz a acidificação da solução da parede celular por meio da ativação de uma H^+-ATPase (bomba de H^+) na membrana plasmática. O crescimento induzido por auxina é também associado à acidificação de parede (discutida abaixo).

A extensão de parede induzida por ácidos pode ser observada em paredes celulares isoladas. Tal observação implica no uso de um extensômetro para submeter as paredes à tensão e para medir a longo prazo sua extensão (**Figura 15.21**). Quando as paredes primárias isoladas são incubadas em tampão neutro (pH 7) e presas em um extensômetro, elas estendem-se brevemente quando a tensão é aplicada, mas a extensão logo cessa. Quando transferida para um tampão ácido (pH 5 ou menor), as paredes começam a se estender rapidamente e, em alguns casos, continuam por muitas horas.

A extensão induzida por acidez é característica de paredes de células em crescimento e não é observada nas paredes maduras (que não estão em crescimento). Quando as paredes são pré-tratadas com aquecimento, proteases ou outros agentes que desnaturam proteínas, elas perdem sua capacidade de responder ao ácido. Esses resultados indicam que o crescimento ácido não é devido simplesmente às características físicas e químicas da parede (p. ex., um enfraquecimento do gel de pectina), mas é catalisado por uma ou mais proteínas de parede.

A ideia de que proteínas são necessárias para o crescimento ácido foi confirmada em experimentos por reconstituição. Nesses experimentos, paredes inativadas pelo calor foram restauradas, respondendo quase totalmente ao crescimento ácido pela adição de proteínas extraídas de paredes de células em crescimento (**Figura 15.22**). Os componentes ativos provaram ser um grupo de proteínas denominadas **expansinas**. As expansinas catalisam o amolecimento de paredes celulares dependente de pH. Elas são eficazes em quantidades catalíticas, mas não exibem atividades líticas ou outras atividades enzimáticas.

A auxina promove o crescimento nos caules e coleóptilos, enquanto inibe o crescimento nas raízes

A auxina sintetizada no ápice caulinar é transportada em direção aos tecidos subapicais. O suprimento regular de auxina que chega à região subapical de um caule ou coleóptilo é necessário para o alongamento contínuo dessas células. Visto que o nível de auxina endógena na região de alongamento de uma planta normal e saudável está próximo do ideal para o crescimento, borrifar a planta com auxina exógena causa apenas um estímulo modesto e curto ao crescimento. Tal procedimento pode até mesmo ser inibitório no caso de plântulas cultivadas no escuro, as quais são mais sensíveis a concentrações supraideais de auxina do que as plantas cultivadas na luz.

Entretanto, quando a fonte endógena de auxina é removida por excisão do caule ou de secções do coleóptilo contendo a zona de alongamento, a taxa de crescimento cai rapidamente a um nível basal. Tais secções excisadas muitas vezes respondem à auxina exógena aumentando rapidamente sua taxa de crescimento de volta para o nível da planta intacta (**Figura 15.23**).

O controle do alongamento da raiz tem sido mais difícil de demonstrar, talvez porque a auxina induz a produção de etileno, o qual inibe o crescimento da raiz. Esses dois hormônios interagem diferencialmente no tecido da raiz para controlar o crescimento. Entretanto, mesmo se a biossíntese do etileno é especificamente bloqueada, concentrações baixas (10^{-10} a 10^{-9} M) de

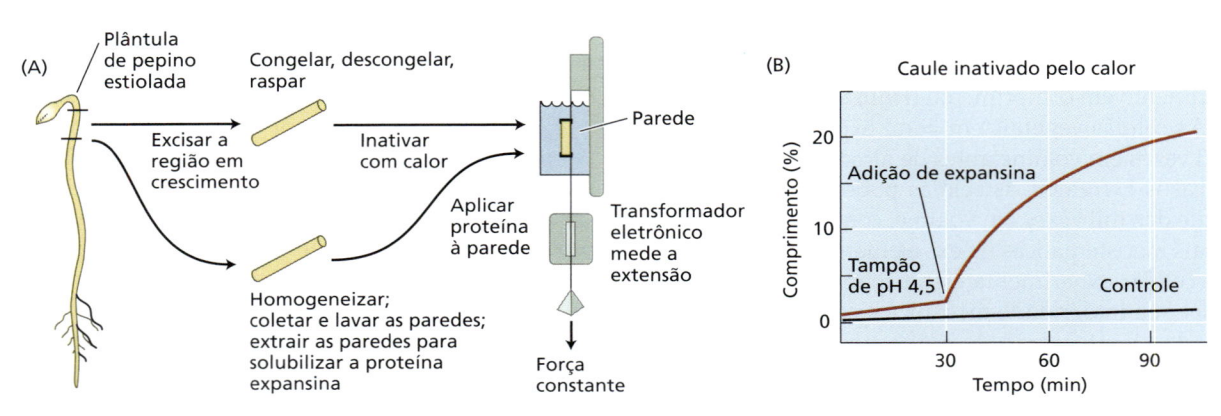

Figura 15.22 Esquema para a reconstituição da extensibilidade de paredes celulares isoladas. (A) As paredes celulares são preparadas conforme a Figura 15.21 e brevemente aquecidas para inativar a resposta endógena de extensão ácida. Para recuperar essa resposta, proteínas são extraídas de paredes em crescimento e adicionadas à solução que circunda a parede do espécime. (B) A adição de proteínas contendo expansinas recupera as propriedades de extensão ácida da parede. (De Cosgrove, 1997.)

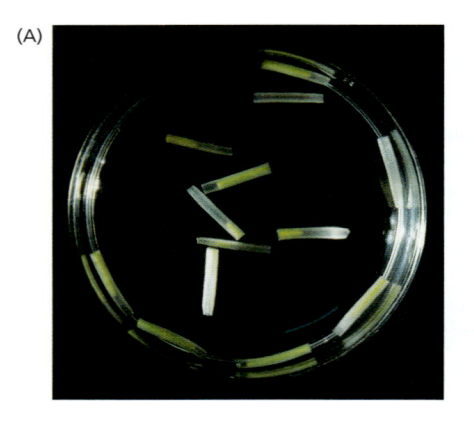

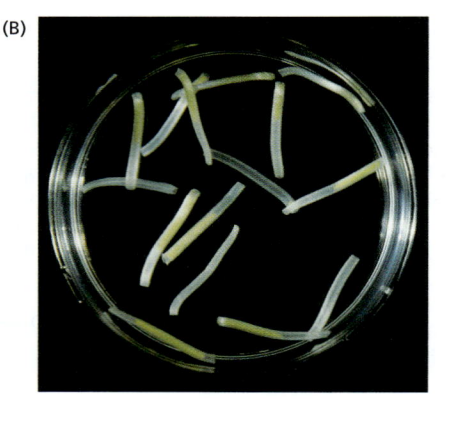

Figura 15.23 A auxina estimula o alongamento de secções do coleóptilo de aveia que tiveram a auxina endógena removida. Essas secções do coleóptilo foram incubadas por 18 horas em água (A) ou auxina (B). O material amarelo dentro do coleóptilo translúcido é o tecido primário da folha. (Fotos © M. B. Wilkins.)

auxina promovem o crescimento das raízes intactas, ao passo que concentrações mais altas (10^{-6} M) inibem o crescimento. Por isso, enquanto as raízes podem necessitar de uma concentração mínima de auxina para crescer, o crescimento desses órgãos é fortemente inibido pelas concentrações de auxina que promovem o alongamento nos caules e nos coleóptilos.

Os tecidos externos dos caules das eudicotiledôneas são os alvos da ação das auxinas

Os caules das eudicotiledôneas são compostos de muitos tipos de tecidos e células, alguns dos quais devem limitar a taxa de crescimento. Essa questão é ilustrada por um experimento simples. Quando secções de regiões em crescimento de um caule estiolado de uma eudicotiledônea, como ervilha, são divididas longitudinalmente e incubadas em tampão isoladamente, as duas metades curvam-se para fora. Esse resultado indica que, na ausência da auxina, os tecidos centrais – incluindo a medula, os tecidos vasculares e o córtex interno – alongam-se mais rapidamente do que os tecidos mais externos, os quais consistem no córtex externo e na epiderme. Assim, os tecidos externos devem estar limitando a taxa de alongamento do caule na ausência de auxina. Quando secções similares são incubadas em tampão mais auxina, as duas metades pendem para dentro, devido ao alongamento induzido por auxina dos tecidos externos do caule.

O período de atraso mínimo para o alongamento induzido por auxina é de 10 minutos

Quando uma secção de caule ou de coleóptilo é excisada e inserida em um dispositivo sensível medidor de crescimento, o período de atraso para a resposta à auxina pode ser monitorado com grande exatidão. Por exemplo, a adição de auxina estimula fortemente a taxa de crescimento de secções de coleóptilos de aveia (*Avena sativa*) e de hipocótilos de soja (*Glycine max*), após um período de atraso de somente 10 a 12 minutos (**Figura 15.24A**). A taxa máxima de crescimento, que representa um aumento de 5 a 10 vezes sobre a taxa basal, é alcançada após 30 a 60 minutos de tratamento com auxina. Como está mostrado na **Figura 15.24B**, um limiar de concentração de auxina deve ser alcançado

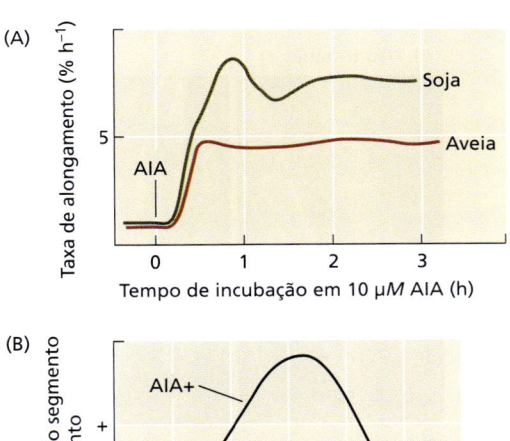

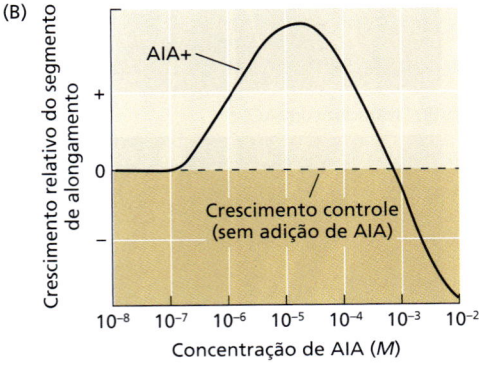

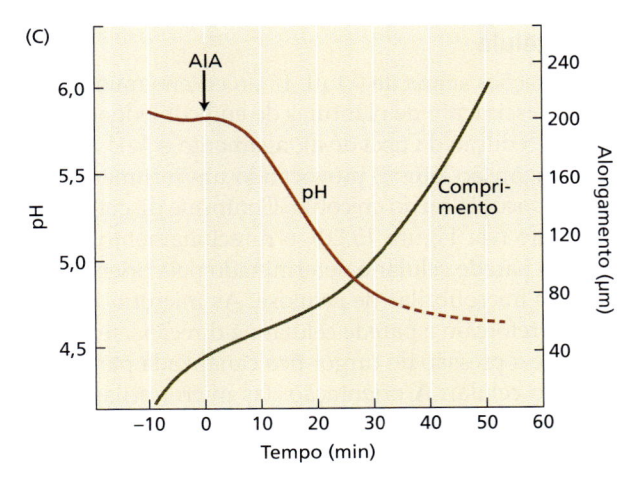

Figura 15.24 Evolução temporal e dose-resposta à auxina. (A) Comparação da cinética de crescimento de secções do coleóptilo de aveia e do hipocótilo de soja incubados com 10 µM de AIA (ácido indol-3-acético, uma auxina) e 2% de sacarose. O crescimento está plotado como a taxa de alongamento, em vez do crescimento absoluto, em cada momento. A taxa de crescimento do hipocótilo de soja oscila após 1 hora, ao passo que aquela do coleóptilo de aveia é constante. (B) Curva típica da dose-resposta para o crescimento induzido por AIA em caules de ervilha ou secções do coleóptilo de aveia. O crescimento em alongamento de secções excisadas dos coleóptilos ou caules jovens está plotado *versus* concentrações crescentes de AIA exógeno. Em concentrações acima de 10^{-5} M, AIA torna-se menos eficaz. Acima de aproximadamente 10^{-4} M, ele torna-se inibitório, como demonstrado pelo fato de que a estimulação decresce e a curva por fim cai abaixo da linha pontilhada, o que representa crescimento na ausência do AIA adicionado. (C) Cinética do alongamento induzido por auxina e acidificação da parede celular em coleóptilos de milho. O pH da parede celular foi medido com um microeletrodo de pH. Observe os períodos de atraso similares (10-15 min) para a acidificação da parede celular e o aumento na taxa de alongamento. (A de Cleland, 1995; C de Jacobs e Ray, 1976.)

para iniciar essa resposta. Além da concentração ideal, a auxina torna-se inibidora.

A estimulação do crescimento pela auxina requer energia, e inibidores metabólicos inibem a resposta dentro de minutos. O crescimento induzido por auxina também é sensível a inibidores da síntese de proteínas como a ciclo-heximida, sugerindo que a síntese de proteínas é necessária para a resposta. Inibidores da síntese de RNA também inibem o crescimento induzido por auxina após um atraso levemente mais longo.

A extrusão de prótons induzida por auxina afrouxa a parede celular

A auxina induz a acidificação do apoplasto por aumento da atividade de H^+-ATPases na membrana plasmática. A acidificação da membrana plasmática ocorre de 10 a 15 minutos após a exposição à auxina, compatível com a cinética do crescimento, como mostra a **Figura 15.24C**. Conforme discutido abaixo, proteínas de parede celular denominadas expansinas medeiam o afrouxamento da parede em pH ácido. Assim que a parede celular estiver suficientemente afrouxada pela atividade das expansinas, a pressão de turgor iniciará a expansão celular. Outros processos bioquímicos, como a biossíntese de nova parede celular, são necessários para sustentar a expansão celular por um período longo.

O etileno afeta a orientação de microtúbulos e induz a expansão lateral da célula

Em concentrações acima de 0,1 µL L^{-1}, o etileno muda o padrão de crescimento de plântulas de eudicotiledôneas por meio da redução da taxa de alongamento e pelo aumento da expansão lateral, provocando um intumescimento do hipocótilo ou do epicótilo. Conforme discutido anteriormente (ver Figura 15.20), o direcionamento da expansão da parede celular é determinado pela orientação das suas microfibrilas de celulose. As microfibrilas transversais reforçam a parede celular na direção lateral, de modo que a pressão de turgor fica canalizada para o alongamento celular. A orientação das microfibrilas é, por sua vez, determinada pela orientação da série cortical dos microtúbulos no citoplasma cortical (periférico). Nas células vegetais em alongamento típico, os microtúbulos corticais estão dispostos transversalmente, originando microfibrilas de celulose organizadas transversalmente.

Quando plântulas estioladas são tratadas com etileno (ver Figura 15.14), o alinhamento dos microtúbulos nas células do hipocótilo é alterado. Em vez de ficarem alinhados horizontalmente, eles assumem uma orientação diagonal ou longitudinal (**Figura 15.25**). Essa mudança de aproximadamente 90 graus na orientação dos microtúbulos leva à mudança em paralelo na deposição das microfibrilas de celulose. A parede re-cém-depositada é reforçada na direção longitudinal e não na direção transversal, o que promove a expansão lateral em vez do alongamento.

Tropismos: crescimento em resposta a estímulos direcionais

As plantas respondem aos estímulos externos alterando seus padrões de crescimento e desenvolvimento. Durante o estabelecimento da plântula, fatores abióticos como gravidade, toque e luz influenciam o hábito de crescimento inicial da planta jovem. **Tropismos** são respostas de crescimento direcional em relação aos estímulos ambientais, causados pelo crescimento assimétrico do eixo da planta (caule ou raiz). Os tropismos podem ser positivos (crescimento direcionado para o estímulo) ou negativos (crescimento para longe do estímulo).

Uma das primeiras forças que as plântulas emergentes encontram é a gravidade. O **gravitropismo**, crescimento em resposta à gravidade, possibilita que os

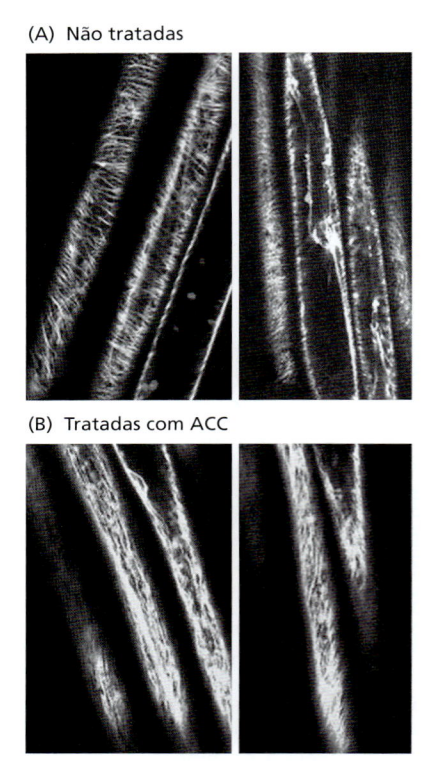

Figura 15.25 O etileno afeta a orientação dos microtúbulos. (A) Essa orientação é horizontal nos hipocótilos de plântulas-controle transgênicas de *Arabidopsis*, cultivadas no escuro, expressando um gene de tubulina marcado com uma proteína fluorescente verde. (B) A orientação dos microtúbulos é longitudinal e diagonal nas células do hipocótilo de plântulas tratadas com o precursor de etileno, ácido 1-aminociclopropano-1-carboxílico (ACC), que aumenta a produção de etileno. (De Le et al., 2005.)

caules cresçam em direção à luz solar para fotossintetizar e que as raízes cresçam para dentro do solo em busca de água e nutrientes. Tão logo o ápice do caule emerge da superfície do solo, ele encontra a luz solar. O **fototropismo** permite que as partes aéreas cresçam em direção à luz solar, maximizando, assim, a fotossíntese, enquanto algumas raízes crescem para longe da luz solar. O **tigmotropismo**, crescimento diferencial em resposta ao toque, auxilia as raízes a crescer em torno de obstáculos e as trepadeiras e gavinhas a se enrolar em outras estruturas como suporte.

Quando plântulas de *Avena* cultivadas no escuro estão orientadas horizontalmente, os coleóptilos curvam-se para cima em resposta à gravidade. De acordo com a **hipótese de Cholodny-Went**, a auxina presente no ápice de um coleóptilo orientado horizontalmente é transportada lateralmente para o lado inferior, fazendo esse lado do coleóptilo crescer mais rápido do que o lado superior. Esse modelo geral revela-se aplicável a todas as respostas de tropismos. Antes de rever algumas das evidências que sustentam a hipótese de Cholodny-Went, serão examinadas duas características fundamentais do transporte de auxina por longa distância: sua polaridade e sua independência da gravidade.

O transporte de auxina é polar e independente da gravidade

Os mecanismos celulares que fundamentam o transporte polar de auxina e o uso dos termos **basipétalo** (em direção à base), **acropétalo** (em direção ao ápice), *em direção à raiz* (*rootward*) e *em direção ao caule* (*shootward*) para descrever a direção dos fluxos de auxina foram discutidos no Capítulo 14. A **Figura 15.26** ilustra um experimento usando auxina marcada radioativamente para demonstrar o seu transporte polar basipétalo em secção de hipocótilo de plântula.

Na **Figura 15.27**, é apresentada uma demonstração de que o transporte polar de auxina é dependente da gravidade. Estacas de videira foram colocadas em uma câmara úmida, o que levou à formação de raízes adventícias nas extremidades basais das estacas e caules adventícios nas extremidades apicais. Quando as estacas foram invertidas, a polaridade da formação de raízes e de caules foi preservada. As raízes formaram-se na

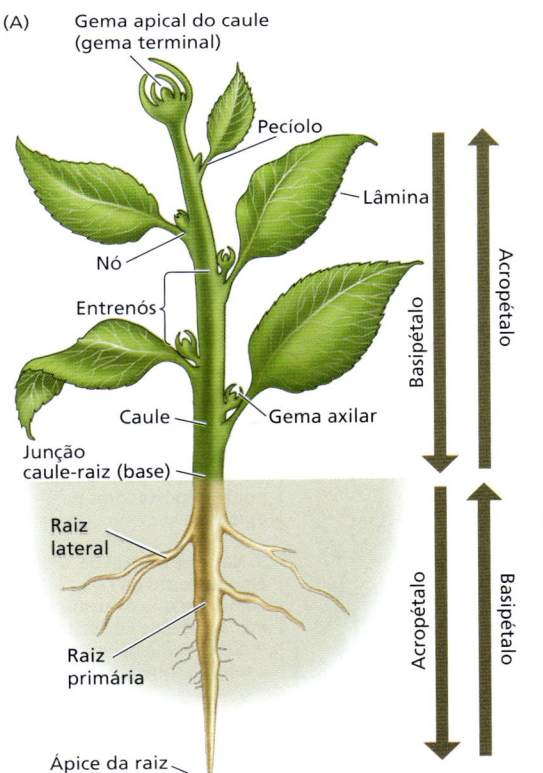

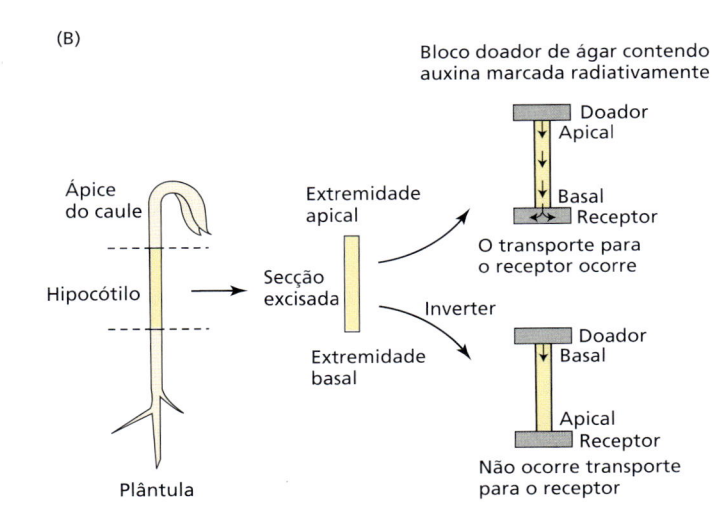

Figura 15.26 Demonstração do transporte polar de auxina com auxina marcada radiativamente. (A) O transporte polar de auxina é descrito em termos da direção de seu movimento em relação à base da planta (a junção caule-raiz). A auxina que se move para baixo a partir da parte aérea move-se *basipetamente* (em direção à base) até que atinja a junção caule-raiz. Desse ponto, o movimento para baixo é descrito como *acropétalo* (em direção ao ápice). O movimento da auxina a partir do ápice da raiz em direção à junção caule-raiz também é descrito como *basipétalo* (em direção à base). (B) Método do bloco de ágar receptor-doador para medir o transporte polar de auxina. Um bloco doador de ágar contendo auxina radioativa é colocado em uma extremidade de uma secção de hipocótilo e um bloco recipiente de ágar é colocado na outra extremidade. A quantidade de auxina radioativa que se acumula no bloco recipiente é uma medida da quantidade de auxina transportada através da secção do hipocótilo. A polaridade do transporte é de apical para basal independente da orientação do tecido da planta com relação à gravidade.

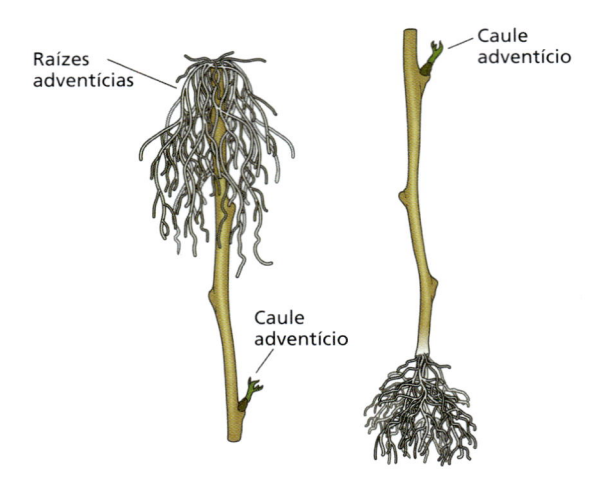

Figura 15.27 As raízes adventícias crescem das extremidades basais das estacas de videira, e os caules adventícios crescem dos extremos apicais, não importando se as estacas são mantidas na orientação invertida (a estaca à esquerda) ou na orientação correta (a estaca à direita). As raízes formam-se nos extremos da base porque o transporte de auxina não depende da gravidade. (De Hartmann and Kester, 1983.)

çar a zona de alongamento, a auxina é transportada lateralmente de volta para o cilindro vascular e retorna à coifa via proteínas PIN. Essa recirculação de auxina da coifa para a zona de alongamento e novamente para a coifa é referida como *modelo de chafariz* (*fountain model*).

A hipótese de Cholodny-Went é apoiada pelos movimentos e pelas respostas da auxina durante o crescimento gravitrópico

Estudos experimentais pioneiros estabeleceram que os ápices de coleóptilos são o sítio de percepção para a curvatura fototrópica induzida pela luz azul e que o movimento lateral de auxina para o lado sombreado estava envolvido na resposta (ver Figuras 12.8 e 13.3). Os ápices de coleóptilos são também capazes de perceber a gravidade e redistribuir a auxina para o lado inferior. Por exemplo, se o ápice excisado de um coleóptilo for colocado sobre blocos de ágar e orientado horizontalmente, uma quantidade maior de auxina se difunde para o bloco de ágar a partir da metade inferior do ápice do que a partir da metade superior, conforme demonstrado por um bioensaio (**Figura 15.29**).

O gravitropismo em raízes também depende da redistribuição de auxina. O sítio de percepção da gra-

extremidade basal (agora apontando para cima), pois a diferenciação delas foi estimulada pela auxina lá acumulada devido ao transporte polar basipétalo. Os caules tenderam a se formar na extremidade apical, onde a concentração de auxina foi mais baixa, independentemente da orientação da estaca em relação à gravidade.

A direção do fluxo de auxina por toda a planta é controlada pelas proteínas PIN. Conforme ilustra a **Figura 15.28**, as proteínas PIN no meristema apical são responsáveis pela orientação do movimento de auxina: primeiro em direção ao topo da parte de cima e, depois, descendo o caule e indo até a raiz. Na raiz, as proteínas PIN nas células do cilindro vascular transportam auxina para a região da columela (central) da coifa. A auxina é, então, absorvida pela células laterais da coifa por meio da permease AUX1. As proteínas PIN nas células da região lateral da coifa redirecionam a auxina na direção do ápice do caule (*shootward*) via células epidérmicas da raiz (ver Figura 15.28). Após alcan-

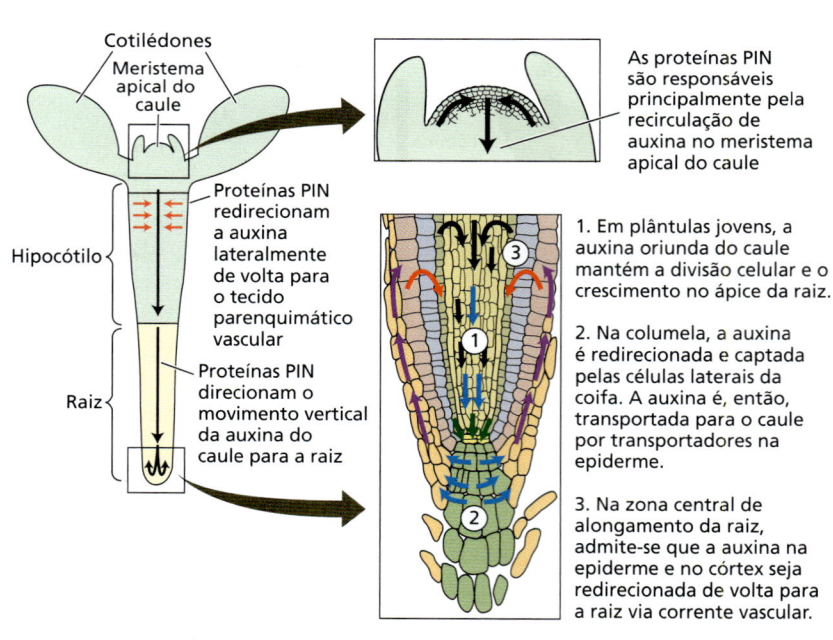

Figura 15.28 Modelo de chafariz de transporte polar de auxina na raiz. As proteínas PIN de transporte no sistema vascular direcionam a auxina para a raiz (ver texto para discussão). As proteínas PIN no cilindro vascular da raiz, então, transportam auxina para a columela da coifa. Após, a auxina move-se para as células laterais da coifa e, pelas proteínas PIN, é redirecionada para a epiderme. As proteínas PIN estão também envolvidas no redirecionamento da auxina para a zona de alongamento, após o que ela se move para o cilindro vascular. A denominação "modelo de chafariz" foi sugerida porque a corrente de auxina vinda do caule inverte a direção após alcançar a coifa. (De Blilou et al., 2005.)

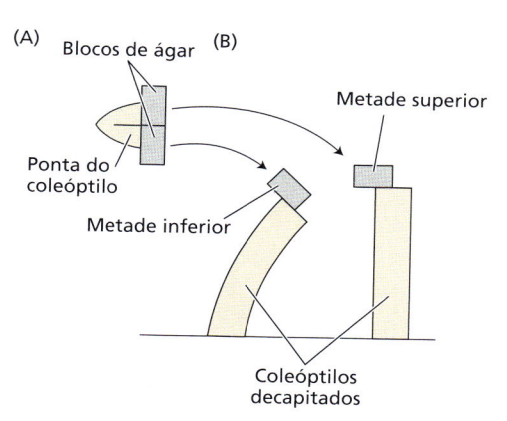

Figura 15.29 A auxina é transportada para a parte inferior de uma ponta de coleóptilo de aveia orientada horizontalmente. (A) A auxina das metades superior e inferior de uma ponta horizontal difunde-se em dois blocos de ágar. (B) O bloco de ágar da metade inferior (esquerda) induz uma curvatura maior em um coleóptilo decapitado do que no bloco de ágar da metade superior (direita).

vidade em raízes é a coifa. Quando a coifa é retirada de uma raiz em crescimento, a raiz não se curva mais para baixo em resposta à gravidade (**Figura 15.30**). Na realidade, a taxa de crescimento da raiz aumenta levemente, sugerindo que a coifa fornece um inibidor que modula o crescimento na zona de alongamento. Experimentos microcirúrgicos em que metade da coifa foi removida (ver Figura 15.30) confirmaram que ela transporta um inibidor de crescimento da raiz. Posteriormente, esse inibidor foi identificado como a auxina, que é transportada para a região inferior da raiz durante a curvatura gravitrópica. Experimentos com inibidores do transporte de auxina e mutantes transportadores de auxina mostraram que o transporte em direção ao caule (basipétalo), da coifa para a zona de alongamento, é necessário para o crescimento gravitrópico.

De acordo com o modelo atual do gravitropismo de raiz, o transporte de auxina em direção ao caule em uma raiz orientada verticalmente é igual em todos os lados. Quando a raiz é orientada horizontalmente, entretanto, os sinais da coifa redirecionam a maior parte da auxina

para o lado inferior, inibindo, portanto, o crescimento dessa região. De forma compatível com esse modelo, AIA acumula-se rapidamente no lado inferior de uma raiz orientada horizontalmente e concentra-se nas células epidérmicas da zona de alongamento.

A percepção da gravidade é desencadeada pela sedimentação de amiloplastos

O mecanismo primário pelo qual a gravidade pode ser detectada pelas células é pelo movimento de um corpo intracelular por queda ou sedimentação. As células da columela da coifa contêm amiloplastos (plastídios contendo amido) grandes e densos denominados **estatólitos**. Esses estatólitos rapidamente se sedimentam na parte inferior da célula para se alinharem com o vetor de gravidade (**Figura 15.31**). Como foi visto, a remoção da coifa de raízes intactas impede o gravitropismo delas, sem inibição do crescimento, sugerindo que as células da columela atuam como sensores da gravidade, ou **estatócitos**. Considera-se que a percepção do estímulo (deslocamento dos estatólitos por gravidade) ocorre via receptores de membrana e/ou interações citoesqueléticas.

A reorientação da raiz com respeito à gravidade causa a redistribuição de proteínas PIN nas células da columela para os seus lados inferiores (ver Figura 15.31). Essa redistribuição ocorre após sedimentação dos estatólitos e antes que a raiz comece a se curvar, compatível com um papel da PIN no desvio para o lado inferior da raiz. Como consequência, a auxina é transportada para fora da columela, em direção ao lado inferior da coifa.

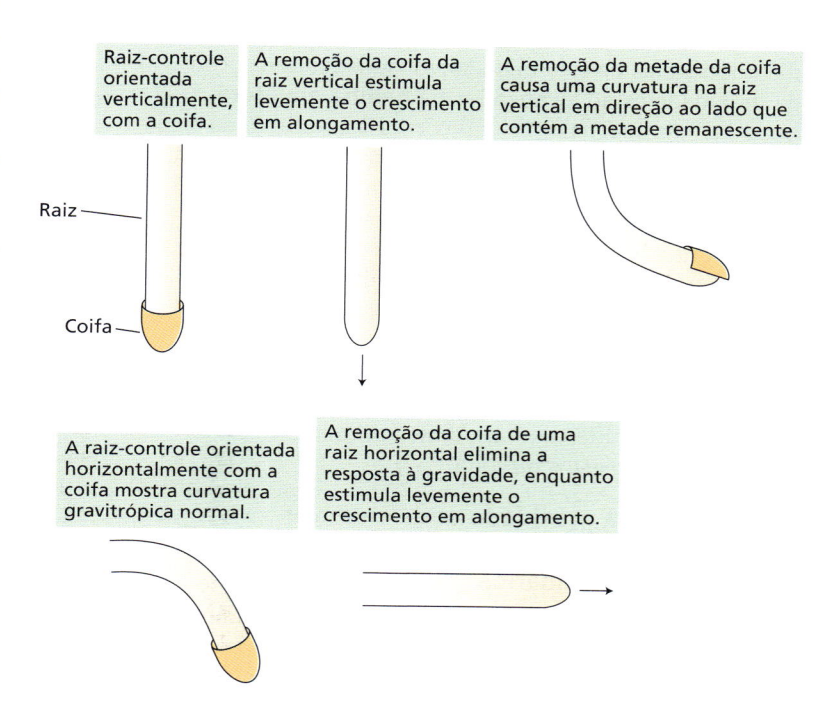

Figura 15.30 Experimentos microcirúrgicos demonstram que a coifa é necessária para o redirecionamento da auxina e a subsequente inibição diferencial do alongamento na curvatura gravitrópica na raiz. (De Shaw e Wilkins, 1973.)

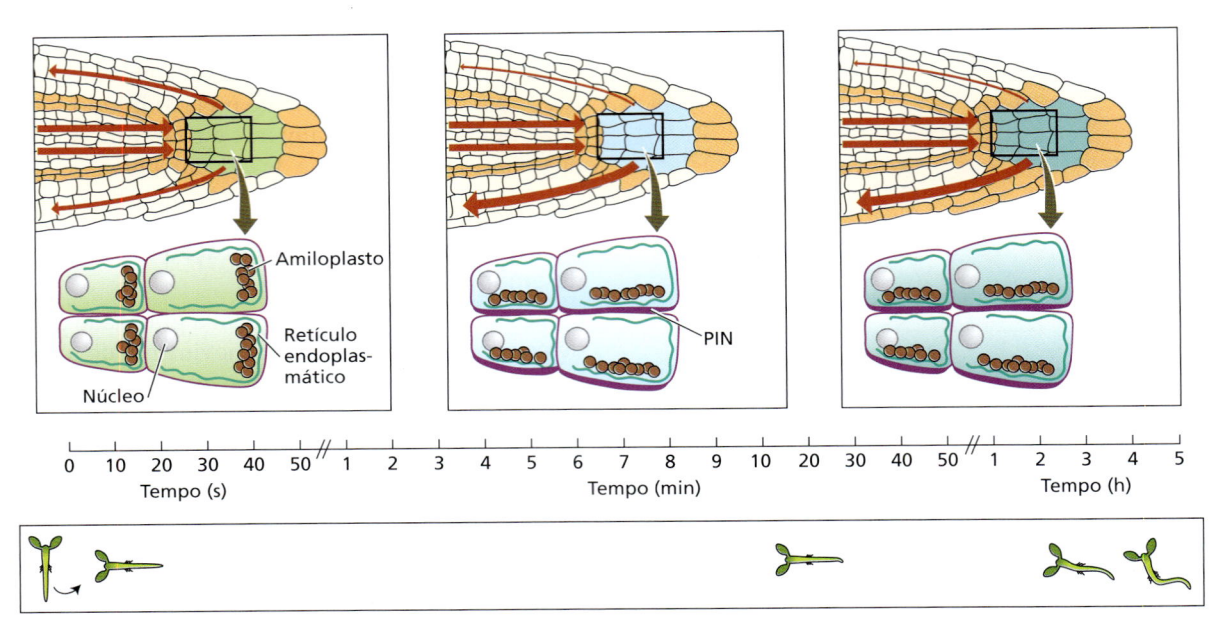

Figura 15.31 Sequência de eventos seguindo a graviestimulação de uma raiz de *Arabidopsis*. A escala de tempo na parte inferior não é linear. O crescimento diferencial do caule e raízes da plântula em estágios diferentes da resposta é ilustrado abaixo da escala de tempo. Três estágios da sedimentação dos estatólitos são mostrados no topo. A figura à esquerda mostra o tempo zero, quando a plântula é rotacionada primeiro a 90°. O segundo e o terceiro estágios mostrados estão a cerca de 6 minutos e 2 horas após a rotação. A seta vermelha indica o fluxo de auxina, com as setas mais grossas indicando um fluxo maior. Células com concentração de auxina relativamente alta são mostradas em laranja. As células da columela são mostradas em verde no tempo zero; a cor muda para o azul e, após, para o verde-azulado em estágios mais tardios, indicando o grau de alcalinização do citoplasma (ver Figura 15.33). A distribuição de proteinas PIN está diagramada como uma linha roxa sobre a membrana plasmática das células da columela. (De Baldwin et al., 2013.)

De lá, ela é transportada de volta para a zona de alongamento via células epidérmicas (ver Figura 15.31).

Em caules e em órgãos similares a caules de eudicotiledôneas, os estatólitos envolvidos na percepção da gravidade estão localizados na **bainha amilífera**, a camada mais interna de células corticais que circunda o anel de tecidos vasculares desses órgãos (**Figura 15.32**). A bainha amilífera é contínua com a endoderme da raiz, mas, diferente desta, suas células contêm amiloplastos que são redistribuídos quando o vetor da gravidade muda. Estudos genéticos confirmaram o papel principal da bainha amilífera no gravitropismo da parte aérea. Mutantes de *Arabidopsis* desprovidos de amiloplastos na bainha amilífera exibem crescimento agravitrópico do caule; o crescimento gravitrópico da raiz não é afetado nesses mutantes porque eles ainda possuem amiloplastos na coifa.

A percepção da gravidade pode envolver o pH e os íons cálcio (Ca^{2+}) como mensageiros secundários

Um diversidade de experimentos sugere que mudanças localizadas nos gradientes de pH e Ca^{2+} são parte da sinalização que ocorre durante o gravitropismo.

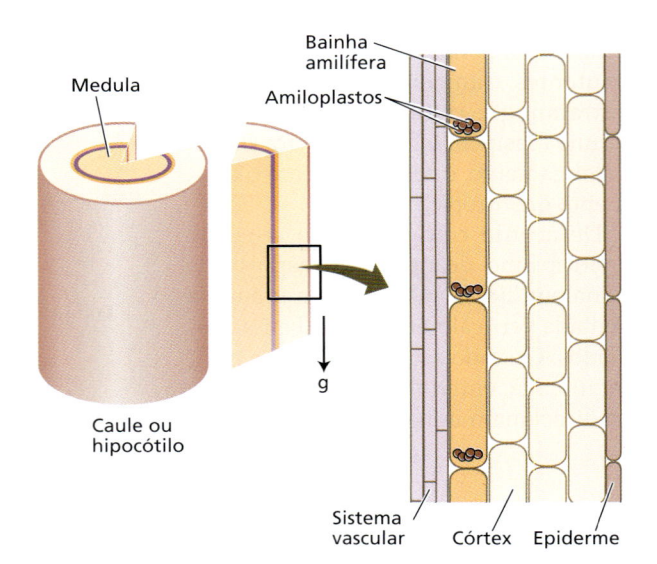

Figura 15.32 Diagrama da bainha amilífera, localizada fora do anel do sistema vascular. O corte à direita mostra os amiloplastos na parte inferior das células. (De Palmieri e Kiss, 2007.)

Mudanças no pH intracelular podem ser detectadas precocemente nas células da columela que respondem à gravidade (**Figura 15.33**). Quando corantes sensíveis ao pH foram utilizados para monitorar o pH intra e extracelular nas raízes de *Arabidopsis*, observaram-se mudanças rápidas após as raízes serem direcionadas para a posição horizontal. Em menos de 2 minutos de graviestimulação, o pH do citoplasma das células da columela aumentou de 7,2 para 7,5 (ver Figura 15.33), enquanto o pH apoplástico declinou de 5,5 para 4,5. Essas mudanças precederam qualquer curvatura trópica detectável em cerca de 10 minutos.

A alcalinização do citosol, combinada com a acidificação do apoplasto, sugere que a ativação da H^+-ATPase da membrana plasmática é um dos eventos iniciais que medeia a percepção da gravidade pela raiz ou a transdução de sinal. O modelo quimiosmótico do transporte polar de auxina (ver Figura 14.10) prediz que a acidificação diferencial do apoplasto e a alcalinização do citosol resultariam no aumento da absorção direcional e no efluxo de AIA das células afetadas.

Estudos fisiológicos iniciais sugeriram que a liberação de Ca^{2+} de seus *pools* de reserva pode estar envolvida igualmente na transdução de sinal gravitrópica da raiz. Como no caso de $[^3H]AIA$, o $^{45}Ca^{2+}$ é fracamente transportado para a metade inferior da coifa que é estimulada por gravidade. Assim, o Ca^{2+} dependente de auxina e a sinalização pelo pH parecem regular a curvatura gravitrópica da raiz mediante propagação da rota de sinalização dependente de Ca^{2+}.

Fototropinas são os receptores de luz envolvidos no fototropismo

Uma plântula emergente é capaz de curvar-se em qualquer direção voltada para a luz solar para otimizar a absorção luminosa. Esse fenômeno é conhecido como fototropismo. Como visto no Capítulo 13, a luz azul é particularmente eficaz na indução do fototropismo, e duas flavoproteínas, **fototropina 1** e **fototropina 2**, são os fotorreceptores para a curvatura fototrópica. O fototropismo resulta de eventos de sinalização rápida, iniciados pelas fototropinas ativadas pela luz no lado iluminado de órgãos vegetais e que resultam no crescimento de alongamento diferencial. Como no caso do gravitropismo, a resposta da curvatura em direção à luz azul pode ser explicada pelo modelo de Cholodny-Went de redistribuição lateral de auxina.

O fototropismo é mediado pela redistribuição lateral de auxina

Charles e Francis Darwin lançaram a primeira ideia sobre o mecanismo do fototropismo nos coleóptilos, demonstrando que, enquanto a luz branca é percebida no ápice, a curvatura ocorre na região subapical. Eles propuseram que alguma "influência" era transportada do ápice para a região de crescimento, causando, assim, a assimetria observada em resposta ao crescimento. Mais tarde, demonstrou-se que essa influência era a auxina.

Quando um caule está crescendo verticalmente, a auxina é transportada polarmente do ápice em crescimento para a zona de alongamento. A polaridade do transporte de auxina do caule para a raiz é independente da gravidade (ver Figura 15.27). Entretanto, a auxina também pode ser transportada lateralmente, e esse desvio lateral da auxina é central para o modelo de Cholodny-Went para os tropismos. Na curvatura gravitrópica, a auxina do ápice da raiz que é redirecionada lateralmente para a parte inferior da raiz inibe o alongamento celular, causando uma curvatura da raiz para baixo. Na curvatura fototrópica, a auxina para o ápice do caule que é redirecionada para o lado sombreado do eixo estimula o alongamento celular. O crescimento diferencial resultante tem como consequência a curvatura do caule em direção à luz (**Figura 15.34**).

Embora os mecanismos fototrópicos pareçam ser altamente conservados nas espécies vegetais, os locais precisos da produção de auxina, da percepção da luz e do transporte lateral têm sido difíceis de serem determinados. Em coleóptilos de milho, a auxina acumula-se em 1 a 2 mm da parte superior do ápice. As zonas de fotossensibilidade e transporte lateral estendem-se para baixo, até 5 mm abaixo do ápice. A resposta é também fortemente dependente da fluência da luz (o número de fótons por unidade de área). Zonas similares de síntese e acumulação de auxina, percepção da luz e transporte lateral são vistas em caules verdadeiros de todas as monocotiledôneas e eudicotiledôneas examinadas até agora.

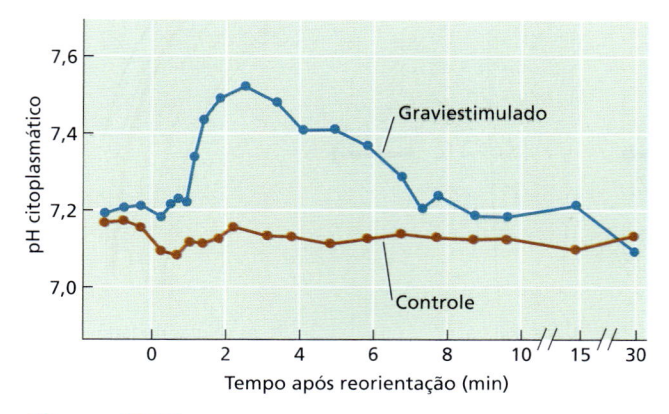

Figura 15.33 Experimentos com um corante sensível ao pH sugerem que mudanças no pH das células da columela estão envolvidas na transdução de sinal gravitrópica. O pH citoplasmático aumenta em menos de 1 minuto após a graviestimulação. (De Fasano et al., 2001.)

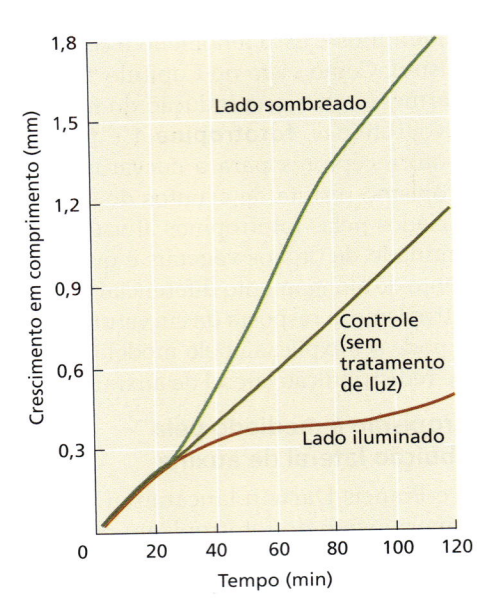

Figura 15.34 Evolução temporal do crescimento nos lados iluminado e sombreado de um coleóptilo respondendo a um pulso de 30 segundos de luz azul unidirecional aos zero minutos. Os coleóptilos-controle não foram tratados com luz. (De Iino e Briggs, 1984.)

A acidificação do apoplasto parece ter um papel no crescimento fototrópico: o pH apoplástico é mais ácido no lado sombreado de caules ou coleóptilos fototropicamente curvados do que no lado iluminado. É possível que o decréscimo do pH acentue o alongamento celular e amplifique o movimento de auxina de célula para célula. Considera-se que ambos os processos contribuem para a curvatura em direção à luz.

O fototropismo do caule ocorre em uma série de etapas

Como mencionado anteriormente, os eventos da curvatura fototrópica ocorrem rapidamente. Embora sejam proteínas hidrofílicas, as fototropinas estão principalmente associadas à membrana plasmática. Em *Arabidopsis*, a luz azul de baixa fluência é percebida pelas células no lado irradiado do hipocótilo, e uma série de eventos de transdução de sinal é iniciada. Após aproximadamente 3 minutos de irradiação unilateral com luz azul, a fototropina 1 passa por autofosforilação. A seguir, a fototropina 1 ativada na membrana plasmática inibe o efluxo de auxina das células na região apical do hipocótilo. Isso provoca uma acumulação de auxina acima da região de crescimento do hipocótilo, resultando em um decréscimo rápido na taxa de alongamento do hipocótilo (**Figura 15.35**). O mecanismo de inibição do efluxo de auxina pela fototropina 1 envolve a fosforilação de um transportador de auxina do tipo-B cassette de ligação de ATP (ver Figura 14.10).

Após a pausa no alongamento, a auxina estocada é redistribuída para o lado sombreado do hipocótilo por um processo pouco compreendido. A acumulação de

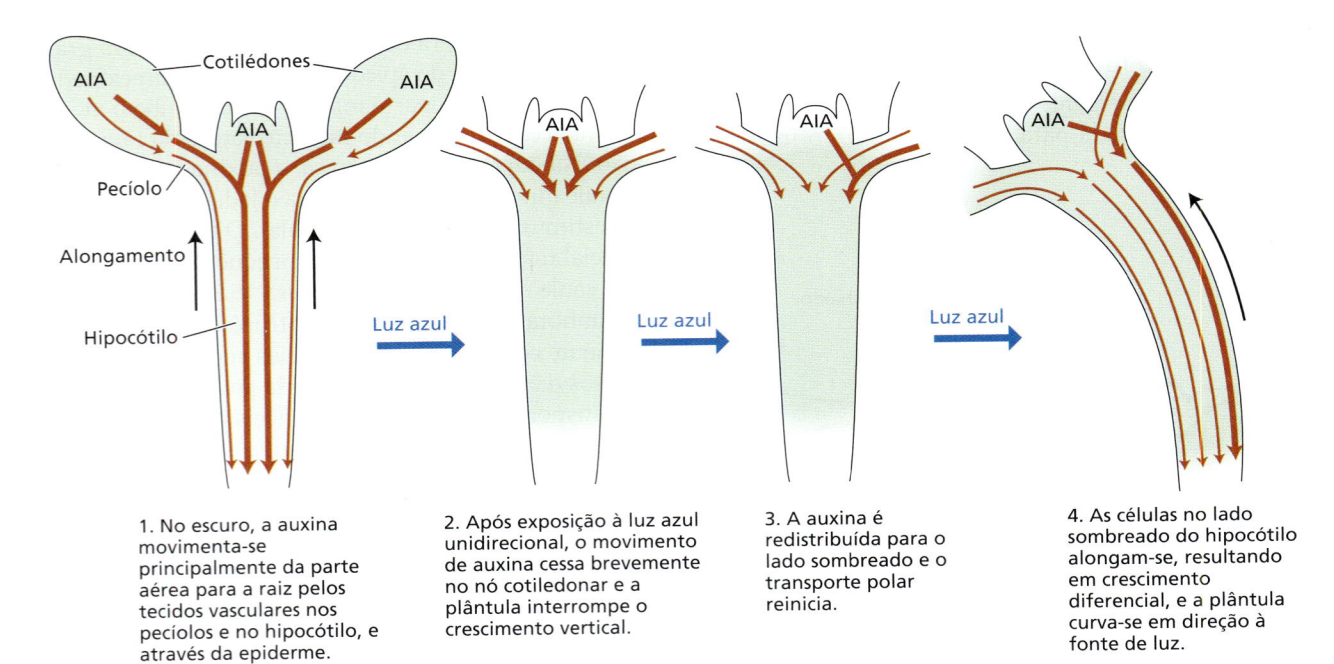

Figura 15.35 Modelo do movimento basípeto de auxina (linhas vermelhas) associado com o fototropismo dependente de fototropina 1 em plântulas de *Arabidopsis* aclimatadas ao escuro. (De Christie et al., 2011; CC BY.)

1. No escuro, a auxina movimenta-se principalmente da parte aérea para a raiz pelos tecidos vasculares nos pecíolos e no hipocótilo, e através da epiderme.

2. Após exposição à luz azul unidirecional, o movimento de auxina cessa brevemente no nó cotiledonar e a plântula interrompe o crescimento vertical.

3. A auxina é redistribuída para o lado sombreado e o transporte polar reinicia.

4. As células no lado sombreado do hipocótilo alongam-se, resultando em crescimento diferencial, e a plântula curva-se em direção à fonte de luz.

auxina no lado sombreado do hipocótilo superior pode ser detectada após cerca de 15 minutos de exposição à luz azul unilateral. A auxina redistribuída é, então, transportada para a zona de alongamento do hipocótilo no sistema vascular e na epiderme. Essas etapas posteriores envolvem ativação diferencial de proteínas PIN e ativação rápida da atividade de H^+-ATPase dependente de auxina no lado sombreado do hipocótilo. A curvatura voltada para a fonte de luz azul pode ser observada após cerca de 30 minutos.

Resumo

As sementes necessitam de reidratação e algumas vezes de tratamentos adicionais para germinar. Durante a germinação e o estabelecimento, as reservas alimentares mantêm a plântula até que ela se torne autotrófica. Após a emergência, o caule responde a estímulos não direcionais da luz solar para submeter-se à fotomorfogênese. Ao mesmo tempo, os caules também respondem a sinais direcionais para se orientarem em relação à luz solar (fototropismo) e gravidade (gravitropismo). A raiz estende-se para baixo, em direção ao solo, e forma numerosas ramificações para proporcionar ancoragem, água e nutrientes minerais, enquanto o caule passa por esverdeamento, produz folhas fotossintetizantes e cresce em direção à luz solar. O sistema vascular diferencia-se, para propiciar o transporte da água, minerais e açúcares. Os hormônios exercem papéis fundamentais como agentes sinalizadores em todas as rotas do desenvolvimento associadas ao estabelecimento da plântula.

Estrutura da semente

- As sementes são revestidas por uma casca, enquanto os frutos são envolvidos pelo pericarpo (**Figura 15.1**).
- A anatomia da semente varia amplamente em relação aos tipos e às distribuições de recursos nutritivos armazenados e à natureza da sua casca (**Figura 15.2**).

Dormência da semente

- A dormência da semente pode ser exógena (imposta pelos tecidos circundantes) ou endógena (surgindo do próprio embrião).
- As sementes de cenoura são exemplos das que exigem um tempo adicional para germinar porque o tamanho do embrião é inferior ao normal (**Figura 15.3**).
- Sementes que não se tornam dormentes podem exibir germinação precoce e vivípara (**Figuras 15.4, 15.5**).
- Os principais hormônios que regulam a dormência da semente são o ácido abscísico e as giberelinas (**Figura 15.6**).

Liberação da dormência

- A luz, especialmente a luz vermelha, quebra a dormência em muitas sementes pequenas, um fenômeno mediado pelo fitocromo.
- Algumas sementes necessitam de resfriamento ou pós-maturação para quebrar a dormência (**Figura 15.7**).
- ABA e giberelina não são as únicas substâncias químicas que regulam a dormência da semente. Em algumas sementes, nitrato, óxido nítrico e substâncias químicas da fumaça podem quebrar a dormência.

Germinação da semente

- A germinação e a pós-germinação acontecem em três fases relacionadas com a absorção de água (**Figuras 15.8, 15.9**).

Mobilização das reservas armazenadas

- A camada de aleurona dos cereais responde às giberelinas secretando enzimas hidrolíticas (incluindo α-amilase) para o endosperma circundante, disponibilizando amidos para o embrião (**Figura 15.10**).
- As giberelinas secretadas pelo embrião também acentuam a transcrição do mRNA da α-*amilase*, que inicia a degradação do amido.
- A giberelina promove a transcrição e a produção da α-amilase (**Figura 15.11**).
- ABA inibe a transcrição da α-amilase.

Estabelecimento da plântula

- A transição das plântulas da escotomorfogênese (desenvolvimento no escuro; i.e., subterrâneo) para a fotomorfogênese (desenvolvimento na presença de luz) ocorre no primeiro instante de luz (**Figura 15.12**).
- Em partes aéreas estioladas, as giberelinas e os brassinosteroides inibem a fotomorfogênese (**Figura 15.13**).
- Fitocromo, auxina e etileno regulam a abertura do gancho (**Figura 15.14**).
- A diferenciação vascular começa durante a emergência da plântula (**Figura 15.15**).
- Os ápices de raízes em crescimento podem ser divididos em três zonas principais de desenvolvimento: zonas meristemática, de alongamento e de maturação (**Figura 15.16**).
- A coifa cobre o meristema apical da raiz e o protege à medida que a raiz avança pelo interior do solo.
- Pelos das raízes são células epidérmicas especializadas que alcançam a maturidade na zona de maturação (**Figura 15.16**).
- A formação dos pelos da raiz é regulada pelo etileno (**Figura 15.17**).
- As raízes laterais iniciam internamente no periciclo e emergem através das células corticais e epidérmicas (**Figuras 15.16, 15.18**).

Expansão celular: mecanismos e controles hormonais

- As plântulas exibem crescimento apical e crescimento difuso (**Figura 15.19**).

- A orientação das microfibrilas de celulose regula a direção da expansão celular (**Figura 15.20**).
- A extensão da parede celular é induzida por acidificação e mediada por proteínas de parede celular denominadas expansinas (**Figuras 15.21, 15.22**).
- Em concentrações ideais, a auxina promove o crescimento do caule e do coleóptilo e inibe o crescimento da raiz. Entretanto, concentrações maiores de auxina pode inibir o crescimento do caule e do coleóptilo (**Figuras 15.23, 15.24**).
- O etileno causa reorientação dos microtúbulos e induz a expansão lateral da célula (**Figura 15.25**).

Tropismos: crescimento em resposta a estímulos direcionais

- O crescimento polarizado da plântula é direcionado por correntes polares de auxina (**Figura 15.26, Figura 15.27**).
- No ápice de raízes jovens da plântula, a maior parte da auxina redirecionada para o caule é dele derivada (**Figura 15.28**).
- A redistribuição lateral de auxina nos ápices de coleóptilos facilita o gravitropismo nesses órgãos (**Figura 15.29**).
- Uma raiz orientada horizontalmente redireciona a auxina para o lado inferior, inibindo o crescimento na zona de alongamento, uma atividade que é mediada pela coifa (**Figura 15.30**).
- Estatólitos nas células da columela (na coifa) servem como sensores de gravidade (**Figura 15.31**).
- Os estatólitos que regulam o gravitropismo em caules e hipocótilos de eudicotiledôneas são localizados na bainha amilífera (**Figura 15.32**).
- pH e íons cálcio (Ca^{2+}) atuam como mensageiros secundários na sinalização que ocorre durante o gravitropismo (**Figura 15.33**).
- Como no gravitropismo, o fototropismo envolve a redistribuição lateral de crescimento (**Figura 15.34**).
- A primeira etapa na curvatura fototrópica nos hipocótilos ocorre dentro de minutos de iluminação quando a fototropina 1 inibe o transporte em direção à raiz (**Figura 15.35**).
- O redirecionamento lateral de auxina no ápice da parte aérea inicia em menos de 15 minutos, e a curvatura inicia após cerca de 30 minutos (**Figura 15.35**).

Leituras sugeridas

Baldwin, K. L., Strohm, A. K., and Masson, P. H. (2013) Gravity sensing and signal transduction in vascular plant primary roots. *Am. J. Bot.* 100: 126–142.

Bewley, J. D., Bradford, K. J., Hilhorst, H. W. M., and Nonogaki, H. (2013) *Seeds: Physiology of Development, Germination and Dormancy*, 3rd ed. Springer, New York.

Casal, J. J. (2013) Photoreceptor signaling networks in plant responses to shade. *Annu. Rev. Plant Biol.* 64: 403–427.

Finch-Savage, W. E., and Leubner-Metzger, G. (2006) Seed dormancy and the control of germination. *New Phytol.* 171: 501–523.

Graeber, K., Kakabayashi, K., Miatton, E., Leubner-Metzger, G., and Soppe, W. J. J. (2012) Molecular mechanisms of seed dormancy. *Plant Cell Environ.* 35: 1769–1786.

Lacayo, C. I., Malkin, A. J., Holman, H.-Y. N., Chen, L., Ding, S.-Y., Hwang, M. S., and Thelen, M. P. (2010) Imaging cell wall architecture in single *Zinnia elegans* tracheary elements. *Plant Physiol.* 154: 121–133.

Lia, Y.-C., Rena, J.-P., Cho, M.-J., Zhou, S.-M., Kim, Y.-B., Guo, H.-X., Wong, J. H., Niu, H.-B., Kim, H.-K., Morigasaki, S., et al. (2009) The level of expression of thioredoxin is linked to fundamental properties and applications of wheat seeds. *Mol. Plant* 2: 430–441.

Migliaccio, F., Tassone, P., and Fortunati, A. (2013) Circumnutation as an autonomous root movement in plants. *Am. J. Bot.* 100: 4–13.

Novo-Uzal, E., Fernández-Pérez, F., Herrero, J., Gutiérrez, J., Gómez-Ros, L. V., Ángeles Bernal, M., Díaz, J., Cuello, J., Pomar, F., and Ángeles Pedreño, M. (2013) From *Zinnia* to *Arabidopsis*: Approaching the involvement of peroxidases in lignification. *J. Exp. Bot.* 64: 3499–3518.

Palmieri, M., and Kiss, J. Z. (2007) The role of plastids in gravitropism. In *The Structure and Function of Plastids*, R. R. Wise, and J. K. Hoober, eds., Springer, Berlin, pp. 507–525.

Petricka, J. J., Winter, C. M., and Benfey, P. N. (2012) Control of *Arabidopsis* root development. *Annu. Rev. Plant Biol.* 63: 563–590.

Sawchuk, M. G., Edgar, A., and Scarpella, E. (2013) Patterning of leaf vein networks by convergent auxin transport pathways. *PLOS Genet.* 9: 1–13.

Van Norman, J. M., Xuan, W., Beeckman, T., and Benfey, P. N. (2014) Periodic root branching in *Arabidopsis* requires synthesis of an uncharacterized carotenoid derivative. *Proc. Natl. Acad. Sci USA* 111(13): E1300–E1309. DOI: 10.1073/pnas.1403016111

Van Norman, J. M., Zhang, J., Cazzonelli, C. I., Pogson, B. J., Harrison, P. J., Bugg, T. D. H., Chan, K. X., Thompson, A. J., and Benfey, P. N. (2013) To branch or not to branch: The role of pre-patterning in lateral root formation. *Development* 140: 4301–4310.

16 Crescimento Vegetativo e Senescência

Durante o estabelecimento da plântula, as polaridades básicas dos seus eixos são constituídas e os principais tipos de tecidos são diferenciados. O próximo estágio de desenvolvimento produz o corpo primário maduro da planta (ver Figura 1.2). No caule, formam-se numerosas folhas e os tipos celulares especializados diferenciam-se. O desenvolvimento do sistema de raízes consiste, em grande parte, da formação e do crescimento de ramificações (raízes laterais). Em plantas perenes lenhosas, as atividades dos câmbios vascular e suberoso geram o crescimento secundário (ver Quadro 1.2). Ao longo da vida vegetativa da planta, o processo de senescência foliar recicla constituintes orgânicos e nutrientes minerais de folhas antigas para as recém-formadas. Por fim, a planta inteira passa por senescência devido a uma combinação de fatores genéticos e ambientais. Neste capítulo, serão expostos muitos desses fenômenos de desenvolvimento e os mecanismos reguladores que os embasam.

Meristema apical do caule

Novos órgãos vegetativos começam a se desenvolver após o estabelecimento de uma plântula. No caule, a fonte desse novo crescimento primário é o **meristema apical do caule** (**MAC**). O MAC é uma estrutura pequena, cupuliforme (*dome-shaped*), que origina os primórdios de folhas e gemas em seus flancos. Os primórdios foliares em desenvolvimento sobrepõem-se para formar uma estrutura cônica que envolve e protege o MAC (**Figura 16.1**). O MAC mais os primórdios foliares sobrepostos são referidos como **ápice do caule** ou **gema terminal**.

Figura 16.1 Estrutura do ápice do caule. (A) Corte longitudinal do ápice do caule do loureiro (*Laurus nobilis*), submetido à coloração. Observe que o meristema apical do caule (montículo no centro, circundado por dois primórdios foliares recentes) é envolvido e protegido pelos primórdios foliares mais antigos. (B) Meristema apical do caule de um tomateiro. Nesta imagem ao microscópio eletrônico de varredura, os primórdios foliares estão identificados como P1-P4 (do mais jovem ao mais antigo); P4 foi removido para propiciar uma visão melhor do meristema apical (o montículo cupuliforme no centro). (A © Biology Pics/Science Source; B de Kuhlemeier e Reinhardt, 2001; cortesia de D. Reinhardt.)

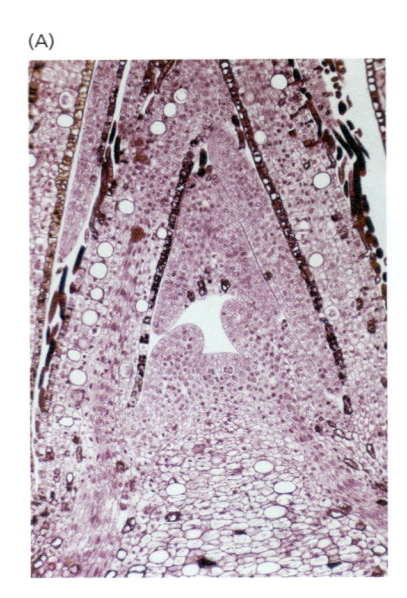

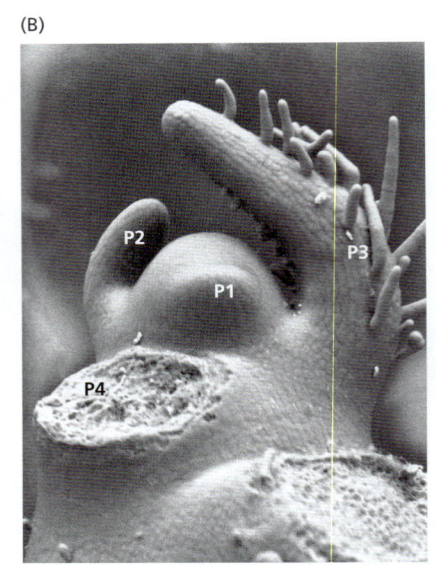

O meristema apical do caule tem zonas e camadas distintas

Já na metade do século XIX percebera-se que as células do meristema apical exibiam algum grau de organização. A organização do MAC tem sido interpretada de acordo com duas teorias principais, que não se excluem mutuamente. Cortes longitudinais do MAC revelam três regiões distinguíveis entre si, por suas localizações, padrões de divisão celular e os derivados que elas formam. Esse tipo de organização, comum em gimnospermas e angiospermas, é denominada **zonação cito-histológica** (**Figura 16.2A**). O cume do meristema apical, denominado **zona central** (**ZC**), consiste de um agrupamento de células iniciais, comparável às células-tronco de animais, que dá origem a todas as outras células do MAC. Essas células iniciais dividem-se mais lentamente do que as células de regiões adjacentes, similar ao centro quiescente de raízes (ver Figura 15.16). Uma região em seu flanco, chamada **zona periférica** (**ZP**), consiste em células com citoplasma denso que se dividem mais frequentemente, produzindo células que depois serão incorporadas aos órgãos laterais, tais como as folhas. Uma **zona medular** (**ZM**) subjacente à ZC (ver Figura 16.2A) contém células em divisão que dão origem aos tecidos internos do caule.

A segunda teoria sobre a organização do MAC é baseada na presença de camadas celulares, (L, de *layer*,

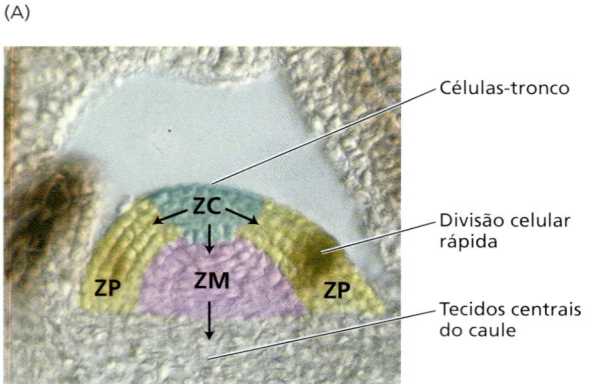

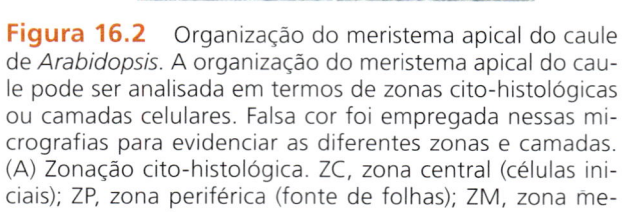

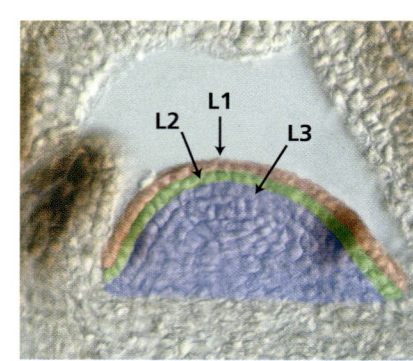

Figura 16.2 Organização do meristema apical do caule de *Arabidopsis*. A organização do meristema apical do caule pode ser analisada em termos de zonas cito-histológicas ou camadas celulares. Falsa cor foi empregada nessas micrografias para evidenciar as diferentes zonas e camadas. (A) Zonação cito-histológica. ZC, zona central (células iniciais); ZP, zona periférica (fonte de folhas); ZM, zona medular (fonte de tecidos vasculares centrais). (B) Camadas celulares. A maioria das divisões celulares é anticlinal nas camadas externas L1 e L2, ao passo que os planos de divisões celulares são orientados mais aleatoriamente na camada L3. A camada mais externa (L1) gera a epiderme do caule; as camadas L2 e L3 geram tecidos internos. (De Bowman e Eshed, 2000.)

camada) diferentes – L1, L2 e L3 – com padrões distintos de divisão e de destinos celulares (**Figura 16.2B**). A maioria das divisões celulares é anticlinal nas camadas L1 e L2, ao passo que os planos de divisão celular são orientados mais aleatoriamente na camada L3. Durante o desenvolvimento foliar, cada uma das camadas celulares contribui para tecidos diferentes na folha.

Análises de linhagens celulares mostram que as divisões podem ocasionalmente causar o deslocamento de células do MAC por células adjacentes, de uma zona cito-histológica para outra ou de uma camada celular para outra. Como consequência do deslocamento, o destino de desenvolvimento da célula pode mudar. Por exemplo, uma célula deslocada da zona medular para a zona periférica pode ser incorporada a um primórdio foliar e não ao caule. Da mesma forma, uma célula deslocada da camada L2 para a camada L1 pode tornar-se uma célula epidérmica, em vez de uma célula do mesofilo. Esse comportamento dinâmico indica que as identidades das células no MAC, incluindo seus padrões de divisões característicos, refletem principalmente sua posição dentro da cúpula apical, em vez de uma identidade rigidamente programada. Essa plasticidade proporciona a oportunidade para o crescimento vegetal responder às condições ambientais mutáveis.

Por exemplo, plantas repetidamente lesadas produzem folhas menores, um fenômeno chamado de "efeito bonsai." A causa imediata do tamanho foliar menor é a redução na taxa de divisão celular no MAC, induzida pelo hormônio da lesão, ácido jasmônico. Curiosamente, o tamanho das células permanece inalterado ou é levemente maior do que o normal. O número menor de células no MAC, disponível para formar os primórdios foliares, resulta em folhas menores, embora anatomicamente normais. Os resultados sugerem que a plasticidade do desenvolvimento das células do MAC pode ser uma adaptação que permite às plantas reduzir seu tamanho foliar em resposta a estresses ambientais como a herbivoria (ver Capítulo 18).

MACs podem ser continuamente meristemáticos (indeterminados), ou podem cessar a atividade (determinados) pela diferenciação em um órgão terminal, como uma flor, ou pela interrupção do crescimento ou senescência. Como discutido posteriormente no capítulo, os hábitos de crescimento, os ciclos de vida e os perfis de senescência de diferentes plantas estão intimamente conectados aos seus padrões de determinação do meristema apical. Em espécies que se reproduzem apenas uma vez na sua vida, todos os ápices vegetativos indeterminados do caule tornam-se ápices florais, e a planta inteira senesce e morre após a dispersão das sementes. Espécies perenes que se reproduzem mais de uma vez, por sua vez, retêm uma população de ápices caulinares indeterminados, bem como aqueles ápices que se tornam reprodutivos e determinados.

Estrutura foliar e filotaxia

Morfologicamente, a folha é o mais variável de todos os órgãos vegetais. O termo coletivo para qualquer tipo de folha, ou folha modificada, é **filoma**. Os filomas abrangem as *folhas vegetativas* fotossintetizantes (o que em geral se entende por "folhas"), as *escamas protetoras de gemas*, as *brácteas* (folhas associadas a inflorescências ou flores) e os *órgãos florais*. Em angiospermas, a parte principal da folha vegetativa é expandida em uma estrutura plana, o limbo, ou **lâmina**. O aparecimento de uma lâmina plana nas espermatófitas, no final do devoniano, foi um evento-chave na evolução foliar. A lâmina plana maximiza a captura de luz e também cria dois domínios foliares distintos: **adaxial** (superfície superior) e **abaxial** (superfície inferior) (**Figura 16.3A**). Vários tipos de folhas se desenvolveram com base em sua estrutura foliar adaxial-abaxial.

Na maioria das folhas, a lâmina foliar está fixada ao caule por um pedúnculo denominado **pecíolo**. No entanto, algumas espécies possuem *folhas sésseis*, com a lâmina foliar fixada diretamente ao caule (ver Figura 16.3B). Na maioria das monocotiledôneas e em certas eudicotiledôneas, a base da folha é expandida, formando uma bainha ao redor do caule. Muitas eudicotiledôneas têm *estípulas*, pequenas emergências dos primórdios foliares, localizadas no lado abaxial da base foliar. As estípulas protegem as folhas jovens em desenvolvimento e são sítios de síntese de auxina durante o desenvolvimento inicial da folha.

As folhas podem ser **simples** ou **compostas** (**Figuras 16.3B** e **C**). Uma folha simples tem apenas uma lâmina, ao passo que uma folha composta tem duas ou mais lâminas, os *folíolos*, fixados a um eixo comum, ou *raque*. Algumas folhas, como as folhas adultas de algumas espécies de *Acacia*, carecem de uma lâmina e, em seu lugar, possuem um pecíolo achatado simulando uma lâmina, chamado *filódio*. Em algumas plantas, os próprios caules apresentam-se achatados como lâminas e são chamados de *cladódios*, como em *Opuntia* (Cactaceae).

A padronização do ápice do caule dependente de auxina começa durante a embriogênese

Uma pergunta antiga em biologia vegetal diz respeito a como é alcançada a disposição característica das folhas no caule, ou **filotaxia**. Os três padrões filotáxicos básicos, denominados alternado, decussado (oposto) e espiralado (**Figura 16.4**), podem estar vinculados diretamente ao padrão de iniciação dos primórdios foliares sobre o MAC. Esses padrões dependem de muitos fatores, incluindo fatores intrínsecos que tendem a produzir uma filotaxia que é característica de uma espécie. Entretanto,

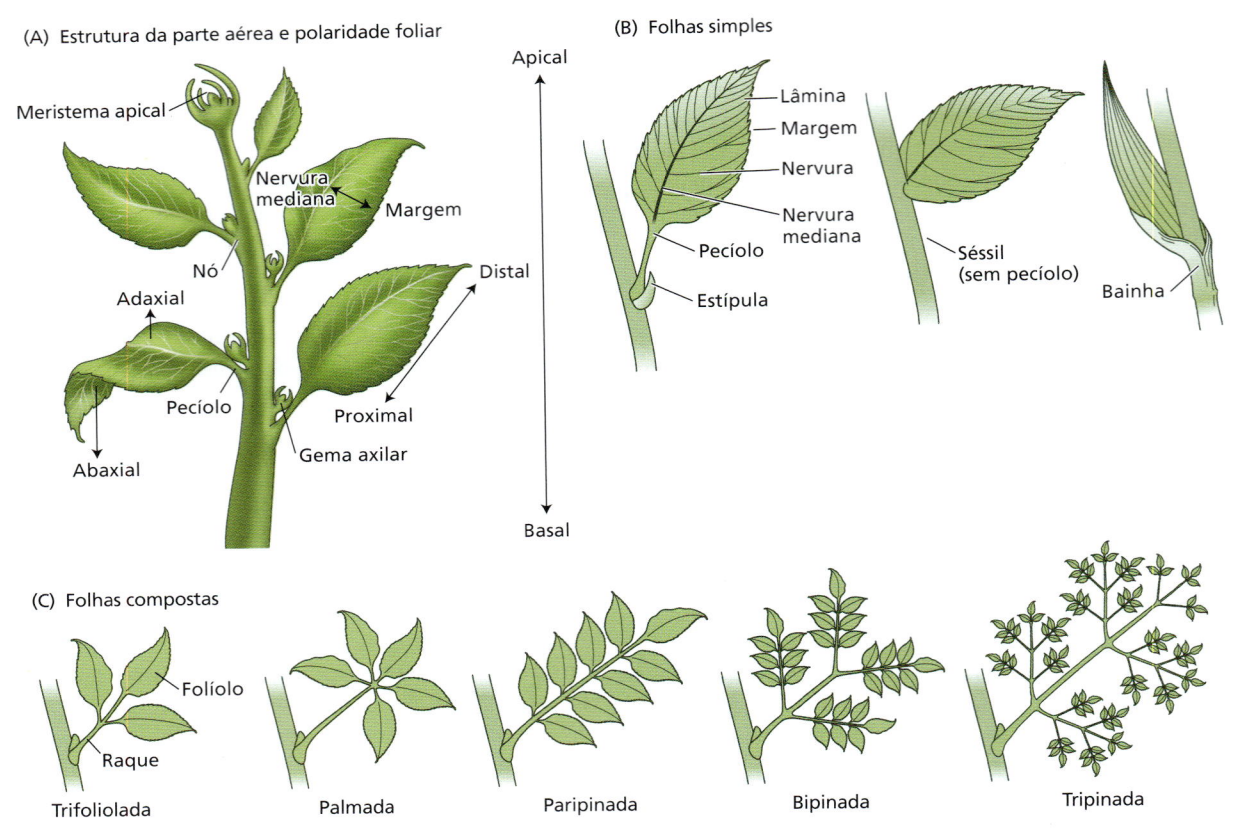

Figura 16.3 Visão geral da estrutura foliar. (A) Estrutura da parte aérea, mostrando três tipos de polaridade foliar: adaxial-abaxial, distal-proximal e nervura mediana-margem. (B) Exemplos de folhas simples. As variações na estrutura de hipofilos incluem a presença ou a ausência de estípulas, e pecíolos, e bainhas foliares. (C) Exemplos de folhas compostas.

fatores ambientais ou mutações, que levam a mudanças no tamanho ou na forma dos meristemas, também podem afetar a filotaxia, sugerindo que o mecanismo dependente da posição desempenha papéis importantes.

Todas as folhas, incluindo as modificadas, começam como pequenas protuberâncias, denominadas primórdios, nos flancos do MAC. Após, os primórdios foliares alongam-se, o que estabelece o eixo proximal-distal da folha, e se achatam, o que define as superfícies adaxial e abaxial da folha. À medida que a folha se desenvolve, o parênquima paliçádico, o mesofilo e o sistema vascular diferenciam-se. A expressão gênica e a sinalização hormonal contribuem para todos esses processos.

Os sítios de iniciação foliar, que em última análise dão origem à filotaxia da planta, correspondem às zonas localizadas de acumulação de auxina. Isto sugere que o acúmulo de auxina é necessário para a iniciação foliar (**Figura 16.5A**). O suporte para essa hipótese provém de diversas abordagens. Por exemplo, mutantes *pin1* de *Arabidopsis*, que são defeituosos quanto ao transporte polar de auxina, são incapazes de produzir quaisquer primórdios foliares nos seus meristemas de inflorescência (**Figura 16.5B**). Contudo, a aplicação de auxina exógena no flanco do MAC do mutante resulta na produção de um primórdio foliar (**Figura 16.5C**). Um suporte adicional para o papel da acumulação de auxina na iniciação foliar é proporcionado pelas alterações nos padrões filotáticos induzidas por tratamento com inibidores do transporte de auxina.

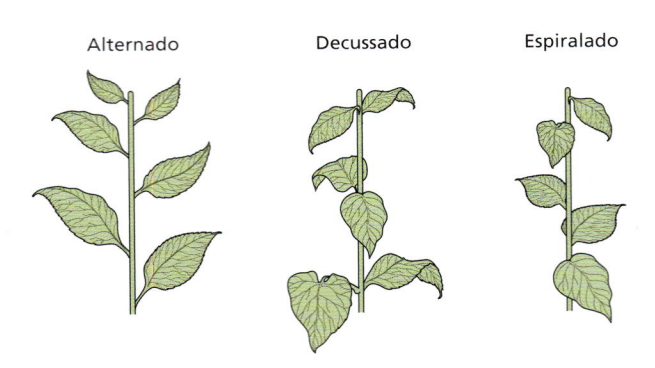

Figura 16.4 Os três tipos básicos de arranjo foliar (filotaxia) no caule são alternado, decussado e espiralado. Esses padrões têm sua origem no padrão de formação dos primórdios foliares nos flancos do MAC.

Figura 16.5 Regulação de auxina da iniciação foliar. (A) Os sítios de formação de folhas estão relacionados a padrões de transporte polar de auxina. Os padrões de movimento de auxina (setas) podem ser inferidos a partir da localização assimétrica das proteínas PIN (ver Capítulo 14). P0, P1, P2 e P3 referem-se às idades dos primórdios foliares; P0 corresponde ao estágio em que a folha começa a evidenciar seu desenvolvimento, e P1, P2 e P3 representam folhas progressivamente mais velhas. Os primórdios foliares são iniciados onde a auxina se acumula. O movimento acrópeto (em direção à ponta) de auxina é bloqueado na fronteira que separa as zonas central e periférica (ZC e ZP, respectivamente), levando a um aumento dos níveis de auxina nesta posição e à iniciação de uma folha (P0). O primórdio foliar formado recentemente (P1) age como um dreno de auxina, evitando assim a iniciação de novas folhas diretamente acima dele. O deslocamento do primórdio de uma folha mais madura (P2) para longe da ZP permite que os movimentos acrópetos de auxina se restabeleçam, possibilitando, assim, a iniciação de outra folha. (B) Micrografia eletrônica de varredura de um meristema de inflorescência *pin1* que não consegue produzir o primórdio foliar. (C) Primórdio foliar induzido no meristema de inflorescência de um mutante *pin1*, pela aplicação de uma microgota de AIA (ácido 3-indolacético, uma auxina) em pasta de lanolina na lateral do meristema. (A de Reinhardt et al., 2003; B de Vernoux et al., 2000; C de Reinhardt et al., 2003.)

Existem três tipos principais de células epidérmicas da parte aérea encontradas em todas as angiospermas: células fundamentais (*pavement cells*), tricomas e células-guarda. As **células fundamentais**, células epidérmicas relativamente não especializadas, podem ser consideradas como o destino do desenvolvimento-padrão da protoderme. Os **tricomas** são extensões unicelulares ou multicelulares da epiderme da parte aérea, que podem assumir formas, estruturas e funções distintas, incluindo a proteção contra o ataque de insetos e patógenos, a redução da perda de água e o aumento da tolerância a condições de estresse abiótico. As **células-guarda** são pares de células do **estômato** e circundam o ostíolo; elas estão presentes nas estruturas fotossintetizantes da parte aérea. As células-guarda regulam as trocas gasosas entre a parte aérea e a atmosfera, mediante mudanças de turgor fortemente reguladas em resposta à luz e a outros fatores (ver Capítulos 3, 6, 12 e 13). Outros tipos de células, tais como *litocistos, células buliformes, células silicosas* e *células suberosas* (**Figura 16.6**), exercem papéis ecológicos na defesa vegetal e na tolerância à seca em certos grupos de plantas. Na próxima seção, será descrito o desenvolvimento de células-guarda como um exemplo de diferenciação de células epidérmicas.

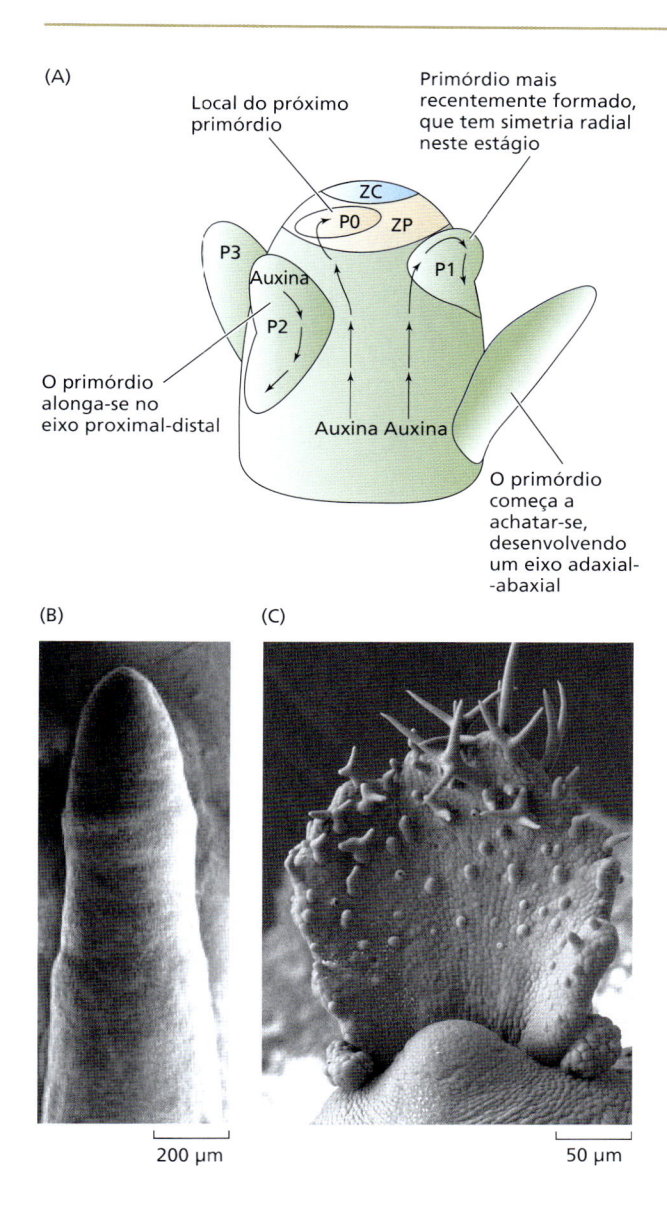

Diferenciação de tipos celulares epidérmicos

Além dos parênquimas paliçádico e esponjoso, especializados para fotossíntese e trocas gasosas, a folha possui uma epiderme que também exerce papéis vitais no seu funcionamento. A epiderme é a camada mais externa de células do corpo primário da planta, incluindo as estruturas vegetativa e reprodutiva. A epiderme geralmente consiste em uma única camada de células derivadas das células do meristema, conhecidas como **protoderme**. Em algumas espécies, como os membros das Moraceae e certos representantes das Begoniaceae e Piperaceae, a epiderme tem de duas até várias camadas de células, derivadas de divisões periclinais da protoderme.

Uma linhagem epidérmica especializada produz células-guarda

Em eudicotiledôneas, somente células específicas em uma linhagem de células estomáticas se diferenciam

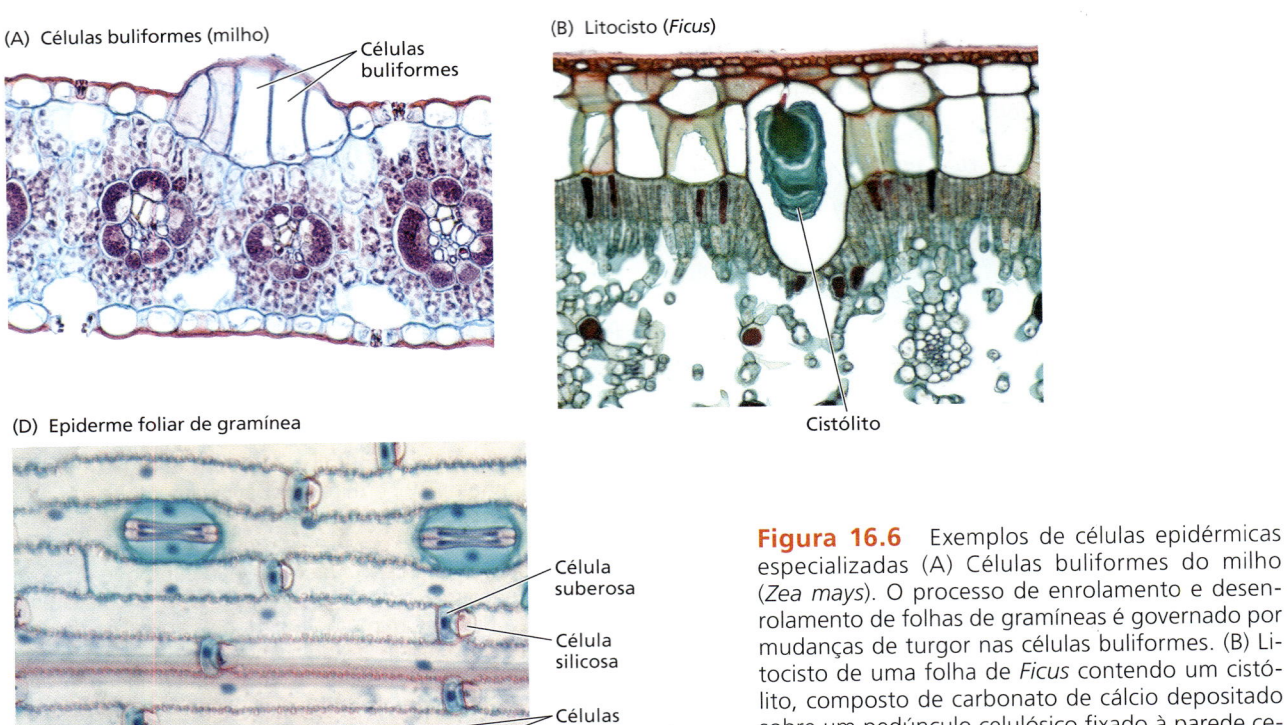

Figura 16.6 Exemplos de células epidérmicas especializadas (A) Células buliformes do milho (*Zea mays*). O processo de enrolamento e desenrolamento de folhas de gramíneas é governado por mudanças de turgor nas células buliformes. (B) Litocisto de uma folha de *Ficus* contendo um cistólito, composto de carbonato de cálcio depositado sobre um pedúnculo celulósico fixado à parede celular superior. (C) Epiderme foliar do trigo de pão (*Triticum aestivum*), com pares de células silicosas e suberosas distribuídos entre células fundamentais. (A © Dr. Ken Wagner/Visuals Unlimited, Inc.; B © Jon Bertsch/Visuals Unlimited, Inc.; C © Garry DeLong/Science Source.)

em células-guarda (**Figura 16.7**). Na protoderme em desenvolvimento (que origina a epiderme foliar), é estabelecida uma população de **células-mãe de meristemoides** (**CMMs**). Cada CMM divide-se assimetricamente (a assim chamada divisão de entrada) para originar duas células-filhas morfologicamente distintas – uma célula fundamental da linhagem estomática (CFLE) maior e um **meristemoide** menor. A CFLE pode se diferenciar em uma célula fundamental ou se tornar CMM e estabelecer linhas satélites ou secundárias. O meristemoide pode passar por um número variável de divisões amplificadoras assimétricas, originando três CFLEs, com o meristemoide finalmente diferenciando-se em uma **célula-mãe de células-guarda** (**CMCG**), que é reconhecível por sua forma arredondada. A seguir, a CMCG passa por uma divisão simétrica, formando um par de célula-guarda circundando uma abertura – o ostíolo.

Embora essa linhagem seja chamada de "linhagem estomática", a capacidade dos meristemoides e das CFLEs de passar por divisões repetidas significa que ela é de fato responsável pela geração da maioria das células epidérmicas nas folhas. Após as divisões de amplificação do meristemoide, as CFLEs resultantes podem se diferenciar em células fundamentais, que constituem o tipo celular mais abundante na epiderme de uma folha madura, ou elas podem se dividir assimetricamente para originar um meristemoide secundário. A orientação da divisão nas células CFLEs dividindo-se assimetricamente é importante para a aplicação da "regra do espaçamento de uma célula", segundo a qual os estômatos devem estar separados por pelo menos uma célula, para maximizar as trocas gasosas entre a folha e a atmosfera.

Padrões de venação nas folhas

O sistema vascular da folha é uma rede complexa de nervuras interconectadas. As nervuras consistem em dois tipos de tecidos condutores principais, xilema e floema, bem como em elementos não condutores, como as células de parênquima e de esclerênquima. A organização espacial do sistema vascular da folha – seu **padrão de venação** – é específica para a espécie e para o órgão. Os padrões de venação enquadram-se em duas categorias gerais: *venação reticulada*, encontrada na maioria das eudicotiledôneas, e *venação paralela*, típica de muitas monocotiledôneas (**Figura 16.8**).

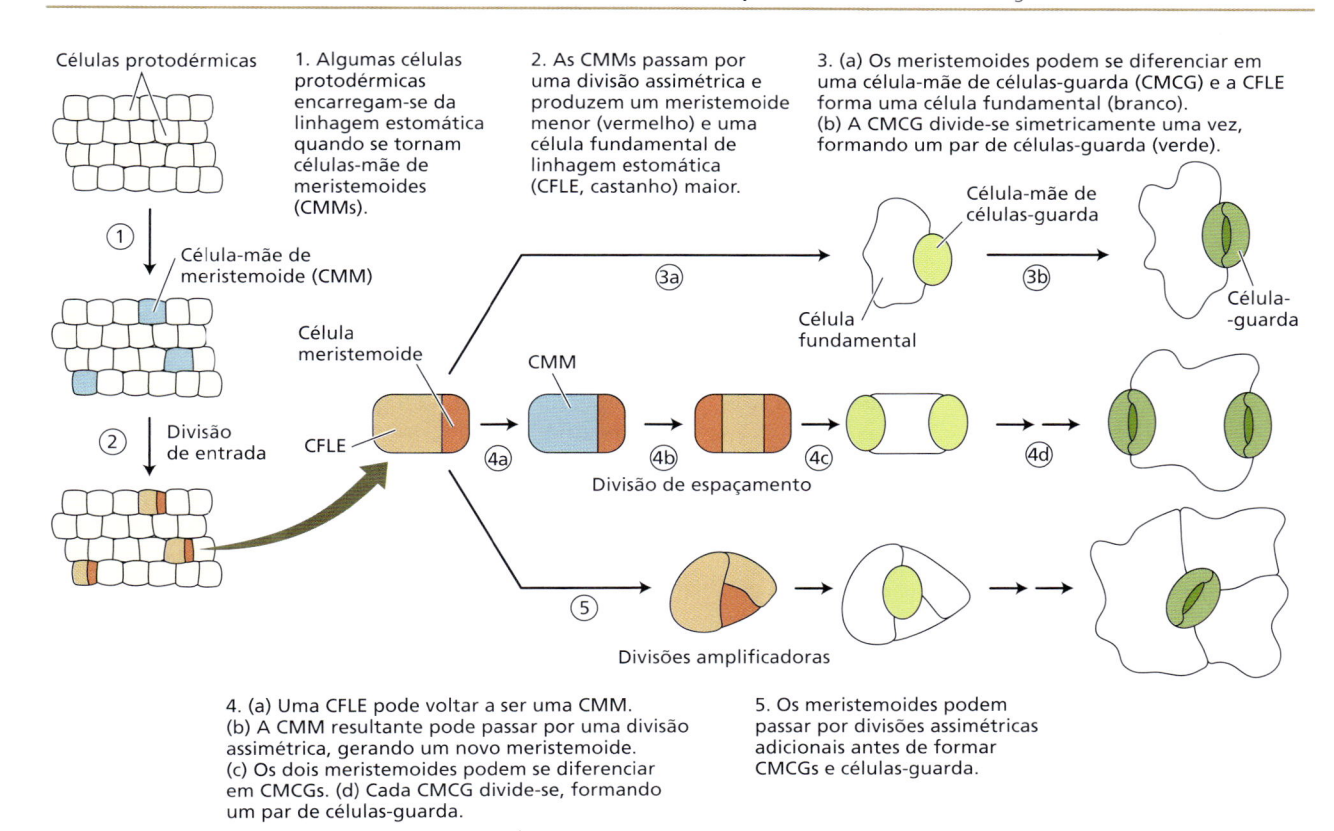

Figura 16.7 Desenvolvimento estomático em *Arabidopsis*. (De Lau e Bergmann, 2012.)

A despeito da diversidade dos padrões de venação, todos compartilham uma organização hierárquica. As nervuras são organizadas em classes de tamanho distintas – primária, secundária, terciária e assim por diante – com base em sua largura no ponto de fixação à nervura de origem (**Figura 16.9**). As menores nervuras, denominadas vênulas, terminam cegamente no mesofilo. A estrutura hierárquica do sistema vascular da folha reflete as funções hierárquicas das nervuras de tamanhos diferentes, com as de diâmetro maior funcionando no **fluxo de massa** de água, minerais, açúcares e outros metabólitos; as nervuras de diâmetro menor atuam no **carregamento do floema** (ver Capítulo 10).

A nervura foliar primária é iniciada no primórdio foliar

Os feixes vasculares foliares surgem de células precursoras vasculares denominadas **procâmbio**, nos primórdios foliares emergentes no MAC (**Figura 16.10A**).

Figura 16.8 Dois padrões básicos de venação foliar em angiospermas. (A) Venação reticulada em *Prunus serotina*, uma eudicotiledônea. (B) Venação paralela em *Iris sibirica*, uma monocotiledônea. (Fotos de David McIntyre.)

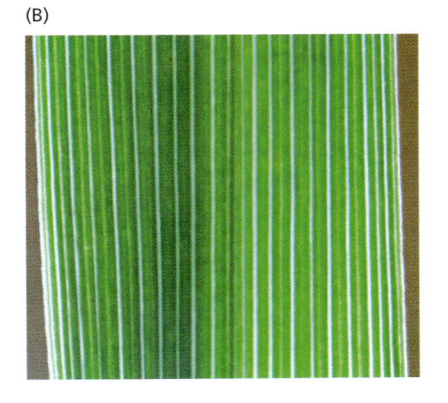

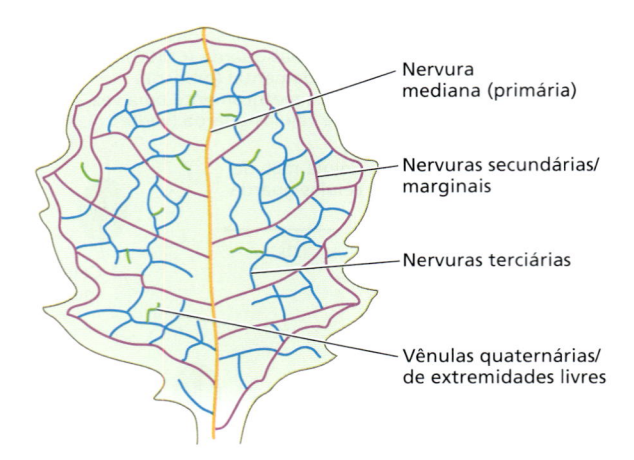

Figura 16.9 Hierarquia da venação na folha madura de *Arabidopsis*, com base no diâmetro das nervuras no local de fixação à nervura precedente. (De Lucas et al., 2013.)

A partir daí, os feixes vasculares apresentam diferenciação para baixo (basípeta) em direção ao nó, diretamente abaixo da folha, e conectam-se aos feixes vasculares mais antigos que são contínuos até a base do caule. A porção do feixe vascular que penetra na folha é chamada **traço foliar** (**Figura 16.10B**).

A canalização da auxina inicia o desenvolvimento do traço foliar

Várias linhas de evidências indicam que a auxina estimula a formação de tecidos vasculares. Um exemplo é o papel da auxina na regeneração do sistema vascular após uma lesão (**Figura 16.11A**). O sistema vascular é impedido de regenerar por remoção da folha e da parte aérea acima da lesão, mas pode ser restaurado mediante aplicação de auxina no pecíolo cortado acima da lesão, sugerindo que auxina proveniente da folha é requerida para a regeneração vascular. Conforme mostrado na **Figura 16.11B**, as fileiras de elementos de xilema regenerante se originam na fonte de auxina junto à extre-

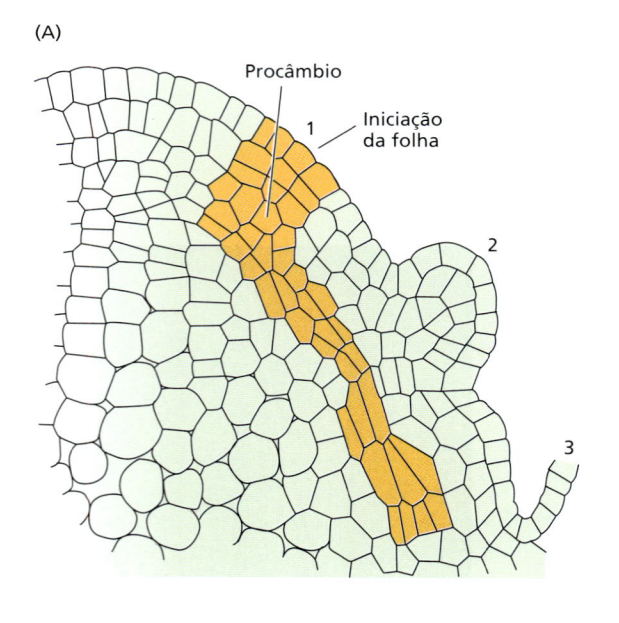

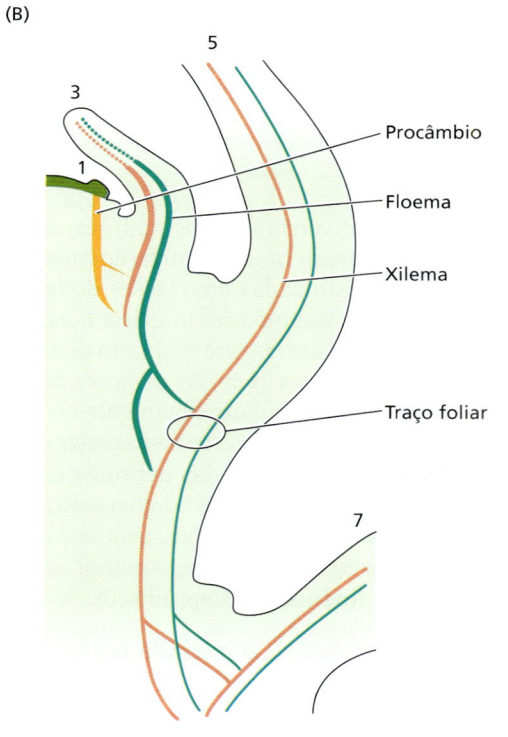

Figura 16.10 Desenvolvimento do sistema vascular da parte aérea. (A) Corte longitudinal do ápice da parte aérea do linho perene (*Linum perenne*), mostrando o estágio inicial na diferenciação do procâmbio do traço foliar, no local de um futuro primórdio foliar. Os primórdios foliares e as folhas estão numerados, começando com a inicial mais jovem. (B) Desenvolvimento vascular inicial de uma parte aérea com filotaxia decussada (ver Figura 16.4). A área verde escuro no ápice indica o MAC e dois primórdios foliares jovens; os cordões procambiais são mostrados em laranja. As linhas pontilhadas no par de folhas com identificação "3" representam xilema e floema em desenvolvimento. Os traços foliares apresentam desenvolvimento basípeto ao sistema vascular maduro abaixo, formando um feixe vascular continuo. Os números correspondem à ordem das folhas, iniciando com os primórdios (as folhas ausentes estão em um plano diferente). (A de Esau, 1942; B de Esau, 1953.)

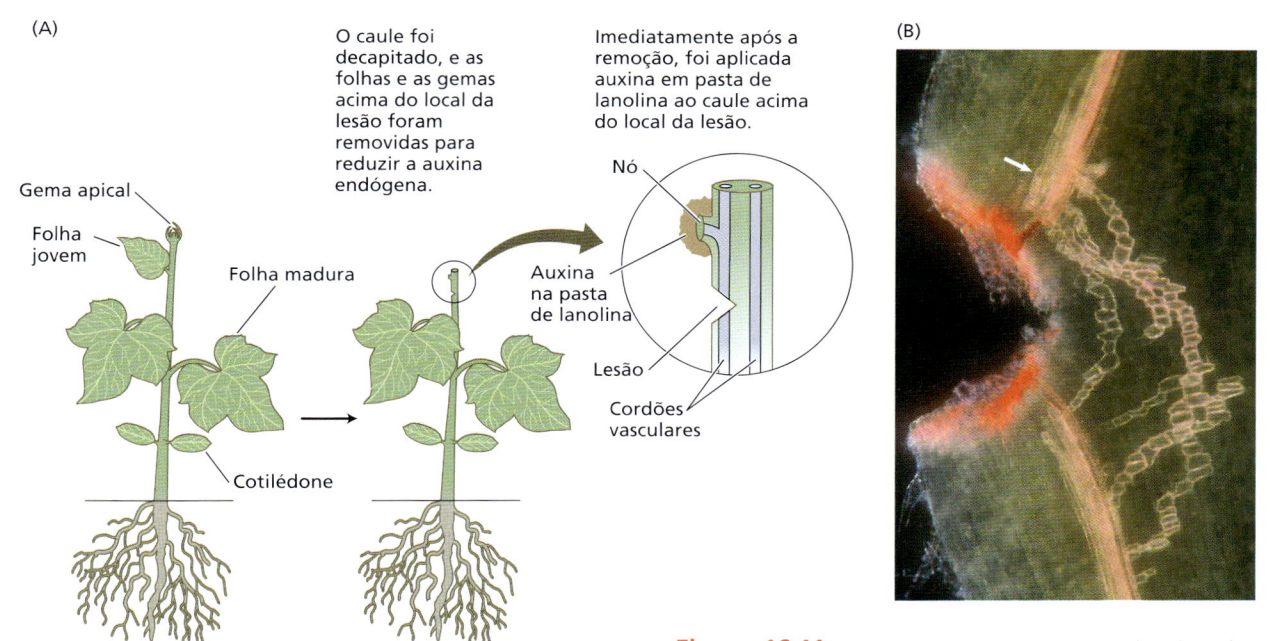

Figura 16.11 Regeneração do xilema, induzida pela auxina, em torno de uma lesão no tecido caulinar de pepino (*Cucumis sativus*). (A) Método para realizar o experimento de regeneração de áreas lesadas. (B) Micrografia ao microscópio de fluorescência mostrando a regeneração do sistema vascular (de cor laranja fluorescente) ao redor da lesão. A seta indica o local da lesão, onde a auxina se acumula e a diferenciação do xilema começa. (B cortesia de R. Aloni.)

midade superior do corte do feixe vascular, e avançam no sentido basípeto até se conectarem com a extremidade do corte do feixe vascular abaixo, correspondendo à direção presumida do fluxo de auxina. A extremidade superior do corte do feixe vascular, portanto, atua como **fonte de auxina**, enquanto a extremidade inferior do corte atua como **dreno de auxina**.

Essas descobertas e observações similares em outros sistemas, tal como a enxertia de gemas, levaram à hipótese de que, à medida que flui pelos tecidos, a auxina estimula e polariza seu próprio transporte. Esse transporte gradualmente torna-se canalizado para fileiras de células que assumem a condução a partir das fontes de auxina; essas fileiras de células podem, então, se diferenciar, formando o sistema vascular.

Coerente com essa ideia, a aplicação localizada de auxina (como nos experimentos sobre lesão descritos na Figura 16.11) induz a diferenciação vascular em cordões estreitos que conduzem para locais distantes do sítio de aplicação, e não em áreas amplas de células. A nova estrutura vascular em geral desenvolve-se em direção aos cordões vasculares e une-se com eles, resultando em uma rede vascular conectada. Por essa razão, é possível prever que um traço foliar em desenvolvimento atue como uma fonte de auxina e que a estrutura vascular do caule atue como um dreno de auxina. Estudos recentes sobre venação têm apoiado esse modelo fonte-dreno, ou **modelo da canalização**, para o fluxo de auxina em nível molecular. A visualização experimental de proteínas de transporte de auxina e mudanças dinâmicas nas concentrações de auxina durante o desenvolvimento de nervuras foliares sugere que o transporte polar de auxina e a biossíntese localizada de auxina estão envolvidos na vascularização durante o desenvolvimento foliar inicial.

Ramificação e arquitetura da parte aérea

A arquitetura da parte aérea das espermatófitas é caracterizada por repetições múltiplas de um módulo básico denominado **fitômero**, que consiste em um entrenó, um nó, uma folha e um **meristema axilar** (**Figura 16.12**). Durante a evolução, as modificações de posição, tamanho e forma do fitômero individual, bem como variações na regulação da emergência da gema axilar, proporcionaram a base morfológica da notável diversidade da arquitetura da parte aérea nas espermatófitas. Os ramos vegetativos e de inflorescência, assim como os primórdios florais produzidos pelas inflorescências, são derivados dos meristemas axilares iniciados nas axilas das folhas. Durante o desenvolvimento vegetativo, os meristemas axilares, da mesma forma que os meristemas apicais, iniciam a formação dos primórdios foliares, resultando nas gemas axilares. Essas gemas ou ficam dormentes ou desenvolvem-se

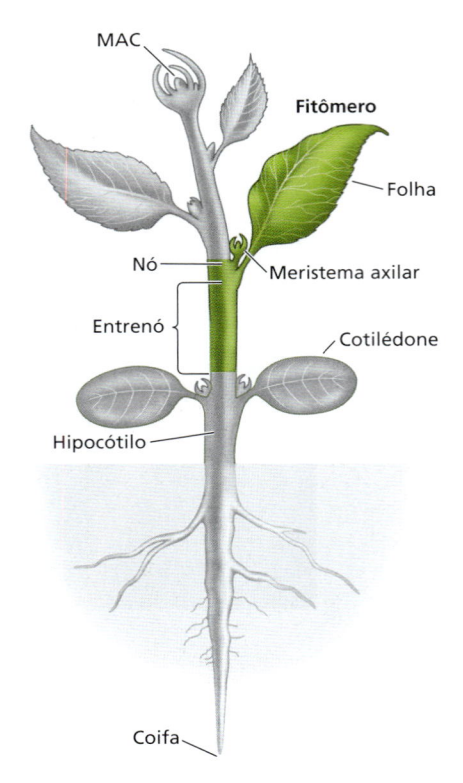

Figura 16.12 O fitômero é o módulo básico da organização da parte aérea nas espermatófitas.

até formarem os ramos laterais, dependendo da sua posição ao longo do eixo do caule, do estágio de desenvolvimento da planta e de fatores ambientais. Durante o desenvolvimento reprodutivo, os meristemas axilares iniciam a formação dos ramos da inflorescência e das flores. Por isso, o hábito de crescimento de uma planta depende não apenas dos padrões de formação dos meristemas axilares, mas também da identidade dos meristemas e de suas características de crescimento subsequente.

Auxina, citocininas e estrigolactonas regulam a emergência das gemas axilares

Uma vez formados, os meristemas axilares podem entrar em uma fase de crescimento altamente restrito (dormência) ou podem ser liberados para formar ramos axilares. A decisão de "crescer ou não crescer" é determinada pela programação do desenvolvimento e por respostas ambientais mediadas por fitormônios que atuam como sinais locais e de longa distância. As interações das rotas de sinalização hormonal coordenam as taxas de crescimento relativo de ramos diferentes e o ápice do caule, o que, por fim, determina a arquitetura da parte aérea. Os principais hormônios envolvidos são auxina, citocininas e estrigolactonas (ver Capítulo 12). Todos os três tipos de hormônios são produzidos em quantidades variáveis na raiz e na parte aérea, mas sua translocação permite que eles exerçam efeitos além de seus sítios de síntese.

O papel da auxina na regulação do crescimento de gemas axilares é mais facilmente demonstrado em experimentos a respeito da **dominância apical** – o controle exercido pela ápice do caule sobre gemas axilares e ramos abaixo. A auxina sintetizada no ápice do caule é transportada em uma corrente polar em direção à raiz (ver Capítulo 15). As plantas com dominância apical forte em geral são fracamente ramificadas e mostram uma resposta de ramificação intensa à decapitação (remoção das folhas em crescimento ou expansão e do ápice do caule) (**Figura 16.13**). A aplicação de auxina ao caule decapitado restaura a dominância apical. As plantas com dominância apical fraca em geral são bastante ramificadas e, quando muito, mostram uma pequena resposta à decapitação. Mais de um século de evidências experimentais sugere que, em plantas com dominância apical forte, a auxina produzida no ápice do caule inibe o crescimento das gemas axilares. Os floricultores tiram proveito desse fenômeno, quando "beliscam" crisântemos e muitas outras plantas com dominância apical forte para produzir densas moitas cupuliformes de inflorescências.

As estrigolactonas atuam em combinação com a auxina para regular a dominância apical. Mutantes com defeito na biossíntese ou na sinalização de estrigolactonas mostram aumento na ramificação sem decapitação. Embora a estrigolactona seja sintetizada tanto no caule quanto na raiz, estudos com enxertia demonstraram que somente a estrigolactona derivada do caule é exigida para a dominância apical. A aplicação direta de citocinina às gemas axilares, ou a estimulação transgênica da produção de citocinina, estimula o crescimento de gemas axilares, sugerindo que as citocininas estão envolvidas na quebra da dominância apical.

A **Figura 16.14** apresenta um modelo simplificado para as interações antagônicas entre citocinina e estrigolactona. A auxina mantém a dominância apical por estimulação da síntese da estrigolactona. Em eudicotiledôneas, a estrigolactona, então, suprime o crescimento de gemas axilares. A estrigolactona também inibe a síntese de citocinina mediante a expressão de genes da biossíntese desse hormônio, o que auxilia na supressão do crescimento de gemas axilares.

O sinal inicial para o crescimento das gemas axilares pode ser um aumento na disponibilidade de sacarose para a gema

Evidências recentes indicam que a própria sacarose pode servir como sinal inicial no controle do crescimento da gema (**Figura 16.15**). Em indivíduos de ervilha, o crescimento da gema axilar é iniciado cerca de 2,5 horas após a decapitação. Isso representa 24 horas

(A) Gema terminal intacta
(B) Gema terminal removida
(C) Auxina adicionada ao caule decapitado

Figura 16.13 A auxina suprime o crescimento de gemas axilares de indivíduos de feijoeiro (*Phaseolus vulgaris*). (A) As gemas axilares estão suprimidas na planta intacta devido à dominância apical. (B) A remoção da gema terminal libera as gemas axilares da dominância apical (seta). (C) A aplicação da AIA em pasta de lanolina (contida na cápsula de gelatina) na superfície cortada impede o crescimento de gemas axilares. (Fotos de David McIntyre.)

antes de qualquer declínio detectável na concentração de auxina no caule adjacente à gema axilar, sugerindo que um decréscimo na auxina proveniente da extremidade ocorre muito lentamente para iniciar o crescimento da gema.

Estudos usando sacarose marcada com ^{14}C, ao contrário, demonstraram que a concentração desse açúcar derivado da folha no caule adjacente à gema começa a diminuir, em menos de 2 horas após a decapitação. Esse

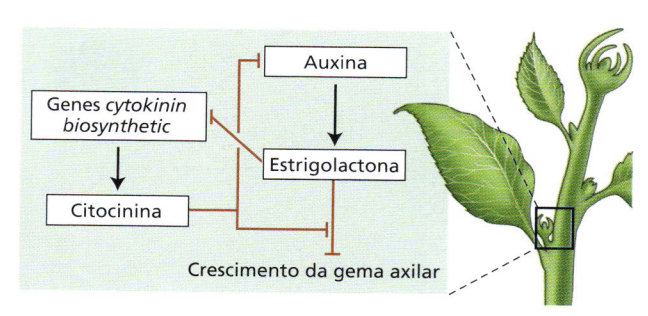

Figura 16.14 Rede hormonal de regulação da dominância apical. A auxina proveniente do ápice do caule promove a síntese de estrigolactona na região nodal. Em eudicotiledôneas, a estrigolactona inibe o crescimento das gemas axilares e exerce regulação para baixo nos genes *cytokinin biosynthetic*. Uma vez que a citocinina bloqueia a atividade inibidora da estrigolactona no crescimento das gemas axilares, a redução da atividade da citocinina acentua a dominância apical. (De El-Showk et al., 2013.)

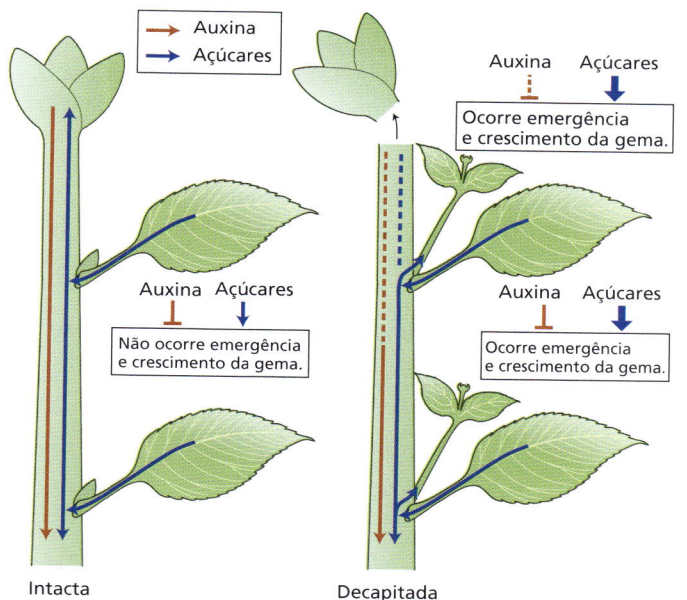

Figura 16.15 A dominância apical é regulada pela disponibilidade de açúcares. Após a decapitação, os açúcares, que normalmente fluem em direção à extremidade do caule via floema, acumulam-se rapidamente nas gemas axilares, estimulando seu crescimento. Ao mesmo tempo, a perda do fornecimento apical de auxina resulta no esgotamento desse hormônio no caule. No entanto, o esgotamento da auxina é relativamente lento e, portanto, as gemas em crescimento, localizadas na parte superior do caule, são afetadas antes daquelas da parte inferior. Neste modelo, a auxina está envolvida predominantemente nos estágios finais do crescimento do ramo. (De Mason et al., 2014.)

declínio de sacarose no caule é motivado pela absorção de açúcares pela gema axilar. Desse modo, após a decapitação, o crescimento da gema é iniciado *antes* do esgotamento de auxina, mas *após* a absorção de sacarose pela gema axilar. Em caule intacto, a gema axilar é carente de sacarose, pois a gema terminal em crescimento é um dreno de açúcares mais forte do que a gema axilar. Como consequência da decapitação, o fornecimento de carbono endógeno às gemas axilares aumenta no limite de tempo suficiente para induzir a emergência delas. A dominância apical é, portanto, regulada pela forte atividade de dreno da extremidade em crescimento, que limita a disponibilidade de açúcar para as gemas axilares. Contudo, o crescimento sustentado das gemas requer também o esgotamento da auxina no caule adjacente às gemas.

Evitação da sombra

As plantas competem por recursos luminosos para manter a atividade fotossintética. A evitação da sombra é o alongamento aumentado do caule que ocorre, em certas plantas, em resposta ao sombreamento pelas folhas. A resposta é específica ao sombreamento produzido pelas folhas verdes, que atuam como filtros para luzes vermelha e azul, e não é induzida por outros tipos de sombreamento. A **Tabela 16.1** compara a taxa de fluência total (relacionada com a intensidade da luz) em fótons (400-800 nm) com a razão entre luz vermelha (R) e vermelho-distante (FR) em oito condições e ambientes naturais. Em comparação com a luz do dia, há proporcionalmente mais luz vermelho-distante durante o pôr-do-sol, sob 5 mm de solo, e abaixo da cobertura de outras plantas (como sobre o chão de uma floresta). O fenômeno da cobertura (dossel) resulta do fato de que folhas verdes absorvem luz vermelha por causa de seu alto conteúdo de clorofila, mas são relativamente transparentes à luz vermelho-distante.

As plantas que aumentam o tamanho do caule em resposta ao sombreamento exibem uma resposta de evitação à sombra. O fotorreceptor que controla a evitação da sombra é o fitocromo, que tem duas formas interconversíveis: uma é inativa e absorve luz vermelha (Pr); a outra é ativa e absorve luz vermelho-distante (Pfr) (ver Capítulo 13). Conforme aumenta o sombreamento, a razão R:FR diminui. Uma proporção maior de luz vermelho-distante converte mais Pfr em Pr, e a razão do Pfr para o fitocromo total (Pfr:P_{total}) diminui. Quando "plantas de sol" (plantas adaptadas a hábitats de campo aberto) são cultivadas sob luz natural em um sistema de sombreamento que controla a razão R:FR, as taxas de aumento do caule crescem em resposta a um maior conteúdo de luz vermelho-distante (i. e., Pfr:P_{total} menor) (**Figura 16.16**). Em outras palavras, o sombreamento simulado com cobertura (altos níveis de luz vermelho-distante, menor Pfr:P_{total}) induz essas plantas a alocarem mais recursos para se tornarem mais altas. Essa correlação não é tão forte quanto para as "plantas de sombra", que normalmente crescem sob uma cobertura foliar. As plantas de sombra mostram uma redução me-

TABELA 16.1 Parâmetros de luz ecologicamente importantes

	Taxa de fluência (µmol m^{-2} s^{-1})	R:FR^a
Luz do dia	1.900	1,19
Crepúsculo	26,5	0,96
Luar	0,005	0,94
Sob dossel de hera	17,7	0,13
Solo, a uma profundidade de 5 mm	8,6	0,88
Lagos, a uma profundidade de 1 m		
Lago Negro	680	17,2
Lago Leven	300	3,1
Lago Borralie	1.200	1,2

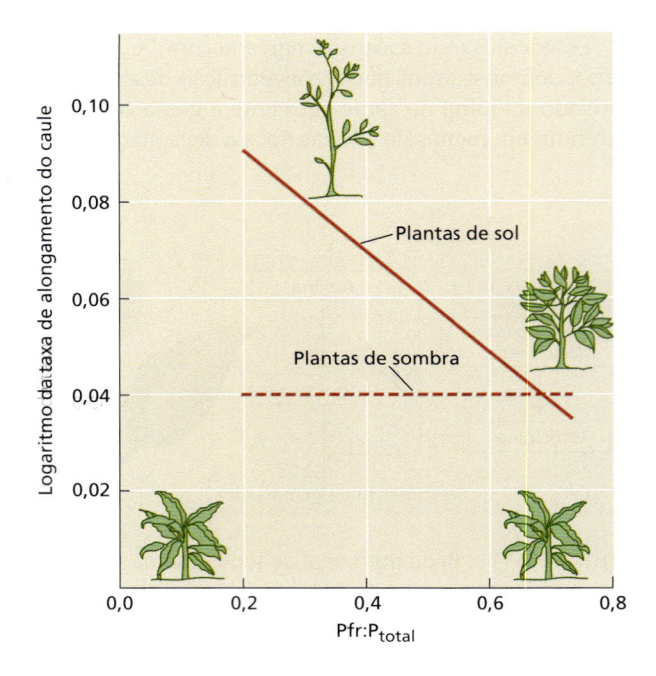

Fonte: Smith, 1982, p. 493.
Nota: O fator de intensidade de luz (400-800 nm) é dado pela taxa de fluência de fótons, e a luz ativa no fitocromo é dada pela razão R:FR.
^{a}Valores absolutos obtidos de varreduras do espectrorradiômetro; os valores devem ser lidos como indicadores das relações entre as várias condições naturais, e não como médias ambientais de fato.

Figura 16.16 O fitocromo tem um papel predominante no controle da taxa de alongamento do caule em plantas de sol (linha contínua), porém não em plantas de sombra (linha tracejada). (De Morgan e Smith, 1979.)

nor no comprimento de seus caules do que as plantas de sol quando expostas a valores mais altos de R:FR. Portanto, parece haver uma relação sistemática entre o crescimento controlado pelo fitocromo e o hábitat da espécie. Tais resultados indicam o envolvimento do fitocromo na percepção da sombra.

Para uma "planta de sol" ou "planta que evita a sombra", existe um valor adaptativo nítido na alocação de recursos voltados ao crescimento em extensão mais rápido quando ela é sombreada por outra planta. Desse modo, ela pode aumentar suas chances de crescer acima da cobertura (dossel) e adquirir uma maior parcela de radiação fotossinteticamente ativa não filtrada. O preço por favorecer o alongamento entrenós é geralmente uma redução na área foliar e nas ramificações, mas, ao menos em curto prazo, essa adaptação ao sombreamento da cobertura aumenta a aptidão (*fitness*) da planta. Quando a planta cresce acima da cobertura ou ocorre uma clareira pela queda de uma árvore na floresta, a planta, então, fica livre da evitação da sombra e da competição por luz.

A redução das respostas de evitação da sombra pode melhorar a produtividade das culturas

As respostas de evitação da sombra devem ser altamente adaptativas em um ambiente natural para auxiliar as plantas a competir com a vegetação vizinha. Porém, para muitas espécies de culturas agrícolas, uma realocação de recursos do crescimento reprodutivo para o vegetativo pode reduzir a produtividade da cultura. Em anos recentes, ganhos na produtividade de culturas como o milho (*Zea mays*) aconteceram por meio da reprodução de novas variedades com uma tolerância mais alta ao adensamento (que induz respostas de evitação da sombra), e não por aumentos no rendimento básico por planta. Como consequência, as variedades atuais de milho podem ser cultivadas em densidades mais altas do que as antigas sem sofrer decréscimos na produtividade (**Figura 16.17**).

Arquitetura do sistema de raízes

Os sistemas de raízes constituem o elo fundamental entre a parte aérea e a rizosfera, proporcionando nutrientes vitais e água para sustentar o crescimento. Além disso, as raízes ancoram e estabilizam a planta, permitindo o crescimento dos órgãos vegetativos e reprodutivos acima da superfície do solo. Uma vez que as raízes funcionam em condições de solo heterogêneas e muitas vezes mutáveis, elas devem ter capacidade de adaptação, para garantir um fluxo estável de água e nutrientes para a parte aérea sob condições diversificadas. As plantas desenvolveram mecanismos de controle complexos que regulam a arquitetura do sistema de raízes.

Figura 16.17 Lavoura com alta densidade e produtividade. Variedades modernas de milho são plantadas em densidade alta. Tradicionalmente, indígenas norte-americanos cultivavam milho em pequenas colinas ou montes, com espaçamento entre as plantas superior a 1 metro. As plantas eram baixas e com frequência produziam múltiplas e pequenas espigas. Híbridos modernos, ao contrário, são plantados mecanicamente em fileiras densas com pouco espaço entre elas (em geral 74.000-94.000 plantas por hectare). Embora a produtividade por planta não tenha aumentado drasticamente por muitos anos nos híbridos comerciais, a produtividade total continua a aumentar bastante por causa do melhor desempenho de plantas em densidade alta. Como mostrado nesta imagem no estado de Nova Iorque, variedades modernas de milho têm folhas eretas que auxiliam as plantas a capturarem a energia solar sob condições de adensamento. (Cortesia de T. Brutnell.)

As plantas podem modificar a arquitetura de seus sistemas de raízes para otimizar a absorção de água e nutrientes

A *arquitetura do sistema de raízes* refere-se à disposição geométrica das raízes individuais dentro do sistema no espaço tridimensional do solo. Esses sistemas são compostos de tipos de raízes diferentes; as plantas são capazes de modificar e controlar os tipos de raízes que produzem, os ângulos das raízes em relação à gravidade, as velocidades de crescimento das raízes e o grau de ramificação. Além de possuírem um sistema primário de raízes, algumas plantas conseguem produzir raízes adicionais a partir de tecidos do caule, denominadas **raízes adventícias**, como uma adaptação a um ambiente em especial ou em resposta ao estresse nutricional ou hídrico. As variações intra e interespecíficas na arquitetura do sistema de raízes têm sido vinculadas à obtenção de recursos e ao crescimento. A arquitetura do sistema de raízes varia consideravelmente entre as espécies, mesmo entre as que vivem no mesmo hábitat (**Figura 16.18**).

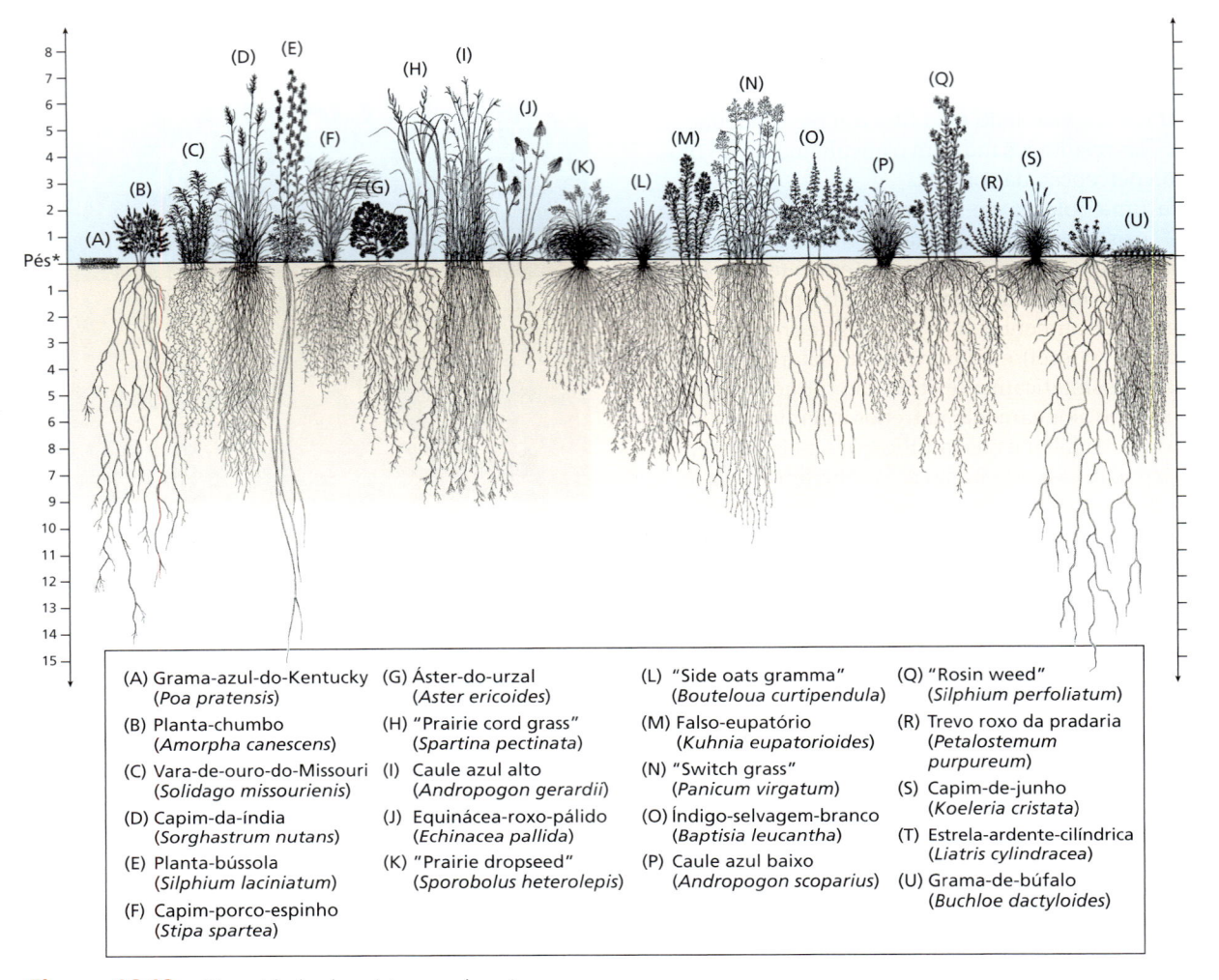

Figura 16.18 Diversidade dos sistemas de raízes em espécies vegetais campestres. (© Heidi Natura/Conservation Research Institute.) *Um pé equivale a 30,48 cm.

(A) Grama-azul-do-Kentucky (*Poa pratensis*)
(B) Planta-chumbo (*Amorpha canescens*)
(C) Vara-de-ouro-do-Missouri (*Solidago missourienis*)
(D) Capim-da-índia (*Sorghastrum nutans*)
(E) Planta-bússola (*Silphium laciniatum*)
(F) Capim-porco-espinho (*Stipa spartea*)
(G) Áster-do-urzal (*Aster ericoides*)
(H) "Prairie cord grass" (*Spartina pectinata*)
(I) Caule azul alto (*Andropogon gerardii*)
(J) Equinácea-roxo-pálido (*Echinacea pallida*)
(K) "Prairie dropseed" (*Sporobolus heterolepis*)
(L) "Side oats gramma" (*Bouteloua curtipendula*)
(M) Falso-eupatório (*Kuhnia eupatorioides*)
(N) "Switch grass" (*Panicum virgatum*)
(O) Índigo-selvagem-branco (*Baptisia leucantha*)
(P) Caule azul baixo (*Andropogon scoparius*)
(Q) "Rosin weed" (*Silphium perfoliatum*)
(R) Trevo roxo da pradaria (*Petalostemum purpureum*)
(S) Capim-de-junho (*Koeleria cristata*)
(T) Estrela-ardente-cilíndrica (*Liatris cylindracea*)
(U) Grama-de-búfalo (*Buchloe dactyloides*)

As monocotiledôneas e as eudicotiledôneas diferem na arquitetura de seus sistemas de raízes

Os sistemas de raízes de monocotiledôneas e de eudicotiledôneas são mais ou menos similares em estrutura, consistindo em uma raiz primária* de origem embrionária (a radícula), raízes laterais e raízes adventícias. Contudo, existem diferenças significantes entre os sistemas de raízes de monocotiledôneas e de eudicotiledôneas. Os sistemas de raízes das monocotiledôneas em geral são mais fasciculados e complexos do que os das eudicotiledôneas, especialmente nos cereais. Por exemplo, o sistema de raízes de plântulas do milho consiste em uma raiz primária que se desenvolve da radícula, raízes laterais, **raízes seminais** (raízes adventícias que se ramificam a partir do hipocótilo do embrião) e **raízes coronais** de origem pós-embrionária (**Figura 16.19**). As raízes primária e seminais são altamente ramificadas e fibrosas. As raízes coronais, também chamadas de "raízes-escora", são adventícias derivadas dos nós inferiores do caule. Embora não sejam importantes nas plântulas (ver Figura 16.19A), ao contrário das raízes primária e seminais, as raízes coronais continuam a se formar, se desenvolver e se ramificar durante o crescimento vegetativo. Assim, o sistema de raízes coronais constitui a grande maioria do sistema de raízes nos indivíduos adultos do milho (ver Figura 16.19B).

O sistema de raízes de uma eudicotiledônea jovem consiste na raiz primária (ou raiz pivotante) e em suas raízes ramificadas. À medida que o sistema de raízes amadurece, raízes basais surgem da base da raiz pivotante. Além disso, raízes adventícias podem surgir de caules subterrâneos ou do hipocótilo e, em um sentido amplo, podem ser consideradas análogas às raízes co-

---

*N. de R.T. O termo "primária" é aqui empregado no sentido restrito da origem da raiz. Cabe destacar que, anatomicamente, todas as raízes de monocotiledôneas são primárias, ou seja, não apresentam crescimento secundário.

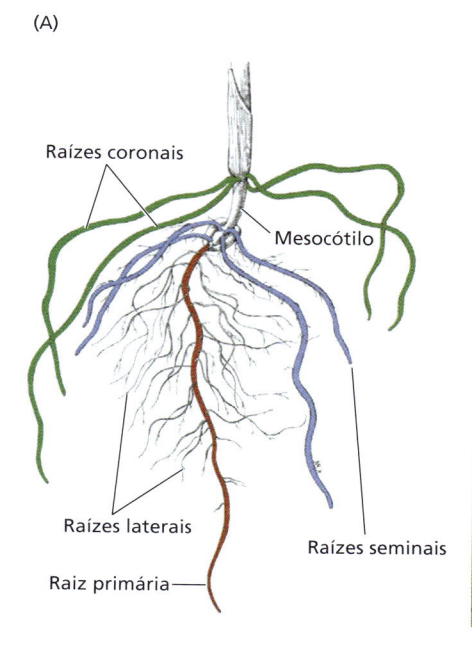

Figura 16.19 (A) Sistema de raízes de uma plântula de milho com 14 dias composto de raiz primária derivada da radícula, raízes seminais derivadas do nó escutelar, raízes coronais de origem pós-embrionária, que surgem nos nós acima do mesocótilo, e raízes laterais. (B) Sistema de raízes de um indivíduo maduro de milho. (A de Hochholdinger e Tuberosa, 2009; B © B W Hoffmann/AGE Fotostock.)

ronais adventícias de cereais. A **Figura 16.20** ilustra o sistema de raízes de um indivíduo de soja, um representante das eudicotiledôneas.

A arquitetura do sistema de raízes muda em resposta às deficiências de fósforo

O fósforo, junto com o nitrogênio, é o nutriente mineral mais limitante para a produção das culturas vegetais (ver Capítulos 4 e 5). A limitação do fósforo é um problema particular em regiões tropicais, onde os solos ácidos altamente intemperizados tendem a fixar fortemente esse elemento, tornando-o, em grande parte, indisponível para as raízes. Os sistemas de raízes passam por alterações morfológicas bem documentadas em resposta à deficiência de fósforo (**Figura 16.21**). Essas respostas podem variar um pouco de espécie para espécie, mas em geral incluem uma redução no alongamento da raiz primária, um aumento na proliferação e no alongamento de raízes laterais e um aumento na quantidade de pelos.

Conforme descrito no Capítulo 4, o fósforo é ligado firmemente às partículas de argila ou às estruturas orgânicas, sendo os horizontes (camadas) superficiais do solo mais enriquecidos desse elemento. A deficiência de fósforo pode desencadear "captação na camada superior do solo" pelas plantas. Por exemplo, algumas variedades de feijoeiro (genótipos eficientes ao uso de fósforo) respondem à deficiência de fósforo produzindo mais raízes laterais adventícias que crescem em um ângulo mais horizontal, de modo mais superficial. Observa-se também um aumento geral no número de raízes laterais e pelos de raízes. Essas variedades têm sido empregadas extensivamente no melhoramento de genótipos de feijoeiro e soja, visando o cultivo em solos pobres em fósforo.

Senescência vegetal

A **senescência** refere-se ao processo autolítico (auto-digerível), dependente de energia, que leva à morte de células-alvo. Como no caso da maioria das características do desenvolvimento vegetal, a senescência é controlada

Figura 16.20 Sistema de raízes da soja, mostrando a raiz primária (raiz pivotante), as raízes ramificadas, as raízes basais e as raízes adventícias. (Cortesia de Leon Kochian.)

Figura 16.21 Em resposta à deficiência de fósforo, as plantas podem alterar sua arquitetura das raízes de modo a ampliar sua capacidade de obter o nutriente. Esses tremoços brancos (*Lupinus albus*) foram cultivados hidroponicamente em uma solução nutritiva com (+P) ou sem (-P) fosfato. A planta deficiente em fósforo tem um sistema de raízes mais superficial e muito mais raízes laterais na parte superior do sistema. Essas raízes laterais, por sua vez, são cobertas com raízes laterais curtas e densamente reunidas chamadas raízes proteoides (*cluster roots*); essas características aumentam a área de superfície do sistema de raízes nas camadas superiores do solo. Outras respostas morfológicas de plantas à deficiência de fósforo abrangem a formação de pelos mais longos e mais densos nas raízes, um aumento da razão raiz:caule e a formação de aerênquima (espaços aeríferos no córtex). (De Péret et al., 2014.)

pela interação de fatores ambientais com programas de desenvolvimento geneticamente regulados.

Em climas temperados, as folhas de árvores decíduas (árvores que anualmente desprendem suas folhas) ficam amarelas, alaranjadas ou vermelhas e caem de seus ramos, em resposta aos comprimentos mais curtos dos dias e às temperaturas mais baixas, o que desencadeia dois processos de desenvolvimento relacionados: senescência e abscisão. A **abscisão** refere-se à separação de camadas de células que ocorre nas bases de folhas, partes florais e frutos, a qual permite que se desprendam facilmente sem danificar a planta. Porém, antes que as folhas senescentes sejam desprendidas da planta, nitrogênio e outros nutrientes nelas presentes são transportados de volta aos ramos.

Há três tipos de senescência vegetal, determinados conforme o nível de organização estrutural da unidade senescente: *morte celular programada*, *senescência de órgãos* e *senescência da planta inteira*. A **morte celular programada** (**MCP**) é uma denominação geral referente à morte geneticamente regulada de células individuais. Durante a MCP, o protoplasma, e às vezes a parede celular, sofre autólise. No caso do desenvolvimento de elementos traqueais (xilema) e fibras, entretanto, camadas de parede secundária são depositadas antes da morte celular. A **senescência de órgãos** – a senescência de folhas, ramos, flores ou frutos inteiros – ocorre em vários estágios do desenvolvimento vegetativo e reprodutivo e geralmente inclui a abscisão do órgão senescente. Conforme já assinalado, a senescência foliar é fortemente influenciada pelo fotoperíodo e pela temperatura. Finalmente, a **senescência da planta inteira** envolve a morte de toda a planta. Neste capítulo, são destacadas a senescência de órgãos e a senescência da planta inteira.

Durante a senescência foliar, nutrientes são remobilizados da folha-fonte para os drenos vegetativos ou reprodutivos

Todas as folhas, incluindo aquelas perenes, sofrem senescência em resposta a fatores dependentes da idade, a sinais ambientais, a estresses bióticos ou abióticos. Durante a senescência de desenvolvimento, as células foliares passam por mudanças geneticamente programadas na estrutura e no metabolismo celular. A primeira alteração estrutural nas células foliares é a desagregação do cloroplasto, que contém até 70% da proteína foliar. A assimilação de carbono é substituída pela decomposição e conversão de clorofila, proteínas e outras macromoléculas em nutrientes exportáveis que podem ser translocados para órgãos em crescimento vegetativo ou sementes ou frutos em desenvolvimento. Os açúcares, nucleosídeos e aminoácidos resultantes são, então, transportados via floema de volta para o corpo principal da planta, onde são reutilizados para biossíntese. Muitos minerais são também transportados de órgãos senescentes de volta para o restante da planta.

Uma vez que a senescência redistribui os nutrientes para as partes da planta em crescimento, ela pode servir como um mecanismo de sobrevivência durante condições ambientais adversas, como seca ou estresse térmico (ver Capítulo 19). Entretanto, a senescência foliar ocorre mesmo sob condições ideais de crescimento e é, portanto, parte do programa de desenvolvimento normal da planta. À medida que novas folhas são iniciadas no MAC, as folhas mais velhas abaixo podem se tornar sombreadas e perder a capacidade de funcionamento eficiente na fotossíntese, desencadeando a sua senescência. Em eudicotiledôneas, a senescência geralmente é seguida pela abscisão, processo que permite às plantas desprender folhas senescentes. Juntos, os programas de senescência e abscisão foliar ajudam a otimizar a eficiência fotossintética e nutricional da planta.

A idade de desenvolvimento de uma folha pode diferir de sua idade cronológica

Os sinais internos e externos influenciam a idade de desenvolvimento do tecido foliar, que pode ou não corresponder à idade cronológica da folha. A distinção entre as idades de desenvolvimento e cronológica foi primorosamente ilustrada por um experimento simples conduzido pelo fisiologista vegetal alemão Ernst Stahl em 1909. Stahl cortou um pequeno disco de uma folha verde de *mock orange* (*Philadelphus grandiflora*), um arbusto decíduo. Ele, então, incubou o disco em uma solução nutritiva simples em laboratório até o outono, na época em que a folha unida à planta se tornara amarela. O desenho na **Figura 16.22** mostra o disco foliar incubado sobreposto à folha da qual foi retirado, ambos no final do experimento. Embora as idades cronológicas da folha e do disco sejam as mesmas, a folha é agora muito mais velha em termos de desenvolvimento do que o tecido do disco. A folha que permaneceu no arbusto foi submetida a uma diversidade de sinais internos vindos dos tecidos foliares adjacentes e de outras partes da planta, enquanto o disco foi isolado dessas influências. Além disso, a folha unida à planta permaneceu ao ar livre exposta às mudanças estacionais, enquanto o disco foi cultivado em laboratório sob condições mais ou menos constantes. Protegido de sinais internos e externos, o disco foliar permaneceu na mesma idade de desenvolvimento do início do experimento, enquanto a folha unida se tornou mais velha no desenvolvimento.

A senescência foliar pode ser sequencial, sazonal ou induzida por estresse

A senescência foliar sob condições normais de crescimento é governada pela idade de desenvolvimento da folha, que é uma função de hormônios e outros fatores reguladores. Sob essas circunstâncias, geralmente existe um gradiente de senescência a partir das folhas mais jovens, localizadas próximo às extremidades em crescimento, até as folhas mais velhas, localizadas próximo à base do caule – um padrão conhecido como **senescência foliar sequencial** (**Figura 16.23**). As folhas

Figura 16.22 Experimento sobre a senescência foliar inicial mostrando a senescência atrasada de um disco de folha cultivado no laboratório em uma solução de nutrientes minerais diluída, comparado com a folha de *mock orange* (*Philadelphus grandiflora*) da qual o disco foi excisado, que permaneceu ligada à planta-mãe. (De Stahl, 1909.)

Figura 16.23 Senescência foliar sequencial de caules da cevada, mostrando um gradiente de senescência desde as folhas mais velhas na base até as folhas mais jovens próximas ao ápice. (Cortesia de Andreas M. Fischer.)

de árvores decíduas em climas temperados, ao contrário, senescem todas ao mesmo tempo em resposta ao encurtamento dos dias e às temperaturas mais baixas do outono, um padrão conhecido como **senescência foliar sazonal** (**Figura 16.24**). As senescências foliares sequencial e sazonal são variações da senescência do desenvolvimento, uma vez que elas ocorrem sob condições normais de crescimento.

A senescência foliar sequencial e sazonal pode ser dividida em três fases distintas: iniciação, degeneração e terminal (**Figura 16.25**). Durante a *fase de iniciação*, a folha recebe sinais do desenvolvimento e ambientais que iniciam um declínio na fotossíntese e uma transição de ser um dreno de nitrogênio para uma fonte de nitrogênio. A maior parte da autólise de organelas celulares e macromoléculas ocorre durante a *fase degenerativa* da senescência foliar. Os minerais solubilizados e os nutrientes orgânicos são, então, remobilizados via floema para os drenos em crescimento, tais como folhas jovens, órgãos de armazenamento subterrâneos ou estruturas reprodutivas. A camada de abscisão forma-se durante a fase degenerativa da senescência foliar. Durante a *fase terminal*, a autólise é completada e ocorre a separação celular na camada de abscisão, resultando na abscisão da folha.

As primeiras alterações celulares durante a senescência foliar ocorrem no cloroplasto

Os cloroplastos contêm cerca de 70% do total de proteína foliar, a maioria consistindo em ribulose-1,5-bifosfato-carboxilase/oxigenase (Rubisco), localizada no estroma, e na proteína do complexo de captação de luz II (LHCP II, *light-harvesting chlorophyll-binding protein II*), associada às membranas tilacoides (ver Capítulos 7 e 8). Assim, o catabolismo e a remobilização de proteínas dos cloroplastos fornecem uma fonte primária de aminoácidos e nitrogênio para os órgãos-dreno e representam as primeiras alterações que ocorrem durante a senescência foliar (ver Figura 16.25). Diferentemente dos cloroplastos, o núcleo e as mitocôndrias, necessários para a expressão gênica e a produção de energia, permanecem intactos até os últimos estágios da senescência.

A transição de uma folha madura, fotossinteticamente ativa, para uma olha senescente envolve o aumento da expressão de genes associados à senescência (SAGs, *senescence associated genes*) e o decréscimo da expressão de genes de senescência regulados para baixo. Os SAGs incluem genes que regulam processos associados com estresse abiótico e biótico, incluindo autofagia, uma resposta a espécies reativas de

Figura 16.24 Senescência foliar sazonal em um indivíduo de choupo (*Populus tremula*). Todas as folhas começam a senescer no final de setembro e sofrem abscisão no início de outubro.* (De Keskitalo et al., 2005.)

(A) 8 de setembro (B) 13 de setembro (C) 18 de setembro
(D) 25 de setembro (E) 3 de outubro (F) 8 de outubro

---

*N. de R.T. É importante esclarecer que, no Hemisfério Norte, o outono começa em 22 de setembro e termina em 20 de dezembro.

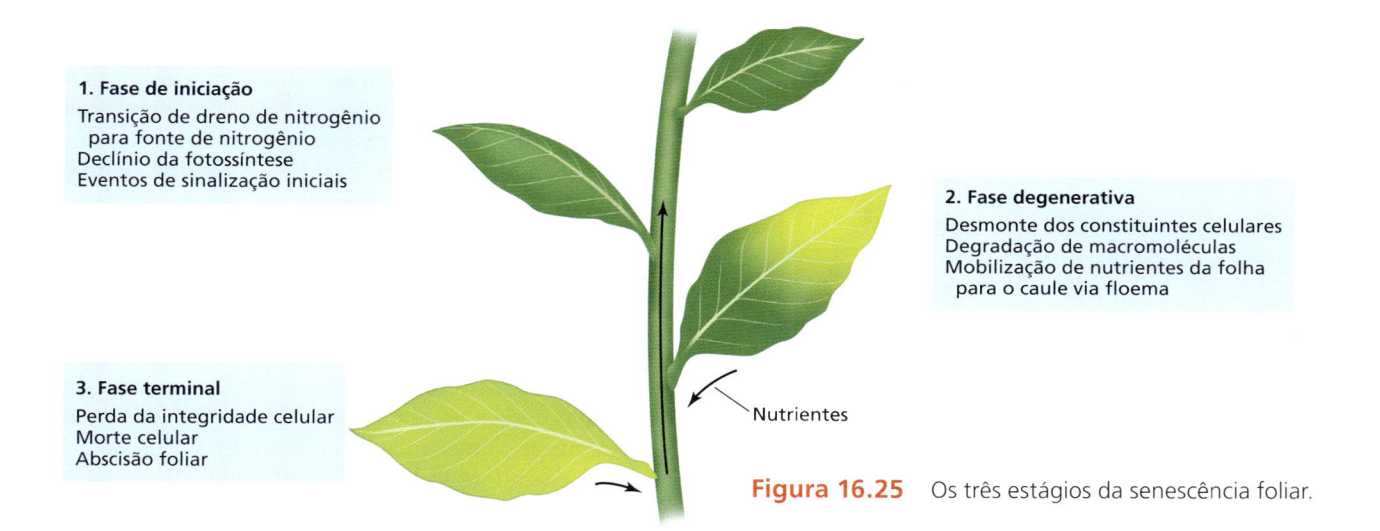

1. Fase de iniciação
Transição de dreno de nitrogênio para fonte de nitrogênio
Declínio da fotossíntese
Eventos de sinalização iniciais

2. Fase degenerativa
Desmonte dos constituintes celulares
Degradação de macromoléculas
Mobilização de nutrientes da folha para o caule via floema

3. Fase terminal
Perda da integridade celular
Morte celular
Abscisão foliar

Figura 16.25 Os três estágios da senescência foliar.

oxigênio (EROs), ligação a íons metálicos, decomposição da parede celular, decomposição lipídica e sinalização hormonal do ácido abscísico, do ácido jasmônico e do etileno (**Figura 16.26**).

Espécies reativas de oxigênio servem como agentes de sinalização interna na senescência foliar

Há evidências crescentes de que as EROs, especialmente H_2O_2, desempenham papéis importantes como sinais durante a senescência foliar. EROs são compostos químicos tóxicos que causam dano oxidativo ao DNA, proteínas e lipídeos de membrana (ver Capítulos 18 e 19). Elas são produzidas principalmente como subprodutos dos processos metabólicos normais, como a respiração e a fotossíntese, em cloroplastos, mitocôndrias, peroxissomos e membrana plasmática. As plantas utilizam sistemas de inativação de EROs, como enzimas (catalase, superóxido dismutase, ascorbato peroxidase) e moléculas antioxidantes (p. ex., ascorbato

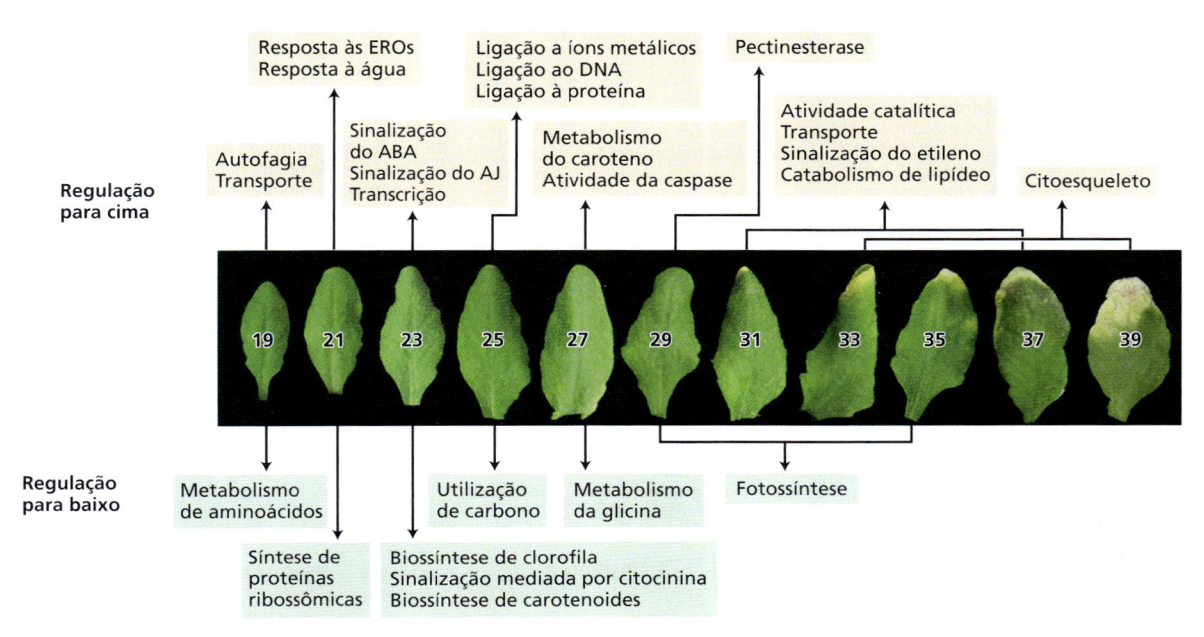

Figura 16.26 Rotas metabólicas que são reguladas para cima (*up-regulated*) ou reguladas para baixo (*down-regulated*) durante a senescência foliar em *Arabidopsis*. A sétima folha foi amostrada de plantas em estágios diferentes de senescência. Os números 19 até 39 referem-se às idades das plantas, expressas como o número de dias após a semeadura, das quais a sétima folha foi coletada. (De Breeze et al., 2011.)

e glutationa), para proteger a si mesmas do dano oxidativo. Contudo, as concentrações de antioxidantes das plantas diminuem durante a senescência foliar, enquanto os níveis de EROs aumentam. Na senescência, as EROs atuam como sinais que ativam eventos de morte celular geneticamente programada.

Os hormônios vegetais interagem na regulação da senescência foliar

A senescência foliar é um processo evolutivamente selecionado e geneticamente regulado que assegura a remobilização eficiente de nutrientes para órgãos-dreno vegetativos ou reprodutivos. Nenhuma mutação, tratamento ou condição ambiental foi ainda encontrado que anule o processo completamente, sugerindo que a senescência foliar é, em última análise, governada ou pela idade do desenvolvimento ou pela idade cronológica. Todavia, tanto o ritmo como a progressão da senescência são flexíveis, e os hormônios são sinais-chave do desenvolvimento que aceleram ou retardam o ritmo da senescência foliar.

O papel repressor da senescência exercido pelas citocininas parece ser universal em plantas e foi demonstrado em muitos tipos de estudos. Embora a aplicação de citocininas não evite por completo a senescência, seus efeitos podem ser drásticos, sobretudo quando são aspergidas sobre a planta intacta. Se apenas uma folha for tratada, esta permanece verde mesmo depois de outras folhas de idade e desenvolvimento semelhantes terem amarelado e sofrido abscisão. Se um pequeno ponto em uma folha for tratado com citocinina, ele permanecerá verde, mesmo após o tecido adjacente ter iniciado a senescer. Esse efeito "ilha verde" pode ser observado também em folhas infectadas por alguns fungos patogênicos, bem como naquelas hospedeiras de galhas produzidas por insetos. Tais ilhas verdes têm níveis mais altos de citocininas que os tecidos foliares em volta. Diferentemente das folhas jovens, as folhas maduras produzem pouca (se alguma) citocinina. Durante a senescência, a abundância de transcritos de genes envolvidos na biossíntese de citocinina declina, enquanto aumentam os transcritos de genes envolvidos na degradação de citocininas, tais como a citocinina-oxidase. Folhas maduras podem, portanto, depender de citocininas derivadas da raiz para adiar sua senescência.

Até agora, o mecanismo molecular da ação da citocinina em retardar a senescência foliar permanece obscuro. De acordo com uma hipótese antiga, a citocinina reprime a senescência foliar pela regulação da mobilização de nutrientes e das relações fonte-dreno. Esse fenômeno pode ser demonstrado quando nutrientes (açúcares, aminoácidos e outros) marcados com ^{14}C ou ^{3}H são fornecidos aos vegetais após o tratamento de uma folha, ou parte dela, com citocinina (**Figura 16.27**). A autorradiografia subsequente de toda a planta revela o padrão de movimento e os locais nos quais os nutrientes marcados se acumularam. Experimentos dessa natureza demonstraram que os nutrientes são transportados preferencialmente para tecidos tratados com citocinina e neles acumulados, os quais retêm o *status* de drenos de nutrientes associado com tecidos jovens, em crescimento.

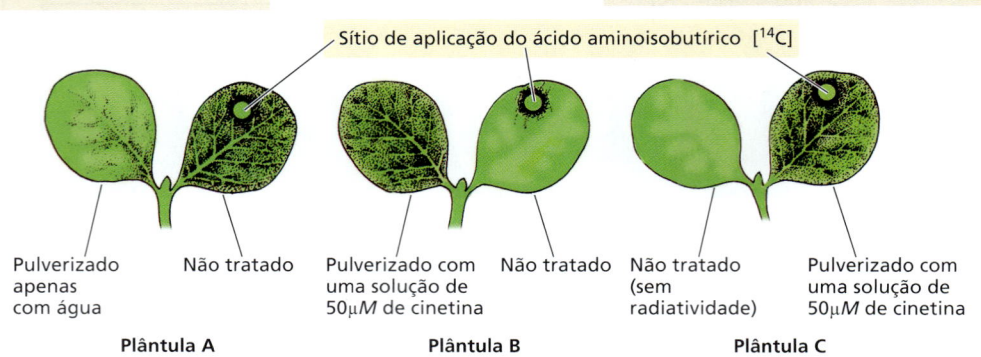

Figura 16.27 Efeito da citocinina (cinetina) sobre o movimento de um aminoácido em plântulas de pepineiro. Ácido α-aminoisobutírico – um aminoácido não metabolizável que não pode ser usado na síntese de proteínas – marcado radioativamente foi aplicado como um ponto discreto no cotilédone direito de cada uma dessas plântulas. Após um período de tempo determinado, as plântulas foram colocadas sobre um filme de raio-X para detectar o movimento do aminoácido radioativo. Os pontos pretos indicam a distribuição da radiatividade. (Desenhada a partir de dados de Mothes et al., 1961.)

As giberelinas são também hormônios repressores de senescência. A abundância de formas ativas de GA diminui nas folhas à medida que elas envelhecem. Por exemplo, a senescência de discos excisados de folhas de *Taraxacum* e *Rumex* é retardada pelo tratamento com GA. A auxina também desempenha um papel mais limitado no retardo da senescência e está associada a retardos na senescência foliar e decréscimos na expressão de SAGs. Conforme descrito acima, a produção de auxina nas folhas inibe a iniciação da abscisão foliar.

O etileno, em contrapartida, é considerado um hormônio promotor da senescência, uma vez que o tratamento com esse hormônio acelera a senescência de folhas e flores; inibidores da síntese e da ação do etileno podem retardar a senescência. Como discutido na próxima seção, o etileno desempenha um papel importante também na abscisão. Os níveis de ácido abscísico (ABA) aumentam em folhas senescentes, e a aplicação exógena de ABA promove rapidamente a senescência foliar e a expressão de vários SAGs, o que é coerente com os efeitos de ABA sobre a senescência foliar. Entretanto, assim como o etileno, o ABA é considerado um intensificador, em vez de um fator desencadeador da senescência foliar.

Abscisão foliar

A queda de folhas, frutos, flores e outras partes vegetais é denominada abscisão. A abscisão ocorre dentro de camadas específicas de células chamadas de **zona de abscisão**, localizada próximo à base do pecíolo (**Figura 16.28**). Essa zona torna-se morfológica e bioquimicamente diferenciada durante o desenvolvimento do órgão, muitos meses antes da sua separação ocorrer efetivamente. Com frequência, a zona de abscisão pode ser morfologicamente identificada como uma ou mais camadas de células achatadas isodiametricamente (ver Figura 16.28B).

O ritmo da abscisão foliar é regulado pela interação de etileno e auxina

O etileno desempenha um papel-chave ativando os eventos que conduzem à separação celular dentro da zona de abscisão. A capacidade do gás etileno de causar

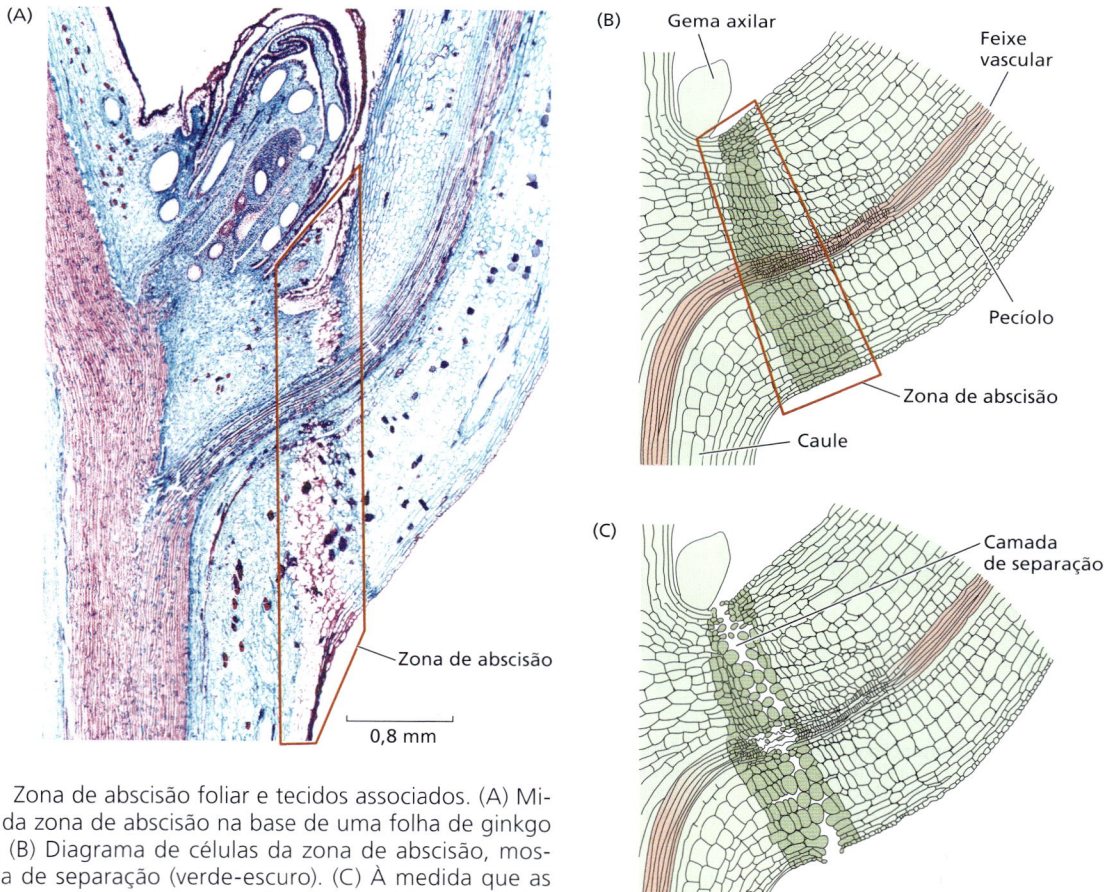

Figura 16.28 Zona de abscisão foliar e tecidos associados. (A) Micrografia óptica da zona de abscisão na base de uma folha de ginkgo (*Ginkgo biloba*). (B) Diagrama de células da zona de abscisão, mostrando a camada de separação (verde-escuro). (C) À medida que as paredes celulares na camada de separação são rompidas, as células separam-se. (A © Biodisc/ Visuals Unlimited, Inc.)

Figura 16.29 Efeito do etileno sobre a abscisão em bétula (*Betula pendula*). A árvore à esquerda é do tipo selvagem; a árvore à direita tem uma mutação dominante que elimina toda atividade do receptor de etileno. Uma das características dessas árvores mutantes é que elas não perdem as folhas, como as plantas do tipo selvagem, quando fumigadas por três dias com 50 ppm de etileno. (De Vahala et al., 2003.)

desfolhação em indivíduos jovens de bétula é apresentada na **Figura 16.29**. A árvore do tipo selvagem à esquerda perdeu a maioria das folhas; apenas as folhas mais jovens no topo não apresentam abscisão. A árvore à direita foi transformada geneticamente para se tornar insensível ao etileno, e reteve suas folhas após tratamento com esse hormônio.

O processo de abscisão foliar pode ser dividido em três fases de desenvolvimento distintas, durante as quais as células da zona de abscisão se tornam aptas para responder ao etileno (**Figura 16.30**).

1. *Fase de manutenção da folha*. Antes da percepção de qualquer sinal (interno ou externo) que inicie o processo de abscisão, a folha permanece saudável e completamente funcional. Um gradiente de auxina da lâmina foliar para o caule mantém a zona de abscisão em um estado insensível.
2. *Fase de indução da abscisão*. Uma redução ou reversão no gradiente de auxina da lâmina foliar, normalmente associado à senescência foliar, torna a zona de abscisão sensível ao etileno. Os tratamentos que aumentam a senescência foliar assim procedem promovendo a abscisão mediante interferência na síntese ou no transporte de auxina na folha.
3. *Fase de abscisão*. As células sensibilizadas da zona de abscisão respondem às baixas concentrações de etileno endógeno mediante síntese e secreção de enzimas que degradam a parede celular e

Fase de manutenção da folha
A auxina elevada da folha reduz a sensibilidade da zona de abscisão ao etileno e evita a abscisão foliar.

Fase de indução da abscisão
Uma redução na auxina da folha aumenta a sensibilidade ao etileno na zona de abscisão, que desencadeia a fase de abscisão.

Fase de abscisão
A síntese de enzimas que hidrolisam os polissacarídeos da parede celular resulta na separação celular e na abscisão foliar.

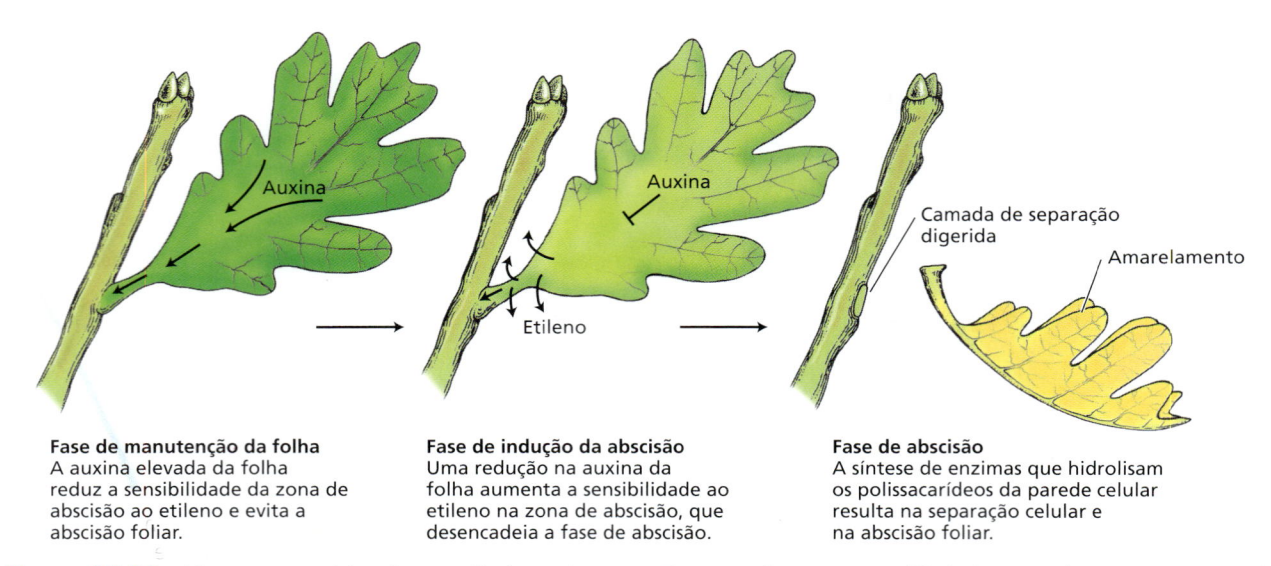

Figura 16.30 Visão esquemática dos papéis da auxina e do etileno durante a abscisão foliar. Na fase de indução da abscisão, o nível de auxina diminui e o de etileno aumenta. Essas mudanças no equilíbrio hormonal aumentam a sensibilidade das células-alvo ao etileno. (De Morgan, 1984.)

proteínas que a remodelam, incluindo β-1,4-glucanase (celulase), poligalacturonase, xiloglicano-endotransglicosilase/hidrolase e expansina. Como consequência, ocorre a separação das células e a abscisão foliar.

No início da fase de manutenção foliar, a auxina da folha impede a abscisão mantendo as células da zona de abscisão no estado insensível ao etileno. É fato já conhecido que a remoção da lâmina foliar (o sítio de produção da auxina) promove a abscisão do pecíolo. A aplicação de auxina exógena ao pecíolo, do qual a lâmina foliar foi removida, retarda o processo de abscisão.

Na fase de indução da abscisão, em geral associada com a senescência da folha, a quantidade de auxina da lâmina foliar diminui e o nível de etileno aumenta. O etileno parece diminuir a atividade da auxina, tanto pela redução de sua síntese e transporte quanto pelo aumento de sua degradação. A redução na concentração de auxina livre aumenta a resposta ao etileno de células-alvo específicas na zona de abscisão. A fase de abscisão é caracterizada pela indução de genes relacionados à abscisão codificando enzimas hidrolíticas e remodeladoras específicas que afrouxam as paredes celulares na camada de abscisão.

Senescência da planta inteira

A morte programada de folhas individuais é uma adaptação que beneficia a planta como um todo pelo aumento de sua aptidão (*fitness*) evolutiva. A morte da planta inteira, entretanto, não pode ser facilmente racionalizada em termos evolutivos, ainda que a duração de vida de plantas individuais seja em grande parte determinada geneticamente.

Os ciclos de vida de angiospermas podem ser anuais, bianuais ou perenes

A duração de vida de uma planta individual varia desde umas poucas semanas no caso de espécies efêmeras do deserto, que crescem e se reproduzem rapidamente em resposta a breves episódios de chuva, até cerca de 4.600 anos no caso da árvore Matusalém (*Pinus longaeva*). Em geral, **plantas anuais** crescem, reproduzem-se, senescem e morrem em uma única temporada. **Plantas bianuais** dedicam seu primeiro ano ao crescimento vegetativo e ao armazenamento de nutrientes, e seu segundo ano para a reprodução, a senescência e a morte. Como as plantas anuais e bianuais passam por senescência do indivíduo inteiro após a produção de frutos e sementes, ambas são chamadas de **monocárpicas**, pois se reproduzem uma única vez (**Figura 16.31**).

Plantas perenes vivem por três anos ou mais e podem ser herbáceas ou lenhosas. A amplitude no tempo de vida máximo para plantas perenes é dada na **Tabela 16.2**. Plantas perenes em geral são **policárpicas**, produzindo frutos e sementes ao longo de múltiplas temporadas. Entretanto, há também exemplos de monocárpicas perenes, tais como o agave (*Agave americana*) e o bambu-madeira japonês (*Phyllostachys bambusoides*). O agave cresce vegetativamente por 10 a 30 anos antes de florescer, frutificar e senescer, enquanto o bambu japonês pode crescer vegetativamente por 60 a 120 anos antes de se reproduzir e morrer. Vale ressaltar que todos os clones da mesma matriz de bambus florescem e senescem simultaneamente, independentemente de localização geográfica ou condição climática, o que sugere a presença de algum tipo de relógio biológico de longa duração.

Muitas plantas perenes que formam clones por reprodução assexuada podem se proliferar até formarem comunidades de "indivíduos" interligados que alcançam idades espantosas, como lomátia-de-king (*Lomatia tasmanica*), um arbusto da Tasmânia da família Proteaceae

Figura 16.31 Senescência monocárpica na soja (*Glycine max*). A planta inteira à esquerda sofreu senescência após o florescimento e a produção de frutos (vagens). A planta à direita permaneceu verde e vegetativa porque suas flores foram continuamente removidas. (Cortesia de L. Noodén.)

TABELA 16.2 Longevidade de várias plantas perenes individuais e clonais

Espécie	Idade (anos)
Plantas individuais	
Árvore Matusalém (*Pinus longaeva*)	4.600
Sequoia-gigante (*Sequoiadendron giganteum*)	3.200
Pinheiro suíço (*Pinus cembra*)	1.200
Faia-europeia (*Fagus sylvatica*)	930
Tupelo-negro (*Nyssa sylvatica*)	679
Pinheiro-da-escócia (*Pinus silvestris*)	500
Carvalho-castanheiro (*Quercus montana*)	427
Carvalho-americano (*Quercus rubra*)	326
Freixo-europeu (*Fraxinus excelsior*)	250
Hera (*Hedera helix*)	200
Corniso-florido (*Cornus florida*)	125
Choupo americano de folha dentada (*Populus grandidentata*)	113
Urze-escocesa (*Calluna vulgaris*)	42
Urze-de-inverno (*Erica carnea*)	21
Tomilho-escandinavo (*Thymus chamaedrys*)	14
Plantas clonais	
Lomátia-de-king (*Lomatia tasmanica*)	43.000+
Creosoto (*Larrea tridentata*)	11.000+
Samambaia verdadeira (*Pteridium aquilinum*)	1.400
Erva-ovelha (*Festuca ovina*)	1.000+
Pinheirinho-de-jardim (*Lycopodium complanatum*)	850
Reed grass (*Calamagrostis epigeios*)	400+
Sálvia-bastarda (*Teucrium scorodonia*)	10

Fonte: Thomas, 2013.

que pode chegar a mais de 43 mil anos de idade. Cada planta individual de lomátia vive apenas cerca de 300 anos, mas, uma vez que não transfere qualquer sinal de senescência para seus clones, a comunidade clonal aparentemente cresce e se prolifera indefinidamente.

A redistribuição de nutrientes ou hormônios pode desencadear a senescência em plantas monocárpicas

Uma característica diagnóstica da senescência monocárpica é a capacidade de retardá-la bem além do tempo normal de vida da planta, mediante remoção das estruturas reprodutivas. Por exemplo, a retirada repetida das vagens permite aos indivíduos de soja permanecerem vegetativos por muitos anos sob condições favoráveis de crescimento (ver Figura 16.31), levando a uma aparência semelhante a uma árvore. Considera-se que a senescência monocárpica resulta da redistribuição de nutrientes vitais via floema, partindo de fontes vegetativas para drenos reprodutivos. Contudo, o composto fundamental redistribuído que desencadeia a senescência monocárpica provavelmente não é um carboidrato, pois o conteúdo de carboidratos das folhas na realidade *aumenta* durante a senescência. Essa observação é coerente com a capacidade de açúcares exógenos de desencadear a senescência. Em vez da perda de carboidratos, podem ser alterações nas relações fonte-dreno causadas pelo desenvolvimento floral que induzem uma alteração global no equilíbrio hormonal ou nutricional dos órgãos vegetativos. Uma perda de nitrogênio vinculada a uma acumulação simultânea de carboidrato causaria um aumento na razão C:N, que tem sido associada à autólise em folhas senescentes.

Resumo

Após o estabelecimento da plântula, o desenvolvimento de órgãos vegetativos ocorre principalmente a partir de tecidos meristemáticos. O crescimento vegetativo é controlado por processos de desenvolvimento que envolvem interações moleculares e retroalimentação reguladora. Esses mecanismos criam a polaridade na raiz e no caule, permitindo que as plantas produzam órgãos laterais (p. ex., folhas e sistemas de ramificação), que formam uma arquitetura vegetativa integral. A senescência em nível celular, denominada morte celular programada, é uma parte indissociável do desenvolvimento vegetal. A senescência ocorre também em nível de órgão, como no caso da senescência foliar, durante a qual a folha passa por uma sequência geneticamente programada de degradação (*turnover*) macromolecular e reciclagem de nutrientes, seguida por abscisão. A regulação da senescência vegetal difere em plantas anuais, bianuais e perenes. Em espécies monocárpicas, a senescência pode ser desencadeada pela redistribuição de nutrientes ou de hormônios durante a produção de frutos. Muitas espécies perenes podem viver por milhares de anos.

Meristema apical do caule

- Após o surgimento da plântula, os órgãos vegetativos caulinares são derivados de um compacto meristema apical do caule (MAC) (**Figura 16.1**).
- A organogênese origina-se em zonas distintas do meristema apical do caule (**Figura 16.2**).

Estrutura foliar e filotaxia

- O desenvolvimento de lâminas planas nas espermatófitas foi um evento evolutivo fundamental; desde então, a morfologia do filoma diversificou-se drasticamente (**Figura 16.3**).
- Os três tipos básicos de arranjo foliar (filotaxia) são alternado, decussado e espiralado (**Figura 16.4**).
- Os padrões filotácticos foliares são estabelecidos no ápice do caule por determinadas zonas de acumulação de auxina, resultante do transporte polar desse hormônio (**Figura 16.5**).

Diferenciação de tipos celulares epidérmicos

- A epiderme é derivada da protoderme e tem três tipos de células principais: células fundamentais (*pavement cells*), tricomas e células-guarda (dos estômatos), bem como outros tipos de células.
- Células epidérmicas especializadas refletem funções comuns e diferenciais entre as espécies vegetais (**Figura 16.6**).
- Não apenas as células-guarda, mas a maioria das células epidérmicas da folha surge de células-mãe de meristemoides (CMMs), células fundamentais de linhagem estomática (CFLEs), meristemoides e células-mãe de células-guarda (CMCGs) (**Figura 16.7**).

Padrões de venação nas folhas

- Os padrões de venação foliar diferem em eudicotiledôneas e monocotiledôneas (**Figura 16.8**).
- As nervuras foliares exibem uma hierarquia baseada no seu diâmetro no local de fixação à nervura precedente (**Figura 16.9**).
- Os feixes vasculares da folha nascem do procâmbio e diferenciam-se para baixo, conectando-se aos feixes vasculares mais antigos, que são contínuos até a base do caule (**Figura 16.10**).
- O transporte de auxina dos caules em direção à raiz induz a diferenciação de novas células de xilema após uma lesão (**Figura 16.11**).
- Tanto a biossíntese localizada quanto o transporte polar de auxina estão envolvidos na vascularização durante o desenvolvimento inicial da folha.

Ramificação e arquitetura da parte aérea

- A arquitetura da parte aérea é baseada em uma unidade de repetição denominada fitômero, consistindo de um entrenó, um nó, uma folha e uma gema axilar (**Figura 16.12**).
- Auxina, citocininas e estrigolactonas regulam a dominância apical (**Figuras 16.13, 16.14**).
- As citocininas estão envolvidas na quebra da dominância apical e na estimulação do crescimento da gema axilar (**Figura 16.14**).
- A sacarose também serve como o sinal inicial do crescimento da gema axilar (**Figura 16.15**).

Evitação da sombra

- As plantas competem por luz solar e respondem ao sombreamento de outras plantas mediante detecção de decréscimos das razões R:FR (**Tabela 16.1, Figura 16.16**).
- O fitocromo é o fotorreceptor que percebe a razão R:FR durante a evitação da sombra.
- As plantas reagem ao sombreamento aumentando o crescimento em alongamento.
- A modificação genética de respostas de evitação da sombra pode aumentar a produtividade de culturas agrícolas (**Figura 16.17**).

Arquitetura do sistema de raízes

- A arquitetura do sistema de raízes espécie-específica otimiza a absorção de água e nutrientes (**Figura 16.18**).
- Os sistemas de raízes de monocotiledôneas, exemplificados pelas raízes do milho, são compostos de raiz primária, raízes seminais e coronais e raízes laterais; os sistemas de raízes de eudicotiledôneas, como os da soja, incluem a raiz primária (pivotante) e as raízes ramificadas, basais e adventícias (**Figuras 16.19, 16.20**).
- A disponibilidade de fósforo pode alterar a arquitetura do sistema de raízes (**Figura 16.21**).

Senescência vegetal

- Há três tipos de senescência vegetal conforme o nível de organização estrutural da unidade senescente: morte celular programada, senescência de órgão e senescência de planta inteira.
- A senescência foliar envolve a autólise regulada geneticamente de proteínas, carboidratos e ácidos nucleicos celulares e a redistribuição de seus componentes de volta para dentro do corpo principal da planta, para as áreas em crescimento ativo. Minerais também são transportados de folhas senescentes de volta para a planta.
- A senescência foliar normal é regulada por sinais internos do desenvolvimento, bem como por sinais externos ambientais (**Figura 16.22**).
- A senescência foliar pode exibir um padrão sequencial ou sazonal (**Figuras 16.23, 16.24**).
- A senescência foliar pode ser dividida em três fases: de iniciação, degenerativa e terminal (**Figura 16.25**).
- A senescência foliar é precedida pelo aumento da expressão de genes associados à senescência (**Figura 16.26**).
- Existem evidências crescentes de que as espécies reativas de oxigênio (EROs), especialmente o H_2O_2, podem servir como um sinal interno para promover a senescência.
- Hormônios vegetais interagem para regular a senescência foliar.
- A citocinina pode retardar a senescência ao fazer com que as células foliares se tornem drenos de nutrientes (**Figura 16.27**).

Abscisão foliar

- Abscisão é o desprendimento de folhas, frutos, flores ou outras partes da planta e é causada pela separação de camadas celulares dentro da zona de abscisão (**Figura 16.28**).
- Níveis altos de auxina mantêm o tecido foliar em um estado insensível ao etileno, mas, à medida que os níveis de auxina caem, os efeitos do etileno, promotores da abscisão e repressores da auxina, tornam-se mais fortes (**Figuras 16.29, 16.30**).

Senescência da planta inteira
- Em geral, plantas anuais e bianuais reproduzem-se somente uma vez antes de senescer, enquanto plantas perenes podem se reproduzir múltiplas vezes antes da senescência.
- Existe uma ampla variação nas longevidades de espécies vegetais diferentes (**Tabela 16.2**).
- A redistribuição de nutrientes ou hormônios a partir de estruturas vegetativas para drenos reprodutivos pode desencadear a senescência da planta inteira em organismos monocárpicos (**Figura 16.31**).

Leituras sugeridas

Bayer, I., Smith, R. S., Mandel, T., Nakayama, N., Sauer, M., Prusinkiewicz, P., and Kuhlemeier, C. (2009) Integration of transport-based models for phyllotaxis and midvein formation. *Genes Dev.* 23: 373–384.

Breeze, E., Harrison, E., McHattie, S., Hughes, L., Hickman, R., Hill, C., Kiddle, S., Kim, Y.-S., Penfold, C. A., Jenkins, D., et al. (2011) High-resolution temporal profiling of transcripts during arabidopsis leaf senescence reveals a distinct chronology of processes and regulation. *Plant Cell* 23: 873–894.

Byrne, M. E. (2012) Making leaves. *Curr. Opin. Plant Biol.* 15: 24–30.

Caño-Delgado, A., Lee, J. Y., and Demura, T. (2010) Regulatory mechanisms for specification and patterning of plant vascular tissues. *Annu. Rev. Cell Dev. Biol.* 26: 605–637.

Domagalska, M. A., and Leyser, O. (2011) Signal integration in the control of shoot branching. *Nat. Rev. Mol. Cell Biol.* 12: 211–221.

Fischer, A. M. (2012) The complex regulation of senescence. *Crit. Rev. Plant Sci.* 31: 124–147.

Heisler, M. G., Hamant, O., Krupinski, P., Uyttewaal, M., Ohno, C., Jönsson, H., Traas, J., and Meyerowitz, E. M. (2010) Alignment between PIN1 polarity and microtubule orientation in the shoot apical meristem reveals a tight coupling between morphogenesis and auxin transport. *PLOS Biol.* 8(10): e1000516. DOI:10.1371/journal.pbio.100051

Lau, S., and Bergmann, D. C. (2012) Stomatal development: A plant's perspective on cell polarity, cell fate transitions and intercellular communication. *Development* 139: 3683–3692.

Lucas, W. J., Groover, A., Lichtenberger, R., Furuta, K., Yadav, S. R., Helariutta, Y., He, X. Q., Fukuda, H., Kang, J., Brady, S. M., et al. (2013) The plant vascular system: Evolution, development and functions. *J. Integr. Plant Biol.* 55: 294–388.

Mason, M. G., Ross, J. J., Babst, B. A., Wienclaw, B. N., and Beveridge, C. A. (2014) Sugar demand, not auxin, is the initial regulator of apical dominance. *Proc. Natl. Acad. Sci. USA* 111: 6092–6097.

Noodén, L. D. (2013) Defining senescence and death in photosynthetic tissues. In *Advances in Photosynthesis and Respiration*, Vol. 36: *Plastid Development in Leaves during Growth and Senescence*, B. Biswal, K. Krupinska, and U. C. Biswal, eds., Springer, New York, pp. 283–306.

Risopatron, J. P. M., Sun, Y., and Jones, B. J. (2012) The vascular cambium: Molecular control of cellular structure. *Protoplasma* 247: 145–161.

Zhang, Z., Liao, H., and Lucas, W. J. (2014) Molecular mechanisms underlying phosphate sensing, signaling, and adaptation in plants. *J. Integr. Plant Biol.* 56: 192–220.

17 Florescimento e Desenvolvimento de Frutos

A maioria das pessoas aguarda ansiosamente a estação da primavera e a profusão de flores que ela traz. Alguns planejam cuidadosamente suas férias de forma a coincidir com estações específicas de florescimento: *Citrus* ao longo da Blossom Trail no sul da Califórnia e tulipas nos Países Baixos. Em Washington, D.C., e no Japão, as florações das cerejeiras são festejadas com animadas cerimônias. Com a progressão da primavera para o verão, do verão para o outono e do outono para o inverno, as plantas nativas florescem em seu devido tempo. O florescimento na época correta do ano é crucial para o sucesso reprodutivo da planta; plantas de polinização cruzada devem florescer em sincronia com outros indivíduos de suas espécies, e também com seus polinizadores, em uma época do ano ideal para o desenvolvimento da semente.

Embora a forte correlação entre o florescimento e as estações seja de conhecimento geral, o fenômeno abrange questões fundamentais que serão consideradas neste capítulo:

- Como as plantas acompanham o curso das estações do ano e das horas do dia?
- Que sinais ambientais influenciam o florescimento e como eles são percebidos?
- Como se desenvolvem diferentes tipos de frutos?

A transição para o florescimento envolve alterações importantes no padrão de morfogênese e diferenciação celular no meristema apical do caule (MAC). Por fim, como será visto, esse processo leva à produção dos órgãos florais – sépalas, pétalas, estames e carpelos.

Evocação floral: integração de estímulos ambientais

Uma decisão particularmente importante no desenvolvimento durante o ciclo de vida vegetal é quando a planta irá florescer. O processo pelo qual o MAC se torna encarregado da formação de flores é denominado **evocação floral**. O atraso nessa incumbência de florescer aumenta as reservas de carboidratos que estarão disponíveis para mobilização, gerando mais e melhores sementes para a maturação. Entretanto o atraso no florescimento também aumenta potencialmente o risco de a planta ser predada, morta por estresse abiótico ou superada por outras plantas antes que se reproduza. Nesse sentido, as plantas desenvolveram uma gama extraordinária de adaptações reprodutivas – por exemplo, ciclos de vida anuais *versus* perenes.

Plantas anuais como a tasneira (*Senecio vulgaris*) podem florescer dentro de poucas semanas após a germinação. Contudo, árvores podem crescer por 20 anos ou mais antes de começarem a produzir flores. Por todo o reino vegetal, diferentes espécies florescem em um espectro amplo de idades, indicando que a idade, ou talvez o tamanho da planta, é um fator interno que controla a passagem para o desenvolvimento reprodutivo.

O florescimento que ocorre estritamente em resposta a fatores de desenvolvimento internos, independente de qualquer condição ambiental particular, é referido como *regulação autônoma*. Em espécies que exibem uma exigência absoluta de um conjunto específico de estímulos ambientais para florescer, o florescimento é considerado uma resposta *obrigatória* ou *qualitativa*. Se for promovido por certos estímulos ambientais, mas também puder ocorrer na ausência deles, a resposta ao florescimento é *facultativa* ou *quantitativa*. Uma espécie com uma resposta facultativa, como *Arabidopsis*, depende de sinais tanto ambientais como autônomos para promover o crescimento reprodutivo.

O fotoperiodismo e a vernalização são dois dos mais importantes mecanismos subjacentes às respostas sazonais. O fotoperiodismo é uma resposta ao comprimento do dia ou da noite; a vernalização é a promoção do florescimento pelo frio prolongado. Outros sinais, como qualidade da luz, temperatura do ambiente e estresse abiótico, também são estímulos externos importantes para o desenvolvimento vegetal.

A evolução dos sistemas de controle interno (autônomo) e externo (percepção ambiental) possibilita à planta regular o florescimento de forma precisa, de modo a ocorrer no momento certo para o sucesso reprodutivo. Por exemplo, em muitas populações de uma determinada espécie, o florescimento é sincronizado, o que favorece a polinização cruzada. O florescimento em resposta a estímulos ambientais também ajuda a garantir que as sementes sejam produzidas sob condições favoráveis, especialmente em termos de água e temperatura. Entretanto, isso torna as plantas muito vulneráveis a mudanças climáticas rápidas, como o aquecimento global, que podem alterar as redes regulatórias que governam a época do florescimento. Diversos estudos têm demonstrado que muitas espécies vegetais atualmente estão florescendo vários dias a semanas antes do que floresciam no século XIX.

O ápice caulinar e as mudanças de fase

Todos os organismos multicelulares passam por uma série de estágios de desenvolvimento mais ou menos definidos, cada um com suas características próprias. Nos seres humanos, a fase de recém-nascido, a infância, a adolescência e a idade adulta representam quatro estágios gerais de desenvolvimento, sendo a puberdade a linha divisória entre as fases não reprodutiva e reprodutiva. De forma similar, as plantas passam por fases distintas de desenvolvimento. O momento dessas transições depende, muitas vezes, das condições ambientais, permitindo que as plantas se adaptem a um ambiente em mudança. Isso é possível porque as plantas produzem continuamente novos órgãos a partir do MAC.

As transições entre as diferentes fases são rigorosamente reguladas ao longo do desenvolvimento, já que as plantas devem integrar a informação do ambiente, bem como os sinais autônomos, para maximizar seu sucesso reprodutivo. As seções seguintes descrevem as principais rotas que controlam essas decisões.

O desenvolvimento vegetal possui três fases

O desenvolvimento pós-embrionário nas plantas pode ser dividido em três fases:

1. Fase juvenil
2. Fase adulta vegetativa
3. Fase adulta reprodutiva

A transição de uma fase para a outra é denominada **mudança de fase**.

A principal distinção entre as fases juvenil e adulta é que esta última possui a capacidade de formar estruturas reprodutivas: flores nas angiospermas e cones* nas gimnospermas. Entretanto, o florescimento, que representa a expressão da competência reprodutiva da fase adulta, com frequência depende de sinais de desenvolvimento e ambientais específicos. Portanto, a ausência do florescimento não é, por si só, um indicador confiável da juvenilidade.

---

*N. de R.T. Os cones estão presentes nas Coniferales (coníferas), que constituem um dos grupos das gimnospermas.

A transição da fase juvenil para a fase adulta com frequência é acompanhada por mudanças nas características vegetativas, como morfologia foliar, filotaxia (o arranjo das folhas no caule), quantidade de espinhos e capacidade de enraizamento e retenção das folhas em espécies decíduas, como a hera (*Hedera helix*) (**Figura 17.1**). Essas mudanças são mais evidentes em perenes lenhosas, mas também são aparentes em muitas espécies herbáceas. Diferente da transição abrupta da fase vegetativa adulta para a fase reprodutiva, a transição da fase juvenil para a adulta vegetativa em geral é gradual, envolvendo formas intermediárias.

Os tecidos juvenis são produzidos primeiro e estão localizados na base do caule

A sequência temporal das três fases de desenvolvimento resulta em um gradiente espacial de juvenilidade ao longo do eixo do caule. Uma vez que o crescimento em altura é restrito ao meristema apical, os tecidos e os órgãos juvenis, que são formados primeiro, localizam-se na base do caule. Nas espécies herbáceas de florescimento rápido, a fase juvenil pode durar apenas poucos dias, sendo produzidas poucas estruturas juvenis.

As espécies lenhosas, por outro lado, possuem uma fase juvenil mais prolongada, em alguns casos durando 30 a 40 anos (**Tabela 17.1**). Nesses casos, as estruturas juvenis podem compor uma porção expressiva da planta madura.

Uma vez que o meristema tenha mudado para a fase adulta, somente estruturas vegetativas adultas são produzidas, culminando no florescimento. As fases adulta e reprodutiva são, por consequência, localizadas nas regiões superior e periférica do caule.

A conquista de um tamanho suficientemente grande parece ser mais importante do que a idade cronológica da planta na determinação da transição para a fase adulta. Condições que retardam o crescimento, como deficiências minerais, intensidade luminosa baixa, estresse hídrico, desfolhamento e temperatura baixa, tendem a prolongar a fase juvenil ou mesmo a causar reversão para juvenilidade de caules adultos. Por outro lado, condições que promovam o crescimento vigoroso aceleram a transição para a fase adulta. Quando o crescimento é acelerado, a exposição ao tratamento correto indutor de flores pode resultar em florescimento.

Embora o tamanho da planta pareça ser o fator mais importante, nem sempre fica claro qual componente específico associado ao tamanho é crítico. Em algumas espécies de *Nicotiana*, parece que as plantas necessitam produzir um certo número de folhas para transmitir a quantidade suficiente de estímulo floral para o ápice.

Logo que é alcançada, a fase adulta é relativamente estável, mantendo-se durante a propagação vegetativa ou enxertia. Por exemplo, estacas retiradas da região basal de indivíduos maduros de hera (*H. helix*) tornam-se plantas juvenis, enquanto aquelas retiradas do ápice se tornam plantas adultas. Quando ramos foram retirados da base de uma bétula-prateada (*Betula verrucosa*) e enxertados em porta-enxertos de plântulas,

Figura 17.1 Formas juvenil e adulta da hera (*Hedera helix*). A forma juvenil possui folhas palmadas lobadas em uma disposição alternada, tem hábito de crescimento escandante e não apresenta flores. A forma adulta (projetando-se para fora à direita) possui folhas inteiras ovaladas dispostas em espiral, hábito de crescimento para cima e flores que se desenvolvem e se tornam frutos. (Cortesia de L. Rignanese.)

TABELA 17.1 Duração do período juvenil em algumas plantas lenhosas

Espécie	Duração do período juvenil
Rosa (*Rosa* [chá híbrido])	20-30 dias
Videira (*Vitis* spp.)	1 ano
Macieira (*Malus* spp.)	4-8 anos
Citrus spp.	5-8 anos
Hera (*Hedera helix*)	5-10 anos
Sequoia-vermelha (*Sequoia sempervirens*)	5-15 anos
Sicômoro (*Acer pseudoplatanus*)	15-20 anos
Carvalho (*Quercus robur*)	25-30 anos
Faia-europeia (*Fagus sylvatica*)	30-40 anos

Fonte: Clark, 1983.

não apareceram flores nos enxertos nos primeiros dois anos. Por outro lado, enxertos retirados do topo da árvore adulta floresceram sem restrição.

O termo *juvenilidade* tem significados diferentes para espécies herbáceas e lenhosas. Os meristemas herbáceos juvenis florescem prontamente quando enxertados em plantas adultas florescentes, enquanto os meristemas lenhosos juvenis geralmente não. Por isso, é dito que os meristemas lenhosos juvenis carecem de competência para florescer.

As mudanças de fase podem ser influenciadas por nutrientes, giberelinas e regulação epigenética

A transição no ápice do caule da fase juvenil para a fase adulta pode ser afetada por fatores transmissíveis oriundos do restante da planta. Em muitas plantas, a exposição a condições de intensidade luminosa baixa prolonga a juvenilidade ou provoca uma volta a ela. Uma consequência importante de um regime de luminosidade baixa é uma redução no suprimento de carboidratos ao ápice; assim, o suprimento de carboidratos, especialmente sacarose, pode participar na transição entre a juvenilidade e a maturidade. O suprimento de carboidratos como fonte de energia e matéria-prima pode afetar o tamanho do ápice. Por exemplo, no crisântemo (*Chrysanthemum morifolium*), os primórdios florais não são iniciados até que um tamanho mínimo do ápice seja atingido.

Em algumas plantas, a sinalização de giberelina pode estar envolvida nessas respostas. Em pinheiros e algumas outras coníferas, as giberelinas acumulam-se sob condições que promovem a produção de cones (p. ex., a remoção de raízes, estresse hídrico e insuficiência de nitrogênio). Nesses casos, a aplicação de giberelinas é adotada para estimular a produção de estruturas reprodutivas em árvores juvenis.

Em *Arabidopsis* e outras espécies herbáceas, o *status* juvenil é mantido pela repressão epigenética de genes associados com a transição para a fase adulta. Um mecanismo comum de repressão temporária de um grande número de genes é a produção de sequências curtas de RNAs não codificadores, denominadas microRNAs (miRNAs). Esses miRNAs contêm sequências complementares às regiões de mRNAs que são transcritas de genes-alvo. Mecanismos celulares que reconhecem RNAs de fita dupla degradam o mRNA-alvo, impedindo, assim, a síntese da proteína. Em *Arabidopsis*, dois desses miRNAs, identificados pelos número 155 e 156, são produzidos durante a juvenilidade. No começo da transição para a fase adulta, o aumento da metilação das histonas que organizam a cromatina no núcleo (ver Capítulo 1) resulta no decréscimo da expressão de miR155/156 e desrepressão dos seus genes-alvo da fase adulta/reprodutiva.

Fotoperiodismo: monitoramento do comprimento do dia

O **fotoperiodismo** é a capacidade de um organismo de perceber o comprimento do dia para garantir que eventos ocorram no momento apropriado do ano, permitindo, desse modo, uma resposta sazonal. Os fenômenos fotoperiódicos são observados tanto em animais quanto em plantas. No reino animal, o comprimento do dia controla atividades sazonais como hibernação, desenvolvimento de revestimentos de verão e inverno e atividade reprodutiva. As respostas das plantas controladas pelo comprimento do dia são numerosas; elas abrangem a iniciação do florescimento, a reprodução assexual, a formação de órgãos de reserva e a indução de dormência. Em um ambiente natural, períodos de luz e escuro mudam sazonalmente de acordo com a latitude (**Figura 17.2**); as plantas devem possuir mecanismos de ajuste a essas mudanças, a fim de garantir a sobrevivência e a reprodução.

As plantas podem ser classificadas por suas respostas fotoperiódicas

Várias espécies vegetais florescem durante os dias longos de verão. Por muitos anos, os fisiologistas vegetais acreditaram que a correlação entre os dias longos e o florescimento era uma consequência da acumulação de produtos da fotossíntese sintetizados durante aqueles dias.

O trabalho de Wightman Garner e Henry Allard, conduzido na década de 1920 nos laboratórios do Departamento de Agricultura dos EUA (USDA), em Beltsville, Maryland, mostrou que essa hipótese estava incorreta. Garner e Allard constataram que uma variedade mutante de tabaco, "Maryland Mammoth", crescia até cerca de 5 m de altura nas condições predominantes do verão, porém não florescia (**Figura 17.3**). Entretanto, as plantas floresceram em uma casa de vegetação durante o inverno sob condições naturais de luz.

Esses resultados acabaram levando Garner e Allard a testar o efeito de dias artificialmente encurtados, cobrindo as plantas cultivadas durante os dias longos do verão com uma tenda à prova de luz, desde o final da tarde até a manhã seguinte. Esses dias curtos artificiais provocaram o florescimento das plantas. Garner e Allard concluíram que o comprimento do dia, em vez da acumulação de produtos da fotossíntese, é o fator determinante do florescimento. Eles puderam confirmar sua hipótese em muitas espécies e condições diferentes. Esse trabalho lançou as bases para as pesquisas subsequentes e extensas sobre as respostas fotoperiódicas.

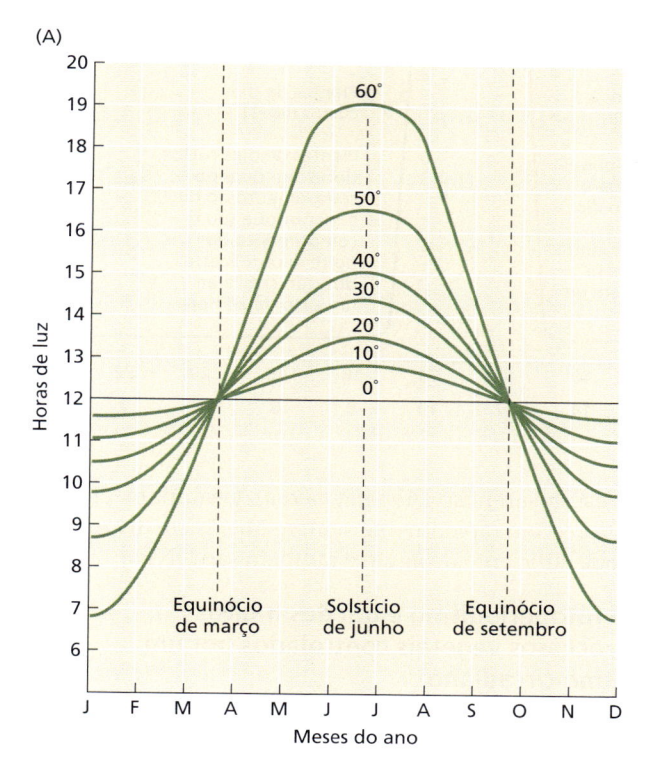

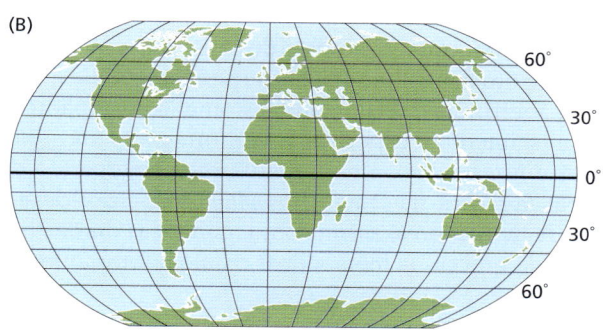

Figura 17.2 (A) Efeito da latitude sobre o comprimento do dia, em diferentes épocas do ano, no Hemisfério Norte. O comprimento do dia foi medido no dia 20 de cada mês. (B) Mapa-múndi mostrando longitudes e latitudes.

Figura 17.3 Mutante de tabaco *Maryland Mammoth* (à direita), comparado com tabaco do tipo selvagem (à esquerda). Ambas as plantas foram cultivadas durante o verão em casa de vegetação. (Estudantes da University of Wisconsin utilizados como escala.) (Cortesia de R. Amasino.)

Embora muitos outros aspectos do desenvolvimento das plantas também possam ser afetados pelo comprimento do dia, o florescimento é a resposta que tem sido mais estudada. As plantas com flor tendem a se enquadrar em uma das duas principais categorias de respostas fotoperiódicas: plantas de dias curtos e plantas de dias longos.

- **Plantas de dias curtos** (**SDPs**, *short-day plants*) florescem apenas em dias curtos (SDPs *qualitativas*) ou têm florescimento acelerado por dias curtos (SDPs *quantitativas*).
- **Plantas de dias longos** (**LDPs**, *long-day plants*) florescem somente em dias longos (LDPs *qualitativas*) ou têm florescimento acelerado por dias longos (LDPs *quantitativas*).

A distinção essencial entre LDPs e SDPs é que o florescimento nas LDPs é estimulado somente quando o comprimento do dia *excede* uma certa duração, chamada de **comprimento crítico do dia**, em cada ciclo de 24 horas, enquanto o estímulo do florescimento nas SDPs requer um comprimento do dia *menor que* essa duração. O valor absoluto do comprimento crítico do dia varia amplamente entre as espécies, e uma classificação fotoperiódica correta só pode ser feita quando se observa o florescimento em uma gama de comprimentos do dia (**Figura 17.4**).

As LDPs podem medir efetivamente o aumento da duração dos dias da primavera ou o início do verão e retardar o florescimento até que o comprimento crítico do dia seja atingido. Muitas variedades de trigo de pão (*Triticum aestivum*) comportam-se dessa maneira. As SDPs em geral florescem no outono, quando os dias encurtam abaixo de um comprimento crítico do dia, como ocorre em muitas variedades de *C. morifolium*. Contudo, o comprimento do dia isoladamente é um sinal ambíguo, pois não pode distinguir entre primavera e outono.

As plantas exibem várias adaptações para evitar a ambiguidade do sinal do comprimento do dia. Uma

Figura 17.4 Resposta fotoperiódica em plantas de dias longos e plantas de dias curtos. O comprimento crítico do dia varia conforme a espécie. Neste exemplo, tanto as SDPs quanto as LDPs floresceriam em fotoperíodos entre 12 e 14 horas.

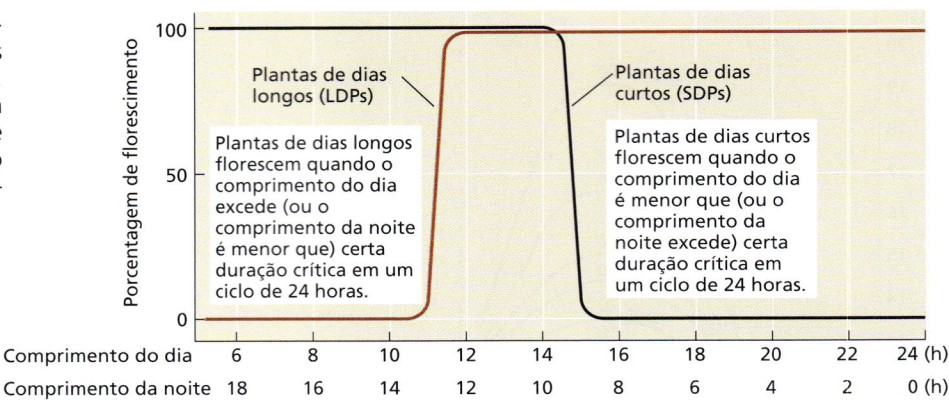

delas é a presença de uma fase juvenil que impede que a planta responda ao comprimento do dia durante a primavera. Outro mecanismo para evitar a ambiguidade do comprimento do dia é a ligação da exigência de temperatura a uma resposta fotoperiódica. Certas espécies vegetais, como o trigo de inverno, uma variedade de trigo de pão, não respondem ao fotoperíodo até que tenha ocorrido um período de frio (vernalização ou hibernação). (A vernalização é discutida mais adiante neste capítulo.)

Outras plantas evitam a ambiguidade sazonal distinguido entre dias em *encurtamento* e *alongamento*. Essas plantas com "dualidade de duração do dia" enquadram-se em duas categorias:

- **Plantas de dias longos-curtos** (**LSDPs**, *long-short-day plants*) florescem somente após uma sequência de dias longos seguida por dias curtos. As LSDPs, como *Bryophyllum*, *Kalanchoe* e jasmim-da-noite (*Cestrum nocturnum*), florescem no final do verão e no outono, quando os dias estão encurtando.

- **Plantas de dias curtos-longos** (**SLDPs**, *short-long-day plants*) florescem apenas após uma sequência de dias curtos seguida por dias longos. As SLDPs, como trevo-branco (*Trifolium repens*), campainha (*Campanula medium*) e echevéria (*Echeveria harmsii*), florescem no início da primavera em resposta ao aumento do comprimento dos dias.

Por fim, espécies que florescem em qualquer condição de fotoperíodo são referidas como **plantas de dias neutros** (**DNPs**, *day-neutral plants*). As DNPs são insensíveis ao comprimento do dia. O florescimento em DNPs em geral está sob regulação autônoma, isto é, controle do desenvolvimento interno. Algumas espécies de dias neutros, como o milho (*Zea mays*), evoluíram próximo à linha do Equador, onde o comprimento do dia é praticamente constante ao longo do ano (ver Figura 17.2). Muitas plantas anuais de deserto, como pincel-do-deserto (*Castilleja chromosa*) e verbena-do-deserto-arenoso (*Abronia villosa*), germinam, crescem e florescem rapidamente sempre que existe disponibilidade suficiente de água, e também são DNPs.

O fotoperiodismo é um dos muitos processos vegetais controlados por um ritmo circadiano

Os organismos normalmente estão sujeitos a ciclos diários de luz e escuridão, e tanto plantas quanto animais em geral exibem um comportamento rítmico associado a essas alterações. Exemplos desses ritmos incluem o movimento das folhas e pétalas (posições de dia e noite), a abertura e o fechamento estomáticos, os padrões de crescimento e esporulação em fungos (p. ex., *Pilobolus* e *Neurospora*), a hora do dia para emergência de pupas (a mosca-da-fruta, *Drosophila*) e os ciclos de atividade de roedores, assim como mudanças diárias nas taxas de processos metabólicos, como a fotossíntese e a respiração.

Quando os organismos são transferidos de ciclos diários de luz-escuro para escuridão ou luz contínua, muitos desses ritmos continuam a ser expressos, ao menos, por vários dias. Sob tais condições uniformes, o período do ritmo fica próximo das 24 horas, e consequentemente o termo **ritmo circadiano** (do latim *circa*, "cerca de", e *diem*, "dia") é aplicado. Como os organismos continuam sob luz ou escuridão constante, esses ritmos circadianos não podem ser respostas diretas à presença ou à ausência de luz, mas devem ser baseados em um mecanismo de marca-passo interno, com frequência denominado *oscilador endógeno*. Um único mecanismo oscilador pode ser acoplado a processos múltiplos a jusante em diferentes momentos. Os osciladores endógenos são considerados regulados pelas interações de quatro conjuntos de genes expressos nas horas do amanhecer, da manhã, da tarde e do anoitecer. A luz pode aumentar a amplitude da oscilação mediante ativação de genes pela manhã e ao anoitecer (**Figura 17.5**)

(A)
Inibição mútua de genes do amanhecer e da tarde. Esse motivo é conhecido como "interruptor de alternância" ("*toggle switch*"). Quando um do par é alto, o outro é baixo. O motivo sozinho não oscila.

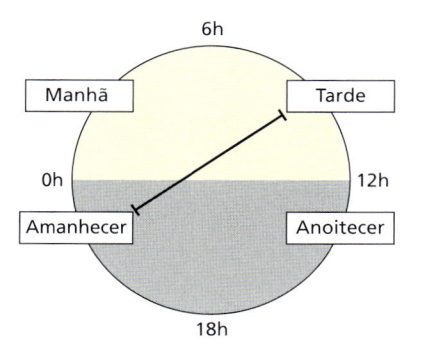

(B)
O interruptor está localizado dentro de um anel de quatro membros, em que cada conjunto de genes desativa o conjunto expresso anteriormente. No estado estacionário, o anel sozinho também não oscila: pares diagonalmente opostos estão ativados ou desativados. Esse resultado é apresentado por (A).

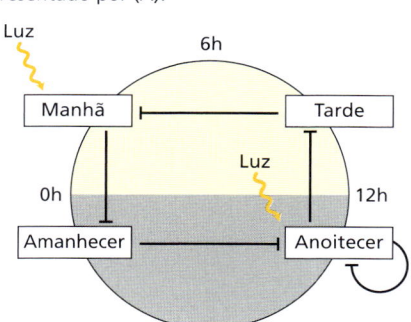

(C)
Os genes do anoitecer desativam todos os genes, exceto os genes do amanhecer, no início da noite, "clareando as coberturas" antes que a expressão do gene do amanhecer comece novamente da metade para o final da noite.

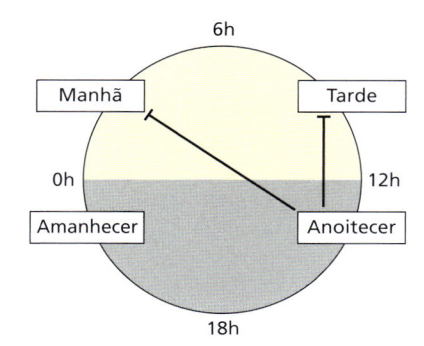

(D) O ciclo diário, passo a passo

1. A expressão dos genes do amanhecer começa na metade para o final da noite, continuando a repressão dos genes da tarde.

2. A luz ativa a expressão de genes da manhã e do anoitecer. Os genes do anoitecer são reprimidos pelos genes do amanhecer (B), de modo que apenas os genes da manhã são expressos.

3. Os genes da manhã desativam os genes do amanhecer (B), permitindo a expressão dos genes da tarde (A) e do anoitecer (B). A ativação luminosa dos genes do anoitecer também ajuda.

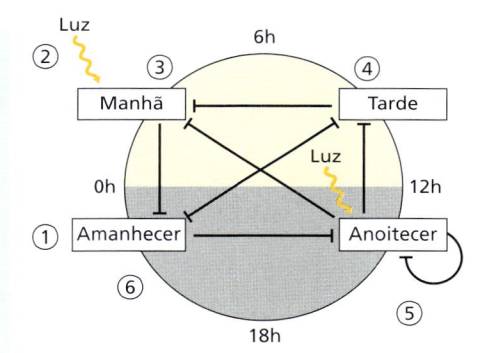

4. Os genes da tarde desativam os genes da manhã (B) e também mantêm desligados os genes do amanhecer (A).

5. Os genes do anoitecer desativam todos os genes, exceto os genes do amanhecer (C).

6. Os genes do amanhecer são expressos outra vez no final da noite.

Figura 17.5 Modelo de oscilador circadiano endógeno. Os círculos representam um ciclo de 24 horas, marcado em intervalos de 6 horas (0 h, 6 h, 12 h e 18 h); a luz do dia vai das 0 h às 12 h. (Baseado em Purcell et al., 2010 e Andrew Millar, comunicação pessoal.)

O oscilador endógeno está acoplado a uma diversidade de processos fisiológicos, como movimentos foliares ou fotossíntese, e é responsável por manter o ritmo. Por isso, ele pode ser considerado o mecanismo do relógio, e as funções fisiológicas que estão sendo reguladas, como os movimentos foliares ou a fotossíntese, são às vezes denominadas os ponteiros do relógio.

Os ritmos circadianos exibem características marcantes

Os ritmos circadianos surgem de fenômenos cíclicos que podem ser representados em forma de onda e são definidos por três parâmetros:

1. **Período**, o tempo entre pontos comparáveis dentro do ciclo repetitivo. Geralmente, o período é medido como o tempo entre máximos (picos) ou mínimos (vales) consecutivos (**Figura 17.6A**).

2. **Fase**[1] é qualquer ponto no ciclo que seja reconhecível pela sua relação com o restante do ciclo. Os pontos mais óbvios da fase são as posições de pico e de vale.

3. **Amplitude** é geralmente considerada como a distância entre pico e vale. A amplitude de um ritmo biológico com frequência pode variar, enquanto o período permanece constante (p. ex., na **Figura 17.6B**).

Em condições de constante luminosidade ou escuro, os ritmos circadianos desviam de um período exato de 24 horas. Os ritmos, então, são desviados em relação ao horário solar, seja ganhando ou perdendo tempo,

---
[1] O termo fase neste contexto não deve ser confundido com mudança de fase no desenvolvimento meristemático discutido anteriormente neste capítulo.

Figura 17.6 Algumas características dos ritmos circadianos.

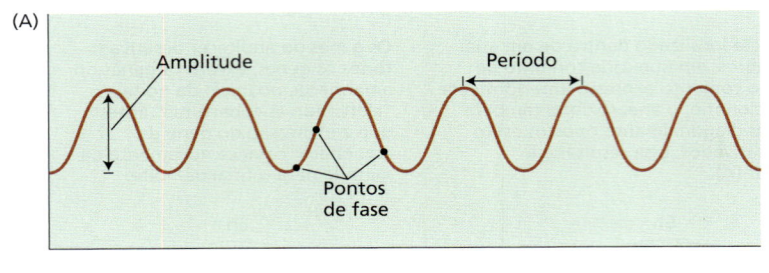

(A) Um ritmo circadiano típico. O período é o tempo entre pontos comparáveis no ciclo repetitivo; a fase é qualquer ponto no ciclo reconhecível por seu relacionamento com o resto do ciclo; a amplitude é a distância entre um pico e um vale.

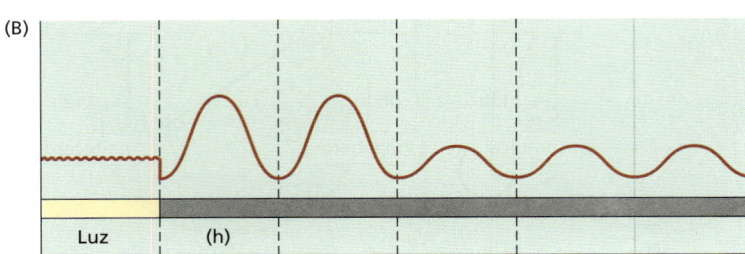

(B) Suspensão de um ritmo circadiano em luz intensa contínua e a liberação ou o reinício do ritmo após a transferência para o escuro.

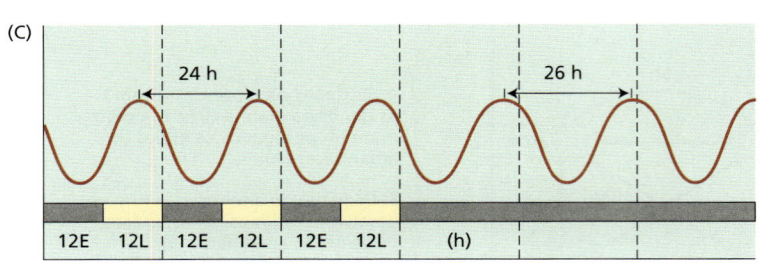

(C) Um ritmo circadiano sincronizado a um ciclo de 24 horas de luz-escuro (L-E) e sua reversão para o período de curso livre (26 horas neste exemplo), após a transferência para o escuro contínuo.

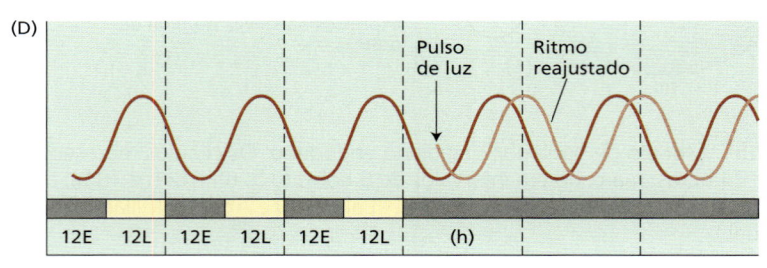

(D) Mudança de fases típica em resposta a um pulso de luz aplicado logo após a transferência para o escuro. O ritmo tem sua fase alterada (atrasado), sem alteração no período.

dependendo de o período endógeno ser mais curto ou mais longo do que 24 horas. Sob condições naturais, o oscilador endógeno é **controlado** (sincronizado) por um período verdadeiro de 24 horas por estímulos ambientais, sendo os mais importantes deles as transições luz-escuro, ao entardecer, e escuro-luz, ao amanhecer (**Figura 17.6C**).

Esses sinais ambientais são denominados **Zeitgebers** (termo alemão para "fornecedores do tempo"). Quando eles são removidos (p. ex., por transferência ao escuro contínuo), o ritmo é considerado de **curso livre** e reverte ao período circadiano característico do organismo em particular. Embora sejam gerados internamente, os ritmos normalmente necessitam de um sinal ambiental, como a exposição à luz ou a mudança de temperatura, para sincronizarem sua expressão. Além disso, muitos ritmos ficam amortecidos (i.e., a amplitude diminui) quando o organismo é submetido a um ambiente constante por vários ciclos. Quando isso ocorre, um *Zeitgeber*, como uma transferência da luz para o escuro ou uma mudança na temperatura, é necessário para reiniciar o ritmo (ver Figura 17.6B). Observe que o relógio em si não precisa reduzir a amplitude; apenas é afetado o acoplamento entre o relógio molecular (oscilador endógeno) e a função fisiológica.

O relógio circadiano não teria valor para o organismo se não pudesse manter uma contagem acurada de tempo sob as temperaturas flutuantes experimentadas em condições naturais. Na verdade, a temperatura tem pouco ou nenhum efeito sobre o período do ritmo de curso livre. A característica que permite ao relógio monitorar o tempo em diferentes temperaturas é chamada de **compensação de temperatura**.

Ritmos circadianos ajustam-se a diferentes ciclos de dia e noite

Como ritmos circadianos permanecem constantes quando as durações diárias dos períodos de luz e escuro mudam com as estações? Os pesquisadores normalmente testam a resposta do oscilador endógeno colocando um organismo em escuro contínuo e examinando sua resposta a curtos pulsos de luz (em geral, menos do que 1 hora), aplicados em diferentes momentos durante o ritmo de curso livre. Se um pulso de luz é aplicado durante as primeiras horas do período noturno original, a fase do ritmo é atrasada; o organismo interpreta o pulso de luz como o final do dia anterior (**Figura 17.6D**). Como seria esperado, um pulso de luz aplicado no final de um período noturno original avança a fase do ritmo; dessa vez, o organismo interpreta o pulso de luz como o início do dia seguinte.

Ainda não é conhecido o mecanismo bioquímico que permite a um sinal luminoso causar essas mudanças de fases, mas estudos sobre fotorreceptores (ver Capítulo 13) têm aprimorado a compreensão de como a luz regula esse processo. Os níveis baixos e os comprimentos de onda específicos de luz que podem induzir a mudança de fase indicam que a resposta à luz deve ser mediada por fotorreceptores específicos e não pela taxa fotossintética. Os fitocromos são os fotorreceptores principais que influenciam os ritmos circadianos, mas os criptocromos também participam na sincronização da luz azul no relógio em plantas, como o fazem em insetos e mamíferos.

A folha é o sítio de percepção do sinal fotoperiódico

O estímulo fotoperiódico em LDPs e SDPs é percebido pelas folhas. Por exemplo, o tratamento de uma única folha de *Xanthium* (SDP) com fotoperíodos curtos é suficiente para causar a formação de flores, mesmo quando o resto da planta está exposto a dias longos. Assim, em resposta ao fotoperíodo, a folha transmite um sinal que regula a transição para o florescimento no ápice do caule. Os processos regulados pelo fotoperíodo que ocorrem nas folhas, resultando na transmissão do estímulo floral para o ápice do caule, são referidos coletivamente como **indução fotoperiódica**.

A indução fotoperiódica pode ocorrer em uma folha que tenha sido separada da planta. Por exemplo, na SDP *Perilla crispa* (um membro da família das mentas), uma folha excisada exposta a dias curtos pode causar florescimento quando enxertada a uma planta não induzida mantida sob dias longos (**Figura 17.7**). Esse resultado indica que a indução fotoperiódica depende de eventos que ocorrem exclusivamente na folha.

Figura 17.7 Demonstração, por enxertia, de um estímulo floral gerado na folha de *P. crispa* (SDP). (À esquerda) O enxerto de uma folha induzida, retirada de uma planta cultivada sob dias curtos, em um ramo não induzido fez os ramos axilares produzirem flores. A folha doadora foi aparada para facilitar a enxertia, e as folhas superiores do porta-enxerto foram removidas para promover a translocação no floema do enxerto para os ramos receptores. (À direita) A enxertia de uma folha não induzida de uma planta cultivada sob dias longos resultou na formação de ramos apenas vegetativos. (Cortesia de J. A. D. Zeevaart.)

As plantas monitoram o comprimento do dia pela medição do comprimento da noite

Sob condições naturais, os comprimentos do dia e da noite configuram um ciclo de 24 horas de luz e escuridão. Em princípio, uma planta poderia perceber um comprimento crítico do dia pela medição da duração da luz ou do escuro. Demonstrou-se que o florescimento de SDPs é determinado principalmente pela duração do período de escuro (**Figura 17.8A**). Foi possível induzir o florescimento em SDPs com períodos de luz mais longos que o valor crítico, desde que fossem seguidos por noites suficientemente longas (**Figura 17.8B**). Da mesma forma, as SDPs não floresceram quando dias curtos foram seguidos por noites curtas.

Experimentos mais detalhados mostraram que o mecanismo de cronometragem fotoperiódica em SDPs é baseado na duração do período de escuro. Por exemplo, o florescimento ocorreu somente quando o período de escuro excedeu 8,5 horas no cardo (*Xanthium strumarium*) ou 10 horas na soja (*Glycine max*). A duração do

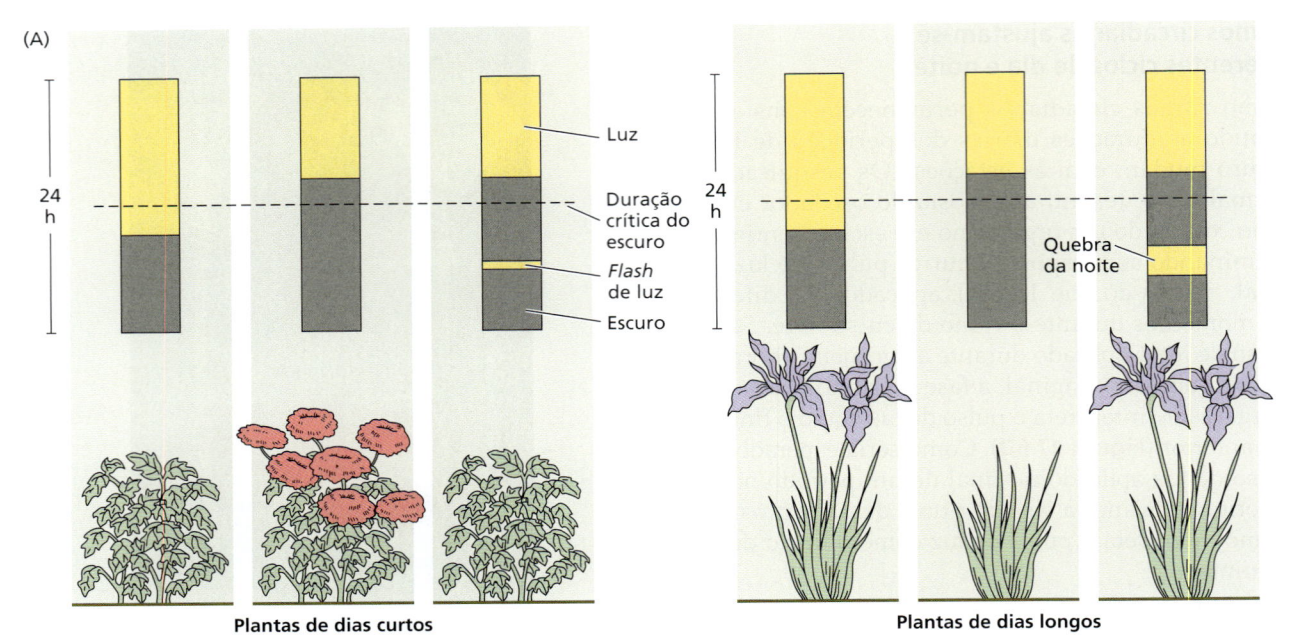

Plantas de dias curtos

Plantas de dias curtos (noites longas) florescem quando o comprimento da noite excede um período crítico de escuro. A interrupção do período de escuro por um breve tratamento de luz (uma quebra da noite) impede o florescimento.

Plantas de dias longos

Plantas de dias longos (noites curtas) florescem se o comprimento da noite for mais curto que um período crítico. Em algumas plantas de dias longos, o encurtamento da noite com uma quebra induz o florescimento.

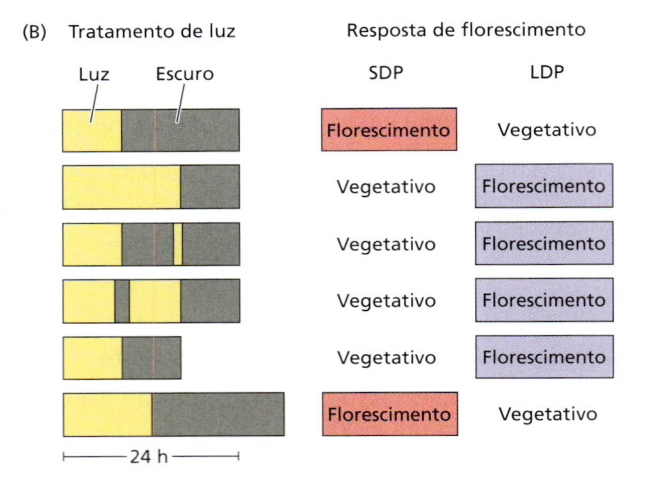

Figura 17.8 Regulação fotoperiódica do florescimento. (A) Efeitos sobre SDPs e LDPs. (B) Efeitos da duração do período de escuro sobre o florescimento. O tratamento de SDPs e LDPs com fotoperíodos diferentes mostra claramente que a variável crítica para o florescimento é a duração do período de escuro em vez de a duração do dia.

escuro também se mostrou importante nas LDPs (ver Figura 17.8B). Essas plantas floresciam em dias curtos, desde que o comprimento da noite também fosse curto; contudo, um regime de dias longos seguidos por noites longas não surtia efeito.

Quebras da noite podem cancelar o efeito do período de escuro

Uma característica que demonstra a importância do período de escuro é que ele pode se tornar ineficaz pela interrupção com uma curta exposição à luz, chamada de **quebra da noite** (ver Figura 17.8A). Por outro lado, a interrupção de um dia longo com um breve período de escuro não cancela o efeito do dia longo (ver Figura 17.8B). Tratamentos de quebra da noite de apenas poucos minutos são eficazes para *impedir* o florescimento de muitas SDPs, incluindo *Xanthium* e *Pharbitis*, mas exposições muito mais longas são necessárias para promover o florescimento em LDPs. Compatível com o envolvimento de um ritmo circadiano, o efeito de uma quebra da noite varia bastante de acordo com a hora em que é aplicado. Tanto para LDPs quanto para SDPs, uma quebra da noite mostrou-se mais eficaz quando aplicada próxima à metade de um período de escuro de 16 horas (**Figura 17.9**).

A descoberta do efeito da quebra da noite e de sua dependência do tempo teve várias consequências importantes. Ela estabeleceu o papel central do período de escuro e forneceu um meio de investigação valioso para o estudo da cronometragem fotoperiódica. Como são necessárias apenas pequenas quantidades de luz, tornou-se possível estudar a ação e a identidade do fotorreceptor sem a interferência dos efeitos da fotossíntese e de outros fenômenos não fotoperiódicos. Essa descoberta levou também ao desenvolvimento de

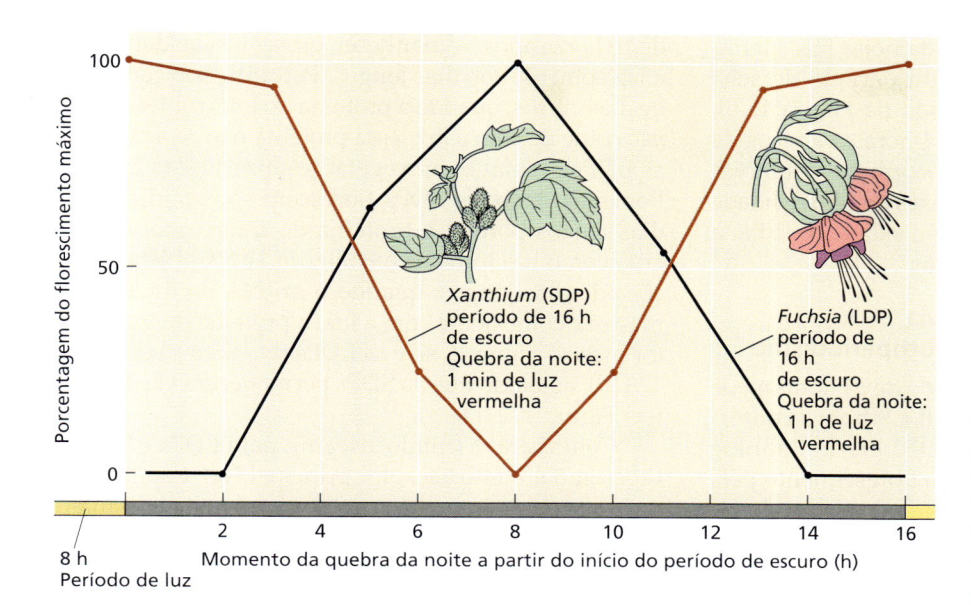

Figura 17.9 O momento no qual uma quebra da noite é aplicada determina a resposta do florescimento. Quando aplicada durante um período longo de escuro, uma quebra da noite promove o florescimento em LDPs e o inibe em SDPs. Em ambos os casos, o maior efeito sobre o florescimento ocorre quando a quebra da noite é aplicada próxima à metade do período de 16 horas de escuro. À LDP *Fuchsia*, foi aplicada uma hora de exposição à luz vermelha em um período de 16 horas de escuro. *Xanthium*, SDP, foi exposta à luz vermelha por 1 minuto em um período de 16 horas de escuro. (Dados para *Fuchsia* de Vince-Prue, 1975; dados para *Xanthium* de Salisbury, 1963, e Papenfuss e Salisbury, 1967.)

métodos comerciais para a regulação do momento do florescimento em espécies hortícolas, como Kalanchoe, crisântemo e poinsétia (*Euphorbia pulcherrima*).

A cronometragem fotoperiódica durante a noite depende do relógio circadiano

O efeito decisivo do comprimento da noite no florescimento indica que a medição da passagem do tempo no escuro é fundamental para a cronometragem fotoperiódica. A cronometragem fotoperiódica parece depender de um oscilador circadiano endógeno do tipo discutido anteriormente (Figura 17.5). Medições do efeito sobre o florescimento da interrupção de um período noturno prolongado, usando um curto tratamento luminoso (*quebra da noite*), podem ser usadas para investigar o papel dos ritmos circadianos na cronometragem fotoperiódica. Por exemplo, quando indivíduos de soja (SDP), são transferidos de um período luminoso de 8 horas para um período de escuro de 64 horas, a resposta do florescimento a quebras da noite de 4 horas, provocadas em diferentes momentos durante o período de escuro, mostra um ritmo circadiano (**Figura 17.10**). Os indivíduos de soja normalmente floresceriam em resposta a comprimentos de dia de 8 horas. A *inibição*

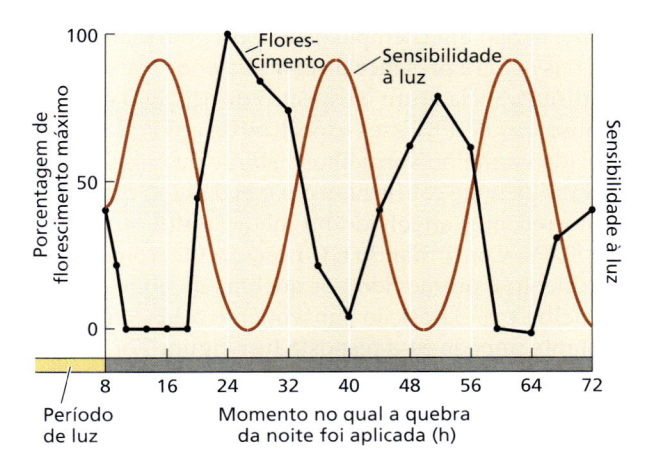

Figura 17.10 Florescimento rítmico em resposta a quebras da noite. Nesse experimento, a soja (*G. max*), uma SDP, recebeu ciclos de 8 horas de luz seguidos de períodos de 64 horas de escuro. Uma quebra da noite (tratamento de luz) de 4 horas foi aplicada em vários momentos durante o longo período de escuro indutivo. A resposta do florescimento, plotada como uma porcentagem do máximo, foi, então, plotada para cada quebra da noite aplicada. Observe, por exemplo, que uma quebra da noite aplicada às 26 horas resultou no florescimento máximo, enquanto não foi obtido florescimento quando a quebra da noite foi aplicada às 40 horas. Uma vez que em SDPs a luz atua como um inibidor de florescimento durante o período de noite longa, pode-se inferir que o tempo de 26 horas corresponde a um mínimo de sensibilidade à luz, ao passo que o de 40 horas corresponde a um máximo de sensibilidade à luz. Desse modo, os dados do florescimento podem ser usados para inferir a periodicidade da sensibilidade das plantas ao efeito da quebra da noite ao longo do tempo (curva vermelha), que revela um ritmo circadiano. Esses dados sustentam um modelo no qual o florescimento em SDPs é induzido somente quando o amanhecer (ou uma quebra da noite) ocorre após completada a fase sensível à luz. Como em LDPs a luz estimula o florescimento durante o período de escuro, a interrupção da luz deve coincidir com a fase sensível à luz para que ocorra o florescimento nessas plantas. (Dados de Coulter e Hamner, 1964.)

do florescimento por uma quebra da noite (ver Figura 17.8A), portanto, corresponde a um período de sensibilidade à luz. Conforme mostrado na Figura 17.10, durante um período noturno de 64 horas, os picos de inibição do florescimento pela luz ocorrem em intervalos de 24 horas, indicando que as fases de sensibilidade e insensibilidade à luz exibem periodicidade circadiana mesmo durante a escuridão continua.

O modelo de coincidência vincula sensibilidade oscilante à luz e fotoperiodismo

Como uma oscilação com um período de 24 horas mede uma duração crítica de escuro de 8 a 9 horas, conforme acontece em *Xanthium*, uma SDP? Erwin Bünning propôs, em 1936, que o controle do florescimento pelo fotoperiodismo é alcançado por uma oscilação de fases com diferentes sensibilidades à luz. Essa proposta evoluiu para o **modelo de coincidência**, no qual o oscilador endógeno controla o momento da ocorrência das fases sensível e insensível à luz.

A capacidade da luz de promover ou inibir o florescimento depende da fase na qual ela é aplicada. Quando um sinal luminoso é administrado durante a fase do ritmo sensível à luz, o efeito é de *promover* o florescimento nas LDPs ou de *impedir* o florescimento nas SDPs. Por exemplo, o florescimento nas SDPs é induzido somente quando a exposição à luz durante uma quebra da noite ou no amanhecer ocorre após a fase do ritmo sensível à luz ter sido completada.

Se um experimento similar for realizado com uma LDP, o florescimento será induzido apenas quando a quebra da noite ocorrer *durante* a fase do ritmo sensível à luz. Em outras palavras, *o florescimento tanto em SDPs como em LDPs é induzido quando a exposição à luz coincide com a fase apropriada do ritmo*. Essa oscilação continuada das fases sensível e insensível na ausência de sinais de luz de amanhecer e anoitecer é característica de uma diversidade de processos controlados pelo oscilador circadiano.

Evidências moleculares de espécies de monocotiledôneas e eudicotiledôneas fundamentam a função de um modelo de coincidência no controle da indução floral tanto em SDPs como em LDPs. Os mecanismos são altamente conservados e envolvem a expressão, na folha, de um gene de indução floral conservado, codificador de um ativador transcricional que serve como um interruptor mestre. A expressão desse gene do interruptor mestre é controlada pelo relógio circadiano, com o pico de expressão gênica ocorrendo aproximadamente 12-16 horas após o amanhecer (**Figura 17.11**). Em LDPs como *Arabidopsis*, a proteína do interruptor mestre atua como um indutor de florescimento, enquanto em SDPs como o arroz ela atua como um inibidor. Uma vez que o mRNA do interruptor mestre alcança seu pico cerca de 16 horas após o amanhecer, ele será coincidente com a luz somente sob dias longos. Portanto, sob condições de dias curtos, quando a proteína do interruptor mestre *não* coincide com a luz, essa proteína não se acumula e as LDPs permanecem vegetativas (ver Figura 17.11A). Por outro lado, as SDPs florescem sob condições de dias curtos porque a proteína do interruptor mestre atua como um inibidor (ver Figura 17.11C). Sob condições de dias longos, quando o mRNA do interruptor mestre *é* coincidente com a luz, a proteína do interruptor mestre acumula-se e as LDPs florescem (ver Figura 17.11B), ao passo que as SDPs permanecem vegetativas (ver Figura 17.11D).

Como será discutido a seguir, para LDPs e SDPs o fitocromo é o fotorreceptor principal (ver Capítulo 13) que medeia as interações entre as proteínas do interruptor mestre e a luz sob condições de dias longos.

O fitocromo é o fotorreceptor primário no fotoperiodismo

Experimentos de quebra da noite são adequados para o estudo da natureza dos fotorreceptores que percebem sinais de luz durante a resposta fotoperiódica. A inibição do florescimento em SDPs por quebras da noite foi um dos primeiros processos fisiológicos que mostraram estar sob controle do fitocromo (**Figura 17.12**).

Em muitas SDPs, uma quebra da noite torna-se eficaz somente quando a dose de luz aplicada é suficiente para saturar a fotoconversão de **Pr** (fitocromo que absorve a luz vermelha) em **Pfr** (fitocromo que absorve a luz vermelho-distante) (ver Capítulo 13). Uma exposição subsequente à luz vermelho-distante, que fotoconverte o pigmento de volta para a forma fisiologicamente inativa Pr, restaura a resposta de florescimento.

Os espectros de ação para a inibição e a restauração da resposta de florescimento em SDPs são mostrados na **Figura 17.13**. Um pico de 660 nm, ponto de absorção máxima do Pr, é obtido quando plântulas de *Pharbitis* cultivadas no escuro são utilizadas para evitar a interferência da clorofila. Por outro lado, os espectros para *Xanthium* dão um exemplo da resposta em plantas verdes, nas quais a presença da clorofila pode causar alguma discrepância entre o espectro de ação e o espectro de absorção de Pr. Esses espectros de ação e a reversibilidade vermelho/vermelho-distante das respostas às quebras da noite confirmam o papel do fitocromo como o fotorreceptor envolvido na medição do fotoperíodo nas SDPs. Confirmando a função do fitocromo, o florescimento é promovido por quebras da noite com luz vermelha e a exposição subsequente à luz vermelho-distante impede essa resposta (ver Figura 17.13).

Um ritmo circadiano na promoção do florescimento por luz vermelho-distante foi observado em LDPs como joio (*Lolium temulentum*), cevada (*Hordeum vulgare*)

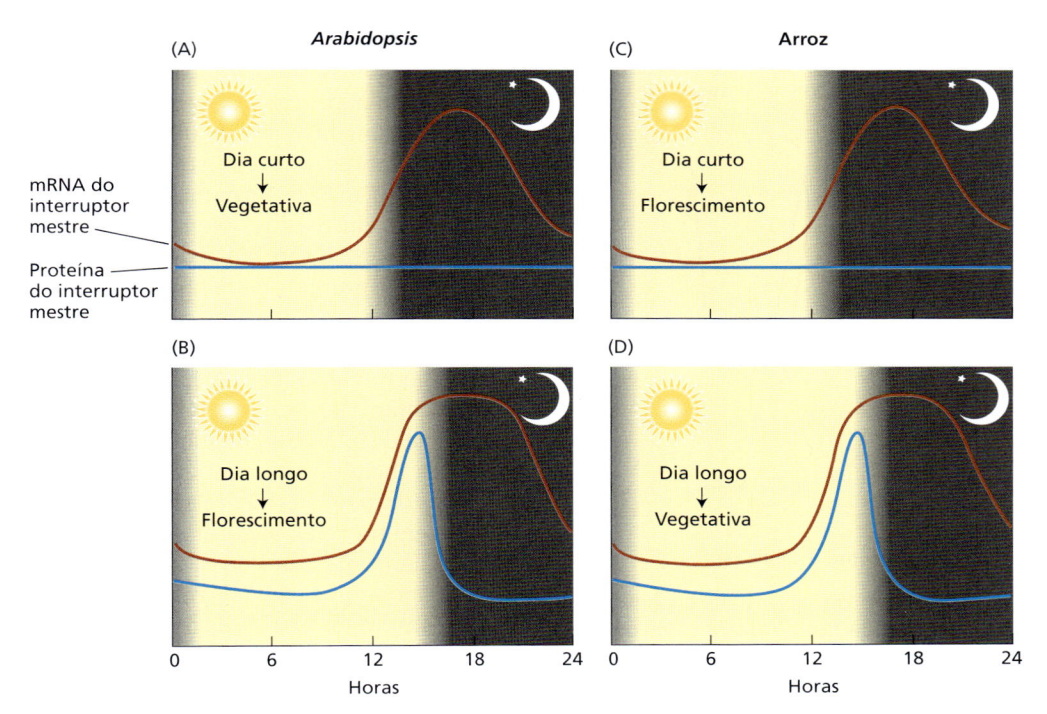

Figura 17.11 Modelo de coincidência da indução fotoperiódica em *Arabidopsis* (LDP; A e B) e no arroz (SDP; C e D). (A) Em *Arabidopsis* sob dias curtos, há uma pequena sobreposição entre a expressão do gene do interruptor mestre e a luz do dia, e a planta permanece vegetativa. (B) Sob dias longos, o pico da expressão do gene do interruptor mestre (das 12 até 16 horas) sobrepõe-se com a luz do dia (percebida pelo fitocromo), permitindo a acumulação da proteína. (C) No arroz sob dias curtos, a falta de coincidência entre a expressão do mRNA do gene do interruptor mestre e a luz do dia impede a acumulação da proteína, que neste caso é um inibidor do florescimento. Na ausência do inibidor, as plantas florescem. (D) Sob condições de dias longos, (percebidos pelo fitocromo), o pico da expressão do gene do interruptor mestre sobrepõe-se com o dia, possibilitando a acumulação da proteína repressora. Como consequência, a planta permanece vegetativa. (De Hayama e Coupland, 2004.)

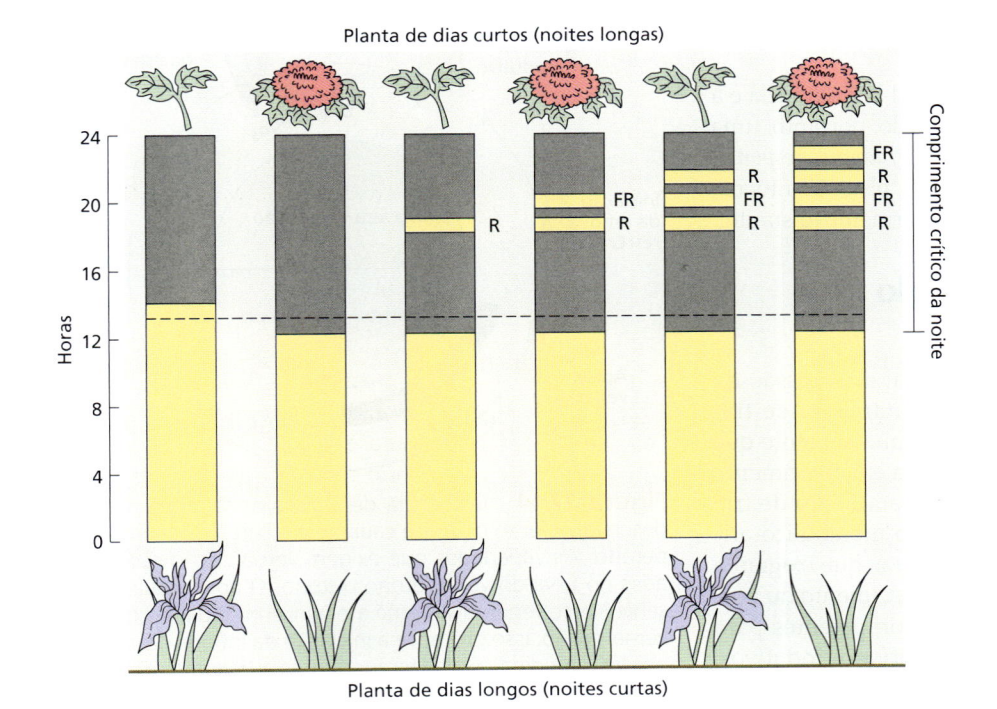

Figura 17.12 Controle do florescimento por fitocromo pela luz vermelha (R, *red*) e vermelho-distante (FR, *far-red*). Um *flash* de luz vermelha durante o período de escuro induz o florescimento em uma LDP, sendo o efeito revertido por um *flash* de luz vermelho-distante. Essa resposta indica o envolvimento do fitocromo. Em SDPs, um *flash* de luz vermelha impede o florescimento, sendo o efeito revertido por um *flash* de luz vermelho-distante.

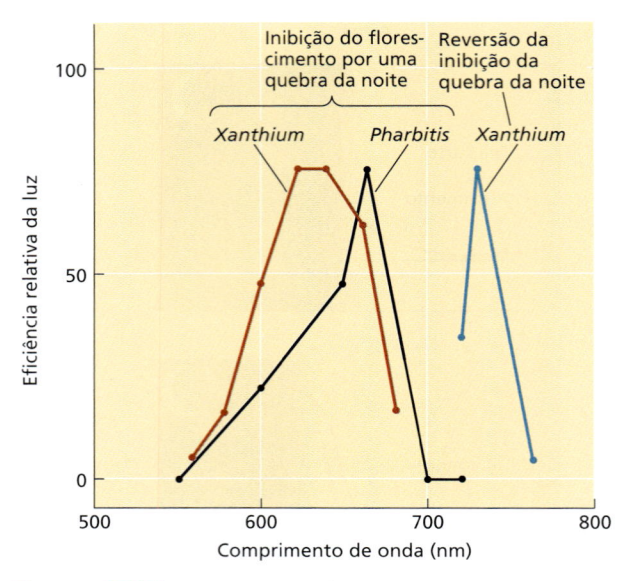

Figura 17.13 O espectro de ação para o controle do florescimento por quebras da noite mostra o envolvimento do fitocromo. O florescimento em SDPs cultivadas sob condições indutivas de dias curtos é inibido por um curto tratamento de luz (quebra da noite) durante a noite longa. Na SDP *X. strumarium*, os comprimentos de onda mais eficazes para quebras da noite por luz vermelha são os de 620 a 640 nm. A reversão do efeito da luz vermelha é máxima a 725 nm. Na SDP *Pharbitis nil*, cultivada no escuro, a qual é destituída de clorofila e de sua interferência com a absorção da luz, quebras da noite de 660 nm são as mais eficazes. Esse máximo de 660 nm coincide com o máximo de absorção do fitocromo. Os dados foram normalizados em relação ao controle no escuro em cada comprimento de onda. (Dados para *Xanthium* de Hendricks e Siegelman, 1967; dados para *Pharbitis* de Saji et al., 1983.)

e *Arabidopsis*. A resposta é proporcional à irradiância e à duração da luz vermelho-distante, sendo, portanto, uma resposta à alta irradiância (HIR, *high-irradiance response*; ver Capítulo 13). Como em outras HIRs, phyA é o fitocromo capaz de mediar a resposta à luz vermelho-distante.

Vernalização: promoção do florescimento com o frio

A **vernalização** é o processo pelo qual a repressão do florescimento é atenuada por um tratamento de frio dado a uma semente hidratada (i.e., uma semente que foi embebida em água) ou a uma planta em crescimento (sementes secas não respondem ao tratamento de frio porque a vernalização é um processo metabólico ativo). Sem o tratamento de frio, as plantas que exigem a vernalização mostram retardo no florescimento ou permanecem vegetativas; elas não são competentes para responder a sinais florais, como fotoperíodos indutivos. Essa exigência é importante para a produção de culturas de cereais hibernantes como a cevada (**Figura 17.14**) e eudicotiledôneas anuais hibernantes, que apresentam hábito rosulado, sem alongamento do caule até que os dias mais longos sinalizem o fim do período de geada.

As plantas diferem consideravelmente quanto à idade em que se tornam sensíveis à vernalização. As anuais de inverno, como as formas de inverno dos cereais (que são semeadas no outono e florescem no verão seguinte), respondem às baixas temperaturas bastante cedo em seus ciclos de vida. Na verdade, muitas anuais de inverno podem ser vernalizadas antes da germinação (i.e., emergência da radícula a partir da semente), se as sementes tiverem sido embebidas em água e se tornado metabolicamente ativas. Outras plantas, incluindo a maioria das bianuais (que são rosuladas durante a primeira estação após a semeadura e florescem no verão seguinte), precisam atingir um tamanho mínimo antes de se tornarem sensíveis às baixas temperaturas para a vernalização.

A amplitude efetiva da temperatura para a vernalização vai de um pouco abaixo da temperatura de congelamento até cerca de 10°C, com uma faixa ótima entre 1 e 7°C. O efeito das temperaturas baixas aumenta com a duração do tratamento de frio até que a resposta seja saturada. A resposta em geral requer várias sema-

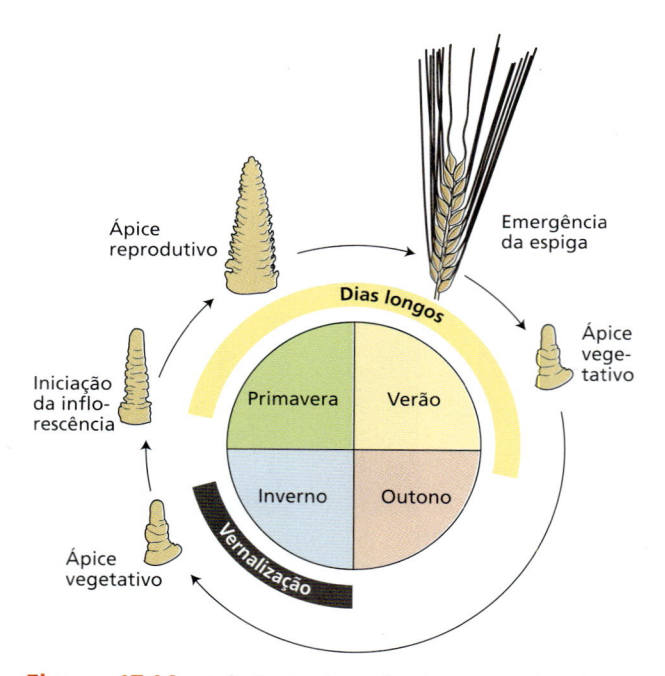

Figura 17.14 Influência de estímulos sazonais sobre o desenvolvimento do ápice caulinar em cereais de clima temperado. As variedades que exigem vernalização são semeadas no final do verão ou no outono. O ápice caulinar desenvolve-se vegetativamente até o inverno, quando ocorre a vernalização. Isso promove a iniciação da inflorescência, que ocorre à medida que as temperaturas aumentam na primavera. (De Trevaskis et al., 2007.)

nas de exposição a temperaturas baixas, mas a duração exata varia amplamente conforme a espécie e a variedade. Temperatura alta e outros estresses podem "desvernalizar" plantas anuais em hibernação, mas quanto mais longa a exposição à temperatura baixa, mais permanente é o efeito da vernalização (**Figura 17.15**).

A vernalização parece ocorrer primariamente no MAC. O resfriamento localizado causa o florescimento quando apenas o ápice caulinar é resfriado, e esse efeito parece ser em grande parte independente da temperatura experimentada pelo resto da planta. Esse efeito é visualizado mais facilmente em cereais de inverno, onde tratamentos experimentais com temperatura em ápices caulinares isolados obtêm sucesso imediato.

Em termos de desenvolvimento, a vernalização resulta na aquisição da competência do meristema para submeter-se à transição floral. No entanto, conforme o que já foi discutido no capítulo, a competência para florescer não assegura que o florescimento vá ocorrer. Uma exigência de vernalização com frequência é atrelada a uma exigência de um fotoperíodo específico. A combinação mais comum é uma exigência de tratamento de frio *seguida* por uma exigência de dias longos – uma combinação que leva ao florescimento no começo do verão em latitudes altas.

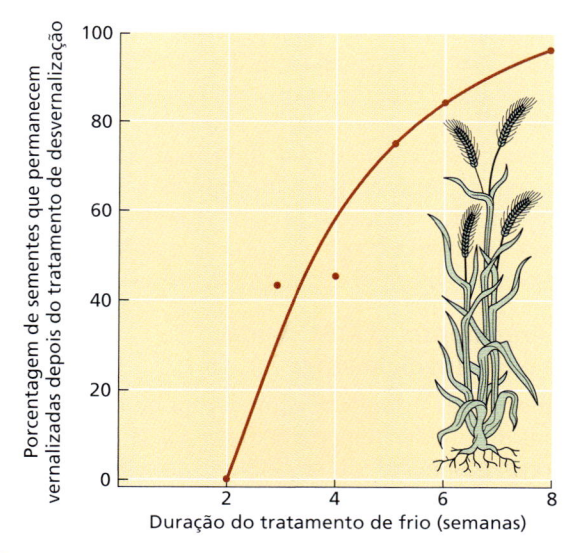

Figura 17.15 A duração da exposição a baixas temperaturas aumenta a estabilidade do efeito da vernalização. Quanto mais tempo o centeio de inverno (*Secale cereale*) é exposto a um tratamento de frio, maior é o número de plantas que permanecem vernalizadas quando esse tratamento é seguido por um tratamento de desvernalização. Neste experimento, as sementes de centeio, embebidas em água, foram expostas a 5°C por diferentes períodos e, após, imediatamente submetidas a um tratamento de desvernalização por 3 dias a 35°C. (Dados de Purvis e Gregory, 1952.)

Sinalização de longa distância envolvida no florescimento

Embora a evocação floral ocorra nos meristemas apicais de caules, em plantas fotoperiódicas os fotoperíodos indutivos são percebidos pelas folhas. Isso sugere que um sinal de longo alcance deve ser transmitido a partir das folhas para o ápice, o que tem sido demonstrado experimentalmente por múltiplos experimentos de enxertia em muitas espécies vegetais diferentes. O estímulo floral transmitido, que se origina nas folhas, atua combinado com outros fatores e, às vezes, é referido como **florígeno**.

Em algumas espécies vegetais, plantas receptoras não induzidas podem ser estimuladas a florescer por terem uma folha ou um caule de uma planta doadora induzida fotoperiodicamente enxertada a elas. Por exemplo, em *P. crispa*, SDP, a enxertia de uma folha, de uma planta cultivada sob dias curtos indutivos, em uma planta cultivada sob dias longos não indutivos provoca o florescimento nesta última (ver Figura 17.7). O movimento do estímulo floral de uma folha doadora para o restante da planta exige o estabelecimento de continuidade vascular na união do enxerto e está correlacionado estreitamente com a translocação de assimilados oriundos do doador (marcados com ^{14}C). Rupturas do floema também impedem o florescimento; medições experimentais e modelagem mostram que a indução floral se correlaciona com taxas de translocação no floema.

O estímulo floral parece ser o mesmo em plantas com diferentes exigências fotoperiódicas. Assim, a enxertia de um caule induzido de *Nicotiana sylvestris*, LDP, cultivada sob dias longos, no tabaco "Maryland Mammoth", SDP, fez o último florescer sob condições não indutivas (dias longos). As folhas de DNPs também produziram um estímulo floral transmissível por enxertia (**Tabela 17.2**). Por exemplo, a enxertia de uma única folha de um cultivar de dias neutros de soja, "Agate", no cultivar de dias curtos, "Biloxi", causou florescimento em "Biloxi" mesmo quando o último foi mantido sob dias longos não indutivos. Da mesma forma, um caule de um cultivar de dias neutros de tabaco (*Nicotiana tabacum* cv. *Trapezond*) enxertado em *N. sylvestris*, LDP, induziu esta a florescer sob dias curtos não indutivos.

Em *Arabidopsis* e outras espécies, demonstrou-se que o estímulo transmissível ao florescimento é uma proteína globular pequena denominada FLOWERING LOCUS T (FT), que é expressa em células companheiras e interage com fatores de transcrição do MAC para induzir o florescimento. O gene que atua em folhas como um interruptor mestre induzível pela luz, cuja transcrição é regulada pelo relógio circadiano (ver Figura 17.11), regula o movimento de FT para o floema, onde ela é

TABELA 17.2 A transmissão do sinal de floração ocorre pela junção na enxertia

Plantas doadoras mantidas sob condições indutoras do florescimento	Tipo de fotoperíodo[a,b]	Planta receptora vegetativa induzida a florescer	Tipo de fotoperíodo[a,b]
Helianthus annus	DNP em LD	*H. tuberosus*	SDP em LD
Nicotiana tabacum "Delcrest"	DNP em SD	*N. sylvestris*	LDP em SD
Nicotiana sylvestris	LDP em LD	*N. tabacum* "Maryland Mammoth"	SDP em LD
Nicotiana tabacum "Maryland Mammoth"	SDP em SD	*N. sylvestris*	LDP em SD

Nota: A transferência bem-sucedida de um sinal indutor de florescimento pela enxertia entre plantas de grupos de respostas fotoperiódicas diferentes demonstra a existência da eficiência de um hormônio floral transmissível.
[a]LDPs, plantas de dias longos; SDPs, plantas de dias curtos; DNPs, plantas de dias neutros.
[b]LD, dias longos (*long days*); SD, dias curtos (*short days*).

translocada para o ápice do caule ao longo do gradiente fonte-dreno. Uma vez no meristema floral, a proteína FT penetra nos núcleos das células e forma um complexo ativo com o fator de transcrição FLOWERING LOCUS D (FD). O complexo FT-FD, então, ativa diversos genes de identidade floral (discutidos mais adiante) que convertem o meristema vegetativo em um meristema floral. Este processo está diagramado na **Figura 17.16**.

Giberelinas e etileno podem induzir o florescimento

Conforme descrito anteriormente, as giberelinas promovem a transição para fases reprodutivas em muitas plantas. A GA exógena pode evocar o florescimento quando aplicada em LDPs rosuladas, como *Arabidopsis*, ou em plantas de duração de dia duplo, como *Bryophyllum*, quando cultivadas sob dias curtos. A giberelina pode também evocar o florescimento em plantas exigentes de frio que não foram vernalizadas e promover a formação de cones (estróbilos) em plantas juvenis de várias famílias de gimnospermas. Desse modo, em algumas plantas, GAs exógenas podem substituir o desencadeador da idade no florescimento autônomo, assim como os sinais ambientais primários de comprimento do dia e temperatura.

Na planta, o metabolismo de GA é fortemente afetado pelo comprimento do dia. Por exemplo, no espinafre (*Spinacia oleracea*, LDP), os níveis de GAs são relativamente baixos sob dias curtos, e as plantas mantêm a forma rosulada. Após as plantas serem transferidas para dias longos, o nível de giberelina fisiologicamente ativa, GA_1, quintuplica, causando um marcado alongamento do caule que acompanha o florescimento.

Além das GAs, outros hormônios de crescimento podem inibir ou promover o florescimento. Um exemplo comercialmente importante é a promoção do florescimento no abacaxi (*Ananas comosus*) por etileno ou compostos liberadores de etileno – uma resposta que parece ser restrita aos membros da família do abacaxi (Bromeliaceae).

Meristemas florais e desenvolvimento de órgãos florais

Logo que tenha acontecido a evocação floral, o trabalho de formar flores inicia. As formas das flores são extremamente diversas, refletindo adaptações para proteger gametófitos em desenvolvimento, atrair polinizadores, promover autopolinização ou polinização cruzada e produzir e dispersar frutos e sementes. Apesar dessa diversidade, estudos moleculares e genéticos identificaram uma rede de genes que controlam a morfogênese floral em flores tão diferentes quanto as de *Arabidopsis* e de boca-de-leão (*Antirrhinum majus*). Variações nessa rede reguladora também parecem ser responsáveis pela morfogênese floral em outras espécies.

Nesta seção, é abordado o desenvolvimento floral em *Arabidopsis*, que tem sido estudado extensivamente. De início, são delineadas as alterações morfológicas básicas que ocorrem durante a transição da fase vegetativa para a reprodutiva. Em seguida, considera-se a disposição dos órgãos florais em quatro verticilos no meristema, assim como os tipos de genes que governam o padrão normal de desenvolvimento floral.

Em *Arabidopsis*, o MAC muda com o desenvolvimento

Os meristemas florais geralmente podem ser distinguidos dos meristemas vegetativos por seus tamanhos maiores. No meristema vegetativo, as células da zona central completam seus ciclos de divisão lentamente. A transição do desenvolvimento vegetativo para o reprodutivo é marcada por um aumento na frequência de divisões celulares dentro da zona central do MAC. O aumento do tamanho do meristema é, *em grande parte*, um resultado do aumento da taxa de divisões dessas células centrais.

Durante a fase de crescimento vegetativo, os MACs dão origem aos primórdios foliares nos flancos do ápice caulinar (**Figura 17.17A**). Quando o desenvolvimento reprodutivo é iniciado, os meristemas vegetativos são

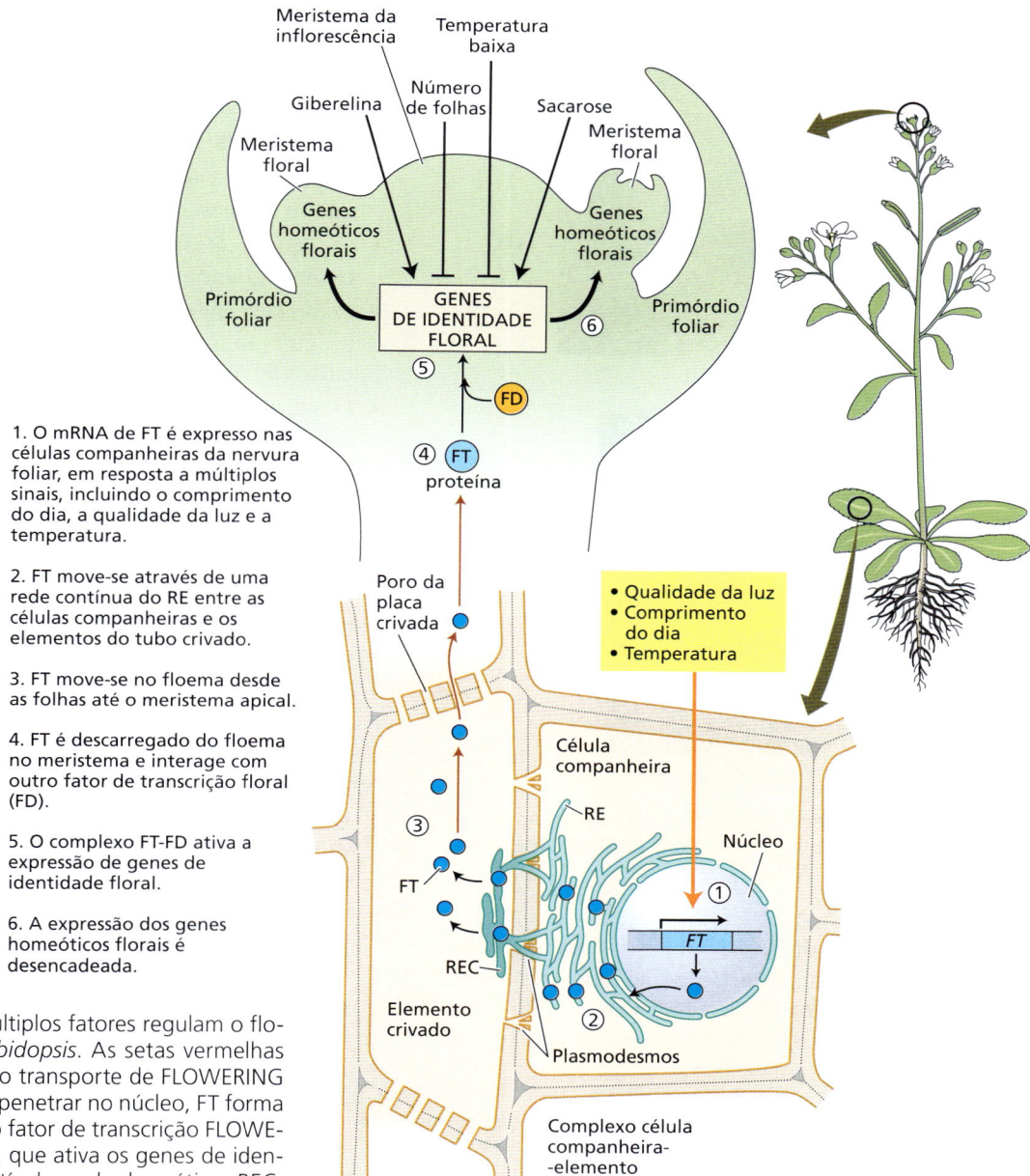

Figura 17.16 Múltiplos fatores regulam o florescimento em *Arabidopsis*. As setas vermelhas indicam a direção do transporte de FLOWERING LOCUS T (FT). Após penetrar no núcleo, FT forma um complexo com o fator de transcrição FLOWERING LOCUS D (FD), que ativa os genes de identidade floral. RE, retículo endoplasmático; REC, retículo do elemento crivado. (De Liu et al., 2013.)

1. O mRNA de FT é expresso nas células companheiras da nervura foliar, em resposta a múltiplos sinais, incluindo o comprimento do dia, a qualidade da luz e a temperatura.

2. FT move-se através de uma rede contínua do RE entre as células companheiras e os elementos do tubo crivado.

3. FT move-se no floema desde as folhas até o meristema apical.

4. FT é descarregado do floema no meristema e interage com outro fator de transcrição floral (FD).

5. O complexo FT-FD ativa a expressão de genes de identidade floral.

6. A expressão dos genes homeóticos florais é desencadeada.

transformados diretamente em um meristema floral ou indiretamente em um meristema primário da inflorescência, dependendo da espécie. Em plantas rosuladas como *Arabidopsis*, o **meristema primário da inflorescência** produz um eixo de inflorescência alongado portando dois tipos de órgãos laterais: folhas caulescentes (dotadas de caule) e flores. As gemas axilares das folhas caulescentes desenvolvem-se e tornam-se **meristemas secundários da inflorescência**, e sua atividade repete o padrão de desenvolvimento do meristema primário da inflorescência. O meristema da inflorescência de *Arabidopsis* tem o potencial de crescer indefinidamente e, portanto, exibe crescimento *indeterminado*. As flores surgem a partir dos **meristemas florais** que se formam nos flancos do meristema da inflorescência (**Figura 17.17B**). Ao contrário do meristema da inflorescência, o meristema floral é determinado.

Os quatro tipos diferentes de órgãos florais são iniciados como verticilos separados

Os meristemas florais iniciam quatro tipos diferentes de órgãos florais: sépalas, pétalas, estames e carpelos.

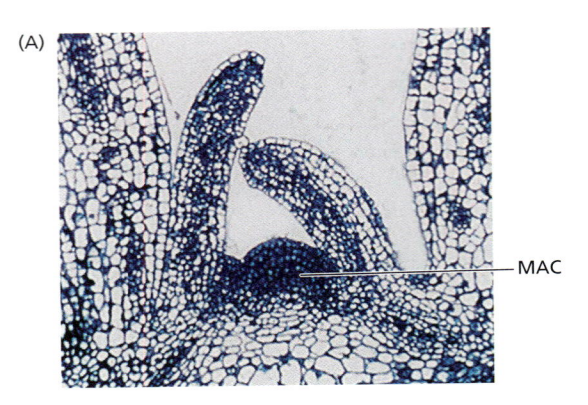

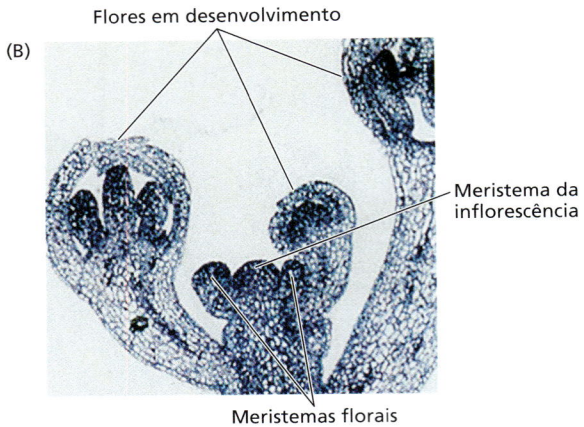

Figura 17.17 Cortes longitudinais das regiões apicais vegetativa (A) e reprodutiva (B) do caule de *Arabidopsis*. (Cortesia de V. Grbic e M. Nelson.)

rístemáticas na cúpula apical, e apenas os primórdios dos órgãos florais (regiões localizadas de células em divisão) estão presentes à medida que a gema floral se desenvolve. Em *Arabidopsis*, os verticilos estão organizados como a seguir:

- O primeiro verticilo (mais externo) consiste em quatro sépalas, que são verdes quando maduras.
- O segundo é composto de quatro pétalas, que são brancas quando maduras.
- O terceiro contém seis estames (as estruturas reprodutivas masculinas), dois dos quais são mais curtos do que os outros quatro.
- O quarto verticilo (mais interno) é um único órgão complexo, o gineceu ou pistilo (a estrutura reprodutiva feminina), que é composto de um ovário com dois carpelos fusionados, cada um contendo numerosos rudimentos seminais (óvulos), e um estilete curto terminando no estigma (ver Figura 17.27A).

Duas categorias principais de genes regulam o desenvolvimento floral

Os estudos de mutações possibilitaram a identificação de duas classes principais de genes que regulam o desenvolvimento floral: genes de identidade de meristemas florais e genes de identidade de órgãos florais.

Esses conjuntos de órgãos são iniciados em anéis concêntricos, denominados **verticilos**, ao redor dos flancos do meristema (**Figura 17.18**). O início dos órgãos mais internos, os carpelos, consome todas as células me-

1. **Genes de identidade de meristemas florais** codificam fatores transcricionais que são necessários para o início da indução dos genes de identidade de órgãos florais. Em geral, eles são os reguladores positivos da identidade dos órgãos florais no meristema floral em desenvolvimento.

2. **Genes de identidade de órgãos florais** controlam diretamente a identidade de órgãos florais.

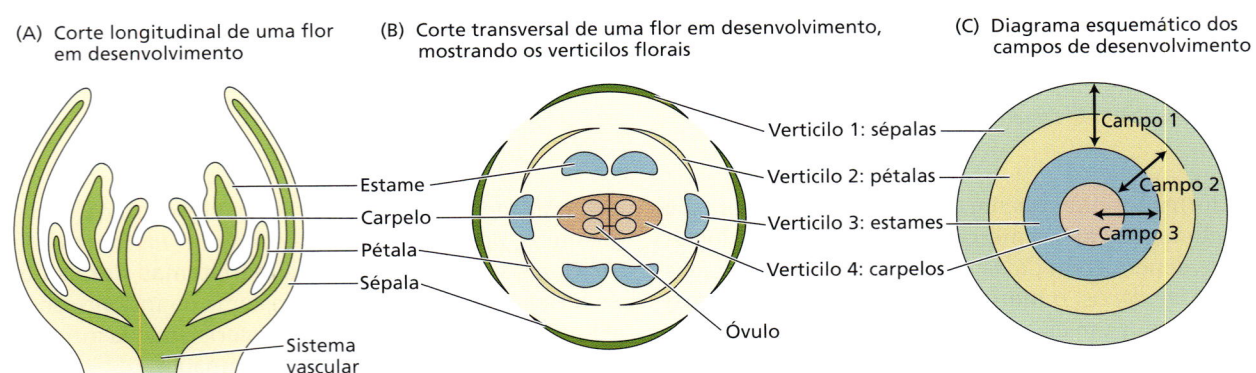

Figura 17.18 Órgãos florais são iniciados sequencialmente pelo meristema floral de *Arabidopsis*. (A e B) Os órgãos florais são produzidos como verticilos sucessivos (círculos concêntricos), iniciando com as sépalas e progredindo para o interior. (C) De acordo com o modelo combinatório, as funções de cada verticilo são determinadas por três campos de desenvolvimento sobrepostos. Esses campos correspondem aos padrões de expressão de genes específicos de identidade de órgãos florais. (De Bewley et al., 2000.)

As proteínas codificadas por esses genes são fatores transcricionais que interagem com outros cofatores proteicos, visando controlar a expressão de genes a jusante, cujos produtos estão envolvidos na formação ou na função de órgãos florais. Mutações desses genes muitas vezes resultam em mudanças drásticas nas estruturas florais, com sépalas, pétalas, estames e carpelos formados no verticilo incorreto. Muitos desses mutantes são usados extensivamente no melhoramento floral, para introduzir flores com formas exclusivas e marcantes. Mutações de desenvolvimento desse tipo, que provocam a substituição de um órgão por outro, são denominadas *mutações homeóticas*, e os genes associados são denominados *genes homeóticos*.

Enquanto certos genes se ajustam claramente dentro dessas categorias, é importante ter em mente que o desenvolvimento floral envolve redes de genes complexas e não lineares. Nessas redes, frequentemente, genes individuais desempenham muitos papéis.

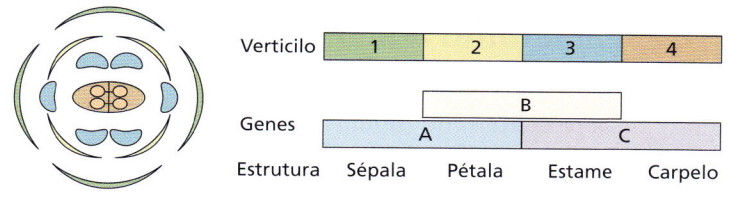

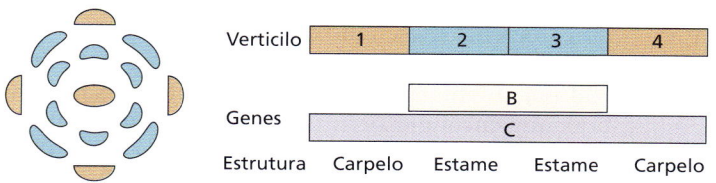

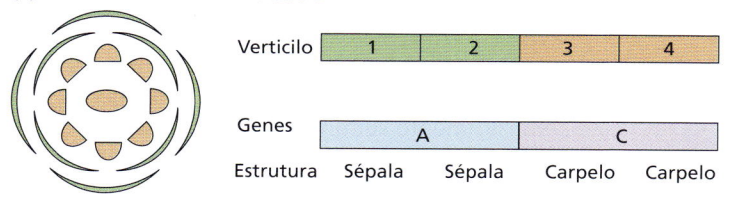

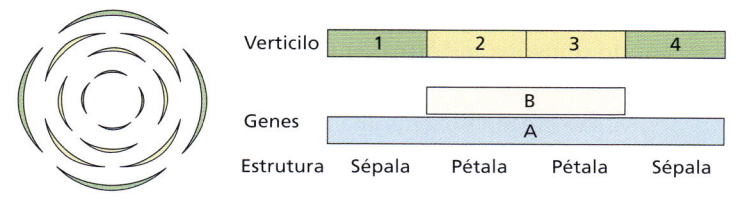

O modelo ABC explica parcialmente a determinação da identidade do órgão floral

Genes de identidade dos órgãos florais enquadram-se em três classes – A, B e C –, definindo três tipos diferentes de atividades codificadas por três tipos distintos de genes (**Figura 17.19**):

- A atividade da Classe A controla a identidade dos órgãos no primeiro e no segundo verticilos. A perda da atividade da Classe A resulta na formação de carpelos, em vez de sépalas, no primeiro verticilo, e de estames, em vez de pétalas, no segundo.

- A atividade da Classe B controla a determinação dos órgãos no segundo e no terceiro verticilo. A perda da atividade da Classe B resulta na formação de sépalas, em vez de pétalas, no segundo verticilo, e de carpelos, em vez de estames, no terceiro.

- A atividade da Classe C controla eventos no terceiro e no quarto verticilos. A perda da atividade da Classe C resulta na formação de pétalas, em vez de estames, no terceiro verticilo. Além disso, na ausência da atividade da Classe C, o quarto verticilo (normalmente um carpelo) é substituído por uma *flor nova*. Como consequência, o quarto verticilo de uma flor mutante de um gene de Classe C é ocupado por sépalas. O meristema floral deixa de ser determinado. Flores continuam a se formar dentro de flores, e o padrão dos órgãos (de fora para dentro) é: sépala, pétala, pétala; sépala, pétala, pétala; e assim por diante.

O **modelo ABC** explica muitas observações feitas em duas espécies de eudicotiledôneas distantemente relacionadas (boca-de-leão e *Arabidopsis*) e proporciona uma compreensão de como relativamente poucos reguladores-chave podem, de modo combinado, gerar um resultado complexo. O modelo ABC postula que a identidade dos órgãos em cada um dos verticilos é determinada por

Figura 17.19 Interpretação dos fenótipos de mutantes florais homeóticos com base no modelo ABC. (A) Todas as três classes de atividade são funcionais no tipo selvagem. (B) A perda da atividade da Classe A resulta na expansão da atividade da Classe C ao longo do meristema. (C) A perda da atividade da Classe B resulta na expressão das atividades das Classes A e C somente. (D) A perda da atividade da Classe C resulta na expansão da atividade da Classe A ao longo do meristema floral. (De Bewley et al., 2000.)

uma combinação única das atividades dos três genes de identidade de órgãos:

- A atividade da Classe A isoladamente determina sépalas.
- As atividades das Classes A e B são necessárias para a formação de pétalas.
- As atividades das Classes B e C formam estames.
- A atividade da Classe C isoladamente determina carpelos.

Além disso, o modelo propõe que as atividades das Classes A e C reprimem-se mutuamente; isto é, ambas as classes de genes A e C excluem-se mutuamente de seus domínios de expressão, além das suas funções na determinação da identidade do órgão.

Embora os padrões da formação do órgão em flores do tipo selvagem e na maioria dos mutantes sejam preditos e explicados por esse modelo, nem todas as observações podem ser explicadas pelos genes ABC sozinhos. Por exemplo, a expressão dos genes ABC ao longo da planta não transforma folhas vegetativas em órgãos florais. Assim, os genes ABC, ainda que necessários, não são suficientes para impor a identidade do órgão floral sobre o programa de desenvolvimento foliar.

Foi demonstrado que uma quarta classe de genes, genes da Classe E, é necessária para que os outros três genes homeóticos florais sejam ativos. Os genes da Classe E, portanto, podem ser descritos como genes de identidade do meristema floral. O modelo ABC ampliado é referido como modelo ABCE (**Figura 17.20**). O modelo ABCE foi formulado com base em experimentos genéticos em *Arabidopsis* e boca-de-leão. Flores de espécies diferentes desenvolveram estruturas diversas mediante modificação das redes reguladoras descritas pelo modelo ABCE.

Desenvolvimento do pólen

Conforme descrito no Capítulo 1, os gametófitos masculinos e femininos são as verdadeiras estruturas sexuais em angiospermas. O gametófito masculino é formado no estame da flor. Em geral, o estame é constituído de um filamento delicado fixado a uma antera composta de quatro microsporângios posicionados em pares opostos (**Figura 17.21**). Os pares de microsporângios são separados entre si por uma região central de tecido estéril que circunda um feixe vascular. O desenvolvimento do gametófito masculino, ou grão de pólen, começa com a microsporogênese, em que células na antera se dividem para formar células-mãe de pólen diploides (microsporócitos) que subsequentemente passam por meiose, produzindo micrósporos haploides (ver Figura 17.21). Após, os micrósporos entram em divisão e diferenciam-se para formar grãos de pólen com paredes celulares altamente ornamentadas, que desempenham papeis ecológicos importantes na transferência de pólen de flor para flor (**Figura 17.22**).

Os grãos de pólen possuem duas células espermáticas contendo DNA circundados por uma célula vegetativa, que mais tarde forma o tubo polínico (ver Figura 17.24). O tubo polínico atua no transporte de células espermáticas (os núcleos) durante a fecundação.

Desenvolvimento do gametófito feminino no rudimento seminal

Os primórdios do rudimento seminal surgem em um tecido especializado do ovário denominado *placenta*. O gametófito feminino, ou *saco embrionário*, que se desenvolve dentro do rudimento seminal, é mais complexo e mais diversificado do que o desenvolvimento do gametófito masculino dentro da antera. De acordo com um esquema de classificação, existem mais de 15 padrões diferentes de desenvolvimento do saco embrionário em angiospermas. O padrão mais comum foi descrito pela primeira vez no gênero *Polygonum* (knotweed), razão pela qual é denominado tipo *Polygonum* de saco embrionário. Nas angiospermas, os *rudimentos seminais* (óvulos) estão localizados no interior do *ovário* do *gineceu*, o termo coletivo para os carpelos (ver Figura 17.21). Após a fecundação do gameta feminino, ou oosfera, por uma célula espermática, a embriogênese é iniciada e o rudimento seminal desenvolve-se e torna-se uma semente. Simultaneamente, o ovário amplia-se e torna-se um fruto. A fecundação e o desenvolvimento de frutos serão discutidos mais adiante neste capítulo.

Megásporos funcionais sofrem uma série de divisões mitóticas nucleares livres seguidas por celularização

A gametogênese feminina inicia com a formação da célula-mãe de megásporo (megasporócito), que, em sacos embrionários do tipo *Polygonum*, passa por meiose, for-

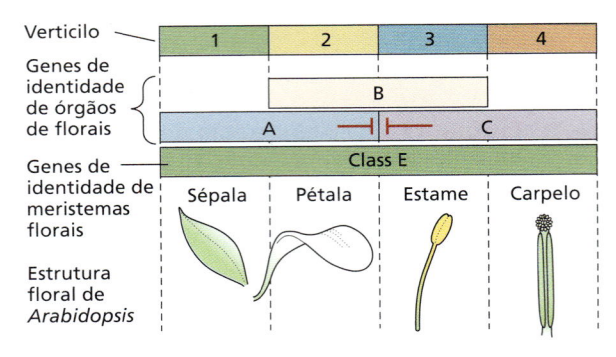

Figura 17.20 Modelo ABCE do desenvolvimento floral. (De Krizek e Fletcher, 2005.)

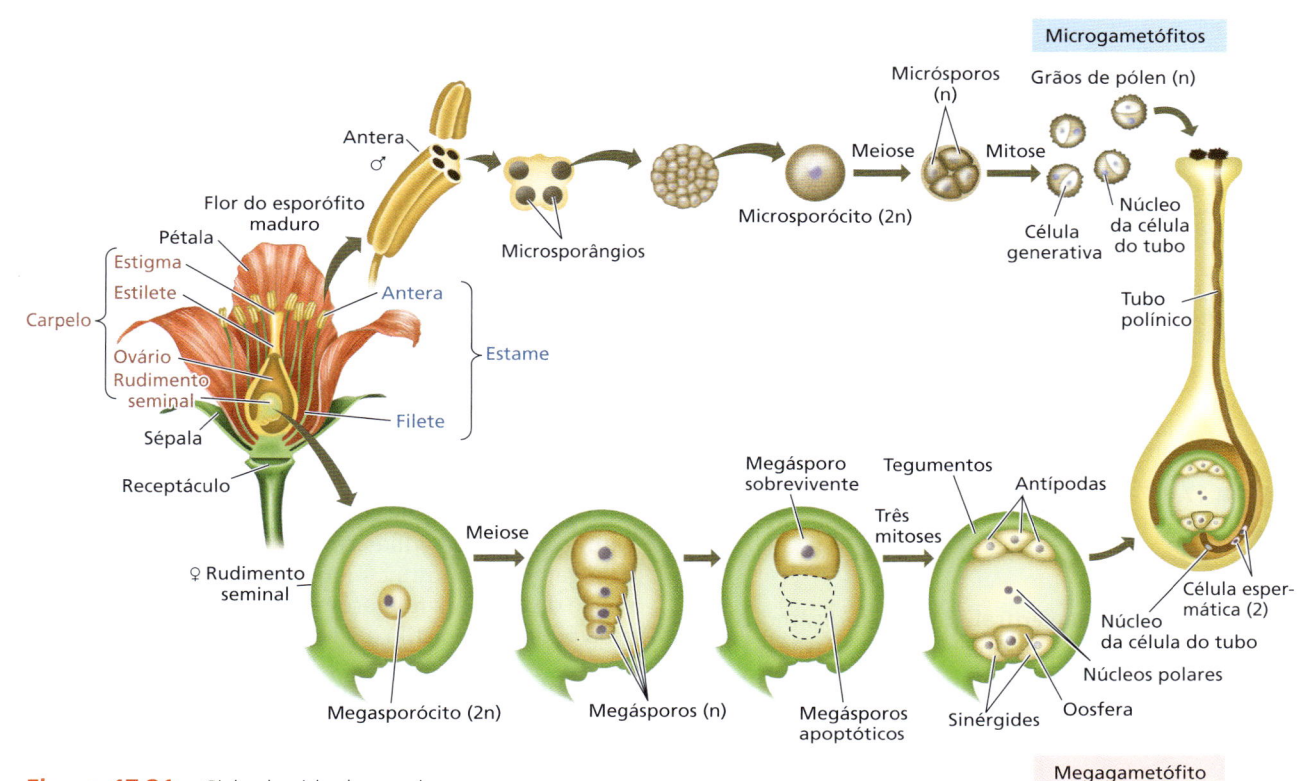

Figura 17.21 Ciclo de vida das angiospermas.

mando quatro megásporos haploides (ver Figura 17.21). Subsequentemente, três dos megásporos sofrem morte celular programada, restando apenas um megásporo funcional. A seguir, o megásporo funcional passa por três ciclos de divisões mitóticas nucleares livres (mitoses sem citocinese), produzindo um *sincício* – célula multinucleada formada por divisões nucleares. O resultado é um saco embrionário imaturo, com oito núcleos. Após, quatro núcleos migram para um polo, e os outros quatro migram para o polo oposto. Três dos núcleos em cada polo passam por celularização, enquanto os dois núcleos remanescentes, denominados núcleos polares, migram em direção à região central do saco embrionário, que contém um vacúolo grande. O citoplasma e os dois núcleos polares desenvolvem sua própria membrana plasmática e parede celular, originando uma célula binucleada grande. O saco embrionário completamente celularizado representa o gametófito feminino maduro ou saco embrionário. Na maturidade, o saco embrionário do tipo *Polygonum* consiste em sete células e oito núcleos.

A **oosfera** (o gameta feminino que se combina com a célula espermática para formar o zigoto) e as duas **sinérgides** estão localizadas em uma extremidade do saco embrionário adjacente à **micrópila**, uma pequena abertura no rudimento seminal que permite a entrada do tubo polínico durante a polinização (**Figura 17.23**; ver também Figura 17.25). As sinérgides estão envolvidas nos estágios finais de atração do tubo polínico: na descarga dos conteúdos do tubo para dentro do saco embrionário e na fusão dos gametas.

Uma grande célula binucleada na região mediana do saco embrionário, composta de dois **núcleos polares**,

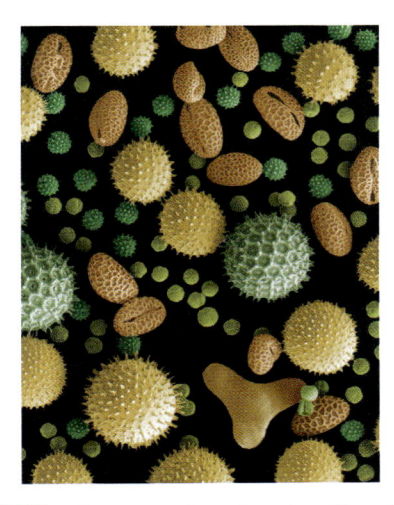

Figura 17.22 Estrutura de grãos de pólen. Imagem de grãos de pólen de espécies diferentes ao microscópio eletrônico de varredura, exibindo ornamentação distinta. (© Scientifica/RMF/Visuals Unlimited, Inc.)

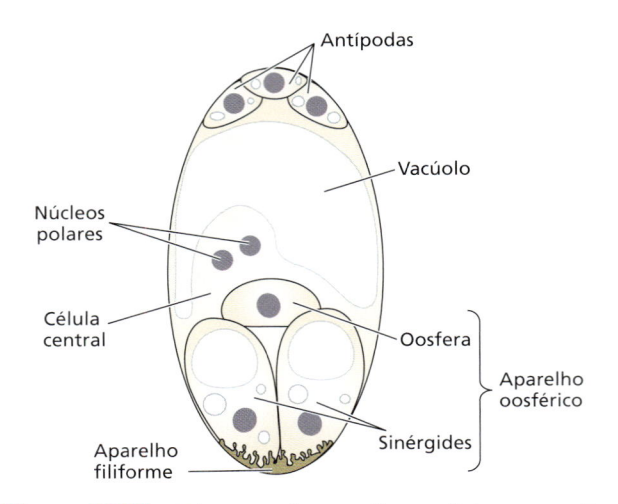

Figura 17.23 Diagrama do aparelho oosférico e aparelho filiforme do saco embrionário do tipo *Polygonum*.

é chamada de **célula central**. Embora o destino de seu desenvolvimento seja completamente diferente do da oosfera, a célula central é também considerada um gameta, pois ela se fusiona com uma das células espermáticas durante um processo que é exclusivo às angiospermas chamado *fecundação dupla*.

Polinização e fecundação dupla nas angiospermas

A polinização em angiospermas é o processo de transferência de grãos de pólen da antera do estame, o órgão masculino da flor, para o estigma do pistilo, o órgão feminino da flor. Em algumas espécies, como *Arabidopsis* e arroz, a reprodução em geral ocorre por autopolinização – isto é, o pólen e o estigma pertencem ao mesmo esporófito. Em outras espécies, a **polinização cruzada** (*cross-pollination*), ou fecundação entre plantas diferentes (*outcrossing*), é a norma – os progenitores masculino e feminino são indivíduos esporofíticos separados. Muitas espécies podem se reproduzir por autopolinização ou por polinização cruzada; outras espécies possuem diversos mecanismos para promover a polinização cruzada e podem mesmo ser incapazes de reprodução por autopolinização.

No caso da polinização cruzada, o pólen pode percorrer grandes distâncias antes de chegar a um estigma apropriado. Produzidos em excesso, os grãos de pólen são dispersos por vento, insetos, aves e mamíferos, que carregam os gametas masculinos não móveis de angiospermas muito mais longe do que o espermatozoide móvel de plantas inferiores jamais poderia nadar.

A polinização bem-sucedida depende de vários fatores, incluindo a temperatura ambiental, a sincronia e a receptividade do estigma de uma flor compatível. Muitos grãos de pólen podem tolerar dessecação e temperaturas altas durante sua trajetória para o estigma. Contudo, alguns grãos de pólen, como os do tomateiro, são danificados pelo calor. Compreender como alguns grãos de pólen toleram períodos de temperaturas altas ajudará a assegurar nossa oferta de alimento à medida que o clima global muda.

Duas células espermáticas são transportadas ao gametófito feminino pelo tubo polínico

Os gametas femininos são protegidos do ambiente pelos tecidos do ovário. Consequentemente, para alcançar uma oosfera não fertilizada, as células espermáticas devem ser deslocadas por um tubo polínico que cresce do estigma para o rudimento seminal. A passagem bem-sucedida das duas células espermáticas para os dois gametas femininos (oosfera e célula central) depende de extensas interações e da comunicação entre o tubo polínico, o pistilo e o gametófito feminino.

A polinização começa com a adesão e hidratação de um grão de pólen sobre uma flor compatível

A reprodução das angiospermas é altamente seletiva. Os tecidos femininos são capazes de distinguir entre grãos de pólen diversos, aceitando aqueles de espécies compatíveis e rejeitando outros de espécies não aparentadas. Quando chegam a um estigma compatível, os grãos de pólen aderem fisicamente às suas células papilares, provavelmente devido a interações biofísicas e químicas entre as proteínas e os lipídeos do pólen e as proteínas da superfície do estigma. Os grãos de pólen aderem pouco aos estigmas de plantas de outras famílias.

A etapa inicial no desenvolvimento do tubo polínico é a hidratação do grão de pólen. Durante a hidratação, o grão de pólen torna-se fisiologicamente ativado. O influxo do íon cálcio para dentro da célula vegetativa desencadeia a reorganização do citoesqueleto e induz a célula a tornar-se fisiológica e ultraestruturalmente polarizada. A fonte do Ca^{2+} pode ser o citoplasma ou a parede celular da célula papilar.

Os tubos polínicos crescem por crescimento apical

Após a germinação sobre a superfície do estigma, o tubo polínico começa a crescer para baixo, através do interior do estilete, por *crescimento apical* (**Figura 17.24**; ver também Figura 15.19). A velocidade de crescimento do tubo polínico de angiospermas varia de cerca de 10 µm por hora até mais de 20.000 µm (2 mm) por hora, cerca de cem vezes mais rápido do que a velocidade de crescimento dos tubos polínicos de gimnospermas.

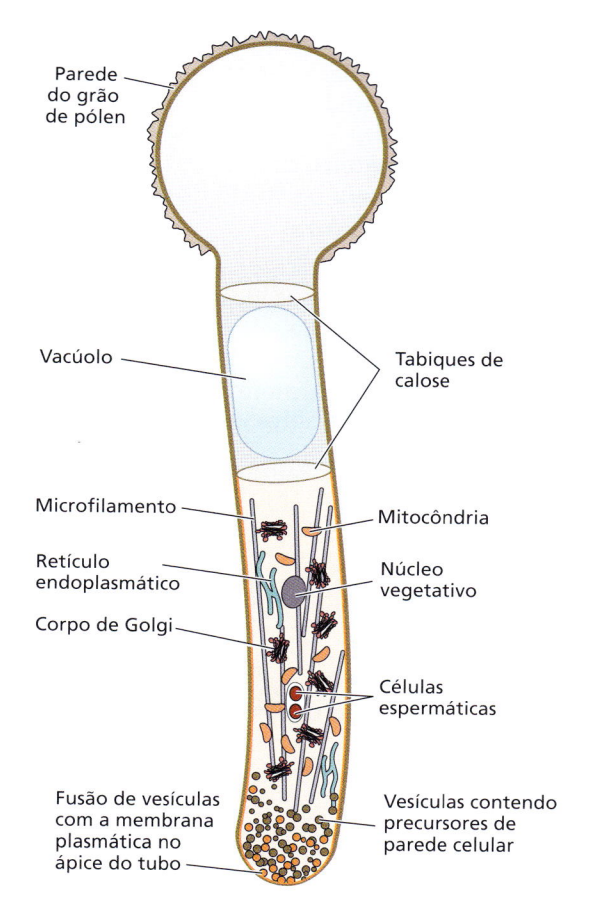

Figura 17.24 Alongamento do tubo polínico por crescimento apical. O citoplasma está concentrado na região de crescimento do tubo por conta dos vacúolos grandes e tabiques de calose. (De Jones et al., 2013.)

A fecundação dupla resulta na formação do zigoto e da célula do endosperma primário

O tubo polínico, quando sensível às substâncias químicas atraentes secretadas pelas sinérgides, cresce através da micrópila, penetra no saco embrionário e entra em uma das sinérgides. Uma vez no interior da sinérgide, o tubo polínico cessa o crescimento e o ápice rompe-se bruscamente, liberando as duas células espermáticas. Durante a fecundação dupla no saco embrionário do tipo *Polygonum*, uma célula espermática fusiona-se com a oosfera para produzir o zigoto, enquanto a outra se fusiona com a célula central binucleada (que inclui os dois núcleos polares) para produzir a **célula triploide do endosperma primário**, que se divide mitoticamente e origina o endosperma nutritivo da semente (**Figura 17.25**). Uma vez que tipos diferentes de sacos embrionários contêm números distintos de núcleos polares, o nível de ploidia do endosperma varia de 2n em *Oenothera* até 15n em *Peperomia*. Após a conclusão da fecundação dupla, começa o processo da embriogênese, conforme descrito no Capítulo 14.

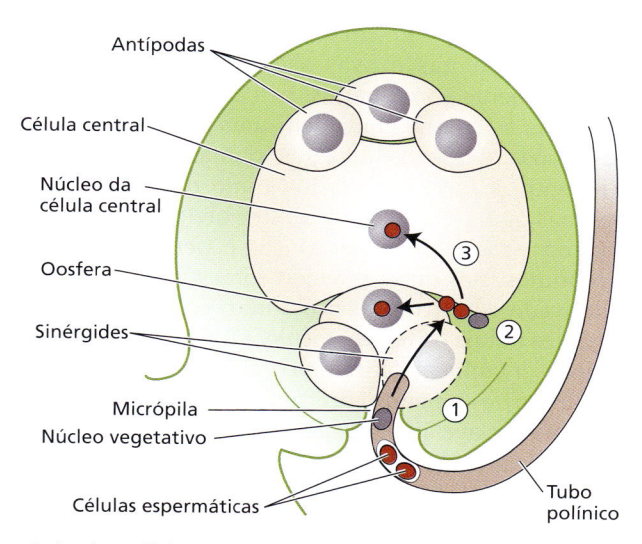

Alguns tubos polínicos podem alcançar até 40 cm de comprimento, como no caso de tubos polínicos do milho (*Zea mays*) que crescem através de estiletes filiformes ("barba do milho") para chegar aos ovários.

Os tubos polínicos em crescimento restringem o citoplasma, as duas células espermáticas e o núcleo vegetativo à região apical, mediante a formação de vacúolos grandes e tabiques de calose que isolam a porção basal do tubo (ver Figura 17.24). Na extremidade apical do tubo polínico há uma região preenchida com vesículas secretoras pequenas que levam materiais de parede e novas membranas para o ápice em crescimento.

Para que ocorra fecundação bem-sucedida, o tubo polínico deve encontrar seu caminho até a micrópila do rudimento seminal. Na verdade, muitas vezes existe competição entre os tubos polínicos para chegar primeiro na micrópila e, desse modo, conseguir fecundar a oosfera. Os tecidos maternos circundantes podem mesmo influenciar no resultado dessa "corrida" – um tipo de seleção de parceiro para a fecundação.

1. O tubo polínico rompe-se e descarrega. As células espermáticas são transportadas rapidamente do tubo polínico para dentro do gametófito feminino. A sinérgide receptiva provavelmente desintegra-se logo após o início da descarga do tubo polínico.

2. Duas células espermáticas permanecem por vários minutos na região limítrofe entre a oosfera e a célula central.

3. Uma célula espermática fusiona-se com a oosfera, e a outra, com a célula central, e seus núcleos movem-se em direção aos núcleos-alvo.

Figura 17.25 O comportamento da célula espermática durante a fecundação dupla em *Arabidopsis* pode ser dividido em três estágios.

Desenvolvimento e amadurecimento do fruto

Os frutos verdadeiros são encontrados somente nas angiospermas. Na verdade, os frutos são uma característica definidora das angiospermas, pois *angio* significa "vaso" ou "recipiente" em grego, e *sperma* significa "semente". Tipos de frutos diversos estão representados em fósseis do início do Cretáceo, incluindo nozes e frutos carnosos (drupas e bagas). Os frutos em geral são derivados de um ovário maduro contendo sementes, mas eles podem também incluir uma diversidade de outros tecidos. Por exemplo, a parte carnosa do morango é, de fato, o receptáculo, ao passo que os frutos verdadeiros são os aquênios (secos) embebidos nesse tecido.

Os **frutos** são as unidades de dispersão das sementes e podem ser agrupados de acordo com diversas características. Com base em sua composição e seu conteúdo de umidade, eles podem ser secos ou carnosos. Se o fruto fende-se para liberar suas sementes, ele é denominado **deiscente**. Os frutos carnosos, com os quais as pessoas estão mais familiarizadas, são **indeiscentes** e ocorrem em diversas formas. Tomates, bananas e uvas são definidos botanicamente como **bagas**, nas quais as sementes estão embebidas em uma massa carnosa; pêssegos, ameixas, damascos e amêndoas são classificados como **drupas**, nas quais as sementes são envolvidas por um endocarpo duro. Maçãs e peras são **pomos**, nos quais o tecido comestível é derivado de estruturas acessórias, como as partes florais ou o receptáculo. Os frutos podem ser também definidos como *simples*, com um ovário maduro único ou composto, como em avelãs, *Arabidopsis* e tomates. Alternativamente, podem ser *agregados*, em que as flores têm carpelos múltiplos que não são unidos, como no morango e na framboesa. Por fim, eles podem ser *múltiplos*, em que o fruto é formado de um agrupamento de flores e cada uma delas produz um segmento de fruto, como no abacaxi. A **Figura 17.26** apresenta alguns exemplos de tipos de frutos carnosos e secos.

A mudança no desenvolvimento que transforma o pistilo no fruto em crescimento depende da fecundação dos rudimentos seminais. Na maioria das angiospermas, o gineceu senesce e morre se não for fecundado.

Arabidopsis e tomateiro são sistemas-modelo para o estudo do desenvolvimento do fruto

Representantes das Brassicaceae, incluindo *Arabidopsis*, têm sido amplamente empregados como sistemas-modelo para o estudo de frutos secos deiscentes. O gineceu de *Arabidopsis* surge da fusão de dois carpelos, referidos coletivamente como pistilo, e forma-se no centro da flor. Em *Arabidopsis* e muitos outros membros das Brassica-

Figura 17.26 Quatro tipos de frutos e suas flores: ervilha, framboesa, pera e abacaxi.

ceae, desenvolvem-se diversos tecidos do fruto, incluindo as paredes do carpelo, ou pericarpo (conhecidas também como valvas), e outras estruturas internas (**Figura 17.27**). As margens das valvas diferenciam-se em zonas que participarão na deiscência (divisão) do fruto maduro. Os frutos secos possuem relativamente poucas camadas celulares nas paredes do carpelo (ver Figura 17.27D); algumas dessas camadas podem ser lignificadas, em especial em áreas associadas à deiscência do fruto.

Muito do que se conhece sobre frutos carnosos, indeiscentes, provém de trabalhos sobre o tomateiro (*Solanum lycopersicum*), um membro da família Solanaceae (**Figura 17.28A**). No tomateiro, como em *Arabidopsis*, o fruto é derivado da fusão de carpelos. As paredes do carpelo são chamadas de pericarpo (equivalente às valvas em *Arabidopsis*), e as sementes são fixadas à placenta. Diferentemente dos frutos de *Arabidopsis*, os frutos do tomateiro são indeiscentes e os carpelos permanecem completamente fusionados. Nos frutos carnosos, a divisão celular geralmente é seguida por expressiva expansão celular (**Figura 17.28B**). Em algumas variedades do tomateiro, por exemplo, os diâmetros das células do pericarpo podem alcançar 0,5 mm. Estudos revelam que cerca de 30 *loci* genéticos controlam o tamanho do fruto no tomateiro.

Os frutos carnosos passam por amadurecimento

O **amadurecimento** de frutos carnosos refere-se às mudanças que os tornam atraentes (para seres humanos e outros animais) e prontos para o consumo. Em geral, essas mudanças abrangem desenvolvimento da cor (ver Figura 17.28A), amolecimento, hidrólise do amido, acumulação de açúcares, produção de compostos do aroma e desaparecimento de ácidos orgânicos e compostos fenólicos, incluindo os taninos. Os frutos secos não passam por um verdadeiro processo de amadurecimento, mas muitas das mesmas famílias de genes que controlam a deiscência em frutos secos parecem ter sido recrutadas para novas funções no amadurecimento de frutos carnosos. Devido à importância dos frutos na agricultura e a seus benefícios para a saúde, a imensa maioria dos estudos sobre amadurecimento tem enfocado os frutos comestíveis. O tomate é o modelo estabelecido para estudar o amadurecimento de frutos, pois ele provou ser altamente receptivo a estudos bioquímicos, moleculares e genéticos sobre o mecanismo desse processo.

Figura 17.27 Frutos de Brassicaceae. (A) Micrografia em falsa cor, ao microscópio eletrônico de varredura, de uma síliqua de *Arabidopsis* (dois carpelos fusionados) com estigma (amarelo), estilete (azul), valvas (verde), replo (uma partição persistente) (vermelho) e margens da valva (pericarpo) (azul-turquesa). (B) Gineceu e síliqua de *Brassica rapa* em desenvolvimento. (C) Corte transversal da síliqua madura de *B. rapa*. (D) Corte da parede valvar (parede do carpelo) de uma síliqua de *B. rapa* mostrando três camadas de tecidos. (A, C e D de Seymour et al., 2013; B cortesia de Lars Østergaard.)

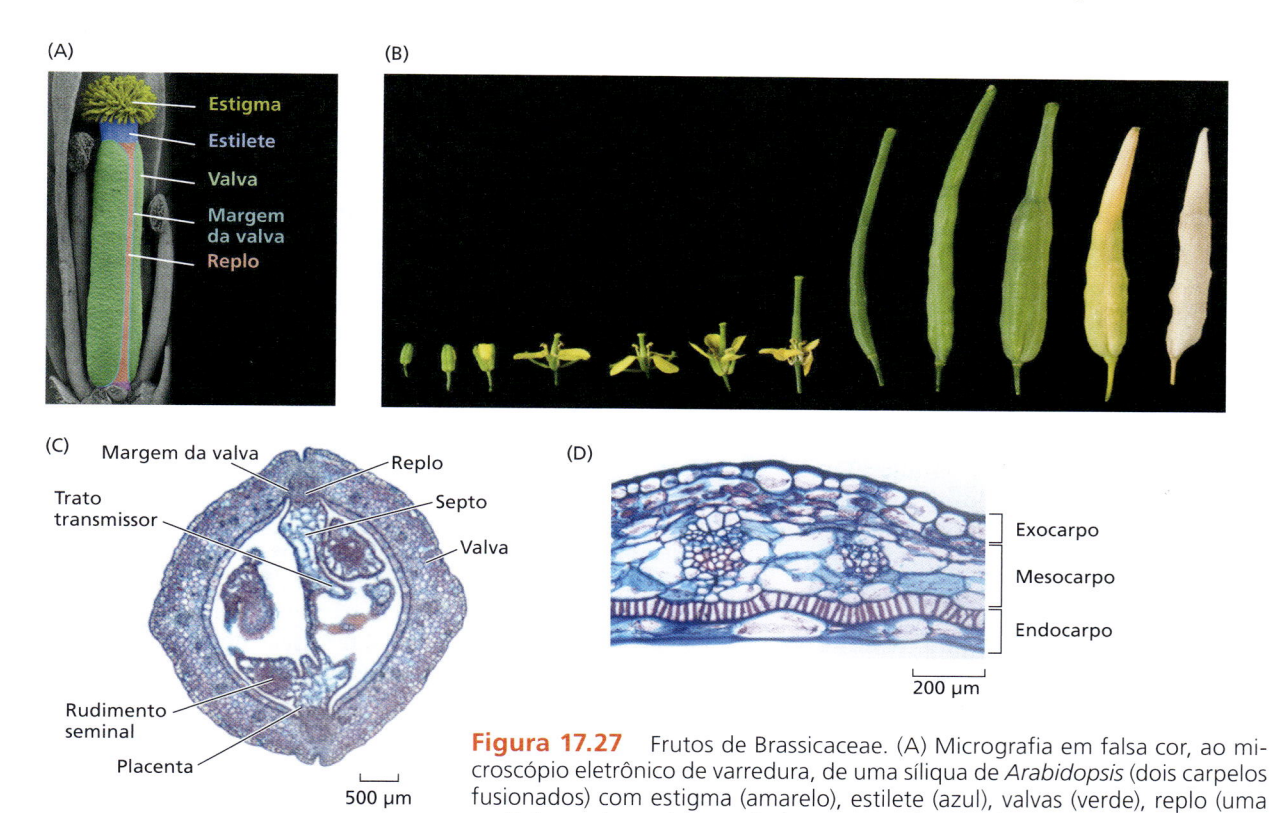

Figura 17.28 Crescimento do fruto do tomateiro. (A) Fotografias de estágios do desenvolvimento de uma miniatura de tomate. (B) Fotomicrografias de cortes transversais do pericarpo do tomate aos 2, 4, 8 e 24 dias após a abertura (antese) da flor. (A © brozova/istock; B de Seymour et al., 2013, de Pabón-Mora e Litt, 2011.)

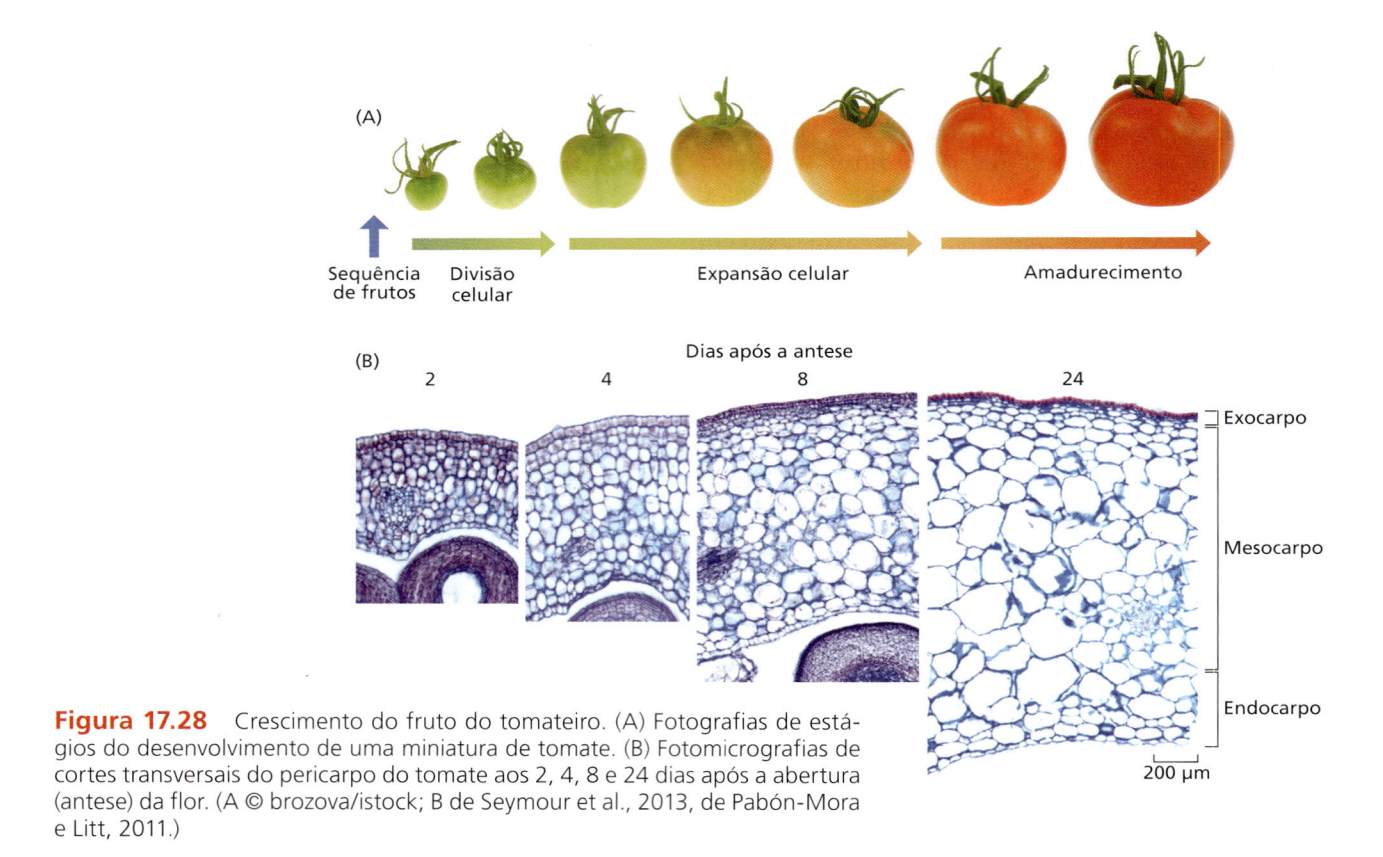

O amadurecimento envolve mudanças na cor do fruto

Os frutos amadurecem do verde para um espectro de cores, abrangendo vermelho, laranja, amarelo, roxo e azul. Os pigmentos envolvidos não apenas afetam o apelo visual do fruto, mas também o sabor e o aroma, e são conhecidos pelos benefícios à saúde humana. Os frutos geralmente contêm uma mistura de pigmentos: verde, nas clorofilas; amarelo, laranja e vermelho, nos carotenoides; vermelho, azul e violeta, nas antocianinas; amarelo, nos flavonoides. A perda do pigmento verde no início do amadurecimento é causada pela degradação da clorofila e a conversão de cloroplastos em cromoplastos, que atuam como sítio para a acumulação de carotenoides (ver Capítulo 1, Figura 1.21).

Os carotenoides são responsáveis pela cor vermelha dos frutos do tomateiro. Durante o amadurecimento do tomate, a concentração de carotenoides aumenta entre 10 e 14 vezes, principalmente devido à acumulação de licopeno, um pigmento vermelho intenso. O amadurecimento do fruto envolve a biossíntese ativa de carotenoides, cujos precursores químicos são sintetizados nos plastídios. A primeira etapa envolvida é a formação do fitoeno (molécula incolor) pela enzima fitoeno sintase. No tomate, o fitoeno é, então, convertido em licopeno, pigmento vermelho, por uma série de novas reações. Experimentos com tomates transgênicos demonstraram que o silenciamento do gene para a fitoeno sintase usando métodos moleculares impede a formação de licopeno (**Figura 17.29**).

As antocianinas são os pigmentos responsáveis pelas cores azul e púrpura de algumas bagas (**Figura 17.30**). As antocianinas são formadas pela rota dos fenilpropanoides; ou seja, elas são derivadas do aminoácido fenilalanina. Os fenilpropanoides constituem alguns dos conjuntos de metabólitos secundários mais importantes em plantas. Eles contribuem não apenas para a cor e o sabor típicos dos frutos, mas também para as características desfavoráveis, como o acastanhamento de tecidos do fruto via oxidação enzimática de compostos fenólicos por polifenóis oxidase.

O amolecimento do fruto envolve a ação coordenada de muitas enzimas de degradação da parede celular

O amolecimento do fruto implica mudanças em suas paredes celulares. Na maioria dos frutos carnosos, as paredes celulares consistem em um composto semir-

Figura 17.29 A fitoeno sintase exerce um papel na produção de licopeno no pericarpo do tomate. O tomate à esquerda é um tipo selvagem, fruto maduro vermelho. O tomate à direita tem níveis reduzidos de expressão do gene para fitoeno sintase, razão pela qual não consegue acumular o pigmento vermelho licopeno. (De Fray e Grierson, 1993, cortesia de R. G. Fray.)

rígido de microfibrilas de celulose – ligadas por uma rede de xiloglicanos – que é embebida em uma matriz péctica do tipo gel. No tomate, mais de 50 genes relacionados à estrutura da parede celular exibem mudanças na expressão durante o amadurecimento. Isso indica a ocorrência de um conjunto altamente complexo de eventos conectados com a remodelação da parede celular durante o processo de amadurecimento.

Experimentos em plantas transgênicas demonstraram que uma só enzima de degradação de parede celular não pode ser responsável por todos os aspectos do amolecimento no tomate ou em outros frutos.

Figura 17.30 Os frutos do mirtilo acumulam mais de uma dúzia de antocianinas diferentes durante o amadurecimento, incluindo glicosídeos de malvidina, delfinidina, petunidina, cianidina e peonidina, que lhes conferem uma cor purpúrea intensa. (Foto de David McIntyre.)

Parece que as mudanças de textura resultam da ação sinérgica de uma gama de enzimas de degradação de parede e que conjuntos de genes relacionados à textura conferem aos diferentes frutos suas texturas pastosas, quebradiças ou farináceas exclusivas. Contudo, mesmo no tomate, a contribuição exata de cada tipo de enzima para sua textura ainda é pouco conhecida. As alterações na cutícula que interferem na perda de água também afetam a textura e a durabilidade do fruto.

Paladar e sabor refletem mudanças nos ácidos, açúcares e compostos do aroma

Os frutos evoluíram para atuar como veículos na dispersão de sementes, e a maioria dos frutos carnosos consumidos pelos seres humanos passa por alterações que os tornam especialmente palatáveis para o consumo quando estão maduros. Essas mudanças químicas incluem alterações em açúcares e ácidos e a liberação de compostos do aroma. Em muitos frutos, no início do amadurecimento, o amido é convertido em glicose e frutose, sendo os ácidos cítrico e málico também abundantes. No entanto, embora os açúcares e os ácidos sejam vitais para o paladar, as substâncias químicas voláteis são as que realmente determinam o sabor exclusivo de frutos como o tomate.

Os voláteis do sabor surgem de uma ampla gama de compostos. Alguns dos estudos mais detalhados têm sido realizados no tomate. Eles mostram que, dos cerca de 400 voláteis produzidos pelo tomate, apenas um número pequeno tem um efeito positivo sobre o sabor. Os voláteis do sabor mais importantes no tomate são derivados do catabolismo de ácidos graxos como o ácido linoleico (hexanal) e o ácido linolênico (*cis*-3-hexenal, *cis*-3-hexenol, *trans*-2-hexenal) via atividade da lipoxigenase.

A produção de voláteis está intimamente vinculada ao processo de amadurecimento, mas a regulação desses eventos não é bem conhecida. Provavelmente, ela é controlada por alguns dos fatores de transcrição que mostram expressão alterada durante o amadurecimento.

O vínculo causal entre etileno e amadurecimento foi demonstrado em tomates transgênicos e mutantes

Há tempos, o etileno tem sido reconhecido como o hormônio que pode acelerar o amadurecimento de muitos frutos comestíveis. É possível silenciar o gene que codifica a ACC sintase, que catalisa a etapa limitante da taxa de biossíntese do etileno (ver Figura 12.14D), usando RNA antisenso. Os frutos transgênicos são incapazes de amadurecer normalmente, e o etileno exógeno restaura o amadurecimento normal (**Figura 17.31**).

Outras demonstrações da necessidade do etileno para o amadurecimento de frutos vêm da análise da mutação *Never-ripe* (nunca maduro) no tomate.

Conforme o nome indica, essa mutação bloqueia completamente o amadurecimento dos frutos do tomateiro. A análise molecular revelou que o fenótipo *Never-ripe* é causado por uma mutação em um receptor do etileno que o torna incapaz de ligar-se a esse hormônio. Esses resultados, em conjunto com a demonstração de que a inibição da biossíntese do etileno bloqueia o amadurecimento, forneceu uma prova inequívoca do papel do etileno no amadurecimento do fruto.

Os frutos climatéricos e não climatéricos diferem em suas respostas ao etileno

Tradicionalmente, os frutos carnosos têm sido colocados em dois grupos, definidos pela presença ou ausência de um aumento respiratório característico, denominado **climatérico**, no início do amadurecimento. Os frutos climatéricos mostram esse aumento respiratório e também um crescimento vertiginoso da produção de etileno imediatamente antes da elevação respiratória ou coincidente com ela (**Figura 17.32**). Maçã, banana, abacate e tomate são exemplos de frutos climatéricos. Frutos como os cítricos e a uva, ao contrário, não exibem essas mudanças grandes na respiração e na produção de etileno, sendo chamados de frutos **não climatéricos**.

Em plantas com frutos climatéricos, operam dois sistemas de produção de etileno, dependendo do estágio de desenvolvimento:

- No Sistema 1, que atua no fruto climatérico imaturo, o etileno inibe sua própria biossíntese por retroalimentação negativa.

- No Sistema 2, que ocorre no fruto climatérico maduro e em pétalas senescentes de algumas espécies, o etileno estimula sua própria biossíntese – ou seja, ele é autocatalítico.

A alça de retroalimentação positiva para a biossíntese de etileno no Sistema 2 garante que o fruto inteiro amadureça uniformemente uma vez começado o amadurecimento.

Quando os frutos climatéricos maduros são tratados com etileno, o início do aumento climatérico e as alterações bioquímicas associadas ao amadurecimento são aceleradas. Por outro lado, quando frutos climatéricos imaturos são tratados com etileno, a velocidade da respiração aumenta gradualmente em função da concentração desse hormônio, mas o tratamento não desencadeia a produção de etileno endógeno ou induz o amadurecimento. O tratamento com etileno em frutos não climatéricos, como cítricos, morango e uva, não causa um aumento na respiração e não acelera o amadurecimento. No entanto, alguns frutos não climatéricos respondem ao etileno; por exemplo, etileno exógeno faz desaparecer a cor verde de frutos cítricos, embora o efeito seja limitado às camadas externas da casca e, por isso, não seja considerado amadurecimento verdadeiro.

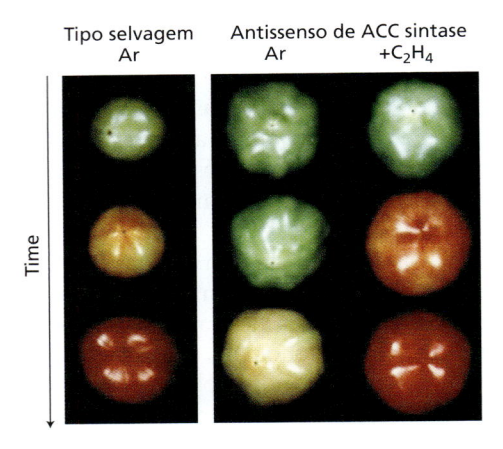

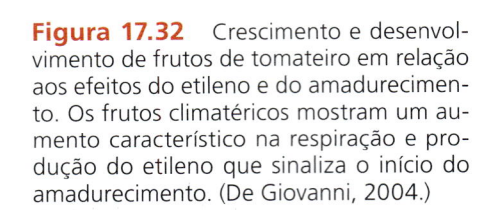

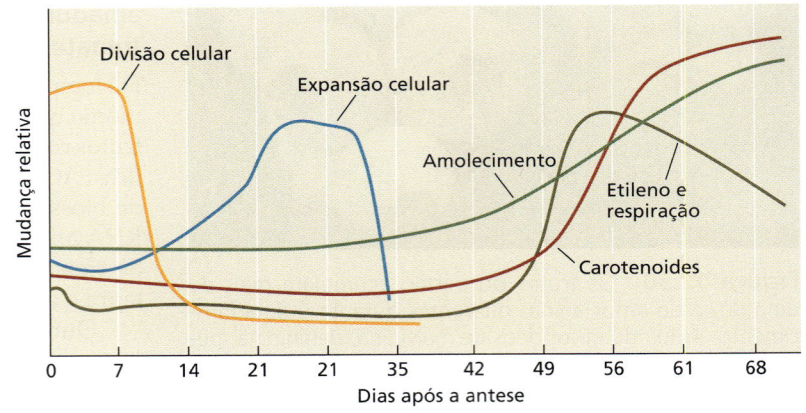

Figura 17.31 Silenciamento molecular da ACC sintase. Fruto expressando um gene antissenso para ACC sintase, que inibe a expressão do gene do tipo selvagem, junto com controles (tipo selvagem). Observe que ao ar o fruto com deficiência de ACC sintase não amadurece, mas chega à senescência após 70 dias (fruto amarelo na parte inferior); o amadurecimento pode ser restaurado adicionando-se etileno externo (C_2H_4). (De Oeller et al., 1991; reimpresso em Grierson, 2013.)

Figura 17.32 Crescimento e desenvolvimento de frutos de tomateiro em relação aos efeitos do etileno e do amadurecimento. Os frutos climatéricos mostram um aumento característico na respiração e produção do etileno que sinaliza o início do amadurecimento. (De Giovanni, 2004.)

Resumo

A formação dos órgãos florais (sépalas, pétalas, estames e carpelos) ocorre no MAC e é conectada a sinais internos (autônomos) e externos (ambientais). Uma rede de genes que controla a morfogênese floral tem sido identificada em muitas espécies. O desenvolvimento dos frutos evoluiu diferencialmente, mas envolve a expressão de muitos genes em comum também.

Evocação floral: integração de estímulos ambientais

- Para o sucesso reprodutivo, sistemas de controle interno (autônomo) e externo (sensível ao ambiente) capacitam as plantas a regular e a cronometrar, com precisão, o florescimento.
- Duas das respostas sazonais mais importantes que afetam o desenvolvimento floral são o fotoperiodismo (resposta às mudanças no comprimento do dia) e a vernalização (resposta ao frio prolongado).
- O florescimento sincronizado favorece a polinização cruzada e ajuda a garantir a produção de sementes sob condições favoráveis.

O ápice caulinar e as mudanças de fase

- O desenvolvimento pós-embrionário em plantas pode ser dividido em três fases, com características fisiológicas e morfológicas distintas: juvenil, vegetativa adulta e reprodutiva adulta (**Figura 17.1**).
- A transição de uma fase para a outra é denominada mudança de fase.
- Os tecidos juvenis são produzidos primeiro e estão localizados na base do caule
- As giberelinas desempenham um papel na regulação das mudanças de fases em algumas espécies.

Fotoperiodismo: monitoramento do comprimento do dia

- As plantas podem detectar mudanças sazonais no comprimento do dia que ocorrem em latitudes distantes da linha do Equador (**Figura 17.2**).
- O florescimento nas LDPs necessita que o comprimento do dia exceda certa duração, denominada comprimento crítico do dia. O florescimento nas SDPs requer um comprimento do dia que seja menor do que o comprimento crítico do dia (**Figura 17.4**).
- Os ritmos circadianos são baseados em um oscilador endógeno, envolvendo interações de genes do amanhecer, da manhã, da tarde e do anoitecer (**Figura 17.5**).
- Os ritmos circadianos são definidos por três parâmetros: período, fase e amplitude (**Figura 17.6**).
- A compensação de temperatura impede que as mudanças térmicas afetem o período do relógio circadiano.
- Os fitocromos e os criptocromos sincronizam o relógio circadiano.
- As folhas são os locais de percepção do estímulo fotoperiódico, tanto nas LDPs quanto nas SDPs.
- Experimentos com enxertia de folha têm mostrado que uma folha induzida fotoperiodicamente pode provocar o florescimento de uma planta não induzida (**Figura 17.7**).
- As plantas monitoram o comprimento do dia mediante mensuração do comprimento da noite; o florescimento tanto nas SDPs quanto nas LDPs é determinado principalmente pela duração do período de escuro (**Figura 17.8**).
- Em LDPs e SDPs, o período de escuro pode ser ineficaz se interrompido por uma breve exposição à luz (uma quebra da noite) (**Figura 17.9**).
- A resposta do florescimento às quebras da noite mostra um ritmo circadiano, sustentando a hipótese do relógio (**Figura 17.10**).
- No modelo de coincidência, o florescimento é induzido, tanto nas SDPs como nas LDPs, quando a exposição à luz é coincidente com a fase apropriada do oscilador.
- Um ativador transcricional serve como um interruptor mestre que controla a expressão de genes do estímulo floral (**Figura 17.11**).
- O florescimento em LDPs é promovido quando o tratamento com luz indutiva coincide com um pico na sensibilidade à luz, que segue um ritmo circadiano (**Figura 17.11**).
- O florescimento em SDPs é inibido quando o tratamento com luz indutiva coincide com um pico na sensibilidade à luz, que segue um ritmo circadiano (**Figura 17.11**).
- Os efeitos de quebras noturnas pela luz vermelha e vermelho-distante implicam no controle pelos fitocromos do florescimento nas SDPs e nas LDPs (**Figuras 17.12, 17.13**).

Vernalização: promoção do florescimento com o frio

- Nas plantas que requerem vernalização, um tratamento de frio é necessário para elas responderem aos sinais florais, tais como fotoperíodos indutivos (**Figura 17.14**).
- Quanto mais longo o tratamento de frio, mais estável é o estado vernalizado da planta (**Figura 17.15**).
- Para a vernalização ocorrer, é necessário metabolismo ativo durante o tratamento de frio.
- A vernalização ocorre principalmente no MAC.
- Temperaturas elevadas podem causar desvernalização em plantas vernalizadas.

Sinalização de longa distância envolvida no florescimento

- Em plantas fotoperiódicas, um sinal de longo alcance é transmitido através do floema das folhas para o ápice, permitindo a evocação floral.
- A FT é uma proteína globular pequena que exibe as propriedades que seriam esperadas de um florígeno.
- A FT move-se via floema, das folhas para o MAC, sob fotoperíodos indutivos. No meristema, a FT forma um complexo com o fator de transcrição FD para ativar os genes de identidade florais (**Figura 17.16**).

Meristemas florais e desenvolvimento de órgãos florais

- Meristemas florais podem se desenvolver diretamente de meristemas vegetativos ou indiretamente de meristemas da inflorescência (**Figura 17.17**).

- Os quatro tipos diferentes de órgãos florais são iniciados sequencialmente em verticilos concêntricos e separados (**Figura 17.18**).
- A formação de meristemas florais requer genes de identidade do meristema floral ativos, enquanto o desenvolvimento dos órgãos florais requer genes de identidade de órgãos florais ativos.
- Mutações em genes de identidade de órgãos florais alteram os tipos de órgãos florais produzidos em cada um dos verticilos (**Figura 17.19**).
- O modelo ABC diz que a identidade de órgãos, em cada verticilo, é determinada pela atividade combinada de três genes de identidade de órgãos florais (**Figura 17.19**).
- De acordo com o modelo ABCE, um quarto gene é exigido para que os três genes de identidade de órgãos florais sejam ativos (**Figura 17.20**).

Desenvolvimento do pólen

- As plantas passam por uma geração diploide e uma haploide, a fim de formar gametas e reproduzir (**Figura 17.21**).
- As diferentes formas de grãos de pólen refletem adaptações que facilitam a polinização (**Figura 17.22**).

Desenvolvimento do gametófito feminino no rudimento seminal

- As oosferas são formadas no gametófito feminino (saco embrionário), primeiro pela formação de megásporos e, após, pelo desenvolvimento do gametófito feminino (**Figura 17.23**).
- A maioria das angiospermas exibe desenvolvimento do saco embrionário do tipo *Polygonum*, em que a meiose de uma célula-mãe (diploide) de megásporos produz quatro megásporos haploides, dos quais apenas um formará o gametófito feminino (saco embrionário).
- O desenvolvimento do saco embrionário começa com três divisões mitóticas sem citocinese, seguidas pela celularização.

Polinização e fecundação nas angiospermas

- Os tubos polínicos crescem por crescimento apical (**Figura 17.24**).
- Logo que o tubo polínico alcança o óvulo, duas células espermáticas são liberadas no saco embrionário (**Figura 17.25**).
- Durante a fecundação dupla, uma célula espermática fecunda a oosfera, e a outra fusiona-se com a célula central binucleada, formando o zigoto e a célula do endosperma primário, respectivamente.
- A célula do endosperma primário divide-se mitoticamente, formando o endosperma triploide, o principal tecido nutritivo de sementes de angiospermas.

Desenvolvimento e amadurecimento do fruto

- Os frutos são unidades de dispersão das sementes que surgem do pistilo e contêm a(s) semente(s) (**Figuras 17.26, 17.27**).
- Os frutos carnosos passam por amadurecimento, que envolve mudanças de cor, amolecimento altamente coordenado e outras mudanças (**Figuras 17.28 – 17.30**).
- Ácidos, açúcares e voláteis determinam os sabores de frutos carnosos maduros e imaturos.
- O etileno acelera o amadurecimento, especialmente em frutos climatéricos (**Figuras 17.31, 17.32**).

Leituras sugeridas

Amasino, R. (2010) Seasonal and developmental timing of flowering. *Plant J.* 61: 1001–1013. DOI: 10.1111/j.1365-313X.2010.04148.x

Burg, S. P., and Burg, E. A. (1965) Ethylene action and ripening of fruits. *Science* 148: 1190–1196.

Dresselhaus, T., and Franklin-Tong, N. (2013) Male-female crosstalk during pollen germination, tube growth and guidance, and double fertilization. *Mol. Plant* 6: 1018–1036.

Huijser, P., and Schmid, M. (2011) The control of developmental phase transitions in plants. *Development* 138: 4117–4129. DOI:10.1242/dev.063511

Klee, H. J., and Giovannoni, J. J. (2011) Genetics and control of tomato fruit ripening and quality attributes. *Annu. Rev. Genet.* 45: 41–59. DOI: 10.1146/annurev-genet-110410-132507

Krizek, B. A., and Fletcher, J. C. (2005) Molecular mechanisms of flower development: An armchair guide. *Nat. Rev. Genet.* 6: 688–698.

Li, J., and Berger, F. (2012) Endosperm: Food for humankind and fodder for scientific discoveries. *New Phytol.* 195: 290–305.

Liu, L., Zhu, Y., Shen, L., and Yu, H. (2013) Emerging insights into florigen transport. *Curr. Opin. Plant Biol.* 16: 607–613.

Seymour, G. B., Østergaard, L., Chapman, N. H., Knapp, S., and Martin, C. (2013) Fruit development and ripening. *Annu. Rev. Plant Biol.* 64: 219–241. DOI: 10.1146/annurev-arplant-050312-120057

Song, Y. H., Ito, S., and Imaizumi, T. (2013) Flowering time regulation: Photoperiod- and temperature-sensing in leaves. *Trends Plant Sci.* 18: 575–583.

Twell, D. (2010) Male gametophyte development. In *Plant Developmental Biology—Biotechnological Perspectives*, Vol. 1, E. C. Pua and M. R. Davey, eds., Springer-Verlag, Berlin, pp. 225–244.

Yang, W.-C., Shi, D.-Q., and Chen, Y.-H. (2010) Female gametophyte development in flowering plants. *Annu. Rev. Plant Biol.* 61: 89–108.

18 Interações Bióticas

Em hábitats naturais, as plantas vivem em diversos ambientes complexos nos quais interagem com uma grande diversidade de organismos (**Figura 18.1**). Algumas interações são claramente benéficas, se não essenciais, tanto para a planta quanto para o outro organismo. Tais interações bióticas mutuamente benéficas são denominadas **mutualismos**. Exemplos de mutualismo abrangem as interações planta-polinizador, a relação simbiótica entre bactérias fixadoras de nitrogênio (rizóbios) e leguminosas, as associações micorrízicas entre raízes e fungos, e os fungos endofíticos de folhas. Outros tipos de interações bióticas, incluindo a **herbivoria**, a infecção por **patógenos microbianos** ou **parasitas** e a **alelopatia** (guerra química entre plantas), são prejudiciais. Em resposta a esse último, as plantas desenvolveram mecanismos de defesa complexos para se protegerem contra os organismos nocivos, e estes desenvolveram mecanismos opostos para derrotar essas defesas. Tais processos evolutivos "olho por olho" são exemplos de **coevolução**, responsável pelas interações complexas entre plantas e outros organismos que são observadas hoje.

No entanto, seria uma simplificação excessiva caracterizar todos os organismos que interagem com plantas como benéficos ou prejudiciais. Por exemplo, o pastejo de flores por mamíferos diminui o desempenho reprodutivo em algumas espécies vegetais, mas, em outras, pode levar ao aumento no número de pedúnculos florais, melhorando assim seu desempenho. Há também organismos que se beneficiam de sua interação com a planta sem causar quaisquer efeitos nocivos. Tais interações neutras (do ponto de vista da planta) são denominadas **comensalismo**. Os organismos comensais podem se tornar benéficos se protegerem a planta de um segundo organismo, prejudicial. Por exemplo, as rizobactérias não

Figura 18.1 Praticamente todas as partes da planta são adaptadas para coexistir com organismos em seu ambiente imediato. (De van Dam, 2009.)

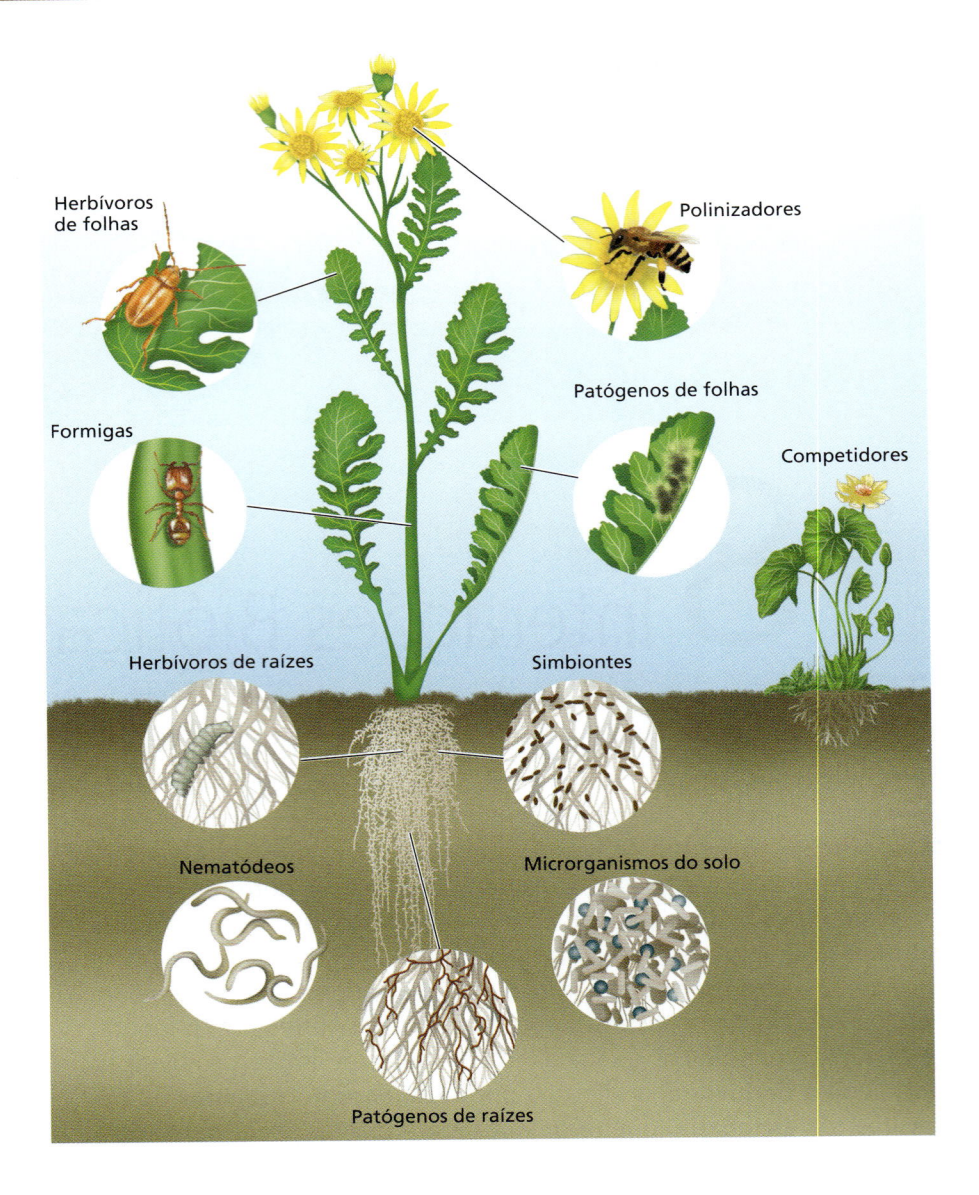

patogênicas e os fungos do solo, que não causam dano à planta, podem estimular o sistema imunológico inato do vegetal (discutido mais adiante neste capítulo) e, assim, protegê-lo de microrganismos patogênicos. Mesmo interações planta-patógeno podem ser altamente negativas ou relativamente neutras. Enquanto patógenos obrigatórios precisam causar uma doença para completar seus ciclos de vida, os patógenos facultativos são capazes de completar seus ciclos de vida com poucas (ou nenhuma) interações com hospedeiros.

A primeira linha de defesa contra organismos potencialmente prejudiciais é a superfície da planta. A cutícula (a camada exterior de cera), a periderme e outras barreiras mecânicas ajudam a bloquear a entrada de bactérias, fungos e insetos. A segunda linha de defesa costuma envolver mecanismos bioquímicos que podem ser constitutivos ou induzidos. As **defesas constitutivas** estão sempre presentes, enquanto as **defesas induzidas** são desencadeadas em resposta ao ataque. Ao contrário das defesas constitutivas, as induzidas requerem sistemas específicos de detecção e rotas de transdução de sinal, que podem detectar a presença de um herbívoro ou de um patógeno e alterar adequadamente a expressão gênica e o metabolismo.

Para iniciar a discussão sobre interações bióticas, serão apresentados exemplos de associações benéficas entre plantas e microrganismos. A seguir, consideram-se vários tipos de interações prejudiciais entre plantas, herbívoros e patógenos, bem como os mecanismos de defesa usados pelas plantas contra eles. Após, é apresentada uma gama ampla de defesas constitutivas e induzidas de que as plantas dispõem para se opor aos insetos herbívoros. Será destacado o papel importante que os compostos orgânicos voláteis desempenham em repelir herbívoros, atrair insetos predadores e agir como sinais de alerta entre diferentes partes de plantas e entre plantas vizinhas.

Interações benéficas entre plantas e microrganismos

As plantas terrestres são colonizadas por uma ampla diversidade de microrganismos benéficos: fungos endofíticos e micorrízicos (ver Capítulo 4), bactérias sob a forma de biofilmes sobre as superfícies das folhas e raízes, bactérias endofíticas e bactérias fixadoras de nitrogênio contidas em nódulos na raiz ou no caule (ver Capítulo 5). É provável que as associações simbióticas entre algas marinhas e fungos sejam anteriores ao surgimento das primeiras plantas terrestres semelhantes a briófitas, há cerca de 475 a 450 milhões de anos (MAA). Os primeiros liquens, que são associações obrigatórias entre um fungo e uma cianobactéria ou uma alga verde, aparecem no registro fóssil há cerca de 400 MAA – na época em que surgiram as primeiras associações micorrízicas com plantas terrestres vasculares primitivas. Isso sugere que a invasão da terra por plantas verdes pode, como no caso das algas, ter sido auxiliada por associações simbióticas com fungos.

No Capítulo 4, discutiu-se o papel das micorrizas no suprimento de fósforo para as raízes. As ectomicorrizas e as micorrizas arbusculares envolvem complexas estruturas de trocas que aumentam a capacidade das raízes para extrair fósforo do solo (ver Figuras 4.13 e 4.14). Essas estruturas micorrízicas exigem sinalialização extensa entre fungos e planta, para garantir que as íntimas superfícies de trocas de célula a célula sejam elaboradas, sem provocar respostas de defesa. Avanços recentes em microscopia e sequenciamento transcriptômico têm propiciado ideias que sugerem muita semelhança entre os processos de associações micorrízicas e de nodulação rizobiana.

Em leguminosas, são necessários os mesmos genes simbióticos nucleares (*core*) tanto para a nodulação da planta quanto para a formação da micorriza arbuscular. Isso sugere que a interação entre leguminosas e bactérias fixadoras de nitrogênio (rizóbias) evoluiu de uma interação mais antiga entre plantas e fungos micorrízicos. Os sinais-chave da simbiose, produzidos por rizóbios, são os oligossacarídeos de lipoquitina denominados fatores Nod. Da mesma forma, o fungo micorrízico arbuscular *Rhizophagus intraradices* libera oligossacarídeos de lipoquitina, denominados fatores Myc, que estimulam a formação de micorrizas em uma grande diversidade de plantas.

As simbioses com fixadores de nitrogênio e micorrizas arbusculares também podem envolver receptores de proteína relacionados. A *Parasponia andersonii* é uma árvore tropical não leguminosa que estabelece simbiose com rizóbios fixadores de nitrogênio. Embora essa espécie esteja apenas remotamente relacionada a leguminosas, ela apresenta um receptor de fator Nod que é necessário para a formação de micorrizas e para a nodulação das raízes induzida pela bactéria *Rhizobium*. Os receptores de fator Nod são também estritamente relacionados a dois receptores identificados em *Arabidopsis* e arroz (*Oryza sativa*), angiospermas não noduladoras. Esses receptores são necessários para a percepção de oligômeros de quitina relacionados à defesa, compostos que são estruturalmente relacionados com fatores Nod e fatores Myc. Isso sugere que, durante a evolução, um receptor vegetal, envolvido na sinalização de defesa foi recrutado para ativar genes envolvidos em associações simbióticas.

Outros tipos de rizobactérias podem aumentar a disponibilidade de nutrientes, estimular a ramificação da raiz e proteger contra patógenos

As raízes das plantas fornecem um hábitat rico em nutrientes para a proliferação das bactérias do solo que se desenvolvem melhor em exsudatos e lisados, os quais podem representar até 40% do carbono total fixado pela fotossíntese. As densidades de população de bactérias na rizosfera podem ser até 100 vezes mais elevadas do que no solo total; até 15% da superfície da raiz podem ser cobertos por microcolônias de várias cepas bacterianas. Ao mesmo tempo que utilizam os nutrientes que são liberados da planta hospedeira, essas bactérias também secretam metabólitos na rizosfera.

Um grupo amplamente definido como rizobactérias promotoras do crescimento vegetal fornece vários benefícios para plantas em crescimento (**Figura 18.2**). Por exemplo, os voláteis produzidos pela bactéria *Bacillus subtilis* aumentam a liberação de prótons por raízes em meio de cultura com deficiência de ferro, facilitando, assim, a absorção desse elemento. O aumento resultante no teor de ferro das plantas tratadas com voláteis de *B. subtilis* está correlacionado com teor mais alto de clorofila, maior eficiência fotossintética e aumento de tamanho. Os voláteis de *B. subtilis* também modificam a arquitetura do conjunto de raízes, pois alteram o comprimento das raízes e a densidade de raízes laterais.

Rizobactérias podem também controlar o acúmulo de organismos prejudiciais no solo, como no caso da supressão do fungo patogênico *Gaeumannomyces graminis* por uma espécie de *Pseudomonas* que sintetiza um composto antifúngico. Microrganismos rizobianos podem ainda fornecer proteção cruzada contra

Figura 18.2 Diagrama das interações entre plantas e rizobactérias promotoras do crescimento vegetal, como *Pseudomonas aeruginosa*, que libera antibióticos ou sideróforos para o solo, aliviando o estresse abiótico ou biótico da planta. A planta libera exudados das raízes para alterar os mecanismos usados pelas rizobactérias para perceber sua própria densidade populacional ótima (percepção de quórum). (De Goh et al., 2013.)

organismos patogênicos ativando mecanismos de resistência sistêmica (discutida mais adiante neste capítulo). Além disso, vários estudos têm sugerido que *Pseudomonas aeruginosa* pode aliviar os sintomas de estresses biótico e abiótico pela liberação de antibióticos ou sideróforos para remoção de ferro (ver Figuras 5.16B e 18.2).

Interações nocivas de patógenos e herbívoros com plantas

Os microrganismos que provocam doenças infecciosas em plantas abrangem fungos, oomicetos, bactérias e vírus. A maioria dos fungos pertence aos Ascomicetos, que produzem seus esporos em esporângios chamados *ascos*, e aos Basidiomicetos, que produzem esporos em uma estrutura em forma de clava chamada *basídio*. Os oomicetos são organismos semelhantes aos fungos que incluem alguns dos patógenos vegetais mais destrutivos da história, incluindo o gênero *Phytophthora*, causador da requeima da batata da Grande Fome Irlandesa (1845-1849). Bactérias patogênicas de plantas, como *Xylella fastidiosa* e *Erwinia amylovora*, também causam muitas doenças graves em árvores, frutas e vegetais.

Além de patógenos microbianos, cerca da metade de quase 2 milhões de espécies de insetos se alimentam de plantas. Em mais de 350 milhões de anos de coevolução planta-inseto, os insetos desenvolveram diversos comportamentos alimentares. As plantas, por sua vez, desenvolveram mecanismos para se defender contra a herbivoria de insetos, incluindo barreiras mecânicas, defesas químicas constitutivas e defesas induzidas diretas e indiretas. Aparentemente, esses mecanismos de defesa têm sido eficazes, uma vez que a maioria das espécies vegetais é resistente à maioria das espécies de insetos. Na verdade, cerca de 90% dos insetos herbívoros estão restritos a uma única família de plantas ou algumas espécies vegetais intimamente relacionadas, enquanto apenas 10% são generalistas. Isso sugere que a grande maioria das interações planta-herbívoro envolveu coevolução.

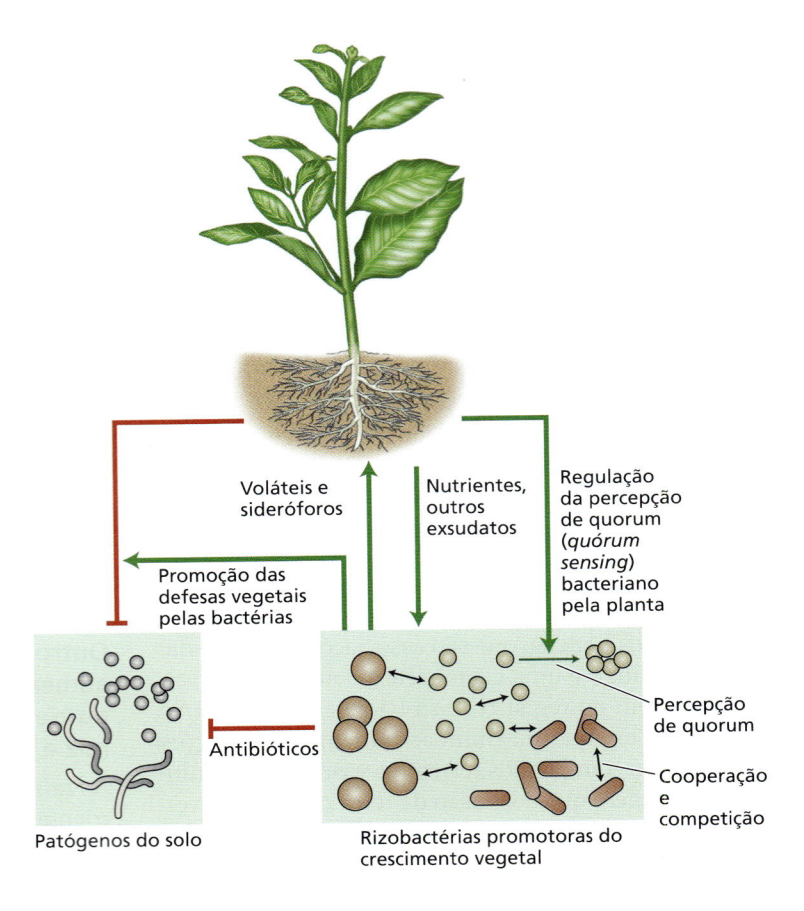

Barreiras mecânicas fornecem uma primeira linha de defesa contra insetos-praga e patógenos

As barreiras mecânicas, incluindo estruturas de superfície, cristais minerais e movimentos foliares tigmonásticos (induzidos por toque), muitas vezes fornecem uma primeira linha de defesa contra pragas e patógenos para muitas espécies vegetais.

As estruturas de superfície mais comuns são espinhos, gloquídios acúleos e tricomas (**Figura 18.3**). Os **espinhos** são ramos modificados, como em citros e acácias; os **gloquídios** são estruturas agrupadas encontradas em alguns cactos; os **acúleos** são oriundos principalmente da epiderme e, portanto, podem ser facilmente arrancados do caule, como em roseiras. Essas estruturas possuem extremidades pontudas e afiadas que protegem fisicamente as plantas contra herbívoros maiores, como mamíferos, embora sejam menos eficazes contra herbívoros pequenos, como os insetos-praga, que podem facilmente ultrapassar essas defesas e

Figura 18.3 Exemplos de barreiras mecânicas desenvolvidas pelas plantas. (A) Espinhos em um limoeiro (*Citrus* sp.) são ramos modificados, como pode ser visto por sua posição na axila de uma folha. (B) Gloquídios, que são característicos de cactos (*Opuntia* spp.) nas Américas, são folhas modificadas. (C) Acúleos podem ser encontrados no caule e no pecíolo de roseiras (*Rosa* spp.) e são formados pela epiderme. (D) Tricomas em caules e folhas de tomateiro (*Solanum lycopersicum*) também são derivados de células epidérmicas. (Fotografias © J. Engelberth.)

alcançar as partes comestíveis da folha. Os **tricomas** proporcionam uma defesa mais eficaz contra insetos, com base em seus mecanismos de deterrência física e química. Eles possuem formas variadas, podendo ser simples ou glandulares. Os tricomas glandulares armazenam metabólitos secundários específicos da espécie (discutidos na próxima seção), como fenóis e terpenos, em uma bolsa formada entre a parede celular e a cutícula. Mediante contato, essas bolsas rebentam e liberam seus conteúdos, e o cheiro forte e o sabor amargo desses compostos repelem os insetos herbívoros.

As folhas da urtiga (*Urtica dioica*) possuem "tricomas urticantes" altamente especializados que formam uma barreira física e química eficaz contra herbívoros maiores. As paredes celulares desses tricomas ocos, semelhantes a agulhas, são reforçadas com vidro (silicatos) e preenchidas com um desagradável "coquetel" de histamina, ácido oxálico, ácido tartárico, ácido fórmico e serotonina (**Figura 18.4**), o que pode causar grave irritação e inflamação. Antes do contato, a ponta do tricoma é coberta por uma pequena ampola vítrea, com uma ponta afiada que facilmente se desprende quando tocada por um herbívoro (ou acidentalmente um ser humano).

A pressão do contato empurra o tricoma para baixo contra o tecido esponjoso localizado na sua base, que atua como o êmbolo de uma seringa para injetar o "coquetel" na pele.

Além de servirem como barreiras à herbivoria de insetos, os tricomas – quando dobrados ou danificados – também podem atuar como sensores de herbívoros enviando sinais elétricos ou químicos às células adjacentes. Tais sinais podem desencadear a indução de compostos de defesa no mesofilo da folha.

Um tipo diferente de obstáculo mecânico para a herbivoria é criado por cristais minerais que estão presentes em muitas espécies vegetais. Por exemplo, cristais de sílica, chamado **fitólitos**, formam-se nas paredes das células epidérmicas e, por vezes, nos vacúolos de Poaceae. Os fitólitos conferem dureza às paredes celulares e dificultam para os insetos herbívoros a mastigação das folhas de gramíneas. As paredes celulares da cavalinha (*Equisetum hyemale*) contêm tanta sílica que os povos indígenas nos Estados Unidos e no México usavam as hastes para polir panelas.

Cristais de oxalato de cálcio estão presentes nos vacúolos de muitas espécies. Alguns cristais de oxalato de

Figura 18.4 Tricomas de urtigas (*Urtica dioica*) têm uma base multicelular e uma única célula pontiaguda proeminente. A parede celular dessa célula única é reforçada por silicatos e quebra facilmente mediante contato, liberando um "coquetel" de metabólitos secundários que podem causar grave irritação na pele de animais.

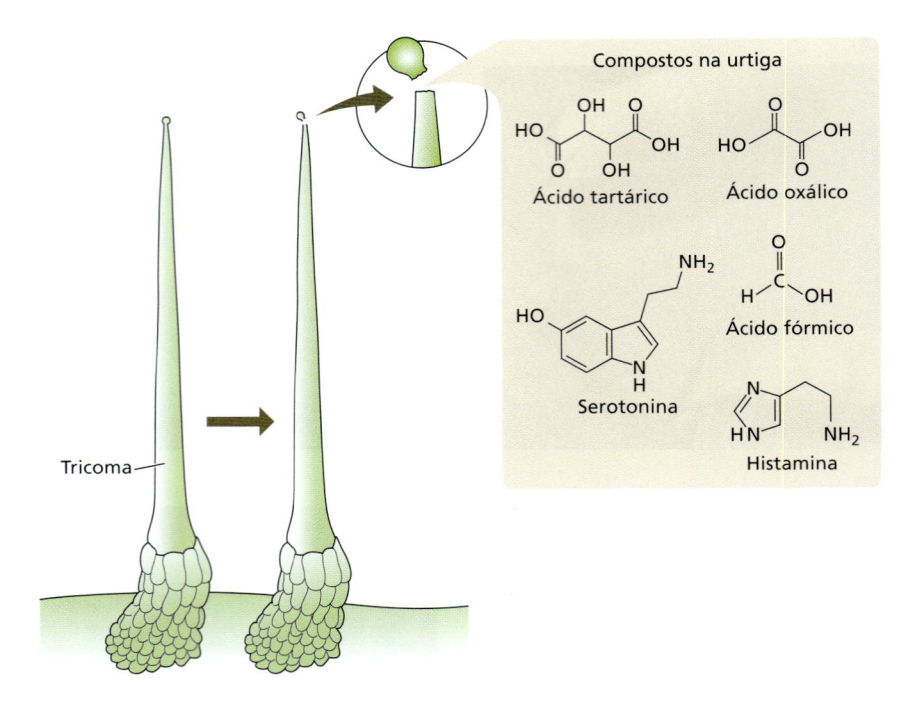

cálcio formam feixes de estruturas semelhantes a agulhas denominadas **ráfides** (**Figura 18.5**), que podem ser prejudiciais para os herbívoros de maior porte. Mais de 200 famílias de plantas contêm esses cristais, incluindo espécies dos gêneros Vitis, Agave e Medicago. As ráfides apresentam ápices extremamente afiados, capazes de penetrar o tecido mole da garganta e do esôfago de um herbívoro. *Dieffenbachia*, uma planta doméstica tropical rica em ráfides, é chamada de "dumb cane" ("cana-do-mudo"), pois o ato de mascar as folhas leva à perda temporária da voz devido a uma reação inflamatória. Além de causar danos mecânicos, as ráfides podem ainda permitir que outros compostos tóxicos produzidos pela planta penetrem através dos ferimentos que provocam. Mesmo os cristais de oxalato de cálcio prismáticos têm efeitos abrasivos sobre os apêndices bucais de insetos herbívoros, especialmente as mandíbulas; assim, eles atuam como um impedimento mecânico para insetos, moluscos e outros herbívoros.

Outro meio diferente de evitar a herbivoria é empregado pela sensitiva (*Mimosa* spp.), cujas folhas são compostas de muitos folíolos individuais que são conectados à nervura central por uma estrutura chamada de pulvino. Esse pulvino funciona como uma dobradiça acionada pelo turgor, permitindo que cada par de folíolos se dobre em resposta a vários estímulos, incluindo toque, dano, calor e ciclos diurnos (*nictinastia*), e em resposta ao estresse hídrico. Se um inseto herbívoro tenta morder um folíolo de *Mimosa*, o folíolo danificado dobra-se imediatamente, e a resposta logo propaga-se para os outros folíolos não danificados. Se o sinal de estresse for suficientemente forte, a folha inteira colapsa, devido à ação de outro pulvino localizado na base do pecíolo. Tais movimentos rápidos de folíolos e folhas podem afastar insetos fitófagos e herbívoros pastejadores, surpreendendo-os (**Figura 18.6**).

Figura 18.5 Cristais de oxalato de cálcio (ráfides) em folhas de agave (*Agave weberi*). Essas ráfides são finalmente reunidas dentro de células especializadas, os idioblastos, e liberadas quando a célula é danificada. Observar o tamanho e as extremidades pontiagudas dessas estruturas. (Cortesia de Agong1/Wikipedia.)

Figura 18.6 As folhas da sensitiva (*Mimosa* spp.) respondem rapidamente (em poucos segundos) ao toque, dobrando seus folíolos. Esse movimento rápido pode inibir insetos herbívoros. (A) Folhas não tocadas (controle). (B) Folhas 5 segundos após o toque. (Fotografias © J. Engelberth.)

Metabólitos vegetais especializados podem inibir insetos herbívoros e infecção por patógenos

Os mecanismos de defesa química compreendem uma segunda linha de defesa contra pragas e patógenos. As plantas produzem uma grande diversidade de produtos químicos que podem ser classificados como metabólitos primários e secundários. Os metabólitos primários são aqueles compostos que todas as plantas produzem e que estão diretamente envolvidos no crescimento e no desenvolvimento. Isso inclui açúcares, aminoácidos, ácidos graxos, lipídeos e nucleotídeos, assim como moléculas maiores que são sintetizadas a partir deles, como proteínas, polissacarídeos, membranas e ácidos nucleicos. Os **metabólitos secundários**, por sua vez, são espécie-específicos. Eles são derivados de terpenoides, β-oxidação de ácidos graxos, finilpropanoides ou rotas de modificação de aminoácidos que produzem também fitormônios e componentes secundários da parede celular.

As **fitoalexinas** constituem um grupo de metabólitos secundários quimicamente diversos, com forte atividades antimicrobianas e que geralmente se acumulam em torno dos locais de infecção. A produção de fitoalexinas parece ser um mecanismo comum de resistência a microrganismos patogênicos em uma ampla gama de plantas. Entretanto, famílias botânicas diferentes empregam tipos diferentes de fitoalexinas. Por exemplo, os isoflavonoides são fitoalexinas comuns em leguminosas, como a alfafa e a soja, enquanto em solanáceas, como batata, tabaco e tomateiro, vários sesquiterpenos são produzidos como fitoalexinas (**Figura 18.7**). As fitoalexinas podem ser produzidas de maneira constitutiva, mas muitas vezes são sintetizadas rapidamente após ataque microbiano. O ponto de controle é geralmente a expressão de genes que codificam enzimas da biossíntese de fitoalexinas.

As plantas armazenam compostos tóxicos constitutivos em estruturas especializadas

As plantas podem sintetizar uma ampla gama de metabólitos secundários que produzem efeitos negativos sobre o crescimento e o

Figura 18.7 Estruturas de algumas fitoalexinas encontradas em duas famílias vegetais diferentes.

desenvolvimento de outros organismos e que podem, portanto, ser considerados como tóxicos. Exemplos clássicos de plantas que são tóxicas para os seres humanos são a cicuta (*Cicuta* spp.) e a dedaleira (*Digitalis* spp.) (**Figura 18.8**). Os metabólitos que causam sintomas em seres humanos são bem conhecidos e demonstram o potencial dessas moléculas como agentes de defesa contra mamíferos herbívoros. Em alguns casos, esses compostos provaram ser adequados para pesquisas ou tratamentos clínicos. Por exemplo, o diacetileno cicutoxina da cicuta é usado em pesquisas de neurologia, já que prolonga a fase de repolarização de potenciais de ação neuronais, presumivelmente pelo bloqueio dos canais de K^+ dependentes de voltagem. O princípio ativo da dedaleira, a digitoxina, é um **cardenolídeo**, um dos dois grupos de glicosídeos cardiotônicos esteroidais produzidos por plantas. Os **cardioglicosídeos** são drogas usadas para tratar a insuficiência cardíaca e a arritmia cardíaca. A digitoxina inibe a bomba de Na^+/K^+-ATPase nas membranas plasmáticas das células do coração, levando ao aumento da contração do miocárdio.

Os metabólitos secundários produzidos constitutivamente e que se acumulam nas células poderiam potencialmente ter efeitos tóxicos sobre a própria planta. Para evitar a toxicidade, esses compostos devem ser armazenados de forma segura em compartimentos celulares à prova de vazamentos, devendo também ser relativamente isolados de tecidos suscetíveis em casos de vazamento devido a dano celular. As plantas, portanto, tendem a acumular metabólitos secundários tóxicos em organelas de armazenamento, como vacúolos, ou em estruturas anatômicas especializadas, como *canais resiníferos, laticíferos* (células produtoras de látex) ou tricomas glandulares. Após um ataque por herbívoros ou patógenos, as toxinas são liberadas e tornam-se ativas no local do dano, sem afetar negativamente as áreas vitais de crescimento. Os **canais resiníferos de coníferas**, encontrados no córtex e no floema, contêm uma mistura de diversos terpenos, incluindo monoterpenos bicíclicos, como α-pineno e β-pineno, terpenos monocíclicos, como limoneno e terpinoleno, e sesquiterpenos tricíclicos, incluindo longifoleno, cariofileno e ácidos δ-cadineno, bem como ácidos resiníferos, que são liberados imediatamente após dano por herbívoros (**Figura 18.9**). Uma vez liberados, eles podem ser diretamente tóxicos a um inseto herbívoro ou atuar como um adesivo que pode "colar" as peças bucais do animal. Em casos extremos, a resina pode até envolver todo o inseto ou patógeno, levando à morte do organismo agressor.

A maioria dos canais resiníferos em coníferas é considerada defesa constitutiva, embora também possa ser induzida após um dano causado por herbívoros. A formação desses canais resiníferos adventícios, por vezes referidos como *canais resiníferos de trauma*, assim como a biossíntese de resina, é regulada pelo hormônio metiljasmonato, um derivado do ácido jasmônico (discutido mais adiante no capítulo).

Figura 18.8 As defesas químicas constitutivas são eficazes contra muitos herbívoros diferentes, incluindo insetos e mamíferos. A cicuta (*Cicuta* sp.) produz cicutoxina, um diacetileno que prolonga a repolarização de potenciais de ação neuronais. O princípio ativo na dedaleira (*Digitalis* sp.) é a digitoxina, um glicosídeo cardíaco que inibe a atividade ATPase e pode aumentar a contração do miocárdio. (Fotografias © J. Engelberth.)

(A) *Cicuta* sp.

(B) *Digitalis* sp.

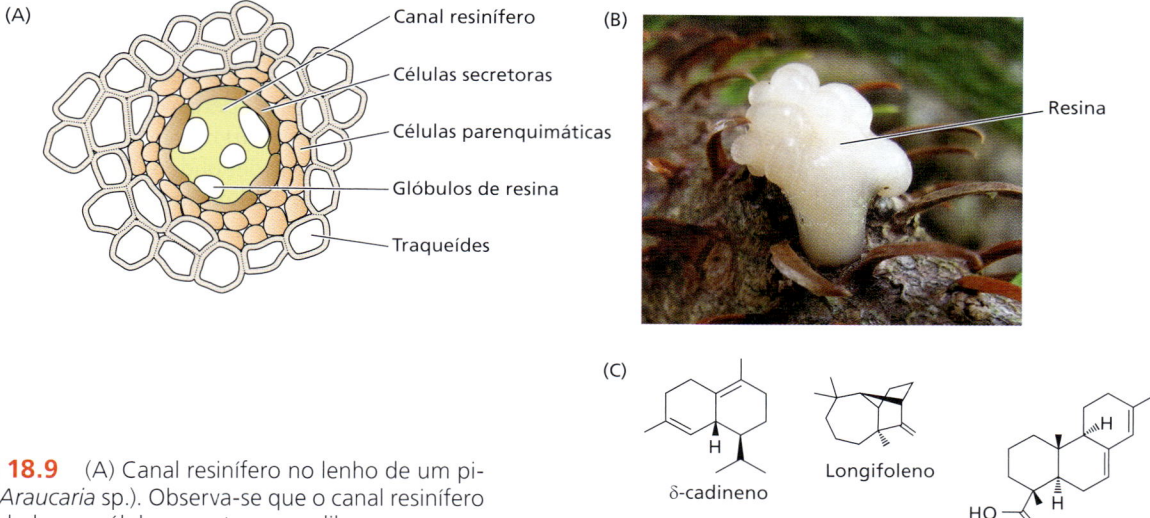

Figura 18.9 (A) Canal resinífero no lenho de um pinheiro (*Araucaria* sp.). Observa-se que o canal resinífero é circundado por células secretoras que liberam componentes de resina no seu sistema. (B) Após ferimento, a resina é liberada no local danificado, onde veda o dano e atua como repelente contra novo evento de herbivoria. (C) Componentes comuns da resina, principalmente terpenos. (Fotografia © J. Engelberth.)

Os **laticíferos** são compostos de células que produzem um líquido leitoso constituído de componentes emulsificados que coagulam após exposição ao ar. Esse líquido muitas vezes também é referido como **látex**. Em comparação com as resinas, o látex normalmente é muito mais complexo e pode conter proteínas e açúcares, além de metabólitos secundários tóxicos ou repelentes. Os laticíferos podem consistir em uma série de células fusionadas (laticíferos articulados) ou uma célula longa sincicial (laticíferos não articulados) (**Figura 18.10**). A mais notável entre as plantas produtoras de látex é a seringueira (*Hevea brasiliensis*), que

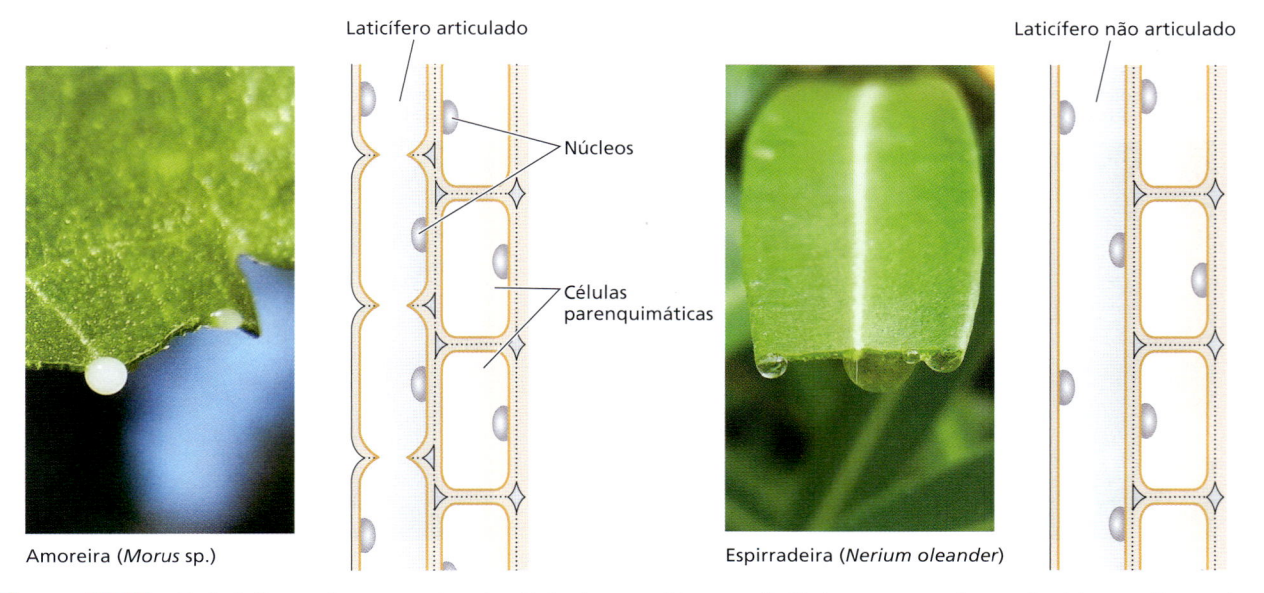

Figura 18.10 Os laticíferos são compostos de células individuais e podem ocorrer como sistemas articulados (células individuais ligadas por um tubo pequeno) ou como sistemas não articulados (uma grande célula sincicial). O látex nos laticíferos é liberado após dano e, muitas vezes, contém glicosídeos cardiotônicos que repelem os herbívoros. Enquanto a amoreira (*Morus* sp.) produz um látex leitoso em seus laticíferos articulados, a espirradeira (*Nerium oleander*) libera um látex claro a partir de laticíferos não articulados. (Fotografias © J. Engelberth.)

tem sido cultivada comercialmente como fonte de borracha natural. Mediante ferimento, essa planta libera enormes quantidades de látex, que é coletado e mais tarde convertido em borracha. Essa borracha é constituída por um polímero de isopreno (cis-1,4-poli-isopreno) e pode ter um peso molecular de até 1 milhão de Da. Em condições naturais, a borracha liberada por árvores feridas defende a planta contra herbívoros e patógenos, repelindo-os ou imobilizando-os.

Outra planta comercialmente importante que produz látex é a papoula (*Papaver somniferum*). O látex dessa planta contém uma elevada concentração de opiáceos, em particular a morfina e a codeína. Quando consumidos, esses compostos ligam-se a receptores opiáceos no sistema nervoso de herbívoros e exercem efeitos analgésicos que impedem a alimentação.

O látex produzido por oficial-de-sala (*Asclepias curassavica*) e táxons afins, como a espirradeira (*Nerium oleander*), contém quantidades significativas de cardenolídeos, que estão presentes em concentrações altas nos laticíferos. A atividade desses esteroides venenosos é semelhante à da digitoxina (ver anteriormente) e, em concentrações elevadas, pode resultar em parada cardíaca. Os cardenolídeos também ativam centros nervosos no cérebro de vertebrados, induzindo vômito. Os insetos herbívoros generalistas sujeitos a esses compostos ou são repelidos ou sofrem espasmos que levam à morte. Por outro lado, as lagartas especialistas da borboleta-monarca (*Danaus plexippus*) são insensíveis às toxinas. Elas se alimentam de folhas de *A. curassavica* e retêm os cardenolídeos. Como consequência, a maioria das aves insetívoras aprende rapidamente a evitar tanto as larvas quanto as borboleta-monarca adultas. A coloração brilhante e distinta das lagartas e borboletas serve para alertar as aves. O percevejo (*Oncopeltus fasciatus*) e o pulgão (*Aphis nerii*) de oficial-de-sala também podem incorporar os cardenolídeos em seus corpos e se tornar tóxicos (**Figura 18.11**). Apesar de todos esses insetos se alimentarem preferencialmente desta espécie, o pulgão e o percevejo também podem se alimentar da espirradeira, que produz oleandrina como seu principal cardenolídeo.

Outro fato interessante do oficial-de-sala é que a mosca parasita *Zenillia adamsoni* pode obter o cardenolídeo de "segunda mão" da lagarta da borboleta-monarca. Quando a mosca fêmea está pronta para a oviposição, ela procura uma lagarta-monarca e deposita seus ovos em sua superfície. Após a eclosão, as larvas desenvolvem-se dentro da lagarta e a consomem por dentro. Além de usar a lagarta para a alimentação, as larvas da mosca são capazes de armazenar o cardenolídeo tóxico da lagarta e retê-lo até sua idade adulta.

Frequentemente, as plantas armazenam em vacúolos especializados moléculas de defesa, como conjugados de açúcar, hidrossolúveis e não tóxicos

Um mecanismo comum para o armazenamento de metabólitos secundários tóxicos é conjugá-los a um açúcar, o que os torna inativos e mais hidrossolúveis. Como já descrito, a maioria dos cardenolídeos e outros esteroides tóxicos relacionados é abundante na forma

Figura 18.11 Enquanto a maioria dos herbívoros é muito sensível aos metabólitos tóxicos presentes no látex de indivíduos de oficial-de-sala e espirradeira, alguns insetos herbívoros incorporam esses compostos em seus corpos e os exibem a seus potenciais predadores, por meio de suas cores brilhantes. Aqui são mostrados três insetos herbívoros especialistas que se alimentam dessas plantas produtoras de látex: a lagarta da borboleta-monarca (A), o percevejo de oficial-de-sala (B) e o pulgão de oficial-de-sala (C). Destes, os dois últimos usam a espirradeira como fonte de alimento, se plantas de oficial-de-sala não estiverem disponíveis. (Fotografias © J. Engelberth.)

de glicosídeos no látex e também em outros compartimentos da célula vegetal, como no vacúolo. Para se tornarem ativos, as ligações glicosídicas com frequência precisam ser hidrolisadas. A ativação descontrolada é impedida pela separação espacial das hidrolases ativadoras e seus respectivos substratos tóxicos.

Um bom exemplo dessa separação espacial é encontrado na ordem Brassicales. Os membros das Brassicales produzem glicosinolatos – compostos orgânicos que contêm enxofre, derivados de glicose e um aminoácido – como seus principais metabólitos secundários de defesa. A enzima de hidrólise, a mirosinase (uma tioglicosidase), está armazenada em células diferentes daquelas onde estão os substratos. Enquanto as células contendo mirosinase são geralmente livres de glicosinolatos, as células ricas em enxofre (ou células S) contêm concentrações altas deles. Quando o tecido é danificado, a mirosinase e a mistura de glicosinolatos são liberadas, resultando na produção irreversível de uma aglicona instável, que, em seguida, se reorganiza, originando uma diversidade de compostos biologicamente ativos, principalmente nitrilas e isotiocianatos (**Figura 18.12A**). Essas "bombas de óleo de mostarda" de dois componentes, em particular os isotiocianatos, são muito eficazes contra a maioria dos insetos herbívoros generalistas. Os aromas de mostarda, *wasabi*, rabanete, couve-de-bruxelas e outras espécies relacionadas são decorrentes da presença de isotiocianatos.

Os glicosídeos cianogênicos representam uma classe de metabólitos secundários similares, mas mais tóxicos, que contêm N. Mediante dano nos tecidos, esses glicosídeos são decompostos e liberam o ácido cianídrico (**Figura 18.12B**). O cianeto inibe a citocromo *c* oxidase nas mitocôndrias, o que bloqueia a cadeia de transporte de elétrons. Como consequência, o transporte de elétrons e a síntese de ATP cessam, e a célula finalmente morre. Várias espécies vegetais de importância econômica e nutricional, incluindo o sorgo (*Sorghum bicolor*) e a mandioca (*Manihot esculenta*), produzem diferentes tipos de glicosídeos cianogênicos. O principal glicosídeo cianogênico do sorgo é a durrina, que é derivada de tirosina e armazenada como um glicosídeo. No entanto, quando consumido por herbívoros, o glicosídeo é rapidamente hidrolisado, resultando em açúcar e uma aglicona, que é muito instável e libera cianeto.

A mandioca acumula linamarina e lotaustralina como seus principais glicosídeos cianogênicos. As raízes da mandioca são fonte importante de nutrientes em regiões tropicais, mas elas devem ser cuidadosamente preparadas para evitar toxicidade por cianeto. O consumo contínuo de mandioca processada incorretamente, mesmo com baixas concentrações endógenas de glicosídeos cianogênicos, pode levar à paralisia, bem como a danos ao fígado e aos rins.

Há muitas outras plantas que produzem metabólitos secundários constitutivos e os armazenam em células ou compartimentos específicos, de onde podem ser liberados após um dano causado por herbívoros ou patógenos. Apesar da presença de moléculas de defesa, os seres humanos muitas vezes apreciam essas plantas, ou partes delas, por suas propriedades medicinais ou sabores culinários. Nenhuma prateleira de temperos estaria completa sem folhas secas de manjericão, sálvia, tomilho, alecrim e orégano, embora a única razão para os teores altos de metabólitos secundários nessas plantas seja a proteção contra os danos causados por herbívoros e patógenos.

A natureza indeterminada do crescimento vegetativo das plantas (ver Capítulo 16) significa que sempre haverá um gradiente etário, das folhas mais jovens, próximas à gema apical, para as folhas maduras nas partes basais do caule. A maioria dos mecanismos de defesa vegetal não é uniformemente distribuída através desse gradiente de idade, mas os mecanismos são continuamente ajustados por estímulos ambientais e de desenvolvimento. Os compostos de defesa tendem

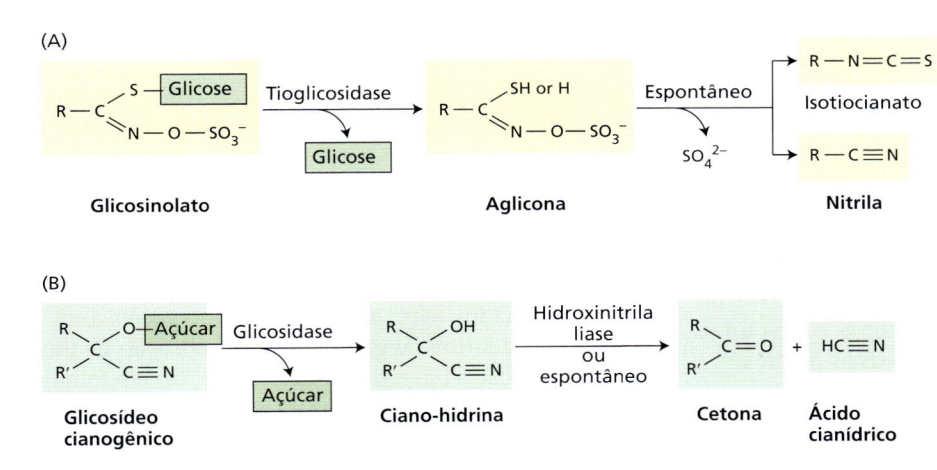

Figura 18.12 Hidrólise de glicosídeos em compostos ativos de defesa. (A) Os glicosinolatos são hidrolisados, fornecendo voláteis aromáticos de mostarda. (B) A hidrólise enzimática dos glicosídeos cianogênicos libera ácido cianídrico. R e R' representam vários substituintes alquila ou arila.

a ficar amontoados em folhas jovens e não nas folhas mais velhas ou senescentes. As folhas mais jovens também exibem níveis mais altos de produção de compostos de defesa induzíveis.

Respostas de defesa induzidas contra insetos herbívoros

Enquanto as defesas químicas constitutivas proporcionam proteção básica para as plantas contra muitos predadores e patógenos e são comuns entre as plantas na natureza, existem desvantagens para esse tipo de estratégia de defesa. Em primeiro lugar, as defesas constitutivas são dispendiosas para a planta. A produção de metabólitos secundários requer um investimento significativo de energia derivada do metabolismo primário, que passa então a ser indisponível para uso no crescimento e na reprodução. Essa compensação é mais evidente nas culturas agrícolas, em que a produtividade é aumentada, em parte, pela redução da capacidade da planta de defender-se. Em segundo lugar, predadores e patógenos podem se adaptar às defesas químicas constitutivas da planta, como visto no caso da lagarta-monarca e do oficial-de-sala. Certas espécies de insetos herbívoros e patógenos microbianos desenvolveram mecanismos fisiológicos para desintoxicar metabólitos secundários que, do contrário, seriam letais, podendo até mesmo usar esses compostos para se defender contra seus próprios predadores ou parasitas. Assim, a maioria das plantas desenvolveu sistemas de defesa induzida, além de qualquer defesa constitutiva que possam ter. Os sistemas de defesa induzida permitem que as plantas respondam de forma mais flexível a todo o conjunto de ameaças apresentadas por pragas e patógenos.

Com base em seu comportamento alimentar, três grandes categorias de insetos herbívoros podem ser distinguidas:

1. Os *sugadores de floema*, como os afídeos e a mosca-branca, causam dano pequeno à epiderme e ao mesofilo. Os sugadores da seiva de floema inserem seu *estilete* estreito, que é uma peça bucal alongada, nos tubos crivados de folhas e caules.

2. Os *sugadores de conteúdo celular*, como ácaros e tripes, são insetos perfuradores/sugadores que causam danos físicos de magnitude intermediária às células vegetais.

3. Os *insetos mastigadores*, como lagartas (larvas de mariposas e borboletas), gafanhotos e besouros, causam os danos mais significativos às plantas.

Na discussão a seguir, o interesse central é o dano causado por insetos mastigadores.

As plantas podem reconhecer componentes específicos na saliva dos insetos

Para estabelecer uma defesa induzida eficaz contra pragas ou patógenos, a planta hospedeira deve ser capaz de distinguir entre um dano mecânico, como vento ou granizo, e um ataque biótico real. A maioria das respostas das plantas aos insetos herbívoros envolve tanto a resposta ao ferimento quanto o reconhecimento de certos compostos abundantes na saliva dos insetos. Esses compostos pertencem a um grupo amplo de moléculas denominadas **eliciadores**, os quais desencadeiam respostas de defesa contra uma diversidade de herbívoros e patógenos. Embora, em algumas plantas, a lesão mecânica repetida possa induzir respostas similares àquelas causadas por herbivoria, algumas moléculas na saliva do inseto podem servir como promotores desse estímulo. Além disso, os eliciadores derivados de insetos podem desencadear *sistemicamente* rotas de sinalização – ou seja, por toda a planta –, iniciando, assim, as respostas de defesa que podem minimizar danos futuros em regiões distais do vegetal.

Os primeiros eliciadores identificados na saliva dos insetos foram *conjugados de ácidos graxos-aminoácidos* (ou *ácidos graxos amidas*) nas secreções orais das larvas da lagarta-da-beterraba (*Spodoptera exigua*). Foi demonstrado que esses compostos provocam uma resposta semelhante àquela obtida com insetos mastigadores, ao contrário da resposta à lesão mecânica isoladamente. A biossíntese desses conjugados depende da planta como fonte dos ácidos graxos, ácido linolênico e ácido linoleico. Após ingerir tecido vegetal contendo esses ácidos graxos, uma enzima no trato digestório do inseto conjuga o ácido graxo oriundo da planta a um aminoácido derivado do inseto, em geral a glutamina. Em algumas lagartas, o composto resultante da conjugação do ácido linolênico com a glutamina é processado pela adição de um grupo hidroxila na posição 17 do ácido linolênico. Esse composto foi denominado **volicitina** devido ao seu potencial de induzir metabólitos secundários voláteis no milho (*Zea mays*). Desde a descoberta da volicitina, diversos ácidos graxos amidas foram identificados, não só em espécies de lepidópteros (mariposas e borboletas), mas também em grilos e moscas-da-fruta, e a maioria deles exibiu atividade de eliciador quando aplicada nas plantas.

Outra classe de eliciadores derivados de insetos foi isolada e caracterizada a partir das secreções orais de um gafanhoto (*Schistocerca americana*). Esses eliciadores são denominados *celiferinas* pela sua associação com a subordem Caelifina de gafanhotos. A aplicação de um desses compostos baseados em ácidos graxos em folhas de *Arabidopsis* resulta em pico transitório de produção de etileno e um aumento significativo do acúmulo de ácido jasmônico em comparação com a planta que sofreu somente a lesão. Contudo, a atividade biológica de celiferinas parece ser espécie-específica. Ao contrário dos ácidos graxos amidas, as celiferinas baseadas em ácidos graxos não derivam das plantas.

Os sugadores de floema ativam rotas de sinalização de defesa semelhantes àquelas ativadas por infecções por patógenos

Embora os insetos sugadores, como pulgões, causem pouco dano mecânico às plantas, eles são pragas agrícolas devastadoras e podem reduzir significativamente a produtividade das culturas. Na natureza, as plantas desenvolveram mecanismos para reconhecer e se defender contra insetos sugadores de seiva do floema. Diferentemente dos insetos perfuradores-mastigadores, que infligem danos graves aos tecidos, resultando na ativação da rota de sinalização do ácido jasmônico, os sugadores ativam a rota de sinalização do **ácido salicílico**, que geralmente está associada a infecções por agentes patogênicos. Como a resposta de defesa para sugadores de floema implica complexos receptor-ligante, que estão intimamente relacionados àqueles envolvidos na resposta a patógenos, os mecanismos de sinalização dessa classe de herbívoros são descritos no final do capítulo, quando são discutidas as infecções microbianas.

O ácido jasmônico ativa respostas de defesa contra insetos herbívoros

Quando as plantas reconhecem eliciadores da saliva de insetos, uma rede complexa de transdução de sinal é ativada. Um aumento na concentração de Ca^{2+} citosólico ($[Ca^{2+}]_{cit}$) é um sinal precoce (ver Capítulo 12) que medeia as respostas induzidas por eliciadores derivados de insetos. A duração e extensão das respostas são posteriormente reguladas pela *rota dos octadecanoides*, que leva à produção do hormônio ácido jasmônico (AJ). As concentrações de AJ aumentam acentuadamente em resposta ao dano causado por insetos herbívoros, desencadeando a formação de muitas proteínas envolvidas nas defesas vegetais. A demonstração direta da ação do AJ na resistência a insetos tem resultado de pesquisas em linhagens mutantes de *Arabidopsis*, tomateiro e milho deficientes em AJ. Tais mutantes são facilmente mortos por insetos-praga, que normalmente não danificam plantas do tipo selvagem. A aplicação de AJ exógeno restabelece a resistência em níveis próximos aos observados nas plantas selvagens. O AJ induz a transcrição de vários genes que codificam enzimas-chave em todas as principais rotas para a produção dos metabólitos secundários.

A estrutura e a biossíntese do AJ têm intrigado os botânicos devido à semelhança com oxilipinas, como as prostaglandinas, que são fundamentais nas respostas inflamatórias e de outros processos fisiológicos em mamíferos. Duas organelas participam na biossíntese do AJ: cloroplastos e peroxissomos. No cloroplasto, um intermediário derivado do ácido linolênico é transformado em um composto cíclico e, após, transportado para o peroxissomo, onde as enzimas da rota de β-oxidação completam a conversão em AJ (**Figura 18.13**).

Interações hormonais contribuem para as interações entre plantas e insetos herbívoros

Vários outros agentes de sinalização, incluindo etileno, ácido salicílico e metilsalicilato, com frequência são induzidos por insetos herbívoros. Em particular, o etileno parece desempenhar um papel importante nesse contexto. Quando aplicado isoladamente às plantas, o etileno tem pouco efeito sobre a ativação de genes relacionados à defesa. No entanto, quando aplicado junto com AJ, parece aumentar as respostas a esse hormônio. Do mesmo modo, quando as plantas são tratadas com eliciadores, como ácidos graxos amidas (que por si só não induzem a produção de quantidades expressivas de etileno), em combinação com etileno, as respostas de defesa são significativamente aumentadas. Resultados como esses sugerem que é necessária uma ação conjunta desses compostos de sinalização para a ativação completa das respostas de defesa induzidas. O controle multifatorial permite que as plantas integrem vários sinais ambientais na modulação da resposta de defesa.

O ácido jasmônico inicia a produção de proteínas de defesa que inibem a digestão de herbívoros

Além de ativar as rotas para a produção de metabólitos secundários tóxicos ou repelentes, o AJ também inicia a

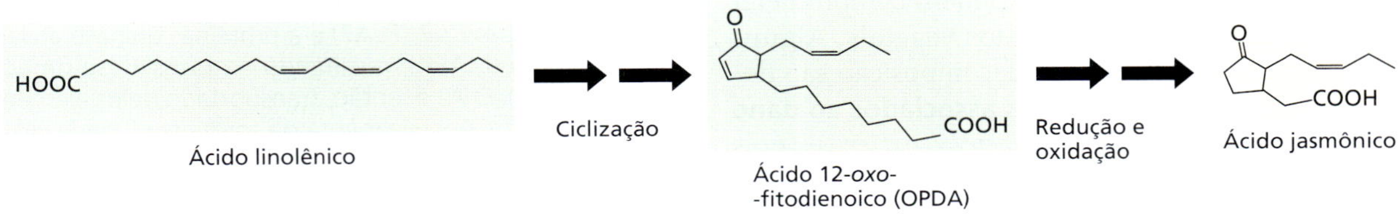

Figura 18.13 Rota biossintética simplificada para o ácido jasmônico.

biossíntese de proteínas de defesa. A maior parte dessas proteínas interfere no sistema digestório de herbívoros. Por exemplo, algumas leguminosas sintetizam **inibidores da α-amilase**, que bloqueiam a ação da enzima α-amilase, responsável pela digestão de amido. Outras espécies vegetais produzem **lectinas**, proteínas de defesa que se ligam a carboidratos ou a proteínas contendo carboidratos. Após a ingestão por um herbívoro, as lectinas ligam-se às células epiteliais que revestem o trato digestório e interferem na absorção de nutrientes.

Um ataque mais direto sobre o sistema digestório do inseto herbívoro é realizado por algumas plantas por meio da produção de uma protease de cisteína, capaz de romper a membrana peritrófica que protege o epitélio intestinal de muitos insetos. Embora nenhum desses genes seja essencial para o crescimento vegetativo da planta, eles provavelmente evoluíram a partir de genes constitutivos durante a coevolução de plantas e de seus insetos herbívoros.

As proteínas antidigestivas mais bem conhecidas nos vegetais são os inibidores de proteases. Encontradas nas leguminosas, no tomateiro e em outros vegetais, tais substâncias bloqueiam a ação das enzimas proteolíticas (proteases) dos herbívoros. Estando no trato digestório desses animais, elas ligam-se especificamente ao sítio ativo de enzimas proteolíticas, como tripsina e quimotripsina, impedindo a digestão das proteínas. Insetos que se alimentam de plantas contendo inibidores de protease sofrem redução nas taxas de crescimento e desenvolvimento, o que pode ser compensado pela suplementação de aminoácidos em sua dieta.

A função dos inibidores de protease na defesa vegetal tem sido confirmada por experimentos com tabaco transgênico. As plantas transformadas para acumular quantidades maiores de inibidores de proteases sofreram menos danos causados por insetos herbívoros do que as plantas não transformadas. Tal como acontece com os glicosinolatos, alguns insetos herbívoros adaptaram-se aos inibidores de proteases produzindo proteases digestivas resistentes à inibição.

Os danos causados por herbívoros induzem defesas sistêmicas

Durante o ataque de herbívoros, o dano mecânico libera enzimas líticas da planta que podem comprometer as barreiras estruturais dos tecidos vegetais. Alguns desses produtos resultantes de decomposição são denominados **padrões moleculares associados ao dano** (**DAMPs**, *damage associated molecular patterns*), pois eles atuam como eliciadores de padrões de resposta ao dano. Como será discutido adiante, os DAMPs são reconhecidos por receptores de reconhecimento de padrões (PRRs, *pattern recognition receptors*) localizados na superfície da célula. Os DAMPs em geral surgem no citoplasma e podem induzir proteção contra uma ampla gama de organismos, uma resposta conhecida como *imunidade inata*. Os oligogalacturonídeos liberados pela parede celular, por exemplo, podem agir como eliciadores endógenos.

No tomateiro, o ataque de um inseto leva a um rápido acúmulo de inibidores de protease em toda a planta, mesmo em áreas não danificadas, distantes do local do ataque. A produção sistêmica de inibidores de proteases nas plantas jovens de tomateiro é desencadeada por uma sequência complexa de eventos (**Figura 18.14**).

Embora se acreditasse que os sinais peptídicos, como a sistemina, eram restritos às solanáceas, nos últimos anos tornou-se claro que espécies de outras famílias também produzem peptídeos como moléculas de sinalização em resposta à herbivoria por inseto.

A sinalização elétrica de longas distâncias ocorre em resposta à herbivoria por insetos

Em resposta à herbivoria, o AJ acumula-se em poucos minutos, tanto localmente, no sítio do dano causado pelo herbívoro, quanto distalmente, em tecidos intactos da mesma folha e de outras folhas. Embora as plantas não possuam sistema nervoso, várias evidências são compatíveis com o papel de sinalização elétrica em respostas de defesa, que ocorrem a alguma distância do local do dano causado pelo herbívoro. Por exemplo, o forrageio da larva do curuquerê do algodoeiro egípcio (*Spodoptera littoralis*) nas folhas de feijoeiro induz uma onda de despolarizações da membrana plasmática que se propaga para áreas não danificadas da folha. Além disso, a despolarização da membrana plasmática induzida por ionóforo em células de tomateiro resulta na expressão de genes regulados por jasmonato.

Figura 18.14 Rota de sinalização proposta para a rápida indução da biossíntese de inibidor de protease em um indivíduo de tomateiro danificados. Essas folhas danificadas (embaixo e à esquerda da figura) sintetizam pró-sistemina nas células do parênquima floemático, e esse peptídeo é processado proteoliticamente, resultando em sistemina. A sistemina é liberada das células parenquimáticas do floema e liga-se a receptores na membrana plasmática das células companheiras adjacentes. Isso ativa uma cascata de sinalização que envolve a fosfolipase A2 (PLA2) e a proteínas quinase ativadas por mitógeno (MAPK), resultando na biossíntese de ácido jasmônico (AJ). O AJ é, então, transportado pelos elementos de tubo crivado, possivelmente de forma conjugada (AJ-*X*), às folhas intactas. Lá, o AJ inicia uma rota de sinalização nas células-alvo do mesofilo, resultando na expressão dos genes que codificam inibidores de protease. Os plasmodesmos facilitam a dispersão do sinal em várias etapas da rota.

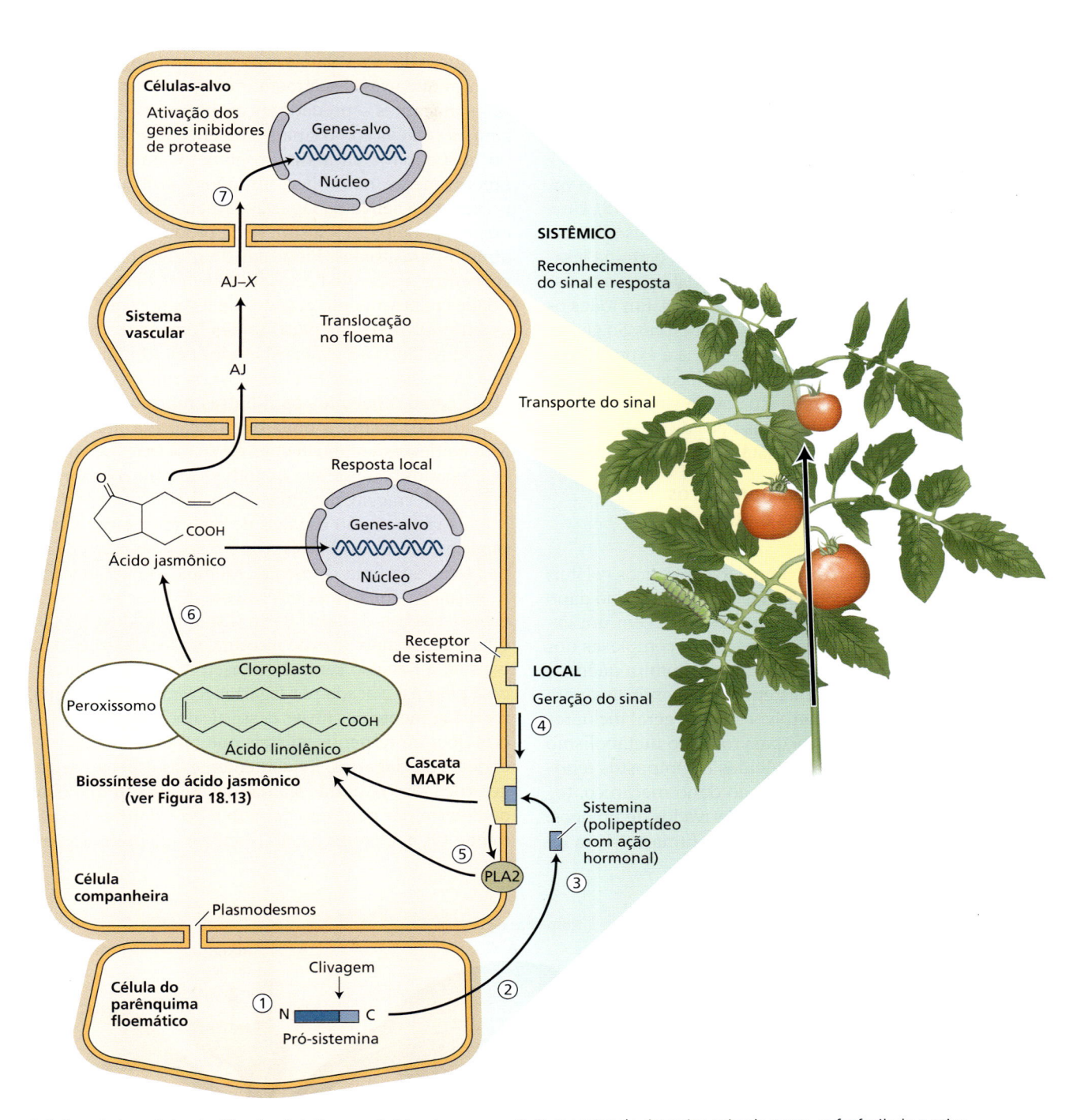

1. Folhas de tomateiro danificadas sintetizam pró-sistemina, uma proteína precursora do aminoácido 200.

2. A pró-sistemina é processada proteoliticamente, produzindo o DAMP polipeptídico curto (18 aminoácidos) denominado sistemina.

3. A sistemina é liberada das células danificadas para o apoplasto.

4. No tecido intacto adjacente (parênquima do floema), a sistemina liga-se a um receptor de reconhecimento de padrão na membrana plasmática.

5. O receptor de sistemina ativado torna-se fosforilado e ativa e fosfolipase A2 (PLA2).

6. A PLA2 ativada gera o sinal que inicia a biossíntese do AJ.

7. O AJ é, então, transportado através do floema, possivelmente em uma forma conjugada, até uma célula-alvo em folhas não danificadas, iniciando uma rota de sinalização.

Medições de potenciais de membrana na superfície de folhas de *Arabidopsis* em resposta ao forrageio pela larva de *S. littoralis* confirmaram o papel da sinalização elétrica na propagação da resposta de defesa por jasmonato nas folhas não danificadas. Durante o forrageio, os sinais elétricos induzidos próximos ao local do ataque posteriormente se propagam para as folhas vizinhas a uma velocidade máxima de 9 cm por minuto (**Figura 18.15**). Uma vez que a transmissão do sinal elétrico é mais eficiente para folhas diretamente acima ou abaixo da folha lesada, o sistema vascular é um bom candidato para a transmissão dos sinais elétricos às outras folhas. Em todos os sítios que recebem os sinais elétricos, a expressão gênica mediada por jasmonato é ativada e inicia a expressão de genes de resposta de defesa. Uma família de proteínas do tipo receptores de glutamato atua nessa sinalização elétrica, mas sua relação com outros tipos de sinalização de defesa de longa distância não está esclarecida.

Os voláteis induzidos por herbívoros podem repelir herbívoros e atrair inimigos naturais

A indução e a emissão de compostos orgânicos voláteis (também referidos como voláteis), em resposta ao dano causado pela herbivoria por insetos fornecem um excelente exemplo das funções ecológicas complexas dos metabólitos secundários na natureza. Com frequência, a combinação de moléculas emitidas é exclusiva para cada espécie de insetos herbívoros e em geral inclui representantes das três principais rotas do metabolismo especializado: terpenos, alcaloides e compostos fenólicos. Além disso, em resposta ao dano mecânico, todas as plantas emitem produtos derivados de lipídeos, como os **voláteis de folhas verdes** (uma mistura de aldeídos de seis carbonos, álcoois e ésteres). As funções ecológicas desses voláteis são múltiplas (**Figura 18.16**). Com frequência, eles atraem inimigos naturais dos insetos atacantes – predadores ou parasitas – que utilizam os voláteis como sinais para encontrar suas presas ou hospedeiros para sua progênie. Como observado anteriormente, no milho o eliciador volicitina, que está presente na saliva da lagarta-da-beterraba (*Spodoptera exigua*), pode induzir a síntese de produtos voláteis que atraem parasitoides. Plântulas de milho tratadas com concentrações muito baixas de volicitina liberam quantidades relativamente grandes de terpenos, que atraem as diminutas vespas parasitoides *Microplitis croceipes*. Por outro lado, os voláteis liberados pelas folhas durante a oviposição (postura de ovos) da mariposa podem atuar como repelentes para outras mariposas fêmeas, impedindo, assim, a nova oviposição e a herbivoria. Muitos desses compostos, embora voláteis, permanecem ligados à superfície da folha e atuam como inibidores do forrageio, devido ao seu sabor.

Os vegetais são capazes de distinguir entre várias espécies de insetos herbívoros e responder diferencialmente a cada uma delas. Por exemplo, ao ser atacada, *N. attenuata*, uma espécie selvagem de tabaco encontrada nos desertos da Great Basin (Estados Unidos), produz quantidades mais altas de nicotina, molécula tóxica para o sistema nervoso central do inseto. Entretanto, quando a planta é atacada por lagartas tolerantes à nicotina, não há aumento nos níveis desse alcaloide. Em vez disso, elas liberam terpenos voláteis que atraem insetos predadores das lagartas. Evidentemente, as espécies selvagens de tabaco e outras plantas devem possuir maneiras de determinar qual tipo de herbívoro é danoso às suas folhas. Os herbívoros devem sinalizar sua presença pelo

Figura 18.15 Modelo para a resposta de sinalização elétrica de *Arabidopsis* ao ataque de herbívoros. O dano à folha causado por herbivoria parece ativar proteínas ao receptor do tipo glutamato (GLR) no sistema vascular para estimular a produção de ácido jasmônico (AJ) localmente em outras folhas (setas amarelas). A produção de AJ, em seguida, inicia as respostas de defesa que desencorajam ainda mais a herbivoria (setas vermelhas). (De Christmann e Grill, 2013.)

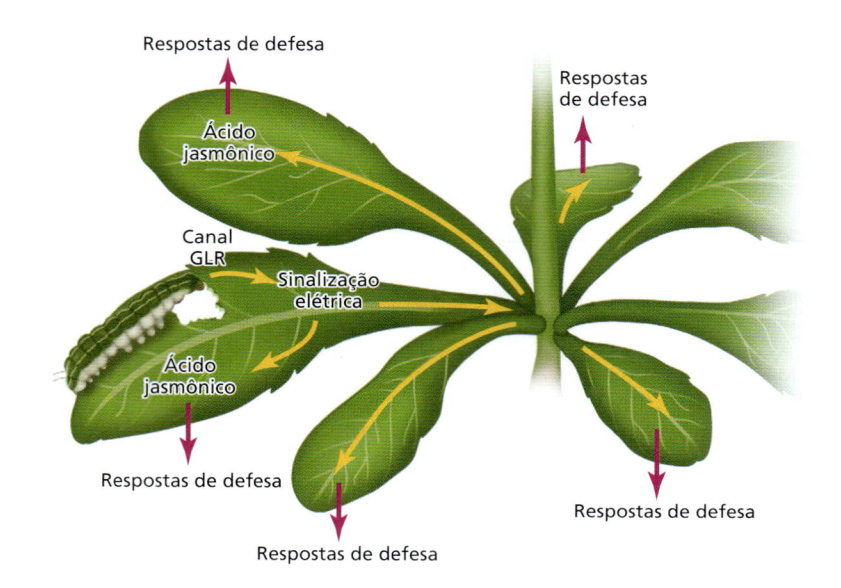

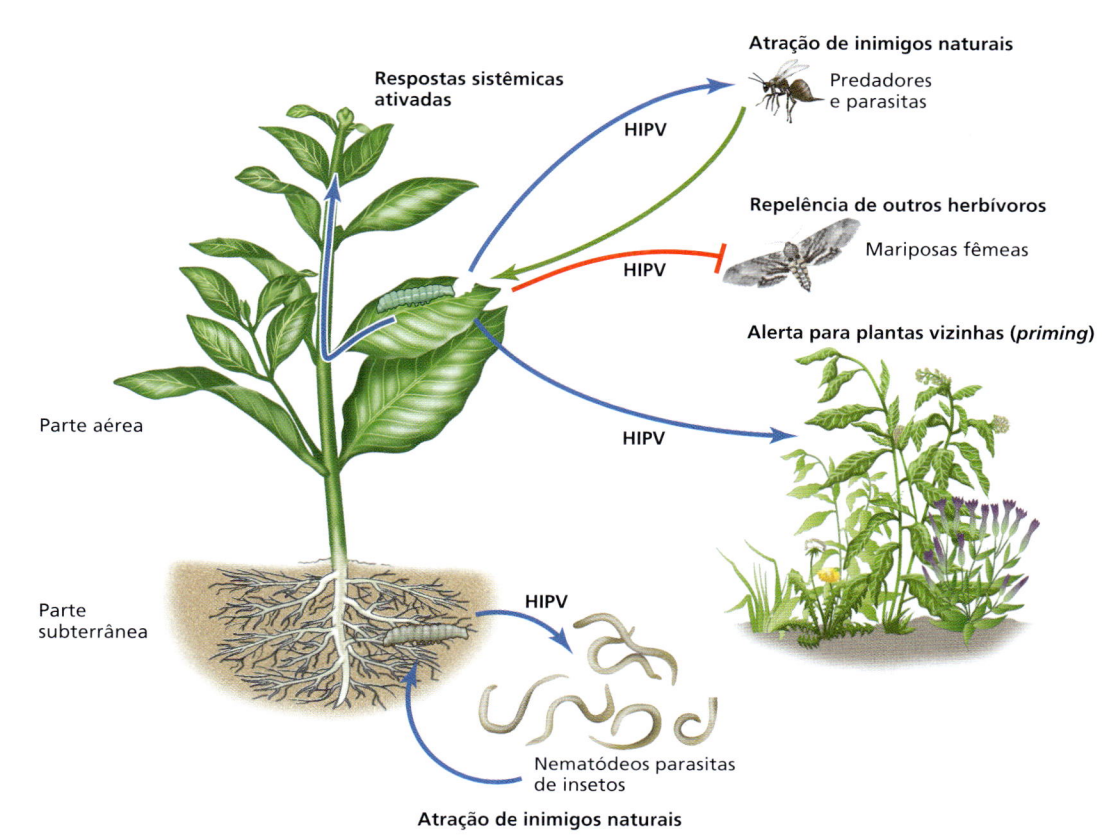

Figura 18.16 Funções ecológicas dos voláteis de vegetais induzidos por insetos herbívoros (HIPVs, *herbivore-induced plant volatiles*). Muitas plantas liberam uma fragrância específica de compostos orgânicos voláteis quando atacadas por insetos herbívoros. Esses produtos voláteis podem consistir em compostos de todas as principais rotas de metabólitos especializados, incluindo terpenos (mono e sesquiterpenos), alcaloides (indol) e fenilpropanoides (metilsalicilato), bem como os voláteis de folhas verdes. Esses voláteis podem atuar como pistas para os inimigos naturais do inseto herbívoro, como as vespas parasitas. As partes subterrâneas das plantas podem também liberar compostos voláteis quando atacadas por herbívoros. Foi demonstrado que os voláteis atraem nematódeos parasitas de insetos, que, então, atacam o herbívoro. Os voláteis também atuam como repelentes para mariposas fêmeas, evitando, assim, a oviposição. Mais recentemente, descobriu-se que os voláteis atuam como sinais de defesa sistêmica em plantas altamente setorizadas, com conexões vasculares interrompidas, e também em curtas distâncias entre plantas. Assim, esses sinais voláteis preparam a planta receptora contra a herbivoria iminente por respostas de defesa preparatórias (*priming*), resultando em uma resposta mais rápida e mais forte quando a planta receptora for realmente atacada.

tipo de dano que causam ou pelos compostos químicos distintos que liberam em suas secreções orais.

Os voláteis induzidos por herbívoros podem servir como sinais de longa distância nas plantas e entre elas

O papel dos voláteis vegetais induzidos por herbívoros não se limita à mediação de interações ecológicas entre plantas e insetos. Foi demonstrado que os voláteis atuam como indutores de resistência a herbívoros entre ramos diferentes de artemísia (*Artemisia tridentata*). Verificou-se que o fluxo de ar era essencial para a indução da resistência induzida. A artemísia, como outras plantas do deserto, é altamente *setorial*, ou seja, o sistema vascular da planta não está bem integrado por interconexões. Embora muitas plantas sejam capazes de responder de forma sistêmica aos herbívoros, por meio de sinais químicos que se movem internamente através de interconexões vasculares, a artemísia e muitas outras espécies do deserto são incapazes de fazê-lo. Em vez disso, os voláteis são usados para superar essas limitações e proporcionar a sinalização sistêmica.

Foi observado um efeito semelhante de voláteis no feijão-fava (*Phaseolus lunatus*), que utiliza nectários extraflorais localizados na base de lâminas foliares para atrair artrópodes predadores e parasitoides para protegê-lo contra vários tipos de herbívoros. Quando besouros atacam plantas de feijão-fava, voláteis, em particular voláteis de folhas verdes, são liberados imediatamente do local de dano e sinalizam para outras partes da mesma planta para ativar suas defesas, incluindo a produção de **néctar extrafloral**.

Certos voláteis emitidos por plantas infestadas também podem servir como sinais às plantas vizinhas para iniciarem a expressão de genes relacionados à defesa (ver Figura 18.16). Além de vários terpenos e do jasmonato de metila, os voláteis de folhas verdes atuam como sinais potentes nesse processo. Os voláteis de folhas verdes, como 3-hexenal, 3-hexenol, acetato 3-hexenil e traumatina, são produzidos a partir de ácido linolênico e constituem os principais componentes do cheiro característico de gramíneas recém-cortadas. Esses voláteis servem como sinais potentes na sinalização inter e intraindivíduos vegetais. Por exemplo, quando as plantas de milho foram expostas a voláteis de folhas verdes, o AJ e a expressão de genes relacionados ao AJ foram rapidamente induzidos. Mais importante foi a constatação de que a exposição a voláteis de folhas verdes preparou as defesas do milho para responder mais fortemente a ataques posteriores por insetos herbívoros. Foi demonstrado que os voláteis de folhas verdes preparam ou sensibilizam os mecanismos defensivos de uma diversidade de outras espécies vegetais, incluindo *Arabidopsis*, choupo (*Populus tremula*) e mirtilos (*Vaccinium* spp.). Além disso, eles ativam a produção de fitoalexinas e outros compostos antimicrobianos.

Os insetos desenvolveram mecanismos para anular as defesas vegetais

A despeito dos mecanismos químicos que as plantas desenvolveram para se proteger, os insetos herbívoros adquiriram evolutivamente estratégias para evitar ou superar essas defesas vegetais pelo processo de *mudança evolutiva recíproca* entre plantas e insetos, um tipo de coevolução. Essas adaptações, assim como as respostas de defesa vegetal, podem ser constitutivas ou induzidas. As adaptações constitutivas são mais amplamente distribuídas entre os insetos herbívoros especialistas, os quais podem se alimentar somente de algumas espécies vegetais. As adaptações induzidas, por sua vez, são encontradas com mais probabilidade entre insetos generalistas quanto às suas dietas. Embora nem sempre sejam óbvias, na maioria dos ambientes naturais, as interações planta-inseto levam a uma situação de equilíbrio, onde cada um pode se desenvolver e sobreviver sob condições subótimas.

Defesas vegetais contra patógenos

Embora os vegetais não apresentem um sistema imunológico comparável aos animais, eles são surpreendentemente resistentes a doenças provocadas por fungos, bactérias, vírus e nematódeos que estão sempre presentes no ambiente. Nesta seção, são examinados os diversos mecanismos que os vegetais desenvolveram para resistir localmente a infecção, incluindo a imunidade desencadeada por padrões moleculares associados a microrganismos (MAMPs, *microbe-associated molecular patterns*), a imunidade desencadeada por efetores, a produção de agentes antimicrobianos e um tipo de morte celular programada chamado resposta de hipersensibilidade. É discutido também um tipo de imunidade vegetal sistêmica denominada *resistência sistêmica adquirida* (SAR).

Os agentes patogênicos microbianos desenvolveram várias estratégias para invadir as plantas hospedeiras

Ao longo de suas vidas, as plantas são continuamente expostas a uma diversificada série de patógenos. Os patógenos bem-sucedidos desenvolveram vários mecanismos para invadir sua planta hospedeira e causar doença (**Figura 18.17**). Alguns penetram diretamente pela cutícula e pela parede celular, pela secreção de enzimas líticas, as quais digerem essas barreiras mecânicas. Outros entram na planta através de aberturas naturais, como estômatos, hidatódios e lenticelas. Um terceiro grupo invade a planta através de locais com lesões, por exemplo, aquelas causadas por insetos herbívoros. Assim como outros tipos de patógenos, muitos vírus transferidos por insetos herbívoros, que atuam como vetores, também invadem a planta pelo local de forrageio do inseto. Os sugadores de floema, como as moscas-brancas e os afídeos, depositam esses patógenos diretamente no sistema vascular, a partir do qual eles facilmente se propagam pela planta.

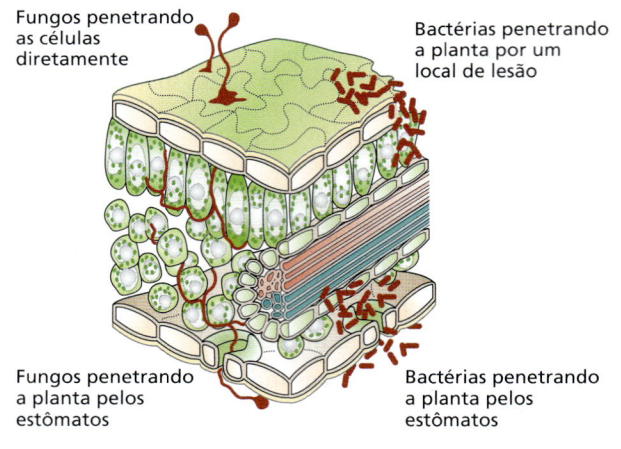

Figura 18.17 Fitopatógenos como bactérias e fungos desenvolveram vários métodos para invadir as plantas. Alguns fungos apresentam mecanismos que lhes permitem penetrar diretamente a cutícula ou a parede celular do vegetal. Outros fungos, assim como bactérias patogênicas, entram por aberturas naturais como estômatos ou por lesões causadas por herbívoros.

Uma vez no interior da planta, os patógenos em geral empregam uma das três principais estratégias de ataque para utilizar a planta hospedeira como substrato para sua própria proliferação. Os **patógenos necrotróficos** atacam seu hospedeiro pela secreção de enzimas ou toxinas degradadoras da parede celular, o que finalmente mata as células vegetais afetadas, levando à extensa maceração dos tecidos (amolecimento dos tecidos após a morte por autólise). Esse tecido morto é, então, colonizado pelo patógeno e é utilizado como fonte de alimento. Outra estratégia é usada por **patógenos biotróficos**; após a infecção, a maior parte do tecido vegetal permanece viva e apenas danos celulares mínimos podem ser observados, à medida que os patógenos se alimentam dos substratos fornecidos por seu hospedeiro. Os **patógenos hemibiotróficos** são caracterizados por uma fase inicial biotrófica, em que as células hospedeiras são mantidas vivas. Essa fase é seguida por um estágio necrotrófico, na qual o patógeno pode causar dano tecidual amplo.

Embora essas estratégias de invasão e infecção sejam individualmente bem-sucedidas, epidemias de doenças vegetais são raras em ecossistemas naturais. Isso se deve ao fato de as plantas terem desenvolvido defesas eficazes contra esse conjunto diverso de patógenos.

Patógenos produzem moléculas efetoras que auxiliam na colonização de suas células hospedeiras vegetais

Os fitopatógenos podem produzir uma série ampla de efetores que sustentam sua capacidade de colonizar com sucesso seu hospedeiro e obter benefícios nutricionais. Os **efetores** são moléculas que alteram a estrutura, o metabolismo ou a regulação hormonal da planta, conferindo vantagem ao patógeno. Eles podem ser divididos em três classes principais: *enzimas, toxinas* e *reguladores de crescimento*. A invasão de um hospedeiro suscetível é, com frequência, a etapa mais difícil para um patógeno; por isso, muitos agentes patogênicos produzem enzimas que podem degradar a cutícula e a parede celular vegetal. Entre as enzimas estão cutinases, celulases, xilanases, pectinases e poligalacturonases. Essas enzimas têm a capacidade de comprometer a integridade da cutícula, bem como das paredes celulares primárias e secundárias.

Patógenos também produzem uma série ampla de toxinas que atuam sobre proteínas-alvo específicas da planta (**Figura 18.18**). Por exemplo, a **toxina HC** do fungo *Cochliobolus carbonum*, que causa a doença da mancha foliar, inibe as histonas desacetilases específicas no milho. Em geral, a diminuição da desacetilação de histonas, que são essenciais na organização da cromatina, tende a aumentar a expressão de genes associados (ver Capítulo 1). No entanto, não se sabe ainda se essa é a maneira pela qual a toxina HC causa a doença no milho.

A **fusicoccina** (ver Figura 18.18) é uma toxina produzida pelo fungo *Fusicoccum amygdali*. Ela ativa constitutivamente a H$^+$-ATPase da membrana plasmática da planta pela ligação inicial a uma proteína específica de reguladores do grupo 14-3-3. Esse complexo, em seguida, liga-se à região C-terminal da H$^+$-ATPase e a ativa irreversivelmente, levando à superacidificação da parede celular e à hiperpolarização da membrana plasmática. Esses efeitos da fusicoccina são de particular importância para as células-guarda dos estômatos (ver Capítulo 6). A hiperpolarização da membrana plasmática induzida por fusicoccina em células-guarda provoca grande absorção de K$^+$ e a abertura estomática permanente, o que leva à murcha e, por fim, à morte da planta. Ainda não está claro se e como o patógeno se beneficia da murcha excessiva de seu hospedeiro.

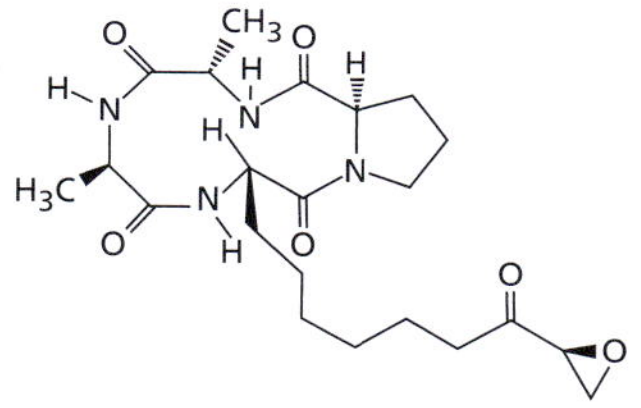

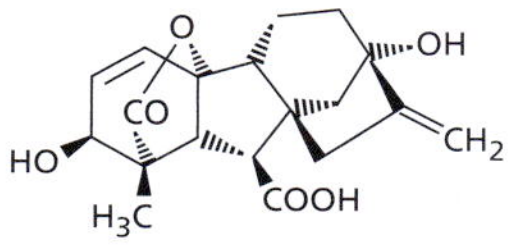

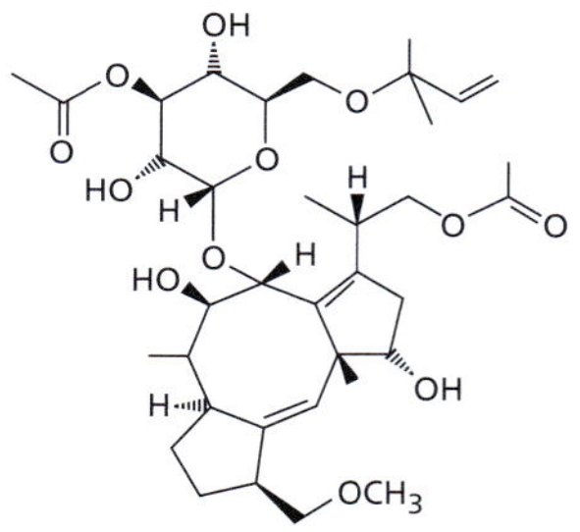

Figura 18.18 Moléculas efetoras produzidas por patógenos auxiliam na invasão das células. Alguns patógenos produzem moléculas efetoras específicas que alteram significativamente a fisiologia da planta. A toxina HC, um peptídeo cíclico, atua na enzima histona desacetilase no núcleo e pode comprometer a expressão de genes envolvidos na defesa. A fusicoccina liga-se às H$^+$-ATPases da membrana plasmática (ver Capítulo 6), em especial àquelas nos estômatos, e as ativa irreversivelmente. As giberelinas produzidas pelo fungo *Gibberella fujikuroi* aceleram o crescimento, resultando em plantas maiores quando comparadas às não infestadas. As giberelinas produzidas pelo fungo são idênticas àquelas produzidas de forma endógena pela planta.

Alguns patógenos produzem moléculas efetoras que interferem significativamente no equilíbrio hormonal da planta hospedeira. O fungo *Gibberella fujikuroi*, que faz as partes aéreas do arroz infectado crescerem muito mais rapidamente em relação às plantas não infectadas, produz ácido giberélico (GA_3) e outras giberelinas. As giberelinas são, portanto, responsáveis pela "doença da planta boba" do arroz. Acreditava-se que os esporos fúngicos liberados das plantas infectadas mais altas eram mais propensos a se propagarem para as plantas vizinhas por causa de sua vantagem de altura. Posteriormente, foi demonstrado que as giberelinas são hormônios vegetais naturais (ver Capítulo 12).

Os efetores de algumas bactérias patogênicas, como *Xanthomonas*, são proteínas que têm como alvo o núcleo da célula vegetal e que causam mudanças marcantes na expressão gênica. Esses efetores do tipo ativadores da transcrição (TAL, *transcription activator-like*) ligam-se ao DNA da planta hospedeira e ativam a expressão de genes benéficos para o crescimento e a disseminação do patógeno.

A infecção por patógeno pode originar "sinais de perigo" moleculares que são percebidos por receptores de reconhecimento de padrões (PRRs) de superfície celular

Para distinguir entre o que "é dela" e o que "não pertence a ela" durante a infecção por patógenos, a planta possui **PRRs** que percebem sinais chamados **MAMPs** (**padrões moleculares associados a microrganismos**). Os MAMPs são conservados entre uma classe específica de microrganismos (como quitina para fungos, flagelos para bactérias), mas inexistem no hospedeiro (**Figura 18.19**). Como mencionado anteriormente, os sinais moleculares de alarme também podem surgir a partir da própria planta, quer a partir de danos causados por microrganismos ou como resultado de danos causados pela mastigação de insetos. Tais sinais derivados de plantas são coletivamente referidos como padrões moleculares associados ao dano (DAMPs).

A percepção de MAMPs ou DAMPs por PRRs da superfície celular inicia uma resposta de defesa basal, localizada, que inibe o crescimento e a atividade de patógenos ou pragas não adaptados. Como exemplo, o controle sobre a abertura estomática, um local comum para a invasão pelo patógeno, atua como a primeira linha de defesa contra essa invasão. Quando uma folha de *Arabidopsis* é exposta a bactérias na superfície foliar ou a um MAMP derivado de proteínas flagelares bacterianas, as aberturas estomáticas diminuem, retardando, assim, a invasão pelo patógeno.

Proteínas R proporcionam resistência a patógenos individuais pelo reconhecimento de efetores linhagem-específicos

Os organismos patogênicos microbianos bem adaptados são capazes de subverter a imunidade desencadeada por MAMP, introduzindo uma grande diversidade de efetores diretamente no citoplasma da célula hospedeira. Por exemplo, algumas bactérias gram-negativas patogênicas desenvolveram uma estrutura em forma de seringa chamada **injectissoma** que atravessa as membranas interna e externa da bactéria e contém uma projeção extracelular semelhante a uma agulha. Os fungos e oomicetos desenvolveram outros métodos para transportar efetores diretamente para dentro das células vegetais. Uma vez dentro das células, esses efetores não podem mais ser detectados por PRRs da membrana, e, se não houvesse um sistema de segurança, a planta ficaria desprotegida contra o ataque.

Essa inovação microbiana coloca as plantas sob enorme pressão evolutiva. Por exemplo, a coronatina, uma toxina bacteriana, inverte os efeitos estimuladores sobre o fechamento estomático de MAMPs derivados de proteínas flagelares bacterianas. Em contrapartida, as plantas desenvolveram uma segunda linha de defesa com base em uma classe de **proteínas de resistência (R)** especializadas, que reconhecem esses efetores intracelulares e desencadeiam respostas de defesa para torná-los inofensivos (ver Figura 18.19). Como consequência, as plantas possuem um segundo tipo de imunidade, denominada **imunidade desencadeada por efetores**, mediada por um grupo de receptores intracelulares altamente específicos.

A resposta de hipersensibilidade é uma defesa comum contra patógenos

Um fenótipo fisiológico comum associado à imunidade desencadeada por efetores é a resposta de hipersensibilidade, na qual as células adjacentes ao local de infecção morrem rapidamente, privando o patógeno de nutrientes e impedindo sua propagação. Após uma resposta de hipersensibilidade exitosa, ocorre uma pequena região de tecido morto no local do ataque do patógeno, mas o restante da planta não é afetado.

Esse tipo de resposta é, muitas vezes, precedido pela acumulação rápida de espécies reativas de oxigênio e óxido nítrico (NO). As células vizinhas do local de infecção sintetizam uma diversidade de compostos tóxicos formados pela redução do oxigênio molecular, incluindo o ânion superóxido ($O_2^{\bullet-}$), o peróxido de hidrogênio (H_2O_2) e o radical hidroxila ($OH^{\bullet}$). Acredita-se que uma oxidase NADPH-dependente localizada

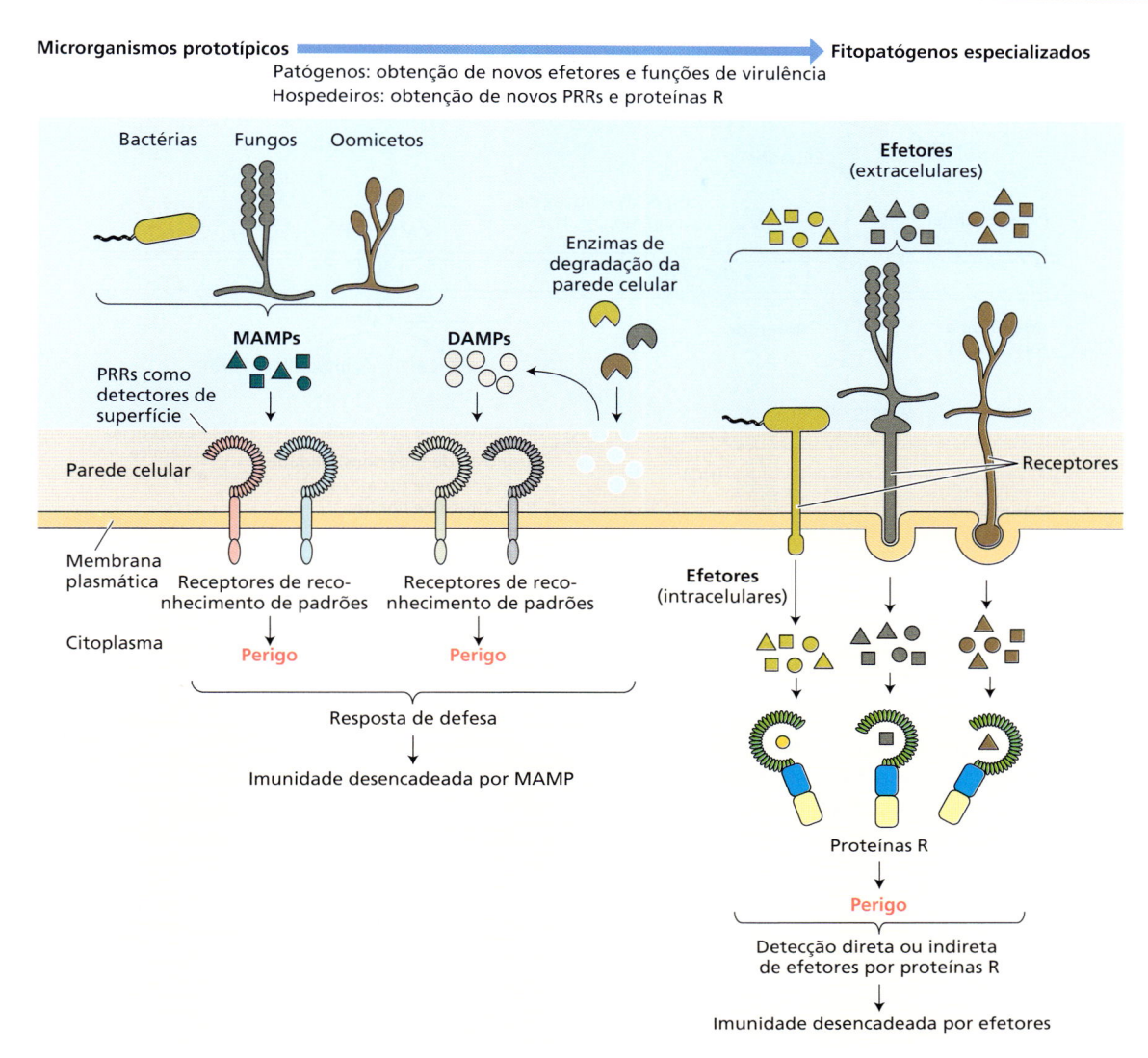

Figura 18.19 As plantas desenvolveram respostas de defesa a uma diversidade de sinais de perigo de origem biótica. Esses sinais abrangem padrões moleculares associados a microrganismos (MAMPs), padrões moleculares associados ao dano (DAMPs) e efetores. MAMPs extracelulares produzidos por microrganismos e DAMPs liberados por enzimas microbianas ligam-se a receptores de reconhecimento de padrões (PRRs) na superfície celular. À medida que as plantas coevoluíram com os patógenos, estes adquiriram efetores como fatores de virulência, e as plantas desenvolveram novos PRRs, para perceber efetores extracelulares, e novas proteínas de resistência R, para perceber efetores intracelulares. Quando MAMPs, DAMPs e efetores ligam-se aos seus PRRs e às proteínas R, dois tipos de respostas de defesa são induzidos: imunidade desencadeada por MAMP e imunidade desencadeada por efetores. (De Boller e Felix, 2009.)

na membrana plasmática (**Figura 18.20**) produza $O_2^{\bullet-}$, o qual é convertido em $OH\bullet$ e H_2O_2.

O radical hidroxila é o oxidante mais forte dessas espécies reativas de oxigênio e pode iniciar reações de radicais em cadeia, com várias moléculas orgânicas, levando à peroxidação lipídica, à inativação de enzimas e à degradação de ácidos nucleicos. As EROs podem contribuir para a morte celular como parte da resposta de hipersensibilidade ou atuar diretamente na morte do patógeno.

Um pico rápido na produção de NO acompanha a explosão oxidativa nas folhas infectadas. O NO é uma das ERO, que também age como mensageiros secundários nas notas de sinalização das plantas (ver Capítulo 19). Um aumento na concentração do íon cálcio citosólico correlaciona-se com o aumento da produção de NO e outras EROs envolvidas na resposta de hipersensibilidade.

Muitas espécies reagem à invasão de fungos ou bactérias sintetizando lignina ou calose. Acredita-se que esses polímeros sirvam como barreiras, separando

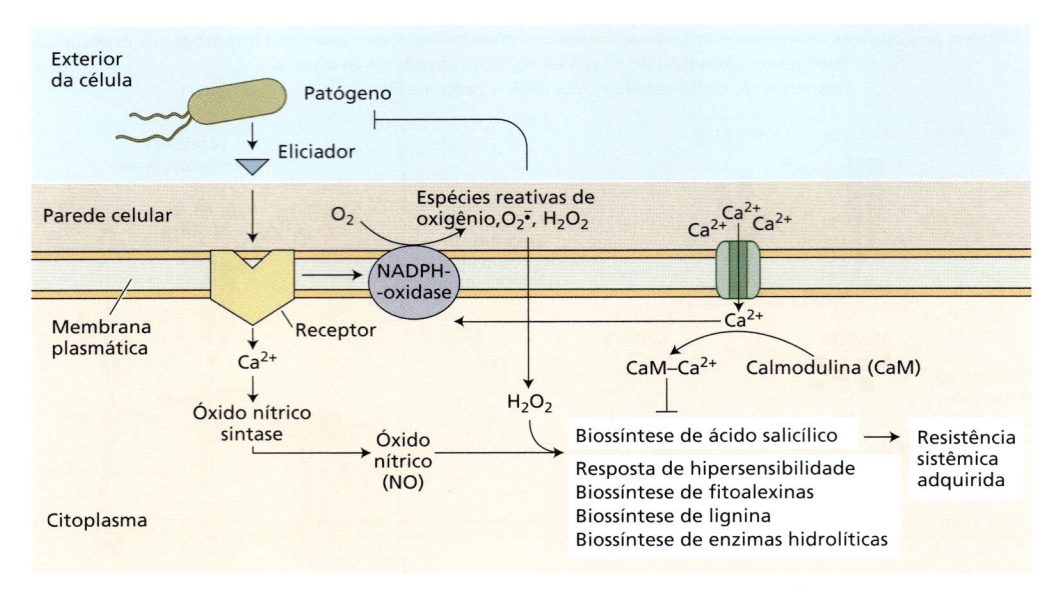

Figura 18.20 Muitos tipos de defesas contra patógenos são induzidos pela infecção. Fragmentos de moléculas dos patógenos, denominados eliciadores, iniciam uma complexa rota de sinalização, que leva à ativação das respostas de defesa. Um aumento brusco na atividade oxidativa e na produção de óxido nítrico estimula a resposta de hipersensibilidade e outros mecanismos de defesa.

tais patógenos do resto da planta e bloqueando fisicamente sua propagação. Uma resposta relacionada é a modificação das proteínas da parede celular. Algumas proteínas da parede, ricas em prolina, formam ligações cruzadas após o ataque do patógeno, em uma reação de oxidação mediada por H_2O_2 (ver Figura 18.20). Esse processo fortalece as paredes celulares das células próximas ao local da infecção, aumentando sua resistência à digestão microbiana.

Outra resposta de defesa à infecção é a formação de enzimas hidrolíticas que atacam a parede celular do patógeno. Várias glucanases, quitinases e outras hidrolases são induzidas pela invasão fúngica. A quitina, um polímero de resíduos de *N*-acetilglicosamina, é o principal componente da parede celular dos fungos. Após a invasão fúngica, com frequência é observado um aumento na produção de quitinases.

Um único contato com o patógeno pode aumentar a resistência aos ataques futuros

Além de desencadearem respostas de defesa localmente, agentes patogênicos microbianos também induzem a produção de sinais, como ácido salicílico, metilsalicilato e outros compostos que levam à expressão sistêmica dos **genes relacionados à patogênese** (**PR**, *pathogenesis-related*) antimicrobianos. Os genes PR compreendem uma família multigênica pequena que codifica para proteínas de peso molecular baixo (6-43 kDa) compostas por um grupo diverso de enzimas hidrolíticas, enzimas modificadoras de parede celular, agentes antifúngicos e componentes de rotas de sinalização. As proteínas PR estão localizadas nos vacúolos ou no apoplasto e são mais abundantes nas folhas, onde mais presumivelmente conferem proteção contra infecções secundárias. Esse fenômeno, pelo qual o desafio local do patógeno aumenta a resistência à infecção secundária, é denominado **resistência sistêmica adquirida** (**SAR**) e em geral desenvolve-se após um período de vários dias. A SAR parece resultar do aumento da quantidade de certos compostos de defesa já mencionados, incluindo quitinases e outras enzimas hidrolíticas.

As medições da taxa de transmissão da SAR desde o sítio de ataque ao restante da planta indicam que o movimento é rápido demais (3 cm/h) para ocorrer por difusão simples e apoia a hipótese de que o sinal móvel deve ser transportado pelo sistema vascular. A maioria das evidências aponta para o floema como principal rota de translocação do sinal da SAR.

Embora o mecanismo de indução da SAR ainda seja desconhecido, um dos sinais endógenos é o ácido salicílico. A concentração desse derivado do ácido benzoico aumenta drasticamente na região de infecção após o ataque inicial, e acredita-se que estabeleça a SAR em outras partes da planta. No entanto, experimentos de enxertia em tabaco mostraram que porta-enxertos infectados e deficientes em ácido salicílico poderiam desencadear SAR em enxertos do tipo selvagem. Esses resultados indicam que o ácido salicílico não é nem o desencadeador inicial no local da infecção, nem o sinal móvel que induz a SAR em toda a planta.

Outros experimentos apontam para o metilsalicilato como o sinal móvel que induz a SAR. Embora seja volátil, o metilsalicilato parece ser transportado pelo sistema vascular no tabaco.

Defesas vegetais contra outros organismos

Enquanto os insetos herbívoros e os microrganismos patogênicos representam a maior ameaça para plantas, outros organismos, incluindo nematódeos e plantas parasitas, também podem causar danos significativos. Todavia, relativamente pouco se sabe sobre os fatores que regulam as interações de nematódeos e plantas parasitas com seus respectivos hospedeiros. Há, no entanto, evidência emergente de que os metabólitos secundários desempenham um papel importante nesse processo.

Alguns nematódeos parasitas de plantas formam associações específicas através da formação de estruturas de forrageio distintas

Nematódeos, vermes cilíndricos e alongados, são habitantes de água e solo que muitas vezes superam numericamente todos os outros animais em seus respectivos ambientes. Muitos nematódeos existem como parasitas dependentes de outros organismos vivos, incluindo plantas, para completar seu ciclo de vida. Eles podem causar perdas severas de culturas agrícolas e de plantas ornamentais. Os nematódeos fitoparasitas podem infectar todas as partes do vegetal, das raízes às folhas, e podem inclusive viver na casca de árvores. Esses organismos alimentam-se por um estilete oco que atravessa facilmente as paredes das células vegetais. No solo, os nematódeos podem se mover de planta a planta, causando danos imensos. Sem dúvida, os mais bem estudados entre os nematódeos fitoparasitas são os nematódeos encistados e os que causam a formação de galhas (nódulos) nas raízes infectadas, os chamados nematódeos de nódulos de raízes. Ambos são endoparasitas que dependem de plantas vivas como hospedeiros para completar seus ciclos de vida, sendo, por isso, caracterizados como biotróficos. Os ciclos de vida dos nematódeos parasitas iniciam quando os ovos dormentes reconhecem compostos específicos secretados pela raiz (**Figura 18.21**). Uma vez eclodidos, os nematódeos jovens nadam até a raiz e penetram nela. Depois, eles migram para o sistema vascular, onde começam a consumir suas células.

No local de forrageio permanente, em geral no córtex da raiz, a larva de nematódeo encistado perfura uma célula com seu estilete e injeta saliva. Como resultado, as paredes celulares decompõem-se e as células vizinhas são incorporadas em um **sincício** (ver Figura 18.21A). O sincício consiste em um local grande de forrageio, metabolicamente ativo, que se torna multinucleado à medida que as células vegetais adjacentes são incorporadas a ele por dissolução da parede e fusão celular. O sincício continua a se expandir centripetamente em direção ao sistema vascular, incorporando células do periciclo e do parênquima xilemático. As paredes externas do sincício, adjacentes aos elementos condutores, formam protuberâncias que atuam na transferência de nutrientes.

O nematódeo encistado, depois de estabelecer-se nessa estrutura de forrageio, cresce e passa por três estágios de muda para se tornar um vermiforme adulto. Na maturidade, a fêmea produz ovos internamente, intumesce e projeta-se da superfície da raiz. Os nematódeos machos maduros são liberados da raiz no solo e atraídos por feromônios até as fêmeas na superfície da raiz. Após a fecundação, a fêmea morre, formando um cisto que contém os ovos fecundados.

As raízes infectadas por nematódeos de nódulos formam grandes células, resultando no estabelecimento do nódulo ou galha, que também permanece em estreito contato com o sistema vascular e fornece nutrientes ao animal (ver Figura 18.21B).

Plantas competem com outras plantas secretando metabólitos secundários alelopáticos no solo

As plantas liberam compostos (exsudatos da raiz) que alteram a química do solo em seu ambiente, aumentando, assim, a absorção de nutrientes ou protegendo-se contra a toxicidade de metais. As plantas também secretam sinais químicos que são essenciais para mediar as interações entre as raízes e as bactérias não patogênicas do solo, incluindo bactérias simbióticas fixadoras de nitrogênio. No entanto, os microrganismos não são os únicos organismos influenciados por metabólitos secundários liberados pelas raízes. Alguns desses produtos químicos também participam na comunicação direta entre as plantas. As plantas liberam metabólitos secundários no solo para inibir as raízes de outras plantas, um fenômeno conhecido como alelopatia.

O interesse pela alelopatia tem aumentado nos últimos anos por causa do problema das espécies invasoras que se impõem às espécies nativas, ocupando os hábitats naturais. Um exemplo devastador é a centáurea-manchada (*Centaurea maculosa*), uma erva invasora exótica introduzida na América do Norte, que libera metabólitos secundários fitotóxicos no solo. Essa espécie, membro da família Asteraceae, é nativa da Europa, onde não é dominante ou problemática. No entanto,

Figura 18.21 Os nematódeos podem causar danos expressivos às plantas. A maioria dos nematódeos patogênicos ataca as raízes vegetais. De vida livre, os nematódeos jovens são atraídos pelas secreções das raízes. Após a penetração, o nematódeo começa a se alimentar em células dos tecidos vasculares. (A) Nematódeos encistados causam a formação de uma estrutura de forrageio (sincício) no sistema vascular, mas não causam outras modificações morfológicas. Após a fecundação, a fêmea do nematódeo encistado morre, formando, assim, um cisto contendo os ovos fecundados, dos quais a nova geração de infectantes eclode. (B) A infecção por nematódeos de nódulos causa a formação de células gigantes, que resultam nos típicos nódulos da raiz. Após a maturação, a fêmea do nematódeo libera uma massa de ovos, da qual os infectantes jovens eclodem e causam infestações em outras plantas.

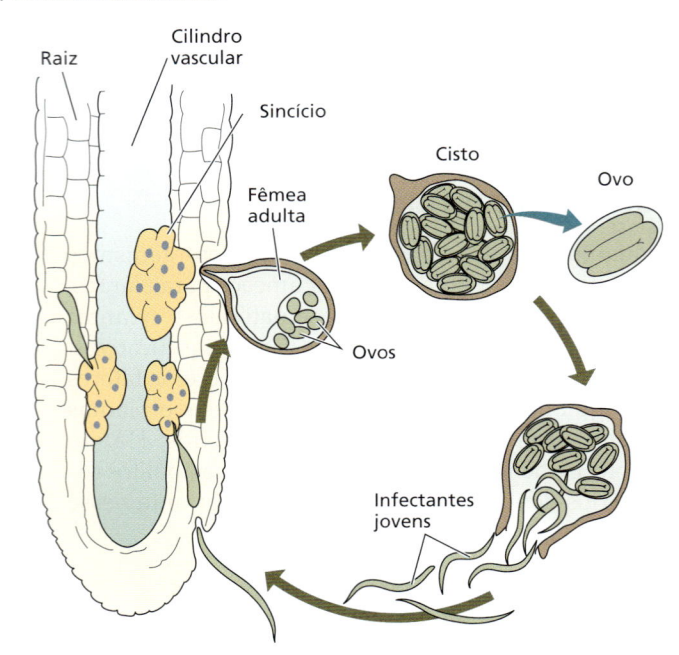

no noroeste dos Estados Unidos, ela tornou-se uma das piores ervas invasoras, infestando mais de 1,8 milhão de ha somente em Montana. Os indivíduos de *C. maculosa* frequentemente colonizam áreas alteradas na América do Norte, mas também invadem pastagens naturais e pradarias, onde desalojam espécies nativas e estabelecem monoculturas densas.

Os metabólitos secundários fitotóxicos liberados no solo por *C. maculosa* foram identificados como uma mistura racêmica de (±)-catequina (a partir daqui denominada catequina; **Figura 18.22**). O mecanismo pelo qual a catequina atua como uma fitotoxina foi elucidado. Em espécies suscetíveis, como *Arabidopsis*, a catequina desencadeia uma onda de EROs iniciada no meristema da raiz, que leva a uma cascata de sinalização por Ca^{2+}, desencadeando alterações na expressão gênica em nível de genoma. Em *Arabidopsis*, a catequina duplicou a expressão de cerca de 1.000 genes em 1 hora de tratamento. Em 12 horas, muitos desses mesmos genes foram reprimidos, o que

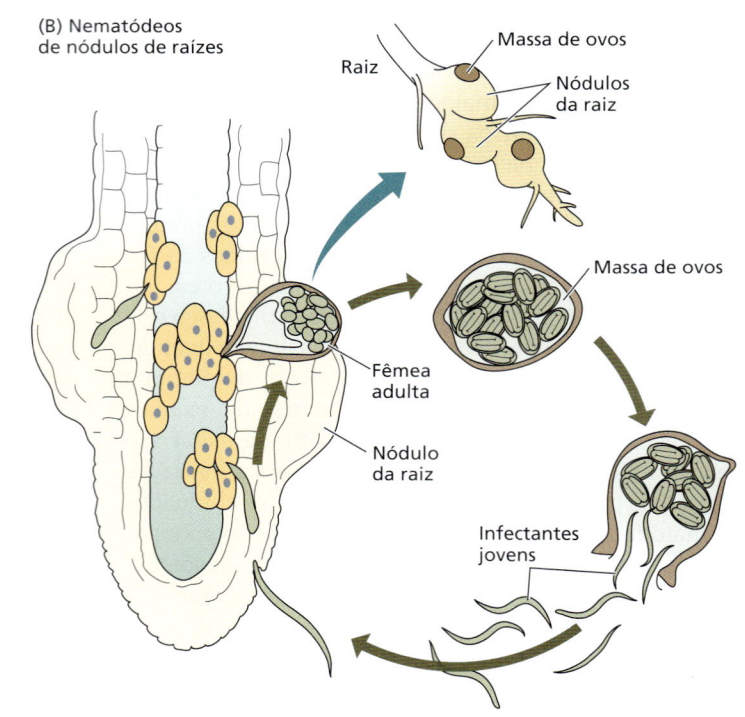

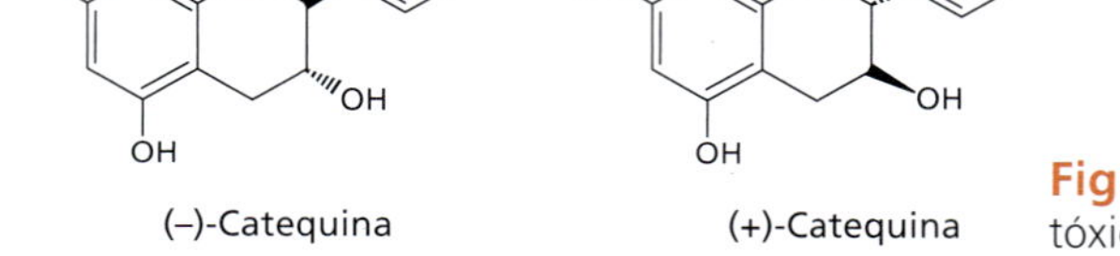

Figura 18.22 Compostos alelopáticos fitotóxicos produzidos por *Centaurea maculosa*.

Figura 18.23 Plantas parasitas. (A) Visco (*Viscum* sp.) em prosópis (*Prosopis* sp.). (B) Claramente visível é o caule verde do visco que cresce através da casca da planta hospedeira. (C) Cuscuta (*Cuscuta* sp.) crescendo em um fragmento de verbena-de-areia (*Abronia umbellata*) em dunas na costa do Pacífico, na Califórnia. (D) Detalhe mostrando a densidade alta de infestação de cuscuta em sua planta hospedeira. (Fotografias © J. Engelberth.)

pode se refletir no começo da morte celular. Os experimentos de laboratório que investigam os efeitos da catequina na germinação e no crescimento de plantas mostraram que as espécies nativas de pastagem norte-americanas variam consideravelmente em sua sensibilidade a esse metabólito. As espécies resistentes podem produzir exsudatos de raízes que desintoxicam esse aleloquímico.

Algumas plantas são patógenos biotróficos de outras plantas

Enquanto a maioria das plantas é autotrófica, algumas evoluíram para parasitas, dependendo de outras plantas para fornecimento de nutrientes essenciais ao seu próprio crescimento e desenvolvimento. As plantas parasitas podem ser divididas em dois grupos principais, dependendo do grau de parasitismo. As **plantas hemiparasitas** retêm a capacidade de executar algum nível de fotossíntese, enquanto as **holoparasitas** são completamente dependentes de seus hospedeiros e perderam a capacidade de realizar fotossíntese. Por exemplo, o visco (gênero *Viscum*), que possui folhas verdes e é capaz de realizar a fotossíntese, é um hemiparasita (**Figura 18.23A e B**). Por sua vez, a cuscuta (gênero *Cuscuta*), que perdeu a capacidade de fotossíntese e depende inteiramente dos açúcares do hospedeiro, é um holoparasita (**Figura 18.23C e D**).

As plantas parasitas desenvolveram uma estrutura especializada, o **haustório**, que é uma raiz modificada (**Figura 18.24**). Depois de estabelecer contato com sua planta hospedeira, o haustório penetra na epiderme ou casca e depois no parênquima, para crescer em direção ao sistema vascular e absorver os nutrientes do hospedeiro. Para chegar à planta hospedeira, as sementes de

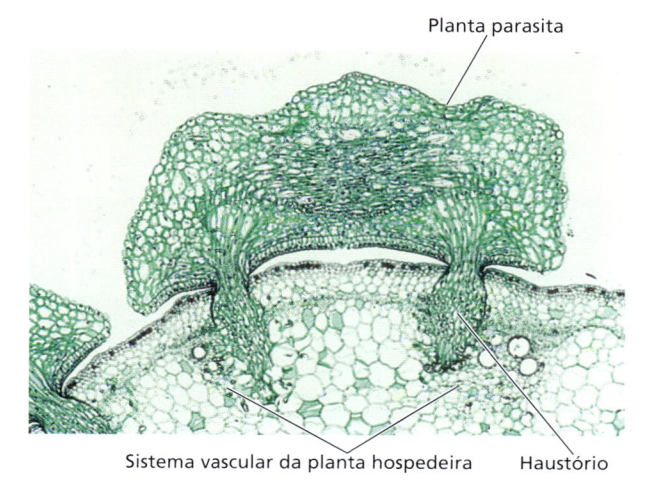

Figura 18.24 Micrografia de um haustório de cuscuta penetrando os tecidos da planta hospedeira. (Fotografia © Biodisc/Visuals Unlimited, Inc.)

plantas parasitas são diretamente depositadas por aves ou são dispersadas mais aleatoriamente pelo vento ou por outros meios. Após a germinação, as plântulas precisam depender, durante um período, de suas sementes como fonte de alimento, até que possam encontrar um hospedeiro adequado. Uma pesquisa recente mostrou que quantidades baixas de voláteis de plantas espécie--específicos podem servir como pistas para que plântulas de cuscuta orientem seu crescimento em direção ao hospedeiro. Por outro lado, no caso de parasitas de raiz, como *Striga*, os compostos secretados pela raiz hospedeira orientam o crescimento das raízes das plântulas em direção ao hospedeiro. Em contato com a raiz hospedeira, a raiz da plântula de *Striga* desenvolve-se até formar um haustório. A seguir, este penetra na raiz do hospedeiro e cresce diretamente para o xilema através das pontoações dos vasos, onde absorve os nutrientes necessários mediante estruturas protoplasmáticas tubulares sem parede celular.

Os mecanismos dessas interações entre plantas parasitas e seus hospedeiros têm sido estudados principalmente em nível morfológico; pouco se sabe sobre os mecanismos de sinalização envolvidos. É claro que os metabólitos secretados ou emitidos como voláteis pela planta hospedeira fornecem indicações importantes para o parasita. Contudo, outros fatores, como a luz, também podem desempenhar um papel importante nesse processo. Da mesma forma, pouco se sabe sobre os mecanismos de defesa da planta hospedeira. É provável que as rotas de sinalização de defesa comuns, incluindo o ácido jasmônico, o ácido salicílico e o etileno, desempenhem um papel importante na defesa contra plantas parasitas, mas é necessário mais investigação.

Resumo

As plantas desenvolveram muitas estratégias para enfrentar as ameaças de pragas e patógenos. As estratégias incluem mecanismos de detecção sofisticados e produção de metabólitos secundários tóxicos e repelentes. Enquanto algumas dessas respostas são constitutivas, outras são induzidas. No geral, essas estratégias levaram a um impasse na corrida coevolutiva entre as plantas e suas pragas.

Interações benéficas entre plantas e microrganismos

- As plantas crescem em um ambiente que abrange interações positivas, neutras e negativas com outros organismos vivos (**Figura 18.1**).
- As interações micorrízicas podem se formar na superfície das raízes (ectomicorrizas) ou dentro das células das raízes (micorrizas arbusculares), melhorando a assimilação de fósforo do solo pelas plantas.
- Rizobactérias podem liberar metabólitos que auxiliam o crescimento vegetal por meio de um aumento na disponibilidade de nutrientes e na proteção contra patógenos (**Figura 18.2**).

Interações nocivas de patógenos e herbívoros com plantas

- As barreiras mecânicas que fornecem uma primeira linha de defesa contra pragas e patógenos incluem espinhos, gloquídios, acúleos, tricomas e ráfides. (**Figuras 18.3-18.5**).
- Indivíduos da sensitiva (*Mimosa*) inibem a ação de herbívoros dobrando seus folículos quando tocados (**Figura 18.6**).
- Metabólitos especializados, como as fitoalexinas, atuam como agentes antimicrobianos e anti-herbivoria (**Figura 18.7**).

- Os metabólitos especializados com funções de defesa são armazenados em estruturas adaptadas que liberam seus conteúdos somente após serem danificadas (**Figuras 18.8-18.11**).
- Alguns metabólitos secundários são armazenados em vacúolos especializados como conjugados de açúcares hidrossolúveis e espacialmente separados de suas enzimas ativadoras (**Figura 18.12**).

Respostas de defesa induzidas contra insetos herbívoros

- Em vez de produzirem continuamente metabólitos secundários defensivos, as plantas podem poupar energia produzindo compostos de defesa somente quando induzidas por danos mecânicos ou componentes específicos da saliva do inseto (eliciadores).
- A concentração de ácido jasmônico (AJ) aumenta rapidamente em resposta a danos causados por insetos e induz a transcrição de genes envolvidos na defesa vegetal (**Figura 18.13**).
- Os danos provocados por herbívoros podem induzir defesas sistêmicas ao causarem a síntese de sinais polipeptídicos. Por exemplo, a sistemina é liberada no apoplasto e liga-se a receptores em tecidos intactos, ativando a síntese de AJ (**Figura 18.14**).
- Além de produzir sinais peptídicos, as plantas também podem disparar sinais elétricos para iniciar as respostas de defesa em tecidos que ainda não foram danificados (**Figura 18.15**).
- As plantas podem liberar compostos voláteis para atrair inimigos naturais dos herbívoros ou para sinalizar às plantas vizinhas que iniciem seus mecanismos de defesa (**Figura 18.16**).

Defesas vegetais contra patógenos

- Os patógenos podem invadir as plantas pelas paredes celulares mediante secreção de enzimas líticas pelas aberturas naturais, como estômatos e lenticelas, e pelas lesões. Os insetos herbívoros também podem ser vetores de patógenos (**Figura 18.17**).
- Os patógenos geralmente usam uma das três principais estratégias de ataque: necrotrofismo, biotrofismo ou hemibiotrofismo.
- Os patógenos muitas vezes produzem moléculas efetoras (enzimas, toxinas ou reguladores de crescimento) que auxiliam na infecção inicial (**Figura 18.18**).
- Todas as plantas têm receptores de reconhecimento de padrões (PRRs) que iniciam respostas de defesa quando ativados por padrões moleculares associados a microrganismos (MAMPs; p. ex., flagelos e quitina), evolutivamente conservados (**Figura 18.19**).
- Outra defesa antipatógenos é a resposta de hipersensibilidade, na qual as células que cercam o sítio infectado morrem rapidamente, limitando, desse modo, a propagação da infecção. A resposta de hipersensibilidade muitas vezes é precedida pela produção rápida de EROs e NO, que podem matar diretamente o patógeno ou auxiliar na morte celular (**Figura 18.20**).
- Uma planta que sobrevive à infecção local do patógeno frequentemente desenvolve aumento da resistência ao ataque subsequente, um fenômeno chamado de resistência sistêmica adquirida (SAR).

Defesas vegetais contra outros organismos

- Nematódeos (nematelmintos) são parasitas que podem se mover entre hospedeiros e que induzem a formação de estruturas de forrageio e nódulos a partir de tecidos de plantas vasculares (**Figura 18.21**).
- Algumas plantas produzem metabólitos secundários alelopáticos que lhes permitem competir com espécies vegetais próximas (**Figura 18.22**).
- Algumas plantas são parasitas de outras plantas. Plantas parasitas podem ser divididas em dois grupos principais (hemiparasitas e holoparasitas), dependendo de sua capacidade de realizar fotossíntese (**Figura 18.23**).
- As plantas parasitas usam uma estrutura especializada, o haustório, para penetrar seu hospedeiro, crescer em direção ao sistema vascular e absorver nutrientes (**Figura 18.24**).
- Algumas plantas parasitas detectam seu hospedeiro pelo perfil volátil específico que é constitutivamente liberado.

Leituras sugeridas

Belkhadir, Y., Yang, L., Hetzel, J., Dangl, J. L., and Chory, J. (2014) The growth-defense pivot: Crisis management in plants mediated by LRR-RK surface receptors. *Trends Biochem Sci.* 39: 447–456. DOI: 10.1016/j.tibs.2014.06.006

Elzinga, D. A., and Jander, G. (2013) The role of protein effectors in plant-aphid interactions. *Curr. Opin. Plant Biol.* 16: 451–456. DOI: 10.1016/j.pbi.2013.06.018

Gleadow, R. M., and Møller, B. L. (2014) Cyanogenic glycosides: Synthesis, physiology, and phenotypic plasticity. *Annu. Rev. Plant Biol.* 65: 155–185. DOI: 10.1146/annurev-arplant-050213-040027

Holeski, L. M., Jander, G., and Agrawal, A. A. (2012) Transgenerational defense induction and epigenetic inheritance in plants. *Trends Ecol. Evol.* 27: 618–626. DOI: 10.1016/j.tree.2012.07.011

Jung, S. C., Martinez-Medina, A., Lopez-Raez, J. A., and Pozo, M. J. (2012) Mycorrhiza-induced resistance and priming of plant defenses. *J. Chem. Ecol.* 38: 651–664. DOI: 10.1007/s10886-012-0134-6

Kachroo, A., and Robin, G. P. (2013) Systemic signaling during plant defense. *Curr. Opin. Plant Biol.* 16: 527–533. DOI: 10.1016/j.pbi.2013.06.019

Kandoth, P. K., and Mitchum, M. G. (2013) War of the worms: How plants fight underground attacks. *Curr. Opin. Plant Biol.* 16: 457–463. DOI: 10.1016/j.pbi.2013.07.001

Kazan, K., and Lyons, R. (2014) Intervention of phytohormone pathways by pathogen effectors. *Plant Cell* 26: 2285–2309.

Romeis, T., and Herde, M. (2014) From local to global: CDPKs in systemic defense signaling upon microbial and herbivore attack. *Curr. Opin. Plant Biol.* 20: 1–10. DOI: 10.1016/j.pbi.2014.03.002

Yan, S., and Dong, X. (2014) Perception of the plant immune signal salicylic acid. *Curr. Opin. Plant Biol.* 20: 64–68. DOI: 10.1016/j.pbi.2014.04.006

19 Estresse Abiótico

As plantas crescem e reproduzem-se em ambientes potencialmente estressantes, que contêm uma multiplicidade de fatores abióticos (não vivos) químicos e físicos que variam conforme o tempo e a localização geográfica. Os principais parâmetros ambientais abióticos que afetam o crescimento vegetal são luz (intensidade, qualidade e duração), água (disponibilidade no solo e umidade), dióxido de carbono, oxigênio, conteúdo e disponibilidade de nutrientes no solo, temperatura e toxinas (i.e., metais pesados e salinidade). As flutuações desses fatores ambientais fora de seus limites normais em geral têm consequências bioquímicas e fisiológicas negativas para as plantas. Por serem sésseis, as plantas são incapazes de evitar o estresse abiótico simplesmente deslocando-se para um ambiente mais favorável. Como alternativa, elas desenvolveram a capacidade de compensar as condições estressantes, mediante alteração dos processos fisiológicos e de desenvolvimento para manter o crescimento e a reprodução.

Neste capítulo, é apresentada uma visão integrada de como as plantas se adaptam e respondem aos estresses abióticos no ambiente. Como todos os organismos vivos, as plantas são sistemas biológicos complexos constituídos de milhares de genes, proteínas, moléculas reguladoras, agentes de sinalização e compostos químicos diferentes, que estabelecem centenas de rotas e redes interligadas. Sob condições normais de crescimento, as diferentes rotas bioquímicas e redes de sinalização devem atuar de uma maneira coordenada para manter um equilíbrio entre os aportes (*inputs*) ambientais e o imperativo genético da planta de crescer e reproduzir-se. Quando exposto a condições ambientais desfavoráveis, esse sistema interativo complexo ajusta-se *homeostaticamente* para minimizar os impactos negativos do estresse e manter o equilíbrio metabólico (**Figura 19.1**).

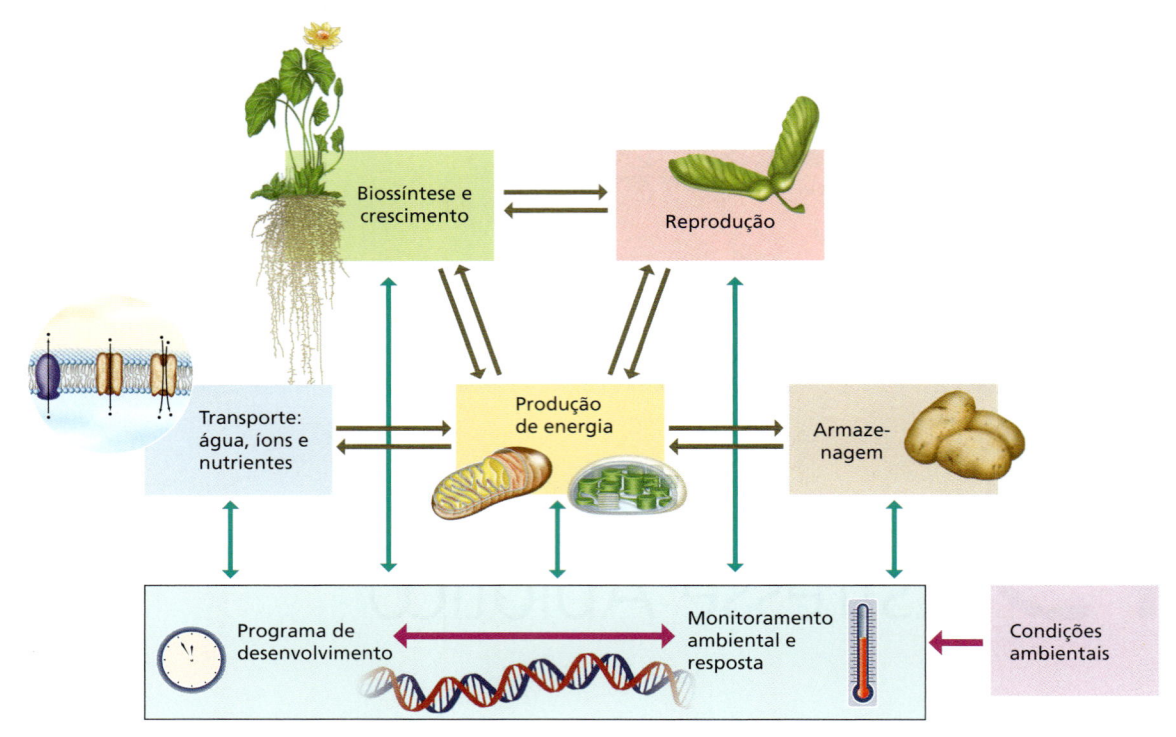

Figura 19.1 Interações entre as condições ambientais e os processos vegetais de desenvolvimento, crescimento, produção de energia, equilíbrio de íons e nutrientes e armazenagem. O equilíbrio entre esses processos é controlado pelo genoma vegetal (caixa verde claro, embaixo), o qual codifica sensores e rotas de transdução de sinal que fazem o monitoramento e o ajuste dos parâmetros ambientais. Com base nos diferentes sinais de estresses ambientais, o genoma vegetal pode, portanto, direcionar o fluxo de energia entre os diferentes processos (setas marrons) para estabelecer um novo estado homeostático correspondente às condições específicas de estresse.

No início, é estabelecida a distinção entre adaptação e aclimatação em relação ao estresse abiótico. A seguir, são descritos os diversos fatores abióticos no ambiente que podem afetar negativamente o crescimento e o desenvolvimento vegetal. No restante do capítulo, são estudados os mecanismos sensores de estresse na planta e os processos que transformam sinais sensoriais em respostas fisiológicas. Por último, são descritas as mudanças metabólicas, fisiológicas e anatômicas específicas que resultam dessas rotas de sinalização e capacitam as plantas a se adaptarem ou se aclimatarem ao estresse abiótico.

Definição de estresse vegetal

As condições ideais de crescimento para determinada planta podem ser definidas como as que permitem que ela alcance o crescimento e o potencial reprodutivo máximos, medidos pela massa, pela altura e pelo número de sementes, que são todos componentes da *biomassa total* da planta. **Estresse** pode ser definido como qualquer condição ambiental, biótica ou abiótica, que impeça a planta de alcançar seu potencial genético pleno. Por exemplo, um decréscimo na intensidade luminosa causaria uma redução na atividade fotossintética, com uma diminuição concomitante no suprimento de energia para a planta. Sob essas condições, a planta poderia compensar de duas maneiras: diminuindo a velocidade da biossíntese, reduzindo, assim, sua taxa de crescimento, ou recorrendo às suas reservas alimentares armazenadas na forma de amido (ver Figura 19.1).

Como qualquer pessoa que já esqueceu de regar seu jardim é capaz de confirmar, o estresse pela seca pode causar murcha acentuada (**Figura 19.2A e B**). Um decréscimo na disponibilidade de água também pode ter um efeito deletério no crescimento. Uma maneira de compensar um decréscimo no potencial hídrico é pelo fechamento dos estômatos, que reduz a perda de água por transpiração. No entanto, o fechamento estomático também diminui a absorção de CO_2 pela folha, reduzindo, assim, a fotossíntese e reprimindo o crescimento. A **Figura 19.2C** apresenta um exemplo dos efeitos da seca (moderada e severa) no crescimento de indivíduos de arroz. O arroz é capaz de tolerar seca moderada sem qualquer efeito mensurável no crescimento, mas a seca severa inibe fortemente o crescimento vegetativo.

Figura 19.2 Comparações de indivíduos de abóbora (*Cucurbita pepo*) e arroz (*Oryza sativa*) não submetidos (controle) e submetidos ao estresse da seca. (A) Indivíduo de abóbora bem hidratado. (B) Indivíduo de abóbora sob estresse da seca. (C) Indivíduos de milho: controle, sob estresse moderado e sob estresse severo da seca. (A e B iStock.com/PlazacCameraman; C cortesia de Eduardo Blumwald.)

O ajuste fisiológico ao estresse abiótico envolve compensações (*trade-offs*) entre os desenvolvimentos vegetativo e reprodutivo

Como as mudanças nas condições ambientais afetam a reprodução? Sob condições ideais de crescimento, a competição por recursos entre os diferentes órgãos vegetais ou fases de desenvolvimento é mínima. A transição para o crescimento reprodutivo ocorre somente após a fase adulta vegetativa completar seu programa de desenvolvimento determinado geneticamente (ver Capítulo 17). Sob condições de estresse, no entanto, é possível que o programa de crescimento vegetativo termine de maneira prematura, e uma planta anual pode imediatamente começar a fase reprodutiva. Nesse caso, a planta passa por uma transição ao florescimento, à fecundação e à produção de sementes antes de alcançar seu tamanho pleno, resultando em um indivíduo menor. Com menos folhas para fornecer fotossintatos, as plantas que crescem em condições subótimas podem também produzir sementes menores e em menor quantidade.

A rota de desenvolvimento específica utilizada para maximizar o potencial reprodutivo sob estresse abiótico depende em grande parte do ciclo de vida da planta. Por exemplo, as *plantas anuais* completam seu ciclo de vida em uma única estação específica. Portanto, para elas, é vantajoso ajustar seus programas de metabolismo e desenvolvimento, a fim de produzir o número máximo de sementes viáveis sob quaisquer que sejam as condições ambientais encontradas durante a estação. Por outro lado, as *plantas perenes*, que têm múltiplas estações para produzir sementes, tendem a ajustar seus programas de metabolismo e desenvolvimento para garantir a armazenagem ideal de recursos alimentares, o que as capacita a sobreviver à próxima estação, mesmo que às custas da produção de sementes na estação atual.

Aclimatação *versus* adaptação

As plantas individuais respondem diretamente às mudanças no ambiente, alterando sua fisiologia ou morfologia para melhorar a sobrevivência e a reprodução. Tais respostas não requerem novas modificações genéticas. Se a resposta da planta melhora com a exposição repetida ao estresse ambiental, então ela é chamada de **aclimatação**. A aclimatação representa uma mudança não permanente na fisiologia ou morfologia do indivíduo, podendo ser revertida se as condições ambientais prevalentes se alterarem. Os mecanismos epigenéticos que alteram a expressão de genes sem mudar o código genético de um organismo podem estender a duração das respostas de aclimatação e torná-las herdáveis.

Um exemplo de aclimatação, oriundo da jardinagem é um processo conhecido como *rustificação* (*hardening off*). Para acelerar o crescimento de plantas, os jardinistas muitas vezes começam cultivando-as dentro de locais protegidos, em vasos, sob condições de crescimento ideais. Após, as plantas são colocadas no lado de fora durante parte do dia, por um período suficiente para aclimatá-las (ou "fortalecê-las") ao clima ao ar livre, antes de deixá-las permanentemente no ambiente externo.

Outro exemplo de aclimatação é a resposta à salinidade de plantas sensíveis ao sal, denominadas plantas *glicofíticas*. Embora não sejam geneticamente adaptadas a crescer em ambientes salinos, quando expostas à salinidade elevada, as plantas glicofíticas podem ativar várias respostas ao estresse, que lhes permitem enfrentar perturbações fisiológicas impostas pela salinidade elevada em seu ambiente. A exposição ao sal estimula um maior efluxo de Na^+ das células para reduzir a toxicidade induzida pela salinidade. Essa resposta não é suficiente para proteger plantas em condições hipersalinas, mas pode proporcionar proteção de curto prazo quando as concentrações de sal aumentam temporariamente em solos secos.

Ao contrário da aclimatação, que resulta de alterações transitórias em uma planta individual, alterações morfológicas ou fisiológicas que se tornaram geneticamente fixadas em uma população, durante muitas gerações, por seleção natural, são chamadas de **adaptações**. Um exemplo notável de adaptação a um ambiente abiótico extremo é o crescimento de plantas em solos serpentinos. Os solos serpentinos são caracterizados por umidade baixa, concentrações baixas de macronutrientes e níveis elevados de níquel, cobalto e íons cromo. Essas condições resultariam em estresse ambiental severo para a maioria das plantas. Contudo, não é incomum encontrar populações de plantas geneticamente adaptadas a solos serpentinos crescendo não distante de plantas intimamente aparentadas e não adaptadas vivendo em solos "normais". Experimentos simples de transplante têm demonstrado que somente as populações adaptadas conseguem crescer e se reproduzir em solo serpentino, e cruzamentos genéticos revelam a base genética estável dessa adaptação.

A evolução de mecanismos adaptativos vegetais a um conjunto especial de condições ambientais, em geral, envolve processos que permitem a *evitação* dos efeitos potencialmente danosos dessas condições. Por exemplo, populações do capim-lanudo (*Holcus lanatus*, Poaceae) que estão adaptadas a crescer em locais de mineração contaminados com arsênico, no sudoeste da Inglaterra, contêm uma modificação genética específica que reduz a absorção de arseniato via sistema de captação de fosfato. Isso permite que as plantas evitem a toxicidade do arsênico e se desenvolvam em locais contaminados. As populações que crescem em solos não contaminados, por sua vez, têm menos probabilidade de conter essa modificação genética.

Tanto a adaptação quanto a aclimatação podem contribuir para a tolerância geral das plantas a extremos em seu ambiente abiótico. No exemplo anterior, a adaptação genética na população de capim-lanudo tolerante ao arsênico apenas *reduz* a absorção de arseniato – mas não a interrompe. Para mitigar os efeitos tóxicos de arseniato acumulado, as plantas adaptadas adotam o mesmo mecanismo bioquímico que as plantas não adaptadas usam para responder aos efeitos tóxicos da acumulação de arseniato nos tecidos. Esse mecanismo envolve a biossíntese de moléculas de peso molecular baixo, com capacidade de ligação a metais, denominadas *fitoquelatinas*, que podem se ligar a metais pesados ou arsênico para reduzir a toxicidade celular. Portanto, a capacidade do capim-lanudo de desenvolver-se em resíduos contaminados com arsênico depende de uma adaptação genética específica encontrada na população tolerante (exclusão do arseniato) e na aclimatação, que é comum a todas as plantas que respondem ao arsênico mediante produção de fitoquelatinas.

Estressores ambientais

Nesta seção, é feita uma breve descrição das maneiras pelas quais diferentes estresses ambientais podem desarticular o metabolismo vegetal. Assim como em cada sistema biológico, a sobrevivência e o crescimento vegetais dependem de redes complexas de rotas anabólicas e catabólicas associadas que direcionam o fluxo de energia e de recursos dentro das células e entre elas. O desacoplamento das rotas por estressores ambientais pode desarticular essas redes. Por exemplo, as enzimas metabólicas muitas vezes podem ter ótimos de temperatura diferentes. Aumentos ou diminuições na temperatura podem inibir um subconjunto de enzimas, sem afetar outras enzimas na mesma rota ou em rotas conectadas. É possível que tal desacoplamento funcional de rotas metabólicas resulte na acumulação de compostos intermediários que podem ser convertidos em subprodutos tóxicos.

O estresse ambiental pode também desarticular a compartimentalização de processos metabólicos, isolando-os de outros componentes celulares. As mesmas temperaturas extremas que podem inibir a atividade enzimática podem também afetar a fluidez de membranas: a temperatura alta aumenta a fluidez, e a temperatura baixa a diminui. As mudanças na fluidez de membranas podem desarticular a associação entre diferentes complexos proteicos no cloroplasto ou nas membranas mitocondriais, resultando na transferência descontrolada de elétrons para o oxigênio e na formação de EROs que podem causar dano celular.

Conforme mostrado na **Tabela 19.1**, estresses abióticos individuais têm efeitos primários e secundários no crescimento vegetal. Alguns desses efeitos sobrepõem-se, o que muitas vezes torna mais difícil o diagnóstico do estresse nas plantas. Em geral, quanto maior a combinação dos fatores de estresse, tanto mais provável que uma planta morra dentro de um determinado intervalo.

O déficit hídrico diminui a pressão de turgor, aumenta a toxicidade iônica e inibe a fotossíntese

Como na maioria dos outros organismos, a água representa a maior proporção do volume celular nas plantas e é o recurso mais limitante. Cerca de 97% da água captada pelas plantas são perdidos para a atmosfera (principalmente pela transpiração). Cerca de 2% são usados para aumento de volume ou expansão celular, e 1%, para processos metabólicos, predominantemente a fotossíntese (ver Capítulos 2 e 3). O déficit de água (disponibilidade hídrica insuficiente) ocorre na maioria dos habitats naturais e agrícolas e é causado principalmente por períodos intermitentes ou até contínuos sem precipitação. *Seca* é o termo meteorológico para um período de precipitação insuficiente que resulta em déficit hídrico para a planta. Todavia, essa definição é algo ilusória, pois uma lavoura pode absorver água do solo em situações sem chuva, dependendo da capacidade de retenção de água pelo solo e da profundidade do lençol freático.

O déficit hídrico pode afetar as plantas diferentemente durante os crescimentos vegetativo e reprodutivo. Quando as células vegetais ficam submetidas ao déficit hídrico, ocorre desidratação celular. A desidratação celular afeta adversamente muitos processos fisiológicos básicos. Por exemplo, durante o déficit hídrico,

TABELA 19.1 Transtornos fisiológicos e bioquímicos em plantas causados por flutuações no ambiente abiótico

Fator ambiental	Efeitos primários	Efeitos secundários
Déficit hídrico	Redução do potencial hídrico (Ψ) Desidratação celular Resistência hidráulica	Redução da expansão celular/foliar Redução das atividades celulares e metabólicas Fechamento estomático Inibição fotossintética Abscisão foliar Alteração na partição do carbono Cavitação Desestabilização de membranas e de proteínas Produção de EROs Citotoxicidade iônica Morte celular
Salinidade	Redução do potencial hídrico (Ψ) Desidratação celular Citotoxicidade iônica	O mesmo que para o déficit hídrico (ver acima)
Inundação e compactação do solo	Hipoxia	Redução da respiração
	Anoxia	Metabolismo fermentativo Produção de ATP inadequada Produção de toxinas por micróbios anaeróbicos Produção de EROs Fechamento estomático
Temperatura elevada	Desestabilização de membranas e de proteínas	Inibição fotossintética e respiratória Produção de EROs Morte celular
Resfriamento	Desestabilização de membranas	Disfunção de membranas
Congelamento	Redução do potencial hídrico (Ψ) Desidratação celular Formação simplástica de cristais de gelo	O mesmo que para o déficit hídrico (ver acima) Destruição física
Toxicidade por elementos-traço	Distúrbio do cofator de ligação a proteínas e DNA Produção de EROs	Desarticulação do metabolismo
Intensidade luminosa alta	Fotoinibição Produção de EROs	Inibição do reparo do PSII Redução da fixação de CO_2

o potencial hídrico (Ψ) do apoplasto torna-se mais negativo que o do simplasto, provocando reduções no potencial de pressão (turgor) (Ψ_P) e no volume. Um efeito secundário da desidratação celular é que os íons ficam mais concentrados, podendo tornar-se citotóxicos. O déficit hídrico também induz a acumulação de ácido abscísico (ABA), que promove o fechamento estomático, reduzindo as trocas gasosas e inibindo a fotossíntese (**Figura 19.3**). A desidratação pode também desarticular o funcionamento dos cloroplastos, causando o desacoplamento dos fotossistemas. Quando isso ocorre, os elétrons livres produzidos pelos centros de reação não são transferidos para $NADP^+$, levando à geração de EROs. As EROs em excesso danificam o DNA, inibem a síntese de proteínas, oxidam os pigmentos fotossintéticos e causam a peroxidação dos lipídeos de membrana.

O estresse salino tem efeitos osmóticos e citotóxicos

O excesso de salinidade no solo, produzido por uma combinação de irrigação excessiva e drenagem insuficiente, afeta grandes áreas da massa terrestre do mundo e tem um impacto severo na agricultura (**Figura 19.4**). Estima-se que 20% de toda a terra irrigada estejam atualmente afetados pelo estresse salino. Esse estresse tem dois componentes: **estresse osmótico** não específico, que causa déficits de água, e efeitos iônicos específicos resultantes da acumulação de íons tóxicos, que interferem na absorção de nutrientes e provocam citotoxicidade. As plantas tolerantes ao sal, geneticamente adaptadas à salinidade, são denominadas **halófitas** (do grego, *halo* = "salgado"), ao passo que as plantas menos tolerantes ao sal, não adaptadas à salinidade, são chamadas de **glicófitas** (do grego, *glyco* = "doce"). Sob condições não salinas, o citosol de células de plantas superiores contém cerca de 100 mM de K^+ e menos de 10 mM de Na^+, um ambiente iônico no qual as enzimas têm funcionamento ótimo. Em ambientes salinos, os níveis citosólicos de Na^+ podem superar 100 mM, e esses íons tornam-se citotóxicos. As concentrações celulares altas de Na^+ e K^+ podem causar desnaturação de proteínas e desestabilização de membranas, pela redução da hidratação dessas macromoléculas. Contudo, Na^+ é um desnaturante mais potente do que K^+. Em concentrações elevadas, o Na^+ apoplástico também compete por sítios no transporte de proteínas que são necessárias para a absorção de K^+ de alta afinidade, um macronutriente essencial (ver Capítulo 4).

Os efeitos da salinidade alta nas plantas ocorrem por um processo de duas fases: uma resposta rápida à pressão osmótica elevada na interface raiz-solo e uma resposta mais lenta causada pela acumulação de Na^+ (e Cl^-) nas folhas. Na fase osmótica, há uma diminuição no crescimento da parte aérea, com redução da expansão foliar e inibição da formação de gemas laterais. A segunda fase inicia com a acumulação de quantidades tóxicas de Na^+ nas folhas, o que inibe a fotossíntese e os processos biossintéticos. Embora na maioria das espécies o Na^+ atinja concentrações tóxicas antes do Cl^-, algumas espécies, como as cítricas, a videira e a soja, são altamente sensíveis ao excesso de Cl^-.

O estresse térmico afeta um amplo espectro de processos fisiológicos

O estresse térmico desorganiza o metabolismo vegetal devido a seu efeito diferencial sobre a estabilidade proteica e as reações enzimáticas. Isso provoca o desacoplamento de diferentes reações e a acumulação de intermediários tóxicos e EROs. Como observado anteriormente, as temperaturas extremas (altas ou baixas) afetam a fluidez de membranas, desacoplando complexos multiproteicos e desarticulando o fluxo de elétrons,

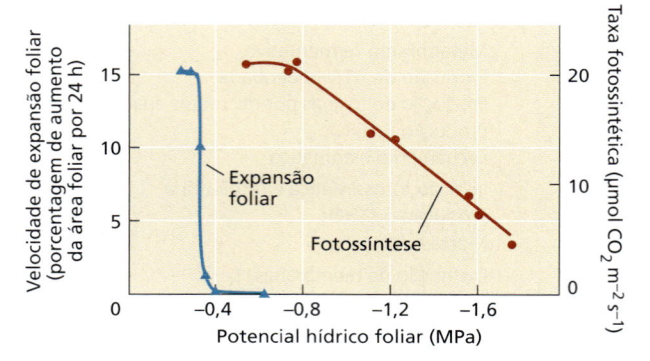

Figura 19.3 Efeitos do estresse hídrico na fotossíntese e na expansão foliar do girassol (*Helianthus annuus*). Nessa espécie, a expansão foliar é completamente inibida sob níveis moderados de estresse, que dificilmente afetam as taxas fotossintéticas. (De Boyer, 1970.)

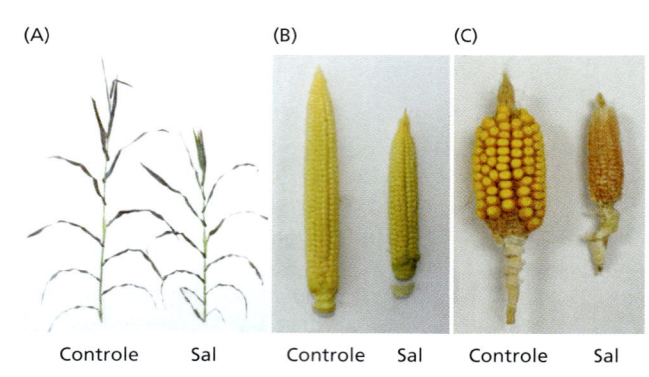

Figura 19.4 Efeitos do estresse salino na produção de milho. (A) Altura do caule. (B) Tamanho da espiga. (C) Número de grãos. (De Henry et al., 2015.)

as reações energéticas, bem como a homeostase e a regulação de íons. Os estresses pelo calor e pelo frio podem também desestabilizar e desintegrar, ou superestabilizar e fortalecer, estruturas secundárias de DNA e RNA, respectivamente, desarticulando transcrição, tradução, e processamento e reciclagem (*turnover*) de RNA. Além disso, o estresse térmico pode bloquear a degradação de proteínas, causando a formação de agregados proteicos. Essas massas proteicas desarticulam as funções celulares normais por interferência no funcionamento do citoesqueleto e de organelas associadas.

As plantas sujeitas a temperaturas de congelamento devem enfrentar a formação de cristais de gelo, tanto dentro quanto fora das células. A formação de cristais de gelo intracelular quase sempre se mostra letal à célula. No entanto, a água no apoplasto é relativamente diluída e, portanto, tem um ponto de congelamento mais alto do que a do simplasto, mais concentrada. Como consequência, cristais de gelo tendem a se formar no apoplasto e em traqueídes e vasos, ao longo dos quais o gelo pode se propagar rapidamente. A formação de cristais de gelo diminui o potencial hídrico (Ψ) do apoplasto, que se torna mais negativo que o do simplasto. A água não congelada dentro da célula move-se para baixo nesse gradiente, para fora da célula em direção aos cristais de gelo e nos espaços intercelulares. À medida que a água deixa a célula, a membrana plasmática contrai-se e afasta-se da parede celular. Durante esse processo, a membrana plasmática, enrijecida pela temperatura baixa, pode ficar danificada. Quanto mais baixa a temperatura, mais água se desloca para baixo nesse gradiente em direção à água congelada. Por exemplo, a –10°C, o simplasto perde cerca de 90% de sua água osmoticamente ativa para o apoplasto. Nesse sentido, o estresse pelo congelamento tem muito em comum com o estresse pela seca. Como ocorre com o estresse pela seca, as células que já estão desidratadas, como as nas sementes e nos grãos de pólen, têm menos probabilidade de passar por outra desidratação ou dano pela formação de cristais de gelo extracelulares.

A inundação resulta em estresse anaeróbico à raiz

Quando um campo é inundado, os níveis de O_2 na superfície da raiz decrescem drasticamente porque a maior parte do ar no solo é deslocada pela água, considerando que a concentração de O_2 da água é expressivamente mais baixa que a do ar: a atmosfera contém cerca de 20% de O_2 ou 200.000 ppm, em comparação com menos de 10 ppm de O_2 dissolvido no solo inundado. Nessas condições, a respiração nas raízes é suprimida, e a fermentação é aumentada (ver Capítulo 11). Esse desvio metabólico pode provocar esgotamento de energia, acidificação do citosol e toxicidade pela acumulação de etanol. Como consequência do esgotamento de energia, muitos processos, como a síntese de proteínas, são suprimidos. O estresse anaeróbico pode causar morte celular em horas ou dias, dependendo do grau de adaptação genética da espécie.

Mesmo se a planta privada de O_2 retornar aos níveis normais desse gás, o processo de recuperação por si só pode constituir um perigo. Enquanto as raízes estiverem sob estresse anaeróbico, a ausência de O_2 impede a formação de EROs. Porém, se o nível de O_2 no solo aumentar rapidamente, a formação de EROs aumenta o suficiente para causar dano oxidativo às células da raiz. Esse dano é semelhante ao observado em plantas expostas ao excesso de ozônio atmosférico associado às emissões industriais e automotivas.

O estresse luminoso pode ocorrer quando plantas adaptadas ou aclimatadas à sombra são submetidas à luz solar plena

O estresse luminoso pode ocorrer quando o excesso de intensidade luminosa alta absorvido pela planta supera a capacidade de sua maquinaria fotossintética de converter luz em açúcares, como no caso de uma planta adaptada ou aclimatada à sombra repentinamente sujeita à luz solar plena. Em resposta à sombra, a maioria das plantas terrestres adiciona ao PSII mais unidades de clorofila de captação de luz (LHCII, ***light-harvesting** chlorophyll*), aumentando o tamanho da antena, ou eleva o número de centros de reação do PSII em relação ao PSI, aumentando a captura de luz e a transferência de energia (ver Capítulos 7 e 9). Se as plantas adaptadas ou aclimatadas à sombra forem repentinamente submetidas à luz solar plena, o excesso de energia luminosa, absorvido pelos complexos antena ampliados e transferidos para os centros de reação, pode superar a capacidade das reações de carbono de converter essa energia em açúcares. Em vez disso, os elétrons que chegam aos centros de reação são desviados para o oxigênio atmosférico, gerando EROs, que, por sua vez, podem causar dano celular. Danos similares podem ser observados quando a luz solar intensa atinge acículas de coníferas em regiões árticas e subárticas enquanto as temperaturas ainda estão abaixo de zero, e as reações de fixação do carbono não conseguem acompanhar as reações luminosas.

O estresse luminoso é também associado ao aumento da radiação UV. O excesso de luz UV desarticula a fotossíntese, danifica o DNA e induz a formação de EROs. Estudos demonstram que o estresse pela UV suprime o crescimento vegetal e reduz as produções agrícolas, especialmente de lavouras de clima temperado que são plantadas em altitudes maiores nos trópicos durante o inverno.

Os íons de metais pesados podem imitar nutrientes minerais essenciais e gerar espécies reativas de oxigênio

A absorção de íons de metais pesados, entre os quais os íons cádmio (Cd), pode desarticular processos celulares normais como a fotossíntese, a utilização de nutrientes minerais e as funções enzimáticas. Uma razão pela qual os íons de metais pesados são tão tóxicos é que eles podem imitar outros íons de metais essenciais (p. ex., Ca^{2+} e Mg^{2+}), assumir seus lugares em reações essenciais e romper essas reações. O Cd^{2+}, por exemplo, pode substituir o Mg^{2+} na clorofila ou o Ca^{2+} na calmodulina (proteína de sinalização do Ca^{2+}), prejudicando a fotossíntese e a transdução de sinal. A imitação de elementos essenciais pode também explicar a captação de Cd^{2+} e outros íons de metais pesados nas células via canais que se desenvolveram para transportar íons de nutrientes essenciais. Os metais pesados podem também se ligar a diferentes enzimas e inibi-las, além de interagir diretamente com o oxigênio para formar EROs.

Embora os íons alumínio (Al) sejam um componente importante da maioria dos solos, eles tornam-se fitotóxicos quando enriquecidos em soluções de solos ácidos tropicais, o que reduz o crescimento de raízes. Da mesma forma, o arsênico (metaloide; ou seja, intermediário entre metal e não metal) está presente em muitos solos derivados do xisto; o arseniato é produzido por intemperismo natural. O arseniato inibe processos metabólicos e rompe o DNA quando substitui o fosfato em reações biológicas. Mesmo nutrientes essenciais como os íons cobre e ferro são tóxicos e causam estresse quando as concentrações no solo são excessivas.

Combinações de estresses abióticos podem induzir rotas de sinalização e metabólicas exclusivas

No campo, as plantas são muitas vezes sujeitas simultaneamente a uma combinação de estresses abióticos distintos. Os estresses pela seca e pelo calor são exemplos de dois tipos que quase sempre ocorrem juntos no ambiente, com resultados devastadores. Entre 1980 e 2004, nos Estados Unidos, o custo do dano à lavoura devido à seca mais o calor foi seis vezes maior do que o custo devido à seca sozinha (**Figura 19.5A**).

A aclimatação fisiológica de plantas a uma combinação de estresses abióticos distintos é diferente da aclimatação a estresses abióticos distintos aplicados individualmente. A **Figura 19.5B** mostra os efeitos do calor e da seca, aplicados separadamente, sobre quatro parâmetros fisiológicos de *Arabidopsis*: fotossíntese, respiração, condutância estomática e temperatura foliar. Os perfis fisiológicos referentes aos dois estresses aplicados individualmente foram completamente diferentes. O calor sozinho causou uma elevação da temperatura foliar e um aumento grande na condutância estomática. A seca, no entanto, foi mais inibidora à fotossíntese e à abertura estomática. O principal efeito da combinação de seca e calor foi uma elevação expressiva na temperatura foliar que poderia ser letal à planta.

A combinação de calor e seca também induziu padrões de expressão gênica e biossíntese de metabólitos diferentes daqueles para cada estresse individualmente. Conforme mostra a **Figura 19.5C**, seca mais calor causaram a acumulação de 772 transcritos únicos (à esquerda, amarelo) e 5 metabólitos únicos (à direita, amarelo), demonstrando que a aclimatação de plantas à combinação deles é diferente em muitos aspectos da aclimatação de plantas ao estresse pela seca ou pelo calor aplicados individualmente. As diferenças em parâmetros fisiológicos, acumulação de transcritos e metabólitos poderiam ser uma consequência de respostas fisiológicas conflitantes aos dois estresses. Por exemplo, durante o estresse pelo calor, as plantas *aumentam* sua condutância estomática, que esfria suas folhas pela transpiração. Contudo, se o estresse pelo calor ocorrer simultaneamente com a seca, os estômatos são fechados, provocando uma elevação de 20 a 25°C da temperatura foliar.

O estresse salino ou por metais pesados poderia constituir um problema similar quando combinado com o estresse pelo calor, porque o aumento da transpiração poderia determinar o aumento da absorção de sal ou metais pesados. Por outro lado, algumas combinações de estresses poderiam ter efeitos benéficos em plantas, em comparação aos estresses individuais aplicados separadamente. Por exemplo, a seca, que causa fechamento estomático, poderia potencialmente acentuar a tolerância ao ozônio. Entre as várias combinações de estresses que poderiam ter um efeito deletério na produtividade de lavouras estão seca e calor, salinidade e calor, luz alta e frio, deficiência nutricional e seca, bem como deficiência nutricional e salinidade. As interações que poderiam ter um impacto benéfico incluem seca e ozônio, ozônio e UV, assim como concentração elevada de CO_2 combinada com seca, ozônio ou luminosidade alta.

As interações de estresses mais estudadas talvez sejam aquelas de diferentes estresses abióticos com estresses bióticos, como pragas ou patógenos. Na maioria dos casos, a exposição prolongada às condições de estresses abióticos, como a seca ou a salinidade, resulta no enfraquecimento das defesas vegetais e no aumento da suscetibilidade a pragas ou patógenos.

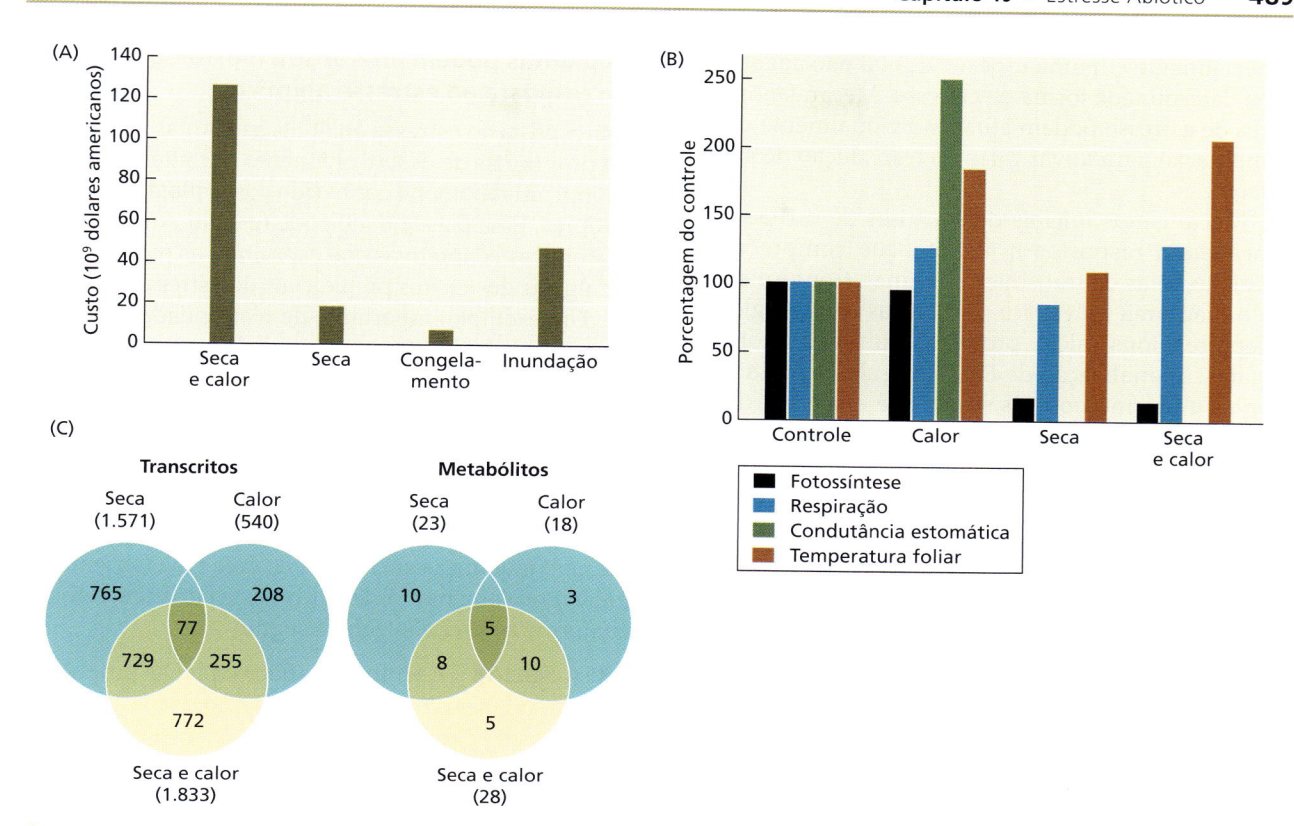

Figura 19.5 Efeito da combinação de estresses abióticos na produtividade, na fisiologia e nas respostas moleculares de plantas. (A) Entre 1980 e 2004, as perdas na agricultura dos Estados Unidos resultantes da combinação de estresses pela seca e pelo calor foram muito mais altas do que as perdas causadas pela seca, pelo congelamento ou pela inundação individualmente. (B) Efeito da combinação de seca e calor na fisiologia vegetal. Observe o fechamento completo dos estômatos, que resulta em uma temperatura foliar mais elevada. (C) Diagramas de Venn mostrando o efeito da combinação de seca e calor sobre o transcriptoma (à esquerda) e o metaboloma (à direita) de plantas. (De Mittler, 2006.)

A exposição sequencial a estresses abióticos diferentes às vezes confere proteção cruzada

Vários estudos têm registrado que a aplicação de um determinado estresse abiótico pode aumentar a tolerância de plantas a uma exposição subsequente a um tipo diferente de estresse abiótico. Esse fenômeno é denominado **proteção cruzada**. Isso ocorre porque muitos estresses resultam na acumulação das mesmas proteínas e metabólitos gerais de resposta ao estresse – por exemplo, enzimas inativadoras de EROs, chaperonas moleculares e osmoprotetores –, que persistem nas plantas por algum tempo, mesmo após as condições de estresse terem abrandado. A aplicação de um segundo estresse às mesmas plantas submetidas ao estresse inicial pode ter, por isso, um efeito reduzido, pois elas já estão preparadas e prontas para enfrentar vários aspectos diferentes das novas condições de estresse.

As plantas usam diversos mecanismos sensores de estresse abiótico

Como discutido anteriormente, o estresse ambiental rompe ou altera muitos processos fisiológicos vegetais por afetar a fluidez lipídica, a estabilidade de proteínas ou do RNA, o transporte iônico, o acoplamento de reações ou outras funções celulares. Interrupções de processos celulares podem romper cadeias de transporte de elétrons ou reações eletrofílicas, produzindo EROs que, por sua vez, provocam dano celular. Algumas dessas perturbações primárias poderiam estar sinalizando à planta que ocorreu uma mudança nas condições ambientais e que é o momento de responder, mediante alteração de rotas existentes ou ativação de rotas de resposta ao estresse. O estresse pode também ativar receptores e sinalização de fosforilação ou mensageiro secundário a jusante para ativar respostas fisiológicas (ver Capítulo 12). A ativação de receptores de estresse não específico pode às vezes aumentar o dano, especialmente em uma espécie vegetal não adaptada a uma determinada forma de estresse. Mecanismos sensores de estresse podem atuar individualmente ou em combinação para ativar rotas de transdução de sinal a jusante.

Mecanismos iniciais de sensores de estresse desencadeiam respostas a jusante que compreendem múltiplas rotas de transdução de sinal. Conforme ilustra o diagrama na **Figura 19.6**, essas rotas englobam receptores, íons cálcio, proteínas quinases, proteínas fosfatases, sinalização de EROs, reguladores transcricionais e fitormônios. Os sinais que emergem dessas rotas, por sua vez, ativam ou suprimem diversas redes que podem permitir a continuidade do crescimento e da reprodução sob condições de estresse ou capacitam a planta a sobreviver ao estresse até o retorno de condições mais favoráveis.

Mecanismos fisiológicos que protegem as plantas contra o estresse abiótico

Até agora neste capítulo, foram abordados os vários tipos de estresse abiótico e como eles são percebidos pelas plantas. Nesta seção, são estudados os produtos dos trabalhos de todas essas redes genéticas – as alterações metabólicas, fisiológicas e anatômicas que são produzidas para se opor aos efeitos do estresse abiótico. O surgimento das primeiras plantas no ambiente terrestre ocorreu há cerca de 450 milhões de anos. Portanto, elas tiveram um longo período de desenvolvimento de mecanismos para enfrentar os diversos tipos de estresse abiótico. Esses mecanismos abrangem as capacidades de acumular metabólitos e proteínas de proteção, bem como de regular crescimento, morfogênese, fotossíntese, transporte através da membrana, aberturas estomáticas e alocação de recursos. Os efeitos dessas e de outras mudanças servem para manter a homeostase celular, de modo que o ciclo de vida da planta possa ser completado sob o novo regime ambiental. A seguir, são discutidos alguns dos principais mecanismos de aclimatação.

As plantas podem alterar sua morfologia em resposta ao estresse abiótico

Em resposta ao estresse abiótico, as plantas podem ativar programas de desenvolvimento que alteram seu fenótipo, um fenômeno conhecido como **plasticidade fenotípica**. Essa plasticidade pode resultar em mudanças anatômicas adaptativas que capacitam as plantas a evitar alguns dos efeitos prejudiciais do estresse abiótico.

Um exemplo importante de plasticidade fenotípica é a capacidade de alterar a forma foliar. Como coletores solares biológicos, as folhas devem ser expostas à luz solar e ao ar, o que as torna vulneráveis aos extremos ambientais. Assim, as plantas desenvolveram a capacidade de modificar a morfologia foliar de modo que possam evitar ou mitigar os efeitos de extremos abióticos. Tais mecanismos são regulados por múltiplos fatores e incluem mudanças em termos de área foliar, orientação foliar, enrolamento foliar, tricomas e cutículas cerosas, conforme a descrição geral a seguir.

ÁREA FOLIAR As folhas grandes e planas proporcionam superfícies ideais para a produção de fotossintatos. Porém, elas podem ser prejudiciais ao crescimento e à sobrevivência de culturas agrícolas sob condições estressantes, pois expõem uma ampla área de superfície para a evaporação de água, o que pode levar ao esgotamento rápido da água do solo, ou à absorção excessiva e danosa de energia solar. As plantas podem reduzir sua área foliar diminuindo a divisão e expansão das células foliares, alterando as formas foliares e iniciando a senescência e a abscisão das folhas.

ORIENTAÇÃO FOLIAR Conforme descrito no Capítulo 9, as folhas de algumas plantas podem se orientar paralelamente ou perpendicularmente aos raios

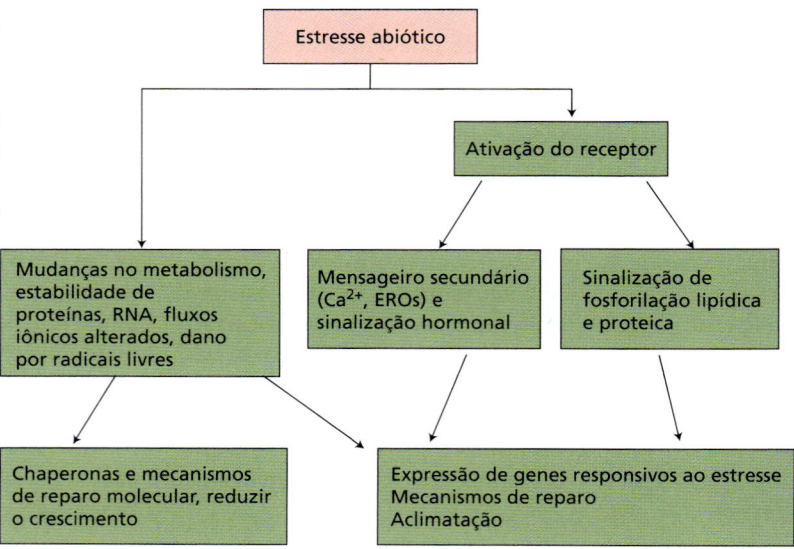

Figura 19.6 Rotas de aclimatação e transdução de sinal ativadas por estresse abiótico em plantas.

solares, a fim de reduzir danos. Outros fatores que podem alterar a interceptação da radiação são a murcha e o enrolamento foliar. A murcha altera o ângulo da folha, e o enrolamento foliar minimiza o perfil de tecido exposto ao sol.

TRICOMAS Muitas folhas e caules possuem células epidérmicas semelhantes a pelos chamadas de tricomas (Capítulo 18). Os tricomas podem ser efêmeros ou persistir por toda a vida do órgão. Alguns tricomas persistentes permanecem vivos, enquanto outros passam por morte celular programada (MCP), restando apenas suas paredes celulares. Os tricomas densamente dispostos na superfície foliar mantêm mais baixa a temperatura das folhas, pela reflexão da radiação e pela redução da evaporação mediante a formação de uma camada superficial de ar estacionário mais espessa. As folhas de algumas espécies exibem aparência branco-prateada porque os tricomas densamente dispostos refletem uma grande quantidade de luz. Entretanto, as folhas pubescentes estão em desvantagem nos meses mais frios de primavera, pois os tricomas também refletem a luz visível necessária para a fotossíntese.

CUTÍCULA A cutícula é uma estrutura multiestratificada de ceras e hidrocarbonetos relacionados, depositados nas paredes celulares externas da epiderme foliar. Como os tricomas, a cutícula pode refletir luz, reduzindo, assim, a carga de calor. A cutícula atua também na restrição à difusão de água e gases, bem como à penetração de patógenos. Uma resposta do desenvolvimento ao déficit de água em algumas plantas é a produção de uma cutícula espessa, que diminui a evaporação apoplástica.

Alterações metabólicas capacitam as plantas para enfrentar diversos estresses abióticos

As alterações no ambiente podem estimular conversões nas rotas metabólicas que reduzem o efeito do estresse sobre o metabolismo vegetal. O metabolismo ácido das crassuláceas facultativo (ver Capítulo 9) é uma adaptação utilizada por muitas plantas para enfrentar a seca intermitente e o estresse osmótico. Um mecanismo comum às raízes inundadas, particularmente as de plantas rotineiramente expostas à inundação intermitente, é a fermentação de piruvato a lactato (ácido láctico) pela ação da lactato desidrogenase (ver Capítulo 11). A produção de lactato baixa o pH intracelular; isso ativa a piruvato descarboxilase, que, por sua vez, leva uma mudança do lactato para a produção de etanol. O rendimento líquido de ATP na fermentação é de apenas 2 moles de ATP por mol de açúcar hexose catabolizado (em comparação com 30 moles de ATP por mol de hexose respirada na respiração aeróbica) e, por isso, é inadequado para sustentar o crescimento normal das raízes. Entretanto, ele é suficiente para manter as células das raízes vivas até que os níveis normais de oxigênio sejam restabelecidos.

As proteínas de choque térmico mantêm a integridade proteica sob condições de estresse

A estrutura proteica é sensível ao distúrbio por mudanças na temperatura, no pH ou na força iônica associadas com diferentes tipos de estresse abiótico. As **chaperonas moleculares** (**proteínas**) interagem fisicamente com outras proteínas para facilitar o dobramento proteico, reduzir o dobramento incorreto, estabilizar a estrutura terciária e impedir agregação ou mediar desagregação. Um conjunto específico de chaperonas, chamadas de **proteínas de choque térmico** (**HSPs**, *heat shock proteins*), é sintetizado em resposta a diversos estresses ambientais. As HSPs são denominadas de acordo com sua massa molecular aproximada, medida em quilodáltons (kDa). As células que sintetizam HSPs em resposta ao estresse pelo calor exibem melhora da tolerância térmica e podem tolerar exposições subsequentes a temperaturas mais altas que, do contrário, seriam letais. As HSPs são induzidas por condições ambientais muito diferentes, abrangendo déficit hídrico, lesão, temperatura baixa e salinidade. Dessa maneira, as células que sofreram um estresse podem adquirir proteção cruzada contra outro estresse. Existem várias classes diferentes de HSPs, incluindo HSP70s, que se ligam a proteínas com dobramento incorreto e as liberam; HSP60s, que produzem complexos enormes em forma de barril, usados como câmaras para dobramento proteico; HSP101s, que mediam a desagregação de agregados proteicos; e HSPs pequenas (sHSPs), que ligam e estabilizam diferentes complexos e membranas (**Figura 19.7**).

Têm sido identificadas várias outras proteínas que atuam de maneira semelhante na estabilização de proteínas e membranas durante a desidratação, os extremos de temperatura e o desequilíbrio iônico. Essas abrangem a família das proteínas abundantes na embriogênese tardia (LEA, *Late Embryogenesis Abundant*)/deidrinas. As proteínas LEA acumulam-se em resposta à desidratação durante os estágios tardios da maturação das sementes. A maioria das proteínas LEA pertence a um grupo mais generalizado de proteínas denominadas *hidrofilinas*. As hidrofilinas têm uma forte atração por água, dobram-se em α-hélices sob dessecação e possuem a capacidade de reduzir a agregação de proteínas sensíveis à desidratação, uma propriedade chamada de *proteção molecular* (*molecular shielding*). As **deidrinas** acumulam-se nos tecidos vegetais em resposta a uma diversidade de estresses abióticos, incluindo salinidade, desidratação, frio e estresse por congelamento. As deidrinas, como as proteínas LEA, são proteínas altamente hidrofílicas e intrinsecamente desordenadas. Sua capacidade de servir como protetores moleculares e como criptoprotetores tem sido atribuída à sua flexibilidade e estrutura secundária mínima. Por serem com frequência induzidas pelo ABA, LEAs e deidrinas são às vezes referidas como *proteínas responsivas ao ABA*.

A composição dos lipídeos de membrana pode ajustar-se às mudanças na temperatura e outros estresses abióticos

À medida que as temperaturas caem, as membranas vegetais podem passar por uma fase de transição de uma estrutura flexível líquida-cristalina para uma estrutura sólida de gel. A temperatura da fase de transição varia em função da composição lipídica das membranas. As plantas resistentes ao resfriamento tendem a ter membranas com mais ácidos graxos insaturados que aumentam sua fluidez, ao passo que as sensíveis ao resfriamento possuem uma porcentagem alta de cadeias de ácidos graxos saturados que tendem a solidificar em temperaturas baixas. Em geral, os ácidos graxos que não têm ligações duplas solidificam em temperaturas mais altas do que os lipídeos que contêm ácidos graxos poli-insaturados, porque os últimos têm dobras em suas cadeias de hidrocarbonetos e não se dispõem tão compactamente como os ácidos graxos saturados (ver Capítulo 1).

Durante a aclimatação ao frio, as atividades de **enzimas dessaturases** aumentam e a proporção de lipídeos insaturados sobe. As diferenças na composição de ácidos graxos das mitocôndrias derivadas de espécies sensíveis e de espécies resistentes ao resfriamento são apresentadas na **Tabela 19.2**. As alterações resultantes na composição de lipídeos afetam o funcionamento de receptores, canais iônicos, proteínas de transporte e outros mecanismos celulares associados a membranas. A sinalização do ABA com frequência medeia a percepção dessas mudanças e a expressão a jusante de genes associados às respostas ao estresse.

Os genes dos cloroplastos respondem à intensidade luminosa alta emitindo sinais de estresse ao núcleo

Em geral, pensa-se no núcleo como a organela principal da célula, que controla as atividades das outras organelas mediante regulação da expressão gênica nuclear.

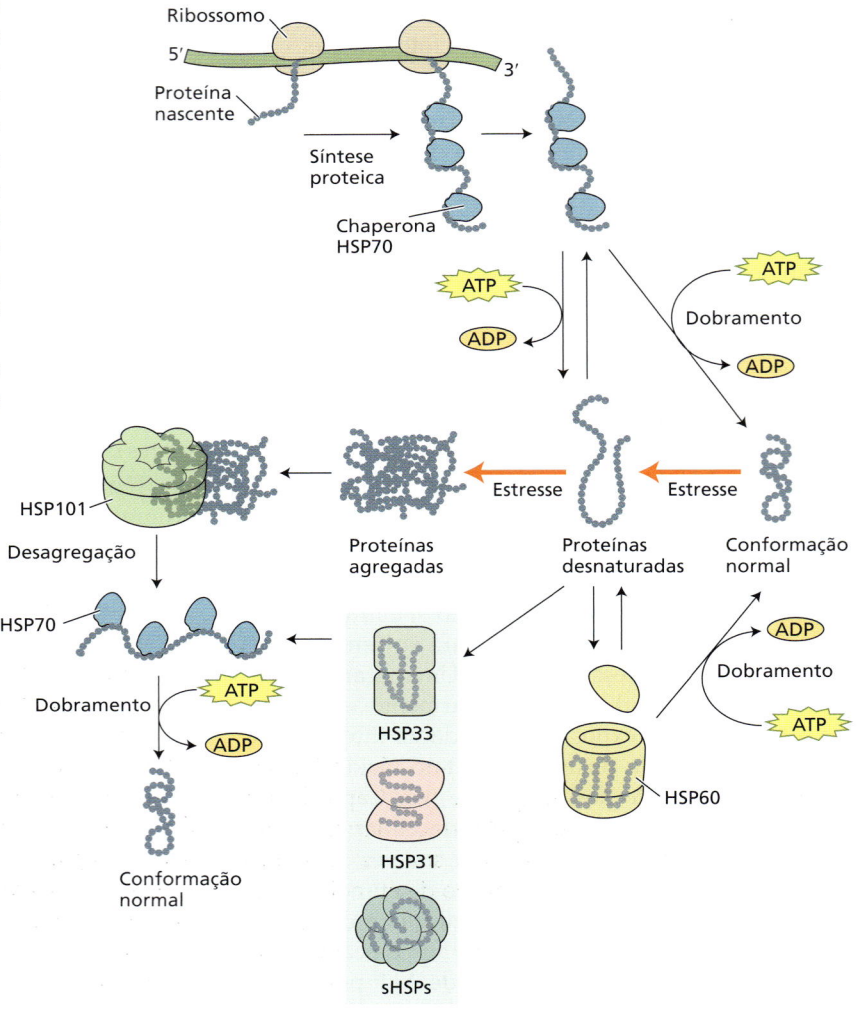

Figura 19.7 Rede de chaperonas moleculares nas células. As proteínas nascentes que requerem a assistência de chaperonas moleculares para atingir a conformação própria estão associadas às chaperonas HSP70 (parte superior). As proteínas nativas que passam por desnaturação durante o estresse associam-se com as chaperonas HSP70 (parte superior, à direita) e HSP60 (parte inferior, à direita). Se forem formados agregados (parte central, à esquerda), eles são desagregados por HSP101 e HSP70 (à esquerda). Chaperonas adicionais relacionadas ao estresse, como HSP31, HSP33 e sHSPs, podem também se associar a proteínas desnaturadas durante o estresse. (De Baneyx e Mujacic, 2004.)

TABELA 19.2 Composição dos ácidos graxos de mitocôndrias isoladas de espécies resistentes e de espécies sensíveis ao resfriamento

Ácidos graxos principais[a]	Peso percentual do conteúdo total de ácidos graxos					
	Espécies resistentes ao resfriamento			Espécies sensíveis ao resfriamento		
	Gema da couve-flor	Raiz do nabo	Parte aérea da ervilha	Parte aérea do feijoeiro	Batata-doce	Parte aérea do milho
Palmítico (16:0)	21,3	19,0	17,8	24,0	24,9	28,3
Esteárico (18:0)	1,9	1,1	2,9	2,2	2,6	1,6
Oleico (18:1)	7,0	12,2	3,1	3,8	0,6	4,6
Linoleico (18:2)	16,1	20,6	61,9	43,6	50,8	54,6
Linolênico (18:3)	49,4	44,9	13,2	24,3	10,6	6,8
Razão entre ácidos graxos insaturados e saturados	3,2	3,9	3,8	2,8	1,7	2,1

Fonte: De Lyons et al., 1964.
[a] Entre parênteses, são mostrados o número de átomos de carbono na cadeia de ácidos graxos e o número de ligações duplas.

Contudo, a sinalização retrógrada ou reversa do cloroplasto (e da mitocôndria) para o núcleo também atua na mediação da percepção do estresse abiótico. Muitas circunstâncias de estresse abiótico afetam os cloroplastos, de maneira direta ou indireta, e podem potencialmente gerar sinais com capacidade de influenciar a expressão gênica nuclear e as respostas de aclimatação. Por exemplo, o estresse luminoso pode causar super-redução da cadeia de transporte de elétrons, aumento da acumulação de EROs e alteração do potencial redox.

Durante a aclimatação ao estresse luminoso, os níveis do complexo de captura de luz II (LHCII, *light-harvesting complex II*) declinam devido à regulação para baixo (*down-regulation*) do gene *LHCB*, que codifica a apoproteína do complexo LHCII (ver Capítulo 7). Como o *LHCB* é um gene nuclear, o cloroplasto parece enviar para o núcleo um sinal de estresse não identificado que ativa um supressor transcricional da expressão desse gene.

A onda de autopropagação de EROs medeia a aclimatação sistêmica adquirida

Como na resistência sistêmica adquirida (SAR, *systemic acquired resistance*) durante o estresse biótico (ver Capítulo 18), o estresse abiótico aplicado a uma parte da planta gera sinais que podem ser transportados para o resto dela, iniciando a aclimatação mesmo em partes que não foram submetidas ao estresse. Esse processo é chamado de **aclimatação sistêmica adquirida** (**SAA**, *systemic acquired acclimation*). Tem sido demonstrado que respostas rápidas de SAA a diferentes condições de estresses abióticos, incluindo calor, frio, salinidade e intensidade luminosa alta, são propagadas por uma onda de produção de EROs, que se desloca a uma velocidade de cerca de 8,4 cm min^{-1} e depende da presença de uma NADPH-oxidase específica, a **homóloga D da oxidase de queima respiratória** (**RBOHD**, *respiratory burst oxidase homolog D*), localizada na membrana plasmática (**Figura 19.8**). As velocidades rápidas de sinais sistêmicos gerados por estresses abióticos, detectadas com imagens de luciferase nesses experimentos, sugerem que muitas das respostas aos estresses abióticos podem ocorrer de modo muito mais rápido do que se considerava anteriormente.

Ácido abscísico e citocininas são hormônios de resposta ao estresse que regulam respostas à seca

Os hormônios vegetais medeiam uma ampla gama de respostas de aclimatação e são essenciais para a capacidade de adaptação das plantas aos estresses abióticos. A biossíntese do ABA está entre as respostas mais rápidas de plantas ao estresse abiótico. Como mostrado na **Figura 19.9**, as concentrações de ABA nas folhas podem aumentar até 20 vezes sob condições de seca – a mudança de concentração mais drástica registrada para qualquer hormônio em resposta a um sinal ambiental. A redistribuição ou a biossíntese do ABA é muito eficaz no fechamento estomático, e sua acumulação em folhas estressadas exerce um papel importante na redução da perda de água pela transpiração sob condições de estresse hídrico (ver Figura 19.9). As elevações na umidade reduzem as concentrações de ABA pelo aumento da decomposição desse hormônio, permitindo, assim, a reabertura estomática. Mutantes de biossíntese do ABA ou de resposta ao ABA são incapazes de fechar seus estômatos sob condições de seca e murcham rapidamente.

Dentro dos limites estabelecidos pelo potencial genético da planta, uma parte aérea tende a crescer até que a absorção de água pelas raízes se torne limitante ao crescimento; inversamente, as raízes tendem a crescer até que sua demanda por fotossintatos oriundos da parte aérea exceda o fornecimento. Esse equilíbrio funcional é deslocado se o fornecimento de água diminuir. Quando a água para a parte aérea se torna limitante, a expansão foliar é reduzida antes que a atividade fotossintética seja afetada. A inibição da expansão foliar reduz o consumo de carbono e energia, e uma proporção maior de assimilados da planta pode ser alocada para o sistema subterrâneo, onde podem sustentar a continuidade do crescimento das raízes. Esse crescimento das raízes é sensível ao estado hídrico do microambiente do solo; os ápices das raízes em solo seco perdem turgor, enquanto as raízes nas zonas do solo ainda úmidas continuam a crescer.

O ABA desempenha um papel importante na regulação da razão raiz:parte aérea durante o estresse hídrico. Como mostra a **Figura 19.10**, a razão entre as biomassas da raiz e da parte aérea aumenta, permitindo que as raízes cresçam às custas das folhas. Os mutantes deficientes de ABA, no entanto, são incapazes de alterar sua razão raiz:parte aérea em resposta ao estresse hídrico. Portanto, o ABA é necessário para que ocorra a mudança na razão raiz:parte aérea.

Outro hormônio vegetal que exerce um papel fundamental na aclimatação a diversos estresses abióticos é a citocinina. A citocinina e o ABA têm efeitos antagônicos na abertura estomática, na transpiração e na fotossíntese. A seca resulta no decréscimo dos níveis de citocinina e no aumento dos níveis de ABA. Embora o ABA seja normalmente requerido para o fechamento estomático, impedindo a perda excessiva de água, as condições de estresse pela seca podem também inibir a fotossíntese e provocar senescência foliar prematura. As citocininas mostram-se capazes de atenuar os efeitos da seca. Conforme mostra a **Figura 19.11**, as plantas transgênicas que superexpressam o gene que codifica a enzima isopentenil transferase (enzima que catalisa a etapa limitante da taxa de síntese da citocinina), exibem aumento da tolerância à seca, em comparação com plantas do tipo selvagem. Portanto, as citocininas são capazes de proteger os processos bioquímicos associados à fotossíntese e retardar a senescência durante o estresse pela seca. Estudos revelam que auxina, brassinosteroides e giberelinas interagem com a sinalização do ABA nas respostas de aclimatação.

Por acumulação de solutos, as plantas ajustam-se osmoticamente a solos secos

O deslocamento da água através do *continuum* solo-planta-atmosfera só é possível se o potencial hídrico decres-

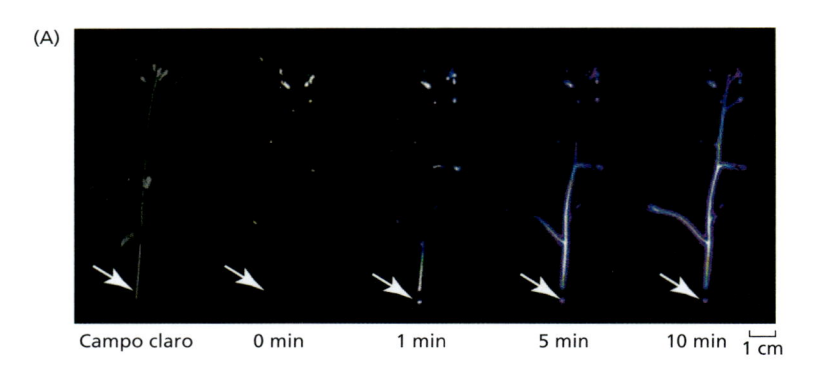

Figura 19.8 Sinalização sistêmica rápida em resposta à sensação física de uma lesão. (A) Imagem do lapso de tempo de um sinal sistêmico rápido iniciado por uma lesão, usando um repórter luciferase fusionado ao promotor do gene *ZAT12* responsivo a EROs. A luz é emitida dos tecidos onde a luciferase é expressa. (B) Modelo esquemático da onda de EROs requerida para mediar a sinalização sistêmica rápida em resposta ao estresse abiótico. A onda de EROs é gerada por uma onda de EROs autopropagante e ativa que parte do tecido inicial sujeito ao estresse e se propaga para toda a planta. Cada célula ao longo do trajeto do sinal ativa suas proteínas RBOHD (NADPH-oxidase) e gera EROs. Quando alcança seus alvos sistêmicos, o sinal ativa os mecanismos de aclimatação naquelas partes da planta. A onda de EROs é acompanhada por uma onda de Ca^{2+} e sinais elétricos. (De Mittler et al., 2011.)

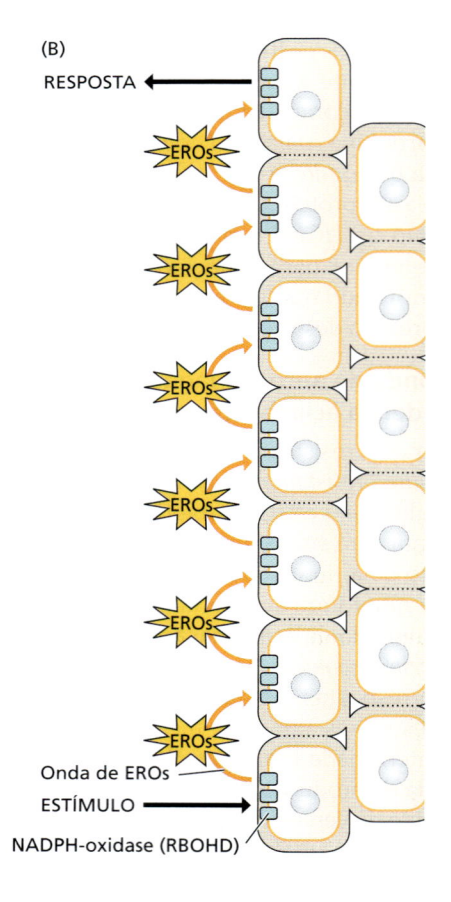

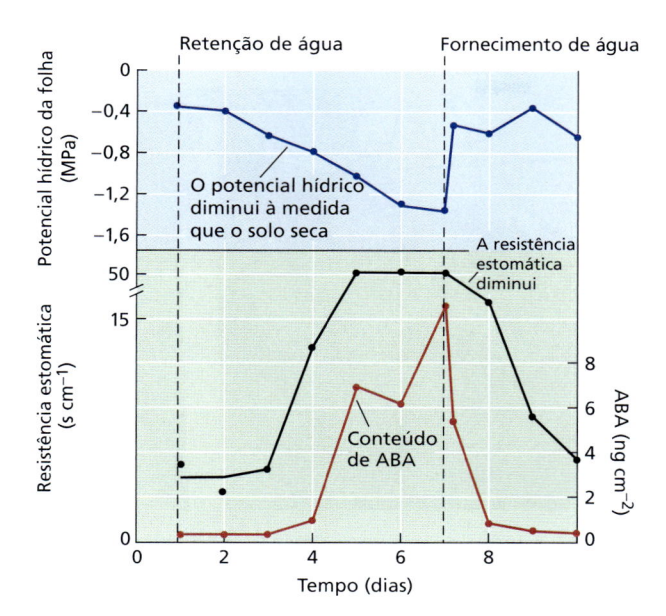

Figura 19.9 Alterações no potencial hídrico, na resistência estomática (o inverso da condutância estomática) e no conteúdo de ABA na folha do milho em resposta ao estresse hídrico. À medida que o solo seca, o potencial hídrico da folha diminui, e o conteúdo de ABA e a resistência estomática aumentam. A reidratação reverte o processo. (De Beardsell e Cohen, 1975.)

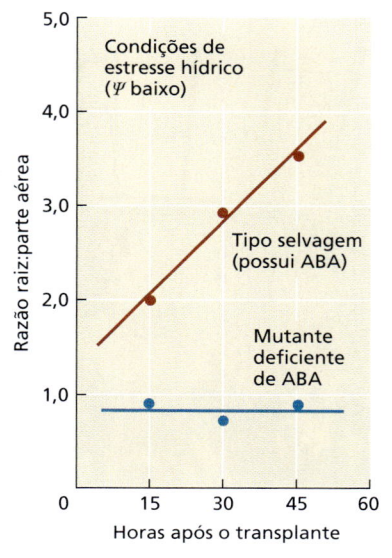

Figura 19.10 Sob condições de estresse hídrico (Ψ baixo, definido diferentemente para parte aérea e raiz), a razão entre o crescimento da raiz e o da parte aérea é muito mais alta quando o ABA está presente (i.e., no tipo selvagem) do que quando inexiste ABA (no mutante). (De Saab et al., 1990.)

cer ao longo desse trajeto (ver Capítulos 2 e 3). Lembrar do Capítulo 2: $\Psi = \Psi_S + \Psi_P$, onde Ψ = potencial hídrico, Ψ_S = potencial osmótico e Ψ_P = potencial de pressão (turgor). Quando o potencial hídrico da rizosfera (o microambiente que envolve a raiz) decresce devido ao déficit hídrico ou à salinidade, as plantas continuam a absorver água desde que Ψ seja mais baixo (mais negativo) do que na água do solo. **Ajuste osmótico** é a capacidade das células vegetais de acumular solutos e usá-los para baixar Ψ durante períodos de estresse osmótico. O ajuste envolve um aumento líquido do conteúdo de solutos por célula, que independe das mudanças de volume resultantes da perda de água. O decréscimo de Ψ_S em geral é limitado a cerca de 0,2 a 0,8 MPa, exceto em plantas adaptadas a condições extremamente secas.

Existem duas maneiras principais pelas quais o ajuste osmótico pode ocorrer, uma envolvendo o vacúolo e a outra o citosol. Uma planta pode absorver íons do solo ou transportar íons de outros órgãos para a raiz, de modo que a concentração de solutos das células desse órgão aumenta. Por exemplo, o aumento da absorção e da acumulação de K^+ provocará decréscimos no Ψ_S, devido ao efeito dos íons K^+ na pressão osmótica dentro da célula. Essa resposta é comum em plantas crescendo em solos salinos, onde íons como K^+ e Ca^{2+} estão prontamente disponíveis para elas. A absorção de K^+ e outros cátions deve ser eletricamente equilibrada pela absorção de ânions inorgânicos, como Cl^-, ou pela produção e acumulação vacuolar de ácidos orgânicos, como o malato ou o citrato.

No entanto, existe um problema potencial quando íons são utilizados para diminuir Ψ_S. Alguns íons, como Na^+ ou Cl^-, são essenciais ao crescimento vegetal em concentrações baixas, mas, em concentrações mais altas, podem ter um efeito nocivo sobre o metabolismo celular. Outros íons, como K^+, são necessários em quantidades maiores, mas em concentrações altas podem ter um efeito nocivo sobre a planta, em geral pela ruptura de membranas celulares. A acumulação de íons durante o ajuste osmótico é restrita predominantemente aos vacúolos, onde eles são impedidos de contato com enzimas citosólicas ou organelas. Por exemplo, muitas plantas usam a compartimentalização de Na^+ e Cl^- em conjunto com a exportação de Na^+ na membrana plasmática para facilitar o ajuste osmótico (**Figura 19.12**). As plantas adaptadas a ambientes salinos (halófitas) muitas vezes utilizam sequestro vacuolar agressivo de Na^+ como um mecanismo de desintoxicação.

Quando a concentração iônica aumenta no vacúolo, outros solutos devem se acumular no citosol a fim de manter o equilíbrio do potencial hídrico entre os dois compartimentos. Esses solutos são denominados solutos compatíveis (osmólitos compatíveis). **Solutos compatíveis** são compostos orgânicos osmoticamente ativos nas células, mas em concentrações altas não desestabilizam membranas nem interferem no funcionamento enzimático, como fazem os íons. As células

Figura 19.11 Efeitos da seca em indivíduos de tabaco do tipo selvagem e transgênicos expressando isopentenil transferase (uma enzima-chave na produção de citocinina) sob o controle de um promotor da maturação induzido pelo estresse. A figura apresenta indivíduos (A) do tipo selvagem e (B) transgênicos, após 15 dias de seca, seguidos de 7 dias de reidratação. (Cortesia de E. Blumwald.)

vegetais toleram concentrações altas desses compostos, sem efeitos prejudiciais ao metabolismo. Os solutos compatíveis comuns abrangem aminoácidos como a prolina, açúcares-alcoóis como o sorbitol e compostos quaternários de amônio como a glicina betaína (**Figura 19.13**). Alguns desses solutos, como a prolina, também parecem ter uma função osmoprotetora, protegendo as plantas de subprodutos tóxicos formados durante períodos de escassez de água e proporcionando uma fonte de carbono e nitrogênio para a célula quando as condições retornam ao normal. Cada família vegetal tende a usar um ou dois solutos compatíveis preferencialmente a outros. A síntese de solutos compatíveis necessita de energia, pois é um processo metabólico ativo. A quantidade de carbono utilizada para a síntese desses solutos orgânicos pode ser um tanto grande, razão pela qual tal síntese tende a reduzir a produtividade de culturas agrícolas.

Mecanismos epigenéticos e pequenos RNAs fornecem proteção adicional contra o estresse

Até agora, discutiram-se as respostas ao estresse abiótico em termos de cascatas de sinalização e expressão gênica alterada – processos de aclimatação que podem ser revertidos quando surgem condições mais

Figura 19.12 Os mecanismos de transporte ativo primário e secundário atuam em respostas ao estresse salino. A ATPase de bombeamento de H^+ localizada na membrana plasmática (ATPase do tipo P) (1), bem como a ATPase de bombeamento de H^+ localizada no tonoplasto (ATPase do tipo V) (2), e a pirofosfatase (PP_iase) (3) são sistemas de transporte ativos primários que energizam a membrana plasmática e o tonoplasto, respectivamente. Mediante acoplamento da energia liberada pela hidrólise de ATP ou pirofosfato, essas bombas de próton são capazes de transportar H^+ através da membrana plasmática ou do tonoplasto contra um gradiente eletroquímico. SOS1 e NHX1 – transportadores de H^+-Na^+ do tipo antiporte – são sistemas de transporte ativos secundários que acoplam o transporte de Na^+ contra seu gradiente eletroquímico com o de H^+ abaixo de seu gradiente eletroquímico. SOS1 transporta Na^+ para fora da célula, enquanto NHX1 transporta Na^+ para dentro do vacúolo (ver também Capítulo 6).

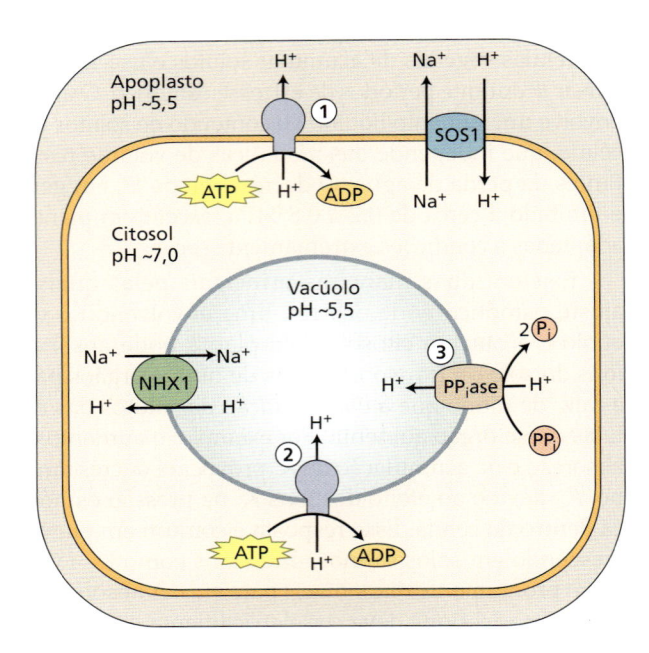

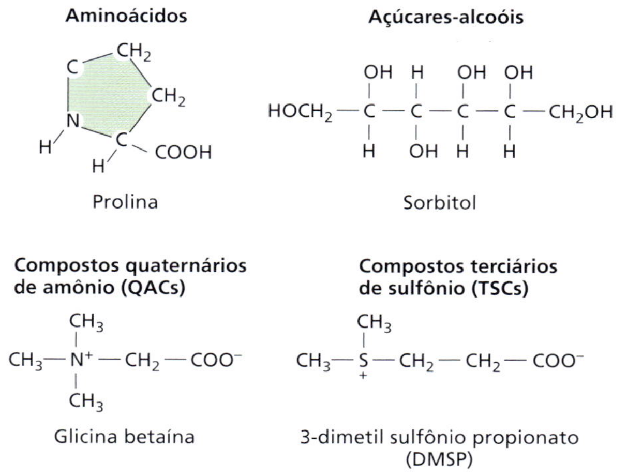

Figura 19.13 Quatro grupos de moléculas frequentemente servem como solutos compatíveis: aminoácidos, açúcares-alcoóis, compostos quaternários de amônio e compostos terciários de sulfônio. Observe que esses compostos são pequenos e não têm carga líquida.

favoráveis. Recentemente, a atenção tem sido direcionadas às mudanças epigenéticas, que potencialmente podem proporcionar adaptação de longo prazo ao estresse abiótico. Uma vez que algumas modificações da cromatina são herdáveis, as mudanças epigenéticas induzidas pelo estresse podem ter implicações evolutivas. A imunoprecipitação de cromatina de DNA com ligação cruzada a histonas modificadas, associada a modernas tecnologias de sequenciamento, abriu as portas às análises genômicas de mudanças no **epigenoma**. Metilação estável ou herdável do DNA e modificações das histonas atualmente têm sido vinculadas a estresses abióticos específicos (**Figura 19.14**).

O papel da regulação epigenética da época de florescimento tem sido estudado em *Arabidopsis* em relação aos genes conhecidos por seu envolvimento no estresse abiótico. Mutações em alguns dos genes envolvidos nos processos epigenéticos durante o estresse causam mudanças nas épocas de floração.

Os órgãos submersos desenvolvem um aerênquima em resposta à hipoxia

Na maioria das plantas de ambientes inundados, exemplificada pelo arroz, e em plantas bem aclimatadas às condições úmidas, o caule e as raízes desenvolvem canais interconectados longitudinalmente, preenchidos de gases, que proporcionam uma rota de baixa resistência ao movimento do oxigênio e de outros gases. Os gases (ar) penetram pelos estômatos ou pelas lenticelas (regiões porosas da periderme que permitem o intercâmbio gasoso) localizadas em caules e raízes lenhosos; eles deslocam-se por difusão ou por convec-

ção impulsionada por pequenos gradientes de pressão. Em muitas plantas adaptadas a terras úmidas (*wetland*; ambientes inundados), as células das raízes são separadas por espaços proeminentes preenchidos de gases, que formam um tecido denominado aerênquima. Essas células desenvolvem-se nas raízes de plantas de terras úmidas, independentemente de estímulos ambientais. Em algumas monocotiledôneas e eudicotiledôneas não ocorrentes em terras úmidas, no entanto, a deficiência de O_2 induz a formação de aerênquima na base do caule e em raízes em desenvolvimento recente.

Um exemplo de aerênquima induzido encontra-se no milho (*Zea mays*) (**Figura 19.15**). A hipoxia estimula a atividade de ACC-sintase e ACC-oxidase nos ápices de raízes do milho e provoca aceleração na produção de ACC e etileno (ver Capítulo 12). O etileno desencadeia a morte celular programada e a desintegração de células e paredes celulares no córtex da raiz. Os espaços anteriormente ocupados por essas células propiciam os vazios preenchidos de gases que facilitam o movimento de O_2. A morte celular desencadeada pelo etileno é altamente seletiva; apenas algumas células têm o potencial de iniciar o programa de desenvolvimento que gera o aerênquima.

Quando a formação de aerênquima é induzida, uma elevação na concentração citosólica de Ca^{2+} é considerada parte da rota de transdução de sinal do etileno que leva à morte celular. Os sinais que elevam a concentração citosólica de Ca^{2+} podem promover morte celular na ausência de hipoxia. Inversamente, os sinais que diminuem a concentração citosólica de Ca^{2+} bloqueiam a morte celular em raízes hipóxicas que normalmente formariam aerênquima.

Alguns tecidos podem tolerar condições anaeróbicas em solos alagados por um período prolongado (semanas ou meses) antes de desenvolver aerênquima. Podem ser citados como exemplos o embrião e o coleóptilo do arroz (*Oryza sativa*) e do capim-arroz (*Echinochloa crus-galli* var. *oryzicola*), bem como os rizomas (caules subterrâneos horizontais) do junco-gigante (*Schoenoplectus lacustris*), do junco-de-marisma (*Scirpus maritimus*) e da taboa-de-folha-estreita (*Typha angustifolia*). Esses rizomas podem sobreviver por vários meses e expandir suas folhas sob condições anaeróbicas.

Na natureza, esses rizomas hibernam na lama anaeróbica das margens de lagos. Na primavera, com as folhas já expandidas acima da lama ou da superfície da água, o O_2 difunde-se através do aerênquima para baixo em direção ao rizoma. O metabolismo, então, passa de um processo anaeróbico (fermentativo) para um processo aeróbico, e as raízes começam a crescer usando o oxigênio disponível. Da mesma maneira, durante a germinação do arroz irrigado e do capim-arroz, o coleóptilo emerge e torna-se uma rota de difusão de O_2 para as partes submersas da planta, incluindo as

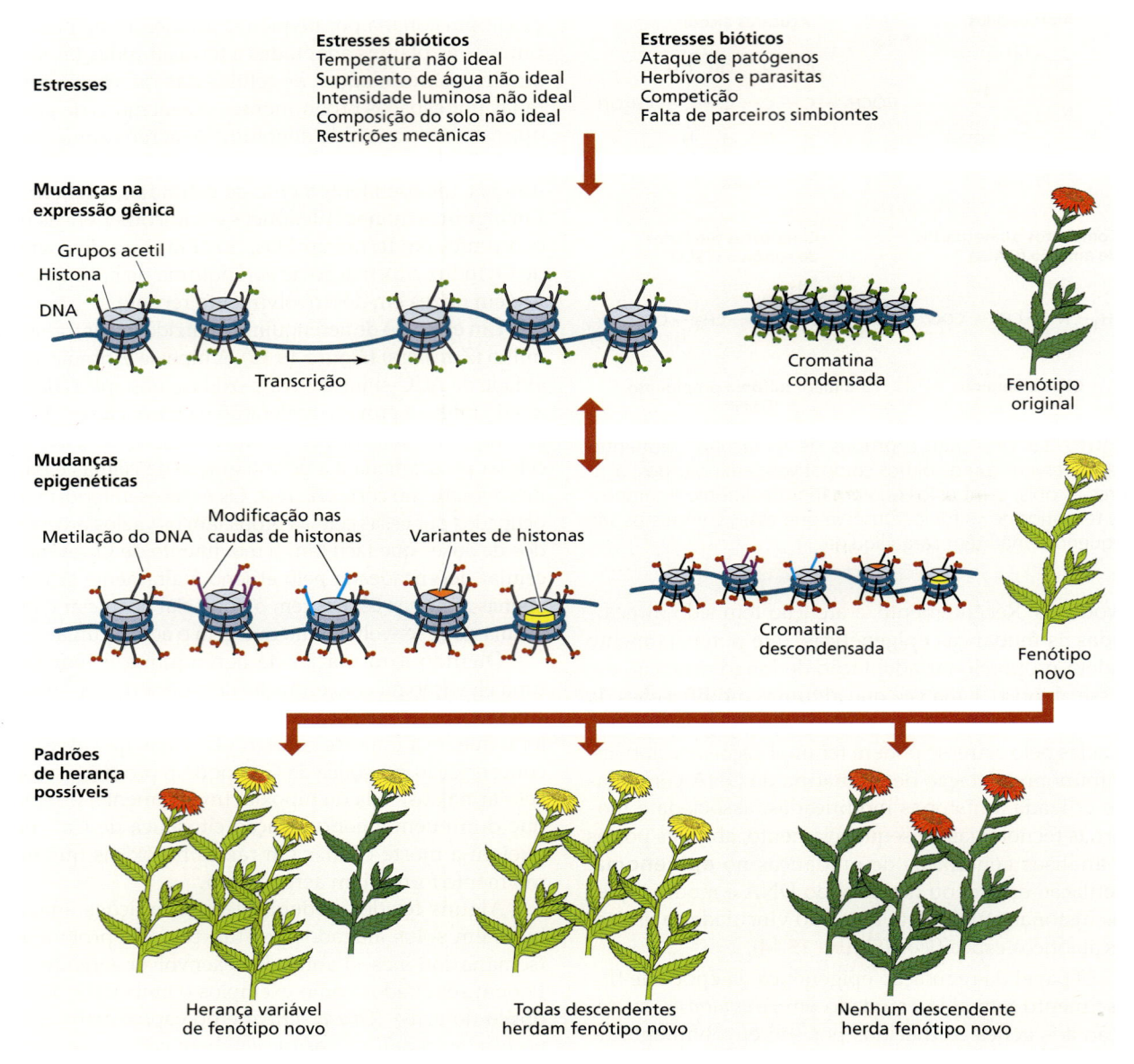

Figura 19.14 Mudanças na expressão gênica induzidas por estresse podem ser mediadas por modificação de proteínas/lipídeos/ácidos nucleicos, por mensageiros secundários ou por hormônios (p. ex., ABA, ácido salicílico, ácido jasmônico e etileno). As mudanças na transcrição ou fatores de estresse podem afetar a cromatina via metilação do DNA, modificações nas caudas de histonas, substituições de variantes de histonas ou perda de nucleossomos e descondensação da cromatina. Essas mudanças são reversíveis e podem modificar o metabolismo ou a morfologia da planta sob condições de estresse. Geralmente, os novos genótipos não são transmitidos à progênie; no entanto, mudanças associadas à cromatina são potencialmente herdáveis e poderiam resultar em manutenção uniforme de novas características. (De Gutzat e Mittelsten-Scheid, 2012.)

raízes. Embora o arroz seja uma espécie de terras úmidas, suas raízes são tão intolerantes à anoxia quanto as raízes do milho. À medida que a raiz penetra no solo deficiente de O_2, a formação contínua de aerênquima subapical permite o movimento desse gás no interior da raiz para suprir a zona apical.

Em raízes de arroz e de outras plantas típicas de terras úmidas, as barreiras estruturais compostas de paredes celulares suberizadas e lignificadas impedem a difusão do O_2 para fora, em direção ao solo. Assim, o O_2 retido supre o meristema apical e permite que o crescimento se estenda por 50 cm ou mais em direção

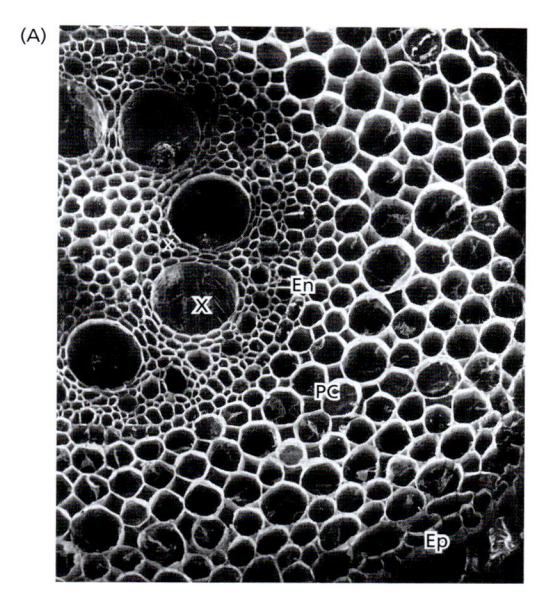

Figura 19.15 Imagens de cortes transversais de raízes de milho ao microscópio eletrônico de varredura (150×), mostrando mudanças na estrutura com o fornecimento de O_2. (A) Raiz-controle suprida de ar com células corticais intactas. (B) Raiz deficiente de O_2, cultivada em uma solução nutritiva sem aeração. Observe os espaços proeminentes preenchidos de gases (gs, *gas-filled spaces*) no parênquima cortical (PC), formados pela degeneração de células. O estelo (todas as células internas à endoderme, En) e a epiderme (Ep) permanecem intactos. X, xilema. (Cortesia de J. L. Basq e M. C. Drew.)

ao solo anaeróbico. Por outro lado, as raízes de espécies de ambientes não úmidos, como o milho, permitem a saída do O_2. O O_2 interno torna-se insuficiente para a respiração aeróbica nos ápices das raízes dessas plantas, e essa carência limita substancialmente a profundidade que esses órgãos podem alcançar no solo anaeróbico.

Antioxidantes e rotas de inativação de espécies reativas de oxigênio protegem as células do estresse oxidativo

As EROs acumulam-se nas células durante muitos tipos diferentes de estresses ambientais. Elas são desintoxificadas por enzimas especializadas e antioxidantes, um processo referido como **inativação de EROs**. Os antioxidantes biológicos são compostos orgânicos pequenos ou peptídeos pequenos que podem aceitar elétrons de EROs, como superóxido ou H_2O_2, e neutralizá-los. Os antioxidantes comuns em plantas (**Figura 19.16**) abrangem o ascorbato hidrossolúvel (vitamina C) e o tripeptídeo reduzido glutationa (GSH na forma reduzida, GSSG na forma oxidada), flavonoides (solúveis ou lipofílicos dependendo da glicosilação), e α-tocoferol (vitamina E) e β-caroteno (vitamina A) lipossolúveis. Para manter um fornecimento adequado desses compostos no estado reduzido, as células dependem de diversas redutases, como glutationa-redutase, desidroascorbato-redutase e monodesidroascorbato-redutase, que usam o poder redutor de NADH ou NADPH produzidos pela respiração ou fotossíntese.

Algumas EROs podem reagir de maneira espontânea com antioxidantes celulares, e algumas são instáveis e apresentam decaimento antes de causar dano celular. Contudo, as plantas desenvolveram várias **enzimas antioxidativas** diferentes que aumentam drasticamente a eficiência desses processos. Por exemplo, a **superóxido dismutase** é uma enzima que simultaneamente oxida e reduz o ânion superóxido para produzir peróxido de hidrogênio e oxigênio, de acordo com a reação: $O_2^{\bullet-} + 2\,H^+ \rightarrow O_2 + H_2O_2$. Variantes da superóxido dismutase são encontradas em cloroplastos, peroxissomos, mitocôndrias, e no citosol e apoplasto. Formas diferentes de **ascorbato peroxidase** estão presentes nos mesmos compartimentos celulares que a superóxido dismutase. A ascorbato peroxidase catalisa a destruição de peróxido de hidrogênio, usando ácido ascórbico como agente redutor na seguinte reação: 2 L-ascorbato + H_2O_2 + 2 H^+ → 2 monodesidroascorbato + 2 H_2O. Outro exemplo é a **catalase**, que catalisa a desintoxificação de peróxido de hidrogênio em água e oxigênio nos peroxissomos, de acordo com a reação: $2\,H_2O_2 \rightarrow 2\,H_2O + O_2$.

Mecanismos de exclusão e de tolerância interna permitem que as plantas lidem com íons metálicos e metaloides tóxicos

Dois mecanismos básicos são empregados pelas plantas para tolerar a presença de concentrações altas de íons tóxicos no ambiente, incluindo sódio, arsênico,

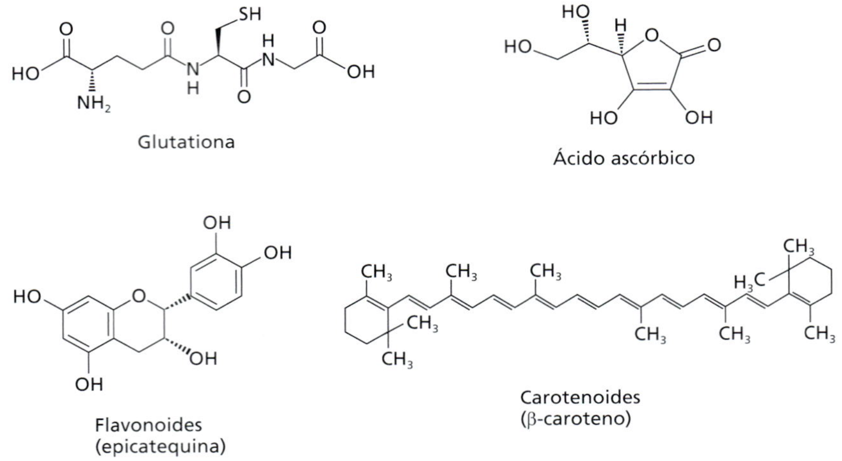

Figura 19.16 Antioxidantes inativadores de EROs.

Glutationa

Ácido ascórbico

Flavonoides (epicatequina)

Carotenoides (β-caroteno)

cádmio, cobre, níquel, zinco e selênio: exclusão e tolerância interna. A exclusão refere-se à capacidade de bloquear o ingresso de íons tóxicos na célula, impedindo, assim, que suas concentrações alcancem um nível de limiar tóxico. Os mecanismos de exclusão com frequência envolvem a ativação de proteínas de transporte de íons através da membrana plasmática. A **tolerância interna** em geral envolve adaptações bioquímicas que capacitam a planta a tolerar, compartimentalizar ou quelar concentrações altas de íons potencialmente tóxicos. Quelantes típicos para desintoxicação são ácidos orgânicos, como o ácido cítrico, e peptídeos pequenos especializados conhecidos como fitoquelatinas (**Figura 19.17**).

Quelação é a ligação de um íon dotado de pelo menos dois átomos ligantes com uma molécula quelante. As moléculas quelantes podem ter diferentes átomos disponíveis para ligação, como enxofre (S), nitrogênio (N) ou oxigênio (O), os quais têm afinidades distintas para os íons que quelam. A molécula quelante torna o íon menos ativo quimicamente enrolando-se ao redor dele e formando com ele um complexo; assim, a toxicidade potencial do íon fica reduzida. O complexo, então, geralmente é translocado para outras partes da planta ou armazenado afastado do citoplasma (tipicamente no vacúolo).

As fitoquelatinas são tióis de peso molecular baixo consistindo dos aminoácidos glutamato, cisteína e glicina, com a forma geral de (γ-Glu-Cys)$_n$Gly (ver Figura 19.17B). Elas são sintetizadas pela enzima fitoquelatina sintase. Os grupos tiol atuam como ligantes para íons de elementos-traço tais como cádmio e arsênio. Uma vez formado, o complexo fitoquelatina-metal é transportado para o interior do vacúolo para armazenagem. A síntese de fitoquelatinas tem sido demonstrada como necessária para a resistência ao cádmio e ao arsênio. Além da quelação, o transporte ativo de íons metálicos para dentro do vacúolo e para fora da célula também contribui para a tolerância interna aos metais.

A **hiperacumulação** é um exemplo extremo de tolerância interna a íons tóxicos. As plantas hiperacumuladoras podem tolerar concentrações foliares de diversos elementos-traço – como arsênio, cádmio, níquel, zinco e selênio – de até 1% da massa seca de sua parte aérea (10 mg por grama de massa seca). A hiperacumulação é uma adaptação vegetal relativamente rara a íons potencialmente tóxicos. Essa adaptação requer mudanças genéticas herdáveis que acentuam a expressão dos transportadores iônicos envolvidos na absorção e na compartimentalização vacuolar desses íons.

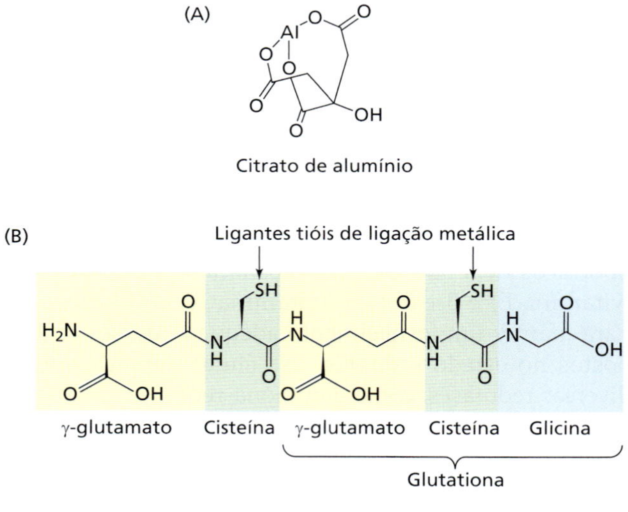

(A) Citrato de alumínio

(B) Ligantes tióis de ligação metálica

γ-glutamato Cisteína γ-glutamato Cisteína Glicina

Glutationa

Figura 19.17 Estrutura molecular de quelantes metálicos. (A) Citrato, mostrado ligado ao alumínio. (B) Fitoquelatina, que usa o enxofre da cisteína para ligar-se a íons metais como cádmio, zinco e arsênico.

As plantas usam moléculas crioprotetoras e proteínas anticongelamento para impedir a formação de cristais de gelo

Durante o congelamento rápido, o protoplasto, incluindo o vacúolo, pode **super-resfriar**; isso significa que a água celular pode permanecer líquida mesmo em temperaturas vários graus abaixo de seu ponto de congelamento teórico. O super-resfriamento é comum em muitas espécies das florestas de angiospermas arbóreas do sudeste do Canadá e do leste dos Estados Unidos. As células podem super-resfriar somente até cerca de −40°C, temperatura na qual o gelo se forma espontaneamente. A formação espontânea de gelo estabelece o *limite de temperatura baixa*, no qual muitas espécies alpinas e subárticas passam por super-resfriamento profundo para poder sobreviver.

Várias proteínas vegetais especializadas, denominadas **proteínas anticongelamento**, limitam o crescimento de cristais de gelo por meio de um mecanismo independente da redução do ponto de congelamento da água. A síntese dessas proteínas é induzida pelas temperaturas baixas. As proteínas ligam-se às superfícies de cristais de gelo para impedir ou retardar seu crescimento. Açúcares, polissacarídeos, solutos osmoprotetores, DHNs e outras proteínas induzidas pelo frio também têm efeitos crioprotetores.

Resumo

As plantas detectam mudanças potencialmente danosas em seu ambiente abiótico e respondem a elas por meio de rotas dedicadas às respostas aos estresses. Essas rotas abrangem redes gênicas, proteínas reguladoras e intermediários de sinalização, bem como proteínas, enzimas e moléculas que atuam na proteção das células aos efeitos deletérios do estresse abiótico. Juntos, esses mecanismos antiestresse capacitam as plantas a se aclimatarem ou se adaptarem a estresses como seca, calor, frio e salinidade e suas combinações possíveis.

Definição de estresse vegetal

- O estresse pode ser definido como qualquer condição que impede a planta de alcançar o crescimento e o potencial reprodutivo máximos (**Figuras 19.1, 19.2**).

Aclimatação *versus* adaptação

- A aclimatação é o processo pelo qual as plantas individuais respondem a mudanças periódicas no ambiente mediante alteração direta de sua morfologia ou fisiologia. As mudanças fisiológicas associadas com a aclimatação não requerem novas modificações genéticas e muitas são reversíveis.
- A adaptação é caracterizada por mudanças genéticas em uma população inteira que foram fixadas por seleção natural durante muitas gerações.

Estressores ambientais

- O déficit hídrico leva ao decréscimo da pressão de turgor, aumento da toxicidade iônica, redução do crescimento e inibição da fotossíntese (**Tabela 19.1, Figura 19.3**).
- O estresse salino provoca desnaturação proteica e desestabilização de membranas, o que reduz o crescimento vegetal acima do solo e inibe a fotossíntese (**Tabela 19.1, Figura 19.4**).
- O estresse térmico afeta a estabilidade proteica, as reações enzimáticas, a fluidez das membranas e as estruturas secundárias de RNA e DNA (**Tabela 19.1**).
- O estresse pelo congelamento, como o estresse pela seca, provoca desidratação celular (**Tabela 19.1**).

- O solo inundado é exaurido de oxigênio, levando a hipóxia e estresse anaeróbico à raiz (**Tabela 19.1**).
- O estresse luminoso ocorre quando as plantas recebem mais luz solar do que conseguem usar fotossinteticamente (**Tabela 19.1**).
- Os íons de metais pesados podem substituir outros íons metálicos essenciais e romper reações fundamentais (**Tabela 19.1**).
- Combinações de estresses abióticos podem ter efeitos na fisiologia e na produtividade das plantas que são diferentes dos efeitos dos estresses individuais (**Figura 19.5**).
- As plantas podem conquistar proteção cruzada, quando expostas sequencialmente a diferentes estresses abióticos.
- As plantas empregam mecanismos físicos, biofísicos, metabólicos, bioquímicos e epigenéticos para detectar estresses e ativar rotas de resposta (**Figura 19.6**).

Mecanismos fisiológicos que protegem as plantas contra o estresse abiótico

- As plantas podem alterar sua morfologia foliar para evitar ou mitigar o estresse abiótico.
- As proteínas chaperonas moleculares protegem proteínas e membranas sensíveis durante o estresse abiótico (**Figura 19.7**).
- A exposição prolongada a temperaturas extremas pode alterar a composição de lipídeos de membrana, permitindo, assim, que as plantas mantenham a fluidez de membrana (**Tabela 19.2**).
- Os cloroplastos e mitocôndrias podem emitir sinais de perigo para o núcleo.
- Uma onda autopropagante de produção de EROs alerta partes da planta até então não estressadas sobre a necessidade de uma resposta (**Figura 19.8**).
- Os hormônios atuam separadamente e em conjunto para regular as respostas ao estresse abiótico.
- O fechamento estomático é provocado por mudanças induzidas pelo ABA no turgor das células-guarda (**Figura 19.9**).

- As plantas podem alterar sua razão entre biomassas da raiz e da parte aérea para evitar ou mitigar o estresse abiótico (**Figura 19.10**).
- A citocinina atua nas respostas ao estresse pela seca (**Figura 19.11**).
- As plantas reduzem o potencial osmótico da raiz para continuar a absorver água no solo em dessecação.
- As raízes reduzem a toxicidade salina transportando Na^+ para o vacúolo ou para fora da célula (**Figura 19.12**) e substituem solúveis compatíveis (**Figura 19.13**).
- As mudanças epigenéticas resultam na expressão gênica compatível com condições de estresse de longo prazo (**Figura 19.14**).
- O aerênquima permite a difusão de O_2 em direção aos órgãos submersos (**Figura 19.15**).
- As EROs podem ser desintoxicadas através de antioxidantes (**Figura 19.16**).
- A toxicidade de íons de metais pesados e de íons metaloides é reduzida por exclusão e/ou desintoxicação interna, muitas vezes envolvendo quelantes (**Figura 19.17**).
- As plantas geram proteínas anticongelamento para impedir a formação de cristais de gelo.

Leituras sugeridas

Ahuja, I., de Vos, R. C., Bones, A. M., and Hall, R. D. (2010) Plant molecular stress responses face climate change. *Trends Plant Sci.* 15: 664–674.

Atkinson, N. J., and Urwin, P. E. (2012) The interaction of plant biotic and abiotic stresses: From genes to the field. *J. Exp. Bot.* 63: 3523–3543.

Chinnusamy, V., and Zhu, J. K. (2009) Epigenetic regulation of stress responses in plants. *Curr. Opin. Plant Biol.* 12: 133–139.

Lobell, D. B., Schlenker, W., and Costa-Roberts, J. (2011) Climate trends and global crop production since 1980. *Science* 333: 616–620.

Mittler, R. (2002) Oxidative stress, antioxidants and stress tolerance. *Trends Plant Sci.* 7: 405–410.

Mittler, R., and Blumwald, E. (2010) Genetic engineering for modern agriculture: Challenges and perspectives. *Annu. Rev. Plant Biol.* 61: 443–462.

Mittler, R., Vanderauwera, S., Gollery, M., and Van Breusegem, F. (2004) Reactive oxygen gene network of plants. *Trends Plant Sci.* 9: 490–498.

Peleg, Z., Apse, M. P., and Blumwald, E. (2011) Engineering salinity and water stress tolerance in crop plants: Getting closer to the field. *Adv. Bot. Res.* 57: 405–443.

Peleg, Z., and Blumwald, E. (2011) Hormone homeostasis and abiotic stress tolerance in crop plants. *Curr. Opin. Plant Biol.* 14: 1–6.

Glossário

A

abaxial Refere-se à superfície inferior de uma folha.

abscisão Desprendimento de folhas, flores e frutos de uma planta viva. Processo pelo qual células específicas no pecíolo (pedúnculo) diferenciam-se para formar uma camada de abscisão, permitindo que um órgão em perecimento ou morto se separe da planta.

ACC sintase Enzima que catalisa a sintese de ácido carboxílico-1-aminociclopropano-1 (ACC) a partir de *S*-adenosilmetionina.

ACC-oxidase Enzima que catalisa a conversão de ácido carboxílico-1-aminociclopropano-1 (ACC) em etileno, a última etapa na biossíntese do etileno.

ácido abscísico (ABA) Hormônio vegetal que atua na regulação da dormência da semente, bem como nas respostas ao estresse, como o fechamento estomático durante o déficit hídrico e as respostas ao frio e ao calor. O ABA é derivado de precursores carotenoides.

ácido jasmônico (AJ) Hormônio que atua nas defesas vegetais contra estresses bióticos e abióticos assim como em alguns outros aspectos do desenvolvimento. O ácido jasmônico é derivado da rota dos octadecanoides. Ele pode atuar como um sinal volátil quando metilado (metiljasmonato) e é ativo também em algumas plantas quando unido a aminoácidos.

ácido salicílico Derivado do ácido benzoico. Acredita-se ser um sinal endógeno para a resistência sistêmica adquirida.

acimatação sistêmica adquirida (SAA, *systemic acquired acclimation*) Sistema no qual a exposição de uma parte da planta a um estresse abiótico gera sinais que podem iniciar a aclimatação a esse estresse em outras partes não expostas.

aclimatação Aumento na tolerância ao estresse pela planta devido à exposição prévia a ele. Pode envolver alterações na expressão gênica. Comparar com adaptação.

acompanhamento do sol Movimento das lâminas foliares durante o dia, de modo que sua superfície planar permanece perpendicular aos raios solares.

acrópeto A partir da base até a extremidade de um órgão, como caule, raiz ou folha.

actina Importante proteína esquelética de ligação ao ATP. A forma monomérica globular de actina é denominada actina G; a forma polimerizada em microfilamentos é denominada actina F.

actinorrízico Relacionado a várias espécies vegetais lenhosas, como os amieiros, em que a simbiose ocorre com bactérias do solo pertencentes ao gênero *Frankia* fixador de nitrogênio.

acúleos Estruturas vegetais pontiagudas que impedem fisicamente a herbivoria e são derivadas de células epidérmicas.

adaptação Nível herdado de resistência adquirida por um processo de seleção durante muitas gerações. Comparar com aclimatação.

adaxial Refere-se à superfície superior de uma folha.

adesão Atração da água a uma fase sólida, como uma parede celular ou uma superfície vítrea, devido, em primeiro lugar, à formação de pontes de hidrogênio.

aerênquima Característica anatômica de raízes encontradas em condições hipóxicas, mostrando no córtex espaços intercelulares grandes e cheios de gás.

aeroponia Técnica pela qual as plantas são cultivadas com suas raízes suspensas no ar enquanto são aspergidas continuamente com uma solução nutritiva.

ajuste osmótico Capacidade da célula de acumular solutos compatíveis e reduzir o potencial hídrico durante períodos de estresse osmótico.

alelopatia Liberação para o ambiente de substâncias vegetais que têm efeitos nocivos sobre plantas vizinhas.

alocação Distribuição regulada de produtos da fotossíntese para armazenamento, utilização e/ou transporte.

alternância de gerações Presença de dois estágios multicelulares geneticamente distintos, um haploide e um diploide, no ciclo de vida da planta. A geração gametofítica (haploide) começa com a meiose, enquanto a geração esporofítica (diploide) começa com a fusão de espermatozoide e rudimento seminal (óvulo).

amadurecimento Processo que torna os frutos mais palatáveis, incluindo maciez, aumento da doçura, perda de acidez e mudanças de coloração.

amiloplasto Plastídio armazenador de amido, encontrado abundantemente em tecidos de reserva de caules, raízes e sementes. Na coifa e parte aérea, amiloplastos especializados também podem servir como sensores da gravidade das raízes.

amplitude Em um ritmo biológico, é a distância entre os valores máximo e mínimo; com frequência, ela pode variar enquanto o período permanece inalterado.

anáfase Estágio da mitose durante o qual as duas cromátides de cada cromossomo replicado são separadas e se deslocam para polos opostos.

análise de tecidos vegetais No contexto da nutrição mineral, é a análise das concentrações de nutrientes em uma amostra vegetal.

análise do solo Determinação química do conteúdo de nutrientes em uma amostra de solo coletada na zona das raízes.

anatomia Kranz (German *kranz*, "*wreath*.") Disposição, semelhante à coroa, de células do mesofilo ao redor de uma camada de células da bainha do feixe vascular. As duas camadas concêntricas de tecido fotossintético circundando o feixe vascular. Essa característica anatômica é típica de folhas de muitas plantas C_4.

aneis anuais Aneis alternados de lenho de primavera e verão (formados pelo crescimento secundário do xilema), vistos em cortes transversais dos caules de espécies lenhosas.

angiospermas Plantas floríferas. Com sua estrutura reprodutora inovadora, a flor, constituem o tipo mais avançado de espermatófitas e dominam a paisagem. Elas se distinguem das gimnospermas pela presença de um carpelo que envolve as sementes.

ângulo de contato Medida quantitativa do grau com que uma molécula de água é atraída a uma fase sólida em relação a si própria.

anticlinal Referente à orientação da divisão celular, de modo que as novas paredes celulares se formam paralelamente à superfície do tecido.

antiporte Tipo de transporte ativo secundário em que o movimento passivo (a favor do gradiente) de prótons ou outros íons aciona o transporte ativo (contra o gradiente) de um soluto na direção oposta.

ápice do caule (gema terminal) Meristema apical do caule associado aos primórdios foliares e folhas jovens em desenvolvimento.

aplicação foliar Aplicação por pulverização, e subsequente absorção foliar, de nutrientes minerais ou outros compostos químicos.

apoplasto Sistema vegetal geralmente contínuo, composto de paredes celulares, espaços intercelulares e vasos.

aquaporinas Proteínas integrais de membrana formadoras de canais que atravessam uma membrana, muitos dos quais são seletivos à água (daí o nome). Esses canais facilitam o movimento da água através da membrana.

arbúsculos Estruturas ramificadas formadas por fungos micorrízicos dentro de células corticais da raiz da planta hospedeira; elas são os sítios de transferência de nutrientes entre o fungo e a planta.

área crivada Depressão na parede celular de um elemento de tubo crivado que contém um campo de plasmodesmos.

ascorbato peroxidase Enzima que converte peróxido e ascorbato em desidroascorbato e água.

asparagina sintetase (AS) Enzima que transfere nitrogênio como um grupo amino da glutamina ao aspartato, formando asparagina.

aspartato aminotransferase (Asp-AT) Aminotransferase que transfere o grupo amino do glutamato para o átomo carboxila do oxalacetato, formando aspartato.

assimilação de nutrientes Incorporação de nutrientes minerais em compostos de carbono, como pigmentos, cofatores enzimáticos, lipídeos, ácidos nucleicos ou aminoácidos.

atividade do dreno Taxa de absorção de fotossintatos por unidade de peso do tecido do dreno.

ATP sintase Complexo proteico de multissubunidades que sintetiza ATP, a partir de ADP e fosfato (P_i). Os tipos F_0F_1 e CF_0-CF_1 estão presentes em mitocôndrias e cloroplastos, respectivamente. Também chamada ATPase.

auxinas Importantes hormônios vegetais envolvidos em numerosos processos de desenvolvimento, incluindo o alongamento celular, organogênese, polaridade apical-basal, diferenciação, dominância apical e respostas trópicas. A forma química mais abundante é o ácido 3-indolacético.

B

bacterioclorofilas Pigmentos absorventes de luz, ativos na fotossíntese de organismos anoxigênicos.

bacteroides Bactérias endossimbientes que se diferenciaram em um estado não divisível de fixação de nitrogênio.

baga Fruto carnoso simples, produzido por um ovário único, consistindo em um exocarpo pigmentado (externo), um mesocarpo suculento e carnoso e um endocarpo membranoso.

bainha amilífera Camada de células que envolve o sistema vascular do caule e coleóptilo e tem continuidade com a endoderme da raiz. Ela é necessária para o gravitropismo em caules de eudicotiledôneas.

bainha do feixe Uma ou mais camadas de células, firmemente justapostas, circundando as nervuras pequenas de folhas e os feixes vasculares primários de caules.

banda pré-prófase Disposição circular de microtúbulos e microfilamentos formada no citoplasma cortical um pouco antes da divisão celular. Ela envolve o núcleo e prediz o plano de citocinese da mitose seguinte.

basípeto A partir do ápice de crescimento de um caule ou raiz em direção à base (junção da raiz e parte aérea).

β-oxidação Oxidação de ácidos graxos em graxo-acil-CoA e decomposição sequencial dos ácidos graxos em unidades de acetil-CoA. NADH também é produzido.

biologia de sistemas Abordagem para examinar processos vivos complexos que empregam modelos matemáticos e computacionais, visando estimular redes biológicas não lineares e prever melhor sua operação.

biosfera Partes da superfície e da atmosfera da Terra que sustentam os organismos vivos que a habitam.

bombas Proteínas de membrana que realizam o transporte ativo primário através de uma membrana biológica. A maioria das bombas transporta íons, como H^+ ou Ca^{2+}.

brassinolídeo Hormônio esteroidal vegetal com atividade promotora de crescimento, isolado pela primeira vez do pólen de *Brassica napus*. Pertence a um grupo de hormônios vegetais com estruturas e atividades semelhantes denominados brassinosteroides.

brassinosteroides (BRs) Grupo de hormônios esteroidais vegetais que exercem papéis importantes em muitos processos de desenvolvimento, incluindo a divisão e o alongamento celulares em caules e raízes, fotomorfogênese, desenvolvimento reprodutivo, senescência foliar e respostas a estresses.

briófita *Ver* Plantas avasculares.

C

calmodulina Proteína de ligação ao Ca^{2+} que regula muitos processos celulares de uma maneira dependente de Ca^{2+}.

calor específico Razão entre a capacidade calorífica de uma substância e a capacidade calorífica de uma substância de referência, geralmente a água. Capacidade calorífica é a quantidade de calor necessária para mudar a temperatura de uma unidade de massa em 1 grau Celsius. A capacidade calorífica da água é 1 caloria (4,184 Joule) por grama por grau Celsius.

calor latente da vaporização Energia necessária para separar moléculas da fase líquida e movê-las para a fase gasosa, à temperatura constante.

calose Glucano com ligação β-(1→3) sintetizado na membrana plasmática e depositado entre ela e a parede celular. A calose é sintetizada por elementos crivados em resposta a um dano, estresse ou como parte de um processo de desenvolvimento normal.

calose de lesão Calose depositada nos poros de elementos crivados danificados, isolando-os do tecido circundante intacto. À medida que os elementos crivados se restabelecem, a calose desaparece dos poros.

CAM *Ver* Metabolismo ácido das crassuláceas.

camada de aleurona Camada distinta de células de aleurona que circunda o endosperma amiláceo de grãos de cereais.

câmbio Camada de células meristemáticas entre o xilema e o floema, que produz células desses tecidos, resultando no crescimento lateral (secundário) do caule ou da raiz.

câmbio suberoso Camada de meristema lateral que se desenvolve dentro de células diferenciadas do córtex e do floema secundário. Produz as camadas protetoras secundárias que, juntas, constituem a periderme. Também chamado de felogênio.

câmbio vascular Meristema lateral que consiste em células iniciais fusiformes e radiais e que origina os elementos secundários de xilema e floema, assim como o parênquima radial.

canais Proteínas transmembrana que funcionam como poros seletivos para o transporte passivo de íons ou de água através da membrana.

canal de infecção Extensão tubular interna da membrana plasmática de pelos das raízes, através da qual os rizóbios penetram nas células corticais da raiz.

canalização da luz Em células fotossintetizantes, é a propagação de parte da luz incidente através do vacúolo central de células do parênquima paliçádico e através dos espaços intercelulares.

capilaridade Movimento ascendente da água por distâncias pequenas em um tubo capilar de vidro ou dentro da parede celular, devido à coesão, adesão e tensão superficial da água.

cardenolídeos Glicosídeos esteroidais que têm sabor amargo e são extremamente tóxicos para animais superiores mediante sua ação sobre ATPases ativadas por Na^+/K^+. Eles são extraídos da dedaleira (*Digitalis*) para tratamento de distúrbios cardíacos humanos.

carotenoides Polienos lineares, dispostos como uma cadeia plana em zigue-zague, com ligações duplas conjugadas. Esses pigmentos de cor laranja funcionam como pigmentos antena e agentes fotoprotetores.

carregadoras Proteínas de transporte em membranas que se ligam a um soluto. Elas passam por mudança conformacional e liberam o soluto no outro lado da membrana.

carregamento do floema Movimento de produtos fotossintéticos para os elementos crivados de folhas maduras. *Ver também* Descarregamento do floema.

carregamento do xilema Processo pelo qual os íons saem do simplasto e entram nas células condutoras do xilema.

carriquinolida Componente da fumaça que estimula a germinação de sementes; similar estruturalmente às estrigolactonas.

casca Termo coletivo para todos os tecidos externos ao câmbio de caules ou raízes lenhosas; é composta de floema e periderme.

cascata MAP (proteína ativada por mitógeno, *mitogen-activated protein***) quinase** Série de proteínas quinases que transmitem um sinal de ativação de um receptor de superfície celular para o DNA no núcleo.

catalase Enzima que decompõe peróxido de hidrogênio em água. Quando abundante em peroxissomos, ela pode formar arranjos cristalinos.

caule Eixo primário da planta, geralmente situado acima da superfície do solo, que porta folhas e gemas. Ele pode também ocorrer abaixo da superfície do solo, sob forma de rizomas, bulbos e tubérculos.

cavitação Colapso de tensão de uma coluna de água resultante da formação e expansão de minúsculas bolhas de gás.

célula apical A menor célula, rica em citoplasma, formada na primeira divisão do zigoto.

célula basal A célula maior e vacuolada formada pela primeira divisão do zigoto. Ela origina o suspensor.

célula central Célula no saco embrionário que se funde com a célula espermática secundária, originando a célula endospérmica primária.

célula companheira ordinária Tipo de célula companheira com quantidade variável de plasmodesmos que se conectam a qualquer uma das células circundantes que não seu elemento crivado associado.

célula intermediária Um tipo de célula companheira com numerosas conexões de plasmodesmos com células circundantes, especialmente com as células de bainhas dos feixes vasculares.

célula-mãe de células-guarda (CMCG) Célula que origina o par de células-guarda para formar um estômato.

células companheiras Em angiospermas, elas são células metabolicamente ativas, conectadas a seu elemento crivado por plasmodesmos grandes e ramificados; assumem muitas das atividades metabólicas do elemento crivado. Em folhas-fonte, elas atuam no transporte de fotossintatos para os elementos crivados.

células crivadas Elementos crivados de gimnospermas, relativamente não especializados.

células de transferência Um tipo celular semelhante a uma célula companheira ordinária, mas com projeções digitiformes das suas paredes. Essas projeções aumentam consideravelmente a área de superfície da membrana plasmática e a capacidade de transporte de solutos através da membrana a partir do apoplasto.

células dérmicas fundamentais (*pavement cells***)** Tipo predominante de células epidérmicas foliares que secretam uma cutícula serosa e servem para proteger a planta da desidratação e de danos provocados pela radiação ultravioleta.

células em paliçada Uma a três camadas de células fotossintéticas colunares, localizadas abaixo da face superior da epiderme da folha, constituindo o parênquima paliçádico.

células subsidiárias Células epidérmicas especializadas situadas ao lado das células-guarda e que atuam junto com elas no controle das aberturas estomáticas.

células-guarda Par de células epidérmicas especializadas que circundam a fenda estomática; elas regulam a abertura e o fechamento do estômato.

células-mães de meristemoides (CMM) Células da protoderme foliar que se dividem assimetricamente (a assim chamada divisão de entrada) para originar o meristemoide, um precursor da célula-guarda.

celulose Cadeia linear de D-glicose com ligações β-(1,4). A unidade de repetição é a celobiose.

celulose sintase Enzima que catalisa a síntese de D-glucanos individuais com ligações β-(1,4) que formam a microfibrila de celulose.

centro quiescente Região central do meristema da raiz onde as células se dividem mais lentamente do que as células circundantes ou não se dividem. Serve como um reservatório de células meristemáticas para regeneração de tecidos em caso de lesão.

centrômero Região constrita no cromossomo mitótico, onde o cinetocoro se forma e ao qual as fibras do fuso se fixam.

centros Fe-S Grupos prostéticos formados de ferro e enxofre inorgânicos, que são abundantes em proteínas no transporte de elétrons respiratório e fotossintético.

CF_0CF_1-ATP sintase *Ver* FoF_1-ATP sintase.

ciclinas Proteínas reguladoras associadas a quinases dependentes de ciclina que desempenham um papel crucial na regulação do ciclo celular.

ciclo de Calvin-Benson Rota bioquímica de redução de CO_2 a carboidrato. O ciclo envolve três fases: a carboxilação de ribulose-1,5-bifosfato com CO_2 atmosférico, catalisada pela Rubisco; a redução de 3-fosfoglicerato a triose fosfatos; e a regeneração da ribulose-1,5-bifosfato mediante a ação conjunta de dez reações enzimáticas.

ciclo do ácido tricarboxílico (TCA) Ciclo de reações catalisadas por enzimas localizadas na matriz mitocondrial, que leva à oxidação de piruvato a CO_2. ATP e NADH são gerados no processo de oxidação. Também chamado ciclo do ácido cítrico.

ciclo do glioxilato Sequência de reações que convertem duas moléculas de acetil-CoA em succinato no glioxissomo.

ciclo Q Mecanismo de oxidação de plasto-hidroquinona (plastoquinona reduzida, também chamada de plastoquinol) nos cloroplastos e de ubi-hidroquinona (ubiquinona reduzida, também chamada de ubiquinol) nas mitocôndrias.

cinases dependentes de ciclina (CDKs) Proteínas quinase que regulam as transições de G_1 para S, de S para G_2 e de G_2 para mitose, durante o ciclo celular.

cinetocoro Sítio de ligação das fibras do fuso ao cromossomo na anáfase.

cisternas Rede de sáculos e túbulos achatados que compõem o retículo endoplasmático.

citocinese Após a divisão nuclear em células vegetais, a citocinese é a separação dos núcleos-filhos pela formação de nova parede celular.

citocininas Classe de hormônios que atuam na divisão e diferenciação celulares, bem como no crescimento de gemas axilares e na senescência foliar. As citocininas derivam da adenina, cuja forma mais comum é a zeatina.

citocromo c Componente periférico e móvel da cadeia mitocondrial de transporte de elétrons, que oxida o complexo III e reduz o complexo IV.

citocromo f Uma subunidade no complexo citocromo $b_6 f$ que desempenha um papel no transporte de elétrons entre os fotossistemas I e II.

citocromo P450-monoxigenases (CYPs) Denominação genérica para um grande número de enzimas oxidativas de função mista, localizadas no retículo endoplasmático. As CYPs são aparentadas, mas diferentes, e participam de uma diversidade de processos oxidativos, incluindo etapas na biossíntese de giberelinas e brassinosteroides.

citoesqueleto O citoesqueleto é composto de microfilamentos polarizados de actina ou microtúbulos de tubulina. Ele auxilia no controle da organização e da polaridade de organelas e células durante o crescimento.

citoplasma Matéria celular, excluindo o núcleo, limitada pela membrana plasmática.

citosol Fase aquosa do citoplasma contendo solutos dissolvidos, mas excluindo estruturas supramoleculares, como ribossomos e componentes do citoesqueleto.

climatérico Elevação pronunciada da respiração no começo do amadurecimento, constatada em todos os frutos que amadurecem em resposta ao etileno e no processo de senescência de folhas e flores desprendidas.

clorofilas Grupo de pigmentos verdes absorventes de luz e ativos na fotossíntese.

cloroplasto Organela que é o sítio da fotossíntese em organismos eucarióticos fotossintetizantes.

clorose Amarelecimento de folhas que ocorre como consequência de deficiência mineral. As folhas afetadas e as partes das folhas que amarelam podem servir ao diagnóstico do tipo de deficiência.

coeficiente de difusão (D_s) Constante de proporcionalidade que mede o quão facilmente uma substância específica s move-se por determinado meio. O coeficiente de difusão é uma característica da substância e depende do meio e da temperatura.

coeficiente de temperatura (Q_{10}) Aumento da taxa de um processo (p. ex., respiração) para cada aumento térmico de $10°C$.

coesão Atração mútua entre moléculas de água devido à extensa formação de pontes de hidrogênio.

coevolução Adaptações vinculadas de dois ou mais organismos.

coifa Células junto ao ápice da raiz que cobrem as células meristemáticas e as protegem de dano mecânico à medida que a raiz se move pelo solo. A coifa é o sítio da percepção da gravidade e da sinalização da resposta gravitrópica nas raízes.

colênquima Parênquima especializado com paredes celulares irregularmente espessadas, ricas em pectina.

coleóptilo Folha modificada constituindo-se de uma bainha que cobre e protege as folhas primárias jovens de uma plântula de gramínea, à medida que ela cresce no solo. A percepção unilateral da luz, especialmente a luz azul, pela extremidade resulta em crescimento assimétrico e curvatura, devido à distribuição desigual de auxina nos lados iluminados e sombreados.

coleorriza Bainha protetora envolvendo a radícula do embrião de representantes da família Poaceae.

colinização cruzada Polinização de uma flor pelo pólen da flor de uma planta diferente.

comensalismo Relação entre dois organismos, em que um se beneficia sem afetar negativamente o outro.

compensação de temperatura Uma característica de ritmos circadianos que podem manter sua periodicidade circadiana por uma faixa ampla de temperaturas dentro do espectro fisiológico.

complexo antena Grupo de moléculas pigmentadas que cooperam na absorção de energia luminosa e a transferem para um complexo de centro de reação.

complexo citocromo $b_6 f$ Complexo proteico grande de multissubunidades, contendo dois hemes do tipo b, um heme do tipo c (citocromo f) e uma proteína Rieske ferro-sulfurosa. Complexo relativamente imóvel distribuído igualmente entre as regiões dos grana e o estroma das membranas tilacoides.

complexo da enzima nitrogenase Complexo proteico de dois componentes que catalisa a reação de fixação biológica do nitrogênio, em que a amônia é produzida a partir de nitrogênio molecular.

complexo do centro de reação Grupo de proteínas de transferência de elétrons que recebe energia do complexo antena e a converte em energia química, usando reações de oxidação-redução.

complexo estomático Constituído por células-guarda, células subsidiárias e fenda estomática, que, juntas, regulam a transpiração foliar.

complexo II de captação de luz (LHCII) O complexo antena de proteínas mais abundante, associado principalmente ao fotossistema II.

comprimento crítico do dia Comprimento mínimo do dia exigido para o florescimento de uma planta de dia longo; é o comprimento máximo do dia que possibilitará o florescimento de plantas de dia curto. No entanto, estudos têm demonstrado que o importante é o comprimento da noite, não o do dia.

comprimento de onda (λ) Unidade de medida para caracterização da energia luminosa. Ele é a distância entre sucessivas cristas de onda. No espectro visível, corresponde a uma cor.

concentração crítica (de um nutriente) No tecido vegetal, a concentração mínima de um nutriente mineral que está correlacionada com o crescimento ou com o rendimento máximo.

condutividade hidráulica Uma medida do quão prontamente a água pode se mover através de uma membrana; ela é expressa em termos do volume de água por unidade de área de membrana, por unidade de tempo, por unidade de força motora (i.e., $m^3\ m^{-2}\ s^{-1}\ MPa^{-1}$).

condutividade hidráulica do solo Medida da facilidade com que a água se move no solo.

coníferas Árvores dotadas de cones.

corpo primário da planta Parte da planta derivada diretamente dos meristemas apicais do caule e da raiz.

corpos de proteínas P Estruturas descontínuas de proteínas P – esféricas, fusiformes ou espiraladas e torcidas – presentes no citosol de elementos de tubos crivados (floema) imaturos. Em geral, estão dispersos em formas tubulares ou fibrilares durante a maturação celular.

corpos lipídicos Organelas que acumulam e armazenam triacilgliceróis. Eles são circundados por uma única lâmina fosfolipídica ("monocamada fosfolipídica") derivada do retículo endoplasmático. Também conhecidos como oleossomos ou esferossomos.

corpos pró-lamelares Sofisticados arranjos semicristalinos de túbulos membranosos que se desenvolvem em plastídios ainda não expostos à luz (etioplastos).

corpos proteicos Organelas de reserva proteica envolvidas por uma membrana simples; eles são encontrados principalmente em tecidos de sementes.

corrente citoplasmática Movimento coordenado de partículas e organelas pelo citosol.

córtex Sistema fundamental na região do caule primário ou da raiz primária, localizado entre o sistema vascular e a epiderme, consistindo principalmente de parênquima.

crescimento ácido Uma característica de paredes celulares em crescimento, em que elas se estendem mais rapidamente em pH ácido do que em pH neutro.

crescimento anisotrópico Aumento que é maior em uma direção do que em outra; por exemplo, as células que se alongam no eixo de caules e raízes que crescem mais em comprimento do que em largura.

crescimento apical Crescimento localizado na extremidade de uma célula vegetal, causado por secreção localizada de novos polímeros de parede. Ele ocorre em tubos polínicos, pelos de raízes, algumas fibras e tricomas filamentosos da semente do algodoeiro, bem como no protonema (musgo) e em hifas (fungos). Comparar com crescimento difuso.

crescimento difuso Um tipo de crescimento celular vegetal em que a expansão ocorre mais ou menos uniformemente por toda a superfície. Comparar com crescimento apical.

crescimento indeterminado Capacidade de manter o crescimento e o desenvolvimento até o início da senescência.

crescimento primário Fase do desenvolvimento vegetal que origina novos órgãos e a forma básica da planta.

crescimento secundário Crescimento em diâmetro que ocorre após a conclusão do crescimento primário (alongamento do caule e da raiz). Ele envolve o câmbio vascular (produtor de xilema e floema secundários) e o felogênio (produtor da periderme).

criptocromos Flavoproteínas envolvidas em muitas respostas à luz azul que têm forte homologia com fotoliases bacterianas

cristas Dobras na membrana mitocondrial interna que se projetam para a matriz mitocondrial.

cromatina A condensação da cromatina ocorre durante a divisão celular, formando cromossomos mitóticos e meióticos em forma de bastão.

cromóforo Molécula de pigmento absorvente de luz geralmente ligada a uma proteína (uma apoproteína).

cromoplastos Plastídios que contêm concentrações elevadas de pigmentos carotenoides, em vez de clorofila.

cromossomos Estrutura de DNA e proteína, filiforme ou em forma de bastão, encontrada no núcleo da maioria das células vivas, codificando a informação genética na forma de genes.

cultivo em solução Uma técnica de cultivos de plantas cujas raízes ficam submersas em solução nutritiva, sem solo. Também chamada de hidroponia.

curso livre Designação do ritmo biológico característico de um organismo em particular, quando os sinais ambientais são removidos, como na escuridão total. *Ver* Zeitgeber.

D

defesas constitutivas Defesas vegetais sempre imediatamente disponíveis ou operacionais, isto é, defesas que não são induzidas.

defesas induzíveis Respostas de defesa que existem em níveis baixos, antes que seja encontrado um estresse biótico ou abiótico.

deidrinas Proteínas vegetais hidrofílicas que se acumulam em resposta ao estresse pela seca ou a temperaturas baixas.

deiscência Abertura espontânea de uma antera madura ou fruto maduro, liberando seus conteúdos.

densidade de fluxo (J_s) Taxa de transporte de uma substância s através de uma unidade de área por unidade de tempo. J_s pode ter unidades de moles por metro quadrado por segundo (mol m^{-2} s^{-1}).

densidade de fluxo fotônico (PFD, *photon flux density*) Quantidade de energia que incide sobre uma folha por unidade de tempo, expressa como moles de quanta por metro quadrado por segundo (mol m^{-2} s^{-1}). Também referida com taxa de fluência.

desacoplador Composto químico que aumenta a permeabilidade de membranas a prótons e, assim, desacopla a formação do gradiente de prótons da síntese de ATP.

desacoplamento Processo pelo qual as reações acopladas são separadas, de tal modo que a energia liberada por uma reação não fica disponível para acionar a outra reação.

descarregamento do floema Movimento de produtos da fotossíntese, dos elementos crivados para as células vizinhas, que os armazenam ou os metabolizam ou os transferem para outras células-dreno via transporte de curta distância. *Ver também* Carregamento do floema.

descoloração Perda da absorbância característica da clorofila, devido à sua conversão em outro estado estrutural, frequentemente por oxidação.

desestiolação Mudanças rápidas do desenvolvimento, associadas à perda da forma estiolada devido à ação da luz. *Ver* Fotomorfogênese.

desvio de GABA Rota que suplementa o ciclo do ácido tricarboxilico com a capacidade de formar e degradar GABA.

diferença na concentração do vapor d'água (ΔC_{wv}) A diferença entre a concentração do vapor d'água dos espaços de ar dentro da folha e a do ar fora da folha.

difusão Movimento de substâncias devido à agitação térmica aleatória de regiões de energia livre alta para regiões de energia livre baixa (p. ex., da concentração alta para concentração baixa).

difusão da luz nas interfaces Randomização da direção do movimento de fótons dentro de tecidos vegetais devido à reflexão e à refração da luz proveniente de muitas interfaces ar-água. Ela aumenta consideravelmente a probabilidade de absorção de fótons no interior da planta.

difusão facilitada Transporte passivo através de uma membrana usando um carregador.

dinucleotídeo de flavina adenina (FAD) Cofator contendo riboflavina, que passa por uma redução reversível de dois elétrons para produzir FADH$_2$.

dioico Referente a plantas com flores estaminadas e pistiladas encontradas em indivíduos diferentes, como o espinafre (*Spinacia* sp.) e o cânhamo (*Cannabis sativa*). Comparar com monoico.

dominância apical Na maioria das plantas superiores, é a inibição do crescimento das gemas laterais (gemas axilares) pelo crescimento da gema apical.

domínios *LIGHT-OXYGEN-VOLTAGE* (LOV) Domínios proteicos altamente conservados que respondem à luz, oxigênio ou alterações de voltagem, para mudar a conformação da proteína receptora. Nas fototropinas, domínios LOV são sítios de ligação do cromatóforo FMN às fototropinas e, portanto, são parte da proteína sensível à luz.

dormência da semente Estado de parada do crescimento do embrião que impede a germinação, mesmo quando as condições ambientais necessárias ao crescimento, como água, O$_2$ e temperatura, sejam satisfeitas.

dormência do embrião (ou endógena) Dormência da semente que é causada diretamente pelo embrião e não se deve a qualquer influência da casca da semente ou de outros tecidos de revestimento.

dormência imposta pelo envoltório (ou exógena) Dormência de sementes que é provocada pela sua casca e outros tecidos circundantes; pode incluir a impermeabilidade à água ou ao oxigênio, restrição mecânica ou a retenção de inibidores endógenos.

dormência primária A falha de sementes recém-dispersas e maduras em germinar em condições normais de crescimento.

dormência secundária Sementes que perderam sua dormência primária podem se tornar novamente dormentes, se submetidas à exposição prolongada a condições de crescimento desfavoráveis.

dotoinibição dinâmica Fotoinibição da fotossíntese, em que a eficiência quântica decresce, mas a taxa fotossintética máxima permanece inalterada. Ocorre sob luz moderada, não excessiva.

dreno Qualquer órgão que importa fotossintatos, incluindo os órgãos que não apresentam produção fotossintética suficiente para sustentar seu próprio crescimento ou necessidades de reserva, como raízes, tubérculos, frutos em desenvolvimento e folhas imaturas. Comparar com fonte.

dreno de auxina Célula ou tecido que capta auxina de uma fonte de auxina próxima. Participa na canalização de auxina durante a diferenciação vascular.

drupa Estrutura similar a uma baga, mas com um endocarpo duro (semelhante a uma concha; caroço) que contém uma semente.

ductos resiníferos de coníferas Dutos ou canais em folhas e tecido lenhoso de coníferas que conduzem compostos defensivos terpenoides. Eles podem ser constitutivos ou sua formação pode ser induzida por respostas de defesa a ferimentos.

E

ectomicorrizas Simbioses nas quais o fungo geralmente forma uma bainha espessa, ou manto, ao redor das raízes. As células das raízes não são penetradas pelas hifas fúngicas, mas, em vez disso, são envolvidas por uma rede de hifas denominada rede de Hartig.

efeito de melhora Efeito sinérgico (mais alto) das luzes vermelha e vermelho-distante na taxa de fotossíntese, comparado à soma das taxas quando os dois comprimentos de onda diferentes são emitidos em separado.

efeito estufa Aquecimento do clima da Terra causado pelo aprisionamento de radiação de comprimento de onda longo pelo CO_2 e por outros gases na atmosfera. Termo derivado do aquecimento de uma casa de vegetação, resultante da penetração de radiação de comprimento de onda longo através do teto de vidro, da conversão da radiação de onda longa em calor e do bloqueio do calor pelo teto de vidro.

efeito peneira Penetração de luz fotossinteticamente ativa através de várias camadas de células, devido às lacunas entre os cloroplastos, permitindo a passagem da luz.

efetor Molécula que se liga a uma proteína, alterando sua atividade. Os efetores bacterianos são secretados por patógenos, agindo sobre proteínas dentro de uma célula hospedeira.

eixo apical-basal Eixo que se estende do meristema apical do caule ao meristema apical da raiz.

eixo primário da planta Eixo longitudinal da planta definido pelas posições dos meristemas apicais do caule e da raiz.

eixo radial Eixo que se estende do centro de uma raiz ou de um caule até sua superfície externa.

elemento essencial Elemento químico que é um componente intrínseco da estrutura ou do metabolismo de uma planta. Quando o fornecimento do elemento é limitado, a planta padece de crescimento, desenvolvimento ou reprodução anormais.

elementos crivados Células do floema que conduzem açúcares e outros materiais orgânicos através da planta. Eles se referem tanto aos elementos de tubo crivado (angiospermas) quanto às células crivadas (gimnospermas).

elementos de tubo crivado Elementos crivados altamente diferenciados típicos de angiospermas.

elementos de vaso Células não vivas condutoras de água, com paredes terminais perfuradas, encontradas em angiospermas e em um pequeno grupo de gimnospermas.

elementos traqueais Células do xilema especializadas no transporte de água.

eletronegativo Com capacidade de atrair elétrons e, portanto, tem uma carga elétrica levemente negativa.

eliciadores Moléculas de patógenos específicas ou fragmentos de paredes celulares que se ligam a produtos vegetais e, desse modo, agem como sinais para ativação da defesa da planta contra um patógeno.

embebição Fase inicial da entrada de água em sementes secas que é acionada pelo potencial mátrico componente do potencial hídrico, ou seja, pela ligação da água a superfícies, como a parede celular e macromoléculas celulares.

embriófitas Grupo vegetal, incluindo todas as plantas terrestres, caracterizado pela capacidade do gametófito de conter e nutrir o esporófito jovem dentro dos seus tecidos durante os primeiros estágios de desenvolvimento.

embriogênese Formação e desenvolvimento do embrião.

endoderme Camada especializada de células que circunda o sistema vascular em raízes e em alguns caules.

endorreduplicação Ciclos de replicação de DNA nuclear sem mitose, resultando em poliploidização.

energia livre de Gibbs Energia disponível para realização de trabalho de síntese, transporte e movimento em sistemas biológicos.

energia luminosa Energia associada a fótons.

entrenó Porção do caule entre dois nós.

envoltório do cloroplasto Sistema de membrana dupla, circundando o cloroplasto.

envoltório nuclear Membrana dupla que circunda o núcleo.

enzima málica Catalisa a oxidação de malato a piruvato, permitindo que a mitocôndria vegetal oxide malato ou citrato a CO_2, sem envolver piruvato gerado por glicólise.

enzimas antioxidativas Proteínas que desintoxicam espécies reativas de oxigênio.

enzimas dessaturases Enzimas que removem hidrogênios em uma cadeia de carbono, criando uma ligação dupla entre carbonos.

epiderme Camada mais externa de células vegetais; geralmente, ela é constituída por uma camada de células.

epigenoma = Transformações químicas herdáveis em DNA e cromatina, incluindo a metilação do DNA, metilação de histonas e acetilação.

equação de Goldman Equação que prediz o potencial de difusão através de uma membrana, como uma função das concentrações e permeabilidades de todos os íons (p. ex., K^+, Na^+ e Cl^-) que a permeiam.

escape da fotorreversibilidade Estado fisiológico em que a luz vermelho-distante não atua para reverter eventos induzidos pelas interações da luz vermelha com fitocromo.

esclerênquima Tecido vegetal composto de células (escleréides e fibras) frequentemente mortas na maturidade, dotadas de paredes espessas com lignificação secundária.

escotomorfogênese Programa de desenvolvimento de plantas quando a germinação das sementes e o crescimento das plântulas ocorrem no escuro.

escutelo Único cotilédone do embrião de gramíneas especializado na absorção de nutrientes do endosperma.

espaço extracelular Nas plantas, o *continuum* espacial externo à membrana plasmática formado pela conexão de paredes celulares, através do qual a água e os nutrientes minerais se difundem facilmente.

espaço intermembrana Espaço preenchido de fluido entre as duas membranas mitocondriais ou entre as duas membranas do envoltório do cloroplasto.

espécies reativas de oxigênio (EROs) Elas incluem o ânion superóxido ($O_2^{-}\bullet$), o peróxido de hidrogênio (H_2O_2), o radical hidroxila ($OH\bullet$) e o oxigênio singleto. Elas são geradas em diversos compartimentos celulares e podem atuar como sinais ou causar dano a componentes celulares.

espectro de absorção Representação gráfica da quantidade de luz absorvida por uma substância plotada em relação ao comprimento de onda da luz.

espectro de ação Representação gráfica da magnitude de uma resposta biológica à luz como uma função do comprimento de onda.

espermatófitas Plantas em que o embrião está protegido e nutrido dentro de uma semente. São as gimnospermas e as angiospermas.

espinhos caulinares Estruturas vegetais pontiagudas que restringem fisicamente a ação de herbívoros e são derivadas de ramos.

espinhos foliares Estruturas superficiais pontiagudas e rígidas, consideradas folhas modificadas, que restringem fisicamente a ação de herbívoros e podem auxiliar na conservação de água.

esporófito Estrutura multicelular diploide ($2N$) que produz esporos haploides por meiose. Contrastar com gametófito amido Poliglicano que consiste em cadeias longas de moléculas de glicose com ligações 1→4 e pontos ramificados, onde são usadas ligações 1→6. O amido é a modalidade de reserva de carboidrato na maioria das plantas.

esporos Células reprodutivas, formadas nas plantas por meiose na geração esporofítica. Por divisões mitóticas, elas originam a geração gametofítica.

estado de menor excitação Estado de excitação com a menor energia, alcançado quando uma molécula de clorofila em um estado energético mais alto cede parte de sua energia para seu entorno como calor.

estatócitos Células vegetais dotadas de estatólitos, especializadas na percepção da gravidade.

estatólitos Inclusões celulares, como os amiloplastos, que atuam como sensores da gravidade, por terem uma densidade alta em relação ao citosol e sedimentação à base da célula.

esteira rolante (*treadmilling*) Durante a interfase, processo pelo qual microfilamentos ou microtúbulos no citoplasma cortical parecem migrar ao redor da periferia da célula, devido à adição de actina G ou heterodímeros de tubulina, respectivamente, à extremidade mais, na mesma taxa de sua remoção na extremidade menos.

estelo Tecidos da raiz localizados internamente à endoderme. O estelo contém os elementos vasculares da raiz: o floema e o xilema.

estiolamento Efeitos do crescimento da plântula no escuro, em que o hipocótilo e o caule são mais alongados, os cotilédones e as folhas não se expandem, e os cloroplastos não amadurecem.

estômatos Aberturas microscópicas na epiderme foliar, cada uma circundada por um par de células-guarda e que, em algumas espécies, inclui também as células subsidiárias. O estômato regula as trocas gasosas (água e CO_2) de folhas por meio do controle de sua fenda (ostíolo).

estresse Influências desvantajosas exercidas em uma planta por fatores externos abióticos ou bióticos, como herbivoria, infecções, calor, água ou anoxia. Ele é medido em relação à sobrevivência vegetal, à produtividade de uma cultura, à acumulação de biomassa ou à absorção de CO_2.

estresse osmótico Estresse imposto às células ou às plantas inteiras quando o potencial osmótico de soluções externas é mais negativo que o da solução no interior da planta.

estresse salino Efeitos adversos de minerais em excesso nas plantas.

estria de Caspary Faixa nas paredes celulares da endoderme, impregnada com lignina. Impede o movimento apoplástico de água e solutos para o estelo.

estrigolactonas Hormônios vegetais derivados de carotenoides que inibem a ramificação da parte aérea. Elas também exercem papéis no solo, estimulando o crescimento de micorrizas arbusculares e a germinação de sementes de indivíduos parasíticos, como os de Striga, a origem de seu nome.

estroma Componente fluídico circundando as membranas do tilacoide de um cloroplasto.

etileno Hormônio vegetal gasoso envolvido no amadurecimento e abscisão do fruto, bem como no crescimento de plântulas estioladas. A fórmula química do etileno é C_2H_4.

etioplasto Forma de cloroplasto fotossinteticamente inativa, encontrada em plântulas estioladas.

eucromatina Forma de cromatina dispersa e transcricionalmente ativa. Comparar com heterocromatina.

evocação floral Eventos ocorrentes no ápice do caule que especificamente incumbem o meristema de produzir flores.

exogamia Reprodução por polinização cruzada de duas plantas com genótipos diferentes.

expansinas Classe de proteínas de afrouxamento de parede que aceleram o amolecimento da parede durante o alongamento celular, geralmente com um ótimo em pH ácido.

exportação Movimento de produtos da fotossíntese nos elementos crivados para fora do tecido-fonte.

F

F_0F_1-ATP sintase Complexo multiproteico associado à membrana mitocondrial interna, que acopla a passagem de prótons através da membrana para a síntese de ATP, a partir de ADP e fosfato. O subscrito "o" em F_0 refere-se à ligação do inibidor oligomicina. Similar à CF_0CF_1-ATP sintase na fotofosforilação, à qual a oligomicina não se liga e inibe (por isso, o subscrito é "0").

F_1 Parte da F_0F_1-ATP-sintase voltada para a matriz de ligação ao ATP.

fase Em fenômenos cíclicos (rítmicos), qualquer ponto no ciclo reconhecível por sua relação com o ciclo completo, como, por exemplo, as posições máxima e mínima.

fase M Fase do ciclo celular em que os cromossomos replicados condensam-se, deslocam-se para polos opostos e alojam-se nos núcleos de duas células idênticas.

fase S Fase no ciclo celular durante o qual o DNA é replicado; ela sucede a fase G_1 e precede a fase G_2.

fatores de interação do fitocromo (PIFs, *phytochrome interaction factors*) Famílias de proteínas de interação de fitocromos que podem ativar e reprimir a transcrição gênica; alguns são alvos da degradação mediada por fitocromo.

fatores Nod Moléculas de sinalização de oligossacarídeos de lipoquitina ativas na expressão gênica durante a formação de nódulos de nitrogênio. Todos os fatores Nod têm uma estrutura de N-acetil-D-glicosamina de quitina com ligação β-(1→4) (variando em comprimento de 3 a 6 unidades de açúcar) e uma cadeia de ácidos graxos na posição C-2 do açúcar não redutor.

fecundação Formação de um zigoto (diploide, 2N) a partir da fusão nuclear e celular de dois gametas (haploides, 1N), a oosfera e a célula espermática. Em angiospermas, a fecundação também envolve a fusão de um segundo núcleo espermático com os núcleos haploides (geralmente dois) da célula central, formando o endosperma (geralmente triploide).

fecundação dupla Uma característica de todas as angiospermas pela qual, em conjunto com a fusão de um espermatozoide com o rudimento seminal (óvulo) que origina um zigoto, um segundo gameta masculino funde-se com os núcleos polares no saco embrionário, gerando o tecido endospérmico (com número triploide ou mais alto de cromossomos).

felogênio *Ver* Câmbio suberoso.

feofitina Clorofila em que o átomo central de magnésio foi substituído por dois átomos de hidrogênio.

fermentação Metabolismo de piruvato na ausência de oxigênio, levando a oxidação do NADH gerado na glicólise a NAD^+. Ela permite que a produção glicolítica de ATP funcione na ausência de oxigênio.

ferredoxina (Fd) Proteína pequena, hidrossolúvel, composta de ferro-enxofre, envolvida no transporte de elétrons do fotossistema I.

ferredoxina-$NADP^+$ redutase (FNR) Flavoproteína associada a membranas que recebe elétrons do fotossistema I e reduz $NADP^+$ a NADPH.

ferritina Proteína atuante no armazenamento celular de ferro em vários compartimentos, incluindo plastídeos e mitocôndrias.

fertilizante orgânico Fertilizante que contém elementos nutricionais derivados de fontes naturais, sem quaisquer adições sintéticas.

fertilizantes químicos Fertilizantes que fornecem nutrientes em formas orgânicas.

FeSR Uma subunidade do complexo citocromo b_6f contendo ferro e enxofre, envolvida na transferência de elétrons e de prótons. *Ver também* Proteína Rieske ferro-sulfurosa.

FeS_X, FeS_A, FeS_B Proteínas ferro-enxofre ligadas a membranas que transferem elétrons entre o fotossistema I e a ferredoxina.

fibra Célula de esclerênquima, alongada e afilada, que proporciona suporte mecânico nas plantas vasculares.

filoma Termo coletivo para todas as folhas de uma planta, incluindo as estruturas que evoluíram delas, como os órgãos florais.

filotaxia Disposição das folhas no caule.

fitoalexinas Grupo quimicamente diverso de metabólitos secundários com forte atividade antimicrobiana. Elas são sintetizadas após uma infecção e acumulam-se no local desta.

fitocromos Proteína vegetal fotorreceptora e reguladora de crescimento que absorve principalmente as luzes vermelha e vermelho-distante, mas absorve também a luz azul.

É a holoproteína que contém o cromatóforo fitocromobilina.

fitólitos Células individuais que acumulam sílica em folhas ou raízes.

fitômero Unidade de desenvolvimento, consistindo em uma ou mais folhas, o nó em que as folhas estão inseridas, o entrenó abaixo do nó e uma ou mais gemas axilares.

fixação de nitrogênio Processos natural ou industrial pelos quais o nitrogênio atmosférico N_2 é convertido em amônia (NH_3) ou nitrato (NO_3^-).

floema Sistema que transporta os produtos da fotossíntese, das folhas maduras (ou órgãos de armazenamento) para áreas de crescimento e armazenamento, incluindo as raízes.

floema de coleta Elementos crivados das fontes.

floema de entrega Elementos crivados dos tecidos drenos, onde açúcares e outros produtos fotossintéticos são descarregados.

floema secundário Floema produzido pelo câmbio vascular.

florígeno Fator de transcrição sistemicamente móvel sintetizado pelas folhas e translocado via floema para o meristema apical do caule para estimular o florescimento.

fluência Número de fótons absorvidos por unidade de área de superfície sobre o tempo ($\mu mol\ m^{-2}\ s^{-1}$).

fluorescência Logo após a absorção da luz, é a emissão de luz em um comprimento de onda levemente mais longo (energia mais baixa) do que o comprimento de onda da luz absorvida.

fluxo cíclico de elétrons No fossistema I, é o fluxo de elétrons que parte dos aceptores de elétrons, passa pelo complexo citocromo b_6f e volta ao P700; é acoplado ao bombeamento de prótons para o lume. Esse fluxo de elétrons energiza a síntese de ATP, mas não oxida água ou reduz $NADP^+$.

fluxo de massa Translocação de água e solutos a favor de um gradiente de pressão, como no xilema ou floema.

F_o Parte integral de membrana da F_0F_1-ATP-sintase.

folha composta Folha subdividida em folíolos.

folha simples Folha com uma lâmina.

folhas Apêndices laterais principais irradiando de caules e ramos. As folhas geralmente são os principais órgãos fotossintetizantes da planta.

fonte Qualquer órgão capaz de exportar produtos fotossintéticos além das suas próprias necessidades, como uma folha madura ou um órgão de reserva. Comparar com dreno.

fonte de auxina Célula ou tecido que, por transporte polar, exporta auxina para outras células ou tecidos.

força motriz de prótons (PMF, *proton motive force***)** Gradiente de potencial eletroquímico para H^+ através de uma membrana; ela é expressa em unidades de potencial elétrico.

fosfatidilinositol bifosfato (PIP$_2$, *phosphatidylinositol bisphosphate***)** Derivados fosforilado de fosfatidilinositol.

fosforilação em nível de substrato Envolve a transferência direta de um grupo fosfato de uma molécula de substrato para o ADP, formando ATP.

fosforilação oxidativa Transferência de elétrons para o oxigênio na cadeia mitocondrial de transporte de elétrons, que está acoplada à síntese de ATP a partir de ADP e fosfato pela ATPsintase.

fotofosforilação Formação de ATP a partir de ADP e fosfato inorgânico (P_i). Essa reação é catalisada pela CF_0F_1-ATP sintase, usando energia luminosa armazenada no gradiente de prótons através da membrana do tilacoide.

fotoinibição Inibição da fotossíntese por excesso de luz.

fotoinibição crônica Fotoinibição da atividade fotossintética, em que a eficiência quântica e a taxa máxima de fotossíntese são diminuídas. Ela ocorre sob níveis elevados de excesso de luz.

fotoinibição dinâmica Fotoinibição da fotossíntese, em que a eficiência quântica decresce, mas a taxa fotossintética máxima permanece inalterada. Ocorre sob luz moderada, não excessiva.

fotomorfogênese A influência e os papéis específicos da luz no desenvolvimento vegetal. Na plântula, mudanças na expressão gênica induzidas pela luz que sustentam o crescimento acima do solo na claridade em vez do crescimento subterrâneo no escuro.

fóton Unidade física descontínua de energia radiante.

fotonastia Movimentos vegetais em resposta à luz não direcional.

fotoperiodismo Resposta biológica ao comprimento e à sincronia do dia e da noite, tornando possível a ocorrência de um evento em determinada época do ano.

fotoquímica Reações químicas muito rápidas, nas quais a energia luminosa absorvida por uma molécula provoca a ocorrência de uma reação química.

fotorreceptores Proteínas que são sensíveis à presença da luz e iniciam uma resposta mediante uma rota de sinalização.

fotorrespiração Absorção de O_2 atmosférico com uma liberação de CO_2 pelas folhas iluminadas. O oxigênio molecular serve como substrato para a rubisco, produzindo 2-fosfoglicolato que entra no ciclo fotorrespiratório (ciclo fotossintético oxidativo do carbono). A atividade do ciclo recupera parte do carbono presente no 2-fosfoglicolato, mas parte é perdida para a atmosfera.

fotorreversibilidade Interconversão das formas Pr e Pfr do fitocromo.

fotossintato Produtos da fotossíntese que contêm carbono.

fotossíntese C_4 Metabolismo fotossintético do carbono no qual a fixação inicial de CO_2 é catalisada pela fosfoenolpiruvato carboxilase (não pela Rubisco como na fotossíntese C_3), produzindo um composto de quatro carbonos (oxalacetato). O carbono fixado é subsequentemente liberado e refixado pelo ciclo de Calvin-Benson.

fotossistema I (PSI, *photosystem* I**)** Sistema da fotorreações que tem o máximo de absorção da luz vermelho-distante (700 nm), oxida plastocianina e reduz ferredoxina.

fotossistema II (PSII, *photosystem* II**)** Sistema de fotorreações que tem o máximo de absorção da luz vermelha (680 nm), oxida água e reduz plastoquinona. Opera muito pobremente sob luz vermelho-distante.

fototropinas 1 e 2 Duas flavoproteínas que são fotorreceptores mediadores da rota de sinalização da luz azul que induz a curvatura fototrópica em plantas superiores. Elas também mediam os movimentos dos cloroplastos e participam da abertura estomática em resposta à luz azul. As fototropinas são proteínas quinase autofosforilantes cuja atividade é estimulada pela luz azul.

fototropinas Fotorreceptores de luz azul que primordialmente regulam o fototropismo, os movimentos dos cloroplastos e a abertura estomática.

fototropismo Alteração dos padrões de crescimento vegetal em resposta à direção da radiação incidente, especialmente da luz azul.

fragmoplasto Reunião de microtúbulos, membranas e vesículas que se estabelece no final da anáfase ou no começo da telófase e precede a fusão das vesículas para formar a placa celular.

frequência (ν) Unidade de medida que caracteriza ondas, em especial energia luminosa. Ela representa o número de cristas de ondas que passam por um observador em determinado período.

fruto Em angiospermas, um ou mais ovários maduros contendo sementes e, às vezes, partes adjacentes aderidas.

fungos micorrízicos Fungos que podem formar simbioses micorrízicas com plantas.

fusicoccina Toxina fúngica que induz acidificação de paredes celulares vegetais por ativação de H^+-ATPases na membrana plasmática.

A fusicoccina estimula o rápido crescimento ácido em cortes de caules e coleóptilos. Ela promove também a abertura estomática pela estimulação do bombeamento de prótons na membrana plasmática das células-guarda.

fuso mitótico Estrutura mitótica envolvida no movimento dos cromossomos. Polimerizado a partir de monômeros de α-tubulina e β-tubulina formados pela desmontagem da banda pré-prófase no início da metáfase.

G

G_1 Fase do ciclo celular que precede a síntese de DNA.

G_2 Fase do ciclo celular que sucede a síntese de DNA.

gameta Uma célula reprodutiva haploide ($1N$).

gametófito Estrutura multicelular haploide ($1N$) que produz gametas haploides por mitose e diferenciação. = Comparar com esporófito.

gemas axilares Meristemas secundários que são formados nas axilas de folhas.

genes de identidade de órgãos florais Três classes de genes que controlam as localizações específicas dos órgãos florais na flor. *Ver também* modelo ABC.

genes de identidade do meristema floral Dois tipos de genes: um necessário para a conversão de um meristema apical de caule em um meristema floral, o outro para manter a identidade de um meristema de inflorescência (e não para um meristema floral).

genes de nodulação (nod) Genes de rizóbios cujos produtos participam da formação de nódulos.

genes nodulinos Genes vegetais específicos para a formação de nódulos.

genes relacionados à patogênese (PR) Genes codificadores de proteínas pequenas que têm função antimicrobiana ou que atuam na iniciação de respostas defensivas sistêmicas.

genoma nuclear Complemento completo de DNA encontrado no núcleo.

germinação Eventos que ocorrem entre o início da inibição da semente seca e a emergência de parte do embrião, geralmente a radícula, a partir de estruturas que o envolvem. Pode também ser aplicada a outras estruturas quiescentes, como os grãos de pólen ou os esporos.

germinação precoce Germinação de sementes mutantes vivíparas enquanto ainda fixadas à planta-mãe.

germinação pré-colheita Germinação de sementes do tipo selvagem, fisiologicamente maduras, sobre a planta-mãe, causada por condições atmosféricas úmidas.

giberelinas (GAs) Grupo grande de hormônios vegetais quimicamente relacionados, sintetizados por um ramo da rota de terpenoides e associados à promoção do crescimento do caule (especialmente em plantas anãs ou em roseta), à germinação de sementes e a muitas outras funções.

gimnospermas Um grupo inicial de espermatófitas. Elas distinguem-se das angiospermas por terem sementes inseridas em cones desprotegidos (nus).

glicano Termo geral para um polímero constituído de unidades de açúcar; ele é sinônimo de polissacarídeo.

glicerofosfolipídeos Glicerolipídeos polares em que a porção hidrofóbica consiste em duas cadeias de ácidos graxos de 16 ou 18 carbonos esterificados nas posições 1 e 2 de uma estrutura de glicerol. O grupo da cabeça polar contendo fosfato é fixado à posição 3 do glicerol.

gliceroglicolipídeos Glicerolipídeos em que açúcares formam o grupo da cabeça polar. Os gliceroglicolipídeos são os glicerolipídeos mais abundantes nas membranas dos cloroplastos.

glicerolipídeos polares Principais lipídeos estruturais em membranas, nos quais a porção hidrofóbica consiste em duas cadeias de ácidos graxos de 16 ou 18 carbonos esterificados nas posições 1 e 2 de um glicerol.

glicófitas Plantas incapazes de resistir aos sais no mesmo teor que as halófitas. Elas exibem inibição do crescimento, descoloração foliar e perda de massa seca em concentrações de sal no solo acima do limiar. Comparar com halófitas.

glicólise Uma série de reações em que a glicose é parcialmente oxidada para formar duas moléculas de piruvato, sendo produzida uma pequena quantidade de ATP e NADH.

gliconeogênese Síntese de carboidratos pela inversão da glicólise.

glicose-6-fosfato desidrogenase Enzima citosólica e plastídica que catalisa a reação inicial da rota oxidativa das pentoses fosfato.

glicosídeos cardíacos Compostos orgânicos glicosilados de defesa vegetal; eles são similares à oleandrina da espirradeira, que é tóxica para animais e inibe os canais de Na^+/K^+ de provocar contrações nos músculos cardíacos.

glioxissomo Organela encontrada nos tecidos ricos em óleo de sementes, em que os ácidos graxos são oxidados. Um tipo de microcorpo.

glutamato desedrogenase (GDH) Enzima que catalisa uma reação reversível que sintetiza ou desamina o glutamato como parte do processo de assimilação de nitrogênio.

glutamato sintase (GOGAT) Enzima que transfere o grupo amida da glutamina para 2-oxoglutarato, produzindo duas moléculas de glutamato. Também conhecida como glutamina:2-oxoglutarato aminotransferase.

glutamina sintetase (GS) Enzima que catalisa a condensação de amônio e glutamato para formar glutamina. A reação é crucial para a assimilação de amônio em aminoácidos essenciais. Existem duas formas de GS, uma no citosol e outra nos cloroplastos.

gradiente de prótons eletroquímico Soma do gradiente de cargas elétricas e do gradiente de pH através da membrana, resultante do gradiente de concentração de prótons.

granum (plural, *grana*) Pilha de tilacoides no cloroplasto.

gravitropismo Crescimento vegetal em resposta à gravidade, capacitando as raízes ao crescimento descendente em direção ao solo e as partes aéreas ao crescimento em direção oposta.

gutação Exsudação de líquido pelas folhas devido à pressão de raiz.

H

H^+- pirofosfatase Bomba eletrogênica que move prótons para o vacúolo, energizada pela hidrólise de pirofosfato.

H^+-ATPase de membrana plasmática H^+-ATPase que bombeia H^+ através da membrana plasmática energizada pela hidrólise do ATP.

H^+-ATPase vacuolar (V-ATPase) Complexo enzimático grande de subunidades múltiplas e relacionado às F0F1-ATPases, presente em endomembranas (tonoplasto, complexo de Golgi). Ele acidifica o vacúolo e supre a força motriz de prótons para o transporte secundário de uma diversidade de solutos para o interior do lume. V-ATPase também atua na regulação do tráfego intracelular de proteínas.

halófitas Plantas que são nativas de solos salinos e completam seus ciclos de vida nesses ambientes. Comparar com glicófitas.

haustório Extremidade hifal de um ápice de fungo ou raiz de uma planta parasítica que penetra no tecido vegetal hospedeiro.

heliotropismo Movimento de folhas na direção do solo ou em direção oposta a ele.

hemiceluloses Grupo heterogêneo de polissacarídeos que se ligam à superfície celulósica, unindo microfibrilas de celulose em uma rede.

herbivoria Consumo de plantas ou partes de plantas como fonte de alimentos.

heterocromatina Cromatina que é densamente compactada e modificada ou suprimida na transcrição. Comparar com eucromatina.

hexoses fosfato Açúcares de seis carbonos com grupos fosfato ligados.

hifas enoveladas Estruturas espiraladas formadas por fungos micorrízicos dentro de células corticais da raiz da sua planta hospedeira; elas são os sítios de transferência de nutrientes entre o fungo e a planta. Também chamadas de arbúsculos.

hiperacumulação Acumulação de metais por uma planta saudável em níveis muito mais altos do que os encontrados no solo e que geralmente são tóxicos a organismos não acumuladores.

hipófise Célula localizada imediatamente abaixo das oito células embrionárias (estágio octante) que origina a coifa e parte do meristema apical da raiz.

hipótese de Cholodny-Went Mecanismo inicialmente proposto para tropismos que envolvem estimulação da curvatura do eixo da planta por transporte lateral de auxina em resposta a um estímulo, como luz, gravidade ou contato. O modelo original tem sido respaldado e expandido por evidência experimental recente.

hipótese quimiosmótica Mecanismo pelo qual o gradiente eletroquímico de prótons, estabelecido através de uma membrana por um processo de transporte de elétrons, é usado para acionar a síntese de ATP que requer energia. Ele opera em mitocôndrias e cloroplastos.

histonas Família de proteínas que interagem com DNA, que, ao redor delas, é enrolado, formando um nucleossomo.

homólogo D da oxidase da queima respiratória (RBOHD, *respiratory burst oxidase homolog D***)** Enzima que gera superóxido usando NADPH como um doador de elétrons.

I

importação Movimento de fotossinatos nos elementos crivados para o interior dos órgãos-dreno.

Imunidade desencadeada pelo efetor Respostas imunológicas mediadas por uma classe de proteínas R intracelulares.

inativação de EROs Desintoxicação de espécies reativas de oxigênio via interações com proteínas e moléculas aceptoras de elétrons.

indeiscência Ausência de abertura espontânea de uma antera madura ou de um fruto maduro.

indução fotoperiódica Processos regulados pelo fotoperíodo que ocorrem nas folhas, resultando na transmissão de um estímulo floral para o ápice caulinar.

inibidores da α-amilase Substâncias sintetizadas por algumas leguminosas que interferem na digestão de herbívoros pelo bloqueio da ação da α-amilase, enzima da digestão do amido.

iniciais Genericamente definidas como as células dos meristemas apicais da raiz e do caule. Mais especificamente, grupo de células meristemáticas que se dividem lentamente,

originando células do meristema circundante que se dividem mais rapidamente.

injectissoma Denominação do apêndice do sistema de secreção especializado do tipo III de algumas bactérias patogênicas.

intensidade do dreno Capacidade de um órgão-dreno de mobilizar assimilados para si próprio. Ela depende de dois fatores: tamanho e atividade do dreno.

interfase Coletivamente, as fases G_1, S e G_2 do ciclo celular.

irradiância Quantidade de energia que incide sobre uma superfície plana de área conhecida por unidade de tempo. Ela é expressa em watts por metro quadrado ($W\ m^{-2}$). Observar que o tempo (segundos) está contido no termo watt: $1\ W = 1$ joule (J) s^{-1} ou em micromoles de quanta por metro quadrado por segundo ($\mu mol\ m^{-2}\ s^{-1}$), também referido como taxa de fluência.

L

lamela média Camada delgada de material rico em pectina, localizada onde as paredes primárias de células vizinhas entram em contato.

lamelas estromais Membranas do tilacoide não empilhadas dentro do cloroplasto.

lamelas granais Membranas dos tilacoides empilhadas dentro do cloroplasto. Cada pilha chama-se *granum*.

lâmina Limbo de uma folha.

lâmina foliar Área extensa e expandida da folha; também chamada de lâmina.

látex Solução complexa, muitas vezes leitosa, que é exsudada de cortes de certas espécies vegetais e representa o citoplasma de laticíferos, podendo conter substâncias defensivas.

laticíferos Em muitas plantas, uma rede de células alongadas, diferenciadas separadamente e, com frequência, interconectadas. Elas contêm látex (por isso, o termo laticífero), borracha e outros metabólitos secundários.

lectinas Proteínas vegetais defensivas que se ligam a carboidratos; ou proteínas contendo carboidratos, inibindo sua digestão por um herbívoro.

leg-hemoglobina Proteína heme que se liga ao oxigênio, produzida por leguminosas durante as simbioses com rizóbios para fixação de nitrogênio. Encontrada no citoplasma de células infectadas dos nódulos; ela facilita a difusão do oxigênio para a respiração de bactérias simbióticas.

leucoplastos Plastídios não pigmentados, dos quais o mais importante é o amiloplasto.

ligações de hidrogênio Ligações químicas fracas, formadas entre um átomo de hidrogênio e um átomo de oxigênio ou de nitrogênio.

lignina Polímero fenólico altamente ramificado, composto de alcoóis fenilpropanoides, que é depositado nas paredes celulares secundárias.

limite de exclusão por tamanho (SEL, *size exclusion limit***)** Restrição quanto ao tamanho de moléculas que podem ser transportadas via simplasto. Ele é imposto pela largura do envoltório citoplasmático ao redor do desmotúbulo no centro do plasmodesmo.

M

manchas de sol Fragmentos de luz solar que passam através de aberturas no dossel até o chão da floresta. É a principal fonte de radiação incidente para as plantas que crescem sob o dossel da floresta.

manchas necróticas Manchas pequenas de tecido foliar morto.

margo Região porosa e relativamente flexível das membranas de pontoação em traqueídes do xilema de coníferas, circundando um espessamento central denominado toro.

matriz Fase aquosa similar a gel de uma mitocôndria que ocupa o espaço interno no qual as cristas se estendem. Ela contém o DNA, ribossomos e enzimas solúveis necessárias para o ciclo do ácido tricarboxílico, fosforilação oxidativa e outras reações metabólicas.

medula Tecido fundamental no centro do caule ou da raiz.

megásporo Esporo (haploide, $1N$) que se desenvolve no gametófito feminino.

meiose "Divisão redutora" pela qual duas divisões celulares sucessivas produzem quatro células haploides ($1N$) a partir de uma célula diploide ($2N$). Em plantas com alternância de gerações, os esporos são produzidos por meiose. Em animais, que não apresentam alternância de gerações, gametas são produzidos pela meiose.

membrana de pontoação Camada porosa no xilema localizada entre pares de pontoação, consistindo em duas paredes primárias delgadas e a lamela média.

membrana mitocondrial externa Uma das duas membranas mitocondriais, que aparenta ser livremente permeável a todas as moléculas pequenas.

membrana mitocrondrial interna Membrana mais interna das duas membranas mitocondriais, contendo a cadeia de transporte de elétrons, F_0F_1-ATPsintase e numerosos transportadores.

membrana plasmática (plasmalema) Bicamada de lipídeos polares (fosfolipídeos e glicosilglicerídeos) e proteínas embebidas que, em conjunto, formam um limite seletivamente permeável ao redor da célula.

mensageiro secundário Pequena molécula intracelular (p. ex., AMP cíclico, GMP cíclico, cálcio, IP_3 ou diacilglicerol) cuja concentração aumenta ou diminui em resposta à ativação de um receptor por um sinal externo, como hormônios ou luz. Ele, então, se difunde intracelularmente para as enzimas-alvo ou para o receptor intracelular, a fim de produzir ou amplificar a resposta.

meristema apical da raiz (MAR) Grupo de células em permanente divisão, localizado sob a coifa (ápice da raiz), que fornece células para o crescimento primário da raiz.

meristema apical do caule Região cupuliforme do ápice do caule composta de células meristemáticas que originam folhas, ramos e estruturas reprodutivas.

meristema axilar Tecido meristemático nas axilas de folhas que origina gemas axilares.

meristema floral O meristema que forma órgãos florais (reprodutivos): sépalas, pétalas, estames e carpelos. Ele pode se formar diretamente a partir de meristema vegetativo ou indiretamente por um meristema de inflorescência.

meristema primário da inflorescência Meristema que produz o escapo da inflorescência; ele é formado do meristema apical do caule.

meristema secundário da inflorescência Meristema da inflorescência que se desenvolve a partir das gemas axilares (presentes na junção do caule com as folhas) da inflorescência primária.

meristemas Regiões localizadas de divisões celulares contínuas que permitem o crescimento durante o desenvolvimento pós-embrionário.

meristemas apicais Regiões localizadas nos ápices de caules e raízes compostas de células indiferenciadas, que passam por divisão celular sem diferenciação.

meristemoide Célula precursora estomática triangular e pequena que atua temporariamente como uma célula inicial de um meristema.

mesocótilo Em membros da família das gramíneas, a parte do eixo em alongamento entre o escutelo e o coleóptilo.

mesofilo Tecido foliar encontrado entre as camadas epidérmicas superior e inferior.

metabolismo ácido das crassuláceas (CAM) Processo bioquímico de concentração de CO_2 no sítio de carboxilação da Rubisco. Encontrado na família Crassulaceae (*Crassula, Kalanchoë, Sedum*) e em várias outras famílias de angiospermas. No processo CAM, a absorção e a fixação inicial de CO_2 ocorrem à noite; a descarboxilação e a redução de CO_2 liberado internamente ocorrem durante o dia.

metabólitos secundários Compostos que não têm um papel direto no crescimento e no desenvolvimento das plantas, mas funcionam como defesas contra herbívoros e infecção por patógenos microbianos, como atratores de animais polinizadores e dispersores de sementes e como agentes na competição entre plantas.

metáfase Estágio da mitose durante o qual o envoltório nuclear se desintegra e os cromossomos condensados se alinham na região mediana da célula.

micorriza Associação simbiótica (mutualística) de certos fungos e raízes de plantas, facilitando a absorção de nutrientes minerais pelas raízes.

micorrizas arbusculares Simbioses entre um fungos no filo Glomeromycota e as raízes de uma gama ampla de angiospermas, gimnospermas, pteridófitas e hepáticas. As hifas de micorrizas arbusculares penetram nas células corticais da raiz.

microcorpos Classe de organelas esféricas envoltas por uma única membrana e especializadas em uma de várias funções metabólicas.

microfibrila Principal componente fibrilar da parede celular, composta de camadas de moléculas de celulose firmemente unidas por numerosas pontes de hidrogênio.

microfilamento Componente do citoesqueleto celular, constituído de actina; ele está envolvido na motilidade de organelas dentro das células.

micrópila Pequena abertura na extremidade distal do rudimento seminal (óvulo), através da qual passa o tubo polínico antes da fecundação.

micrósporo Célula haploide ($1N$) que se desenvolve no tubo polínico ou gametófito masculino.

microtúbulo Componente do citoesqueleto celular e do fuso mitótico, importante para a orientação de microfibrilas de celulose na parede celular. Composto de tubulina.

mineralização Processo de decomposição de compostos orgânicos, geralmente por microrganismos do solo, liberando, assim, nutrientes minerais sob formas assimiláveis pelas plantas.

mitocôndria Organela que é o sítio da maioria das reações no processo respiratório de eucariotos.

mitose Processo celular ordenado pelo qual os cromossomos replicados são distribuídos pelas células-filhas formadas por citocinese.

modelo ABC Proposta para a maneira na qual os genes homeóticos florais controlam a formação de órgãos nas flores. De acordo com o modelo, a atividade dos órgãos em cada verticilo é determinada por uma combinação única das três atividades dos genes de identidade de órgãos.

modelo de aprisionamento de polímeros Modelo que explica a acumulação específica de açúcares nos elementos crivados de espécies com carregamento simplástico.

modelo de canalização Hipótese segundo a qual, à medida que flui pelos tecidos, a auxina estimula e polariza seu próprio transporte, que gradualmente se torna canalizado em filas de células que conduzem para longe das fontes desse hormônio; após, essas filas podem diferenciar-se, formando tecido vascular.

modelo de coincidência Modelo de florescimento em plantas fotoperiódicas, no qual o oscilador circadiano controla o ajustamento do ritmo das fases sensível e insensível à luz durante o ciclo de 24 horas.

modelo de fluxo de pressão Modelo amplamente aceito de translocação no floema de angiospermas. Segundo ele, o transporte nos elementos crivados é acionado pelo gradiente de pressão entre fonte e dreno. O gradiente de pressão é gerado osmoticamente e resulta do carregamento na fonte e do descarregamento no dreno.

modelo do mosaico fluido Estrutura molecular lipídico-proteica comum a todas as membranas biológicas. Uma camada dupla (bicamada) de lipídeos polares (fosfolipídeos ou, em cloroplastos, glicosilglicerídeos) tem uma região interna hidrofóbica similar a um fluido. Esteróis e esfingolipídeos incorporados à bicamada criam domínios ordenados no interior das camadas fluídicas. As proteínas de membrana são incorporadas à bicamada e podem se mover lateralmente devido às suas propriedades similares a um fluido ou podem ser menos móveis, se associadas aos domínios ordenados.

monocárpico Referente a plantas geralmente anuais, que produzem frutos apenas uma vez e depois morrem.

monoico Referente a plantas estaminadas e pistiladas encontradas no mesmo indivíduo, como, por exemplo, pepino (*Cucumis sativus*) e milho (*Zea mays*). Comparar com dioico.

mononucleotídeo de flavina (FMN) Cofator contendo riboflavina, que passa por uma redução reversível de um ou dois elétrons para produzir FMNH ou $FMNH_2$. FAD e FMN ocorrem como cofatores em flavoproteínas.

morte celular programada (MCP) Processo pelo qual células individuais ativam um programa intrínseco de senescência, acompanhado de um conjunto distinto de mudanças morfológicas, similar à apoptose de mamíferos.

movimento dirigido de organelas Movimento de uma organela em determinada direção, que pode ser promovido pela interação com motores moleculares associados ao citoesqueleto.

mudança de fases Fenômeno em que os destinos das células meristemáticas são de tal modo alterados que elas passam a produzir novos tipos de estruturas.

murcha Perda de rigidez da planta, levando a um estado flácido, devido à queda a zero da pressão de turgor.

mutualismo Relação simbiótica em que ambos os organismos se beneficiam.

N

NAD(P)H-desidrogenases Termo coletivo para enzimas ligadas à membrana que oxidam NADH ou NADPH, ou ambas, e reduzem quinona. Várias estão presentes na cadeia de transporte de elétrons de mitocôndrias; por exemplo, o complexo I de bombeamento de prótons, mas também enzimas mais simples que não bombeiam prótons.

NADH desidrogenase (complexo I) Complexo proteico de multisubunidades na cadeia mitocondrial de transporte de elétrons que catalisa a oxidação de NADH e a redução de ubiquinona conectada ao bombeamento de prótons da matriz para o espaço intermediário.

não espermatófitas Famílias vegetais que não produzem sementes.

não-climatérico Referente a um tipo de fruto que não passa por um climatérico ou aumento respiratório brusco durante o amadurecimento.

nectário extrafloral Nectário formado fora da flor e não envolvido nos eventos da polinização.

nictinastia Movimentos de repouso das folhas. As folhas estendem-se horizontalmente para expor-se à luz durante o dia e fecham-se verticalmente à noite.

nitrato redutase Enzima localizada no citosol que reduz nitrato (NO_3^-) a nitrito (NO_2^-). Ela catalisa a primeira etapa pela qual o nitrato absorvido pelas raízes é assimilado na forma orgânica.

nó Posição do caule onde as folhas são inseridas.

nódulos Órgãos especializados de uma planta hospedeira contendo bactérias simbióticas fixadoras de nitrogênio.

núcleo Organela que contém a informação genética, primordialmente responsável pela regulação do metabolismo, do crescimento e da diferenciação da célula.

nucléolo Região densamente granular no núcleo, onde ocorre a síntese de ribossomos.

nucleoplasma Matriz solúvel do núcleo na qual os cromossomos e o nucléolo estão suspensos.

nucleossomo Estrutura que consiste em oitos proteínas histonas, ao redor das quais o DNA está enrolado.

nutrição mineral Estudo de como as plantas obtêm e utilizam os nutrientes minerais.

O

oosfera Gameta feminino.

osmolaridade Unidade de concentração expressa como moles dos solutos totais dissolvidos por litro de solução (mol L^{-1}) Em biologia, o solvente geralmente é a água.

osmose Difusão de água através de uma membrana seletivamente permeável no sentido da região de potencial hídrico mais negativo, Ψ (concentração da água mais baixa).

oxidase alternativa Enzima na cadeia mitocondrial de transporte de elétrons que reduz oxigênio a água e oxida ubiquinol (ubi-hidroquinona).

P

P680 Clorofila do centro de reação do fotossistema II, que tem o máximo de absorção a 680 nm em seu estado neutro.

P700 Clorofila do centro de reação do fotossistema I, que tem o máximo de absorção a 700 nm em seu estado neutro. A letra P simboliza pigmento.

padrão de venação Padrão de nervuras de uma folha.

padrões moleculares associados a micróbios (MAMPs, *microbe-associated molecular patterns***)** Moléculas produzidas microbianamente que são reconhecidas pelas células hospedeiras.

padrões moleculares associados ao dano (DAMPs, *damage associated molecular patterns***)** Moléculas originadas de fontes não patogênicas que podem iniciar respostas imunológicas.

par de pontoações Duas pontoações opostas entre si, presentes nas paredes de traqueídes ou elementos de vaso adjacentes. Os pares de pontoações constituem uma rota de baixa resistência para o movimento de água entre as células condutoras do xilema.

parasita Organismo que vive sobre ou dentro de um organismo de outra espécie, conhecida como hospedeiro, de cujo corpo o parasita obtém alimento.

parede celular Estrutura rígida da superfície celular, situada externamente à membrana plasmática, com funções de sustentação, ligação e proteção da célula. Ela é composta de celulose e outros polissacarídeos, além de proteínas.

paredes celulares primárias Paredes celulares delgadas (menos de 1 µm) que são características de células jovens em crescimento.

paredes celulares secundárias Paredes sintetizadas por células que concluíram o crescimento. Com frequência, elas apresentam camadas múltiplas e contêm lignina, diferindo da parede primária em composição e estrutura.

parênquima Tecido fundamental metabolicamente ativo, consistindo de células de paredes delgadas.

parênquima esponjoso Tecido do mesofilo, constituído de células de formas irregulares, localizadas abaixo do parênquima paliçádico e circundadas por grandes espaços intercelulares. Atua na fotossíntese e trocas gasosas.

partes aéreas Órgãos, geralmente situados acima da superfície do solo, que abrangem o caule, folhas, gemas e estruturas reprodutivas. Eles atuam na fotossíntese e reprodução.

partição Distribuição diferencial de produtos da fotossíntese para múltiplos drenos dentro da planta.

patógenos biotróficos Patógenos que saem vivos do tecido infectado e apenas minimamente danificados, enquanto o patógeno continua a se alimentar da planta hospedeira.

patógenos hemibiotróficos Patógenos vegetais que mostram um estágio inicial biotrófico, seguido de um estágio necrotrófico, no qual o patógeno causa dano extenso aos tecidos.

patógenos microbianos Organismos bacterianos ou fúngicos que causam doença em uma planta hospedeira.

patógenos necrotróficos Patógenos que atacam sua planta hospedeira, inicialmente pela secreção de enzimas ou toxinas degradadoras de paredes celulares. Isso provocará a dilaceração intensa de tecidos e a morte da planta.

pecíolo Pedúnculo da folha que une a lâmina foliar ao caule.

pectinas Grupo heterogêneo de polissacarídeos de parede celular complexos, que formam um gel no qual é incorporada a rede de celulose-hemicelulose.

pelos da raiz Extensões microscópicas de células epidérmicas que aumentam consideravelmente a área de superfície da raiz para absorção.

PEP-carboxilase Enzima citosólica que forma oxalacetato pela carboxilação de fosfoenolpiruvato.

pericarpo Envoltório do fruto, derivado da parede do ovário.

periciclo Células meristemáticas que formam a camada mais externa do cilindro vascular no caule ou na raiz, disposta internamente à endoderme.

periclinal Referente à orientação da divisão celular, de modo que as novas paredes celulares se formam paralelamente à superfície do tecido.

periderme Conjunto de tecidos, incluindo o felogênio, que constituem a casca externa de caules e raízes durante o crescimento secundário de plantas lenhosas, substituindo a epiderme. Ela também cobre lesões e forma camadas de abscisão após o desprendimento de partes da planta.

período Em fenômenos cíclicos (rítmicos), é o tempo entre pontos comparáveis no ciclo repetitivo, como picos ou depressões.

período de indução Tempo (de latência) entre a percepção de um sinal e a ativação da resposta. No ciclo de Calvin-Benson, é o período entre o começo da iluminação e a ativação total do ciclo.

perisperma Tecido de reserva derivado do nucelo, frequentemente consumido durante a embriogênese.

permeabilidade de membrana Extensão na qual uma membrana permite ou restringe o movimento de uma substância.

permeabilidade seletiva Propriedade da membrana que permite a difusão de algumas moléculas através dela em um grau diferente do de outras moléculas.

peroxissomo Organela na qual substratos orgânicos são oxidados pelo O_2. Essas reações geram H_2O_2, que é decomposta em água pela enzima peroxissômica catalase.

Pfr Forma de absorção de luz vermelho-distante de fitocromos, convertida a partir de Pr pela ação da luz vermelha. A Pfr de cor ciano-verde é convertida de volta a Pr pela luz vermelho-distante. Pfr é a forma fisiologicamente ativa do fitocromo.

pigmentos acessórios Moléculas absorventes de luz em organismos fotossintetizantes que trabalham com clorofila *a* na absorção da luz usada para fotossíntese. Abrangem carotenoides, outras clorofilas e ficobiliproteínas.

piruvato desidrogenase Enzima na matriz mitocondrial que descarboxila piruvato, produzindo NADH (a partir de NAD+), CO_2 e ácido acético na forma de acetil-CoA (ácido acético ligado à coenzima A).

placa celular Estrutura semelhante à parede que separa células recém-divididas. Ela é formada pelo fragmoplasto e, mais tarde, torna-se a parede celular.

placa de perfuração Paredes terminais perfuradas de elementos de vaso (xilema).

placas crivadas Regiões crivadas encontradas nos elementos de tubo crivado (angiospermas). As placas crivadas têm poros maiores que os de outras áreas crivadas e geralmente são encontradas nas paredes terminais dos elementos de tubo crivado.

planta anual Planta que completa seu ciclo de vida desde a semente até a produção de novas sementes, senesce e morre no período de um ano.

planta bianual Planta que necessita de duas estações de crescimento para florescer e produzir semente.

planta de dia neutro (DNP, *day-neutral plant***)** Planta cujo florescimento não é regulado pelo comprimento do dia.

planta de dias curtos (SDP, *short-day plant***)** Planta que floresce somente em dias curtos (i.e., mais curto que um comprimento crítico do dia) ou com florescimento acelerado por dias curtos (SDP quantitativa).

planta de dias curtos (SDPs, *short-day plant***)** Planta que floresce somente após uma sequência de dias curtos seguidos por dias longos.

planta de dias curtos-longos (LS, *long-short-day plant***)** Planta que floresce em resposta a uma mudança de dias longos para dias curtos.

planta de dias longos (LDP, *long-day plant***)** Planta que floresce somente em dias longos (LDP qualitativa) ou cujo florescimento é acelerado por dias longos (LDP quantitativa).

plantas Todas as famílias vegetais, incluindo as plantas avasculares, sem sementes.

plantas avasculares Plantas que não possuem sistemas vasculares, como xilema e floema.

plantas hemiparasíticas Plantas fotossintetizantes que também são parasitas.

plantas holoparasíticas Plantas não fotossintetizantes que são parasitas obrigatórios.

plantas perenes Plantas que vivem por mais de 2 anos.

plantas tolerantes ao sal Plantas que podem sobreviver ou mesmo se desenvolver em solos altamente salinos. *Ver também* Halófitas.

plantas vasculares Plantas que têm xilema e floema.

plasmodesmos Canal microscópico delimitado por membrana, conectando células adjacentes através da parede celular e preenchido com citoplasma e uma haste central derivada do retículo endoplasmático e denominada desmotúbulo.

plasticidade Capacidade de ajuste morfológico, fisiológico e bioquímico em resposta a mudanças no ambiente.

plasticidade fenotípica Respostas fisiológicas ou de desenvolvimento de uma planta a seu ambiente. Essas respostas não envolvem mudanças genéticas.

plastídios Organelas celulares encontradas em eucariotos, limitadas por uma membrana dupla e, às vezes, contendo sistemas de membranas extensos. Eles exercem muitas funções diferentes: fotossíntese, armazenamento de amido, armazenamento de pigmentos e transformações de energia.

plastocianina (PC) Proteína pequena (10,5 kDa), hidrossolúvel e contendo cobre, que transfere elétrons entre o complexo citocromo b_6f e P700. Essa proteína é encontrada no espaço do lume.

plasto-hidroquinona (PQH$_2$) Forma totalmente reduzida de plastoquinona.

polaridade (1) Propriedade de algumas moléculas, como a água, em que as diferenças na eletronegatividade de certos átomos resulta em uma carga parcial negativa em uma extremidade da molécula e em uma carga parcial positiva na outra extremidade. (2) Referente a extremidades distintas e regiões intermediárias ao longo de um eixo. Tendo como ponto de partida o zigoto unicelular, ocorre o desenvolvimento progressivo de diferenças ao longo de dois eixos: um eixo apical-basal e um eixo radial.

pólen Estruturas pequenas (micrósporos) produzidas pelas anteras de espermatófitas. Um de seus núcleos haploides fecundará a oosfera no rudimento seminal.

policárpico Referente a plantas perenes que produzem frutos muitas vezes.

polissacarídeos de matriz Polissacarídeos que abrangem a matriz de paredes celulares vegetais. Nas paredes celulares primárias, eles consistem em pectinas, hemiceluloses e proteínas.

pomo Tipo de fruto, como o da maçã, composto de um ou mais carpelos e envolvido por tecido acessório derivado do receptáculo.

ponto de checagem (*checkpoint***)** Um dos vários pontos-chave de regulação no ciclo celular. Um ponto de checagem, no final na fase G1, determina se a célula está comprometida com a iniciação da síntese de DNA.

ponto de compensação da luz Quantidade de luz que alcança uma folha fotossintetizante, em que a absorção fotossintética de CO_2 está em exato equilíbrio com a liberação de CO_2 pela respiração.

ponto de compensação do CO_2 Concentração de CO_2 em que a taxa de respiração se iguala à taxa fotossintética.

pontoação Região microscópica onde a parede secundária de um elemento traqueal não está presente e a parede primária é delgada e porosa.

poros nucleares Sítios onde se juntam as duas membranas do envoltório nuclear, formando uma abertura parcial entre o interior do núcleo e o citosol.

portão Domínio estrutural da proteína canal que abre ou fecha o canal em resposta a sinais externos, como mudanças de voltagem, ligação hormonal ou luz.

pós-maturação Técnica para quebra da dormência de sementes, mediante armazenamento prolongado à temperatura ambiente (20-25°C) sob condições secas.

potencial de ação Evento transitório em que a diferença de potencial de membrana cai abruptamente (despolariza) e sobe rapidamente (hiperpolariza). Os potenciais de ação, que são desencadeados pela abertura de canais iônicos, podem ser autopropagantes ao longo de fileiras lineares de células, especialmente nos sistemas vasculares de plantas.

potencial de difusão Diferença de potencial (voltagem) que se desenvolve através de uma membrana semipermeável como resultado da permeabilidade diferencial de solutos com cargas opostas (p. ex., K^+ e Cl^-).

potencial de Nernst Potencial elétrico descrito pela equação de Nernst.

potencial de pressão (Ψ_p) Pressão hidrostática de uma solução que excede a pressão atmosférica do ambiente.

potencial eletroquímico Potencial químico de um soluto carregado eletricamente.

potencial gravitacional (Ψ_g) Parte do potencial hídrico causada pela gravidade. Ela representa uma parcela apenas insignificante, quando se considera o transporte de água em árvores e drenagem nos solos.

potencial hídrico (Ψ) Potencial hídrico é uma medida da energia livre associada a água por unidade de volume ($J\ m^{-3}$). Essas unidades são equivalentes a unidades de pressão, como pascais. Ψ é uma função do potencial de soluto, do potencial de pressão e do potencial gravitacional: $\Psi = \Psi_s + \Psi_p + \Psi_g$. O termo Ψ_g frequentemente é ignorado, porque ele é desprezível para alturas inferiores a cinco metros.

Potencial mátrico (Ψ_m) Soma do potencial osmótico (Ψ_s) + pressão hidrostática (Ψ_p). Adequado em situações (solos secos, sementes e paredes celulares) onde é difícil ou impossível fazer a medição separada de Ψ_s e Ψ_p.

potencial osmótico (Ψ_s) Efeito de solutos dissolvidos no potencial hídrico. Também chamado de potencial de solutos.

potencial químico Energia livre associada a uma substância que está disponível para realizar trabalho.

Pr Forma de fitocromo que absorve luz vermelha. Essa é a forma na qual o fitocromo está reunido. O Pr de cor azul ciano é convertido pela luz vermelha na forma que absorve luz vermelho-distante, Pfr.

pré-prófase Na mitose, é o estágio imediatamente anterior à prófase, durante o qual os microtúbulos de G_2 estão completamente reorganizados em uma banda pré-prófase.

pressão de raiz Pressão hidrostática positiva no xilema de raízes que ocorre caracteristicamente à noite na ausência de transpiração.

pressão de turgor Força por unidade de área em um líquido. Em uma célula vegetal, a pressão de turgor empurra a membrana plasmática contra a parede celular rígida e proporciona uma força para a expansão celular.

pressão hidrostática Pressão gerada por compressão da água em um espaço restrito. Sua unidade de medida é o pascal (Pa) ou, mais adequadamente, megapascal (MPa).

procâmbio Tecido meristemático primário que se diferencia em xilema, floema e câmbio.

produtividade quântica (ϕ) Razão do rendimento de um produto de um processo fotoquímico relacionado ao número total de quanta absorvidos.

produtividade quântica máxima Razão entre o produto fotossintético e o número de fótons absorvidos por um tecido fotossintetizante. Em uma representação gráfica do fluxo de fótons e da taxa fotossintética, a produtividade quântica máxima é dada pelo declive da porção linear da curva.

prófase Primeiro estágio da mitose (e meiose) antes da dissociação do envoltório nuclear, durante o qual a cromatina se condensa para formar cromossomos distintos.

pró-plastídio Tipo de plastídio imaturo, não desenvolvido, encontrado no tecido meristemático.

proteassomo 26S Complexo proteolítico grande que degrada proteínas intracelulares, marcadas para destruição, mediante fixação de uma ou mais cópias da ubiquitina, uma proteína pequena.

proteção cruzada Resposta vegetal a um estresse ambiental que confere resistência frente a outro estresse.

proteína dasacopladora Proteína que aumenta a permeabilidade de prótons da membrana mitocondrial interna e, desse modo, reduz a conservação de energia.

proteína Rieske ferro-sulfurosa Subunidade proteica no complexo citocromo b_6f, em que dois átomos de ferro estão unidos por dois átomos de enxofre, com duas histidinas e duas cisteínas ligantes.

proteínas ancoradas Proteínas que são ligadas à superfície de membrana via moléculas de lipídeos, às quais elas são unidas covalentemente.

proteínas antena clorofilas *a/b* Proteínas dotadas de clorofila, associadas a um dos dois fotossistemas de organismos eucarióticos. Também conhecidas como proteínas do complexo de captação de luz (proteínas LHC, *light-harvesting complex*).

proteínas anticongelamento Proteínas que reduzem a temperatura na qual as soluções aquosas congelam. Quando induzidas por temperaturas baixas, essas proteínas vegetais ligam-se às superfícies de cristais de gelo para evitar ou retardar seu crescimento, limitando ou impedindo, assim, o dano por congelamento. Algumas proteínas anticongelamento são similares às proteínas relacionadas à patogênese.

proteínas chaperonas moleculares Proteínas que mantêm ou restauram as estruturas tridimensionais ativas de outras macromoléculas.

proteínas de choque térmico (HSPs, *heat shock proteins*) Conjunto de proteínas induzidas por uma elevação rápida de temperatura e por outros fatores que levam à desnaturação proteica. A maioria atua como chaperonas moleculares.

proteínas de membrana periféricas Proteínas que são ligadas à superfície da membrana por ligações não covalentes, como ligações iônicas ou ligações de hidrogênio.

proteínas de movimento Proteínas não estruturais, codificadas pelo genoma de um vírus, que facilitam o movimento desse vírus pelo simplasto.

proteínas de resistência (R) Proteínas que atuam na defesa vegetal contra fungos, bactérias e nematódeos ligando-se a moléculas específicas do patógeno, os eliciadores.

proteínas de transporte Proteínas transmembrana envolvidas no movimento de moléculas ou de íons de um lado de uma membrana para o outro lado.

proteínas integrais de membrana Proteínas incorporadas à bicamada lipídica de uma membrana através de, pelo menos, um domínio transmembrana.

proteínas P Proteínas do floema que atuam na vedação de células danificadas do floema, obstruindo os poros dos elementos crivados. Elas são abundantes nos elementos crivados da maioria das angiospermas, mas inexistem nas gimnospermas.

proteínas sensoras Proteínas receptoras bacterianas que percebem sinais externos ou internos como parte de sistemas reguladores de dois componentes. Elas consistem em dois domínios: um domínio de entrada (*input*), que recebe o sinal ambiental, e um domínio transmissor, que transmite o sinal para o regulador de resposta.

protoderme Na planta embrionária e nos meristemas apicais, a camada superficial de células que cobre o caule jovem e a radícula do embrião e dá origem à epiderme.

protofilamento Coluna de monômeros de tubulina polimerizados (hetrodímeros de α- e β-tubulina) ou cadeia de subunidades de actina polimerizadas.

pulvinus (plural *pulvini*) Estrutura da folha acionada pelo turgor, encontrada na junção da lâmina com o pecíolo, propiciando uma força mecânica para os movimentos foliares.

Q

quantum (plural *quanta*) Quantidade descontínua de energia contida em um fóton.

quebra da noite Interrupção do período escuro com uma exposição pequena à luz. Ela torna ineficaz o período escuro como um todo.

quelador Um composto de carbono (p. ex., ácido málico ou ácido cítrico) que pode formar um complexo solúvel não-covalente com certos cátions, facilitando, assim, sua absorção.

quiescência da semente Estado de crescimento suspenso do embrião devido à falta de água, O_2 ou temperatura adequada. Tão logo essas condições sejam satisfeitas, a germinação de sementes quiescentes se processa imediatamente.

quinases Enzimas que têm a capacidade de transferir grupos fosfato do ATP para outras moléculas.

quociente respiratório (QR) Razão entre a produção de CO_2 e o consumo de O_2.

R

radícula Raiz embrionária. Geralmente, o primeiro órgão a emergir na germinação.

ráfides Agulhas de oxalato ou carbonato de cálcio que atuam na defesa vegetal.

raios Tecidos de diferentes alturas e larguras, dispostos no xilema e no floema secundários e formados a partir de iniciais radiais do câmbio.

raiz Órgão, geralmente subterrâneo, que serve para fixar a planta ao solo e absorver água e íons minerais, e conduzi-los à parte aérea. Diferentemente das partes aéreas, as raízes não possuem gemas, folhas ou nós.

raiz pivotante Em eudicotiledôneas, a raiz principal axial, a partir da qual se desenvolvem raízes laterais.

raiz primária Em monocotiledôneas, raiz originada diretamente do crescimento da raiz embrionária ou radícula.

raízes adventícias Raízes que se originam de qualquer órgão exceto de uma raiz.

raízes da coroa Raízes adventícias que emergem dos nós inferiores de um caule.

raízes laterais Nascem do periciclo em regiões maduras da raiz, mediante o estabelecimento de meristemas laterais que crescem através do córtex e da epiderme, formando um novo eixo de crescimento.

raízes nodais Nas monocotiledôneas, raízes adventícias que se formam após a emergência das raízes primárias.

raízes seminais Raízes adventícias que surgem durante a embriogênese a partir de tecidos do caule entre o escutelo e o coleóptilo.

razão de Bowen Razão da perda de calor sensível em relação à perda de calor evaporativo, os dois processos mais importantes na regulação da temperatura foliar.

razão de transpiração Razão de água perdida em relação ao ganho de carbono pela fotossíntese. Ela mede a efetividade das plantas em moderar a perda de água enquanto possibilitam a absorção suficiente de CO_2 para a fotossíntese.

reações de fixação do carbono Reações sintéticas ocorrentes no estroma do cloroplasto que usam os compostos altamente energéticos ATP e NADPH para a incorporação de CO_2 aos compostos de carbono.

reações dos tilacoides Reações químicas da fotossíntese que ocorrem em membranas internas especializadas do cloroplasto (denominadas tilacoides). Essas reações abrangem o transporte fotossintético de elétrons e a síntese de ATP.

receptores de reconhecimento de padrões (PRRs, *pattern recognition receptors*) Proteínas do sistema imunológico inato que são associadas a padrões moleculares associados a micróbios (MAMPs, *microbe-associated molecular patterns*) e a padrões moleculares associados ao dano (DAMPs, *damage associated molecular patterns*).

reciprocidade De acordo com a lei da reciprocidade, o tratamento de plantas com luz intensa por curta duração induzirá a mesma resposta fotobiológica de um tratamento com luz fraca por longa duração.

rede de Hartig Rede de hifas fúngicas que, em simbioses ectomicorrízicas, envolvem as células corticais de raízes, mas não penetram nelas.

redundância metabólica Referente à característica comum do metabolismo vegetal em que diferentes rotas servem a uma função similar. Elas podem, portanto, ser substituídas umas pelas outras sem perda aparente de função.

região organizadora de nucléolo (RON) Sítios no nucléolo onde regiões cromossômicas codificantes para RNA ribossômico são agrupadas e transcrita.

regulação cruzada primária Envolve rotas de sinalização distintas que regulam um componente de transdução compartilhado, de uma maneira positiva ou negativa.

regulação cruzada Referente à interação de duas ou mais rotas de sinalização.

regulação cruzada secundária Regulação pela saída (*output*) de uma rota de sinalização da abundância ou percepção de um segundo sinal.

regulação cruzada terciária Envolve as saídas de duas rotas de sinalização distintas que exercem influências recíprocas.

regulador de resposta Componente dos sistemas reguladores de dois componentes que são compostos de uma proteína sensora histidina quinase e uma proteína reguladora de resposta.. Os reguladores de resposta possuem um *domínio receptor*, que é fosforilado pela proteína sensora, e um *domínio de saída*, que realiza a resposta.

renovação, reciclagem (*turnover*) Balanço entre a taxa de síntese e a taxa de degradação, geralmente aplicado a proteínas ou RNA. Um aumento na renovação normalmente se refere a um aumento na degradação.

resfriamento (ou estratificação) Técnica para quebra da dormência de sementes mediante armazenamento à temperatura fria (1-10 °C) sob condições úmidas, geralmente por vários meses. O termo estratificação é derivado da prática antiga de quebrar a dormência, que possibilitava a hibernação das sementes em montículos com alternância de camadas de solo e sementes.

resistência à difusão (r) Restrição à difusão livre de gases para fora e para dentro da folha, imposta pela camada limítrofe e pelos estômatos.

resistência à tensão Capacidade de resistir a uma força de tração. A água tem uma resistência alta à tensão.

resistência da camada limítrofe (r_b) Resistência à difusão do vapor d'água, CO_2 e calor devido à camada de ar parado próximo à superfície foliar. Um componente de resistência à difusão.

resistência do espaço de ar intercelular Resistência ou obstáculo que reduz a velocidade de difusão de CO_2 no interior da folha, da câmara subestomática para as paredes das células do mesofilo.

resistência do mesofilo Resistência à difusão de CO_2 imposta pela fase líquida no interior das folhas. A fase líquida abrange a difusão a partir dos espaços intercelulares foliares para os sítios de carboxilação no cloroplasto.

resistência estomática foliar (r_s) Resistência à difusão de CO_2 imposta pelas fendas estomáticas.

resistência estomática Medida da limitação da difusão livre de gases a partir da folha e para o interior dela imposta pela fenda estomática. É o inverso da condutância estomática.

resistência sistêmica adquirida (SAR, *systemic acquired resistance*) Aumento da resistência da planta a uma gama de patógenos após a infecção por um patógeno em determinado local.

respiração aeróbica Oxidação completa de compostos de carbono em CO_2 e H_2O, usando o oxigênio como o aceptor final de elétrons. A energia é liberada e conservada como ATP.

respiração para crescimento Respiração que proporciona a energia necessária para a conversão de açúcares em blocos estruturais que constituem um novo tecido. Comparar com respiração para manutenção.

respiração para manutenção Respiração necessária para sustentar o funcionamento e a renovação (*turnover*) de tecidos existentes. Comparar com respiração para crescimento.

resposta autônoma celular Resposta a um estímulo ambiental ou mutação genética que é localizada em uma célula particular.

resposta autônoma não celular Resposta celular a um estímulo ambiental ou mutação genética que é induzida por outras células.

resposta gravitrópica Crescimento iniciado mediante percepção da gravidade pela coifa e o sinal que direciona o crescimento descendente da raiz.

ressonância de spin eletrônico (ESR, *electron spin ressonance***)** Técnica de ressonância magnética que detecta elétrons não pareados em moléculas. Medições instrumentais que identificam carregadores intermediários de elétrons no sistema fotossintético ou respiratório de transporte de elétrons.

retículo endoplasmático (RE) Sistema contínuo de membranas dentro de células eucarióticas que cumpre múltiplas funções, incluindo a síntese, modificação e transporte intracelular de proteínas.

retículo endoplasmático cortical Rede de retículo endoplasmático situada sob a membrana plasmática e associada ao citoplasma em pontos de contato específicos.

retículo endoplasmático liso Retículo endoplasmático sem ribossomos associados e geralmente consistindo em túbulos. Atua na síntese de lipídeos.

retículo endoplasmático rugoso O retículo endoplasmático rugoso sintetiza proteínas que são transportadas por vesículas para organelas internas ou para a membrana plasmática.

retificadores de entrada Referem-se aos canais iônicos que abrem somente em potenciais mais negativos que o potencial de Nernst predominante para um cátion ou mais positivos que o potencial de Nernst predominante para um ânion e, assim, mediam a corrente de entrada.

retificadores de saída Canais que se abrem somente em potenciais mais positivos que o potencial de Nernst predominante para um cátion ou mais negativos que o potencial de Nernst predominante para um ânion e, portanto, mediam a corrente de saída.

ribossomo Sítio da síntese de proteínas celulares que consiste em RNA e proteína.

ribulose-1,5-bifosfato carboxilase/oxigenasse *Ver* Rubisco.

ribulose-5-fosfato Na rota das pentoses fosfato, é o produto inicial de cinco carbonos da oxidação da glicose 6-fosfato; em reações subsequentes, ela é convertida em açúcares contendo 3 a 7 átomos de carbono.

ritmos circadianos Processo fisiológico que apresenta oscilação endógena, com um ciclo de aproximadamente 24 horas.

rizóbios Termo coletivo para os gêneros de bactérias do solo, que estabelecem relações simbióticas (mutualísticas) com representantes da família Febaceae (Leguminosae).

rizosfera Microambiente imediato que circunda a raiz.

rota de transdução de sinal Sequência de processos bioquímicos pela qual um sinal extracelular (em geral, luz ou um hormônio) interage com um receptor, causando uma alteração no nível de um mensageiro secundário e essencialmente uma mudança na função celular.

rota oxidativa das pentoses fosfato Rota citosólica e plastídica que oxida glicose e produz NADPH e muitos açúcares fosfato.

rubisco Acrônimo para a enzima ribulose 1,5-bisfosfato carboxilase/oxigenase, presente no cloroplasto. Em uma reação de carboxilase, a Rubisco usa CO_2 atmosférico e ribulose-1,5-bifosfato para formar duas moléculas de 3-fosfoglicerato. Ela também funciona como uma oxigenase, que acrescenta O_2 à ribulose-1,5-bifosfato, produzindo 3-fosfoglicerato e 2-fosfoglicerato. A competição entre CO_2 e O_2 por ribulose-1,5-bifosfato limita a fixação líquida de CO_2.

S

sacarose Dissacarídeo que consiste em uma molécula de glicose e uma de frutose unidas por uma ligação éter entre C-1 na subunidade glicosil e C-2 na subunidade frutosil. A sacarose é a forma de transporte dos carboidratos (p. ex., no floema entre a fonte e o dreno).

senescência Processo ativo de desenvolvimento, geneticamente controlado, em que estruturas celulares e macromoléculas são decompostas e translocadas do órgão senescente (folhas, normalmente) para regiões de crescimento ativo, que servem como drenos de nutrientes. Ela é iniciada por influências ambientais e regulada por hormônios.

senescência da planta inteira Morte da planta inteira, em vez da morte de células, tecidos ou órgãos individuais.

senescência de órgãos Senescência de órgãos individuais, tais como folhas, flores, frutos ou raízes, regulada no desenvolvimento.

senescência foliar sazonal Padrão de senescência foliar em árvores decíduas, em que todas as folhas passam por senescência e abscisão no outono de climas temperados.

senescência foliar sequencial Padrão de senescência foliar no qual existe um gradiente desde o ápice de crescimento do caule até as folhas mais antigas na base.

simbiose Estreita associação de dois organismos em uma relação que pode ou não trazer benefícios mútuos. Com frequência, aplicada à relação benéfica (mutualística).

simplasto Sistema contínuo de protoplastos interconectados por plasmodesmos.

simporte Um tipo de transporte ativo em que duas substâncias são movidas na mesma direção através da membrana.

sincício Célula multinucleada que pode resultar de fusões múltiplas de células uninucleadas, geralmente em resposta à infecção viral.

sincronização Sincronização do período de ritmos biológicos por fatores controladores externos, como a luz e o escuro.

sinérgides As duas células adjacentes da oosfera do saco embrionário, uma das quais é penetrada pelo tubo polínico após a entrada no rudimento seminal.

sistema de cultivo em película de nutrientes Uma forma de cultura hidropônica em que as raízes da planta se situam sobre a superfície de uma câmara e a solução nutritiva cobre as raízes com uma camada delgada ao longo dessa câmara.

sistema dérmico Sistema tecidual que cobre o exterior do corpo da planta; a epiderme ou a periderme.

sistema ferredoxina-tiorredoxina Três proteínas do cloroplasto (ferredoxina, ferredoxina-tiorredoxina redutase, tiorredoxina). As três proteínas usam o poder redutor da cadeia fotossintética de transporte de elétrons para reduzir as ligações proteicas de dissulfeto, em uma cascata de trocas tiol-dissulfeto. Como resultado, a luz controla a atividade de várias enzimas do ciclo de Calvin-Benson.

sistemas reguladores de dois componentes Rotas de sinalização comuns em procariotos. Em geral, elas abrangem uma proteína sensora histidina quinase ligada à membrana que percebe sinais ambientais e uma proteína reguladora que media a resposta. Embora raros em eucariotos, sistemas similares a sistemas bacterianos de dois componentes estão envolvidos na sinalização do etileno e da citocinina.

solução de Hoagland Tipo de solução nutritiva para o crescimento vegetal, formulada originalmente por Dennis R. Hoagland.

solução nutritiva Solução que contém apenas sais inorgânicos e sustenta o crescimento de plantas à luz solar, sem solo ou matéria orgânica.

solutos compatíveis Compostos orgânicos que são acumulados no citosol durante o ajuste osmótico. Os solutos compatíveis não inibem enzimas citosólicas, diferentemente de altas concentrações de íons. Entre os exemplos de solutos compatíveis, estão prolina, sorbitol, manitol e glicina betaína.

substratos da quinase do fitocromo (PKSs, *phytochrome kinase substrates***)**

Proteínas que participam da regulação de fitocromos via fosforilação direta ou via fosforilação por outras quinases.

suco vacuolar Conteúdos fluídicos de um vacúolo, que podem incluir água, íons inorgânicos, açúcares, ácidos orgânicos e pigmentos.

superóxido dismutase Enzima que converte radicais superóxido em peróxido de hidrogênio.

super-resfriamento Condição em que a água celular permanece líquida devido a seu conteúdo de solutos, mesmo sob temperaturas de vários graus abaixo do ponto teórico de congelamento.

suspensor Na embriogênese de espermatófitas, é a estrutura que se desenvolve da célula basal, logo após a primeira divisão do zigoto. Dá suporte ao embrião, mas não é parte dele.

T

tamanho do dreno Peso total do dreno.

taxa de transferência de massa Quantidade de material que passa por determinada secção transversal do floema, ou de elementos crivados, por unidade de tempo.

tecido fundamental Tecidos vegetais internos, muito diferentes dos tecidos vasculares.

tecidos vasculares Tecidos vegetais especializados para o transporte de água (xilema) e produtos fotossintéticos (floema).

telófase Estágio final da mitose (ou meiose) anterior à citocinese, durante o qual a cromatina descondensa, o envoltório nuclear se reorganiza e a placa celular se estende.

telômeros Regiões de DNA repetitivo que formam as extremidades de cromossomos e as protegem de degradação.

tensão Pressão hidrostática negativa.

tensão superficial Força exercida por moléculas de água junto à interface ar-água, resultante das propriedades de coesão e adesão de moléculas de água. Essa força minimiza a superfície da interface ar-água.

teoria do balanço dos hormônios Hipótese segundo a qual a dormência e a germinação da semente são reguladas pelo ABA e giberelina.

testa Camada externa da semente, também chamada de casca, derivada do tegumento do rudimento seminal.

tigmotropismo Crescimento vegetal em resposta ao toque. Ele possibilita o crescimento de raízes ao redor de rochas e a ascensão de lianas ao redor de estruturas de suporte.

tilacoides Membranas especializadas do cloroplasto; elas são internas, contêm clorofila e nelas ocorrem a absorção de luz e as reações químicas da fotossíntese.

tolerância interna Mecanismos de tolerância que atuam no simplasto (em oposição aos mecanismos de exclusão).

tonoplasto Membrana vacuolar.

toro Espessamento central encontrado na membrana de pontoação de traqueídes da maioria das gimnospermas.

toxina-HC Tetrapeptídeo cíclico que permeia células, produzido pelo patógeno do milho *Cochliobolus carbonum*, que inibe histonas desacetilase.

traço foliar Porção do sistema vascular primário do caule que diverge para uma folha.

tradução Processo pelo qual uma proteína específica é sintetizada em ribossomos de acordo com a informação da sequência codificada pelo mRNA.

transcitose Redireção de uma proteína secretada de um domínio de membrana dentro de uma célula para outro domínio polarizado.

transcrição Processo pelo qual a informação da sequência de bases no DNA é copiada em uma molécula de RNA.

transferência de energia Nas reações luminosas da fotossíntese, é a transferência direta de energia de uma molécula excitada, como o caroteno, para outra molécula, como a clorofila. A transferência de energia pode também ocorrer entre moléculas quimicamente idênticas, como de clorofila para clorofila.

transferência de energia por ressonância de fluorescência (FRET) Mecanismo físico pelo qual a energia de excitação é transmitida de uma molécula que absorve a luz para uma molécula adjacente.

translocação Movimento de fotossintatos das fontes para os drenos, no floema.

translocons Poros no retículo endoplasmático rugoso que permitem que proteínas sintetizadas nos ribossomos entrem no lume do retículo endoplasmático.

transpiração Evaporação da água da superfície de folhas e caules.

transporte Movimento molecular ou iônico de um local para outro. Ele pode envolver a passagem através de uma barreira de difusão, como uma ou mais membranas.

transporte apoplástico Movimento de moléculas pelo *continuum* celular chamado de apoplasto. As moléculas podem deslocar-se através das paredes celulares de células adjacentes unidas e, dessa forma, movem-se por toda a planta sem atravessar uma membrana plasmática.

transporte ativo Uso de energia para mover um soluto através de uma membrana contra um gradiente de concentração, um gradiente potencial ou ambos (gradiente de potencial eletroquímico). Transporte ascendente.

transporte ativo primário Ligação direta de uma fonte metabólica de energia – como a hidrólise de ATP, a reação de oxidação-redução ou a absorção de luz – ao transporte ativo por uma proteína carregadora.

transporte ativo secundário Transporte ativo que usa a energia armazenada na força motriz de prótons ou outro gradiente iônico e opera por meio de simporte ou antiporte.

transporte de curta distância Transporte por uma distância que corresponde ao diâmetro de apenas duas ou três células. Precede o carregamento do floema, quando os açúcares se movimentam do mesofilo para a vizinhança das nervuras menores da folha-fonte, e segue o descarregamento do floema, quando os açúcares se movem das nervuras para as células-dreno.

transporte de longa distância Translocação através do floema para o dreno.

transporte eletrogênico Transporte iônico ativo que envolve o movimento líquido de carga através de uma membrana.

transporte eletroneutro Transporte ativo de íons que não envolve qualquer movimento líquido de carga através de uma membrana.

transporte passivo Difusão através de uma membrana. Movimento espontâneo de um soluto através de uma membrana, na direção de um gradiente de potencial (eletro) químico (do potencial mais alto para o mais baixo). Transporte a favor de um gradiente de concentração.

transporte polar de auxina Movimento direcional de auxina que atua no desenvolvimento programado e em respostas do crescimento plástico. O transporte polar de auxina por longa distância mantém a polaridade geral do eixo apical-basal vegetal e fornece auxina na direção de correntes localizadas.

transporte simplástico Transporte intercelular de água e solutos através dos plasmodesmos.

traqueídes Células fusiformes condutoras de água, com extremidades afiladas e dotadas de pontoações. Essas células, não perfuradas, são encontradas no xilema de angiospermas e gimnospermas.

traqueófita *Ver* Plantas vasculares.

triacilgliceróis Três grupos acil graxo, esterificados a três grupos hidroxila de glicerol. Gorduras e óleos.

tricomas Estruturas similares a pelos, unicelulares ou multicelulares, que se diferenciam a partir de células epidérmicas de partes aéreas e raízes. Os tricomas podem ser estruturais ou glandulares e atuam em respostas vegetais a fatores ambientais bióticos ou abióticos.

trifosfato de adenosina (ATP, *adenosine triphosphate***)** Principal transportador de energia química na célula, sendo convertido por hidrólise em difosfato de adenosina (ADP) ou monofosfato de adenosina (AMP) com liberação de energia.

triglicerídeos Três grupos acil graxo, esterificados a três grupos hidroxila de glicerol. Gorduras e óleos.

trioses fosfato Açúcares fosfato de três carbonos.

troca catiônica Substituição de cátions minerais adsorvidos à superfície de partículas do solo por outros cátions.

tropismo Crescimento vegetal orientado, em resposta a um estímulo direcional percebido de luz, gravidade ou contato.

tubo crivado Tubo formado pela junção das paredes terminais de elementos de tubo crivado individuais.

tubulina Família de proteínas citoesqueléticas de ligação ao GTP com três membros: α-tubulina, β-tubulina e γ-tubulina. A α-tubulina forma heterodímeros com β-tubulina, que polimerizam e formam microtúbulos.

U

ubiquinona Transportador móvel de elétrons da cadeia mitocondrial de transporte de elétrons. Química e funcionalmente, ela é similar à plastoquinona na cadeia fotossintética de transporte de elétrons.

ubiquitina Polipeptídeo pequeno, ligado covalentemente a proteínas; serve como um sítio de reconhecimento para um grande complexo proteolítico, o proteassomo.

UV RESISTANCE LOCUS 8 (UVR8) Receptor de proteínas que medeia diferentes respostas vegetais à radiação UV-B.

V

vacúolos de reserva de proteínas Vacúolos pequenos especializados que acumulam proteínas de reserva, geralmente nas sementes.

vacúolos líticos Análogos aos lisossomos de células animais, os vacúolos líticos contêm enzimas hidrolíticas que decompõem macromoléculas celulares durante a senescência.

vaso Sequência de dois ou mais elementos de vaso (xilema).

vernalização Trata-se da necessidade de temperatura baixa para o florescimento em algumas espécies. O termo é derivado da palavra latina vernalis, referente à "primavera".

verticilo Pertencente ao padrão concêntrico de um conjunto de órgãos que são iniciados ao redor dos flancos do meristema.

via ubiquitina-proteassomo Mecanismo para a degradação específica de proteínas celulares envolvendo duas etapas descontínuas: a poliubiquitinação de proteínas via ubiquitina ligase E3 e a degradação pelo proteassomo 26S da proteína marcada.

viviparidade Germinação precoce de sementes no fruto, enquanto este continua fixado à planta.

voláteis de folhas verdes Derivados de lipídeos, constituídos de uma mistura de aldeídos de seis carbonos, alcoóis e ésteres, liberada pelas plantas em resposta ao dano mecânico.

volicitina Composto volátil, produzido pela lagarta-da-beterraba (*Spodoptera exigua*) durante o forrageio de gramíneas hospedeiras, que atrai a vespa parasitoide generalista Cotesia marginiventris.

X

xilema Sistema vascular que transporta água e íons da raiz para as outras partes da planta.

xilema secundário Xilema produzido pelo câmbio vascular.

xiloglucano Hemicelulose com uma estrutura básica de resíduos de *D*-glicose com ligações β-(1→4) e cadeias laterais curtas, que contêm xilose, galactose e, às vezes, fucose.

Z

Zeitgebers Sinais ambientais, como as transições da luz para o escuro ou do escuro para a luz, que sincronizam o oscilador endógeno para uma periodicidade de 24 horas.

ZEITLUPE Fotorreceptor de luz azul que regula a percepção do comprimento do dia (fotoperiodismo) e os ritmos circadianos.

zona adequada No tecido vegetal, faixa de concentrações de um nutriente mineral além da qual uma adição do nutriente não aumenta o crescimento ou a produção.

zona central (ZC) Grupo central de células iniciais relativamente grandes, altamente vacuoladas e de divisões lentas, localizado nos meristemas apicais de caules e comparáveis ao centro quiescente dos meristemas de raízes.

zona de abscisão Região que contém a camada de abscisão e está localizada perto da base do pecíolo do órgão.

zona de alongamento Região de alongamento celular rápido e extenso da raiz, onde ocorrem, quando muito, poucas divisões celulares.

zona de deficiência No tecido vegetal, a faixa de concentrações de um nutriente mineral abaixo da concentração crítica, que é a concentração mais alta onde se observa redução no crescimento ou produção da planta.

zona de esgotamento de nutrientes Região no entorno da superfície da raiz mostrando diminuição das concentrações de nutrientes, devido à absorção deles pelas raízes e à sua lenta reposição por difusão.

zona de maturação Região da raiz onde ocorre a diferenciação, incluindo a produção de pelos e sistema vascular funcional.

zona medular (ZM) Células meristemáticas localizadas abaixo da zona central do meristema apical do caule que originam os tecidos internos desse órgão.

zona meristemática Região no ápice da raiz que contém o meristema gerador do corpo da raiz. Localizada entre a coifa e a zona de alongamento.

zona periférica (ZP) Região em formato de "bolo de forma com o centro oco" que circunda a zona central em meristemas apicais de caules. Ela consiste em células pequenas, que se dividem ativamente e possuem vacúolos inconspícuos. Os primórdios foliares são formados na zona periférica.

zona tóxica No tecido vegetal, faixa de concentrações de um nutriente em excesso, em relação à zona adequada, onde o crescimento ou a produtividade diminuem.

zonação cito-histológica Diferenças citológicas regionais na divisão celular dos meristemas apicais de caules de espermatófitas.

Créditos das ilustrações

Capítulo 1

Figura 1.5A Zhang, T., Mahgsoudy-Louyeh, S., Tittmann, B., and Cosgrove, D. J. (2013) Visualization of the nanoscale pattern of recently-deposited cellulose microfibrils and matrix materials in never-dried primary walls of the onion epidermis. *Cellulose* 21: 853–862. DOI: 10.1007/s10570-013-9996-1. **Figura 1.5B-D** Matthews, J. F., Skopec, C. E., Mason, P. E., Zuccato, P., Torget, R. W., Sugiyama, J., Himmel, M. E., and Brady, J. W. (2006) Computer simulation studies of microcrystalline cellulose Ib. *Carbohydr. Res.* 341: 138–152. **Figura 1.7** Cosgrove, D. J. (2005) Growth of the plant cell wall. *Nat. Rev. Mol. Cell Biol.* 6: 850–861. **Figura 1.8B** Robinson-Beers, K., and Evert, R. F. (1991) Fine structure of plasmodesmata in mature leaves of sugar cane. *Planta* 184: 307–318. **Figura 1.8C** Bell, K., and Oparka, K. (2011) Imaging plasmodesmata. *Protoplasma* 248: 9–25. **Figura 1.10B-F** Esau, K. (1977) *Anatomy of Seed Plants*, 2nd edition. Wiley, New York. **Figura 1.12B** Buchanan, B. B., Gruissem, W., and Jones, R. L., eds. (2000) *Biochemistry and Molecular Biology of Plants*. American Society of Plant Biologists, Rockville, MD. **Figura 1.13B** Fiserova, J., Kiseleva, E., and Goldberg, M. W. (2009) Nuclear envelope and nuclear pore complex structure and organization in tobacco BY-2 cells. *Plant J.* 59: 243–255. **Figura 1.14** Alberts, B., Johnson, A., Lewis, J., Raff, M., Roberts, K., and Walter, P. (2007) *Molecular Biology of the Cell*. 5th ed. Garland Science, New York. **Figuras 1.17A-C, 1.21, & 1.22** Gunning, B. E. S., and Steer, M. W. (1996) *Plant Cell Biology: Structure and Function of Plant Cells*. Jones and Bartlett, Boston. **Figura 1.24A,B** Lodish, H., Berk, A., Kaiser, C. A., Krieger, M., Scott, M. P., Bretscher, A., Ploegh, H., and Matsudaira, P. 2007. *Molecular Cell Biology*, 6th edition. W. H. Freeman and Co., New York. **Figura 1.30** Seguí-Simarro, J. M., Austin, J. R., White, E. A., and Staehelin, L. A. (2004) Electron tomographic analysis of somatic cell plate formation in meristematic cells of Arabidopsis preserved by high-pressure freezing. *Plant Cell* 16: 836–856.

Capítulo 2

Figura 2.1 Day, W., Legg, B. J., French, B. K., Johnston, A. E., Lawlor, D. W., and Jeffers, W. de C. (1978) A drought experiment using mobile shelters: The effect of drought on barley yield, water use and nutrient uptake. *J. Agric. Sci.* 91: 599–623; Innes, P., and Blackwell, R. D. (1981) The effect of drought on the water use and yield of two spring wheat genotypes. *J. Agric. Sci.* 96: 603–610; Jones, H. G. (1992) *Plants and Microclimate*, 2nd ed., Cambridge University Press, Cambridge. **Figura 2.2** Schuur, E. A. G. (2003) Productivity and global climate revisited: The sensitivity of tropical forest growth to precipitation. *Ecology* 84: 1165–1170. **Figura 2.8** Nobel, P. S. (1991) *Physicochemical and Environmental Plant Physiology*. Academic Press, San Diego, CA. **Figura 2.11** Hsiao, T. C., and Xu, L. K. (2000) Sensitivity of growth of roots versus leaves to water stress: Biophysical analysis and relation to water transport. *J. Exp. Bot.* 51: 1595–1616. **Figura 2.15** Hsiao, T. C. (1973) Plant responses to water stress. *Annu. Rev. Plant Physiol.* 24: 519–70.

Capítulo 3

Tabela 3.1 Nobel, P. S. (1999) *Physicochemical and Environmental Plant Physiology*, 2nd ed. Academic Press, San Diego, CA. **Figura 3.3A** Kramer, P. J. (1983) *Water Relations of Plants*. Academic Press, San Diego, CA. **Figura 3.7A** Zimmermann, M. H. (1983) *Xylem Structure and the Ascent of Sap*. Springer, Berlin. **Figura 3.8** Gunning, B. E. S., and Steer, M. W. (1996) *Plant Cell Biology: Structure and Function*. Jones and Bartlett, Boston. **Figura 3.10** Sperry, J. S. (2000) Hydraulic constraints on plant gas exchange. *Agric. For. Meteorol.* 104: 13–23. **Figura 3.12** Bange, G. G. J. (1953) On the quantitative explanation of stomatal transpiration. *Acta Bot. Neerl.* 2: 255–296. **Figura 3.13A** Zeiger, E., and Hepler, P. K. (1976) Production of guard cell protoplasts from onion and tobacco. *Plant Physiol.* 58: 492–498. **Figura 3.14A** Palevitz, B. A. (1981) The structure and development of guard cells. In *Stomatal Physiology*, P. G. Jarvis and T. A. Mansfield, eds., Cambridge University Press, Cambridge, pp. 1–23. **Figura 3.14B** Sack, F. D. (1987) The development and structure of stomata. In *Stomatal Function*, E. Zeiger, G. Farquhar, and I. Cowan, eds., Stanford University Press, Stanford, CA, pp. 59–90. **Figura 3.14C** Meidner, H., and Mansfield, D. (1968) *Physiology of Stomata*. McGraw-Hill, London. **Figura 3.16** Srivastava, A., and Zeiger, E. (1995) Guard cell zeaxanthin tracks photosynthetically active radiation and stomatal apertures in *Vicia faba* leaves. *Plant Cell Environ.* 18: 813–817. **Figura 3.17** Schwartz, A., and Zeiger, E. (1984) Metabolic energy for stomatal opening. Roles of photophosphorylation and oxidative phosphorylation. *Planta* 161: 129–136.

Capítulo 4

Tabela 4.1 Epstein, E. (1999) Silicon. *Annu. Rev. Plant Physiol. Plant Mol. Biol.* 50: 641–664; Epstein, E. (1972) *Mineral Nutrition of Plants: Principles and Perspectives*. John Wiley and Sons, New York. **Tabela 4.2** Evans, H. J., and Sorger, G. J. (1966) Role of mineral elements with emphasis on the univalent cations. *Annu. Rev. Plant Physiol.* 17: 47–76; Mengel, K., and Kirkby, E. A. (2001) *Principles of Plant Nutrition*, 5th ed. Kluwer Academic Publishers, Dordrecht, Netherlands. **Tabela 4.3** Epstein, E., and Bloom, A. J. (2005) Mineral Nutrition of Plants: Principles and Perspectives, 2nd ed. Sinauer Associates, Sunderland, MA. **Tabela 4.5** Brady, N. C. (1974) *The Nature and Properties of Soils*, 8th ed. Macmillan, New York. **Figura 4.2** Epstein, E., and Bloom, A. J. (2005) *Mineral Nutrition of Plants: Principles and Perspectives*, 2nd ed. Sinauer Associates, Sunderland, MA. **Figura 4.3** Sievers, R. E., and Bailar, J. C., Jr. (1962) Some metal chelates of ethylenediaminetetraacetic acid, diethylenetriaminepentaacetic acid, and triethylenetriaminehexaacetic acid. *Inorg. Chem.* 1: 174–182. **Figura 4.5** Lucas, R. E., and Davis, J. F. (1961) Relationships between pH values of organic soils and availabilities of 12 plant nutrients. *Soil Sci.* 92: 177–182. **Figuras 4.7 & 4.8** Weaver, J. E. (1926) *Root Development of Field Crops*. McGraw-Hill, New York. **Figura 4.10** Mengel, K., and Kirkby, E. A. (2001) *Principles of Plant Nutrition*, 5th ed. Kluwer Academic Publishers, Dordrecht, Netherlands. **Figura 4.11** Bloom, A. J., Jackson, L. E., and Smart, D. R. (1993) Root growth as a function of ammonium and nitrate in the root zone.

Plant Cell Environ. 16: 199–206. **Figura 4.12** Giovannetti, M., Avio, L., Fortuna, P., Pellegrino, E., Sbrana, C., and Strani, P. (2006) At the root of the wood wide web. *Plant Signal. Behav.* 1: 1–5. **Figura 4.14** Rovira, A. D., Bowen, C. D., and Foster, R. C. (1983) The significance of rhizosphere microflora and mycorrhizas in plant nutrition. In *Encyclopedia of Plant Physiology,* New Series, Vol. 15B: *Inorganic Plant Nutrition,* A. Läuchli and R. L. Bieleski, eds., Springer, Berlin, pp. 61–93.

Capítulo 5

Figura 5.2 Bloom, A. J. (1997) Nitrogen as a limiting factor: Crop acquisition of ammonium and nitrate. In *Ecology in Agriculture,* L. E. Jackson, ed., Academic Press, San Diego, CA, pp. 145–172. **Figura 5.4** Kleinhofs, A., Warner, R. L., and Melzer, J. M. (1989) Genetics and molecular biology of higher plant nitrate reductases. In *Recent Advances in Phytochemistry,* Vol. 23: *Plant Nitrogen Metabolism,* J.E. Poulton, J.T. Romeo and E. Conn, eds., Plenum, New York, pp. 117–155. **Figura 5.6** Pate, J. S. (1973) Uptake, assimilation and transport of nitrogen compounds by plants. *Soil Biol. Biochem.* 5: 109–119. **Figura 5.11** Stokkermans, T. J. W., Ikeshita, S., Cohn, J., Carlson, R. W., Stacey, G., Ogawa, T., and Peters, N. K. (1995) Structural requirements of synthetic and natural product lipo-chitin oligosaccharides for induction of nodule primordia on *Glycine soja. Plant Physiol.* 108: 1587–1595. **Figura 5.14** Dixon, R. O. D., and Wheeler, C. T. (1986) *Nitrogen Fixation in Plants.* Chapman and Hall, New York; Buchanan, B., Gruissem, W., and Jones, R., eds. (2000) *Biochemistry and Molecular Biology of Plants.* American Society of Plant Physiologists, Rockville, MD. **Figura 5.16** Guerinot, M. L., and Yi, Y. (1994) Iron: Nutritious, noxious, and not readily available. *Plant Physiol.* 104: 815–820.

Capítulo 6

Tabela 6.1 Higinbotham, N., Etherton, B., and Foster, R. J. (1967) Mineral ion contents and cell transmembrane electropotentials of pea and oat seedling tissue. *Plant Physiol.* 42: 37–46. **Figura 6.4** Higinbotham, N., Graves, J. S., and Davis, R. F. (1970) Evidence for an electrogenic ion transport pump in cells of higher plants. *J. Membr. Biol.* 3: 210–222. **Figura 6.7A** Leng, Q., Mercier, R. W., Hua, B. G., Fromm, H., and Berkowitz, G. A. (2002) Electrophysiological analysis of cloned cyclic nucleotide-gated ion channels. *Plant Physiol.* 128: 400–410. **Figura 6.7B** Buchanan, B. B., Gruissem, W., and Jones, R. L., eds. (2000) *Biochemistry and Molecular Biology of Plants.* American Society of Plant Physiologists, Rockville, MD **Figura 6.12** Lin, W., Schmitt, M. R., Hitz, W. D., and Giaquinta, R. T. (1984) Sugar transport into protoplasts isolated from developing soybean cotyledons. *Plant Physiol.* 75: 936–940. **Figura 6.14A** Lebaudy, A., Véry, A., and Sentenac, H. (2007) K$^+$ channel activity in plants: Genes, regulations and functions. *FEBS Lett.* 581: 2357–2366. **Figura 6.14B–D** Very, A. A., and Sentenac, H. (2002) Cation channels in the *Arabidopsis* plasma membrane. *Trends Plant Sci.* 7: 168–175. **Figura 6.16** Palmgren, M. G. (2001) Plant plasma membrane H$^+$-ATPases: Powerhouses for nutrient uptake. *Annu. Rev. Plant Physiol. Plant Mol. Biol.* 52: 817–845. **Figura 6.17** Kluge, C., Lahr, J., Hanitzsch, M., Bolte, S., Golldack, D., and Dietz, K. J. (2003) New insight into the structure and regulation of the plant vacuolar H$^+$-ATPase. *J. Bioenerg. Biomembr.* 35: 377–388. **Figura 6.18A, direita** Zeiger, E., and Hepler, P. K. (1977) Light and stomatal function: Blue light stimulates swelling of guard cell protoplasts. *Science* 196: 887–889. **Figura 6.18B** Amodeo, G., Srivastava, A., and Zeiger, E. (1992) Vanadate inhibits blue light–stimulated swelling of *Vicia* guard cell protoplasts. *Plant Physiol.* 100: 1567–1570. **Figura 6.19B** Serrano, E. E., Zeiger, E., and Hagiwara, S. (1988) Red light stimulates an electrogenic proton pump in *Vicia* guard cell protoplasts. *Proc. Natl. Acad. Sci. USA* 85: 436–440. **Figura 6.19C** Assmann, S. M., Simoncini, L., and Schroeder, J. I. (1985) Blue light activates electrogenic ion pumping in guard cell protoplasts of *Vicia faba. Nature* 318: 285–287. **Figura 6.20** Inoue, S., and Kinoshita, T. (2017) Blue light regulation of stomatal opening and the plasma membrane H$^+$-ATPase. *Plant Physiol.* 174: 531-538.

Capítulo 7

Figura 7.15 Becker, W. M. (1986) *The World of the Cell.* Benjamin/Cummings, Menlo Park, CA. **Figura 7.16A** Allen, J. F., and Forsberg, J. (2001) Molecular recognition in thylakoid structure and function. *Trends Plant Sci.* 6: 317–326. **Figura 7.16B** Nelson, N., and Ben-Shem, A. (2004) The complex architecture of oxygenic photosynthesis. *Nat. Rev. Mol. Cell Biol.* 5: 971–982. **Figura 7.18** Barros, T., and Kühlbrandt, W. (2009) Crystallisation, structure and function of plant light-harvesting Complex II. *Biochim. Biophys. Acta* 1787: 753–772. **Figuras 7.19 &7.21** Blankenship, R. E., and Prince, R. C. (1985) Excited-state redox potentials and the Z scheme of photosynthesis. *Trends Biochem. Sci.* 10: 382–383. **Figura 7.22A,B** Ferreira, K. N., Iverson, T. M., Maghlaoui, K., Barber, J., and Iwata, S. (2004) Architecture of the photosynthetic oxygen-evolving center. *Science* 303: 1831–1838. **Figura 7.22C** Umena, Y., Kawakami, K., Shen, J.-R., and Kamiya, N. (2011) Crystal structure of oxygen-evolving photosystem II at a resolution of 1.9 Å. *Nature* 473: 55–60. **Figura 7.24** Kurisu, G., Zhang, H. M., Smith, J. L., and Cramer, W. A. (2003) Structure of cytochrome b6f complex of oxygenic photosynthesis: tuning the cavity. *Science* 302: 1009–1014. **Figura 7.26A** Buchanan, B. B., Gruissem, W., and Jones, R. L., eds. (2000) *Biochemistry and Molecular Biology of Plants.* American Society of Plant Physiologists, Rockville, MD. **Figura 7.26B** Nelson, N., and Ben-Shem, A. (2004) The complex architecture of oxygenic photosynthesis. *Nat. Rev. Mol. Cell Biol.* 5: 971–982. **Figura 7.28** Jagendorf, A. T. (1967) Acid-based transitions and phosphorylation by chloroplasts. *Fed. Proc. Am. Soc. Exp. Biol.* 26: 1361–1369.

Capítulo 8

Figura 8.9C Edwards, G. E., Franceschi, V. R., and Voznesenskaya, E. V. (2004) Single-cell C4 photosynthesis versus the dual-cell (Kranz) paradigm. *Annu. Rev. Plant Biol.* 55: 173–196.

Capítulo 9

Figura 9.3 Smith, H. (1986). The perception of light quality. In *Photomorphogenesis in Plants,* R. E. Kendrick and G. H. M. Kronenberg, eds., Nijhoff, Dordrecht, Netherlands, pp. 187–217. **Figura 9.4** Smith, H. (1994) Sensing the light environment: The functions of the phytochrome family. In *Photomorphogenesis in Plants,* 2nd ed., R. E. Kendrick and G. H. M. Kronenberg, eds., Nijhoff, Dordrecht, Netherlands, pp. 377–416. **Figura 9.5** Vogelmann, T. C., and Björn, L. O. (1983) Response to directional light by leaves of a sun-tracking lupine (*Lupinus succulentus*). *Physiol. Plant.* 59: 533–538. **Figura 9.7** Harvey, G. W. (1979) Photosynthetic performance of isolated leaf cells from sun and shade plants. *Carnegie Inst. Wash. Yearb.* 79: 161–164. **Figura 9.8** Björkman, O. (1981) Responses to different quantum flux densities. In *Encyclopedia of Plant Physiology,* New Series, Vol. 12A, O. L. Lange, P. S. Nobel, C. B. Osmond, and H. Zeigler, eds., Springer, Berlin, pp. 57–107. **Figura 9.9** Jarvis, P. G., and Leverenz, J. W. (1983) Productivity of temperate, deciduous and evergreen forests. In *Encyclopedia of Plant Physiology,* New Series, Vol. 12D, O. L. Lange, P. S. Nobel, C. B. Osmond, and H. Ziegler, eds., Springer, Berlin, pp. 233–280. **Figura 9.10** Osmond, C. B. (1994) What is photoinhibition? Some insights from comparisons of shade and sun plants. In *Photoinhibition of Photosynthesis: From Molecular Mechanisms to the Field,* N. R. Baker and J. R. Bowyer, eds., BIOS

Scientific, Oxford, pp. 1–24. **Figura 9.12** Adams, W.W. & Demmig-Adams, B. (1992) Operation of the xanthophyll cycle in higher plants in response to diurnal changes in incident sunlight. *Planta* 186: 390–398. **Figura 9.13** Tlalka, M., and Fricker, M. (1999) The role of calcium in blue-light-dependent chloroplast movement in *Lemna trisulca* L. *Plant J.* 20: 461–473. **Figura 9.14** Demming-Adams, B., and Adams, W. (2000) Harvesting sunlight safely. *Nature* 403: 371–372. **Figura 9.16** Björkman, O., Mooney, H.A., Ehleringer, J. (1975) Photosynthetic responses of plants from habitats with contrasting thermal environments: comparison of photosynthetic characteristics of intact plants. *Carnegie Inst. Washington Yearb.* 74: 743–748. **Figura 9.17** Ehleringer, J. and Björkman, O. (1977) Quantum yields for CO_2 uptake in C3 and C4 plants. *Plant Physiol.* 59: 86–90. **Figura 9.18** Ehleringer, J. R. (1978) Implications of quantum yield differences on the distributions of C3 and C4 grasses. *Oecologia* 31: 255–267. **Figura 9.19A** Barnola, J. M., Raynaud, D., Lorius, C., and Barkov, N.I. (2003) Historical CO_2 record from the Vostok ice core. In *Trends: A Compendium of Data on Global Change*, T. A. Boden, D. P. Kaiser, R. J. Sepanski, and F. W. Stoss, eds., Carbon Dioxide Information Analysis Center, Oak Ridge National Laboratory, U.S. Dept. of Energy, Oak Ridge, TN, pp. 7–10. **Figura 9.19B** Etheridge, D. M., Steele, L. P., Langenfelds, R. L., Francey, R. J., Barnola, J.-M., and Morgan, V. I. (1998) Historical CO_2 records from the Law Dome DE08, DE08-2, and DSS ice cores. In *Trends: A Compendium of Data on Global Change*. Carbon Dioxide Information Analysis Center, Oak Ridge National Laboratory, U.S. Department of Energy, Oak Ridge, Tenn., U.S.A. **Figura 9.19C** Keeling, C. D., and Whorf, T. P. (1994) Atmospheric CO_2 records from sites in the SIO air sampling network. In *Trends '93: A Compendium of Data on Global Change*, T. A. Boden, D. P. Kaiser, R. J. Sepanski, and F. W. Stoss, eds., Carbon Dioxide Information Center, Oak Ridge National Laboratory, Oak Ridge, TN, pp. 16–26; updated using data from Dr. Pieter Tans, NOAA/ESRL (www.esrl.noaa.gov/gmd/ccgg/trends/) and Dr. Ralph Keeling, Scripps Institution of Oceanography (scrippsco2.ucsd.edu/). **Figura 9.21** Berry, J. A., and Downton, J. S. (1982) Environmental regulation of photosynthesis. In *Photosynthesis: Development, Carbon Metabolism and Plant Productivity*, Vol. 2, Govindjee, ed., Academic Press, New York, pp. 263–343. **Figura 9.22** Ehleringer, J. R., Cerling, T. E., and Helliker, B. R. (1997) C_4 photosynthesis, atmospheric CO_2, and climate. *Oecologia* 112: 285–299. **Figura 9.23** Jeon, M.-W., Ali, M. B., Hahn, E.-J., and Paek, K.-Y. (2006) Photosynthetic pigments, morphology and leaf gas exchange during ex vitro acclimatization of micropropagated CAM *Doritaenopsis* plantlets under relative humidity and air temperature. *Environ. Exp. Bot.* 55: 183–194. **Figura 9.24C** Long, S. P., Ainsworth, E. A., Leakey, A. D., Nosberger, J., and Ort, D. R. (2006) Food for thought: Lower-than-expected crop stimulation with rising CO_2 concentrations. *Science* 312: 1918–1921.

Capítulo 10

Tabela 10.2 Hall, S. M., and Baker, D. A. (1972) The chemical composition of *Ricinus* phloem exudate. *Planta* 106: 131–140. **Figura 10.2A** Joy, K. W. (1964) Translocation in sugar beet. I. Assimilation of $^{14}CO_2$ and distribution of materials from leaves. *J. Exp. Bot.* 15: 485–494. **Figura 10.6** Warmbrodt, R. D. (1985) Studies on the root of *Hordeum vulgare* L.— Ultrastructure of the seminal root with special reference to the phloem. *Am. J. Bot.* 72: 414–432. **Figura 10.7A,B** Evert, R. F. (1982) Sieve-tube structure in relation to function. *Bioscience* 32: 789–795. **Figura 10.7C,D** Truernit, E., Bauby, H., Dubreucq, B., Grandjean, O., Runions, J., Barthelemy, J., and Palauqui, J.-C. (2008) High-resolution whole-mount imaging of three-dimensional tissue organization and gene expression enables the study of phloem development and structure in Arabidopsis. *Plant Cell* 20: 1494–1503. **Figura 10.9** Nobel, P. S. (2005) *Physicochemical and Environmental Plant Physiology*, 3rd ed., Academic Press, San Diego, CA. **Figura 10.10** Geiger, D. R., and Sovonick, S. A. (1975) Effects of temperature, anoxia and other metabolic inhibitors on translocation. In *Transport in Plants, 1: Phloem Transport* (*Encyclopedia of Plant Physiology*, New Series, Vol. 1), M. H. Zimmerman and J. A. Milburn, eds., Springer, New York, pp. 256–286. **Figura 10.12** Fondy, B. R. (1975) Sugar selectivity of phloem loading in *Beta vulgaris, vulgaris* L. and *Fraxinus americanus, americana* L. Ph.D. diss., University of Dayton, Dayton, OH. **Figura 10.14** van Bel, A. J. E. (1992) Different phloem-loading machineries correlated with the climate. *Acta Bot. Neerl.* 41: 121–141. **Figura 10.15** Turgeon, R., and Webb, J. A. (1973) Leaf development and phloem transport in *Cucurbita pepo*: Transition from import to export. *Planta* 113: 179–191. **Figura 10.16** Turgeon, R. (2006) Phloem loading: How leaves gain their independence. *Bioscience* 56: 15–24. **Figura 10.17** Schneidereit, A., Imlau, A., and Sauer, N. (2008) Conserved cis-regulatory elements for DNA-binding-with-one-finger and homeo-domain-leucine-zipper transcription factors regulate companion cell-specific expression of the *Arabidopsis thaliana* SUCROSE TRANSPORTER 2 gene. *Planta* 228: 651–662. **Figura 10.19** Preiss, J. (1982) Regulation of the biosynthesis and degradation of starch. *Annu. Rev. Plant Physiol.* 33: 431–454.

Capítulo 11

Tabela 11.2 Brand, M. D. (1994) The stoichiometry of proton pumping and ATP synthesis in mitochondria. *Biochem.* (Lond) 16: 20–24. **Figura 11.5A** Perkins, G., Renken, C., Martone, M. E., Young, S. J., Ellisman, M., and Frey, T. (1997) Electtron tomography of neuronal mitochondria: Three-dimensional structure and organization of cristae and membrane contacts. *J. Struct. Biol.* 119: 260–272. **Figura 11.5B** Gunning, B. E. S., and Steer, M. W. (1996) *Plant Cell Biology: Structure and Function*. Jones and Bartlett, Boston.

Capítulo 12

Figura 12.3 Santer, A., and Estelle, M. (2009) Recent advances and emerging trends in plant hormone signaling. *Nature* 459: 1071–1078. **Figura 12.10A** Riou-Khamlichi, C., Huntley, R., Jacqmard, A., and Murray, J. A. (1999) Cytokinin activation of Arabidopsis cell division through a D-type cyclin. *Science* 283: 1541–1544. **Figura 12.10B** Aloni, R., Wolf, A., Feigenbaum, P., Avni, A., and Klee, H. J. (1998) The Never ripe mutant provides evidence that tumor-induced ethylene controls the morphogenesis of *Agrobacterium tumefaciens*-induced crown galls in tomato stems. *Plant Physiol.* 117: 841–849. **Figura 12.13** Hartwig, T. et al. (2011) Operation of the xanthophyll cycle in higher plants in response to diurnal changes in incident sunlight. *Proc. Natl. Acad. Sci. USA* 108: 19814–19819. **Figura 12.16B** Escalante-Pérez, M., Krola, L., Stangea, A., Geigera, D., Al-Rasheidb, K. A. S., Hausec, B., Neherd, E., and Hedrich, R. (2011) A special pair of phytohormones controls excitability, slow closure, and external stomach formation in the Venus flytrap. *Proc. Natl. Acad. Sci. USA* 108: 15492–15497.

Capítulo 13

Figura 13.6A Shropshire, W., Jr., Klein, W. H., and Elstad, V. B. (1961) Action spectra of photomorphogenic induction and photoinactivation of germination in *Arabidopsis thaliana*. *Plant Cell Physiol.* 2: 63–69. **Figura 13.6B** Kelly, J. M., and Lagarias, J. C. (1985) Photochemistry of 124-kilodalton *Avena* phytochrome under constant illumination in vitro. *Biochemistry* 24: 6003–6010. **Figura 13.7A** Baskin, T. I., and Iino, M. (1987) An action spectrum in the blue and ultraviolet for phototropism in alfalfa. *Photochem. Photobiol.* 46: 127–136. **Figura 13.7B** Briggs, W. R. and Christie, J. M. (2002) Phototropins 1 and 2: versatile plant blue-light receptors. *Trends Plant Sci.* 7: 204–210. **Figura 13.9** Briggs, W. R., Mandoli, D. F., Shinkle, J. R., Kaufman, L. S., Watson, J. C., and Thompson, W. F. (1984) Phytochrome regulation of plant development at the whole plant, physiological, and molecular levels. In *Sensory Perception and Transduction in Aneural Organisms*, G. Colombetti, F. Lenci, and P.-S. Song, eds., Plenum, New York, pp. 265–280. **Figura 13.10** Spalding, E. P., and Cosgrove, D. J. (1989) Large membrane depolarization precedes rapid blue-light induced growth inhibition in cucumber. *Planta* 178: 407–410. **Figura 13.13** Christie, J. M., Swartz, T. E., Bogomolni, R. A. and Briggs, W. R. (2002) Phototropin LOV domains exhibit distinct roles in regulating photoreceptor function. *Plant J.* 32: 205–219. **Figura 13.15** Wada, M. (2013) Chloroplast movement. *Plant Sci.* 210: 177–182. **Figura 13.16** Karlsson, P. E. (1986) Blue light regulation of stomata in wheat seedlings. II. Action spectrum and search for action dichroism. *Physiol. Plant.* 66: 207–210. **Figura 13.17** Inoue, S., and Kinoshita, T. (2017) Blue light regulation of stomatal opening and the plasma membrane H^+-ATPase. *Plant Physiol.* 174: 531–538. **Figura 13.18** Parks, B. M., Folta, K. M., and Spalding, E. P. (2001) Photocontrol of stem growth. *Curr. Opin. Plant Biol.* 4: 436–440.

Capítulo 14

Figura 14.2 West, M. A. L., and Harada, J. J. (1993) Embryogenesis in higher plants: An overview. *Plant Cell* 5: 1361–1369. **Figura 14.3** Sosso, D., Canut, M., Gendrot, G., et al. (2012) PPR8522 encodes a chloroplast-targeted pentatricopeptide repeat protein necessary for maize embryogenesis and vegetative development. *J. Exp. Bot.* 63: 5843–5857. **Figura 14.5** Laux, T., Würschum, T., and Breuninger, H. (2004) Genetic regulation of embryonic pattern formation. *Plant Cell* 16: S190–S202. **Figura 14.7** Bommert, P., and Werr, W. (2001) Gene expression patterns in the maize caryopsis: clues to decisions in embryo and endosperm development. *Gene* 271: 131–142. **Figura 14.8** Traas, J., Bellini, C., Nacry, P., Kronenberger, J. Bouchez, D., and Caboche, M. (1995) Normal differentiation patterns in plants lacking microtubular preprophase bands. *Nature* 375: 676–677. **Figura 14.9** Kim, I., Kobayashi, K., Cho, E., and Zambryski, P. C. (2005) Subdomains for transport via plasmodesmata corresponding to the apical-basal axis are established during Arabidopsis embryogenesis. *Proc. Natl. Acad. Sci. USA* 102: 11945–11950. **Figura 14.12** Laux, T., Würschum, T., and Breuninger, H. (2004) Genetic regulation of embryonic pattern formation. *Plant Cell* 16: S190–S202. **Figura 14.13** Mähönen, A. P., Bonke, M., Kauppinen, L., Riikonen, M., Benfey, P. N., and Helariutta, Y. (2000) A novel two-component hybrid molecule regulates vascular morphogenesis of the Arabidopsis root. *Genes Dev.* 14: 2938–2943. **Figura 14.14** Müller, B., and Sheen, J. (2008) Cytokinin and auxin interaction in root stem-cell specification during early embryogenesis. *Nature* 453: 1094–1097. **Figura 14.15** Jenik, P. D., and Barton, M. K. (2005) Surge and destroy: The role of auxin in plant embryogenesis. *Development* 132: 3577–3585. **Figura 14.16** Laux, T., Würschum, T., and Breuninger, H. (2004) Genetic regulation of embryonic pattern formation. *Plant Cell* 16: S190–S202. **Figura 14.17** Hudson, A. (2005) Plant meristems: Mobile mediators of cell fate. *Curr. Biol.* 15: R803–805.

Capítulo 15

Figura 15.3 Homrichhausen, T. M., Hewitt, J. R., and Nonogaki, H. (2003) Endo-β-mannanase activity is associated with the completion of embryogenesis in imbibed carrot (*Daucus carota* L.) seeds. *Seed Sci. Res.* 13: 219–227. **Figura 15.5A** Li, Y.-C., Rena, J.-P., Cho, M.-J., Zhou, S.-M., Kim, Y.-B., Guo, H.-X., Wong, J.-H., Niu, H.-B., Kim, H.-K., Morigasaki, S., et al. (2009) The level of expression of thioredoxin is linked to fundamental properties and applications of wheat seeds. *Mol. Plant* 2: 430–441. **Figura 15.6** Finch-Savage, W. E. and Leubner-Metzger, G. (2006) Seed dormancy and the control of germination. *New Phytol.* 171: 501–523. **Figura 15.7A** Bewley, J. D., Bradford, K. J., Hilhorst, H. W. M., and Nonogaki, H. (2013) Dormancy and the control of germination. In *Seeds: Physiology of Development, Germination and Dormancy*, 3rd Edition. Springer, New York. **Figura 15.7B** Grappin, P., Bouinot, D., Sotta, B., Migniac, E., and Julien, M. (2000) Control of seed dormancy in *Nicotiana plumbaginifolia*: post-imbibition abscisic acid synthesis imposes dormancy maintenance. *Planta* 210: 279–285. **Figura 15.8** Liptay, A., and Schopfer, P. (1983) Effect of water stress, seed coat restraint, and abscisic acid upon different germination capabilities of two tomato lines at low temperature. *Plant Physiol.* 73: 935–938. **Figura 15.9** Bewley, J. D. (1997) Seed germination and dormancy. *Plant Cell* 9: 1055–1066; Nonogaki, H., Chen, F., and Bradford, K. J. (2007) Mechanisms and genes involved in germination sensu stricto. In *Annual Plant Reviews*, vol. 27: *Seed Development, Dormancy and Germination*, K. J. Bradford and H. Nonogaki, eds. Blackwell Publishing Ltd, Oxford; Nonogaki, H., Bassel, G. W., and Bewley, J. D. (2010) Germination—Still a mystery. *Plant Sci.* 179: 574–581. **Figura 15.11** Gubler, F., Kalla, R., Roberts, J. K., and Jacobsen, J. V. (1995) Gibberellin-regulated expression of a myb gene in barley aleurone cells: Evidence of Myb transactivation of a high-pI alpha-amylase gene promoter. *Plant Cell* 7: 1879–1891. **Figura 15.15** Busse, J. S., and Evert, R. F. (1999) Pattern of differentiation of the first vascular elements in the embryo and seedling of *Arabidopsis thaliana*. *Int. J. Plant Sci.* 160: 1–13. **Figura 15.17** Abeles, F. B., Morgan, P. W., and Saltveit, M. E., Jr. (1992) *Ethylene in Plant Biology*, 2nd ed. Academic Press, San Diego, CA. **Figura 15.18** Petricka, J. J., Winter, C. M., and Benfey, P. N. (2012) Control of Arabidopsis root development. *Annu. Rev. Plant Biol.* 63: 563–590. **Figuras 15.21 & 15.22** Cosgrove, D. J. (1997) Assembly and enlargement of the primary cell wall in plants. *Annu. Rev. Cell Dev. Biol.* 13: 171–201. **Figura 15.24A** Cleland, R. E. (1995) Auxin and cell elongation. In *Plant Hormones and Their Role in Plant Growth and Development*, 2nd ed., P. J. Davies, ed., Kluwer, Dordrecht, Netherlands, pp. 214–227. **Figura 15.24C** Jacobs, M., and Ray, P. M. (1976) Rapid auxin-induced decrease in free space pH and its relationship to auxin-induced growth in maize and pea. *Plant Physiol.* 58: 203–209. **Figura 15.25** Le, J., Vandenbussche, F., De Cnodder, T., Van Der Straeten, D., and Verbelen, J.-P. (2005) Cell elongation and microtubule behavior in the Arabidopsis hypocotyl: Responses to ethylene and auxin. *J. Plant Growth Regul.* 24: 166–178. **Figura 15.27** Hartmann, H. T., and Kester, D. E. (1983) *Plant Propagation: Principles and Practices*, 4th ed. Prentice-Hall, Inc., NJ. **Figura 15.28** Blilou, I., Xu, J., Wildwater, M., Willemsen, V., Paponov, I., Friml, J., Heidstra, R., Aida, M., Palme, K., and Scheres, B. (2005) The PIN auxin efflux facilitator network controls growth and patterning in Arabidopsis roots. *Nature* 433: 39–44. **Figura 15.30** Shaw, S., and Wilkins, M. B. (1973) The source and lateral transport of growth inhibitors in geotropically stimulated roots of *Zea mays* and *Pisum sativum*. *Planta* 109: 11–26. **Figura 15.31** Baldwin, K. L., Strohm, A. K., and Masson, P. H. (2013) Gravity sensing and signal transduction in vascular plant primary roots. *Am. J. Bot.* 100: 126–142. **Figura 15.32** Palmieri M., and Kiss J. Z. (2007) The role of plastids in gravitropism. In *The Structure and Function of Plastids. Advances in Photosynthesis and Respiration*, vol. 23, R. R. Wise and J. K. Hoober, eds. Springer, Dordrecht, pp. 507–525. **Figura 15.33** Fasano, J. M., Swanson, S. J., Blancaflor, E. B., Dowd, P. E., Kao, T. H., and Gilroy, S. (2001) Changes in root cap pH are required for the gravity response of the Arabidopsis root. *Plant Cell* 13: 907–921. **Figura 15.34** Iino, M., and Briggs, W. R. (1984) Growth distribution during first positive phototropic curvature of maize coleoptiles. *Plant Cell Environ.* 7: 97–104. **Figura 15.35** Christie, J. M., Yang, H., Richter, G. L., Sullivan, S., Thomson, C. E., Lin, J., Titapiwatanakun, B., Ennis, M., Kaiserli, E., Lee, O. R., et al. (2011) phot1 inhibition of ABCB19 primes lateral auxin fluxes in the shoot apex required for phototropism. *PLoS Biol.* 9: e1001076. DOI: 10.1371/journal.pbio.1001076.

Capítulo 16

Tabela 16.1 Smith, H. (1982) Light quality photoperception and plant strategy. *Annu. Rev. Plant Physiol.* 33: 481–518. **Tabela 16.2** Thomas, H. (2013) Senescence, ageing and death of the whole plant. *New Phytol.* 197: 696–711. DOI: 10.1111/nph.12047. **Figura 16.1B** Kuhlemeier, C., and Reinhardt, D. (2001) Auxin and phyllotaxis. *Trends Plant Sci.* 6: 187–189. **Figura 16.2** Bowman, J. L., and Eshed, Y. (2000) Formation and maintenance of the shoot apical meristem. *Trends Plant Sci.* 5: 110–115. **Figura 16.5A** Reinhardt, D., Pesce, E. R., Stieger, P., Mandel, T., Baltensperger, K., Bennett, M., Traas, J., Friml, J., and Kuhlemeier, C. (2003) Regulation of phyllotaxis by polar auxin transport. *Nature* 426: 255–260 **Figura 16.5B** Vernoux, T., Kronenberger, J., Grandjean, O., Laufs, P., and Traas, J. (2000) PIN-FORMED 1 regulates cell fate at the periphery of the shoot apical meristem. *Development* 127: 5157–5165. **Figura 16.5C** Reinhardt, D., Pesce, E. R., Stieger, P., Mandel, T., Baltensperger, K., Bennett, M., Traas, J., Friml, J., and Kuhlemeier, C. (2003) Regulation of phyllotaxis by polar auxin transport. *Nature* 426: 255–260 **Figura 16.7** Lau, S., and Bergmann, D. C. (2012) Stomatal development: A plant's perspective on cell polarity, cell fate transitions and intercellular communication. *Development* 139: 3683–3692. **Figura 16.9** Lucas, W. J., Groover, A., Lichtenberger, R., Furuta, K., Yadav, S.-R., Helariutta, Y., He, X.-Q., Fukuda, H., Kang, J., Brady, S. M., et al. (2013) The plant vascular system: Evolution, development and functions. *J. Integr. Plant Biol.* 55: 294–388. **Figura 16.10A** Esau, K. (1942). Vascular differentiation in the vegetative shoot of *Linum*. I. The procambium. *Am. J. Bot.* 29: 738–747. **Figura 16.10B** Esau, K. (1953) *Plant Anatomy*. Wiley, New York. **Figura 16.14** El-Showk, S., Ruonala, R., Helariutta, Y. (2013) Crossing paths: Cytokinin signalling and crosstalk. *Development* 140: 1373–1383. **Figura 16.15** Mason, M. G., Ross, J. J., Babst, B. A., Wienclaw, B. N., and Beveridge, C. A. (2014) Sugar demand, not auxin, is the initial regulator of apical dominance. *Proc. Natl. Acad. Sci. USA* 111: 6092–6097. **Figura 16.16** Morgan, D. C., and Smith, H. (1979) A systematic relationship between phytochrome-controlled development and species habitat, for plants grown in simulated natural irradiation. *Planta* 145: 253–258. **Figura 16.19A** Hochholdinger, F., and Tuberosa, R. (2009) Genetic and genomic dissection of maize root development and architecture. *Curr. Opin. Plant Biol.* 12: 172–177. **Figura 16.21** Péret, B., Desnos, T., Jost, R., Kanno, S., Berkowitz, O., and Nussaume, L. (2014) Root architecture responses: in search of phosphate. *Plant Physiol.* 166: 1713–1723. **Figura 16.22** Stahl, E. (1909) *Zur biologie des chlorophylls: Laubfarbe und himmelslicht, vergilbung und etiolement*. G. Fisher Verlag, Jena, Germany. **Figura 16.24** Keskitalo, J., Bergquist, G., Gardestrom, P., and Jansson, S. (2005) A cellular timetable of autumn senescence. *Plant Physiol.* 139: 1635–1648. **Figura 16.26** Breeze, E., Harrison, E., McHattie, S., Hughes, L., Hickman, R., Hill, C., Kiddle, S., Kim, Y.-S., Penfold, C. A., Jenkins, D., et al. (2011) High-resolution temporal profiling of transcripts during Arabidopsis leaf senescence reveals a distinct chronology of processes and regulation. *Plant Cell* 23: 873–894. **Figura 16.27** Mothes, K., Engelbrecht, L., and Schütte, H. (1961) Über die akkumulation von alpha-aminoisobuttersäure in blattgewebe unter dem einfluss von kinetin. *Physiol. Plant.* 14: 72–75. **Figura 16.29** Vahala, J., Ruonala, R., Keinänen, M., Tuominen, H., and Kangasjärvi, J. (2003) Ethylene insensitivity modulates ozone-induced cell death in birch (*Betula pendula*). *Plant Physiol.* 132: 185–195. **Figura 16.30** Morgan, P. W. (1984) Is ethylene the natural regulator of abscission? In *Ethylene: Biochemical, Physiological and Applied Aspects*, Y. Fuchs and E. Chalutz, eds., Martinus Nijhoff, The Hague, Netherlands, pp. 231–240.

Capítulo 17

Tabela 17.1 Clark, J. R. (1983) Age-related changes in trees. *J. Arboriculture* 9: 201–205. **Figura 17.5** Purcell, O., Savery, N. J., Grierson, C. S., and di Bernardo, M. (2010) A comparative analysis of synthetic genetic oscillators. *J. R. Soc. Interface* 7: 1503-1524. **Figura 17.9** Vince-Prue, D. (1975) *Photoperiodism in Plants*. McGraw-Hill, London; Salisbury, F. B. (1963) Biological timing and hormone synthesis in flowering of *Xanthium*. *Planta* 49: 518–524; Papenfuss, H. D., and Salisbury, F. B. (1967) Aspects of clock resetting in flowering of *Xanthium*. *Plant Physiol.* 42: 1562–1568. **Figura 17.10** Coulter, M. W., and Hamner, K. C. (1964) Photoperiodic flowering response of Biloxi soybean in 72 hour cycles. *Plant Physiol.* 39: 848–856. **Figura 17.11** Hayama, R., and Coupland, G. (2004) The molecular basis of diversity in the photoperiodic flowering responses of Arabidopsis and rice. *Plant Physiol.* 135: 677–684. **Figura 17.13** Hendricks, S. B., and Siegelman, H. W. (1967) Phytochrome and photoperiodism in plants. *Comp. Biochem.* 27: 211–235; Saji, H., Vince-Prue, D., and Furuya, M. (1983) Studies on the photoreceptors for the promotion and inhibition of flowering in dark-grown seedlings of *Pharbitis nil* choisy. *Plant Cell Physiol.* 67: 1183–1189. **Figura 17.14** Trevaskis, B., Hemming, M. N., Dennis, E. S., and Peacock, W. J. (2007) The molecular basis of vernalization-induced flowering in cereals. *Trends Plant Sci.* 12: 352-357. **Figura 17.15** Purvis, O. N., and Gregory, F. G. (1952) Studies in vernalization of cereals. XII. The reversibility by high temperature of the vernalized condition in Petkus winter rye. *Ann. Bot.* 1: 569–592. **Figura 17.16** Liu, L., Zhu, Y., Shen, L., and Yu, H. (2013) Emerging insights into florigen transport. *Curr. Opin. Plant Biol.* 16: 607–613. **Figuras 17.18 & 17.19** Bewley, J. D., Hempel, F. D., McCormick, S., and Zambryski, P. (2000) Reproductive Development. In: *Biochemistry and Molecular Biology of Plants*, B. B. Buchanan, W. Gruissem, and R. L. Jones, eds., American Society of Plant Biologists, Rockville, MD, pp. 988–1034. **Figura 17.20** Krizek, B. A., and Fletcher, J. C. (2005) Molecular mechanisms of flower development: An armchair guide. *Nat. Rev. Genet.* 6: 688–698. **Figura 17.24** Jones, R. L., Ougham, H., Thomas H., Waaland, S. (2013) *The Molecular Life of Plants*. Wiley-Blackwell. **Figura 17.27A,C,D** Seymour, G. B., Østergaard, L., Chapman, N. H., Knapp, S., and Martin, C. (2013) Fruit development and ripening. *Annu. Rev. Plant Biol.* 64: 219–241. **Figura 17.28B** Seymour, G. B., Østergaard, L., Chapman, N. H., Knapp, S., and Martin, C. (2013) Fruit development and ripening. *Annu. Rev. Plant Biol.* 64: 219–241; Pabón-Mora, N., and Litt, A. (2011) Comparative anatomical and developmental analysis of dry and fleshy fruits of Solanaceae. *Am. J. Bot.* 98: 1415–1436. **Figura 17.29** Fray, R. F., and Grierson, D. (1993) Identification and genetic analysis of normal and mutant phytoene synthase genes of tomato by sequencing, complementation and co-suppression. *Plant Mol. Biol.* 22: 589–602. **Figura 17.31** Grierson, D. (2013) Ethylene and the control of fruit ripening. In *The Molecular Biology and Biochemistry of Fruit Ripening*, G. B. Seymour, G. A. Tucker, M. Poole, and J. J. Giovannoni, eds., Wiley-Blackwell, Oxford, UK, p. 216; Oeller, P. W., Lu, M. W., Taylor, L. P., Pike, D. A., and Theologis, A. (1991) Reversible inhibition of tomato fruit senescence by anti-sense RNA. *Science* 254: 437–439.   **Figura 17.32** **Figura 17.32** Giovannoni, J. J. (2004) Genetic regulation of fruit development and ripening. *Plant Cell* 16 (suppl 1): S170–S180.

Capítulo 18

Figura 18.1 van Dam, N. M. (2009) How plants cope with biotic interactions. *Plant Biol.* 11: 1–5.   **Figura 18.2** Goh, C.-H., Veliz Vallejos, D. F., Nicotra, A. B., and Mathesius, U. (2013) The impact of beneficial plant-associated microbes on plant phenotypic plasticity. *J. Chem. Ecol.* 39: 826–839.   **Figura 18.15** Christmann, A., and Grill, E. (2013) Electric defence. *Nature* 500: 404–405.   **Figura 18.19** Boller, T., and Felix, G. (2009) A Renaissance of elicitors: Perception of microbe-associate molecular patterns and danger signals by pattern-recognition receptors. *Annu. Rev. Plant Biol.* 60: 379–406.

Capítulo 19

Tabela 19.2 Lyons, J. M., Wheaton, T. A., and Pratt, H. K. (1964) Relationship between the physical nature of mitochondrial membranes and chilling sensitivity in plants. *Plant Physiol.* 39: 262–268.   **Figura 19.3** Boyer, J. S. (1970) Leaf enlargement and metabolic rates in corn, soybean, and sunflower at various leaf water potentials. *Plant Physiol.* 46: 233–235.   **Figura 19.4** Henry, C., Bledsoe, S. W., Griffiths, C. A., Kollman, A., Paul, M. J., Sakr, S., and Lagrimini, L. M. (2015) Differential role for trehalose metabolism in salt-stressed maize. *Plant Physiol.* 169: 1072–1089.   **Figura 19.5** Mittler, R. (2006) Abiotic stress, the field environment and stress combination. *Trends Plant Sci.* 11: 15–19.   **Figura 19.7** Baneyx, F., and Mujacic, M. (2004) Recombinant protein folding and misfolding in *Escherichia coli*. *Nat. Biotechnol.* 22: 1399–1408.   **Figura 19.8** Mittler, R., Vanderauwera, S., Suzuki, N., Miller, G., Tognetti, V. B., Vandepoele, K., Gollery, G., Shulaev, V., and Van Breusegem, F. (2011) ROS signaling: The new wave? *Trends Plant Sci.* 16: 300–309.   **Figura 19.9** Beardsell, M. F., and Cohen, D. (1975) Relationships between leaf water status, abscisic acid levels, and stomatal resistance in maize and sorghum. *Plant Physiol.* 56: 207–212.   **Figura 19.10** Saab, I. N., Sharp, R. E., Pritchard, J., and Voetberg, G. S. (1990) Increased endogenous abscisic acid maintains primary root growth and inhibits shoot growth of maize seedlings at low water potentials. *Plant Physiol.* 93: 1329–1336.   **Figura 19.14** Gutzat, R., and Mittelsten-Scheid, O. (2012) Epigenetic responses to stress: Triple defense? *Curr. Opin. Plant. Biol.* 15: 568–573.

Índice

ABA. *Ver* Ácido abscísico
ABA 8′-hidroxilases, 316–317
Abacaxi (*Ananas comosus*), 208–209, 437–438, 446–447
Abaxial, 398–399, *399–400*
Abóbora, *242–244, 258–260*. *Ver Cucurbita pepo*
ABP1. *Ver* AUXIN BINDING PROTEIN
Abronia umbellata (verbena-da-areia), 477–478
Abronia villosa (verbena-do-deserto-arenoso), 428–429
Abrunheiro-de-jardim (*Prunus cerasífera*), 104
Abscisão, 411-412, 417–419
Abscisão foliar
   abscisão definida, 411-412
   regulação hormonal e fases da, 417–419
   zona de abscisão, 414-415, 417–419
Acacia, 399–400
Acamamento, 91–92
ACC. *Ver* Ácido 1-aminociclopropano-1-carboxílico
ACC oxidases, 316–317, *319*, 497, 499
ACC sintase, 316–317, *319*, 449–450, 497, 499
Acer pseudoplatanus (sicômoro), *424–425*
Acetaldeído, *273, 275*
Acetato de 3-hexenil, 469–470
Acetil-CoA
   ciclo tricarboxílico, 279–280, *281–283*
   conversão de triacilglicerídeos em sacarose, 296–300
   funções, 125–126
Acetobacter, 117–119
Acetobacter diazotrophicus, 119–120
Achenes, *368–369*
Ácido 1-aminociclopropano-1-carboxílico (ACC), 316–317, *319*
Ácido 1-naftaleno-acético (ANA), 310–311
Ácido 12-oxo-fitodienoico (OPDA), 465–466
Ácido 2-metóxi-3,6-diclorobenzoico (dicamba), 310–311
Ácido 2,4-diclorofenoxiacético (2,4-D), 310–311, 315–316
Ácido 3-indolacético (AIA)
   absorção e efluxo (*ver também* Transporte polar de auxina), 359–365
   biossíntese, 315–316, *317–318*
   descoberta das, 310–311

   estrutura, *309–310*
   gravitropismo da raiz, 390–391, 393
   Ver também Auxinas
Ácido abscísico (ABA)
   biossíntese, 316–318, *319*
   definição, 312–313
   efeitos, 312–314
   estresse hídrico e, 485–486
   estrutura, *309–310*
   fechamento estomático, *313–314*
   mobilização no endosperma, 378
   nas respostas ao estresse, 493–496
   promoção de senescência, 416-418
   quebra da dormência da semente, 374–375
   razão ABA:GA e dormência da semente, 372–374
   responsivo a proteínas ABA, 491–492
   transporte no floema e efeitos nas relações fonte-dreno, 264–265
   via de sinalização, *320–321, 322, 323*
Ácido alantoico, 123–125, 247
Ácido bórico, 150–152
Ácido carboxílico, 273, 275
Ácido cianídrico, 463
Ácido cítrico
   ação como quelante, 89–90, 499–500
   acidificação do solo pelas raízes e, 126–127
   hiperacidificação vacuolar, 153–154
   na tolerância interna, 499–500
Ácido desoxirribonucleico (DNA)
   cromossomos metafásicos, 19–20
   metilação, 495–497, *497–498*
   replicação, 32–34
   transcrição, 20, 22, *21*
Ácido dietilenotriaminapentacético (DPTA), 88–89, *89–90*
Ácido estereárico, *294–296, 492–493*
Ácido etilenodiamina-N,N′-bis(o-hidroxifenilacético) (o,oE-DDHA), 88–89
Ácido etilenodiaminatetracético (EDTA), 88–89, 245–246
Ácido fenilacético, 310–311
Ácido fórmico, 457–458

Ácido fosfatídico, *294–295, 307–308, 308–310*
Ácido gama-aminobutírico (GABA), 281
Ácido giberélico
   como um efetor patogênico, *470–471,* 471–472
   efeitos, 311–312
   estrutura, *470–471*
Ácido glutâmico, *247*
Ácido indol-3-butírico (AIB), 315–316
Ácido jasmônico
   biossíntese, 464–465, *465–467*
   crescimento dos pelos da raiz, 381–382
   defesas vegetais induzíveis, 464–466, *467–469,* 468–470
   definição, 314–315
   efeitos, 314–315
   estrutura, *309–310*
Ácido láurico, *294–296*
Ácido linoleico
   composição lipídica das membranas mitocondriais e estresse, *492–493*
   eliciadores na saliva dos insetos, 464–465
   estrutura, *294–296*
   fluidez da membrana e, 18
   voláteis do sabor, 449–450
Ácido linolênico
   biossíntese do ácido jasmônico, *295–296,* 465–466
   composição lipídica das membranas mitocondriais e estresse, *492–493*
   eliciadores na saliva dos insetos, 464–465
   estrutura, *294–296*
   fluidez da membrana e, 18
   voláteis de folhas verdes, 469–470
   voláteis do sabor, 449–450
Ácido málico
   acidificação do solo pelas raízes, 126–127
   amadurecimento de frutos, 449–450
   hiperacidificação vacuolar, 153–154
   limitação à fotossíntese em espécies CAM, 233–234
   metabolismo ácido das crassuláceas, 209–210, 209–212
Ácido mirístico, *294–296*
Ácido *N*-1-naftilftalâmico (NPA), 361
Ácido nítrico, 98–99, 110–111
Ácido oleico, 18, *294–296, 492–493*

Ácido oxálico, 153–154, 457–458
Ácido palmítico, *294–296, 492–493*
Ácido pentético, 88–89
Ácido ribonucleico (RNA)
   seiva do floema, 246, 248
   transporte no floema, 264–265
Ácido salicil-hidroxâmico, 288–289
Ácido salicílico
   defesas vegetais contra patógenos, *472–474,* 474–475
   defesas vegetais induzíveis, 464–466
   definição, 314–315
   efeitos, 314–315
   estrutura, *309–310*
   resistência sistêmica adquirida, 474–475
   respiração via oxidase alternativa, 288–289
Ácido silícico, 150–152
Ácido sulfúrico, 98–99, 124–125
Ácido tartárico, 457–458
Ácidos graxos
   alterações na composição de lipídeos de membrana em resposta ao estresse abiótico, 492, *492–493*
   estrutura, *294–296*
   lipídeos de membrana, 18
   β-oxidação, 296, 298–299
Ácidos graxos insaturados, 18, *294–296,* 492, *492–493*
Ácidos graxos saturados, 18, *294–296,* 492, *492–493*
Ácidos orgânicos, 245–246, 270
Ácidos resiníferos, 460–461
Acil-CoA graxo, 296, 298–299
Acil-CoA graxo sintetase, 296, 298, *298–299*
Aclimatação
   definição e exemplos, 220–221, 483–484
   interações de estresses e, 487–489
   mecanismos fisiológicos na, 490–501
   proteção cruzada, 489–490
   resposta das folhas ao sol e à sombra, 220–221
   tolerância ao estresse abiótico e, 483–484
Aclimatação sistêmica adquirida (SAA), 492–495
Acompanhamento solar, 219–221, 329–330
Aconitase, 280–281, 298, 300
Acrópeto, 359–360, 389–391
Actina
   definição, 28–29

microfilamentos, 28–30 (*ver também* Microfilamentos)
polimerização-despolimerização, 28–30
Actina F, 28–30, 36–37
Actina G, 28–30
Açúcares
   alocação e partição, 260–264
   carregamento do floema, 252–257
   descarregamento do floema, 257–258
   modelo de fluxo de pressão da translocação, 249–253
   produzidos pela fotossíntese, 163, 164
   redutores e não redutores, 246, 248, *247*
   seiva do floema, 245–246, *245–247*, 248
   translocação nos elementos crivados do floema, 241–242
Açúcares-álcoois, 246, 248, *247*, 495–496
Açúcares-fosfatos, rota oxidativa das pentoses fosfato, 270–271
Açúcares não redutores, 246, 248, *247*
Açúcares redutores, 246, 248, *247*
Acúleos, 456–457
Adaptações, 483–486
Adaxial, 398–399, *399–400*
Adenilato quinase, 205–206
Adenina, 316–317, *317–318*
Adenosina difosfato (ADP)
   ADP/ATP na biossíntese de citocininas, 316–317, *317–318*
   fosforilação oxidativa, 284–285
   razão ADP:O mitocondrial, 284–285
   regulação da cadeia de transporte de elétrons nas mitocôndrias, 285–286
   regulação da respiração, 289–290
Adenosina trifosfato (ATP)
   abertura estomática e, 343–344, *344–345*
   ADP/ATP na biossíntese de citocininas, 316–317, *317–318*
   assimilação de amônio e, 114–116, *115–116*
   ciclo de Calvin-Benson e, 192–194, 196
   ciclo fotossintético oxidativo C₂ do carbono e, *200, 198–199, 199–201, 201–202*
   da fotorrespiração à cadeia de elétrons da fotossíntese, 202–203
   definição, 269–270
   energética da assimilação de nutrientes, 127–128
   fixação de nitrogênio pelo complexo da enzima nitrogenase e, *122, 124,* 123–124
   fosforilação e, 305–307
   fotossíntese C₄ e, *205,* 205–206
   glicólise e, 271–273, 275
   movimento de organelas dirigido por miosina e, 30, 32–34
   na respiração, 269–270

no ajuste osmótico, *495–496*
polimerização-despolimerização dos microfilamentos de actina, 28–30
rota apoplástica do carregamento do floema e, 255–256
transporte ativo e, 132
transporte eletrogênico de íons e, 136–138
ubiquitinação de proteínas e, 22–23
Ver também Síntese de ATP
Adesão, 44–45
ADP. *Ver* Adenosina difosfato
Aerênquima, 293–294, 497–500
Aeroponia, 86–87, *87–88*
Aeschynomene, 118–119
Afídeo de oficial-de-sala, 462–463
Afídeos, 246, 248, 464–465
Agave (*Agave*), 208–209, 211–212, *457–458, 458–459*
Agave americana (agave, piteira), 419
Agave, piteira (*Agave americana*), 419
Agave weberi, 457–458
Aglicona, 463
Agricultura. *Ver* Plantas cultivadas; Produtividade do cultivo
Agrobacterium tumefaciens, 312–313
Água
   continuum solo-planta-atmosfera, *60,* 79–80
   difusão e osmose, 46–48
   estado metaestável no xilema, 70–71
   estruturas e propriedades, 42–46
   expansão celular e, 383–386
   fase de absorção na germinação da semente, 375–378
   oxidada ao oxigênio na fotossíntese, 163, 164, 178–179, *179–180,* 181–182
   perda durante a fotossíntese, 42
   potencial químico, 47–49
   pressão de turgor, 41
   vida da planta, 41, 42
   Ver também Água do solo; Estado hídrico da planta
Água do solo
   absorção pelas raízes, 61–65
   condutividade hidráulica do solo, 61–62
   continuum solo-planta-atmosfera, *60,* 79–80
   fatores afetando o conteúdo de água e a taxa de movimento, 60
   fluxo de massa, 60–62, 79–80
   potencial hídrico do solo, 60–61
   teoria coesão-tensão de transporte no xilema, 68–70
AIA. *Ver* Ácido 3-indolacético
AIB. *Ver* Ácido indol-3-butírico
Aipo (*Apium graveolens*), 371–372
Ajuste osmótico, 494–497

Álamo (*Populus tremuloides*), 413–414
Alanina, *117*
Alanina aminotransferase, *205–206*
Alantoína, 123–124, *247*
Alcaloides, 468–469
Alchemilla vulgaris (pé-de-leão), 64–65
Álcool desidrogenase, *274,* 276
Aldeído, na glicólise, *273,* 275
Aldolase
   ciclo de Calvin-Benson, *193–195,* 193–194
   glicólise, *274*
Alelopatia, 453–454, 475–477
Alface (*Lactuca*)
   alongamento do hipocótilo mediada pela luz azul, 344–346
   disponibilidade de nutrientes e crescimento da raiz, 103–104
   etileno e desenvolvimento dos pelos da raiz, *382–383*
   necessidade de luz para germinação da semente, 374
   respostas fotorreversíveis induzidas pelo fitocromo, *332–333,* 335–337
Alface, cultivar "Grand Rapids", 374
Alfafa, *118–119,* 369–371, 459–460
Algaroba (*Prosopis*), 99
Algas, 335–337
Algodoeiro (*Gossypium hirsutum*), 53–54
Allard, Henry, 426–427
Allium cepa (cebola), 368–369, *369–370*
Almieiros, 117–119
Alocação, 260–262
Alongamento do hipocótilo
   ação em conjunto de fitocromo, criptocromo e fototropina, 344–346
   criptocromos e, 339–341
   na luz *versus* no escuro, *330–331,* 379–381
   respostas à luz azul, 339–340
Alpiste (*Phalaris canariensis*), 310–311
Alternância de gerações, 2, 5, *4*
Alumínio, 85–86, 97–98, 487–488
Amadurecimento
   definição e visão geral, 447–448
   enzimas de degradação da parede celular e amolecimento do fruto, 448–450
   etileno e, 449–450
   mudanças na cor do fruto, 447–449, *449–450*
   mudanças químicas afetando paladar e sabor, 449–450
Amborellales, *3*
Amendoim (*Arachis*), 123–124
Amidas, 123–124
Amidas de ácidos graxos, 463–465

Amido
   acumulação e partição, 211–212
   alocação de fotossintatos, 260–262
   conversão de trioses fosfato em, 192–193
   conversão em açúcares durante o amadurecimento do fruto, 449–450
   definição, 191–192
Amido transitório, 211–212, *212*
α-Amilase, 376–378
β-Amilase, 376–378
Amiloplastos, 25–27, 376–378, 390–393
Amilose, 6–7, *7–8*
Aminoácidos
   biossíntese, 116–117
   como solutos compatíveis, 495–496
   conversão de amônio em, 114–116, *115–116*
   mobilização no crescimento da plântula, 376–378
   reações de transaminação, 115–117
   seiva do floema, 245–246, *245–247,* 248
Aminoetoxivinilglicina, 316–317
Aminotransferases, 115–117
Amônia
   ciclo biogeoquímico do nitrogênio, 110–112
   fixação do nitrogênio, 110–111
   pH do solo e, 98–99
   produzido pelo complexo da enzima nitrogenase, 122–124
Amonificação, *110*
Amônio
   absorção pelas raízes, 102–103
   adsorção às partículas do solo, 97–98
   assimilação do nitrato, 113-114
   assimilação pela planta, 114—117
   ciclo biogeoquímico do nitrogênio, 110–112
   ciclo fotossintético oxidativo C₂ do carbono, *198–200,* 199–202
   deposição de nitrogênio atmosférico, 84–85
   fixação biológica do nitrogênio, 110–111
   pH do solo e, 98–99
   soluções nutritivas, 87–88
   toxicidade, 111–112
Amoreira (Morus), 460–462
Amorpha canescens (planta-chumbo), *410–411*
Amplitude, 428–429, *430–431*
ANA. *Ver* Ácido 1-naftaleno-acético
Anabaena, 117–119
Anáfase (mitose), *35–36,* 36–37
Análise de tecidos vegetais, 94–95
Análise do solo, 93–95
Análises cinéticas, de processos de transporte em membranas, 142–145
Anamox, *110*

Ananas comosus (abacaxi), 208–209, 437–438, *446–447*
Anatomia foliar
　anatomia Kranz, 205–206, 208, *207*
　folhas de sol e folhas de sombra, *216*
　maximização da absorção de luz, 216–219
　visão geral, *12*
Anatomia vegetal, 1
Ançarinha-branca (*Chenopodium album*), 335–337
Andropogon gerardii (caule azul alto), *410–411*
Andropogon scoparius (caule azul baixo), *410–411*
Anéis anuais, 13
Angiospermas
　ciclo de vida, *4,* 5–6, 419–420, *442–443*
　elementos de tubo crivado, 241–243, *243–245*
　fecundação dupla, *4,* 5–6, 443–446
　flores, 2, 5 (*ver também* Flores)
　genes das fototropinas, 341–342
　importância das, 2
　lenho de tensão, *304–305*
　longevidade, 419–420
　monoicas e dioicas, 2, 5–6
　polinização, 443–446
　relações evolutivas entre as plantas, *3*
　respostas fotorreversíveis induzidas pelos fitocromos, 335–337
　rudimentos seminais, 350–351
　sementes, 368
　tubos crivados, 14, *15,* 16–17
Ângulo de contato, 44–45
Ângulo foliar/orientação
　absorção da luz e, 219–221
　plasticidade fenotípica, 490–491
Ânion superóxido
　ativação da rota da oxidase alternativa, 288–290
　como um mensageiro secundário, 308–310
　enzimas antioxidativas, 499–500
　herbicidas e, 185–186, *186*
　resposta hipersensível e, 472–474
　tiorredoxina e, 197–198, 201
Anteras, 442–443
Anteraxantina, 222–224, *223–225*
Anterídio, *4,* 5–6
Antioxidantes, 497–500
Antiporte, 142–144
Antóceros, *3*
Antocianinas
　deficiência de nitrogênio, 90–91
　mudanças na cor do fruto durante o amadurecimento, 447–449, *449–450*
Aparato filiforme, 443–444
Aphis nerii (afídeo de oficial-de-sala), 462–463

Ápice da raiz
　absorção de nutrientes minerais, 101–103
　centro quiescente, 99–101, *101–102*
　meristema apical da raiz, 99–101
　movimento de carboidratos para, 100–102
Ápice do caule, *12, 397, 398–399*
Aplicações foliares, 96–97
Apoplasto, 155–157, 393–395
Aquaporinas
　definição, 54–55, 63–64, 150–151
　difusão de dióxido de carbono e, 203
　funções, 150–151
　movimento da água através de membranas celulares, 54–56
　movimento da água nas raízes, 63–64
　regulação, 150–151
Arabidopsis
　bainha amilífera e gravitropismo, 391–393
　calo, 312–313
　canais de cátion, 147–148
　canais de potássio acionados por voltagem, 141
　carregadores de sódio, 149–150
　carregamento do xilema, 159
　ciclo de vida, 350
　desenvolvimento do fruto, 445–447, *447–448*
　desenvolvimento dos órgãos florais, 438–443
　efeitos da catequina em, 475–477
　efeitos do etileno no crescimento de plântulas, *379–381*
　embriogênese (*ver* Embriogênese de Arabidopsis)
　estímulo do florescimento transmissível, 437–438, *438–439*
　falta de micorriza, 104
　fecundação dupla, *445–446*
　fitocromo no controle do florescimento, 434, 436
　fotorreversibilidade da germinação de sementes, 332–333, *333–334*
　fototropismo, 342–343, 393–395
　genoma nuclear, 18
　gravitropismo da raiz, 391–393, *393*
　interações de calor e estresse da seca, 487–489
　invertases, 271–273
　mecanismos de vedação dos elementos crivados, 243–246
　meristema apical do caule, *398–399*
　modelo de coincidência da indução floral, 434–435
　movimentos dos cloroplastos regulado por fototropinas, 342–343, *343–344*
　mudanças metabólicas durante a senescência foliar, 415–416

　mutante *aux1*, 359–360
　mutante *fass*, 357–358
　placas crivadas, 242–244
　plântula mutante deficiente em brassinosteroide cultivada no escuro, *379–381*
　regulação epigenética da mudança de fases, 425–426
　respostas do fitocromo à fluência baixa, 338
　respostas do fitocromo à fluência muito baixa, 337–338
　sinalização elétrica induzida por herbívoros, 466, 468, *468–469*
　tempo de atraso das respostas do fitocromo, 335–337
　transição dreno-fonte, 259–260
　transportadores de fosfato na membrana plasmática, 150–151
　transportadores de nitrato, 147
　transportadores SWEET, 254
　venação foliar, *402–404*
Arabinanos, *9–10*
Arabinoxilano, 8–10, *9–10*
Arachis (amendoim), 123–124
Araucaria, 460–461
Arbúsculos, 104–105
Arbusto de creosoto (*Larrea tridentata*), *420*
Área foliar, plasticidade fenotípica, 490–491
Áreas crivadas, *15,* 14, 16–17
Aresenato, 483–486
ARFs. *Ver* Fatores de resposta à auxina
Argilo-silicatos, 97–98
Arginina, *117*
Armazenadoras de amido, 260–261
Armole triangular (*Atriplex triangularis*), *221–224*
Arnold, William, 169–170
Arnon, Daniel, 186
Arquegônio, *4,* 5–6
Arquitetura do sistema de raízes
　definição, 409–410
　diversidade de, 409–410, *410–411*
　monocotiledôneas e eudicotiledôneas, 409–411, *411*
　mudanças em resposta à deficiência de fósforo, 410–412
Arroz (*Oryza sativa*)
　absorção de nutrientes minerais pelas raízes, 102–103
　deposição de calose no floema, 245–246
　efeitos do estresse da seca no, 482–483
　fixação de nitrogênio de vida livre em lavouras de arroz, 118–119
　modelo de coincidência de indução floral, 434–435
　rizomas em condições anaeróbicas, 497–500
　transportadores SWEET, 254
Arroz de áreas úmidas (mesmo que arroz irrigado), 497–500
Arsenato, 487–488

Arsênico, 150–152
Artemísia (*Artemisia tridentata*), 469
Árvore-avenca. *Ver Ginkgo biloba*
Árvore Matusalém (*Pinus longaeva*), 362–363, *420*
Árvores
　carregamento passivo do floema, 257
　desafios físicos do transporte no xilema, 68–72
　diferença de pressão requerida para mover a água, 67–68
　estrutura do dossel e absorção da luz, 218–219
　perda de produção fotossintética para a respiração, 291–292
Asarum caudatum (gengibre-selvagem), 221–222
Asclepias curassavica, 460–463
Asco, 455–456
Ascomicetos, 104, 455–456
Ascorbato, 497–500
Ascorbato peroxidase, 499–500
Asparagina, 116, *117*
Asparagina sintetase, 116–117
Aspartato, 115–116, *117*
Aspartato aminotransferase, 115–117, 205–206
Assimilação de nutrientes
　amônio, 114–117
　definição e introdução, 109
　energética da, 127–128
　enxofre, 124–126
　ferro, 125–128
　fixação biológica de nitrogênio (*ver também* Fixação biológica de nitrogênio), 117–125
　fosfato, 125–126
　nitrato, 112–114
Áster-do-urzal (*Aster ericoides*), *410–411*
Astragalus, 85–87
Atividade do dreno, 262–263
Atmosfera, ciclo biogeoquímico do nitrogênio, 110–111
Atmosferas (medida de pressão), 44–46
ATP sintases
　estrutura, 187–188
　fosforilação oxidativa, 270–271
　fotofosforilação, 187–188, *188*
　reações luminosas da fotossíntese, 25–27, 178–179, *179–180*
　síntese de ATP mitocondrial, 24–25, *188*
　Ver também F_oF_1-ATP sintase
ATP. *Ver* Adenosina trifosfato
ATPases do tipo P, *495–496*
　Ver também H^+-ATPase da membrana plasmática
Atriplex, 205–206
Atriplex glabriuscula, 227–228
Atriplex triangulares (armole triangular), 221–222, *222–224*
Austrobaileyales, 3
Autopolinização (autofecundação), 443–444
AUXIN BINDING PROTEIN1 (ABP1), 315–316
Auxinas
　abertura do gancho, 379–381

abscisão foliar, 418–419
afrouxamento da parede celular e extrusão de prótons induzida pela auxina, 387–389
alvos nos caules das eudicotiledôneas em crescimento, 386–387
ativação das H⁺-ATPases na membrana plasmática, 307–308
biossíntese, 315–316, *317–318*
crescimento da raiz, 103–104
definição, 310–311
descoberta das, 303, 310–311
desenvolvimento do meristema apical da raiz, 362–364
desenvolvimento do meristema apical do caule, 363–365
dominância apical, 406–408
efeitos no crescimento de caules, coleóptilos e raízes, 386–387
embriogênese, 39, 357–358
emergência das gemas axilares, 405–408
estrutura, *309–310*
formação do calo, 312–313
fototropismo, 303, 310–311, 342–343, 393–395
gravitropismo, 390–393
iniciação de traços foliares, 402–405, *405–406*
iniciação foliar, 399–401
interação com ácido abscísico nas respostas de aclimatação, 494–496
modelo da canalização, 404–405
período de atraso do alongamento induzido pela auxina, 387–388
resposta celular específica do tecido, 323–324
rota ubiquitina-proteassomo na sinalização, 320–321, 323–324, *324–325*
seiva do floema, 246, 248
sintéticas, 310–311, 315–316
transporte no floema e efeitos nas relações fonte-dreno, 263–265
transporte polar, 317–318, 357–361 (ver também Transporte polar de auxina)
tropismos e a hipótese de Cholodny-Went, 388–389
Aveia (*Avena sativa*)
assimilação do nitrato, *113-114*
período de atraso para o alongamento induzido por auxina, 387–388
respostas do fitocromo à fluência muito baixa, 337–338
respostas fotorreversíveis induzidas pelos fitocromos, *335–337*
Avicennia, 293–294
Azolla, 117–119
Azorhizobium, 117, *117–119*
Azospirillum, *117–119*
Azotobacter, *117–119*, 118–119

Bacillus, 117–119
Bacillus subtilis, 455–456
Bactérias
 fixação biológica do nitrogênio, 110–111
 fixação de nitrogênio por bactérias de vida livre, 117–120
 fixação simbiótica do nitrogênio, 117–119 (ver também Fixação simbiótica de nitrogênio)
 interações benéficas de rizobactérias com plantas, 96–97, 454–456
 Ver também Bactérias patogênicas
Bactérias aeróbicas, fixação de nitrogênio, 118–119
Bactérias anaeróbicas, fixação de nitrogênio, 119–120
Bactérias facultativas de fixação de nitrogênio, 119–120
Bactérias patogênicas
 efetores, 471–472
 estratégias para invadir e infectar plantas, 469–471
 injectiossomos, 471–472
 visão geral, 455–456
 Ver também Patógenos
Bacterioclorofilas
 bacterioclorofila *a*, 166–168
 definição e estrutura, 166–167
 espectro de absorção, *167–168*
 sistemas antena, 174–176
Bacteroides, 122, 124
Bagas, 445–446
Bainha, *399–400*
Bainha amilífera, 391–393
Bainha do feixe
 carregamento do floema, *253–254*, 256–257
 definição, 243
 fotossíntese C₄, 203–206–206, *207*, 208–209
 na anatomia foliar, 12
 tecidos do floema, 241–242, *243*
Bakanae ("doença da planta boba"), 311–312, 471–472
Bambu japonês (*Phyllostachys bambusoides*), 419
Banda pré-prófase, 34–37
Banksia, 98–99
Baptisia leucantha (índigo-selvagem-branco), 410–411
Basidiomicetos, 104, 455–456
Basídios, 455–456
Basípeto, 359–360, 389–391
Bassham, J. A., 192–193
Batata, 294–295, 455–456, 459–460
Batata doce, *492–493*
Begoniaceae, 401–402
Beijerinckia, 117–119
Benson, A., 192–193
Beta maritima, 240
Beterraba (*Beta vulgaris*)
 carregamento do floema, 254
 transição dreno-fonte, 259–260
 translocação no floema, *240–241*, 250–251
Bétula (*Betula*), 374

Betula pendula, 418-419
Betula verrucosa (vidoeiro-prateado), 425–426
Betulaceae, 104
Bicamadas, 16–18
Bicarbonato, 205–206, 208–209
Bienertia, 207
Bienertia cycloptera, 207
Biologia de sistemas, 325
Biosfera, 83
Biossíntese, aminoácidos, 116–117
Biossíntese de histidina, *117*
1,3-Bisfosfoglicerato, 193–195, *273, 274,* 275
Blackman, F. F., 216
Bolhas de gás, no xilema, 65–66, 70–72
Bolsa-de-pastor (*Capsella bursa-pastoris*), 350–351
Bombas
 definição, 140, 142
 descrição de, *138–139,* 140, 142–143
 exemplos, *146–147*
 Ver também bombas específicas
Bombas de cálcio, 307–308, *307–308*
Bombas de óleo de mostarda, 463
Bombas de prótons
 abertura estomática e, 154–157
 bombas eletrogênicas, 142–143
 H⁺-pirofosfatases, 154–155
 Ver também H⁺-ATPase vacuolar; H⁺-pirofosfatase
Bombas eletrogênicas, 136–138
 Ver também H⁺-ATPase da membrana plasmática
Borboleta-monarca (*Danaus plexippus*), 460–463
Boro
 concentração nos tecidos vegetais, *85*
 efeito do pH do solo na disponibilidade, *96*
 mobilidade dentro de uma planta, 89–90, *90–91*
 nutrição mineral vegetal, 85, *85–86,* 91–92
Boussingault, Jean-Baptiste-Joseph-Dieudonné, 86–87
Bouteloua curtipendula ("side oats gramma"), 410–411
Boysen-Jensen, P., *310–311*
Brácteas, 398–399
Bradyrhizobium, 117, *117–119*
Bradyrhizobium japonicum, 118–119
Brassica napus (canola), 313–314, 368–369
Brassica oleracea (repolho), 104
Brassica rapa, 447–448
Brassicaceae, 104, 445–446, 447–448
Brassicales, 462–463
Brassinolídeo, *309–310,* 313–314, *319*
Brassinosteroides
 biossíntese, 317–318, *319*
 definição, 313–314
 dormência da semente mediada por ABA:GA e, 373–374

 efeitos, 313–315
 estrutura, *309–310*
 inibição do crescimento dos pelos da raiz, 381–382
 interação com ácido abscísico nas respostas de aclimatação, 494–496
 síntese no sítio de ação, 317–318
 supressão da fotomorfogênese no escuro, 379–381
 via de sinalização, 320–321, *322,* 323
Briófitas, *3, 8, 335–337*
Bromeliaceae, 437–438
"Bronzeamento", 93
Broszczowia aralocaspica. Ver *Suaeda aralocaspica*
Bryophyllum, 427–428, 437–438
Bryophyllum calycinum, 208–209
Buchloe dactyloides (grama-de-búfalo), 410–411
Bulbochaete, 23–24
Bünning, Erwin, 433–434

Ca²⁺-ATPase, 149–153
Cactaceae, 208–209
Cactos
 CAM ocioso, 234
 espinhos, *456–457*
 perda de água preferencialmente das células não fotossintéticas, 53–55
Cadeia de transporte de elétrons (respiratória)
 acoplamento da síntese de ATP à, 284–286
 comparada com fluxo de elétrons fotossintético, *188*
 efeitos do cianeto na, 463
 fosforilação oxidativa, 270–271
 na regulação da respiração, 289–290
 NAD(P)H-desidrogenases insensíveis à rotenona, 289–290
 nas mitocôndrias, 24–25
 proteína descopladora e produção de calor, 289–290
 ramificações suplementares, 283–284
 transportadores transmembrana, 285–286, 288
 visão geral e descrição, 281–284
Cadeias acil lipídicas, 120–121
Cadeias laterais de isopreno, 316–317
δ-Cadineno, 460–461
Cádmio, 487–488
Caelifera, 464–465
Calamagrostis epigeios ("reed grass"), 420
Calcário agrícola, 94–96
Cálcio
 absorção pela raiz, 101–102
 aerênquima induzido pela hipoxia, 497, 499
 carregadores de cátions, 149–150
 cofator na oxidação fotossintética da água, 181–182
 como um segundo mensageiro, 305–308, *307–308*

concentrações nos tecidos vegetais, *85, 136,* 136–138
efeito do pH do solo na disponibilidade, *96–96*
gesso, 98–99
gravitropismo, 391–393
imitação pelo cádmio, 487–488
mobilidade dentro de uma planta, 89–90, *90–91*
nutrição mineral vegetal, *85–86,* 92–93
regulação da concentração citosólica, 149–150
regulação do efluxo dos sítios de armazenamento interno, 148–149
reorganização da célula vegetativa durante a polinização, 444–445
respostas de defesa ativadas pelo ácido jasmônico, 464–465
sinalização do fator Nod e, 120–122
Calluna vulgaris (urze), *420*
Calmodulina (CaM)
definição, 92–93
regulação da concentração de Ca^{2+} citosólico, 149–150
sinalização mediada pelo cálcio, 92–93, 307–308, *307–308*
Calo, 312–313
Calor específico, 43–44
Calor latente de vaporização, 43–44, 49–50
Calose, *242–244,* 243–246, 472–474
Calose de lesão, 245–246
Calothrix, 117–119
Calvin, M., 192–193
CAM ocioso, 234
CaM. *Ver* Calmodulina
CAM. *Ver* Metabolismo ácido das crassuláceas
Camada de abscisão, 414–415
Camada de aleurona, 368–369, *369–370,* 376–378
Câmbio, 13
Câmbio fascicular, *13*
Câmbio interfascicular, *13*
Câmbio suberoso, 13
Câmbio vascular, *12,* 13
CaMK. *Ver* Proteína quinase dependente de calmodulina/ Ca^{2+}
Campainha (*Campanula medium*), 427–428
Campestanol, *319*
Campesterol, 317–318, *319*
Cana-de-açúcar, 117–120
Canais
carregamento do xilema, 159
de cátion, 147–149
definição, 138–139
exemplos, *146–147*
visão geral e descrição, 138–140, 142, *141*
Ver também canais específicos
Canais acionados por voltagem, 139–140, 142, *141*
Canais aniônicos, 159
Canais cíclicos com portões de nucleotídeos, 148–150, 305–307

Canais com portões, 139–140, 142, *141*
Canais de boro, 150–151
Canais de cálcio
cíclicos com portões de nucleotídeos, 149–150, 305–307
na sinalização mediada pelo cálcio, 305–307, *307–308*
visão geral, 139–140
Canais de íons mecanossensíveis, 139–140
Canais de potássio
abertura estomática e, 155–157
canais retificadores de saída de K^+ do estelo e carregamento do xilema, 159
família Shaker, 147–149
visão geral e descrição, 139–140, 142, *141*
Canais de potássio acionados por voltagem
abertura estomática induzida pela luz azul, 343–344, *344–345*
visão geral e descrição, 139–140, 142, *141*
Canais de silício, 150–152
Canais permeáveis a Ca^{2+} regulados por nucleotídeos cíclicos, 149–150
Canais receptores de glutamato, 148–149
Canais regulados por ligantes, 148–149
Canais retificadores de entrada, 139–140, 142, *141*
Canais retificadores de saída, 140, 142, *141*
Canais retificadores de saída de K^+ do estelo (SKOR), 159
Canais Shaker, 147–149
Canais SKOR, 159
Canais TPK/VK, 148–149
Canal de cátions TPC1/SV ativado por Ca^{2+}, 148–149
Canal de infecção, 121–122, 124
Canal KCO3 K^+, 148–149
Canalização da luz, 217–219
Cânhamo, maconha (*Cannabis sativa*), 86–87
Canola (*Brassica napus*), 313–314, *368–369*
Caolinita, 97–98
Capacidade de troca de ânions, 98–99
Capacidade de troca de cátions, 97–99
Capilaridade, 44–45
Capim-arroz (*Echinochloa crus-galli* var. *oryzicola*), 497–500
Capim-de-crista (*Koeleria cristata*), 410–411
Capim-indiano (*Sorghastrum nutans*), 410–411
Capim-porco-espinho (*Stipa spartea*), 410–411
Capsella bursa-pastoris (bolsa-de-pastor), 350–351
Capsidiol, *459–460*
Cápsula, 4
Captação na camada superior do solo, 411–412

Carboidratos
glicólise, 271–276
membranas, *17–18*
movimento para o ápice da raiz, 100–102
mudanças de fases e, 425–426
porcentagem da conversão de energia solar pela fotossíntese, 216–218
produzidos pela fotossíntese, 163, 164 (*ver também* Fotossintatos)
regulação da fotossíntese pela demanda do tecido-dreno, 263–264
seiva do floema, 245–246, *245–246,* 248, *247*
Carbonil cianeto m-clorofenil-hidrazona (CCCP), 154–156
Carbono, nutrição mineral vegetal, 84–85, *85*
2-Carboxi-3-cetoarabinitol 1,5-bisfosfato, *193–194*
Carcinógenos, 111–112
Cardenolídeos, 460–463
Cardiolipina. *Ver* Difosfatidilglicerol
Cardo (*Xanthium*)
assimilação de nitrato, 113-114
comprimento do dia medido pelo comprimento da noite, 431–432
efeitos de uma quebra da noite no florescimento, 431–432, *433–434*
espectro de ação para o controle do florescimento pelo fitocromo, 434–435, *434, 436*
percepção do sinal fotoperiódico pelas folhas, 431–432
respostas fotorreversíveis induzidas pelos fitocromos, *335–337*
Cariofileno, 460–461
Cariopses, 368, *368–369*
Carlactona, *319,* 317–318
β-Caroteno
biossíntese da estrigolactona, *319,* 317–318
como antioxidante, 497–500
espectro de absorção, *167–168*
estrutura, 166–167, 497–500
Carotenoides
biossíntese do ácido abscísico, 316–317, *319*
células-guarda, 343–345
estrutura e função, 166–167, 167–168
mudanças na cor do fruto durante o amadurecimento, 447–449
Carpelos
desenvolvimento do gametófito feminino, 442–444
frutos carnosos, indeiscentes, 446–447, *448–449*
frutos secos, deiscentes, 446–447, *447–448*
iniciação dos órgãos florais nos verticilos, 438–440, *440–441*
modelo ABC, de identidade dos órgãos florais, 440–443
rudimentos seminais, 350–351

Carregador de elétrons Y_Z, 181–182
Carregadores
carregadores de cátion, 148–150
carregamento do xilema, 159
definição, 140, 142
descrição, *138–139,* 140, 142
Carregadores de cátions da família HAK/KT/KUP, 148–149
Carregamento do floema
carregamento apoplástico, 252–256
carregamento passivo, 257
carregamento simplástico, 252–257
definição, 240–241, 402–404
efeitos de hormônios vegetais, 264–265
modelo de fluxo de pressão da translocação, 249, *250*
nervuras foliares, 402–404
no transporte no floema, *240*
visão geral, 252–253
Carregamento do xilema, 159
Carregamento passivo do floema, 257
Carriquinolida, 374–375
Carvalho (*Quercus robur*), *424–425*
Carvalho-americano (*Quercus rubra*), *420*
Carvalho-castanheiro (*Quercus montana*), *420*
Carvalho gambel (*Quercus gambelii*), 351–353
Casca, 13
Casca da semente. *Ver* Testa
Cascata MAP (proteína ativada por mitógeno)-quinase, 305–307
Cascatas de amplificação de sinais, 305–307
Castanha-do-pará, *368–369*
Castasterona, 313–314, *319*
Castilleja chromosa (pincel-do-deserto), 428–429
Casuarina, 117–119
Catalase
ciclo fotossintético oxidativo C_2 do carbono, *198–199,* 199–203
definição e função antioxidante, 499–500
peroxissomos, *24*
Catanina, 30, *31*
Catequina, 475–477
Caule azul alto ("big blue stem", *Andropogon gerardii*), 410–411
Caule azul baixo (*Andropogon scoparius*), 410–411
Caules
anatomia, *12*
bainha amilífera e gravitropismo, 391–393
crescimentos primário e secundário, *13*
definição, 5–6
efeitos da auxina no crescimento, 386–388
extensão na resposta de evitação à sombra, 408–410

período de atraso do alongamento induzido pela auxina, 387–388
taxas respiratórias, 292–293
Ver também Partes aéreas
Cavalinhas, 457–458
Cavitação, 44–46, 70–72
CCCP. *Ver* Carbonil cianeto *m*-clorofenil-hidrazona
Ceanothus, 117–119
Cebola (*Allium cepa*), 368–369, *369–370*
Celiferinas, 464–465
Célula apical
  Arabidopsis, 351–353, *352–353*
  definição, 354–355
  milho, 352–353, *353–354*, 354–356, *356–357*
  polaridade apical-basal e, 350–351
Célula basal
  Arabidopsis, 351–353, *352–353*
  definição, 354–355
  milho, 352–356, *353–354*, *356–357*
  polaridade apical-basal e, 350–351
Célula central, 443–446
Célula do endosperma primário, 445–446
Célula do tubo, *442–443*
Célula fundamental da linhagem estomática (CFLE), 401–404
Célula generativa, *442–443*
Célula-mãe de célula-guarda, 401–403
Células antípodas, *442–443*
Células buliformes, 401–402
Células companheiras
  associação com elementos crivados, 245–246
  características nas angiospermas, *243–245*
  carregamento do floema, 252–257, *253–254*
  definição e descrição, 15, 14, 16–17, 245–246
  tecidos do floema, 241–242, *243*
  Ver também Complexo elemento de tubo crivado-célula companheira
Células crivadas, 15, 14, 16–17
Células dérmicas fundamentais
  definição, 401–402
  epiderme, 10, 14, *15*
  folhas, *12*
  funções, 401–402
Células espermáticas, 442–446
Células-guarda
  abertura estomática dependente da luz, 77–80, 343–345
  carotenoides, 343–345
  cloroplastos, 10, 14, 77–79
  definição, 74–75, 401–402
  diferenciação, 401–404
  folhas, *12*
  funções, 401–402
  morfologia e paredes celulares, 74–75, 77, *76*
  pressão de turgor e abertura estomática, 75, 77–78
  resistência estomática e, 74–75

transporte de íons na abertura estomática, 154–157
Células intermediárias, 255–257
Células-mãe de meristemoides, 401–403
Células ricas em enxofre (células S), 463
Células silicosas, 401–402
Células suberosas, 401–402
Células subsidiárias, 75, *76*, 77–78
Células vegetais
  ciclo celular, 32–37
  citoesqueleto, 28–34
  componentes, 5–7
  núcleo, 18–23
  organelas e membranas, 14, 16–17–18
  organelas semiautônomas, 24–29
  origem do termo "célula", 1
  origem nos meristemas, 9–12
  plasmodesmos, 8–10, *10–11*
  representação diagramática, *16–17*
  sistema de endomembranas, 22–24
  sistemas de tecidos, 10, 14, 16–17
Células vegetativas, *442–443*
Celulases, 470–471
Celulose
  definição, 7–8
  estrutura, 6–7, *7–8*
  microfibrilas, 7–8, *8* (*ver também* Microfibrilas)
  paredes celulares primárias, 8, *9–10*, 383–384
  paredes celulares secundárias, 8
Celulose sintase, 8–10
Cenoura (*Daucus carota*), 371–372, *372–373*
Centáurea-manchada (*Centaurea maculosa*), 475–477
Centeio (*Secale cereale*), 99, *436–437*
Centro quiescente, 99–102, 362–364
Centrômeros, *34–36*, 35–36
Centros de organização de microtúbulos, 30
Centros Fe-S, 183–185, *185–186*
Ceras, 294–296
Cestrum nocturnum (dama-da-noite), 427–428
Cetonas, 463
Cevada (*Hordeum vulgare*)
  absorção de cálcio pelas raízes, 101–102
  assimilação do nitrato, *113–114*
  controle do florescimento pelo fitocromo, 434, 436
  estrutura da semente e germinação, *378*
  necessidade de pós-maturação para germinação da semente, 374–375
  nitrato redutase, 112–113
  produtividade em função da irrigação, *42*
CF_0-CF_1, 187–188
Ver também ATP sintases

Chaperonas moleculares, 491–492, *492*
Chara, 30, 32
Chenopodiaceae, 104, 206, 208
Chenopodium album (ançarinha-branca), 335–337
Chlorella pyrenoidosa, 169–170
Choupo-americano-de-folha-dentada (*Populus grandidentata*), 420
Chromatium, 117–119
Cromoplastos, 25–28
Cianeto, 136–138, 463
Cianobactérias, 110–111, 117–119
Cianoidrina, *463*
Ciclina A, 34–36
Ciclina B, 34–36
Ciclina D, 34–36
Ciclinas do tipo M, 34–36
Ciclinas do tipo S, 34–36
Ciclinas G_1/S, 34–36
Ciclo celular
  definição e visão geral, 32–34
  eventos de mitose e citocinese, 34–37
  mudanças estruturais na cromatina, 19–20
  regulação por ciclinas e cinases dependentes de ciclina, 33–36
Ciclo da redução do carbono fotossintético, 192–193
  Ver também Ciclo de Calvin-Benson
Ciclo da xantofila, 222–225
Ciclo de Calvin-Benson
  definição e visão geral, 191–193
  fase de regeneração, 193–196
  fases de carboxilação e redução, 192–193, 195
  fases do, 192–193, *193–194*
  fotorrespiração e, 197–198, *198–200*, 201–203
  fotossíntese C_4 e, 203–205, *205*
  mecanismos reguladores, 196–198, 201
  metabolismo ácido das crassuláceas e, 209–210, 209–212
  período de indução, 194, 196–197
  produto de trioses fosfato, 192–193, *193–194*, 194, 196–197
Ciclo de Hatch-Slack, 203–205
  Ver também Fotossíntese C_4
Ciclo de Krebs. *Ver* Ciclo do ácido tricarboxílico
Ciclo do ácido cítrico. *Ver* Ciclo do ácido tricarboxílico
Ciclo do ácido tricarboxílico (TCA)
  acoplamento às rotas biossintéticas, *117*, 290–291
  características exclusivas nas plantas, 281, *281–283*
  declínio da atividade no escuro, 292–293
  definição, 270–271
  descoberta das, 278–279
  na respiração, *270*
  produção total de ATP, 286, 288
  reações no, 279–281

regulação alostérica da respiração, *289–290*
regulação do, 289–290
visão geral, 270–271
Ciclo do carbono, fotorrespiração, 201–202
Ciclo do glioxilato, 298, 300
Ciclo do isocitrato, 279–281, *280–283*
Ciclo do nitrogênio, da fotorrespiração, 201–202
Ciclo do oxigênio da fotorrespiração, 202–203
Ciclo fotossintético oxidativo C_2 do carbono, 197–198, 201–203
  Ver também Fotorrespiração
Ciclo Q, 183–184, 283–284
Ciclo redutivo das pentoses fosfato, 192–193
  Ver também Ciclo de Calvin-Benson
Ciclos biogeoquímicos, nitrogênio, 110–112
Ciclos de vida
  angiospermas, 442–443
  plantas, 2, 5–6
Cicuta (*Cicuta*), 459–461
Cicuta oriental (*Tsuga canadensis*), 374
Cicutoxina, *459–460*, 460–461
Cinesisnas, 30, 32, 34–36
Cinetina, *309–310*, 312–313
Cinetócoro, 32–36, *34–36*
Cinza-de-montanha (*Eucalyptus regnans*), 67–68
Cipsela, *368–369*
9-*cis*-epoxicarotenoide dioxigenase, 316–317
Cisteína
  assimilação de sulfato e, 124–128
  via biossintética, *117*
Cisteína protease, 465–466
Cisternas, 22–23, *23–24*
Citocinese, 35–36, 36–37
Citocininas
  biossíntese, 316–317, *317–318*
  definição, 312–313
  desenvolvimento do meristema apical da raiz, 363–364
  efeitos, 312–313
  estrutura, *309–310*
  formação de nódulos, 121–122
  na regulação do crescimento de gemas axilares, 406–408
  nas respostas ao estresse, 494–496
  regulação da proliferação celular no meristema apical do caule, 364–365
  repressão da senescência, 415–417
  rota de sinalização, 318, 320–321, *322*
  transporte no floema e efeitos nas relações fonte-dreno, 263–265
  transporte, 317–318
Citocromo *a*, *283*, 283–284
Citocromo *b*, *283*, 283–284
Citocromo b_{559}, 181–182
Citocromo *c*, *283*, 283–284

Citocromo c oxidase (complexo IV), *283*, 283–284, 463
Citocromo *f,* 182–184
Citocromo P450 monoxigenase, 317–318
Citoesqueleto
 definição, 28–29
 equilíbrio dinâmico de actina, tubulina e seus polímeros, 28–30, *31*
 microtúbulos e microfilamentos, elementos do, 28–30
 proteínas motoras e corrente citoplasmática, 30, 32–34
Citoesqueleto de actomiosina, 30, 32–34
Citoplasma
 definição, 5–6, *6–7*
 na mitose, 34–36
Citosol, 5–6, *6–7, 270*
Citrato
 ciclo do ácido tricarboxílico, 279–281, *281–283*
 controle alostérico da respiração, *289–290*
 conversão de triacilgliceróis em sacarose, *298–299*, 298, 300
 na tolerância interna, *499–500*
Citrato sintase, 280–281
Citrulina, 123–125, *247*
Citrus, 361–362, *424–425, 456–457*
Cladódios, 234, 399–400
Climatérico, 292–293, 449–450
Clorato, 147
Cloreto
 abertura estomática induzida pela luz azul, 343–344, *344–345*
 abertura estomática, 155–157
 ajuste osmótico, 495–496
 cofator na oxidação da água na fotossíntese, 181–182
 concentrações de íons observadas e previstas nos tecidos da raiz de ervilha, *136*
 estresse pela salinidade, 486
 mobilidade no solo, 98–99
 seiva do floema, *245–246*, 246, 248
Cloreto de sódio, 99
Cloro
 concentração no tecido vegetal, *85*
 mobilidade dentro da planta, *90–91*
 nutrição mineral vegetal, *85–86*, 92–93
4-Cloro-AIA, 310–311
Clorofila *a*
 canalização de energia de excitação e, *176–177*, 177–178
 espectro de absorção, 164–165, *167–168*
 estrutura, *166–167*
 folhas de sol e folhas de sombra, 220–221
Clorofila *b*
 canalização de energia de excitação e, *176–177*, 177–178
 espectro de absorção, *167–168*
 estrutura, *166–167*

 folhas de sol e folhas de sombra, 220–221
Clorofila *d,* 167–168
Clorofilas
 absorção e emissão de luz, 164–167
 características de absorção dos fotossistemas I e II, 179–181
 clorofila no estado excitado reduz um receptor de elétrons, 179–181
 complexo do centro de reação, 169–170
 definição, 164
 descoloração, 179–181
 desestiolamento e, 330–332
 efeito peneira nas folhas, 217–218
 estado de menor excitação, 165–166
 estrutura e função na fotossíntese, 164, 166–168
 folhas de sol e folhas de sombra, 220–221
 fotossistema I, 183–185, *185–186*
 proteínas do complexo de captura de luz, 176–178
 transferência de energia nos sistemas antena, 174–178
 transporte de elétrons no esquema Z, 177–180
Clorófitas, 335–337
Cloroplastos, *16–17*
 alocação de fotossintatos, 260–262
 amido transitório, 211–212, *212*
 biossíntese do ácido jasmônico, 464–465, *467*
 células-guarda, 10, 14, 77–79
 ciclo fotossintético oxidativo C₂ do carbono, *200*, 199–202
 difusão de dióxido de carbono para os, 230–232
 divisão por fissão, 27–29
 durante senescência foliar, 412–415
 efeito peneira nas folhas, 217–219
 efeitos da disponibilidade de fosfato na fotossíntese, 228–229
 efeitos do estresse hídrico nos, 485–486
 estrutura e função, 25–27
 fotofosforilação, 186–188, *188*
 lipídeos de membrana, 295–*296, 296, 298*
 maturação a partir dos proplastídios, 27–28
 movimento mediado por fototropinas, 342–343, *343–344*
 movimento nas folhas para reduzir o excesso de energia luminosa, 224–226
 nitrato redutase, 113
 peroxissomos e, 24
 reações luminosas da fotossíntese, (ver também Reações luminosas da fotossíntese), 172–176

 respostas ao estresse luminoso, 492–493
Clorose
 deficiência de enxofre, 90–91
 deficiência de ferro, 93
 deficiência de magnésio, 92–93
 deficiência de manganês, 93–94
 deficiência de molibdênio, 93–94
 deficiência de nitrogênio, 90–91
 deficiência de potássio, 92–93
 deficiência de sódio, 93
 deficiência de zinco, 93
 definição, 90–91
Clorose intervenal
 deficiência de ferro, 93
 deficiência de manganês, 93–94
 deficiência de zinco, 93
Clostridium, 117–119, 119–120
Clusia, 211–212
Cobalamina, 86–87
Cobalto, 86–87
Cobre
 concentração no tecido vegetal, *85*
 efeito do pH do solo na disponibilidade, *96–96*
 mobilidade dentro da planta, *90–91*
 nutrição mineral vegetal, *85–86*, 93–94
Cochliobolus carbonum, 470–471
Coco-do-mar (*Lodoicea maldivica*), 368
Codeína, 460–462
Coeficiente de difusão (D_s), 47, 133–135
Coeficiente de temperatura (Q_{10}), 293–295
Coesão, 44–45
Coesinas, 32–34
Coevolução
 definição, 453–454
 interações planta-inseto, 469–470
Coifa
 anatomia das raízes, *12*, 101–*102, 381–382*
 definição, 99–101, 381
 domínio de desenvolvimento no embrião em estágio de coração, 354–356
 funções, 381
 gravitropismo, 25–27, *390–391–*393
 modelo de chafariz do transporte de auxina, 390–391
Colarinhos da parede, *10–11*
Colênquima, 10, 14, *15*
Coleóptilos
 auxina e crescimento, 386–387
 auxina e gravitropismo, 390–391
 definição, 351–353, 369–370
 embriogênese de monocotiledôneas, 353–354, *356–357*
 fototropismo, 303, 310–311, *330–331,* 342–343, 393–395

 período de atraso do alongamento induzido por auxina, 387–388
Coleoriza, 353–354, *356–357,* 369–371
Coleus (*Coleus blumei*), *23–24,* 255–256
Colina, 17–18
Colonização do tipo Arum, 104–105
Colonização tipo Paris, 104–105
Columela da coifa
 gravitropismo, 390–393
 modelo de chafariz do transporte de auxina, 390–391
Comensalismos, 453–454
Comigo-ninguém-pode (*Dieffenbachia*), 458–459
Commelina communis (trapoeraba), *78–79*
Compactação do solo, *485–486*
Compensação da temperatura, 430–431
Complexo antena
 definição, 167–168
 estrutura e função, 168–170, 174–178
 plantas de sombra, 221
 proteínas integrais de membranas nos tilacoides, 172–174
Complexo da enzima nitrogenase, 93–94, 122–124
Complexo de Golgi, *21,* 32–34
Complexo de proteína F₁, 285–286
Complexo de proteína F₀, 285–286
Complexo do centro de reação
 características de absorção dos fotossistemas I e II, 179–181
 clorofila no estado excitado reduz um aceptor de elétrons, 179–181
 complexo antena canaliza energia para, 174–177
 definição, 167–168
 descrição, 168–170
 fotossistema I, 183–185, *185–186*
 proteínas integrais de membrana dos tilacoides, 172–174
 transporte de elétrons no esquema Z, 178–179, *179–180*
Complexo do citocromo b_6f
 fluxo cíclico de elétrons, 185–186
 localização na membrana do tilacoide, 173–174, *174–175*
 organização e função, 182–185
 transporte de elétrons no esquema Z, 178–179, *179–180*
Complexo do citocromo bc_1 (complexo III), *283,* 283–285
Complexo elemento de tubo crivado-célula companheira
 carregamento do floema, 252–257
 descarregamento do floema, 257–258
 transição dreno-fonte, 258–260
Complexo estomático, 75, 77, *76*

Complexo fotossintético de liberação de oxigênio, 181–182
Complexo glicina descarboxilase (GDC), *198–200*, 199–201, 203
Complexo I. *Ver* NADH-desidrogenase
Complexo I de captação de luz (LHCI), 176–177, 183–185
Complexo II. *Ver* Succinato desidrogenase
Complexo II de captação de luz (LHCII), 176–178, 486–488, 492–493
Complexo III. *Ver* Complexo do citocromo bc_1
Complexo IV. *Ver* Citocromo c oxidase
Complexo V. *Ver* F_oF_1-ATP sintase
Complexos de celulose sintase (CESA), 8–8–10
Compostos orgânicos voláteis (VOCs), 468–470
Compostos quaternários de amônio, 495–496
Compostos terciários de sulfônio, *495–496*
Compostos tóxicos constitutivos estruturas de reserva, 460–464 visão geral, 459–461
Comprimento crítico do dia, 426–427
Comprimento da noite, medida pelo comprimento do dia, 431–432, *432–433*
Comprimento de onda, 164, *164–165*
Comprimento do dia
 comprimento crítico do dia, 426–427
 fotoperiodismo, 425–434, 436 (*ver também* Fotoperiodismo)
 variação com a latitude, 426–427
Comunicação célula a célula
 embriogênese, 354–358, *358–359*
 fitormônios e, 317–318
 potenciais de ação, 317–318, 320
Concentração crítica, 94–95
Condutividade hidráulica, 54–55
Condutividade hidráulica do solo, 61–62
Cones, *4,* 5–6
Congelamento
 crioprotetores e proteínas anticongelamento, 500–501
 efeitos fisiológicos e bioquímicos, 485–486, 486–487
Coníferas, *3, 4,* 5–6
Continuum solo-água-atmosfera, *60,* 79–80
Cordões transvasculares, *16–17*
Corniso-florido (*Cornus florida*), 293–294, *420*
Coronatina, 472–473
Corpo de Golgi, *16–17*
Corpo primário da planta, 9–11
Corpo secundário da planta, 10–14

Corpos lipídicos, *16–17*
 conversão de triacilgliceróis em sacarose, 296, 298, *298–299*
 definição, 24, 294–296
 descrição, 294–296
 formação, 295–296
 mobilização de lipídeos nas plântulas, 376–378
Corpos pró-lamelares, 27–28
Corpos proteicos, 23–24
Corrente citoplasmática, 30, 32–34
Córtex
 de caules, *12*
 de raízes (*ver* Córtex da raiz)
 definição, 10, 14
Córtex da raiz
 aerênquima induzido por hipoxia, 497, 499
 anatomia da raiz, *12, 101–102*
 definição, 100–101
 ectomicorrizas, 105–106
 micorrizas arbusculares, 104–105
 movimento da água através do, 62–64
 nematódeos parasitas, 475–476
 primórdio do nódulo, 121–122
Cotilédones
 domínio de desenvolvimento no embrião em estágio de coração, 354–356
 escutelo, 369–370
 monocotiledôneas e eudicotiledôneas, 351–353
 sementes endospérmicas e não endospérmicas, *369–370*
Cotransporte mediado por carregadores. *Ver* Transporte ativo secundário
Couve-flor, 492–493
Crassulaceae, 208–209, 211–212
Crataegus (pilriteiro), *304–305*
Crescimento anisotrópico, 384–386
Crescimento apical, 383–385, 444–445
Crescimento difuso, 383–386
Crescimento e desenvolvimento das plantas
 crescimentos primário e secundário, 383–384
 desenvolvimento definido, 349–350
 em soluções nutritivas, 86–90
 embriogênese (*ver* Embriogênese)
 emergência da plântula e mobilização de reservas armazenadas, 376–378
 estabelecimento da plântula, 379–384
 expansão celular, 383–389
 florescimento (*ver* Desenvolvimento dos órgãos florais; Florescimento)
 germinação da semente (*ver* Germinação da semente)
 meristemas, 9–13
 mudanças de fases, 424–426
 tropismos, 388–395

Ver também Crescimento vegetativo; Desenvolvimento regulado pela luz
Crescimento em roseta, 93
Crescimento indeterminado, 350–351, 438–440
Crescimento induzido por ácido, 385–387
Crescimento primário, 9–11, 383–384
Crescimento secundário, 13–10, 14, 383–384
Crescimento vegetativo
 abscisão foliar, 417–419
 arquitetura do sistema de raízes, 409–412
 conflitos (*trade-offs*) com crescimento reprodutivo nas respostas ao estresse, 482–484
 diferenciação de tipos de células epidérmicas, 401–404
 estrutura foliar e filotaxia, 398–401
 meristema apical do caule, 397–399
 padrões de venação nas folhas, 402–405, *405–406*
 ramificação e arquitetura da parte aérea, 405–409
 razão raiz:parte aérea durante o estresse hídrico, 493–496
 resposta de evitação da sombra, 408–410
 senescência, 411–420
 visão geral, 397
 Ver também crescimento e desenvolvimento vegetais
Crioprotetores, 500–501
Criptocromos
 coatuação com fitocromo e fototropinas, 344–346
 definição, 330–332
 desestiolamento e, 330–332
 funções, 339–340
 interações com fitocromo, 340–342
 núcleo como o sítio primário de ação, 340–341
 resposta à luz azul, 340–341
 ritmos circadianos e, 431–432
Crisântemo (*Chrysanthemum morifolium*), 425–428, 432–433
Cristais de oxalato de cálcio, 457–459
Cristais de sílica, 457–458
Cristas, 24–25, 278–279, *279–281*
Cromátides, *19–20*
Cromatina, *16–17,* 18–20
Cromóforos, 168–169, 330–332
Cromossomos
 cromatina, *16–17,* 18–20
 definição, 18–19
 metáfase, *34–36,* 35–36
 mitose, 32–37
 nucléolo e, 19–20
 nucleossomos, 18–20
Cucumis melo (melão), 255–256
Cucumis sativus. *Ver* Pepino
Cucurbita maxima, 242–244, 245–246

Cucurbita pepo
 absorção de água pelas raízes, *61–62*
 células intermediárias, 255–256
 efeitos da seca, *482–483*
 seiva do floema, 245–246
 transição do dreno para a fonte, *258–260*
Cucurbitáceas, 245–246
Cultivo em solução, 86–87, *87–88*
Curuquerê-do-algodoeiro egípcio (*Spodoptera littoralis*), 466, 468
Curva de pressão-volume, 53–54
Curvas de resposta à luz, 221–224
Curvas de vulnerabilidade para cavitação, 71–72
Cuscuta (cuscuta), 477–478, *477–478*
Cutícula
 defesas vegetais, 454
 folhas, *12*
 plasticidade fenotípica, 490–492
 transpiração e, 71–72, *72*
Cutinases, 470–471

2,4-D, 307–308, 310–311
DAG. *Ver* Diacilglicerol
Dália (*Dahlia pinnata*), 240–241
Dama-da-noite (*Cestrum nocturnum*), 427–428
Danaus plexippus (borboleta-monarca), 460–463
Darwin, Charles, 303, 310–311, 342–343, 393
Darwin, Francis, 303, 310–311, 342–343, 393
Datisca, 117–119
Daucus carota (cenoura), 371–372, *372–373*
DCMU. *Ver* Diclorofenildimetilureia
Dedaleira (*Digitalis*), 459–461
Defesas constitutivas
 definição, 454
 mecânicas, 454, 456–459
 químicas, 458–464 (*ver também* Defesas químicas; Metabólitos secundários)
Defesas induzíveis
 ácido salicílico e ácido jasmônico, 314–315
 defesas sistêmicas, 466, 468, *467*
 definição, 454
 eliciadores na saliva dos insetos, 463–465
 interações hormonais, 465–466
 mudança evolutiva recíproca em insetos, 469–470
 proteínas antidigestivas, 465–466
 rota de sinalização do ácido jasmônico, 464–466, *467–469,* 468–470
 rota do ácido salicílico em resposta aos sugadores do floema, 464–465
 sinalização elétrica de longa distância, 466, 468, *468–469*
 visão geral, 463
 voláteis induzidos por herbívoros, 468–470
Defesas mecânicas, 454, 456–459

Defesas químicas
  compostos tóxicos constitutivos e estruturas de armazenamento, 459–463
  gradiente de idade de distribuição na planta, 463–464
  visão geral, 458–460
  Ver também Metabólitos secundários
Defesas sistêmicas
  eliciadores na saliva dos insetos, 463–465
  induzidas por dano de herbívoros, 466, 468, *467*
  sinalização do ácido jasmônico, 464–466
Defesas vegetais
  contra outros organismos, 474–478
  contra patógenos, 469–475
  defesas induzíveis contra insetos herbívoros, 463–470
  mecânicas, 454, 456–459
  químicas, 458–464
  visão geral, 454
Deficiência de boro, 91–92
Deficiência de cálcio, 92–93
Deficiência de cloro, 92–93
Deficiência de cobre, 93–94
Deficiência de enxofre, 90–91
Deficiência de ferro, 93
Deficiência de fósforo, 91–92, 410–412
Deficiência de magnésio, 92–93
Deficiência de manganês, 93–94
Deficiência de molibdênio, 93–94
Deficiência de níquel, 93–94
Deficiência de nitrogênio, 90–91, 93–94
Deficiência de oxigênio, desenvolvimento do aerênquima e, 497–500
Deficiência de potássio, 92–93
Deficiência de silício, 91–92
Deficiência de sódio, 93
Deficiência de zinco, 93
Deficiências minerais
  análise do solo e análise dos tecidos vegetais, 93–95
  de nutrientes envolvidos na armazenagem de energia ou integridade estrutural, 91–92
  dificuldades na diagnose, 89–90
  elementos essenciais e metabolismo vegetal, 89–90
  em nutrientes envolvidos nas reações redox, 93–94
  em nutrientes que permanecem na forma iônica, 91–93
  em nutrientes que são uma parte de compostos de carbono, 90–91
  mobilidade de minerais no interior da planta, 89–91
  tratamento, 94–97
Déficit/estresse hídrico
  acumulação de solutos para manter turgor e volume, 57–71
  efeitos fisiológicos, 484–486
  Ver também Estresse da seca

Degradação de proteínas
  funções reguladoras, 338–339
  rota de ubiquitinação na sinalização de hormônios, 320–321, 323–324, *324–325*
Deidrinas, 491–492
Deiscência, 445–446
Densidade de fluxo, 47
Densidade de fluxo fotônico (PFD), 216–217
Densidade de fluxo fotônico fotossintético (PPFD)
  absorção maximizada pela anatomia foliar e estrutura do dossel, 216–220
  aclimatação da folha aos ambientes de sol e sombra, 220–221
  curvas de respostas à luz, 221–224
  definição, 216–217
  efeitos do ângulo e movimento da folha na absorção, 219–221
  efeitos na fotossíntese na folha intacta, 221–227
Deposição de nitrogênio atmosférico, 84–85
Derxia, 117–119
Desacopladores, 285–286, *287*, 289–290
Desacoplamento, 186
Descarregamento do floema
  definição, 240–241
  efeitos dos hormônios vegetais no, 264–265
  modelo de fluxo de pressão da translocação, 249, *250*
  no transporte no floema, *240*
  rotas, 257–258
Descoloração da clorofila, 179–181
Desenvolvimento, 349–350
  Ver também Crescimento e desenvolvimento das plantas; Crescimento vegetativo; Desenvolvimento dos órgãos florais; Desenvolvimento regulado pela luz; Embriogênese
Desenvolvimento dos órgãos florais
  genes que regulam o, 440–443
  modelo ABC, de identidade dos órgãos florais, 440–443
  transição da fase vegetativa para a floral do meristema apical do caule, 438–440
  visão geral, 438–440
  Ver também Florescimento
Desenvolvimento regulado pela luz
  ação em conjunto de fitocromo, criptocromo e fototropina, 344–346
  comprimentos de onda da luz usados com sinais do desenvolvimento, *330–331*
  criptocromos, 339–342
  fitocromos, 333–337
  fotorreceptores, 330–335
  fototropinas, 341–345
  luz solar como um sinal, 329–331

  resposta à radiação ultravioleta, 344–347
  respostas à luz azul e fotorreceptores, 338–340
  respostas do fitocromo, 335–339
Desestiolamento, 330–332
Desidratação celular
  por congelamento, 486–487
  por estresse hídrico, 484–486
Desidroascorbato redutase, 497–500
Desmotúbulos, *10–11*, 155–157
Desnitrificação, *110*
5-desoxiestrigol, estrigolactona, *319*
Determinação do sexo, brassinosteroides e, 314–315
Di-hidrogênio fosfato, *136*
Di-hidroxiacetona-fosfato
  ciclo de Calvin-Benson, *192–193*, , 193–195
  estrutura, *273, 275*
  glicólise, *274*
Di-hidrozeatina, 316–317
Diacilglicerol (DAG)
  estrutura, 294–295, 308–310
  molécula precursora, 295–296, 298
  sinalização mediada pelo cálcio e, 307–308
Diatomáceas, 206, 208, *207*
Dicamba, 310–311
Diclorofenildimetilureia (DCMU), 78–79, 185–186, *186*
Dieffenbachia (comigo-ninguém-pode)*,* 458–459
Diferença na concentração de vapor de água, 72–74
Dificuldade de germinação (impermeabilidade à água), 369–372
Difosfatidilglicerol, *296–298*
Difusão
  definição, 46–47
  descrição, 46–47
  dióxido de carbono para o cloroplasto, 230–232
  eficácia por distâncias curtas, 47–48
  modelo de aprisionamento de polímeros do carregamento do floema, 255–257
  nutrientes minerais no solo, 102–103
  potencial químico e transporte passivo, 132–134
  proteínas de canal, 138–140, 142, *141*
  transporte de íons através de barreiras de membrana, 133–138
Difusão da luz na interface, 218–219
Difusão facilitada, 140, 142
Digalactosildiacilglicerol, *296–298*
Digitalis (dedaleira), 459–461
Digitoxina, *459–460*, 460–461
DII-Vênus, repórter de auxina, 358–359, 361
Dimetilalil difosfato (DMAPP), 316–317, *317–318*

3-Dimetilsulfoniopropionato (DMSP), *495–496*
Dioica, 2, 5–6
Dioneia (*Dionaea muscipula*), 303–304, *304–305*, 317–318, 320
Dióxido de carbono
  difusão para o cloroplasto, 230–232
  efeitos na fotossíntese na folha intacta, 229–236
  fixação, 191–198, 201 (*ver também* Ciclo de Calvin-Benson)
  gerado na fermentação alcoólica, *274, 276*
  gerado na respiração, *270*
  gerado na rota oxidativa das pentoses fosfato, 276–278
  gerado no ciclo do ácido tricarboxílico, 270–271, 279–281
  impacto nas taxas de respiração vegetal, 294–295
  limitações à fotossíntese, 231–234
  mecanismos concentradores de carbono inorgânico, 203–212
  na fotossíntese, 163, 164
  pH do solo e, 98–99
  quociente respiratório, 292–294
Dióxido de carbono atmosférico
  concentrações elevadas de, 229–231
  efeitos projetados dos níveis elevados na fotossíntese e respiração, 234–236
  fotorrespiração e, 202–203
  impacto nas taxas de respiração vegetal, 294–295
  limitações impostas à fotossíntese, 232–234
Dióxido de enxofre, 124–125
Diploides, 2, 5, *4*
Dittmer, H. J., 99
Diuron, 185–186
Divisão celular
  na embriogênese, 354–356
  nos mutantes nos microtúbulos de *Arabidopsis*, *357–358*
  Ver também Mitose
Divisão de entrada, 401–403
Divisões anticlinais, 354–355, 354–356
Divisões periclinais, 354–356
DMAPP. *Ver* Dimetilalil difosfato
DMSP, *495–496*
DNA. *Ver* Ácido desoxirribonucleico
"Doença da planta boba" (Bakanae), 311–312, 471–472
Dominância apical
  definição, 406–407
  regulação hormonal, 406–408
  regulação pela sacarose, 406–409
Domínio aceptor, *322*
Domínio C-terminal do criptocromo, 340–341
Domínio de carga, 32–34
Domínio de entrada, 318, 320, *320–322*
Domínio de saída

Domínio N-terminal relacionado à fotoliase, 340–341
Domínio receptor, 318, 320, *320–322*
Domínio transmissor, 318, 320, *320–321*
Domínios LUZ-OXIGÊNIO--VOLTAGEM (LOV), 341–343
Doritaenopsis, 234
Dormência da semente
  definição e visão geral, 369–371
  exógena ou endógena, 369–372
  liberação da, 374–375
  primária ou secundária, 369–371
  visão geral e introdução, 367–368
  viviparidade e germinação precoce, 371–373, *373–374*
Dormência imposta pela casca, 369–372
Dossel
  ângulos das folhas dentro do, 219–220
  maximização da absorção da luz, 217–220
DPTA. *Ver* Ácido dietilenotriaminapentacético
Dreno de auxina, 404–405
Drenos
  alocação e partição de fotossintatos, 260–262
  competição por fotossintatos, 262–263
  definição, 240
  descarregamento do floema, 257–258
  modelo do fluxo de pressão da translocação, 249, *250*
  regulação da fotossíntese pela demanda de carboidratos, 263–264
  transição dreno-fonte, 258–260
  visão geral da translocação de fonte para dreno, 240–241
Drósera (*Drosera anglica*), *304–305*
Drupas, 445–446
Ductos de resina de coníferas, 460–462
Ducts resiníferos, 460–462
Ducts resiníferos traumáticos, 460–462
Durrina, 463

Echevéria (*Echeveria harmsii*), 427–428
Echinacea pallida (equinácea-roxo-pálido), *410–411*
Echinochloa crus-galli var. *oryzicola* (capim-arroz), 497, 499–500
Ectomicorrizas, 104–107, 454–455
EDDHA, 88–89
EDTA, 88–89, 245–246
Efeito bonsai, 398–399
Efeito da queda no vermelho, 171–172
Efeito de melhora, 172
Efeito estufa, 234
Efeito "ilha verde", 415–416
Efeito Pasteur, 276
Efeito peneira, 217–219

Efetores, 470–473
Efetores autócrinos, 317–318
Efetores do tipo ativadores da transcrição (TAL), 471–472
Eficiência energética, da fotossíntese, 170–171
Eficiência fotossintética
  diferenças entre radiação incidente e absorção da luz, 333–335
  sensibilidade à temperatura, 228–230
Eficiência no uso da água, 79–80
Eficiência quântica da fotossíntese, 170–171
Ehleringer, Jim, 233–234
Eixo apical-basal, 353–356, *356–358*
Eixo primário da planta, 5–7
Eixo radial, 353–355, 361–363
Elementos crivados
  associação com células companheiras (*ver também* Complexo elemento de tubo crivado-célula companheira), 245–246
  características nas angiospermas, *243–245*
  carregamento do floema, 252–257
  definição, 241–243
  descarregamento do floema, 257–258
  mecanismos de vedação, 243–246
  modelo de fluxo de pressão da translocação, 249–253
  placas crivadas, 242–244
  transporte no floema da fonte para o dreno e, 240
  ultraestrutura e translocação, 241–244
Elementos de tubo crivado, *15, 14, 16–17, 241–244*
Elementos de vaso, *15, 14, 16–17,* 65–66
Elementos essenciais
  agrupados por função bioquímica, 85–86
  concentrações no tecido vegetal, 85
  deficiências, 89–94 (*ver também* Deficiências minerais)
  definição, 84–85
  elementos não essenciais, 85–87
  funções no metabolismo vegetal, 89–90
  micronutrientes e macronutrientes, 84–85
  mobilidade no interior da planta, 89–91
  soluções nutritivas, 86–90
  técnicas usadas nos estudos nutricionais, 86–87, *87–88*
  Ver também Nutrição mineral
Elementos minerais não essenciais, 85–87
Elementos traqueais, 14, 16–17
Eletronegatividade, 42–44
Eliciadores
  definição, 463–464

eliciadores na saliva dos insetos, 463–465
padrões moleculares associados ao dano, 466, 468
resposta hipersensível, 472–474
respostas vegetais induzíveis em resposta aos, 464–466
Embebição, 369–371, 376–377
Embolia, 65–66, 70–72
Embrião em estágio de coração
  Arabidopsis, 351–353, 352–355
  desenvolvimento do meristema apical do caule, 364–365
  padronização radial, 361–362
  polaridade apical-basal, 354–356
  transporte polar de auxina, *361*
Embrião no estágio de coleóptilo, 353–354, *356–357*
Embrião no estágio de torpedo, 351–353, *352–353*
Embrião no estágio de transição, 352–353, *353–354, 356–357*
Embrião no estágio dos primórdios foliares, 353–354, *356–357*
Embrião no estágio globular
  eudicotiledôneas, 351–353, *352–353*
  monocotiledôneas, 352–353, *353–354, 356–357*
  padronização radial, 361–362
  polaridade apical-basal, 354–356
  transporte polar de auxina, *361*
Embrião no estágio octante, 351–353
  Ver também Embrião no estágio globular
Embriões
  emergência, 369–371
  fase quiescente, 369–371
  grãos de cereais, 368–371
  mobilização de reservas armazenadas, 376–378
  na semente, 367–368
Embriófitas, *3*, 349–350
Embriogênese
  comunicação célula-célula, 354–358, *358–359*
  definição, 349–350
  eudicotiledôneas e monocotiledôneas comparadas, 351–354
  formação dos meristemas apicais, 362–366
  padronização radial, 353–354, 361–363
  polaridade apical-basal, 353–356, *356–358*
  similaridades e diferenças entre plantas e animais, 349–351
  transporte e sinalização da auxina, 357–361
  visão geral, 350–351
Embriogênese de Arabidopsis
  comparada à embriogênese no milho, 353–354
  desenvolvimento do meristema apical do caule, 364–365
  diferenciação do sistema vascular, 361–363, *381*

formação de padrões durante, *354–355*
mutantes nos microtúbulos, 354–356, *357–358*
padronização radial, 361–362
previsibilidade das divisões celulares em, 350–351
visão geral e estágios, 351–353
Embriogênese do milho
  comparada à embriogênese em Arabidopsis, 353–354
  formação de padrões durante, 354–356, *356–357*
  visão geral e estágios, 352–354
Emergência e estabelecimento da plântula
  abertura do gancho, 379–381
  desenvolvimento da raiz, 381–384
  diferenciação vascular, 381
  influência da luz na, 379–381
  introdução, 368
  mobilização de reservas armazenadas, 376–378
  respostas fotorreversíveis induzidas pelos fitocromos, *335–337*
  supressão da fotomorfogênese no escuro, 379–381
  tropismos, 388–395
  visão geral e significado, 379
Emerson, Robert, 169–172
Endocarpo, 445–446, *448–449*
Endoderme
  anatomia das raízes, *12, 101–102, 157–159*
  definição, 100–101
  movimento de água através das raízes, *62–63, 63–64*
Endoparasitas, 475–477
Endorreplicação, 32–34
Endosperma
  ciclo de vida das angiospermas, *4,* 5–6
  estrutura, 368–369
  fecundação dupla, 445–446
  mobilização, 376–378
  níveis de ploidia, 445–446
  sementes endospérmicas, 368–369, *369–370*
  tecido de reserva de alimento, 368
Endosperma amiláceo, 376–378, *378*
Enediol, *193–194*
Energia livre de Gibbs, 270
Energia luminosa, 164–165
Energia solar
  absorção foliar na fotossíntese, 216–221
  dissipação do excesso de energia pelas folhas, 222–226
  eficiência de estocagem da energia solar da fotossíntese, 170–171
  espectro solar, *164–165*
  porcentagem convertida em carboidratos pela fotossíntese, 216–218
  Ver também Luz; Luz solar
Engelmann, T. W., 168–169
Enolase, *274*

ent-caureno, 316–317
Entrenós, *12*
  alongamento na resposta de evitação da sombra, 408–410
  fitômeros, 405–406
  definição, 5–7
Envoltório do cloroplasto, 172–174
Envoltório nuclear, *16–17,* 18–19, 34–36, *35–36*
Enxertos, sinal floral transmissível, 436–438
Enxofre
  assimilação pela planta, 124–128
  concentração no tecido vegetal, 85
  efeito do pH do solo na disponibilidade, *96–96*
  elementar, para corrigir o pH do solo, *96–96*
  mobilidade dentro da planta, *90–91*
  nutrição mineral vegetal, 85, *85–86,* 90–91
  versatilidade do, 124–125
Enzima ativadora da ubiquitina, 20, 22, *22–23*
Enzima de conjugação da ubiquitina, 20, 22, *22–23*
Enzima málica, 281, *280–283*
Enzima NAD-málica (NAD-ME)
  fotossíntese C$_4$, 203–206, *205–206,* 208
  metabolismo ácido das crassulaceae, 208–209, *209–210,* 211–212
Enzimas degradadoras de paredes celulares, 448–450
Enzimas dessaturases, 492
Enzimas hidrolíticas, 474–475
Ephedra, 3
Epicatequina, *497–500*
Epicótilos, 388–389
Epiderme
  definição, 138–139
  diferenciação dos tipos de célula, 401–404
  formação a partir da protoderme, 361–362
  folhas e caules, *12*
  crescimento primário a secundário e, *13*
  raízes, 12, 101–102
  folhas de sol e folhas de sombra, *216*
  tipos de célula, 10, 14, *15*
Epigenoma, 495–497
Epinastia, 312–313, *313–314*
Equação de Goldman, 136–138
Equação de Nernst, 135–138
Equação de Poiseuille, 66–68
Equinácia roxo-pálido (*Echinacea pallida*), 410–411
Equisetaceae, 91–92
Equisetum hyemale, 457–458
Erica carnea (urze-de-primavera), 420
Eritrose 4-fosfato, 193–194, 276–279
EROs. *Ver* Espécies reativas de oxigênio

Eruca, 379
Erva-branca (*Holcus lanatus*), 483–486
Erva-do-orvalho (*Mesembryanthemum crystallinum*), 211–212
Erva-ovelha (*Festuca ovina*), 420
Ervilha (*Pisum sativum*)
  assimilação do nitrato, *113-114*
  associação com rizóbios, *118–119*
  cloroplastos, *172–174*
  composição de drenos por fotossintatos, 262–263
  composição lipídica das membranas mitocondriais e estresse, *492–493*
  concentrações de íons observadas e previstas no tecido da raiz, 136–138
  flor e fruto, 446–447
  forma transportada de oxigênio fixado, 123–124
  iniciação da emergência das gemas axilares mediada pela sacarose, 406–408
  resposta tríplice, *313–314*
  respostas fotorreversíveis induzidas pelos fitocromos, *335–337*
Ervilha-do-sul (*Vigna*), 123–124
Erwinia amylovora, 455–456
Escamas de gemas, 398–399
Escape da fotorreversibilidade, 337–338
Escarificação, 371–372
Escarificação mecânica, 371–372
Escarificação química, 371–372
Escleréides, 10, 14, *15,* 243
Esclerênquima, 10, 14, *15*
Escorodônia (*Teucrium scorodonia*), 420
Escotomorfogênese, 379
Escutelo
  cereais, 376–378, *378*
  definição, 351–353, 369–370
  embriogênese de monocotiledôneas, 352–354, *356–357*
Esferossomos. *Ver* Corpos lipídicos
Esfíncter (colarinho da parede), *10–11*
Esfingolipídeos, 294–296
Espaço extracelular, 155–157
  Ver também Apoplasto
Espaço intermembrana, mitocondrial, 278–279, *279–281*
Espécies reativas de oxigênio (EROs)
  agentes de sinalização interna na senescência foliar, 414–416
  antioxidantes e inativação de EROs, *497–500*
  ativação da proteína desacopladora, 289–290
  ativação da rota da oxidase alternativa, 288–290
  como mensageiros secundários, 308–310
  deficiência hídrica e, 485–486
  definição, 308–310
  formação em raízes em solos inundados, 486–487

formação em resposta ao estresse luminoso, 487–488
formação por íons de metais pesados, 487–488
íons metálicos e, 150–151
mediação da aclimatação sistêmica adquirida, 492–495
resposta hipersensível e, 472–475
tiorredoxina e, 197–198, 201
Espécies vegetais campestres, sistemas de raízes, 410–411
Espectro eletromagnético, *164–165*
Espectrofotometria, 164–165, *165–166*
Espectros de absorção
  clorofila *a,* 164–165
  comparados aos espectros de ação, *168–169*
  definição, 164–165
  pigmentos fotossintéticos, 167–168
Espectros de ação
  comparados com espectros de absorção, *168–169*
  da abertura estomática estimulada pela luz azul, *343–344*
  de fotorrespostas, 330–334, *333–335*
  definição e função, 167–169
  do controle do florescimento pelo fitocromo, 434–436
Espectroscopia de ressonância de *spin* eletrônico (ESR), 180–181
Espermatófitas (plantas com sementes), 367–368
Espermatozoide, 2, *4,* 5–6
Espinafre (*Spinacia oleracea*), 104, 437–438
Espinhos (folhas modificadas), 456–457
Espinhos caulinares, 456–457
Espirradeira (*Nerium oleander*), 460–462
Esporófitos, 2, *4,* 5–6
Esporos, 2, 5, *4*
Espruce (*Picea sitchensis*), 222–224
Esquema Z, 172–174, 177–180
  Ver também Fotossistema I; Fotossistema II
Estado de menor excitação, 165–166
Estado estacionário, 136
Estado hídrico da planta
  acumulação de solutos para manter turgor e volume, 57–57
  continuum solo-planta-atmosfera, 60, 79–80
  desafios do balanço hídrico, 59
  efeitos da parede celular e das propriedades de membrana no, 52–56
  efeitos nos processos fisiológicos, 55–57
Estados S, 181–182
Estames
  desenvolvimento de pólen, 442–443
  iniciação dos órgãos florais nos verticilos, 438–440, *440–441*

modelo ABC, de identidade dos órgãos florais, 440–443
Estaquiose, 246, 248, *247,* 256–257
Estatócitos, 390–391
Estatólitos, 390–393
Esteira rolante, 30
Estelo, 100–102, 157–159, 361–363
Ésteres de borato, ligação, *9–10*
Esteróis, 295–296
Estigmas, 438–440, *440–441,* 443–445
Estiolamento, *330–331*
  definição, 379
  regulação da abertura do gancho, 379–381
Estioplastos, 27–28
Estípulas, 399–400
Estômatos
  abertura dependente da luz, 77–80, 154–157, 343–345
  definição, 401–403
  diferenciação das células-guarda, 401–404
  difusão do dióxido de carbono para o cloroplasto, 230–232
  fechamento em resposta ao ácido abscísico, *313–314*
  fechamento em resposta ao estresse da seca, 482–483
  folhas, *12*
  invasões de patógenos e, 471–472
  localização nas folhas, 72
  metabolismo ácido das crassuláceas, 209–211
  plantas CAM, 233–234
  pressão de turgor e abertura de, 75, 77–78
  regra do espaçamento de uma célula, 401–404
  resistência estomática, 73–75
  transpiração e, 71–72, *72,* 74–80
  transporte de íons na abertura estomática, 154–157
Estratificação, 374, *374–375*
Estrela-ardente-cilíndrica (*Liatris cylindracea*), 410–411
Estresse
  conflitos (*trade-offs*) nas respostas das plantas ao, 482–484
  definição, 482–483
  Ver também Estresse abiótico; Estressores ambientais
Estresse abiótico
  aclimatação *versus* adaptação, 483–486
  ajuste homeostático das plantas ao, 481, *482*
  conflitos (*tradeoffs*) nas respostas das plantas, 482–484
  definição, 482–484
  efeitos de interações de estresses, 487–489
  estressores ambientais, 484–490
  mecanismos fisiológicos na aclimatação, 490–501
  proteção cruzada, 489–490

vias ativadas por, 489–490
visão geral, 481–482
Estresse da seca
ácido abscísico e, 493–496
ajuste osmótico das plantas, 494–497
citocininas e, 494–496
efeitos da, 482–486
interações de estresses e, 487–489
Estresse luminoso
efeitos fisiológicos e bioquímicos, 485–486, 486–488
respostas dos genes do cloroplastp ao, 492–493
Estresse osmótico, 486
Estresse pelo calor
efeitos fisiológicos e bioquímicos, 485–486, 486–487
interações de estresses e, 487–489
proteínas de choque térmico, 491–492, *492*
Estresse salino
aclimatação das glicófitas ao, 483–484
definição, 99
efeitos fisiológicos e bioquímicos, 485–486, 486
interações de estresses e, 488–489
Ver também Solos salinos
Estressores ambientais
déficit hídrico, 484–486
efeitos das interações de estresses, 487–489
estresse luminoso, 486–488
estresse pela salinidade, 486
estresse térmico, 486–487
inundação, 486–487
íons metais pesados, 487–488
proteção cruzada, 489–490
rotas ativadas por, 489–490
visão geral, 484–486, *485–486*
Estria de Caspary
definição, 63–64, 100–101
movimento de água através das raízes, *62–63*, 63–64
na anatomia de raízes, *101–102*
transporte de íon, 157–159
Estriga (*Striga*), 314–315, 477–478
Estrigolactonas
biossíntese, *319*, 317–318
definição, 314–315
efeitos, 314–315
estrutura, *309–310*
regulação da dominância apical, 405–408
transporte, 317–318
Estroma, 25–26
definição, 25–27, 172–174
formação fotossintética de ATP, 186–187
reações luminosas da fotossíntese e, 173–174
Etanol, *273–275*, 276, 491–492
Etileno
abertura do gancho, 379–381
abscissão foliar, 417–419
aerênquima induzido pela hipoxia, 497, 499

amadurecimento do fruto, 449–450
biossíntese, 316–317, *319*
defesas vegetais induzíveis, 465–466
definição, 312–313
desenvolvimento dos pelos da raiz, 381–382, *382–383*
efeitos do, 312–313, *313–314*
estrutura, *309–310*
expansão celular lateral, 388–389
formação de nódulos
germinação da semente mediada por ABA:GA e, 373–374
indução do florescimento, 437–438
inibição do crescimento da raiz, 386–387
rota de sinalização, 318, 320–321
senescência, 416–417
transporte, 317–318
Eucalyptus regnans (cinza-de-montanha), 67–68
Eucromatina, 19–20, 22
Eudicotiledôneas
arquitetura do sistema de raízes, 410–411, *411*
embriogênese, 351–354 (*ver também* Embriogênese)
plano básico do corpo, 5–6
relações evolutivas entre as plantas, 3
sistema de raízes pivotantes, 99–101, *100–101*
Euphorbia pulcherrima (poinsétia), 432–433
Evaporação, teoria coesão-tensão do transporte no xilema e, 68–70
Evocação floral, 424
Evolução recíproca, 469–470
Exclusão, de íons tóxicos, 499–500
Exocarpo, *448–449*
Exogamia, 443–444
Éxons, *21*
Expansão celular
afrouxamento da parede celular e extrusão de prótons induzido por auxina, 387–389
afrouxamento da parede celular primária, 383–385
efeitos da auxina no crescimento de caules, coleóptilos e raízes, 386–387
emergência da radícula, 376–377
etileno e expansão celular lateral, 388–389
expansinas e crescimento induzido por ácido, 385–387
orientação das microfibrilas afeta a direção, 384–385
período de atraso para o alongamento induzido por auxina, 387–388
pH da parede celular e, 307–308
Expansinas, 385–389
Experimentos de enriquecimento de CO_2 ao ar livre (FACE), 234–236

Experimentos de *patch clamping*, 139–140, 154–156
Explosivos, 127–128
Exportação, 252–253
Expressão gênica
mudanças em resposta ao estresse abiótico, 495–497, *497–498*
regulação por fitocromo, 338–339
visão geral, 20, 22, *21*
Extensômetros, 385–386

F-ATPase, *174–175*
Fabaceae
fixação simbiótica de nitrogênio, 117, *117–119*, 119–125 (*ver também* Fixação simbiótica de nitrogênio)
mecanismos de vedação dos elementos crivados, 243–245
Facilitadores de sacarose, 144–145
FAD. *Ver* Flavina adenina dinucleotídeo
Fagaceae, 104
Faia europeia (*Fagus sylvatica*), *420*, 424–425
Falso eupatório (*Kuhnia eupatorioides*), 410–411
Família de espécies de *Solanum*. *Ver* Solanaceae
Família de proteínas DELLA, *325*, 372–374
Família do visco, 351–353
Família ZEITLUPE (ZTL), 330–332, 342–343
Farquhar, Graham, 216
Fase, 428–429, *430–431*
Fase adulta reprodutiva, 424–425
Fase adulta vegetativa, 424–426
Fase da indução da abscisão, 418–419
Fase da síntese do DNA. *Ver* Fase S
Fase de abscisão, 418–419
Fase de carboxilação, ciclo de Calvin-Benson, 192–194
Fase de manutenção da folha, 418–419
Fase de redução, ciclo de Calvin-Benson, 192–195
Fase de regeneração, ciclo de Calvin-Benson, 192–196
Fase juvenil, 424–426
Fase mitótica (M), 32–37, *33–34*
Fase S, 32–36
Fator de resposta à GA, *378*
Fator de transcrição JRF, 320–321, 323, *324–325*
Fatores de interação do fitocromo (PIFs), 320–321, 323–324, *325*, 338–339
Fatores de resposta à auxina, 320–321, 323, *324–325*
Fatores limitantes, 216
Fatores Myc, 454–455
Fatores Nod, 120–122, 454–455
Fava, 113–114, 123–124
Fd. *Ver* Ferredoxina
Fe-proteína, 122–124
Fecundação
crescimento do tubo polínico, 444–445

ciclos de vida das plantas, 2, *4*, 5–6
definição, 2, 5
fecundação dupla, *4*, 5–6, 443–446
Feijão (Phaseolus), *118–119*
Feijão comum (*Phaseolus vulgaris*)
assimilação do nitrato, 113–114
auxina e dominância apical, 406–407
composição lipídica das membranas mitocondriais e estresse, 492–493
forma transportada de nitrogênio fixado, 123–124
nódulos na raiz, *117–119*
semente não endospérmica, 368–369, *369–370*
Feijão-escarlate, *369–370*
Feijão-fava (*Phaseolus lunatus*), 469–470
Felogênio, 13
Fenilalanina, *117*
Fenois, 456–457, 468–469
Feofitina, 181–182
Fermentação
definição, 275
descrição, 275–276
eficiência da, 276
em raízes inundadas, 271, 293–294, 491–492
visão geral, *274*
Fermentação alcoólica, *274*, 276, 293–294, 491–492
Fermentação do ácido láctico, *274*, 276, 491–492
Ferns, *3*, *4*, 5–6
Ferredoxina (Fd)
assimilação de nitrato, 113, *113–114*
ciclo fotossintético oxidativo C_2 do carbono, 200, *198–199*, *201–202*
fixação de nitrogênio pelo complexo da enzima nitrogenase, *122*, *124*, 123–124
ligação da fotorrespiração à cadeia fotossintética de elétrons, 203
reações luminosas da fotossíntese, *174–175*, *178–179*, *179–180*, 183–185, *185–186*
Ferredoxina-NADP redutase, *174–175*, *178–179*, *179–180*, 183–185, *185–186*
Ferredoxina-tiorredoxina redutase, 197–198
Ferritina, 127–128
Ferro
absorção pelas raízes, 102–103
assimilação pela planta, 125–128
complexos de cátions com carbono e fosfato, 126–128
concentração no tecido vegetal, 85
disponibilidade nas soluções nutritivas, 88–90
efeito do pH do solo na disponibilidade, 96–96
mobilidade dentro de uma planta, 89–90, *90–91*

nutrição mineral vegetal, 85–86, 93
Ferro férrico, 125–127
Ferro ferroso, 126–127
Ferro quelato redutase, 126–127
Ferroquelatase, 126–127
Fertilizantes
  alteração de recursos nas culturas e, 103–104
  análises usadas para determinar os calendários de aplicações, 93–95
  aplicação foliar, 96–97
  consumo mundial e custos, 83, 84–85
  fertilizantes orgânicos, 96–97
  lixiviação e, 84–85
  produtividade do cultivo e, 96–97
Fertilizantes com fósforo, 83–85, 96
Fertilizantes com potássio, 83, 96
Fertilizantes compostos, 96–96
Fertilizantes mistos, 96
Fertilizantes nitrogenados, 83–85, 96
Fertilizantes orgânicos, 96–97
Fertilizantes químicos, 96–96
  Ver também Fertilizantes
Fertilizantes simples, 96
FeS$_A$, 183–185, *185–186*
FeS$_B$, 183–185, *185–186*
FeS$_R$, 183–184
Festuca ovina (erva-ovelha), 420
FeS$_X$, 183–185, *185–186*
Fibras
  definição, 10, 14
  estrutura e função, *10, 14*, 10, 14–17
  tecido do floema, 243
Fibras do floema, 13
Fibras liberianas (do floema), 14, 16–17
Fick, Adolf, 46–47
Ficoeritrobilina, *166–168*
Ficus, 401–402
Filamentos, 442–443
Filódio, 399–400
Filoma, 398–399
Filoquinona, *185–186*
Filotaxia, 399–401
Filotaxia alternada, 399–400, *400–401*
Filotaxia decussada, 399–400, *400–401*
Filotaxia espiralada, 399–400, *400–401*
Filotaxia oposta, 399–400, *400–401*
Fisiologia vegetal, 1
Fissão, de mitocôndrias e cloroplastos, 27–29
Fitase, 376–378
Fitina, 376–378
Fitoalexinas, 459–461, *472–474*
Fitocromobilina, 333–335, *334–336*
Fitocromos
  ação em conjunto com criptocromo e fototropina, 340–342, 344–346
  definição, 330–332

desestiolamento e, 330–332
fitocromo A (phyA), 337–339, 434, 436
fotoperiodismo e, 434–436
fotorreceptores primários para luzes vermelha e vermelho-distante, 333–336
germinação da semente, 332–333, *333–334*, 374
interconversão entre as formas Pr e Pfr, 334–337
isoformas, 338–339
regulação da abertura do gancho, 379–381
resposta de evitação da sombra, 408–409
respostas fotorreversíveis, 332–333, *333–337*
ritmos circadianos e, 431–432
supressão do alongamento da plântula no escuro e, 379–381
visão geral, 333–335
Fitoeno, 448–449
Fitólitos, 457–459
Fitômeros, 405–406, 406–407
Fitoquelatina sintase, 500–501
Fitoquelatinas, 484–486, 499–501
Fitormônios
  ácido abscísico, 312–314
  ácido salicílico, 314–315
  auxina, 310–311
  brassinosteroides, 313–315
  citocininas, 312–313
  estrigolactonas, 314–315
  estruturas dos, *309–310*
  etileno, 312–313, *313–314*
  giberelinas, 310–312
  lipídeos de membrana como precursores, 295–296
  metabolismo e homeostase, 314–318
  regulação da senescência foliar, 415–418
  rotas de sinalização (*ver* Rotas de sinalização hormonal)
  seiva do floema, 246, 248
  tipos por sítio de ação, 317–318
  transporte no floema e efeitos nas relações fonte-dreno, 263–265
  transporte, 317–318
  visão geral da regulação hormonal, 308–310, *309–310*
  Ver também fitormônios individuais
Fixação biológica de nitrogênio
  ciclo biogeoquímico do nitrogênio, 110–111
  condições anaeróbicas ou microanaeróbicas, 117–120
  definição, *110*
  energética da, 127–128
  por bactérias de vida livre, 117–120
  simbiótica, 117–125 (*ver também* Fixação simbiótica de nitrogênio)
Fixação de nitrogênio
  atmosférico, *110*, 110–111
  biológica (*ver* Fixação biológica de nitrogênio)
  definição, 110

industrial, 110–111
por bactérias de vida livre, 117–120
simbiótica (*ver* Fixação simbiótica de nitrogênio)
Fixação do amônio, *110*
Fixação fotoquímica de nitrogênio, 110–111
Fixação industrial de nitrogênio, 110–111
Fixação simbiótica de nitrogênio
  associação entre plantas hospedeiras e rizóbios, *118–119*
  complexo enzima nitrogenase e fixação de nitrogênio, 122, 124–124
  estruturas especiais para, 119–120
  formação de nódulos, 121–122, 124
  formas transportadas de nitrogênio, 123–125
  simbioses comuns, 117–119
  similaridades com micorrizas arbusculares, 454–455
  sinalização entre hospedeiro e rizóbios, 119–122
Flavina adenina dinucleotídeo (FAD)
  cadeia de transporte de elétrons nas mitocôndrias, 281–284, *283*
  ciclo do ácido tricarboxílico, 270–271, *280–281*, 281
  criptocromo, 340–341
  definição, 281, 339–340
  estrutura e reações de redução, *271*
  na respiração, *270*
  nitrato redutase, 112–113
  produção total da respiração aeróbica, 286, 288
Flavina mononucleotídeo (FMN)
  complexo I da cadeia de transporte de elétrons nas mitocôndrias, 283
  definição, 283
  estrutura, *271*
  fototropinas, 333–334, 341–343
Flavonoides, 497–500
Floema
  de caules, *12*
  definição, 10, 14, 100–101, 239
  diferenciação durante a emergência da plântula, 381
  folhas, *12*
  localização, 240–242
  mutante de Arabidopsis carece de receptor de citocinina, 361–363
  na resistência sistêmica adquirida, 474–475
  raízes, *12*, 100–102, 381–382
  tipos de células, *15*, 14, 16–17, 241–242
  transição dreno-fonte, 258–260
  translocação (*ver* Translocação)
  transporte de ácido jasmônico nas defesas vegetais induzidas, *467*
  transporte de moléculas de sinalização, 263–266

transporte de nutrientes remobilizados durante a senescência foliar, 412-413
visão geral, 239-240
Floema de acumulação, 240
Floema de entrega, 240
Floema de transporte, 240
Floema externo, 243
Floema interno, 243
Floema primário, 13, *241–242*
Floema secundário, 13, *241–242*
Flor e fruto de framboesa, *446–447*
Flores
  angiospermas, 2, 5
  brassinosteroides e determinação do sexo, 314–315
  polinização e fecundação dupla, 443–444–445–446
  Ver também Desenvolvimento de órgãos florais; Florescimento
Flores termogênicas, 288–289
Florescimento
  ápice do caule e mudanças de fases, 424–426
  desenvolvimento de pólen, 442–443
  desenvolvimento do gametófito feminino no rudimento seminal (óvulo), 442–444
  evocação floral, 424
  fotoperiodismo, 425–434, 436 (*ver também* Fotoperiodismo)
  interações fitocromo-criptocromo, 340–342
  introdução, 423
  meristemas florais e desenvolvimento dos órgãos florais, 438–443
  mudanças epigenéticas no período de florescimento, 495–497, *497–498*
  sinalização de longa distância no, 436–438, *438–439*
  vernalização, 434, 436–437
Florígeno, 436–437
Fluência, 333–335, 337–338
Fluidez de membrana, temperatura e, 18
Fluorescência, 166–167, 170–171
Fluxo cíclico de elétrons, 185–186
Fluxo de elétrons desacoplado, 186
Fluxo de massa
  da água do solo, 60–62, 79–80
  de nutrientes minerais no solo, 102–103
  definição, 402–404
  fluxo de massa no xilema acionado pela pressão, 66–67, 79–80 (*ver também* Transporte pelo xilema)
  modelo de fluxo de pressão da translocação, 249–253
  nervuras foliares, 402–404
Fluxo de massa acionado pela pressão, 66–67
Fluxo quântico, 216–217
FMN. *Ver* Flavina mononucleotídeo
FMP. *Ver* Força motriz de prótons

F$_o$F$_1$-ATP sintase (complexo V)
  definição, 285–286
  síntese de ATP mitocondrial, 281–286, *283, 287*
Folhas
  abscisão, 411-412, 414-415, 417–419
  absorção de nutrientes minerais, 96–97
  aclimatação aos ambientes de sol e de sombra, 220–221
  acompanhamento do sol, 219–221
  acumulação de sacarose e amido, 211–212
  acúmulo de calor e perda de calor, 226–228
  alocação de fotossintatos, 260–262
  anatomia (*ver* Anatomia foliar)
  anatomia Kranz, 205–206, 208, *207*
  assimilação de sulfato, 124–126
  barreiras mecânicas a herbívoros e patógenos, 456–459
  curvas de resposta à luz, 221–224
  definição, 5–6
  difusão de dióxido de carbono para o cloroplasto, 230–232
  dissipação do excesso de energia solar, 222–226
  estômatos estrutura, 398–400
  fitômeros, 405–406
  idade de desenvolvimento e idade cronológica, 412–414
  iniciação e filotaxia, 399–401
  movimentos dos cloroplastos regulado por fototropinas, 342–343, *343–344*
  padrões de venação, 402–405, *405–406*
  percepção do sinal fotoperiódico, 431–432
  plasticidade fenotípica, 490–492
  polaridade, *399–400*
  propriedades ópticas, *217–218*
  propriedades que afetam a fotossíntese (*ver também* Fotossíntese na folha intacta), 216–221
  resistência da camada limítrofe, 73–74
  resistência hidráulica, 72–73
  senescência (*ver* Senescência foliar)
  taxas de respiração, 292–293
  transição dreno-fonte, 258–260
  transpiração (*ver também* Transpiração), 71–78
Folhas bipinadas, *399–400*
Folhas compostas, 399–400
Folhas de sol, *216*, 220–221
Folhas de sombra, *216*, 220–221
Folhas dia-helitrópicas, 220–221
Folhas palmadas, *399–400*
Folhas para-heliotrópicas, 220–221
Folhas paripinadas, *399–400*
Folhas sésseis, 399–400
Folhas simples, 399–400
Folhas trifolioladas, *399–400*
Folhas tripinadas, *399–400*
Folhas vegetativas, 398–399
Folíolos, 399–400
Fonte de auxina, 404–405
Fontes
  ajuste às mudanças na razão da fonte para o dreno, 263–264
  alocação de fotossintatos, 260–262
  carregamento do floema, 252–257
  definição, 240
  modelo de fluxo de pressão da translocação, 249, *250*
  transição dreno-fonte, 258–260
  visão geral da translocação, 240–241
Força motriz de prótons (FMP)
  definida, 142–144, 186–188, 307–308
  formação de ATP fotossíntético, 186–188, *188*
  reações luminosas da fotossíntese, 178–179, *179–180*, 183–185
  Ver também Gradiente eletroquímico de prótons
Formação de cristais de gelo, 486–487, 500–501
Fosfatidilcolina, *294–298*
Fosfatidiletanolamina, *294–298*
Fosfatidilglicerol, *296–298*
Fosfatidilinositol, *296–298*
Fosfatidilinositol bisfosfato (PIP$_2$), 295–296, 298
Fosfatidilserina, *297*
Fosfato
  absorção pela raiz, 102–106
  assimilação pela planta, 125–126
  crescimento da plântula, 376–378
  efeitos da disponibilidade na fotossíntese, 228–229
  falta de mobilidade no solo, 98–99
  movimento dos fungos micorrízicos para as células da raiz, 106–107
  seiva do floema, *245–246*, 246, 248
Fosfato inorgânico, regulação da respiração, 289–290
Fosfoenolpiruvato
  biossíntese de aminoácidos
  conversão de triacilgliceróis em sacarose, *298–299*, 298, 300
  estrutura, *273, 275*
  fotossíntese C$_4$
  glicólise, *274,* 273, 275
  metabolismo ácido das crassuláceas, 208–209, *209–210*
  metabolismo na matriz mitocondrial, 281, *281–283*
  regulação alostérica da respiração, 289–290
  rotas alternativas de metabolização, 275
  translocador, 208

Fosfofrutoquinase
  dependente de ATP, *274,* 275
  dependente de PPi, *274,* 275
  glicólise, 271–273, *274,* 289–290
  inibição por 2-fosfoglicolato, 197–198, 201
3-fosfoglicerato
  biossíntese de aminoácidos, 116–117, *117*
  ciclo de Calvin-Benson, 192–195, *193–194*
  ciclo fotossintético oxidativo C$_2$ do carbono, 197–202, *198–200*
  estrutura, *273, 275*
  fotossíntese C$_4$ e, 203–205
  glicólise, *273,* 273, 275
2-fosfoglicerato, *273–275*
Fosfoglicerato mutase, 274
3-fosfoglicerato quinase, 193–194, *193, 195, 274, 273,* 275
2-fosfoglicolato, *193–194,* 197–201, *198–200*
Fosfoglicolato fosfatase, *198–200,* 199–201
Fosfoglucomutase, *274*
6-fosfogluconato, *277*
Fosfolipase C, 295–296, 298
Fosfolipídeos
  bicamadas, 16–18
  como lipídeos estruturais, 294–296
  membranas biológicas, 17–18
  monocamadas, 24
Fosforilação, 305–307
Fosforilação em nível de substrato
  ciclo do ácido tricarboxílico, 281
  definição, 273, 275
  glicólise, 273, 275
  produção total de ATP na respiração aeróbica, 286, 288
Fosforilação oxidativa
  definição, 270–271
  mitocondrial, *270,* 281–286, *283, 287*
  produção total de ATP, 286, 288
  rota oxidativa das pentoses fosfato e, 276, 278
  visão geral, 270–271
Fosforito, 96
Fósforo
  concentração no tecido vegetal, *85*
  efeito do pH do solo na disponibilidade, *96–96*
  mobilidade dentro de uma planta, 89–90, *90–91*
  nutrição mineral vegetal, 85, *85–86,* 91–92
  soluções nutritivas, 87–88
Fosforribuloquinase
  ciclo de Calvin-Benson, *193–195,* 194, 196
  regulação dependente da luz, 197–198, 201
Fotoblastia, 374
Fotofosforilação, 186–188, *188*
Fotoinibição, 225–227
Fotoinibição crônica, 225–227
Fotoinibição dinâmica, 225–227

Fotomorfogênese
  definição, 329–330, 379
  diferenças entre radiação incidente e absorção da luz, 333–335
  supressão no escuro, *330–331,* 379–381
  visão geral, 379–381
Fotonastia, 329–331
Fótons
  como a energia que impulsiona a fotossíntese, 170–171
  definição, 164
  fluência, 333–335
Fotoperiodismo
  categorias de respostas fotoperiódicas, 426–429
  comprimento do dia medido pelo comprimento da noite, 431–432, *432–433*
  definido, 330–331, 424–426
  efeitos de uma quebra da noite, 431–433, *433–434*
  fitocromo como o fotorreceptor primário, 434–436
  folhas e indução fotoperiódica, 431–432
  modelo de coincidência da indução floral, 433–435
  ritmos circadianos e cronometragem fotoperiódica (*ver também* Ritmos circadianos), 428–434
  vernalização e, 427–428, 436–437
  visão geral, 425–427
Fotoquímica, 166–167
  Ver também Reações luminosas da fotossíntese
Fotorreceptores
  definidos, 330–331
  determinação das fotorrespostas ativadas por, 330–334, *333–335*
  fitocromos (*ver também* Fitocromos), 333–337
  na fotomorfogênese, 379–381
  radiação incidente e absorção da luz, 333–335
  receptores de luz azul (*ver* Fotorreceptores de luz azul)
  UV RESISTANCE LOCUS 7–8, 330–332, 344–346, *346–347*
  visão geral e tipos, 330–332
Fotorreceptores de luz azul
  ação em conjunto com fitocromo, 344–346
  criptocromos, 339–342
  fototropinas, 341–345
  visão geral, 338–340
Fotorrespiração
  definição e visão geral, 197–198, 201
  efeitos da temperatura na Rubisco e, 228–229
  fatores reguladores, 202–203
  fotossíntese C$_4$ e, 208–209
  glicina gerada por, 291–292
  ligação à cadeia fotossintética de transporte de elétrons, 202–203
  reações na, 200–203

Fotorreversibilidade, 332–338, *333–334*
Fotossintatos
  alocação e partição, 211–212, 260–264
  carregamento do floema (*ver também* Carregamento do floema), 252–257
  definição, 240
  descarregamento do floema (*ver também* Descarregamento do floema), 257–258
  transição dreno-fonte, 258–260
  translocação (*ver* Translocação)
Fotossíntese
  abertura estomática dependente da luz, 77–80
  conceito básico de transferência de energia no, *169–170*
  conceitos fundamentais, 164–168
  difusão do dióxido de carbono para o cloroplasto, 230–232
  efeitos da temperatura, 227–229
  efeitos do estresse luminoso na, 486–488
  efeitos dos níveis do dióxido de carbono atmosférico na, 234–236
  eficiência no uso da água, 79–80
  eficiência quântica, 170–171
  envolvimento da respiração mitocondrial na, 291–293
  experimentos-chave na compreensão, 167–174
  fixação de carbono (*ver* Reações da fixação de carbono)
  inibição por estresse hídrico, 485–486
  introdução e visão geral, 163, 164
  limitações impostas pelo dióxido de carbono, 231–234
  organização do aparelho fotossintético, 172–176
  organização e função dos sistemas antena, 174–178
  perda de água e, 42
  porcentagem de energia solar convertida em carboidratos pela, 216–218
  produtividade quântica (*ver* Produtividade quântica da fotossíntese)
  reação generalizada, 163, 170–171
  reações luminosas (*ver* Reações luminosas da fotossíntese)
  regulação pela demanda do dreno, 263–264
  temperatura ideal, 227–229
  transporte de elétrons (*ver também* Transporte de elétrons, 177–186, *186*
Fotossíntese C3
  curvas de resposta à luz, *221*
  efeitos da temperatura, 228–229
  efeitos de níveis elevados de dióxido de carbono, 234–235
  eficiência fotossintética sensível à temperatura, 228–230
  eficiência no uso da água, 79–80
  limitações impostas pelo dióxido de carbono, 231–234
  processo de transporte na assimilação do dióxido de carbono, 208
  rendimento quântico máximo, 221–222
  temperatura ideal, 208–209, 227–228
Fotossíntese C4
  anatomia Kranz, 205–206, 208, *207*
  definição, 203–205
  efeitos da temperatura, 228–229
  eficiência fotossintética sensível à temperatura, 228–230
  eficiência no uso da água, 79–80
  em células individuais, 206, 208, *207*
  fotorrespiração, 208–209
  limitações impostas pelo dióxido de carbono, 232–234
  mecanismos reguladores, 208, 209–211
  processo de transporte na assimilação de dióxido de carbono, 208
  reações e enzimas, 203–205, *205–206*
  rendimento quântico máximo, 221–222
  temperatura ideal, 208–209, 227–228
  tipos, 203–205
  tipos de células envolvidas na, 203–206
Fotossíntese na folha intacta
  efeitos da luz na, 221–227
  efeitos da temperatura na, 226–230
  efeitos do dióxido de carbono na, 229–236
  propriedades da folha afetando, 216–221
  visão geral dos fatores afetando, 215–216
Fotossistema I
  características de absorção da clorofila dos centros de reação, 179–181
  carregadores de elétrons entre PSI e PSII, 183–185
  definição e visão geral, 172–174
  descoberta do, 172
  estrutura, *185–186*
  fluxo de elétrons cíclico, 185–186
  organização da membrana do tilacoide, 173–176
  plantas de sombra, 221
  razão de PSI para PSII, 174–176
  redução de NADP$^+$, 183–185
  transporte de elétrons no esquema Z, 178–179, *179–180*
Fotossistema II
  aceptores de elétrons do, 181–182, *182–183*
  bloqueio do fluxo de elétrons por herbicidas, 185–186, *186*
  características de absorção da clorofila dos centros de reação, 179–181
  carregadores de elétrons entre PSI e PSII, 183–185
  definição e visão geral, 172–174
  descoberta do, 172
  efeitos do estresse luminoso no, 486–488
  fotoinibição, 225–227
  organização do, 173–176, 180–182
  oxidação da água a oxigênio, 181–182
  plantas de sombra, 221
  razão de PSI para PSII, 174–176
  transporte de elétrons no esquema Z, 178–179, *179–180*
Fotossistemas
  definição, 164
  estrutura e organização na membrana do tilacoide, 173–176
  mecanismos do transporte de elétrons, 177–186, *186*
  razão de PSI para PSII, 174–176
  Ver também Fotossistema I; Fotossistema II
Fototaxia, 338–339
Fototropinas
  abertura estomática induzida pela luz azul, 343–345
  ação em conjunto com fitocromo e criptocromo, 344–346
  definição, 330–332
  fototropina 1, 393–395
  fototropina 2, 393
  fototropismo, 333–334, *333–335*, 342–343, 393
  funções, 341–342
  regulação do movimento dos cloroplastos, 342–343, *343–344*
  respostas à luz azul, 341–343
Fototropismo
  auxinas, 303, 310–311, 342–343, 393–395
  coleóptilos, 303, 310–311, *330–331*, 342–343, 393–395
  definição, 329–330, 388–389, 393
  espectros de ação, 332–334, *333–335*
  etapas no fototropismo do caule, 393–395
  fototropinas, 333–334, *333–335*, 342–343, 393
Fragmoplasto, 35–36, *36–37*
Frankia, 117–119
Freixo europeu (*Fraxinus excelsior*), 241–242, 420
Freixos, 241–242
Frequência, 164, *164–165*
FRET. *Ver* Transferência de energia por ressonância de fluorescência
Fritillaria assyriaca, 18
Fruto do morango, 368–369
Fruto indeiscente, 445–448, *448–449*
Frutos
  amadurecimento, 292–293, 447–450
  climatéricos e não climatéricos, 449–450
  definição, 445–446
  sistemas-modelo para estudo do desenvolvimento, 445–448, *448–449*
  tipos de, 445–446, *446–447*
Frutos agregados, 445–446
Frutos carnosos
  amadurecimento, 447–450
  climatéricos e não climatéricos, 449–450
  desenvolvimento de frutos indeiscentes, 446–448, *448–449*
  tipos de, 445–446, *446–447*
Frutos deiscentes, 445–447, *447–448*
Frutos múltiplos, 445–446
Frutos não climatéricos, 449–450
Frutos secos, 445–447, *447–448*
Frutos simples, 445–446
Frutose
  açúcares redutores, *247*
  amadurecimento de frutos, 449–450
  glicólise, 271–273, *274*
Frutose 1,6-bisfosfatase
  ciclo de Calvin-Benson, *193–195*, 193–194
  regulação dependente da luz, 196*–*198, 201
Frutose 1,6-bisfosfato
  ciclo de Calvin-Benson, 193–194
  estrutura, *273, 275*
  glicólise, *274*
  gliconeogênese, 275
  regulação alostérica da respiração, 289–290
Frutose 1,6-bisfosfato fosfatase, 275
Frutose 6-fosfato
  estrutura, *273, 275*
  glicólise, *274*
  regulação alostérica da respiração, 289–290
  rota oxidativa das pentoses fosfato, 276–279
Fuchsia, 433–434
Fumaça, quebra da dormência da semente, 374–375
Fumarase, *280–281*, 289–290
Fumarato
  cadeia respiratória de transporte de elétrons, 281–283, *283*
  ciclo do ácido tricarboxílico, *280–281*, 281
  conversão de triacilgliceróis em sacarose, 296, 298, *298–299*

Fungos micorrízicos
  absorção de nutrientes minerais pelas raízes e, 98–99, 103–107
  definição, 103–104
  interações benéficas com plantas, 454–455
  movimento de nutrientes para células da raiz, 106–107
Fungos patogênicos
  efetores e toxinas, 470–472
  estratégias para invadir e infectar plantas, 469–471
  supressão por rizobactérias, 455–456
  visão geral, 455–456
  Ver também Patógenos
Fusarium fujikuroi, 311–312
Fusicoccina, 151–156, 470–472
Fusicoccum amygdali, 470–472
Fuso mitótico, 34–36, 36–37

GABA, desvio de, 281
Gaeumannomyces graminis, 455–456
Gafanhoto castanho, 245–246
Gafanhotos, 464–465
Galactinol, 256–257
Galactolipídeos, *294–295,* 294–296
Galactose, 246, 248, *247*
Galha da coroa, *312–313*
Gametas, 2, 5, *4*
Gametófito feminino
  desenvolvimento, *442–443,* 442–444
  transporte de células espermáticas ao, 444–445
Gametófito masculino, 442–443
Gametófitos
  ciclos de vida das plantas, 2, *4,* 5–6
  definição, 2, 5
  desenvolvimento de gametófito masculino, 442–443
  Ver também Gametófito feminino
Gap 1 (G_1), 32–36
Gap 2 (G_2), 32–34
Garner, Wightman, 426–427
GAs. *Ver* Giberelinas
GDC. *Ver* Complexo glicina descarboxilase
Gema terminal, 397, *398–399*
Gemas axilares, 9–11
Gene *AtNHX1,* 149–150
Gene *CHL1,* 147
Gene *CLAVATA3, 364–365*
Gene *FASS,* 357–358
Gene *GA20-OXIDASE1,* 365–366
Gene *LHCB,* 492–493
Gene *PHOT1,* 341–342
Gene *PHOT2,* 341–342
Gene *TON2,* 357–358
Gene *WUs, 364–365*
Gene *ZAT12,* 493–495
Genes associados à senescência (SAGs), 414–415
Genes de identidade de meristemas florais, 440–441, *442–443*
Genes de identidade de órgão floral classe A, 440–443

Genes de identidade de órgão floral classe B, 440–442
Genes de identidade de órgão floral classe C, 441–443
Genes de identidade de órgão floral classe E, 442–443
Genes de identidade de órgãos florais, 440–443
Genes de nodulação (*nod*), 119–121
Genes de transportadores, 145–147
Genes do RNA ribossômico, 19–20
Genes dos cloroplastos, respostas ao estresse luminoso, 492–493
Genes homeóticos, 440–441
Genes nodulinos, 119–120
Genes relacionados à patogênese (PR), 474–475
Genes repórteres para auxina, 358–359
Genes *SHOOT MERISTEMLESS* (*STM*), 364–365
Gengibre-selvagem (*Asarum caudatum*), 221–222
Genoma nuclear, 18
Geranilgeranil difosfato (GGPP), 315–317, *317–318*
Germinação da semente
  definição, 375–376
  emergência da radícula, 376–377
  fases da absorção de água, 375–378
  fitocromo e fotorreversibilidade, 332–333, *333–337*
  germinação precoce, 371–373, *373–374*
  liberação da dormência, 374–375
  mobilização de reservas armazenadas, 376–378
  visão geral, 368–371, 375–376
Germinação pré-colheita, 371–373, *373–374*
Germinação precoce, 371–373, *373–374*
Gesso, 98–99
Gibberella fujikuroi, 311–312, *470–471,* 471–472
Giberelinas (GAs)
  biossíntese, 314–317, *317–318*
  como efetores patogênicos, *470–471,* 471–472
  definição, 310–311
  descoberta das, 311–312
  efeitos, 310–312
  estrutura, 309–310, 470–471
  indução do florescimento, 437–438
  interação com ácido abscísico e respostas de aclimatação, 494–496
  mobilização no endosperma, 378
  mudanças de fases, 425–426
  quebra da dormência da semente, 374–375
  razão ABA:GA e dormência da semente, 372–374

  regulação da proliferação celular no meristema apical do caule, 364–366
  repressão da senescência, 416-417
  rota ubiquitina-proteassomo na sinalização, 320–321, 323–324, *325*
  supressão da fotomorfogênese no escuro, 379–381
  transporte, 317–318
  transporte no floema, 264–265
Gimnospermas
  células crivadas, *15,* 14, 16–17
  ciclo de vida, *4,* 5–6
  lenho de compressão, *304–305*
  monoicas e dioicas, 5–6
  relações evolutivas entre as plantas, *3*
  respostas fotorreversíveis induzidas pelos fitocromos, *335–337*
  rudimentos seminais, 350–351
  sementes, 368
Gineceu
  definição, 442–443
  desenvolvimento do gametófito feminino no rudimento seminal, 442–444
  iniciação dos órgãos florais nos verticilos, 438–440, *440–441*
Ginkgo biloba, 350–351, *417–418*
Girassol. *Ver Helianthus annuus; Helianthus tuberosus*
Gliceolina, 459–460
Gliceraldeído-3-fosfato
  ciclo de Calvin-Benson, *192–194,* 193–196
  estrutura, *273, 275*
  glicólise, *274,* 273, 275
  rota oxidativa das pentoses fosfato, 276–279
Glicerato, *198–200,* 199–202
Glicerato quinase, *198–199,* 201–202
Glicerofosfolipídeos, 295–296, *297*
Gliceroglicolipídeos, 295–296, *297*
Glicerol, 17–18, *294–295*
Glicerolipídeos, 294–295
Glicerolipídeos polares, *294–295,* 295–296, *297*
Glicina
  ciclo fotossintético oxidativo C_2 do carbono, *198–200,* 199–202
  oxidação à serina na mitocôndria, 291–292
  via biossintética, *117*
Glicina betaína, 495–496
Glicófitas, 483–484, 486
Glicolato, *198–200,* 199–202
Glicolato oxidase, *198–200,* 199–203
Glicólise
  acoplamento às rotas biossintéticas, 290–291
  assimilação do fosfato, 125–126
  definição, 270–271
  estruturas dos intermediários de carbono, *273, 275*
  na respiração, *270*

  principais reações, 271–273, *275*
  produção total de ATP na respiração aeróbica, 286, 288
  reações alternativas, 275
  regulação alostérica da, 289–291
  regulação, 289–290
  substratos, 271–273, *274*
  visão geral, 270–273
Gliconeogênese, 275, 296, 298, *298–299,* 300
Glicose
  amadurecimento de frutos, 449–450
  conversão de triacilgliceróis em sacarose, 296, 298, *298–299,* 300
  glicólise, 271–273, *274*
  polissacarídeos de parede celular, 6–7, *7–8*
Glicose 1-fosfato, *274*
Glicose 6-fosfato
  estrutura, *273, 275*
  glicólise, 271–273, *274*
  rota oxidativa das pentoses fosfato, 270–271, 276–278
Glicose 6-fosfato desidrogenase, *277,* 278–279
Glicosidase, *463*
Glicosídeos, 316–317, 462–463
Glicosídeos cardíacos, 460–461
Glicosídeos cianogênicos, 463
Glicosiglicerídeos, 18
Glicosilceramida, *297*
β-Glicuronidase (GUS), 358–359
Glioxilato, *198–200,* 199–201
Glioxissomos, 24, 296, 298, 300
Gloeothece, 118–119
Glomeromycota, 104
Glomus mosseae, 104
Glucanases, 474–475
Glucanos
  definição, 6–7
  microfibrilas de celulose, *8,* 8–10
  polissacarídeos de parede celular, 6–7, *7–8*
Glucosinolatos, 462–463
Glutamato
  assimilação de amônio, 114–116, *115–116*
  ciclo fotossintético oxidativo C_2 do carbono, *200, 198–199,* 199–203
  reações de transaminação, 115–117
  rota biossintética, 116–117, *117*
Glutamato desidrogenase (GDH), 114–116, *115–116*
Glutamato sintase (GOGAT)
  assimilação de amônio, 114–117, *115–116*
  ciclo fotossintético oxidativo C_2 do carbono, *198–200,* 201–203
  definição, 114–116
Glutamato sintase dependente de ferredoxina, 114–116, *115–116*
Glutamato sintase dependente de ferredoxina (Fd-GOGAT), ciclo fotossintético oxidativo C_2 do carbono, *200, 198–199,* 201–203

Glutamato:glioxilato aminotransferase, 198–200, 199–203
Glutamina
    assimilação de amônio, 114–116, 115–116
    ciclo fotossintético oxidativo C_2 do carbono, 198–200, 201–202
    eliciadores na saliva dos insetos, 464–465
    estrutura, 247
    rota biossintética, 116–117, 117
    união do metabolismo do carbono e do nitrogênio, 116–117
Glutamina sintase, 198–200, 201–203
Glutamina sintetase, 114–117, 115–116
Glutationa, 124–126, 497–500
Glutationa redutase, 497–500
Glycine max. Ver Soja
Gnetales, 64–65
GOGAT. Ver Glutamato sintase
Gorduras, 294–296
    Ver também Lipídeos; Triacilgliceróis
Gossypium hirsutum (algodoeiro), 53–54
Gotículas lipídicas. Ver Corpos lipídicos
Gradiente eletroquímico de prótons, 284–286
    Ver também Força motriz de prótons
Gradientes de concentração de vapor de água na transpiração, 71–74 (ver também Transpiração)
    difusão e, 46–47
    Ver também Gradiente eletroquímico de prótons
Gradientes de pH, 186–188
Gradientes de potencial hídrico, 50–53
Gradientes de pressão
    modelo de fluxo de pressão da translocação, 249–253
    transporte de água no xilema, 66–68
Grama-azul-do-kentucky (*Poa pratensis*), 410–411
Grama-de-búfalo (*Buchloe dactyloides*), 410–411
Grama-timothy (*Phleum pratense*), 25–26, 76
Gramíneas
    epiderme foliar, 401–402
    fixação simbiótica de nitrogênio, 119–120
    sideróforos, 126–127
    Ver também Grãos de cereais
Grande Fome Irlandesa, 455–456
Granum, 25–26, 25–27, 173–174
Grão de café, 368–369
Grãos de aleurona, 368–369
Grãos de amido, 376–378
Grãos de cereais
    cariopses, 368, 368–369
    embriões, 368–371
    germinação pré-colheita, 372–373, 373–374
    irrigação e produtividade do cultivo, 42

mobilização de reservas do endosperma, 376–378
vernalização, 434–437
Gravidade
    potencial hídrico do solo e, 60–61
    potencial hídrico e, 49–50
Gravitropismo
    auxina e a hipótese de Cholodny-Went, 390–391
    definição, 388–389
    mensageiros secundários no, 391–393
    sedimentação de amiloplastos, 390–393
Grupo aldeído, 246, 248, 247
Grupo cetona, 246, 248, 247
Grupos da cabeça, 17–18
Grupos heme, 112–113, 126–127
GS. Ver Glutamina sintase
Guanosina trifosfato (GTP), 28–30, 31
Gunnera, 117–119
Gutação, 63–65

H^+-ATPase da membrana plasmática
    abertura estomática e, 154–157, 343–344, 344–345
    absorção de auxina e, 360–361
    acidificação da parede celular induzida pela auxina, 387–388
    ativação pela luz azul, 339–340
    ativação por auxina, 307–308
    carregamento do xilema nas raízes, 159
    crescimento induzido por acidez, 385–386
    definição, 142–143
    efeitos da fusicocina na, 470–472
    fototropismo do hipocótilo, 395
    função e regulação da, 151–153
    gravitropismo da raiz e, 393
    influxo de potássio e, 145–146
    no ajuste osmótico, 495–496
    potencial de membrana e, 136–138
    síntese de ATP e, 137–138
    transporte ativo secundário, 142–144
H^+-ATPase vacuolar (tipo V), 142–143, 151–154, 495–496
H^+-pirofosfatase (H^+-PPase), 142–143, 154–155
H^+/K^+-ATPase, 140, 142
Haemophilus influenzae, 138–139
Halófitas
    acumulação de solutos para manter turgor e volume, 57–57
    carregadores de cátion, 148–150
    definição, 57–57, 99, 486
    sequestro vacuolar de íons sódio, 495–496
Haploides, 2, 5, 4
Hatch, M. D., 203–205
Haustório, 477–478, 477–478
Hedera helix (hera), 420, 424–426
Helianthus annuus
    assimilação do nitrato, 113–114

conteúdo de xantofilas, 224–225
efeitos do estresse hídrico em, 486
gliconeogênese, 275
sementes, 368–369
sinal floral transmissível, 437–438
Helianthus tuberosus, 437–438
Heliotropismo, 220–221
Heme c_n, 183–184
Hemiceluloses, 7–10, 9–10, 383–384
Hepáticas, 3
Hera (*Hedera helix*), 420, 424–426
Herbaspirillum, 119–120
Herbicidas, ações de, 185–186, 186
Herbivoria, 453–454
Herbívoros
    defesas mecânicas vegetais, 456–459
    defesas químicas vegetais, 458–464
    Ver também Insetos herbívoros
Heterocistos, 117–119
Heterocromatina, 19–20, 22
Hevea brasiliensis (seringueira), 460–462
3-Hexenal, 469–470
3-Hexenol, 469–470
Hexoquinase, 271–273, 274
Hexose fosfato isomerase, 274
Hexoses fosfato
    definição, 271–273
    glicólise, 270–273, 274
Hidatódios, 63–65
Hidrogenase, 123–124
Hidrogênio, nutrição mineral vegetal, 84–85, 85
Hidrolases, 462–463, 474–475
2-Hidroperóxi-3-cetoarabinitol-1,5-bifosfato, 193–194
Hidroponia, 86–87, 87–88
Hidroxinitrila liase, 463
Hidroxipiruvato, 198–200, 199–201
Hidroxipiruvato redutase, 198–200, 203
Hifas, micorrizas arbusculares, 104–105
Hifas em espiral, 104–105
Hill, Robert, 170–172
Hiperacidificação, 153–154
Hiperacumulação, 500–501
Hipocótilos
    ativação da H^+-ATPase da membrana plasmática por auxina, 307–308
    auxina e curvatura fototrópica, 342–343
    bainha amilífera e gravitropismo, 391–393
    domínio de desenvolvimento no embrião em estágio de coração, 354–356
    expansão celular lateral e, 388–389
    fototropismo, 393–395
    sementes endospérmicas e não endospérmicas, 369–370
Hipófise, 354–355

Hipótese de Cholodny-Went
    auxina e fototropismo, 393–395
    definição, 388–389
    respostas à auxina durante o crescimento gravitrópico, 390–391
Hipótese quimiosmótica
    definição, 284–285
    fotofosforilação, 186–188, 188
    princípio de, 186–187
    síntese de ATP mitocondrial, 284–286
    transporte polar de auxina, 360–361
Hipoxia, desenvolvimento do aerênquima e, 497–500
HIRs. Ver Respostas à irradiância alta
Histamina, 457–458
Histonas, 18–20
Hoagland, Dennis R., 87–88
Holcus lanatus (erva-branca), 483–486
Homogalacturonano, 9–10
Homólogas da oxidase de queima respiratória (RBOHs), 308–310, 492–493, 493–495
Hooke, Robert, 1
Hordeum vulgare. Ver Cevada
Hormônios
    definição, 308–310
    Ver também Fitormônios
Hormônios endócrinos, 317–318
Hormônios parácrinos, 317–318

Idioblastos, 457–458
Ilita, 97–98
Imobilização do nitrogênio, 110
Impatiens, 113–114
Importação, 257–258
Imunidade desencadeada pelo efetor, 471–473
Imunidade inata, 466, 468
Inativação de EROs, 497–500
Indeiscente, 445–446
Índice de produção, 261–262
Índigo-selvagem-branco (*Baptisia leucantha*), 410–411
Indol-3-piruvato (IPyA), 315–316, 317–318
Indolacetonitrila, 315–316
Indução fotoperiódica, 431–432
Inibidores da α-amilase, 465–466
Inibidores de proteínas, 465–466, 468
Iniciais, 362–363, 381–382
Injectiossomas, 471–472
Inositol, 17–18
Inositol-1,4,5-trisfosfato (IP_3; $InsP_3$)
    estrutura, 308–310
    funções dos mensageiros secundários, 296, 298
    molécula precursora, 295–296, 298
    sinalização mediada pelo cálcio e, 307–308
Insetos herbívoros
    defesas vegetais induzíveis, 463–470
    defesas vegetais mecânicas, 456–459

defesas vegetais químicas, 458–464
eliciadores na saliva, 463–465
mudança evolutiva recíproca com as plantas, 469–470
tipos, 463–464
visão geral, 455–457
Insetos mastigadores, 463–464
Ver também Insetos herbívoros
InsP$_3$. *Ver* Inositol-1,4,5-trisfosfato
Intensidade do dreno, 262–263
Interações agonísticas, 323–324
Interações antagonísticas, 323–324
Interações bióticas
defesas contra patógenos, 469–475
defesas induzíveis contra insetos herbívoros, 463–470
interações benéficas com microrganismos, 454–456
interações prejudiciais com patógenos e herbívoros, 455–464
visão geral, 453–455
Interfase, 19–20, 32–34
Íntrons, 21
Invertases, 263–264, 271–273, *274*
Íons
distribuição de íons e potencial de membrana, 135–136
estresse hídrico e toxicidade, 485–486
tóxicos, mecanismos de exclusão e tolerância interna empregados pelas plantas, 499–501
transporte através de barreiras de membrana, 133–138
IP$_3$. *Ver* Inositol-1,4,5-trisfosfato
Iris sibirica, 402–404
Irradiação, 333–335
Irradiância, 216–217, 338
Irrigação
produtividade de grãos e, *42*
salinização do solo, 99, 486
Isocitrato desidrogenase, *280–281, 289–290*
Isocitrato liase, 298, 300
Isoflavonoides, 459–460
Isoleucina, *117*
Isopentenil adenina, 316–317
Isopreno, 460–462
Isoprenoides, 294–296
Isotiocianatos, 463

Jagendorf, André, 186–187
Jasmonato
efeitos, 295–296
rota ubiquitina-proteassomo na sinalização, 320–321, 323–324, *324–325*
Ver também Ácido jasmônico; Metiljasmonato
Joio (*Lolium temulentum*), 434, 436
Joule (J), 43–44
Junco-de-marisma (*Scirpus maritimus*), 497–500
Junco-gigante (*Schoenoplectus lacustris*), 497, 499–500
Juncos de polimento, 91–92

Kalanchoe, *209–210*, 211–212, 374, 427–428, 432–433
Karpilov, Y., 203–205
Keeling, C. David, 229–231
Kirkby, Ernest, 84–85
Klebsiella, 117–119
Knop, Wilhelm, 86–87
Koeleria cristata (capim-de-crista), 410–411
Kortschack, H. P., 203–205
Krebs, Hans A., 278–279
Kuhnia eupatorioides (falso eupatório), 410–411

L1, 398–399
L2, 398–399
L3, 398–399
Labaça-crespa (*Rumex crispus*), 374–375
Lactato, *273–275*, 491–492
Lactato desidrogenase, *274*, 276
Lactuca. *Ver* Alface
Lagarta-da-beterraba (*Spodoptera exigua*), 463–465
Lamela média, 6–7, *16–17*
Lamela média composta, *16–17*
Lamelas estromais, *25–26*
definição, 25–27, 172–174
reações luminosas da fotossíntese, 173–174, *174–175*
Lamelas granais, 172–174, *174–175*
Lâmina, 398–399, *399–400*
Lâmina foliar, 5–7
Larrea tridentata (creosoto), *420*
Látex, 460–463
Laticíferos, 243, 460–462
Laticíferos articulados, 460–462
Laticíferos não articulados, 460–462
Latitude, comprimento do dia e, 426–427
Laurus nobilis (loureiro), *398–399*
Lavatera, 220–221
LDPs. *Ver* Plantas de dias longos
Lectinas, 465–466
Leg-hemoglobinas, 119–120
Leguminosas
dormência exógena, 369–371
fitoalexinas, 459–460
fixação simbiótica de nitrogênio, 117, *117–119*, 119–125
formas transportadas de nitrogênio fixado, 123–125
interações benéficas com microrganismos, 454–455
nódulos das raízes e sua formação, 119–122, 124
proteínas antidigestivas induzíveis, 465–466
Lei de Planck, 164
Lemna (lentilha-d'água), 224–225
Lenha de compressão, *304–305*
Lenho, crescimento secundário e, 13
Lenho de tensão, *304–305*
Lentilha (*Lens*), 123–124
Lentilha-d'água (*Lemna*), 224–225
Leucina, *117*
Leucoplastos, 25–27
Liatris cylindracea (estrela-ardente-cilíndrica), 410–411

Licopeno, *25–27*, 448–449
Ligações dissulfeto, 196–198, 201
Lignina, 8, 472–474
Limite de exclusão por tamanho (SEL), 8–10, 264–265, 356–358
Limite de temperatura baixa, 500–501
Limoeiro, 456–457
Limoneno, 460–461
Linamarina, 463
Linum perenne, 404–405
Linum usitatissimum, *12*
Lipase, 296, 298, *298–299*
Lipídeos
compostos de reserva, 294–296
conversão em sacarose, 296, 298, 300
corpos lipídicos, 294–296
definição, 294–296
glicerolipídicos polares, 295–296, *297*
mobilização nas plântulas, 376–378
precursores de compostos sinalizadores, 295–296, 298
triacilgliceróis, 294–296, 298, 300
visão geral, 294–295
Ver também Fosfolipídeos; Lipídeos de membrana
Lipídeos de membrana
como precursores de compostos sinalizadores, 295–296, 298
descrição, 17–18
estrutura de glicerolipídeos polares, 295–296, *297*
mudanças na composição em resposta ao estresse abiótico, 492–493
tipos, 294–296
Lipídeos estruturais, 294–296, *297*
Ver também Lipídeos de membrana
Líquens, 454–455
Lírio vodu (*Sauromatum guttatum*), 288–289
Liriodendron tulipifera (tulipeiro), 293–294
Lisina, *117*
Litocistos, 401–402
Lixiviação
fertilizantes e, 84–85
pH do solo e lixiviação de nutrientes, 94–95, *96*, 98–99
Lixiviação de nitrato, 84–85, *110*
Local de divisão cortical, 34–36
Lolium temulentum (joio), 434, 436
Lomátia-de-king (*Lomatia tasmanica*), 419–420
Longifoleno, 460–461
Loranthaceae, 351–353
Lotaustralina, 463
Lótus-índico (*Nelumbo nucifera*), 369–371
Loureiro (*Laurus nobilis*), *398–399*
Lume do tilacoide
acumulação de prótons durante a fotossíntese, 181–182
formação fotossintética de ATP, 186–187

reações luminosas da fotossíntese, 173–174, *174–175*
Lupinus albus (tremoço-branco), 98–99, 113-114, *411-412*
Lupinus succulentus, 219–220
Luz
abertura estomática dependente da luz, 77–80, 154–157, 343–345
absorção e emissão por moléculas, 164–167
absorção foliar para fotossíntese, 216–221
características de partícula e de onda, 164–165
como a energia que impulsiona a fotossíntese, 170–171
como um sinal do desenvolvimento (*ver também* Desenvolvimento regulado pela luz), 329–331
curvas de resposta à luz, 221–224
dissipação do excesso de energia pelas folhas, 222–226
efeitos na fotossíntese na folha intacta, 221–227
espectros de ação (*ver também* Espectros de ação), 167–169
fluência e irradiância, 333–335
influência no estabelecimento da plântula, 379–381
parâmetros ecologicamente importantes, *408–409*
quebra da dormência da semente, 374–375
redução do NADP$^+$ e formação do ATP na fotossíntese, 170–172
regulação de enzimas do ciclo C$_4$, 208
regulação do ciclo de Calvin-Benson, 196–198, 201
resposta de evitação da sombra pelas plantas, 408–410
Ver também Energia solar; Estresse luminoso; Luz solar
Luz solar
como um sinal no desenvolvimento regulado pela luz, 329–331
comprimentos de onda usados como sinais do desenvolvimento, *330–331*
parâmetros ecologicamente importantes, *408–409*
razão da luz vermelha para vermelho-distante, 335–337
resposta de evitação da sombra pelas plantas, 408–410
Ver também Energia solar; Luz
Luz vermelha
controle do florescimento pelo fitocromo, 434–436
exposição das plantas ao ar livre, 335–337
fitocromo como fotorreceptor de, 333–336
R:FR e a resposta de evitação da sombra, 408–409
R:FR em ambientes diferentes, *408–409*

Luz vermelho-distante
controle do florescimento pelo fitocromo, 434–436
efeito de queda no vermelho da fotossíntese, 172
exposição de plantas ao ar livre, 335–337
fitocromo A e, 338–339
fitocromo como fotorreceptor de, 333–336
razão R:FR e a resposta de evitação da sombra, 408–409
razão R:FR em ambientes diferentes, *408–409*

MAC. *Ver* Meristema apical do caule
Macadâmia (*Macadamia integrifolia*), 104
Macadamia, 98–99
Macieira (*Malus*)
carregamento do floema, 257
climatérica, 449–450
estratificação de sementes, 374, *374–375*
período juvenil, *424–425*
Macronutrientes, 84–85, *88–89*
Ver também Elementos essenciais; Nutrição mineral
Magnésio
concentração nos tecidos vegetais, *85,* 136
efeito do pH do solo na disponibilidade, *96–96*
imitação pelo cádmio, 487–488
mobilidade dentro da planta, *90–91*
nutrição mineral vegetal, *85–86,* 92–93
regulação de enzimas do ciclo de Calvin-Benson e, 197–198, 201
seiva do floema, *245–246, 246,* 248
Malato
abertura estomática e, 155–157
ciclo do ácido tricarboxílico, *280–283,* 281
conversão de triacilgliceróis em sacarose, 296, 298, *298–299,* 300
fotossíntese C$_4$, 205, *205–206,* 208
metabolismo ácido das crassuláceas, 208–209, *209–210*
rotas glicolíticas, 271–273, *274,* 275
Malato desidrogenase
ciclo do ácido tricarboxílico, *280–281,* 281
conversão de triacilgliceróis em sacarose, *298–299,* 298, 300
rotas glicolíticas, *274,* 275
Malus. Ver Macieira
Malvaceae, 220–221
Mamona (*Ricinus communis*), 275, 368–369, *369–370*
MAMPS. *Ver* Padrões moleculares associados a microrganismos
Manchas de sol, 218–264
Manchas necróticas, 91–94
Mandioca (*Manihot esculenta*), 463

Manganês
cofator na oxidação da água na fotossíntese, 181–182
concentração no tecido vegetal, *85*
efeito do pH do solo na disponibilidade, *96–96*
nutrição mineral vegetal, *85–86,* 93–94
Mangue-vermelho (*Rhizophora mangle*), 371–372, *372–373*
Manguezais, 293–294
Manihot esculenta (mandioca), 463
Manitol, 246, 248, *247*
Manose, *247*
Manta, 105–106
Margo, 64–65, *66–67*
Matriz, 24–25
Matriz mitocondrial, 279–281, *281–283*
Maturação da semente, 367–368
Mecanismos concentradores de carbono inorgânico
fotossíntese C$_4$, 203–209
metabolismo ácido das crassuláceas, 208–212
visão geral, 203–205
Medicago, 369–371, 458–459
Medicago sativa, 118–119
Medicarpina, *459–460*
Medula, *12,* 10, 14
Megagametófitos, *442–443,* 442–444
Megapascais (MPa), 44–46
Megasporócitos, *442–443,* 442–443
Megásporos
ciclos de vida das plantas, 2, 5, *4*
definição, 2, 5
desenvolvimento do gametófito feminino, *442–443,* 442–444
Megastróbilos, 5–6
Meia unidade de membrana, 24
Meiose
ciclos de vida das plantas, 2, 5, *4*
definição, 2, 5
formação de megásporos, *442–443*
formação de micrósporos, *442–443*
Melão (*Cucumis melo*), 255–256
Membrana mitocondrial externa, 278–279, *279–281*
Membrana mitocondrial interna, *279–281*
cadeia de transporte de elétrons e síntese de ATP, 281–296
definição, 278–279
transportadores transmembrana, 285–286, 288
Membrana peribacterioide, 122, 124
Membrana peritrófica, 465–466
Membrana plasmática (plasmalema)
aquaporinas, 54–56
condutividade hidráulica, 54–55

definição, 5–7
difusão de sacarose através da, 132–134
estrutura e função, 16–18
movimento da água nas raízes, 62–64
transporte ativo secundário, 142–144
Membranas. *Ver* Membrana plasmática; Membranas biológicas; Membranas celulares
Membranas biológicas
ajuste da composição de lipídeos em resposta ao estresse abiótico, 492–493
estrutura e função, 16–18
permeabilidade, 133–134, 137–138 (*ver também* Permeabilidade da membrana)
processos de transporte nas membranas, 137–145
transporte de íons através da, 133–138
Ver também Membrana plasmática; Membranas celulares
Membranas celulares
ajuste da composição de lipídeos em resposta ao estresse abiótico, 492–493
permeabilidade seletiva e osmose, 47–48
processos de transporte em membranas, 137–145
transporte de íons através da, 133–138
Ver também Membrana plasmática; Membranas biológicas
Membranas de pontoações, 64–67, 70–71
Mengel, Konrad, 84–85
Mensageiros secundários
definição e descrição, 303–304
espécies reativas de oxigênio, 308–310
íons cálcio, 305–308, *307–308*
lipídeos de membrana como precursores, 295–296, 298
na transdução de sinal, 303–304
pH citosólico ou pH da parede celular, 307–308, 391–393
Meristema apical da raiz
anatomia da raiz, *12, 101–102*
centro quiescente, 362–364
crescimento indeterminado, 350–351
definição, 99–101, 350–351
desenvolvimento da raiz, 381–382
domínio de desenvolvimento no embrião em estágio de coração, 354–356
embriogênese de monocotiledôneas, 353–354, *356–357*
formação e manutenção, 362–364
iniciais, 362–363
Meristema apical do caule (MAC)
ápice do caule, 397, *398–399*
crescimento determinado, 398–399

crescimento indeterminado, 350–351, 398–399
definição, 350–351, 397
domínio de desenvolvimento no embrião em estágio de coração, 354–356
embriogênese de monocotiledôneas, 352–354, *356–357*
evocação floral, 424
formação, 363–365
iniciais, 362–363
mudanças de fases, 424–426
regulação da proliferação celular e, 364–366
sementes endospérmicas e não endospérmicas, *369–370*
transição do desenvolvimento vegetativo para o floral, 438–440
vernalização e, *434, 436,* 436–437
zonas e camadas, 398–399
Meristema apical do caule determinado, 398–399
Meristema apical do caule indeterminado, 398–399
Meristema nodular, 122, 124
Meristema primário da inflorescência, 438–440
Meristema secundário da inflorescência, 438–440
Meristemas
crescimento vegetal e, 9–12, 13
definição, 9–10, 362–363
formação na embriogênese, 362–366
proplastídios, 27–28
Ver também meristemas específicos
Meristemas apicais
definição, 9–10
formação e manutenção, 362–366
na embriogênese, 350–351
Meristemas axilares
definição, 406–407
fitômeros, 405–406
regulação hormonal da emergência, 405–408
sacarose e a iniciação da emergência, 406–409
Meristemas das inflorescências, 438–440
Meristemas das raízes laterais, 99–101, *101–102*
Meristemas florais
definição, 438–440
iniciação dos órgãos florais nos verticilos, 438–440, *440–441*
transição da fase vegetativa para a floral, 438–440
Ver também Desenvolvimento dos órgãos florais
Meristemoides, 401–403
Mesembryanthemum crystallinum (erva-do-orvalho), 211–212
Mesocarpo, *448–449*
Mesocótilo, 369–371
Mesofilo
definição, 10, 14
folhas, *12*

fotossíntese C$_4$, 205–206, 208, 207
plantas CAM, 208–209, 209–210
Mesorhizobium, 117, 117–119
Metabolismo ácido das crassuláceas (CAM)
    definição, 208–209
    eficiência no uso da água, 79–80
    facultativo, 491–492
    limitações impostas pelo dióxido de carbono na fotossíntese, 233–234
    reações no e fases do, 208–211
    regulação da PEP carboxilase, 209–211
    vantagens em ambientes limitados em água, 209–212
Metabolismo anaeróbio, 293–294
    Ver também Fermentação
Metabólitos primários, 458–459
Metabólitos secundários
    alelopáticos, 475–477
    compostos tóxicos constitutivos e estruturas de armazenamento, 459–464
    definição, 458–459
    fitoalexinas, 459–460
    nos tricomas urticantes, 457–458
Metáfase, 19–20, 32–36
Metafloema, 381
Metais pesados
    efeitos fisiológicos e bioquímicos, 485–486, 487–488
    interações de estresses e, 488–489
    nos solos, 99
Metaxilema, 381
Metemoglobinemia, 111–112
Methanococcus, 117–119
Metilação da citosina, 19–20
Metilação do DNA, 495–497, 497–498
Metiljasmonato, 460–462, 469–470
Metilsalicilato, 465–466, 474–475
5,10-Metiltetraidrofolato, 340–341
Metilviologênio, 186
Metionina
    assimilação de sulfato e, 125–126
    biossíntese de etileno, 316–317, 319
    via biossintética, 117
Micélio
    ectomicorrizas, 105–107
    micorrizas arbusculares, 104–105
Micorrizas arbusculares, 104–107, 454–455
Micro-RNAs (miRNAs), 425–426
Microcorpos, 24
Microfibrilas
    definição, 7–8
    estrutura e propriedades, 7–8, 8
    expansão lateral e, 388–389
    orientação afeta a direcionalidade no crescimento difuso, 383–386

orientação de microtúbulos corticais e, 30, 36–37
paredes celulares de células-guarda, 75, 77, 76
paredes celulares primárias, 9–10, 383–384
síntese, 8–10
Microfilamentos, 16–17
    correntes citoplasmáticas, 30, 32–34
    estrutura, 28–30
    movimento de organelas, 28–29
    polaridade, 28–30
    polimerização-despolimerização, 28–30
Microgametófitos, 442–443
Micronutrientes
    concentrações nos tecidos, 85
    solução de Hoagland modificada, 88–89
    transportadores, 150–152
    visão geral, 84–85
    Ver também Elementos essenciais; Nutrição mineral
Micrópila, 443–446
Microplitis croceipes, 468–469
Microrganismos do solo
    efeitos do pH do solo nos, 98–99
    simbioses com plantas, 96–97, 454–456
Microsporângios, 442–443
Microsporócitos, 442–443, 442–443
Microsporogênese, 442–443
Micrósporos, 2, 5, 4, 442–443, 442–443
Microstóbilos, 5–6
Microtúbulos
    definição, 28–29
    estrutura, 28–29
    mitose, 32–37
    polaridade, 28–30
    polimerização-despolimerização, 28–30, 31
    proteínas motoras de cinesina, 30, 32
Microtúbulos corticais, 16–17
    citocinese, 36–37
    orientação das microfibrilas da parede celular e, 30, 36–37
    reorientação na expansão lateral da célula, 388–389
Microtúbulos do fuso, 35–37
Microtúbulos polares, 35–36, 36–37
Milho (*Zea mays*)
    absorção de nutrientes minerais pelas raízes, 102–103
    aerênquima induzido, 497, 499
    assimilação do nitrato, 113–114
    auxina e crescimento do coleóptilo, 386–387
    células buliformes, 401–402
    coleóptilos e fototropismo, 330–331, 393–395
    composição lipídica das membranas mitocondriais e estresse, 492–493
    deficiência de potássio, 92–93

eliciadores derivados de insetos, 464–465
estômatos, 74–75
estresse da seca e ácido abscísico, 493–495
germinação precoce, 372–373, 373–374
metabolismo do nitrogênio, 116–117
metabolismo fermentativo em solos inundados, 276
mutante nana1, 314–315
mutante vivipary14, 373–374
plantas de dias neutros, 428–429
plântulas cultivadas sob iluminação e no escuro, 379
produtividade do cultivo e estresse salino, 486
produtividade do cultivo e redução da resposta de evitação da sombra, 409–410
semente endospérmica, 368–369
sistema de raízes, 411
toxina HC fúngica, 470–471
tubos polínicos, 444–445
voláteis induzidos por herbívoros, 468–469
Mimosa, 458–459
Mimosa pudica, 303–304, 317–318
Mineralização, 96–97, 110
Miosinas, 28–30, 32–34
Mirosinase, 462–463–
Mirtilos, 449–450
Miscanthus, 117–119, 208–209
Mitchell, Peter, 186–187, 284–285
Mitocôndrias, 16–17, 188
    assimilação do fosfato, 125–126
    atividade osmótica, 279–281
    cadeia de transporte de elétrons e síntese de ATP, 281–292
    ciclo do ácido tricarboxílico, 278–281, 281–283
    ciclo fotossintético oxidativo C$_2$ do carbono, 200, 199–203
    conversão de triacilgliceróis em sacarose, 296, 298–299, 298, 300
    definidos e descritos, 24–25, 278–279
    divisão por fissão, 27–29
    estrutura e função, 24–25, 278–281
    fosforilação oxidativa, 270–271
    integração à rede redox celular e rotas biossintéticas, 291–292
    lipídeos de membrana, 296, 298
    metabolismo alternativo do fosfoenolpiruvato na matriz, 281, 281–283
    microcorpos e, 24
    movimento ao longo de microfilamentos, 28–29
    mudanças na composição de lipídeos de membrana em resposta ao estresse abiótico, 492–493
    na respiração, 270

respiração durante a fotossíntese, 291–293
Mitose
    ciclos de vida das plantas, 2, 5, 4
    cromatina, 19–20
    definição, 2, 5
    eventos na, 34–37
    fases e visão geral, 32–34
    megásporos, 442–443
    regulação do ciclo celular, 33–36
"Mock orange" (*Philadelphus grandiflora*), 412–414
Modelo ABC, de identidade dos órgãos florais, 440–443
Modelo ABCE, 442–443
Modelo de aprisionamento de polímeros do carregamento do floema, 255–257
Modelo de canalização, 404–405
Modelo de coincidência, 433–435
Modelo de fluxo de pressão
    ausência de fluxo bidirecional, 250–251
    descrição, 249, 250
    gradientes de pressão, 251–253
    necessidade baixa de energia, 250–252
    poros da placa crivada abertos, 251–252
    predições baseadas no, 250–251
    visão geral, 248–249
Modelo do mosaico fluido, 17–18
Modelo de chafariz do transporte de auxina, 390–391
Módulo elástico volumétrico, 53–54
Moles, 216–217
Molibdênio
    concentração no tecido vegetal, 85
    efeito do pH do solo na disponibilidade, 96–96
    mobilidade dentro da planta, 90–91
    nitrato redutase, 112–113
    nutrição mineral vegetal, 85–86, 93–94
Monocotiledôneas
    arquitetura do sistema de raízes, 409–410–410–411, 411
    embriogênese (*ver também* Embriogênese), 351–354
    relações evolutivas entre as plantas
    sistema de raízes fasciculadas, 99–101
Monodesidroascorbato redutase, 497–500
Monogalactosildiacilglicerol, 296–298
Monoico, 2, 5–6
Monoterpenoides, 25–27
Monotorpenos bicíclicos, 460–461
Montmorilonita, 97–98
Moraceae, 401–402
Morfina, 460–462
Morfogênese, 349–350
Morte celular programada, 14, 16–17, 412-413
    Ver também Senescência

Morus (amoreira), *460–462*
Mostarda, *335–337*, *379*
Mostarda-branca (*Sinapis alba*), 338
Mostarda-selvagem (*Sinapis arvensis*), *371–372*
Mougeotia, 335–337
Movimento da água
  absorção da água pelas raízes, 61–65
  aquaporinas, 54–56
  condutividade hidráulica da membrana plasmática, 54–55
  continuum solo-planta-atmosfera, *60, 79–80*
  da folha para a atmosfera (*ver também* Transpiração), 71–78
  fluxo de massa no solo, 60–62, 79–80
  osmose e gradientes de potencial hídrico, 50–53
  transporte no xilema, 64–72
Movimento direcionado de organelas, 30, 32–34
Movimento foliar
  absorção da luz e, 219–221
  potenciais de ação e, 317–318, 320
Mucigel, 99–101, *101–102*
Muco, 243–245
Mudanças de fases, 424–426
Multicelularidade, evolução da, 349–350
Münch, Ernst, 249
Murcha, 52–53, 73–74
Musgos, *3, 4, 5–6, 335–337*
Mutação *never-ripe* do tomateiro, 449–450
Mutações homeóticas, 440–441
Mutualismos, 453–454
Myrtaceae, 104

N-Aciltransferase, 120–121
Na$^+$/K$^+$-ATPase, 140, 142, 460–461
Nabo, *492–493*
NAD. *Ver* Nicotinamida adenina dinucleotídeo
NAD-ME (enzima NAD-málica) e fotossíntese C$_4$, 203–206, *205–206,* 208
NAD(P)H desidrogenase externa insensível à rotenona, *283,* 283–285
NAD(P)H desidrogenases
  cadeia de transporte de elétrons, *283,* 283–284, 289–290
  rota oxidativa das pentoses, 276, 278
NAD(P)H-desidrogenases insensíveis à rotenona, *283,* 283–284, 289–290
NAD(P)H-desidrogenases internas insensíveis à rotenona, *283,* 283–284, 289–290
NADH-desidrogenase (complexo I)
  cadeia de transporte de elétrons nas mitocôndrias, 283–284
  definição, 283
  desvio de, 289–290
razão ADP:O mitocondrial, 284–285
NADH-GOGAT, 114–116, *115–116*
NADP. *Ver* Nicotinamida adenina dinucleotídeo fosfato
NADP-gliceraldeído-3-fosfato-desidrogenase, *193–194,* 193, 195, 197–198
NADP-malato desidrogenase, 205, *205–206,* 208–209, *209–210*
NADP-ME. *Ver* Enzima NADP-málica
NADP-ME (enzima NADP-málica) e fotossíntese C$_4$, 203–206, 208
Necrose
  deficiência de boro, 91–92
  deficiência de cálcio, 92–93
  deficiência de níquel, 93–94
  deficiência de sódio, 93
  deficiência de zinco, 93
Nectários, 25–27
Nectários extraflorais, 469–470
Neljubov, Dimitry, 312–313
Nelumbo nucifera (lótus-índico), 369–371
Nematelmintos, 474–477
Nematódeos, 474–477
Nematódeos císticos, 475–476
Nematódeos de nodosidade, 475–477
Nematódeos parasíticos, 474–477
Nepenthes alata, 147
Nerium oleander (espirradeira), 460–462
Nervuras
  padrões de venação, 402–405, *405–406*
  transição dreno-fonte e, 258–260, *259–260*
Newton (N), 43–44
Nicotiana
  estresse da seca e citocininas, *494–496*
  fitoalexinas, 459–460
  sinalização de longa distância no florescimento, 436–438
  voláteis induzidos por herbívoros, 468–469
Nicotiana attenuata, 468–469
Nicotiana plumbaginifolia, 374–375
Nicotiana sylvestris, 436–438
Nicotiana tabacum
  células-guarda, *76*
  cv. Trapezond (cultivar Trapezond), 437–438
  mecanismos de vedação dos elementos crivados, 243–245
  transição dreno-fonte, 258–260, *259–260*
Nicotina, 468–469
Nicotinamida adenina dinucleotídeo (NAD)
  assimilação de amônio, 114–116, *115–116*
  assimilação de nitrato, 112–113
  cadeia de transporte de elétrons nas mitocôndrias, 281–283
  ciclo do ácido tricarboxílico, 270–271, 279–281
ciclo fotossintético oxidativo C$_2$ do carbono, *198–200,* 199–201
conversão de triacilgliceróis em sacarose, 298–299
estrutura e reações de redução, *271*
ferro quelato redutase, 126–127
fosforilação oxidativa, 270–271
funções, *270,* 270–271
glicólise, 270–271, *271–273,* 273–275
ligação da fotorrespiração à cadeia fotossintética de elétrons, 203
produção total da respiração aeróbica, 286, 288
reações de fermentação, *274,* 275–276
regulação da respiração, 289–290
síntese de ATP na respiração e, 270–271
Nicotinamida adenina dinucleotídeo fosfato (NADP)
  assimilação de amônio, 114–116, *115–116*
  assimilação de nitrato, 112–113
  ciclo da xantofila, 222–224
  ciclo de Calvin-Benson, 192–196
  ciclo oxidativo das pentoses fosfato, 270–271, 276, *277,* 278–279
  estrutura das reações de redução, *271*
  ferro quelato redutase, 126–127
  funções, *270,* 270–271
  metabolismo ácido das crassuláceas, *209–210*
  reduzido nas reações luminosas da fotossíntese, 164, 170–172, 178–179, *179–180,* 183–185
Nictinastia, 329–330, 458–459
Níquel, *85–86,* 93–94
Nitella, 30, 32
Nitrato
  absorção pelas raízes, 102–103
  assimilação pela planta, 112–114, 127–128
  ciclo biogeoquímico do nitrogênio, 110–112
  concentrações de íons observadas e previstas no tecido da raiz de ervilha, *136*
  deposição de nitrogênio atmosférico, 84–85
  fixação de nitrogênio, 110
  lixiviação, 84–85, *110*
  mobilidade no solo, 98–99
  quebra da dormência da semente, 374–375
  soluções nutritivas, 87–88
  toxicidade para humanos e animais, 111–112
Nitrato de sódio, 96–96
Nitrato redutase
  conversão de nitrito em amônio, 113–114
  definição e estrutura, 112–113
  mecanismos reguladores, 112–113
  molibdênio e, 93–94
Nitrificação, *110*
Nitrilas, 463
Nitrito, 112–114
Nitrobacter, 110
Nitrogênio
  assimilação de amônio, 114–117
  assimilação do nitrato, 112–114
  biossíntese de aminoácidos, 116–117
  ciclo biogeoquímico, 110–112
  concentração no tecido vegetal, *85*
  deposição de nitrogênio atmosférico, 84–85
  efeito do pH do solo na disponibilidade, *96–96*
  mobilidade dentro de uma planta, 89–90, *90–91*
  movimento dos fungos micorrízicos para as células da raiz, 106–107
  nutrição mineral vegetal, 85, *85–86,* 90–91
  soluções nutritivas, 87–88
  transportadores para compostos nitrogenados, 147–148
Nitroglicerina, 127–128
Nitrosaminas, 111–112
Nitrosomonas, 110
Nódulos
  complexo da enzima nitrogenase e fixação de nitrogênio, 122–124
  definição, 119–120
  estrutura e função, 119–120
  feijão, *117–119*
  formação, 121–122, 124
  formas de nitrogênio transportadas, 123–125
  semelhanças com micorrizas arbusculares
  sinalização no estabelecimento de, 119–122
Nogueira-pecã, 93–94
Nós, 5–7, *12,* 405–406
Nostoc, 117–119
Nozes, 368–369
Núcleo, *16–17*
  criptocromos, 340–341
  definição, 18
  estrutura e função, 18–23
  na mitose, 32–34, *35–36*
  renovação (*turnover*) de proteínas, 20, 22, *22–23*
  transcrição e tradução, 20, 22, *21*
Nucléolo, *16–17,* 19–20, 22, 34–36
Nucleoplasma, 18–19
Núcleos polares, *442–443,* 442–444
Nucleossomos, 18–20
Nutrição mineral
  absorção de íons minerais pela raiz, 101–104
  deficiências, 89–94 (*ver também* Deficiências minerais)
  definição, 83
  deposição de nitrogênio atmosférico, 84–85

efeitos da disponibilidade de nutrientes no crescimento vegetal, 103–104
elementos essenciais, 84–87
fertilizantes (*ver também* Fertilizantes), 83–85
limitações ao crescimento vegetal sob níveis elevados de dióxido de carbono, 235–236
micorriza e absorção de minerais pela raiz, 103–107
movimento de nutrientes entre fungos micorrízicos e células da raiz, 106–107
partículas do solo e adsorção de nutrientes minerais, 97–99
pH do solo e disponibilidade de nutrientes, 98–99
soluções nutritivas, 86–90
técnicas usadas nos estudos nutricionais, 86–87, 87–88
Ver também Assimilação de nutrientes
Nyphaeles, *3*
Nyssa sylvatica (tupelo preto, goma preta), 420

O poder do movimento nas plantas (Darwin & Darwin), 310–311
Oenothera, 445–446
Oficial-de-sala, 460–463
Óleos, 294–296
Ver também Lipídeos; Triacilgliceróis
Óleos essenciais, 25–27
Oleosinas, 295–296
Oleossomos, 24
Ver também Corpos lipídicos
Oligogalacturonídeos, 466, 468
Oligossacarídeos de lipoquitina, 120–122
Oncopeltus fasciatus (percevejo de oficial-de-sala), 462–463
Onoclea (samambaia sensível), *335–337*
Ooomicetos, 455–456
Oosfera, *442–443*, 443–446
Oosfera, ciclos de vida das plantas, 2, 5, *4*, 5–6
OPDA, *465–466*
Opiáceos, 460–462
Opúncia africana (*Opuntia stricta*), 209–211
Opuntia, 399–400, *456–457*
Opuntia ficus-indica, 53–54
Opuntia stricta (opúncia africana), 209–211
Orchidaceae, 208–209
Organelas
elementos crivados, 241–245, *243*
movimento, 30, 32–34
na mitose, 32–34
semiautônomas, 24–29
sistema de endomembranas, 22–24
visão geral, 14, 16–17
Organelas de divisão independente, 14, 16–17, 24–29
Organelas semiautônomas, 14, 16–17
Órgãos de reserva, 240

Órgãos florais
filomas, 398–399
iniciação nos verticilos, 438–440, *440–441*
Orobanques, 314–315, 371–372
Orquídeas, 371–372
Ortovanadato, 154–156
Oscilador circadiano endógeno.
Ver Relógio circadiano
Osmolaridade, 48–49
Osmose
definição, 46–47
descrição da, 47–48
movimento da água para dentro das células, 50–51
movimento da água para fora das células, 50–53
Ovário, 442–444
Oxalacetato
biossíntese de aminoácidos, 116–117, *117*
ciclo do ácido tricarboxílico, 280–281, *281–283*
conversão de triacilgliceróis em sacarose, *298–299*, 298, 300
fotossíntese C_4, 205, *205–206*, 208
metabolismo ácido das crassuláceas, 208–209, *209–210*
reações de transaminação, 115–117
rotas glicolíticas, *274*, 275
β-oxidação
biossíntese do ácido jasmônico, 464–465
de ácidos graxos, 296, 298–299
do ácido indol-3-butírico, 315–316
Oxidase alternativa, 281–283, 283, 284, 288–290
Oxidases dependentes de NADPH, 308–310, 472–474, 492–493, *493–495*
Óxido nítrico
efeitos em humanos, 111–112
fixação fotoquímica de nitrogênio, 110–111
quebra da dormência da semente, 374–375
resposta hipersensível, 472–474
Óxido nitroso, 113, *113-114*
Oxigênio
cadeia de transporte de elétrons nas mitocôndrias, 281–284, *283*
disponibilidade em solos inundados, 486–487
dormência imposta pela casca e, 371–372
fotorrespiração e, 202–203
impacto do oxigênio ambiental nas taxas respiratórias, 293–294
nutrição mineral vegetal, 84–85, *85*
produtividade quântica da fotossíntese, 170–171
quociente respiratório, 292–294
razões ADP:O nas mitocôndrias, 284–285

reações luminosas da fotossíntese, 163–164, 169–172, 178–179, *179–180*, 181–182
Oxilipinas, 464–465
2-Oxoglutarato
assimilação de amônio, 114–116, *115–116*
biossíntese de aminoácidos, 116–117, *117*
ciclo do ácido tricarboxílico, *280–281*
ciclo fotossintético oxidativo C_2 do carbono, *198–200*, 199–202
ligação de respiração e fotossíntese, 292–293
reações de transaminação, 115–117
síntese de GABA, 281
2-Oxoglutarato desidrogenase, *280–281*, 289–290
Ozônio, 235–236

P680, 178–181, *179–180*
P700
definição, 179–181
estrutura do centro de reação PSI, 183–185, *185–186*
fluxo de elétrons cíclico, 185–186
reações luminosas da fotossíntese, 183–185
transporte de elétrons no esquema Z, 178–179, *179–180*
Padrões moleculares associados a microrganismos (MAMPs), 471–472, *472–473*
Padrões moleculares associados ao dano (DAMPs), 466, 468, 471–472, *472–473*
Panicum virgatum ("switch grass"), 410–411
Papopula dormideira (*Papaver somniferum*), 460–462
Paraquat, 185–186, *186*
Parasitas, 453–454
Parasponia, 117–119
Parasponia andersonii, 454–455
Parede celular, pH
como um segundo mensageiro, 307–308
crescimento induzido por acidez, 385–387
expansão celular e, 307–308
extrusão de prótons induzida por auxina, 387–389
Paredes celulares primárias, 16–17
afrouxamento na expansão celular, 383–385
componentes, 6–10, *9–10*
definição, 6–7
estrutura, 383–384
gramíneas, 8–10
Paredes celulares secundárias, 6–7–8
Paredes celulares vegetais
células-guarda, 74–75, 77, *76*
componentes, 6–8
definição, 6–7
durante a abscisão foliar, 418-419
durante a emergência da radícula, 376–377

enzimas de degradação da parede celular e amolecimento do fruto, 448–450
espécies reativas de oxigênio e, 308–310
expansão celular, 383–389
extrusão de prótons induzida pela auxina, 387–389
orientação das microfibrilas, 30
plasmodesmas, 8–10, *10–11*
pressão de turgor e, 41, 52–55
primárias e secundárias (*ver também* Paredes celulares primárias; Paredes celulares secundárias), 6–7
resposta hipersensível a patógenos, 472–475
síntese de microfibrilas e polímeros de matriz, 8–10
Ver também Parede celular, pH
Parênquima
definição, 10, 14
parênquima do floema, 241–242, *243*, 467
parênquima do xilema, *157–159*, 159
tipos no sistema fundamental, 10, 14, *15*
Ver também Parênquima paliçádico
Parênquima do floema, 241–242, *243*, 467
Parênquima do xilema, *157–159*, 159
Parênquima esponjoso, *12*, 216, 218–219
Parênquima paliçádico
absorção da luz e, 217–219
anatomia foliar, *12*
definição, 218–219
folhas de sol e folhas de sombra, *216*, 220–221
Pares de pontoações, 14, 16–17, 64–65, *66–67*
Partes aéreas
alongamento do entrenó na resposta de evitação à sombra, 408–410
assimilação de nitrato, 113-114
auxina e fototropismo, 393-395
bainha amilífera e gravitropismo, 391–393
definição, 5–6
efeitos das estrigolactonas, 314–315
ramificação e arquitetura, 405–409
razão raiz:parte aérea durante o estresse hídrico, 493–496
tipos de células epidérmicas, 401–403
Ver também Caules
Partição, 260–264
Partículas de reconhecimento de sinais (PRS), *21*
Partículas do solo, 97–99
Partículas inorgânicas do solo, 97–98
Partículas orgânicas do solo, 97–98
Pascais (Pa), 44–46
Pasteur, Louis, 276

Patógenos
  defesas mecânicas vegetais, 456–459
  defesas químicas contra, 469–475
  defesas químicas vegetais, 458–464
  estratégias de invasão e infecção, 469–471
  supressão de fungos patogênicos por rizobactérias, 455–456
  visão geral, 455–456
Patógenos biotróficos, 470–471
Patógenos hemibiotróficos, 470–471
Patógenos microbianos, 453–454
  Ver também Bactérias patogênicas; Fungos patogênicos; Patógenos
Patógenos necrotróficos, 470–471
PC. Ver Plastocianina
Pé-de-leão (*Alchemilla vulgaris*), 64–65
Pecíolos, 399–400, 417–419
Pectinas, 7–8, *9–10*, 383–384
Pectinases, 470–471
Pelos das raízes, *12*
  absorção de água, 61–62
  absorção de nutrientes minerais, 102–103
  água do solo e, *60–61*
  definição, 61–62
  desenvolvimento, 381–382, *382–383*
  formação de nódulos (*ver também* Nódulos), 121–122, 124
  funções, 101–102
  transporte de íons, 155–159
Pentose fosfato epimerase, *277*
Pentose fosfato isomerase, *277*
PEP carboxilase (PEPCase)
  ciclo do ácido tricarboxílico, 281, *281–283*
  definição, 275
  fotorrespiração e, 208–209
  fotossíntese C$_4$, 203–206, *205–206*, 208
  metabolismo ácido das crassuláceas, 208–212
  regulação da, 208–211, 289–290
  rotas glicolíticas, *274*, 275
PEP carboxinase (PEPCK)
  conversão de triacilgliceróis em sacarose, *298–299*, 298, 300
  fotossíntese C$_4$, 203–206, *205–206*, 208
  metabolismo ácido das crassuláceas, 211–212
PEPCase quinase, 208–211
Peperomia, 445–446
Pepino (*Cucumis sativus*), 416–417
  hidroponia, 86–87
  regeneração do xilema induzida por auxinas, 405–406
  repressão da senescência pela citocinina, 416–417
  seiva do floema, 245–246
Percevejo de oficial-de-sala (*Oncopeltus fasciatus*), 462–463
Perda de calor evaporativo, 226–228

Perda de calor latente, 226–228
Perda de calor, pelas folhas, 226–228
Perda de calor radiativo, 226–227
Perda de calor sensível, 226–228
Pericarpo
  cariopse, 368
  definição, 368
  frutos carnosos indeiscentes, 446–447, *448–449*
  frutos secos deiscentes, 446–447, *447–448*
Periciclo, 10–11, *12, 13*, 381–384
Periderme, 13, 454
Perilla crispa, 431–432
Período, 428–429, *430–431*
Período de atraso
  nas respostas à luz azul, 339–340
  nas respostas do fitocromo, 335–338
  no alongamento induzido pela auxina, 387–388
Período de indução, 194, 196–197
Perisperma, 368, *369–370*
Permeabilidade da membrana
  definição, 133–134
  membranas biológicas e artificiais, 137–139
  osmose, 47–48
  transporte de íons através de barreiras de membrana, 133–138
Permeabilidade seletiva, 47–48
Peróxido de hidrogênio
  ativação da rota da oxidase alternativa, 288–290
  ciclo fotossintético oxidativo C$_2$ do carbono, *200*, 198–199, 199–203
  como um mensageiro secundário, 308–310
  enzimas antioxidativas, 499–500
  resposta hipersensível e, 472–475
  tiorredoxina e, 197–198, 201
Peroxissomos, *16–17*
  biossíntese do ácido jasmônico, 464–465, *467*
  ciclo fotossintético oxidativo C$_2$ do carbono, *200*, 199–201, *201–202*, 203
  conversão de triacilgliceróis em sacarose, 296, 298–299
  definição, 24
  inativação de EROs, 499–500
  β-oxidação do ácido indol-3-butírico, 315–316
Pétalas, 438–443
Petalostemum purpureum (trevo roxo da pradaria), *410–411*
Pfr
  definição, 334–336, 434–435
  escape da fotorreversibilidade, 337–338
  interconversão com, 334–337
  no fotoperiodismo, 434–435
  supressão do alongamento da plântula no escuro e, 379–381
pH. *Ver* Parede celular, pH; pH citosólico; pH do solo

pH citosólico
  como um mensageiro secundário, 307–308, 391–393
  gradiente de prótons no tonoplasto e, 153–154
pH do solo
  correções, 96–96
  efeitos nos microrganismos do solo, crescimento da raiz, disponibilidade de nutrientes minerais, 98–99
  lixiviação de nutrientes e, 94–95, 96–96
  na assimilação de ferro pelas raízes, 125–127
Phaeodactylum tricornutum, 206, 208
Phalaris canariensis (alpiste), 310–311
Pharbitis, 431–432, 434–435, *434, 436*
Pharbitis nil, *434, 436*
Phaseolus (feijão), *118–119*
Phaseolus lunatus (feijão-fava), 469–470
Phaseolus vulgaris. *Ver* Feijão comum
Phelipanche, 314–315, 371–372
Philadelphus grandiflora ("mock orange"), 412–414
Phleum pratense (grama-timothy), *25–26*, 76
Phyllostachys bambusoides (bambu japonês), 419
Phytophthora, 455–456
Picea sitchensis (espruce), 222–224
Piercidina, 283–284
PIFs. *Ver* Fatores de interação do fitocromo
Pigmentos
  mudanças na cor do fruto durante o amadurecimento, 447–449, *449–450*
  pigmentos acessórios, 167–168
  pigmentos bilinas, *166–167*
  Ver também Pigmentos fotossintéticos
Pigmentos bilinas, *166–167*
Pigmentos fotossintéticos
  complexo antena e complexo dos centros de reação, 168–170
  espectros de absorção, 167–168
  espectros de ação, 167–169
  estruturas e funções na fotossíntese, 166–168
  Ver também Clorofilas
Pilriteiro (*Crataegus*), 304–305
Pinaceae, 104
Pincel-do-deserto (*Castilleja chromosa*), 428–429
α-Pineno, 460–461
β-Pineno, 460–461
Pinheiro-da-escócia (*Pinus sylvestris*), 420
Pinheiro-suíço (*Pinus cembra*), 420
Pinheiros, 106–107, 335–337, 460–461
Pinus cembra (pinheiro-suíço), 420
Pinus longaeva (árvore Matusalém) *362–363*, 420

Pinus sylvestris (pinheiro-da-escócia), 420
PIP$_2$. *Ver* Fosfatidilinositol bisfosfato
Piperaceae, 401–402
Pirofosfatase, *495–496*
Pirofosfato inorgânico, 154–155
Pirofosfatos, *205–206*
Piruvato
  biossíntese de aminoácidos, 116–117, *117*
  ciclo do ácido tricarboxílico, 270–271, 278–281
  estrutura, *273, 275*
  fotossíntese C$_4$, *205*, 205–206
  glicólise, 270–273, *274, 275*
  metabolismo na matriz mitocondrial, *281*, 281–283
  reações da fermentação, *274*, 276
Piruvato descarboxilase, *274*, 276
Piruvato desidrogenase, 279–281, *280–281*, 289–290, *289–290*, 292–293
Piruvato-fosfato diquinase, *205*, 205–206, 208
Piruvato quinase, *274*, 273, 275, 289–290
Pistilos, 438–440, *440–441*
Pisum sativum. *Ver* Ervilha
Placa celular, *35–36*, 36–37
Placa de perfuração, 65–66
Placas crivadas, 242–244
Placas de perfuração escalariformes, 65–66
Planta-bússola (*Silphium laciniatum*), *410–411*
Planta-chumbo (*Amorpha canescens*), *410–411*
Planta-jarro, 147
Plantação de alta densidade, *409–410*
Plantas
  classificação e ciclos de vida, 2–6
  definição, 2
  estrutura, 5–10, 14
  princípios unificadores, 2
  relações evolutivas entre, 3
Plantas actinorrízicas, 117–120
  Ver também Fixação simbiótica de nitrogênio
Plantas anuais, 419, 434, 436, 436–437, 482–483
Plantas avasculares, 3
Plantas bianuais, 419, 434, 436–437
Plantas clonais, 419–420
Plantas com sementes
  ciclos de vida, *4*, 5–6
  embriogênese (*ver* Embriogênese)
  relações evolutivas entre as plantas, 3
Plantas cultivadas, curvas de resposta à luz, 221–224
Plantas de deserto, eficiência no uso da água, 79–80
Plantas de dias curtos (SDPs)
  comprimento do dia medido pelo comprimento da noite, 431–432, *432–433*

definição, 426–427
efeitos de uma quebra da noite, 431–432, *433–434*
fitocromo e fotoperiodismo, 434–436
modelo de coincidência da indução floral, 434–435
percepção do sinal fotoperiódico pelas folhas, 431–432
ritmos circadianos e cronometragem fotoperiódica, 432–434
sinalização de longa distância no florescimento, 436–438
Plantas de dias curtos-longos (SLDPs), 427–428
Plantas de dias curtos qualitativas, 426–427
Plantas de dias curtos quantitativas, 426–427
Plantas de dias longos (LDPs)
comprimento do dia medido pelo comprimento da noite, 431–432, *432–433*
controle do florescimento pelo fitocromo, 434, 436
definição, 426–427
efeitos de uma quebra da noite, 431–432, *433–434*
modelo de coincidência da indução floral, 434–435
percepção do sinal fotoperiódico pelas folhas, 431–432
sinalização de longa distância no florescimento, 436–438
Plantas de dias longos-curtos (LSDPs), 427–428
Plantas de dias longos qualitativas, 426–427
Plantas de dias longos quantitativas, 426–427
Plantas de dias neutros (DNPs), 427–428, 437–438
Plantas de sol, 221, *221–224*, 408–410
Plantas de sombra
alongamento do caule e luz vermelha, 408–409
curvas de resposta à luz, *221–222*
efeitos do estresse luminoso nas, 486–488
manchas de sol e, 218–220
ponto de compensação da luz, 221
razão de PSI para PSII, 221
Plantas de terras úmidas, 497–500
Plantas hemiparasitas, 475–477
Plantas holoparasitas, 475–478
Plantas monocárpicas, 419, 420
Plantas parasíticas, 314–315, 475–478
Plantas perenes, 419–420, 483–484
Plantas policárpicas, 419
Plantas que evitam a sombra, 408–410
Plantas resistentes ao resfriamento, 492–493
Plantas sem sementes, 3
Plantas sensíveis ao resfriamento, 492–493
Plantas sensíveis ao sal, 483–484

Plantas terrestres, 349–350
Plantas tolerantes ao sal, 99
Plantas vasculares, 3
Plasmalema. *Ver* Membrana plasmática
Plasmodesmos, 16–17
carregamento do floema, 252–253, *253–254*, 255–257
comunicação célula a célula durante a embriogênese, 354–358
definição, 8–10
estrutura e função, 8–10, *10–11*, 155–157
limite de exclusão por tamanho, 356–358
na sinalização do floema, 264–266
sinalização de sistemina nas defesas vegetais induzíveis, 466, 468, *467*
transporte de íons nas raízes, 155–157
Plasticidade
definição, 220–221
plasticidade fenotípica vegetal, 490–492
resposta das folhas ao sol e à sombra, 220–221
Plastídios
amiloplastos, 25–27
cloroplastos (*ver também* Cloroplastos)
cromoplastos, 25–27
definição, 17–18
glicólise parcial nos, 271–273
leucoplastos, 25–27
maturação a partir de proplastídios, 27–28
membranas internas, 17–18
movimento ao longo de microfilamentos, 28–29
na respiração, *270*
rota oxidativa das pentoses fosfato e suprimento de NADPH, 276, 278
Plastocianina (PC)
cobre e, 93–94
definição, 183–185
local na membrana do tilacoide, 173–174, *174–175*
reações luminosas da fotossíntese, 178–179, *179–180*, 183–185, *185–186*
Plastoidroquinona (PQH$_2$)
fluxo de elétrons cíclico, 185–186
reações luminosas da fotossíntese, *174–175*, 178–179, *179–180*, 181–185, *182–183*
Plastoquinol, 183–184
Ver também Plastoidroquinona
Plastoquinona (PQ)
bloqueio do fluxo de elétrons por herbicidas e, 185–186, *186*
estrutura, *182–183*
local na membrana do tilacoide, 173–174, *174–175*
reações luminosas da fotossíntese, 174–175, 181–182, *182–183*, 183–185

Plastossemiquinona, *182–183*, 183–184
Plúmulas, *369–370*
Pneumatóforos, 293–294
Poa pratensis (grama-azul-do-kentucky), *410–411*
Poaceae, 457–458
Poinsétia (*Euphorbia pulcherrima*), 432–433
Poiseuille, Jean Léonard Marie, 66–67
Polaridade
celular, 350–351
da água, 42–43
definição, 42–43, 353–354
na embriogênese, 353–354
Polaridade foliar distal-proximal, *399–400*
Polaridade foliar: nervura mediana-margem, *399–400*
Pólen
ciclos de vida das plantas, 2, 5, *4*
definição, 2, 5
desenvolvimento, 442–443
germinação, 2, 5
na polinização, 443–445
Poligalacturonases, 470–471
Polinização, 443–445
Polinização cruzada, 443–444
Poliploidia, 33–34
Polirribossomos, 20, 22
Polissacarídeos, paredes celulares vegetais, 6–10
Polissacarídeos de matriz, 8–10
Pólvora, 127–128
Polytrichum, 335–337
Pomos, 445–446
Pontes de hidrogênio, 42–45
Ponto de checagem, 32–34
Ponto de compensação da luz, 221
Ponto de compensação do CO_2, 232–233
Pontoações
definição, 64–65
e elementos de vaso, 14, 16–17, 64–67
fibras, 14, 16–17
pares de pontoações, 14, 16–17, 64–65, 66–67
Populus grandidentata (choupo-americano-de-folha-dentada), 420
Populus tremuloides (álamo), *413-414*
Poros da placa crivada, 242–244, *243–245*, 250–252
Poros nucleares, 18–20, 22, *21*
Portões, 139–140
Pós-maturação, 373–375
Potássio
abertura estomática e, 155–157
abertura estomática induzida pela luz azul, 343–344, *344–345*
absorção pelas raízes, 102–103
adsorção às partículas do solo, 97–98
concentrações nos tecidos vegetais, *85*, *136*, 136–138

efeito do pH do solo na disponibilidade, *96*
estresse pela salinidade, 486
mobilidade dentro de uma planta, 89–90, *90–91*
no ajuste osmótico, 495–496
nutrição mineral vegetal, *85–86*, 92–93
seiva do floema, 245–246, *245–246*, 248
transportadores de membrana, 145–146
Potenciais de ação, 317–318, 320
Potencial de difusão, 134c138
Potencial de difusão de Goldman, 136–138
Potencial de Nernst, 135–136
Potencial de pressão
curva de pressão-volume, 53–54
definição, 48–49, 60
fluxo de massa e, 60–62, 79–80
medição, 49–50
modelo de fluxo de pressão da translocação, 249, *250*
movimento da água para dentro das células, 50–51
movimento da água para fora das células, 50–53
potencial hídrico do solo, 60–61
potencial hídrico e, 48–50
variabilidade dentro da planta, 52–53
Potencial de soluto, 48–49, 249, *250*
Ver também Potencial osmótico
Potencial eletroquímico, 133–134
Potencial gravitacional, 49–50, 60–61, 67–68
Potencial hídrico
absorção de água na germinação da semente, 375–377
ajuste osmótico e, 494–496
definição, 48–49
efeitos do estresse hídrico no, 484–486
estado hídrico da planta e, 55–57
medição, 49–50
modelo de fluxo de pressão da translocação, 249, *250*
movimento da água para dentro das células, 50–51
movimento da água para fora das células, 50–53
potencial hídrico do solo, 60–61
potencial químico da água e, 47–49
pressão de turgor e abertura dos estômatos foliares, 75, 77–78
principais fatores que contribuem para, 48–50
teoria coesão-tensão de transporte no xilema e, 68–70
variabilidade dentro da planta, 52–53
Potencial hídrico do solo, 60–61
Potencial mátrico, 49–50, 376–377

Potencial osmótico
  conteúdo relativo de água e, 53–54
  definição, 48–49, 60
  medição, 49–50
  movimento da água para dentro das células, 50–51
  movimento da água para fora das células, 50–53
  potencial hídrico do solo e, 60
  potencial hídrico, 48–49
  pressão de raiz e, 63–64
  pressão de turgor e a abertura dos estômatos, 75, 77
  variabilidade dentro da planta, 52–53
Potencial químico
  definição, 47–49, 132, 186–187
  quimiosmose, 186–187
  transporte líquido e, 132–134
PQ. *Ver* Plastoquinona
PQH$_2$. *Ver* Plastoidroquinona
Pr
  alongamento da plântula e, 379–381
  definição, 334–336, 434–435
  interconversão com Pfr, 334–337
  no fotoperiodismo, 434–435
"Prairie cord grass" (*Spartina pectinata*), 410–411
"Prairie dropseed" (*Sporobolus heterolepis*), 410–411
Pré-prófase, 34–36, *35–36*
Precipitação, produtividade do ecossistema e, *42*
Precipitação anual, produtividade de ecossistemas e, *42*
Pressão
  medições da, 44–46
  pressão de raiz, 63–65, 67–69
  pressão de vapor, 49–50
  Ver também Pressão de turgor; Pressão hidrostática
Pressão de raiz, 63–65, 6769
Pressão de turgor
  abertura dos estômatos, 75, 77–78
  acúmulo de solutos e, 57–57
  definição, 41, 48–50
  efeitos das relações fonte-dreno, 263–264
  efeitos do estresse hídrico na, 484–486
  efeitos do volume da célula vegetal na, 52–55
  em árvores e plantas herbáceas, 251–253
  expansão celular, 384–385, 388–389
  modelo de fluxo de pressão da translocação, 249, *250*
  murcha e, 52–53
Pressão de vapor, 49–50
Pressão hidrostática
  definição, 44–46
  potencial de pressão, 48–50
  pressão hidrostática negativa (*ver também* Tensão), 44–46, 49–50, 60–61

pressão hidrostática positiva (*ver também* Pressão de turgor), 48–50, 63–65
Pressão hidrostática negativa, 44–46, 49–50, 60–61
  Ver também Tensão
Pressão hidrostática positiva, 48–50, 63–65
  Ver também Pressão de turgor
Primeira lei de Fick, 47
Primórdio nodular, 121–122
Primórdios foliares
  embriogênese de monocotiledônea, 353–354, *356–357*
  iniciação, 400–401
  iniciação do sistema vascular e o traço foliar, 402–405, *405–406*
Primula kewensis, 23–24
Pró-sistemina, *467*
Procâmbio, 361–362, 402–404, *404–405*
Processo Haber-Bosch, 110–111
Processos de transporte em membranas
  análises cinéticas, 142–145
  canais, 138–140, 142, *141*
  carregadores, 140, 142
  transporte ativo primário, 140, 142–143
  transporte ativo secundário, 142–144
  visão geral, 137–139
Produção de calor
  proteína desacopladora, 289–290
  rota da oxidase alternativa, 288–289
Produtividade do cultivo
  alocação e partição de fotossintatos, 261–262
  efeitos das interações de estresses na, 488–489
  fertilizantes e, 96–97
  irrigação e, *42*
  plantação de alta densidade, *409–410*
  redução da resposta de evitação da sombra, 409–410
Produtividade dos ecossistemas, precipitação anual e, *42*
Produtividade quântica da fotossíntese
  definida, 169–171
  dióxido de carbono atmosférico e, *233–234*
  efeito da queda no vermelho, 171–172
  máxima, 221–222
  sensibilidade à temperatura, 228–230
Prófase, 34–36, *35–36*
Prolina, *117*, 495–496
Promotor responsivo à auxina DR5, 358–359, 361
Proplastídios, 27–28
Prosopis (algaroba), 99
Prostaglandinas, 464–465
Prótalo, 5–6
Protea, 98–99
Proteaceae, 98–99

Proteassomos
  proteassomo 26S, 20, 22, *22–23*
  rota de ubiquitina-proteassomo da degradação de proteínas, 320–321, 323–324, *324–325*
Proteção cruzada, 489–490
Proteção molecular, 491–492
Proteína ARR15, 363–364
Proteína ARR7, 363–364
Proteína AUX/IAA, *324–325*, 358–359
Proteína AUX1, 359–360, 390–391
Proteína quinase dependente de calmodulina/ Ca2+ (CaMK), 121–122, 307–308
Proteína CYCLOPS, 121–122
Proteína D1, 180–182, 225–226
Proteína D2, 180–182
Proteína de choque térmico (HSPs), 491–492, *492*
Proteína de organização de microtúbulos 1 (MOR1), *31*
Proteína desacopladora, *287*, 289–290
Proteína FLOWERING LOCUS D (FD), 437–438, *438–439*
Proteína FLOWERING LOCUS T (FT), 437–438, *438–439*
Proteína fosfatase 2A, 209–211
Proteína fosfatase 2C, *322*, 320–321, 323
Proteína fosfatase tipo 2A, 342–343
Proteína histidina de transferência de fosfatos (Hpt), *320–321*, *322*
Proteína MoFe, 122–124
Proteína PsA, 183–185, *185–186*
Proteína PsB, 183–185, *185–186*
Proteína quinase BLUE LIGHT SIGNALING 1 (BLUS1), 343–344, *344–345*
Proteína repressora JAZ, *324–325*
Proteína Rieske ferro-sulfurosa, 182–184
Proteínas
  fosforilação, 305–307
  membranas, *17–18*, 18
  reciclagem, 20, 22, *22–23*
  seiva do floema, *245–246*, 246–248
  síntese, 20, 22, *21*
  transporte no floema, 264–265
Proteínas 14-3-3, 113, 151–153, 343–344, 471–472
Proteínas ABC. *Ver* Proteínas do cassete de ligação ao ATP
Proteínas abundantes na embriogênese tardia, 491–492
Proteínas ancoradas, 18
Proteínas antena clorofilas a/b, 176–178
Proteínas anticongelamento, 500–501
Proteínas antidigestivas, 465–466
Proteínas associadas a microtúbulos, 34–37
Proteínas CBL, 307–308, *307–308*
Proteínas quinase dependentes de íon cálcio, 307–308

Proteínas CONVERGENCE OF BLUE LIGHT AND CO$_2$ (CBC), 343–344, *344–345*
Proteínas de homeodomínio, 364–365
Proteínas de membrana, *17–18*, 18
Proteínas de movimento, 264–265
Proteínas de receptor tipo glutamato, 466, 468, *468–469*
Proteínas de resistência (R), 471–473
Proteínas de transporte
  análises cinéticas, 142–145
  aquaporinas, 151–152
  bombas, 140, 142–144
  canais, 138–140, 142, *141*
  carregadores, 140, 142
  compostos contendo nitrogênio para, 147–148
  definição, 138–139
  genes de, 145–147
  H$^+$-ATPase da membrana plasmática, 151–153
  H$^+$-ATPase do tonoplasto, 151–154
  H$^+$-pirofosfatases, 154–155
  para íons metálicos e metaloides, 150–152
  transportadores de cátions, 147–150
  transportadores de íons, 149–151
  visão geral e exemplos de, 138–139, 145–146, *146–147*
  Ver também proteínas específicas de transporte
Proteínas do cassete de ligação ao ATP (ABC)
  fototropismo, 342–343
  funções, *146–147*, 147
  subfamília ABCG, 317–318
  transportadores de auxina ABCB, 359–361, 393–395
Proteínas do tipo calcineurina-B (CBL), 307–308, *307–308*
Proteínas do tipo calmodulina, 307–308, *307–308*
Proteínas dos substratos da quinase do fitocromo (PKS), 338–339
Proteínas F-box, 342–343
Proteínas integrais de membrana, *17–18*, 18, 172–174
Proteínas KNOX, 364–366
Proteínas motoras
  cinesinas, 30, 32, 34–36
  corrente citoplasmática, 30, 32–34
  miosinas, 28–30, 32–34
Proteínas P, 243–246, 248, 251–252
Proteínas periféricas de membrana, *17–18*, 18
Proteínas PINFORMED (PIN)
  distribuição da auxina no embrião, 363–364
  efluxo da auxina, 359–361, *361*
  fototropismo da parte aérea, 395
  gravitropismo da raiz, 390–393
  iniciação foliar e, 400–401

modelo de chafariz do transporte de auxina nas raízes, 390–391
Proteínas quinases, 33–36
Proteínas R, 471–473
Proteínas radiais, *10–11*
Proteínas repressoras, 320–321, 323, *324–325*
Proteínas responsivas ao ABA, 491–492
Proteínas sensoras, 318, 320, *320–321*
Proteínas sensoras de cálcio, 305–308, *307–308*
Proteínas YUCCA, 315–316, *317–318*
Protoclorofilídeo, 27–28
Protoderme
  definição, 354–356, 401–402
  diferenciação das células-guarda, 401–403
  embriogênese de eudicotiledôneas, 351–353
  formação da epiderme, 361–362
  formação, 354–355
  tipos de células epidérmicas, 401–402
Protofilamentos, 28–29
Protofloema, 381
Prótons
  como mensageiros secundários, 307–308
  potencial de membrana e transporte de prótons, 136–138
  transporte ativo secundário e, 142–144
Protoxilema, 14, 16–17, 381
Prunus cerasifera (abrunheiro-de--jardim), 104
Prunus serotina, 402–404
Pseudomonas, 455–456
Pseudomonas aeruginsoa, 455–456
Psicrômetros, 49–50
Pterídio (*Pteridium aquilinum*), 420
Pteridium aquilinum (pterídio), 420
Pteridófitas e grupos afins, 3
Pterifófitas, *335–337*
Pterinas, 112–113, 340–341
Pulvino, *219–220*, 220–221, 458–459

Q_{10} (coeficiente de temperatura), 293–295
Quanta, 164, 216–217
Quebras da noite, 431–436
Queima de combustíveis fósseis, 124–125
Quelantes
  definição, 88–89
  em soluções nutritivas, 88–90
  na assimilação de ferro pelas raízes, 125–127
  na tolerância interna, 499–501
Quelantes de metais, 499–501
Quenching não fotoquímico, 222–226
Quercus gambelii (carvalho gambel), 351–353

Quercus montana (carvalho-castanheiro), 420
Quercus robur (carvalho-vermelho), *424–425*
Quercus rubra (carvalho-americano), 420
Quiescência da semente, 367–371
Quimiotripsina, 465–466
Quinases, 305–307
Quinases da divisão celular, 34–36
Quinases dependentes de ciclina, 33–36
Quinases/fosfatases nas cascatas de sinalização, 318, 320–321, 323
Quitina, 454–455, 474–475
Quitinases, 474–475
Quitino-oligossacarídeo sintase, 120–121
Quociente respiratório, 292–294

Rabanete, *113-114*
Radiação fotossinteticamente ativa (PAR)
  absorção foliar, 217–219
  estrutura do dossel e absorção pela planta inteira, 218–219
  manchas de sol, 218–220
Radiação ultravioleta (UV)
  comprimentos de ondas de UV-A e UV-B, *330–331*
  efeitos nas plantas, 330–331
  fotorreceptores de UV-A, 339–340
  respostas fotomorfogênicas das plantas, 344–347
Radical hidroxila
  ativação da rota da oxidase alternativa, 288–290
  resposta hipersensível, 472–474
  tiorredoxina e, 197–198, 201
Radícula
  definição, 353–354
  domínio de desenvolvimento no embrião em estágio de coração, 354–356
  embriogênese de monocotiledôneas, 353–354, *356–357*
  emergência, 376–377
  sementes endospérmicas e não endospérmicas, *369–370*
Ráfides, 457–459
Rafinose, 246, 248, *247*, 256–257
Raios, 13
Raios medulares, *13*
Raiz primária, 99–101, 381–382
Raízes
  absorção de água, 61–65
  absorção de íons minerais, 101–104
  ajuste osmótico, 495–496
  anatomia, *12*
  assimilação de ferro, 125–127
  assimilação de nitrato, 113–114
  carregamento do xilema, 159
  concentrações de íons observadas e previstas em ervilhas, 136–138
  continuum solo-planta-atmosfera, *60*, 79–80
  crescimentos primário e secundário, *13*

definição, 5–6
desenvolvimento do aerênquima em resposta à hipoxia, 497–500
desenvolvimento, 381–384
efeitos da auxina e do etileno no crescimento, 386–387
efeitos da disponibilidade de nutrientes no crescimento, 103–104
efeitos das estrigolactonas, 314–315
efeitos do pH do solo no, 98–99
efeitos dos solos inundados nas, 486–487, 491–492
fermentação em solos inundados, 271, 293–294, 491–492
gravitropismo, 390–393
impacto da disponibilidade de oxigênio na respiração, 293–294
interações benéficas com rizobactérias, 454–456
micorriza e absorção de nutrientes, 103–107
modelo de chafariz do transporte de auxina, 390–391
movimento de nutrientes entre fungos micorrízicos e células da raiz, 106–107
nematódeos parasitas, 475–477
nódulos (*ver* Nódulos)
organização dos tecidos, *157–159*
pneumatóforos, 293–294
razão raiz:parte aérea durante o estresse hídrico, 493–496
taxas de respiração, 292–293
transporte de íons nas, 155–157
zona de esgotamento de nutrientes, 102–104
Raízes adventícias, 99–101, 409–411, *411*
Raízes coronais, 409–411, *411*
Raízes-escora, 99–101
Raízes laterais, 10–11, *12*, 381–384
Raízes nodais, 99–101
Raízes pivotantes, 410–411, *411*
Raízes ramificadas, 410–411, *411*
Raízes seminais, 409–410, *411*
Ramie, 10, 14
Ramificação
  fitômeros, 405–406
  regulação da emergência das gemas axilares, 405–409
  supressão por estrigolactonas, 314–315
Ramnogalacturonano II, *9–10*, 91–92
Raque, 399–400
Razão da transpiração, 79–80
Razão de Bowen, 226–228
RBOHs. *Ver* Homólogas da oxidase de queima respiratória
RE. *Ver* Retículo endoplasmático
Reação de Hill, 171–172
Reações anapleróticas, 281

Reações da fixação de carbono
  acumulação e partição dos fotossintatos, 211–212
  ciclo de Calvin-Benson, 191–198, 201 (*ver também* Ciclo de Calvin-Benson)
  curvas de resposta à luz, 221–224
  definição, 164
  fotorrespiração, 197–198, 201-203
  introdução e visão geral, 191–192
  mecanismos concentradores de carbono inorgânico (*ver também* Mecanismos concentradores de carbono inorgânico), 203–212
Reações de transaminação, 115–117
Reações luminosas da fotossíntese
  complexo antena e complexo do centro de reação (*ver também* Complexo antena; Complexo do centro de reação), 167–171
  conceitos fundamentais, 164–168
  esquema Z, 172–174, 177–180
  experimentos-chave para compreensão, 167–174
  fotofosforilação, 186–188, *188*
  mecanismos de transporte de elétrons, 177–186, *186*
  organização das, 172–176
  produtividade quântica (*ver também* Produtividade quântica da fotossíntese), 169–170–170–171
  Ver também Fotossistema I; Fotossistema II
Reações no estroma, 171–172
Reações nos tilacoides, 164, 171–172
  Ver também Reações luminosas da fotossíntese
Reações redox, fotossíntese, 170–172
Receptores
  ativação pelo estresse abiótico, 489–490
  definição, 303
  inativação, 323–324
  localizações, 304–305, *307–308*
  na percepção de sinal, 304–307
  na transdução de sinal, 303–304
Receptores de fatores Nod, 454–455
Receptores de PRS, *21*
Receptores de reconhecimento de padrões (PRRs), 466, 468, 471–472, *472–473*
Receptores do tipo serina/treonina quinases (RLKs), 320–321, *322*, 323
Receptores semelhantes ao glutamato, 305–307
Reciprocidade, 338
Rede de Hartig, 105–106
Redes gênicas, 349–350

Redundância metabólica, 271–273
"Reed grass" (*Calamagrostis epigeios*), *420*
Região hidrofílica, fosfolipídeos, 17–18
Região hidrofóbica, fosfolipídeos, 17–18
Região organizadora do nucléolo (RON), 19–20, 22
Regra do espaçamento de uma célula, 401–404
Regulação alostérica, da respiração, 289–291
Regulação autônoma, 424
Regulação cruzada, de rotas de transdução de sinal, 323–326
Regulação cruzada primária, 324–325, *326*
Regulação cruzada secundária, 324–325, *326*
Regulação cruzada terciária, 325, *326*
Regulação de baixo para cima. *Ver* Regulação alostérica da respiração
Regulação epigenética
 aclimatação e, 483–484
 da mudança de fases, 425–426
 definição, 19–20
 nas respostas ao estresse abiótico, 495–497, *497–498*
Reguladores de resposta, 318, 320–321
Reguladores de resposta tipo A, 320–321
Reguladores de resposta tipo B, 320–321
Reguladores negativos, 320–321, 323
Relógio circadiano (oscilador circadiano endógeno)
 compensação de temperatura, 430–431
 cronometragem fotoperiódica e, 432–434
 descrição, 428–429, *429–430*
 modelo de coincidência da indução floral, 433–435
 sincronização, 341–342, 429–430
Replicação do DNA, 32–34
Replo, *447–448*
Repolho (*Brassica oleracea*), 104
Reprodução sexuada (angiospermas)
 conflitos (*trade-offs*) entre crescimentos vegetativo e reprodutivo nas respostas ao estresse, 482–484
 desenvolvimento de pólen, 442–443
 desenvolvimento do gametófito feminino no rudimento seminal, 442–444
 desenvolvimento e amadurecimento do fruto, 445–450
 florescimento (*ver* Florescimento)
 polinização e fecundação dupla, 443–446

Requeima tardia da batata, 455–456
Resfriamento
 efeitos fisiológicos e bioquímicos, 485–486
 efeitos na composição da membrana lipídica, 492–493
 efeitos no transporte no floema, 250–251
Resistência à tensão, 44–46
Resistência da camada limítrofe, 73–74, 231–232
Resistência do mesofilo, 231–232
Resistência estomática, 73–75, 230–232
Resistência estomática foliar, 73–75
Resistência hidráulica de folhas, 72–73
Resistência nos espaços intercelulares, 231–232
Resistência sistêmica adquirida (SAR), 472–474, 474–475
Respiração
 acoplamento às rotas biossintéticas, 290–292
 ciclo do ácido tricarboxílico, 278–281, *281–283*
 climatérico, 449–450
 em plantas e tecidos intactos, 291–2295
 fatores ambientais afetando as taxas de, 293–295
 glicólise, 271–276
 mecanismos que reduzem a produção de ATP, 286, 288–290
 mitocôndria e, 24–25
 produção total de ATP, 286, 288
 quociente respiratório, 292–294
 reações generalizadas, 270–271
 regulação em curto prazo, 289–291
 rota oxidativa das pentoses fosfato, 276–279
 transporte mitocondrial de elétrons e síntese de ATP, 281–291
 visão geral, 269–271
Respiração aeróbica
 ciclo do ácido tricarboxílico, 278–281, *281–283*
 definição, 269–270
 glicólise, 271–276
 produção total de ATP, 286, 288
 reações generalizadas, 270–271
 regulação de curto prazo, 289–291
 rota oxidativa das pentoses fosfato, 276–279
 visão geral, 269-271
 Ver também Respiração
Respiração da planta inteira, 291–295
Respiração de crescimento
Respiração de manutenção, 292–293
Respiração resistente ao cianeto, 288–289
Resposta celular autônoma, 303–304

Resposta de evitação à sombra, 408–410
Resposta gravitrópica, 99–101
Resposta hipersensível, 472–475
Resposta tríplice, 312–313, *313–314*
Respostas à fluência baixa, 337–338
Respostas à fluência muito baixa (VLFRs), 337–338
Respostas à irradiância alta (HIRs), 338, 434, 436
Respostas à luz azul
 abertura estomática, 77–80, 154–157, 343–345
 espectros de ação do fototropismo, 332–334, *333–335*
 fototropismo da parte aérea, 393–395
 mediadas por criptocromos, 339–342
 mediadas por fototropinas, 341–345
 movimento dos cloroplastos nas folhas, 225–226
 visão geral, 338–340
Respostas ao estresse
 ácido abscísico nas, 493–496
 ativação da proteína desacopladora, 289–290
 citocininas, 494–496
 conflitos (*trade-offs*), 482–484
 rota da oxidase alternativa, 288–290
 transportadores do tipo antiporte, *495–496*
Respostas autônomas não celulares, 303–304
Respostas do fitocromos
 à luz vermelho-distante contínua, 338–339
 categorias de, 337–338
 período de atraso e tempo de escape, 335–338
 regulação da expressão gênica, 338–339
 visão geral, 335–337
Respostas facultativas, 424
Respostas obrigatórias, 424
Respostas qualitativas, 424
Respostas quantitativas, 424
Retículo endoplasmático (RE)
 corpos lipídicos e, 24
 corrente citoplasmática e, 30, 32
 definição, 22–23
 estrutura e função, 22–24
 lipídeos de membrana, *296, 298*
 na mitose, 34–37, *35–36*
 sequestro da auxina, 315–316
 síntese de triacilgliceróis, 295–296
 síntese proteica, 20, 22, *21*
Retículo endoplasmático cortical, 22–23
Retículo endoplasmático liso, *16–17*, 22–23, *23–24*
Retículo endoplasmático liso tubular, *16–17*
Retículo endoplasmático rugoso, *16–17*, 22–23, *23–24*

Retículo endoplasmático rugoso cisternal, *16–17*
Ramnogalacturonano I, *9–10*
Ramnogalacturonano II, *9–10*, 92
Rhizobium, 117, *117–119*
Rhizobium etli, 118–119
Rhizobium leguminosarum bv. *phaseoli*, *118–119*
Rhizobium leguminosarum bv. *trifolii*, *118–119*
Rhizobium leguminosarum bv. *viciae*, *118–119*, 120–121
Rhizobium tropici, *118–119*
Rhizophagus intradices, 454–455
Rhizophora, 293–294
Rhizophora mangle (mangue-vermelho), 371–372, *372–373*
Rhodospirillum, *117–119*, 119–120
Ribose-5-fosfato, 194, 196, *277*, 276, 278
Ribosídeos, 316–317
Ribossomos, *16–17*
 definição, 20, 22
 retículo endoplasmático rugoso, 22–23, *23–24*
 ribossomos 80S, 19–20, 22
 síntese no nucléolo, 19–20, 22
 síntese proteica, 20, 22, *21*
Ribotídeos, 316–317
Ribulose-1,5-bisfosfato
 ciclo de Calvin-Benson, 192–193, *193–194*, 195, 197–198
 ciclo fotossintético oxidativo C$_2$ do carbono, 197–198, 201, *200*, 198–199–202–203, 203
 limitações impostas pelo dióxido de carbono na fotossíntese e, 232–233
Ribulose-1,5-bisfosfato carboxilase/oxigenase. *Ver* Rubisco
Ribulose-5-fosfato
 ciclo de Calvin-Benson, 194, 196
 rota oxidativa das pentoses fosfato, 270–271, 276, *277*
Ribulose-5-fosfato epimerase, *193–195*, 194, 196
Ribulose-5-fosfato isomerase, *193–195*
Ribulose-5-fosfato quinase, *193–195*, 194, 196
 Ver também Fosforribuloquinase
Ricinus communis (mamona), 275, 368–369, *369–370*
Rinchão (*Sisymbrium officinale*), 374–375
Risitina, *459–460*
Ritmos circadianos
 ajuste aos ciclos de luz-escuro, 430–432
 características, 428–431
 compensação de temperatura, 430–431
 cronometragem fotoperiódica e, 432–434
 curso livre, 429–430
 definição, 428–429
 mecanismo do oscilador endógeno (*ver também* Relógio circadiano), 428–429, *429–430*

modelo de coincidência da indução floral, 433–435
regulação pelos criptocromos, 340–341
sincronização, 429–430
Ritmos de curso livre, 429–430
Rizobactérias, 96–97, 454–456
Rizóbios
 associação com plantas hospedeiras, *118–119*
 definição, 117
 exemplos de simbioses fixadoras de nitrogênio, 117, *117–119*
 formação de nódulos, 121–122, 124
Rizomas, 497, 499–500
Rizosfera
 definição, 99–101
 modificação pelas raízes na assimilação de ferro, 125–127
RLKs. *Ver* Receptores do tipo serina/treonina quinases
RNA de transferência (tRNA), 20, 22, *21*
RNA mensageiro (mRNA), transcrição e tradução, 20, 22, *21*
Rocha fosfatada, 96–96
Rose (Rosa), *424–425*, 456–457
"Rosin weed" (*Silphium perfoliatum*), *410–411*
Rota das pentoses fosfato. *Ver* Rota oxidativa das pentoses fosfato
Rota de sinalização simbiótica, 121–122
Rota de ubiquitina-proteassomo
 definição, 320–321, 323
 degradação de Pfr, 334–336
 degradação de proteínas na sinalização hormonal, 320–321, 323–324, *324–325*
Rota do ácido chiquímico, 276, 278
Rota dos octadecanoides, 464–465
Rota oxidativa das pentoses fosfato
 acoplamento às rotas biossintéticas, 290–291
 definição, 270–271
 papéis no metabolismo vegetal, 276, 278
 reações na, 276, 278
 regulação redox da, 276, 278–279
 visão geral, 270–271
Rota transmembrana, 62–64
Rotas biossintéticas
 ácido jasmônico, 464–465, *465–467*
 acoplamento da respiração a, 290–292
 fitormônios, 314–318
 mitocôndria e, 291–292
 substratos fornecidos pela rota oxidativa das pentoses fosfato, 276, 278
Rotas de sinalização hormonal
 degradação de proteínas via ubiquitinação, 320–321, 323–324, *324–325*

especificidade de resposta, 323–324
 regulação cruzada, 323–326
 regulação negativa, 320–321, 323
 sinalização da citocinina e do etileno, 318, 320–321, *322*
 sinalização de brassinosteroides, 320–321, *322*, 323
 sinalização do ácido abscísico, *322*, 320–321, 323
 terminação do sinal, 323–324
Rotas de transdução de sinal
 aspectos temporais e especiais da sinalização, 303–304, *304–305*
 ativação por estresse abiótico, 489–490
 definição, 303–304
 introdução e visão geral, 303–304
 percepção e amplificação de sinais, 304–310
 regulação cruzada, 323–326
 rotas de sinalização hormonal, 318, 320–326
Rotas metabólicas, alterações em resposta ao estresse abiótico, 491–492
Rotenona, 283–284
Rubisco (ribulose-1,5-bifosfato carboxilase/oxigenase)
 codificação genética, 25–27
 efeitos da temperatura na fotossíntese e, 228–229
 fase da carboxilação do ciclo de Calvin-Benson, 192–193, *193–195*
 fator de especificidade, 202–203
 folhas de sol e folhas de sombra, 220–221
 fotorrespiração, 197–198, 201–203
 fotossíntese C$_4$, *205*, 206, 208–209
 limitações impostas pelo dióxido de carbono na fotossíntese e, 232–234
 mecanismos concentradores de carbono inorgânico, 203–205
 mecanismos regulatores no ciclo de Calvin-Benson, 196–198, 201
 metabolismo ácido das crassuláceas, 208–212
Rubisco ativase, 197–198, 228–229
Rudimentos seminais
 desenvolvimento das sementes a partir dos, 367–368
 desenvolvimento do embrião (*ver também* Embriogênese), 350–351
 desenvolvimento do gametófito feminino, *442–443*, 442–444
 iniciação dos órgãos florais nos verticilos, 438–440, *440–441*
 na fecundação, 444–446
Rumex, 416-417

Rumex crispus (labaça-crespa), 374–375
Rustificação, 483–484

S-Adenosilmetionina, 125–126, 316–317, *319*
Sacarose
 acumulação e partição de, 211–212
 alocação nos cloroplastos, 262
 carregamento do floema, 252–257
 conversão de trioses fosfato em, 192–193
 conversão triacilglicerídeos em, 296, 298, 300
 definição, 191–192
 difusão através da membrana plasmática, 132–134
 estrutura, *273, 275*
 glicólise, 270–273, *274*
 modelo de fluxo de pressão da translocação, 249–253
 na respiração, 270
 produção total de ATP a partir da oxidação de, 286, 288
 regulação da dominância apical, 406–409
 seiva do floema, 245–246, *245–247*, 248
Sacarose sintase, 263–264, 271–273, *274*
Sachs, Julius von, 86–87, 308–310
Saco embrionário
 desenvolvimento, 442–444
 fecundação dupla, 445–446
Saco embrionário do tipo *Polygonum*, 442–446
SAGs. *Ver* Genes associados à senescência
Sais-de-cheiro, 111–112
Salgueiros, 257
Salicaceae, 104
Salinização do solo, 99
Saliva, eliciadores na saliva dos insetos, 463–465
Salix babylonica, 257
Samambaia sensível (Onoclea), *335–337*
Sâmaras, *368–369*
SAR. *Ver* Resistência sistêmica adquirida
Sauromatum guttatum (lírio vodu), 288–289
Saussure, Nicolas-Théodore de, 86–87
Schenoplectus lacustris (junco-gigante), 497–500
Schistocerca americana, 464–465
Scirpus maritimus (junco-de-marisma), 497–500
SDPs. *Ver* Plantas de dias curtos
Secale cereale (centeio), 99, 436–437
Sedo-heptulose-1,7-bifosfato, 193–194
 ciclo de Calvin-Benson, 193–195, 193–194
 regulação dependente da luz, 196–198, 201
Sedo-heptulose-7-bifosfato, 193–194, 196, *277*

Seiva do floema
 coleta e análise, 245–246, 248
 composição da, 245–246, *245–246*, 248–249
 definição, 239
 modelo de fluxo de pressão da translocação, 249–253
 transporte de moléculas de sinalização, 263–266
Seiva vacuolar, 23–24
SEL. *Ver* Limite de exclusão por tamanho
Seleção dos grãos de pólen (pelos tecidos femininos), 444–445
Selênio, 85–87
Semeadura de ar, 70–71
Semente da beterraba, *369–370*
Semente de bordo, *368–369*
Semente oleaginosa, 296, 298, 300
Sementes
 conversão de triacilgliceróis em sacarose, 296, 298, 300
 descarregamento do floema, 257–258
 desenvolvimento do embrião (*ver também* Embriogênese), 350–351
 dormência, 369–374
 estrutura, 368–371
 frutos semelhantes a sementes, *368–369*
 liberação da dormência, 374–375
 mobilização de reservas armazenadas, 376–378
 proplastídios, 27–28
 quiescência, 367–371
 reservas de alimento, 368
 visão geral e introdução, 367–368
Sementes endospérmicas, 368–369, *369–370*
Sementes não endospérmicas, 368–369, *369–370*
Senecio vulgaris (tasneira), 424
Senescência
 definição, 411–412
 senescência da planta inteira, 412–413, 419–420
 senescência foliar, 411–418
 tipos, 412-413
Senescência do órgão, 412–413
 Ver também Senescência foliar
Senescência foliar
 abscisão, 411-412, 417–419
 definição de senescência, 411–412
 espécies reativas de oxigênio como agentes internos de sinalização, 414–416
 idade do desenvolvimento foliar, 412–414
 mudanças celulares, 414-415, *415–416*
 regulação hormonal, 415–418
 remobilização de nutrientes, 412-413
 sequencial ou sazonal, 413–415
Sensitiva, 303–304, 317–318, 458–459

Sensor de sinalização de dois componentes (TCS), 363–364
Sépalas
 iniciação dos órgãos florais nos verticilos, 438–440, *440–441*
 modelo ABC de identidade dos órgãos florais, 440–443
Septo, *447–448*
Sequência foliar sequencial, 413–415
Sequoia gigante (*Sequoiadendron giganteum*), 420
Sequoia-vermelha (*Sequoia sempervirens*), 67–68, 350, *424–425*
Serina
 ciclo fotossintético oxidativo C_2 do carbono, *198–200*, 199–201
 oxidação de glicine em, 291–292
 via biossintética, 117
Serina-2-oxoglutarato aminotransferase, *198–200*, 199–201, 203
Serina hidroximetiltransferase, *198–200*, 199–201, 203
Seringueira (*Hevea brasiliensis*), 460–462
Serotonina, 457–458
Sesbania, 118–119
Sesquiterpenos, 459–460
Sesquiterpenos tricíclicos, 460–461
Sharkey, Tom, 216
Sicômoro (*Acer pseudoplatanus*), *424–425*
"Side oats gramma" (*Bouteloua curtipendula*), *410–411*
Sideróforos, 126–127
Silício
 concentração no tecido vegetal, 85
 nutrição mineral vegetal, 85, *85–86*, 91–92
 partículas inorgânicas do solo, 97–98
Síliquas, *447–448*
Silphium laciniatum (planta-bússola), *410–411*
Silphium perfoliatum ("rosin weed"), *410–411*
Simbioses
 com bactérias fixadoras de nitrogênio (*ver também* Fixação simbiótica de nitrogênio), 117–119
 com microrganismos do solo, 96–97, 454–456
 definição, 96–97
 visão geral, 454–455
Simbiossomo, *122–123*, 122, 124
Simetria bilateral, 351–353
Simetria radial, 351–353, *357–358*
Simplasto, 8–10, 155–157
Simporte, 142–144
Sinais
 aspectos temporais e espaciais da sinalização, 303–304, *304–305*
 definição, 303
 elétricos, 317–318, 320
 fitormônios (*ver também* Fitormônios), 308–315

 inativação, 323–324
 luz solar como um sinal no desenvolvimento regulado pela luz, 329–331
 nas rotas de transdução de sinal (*ver também* Rotas de transdução de sinal), 303–304
 percepção e amplificação, 304–310
 receptores, 303–304
 transporte de moléculas de sinalização no floema, 263–266
Sinalização elétrica, 317–318, 320, 466, 468, *468–469*
Sinapis, *335–337*
Sinapis alba (mostarda-branca), 338
Sinapis arvensis (mostarda-selvagem), 371–372
Sincício, 442–443, 475–477
Sincronização, 341–342, 429–430
Sinérgides, *442–443*, 443–446
Sinorhizobium, 117, 117–119
Sinorhizobium fredii, 118–119
Sinorhizobium meliloti, 118–119, 120–121
Síntese de ATP
 assimilação do fosfato e, 125–126
 ciclo do ácido tricarboxílico, 270–271, *280–281*, 281
 efeitos do cianeto na, 463
 fermentação, 274, 276
 fluxo cíclico de elétrons, 185–186
 fosforilação em nível de substrato, 273, 275
 fosforilação oxidativa, 270–271
 fotofosforilação, 186–188, *188*
 glicólise, 270–271, 273, *274*, 275
 H^+-ATPase e, 137–138
 mitocondrial, 24–25, *188*, 281–283, *283*, 284–286
 nos cloroplastos, 25–27
 produção total a partir da respiração aeróbica, 286, 288
 reações luminosas da fotossíntese, 170–172, 178–179, *179–180*, 181–185
 respiração, *270*, 270–271
Sistema de endomembranas
 corpos lipídicos, 24
 microcorpos, 24
 retículo endoplasmático, 22–24
 vacúolos, 23–24
 visão geral, 14, 16–17
Sistema de raízes fasciculado, 99–101
Sistema de raízes pivotantes, 99–101, *100–101*
Sistema ferredoxina-tiorredoxina, 197–198, 201, 208, 278–279
Sistema vascular
 definição, 10, 14
 diferenciação durante a emergência da plântula, 381
 diferenciação nas raízes, *381–382*
 folhas, caules e raízes, 12
 formação durante a embriogênese, 361–363

 nematódeos parasitas, 475–476
 padrões de venação foliar, 402–405, *405–406*
 regeneração mediada por auxina após lesão, 402–405, *405–406*
 tipos de células, *15*, 14, 16–17
 Ver também Floema; Xilema
Sistemas de cultivo em película de nutrientes, 86–87, *87–88*
Sistemas de raízes
 extensão dos, 99–101
 tipos e estruturas, 99–102
Sistemas de subirrigação, 86–87, *87–88*
Sistemas reguladores de dois componentes, 318, 320–321
Sistemina, 466, 468, *467*
Sítios de nucleação, 70–71
Slack, C. R., 203–205
Smilax, *157–159*
Sódio
 concentrações nos tecidos vegetais, 85, *136*, 136–138
 estresse salino, 486
 mobilidade dentro da planta, 90–91
 no ajuste osmótico, 495–496
 nutrição mineral vegetal, 85–86, 93
 transportadores de membrana, 145–146
Soja (*Glycine max*)
 associação com rizóbios, *118–119*
 comprimento do dia medido pelo comprimento da noite, 431–432
 fitoalexinas, 459–460
 forma transportada de nitrogênio fixado, 123–124
 período de atraso do alongamento do caule induzido pela auxina, 387–388
 ritmos circadianos e cronometragem fotoperiódica, 432–434
 senescência monocárpica, *419*, 420
 sistema de raízes, *411*
Solanaceae, 446–448, *448–449*, 459–460
Solidago missouriensis (vara-de-ouro-do-missouri), *410–411*
Solo-brita, 97–98
Solos
 capacidade de troca catiônica, 97–99
 complexidade dos, 96–97
 continuum solo-planta-atmosfera, *60*, 79–80
 efeitos da disponibilidade de nutrientes no crescimento das raízes, 103–104
 fertilizantes e, 96–96
 metais pesados, 99
 partículas do solo e adsorção de nutrientes minerais, 97–99
 salinos (*ver* Solos salinos)
 sulfato, 124–125
 zona de esgotamento de nutrientes, 102–104

Solos ácidos, toxicidade do alumínio, 487–488
Solos agrícolas
 fertilizantes químicos e orgânicos, 96–97
 irrigação e salinização, 99, 486
 modificação do pH do solo, 96–96
 pH do solo e lixiviação de nutrientes, 94–95, *96*
Solos arenosos, 60
Solos argilosos, 60, 97–98
Solos de areia fina, 97–98
Solos de areia grossa, 97–98
Solos de serpentina, 483–486
Solos inundados
 aerênquima, 497–500
 efeitos fisiológicos e bioquímicos nas plantas, 293–294, *485–486*, 486–487, 491–492
 fermentação nas raízes, 271, 293–294, 491–492
Solos salinos
 aclimatação de glicófitas, 483–484
 acumulação de solutos pela planta para manter turgor e volume, 57–57
 carregadores de cátions vegetais, 148–150
 efeitos nas plantas, 99, 486
 Ver também Estresse salino
Solos siltosos, 97–98
Solução de Hoagland modificada, 87–88, *88–89*
Soluções nutritivas
 crescimento vegetal em, 86–90
 definição, 86–87
 em estudos nutricionais, 86–87
 na análise de tecidos vegetais, 94–95
 solução de Hoagland modificada, 87–88, *88–89*
Solutos
 acumulação no ajuste osmótico, 494–497
 compatíveis, 495–496
 difusão, 46–48
 pressão de raiz e, 63–65
 transporte (*ver* Transporte)
Solvente, 42–44
Sorbitol, 246, 248, 495–496
Sorghastrum nutans (capim-indiano), *410–411*
Sorgo (*Sorghum bicolor*), 463
Soro, 4
Spartina, 208–209
Spartina pectinata ("prairie cord grass"), *410–411*
Spirogyra, 168–169
Spodoptera exigua (lagarta-da-beterraba), 463–465
Spodoptera littoralis (curuquerê-do-algodoeiro-egípcio), 466, 468
Sporobolus heterolepis ("prairie dropseed"), *410–411*
Stahl, Ernst, 412–414
Stanleya, 85–87
Stellaria media, 113–114
Stipa spartea (capim-porco-espinho), *410–411*

Striga (estriga), 314–315, 477–478
Suaeda aralocaspica, 206, 208, *207*
Suberina, 100–101
Succinato
   cadeia mitocondrial de transporte de elétrons, 281–283, *283*
   ciclo do ácido tricarboxílico, *280–281*
   conversão de triacilgliceróis em sacarose, 296, 298, *298–299*, 300
   desvio de GABA, 281
Succinato desidrogenase
   ciclo do ácido tricarboxílico, *280–281*, 281, 289–290
   complexo II na cadeia mitocondrial de transporte de elétrons, 283–284
   razão ADP:O nas mitocôndrias, 284–285
Succinil-CoA, 280–281
Succinil-CoA sintetase, *280–281*, 281
Sugadores de conteúdo celular, 463–464
Sugadores do floema, 463–465, 470–471
Sulfato
   assimilação pela planta, 124–128
   concentrações de íons observadas e previstas nos tecidos da raiz de ervilha, 136
   mobilidade no solo, 98–99
Sulfato de sódio, 99
Sulfeto de hidrogênio, 98–99, 124–125
Sulfolipídeo, *296–298*
Sumuki, Yusuke, 311–312
Super-resfriamento, 500–501
Superóxido dismutase, 499–500
Suspensor, 352–355, *353–354*, *356–357*
"Switch grass" (*Panicum virgatum*), 410–411

Tabaco "Maryland Mammoth", 426–427, 436–438
Tabaco. *Ver Nicotiana*
Taboa-de-folha-estreita (*Typha angustifolia*), 497–500
Tamanho do dreno, 262–263
Taraxacum, 416-417
Tasneira (*Senecio vulgaris*), 424
Taxa de fluência, 333–335
Taxa de transferência de massa, 248–249
TCA. *Ver* Ciclo do ácido tricarboxílico
Tecido de reserva de alimento
   mobilização, 376–378
   sementes, 368
   Ver também Endosperma
Tecido fundamental
   definição, 10, 14, 361
   folhas, caules e raízes, *12*
   tecidos produzidos pelo, 361–362
   tipos celulares, 10, 14, *15*, *16–17*
Tecidos dérmicos, *12*, 10, 14
Tegumentos, *442–443*

Telófase, *35–36*, *36–37*
Telômeros, 35–36
Temperatura
   definição, 43–44
   efeitos do estresse térmico (*ver também* Congelamento; Estresse pelo calor; Resfriamento), *485–486*, 486–487
   efeitos na fotossíntese na folha intacta, 226–230
   fluidez da membrana e, 18
   fotorrespiração e, 202–203
   impacto nas taxas de respiração, 293–295
   temperatura ótima para fotossíntese, 227–229
   Ver também Temperatura foliar
Temperatura foliar
   acúmulo de calor e perda de calor, 226–228
   dissipação do excesso de energia solar, 222–226
   efeitos na fotossíntese, 226–230
   efeitos na transpiração, 73–74
Tempo de escape, nas respostas do fitocromo, 337–338
Tensão
   definição, 49–50
   teoria coesão-tensão de transporte no xilema, 67–70
Tensão superficial, 43–45
Teoria coesão-tensão
   desafios físicos nas árvores, 68–72
   descrição, 67–70
Teoria do balanço dos hormônios, 371–374
Terpenoides, 294–296, 456–457, 460–461, 468–469
Terpenos monocíclicos, 460–461
Terpinoleno, 460–461
Testa
   cariopses, 368
   definição, 368
   dormência imposta pela casca, 369–372
   sementes endospérmicas e não endospérmicas, *369–370*
Tetra-hidrofolato de metileno, 199–201
Tetraploidia, 32–34
Teucrium scorodonia (escorodônia), *420*
Thalassiosira pseudonana, 206, 208
Thermopsis montana, 216
Thermosynechococcus elongatus, *180–181*
Thymus chamaedrys (tomilho-escandinavo), *420*
Tidestromia oblongifolia, 227–228
Tigmotropismo, 388–389
Tilacoides
   carregadores de elétrons no esquema Z, 177–180
   definição, 25–26, 172–174
   estrutura e função, 25–26-25–27
   proteínas integrais de membrana, 172–174
   separação espacial dos fotossistemas I e II (*ver também*

Fotossistema I; Fotossistema II), 173–176
Tioglicosidase, 463
Tiorredoxina
   espécies reativas de oxigênio e, 197–198, 201
   sistema ferredoxina-tiorredoxina, 197–198, 201, 208, 278–279
Tirosina, *117*
α-Tocoferol, 497–500
Tolerância à seca, 53–55
Tolerância interna, 499–501
Tomateiro (*Solanum lycopersicon*)
   amadurecimento do fruto, 448–450
   climatérico, *449–450*
   cromoplastos, 25–27
   defesas sistêmicas induzidas por herbívoros, 466, 468, *467*
   desenvolvimento do fruto, 446–448, *448–449*
   disponibilidade de nitrogênio e biomassa das raízes, *103–104*
   epinastia foliar, *313–314*
   fitoalexinas, 459–460
   hidroponia, 86–87
   mutação *never-ripe*, 449–450
   potencial hídrico e germinação da semente, *375–376*
   tricomas, *456–457*
   voláteis do sabor, 449–450
Tomilho-escandinavo (*Thymus chamaedrys*), *420*
Tonoplasto, *16–17*, 23–24
Toro, 64–65, *66–67*
Toxicidade por elementos-traço, *485–486*, 487–488
Toxina HC, 470–471
Toxinas, de patógenos, 470–472
Traço foliar, 402–405, *405–406*
Tradescantia zebrina (zebrina), 73–74, *74–75*
Tradução, 20, 22, *21*
Transaldolase, 277
Transcetolase, *193–195*, 193–194, 196
Transcitosis, 361
Transcrição, 20, 22, *21*
Transferência de energia
   definição, 167–168
   na fotossíntese, *169–170*
Transferência de energia por ressonância de fluorescência (FRET), 174–178
Translocação
   alocação e partição de fotossintatos, 260–264
   carregamento do floema, 252–257
   definição, 131–132
   descarregamento do floema, 257–258
   do ácido jasmônico nas defesas vegetais induzíveis, 467
   materiais translocados, 245–249
   modelo de fluxo de pressão, 248–253
   rotas de, 240–246
   taxa de transferência de massa, 248–249

transporte de moléculas de sinalização, 263–266
   visão geral do transporte da fonte para o dreno, 240–241
Translocador de fosfoenolpiruvato fosfato, 208
Translocador de trioses fosfato, 208
Translocadores de fosfato, 150–151
Translocon, 20, 21
Transpiração
   abertura estomática dependente da luz, 77–80
   definição, 42
   diferença na concentração do vapor d'água, 72–74
   efeitos da temperatura foliar na, 73–74
   perda de calor evaporativo, 226–228
   resistência à difusão, 72–75
   resistência hidráulica foliar, 72–73
   teoria coesão-tensão de transporte no xilema e, 68–69
   visão geral, 71–72
Transportador ADP/ATP, 285–286, *287*, 286, 288
Transportador de dicarboxilato, 208, *287*
Transportador de H^+-HPO_4^{2-} do tipo simporte, 124–125
Transportador de H^+-K^+ do tipo simporte, 148–149
Transportador de H^+-SO_4^{2-} do tipo simporte, 124–125
Transportador de K^+-H^+ do tipo simporte, 148–149
Transportador de K^+-Na^+ do tipo simporte, 148–149
Transportador de Na^+-H^+ do tipo antiporte, 145–146, 149–150
Transportador de NO_3^--H^+ do tipo simporte, 147
Transportador de piruvato, *287*, 286, 288
Transportador de sacarose-H^+ do tipo simporte, 255–256, 258–260, 263–264
Transportador de sacarose SUT1, 255–258
Transportador de SOS1 do tipo antiporte, 149–150, *495–496*
Transportador de tricarboxilatos, *287*
Transportador do nucleotídeo de adenina, 285–286, *287*, 288
Transportador do tipo antiporte extremamente sensível ao sal (SOS1), 149–150, *495–496*
Transportador do tipo simporte
   carregamento do floema, 255–256
   definição, 142–144
   descarregamento do floema, 257–258
   exemplos, *146–147*
   transportadores de fosfato-H^+ do tipo simporte, 150–151
Transportador SUC2 de sacarose, 255–256, 259–260

Transportadores da membrana plasmática
  exemplos, *146–147*
  para aminoácido, 147–148
  transportadores de fosfato, 150–151
Transportadores de aminoácidos, 147–148
Transportadores de ânions, 149–151
Transportadores de AUXIN1/LIKE AUXIN1 do tipo simporte, 359–360
Transportadores de auxina
  H^+-pirofosfatases e, 154–155
  transportadores de aminoácidos e, 147–148
  transportadores de auxina ABCB, 359–361, 393–395
Transportadores de cátion
  canais, 147–149
  carregadores, 148–150
Transportadores de cátion-H^+ do tipo antiporte, 148–149
Transportadores de fosfato, 106–107, 150–151, *287,* 286, 288
Transportadores de fosfato-H^+ do tipo simporte, 150–151
Transportadores de H^+ do tipo simporte, 145–146
Transportadores de H^+-Na^+ do tipo antiporte, *495–496*
Transportadores de H^+-sacarose do tipo simporte, 144–145
Transportadores de HKT1, 149–150
Transportadores de malato, 150–151
Transportadores de metais, 150–151
Transportadores de metaloides, 150–152
Transportadores de monossacarídeos, 257–258
Transportadores de NHX do tipo antiporte, 149–150, *495–496*
Transportadores de nitrato, 147
Transportadores de peptídeos, 147–148
Transportadores de potássio, 145–146, 148–149
Transportadores de sacarose, 254, 257–258
Transportadores de sódio, 149–150
Transportadores de SOS1 do tipo antiporte, 149–150
Transportadores do tonoplasto
  canais de cátion, 148–149
  exemplos, *146–147*
  H^+-ATPase do tonoplasto, 142–143, 151–154
Transportadores do tipo antiporte
  definição, 142–144
  exemplos, *146–147*
  nas respostas ao estresse salino, *495–496*
  no transporte de membrana, 145–146, 148–150
Transportadores SWEET, 254
Transportadores transmembrana, mitocondriais, 285–286, 288

Transportadores TRK/HKT, 148–149
Transportadores ZIP, 150–151
Transporte
  ativo e passivo, 132–134
  definição e visão geral, 131–132
  forças motrizes importantes, 132
  íons através de barreiras de membrana, 133–138
  processos de transporte na membrana, 137–145
  proteínas de transporte de membrana, 145–155
  transporte de íons na abertura estomática, 154–157
  transporte de íons nas raízes, 155–159
Transporte apoplástico
  carregamento do floema, 252–256
  definição, 8–10
  descarregamento do floema, 257–258
  íons nas raízes, 155–159
  movimento da água nas raízes, 62–64
Transporte ativo
  definição, 132
  distinção de transporte passivo, 135–138
  hidrólise de ATP e, 136–138
  no ajuste osmótico, *495–496*
  primário, *138–139,* 140, 142–143
  secundário, 140, 142–144, *495–496*
Transporte de curta distância
  carregamento do floema, *240,* 252–253, 257
  definição, 240–241
  descarregamento do floema, *240,* 257–258
Transporte de elétrons (fotossíntese)
  aceptores artificiais de elétrons, 171–172
  bloqueio por herbicidas, 185–186, *186*
  comparado com fluxo de elétrons mitocondrial, *188*
  conceito básico de transferência de energia no, *169–170*
  descrição, 177–186, *186*
  doadores de elétrons, 164
  entre PSI e PSII, 183–185
  esquema Z, *172,* 172–174, 177–180
  fluxo cíclico de elétrons, 185–186
  fotorrespiração e, 202–203
  local na membrana do tilacoide, 173–174, *174–175*
  receptores reduzidos por uma clorofila no estado excitado, 179–181
Transporte de longa distância
  definição, 240–241
  transporte de moléculas sinalizadoras no floema, 263–266
  Ver também Translocação

Transporte de membrana
  difusão de sais através de uma membrana e, 134–135
  relação à distribuição de um íon, 135–136
  transporte de prótons e, 136–138
Transporte eletrogênico, 140, 142–143
Transporte eletroneutro, 140, 142
Transporte passivo
  definição, 132
  distinto do transporte ativo, 135–138
  potencial químico e difusão, 132–134
  proteínas de transporte, *138–139*
Transporte pelo xilema
  continuum solo-planta-atmosfera, 80
  desafios físicos nas árvores, 68–72
  diferença de pressão requerida nas árvores, 67–68
  fluxo de massa acionado por pressão, 66–67, 79–80
  gradiente de pressão requerido, 66–68
  minimização da cavitação, 71–72
  teoria coesão-tensão, 67–70
  tipos de células de transporte, 64–67
Transporte polar de auxina
  absorção de auxina, 359–360
  definição, 358–359
  dependência da gravidade do, 389–391
  desenvolvimento do meristema apical do caule, 363–365
  efluxo de auxina, 359–361
  importância do, 317–318
  iniciação do traço foliar, 404–405
  na embriogênese, 357–358, 361
  terminologia, 359–360
  velocidade do, 359–360
  visão geral e demonstração do, 358–359
Transporte primário, *495–496*
Transporte simplástico
  definição, 8–10
  descarregamento do floema, 257–258
  descrição, 8–10
  limite de exclusão por tamanho, 8–10
  movimento da água nas raízes, 62–64
  transporte de íons nas raízes, 155–159
Trapoeraba (*Commelina communis*), *78–79*
Traqueídes
  definição e descrição, *15,* 14, 16–17, 64–65
  membranas de pontoação e transporte de água, 64–66
  morte celular programada, 14, 16–17
Traqueófitas, 3

Tratamento de estratificação, 373–374
Tratamento por resfriamento, 373–374, *374–375*
Traumatina, 469–470
Tremoço-branco (*Lupinus albus*), 98–99, 113-114, *411–412*
Tremoços (*Lupinus*), *219–220*, 220–221
Treonina, *117*
Treonina quinase-fosfatase, 208
Trevo (*Trifolium*)
  associação com rizóbios, *118–119*
  dormência exógena, 369–371
  feixe vascular, *241–242*
  forma transportada de nitrogênio fixado, 123–124
  nitrogênio no exsudado do xilema, *113-114*
  uma planta de dias curtos, 427–428
Trevo-branco (*Trifolium repens*), *113-114, 427–428*
Trevo roxo da pradaria (*Petalostemum purpureum*), *410–411*
Triacilgliceróis
  armazenagem nos corpos lipídicos, 294–296
  conversão em sacarose, 296, 298, 300
  estrutura, *294–295*
  síntese, 295–296
Tricomas
  acumulação de metabólitos secundários tóxicos, 460–461
  definição, 401–402, 456–457
  funções, 401–402, 456–458
  plasticidade fenotípica, 490–491
Tricomas glandulares, 456–458, 460–461
Trifolium. Ver Trevo
Trifolium repens (trevo-branco), *113-114*, 427–428
Triglicerídeos, 24
Trigo (*Triticum*)
  cariopses, *368–369*
  produtividade em função da irrigação, *42*
  semente endospérmica, 368–369, *369–370*
  senescência foliar sequencial, *413-414*
  Ver também Trigo do pão
Trigo de primavera, 103–104
Trigo do pão (*Triticum aestivum*)
  aplicação foliar de nitrogênio, 96–97
  comprimento crítico do dia, 426–427
  epiderme foliar, *401–402*
  germinação pré-colheita, 373–374
  sistema de raízes fasciculado, 99–101
  Ver também Trigo
Trinitrotolueno (TNT), 127–128
Triose fosfato isomerase, *193–194,* 193, 195, 197–198, 201, 208, *274*
Trioses fosfato
  alocação nas folhas, 262

ciclo de Calvin-Benson, 192–197, *193–194*
definição, 271–273
glicólise, 270–273, *274*
metabolismo ácido das crassuláceas, 208–211, *209–210*
na respiração, *270*
Trióxido de enxofre, 124–125
Tripsina, 465–466
Triptofano, *117,* 315–316
Triticum aestivum. Ver Trigo do pão
Triticum. Ver Trigo
Troca de cátions, 97–99
Trocadores de cálcio, 307–308
Tropismos
definição, 388–389
fototropismo (*ver também* Fototropismo), 393–395
gravitropismo, 390–393
independência da gravidade do transporte polar de auxina, 389–391
Tsuga canadensis (cicuta oriental), 374
Tubos crivados, *15,* 14, 16–17, 242–244, *243–245*
Tubos polínicos
ciclo de vida das angiospermas, *442–443*
crescimento apical, 444–445
fecundação, 2, 5, 445–446
formados pela célula vegetativa, *442–445*
sinérgides e, *443–444*
transporte das células espermáticas para o gametófito feminino, *444–445*
Tubulina
definição, 28–29
microtúbulos (*ver também* Microtúbulos), 28–29
polimerização-despolimerização, 28–30, *31*
β-tubulina, 30, *31*
γ-tubulina, 30, *31*
Tulipeiro (*Liriodendron tulipifera*), 293–294
Tupelo preto, goma preta (*Nyssa sylvatica*), 420
Turnover, 20, 22, *22–23*
Typha angustifolia (taboa-de-folha-estreita), 497–500

Ubiquinol, 283–284
Ubiquinona, 283–284
Ubiquitina
definição, 20, 22
renovação (*turnover*) proteica, 20, 22, *22–23*
rota de ubiquitina-proteassomo de degradação de proteínas, 320–321, 323–324, *324–325*
Ubiquitina ligase, 20, 22, *22–23*
Ubiquitinação
degradação de proteínas na sinalização hormonal, 320–321, 323–324, *324–325*

renovação proteica, 20, 22, *22–23*
UDP. *Ver* Uridina difosfato
UDP-glicose pirofosforilase, *274*
Umidade relativa, folhas, *72–73*
Urease, 93–94
Ureídas, 123–125, *247*
Uridina difosfato (UDP), 271–273, *274*
Uridina difosfato glicose (UDP--glicose), 8–10, 271–273, *274*
Uridina trifosfato (UTP), 271–273, *274*
Urtiga (*Urtica dioica*), 457–458
Urze-de-primacera (*Erica carnea*), 420
Urze-escocesa (*Calluna vulgaris*), 420
UTP. *Ver* Uridina trifosfato
UV RESITANCE LOCUS 8 (UVR8), 330–332, 344–346, *346–347*
Uvas sem sementes, 311–312
Uvas Thompson sem sementes, *311–312*

Vacúolos, *16–17*
ajuste osmótico e, 495–497
armazenagem de conjugados de açúcares de metabólitos secundários tóxicos, 462–463
armazenagem de metabólitos secundários, 460–461
estrutura e função, 23–24
expansão celular e, 385–386
H⁺-ATPase no tonoplasto e acumulação de solutos, 151–154
hiperacidificação, 153–154
na mitose, 32–34
pH da seiva vacuolar, 153–154
sequestro de íons minerais, 99
Vacúolos de armazenagem de proteínas, 368–369, 376–378
Vacúolos líticos, 20, 22, 24
Valina, *117*
Valvas, 446–447, *447–448*
Vapor de água
diferença na concentração entre os espaços intercelulares das folhas e a massa atmosférica, 72–74
movimento da folha para a atmosfera (*ver também* Transpiração), 71–78
Vara-de-ouro-do-missouri (*Solidago missouriensis*), *410–411*
Vasos, *15,* 14, 16–17, 65–67
Venação paralela, 402–404
Venação reticulada, 402–404
Vênulas, 402–404
Verbascose, 246, 248, *247*
Verbena-da-areia (*Abronia umbellata*), *477–478*
Verbena do-deserto-arenoso (*Abronia villosa*), 428–429
Vercicilos
definição, 438–440

iniciação dos órgãos florais nos, 438–440, *440–441*
modelo ABC de identidade dos órgãos florais, 440–443
Vernalização
definição, 303–304, 424, 434–437
descrição, 434, 436–437
fotoperiodismo e, 427–428, 436–437
Vesículas de Golgi, *122–123*
Vespas parasitoides, 468–469
Vicia, 113-114, 123–124
Vicia faba, 77–79
Videiras (*Vitis*), 389–390, *424–425*, 458–459
Vidoeiro-prateado (*Betula verrucosa*), 425–426
Vigna (ervilha-do-sul), *123–124*
Violaxantina, 222–224, *224–225*
Vírus
proteínas de movimento, 264–265
transferências para as plantas, 470–471
Vírus do mosaico do feijão-caupi, 264–265
Vírus do mosaico do tabaco, 264–265
Visco, erva-de-passarinho (*Viscum*), 477–478
Vitamina A, 497–500
Vitamina B12, 86–87
Vitamina C, 497–500
Vitis (videiras), 389–390, *424–425*, 458–459
Viviparidade, 371–372, *372–373*
VLFRs. *Ver* Respostas à fluência muito baixa
Voláteis de folhas verdes, 468–470
Voláteis do sabor, 449–450
Voláteis vegetais induzidos por herbívoros, 468–470
Volatilização, 110
Volicitina, 464–465, 468–469
Volume celular
acúmulo de solutos e, 57
pressão de turgor e, 52–55

Xanthium. Ver Cardo
Xanthium strumarium, 113-114, 431–432, *434, 436*
Xanthomonas, 471–472
Xantoxina, 316–317
Xilanases, 470–471
Xilema
de caules, *12*
definição, 10, 14, 100–101
diferenciação durante a emergência da semente, 381
diferenciação nas raízes, *381–382*
estado metaestável da água no, 70–71
folhas, *12*
movimento da água da folha para a atmosfera, 71–72, *72*

pressão de raiz e gutação, 63–65
raízes, *12,* 100–102
resistência hidráulica foliar, 72–73
tipos de células, *15,* 14, 16–17
tipos de células condutoras, 64–67
transporte de água pelo, *60,* 64–72, 80
transporte de íons nas raízes, 157–159
Xilema primário, *13, 241–242*
Xilema secundário, 13, *241–242*
Xiloglucano, 6–10, *9–10*
Xilose, 6–7
Xilulose-5-fosfato, 193–194, 196, *277*
Xylella fastidiosa, 455–456
Xylorhiza, 85–87

Yabuta, Teijiro, 311–312

Zea mays. Ver Milho
Zeatina, *309–310,* 316–317, *317–318*
Zeaxantina, 222–225
Zebrina (*Tradescantia zebrina*), 73–75
Zeitgebers, 429–430
Zenillia adamsoni, 462–463
Zigoto
desenvolvimento (*ver também* Embriogênese), 350–353, *353–354, 356–357*
polaridade apical-basal, 353–355
Zinco
concentração no tecido vegetal, *85*
efeito do pH do solo na disponibilidade, *96–96*
micorriza arbuscular e absorção pela raiz, 105–106
mobilidade dentro da planta, *90–91*
nutrição mineral vegetal, *85–86,* 93
Zona adequada de nutrição vegetal, 94–95
Zona central, *398–401*
Zona de abscisão, 417–419
Zona de alongamento, 100–103, *101–102,* 381–382
Zona de deficiência da nutrição vegetal, 94–95
Zona de esgotamento de nutrientes, 102–104
Zona de maturação, 101–102, 381–382
Zona medular, 398–399, *398–399*
Zona meristemática, 99–101, *101–102,* 381–382
Zona periférica, 398–399, *398–401*
Zona tóxica de nutrição vegetal, 94–95
Zonação cito-histológica, 398–399, *398–399*
ZTL. *Ver* Família ZEITLUPE